C# 10核心技术指南

[澳] 约瑟夫·阿坝哈瑞（Joseph Albahari）著

刘夏 译

Beijing · Boston · Farnham · Sebastopol · Tokyo

O'Reilly Media, Inc. 授权机械工业出版社出版

机械工业出版社
CHINA MACHINE PRESS

图书在版编目（CIP）数据

C# 10 核心技术指南 / （澳）约瑟夫·阿坝哈瑞（Joseph Albahari）著；刘夏译 . —北京：机械工业出版社，2024.5

书名原文：C# 10 in a Nutshell: The Definitive Reference

ISBN 978-7-111-75577-7

Ⅰ . ①C… 　Ⅱ . ①约… ②刘… 　Ⅲ . ① C 语言－程序设计 　Ⅳ . ①TP312.8

中国国家版本馆 CIP 数据核字（2024）第 071623 号

机械工业出版社（北京市百万庄大街22号　邮政编码100037）

策划编辑：王春华　　　　　　　　　　责任编辑：王春华
责任校对：张勤思　杜丹丹　刘雅娜　　责任印制：常天培

北京机工印刷厂有限公司印刷

2024 年 7 月第 1 版第 1 次印刷

178mm×233mm · 62 印张 · 1305 千字

标准书号：ISBN 978-7-111-75577-7

定价：279.00元

电话服务　　　　　　　　　　　　网络服务

客服电话：010-88361066　　　　机 工 官 网：www.cmpbook.com
　　　　　010-88379833　　　　机 工 官 博：weibo.com/cmp1952
　　　　　010-68326294　　　　金 书 网：www.golden-book.com
封底无防伪标均为盗版　　　　机工教育服务网：www.cmpedu.com

O'Reilly Media, Inc.介绍

O'Reilly以"分享创新知识、改变世界"为己任。40多年来我们一直向企业、个人提供成功所必需之技能及思想，激励他们创新并做得更好。

O'Reilly业务的核心是独特的专家及创新者网络，众多专家及创新者通过我们分享知识。我们的在线学习（Online Learning）平台提供独家的直播培训、互动学习、认证体验、图书、视频，等等，使客户更容易获取业务成功所需的专业知识。几十年来O'Reilly图书一直被视为学习开创未来之技术的权威资料。我们所做的一切是为了帮助各领域的专业人士学习最佳实践，发现并塑造科技行业未来的新趋势。

我们的客户渴望做出推动世界前进的创新之举，我们希望能助他们一臂之力。

业界评论

"O'Reilly Radar博客有口皆碑。"
　　　　——*Wired*

"O'Reilly凭借一系列非凡想法（真希望当初我也想到了）建立了数百万美元的业务。"
　　　　——*Business 2.0*

"O'Reilly Conference是聚集关键思想领袖的绝对典范。"
　　　　——*CRN*

"一本O'Reilly的书就代表一个有用、有前途、需要学习的主题。"
　　　　——*Irish Times*

"Tim是位特立独行的商人，他不光放眼于最长远、最广阔的领域，并且切实地按照Yogi Berra的建议去做了：'如果你在路上遇到岔路口，那就走小路。'回顾过去，Tim似乎每一次都选择了小路，而且有几次都是一闪即逝的机会，尽管大路也不错。"
　　　　——*Linux Journal*

译者序

C# 是一门平衡性很好的语言。平衡就意味着取舍，以便适应多种用途。你会在嵌入式系统、桌面应用、移动端应用、Web 应用、科学计算和机器学习项目以及游戏项目中与它不期而遇。但平衡又很不讨巧，一门稳如泰山的语言总给人一种微妙的感觉：是个多面手，但缺乏夺目的光彩。加之早年 C# 最主要的运行时 .NET Framework 只能在 Windows 平台上运行，因此在开发人员中就更显小众。这可能也是 C# 在 20 多年的历史中大部分时间只是静静地积累，在各种语言的"争奇斗艳"中显得"默默无闻"的原因之一吧！

2016 年是不寻常的一年，随着 .NET Core 的发布，.NET 的跨平台能力终于不再停留在理论层面上。而后续的持续改进——无论是底层虚拟机还是上层 BCL——让它在各个技术雷达上逐步被主流的技术团队锁定。国内外的云平台也开始对 .NET 进行广泛的支持。而 C# 语言的发展也正式进入了快车道。2017～2022 年这 6 年 C# 语言的版本从 6.0 升级到了 11.0，中间发布了 8 次正式版本，每一次发布均包含明显的语言能力提升，社区的活力也在逐步增强。

现在是入场的绝佳时机，而本书正是学习 C# 的一站式读物。

C# 好学吗？我听到的大部分答案是"不难"。因为它和你平时经常接触的语言太相似了。如果你使用 C++、Java、JavaScript 或者 TypeScript，那么肯定会发现它们的相似之处。这些相似点一般也是良好的切入点。我从 2001 年就开始使用 C#，并参与或主导了许多 .NET 技术栈的项目，其中最长的项目持续开发超过 12 年，代码规模超过 500 万行。在开发过程中有不少其他技术栈的同事加入其中，他们都能够在两三个星期的时间内完全适应 C# 开发。如果你也是其中的一员，那么本书可以作为案头参考来快速答疑解惑，帮助你解决实际的应用问题。

但是最近我也在重新审视这个问题。大部分项目的功能都存在重复性，模板代码众多，只要能够掌握语言的 20%~30% 就足以胜任日常开发工作。但是从功能开发到深刻理解其原理，成为设计、开发、诊断、运维的多面手的人却很少。我们需要意识到，C# 是一门经历了 22 年风雨的语言，虽然充满了经验的积淀，但同时也存在各种各样的妥协、失误和兼容性设计。我们可能无从知晓为何在设计之初支持数组的协变，也可能感慨 C# 2.0 不惜进行接口上的重大变更（breaking change）引入整个泛型系统，好奇为何 TryParse 不返回可空类型，为何有的泛型集合没有实现对应的非泛型接口，为何 Tuple 的设计是失败的，GC.KeepAlive 方法里为何空空如也……当我们真正探求这些细节时，之前作为切入点的"相似性"反而成为绊脚石。这些细节太过庞杂，以至于我们试图寻求一些更高层的框架和封装来规避它。但如此这般却是"而知也无涯"了，因此还是要回归本源。在我们理解了 C# 的设计思路后，理解其他的框架也会更加得心应手。这也是我欣赏本书的地方。它并非单纯地堆砌知识，其中不但讲解了 C# 的发展历史，还在每章中穿插总结了设计思路。因此，即便你对开发已经得心应手，翻阅本书也能受益匪浅。

从小老师就教导我在学习时应当笔不离手，时刻练习，这种方法也适用于学习编程语言。值得一提的是本书的作者也是 LINQPad（目前 .NET 下最流行的代码执行工具之一）的开发者。本书的所有范例都可以直接在 LINQPad 工具中运行。充分练习这些范例的内容有助于读者快速掌握 C# 语言的各种实践，因此我建议大家去下载这个工具，并时时修改、执行书中的代码来加深对语言的理解。

本书在前一版的基础上进行了大量的修订工作。在此，感谢本书的作者 Joseph Albahari。他对我翻译本书给予了热情的帮助。我们就书中的一些技术细节进行了讨论，我将这些内容放在了译注中。感谢机械工业出版社的编辑老师，他们给予了我很多宝贵的专业建议，他们高标准的把关保证了本书的质量。感谢我的家人，她们的支持给予了我不断前行的动力。希望这本书能给大家带来愉快的阅读体验。请进入 C# 的精彩世界吧！

刘夏

2022 年于北京

目录

前言

C# 10 是微软旗舰编程语言的第 9 次重大更新，显著提高了 C# 语言的功能性和灵活性。一方面，它提供了一些高级抽象，例如查询表达式和异步延续；另一方面，它允许通过自定义值类型和可选指针等结构进行底层的效率优化。

C# 语言特性的发展也极大地加重了我们的学习负担。虽然一些工具（如 Microsoft IntelliSense 和在线参考文档）可以为工作提供诸多便利，但若要使用它们，仍需要一些现有的概念和知识体系作为支撑。本书摒除冗长的介绍，以简明统一的方式准确阐释了这些知识。

与之前的几个版本一样，本书也是围绕概念和用例来进行组织的，因此无论是按顺序阅读还是随意浏览都大有裨益。虽然本书只要求读者具备基本的背景知识，但是它仍然具有一定的深度，因此本书适合中高级读者阅读。

本书涵盖 C# 语言、公共语言运行时（Common Language Runtime，CLR）和 .NET 6 基础类库（Base Class Library，BCL）。我们之所以做出这样的选择，是希望为一些困难与高级的主题留出足够的空间，而同时又不影响内容的深度与可读性。本书详细标记了 C# 的新特性，因此本书亦可同时作为 C# 7、C# 8 和 C# 9 的参考书。

目标读者

本书主要针对中高级开发人员。本书不要求读者具备 C# 知识，但需要读者具备一定的通用编程经验。对于初学者，本书适合作为教科书的补充书籍，而非编程教材的替代品。

本书非常适合与那些着眼于介绍具体应用技术的书籍配合阅读，例如介绍 ASP.NET Core 和 Windows Presentation Foundation（WPF）等技术的书籍。本书涵盖了其他书籍所不具备的 C# 语言与 .NET 内容。

本书结构

第 2～4 章将详细介绍 C# 语言。首先介绍最基本的语法、类型和变量，然后介绍一些高级特性，如不安全代码以及预处理指令。如果你是 C# 语言的初学者，请循序渐进地阅读这些章节。

其余各章则涵盖了 .NET 6 基础类库的功能，包括语言集成查询（Language-Integrated Query，LINQ）、XML、集合、并发、I/O 和联网、内存管理、反射、动态编程、特性（attribute）、加密和原生互操作性等主题。第 5 章和第 6 章是后续主题的基础，除这两章之外，其余各章可以根据需要按任意顺序阅读。与 LINQ 相关的 3 章最好按顺序阅读。某些章节需要一些与并发相关的知识，详见第 14 章。

使用本书所需的其他材料

运行本书的示例需要 .NET 6。此外，还可以使用微软的 .NET 在线文档查找每一个具体类型及成员的信息。

你可以在任意文本编辑器中书写代码，并从命令行中执行编译过程。但为了提高效率，最好使用一个代码执行工具随时测试各个代码片段，并使用集成开发环境（Integrated Development Environment，IDE）来生成可执行文件或程序库。

对于使用 Windows 代码编辑器的用户，我们推荐从 *www.linqpad.net* 下载免费的 LINQPad 7 作为代码执行工具。LINQPad 完全支持 C# 10，且该软件就是由本书的作者维护的。

对于 Windows IDE 的用户，我们建议下载 Microsoft Visual Studio 2022（*https://visualstudio. microsoft.com*）作为集成开发环境。该工具的任何版本都能够运行书中的所有示例。如果需要使用跨平台的集成开发环境，则请下载 Visual Studio Code。

 LINQPad 中包含了本书的所有示例代码，这些示例代码均可以再次编辑并交互式运行。如果需下载所有的示例，请在 LINQPad 底部左侧的"Samples"选项卡中单击"Download more samples"按钮，并选择"C# 10 in a Nutshell"。

排版约定

本书使用基本的 UML 符号来说明类型之间的关系，如图 P-1 所示。图中斜矩形表示抽象类；圆形表示接口；带空心箭头的线段表示继承，其中箭头指向基类型；带实心箭头的线段表示单向关联，而不带箭头的线段表示双向关联。

本书还遵循以下排版约定：

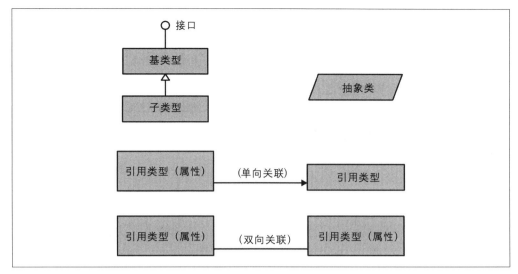

图 P-1：示例图

斜体（*Italic*）：

   表示新的术语、URI、文件名和目录。

等宽字体（Constant width）：

   表示 C# 代码、关键字和标识符，以及应用程序的输出。

等宽粗体（**Constant width bold**）：

   表示代码中的重点部分。

等宽斜体（*Constant width italic*）：

   表示可由用户输入替换的文本。

示例代码

可以从 *http://www.albahari.com/nutshell* 下载补充材料（示例代码、练习等）。

这里的代码是为了帮助你更好地理解本书的内容。通常，可以在程序或文档中使用本书中的代码，而不需要联系 O'Reilly 获得许可，除非需要大段地复制代码。例如，使用本书中所提供的几个代码片段来编写一个程序不需要得到我们的许可，但销售或发布 O'Reilly 的示例代码则需要 O'Reilly 出版社的许可。引用本书的示例代码来回答一个问题也不需要许可，将本书中的示例代码的很大一部分放到自己的产品文档中则需要获得许可。

非常欢迎读者使用本书中的代码，希望（但不强制）注明出处。注明出处时包含书名、作者、出版社和 ISBN，例如：

C# 10 in a Nutshell，作者 Joseph Albahari，由 O'Reilly 出版，书号 978-1-098-12195-2。

如果读者觉得对示例代码的使用超出了上面所给出的许可范围，欢迎通过 *permissions@oreilly.com* 联系我们。

O'Reilly 在线学习平台（O'Reilly Online Learning）

O'REILLY® 40 多年来，O'Reilly Media 致力于提供技术和商业培训、知识和卓越见解，来帮助众多公司取得成功。

我们拥有独一无二的专家和创新者组成的庞大网络，他们通过图书、文章、会议和我们的在线学习平台分享他们的知识和经验。O'Reilly 的在线学习平台允许你按需访问现场培训课程、深入的学习路径、交互式编程环境，以及 O'Reilly 和 200 多家其他出版商提供的大量教材和视频资源。有关的更多信息，请访问 *http://oreilly.com*。

如何联系我们

对于本书，如果有任何意见或疑问，请按照以下地址联系本书出版商。

美国：

O'Reilly Media，Inc.
1005 Gravenstein Highway North
Sebastopol，CA 95472

中国：

北京市西城区西直门南大街 2 号成铭大厦 C 座 807 室（100035）
奥莱利技术咨询（北京）有限公司

要询问技术问题或对本书提出建议，请发送电子邮件至 *errata@oreilly.com.cn*。

本书配套网站 *https://oreil.ly/c-sharp-nutshell-10* 上列出了勘误表、示例以及其他信息。

关于书籍、课程的更多新闻和信息，请访问我们的网站 *http://oreilly.com*。

我们在 Facebook 上的地址：*http://facebook.com/oreilly*。

我们在 Twitter 上的地址：*http://twitter.com/oreillymedia*。

我们在 YouTube 上的地址：*http://youtube.com/oreillymedia*。

致谢

本系列图书自 2007 年出版第一本以来，得到了一些优秀的技术专家的支持。我尤其要感谢 Stephen Toub、Paulo Morgado、Fred Silberberg、Vitek Karas、Aaron Robinson、Jan Vorlicek、Sam Gentile、Rod Stephens、Jared Parsons、Matthew Groves、Dixin Yan、Lee Coward、Bonnie DeWitt、Wonseok Chae、Lori Lalonde 和 James Montemagno 对最近几个版本的帮助。

在这里，我也希望表达对 Eric Lippert、Jon Skeet、Stephen Toub、Nicholas Paldino、Chris Burrows、Shawn Farkas、Brian Grunkemeyer、Maoni Stephens、David DeWinter、Mike Barnett、Melitta Andersen、Mitch Wheat、Brian Peek、Krzysztof Cwalina、Matt Warren、Joel Pobar、Glyn Griffiths、Ion Vasilian、Brad Abrams 和 Adam Nathan 的感谢。感谢他们帮忙审校先前的修订版本。

在上述审校者中，有一大部分是微软的资深专家。在他们的努力下，本书才能达到如今的质量水平。

我还要感谢 Ben Albahari 和 Eric Johannsen 对上一版的贡献。感谢 O'Reilly 团队——尤其要感谢编辑 Corbin Collins，他工作高效，反馈及时。最后，我要深深地感谢我的妻子 Li Albahari，在整个项目期间，她的陪伴令我感到幸福而快乐。

第 1 章

C# 和 .NET 简介

C# 是一种通用的、类型安全的面向对象编程语言。它的目标是提高程序员的生产力，为此，需要在简单性、表达性和性能之间进行权衡。C# 语言的首席架构师 Anders Hejlsberg 随该语言的第一个版本一直走到了今天（他也是 Turbo Pascal 的发明者和 Delphi 的架构师）。C# 语言与平台无关，可以和多种特定平台下的运行时协同工作。

1.1 面向对象

C# 实现了丰富的面向对象范式，包括封装、继承和多态。封装指在对象周围创建一个边界，将外部（公有）行为与内部（私有）实现细节隔离开来。C# 面向对象特性包括：

统一的类型系统

C# 中的基础构件是一种称为类型的数据与函数的封装单元。C# 拥有统一的类型系统，其中的所有类型都共享一个公共的基类。因此所有类型，不论它们是表示业务对象还是表示数字这样的基元类型，都拥有相同的基本功能。例如，任何类型的实例都可以通过调用 ToString 方法将自身转换为一个字符串。

类与接口

在传统面向对象范式中，唯一的类型就是类。然而 C# 还有其他几种类型，其中之一是接口（interface）。接口与类相似，但它无法持有数据。因此它仅可用于定义行为（而非状态）。这样接口不但可以实现多重继承，还可以将标准与实现隔离。

属性、方法和事件

在纯粹的面向对象范式中，所有的函数都是方法。而在 C# 中，方法只是函数成员之一，除此之外还有属性（property）、事件及其他的形式。属性是封装了一部分对象状态的函数成员，例如，按钮的颜色或者标签的文本。事件则是简化对象状态变化处理的函数成员。

虽然 C# 首先是一种面向对象的语言，但它也借鉴了函数式编程的范式。例如：

可以将函数作为值看待

C# 使用委托（delegate）将函数作为值传递给其他函数或者从其他函数中返回。

C# 支持纯函数模式

函数式编程的核心是避免使用值可以变化的变量，或称为声明式模式。C# 拥有支持该模式的若干关键功能，包括可以捕获变量的匿名函数（Lambda 表达式），通过查询表达式（query expression）执行列表查询或响应式编程。C# 还提供了记录（record）语法，使用它可以更加方便地编写不可变（immutable）类型。

1.2 类型安全性

C# 是一种类型安全（type-safe）的语言。即类型的实例只能通过它们定义的协议进行交互。这确保了每种类型的内部一致性。例如，C# 不允许将字符串类型作为整数类型进行处理。

更具体地说，C# 是静态类型化（static typing）语言，它在编译时会执行类型安全性检查。当然，在运行时也会同样执行类型安全性检查。

静态类型化能够在程序运行之前消除大量错误。它将大量在运行时单元执行的测试转移到编译器中，确保程序中所有类型之间都是相互适配的，从而使大型程序更易于管理、更具预测性并更加健壮。此外，静态类型化可以借助一些工具，例如 Visual Studio 的 IntelliSense 来提供更好的编程辅助。它们能够知晓某个特定变量的类型，自然也知道该变量上能够调用的方法。同时这些工具还可以明确程序中的变量、类型或方法的所有使用位置，以便可靠地执行重构操作。

 C# 允许部分代码通过 dynamic 关键字来动态定义指定类型。然而，C# 在大多数情况下仍然是一门静态类型化语言。

C# 还是一门强类型语言（strongly typed language），因为它拥有非常严格的类型规则（不论是静态还是运行时均是如此）。例如，不能将浮点类型的参数在调用时传递到接受整数类型参数的函数中，而必须显式将这个浮点数转换为整数。这可以防止编码错误。

1.3 内存管理

C# 依靠运行时来实现自动内存管理。公共语言运行时的垃圾回收器会作为程序的一部分运行，并负责回收那些不再被引用的对象所占用的内存，程序员不必显式释放对象的内存，从而避免在 C++ 等语言中错误使用指针而造成的问题。

C# 并未抛弃指针，只是在大多数编程任务中是不需要使用指针的。在性能优先的热点和互操作领域，你仍然可以在标记为 unsafe 的程序块内使用指针和显式内存分配。

1.4 平台支持

C# 在以下平台均具备运行时支持：

* Windows 7～11 桌面系统（支持富客户端、Web、服务器和命令行应用程序）

* macOS（支持富客户端、Web 与命令行应用）

* Linux 和 macOS（支持 Web 与命令行应用程序）

* Android 和 iOS（移动应用程序）

* Windows 10 设备（XBox、Surface Hub 和 HoloLens）

除此之外，还有名为 Blazor 的技术。该技术能够将 C# 编译为可以在浏览器上运行的 Web Assembly。

1.5 CLR、BCL 和运行时

执行 C# 程序的运行时由公共语言运行时（Common Language Runtime）和基础类库构成。运行时还可以包含更高层次的应用程序层，其中包含用于开发富客户端、移动或 Web 应用程序（参见图 1-1）的类库。不同的运行时可以在不同的平台开发多种类型的应用程序。

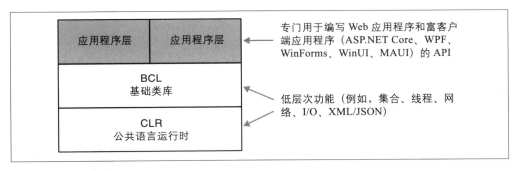

图 1-1：运行时架构

1.5.1 公共语言运行时

公共语言运行时（Common Language Runtime，CLR）提供必需的运行时服务，例如，自动化内存管理与异常处理。其中"公共"指其他托管编程语言（如 F#、Visual Basic 和托管 C++），也能共享该运行时。

C# 是一种托管语言，因为它也会将源代码编译为托管代码，托管代码以中间语言（Intermediate Language，IL）的形式表示。CLR 通常会在执行前将 IL 转换为机器（例如 X64 或 X86）原生代码，该技术称为即时（Just-In-Time，JIT）编译。除此之外，还可以使用提前编译（ahead-of-time compilation）的方式改善那些拥有大量程序集，或需要在资源有限的设备上运行的程序的启动速度（以确保开发的移动端应用程序能够达到 iOS 应用商店标准。）

托管代码的容器称为程序集（assembly）。它们不仅包含 IL，还包含类型信息（元数据）。元数据的引入使程序集无须额外的文件就可以引用其他程序集中的类型。

 Microsoft 的 ildasm 工具可以反编译程序集或查看程序集的内容。其他工具（例如 ILSpy 与 JetBrains 的 dotPeek）则可以将 IL 代码进一步反编译为 C#。IL 的层次相比原生机器代码要高得多，因此反编译器可以高质量地重建 C# 代码。

程序也可以通过反射（reflection）查询其中的元数据，甚至在运行时生成新的 IL（*reflection.emit*）。

1.5.2 基础类库

CLR 总是与一组程序集一同发行。这组程序集称为基础类库（Base Class Library，BCL）。BCL 向程序员提供了最核心的编程能力。例如，集合、输入 / 输出、文本处理、XML/JSON 处理、网络编程、加密、互操作、并发和并行编程。

BCL 还实现了 C# 语言本身所需的类型（为了支持枚举、查询和异步等功能），并可以让你显式访问 CLR 功能，例如反射与内存管理。

1.5.3 运行时

运行时（或称为框架）是一个可下载并安装的部署单元。运行时包含 CLR（以及 BCL），还可以包含开发特定应用程序（例如 Web、移动应用、富客户端应用程序等）所需的应用程序层。若只是开发命令行控制台应用程序或非 UI 类库，则无须应用程序层。

在开发应用程序时，需要选定一个特定的目标运行时，即应用程序依赖该运行时提供的功能。运行时的选择也决定了应用程序支持的平台。

下表列出了主流的运行时选项：

应用程序层	CLR/BCL	程序类型	运行的平台
ASP.NET	.NET 6	Web	Windows、Linux、macOS
Windows 桌面	.NET 6	Windows	Windows 7～10+
MAUI（2022 年初）	.NET 6	Mobile、桌面	iOS、Android、macOS、Windows 10+
WinUI 3（2022 年初）	.NET 6	Win 10	Windows 10+ 桌面
UWP	.NET Core 2.2	Win 10+ Win 10 设备	Windows 10+ 桌面与设备
（旧）.NET Framework	.NET Framework	Web、Windows	Windows 7～10+

图 1-2 使用图形的方式展示了上述内容，并展示了本书涵盖的内容。

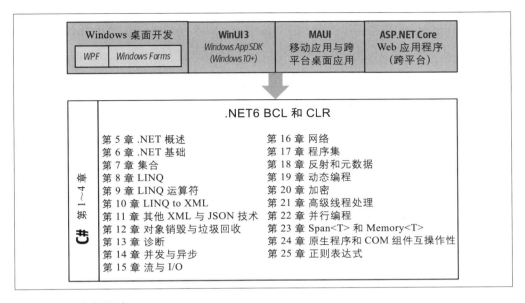

图 1-2：C# 的运行时

1.5.3.1 .NET 6

.NET 6 是 Microsoft 的旗舰级开源运行时。它可以在 Windows、Linux 和 macOS 上运行 .NET Web 与命令行应用程序，也可以在 Windows 7～11、macOS 与在 iOS 和 Android 移动应用程序上运行 .NET 富客户端应用程序。本书将关注 .NET 6 CLR 与 BCL。

和 .NET Framework 不同，.NET 6 并未随 Windows 预先安装在机器上。在运行 .NET 6 应用程序时，若无法找到正确的运行时则会出现提示信息，并指引你访问运行时下载页面。你可以使用自包含部署方式（self-contained deployment）避免上述情况。这种部署方式会将应用程序所需的部分运行时包含在程序中。

.NET 6 是 .NET 5 的更新版本，而更早的版本是 .NET Core 3。Microsoft 去掉了"Core"并跳过了 4 这个版本号，以避免和 .NET Framework 4.x 混淆。

因此，使用 .NET Core 1、2 和 3 或 .NET 5 编译的程序集在绝大多数情况下不加修改就可以在 .NET 6 上运行。相反，使用（任何版本的）.NET Framework 编译的程序集通常和 .NET 6 是不兼容的。

.NET 6 的 BCL 和 CLR 与 .NET 5（和 .NET Core 3）非常相似，它们的不同之处主要体现在性能和部署方式上。

1.5.3.2 MAUI

MAUI（Multiple-platform App UI，多平台应用程序 UI，于 2022 年初发布）用于设计支持 iOS 和 Android 的移动应用程序，以及支持 macOS 和 Windows 的跨平台桌面应用程序。MAUI 由 Xamarin 进化而来，允许单一项目支持多种平台。

1.5.3.3 UWP 和 WinUI3

UWP（Universal Windows Platform）用于编写沉浸式触控优先的应用程序。这些应用程序可以运行在 Windows 10+ 桌面系统以及 Xbox、Surface Hub 和 Hololens 等设备上。UWP 应用运行在沙盒之内，并可通过 Windows Store 发行。Windows 10 操作系统中预装了 UWP。UWP 基于 .NET Core 2.2 CLR/BCL，目前看来这种依存关系会持续下去。其后继者 WinUI 3 则作为 Windows App SDK 的组成部分随之发布。

Windows App SDK 支持 .NET 的最新版本，它和 .NET Desktop API 集成度更佳，并且可以脱离沙盒执行。但是它目前并不支持 XBox 或 HoloLens 等设备。

1.5.3.4 .NET Framework

.NET Framework 是 Microsoft 最初的 Windows 独占运行时，用于编写（只）运行于 Windows 桌面系统和服务器系统的网络应用程序与富客户端应用程序。虽然 Microsoft 会继续支持和维护当前的 4.8 版本以保证现有应用程序的执行，但该框架目前已没有后续的发布计划。

.NET Framework 中的 CLR 和 BCL 与应用层集成在一起。使用 .NET Framework 编写的应用程序通常在进行少许修改后就可以在 .NET 6 中重新编译。.NET Framework 中含有一些 .NET 6 并不具备的特性，反之亦然。

Windows 预装了 .NET Framework，会通过 Windows 升级服务自动升级。若将目标框架设置为 .NET Framework 4.8，则可以使用 C# 7.3 及之前版本的语言功能。

.NET 这个词之前一直用以指代任何与 .NET 相关的技术（例如 .NET Framework、.NET Core、.NET Standard 等）。

而微软将 .NET Core 重新命名为 .NET 不可避免会造成误解。在本书中，我们使用 .NET 表示 .NET 5+，而使用" .NET Core 和 .NET 5+"指代 .NET Core 及其后续版本。

更令人费解的是 .NET 5(+) 本身也是一个框架（framework），但它和之前的 .NET Framework 截然不同。因此我们尽可能使用"运行时"这个术语而不用"框架"这个词。

1.5.4 小众运行时

除了上述提到的运行时外，还有以下小众运行时：

- .NET Micro Framework 是在资源非常受限的嵌入式设备上运行 .NET 代码的框架（大小在 1MB 以内）。
- Unity 是一个游戏开发平台。它使用 C# 作为脚本语言进行游戏逻辑的开发。

除此之外，我们还可以在 SQL Server 上执行托管代码。SQL Server 的 CLR 集成环境支持在 SQL 中调用 C# 开发的自定义函数、存储过程以及聚合函数。它虽然使用 .NET Framework，但是其中的沙盒是由特殊的 CLR 宿主提供的，以保护 SQL Server 进程无恙。

1.6 C# 简史

下文将倒序介绍 C# 各个版本的新特性以方便熟悉旧版本语言的读者。

1.6.1 C# 10 的新特性

C# 10 随 Visual Studio 2022 发布。C# 10.0 可用于目标运行时为 .NET 6 的程序。

1.6.1.1 文件范围命名空间

通常情况下，一个文件中的所有类型都会定义在单一命名空间中。因此，C# 10 中的文件范围命名空间能够有效地避免代码混乱同时消除多余的缩进：

```
namespace MyNamespace;  // Applies to everything that follows in the file

class Class1 {};        // inside MyNamespace
class Class2 {};        // inside MyNamespace
```

1.6.1.2 全局 using 指令

在 using 指令前添加 global 关键字可以将该指令应用到当前工程下的所有文件中：

```
global using System;
global using System.Collection.Generic;
```

global using 指令可以避免在每一个文件中重复书写相同的指令。此外，global using 指令也支持 using static 写法。

除了全局 using 指令外，.NET 6 工程还支持隐式全局 using 指令。当工程文件中的 ImplicitUsings 元素的值为 true 时。编译器将自动（根据 SDK 工程类型）导入最常见的命名空间。请参见 2.12.3 节。

1.6.1.3 在匿名对象上应用非破坏性更改

C# 9 使用 with 关键字在 record 上执行非破坏性更改。在 C# 10 中，这种做法同样适用于匿名对象：

```
var a1 = new { A = 1, B = 2, C = 3, D = 4, E = 5 };
var a2 = a1 with { E = 10 };
Console.WriteLine (a2);     // { A = 1, B = 2, C = 3, D = 4, E = 10 }
```

1.6.1.4 新的解构语法

C# 7 可以在元组或任意实现了 Deconstruct 方法的类型上使用解构语法。而 C# 10 能够在解构时同时进行赋值和声明：

```
var point = (3, 4);
double x = 0;
(x, double y) = point;
```

1.6.1.5 结构体的字段初始化器与无参构造器

从 C# 10 开始，我们可以在结构体（请参见 3.4）中引入字段初始化器与无参构造器。当然，这些功能只在显式调用构造器的情况下才会生效，因此我们可以轻易地越过这些机制——例如，使用 default 关键字。该功能主要用于 record struct 类型。

1.6.1.6 record struct

C# 9 引入了 record，它是一种由编译器增强的类（class）。而在 C# 10 中，record 也支持 struct：

```
record struct Point (int X, int Y);
```

两类 record 的规则则是相似的：record struct 与 class struct 的功能相近（请参见 4.12 节），但编译器为 record struct 生成的属性是可写的。如果需生成只读属性，则需要在 record 声明之前辅以 readonly 关键字。

1.6.1.7 Lambda 表达式的功能增强

C# 10 对 Lambda 表达式的语法进行了多项增强。首先，可以使用 var 隐式类型声明 Lambda 表达式：

```
var greeter = () => "Hello, world";
```

Lambda 表达式的隐式类型或为 Action 委托或为 Func 委托。因此本例中 greeter 的类型为 Func<string>。而对于含有参数的表达式则必须显式指定每一个参数的类型：

```
var square = (int x) => x * x;
```

其次，Lambda 表达式可以指定返回类型：

```
var sqr = int (int x) => x;
```

这种举措主要是为了改善编译器处理复杂嵌套表达式的性能问题。

再次，我们可以将 Lambda 表达式传递到参数类型为 object、Delegate 或 Expression 的方法中。

```
M1 (() => "test");   // Implicitly typed to Func<string>
M2 (() => "test");   // Implicitly typed to Func<string>
M3 (() => "test");   // Implicitly typed to Expression<Func<string>>
```

```
void M1 (object x) {}
void M2 (Delegate x) {}
void M3 (Expression x) {}
```

最后，我们可以在 Lambda 表达式编译生成的方法上添加特性（除此之外，还可以在其参数和返回值上添加特性）：

```
Action a = [Description("test")] () => { };
```

有关 Lambda 表达式特性的更多细节，请参见 4.14.4 节。

1.6.1.8 嵌套属性模式

C# 10 支持嵌套属性模式匹配（请参见 4.13.6 节），因此以下的语法是合法的：

```
var obj = new Uri ("https://www.linqpad.net");
if (obj is Uri { Scheme.Length: 5 }) ...
```

上述语法等价于：

```
if (obj is Uri { Scheme: { Length: 5 }}) ...
```

1.6.1.9 CallerArgumentExpression 特性

若在方法的参数上应用 [CallerArgumentExpression] 特性，则（编译器）将捕获方法调用者的参数表达式，并将其传递给该参数：

```
Print (Math.PI * 2);

void Print (double number,
            [CallerArgumentExpression("number")] string expr = null)
  => Console.WriteLine (expr);

// Output: Math.PI * 2
```

该特性主要用于验证库和断言库的开发（请参见 4.15.1 节）。

1.6.1.10 其他新特性

C# 10 增强了 #line 预处理指令的功能。现在我们可以在该指令中指定列与范围。

在 C# 10 中，如果字符串插值中的值为常量（字符串），则插值后的字符串仍然可以是常量。

在 C# 10 中，record 可以将 ToString() 方法标记为 seal 的，以便派生类能够使用相同的表示形式。

C# 改进了确定性赋值[译注1]的分析方式，因此类似以下代码的表达式是合法的：

译注 1： 确定性赋值是指那些编译器能够通过静态过程分析证明变量会被自动初始化或被至少命中一个赋值过程的情形。

```
if (foo?.TryParse ("123", out var number) ?? false)
  Console.WriteLine (number);
```

[在 C# 10 以前的编译器中编译上述代码将得到："Use of unassigned local variable 'number'"（变量 'number' 在使用前未被赋值）错误。]

1.6.2 C# 9.0 的新特性

C# 9.0 随 Visual Studio 2019 一同发布，可用于目标运行时为 .NET 5 的程序。

1.6.2.1 顶级语句（Top-level Statement）

我们可以使用顶级语句（请参见 2.3.2.7 节）直接编写程序而无须将代码包裹在 Program 类的 Main 方法中：

```
using System;
Console.WriteLine ("Hello, world");
```

顶级语句可以包含方法（该方法将作为局部方法使用）。同时也可以访问"神奇的" args 变量，并将值返回给调用者。我们可以在顶级语句之后声明类型和命名空间。

1.6.2.2 只用于初始化的 set 访问器（Init-only setter）

属性声明中只用于初始化的 set 访问器（请参见 3.1.8.6 节）使用 init 关键字而不是 set 关键字：

```
class Foo { public int ID { get; init; } }
```

上述属性的行为与只读属性类似，只不过这种属性可以在对象初始化器中赋值：

```
var foo = new Foo { ID = 123 };
```

该访问器可用于创建不可变（只读）类型，并使用对象初始化器（而不是构造器）进行初始化。同时，这种做法还可以避免出现构造器中接收大量可选参数的反模式。结合使用该访问器和"记录"(record) 功能还可以实现非破坏性更改（nondesctructive mutation）。

1.6.2.3 记录

记录（请参见 4.12 节）是一种可以良好支持不可变数据的特殊类型。它最特别的功能是可以使用一种新的关键字（with）进行非破坏性更改：

```
Point p1 = new Point (2, 3);
Point p2 = p1 with { Y = 4 };   // p2 is a copy of p1, but with Y set to 4
Console.WriteLine (p2);         // Point { X = 2, Y = 4 }

record Point
{
  public Point (double x, double y) => (X, Y) = (x, y);

  public double X { get; init; }
  public double Y { get; init; }
}
```

在简单的情况下，记录可以避免大量用于定义属性、编写构造器和解构器的样板代码。例如，上述 Point 记录的定义可以替换为以下语句而不会损失任何功能：

```
record Point (double X, double Y);
```

和元组相似，记录也默认进行结构化相等比较。记录可以继承其他记录，并且具备和类相同的内部结构。编译器在运行时也会将记录实现为类。

1.6.2.4 模式匹配的改进

关系模式功能（请参见 4.13 节）允许在模式中使用 <、>、<= 和 >= 运算符：

```
string GetWeightCategory (decimal bmi) => bmi switch {
  < 18.5m => "underweight",
  < 25m => "normal",
  < 30m => "overweight",
  _ => "obese" };
```

模式连接符功能可以使用三个新关键字（and、or 与 not）将模式组合起来：

```
bool IsVowel (char c) => c is 'a' or 'e' or 'i' or 'o' or 'u';
bool IsLetter (char c) => c is >= 'a' and <= 'z'
                            or >= 'A' and <= 'Z';
```

和 && 与 || 一样，and 比 or 有更高的优先级。我们可以通过添加括号更改运算顺序。

not 连接符可以和类型模式一起使用，以测试对象是否不是某种类型：

```
if (obj is not string) ...
```

1.6.2.5 目标类型 new 表达式（Target-Typed new Expression）

使用 C# 9 创建对象时，若编译器可以无二义性地推断目标类型，则可以省略类型名称：

```
System.Text.StringBuilder sb1 = new();
System.Text.StringBuilder sb2 = new ("Test");
```

上述方式在代码变量声明和初始化分离的情况下非常有用：

```
class Foo
{
  System.Text.StringBuilder sb;
  public Foo (string initialValue) => sb = new (initialValue);
}
```

在以下场景中也同样适用：

```
MyMethod (new ("test"));
void MyMethod (System.Text.StringBuilder sb) { ... }
```

更多信息，请参见 2.8.8 节。

1.6.2.6 互操作方面的改进

C# 9 引入了函数指针（请参见 4.18.9 节与 24.3.1 节）。其主要目的是允许非托管代码在

C# 中调用静态方法而无须承担委托实例的开销，当参数与返回类型可以在两侧直接进行位块传输（即在两侧的表示方法相同）时绕过 P/Invoke 层。

C# 9 还引入了 nint 和 nuint 两种原生大小的整数类型（请参见 4.18.8 节）。这两种类型在运行时将分别映射为 System.IntPtr 和 System.UIntPtr 类型。在编译期，它们的行为与数字类型相同，并可以使用算术运算符。

1.6.2.7 其他新特性

此外，C# 9 还可以：

- 重写方法或只读属性，并返回更深的派生类型（请参见 3.2.3.1 节）。
- 在局部函数上应用特性（请参见 4.14 节）。
- 在 Lambda 表达式或局部函数上使用 static 关键字以确保不会意外地捕获局部变量或实例变量（请参见 4.3.2.1 节）。
- 通过编写 GetEnumerator 扩展方法令所有类型都支持 foreach 语句。
- 在 static void 的无参数方法上应用 [ModuleInitializer] 特性定义模块初始化器方法，使其仅在程序集第一次加载时执行一次。
- 使用丢弃变量（下划线符号）作为 Lambda 表达式的参数。
- 编写必须要求实现的扩展分部方法。它的使用场景如 Roslyn 编译器的新代码生成器（请参见 3.1.13.2 节）。
- 在方法、类型或模块上应用特性以阻止局部变量被运行时初始化（请参见 4.18.10 节）。

1.6.3 C# 8.0 新特性

C# 8.0 最初随 Visual Studio 2019 发布，目前仍然可以在目标运行时为 .NET Core 3 或 .NET Standard 2.1 的程序中使用。

1.6.3.1 索引与范围

索引（index）与范围（range）简化了访问数组元素或访问部分数组（或者诸如 Span<T> 以及 ReadOnlySpan<T> 等低层次类型）的工作。

在索引中使用 ^ 运算符可以从数组的结尾处开始引用数组的元素。例如，^1 引用最后一个元素，而 ^2 则引用倒数第二个元素，以此类推：

```
char[] vowels = new char[] {'a','e','i','o','u'};
char lastElement  = vowels [^1];    // 'u'
char secondToLast = vowels [^2];    // 'o'
```

范围指的是在数组中可以使用 .. 运算符将数组切片：

```
char[] firstTwo  =  vowels [..2];     // 'a', 'e'
char[] lastThree =  vowels [2..];     // 'i', 'o', 'u'
char[] middleOne =  vowels [2..3];    // 'i'
char[] lastTwo   =  vowels [^2..];    // 'o', 'u'
```

C# 通过 Index 和 Range 这两种类型实现了上述索引和范围操作：

```
Index last = ^1;
Range firstTwoRange = 0..2;
char[] firstTwo = vowels [firstTwoRange];   // 'a', 'e'
```

当然，我们也可以在自定义类型中使用 Index 和 Range 参数来支持索引和范围操作：

```
class Sentence
{
  string[] words = "The quick brown fox".Split();

  public string this   [Index index] => words [index];
  public string[] this [Range range] => words [range];
}
```

关于索引和范围的详细介绍，请参见 2.7.2 节。

1.6.3.2 null 合并赋值

??= 运算符会在值为 null 的时候执行赋值操作。因而如下的语句：

```
if (s == null) s = "Hello, world";
```

可以写为

```
s ??= "Hello, world";
```

1.6.3.3 using 声明

若忽略 using 语句的括号和语句块，那么这条语句就变成了 using 声明。当程序执行超越该声明所在的语句块时，将调用相应资源的 Dispose 方法：

```
if (File.Exists ("file.txt"))
{
  using var reader = File.OpenText ("file.txt");
  Console.WriteLine (reader.ReadLine());
  ...
}
```

在上述代码中，当代码执行超出 if 语句的代码块时，将调用 reader 的 Dispose 方法。

1.6.3.4 readonly 成员

C# 8 支持对 struct 中的函数附加 readonly 修饰符，以确保在该函数试图修改任何字段时产生编译错误：

```
struct Point
{
```

```
    public int X, Y;
    public readonly void ResetX() => X = 0;  // Error!
}
```

如果 readonly 函数调用一个非 readonly 函数，则编译器会生成警告（并防御性地创建一个该值类型对象的拷贝以避免产生更改）。

1.6.3.5 静态局部方法

在局部方法中添加 static 修饰符可以避免该方法使用其所在的外层方法中的局部变量和参数。这不但能够降低耦合，还能够在局部方法中随心所欲地定义变量而不必担心和所在的外层方法中定义的变量冲突。

1.6.3.6 默认接口成员

C# 8 可以在接口成员中添加默认实现，这样就无须每次都实现该成员：

```
interface ILogger
{
  void Log (string text) => Console.WriteLine (text);
}
```

这意味着即使在接口中添加了新的方法也不会破坏现有的实现。默认的实现必须通过显示接口类型才能进行调用：

```
((ILogger)new Logger()).Log ("message");
```

现在还可以在接口中定义静态成员（包括静态字段），而接口的默认实现可以访问这些成员：

```
interface ILogger
{
  void Log (string text) => Console.WriteLine (Prefix + text);
  static string Prefix = "";
}
```

此外，也可以从接口外访问这些静态成员。除非这些静态接口成员被访问修饰符（例如 private、protected 或 internal）限制：

```
ILogger.Prefix = "File log: ";
```

接口无法定义实例字段。关于该内容的详细描述，请参见 3.6.6 节。

1.6.3.7 switch 表达式

C# 8 支持在表达式上下文中使用 switch 语句：

```
string cardName = cardNumber switch    // assuming cardNumber is an int
{
  13 => "King",
  12 => "Queen",
  11 => "Jack",
  _ => "Pip card"    // equivalent to 'default'
};
```

更多的示例，请参见 2.11.3.6 节。

1.6.3.8 元组、位置和属性模式

C# 8 支持三种新的模式，这些模式对 switch 语句和 switch 表达式（请参见 4.13 节）均有裨益。元组模式可以直接对多个值进行分支选择：

```
int cardNumber = 12; string suite = "spades";
string cardName = (cardNumber, suite) switch
{
  (13, "spades") => "King of spades",
  (13, "clubs") => "King of clubs",
  ...
};
```

位置模式和对象的解构器类似，而属性模式可用于匹配对象的属性值。这三种模式均可以用于 switch 语句和 is 运算符。以下示例使用属性模式来确认 obj 是否是一个长度为 4 的字符串：

```
if (obj is string { Length:4 }) ...
```

1.6.3.9 可空引用类型

可空值类型令值类型对象也可以为 null，而可空引用类型则正好做了相反的事情。它在一定程度上防止了引用类型对象的值为 null，从而避免 NullReferenceException 的出现。可空引用类型完全依靠编译器在发现可能产生 NullReferenceException 的代码时产生警告或错误，从而提供一定的安全保障。

可空引用类型特性可以在工程级别（通过 .csproj 工程文件中的 Nullable 元素）进行配置，也可以在代码级别（使用 #nullable 指令）进行配置。当该特性处于开启状态时，编译器将默认引用值不可为 null。如果想让一个引用类型变量接受 null，则必须使用 ? 后缀对其进行修饰，以声明该变量为可空引用类型：

```
#nullable enable    // Enable nullable reference types from this point on

string s1 = null;   // Generates a compiler warning! (s1 is non-nullable)
string? s2 = null;  // OK: s2 is nullable reference type
```

（未标记为可空引用类型的）未经初始化的字段将产生编译警告。此外，在解引用一个可空引用类型的变量时，若编译器认为该操作会产生 NullReferenceException，则也将产生编译警告：

```
void Foo (string? s) => Console.Write (s.Length);  // Warning (.Length)
```

若想消除该警告，则需要使用允许空值运算符（!）：

```
void Foo (string? s) => Console.Write (s!.Length);
```

有关可空引用类型的完整讨论，请参见 4.8 节。

1.6.3.10 异步流（Asynchronous stream）

在 C# 8 之前，我们可以使用 `yield return` 来书写迭代器，或使用 `await` 来书写异步函数。但是无法同时使用两者来实现一个异步生成数据的迭代器。C# 8 通过引入异步流弥补了这个遗憾：

```
async IAsyncEnumerable<int> RangeAsync (
  int start, int count, int delay)
{
  for (int i = start; i < start + count; i++)
  {
    await Task.Delay (delay);
    yield return i;
  }
}
```

可以使用 `await forreach` 语句来消费该异步流：

```
await foreach (var number in RangeAsync (0, 10, 100))
  Console.WriteLine (number);
```

关于这个专题的更多信息，请参见 14.5.4 节。

1.6.4 C# 7.x 的新特性

C# 7 最初随 Visual Studio 2017 发布。在 Visual Studio 2019 中，若程序的目标运行时为 .NET Core 2、.NET Framework 4.6～4.8 或 .NET Standard 2.0，则仍然可以使用 C# 7.3。

1.6.4.1 C# 7.3

C# 7.3 在先前的功能上做了微小的改进，例如，使用相等运算符和不等运算符对元组进行比较、改进重载解析，以及可以在自动属性对应的字段上附加特性：

```
[field:NonSerialized]
public int MyProperty { get; set; }
```

C# 7.3 在 C# 7.2 先进的底层内存分配编程特性之上添加了对引用局部变量（ref local）的重复赋值功能、对 `fixed` 字段进行索引操作时无须固定内存的功能，以及使用 stackalloc 初始化字段的功能：

```
int* pointer  = stackalloc int[] {1, 2, 3};
Span<int> arr = stackalloc []    {1, 2, 3};
```

需要注意的是栈分配的内存可以直接赋值给 Span<T> 对象，我们将在第 23 章来介绍 Span<T> 及其使用场景。

1.6.4.2 C# 7.2

C# 7.2 添加了 `private protected` 修饰符（它是 `internal` 和 `protected` 的交集），在调用方法时支持占位的命名参数，此外还添加了 `readonly` 结构体。`readonly` 结构体的所有的字段都是 readonly 的，这不但令其声明上十分清晰而且还为编译器提供了更多的优化空间：

```
readonly struct Point
{
  public readonly int X, Y;   // X and Y must be readonly
}
```

C# 7.2 还进行了一些细微的性能优化并添加了一些底层资源分配编程相关的功能。具体请参见 2.8.4.6 节、2.8.5 节、2.8.6 节以及 3.4.3 节。

1.6.4.3 C# 7.1

C# 7.1 可以使用 default 关键字在能够推断类型的情况下忽略类型信息，例如：

```
decimal number = default;   // number is decimal
```

C# 7.1 放宽了对 switch 语句匹配规则的约束（现在，可以对泛型类型参数实施模式匹配了），支持将程序的 Main 函数声明为异步函数，并支持元组中元素名称的推断功能：

```
var now = DateTime.Now;
var tuple = (now.Hour, now.Minute, now.Second);
```

1.6.4.4 数字字面量的改进

在 C# 7 中，数字字面量可以使用下划线来改善可读性。这些称为数字分隔符，编译器会忽略它们：

```
int million = 1_000_000;
```

二进制字面量可以使用 0b 前缀进行标识：

```
var b = 0b1010_1011_1100_1101_1110_1111;
```

1.6.4.5 out 变量与丢弃变量

在 C# 7 中，调用含有 out 参数的方法将更加容易。首先，可以非常自然地声明输出变量（请参见 2.8.4.4 节）：

```
bool successful = int.TryParse ("123", out int result);
Console.WriteLine (result);
```

当调用含有多个 out 参数的方法时，可以使用下划线字符忽略你并不关心的参数：

```
SomeBigMethod (out _, out _, out _, out int x, out _, out _, out _);
Console.WriteLine (x);
```

1.6.4.6 类型模式与模式变量

is 运算符也可以自然地引入变量了。它们称为模式变量（请参见 3.2.2.5 节）：

```
void Foo (object x)
{
  if (x is string s)
    Console.WriteLine (s.Length);
}
```

switch 语句同样支持模式，因此我们不仅可以按常量 switch，还可以按类型 switch（请参见 2.11.3.5 节）。可以使用 when 子句来指定判断条件或是直接选择 null：

```
switch (x)
{
  case int i:
    Console.WriteLine ("It's an int!");
    break;
  case string s:
    Console.WriteLine (s.Length);        // We can use the s variable
    break;
  case bool b when b == true:            // Matches only when b is true
    Console.WriteLine ("True");
    break;
  case null:
    Console.WriteLine ("Nothing");
    break;
}
```

1.6.4.7 局部方法

局部方法是声明在其他函数内部的方法（请参见 3.1.3.2 节）

```
void WriteCubes()
{
  Console.WriteLine (Cube (3));
  Console.WriteLine (Cube (4));
  Console.WriteLine (Cube (5));


  int Cube (int value) => value * value * value;
}
```

局部方法仅仅在包含它的函数内可见，它们可以像 Lambda 表达式那样捕获局部变量。

1.6.4.8 更多的表达式体成员

C# 6 引入了以"胖箭头"语法表示的表达式体方法、只读属性、运算符以及索引器。而 C# 7 更将其扩展到了构造函数、读 / 写属性和终结器中：

```
public class Person
{
  string name;

  public Person (string name) => Name = name;

  public string Name
  {
    get => name;
```

```
      set => name = value ?? "";
    }

    ~Person () => Console.WriteLine ("finalize");
  }
```

1.6.4.9 解构器

C# 7 引入了解构器模式（请参见 3.1.5 节）。构造器一般接受一系列值（作为参数）并将它们赋值给字段，而解构器则正相反，它将字段反向赋值给变量。以下示例为 Person 类书写了一个解构器（不包含异常处理）：

```
public void Deconstruct (out string firstName, out string lastName)
{
  int spacePos = name.IndexOf (' ');
  firstName = name.Substring (0, spacePos);
  lastName = name.Substring (spacePos + 1);
}
```

解构器以特定的语法进行调用：

```
var joe = new Person ("Joe Bloggs");
var (first, last) = joe;        // Deconstruction
Console.WriteLine (first);      // Joe
Console.WriteLine (last);       // Bloggs
```

1.6.4.10 元组

也许对于 C# 7 来说最值得一提的改进当属显式的元组（tuple）支持（请参见 4.11 节）。元组提供了一种简单方式来存储一系列相关值：

```
var bob = ("Bob", 23);

Console.WriteLine (bob.Item1);  // Bob
Console.WriteLine (bob.Item2);  // 23
```

C# 的新元组实质上是使用 System.ValueTuple<...> 泛型结构的语法糖。在编译器 "魔法" 的帮助下，我们还可以对元组的元素进行命名：

```
var tuple = (name:"Bob", age:23);
Console.WriteLine (tuple.name);   // Bob
Console.WriteLine (tuple.age);    // 23
```

有了元组，函数再也不必通过一系列 out 参数或通过多余的类型包装来返回多个值了：

```
static (int row, int column) GetFilePosition() => (3, 10);

static void Main()
{
  var pos = GetFilePosition();
  Console.WriteLine (pos.row);      // 3
  Console.WriteLine (pos.column);   // 10
}
```

元组隐式支持解构模式，因此很容易解构为若干独立的变量。因此，可将元组轻易地解构为两个独立局部变量 row 和 column：

```
static void Main()
{
  (int row, int column) = GetFilePosition();   // Creates 2 local variables
  Console.WriteLine (row);      // 3
  Console.WriteLine (column);   // 10
}
```

1.6.4.11 throw 表达式

在 C# 7 之前，throw 一直是语句。现在，它也可以作为表达式出现在表达式体函数中：

```
public string Foo() => throw new NotImplementedException();
```

throw 表达式也可以出现在三元条件表达式中：

```
string Capitalize (string value) =>
  value == null ? throw new ArgumentException ("value") :
  value == "" ? "" :
  char.ToUpper (value[0]) + value.Substring (1);
```

1.6.5 C# 6.0 新特性

C# 6.0 随 Visual Studio 2015 发布，随之一起发布的有崭新的、完全使用 C# 实现的代号为"Roslyn"的编译器。新的编译器将一整条编译流水线通过程序库进行开放，从而实现对任意的源代码的分析。编译器本身是开源的，其源代码可以从 GitHub（*http://github.com/dotnet/roslyn*）上获得。

此外，C# 6.0 为了改善代码的清晰性引入了一系列小而精的改进。

null 条件（"Elvis"）运算符（请参见 2.10 节）可以避免在调用方法或访问类型的成员之前显式地编写 null 判断的语句。在以下示例中，result 将会为 null 而不会抛出 NullReferenceException：

```
System.Text.StringBuilder sb = null;
string result = sb?.ToString();       // result is null
```

表达式体函数（expression-bodied function，请参见 3.1.3 节）可以以 Lambda 表达式的形式书写仅仅包含一个表达式的方法、属性、运算符以及索引器，使代码更加简短：

```
public int TimesTwo (int x) => x * 2;
public string SomeProperty => "Property value";
```

属性初始化器（property initializer，参见第 3 章）可以对自动属性进行初始赋值：

```
public DateTime TimeCreated { get; set; } = DateTime.Now;
```

这种初始化也支持只读属性：

```
public DateTime TimeCreated { get; } = DateTime.Now;
```

只读属性也可以在构造器中进行赋值，这令创建不可变（只读）类型变得更加容易了。

索引初始化器（index initializer，见第 4 章）可以一次性初始化具有索引器的任意类型：

```
var dict = new Dictionary<int,string>()
{
  [3] = "three",
  [10] = "ten"
};
```

字符串插值（string interploation，参见 2.6.2 节）用更加简单的方式替代了 string.
Format：

```
string s = $"It is {DateTime.Now.DayOfWeek} today";
```

异常过滤器（exception filter，请参见 4.5 节）可以在 catch 块上再添加一个条件：

```
string html;
try
{
  html = await new HttpClient().GetStringAsync ("http://asef");
}
catch (WebException ex) when (ex.Status == WebExceptionStatus.Timeout)
{
  ...
}
```

using static（参见 2.12 节）指令可以引入一个类型的所有静态成员，这样就可以不用
书写类型而直接使用这些成员：

```
using static System.Console;
...
WriteLine ("Hello, world");  // WriteLine instead of Console.WriteLine
```

nameof（参见第 3 章）运算符返回变量、类型或者其他符号的名称，这样在 Visual
Studio 中就可以避免变量重命名造成不一致的代码：

```
int capacity = 123;
string x = nameof (capacity);   // x is "capacity"
string y = nameof (Uri.Host);   // y is "Host"
```

最后值得一提的是，C# 6.0 可以在 catch 和 finally 块中使用 await。

1.6.6 C# 5.0 新特性

C# 5.0 最大的新特性是通过关键字 async 和 await 支持异步功能（asynchronous function）。
异步功能支持异步延续（asynchronous continuation），从而简化响应式和线程安全的富
客户端应用程序的编写。它还有利于编写高并发和高效的 I/O 密集型应用程序，而不需
要为每一个操作绑定一个线程资源。第 14 章将详细介绍异步功能。

1.6.7 C# 4.0 新特性

C# 4.0 引入了四个主要的功能增强：

动态绑定（参见第 4 章和第 19 章）将绑定过程（解析类型与成员的过程）从编译时推迟到运行时。这种方法适用于一些需要避免使用复杂反射代码的场合。动态绑定还适合于实现动态语言以及 COM 组件的互操作。

可选参数（参见第 2 章）允许函数指定参数的默认值，这样调用者就可以省略一些参数，而命名参数则允许函数的调用者按名字而非按位置指定参数。

类型变化规则在 C# 4.0 进行了一定程度的放宽（参见第 3 章和第 4 章），因此泛型接口和泛型委托类型参数可以标记为协变（covariant）或逆变（contravariant），从而支持更加自然的类型转换。

COM 互操作性（参见第 24 章）在 C# 4.0 中进行了三个方面的改进。第一，参数可以通过引用传递，并无须使用 ref 关键字（特别适用于与可选参数一同使用）。第二，包含 COM 互操作（interop）类型的程序集可以链接而无须引用。链接的互操作类型支持类型相等转换，无须使用主互操作程序集（Primary Interop Assembly），并且解决了版本控制和部署的难题。第三，链接的互操作类型中的函数若返回 COM 变体类型，则会映射为 dynamic 而不是 object，因此无须进行强制类型转换。

1.6.8 C# 3.0 新特性

C# 3.0 增加的特性主要集中在语言集成查询（Language Integrated Query, LINQ）上。LINQ 令 C# 程序可以直接编写查询并以静态方式检查其正确性。它可以查询本地集合（如列表或 XML 文档），也可以查询远程数据源（如数据库）。C# 3.0 中和 LINQ 相关的新特性还包括隐式类型局部变量、匿名类型、对象构造器、Lambda 表达式、扩展方法、查询表达式和表达式树。

隐式类型局部变量（var 关键字，参见第 2 章）允许在声明语句中省略变量类型，然后由编译器推断其类型。这样可以简化代码并支持匿名类型（参见第 4 章）。匿名类型是一些即时创建的类，它们常用于生成 LINQ 查询的最终输出结果。数组也可以隐式类型化（参见第 2 章）。

对象初始化器（参见第 3 章）允许在调用构造器之后以内联的方式设置属性，从而简化对象的构造过程。对象初始化器不仅支持命名类型也支持匿名类型。

Lambda 表达式（参见第 4 章）是由编译器即时创建的微型函数，适用于创建"流畅的"LINQ 查询（参见第 8 章）。

扩展方法（参见第 4 章）可以在不修改类型定义的情况下使用新的方法扩展现有类型，使静态方法变得像实例方法一样。LINQ 表达式的查询运算符就是使用扩展方法实现的。

查询表达式（参见第 8 章）提供了编写 LINQ 查询的更高级语法，大大简化了具有多个序列或范围变量的 LINQ 查询的编写过程。

表达式树（参见第 8 章）是赋值给一种特殊类型 Expression<TDelegate> 的 Lambda 表达式的 DOM（Document Object Model，文档对象模型）模型。表达式树使 LINQ 查询能够远程执行（例如在数据库服务器上），因为它们可以在运行时进行内省和转换（例如，变成 SQL 语句）。

C# 3.0 还添加了自动化属性和分部方法。

自动化属性（参见第 3 章）简化了在 get/set 中对私有字段直接读写的属性，并将字段的读写逻辑交给编译器自动生成。分部方法（Partial Method，参见第 3 章）可以令自动生成的分部类（Partial Class）自定义需要手动实现的钩子函数，而该函数可以在没有使用的情况下"消失"。

1.6.9 C# 2.0 新特性

C# 2.0 提供的新特性包括泛型（参见第 3 章）、可空值类型（nullable type）（参见第 4 章）、迭代器（参见第 4 章）以及匿名方法（Lambda 表达式的前身）。这些新特性为 C# 3.0 引入 LINQ 铺平了道路。

C# 2.0 还添加了分部类、静态类以及许多细节功能，例如，对命名空间别名、友元程序集和定长缓冲区的支持。

泛型需要在运行时仍然能够确保类型的正确性，因此需要引入新的 CLR（CLR 2.0）才能达成该目标。

第 2 章

C# 语言基础

本章将介绍 C# 语言的基础知识。

本书中几乎所有的程序和代码片段都可以作为交互式示例在 LINQPad 中运行。阅读本书时使用这些示例可以加快你的学习进度。在 LINQPad 中编辑执行这些示例可以立即得到结果，无须在 Visual Studio 中建立项目和解决方案。

如果要下载这些示例，请单击 LINQPad 中的 Samples 选项卡，然后单击"Download more samples"。LINQPad 是免费软件，你可以从 *http://www.linqpad.com* 下载该软件。

2.1 第一个 C# 程序

以下程序计算 12 乘以 30，并将结果 360 输出到屏幕上。其中双斜线"//"表示后续内容是注释：

```
int x = 12 * 30;                // Statement 1
System.Console.WriteLine (x);   // Statement 2
```

上述程序由两个语句构成。在 C# 中，语句按顺序执行，每个语句都以分号结尾。第一个语句计算表达式 12 * 30 的值，并把结果存储到变量 x 中，该变量是一个 32 位整数类型（int）的变量。第二个语句调用 Console 类（定义在 System 命名空间下）的 WriteLine 方法，将变量 x 的值输出到屏幕上的文本窗口中。

方法执行特定功能；类将函数成员和数据成员聚合在一起形成面向对象的构建单元。Console 类将处理命令行的输入输出功能聚合在一起，例如 WriteLine 方法。类是一种类型，我们会在 2.3 节进行介绍。

程序最外层是命名空间，类型组织在各个命名空间中。许多常用的类型——包括 Console 类——都在 System 命名空间下，.NET 中的库组织在嵌套的命名空间中。例如，System.

Text 命名空间中的类型用于处理文本而 System.IO 命名空间中的类型则用于处理输入和输出。

在每次使用 Console 类时都添加 System 命名空间进行修饰会显得累赘。此时可以使用 using 指令导入命名空间来避免烦冗的代码：

```
using System;              // Import the System namespace

int x = 12 * 30;
Console.WriteLine (x);     // No need to specify System.
```

编写高层函数来调用低层次函数是一种基本的代码复用手段。可重构（refactor）上述程序，使用可重用的方法 FeetToInches 来计算某个整数乘以 12 的结果：

```
using System;

Console.WriteLine (FeetToInches (30));      // 360
Console.WriteLine (FeetToInches (100));     // 1200

int FeetToInches (int feet)
{
  int inches = feet * 12;
  return inches;
}
```

上述方法中的一系列语句被成对的大括号包围起来，称为语句块（statement block）。

方法可以通过参数来接收调用者输入的数据，并通过指定的返回类型向调用者返回输出数据。上述代码中的 FeetToInches 方法包含一个用于输入英尺的参数和一个用于输出英寸的返回类型：

```
int FeetToInches (int feet)
...
```

示例中的字面量 30 和 100 是传递给 FeedToInches 方法的实际参数（argument）。

如果方法没有接收到输入，则应使用空括号。如果不返回任何结果，则应使用 void 关键字：

```
using System;
SayHello();

void SayHello()
{
  Console.WriteLine ("Hello, world");
}
```

方法是 C# 中的诸多种类函数之一。另一种函数是我们用来执行乘法运算的 * 运算符。其他的函数种类还包括构造器、属性、事件、索引器和终结器。

编译

C# 编译器能够将一系列以 .cs 为扩展名的源代码文件编译成程序集，程序集是 .NET 中的打包和部署单元。程序集可以是一个应用程序也可以是一个库。普通的控制台程序或 Windows 应用程序包含一个入口点（entry point），而库则没有。库可以被应用程序或其他的库调用（引用）。.NET 5 就是由一系列库（及运行时环境）组成的。

上一节中的每一个程序都是直接由一系列语句（称为顶级语句）开头的。当存在顶级语句时，控制台程序或 Windows 应用程序将隐式创建入口点（若没有顶级语句，则 Main 方法将作为应用程序的入口点——请参见 2.3.2 节）

与 .NET Framework 不同，.NET 6 程序集并没有 .exe 扩展名。NET 6 应用程序构建之后生成的 .exe 文件只是一个负责启动 .dll 程序集的原生加载器。这个 .exe 文件是和平台相关的。

.NET 5 能够创建自包含部署程序，它包含加载器、程序集以及 .NET 运行时本身。而以上内容均包含在一个单一 .exe 文件中。

dotnet 工具（在 Windows 下则为 dotnet.exe）是一个用于管理 .NET 源代码和二进制文件的命令行工具。该工具可以像集成开发环境（例如 Visual Studio 和 Visual Studio Code）那样构建或启动程序。

dotnet 工具可通过安装 .NET 5 SDK 或安装 Visual Studio 获得，其默认安装位置在 Windows 操作系统上位于 *%ProgramFiles%/dotnet*，在 Ubuntu Linux 上位于 */usr/bin/dotnet*。

dotnet 工具在编译应用程序时需要指定一个工程文件（project file）及一个或者多个 C# 代码文件。以下命令将创建一个控制台应用程序的基本结构：

```
dotnet new Console -n MyFirstProgram
```

上述命令将创建名为 *MyFirstProgram* 的子目录，并在其中创建名为 *MyFirstProgram.csproj* 的工程文件，以及包含 Main 方法的 *Program.cs* 代码文件，其中 Main 方法将在控制台输出"Hello World"。

在 *MyFirstProgram* 目录执行以下命令将构建并启动上述应用程序：

```
dotnet run MyFirstProgram
```

如果仅仅希望构建应用程序，但不执行，则可以执行以下命令：

```
dotnet build MyFirstProgram.csproj
```

构建生成的程序集将保存在 *bin/debug* 子目录下。

我们将在第 17 章详细介绍程序集。

2.2 语法

C# 的语法基于 C 和 C++ 语法。在本节中，我们将使用下面的程序介绍 C# 的语法元素：

```
using System;

int x = 12 * 30;
Console.WriteLine (x);
```

2.2.1 标识符和关键字

标识符是程序员为类、方法、变量等选择的名字。下面按顺序列出了上述示例中的标识符：

```
System    x    Console    WriteLine
```

标识符必须是一个完整的词，它由以字母和下划线开头的 Unicode 字符构成。C# 标识符是区分大小写的，通常约定参数、局部变量以及私有字段应该以小写字母开头（例如 myVariable），而其他类型的标识符则应该以大写字母开头（例如 MyMethod）。

关键字是对编译器有特殊意义的名字。前面的示例中用到的两个关键字是 using 和 int。

大部分关键字是保留字，这意味着它们不能用作标识符。以下列出了 C# 的所有关键字：

```
abstract  do        in         protected   throw
as        double    int        public      true
base      else      interface  readonly    try
bool      enum      internal   record      typeof
break     event     is         ref         uint
byte      explicit  lock       return      ulong
case      extern    long       sbyte       unchecked
catch     false     namespace  sealed      unsafe
char      finally   new        short       ushort
checked   fixed     null       sizeof      using
class     float     object     stackalloc  virtual
const     for       operator   static      void
continue  foreach   out        string      volatile
decimal   goto      override   struct      while
default   if        params     switch
delegate  implicit  private    this
```

如果希望用关键字作为标识符，需在关键字前面加上 @ 前缀，例如：

```
int using = 123;      // Illegal
int @using = 123;     // Legal
```

@ 并不是标识符的一部分，所以 @myVariable 和 myVariable 是一样的。

上下文关键字

一些关键字是上下文相关的，它们有时不用添加 @ 前缀也可以用作标识符，例如：

```
add       dynamic  join   on    value
alias     equals   let    or    var
```

and	from	managed	orderby	with
ascending	get	nameof	partial	when
async	global	nint	remove	where
await	group	not	select	yield
by	init	notnull	set	
descending	into	nuint	unmanaged	

使用上下文关键字作为标识符时，应避免与上下文中的关键字混淆。

2.2.2 字面量、标点与运算符

字面量在语法上是嵌入程序中的原始数据片段。上述示例中用到的字面量有 12 和 30。

标点有助于划分程序结构，例如，分号用于结束一条语句。语句也可以放在多行中：

```
Console.WriteLine
    (1 + 2 + 3 + 4 + 5 + 6 + 7 + 8 + 9 + 10);
```

运算符用于改变和组合表达式。大多数 C# 运算符都以符号表示，例如，乘法运算符 *。
我们将在本章后续内容中详细介绍运算符。在前文中出现的运算符有：

```
=  *  .  ()
```

点号 . 表示某个对象的成员（或者数字字面量的小数点）。括号在声明或调用方法时使
用，空括号在方法没有参数时使用，本章后续还会介绍括号的其他用途。等号 = 用于赋
值操作，双等号 == 用于相等比较，请参见本章后续内容。

2.2.3 注释

C# 提供了两种不同形式的源代码文档：单行注释和多行注释。单行注释由双斜线开始，
到本行结束为止，例如：

```
int x = 3;   // Comment about assigning 3 to x
```

多行注释由 /* 开始，由 */ 结束，例如：

```
int x = 3;   /* This is a comment that
                spans two lines */
```

注释也可以嵌入 XML 文档标签中，我们将在 4.20 节中介绍。

2.3 类型基础

类型是值的蓝图。在以下示例中，我们使用了两个 int 类型的字面量 12 和 30，并声明
了一个 int 类型的变量 x：

```
int x = 12 * 30;
Console.WriteLine (x);
```

本书的大多数代码需要使用 System 命名空间下的类型。因此除了展示与命名空间相关的概念，从该示例开始我们将忽略"using System"语句。

变量表示一个存储位置，其中的值可能会不断变化。与之对应，常量总是表示同一个值（后面会详细介绍）：

```
const int y = 360;
```

C# 中的所有值都是某一种类型的实例。值或者变量所包含的可能取值均由其类型决定。

2.3.1 预定义类型示例

预定义类型是指那些由编译器特别支持的类型。int 就是一种预定义类型，它代表一系列能够存储在 32 位内存中的整数集，其范围从 -2^{31} 到 $2^{31}-1$，并且它是该范围内数字字面量的默认类型。我们能够对 int 类型的实例执行算术运算等功能：

```
int x = 12 * 30;
```

C# 中的另一个预定义类型是 string。string 类型表示字符序列，例如".NET"或者"*http://oreilly.com*"。我们可以通过以下方式调用函数来操作字符串：

```
string message = "Hello world";
string upperMessage = message.ToUpper();
Console.WriteLine (upperMessage);          // HELLO WORLD

int x = 2022;
message = message + x.ToString();
Console.WriteLine (message);               // Hello world2022
```

上述示例调用了 x.ToString() 来获得表示整数 x 的字符串。我们几乎可以在任何类型的变量上调用 ToString() 方法。

预定义类型 bool 只有两种值：true 和 false。bool 类型通常与 if 语句一起控制条件分支执行流程，例如：

```
bool simpleVar = false;
if (simpleVar)
  Console.WriteLine ("This will not print");

int x = 5000;
bool lessThanAMile = x < 5280;
if (lessThanAMile)
  Console.WriteLine ("This will print");
```

在 C# 中，预定义类型（也称为内置类型）拥有相应的 C# 关键字。在 .NET 的 System 命名空间下也包含了很多不是预定义类型的重要类型（例如 DateTime）。

2.3.2 自定义类型

我们能够编写自定义的方法，同样也能够编写自定义类型。以下示例定义了一个名为 UnitConverter 的自定义类型，这个类将作为单位转换的蓝图：

```
UnitConverter feetToInchesConverter = new UnitConverter (12);
UnitConverter milesToFeetConverter  = new UnitConverter (5280);

Console.WriteLine (feetToInchesConverter.Convert(30));     // 360
Console.WriteLine (feetToInchesConverter.Convert(100));    // 1200

Console.WriteLine (feetToInchesConverter.Convert(
                   milesToFeetConverter.Convert(1)));      // 63360

public class UnitConverter
{
  int ratio;                             // Field

  public UnitConverter (int unitRatio)   // Constructor
  {
     ratio = unitRatio;
  }

  public int Convert (int unit)          // Method
  {
     return unit * ratio;
  }
}
```

 在上述范例中，类的定义与顶级语句都位于同一个文件中。这种写法在顶级语句位于类定义之前时是合法的。若你编写的是一个简单的测试程序，那么这种写法尚可接受。但在大型程序中，标准的做法是将类的定义放在一个独立的文件（例如，*UnitConverter.cs*）中。

2.3.2.1 类型的成员

类型包含数据成员和函数成员。UnitConverter 的数据成员是 ratio 字段，函数成员是 Convert 方法和 UnitConverter 的构造器。

2.3.2.2 预定义类型和自定义类型

C#的优点之一是其中的预定义类型和自定义类型非常相近。预定义 int 类型是整数的蓝图。它保存了 32 位的数据，提供像 ToString 这种函数成员来使用这些数据。类似地，我们自定义的 UnitConverter 类型也是单位转换的蓝图。它保存比率数据，还提供了函数成员来使用这些数据。

2.3.2.3 构造器和实例化

将类型实例化即可创建数据。预定义类型可以简单地通过字面量进行实例化，例如 12 或 "Hello World"。而自定义类型则需要使用 new 运算符来创建实例。以下的语句创建并声明了一个 UnitConverter 类型的实例：

```
UnitConverter feetToInchesConverter = new UnitConverter (12);
```

紧跟 new 运算符之后是对象的实例化逻辑，以上程序调用对象的构造器执行初始化操作。构造器的定义类似于方法，不同的是它的方法名和返回类型是合并在一起的，并且其名称为所属的类型名称：

```
public UnitConverter (int unitRatio) { ratio = unitRatio; }
```

2.3.2.4 实例与静态成员

对类型实例进行操作的数据成员和函数成员称为实例成员。UnitConverter 的 Convert 方法和 int 的 ToString 方法都是实例成员。在默认情况下，成员就是实例成员。

不对类型实例进行操作的数据成员和函数成员可以标记为 static（静态）。如果需要在类型外引用静态成员，则需要指定类型名称而非类型实例。例如，Console 类的 WriteLine 方法。由于该方法是静态方法，因此调用该方法需要写作 Console.WriteLine() 而不是 new Console().WriteLine()。

事实上，Console 类是一个静态类，即它的所有成员都是静态的，并且该类型无法实例化。

在下面的代码中，实例字段 Name 属于特定的 Panda 实例，而 Population 则属于所有 Panda 实例。我们将创建两个 Panda 实例，先输出它们的名字，再输出总数：

```
Panda p1 = new Panda ("Pan Dee");
Panda p2 = new Panda ("Pan Dah");

Console.WriteLine (p1.Name);        // Pan Dee
Console.WriteLine (p2.Name);        // Pan Dah

Console.WriteLine (Panda.Population);   // 2

public class Panda
{
  public string Name;               // Instance field
  public static int Population;      // Static field

  public Panda (string n)           // Constructor
  {
    Name = n;                       // Assign the instance field
    Population = Population + 1;     // Increment the static Population field
  }
}
```

如果试图求 p1.Population 或者 Panda.Name 的值，则会产生编译时错误。

2.3.2.5 public 关键字

public 关键字将成员公开给其他类。在上述示例中，如果 Panda 类中的 Name 字段没有标记为公有（public）的，那么它就是私有的，我们就无法在类之外访问它。将成员标记为 public 就是类型的通信手段："这就是我想让其他类型看到的，而其他的都是我私有的实现细节。"在面向对象的术语中，称类的公有成员封装了私有成员。

2.3.2.6 定义命名空间

命名空间是组织类型的有效手段，对于大型程序尤为如此。以下代码将 Panda 类定义在 Animals 命名空间中：

```
using System;
using Animals;

Panda p = new Panda ("Pan Dee");
Console.WriteLine (p.Name);

namespace Animals
{
  public class Panda
  {
    ...
  }
}
```

上述代码在顶级语句前导入了 Animals 命名空间，这样代码就可以访问其中的类型而无须书写全称。如果不导入命名空间，则需要将代码写为：

```
Animals.Panda p = new Animals.Panda ("Pan Dee");
```

我们将在本章结束时详细介绍命名空间（请参见 2.12 节）。

2.3.2.7 定义 Main 方法

到目前为止，本书的范例均使用了顶级语句（顶级语句是 C# 9 引入的特性）。

若不使用顶级语句，则简单的命令行或 Windows 应用程序将如以下程序所示：

```
using System;

class Program
{
  static void Main()    // Program entry point
  {
    int x = 12 * 30;
    Console.WriteLine (x);
  }
}
```

如不使用顶级语句，C# 将查找静态 Main 方法，并将这个方法作为程序入口点。Main 方法可以定义在任何类中（并且只能够存在一个 Main 方法）。如果 Main 方法需要访问特定类型的私有成员，则可以将 Main 方法定义在相应类中。这种做法要比顶级语句更简单。

Main 方法可以返回一个整数（而非 void）。该整数将返回到执行环境中（一般非零值代表失败）。Main 方法也可以接受一个字符串数组作为参数（该数组将包含所有传递给可执行程序的参数），例如：

```
static int Main (string[] args) {...}
```

 数组（例如 string[]）表示一种固定数目的特定类型元素。它使用元素类型后接方括号来声明。我们将在 2.7 节介绍数组。

（Main 方法也可以声明为 async 方法，并返回 Task 或者 Task<int> 以支持异步编程。我们将在第 14 章介绍该内容。）

顶级语句（C# 9）

C# 9 引入的顶级语句可以避免静态 Main 方法及包含该方法的类型。具备顶级语句的文件由以下三部分组成：

1.（可选）using 指令

2. 一系列语句，其中也可以包含方法的声明

3.（可选）类型与命名空间声明

例如：

```
using System;                           // Part 1

Console.WriteLine ("Hello, world");     // Part 2
void SomeMethod1() { ... }              // Part 2
Console.WriteLine ("Hello again!");     // Part 2
void SomeMethod2() { ... }              // Part 2

class SomeClass { ... }                 // Part 3
namespace SomeNamespace { ... }         // Part 3
```

由于 CLR 并不显式支持顶级语句，因此编译器会将上述代码转换为类似以下形式：

```
using System;                           // Part 1

static class Program$  // Special compiler-generated name
{
    static void Main$ (string[] args)   // Compiler-generated name
    {
        Console.WriteLine ("Hello, world");   // Part 2
        void SomeMethod1() { ... }            // Part 2
        Console.WriteLine ("Hello again!");   // Part 2
        void SomeMethod2() { ... }            // Part 2
    }
}

class SomeClass { ... }                 // Part 3
namespace SomeNamespace { ... }         // Part 3
```

请注意，第 2 部分（Part 2）是包裹在主方法中的。这意味着 SomeMethod1 和 SomeMethod2 都是局部方法。我们将会在 3.1.3.2 节中进行完整介绍。而目前最重要的是局部方法（非 static 的声明）可以访问声明在父级方法中的变量：

```
int x = 3;
LocalMethod();

void LocalMethod() { Console.WriteLine (x); }    // We can access x
```

这种方式的其他后果就是顶级方法无法从其他类或类型中访问。

顶级语句可以将整数返回给调用者（并非必需），并可以"神奇地"访问 string[] 类型的 args 参数，以对应调用者从命令行中传递给程序的参数。

由于每一个应用程序只可能拥有一个入口，因此在 C# 项目中最多只能在一个文件里使用顶级语句。

2.3.3 类型和转换

C# 可以对兼容类型的实例进行转换操作。转换始终会根据一个已经存在的值创建一个新的值。转换可以是隐式的也可以是显式的，隐式转换自动发生而显式转换需要强制转换。以下示例将一个 int 隐式转换为 long 类型（其存储位数是 int 的两倍），并将一个 int 显式转换为一个 short 类型（其存储位数是 int 的一半）：

```
int x = 12345;         // int is a 32-bit integer
long y = x;            // Implicit conversion to 64-bit integer
short z = (short)x;    // Explicit conversion to 16-bit integer
```

隐式转换只有在以下条件都满足时才能进行：

- 编译器确保转换总能成功。
- 没有信息在转换过程中丢失[注1]。

相对地，只有在满足下列条件时才需要显式转换：

- 编译器不能保证转换总是成功。
- 信息在转换过程中有可能丢失。

（如果编译器可以确定某个转换必定失败，那么这两种转换都无法执行。包含泛型的转换在特定情况下也会失败，请参见 3.9.11 节）

以上的数值转换是 C# 中内置的。C# 还支持引用转换、装箱转换（参见第 3 章）与自定义转换（参见 4.17 节）。对于自定义转换，编译器并没有强制满足上述规则，因此没有良好设计的类型有可能在转换时产生意想不到的效果。

注 1：一个小警告，将一个非常大的 long 转换为 double 时，有可能造成精度丢失。

2.3.4 值类型与引用类型

C# 中的类型可以分为以下几类：

- 值类型

- 引用类型

- 泛型参数

- 指针类型

 本节将介绍值类型和引用类型。泛型参数将在 3.9 节介绍，指针类型将在 4.18 节中介绍。

值类型包含大多数的内置类型（具体包括所有数值类型、char 类型和 bool 类型）以及自定义的 struct 类型和 enum 类型。

*引用类型*包含所有的类、数组、委托和接口类型，其中包括了预定义的 string 类型。

值类型和引用类型最根本的不同在于它们在内存中的处理方式。

2.3.4.1 值类型

值类型的变量或常量的内容仅仅是一个值。例如，内置的值类型 int 的内容是 32 位的数据。

可以通过 struct 关键字定义自定义值类型（参见图 2-1）：

```
public struct Point { public int X; public int Y; }
```

或采用更简短的形式：

```
public struct Point { public int X, Y; }
```

Point 结构体

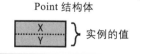

图 2-1：内存中的值类型实例

值类型实例的赋值总是会进行实例复制，例如：

```
Point p1 = new Point();
p1.X = 7;

Point p2 = p1;              // Assignment causes copy

Console.WriteLine (p1.X);  // 7
Console.WriteLine (p2.X);  // 7
```

```
p1.X = 9;                      // Change p1.X

Console.WriteLine (p1.X); // 9
Console.WriteLine (p2.X); // 7
```

图 2-2 中展示了 p1 和 p2 拥有不同的存储空间。

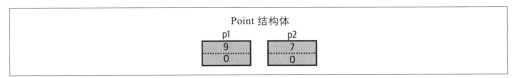

图 2-2：赋值操作复制了值类型的实例

2.3.4.2 引用类型

引用类型比值类型复杂，它由对象和对象引用两部分组成。引用类型变量或常量中的内容是一个含值对象的引用。以下示例将重新书写前面例子中的 Point 类型，令其成为一个类而非 struct（参见图 2-3）：

```
public class Point { public int X, Y; }
```

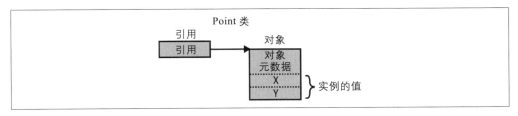

图 2-3：内存中的引用类型实例

给引用类型变量赋值只会复制引用，而不是对象实例。这允许不同变量指向同一个对象，而值类型通常不会出现这种情况。如果 Point 是一个类，那么若重复之前的示例，则对 p1 的操作就会影响到 p2 了：

```
Point p1 = new Point();
p1.X = 7;

Point p2 = p1;             // Copies p1 reference

Console.WriteLine (p1.X); // 7
Console.WriteLine (p2.X); // 7

p1.X = 9;                  // Change p1.X

Console.WriteLine (p1.X); // 9
Console.WriteLine (p2.X); // 9
```

图 2-4 展示了 p1 和 p2 是指向同一对象的两个不同引用。

2.3.4.3 null

引用可以用字面量 null 来赋值，表示它并不指向任何对象：

```
Point p = null;

Console.WriteLine (p == null);   // True

// The following line generates a runtime error
// (a NullReferenceException is thrown):
Console.WriteLine (p.X);
```

class Point {...}

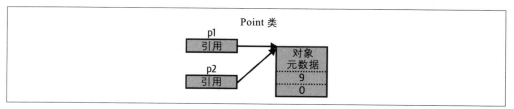

图 2-4：赋值操作复制了引用

 在 4.8 节中，我们将介绍一种避免意外发生 NullReferenceException 错误的 C# 功能。

相对地，值类型通常不能为 null：

```
Point p = null;  // Compile-time error
int x = null;     // Compile-time error
```

struct Point {...}

 C# 中也有一种可令值类型为 null 的结构，称为可空值类型（Nullable Value Type），请参见 4.7 节。

2.3.4.4 存储开销

值类型实例占用的内存大小就是存储其中的字段所需的内存。例如，Point 需要占用 8 字节的内存：

```
struct Point
{
  int x;  // 4 bytes
  int y;  // 4 bytes
}
```

从技术上说，CLR 用整数倍字段的大小（最大到 8 字节）来分配内存地址。因此，下面定义的对象实际上会占用 16 字节的内存（第一个字段的 7 个字节被"浪费了"）：

```
struct A { byte b; long l; }
```

这种行为可以通过指定 StructLayout 特性来重写（请参见 24.6 节）。

引用类型需要为引用和对象单独分配存储空间。对象除占用了和字段一样的字节数外，还需要额外的管理空间开销。管理开销的精确值本质上属于 .NET 运行时实现的细节，但最少也需要 8 字节来存储该对象类型的键、一些诸如线程锁的状态，以及是否可以被垃圾回收器固定等临时信息。根据 .NET 运行时工作的平台类型（32 位或 64 位平台），每一个对象的引用都需要额外的 4 字节或 8 字节的存储空间。

2.3.5 预定义类型分类

C# 中的预定义类型有：

值类型

- 数值
    - ◆ 有符号整数（sbyte、short、int、long）
    - ◆ 无符号整数（byte、ushort、uint、ulong）
    - ◆ 实数（float、double、decimal）
- 逻辑值（bool）
- 字符（char）

引用类型

- 字符串（string）
- 对象（object）

C# 的预定义类型或称为 .NET 类型，均位于 System 命名空间下。因而以下两个语句仅在拼写上有所不同：

```
int i = 5;
System.Int32 i = 5;
```

在 CLR 中，除了 decimal 之外的一系列预定义值类型属于基元类型。之所以将其称为基元类型是因为它们在编译过的代码中有直接的指令支持，而这种指令通常转换为底层处理器直接支持的指令，例如：

```
                          // Underlying hexadecimal representation
int i = 7;                // 0x7
```

```
bool b = true;      // 0x1
char c = 'A';       // 0x41
float f = 0.5f;     // uses IEEE floating-point encoding
```

System.IntPtr 以及 System.UIntPtr 类型也是基元类型（参见第 24 章）。

2.4 数值类型

表 2-1 中列出了 C# 中所有的预定义数值类型。

表 2-1：C# 中的预定义数值类型

C# 类型	系统类型	后缀	容量	数值范围
有符号整数				
sbyte	SByte		8 位	$-2^7 \sim 2^7-1$
short	Int16		16 位	$-2^{15} \sim 2^{15}-1$
int	Int32		32 位	$-2^{31} \sim 2^{31}-1$
long	Int64	L	64 位	$-2^{63} \sim 2^{63}-1$
nint	IntPtr		32/64 位	
无符号整数				
byte	Byte		8 位	$0 \sim 2^8-1$
ushort	UInt16		16 位	$0 \sim 2^{16}-1$
uint	UInt32	U	32 位	$0 \sim 2^{32}-1$
ulong	UInt64	UL	64 位	$0 \sim 2^{64}-1$
unint	UIntPtr		32/64 位	
实数				
float	Single	F	32 位	$\pm (\sim 10^{64} \sim 10^{38})$
double	Double	D	64 位	$\pm (\sim 10^{-324} \sim 10^{308})$
decimal	Decimal	M	128 位	$\pm (\sim 10^{-28} \sim 10^{28})$

在整数类型中，int 和 long 是最基本的类型，C# 和运行时对它们都有良好的支持。其他的整数类型通常用于实现互操作性或优化存储空间使用效率等情况。nint 和 unint 是 C# 9 引入的原生大小的整数类型，它们适用于执行指针算法，我们将在 4.18.8 节进行介绍。

在实数类型中，float 和 double 称为浮点类型[注2]，并通常用于科学和图形计算。decimal 类型通常用于金融计算这种十进制下的高精度算术运算。

 从 .NET 5 开始，运行时引入了一种 16 位浮点类型，称为 Half。该类型主要针对与显卡处理器的互操作，大多数 CPU 都没有对这种类型提供原生的支持。Half 并非 CLR 的基元类型，C# 对该类型也不存在特殊的语言支持。

注 2：从技术上说，decimal 也是一种浮点类型，但在 C# 语言规范中并没有将其定义为浮点类型。

2.4.1 数值字面量

整数类型字面量可以使用十进制或者十六进制表示，十六进制辅以 0x 前缀，例如：

```
int x = 127;
long y = 0x7F;
```

我们可以在数值字面量的任意位置加入下划线以方便阅读：

```
int million = 1_000_000;
```

也可以用 0b 前缀使用二进制表示数值：

```
var b = 0b1010_1011_1100_1101_1110_1111;
```

实数字面量可以用小数或指数表示，例如：

```
double d = 1.5;
double million = 1E06;
```

2.4.1.1 数值字面量类型推断

默认情况下，编译器将数值字面量推断为 double 类型或者整数类型：

- 如果这个字面量包含小数点或者指数符号（E），那么它是 double。

- 否则，这个字面量的类型就是下列能满足这个字面量的第一个类型：int、uint、long 和 ulong。

例如：

```
Console.WriteLine (          1.0.GetType()); // Double  (double)
Console.WriteLine (         1E06.GetType()); // Double  (double)
Console.WriteLine (            1.GetType()); // Int32   (int)
Console.WriteLine ( 0xF0000000.GetType()); // UInt32  (uint)
Console.WriteLine (0x100000000.GetType()); // Int64   (long)
```

2.4.1.2 数值后缀

数值后缀显式定义了字面量的类型。后缀可以是下列小写或大写字母：

种类	C# 类型	示例
F	float	float f = 1.0F;
D	double	double d = 1D;
M	decimal	decimal d = 1.0M;
U	uint	uint i = 1U;
L	long	long i = 1L;
UL	ulong	ulong i = 1UL;

一般 U 和 L 后缀是很少需要的，因为 uint、long 和 ulong 总是可以推断出来或者从 int 类型隐式转换而来：

```
long i = 5;    // Implicit lossless conversion from int literal to long
```

从技术上讲，后缀 D 是多余的，因为所有带小数点的字面量都会被推断为 double 类型。因此可以直接在数值字面量后加上小数点：

```
double x = 4.0;
```

后缀 F 和 M 是最有用的，并应该在指定 float 或 decimal 字面量时使用。下面的语句不能在没有后缀 F 时进行编译，因为 4.5 会被认定为 double，而 double 是无法隐式转换为 float 的：

```
float f = 4.5F;
```

同样的规则也适用于 decimal 字面量：

```
decimal d = -1.23M;    // Will not compile without the M suffix.
```

我们将在 2.4.2 节详细介绍数值转换的语义。

2.4.2 数值转换

2.4.2.1 整数类型到整数类型的转换

整数类型转换在目标类型能够表示源类型的所有可能值时是隐式转换，否则需要显式转换，例如：

```
int x = 12345;       // int is a 32-bit integer
long y = x;          // Implicit conversion to 64-bit integral type
short z = (short)x;  // Explicit conversion to 16-bit integral type
```

2.4.2.2 浮点类型到浮点类型的转换

double 能表示所有可能的 float 值，因此 float 能隐式转换为 double。反之则必须是显式转换。

2.4.2.3 浮点类型到整数类型的转换

所有整数类型可以隐式转换为浮点类型：

```
int i = 1;
float f = i;
```

反之，则必须是显式转换：

```
int i2 = (int)f;
```

 将浮点数转换为整数时，小数点后的数值将被截去而不会舍入。静态类 System.Convert 提供了在不同值类型之间转换的舍入方法（参见第 6 章）。

将大的整数类型隐式转换为浮点类型会保留数值部分，但是有时会丢失精度。这是因为浮点类型虽然拥有比整数类型更大的数值，但是有时其精度却比整数类型要小。以下代码用一个更大的数重复上述示例展示了这种精度丢失的情况：

```
int i1 = 100000001;
float f = i1;          // Magnitude preserved, precision lost
int i2 = (int)f;       // 100000000
```

2.4.2.4 decimal 类型转换

所有的整数类型都能隐式转换为 decimal 类型，这是因为 decimal 可以表示所有可能的 C# 整数类型值。其他所有的数值类型转换为 decimal 或从 decimal 类型进行转换都必须是显式转换，因为这些转换要么数值可能超越边界，要么可能发生精度损失。

2.4.3 算术运算符

算术运算符（+、-、*、/、%）可应用于除 8 位和 16 位的整数类型之外的所有数值类型：

```
+    Addition
-    Subtraction
*    Multiplication
/    Division
%    Remainder after division
```

2.4.4 自增和自减运算符

自增和自减运算符（++、--）分别给数值类型加 1 或者减 1，具体要将其放在变量之前还是之后则取决于需要得到变量在自增 / 自减之前的值还是之后的值，例如：

```
int x = 0, y = 0;
Console.WriteLine (x++);   // Outputs 0; x is now 1
Console.WriteLine (++y);   // Outputs 1; y is now 1
```

2.4.5 特殊整数类型运算

整数类型指 int、uint、long、ulong、short、ushort、byte 和 sbyte。

2.4.5.1 整数除法

整数类型的除法运算总是会舍去余数（向 0 舍入），用一个值为 0 的变量做除数将产生运行时错误（DivideByZeroException）：

```
int a = 2 / 3;      // 0

int b = 0;
int c = 5 / b;      // throws DivideByZeroException
```

用字面量或常量 0 做除数将产生编译时错误。

2.4.5.2 整数溢出

在运行时执行整数类型的算术运算可能会造成溢出。默认情况下，溢出会默默地发生而不会抛出任何异常，且其溢出行为是"周而复始"的。就像是运算发生在更大的整数类型上，而超出部分的进位就被丢弃了。例如，减小最小的整数值将产生最大的整数值：

```
int a = int.MinValue;
a--;
Console.WriteLine (a == int.MaxValue); // True
```

2.4.5.3 整数运算溢出检查运算符

checked 运算符的作用是，在运行时当整数类型表达式或语句超过相应类型的算术限制时不再默默地溢出，而是抛出 OverflowException。checked 运算符可在有 ++、--、+、-（一元运算符和二元运算符）、*、/ 和整数类型间显式转换运算符的表达式中起作用。溢出检查会带来微小的性能损失。

 checked 运算符对 double 和 float 类型没有作用（它们会溢出为特殊的"无限"值，这会在后面介绍），对 decimal 类型也没有作用（这种类型总是会进行溢出检查）。

checked 运算符既可以包裹表达式也能够包裹语句块，例如：

```
int a = 1000000;
int b = 1000000;

int c = checked (a * b);    // Checks just the expression.

checked                     // Checks all expressions
{                           // in statement block.
   ...
   c = a * b;
   ...
}
```

在编译时打开 checked 开关（在 Visual Studio 中，可以在"Advanced Build Settings"中设置）将使程序在默认情况下对所有表达式都进行算术溢出检查。如果你只想禁用指定表达式或语句的溢出检查，可以用 unchecked 运算符。例如，下面的代码即使在编译时打开了 checked 开关也不会抛出异常：

```
int x = int.MaxValue;
int y = unchecked (x + 1);
unchecked { int z = x + 1; }
```

2.4.5.4 常量表达式的溢出检查

无论是否打开了 checked 工程选项，编译时的表达式计算总会检查溢出，除非使用 unchecked 运算符。

```
int x = int.MaxValue + 1;              // Compile-time error
int y = unchecked (int.MaxValue + 1);  // No errors
```

2.4.5.5 位运算符

C# 支持以下的位运算符：

运算符	含义	范例表达式	结果
~	按位取反	~0xfU	0xfffffff0U
&	按位与	0xf0 & 0x33	0x30
|	按位或	0xf0 | 0x33	0xf3
^	按位异或	0xff00 ^ 0x0ff0	0xf0f0
<<	按位左移	0x20 << 2	0x80
>>	按位右移	0x20 >> 1	0x10

 .NET 6 将其他位运算操作添加到了 System.Numerics 命名空间下的 BitOperations 的类中（请参见 6.10 节）。

2.4.6 8 位和 16 位整数类型

8 位和 16 位整数类型是指 byte、sbyte、short 和 ushort。这些类型自己并不具备算术运算符，所以 C# 隐式地将它们转换为所需的更大一些的类型。当试图把运算结果赋给一个小的整数类型时，会产生编译时错误：

```
short x = 1, y = 1;
short z = x + y;              // Compile-time error
```

在以上情况下，x 和 y 会隐式转换成 int 以便进行加法运算。因此运算结果也是 int，它不能隐式转换回 short（因为这可能会造成数据丢失）。我们必须使用显式转换才能通过编译：

```
short z = (short) (x + y);   // OK
```

2.4.7 特殊的 float 和 double 值

不同于整数类型，浮点类型还包含一些特殊的值，这些值在特定运算中需要特殊对待。这些特殊的值是 NaN（Not a Number，非数字）、+∞、−∞ 和 −0。float 和 double 类型包含表示 NaN、+∞ 和 −∞ 值的常量，其他的常量还有 MaxValue、MinValue 以及 Epsilon，例如：

```
Console.WriteLine (double.NegativeInfinity);   // -Infinity
```

double 和 float 类型的特殊值的常量表如下：

```
```

特殊值	double 类型常量	float 类型常量
NaN	double.NaN	float.NaN
$+\infty$	double.PositiveInfinity	float.PositiveInfinity
$-\infty$	double.NegativeInfinity	float.NegativeInfinity
-0	-0.0	-0.0f

非零值除以零的结果是无穷大：

```
Console.WriteLine ( 1.0 /  0.0);          //  Infinity
Console.WriteLine (-1.0 /  0.0);          // -Infinity
Console.WriteLine ( 1.0 / -0.0);          // -Infinity
Console.WriteLine (-1.0 / -0.0);          //  Infinity
```

零除以零，或无穷大减去无穷大的结果是 NaN：

```
Console.WriteLine ( 0.0 /  0.0);               //  NaN
Console.WriteLine ((1.0 /  0.0) - (1.0 / 0.0)); //  NaN
```

使用比较运算符（==）时，一个 NaN 的值永远也不等于其他的值，甚至不等于其他的 NaN 值：

```
Console.WriteLine (0.0 / 0.0 == double.NaN);    // False
```

必须使用 float.IsNaN 或 double.IsNaN 方法来判断一个值是否为 NaN：

```
Console.WriteLine (double.IsNaN (0.0 / 0.0));   // True
```

但当使用 object.Equals 方法时，两个 NaN 却是相等的：

```
Console.WriteLine (object.Equals (0.0 / 0.0, double.NaN));   // True
```

NaN 在表示特殊值时很有用。在 Windows Presentation Foundation(WPF) 中，double.NaN 表示值为"Automatic"（自动），另一种表示这种值的方法是使用可空值类型（nullable，参见第 4 章）。还可以使用一个包含数值类型和一个额外字段的自定义结构体（参见第 3 章）来表示。

float 和 double 遵循 IEEE 754 格式类型规范。几乎所有的处理器都原生支持此规范。如果需要此类型行为的详细信息，可参考 IEEE 官方网站（*http://www.ieee.org/*）。

2.4.8 double 和 decimal 的对比

double 类型常用于科学计算（例如，计算空间坐标）。decimal 类型常用于金融计算和计算那些"人为"的而非真实世界的度量值。以下是这两种类型的不同之处：

种类	double	decimal
内部表示	基数为 2	基数为 10

种类	double	decimal
精度	15～16 位有效数字	28～29 位有效数字
范围	±（10^{-324} 到 10^{308}）	±（10^{-28} 到 10^{28}）
特殊值	+0、−0、+∞、−∞ 以及 NaN	无
速度	处理器原生支持	处理器原生不支持（大约是 double 的十分之一）

2.4.9 实数的舍入误差

`float` 和 `double` 在内部都是基于 2 来表示数值的。因此只有基于 2 表示的数值才能够精确表示。事实上，这意味着大多数有小数部分的字面量（它们都基于 10）将无法精确表示。例如：

```
float x = 0.1f;  // Not quite 0.1
Console.WriteLine (x + x + x + x + x + x + x + x + x + x);    // 1.0000001
```

这就是为什么 `float` 和 `double` 不适合金融运算。相反，`decimal` 基于 10，它能够精确表示基于 10 的数值（也包括它的因数、基于 2 和基于 5 的数值）。因为实数的字面量都是基于 10 的，所以 `decimal` 能够精确表示像 0.1 这样的数。然而，`double` 和 `decimal` 都不能精确表示那些基于 10 的循环小数：

```
decimal m = 1M / 6M;          // 0.1666666666666666666666666667M
double  d = 1.0 / 6.0;        // 0.16666666666666666
```

这将会导致积累性的舍入误差：

```
decimal notQuiteWholeM = m+m+m+m+m;  // 1.0000000000000000000000000002M
double  notQuiteWholeD = d+d+d+d+d;  // 0.99999999999999989
```

这也将影响相等和比较操作：

```
Console.WriteLine (notQuiteWholeM == 1M);   // False
Console.WriteLine (notQuiteWholeD < 1.0);   // True
```

2.5 布尔类型和运算符

C# 中的 bool（System.Boolean 类型的别名）类型是能赋值为 true 和 false 字面量的逻辑值。

尽管布尔类型的值仅需要 1 位的存储空间，但是在运行时却使用了 1 字节内存空间。这是因为字节是运行时和处理器能够有效使用的最小单位。为避免在使用数组时的空间浪费，.NET 在 System.Collections 命令空间下提供了 BitArray 类，其中每一个布尔值仅占用一位。

2.5.1 布尔类型转换

bool 类型不能转换为数值类型，反之亦然。

2.5.2 相等和比较运算符

== 和 != 用于判断任意类型的相等与不等，并总是返回一个 bool 值[注3]。值类型通常有很简单的相等定义：

```
int x = 1;
int y = 2;
int z = 1;
Console.WriteLine (x == y);        // False
Console.WriteLine (x == z);        // True
```

对于引用类型，默认情况下相等是基于引用的，而不是基于底层对象的实际值（更多内容请参见第 6 章）：

```
Dude d1 = new Dude ("John");
Dude d2 = new Dude ("John");
Console.WriteLine (d1 == d2);      // False
Dude d3 = d1;
Console.WriteLine (d1 == d3);      // True

public class Dude
{
  public string Name;
  public Dude (string n) { Name = n; }
}
```

相等和比较运算符 ==、!=、<、>、>= 和 <= 可用于所有的数值类型，但是用于实数时要特别注意（请参见 2.4.9 节）。比较运算符也可以用于枚举（enum）类型的成员，它比较的是表示枚举成员的整数值，我们将在 3.7 节中介绍。

我们将在 4.17 节、6.13 节和 6.14 节中详细介绍相等和比较运算符。

2.5.3 条件运算符

&& 和 || 运算符用于判断"与"和"或"条件。它们常常与代表"非"的 ! 运算符一起使用。在下面的例子中，UseUmbrella 方法在下雨或阳光充足（雨伞可以保护我们不会经受日晒雨淋），以及无风（因为雨伞在有风的时候不起作用）的时候返回 true：

```
static bool UseUmbrella (bool rainy, bool sunny, bool windy)
{
  return !windy && (rainy || sunny);
}
```

&& 和 || 运算符会在可能的情况下执行短路计算。在上面的例子中，如果刮风，(rainy || sunny) 将不会计算。短路计算在某些表达式中是非常必要的，它可以允许如下表达式运行而不会抛出 NullReferenceException 异常：

```
if (sb != null && sb.Length > 0) ...
```

注 3：可以通过重载这些运算符（第 4 章）来返回一个非 bool 类型，但是实际应用中很少使用。

& 和 | 运算符也可用于判断"与"和"或"条件：

```
return !windy & (rainy | sunny);
```

不同之处是 & 和 | 运算符不支持短路计算。因此，它们很少用于替代条件运算符。

与 C 和 C++ 中的 & 和 | 运算符不同，C# 的 & 和 | 运算符在用于布尔表达式时执行布尔比较（非短路计算），仅在作用于数值时才执行位运算。

（三元）条件运算符

三元条件运算符（由于它是唯一一个使用三个操作数的运算符，因此也简称为三元运算符）使用 q ? a : b 的形式。因此，它在 q 为真时计算 a，否则计算 b：

```
static int Max (int a, int b)
{
  return (a > b) ? a : b;
}
```

条件运算符在语言集成查询（Language-Integrated Query，LINQ）语句中的用处很大（参见第 8 章）。

2.6 字符串和字符

C# 的 char（System.Char 类型的别名）类型表示一个 Unicode 字符并占用两个字节（UTF-16）。char 字面量应位于两个单引号之间：

```
char c = 'A';         // Simple character
```

转义序列指那些不能用字面量表示或解释的字符。转义字符由反斜线和一个表示特殊含义的字符组成，例如：

```
char newLine = '\n';
char backSlash = '\\';
```

表 2-2 中列出了转义序列字符。

表 2-2：转义序列字符

字符	含义	值
\'	单引号	0x0027
\"	双引号	0x0022
\\	斜线	0x005C
\0	空（null）	0x0000
\a	警告	0x0007

表 2-2：转义序列字符（续）

字符	含义	值
\b	退格	0x0008
\f	换页	0x000C
\n	换行	0x000A
\r	回车	0x000D
\t	水平制表符	0x0009
\v	垂直制表符	0x000B

\u（或 \x）转义字符通过 4 位十六进制代码来指定任意 Unicode 字符：

```
char copyrightSymbol = '\u00A9';
char omegaSymbol     = '\u03A9';
char newLine         = '\u000A';
```

2.6.1 char 转换

若从 char 类型隐式转换为数值类型，则这个数值类型必须能够容纳无符号 short 类型。对于其他的数值类型，则需要显式转换。

2.6.2 字符串类型

C# 中的字符串类型（System.String 类型的别名，我们将在第 6 章详细介绍）表示不可变（创建之后即无法更改）的 Unicode 字符序列。字符串字面量应位于两个双引号之间：

```
string a = "Heat";
```

string 类型是引用类型而不是值类型，但是它的相等运算符却遵守值类型的语义：

```
string a = "test";
string b = "test";
Console.Write (a == b);  // True
```

字符串中的转义字符和 char 字面量的转义字符是一致的：

```
string a = "Here's a tab:\t";
```

这意味着当需要一个反斜杠时，需要写两次才可以：

```
string a1 = "\\\\server\\fileshare\\helloworld.cs";
```

为避免这种情况，C# 引入了原意字符串字面量。原意字符串字面量要加 @ 前缀，它不支持转义字符。下面的原意字符串和之前的字符串是一样的：

```
string a2 = @"\\server\fileshare\helloworld.cs";
```

原意字符串可以贯穿多行：

```
string escaped  = "First Line\r\nSecond Line";
string verbatim = @"First Line
Second Line";

// True if your text editor uses CR-LF line separators:
Console.WriteLine (escaped == verbatim);
```

原意字符串中需要用两个双引号来表示一个双引号字符：

```
string xml = @"<customer id=""123""></customer>";
```

2.6.2.1 字符串连接

+ 运算符可连接两个字符串：

```
string s = "a" + "b";
```

如果操作数之一是非字符串值，则会调用 ToString 方法将其转换为字符串：

```
string s = "a" + 5;  // a5
```

重复使用 + 运算符来构建字符串是低效的。更好的解决方案是使用 System.Text.StringBuilder 类型（将在第 6 章介绍）。

2.6.2.2 字符串插值

以 $ 字符为前缀的字符串称为插值字符串。插值字符串可以在大括号内包含表达式：

```
int x = 4;
Console.Write ($"A square has {x} sides");  // Prints: A square has 4 sides
```

大括号内可以是任意类型的合法 C# 表达式。C# 会调用 ToString 方法或等价方法将表达式转换为字符串。如需更改表达式的格式，可以使用冒号，并附加格式字符串（我们将在 6.1.2.7 节中进行详细介绍）：

```
string s = $"255 in hex is {byte.MaxValue:X2}";  // X2 = 2-digit hexadecimal
// Evaluates to "255 in hex is FF"
```

如果代码中的冒号有其他用途（例如，三元条件运算符），则需要将整个表达式使用括号包裹起来：

```
bool b = true;
Console.WriteLine ($"The answer in binary is {(b ? 1 : 0)}");
```

插值字符串只能在单行内声明。如需在多行中声明字符串，请使用原意字符串运算符：

```
int x = 2;
// Note that $ must appear before @ prior to C# 8:
string s = $@"this interpolation spans {
```

```
x} lines";
```

若要在插值字符串中表示大括号，只需书写两个大括号字符即可。

2.6.2.3 字符串比较

string 类型不支持 < 和 > 的比较，必须使用字符串的 CompareTo 方法。我们将在第 6 章介绍这部分内容。

2.6.2.4 常量字符串插值（C# 10）

从 C# 10 开始，如果字符串插值中的值为常量（字符串），则插值后的字符串仍然可以是常量：

```
const string greeting = "Hello";
const string message = $"{greeting}, world";
```

2.7 数组

数组是固定数量的特定类型的变量集合（称为元素）。为了实现高效访问，数组中的元素总是存储在连续的内存块中。

C# 中的数组用元素类型后加方括号的方式表示：

```
char[] vowels = new char[5];     // Declare an array of 5 characters
```

方括号也可用于检索数组，通过位置访问特定元素：

```
vowels[0] = 'a';
vowels[1] = 'e';
vowels[2] = 'i';
vowels[3] = 'o';
vowels[4] = 'u';
Console.WriteLine (vowels[1]);        // e
```

数组索引是从 0 开始的，所以上面的语句输出"e"。我们可以使用 for 循环语句来遍历数组中的每一个元素。下面例子中的 for 循环将把整数变量 i 从 0 到 4 进行循环：

```
for (int i = 0; i < vowels.Length; i++)
  Console.Write (vowels[i]);            // aeiou
```

数组的 Length 属性返回数组中的元素数目。一旦数组创建完毕，它的长度将无法更改。System.Collection 命名空间和子命名空间提供了可变长度数组和字典等高级数据结构。

我们可以使用数组初始化表达式声明数组并填充数组元素：

```
char[] vowels = new char[] {'a','e','i','o','u'};
```

或者简写为

```
char[] vowels = {'a','e','i','o','u'};
```

所有的数组都继承自 `System.Array` 类，它为所有数组提供了通用服务。这些成员包括与数组类型无关的获取和设定数组元素的方法，我们将在 7.3 节介绍。

2.7.1 默认数组元素初始化

创建数组时总会用默认值初始化数组中的元素，类型的默认值是按位取 0 的内存表示的值。例如，若定义一个整数数组，由于 `int` 是值类型，因此该操作会在连续的内存块中分配 1000 个整数。每一个元素的默认值都是 0：

```
int[] a = new int[1000];
Console.Write (a[123]);          // 0
```

值类型和引用类型的区别

数组元素的类型是值类型还是引用类型对其性能有重要的影响。若元素类型是值类型，每个元素的值将作为数组的一部分进行分配，例如：

```
Point[] a = new Point[1000];
int x = a[500].X;                // 0

public struct Point { public int X, Y; }
```

若 `Point` 是类，创建数组则仅仅分配了 1000 个空引用：

```
Point[] a = new Point[1000];
int x = a[500].X;                          // Runtime error, NullReferenceException

public class Point { public int X, Y; }
```

为避免这个错误，我们必须在实例化数组之后显式实例化 1000 个 `Point` 实例：

```
Point[] a = new Point[1000];
for (int i = 0; i < a.Length; i++) // Iterate i from 0 to 999
  a[i] = new Point();              // Set array element i with new point
```

不论元素是何种类型，数组本身总是引用类型对象。例如，下面的语句是合法的：

```
int[] a = null;
```

2.7.2 索引和范围

C# 8 引入了索引和范围的概念以简化对数组元素或局部数组的操作。

> 索引和范围可以和 CLR 类型 `Span<T>` 与 `ReadOnlySpan<T>` 配合使用（请参见第 23 章）。
>
> 自定义类型也可以定义类型为 `Index` 或 `Range` 的索引器来使用索引和范围（请参见 3.1.9 节）。

2.7.2.1 索引

在索引中可以使用 ^ 运算符从数组的末尾来引用数组元素。^1 代表最后一个元素而 ^2 代表倒数第二个元素，以此类推：

```
char[] vowels = new char[] {'a','e','i','o','u'};
char lastElement  = vowels [^1];    // 'u'
char secondToLast = vowels [^2];    // 'o'
```

（^0 等于数组的长度，因此 vowels[^0] 将会产生错误。）

C# 的 Index 类型实现了索引的功能，因此也可以使用如下方式来引用数组元素：

```
Index first = 0;
Index last = ^1;
char firstElement = vowels [first];    // 'a'
char lastElement = vowels [last];      // 'u'
```

2.7.2.2 范围

范围使用 .. 运算符得到数组的一个"切片"：

```
char[] firstTwo =  vowels [..2];     // 'a', 'e'
char[] lastThree = vowels [2..];     // 'i', 'o', 'u'
char[] middleOne = vowels [2..3];    // 'i'
```

注意，范围中的第二个数字是开区间的。因此 ..2 的意思是返回 vowels[2] 之前的元素。

在范围中也可以使用 ^ 符号，例如，以下语句返回数组中的最后两个字符：

```
char[] lastTwo = vowels [^2..];      // 'o', 'u'
```

C# 的 Range 类型实现了范围的功能，因此我们也可以用如下方式来操作范围：

```
Range firstTwoRange = 0..2;
char[] firstTwo = vowels [firstTwoRange];    // 'a', 'e'
```

2.7.3 多维数组

多维数组分为两种类型：矩形数组和锯齿形数组。矩形数组代表 n 维的内存块，而锯齿形数组则是数组的数组。

2.7.3.1 矩形数组

矩形数组声明时用逗号分隔每个维度。下面的语句声明了一个矩形二维数组，它的维度是 3×3：

```
int[,] matrix = new int[3,3];
```

数组的 GetLength 方法返回给定维度的长度（从 0 开始）：

```
for (int i = 0; i < matrix.GetLength(0); i++)
  for (int j = 0; j < matrix.GetLength(1); j++)
    matrix[i,j] = i * 3 + j;
```

矩形数组可以显式地以具体值来初始化。以下示例创建了一个和上例一样的数组：

```
int[,] matrix = new int[,]
{
  {0,1,2},
  {3,4,5},
  {6,7,8}
};
```

2.7.3.2 锯齿形数组

锯齿形数组在声明时用一对方括号表示一个维度。以下例子声明了一个最外层维度是 3 的二维锯齿形数组：

```
int[][] matrix = new int[3][];
```

 有意思的是，这里是 `new int[3][]` 而非 `new int[][3]`。Eric Lippert 有一篇精彩的文章（*http://albahari.com/jagged*）详细解释了这个问题。

不同于矩形数组，锯齿形数组内层维度在声明时并未指定，每个内层数组都可以是任意长度，每一个内层数组都隐式初始化为 null 而不是一个空数组，因此都需要手动创建：

```
for (int i = 0; i < matrix.Length; i++)
{
  matrix[i] = new int[3];                 // Create inner array
  for (int j = 0; j < matrix[i].Length; j++)
    matrix[i][j] = i * 3 + j;
}
```

锯齿形数组也可以使用具体值进行初始化。以下例子创建了一个和前面例子类似的数组，并在最后额外追加了一个元素：

```
int[][] matrix = new int[][]
{
  new int[] {0,1,2},
  new int[] {3,4,5},
  new int[] {6,7,8,9}
};
```

2.7.4 简化数组初始化表达式

有两种方式可以简化数组初始化表达式。第一种是省略 new 运算符和类型限制条件：

```
char[] vowels = {'a','e','i','o','u'};

int[,] rectangularMatrix =
```

```
  {
    {0,1,2},
    {3,4,5},
    {6,7,8}
  };

  int[][] jaggedMatrix =
  {
    new int[] {0,1,2},
    new int[] {3,4,5},
    new int[] {6,7,8,9}
  };
```

第二种是使用 var 关键字，使编译器隐式确定局部变量类型：

```
  var i = 3;              // i is implicitly of type int
  var s = "sausage";      // s is implicitly of type string

  // Therefore:

  var rectMatrix = new int[,]     // rectMatrix is implicitly of type int[,]
  {
    {0,1,2},
    {3,4,5},
    {6,7,8}
  };

  var jaggedMat = new int[][]     // jaggedMat is implicitly of type int[][]
  {
    new int[] {0,1,2},
    new int[] {3,4,5},
    new int[] {6,7,8,9}
  };
```

数组类型可以进一步应用隐式类型转换规则，直接在 new 关键字之后忽略类型限定符，而由编译器推断数组类型：

```
  var vowels = new[] {'a','e','i','o','u'};   // Compiler infers char[]
```

为了使上述机制工作，数组中的所有元素必须能够隐式转换为一种类型（至少有一个元素是目标类型，而且最终只有一种最佳类型），例如：

```
  var x = new[] {1,10000000000};   // all convertible to long
```

2.7.5 边界检查

运行时会为所有数组的索引操作进行边界检查。如果使用了不合法的索引值，就会抛出 IndexOutOfRangeException 异常：

```
  int[] arr = new int[3];
  arr[3] = 1;                     // IndexOutOfRangeException thrown
```

数组边界检查在确保类型安全和简化调试过程中都是非常必要的。

通常，边界检查的性能开销很小，且 JIT（即时编译器）也会对此进行优化。例如，在进入循环之前预先确保所有的索引操作的安全性来避免每次循环中都进行检查。另外 C# 还提供了 unsafe 代码来显式绕过边界检查（请参见 4.18 节）。

2.8 变量和参数

变量表示存储着可变值的存储位置。变量可以是局部变量、参数（value、ref 或 out）、字段（实例或静态）以及数组元素。

2.8.1 栈和堆

栈和堆是存储变量的地方，它们分别具有不同的生命周期语义。

2.8.1.1 栈

栈是存储局部变量和参数的内存块。逻辑上，栈会在函数进入和退出时增加或减少。考虑下面的方法（为了避免干扰，该范例省略了输入参数检查）：

```
static int Factorial (int x)
{
  if (x == 0) return 1;
  return x * Factorial (x-1);
}
```

这个方法是递归的，即它调用其自身。每一次进入这个方法的时候，就在栈上分配一个新的 int，而每一次离开这个方法，就会释放一个 int。

2.8.1.2 堆

堆是保存对象（例如引用类型的实例）的内存块，新创建的对象会分配在堆上并返回其引用。在程序执行过程中，堆会被新创建的对象不断填充。运行时的垃圾回收器会定期从堆上释放对象以确保应用程序有内存可用。只要对象没有被"存活"的对象引用，它就可以被释放。

以下例子中，我们创建了一个 StringBuilder 对象并将其引用赋值给 ref1 变量，之后在其中写入内容。StringBuilder 对象在后续没有使用的情况下可立即被垃圾回收器释放。

之后，我们创建另一个 StringBuilder 对象赋值给 ref2，再将引用复制给 ref3。虽然 ref2 之后便不再使用，但是由于 ref3 保持着同一个 StringBuilder 对象的引用，因此在 ref3 使用完毕之前它不会被垃圾回收器回收：

```
using System;
using System.Text;

StringBuilder ref1 = new StringBuilder ("object1");
```

```
Console.WriteLine (ref1);
// The StringBuilder referenced by ref1 is now eligible for GC.

StringBuilder ref2 = new StringBuilder ("object2");
StringBuilder ref3 = ref2;
// The StringBuilder referenced by ref2 is NOT yet eligible for GC.

Console.WriteLine (ref3);        // object2
```

值类型的实例（和对象的引用）就存储在变量声明的地方。如果将值类型声明为类中的字段或数组中的元素，则该实例会存储在堆上。

 C# 无法像 C++ 那样显式删除对象，未引用的对象最终将被垃圾回收器回收。

静态字段也会存储在堆上。与分配在堆上的对象（可以被垃圾回收）不同，这些变量将一直存活直至进程结束。

2.8.2 明确赋值

C# 强制执行明确赋值策略，实践中这意味着在 unsafe 或互操作（interop）上下文之外无法访问未初始化的内存。明确赋值有如下三种含义：

* 局部变量在读取之前必须赋值。

* 调用方法时必须提供函数的实际参数（除非标记为可选参数，参见 2.8.4.8 节）。

* 运行时将自动初始化其他变量（例如，字段和数组元素）。

例如，以下示例将产生编译时错误：

```
int x;
Console.WriteLine (x);        // Compile-time error
```

字段和数组元素会自动初始化为其类型的默认值。以下代码输出 0 就是因为数组元素会隐式赋为默认值：

```
int[] ints = new int[2];
Console.WriteLine (ints[0]);    // 0
```

以下代码输出 0，因为（静态和实例）字段都会隐式赋值为默认值：

```
Console.WriteLine (Test.X);    // 0

class Test { public static int X; }    // field
```

2.8.3 默认值

所有类型的实例都有默认值，预定义类型的默认值是按位取 0 的内存所表示的值。

类型	默认值
引用类型（和可空值类型）	null
数字和枚举类型	0
char 类型	'\0'
bool 类型	false

default 关键字可用于获得任意类型的默认值：

```
Console.WriteLine (default (decimal));   // 0
```

若能够进行类型推定，则无须指定类型信息：

```
decimal d = default;
```

自定义值类型（例如，struct）的默认值等同于每一个字段都取其默认值。

2.8.4 参数

方法可以包含一连串参数（parameter），在调用方法时必须为这些参数提供实际值（argument）。在下面的例子中，Foo 方法仅有一个类型为 int 的参数 p：

```
Foo (8);                           // 8 is an argument
static void Foo (int p) {...}   // p is a parameter
```

使用 ref、in 和 out 修饰符可以控制参数的传递方式：

参数修饰符	传递类型	必须明确赋值的参数
无	按值传递	传入
ref	按引用传递	传入
in	按引用传递（只读）	传入
out	按引用传递	传出

2.8.4.1 按值传递参数

默认情况下，C# 中的参数默认按值传递，这是最常用的方式。这意味着在把参数值传递给方法时将创建一份参数值的副本：

```
int x = 8;
Foo (x);                     // Make a copy of x
Console.WriteLine (x);       // x will still be 8

static void Foo (int p)
{
  p = p + 1;                 // Increment p by 1
  Console.WriteLine (p);     // Write p to screen
}
```

为 p 赋一个新的值并不会改变 x 的值，因为 p 和 x 分别存储在不同的内存位置中。

按值传递引用类型参数复制的是引用而非对象本身。下例中，Foo 方法中的 StringBuilder 对象和实例化的 sb 变量所指的是同一个对象，但是它们的引用是不同的。换句话说，变量 sb 和 fooSB 是引用同一个 StringBuilder 对象的不同变量：

```
StringBuilder sb = new StringBuilder();
Foo (sb);
Console.WriteLine (sb.ToString());     // test

static void Foo (StringBuilder fooSB)
{
  fooSB.Append ("test");
  fooSB = null;
}
```

由于 fooSB 是引用的一份副本，因此将它赋值为 null 并不会把 sb 也赋值为 null（然而，如果在声明和调用 fooSB 时使用 ref 修饰符，则 sb 会变成 null）。

2.8.4.2 ref 修饰符

在 C# 中，若按引用传递参数则应使用 ref 修饰符。在下面的例子中，p 和 x 指向同一块内存位置：

```
int x = 8;
Foo (ref  x);              // Ask Foo to deal directly with x
Console.WriteLine (x);     // x is now 9

static void Foo (ref int p)
{
  p = p + 1;               // Increment p by 1
  Console.WriteLine (p);   // Write p to screen
}
```

现在给 p 赋新值将改变 x 的值。注意，ref 修饰符在声明和调用时都是必需的[注4]，这样就清楚地表明了程序将如何执行。

ref 修饰符对于实现交换方法是必要的（3.9 节将介绍如何编写适用于所有类型的"交换"方法）：

```
string x = "Penn";
string y = "Teller";
Swap (ref x, ref y);
Console.WriteLine (x);    // Teller
Console.WriteLine (y);    // Penn

static void Swap (ref string a, ref string b)
{
  string temp = a;
  a = b;
  b = temp;
}
```

注 4：当调用 COM 方法时规则有所不同，我们将在第 24 章讨论。

无论参数是引用类型还是值类型，都可以按引用传递或按值传递。

2.8.4.3 out 修饰符

out 参数和 ref 参数类似，但在以下几点上不同：

- 无须在传入函数之前进行赋值。

- 必须在函数结束之前赋值。

out 修饰符通常用于获得方法的多个返回值，例如：

```
string a, b;
Split ("Stevie Ray Vaughn", out a, out b);
Console.WriteLine (a);                    // Stevie Ray
Console.WriteLine (b);                    // Vaughn

void Split (string name, out string firstNames, out string lastName)
{
  int i = name.LastIndexOf (' ');
  firstNames = name.Substring (0, i);
  lastName = name.Substring (i + 1);
}
```

与 ref 参数一样，out 参数按引用传递。

2.8.4.4 out 变量及丢弃变量

C# 允许在调用含有 out 参数的方法时直接声明变量。因此我们可以将前面例子中的头两行代码简化为：

```
Split ("Stevie Ray Vaughan", out string a, out string b);
```

当调用含有多个 out 参数的方法时，若我们并非关注所有参数的值，那么可以使用下划线来"丢弃"那些不感兴趣的参数：

```
Split ("Stevie Ray Vaughan", out string a, out _);   // Discard 2nd param
Console.WriteLine (a);
```

此时，编译器会将下划线认定为一个特殊的符号，称为丢弃符号。一次调用可以引入多个丢弃符号。假设 SomeBigMethod 定义了 7 个 out 参数，除第 4 个之外其他的全部被丢弃：

```
SomeBigMethod (out _, out _, out _, out int x, out _, out _, out _);
```

出于向后兼容性的考虑，如果在作用域内已经有一个以下划线为名称的变量的话，这个语言特性就失效了：

```
string _;
Split ("Stevie Ray Vaughan", out string a, out _);
Console.WriteLine (_);      // Vaughan
```

2.8.4.5 按引用传递的含义

按引用传递参数是为现存变量的存储位置起了一个别名而不是创建一个新的存储位置。
在下面的例子中，变量 x 和 y 代表相同的实例：

```
class Test
{
  static int x;

  static void Main() { Foo (out x); }

  static void Foo (out int y)
  {
    Console.WriteLine (x);            // x is 0
    y = 1;                           // Mutate y
    Console.WriteLine (x);            // x is 1
  }
}
```

2.8.4.6 in 修饰符

in 参数和 ref 参数相似，而前者的参数值无法在方法内更改（如果更改，则会产生一个
编译时错误）。这个修饰符非常适用于向方法传递大型值类型对象。因为此时编译器不
仅可以避免在参数传递时对参数进行复制操作而造成开销，还可以保护参数的原始值不
被修改。

in 修饰符是重载的一个重要组成部分：

```
void Foo (   SomeBigStruct a) { ... }
void Foo (in SomeBigStruct a) { ... }
```

若希望调用第二个重载方法，则调用者必须使用 in 修饰符：

```
SomeBigStruct x = ...;
Foo (x);       // Calls the first overload
Foo (in x);    // Calls the second overload
```

当调用不会造成歧义时：

```
void Bar (in SomeBigStruct a) { ... }
```

则 in 修饰符是可选的：

```
Bar (x);       // OK (calls the 'in' overload)
Bar (in x);    // OK (calls the 'in' overload)
```

需要说明的是为了使上述示例有实际的意义，我们将 SomeBigStruct 定义为 struct 类型
（请参见 3.4 节）。

2.8.4.7 params 修饰符

当使用 params 参数修饰符修饰方法中的最后一个参数时，方法就能够接受任意数量的指定类型参数。参数类型必须声明为（一维）数组，例如：

```
int total = Sum (1, 2, 3, 4);
Console.WriteLine (total);              // 10

// The call to Sum above is equivalent to:
int total2 = Sum (new int[] { 1, 2, 3, 4 });

int Sum (params int[] ints)
{
  int sum = 0;
  for (int i = 0; i < ints.Length; i++)
    sum += ints [i];                    // Increase sum by ints[i]
  return sum;
}
```

若 params 参数表中没有任何参数，则会创建一个包含零个元素的数组作为参数。

除上述调用方式外也可以将普通的数组提供给 params 参数，因此示例中的第一行从语义上等价于：

```
int total = Sum (new int[] { 1, 2, 3, 4 } );
```

2.8.4.8 可选参数

方法、构造器和索引器（参见第 3 章）中都可以声明可选参数。只要在参数声明中提供默认值，这个参数就是可选参数：

```
void Foo (int x = 23) { Console.WriteLine (x); }
```

可选参数在调用方法时可以省略：

```
Foo();      // 23
```

上述调用实际上将默认值 23 传递到可选参数 x 中。编译器会在调用端将值 23 传递到编译好的代码中。上例中调用 Foo 的代码语义上等价于：

```
Foo (23);
```

这是因为编译器总是用默认值替代可选参数而造成的结果。

 若公共方法对其他程序集可见，则在添加可选参数时双方均需重新编译。就像是必须提供参数的方法一样。

可选参数的默认值必须由常量表达式、无参数的值类型构造器或者 default 表达式指定，可选参数不能标记为 ref 或者 out[译注1]。

必填参数必须在可选参数方法声明和调用之前出现（params 参数例外，它总是最后出现）。下面的例子将 1 显式传递给参数 x，而将默认值 0 传递给参数 y：

```
Foo (1);    // 1, 0

void Foo (int x = 0, int y = 0) { Console.WriteLine (x + ", " + y); }
```

我们也可以反其道而行之，联合使用命名参数与可选参数传递默认值给 x 而传递显式值给 y。

2.8.4.9 命名参数

除了用位置确定参数外，还可以用名称来确定参数：

```
Foo (x:1, y:2);   // 1, 2

void Foo (int x, int y) { Console.WriteLine (x + ", " + y); }
```

命名参数能够以任意顺序出现。下面两种调用 Foo 的方式在语义上是一样的：

```
Foo (x:1, y:2);
Foo (y:2, x:1);
```

上述写法的不同之处的是参数表达式将按调用端参数出现的顺序计算。通常，这种不同只出现在拥有副作用的、非独立的表达式中。例如，下面的代码将输出 0，1：

```
int a = 0;
Foo (y: ++a, x: --a);  // ++a is evaluated first
```

当然，在实践中应当避免这种代码。

命名参数和可选参数可以混合使用：

```
Foo (1, y:2);
```

然而这里有一个限制，除非参数均出现在正确的位置，否则按位置传递的参数必须出现在命名参数之前。因此我们可以按照如下方式调用 Foo 方法：

```
Foo (x:1, 2);           // OK. Arguments in the declared positions
```

但以下调用是不行的：

```
Foo (y:2, 1);           // Compile-time error. y isn't in the first position
```

命名参数适于和可选参数混合使用。例如，考虑下面的方法：

```
void Bar (int a = 0, int b = 0, int c = 0, int d = 0) { ... }
```

译注1：可选参数可以以 in 修饰符修饰。

我们可以用以下方式在调用 Bar 时仅提供 d 参数的值：

```
Bar (d:3);
```

这个特性在调用 COM API 时非常有用，我们将在第 24 章详细讨论。

2.8.5 引用局部变量

引用局部变量是 C# 中一个令人费解的特性，即定义一个用于引用数组中某一个元素或对象中某一个字段的局部变量（该特性是 C# 7 引入的）：

```
int[] numbers = { 0, 1, 2, 3, 4 };
ref int numRef = ref numbers [2];
```

在这个例子中，numRef 是 numbers[2] 的引用。当我们更改 numRef 的值时，也相应更改了数组中的元素值：

```
numRef *= 10;
Console.WriteLine (numRef);        // 20
Console.WriteLine (numbers [2]);   // 20
```

引用局部变量的目标只能是数组的元素、对象字段或者局部变量，而不能是属性（参见第 3 章）。引用局部变量适用于在特定的场景下进行小范围优化，并通常和引用返回值合并使用。

2.8.6 引用返回值

 我们将在第 23 章将讨论 Span<T> 和 ReadOnlySpan<T> 类型。这两种类型使用引用返回值实现了高效的索引器。除此场景之外，引用返回值鲜有使用。该特性主要用于微观性能改进。

从方法中返回的引用局部变量，称为引用返回值（ref return）：

```
class Program
{
  static string x = "Old Value";

  static ref string GetX() => ref x;    // This method returns a ref

  static void Main()
  {
    ref string xRef = ref GetX();        // Assign result to a ref local
    xRef = "New Value";
    Console.WriteLine (x);               // New Value
  }
}
```

如果在调用端忽略 ref 修饰符，则该调用将会返回一个普通的值：

```
string localX = GetX();  // Legal: localX is an ordinary non-ref variable.
```

当我们定义属性或者索引器时也可以使用引用返回值：

```
static ref string Prop => ref x;
```

注意，这些属性即使不定义 set 访问器也是隐式可写的：

```
Prop = "New Value";
```

为了避免修改，可使用 ref readonly：

```
static ref readonly string Prop => ref x;
```

ref readonly 修饰符在保持了返回引用所带来的性能提升之余还阻止了修改操作。当然，由于 x 是字符串类型（引用类型），因此这种更改在本例中的影响微乎其微。不论字符串有多长，我们唯一改进的地方是避免了一次 32 位或者 64 位引用的拷贝。如果使用自定义值类型（请参见 3.4 节），则需要将结构体标记为 readonly（否则编译器将执行一次防御性质的拷贝）才会切实地改善性能。

若属性或索引器的返回类型为引用返回值，则无法在其中定义 set 访问器。

2.8.7 var 隐式类型局部变量

我们通常会一次性完成变量的声明和初始化。如果编译器能够从初始化表达式中推断出变量的类型，就能够使用 var 关键字来代替类型声明，例如：

```
var x = "hello";
var y = new System.Text.StringBuilder();
var z = (float)Math.PI;
```

它们完全等价以下代码：

```
string x = "hello";
System.Text.StringBuilder y = new System.Text.StringBuilder();
float z = (float)Math.PI;
```

因为是完全等价的，所以隐式类型变量仍是静态类型的。例如，下面的代码将产生编译时错误：

```
var x = 5;
x = "hello";    // Compile-time error; x is of type int
```

注意，当无法直接从变量声明语句中看出变量类型时，var 关键字将降低代码的可读性。例如：

```
Random r = new Random();
var x = r.Next();
```

变量 x 的类型是什么呢？

在 4.10 节我们将介绍必须使用 var 的场景。

2.8.8 目标类型 new 表达式

另一种减少重复书写的方式是使用目标类型 new 表达式（C# 9）：

```
System.Text.StringBuilder sb1 = new();
System.Text.StringBuilder sb2 = new ("Test");
```

上述代码和以下代码是完全等价的：

```
System.Text.StringBuilder sb1 = new System.Text.StringBuilder();
System.Text.StringBuilder sb2 = new System.Text.StringBuilder ("Test");
```

该功能的原理是，如果编译器能够明确地推断类型名称，则可以不指定类型名直接调用 new。这个功能在变量声明和初始化代码并不位于一处时非常有用。例如，当我们需要在构造器中初始化字段时：

```
class Foo
{
  System.Text.StringBuilder sb;

  public Foo (string initialValue)
  {
    sb = new (initialValue);
  }
}
```

目标类型 new 表达式也适合在以下场景中使用：

```
MyMethod (new ("test"));

void MyMethod (System.Text.StringBuilder sb) { ... }
```

2.9 表达式和运算符

表达式本质上是值，最简单的表达式是常量和变量。表达式能够用运算符进行转换和组合，运算符用一个或多个输入操作数来输出一个新的表达式。

以下是一个常量表达式的例子：

```
12
```

可以使用 * 运算符来组合两个操作数（字面量表达式 12 和 30）：

```
12 * 30
```

由于操作数本身可以是表达式，所以可以创造出更复杂的表达式。例如，(12 * 30) 是下面的表达式中的操作数：

```
1 + (12 * 30)
```

C# 中的运算符分为一元运算符、二元运算符和三元运算符，这取决于它们使用的操作数数量（1、2或3）。二元运算符总是使用中缀表示法，即运算符在两个操作数之间。

2.9.1 基础表达式

基础表达式由 C# 语言内置的基础运算符表达式组成，例如：

```
Math.Log (1)
```

这个表达式由两个基础表达式构成，第一个表达式执行成员查找（用 . 运算符），而第二个表达式执行方法调用（用 () 运算符）。

2.9.2 空表达式

空表达式（void expression）是没有值的表达式，例如：

```
Console.WriteLine (1)
```

因为空表达式没有值，所以不能作为操作数来创建更复杂的表达式：

```
1 + Console.WriteLine (1)      // Compile-time error
```

2.9.3 赋值表达式

赋值表达式用 = 运算符将另一个表达式的值赋值给变量，例如：

```
x = x * 5
```

赋值表达式不是一个空表达式，它的值即是被赋予的值。因此赋值表达式可以和其他表达式组合。下面的例子中，表达式将 2 赋给 x 并将 10 赋给 y：

```
y = 5 * (x = 2)
```

这种类型的表达式也可以用于初始化多个值：

```
a = b = c = d = 0
```

复合赋值运算符是由其他运算符组合而成的简化运算符：

```
x *= 2    // equivalent to x = x * 2
x <<= 1   // equivalent to x = x << 1
```

（这条规则的例外是第 4 章中介绍的事件。事件的 += 和 -= 运算符会进行特殊处理并映射到事件的 add 和 remove 访问器上。）

2.9.4 运算符优先级和结合性

当表达式包含多个运算符时，运算符的优先级和结合性决定了计算的顺序。优先级高的运算符先于优先级低的运算符执行。如果运算符的优先级相同，那么运算符的结合性决定计算的顺序。

2.9.4.1 优先级

以下表达式中

```
1 + 2 * 3
```

由于 * 的优先级高于 +，因此它将按下面的方式计算：

```
1 + (2 * 3)
```

2.9.4.2 左结合运算符

二元运算符（除了赋值运算符、Lambda 运算符、null 合并运算符）是左结合运算符，即它们是从左往右计算的。例如，下面的表达式：

```
8 / 4 / 2
```

由于左结合性将按如下的方式计算：

```
( 8 / 4 ) / 2    // 1
```

插入括号可以改变实际的计算顺序：

```
8 / ( 4 / 2 )    // 4
```

2.9.4.3 右结合运算符

赋值运算符、Lambda 运算符、null 合并运算符和条件运算符是右结合的。换句话说，它们是从右往左计算。右结合性允许多重赋值，例如：

```
x = y = 3;
```

首先将 3 赋值给 y，之后再将表达式（3）的结果赋值给 x。

2.9.5 运算符表

表 2-3 按照优先级列出了 C# 的运算符，同一类别的运算符的优先级相同，我们将在 4.17 节介绍用户可重载的运算符。

表 2-3：C# 的运算符（按照优先级顺序分类）

类别	运算符符号	运算符名称	范例	用户是否可重载
基础	.	成员访问	x.y	否
	?. 和 ?[]	Null 条件	x?.y 或者 x?[0]	否
	!. 和 ![]	Null 忽略	x!.y 或者 x![0]	否
	->（不安全代码）	结构体指针	x->y	否
	()	函数调用	x()	否

表 2-3：C# 的运算符（按照优先级顺序分类）(续)

类别	运算符符号	运算符名称	范例	用户是否可重载
	[]	数组 / 索引	a[x]	通过索引器
	++	后自增	x++	是
	--	后自减	x--	是
	new	创建实例	new Foo()	否
	stackalloc	栈空间分配	stackalloc(10)	否
	typeof	从标识符中获得类型	typeof(int)	否
	nameof	从标识符中获得名称	nameof(x)	否
	checked	检测整数溢出	checked(x)	否
	unchecked	不检测整数溢出	unchecked(x)	否
	default	默认值	default(char)	否
一元运算符	await	等待异步操作	await myTask	否
	sizeof	获得结构体的大小	sizeof(int)	否
	+	正数	+x	是
	-	负数	-x	是
	!	非	!x	是
	~	按位求反	~x	是
	++	前自增	++x	是
	--	前自减	--x	是
	()	转换	(int)x	否
	^	从末尾开始的索引	array[^1]	否
	*（不安全）	取地址中的值	*x	否
	&（不安全）	取值的地址	&x	否
范围运算符	..	索引的开始和结束范围	x..y	否
	..^		x..^y	
switch 和 with	switch	switch 表达式	num switch { 1 => true, _ => false}	否
	with	with 表达式	rec with { X = 123 }	否
乘法	*	乘	x * y	是
	/	除	x / y	是
	%	取余	x % y	是
加法	+	加	x + y	是
	-	减	x - y	是

表 2-3: C# 的运算符 (按照优先级顺序分类)(续)

类别	运算符符号	运算符名称	范例	用户是否可重载
位移	<<	左移	x << 1	是
	>>	右移	x >> 1	是
关系	<	小于	x < y	是
	>	大于	x > y	是
	<=	小于或等于	x <= y	是
	>=	大于或等于	x >= y	是
	is	类型是 / 是子类	x is y	否
	as	类型转换	x as y	否
相等	==	相等	x == y	是
	!=	不相等	x != y	是
逻辑与	&	与	x & y	是
逻辑异或	^	异或	x ^ y	是
逻辑或	|	或	x | y	是
条件与	&&	条件与	x && y	通过 &
条件或	||	条件或	x || y	通过 |
null 合并	??	null 合并	x ?? y	否
条件	?:	条件运算符	isTrue ? thenThis : elseThis	否
赋值与 lambda	=	赋值	x = y	否
	*=	自身乘	x *= 2	通过 *
	/=	自身除	x /= 2	通过 /
	%=	取余并自身赋值	x %= 2	
	+=	自身加	x += 2	通过 +
	-=	自身减	x -= 2	通过 -
	<<=	自身左移	x <<= 2	通过 <<
	>>=	自身右移	x >>= 2	通过 >>
	&=	自身与	x &= 2	通过 &
	^=	自身异或	x ^= 2	通过 ^
	|=	自身或	x |= 2	通过 |
	??=	null 合并赋值运算符	x ??= 0	否
	=>	Lambda	x => x + 1	否

2.10 null 运算符

C# 提供了三个简化 null 处理的运算符：null 合并运算符、null 合并赋值运算符和 null 条件运算符。

2.10.1 null 合并运算符

null 合并运算符写作 ??。它的意思是"如果左侧操作数不是 null，则结果为操作数；否则结果为另一个值。"例如：

```
string s1 = null;
string s2 = s1 ?? "nothing";   // s2 evaluates to "nothing"
```

如果左侧的表达式不是 null，则右侧的表达式将不会进行计算。null 合并运算符同样适用于可空值类型（请参见 4.7 节）。

2.10.2 null 合并赋值运算符

null 合并赋值运算符（C# 8 引入）写作 ??==。它的含义是"如果左侧操作数为 null，则将右侧的操作数赋值给左侧的操作数。"请考虑以下示例：

```
myVariable ??= someDefault;
```

以上代码等价于：

```
if (myVariable == null) myVariable = someDefault;
```

??= 运算符可以用于实现延迟计算属性，我们将在 4.12.5 节中介绍。

2.10.3 null 条件运算符

?. 运算符称为 null 条件运算符或者 Elvis 运算符（从 Elvis 表情符号而来），该运算符可以像标准的 . 运算符那样访问成员或调用方法。当运算符的左侧为 null 时，该表达式的运算结果也是 null 而不会抛出 NullReferenceException 异常。

```
System.Text.StringBuilder sb = null;
string s = sb?.ToString();  // No error; s instead evaluates to null
```

上述代码的最后一行等价于：

```
string s = (sb == null ? null : sb.ToString());
```

null 条件运算符同样适用于索引器：

```
string foo = null;
char? c = foo?[1];  // c is null
```

当遇到 null 时，Elvis 运算符将直接略过表达式的其余部分。在接下来的例子中，即使

ToString() 和 ToUpper() 方法使用的是标准的 . 运算符，s 的值仍然为 null。

```
System.Text.StringBuilder sb = null;
string s = sb?.ToString().ToUpper();   // s evaluates to null without error
```

只有直接的左侧运算数可能为 null 时才有必要重复使用 Elvis 运算符。因此以下表达式在 x 和 y 都为 null 时依然是健壮的：

```
x?.y?.z
```

它等价于（唯一的不同在于 x.y 仅执行了一次）：

```
x == null ? null
           : (x.y == null ? null : x.y.z)
```

需要指出，最终的表达式必须能够处理 null，因此以下的范例是非法的：

```
System.Text.StringBuilder sb = null;
int length = sb?.ToString().Length;   // Illegal : int cannot be null
```

我们可以使用可空值类型（请参见 4.7 节）来修正这个问题。如果你已经对可空值类型有所了解，请参见以下范例代码：

```
int? length = sb?.ToString().Length;   // OK: int? can be null
```

我们也可以使用 null 条件运算符调用返回值为 void 的方法：

```
someObject?.SomeVoidMethod();
```

如果 someObject 为 null，则表达式将"不执行指令"而不会抛出 NullReferenceException 异常。

null 条件运算符可以和第 3 章介绍的常用类型成员一起使用，包括方法、字段、属性和索引器。而且它也可以和 null 合并运算符配合使用：

```
System.Text.StringBuilder sb = null;
string s = sb?.ToString() ?? "nothing";   // s evaluates to "nothing"
```

2.11 语句

函数是由语句构成的。语句按照出现的字面顺序执行。语句块则是包含在大括号（{}）中的一系列语句。

2.11.1 声明语句

变量声明语句可以声明新的变量，并可以用表达式初始化变量。我们可以用逗号分隔的列表声明多个同类型的变量：

```
string someWord = "rosebud";
int someNumber = 42;
bool rich = true, famous = false;
```

常量的声明和变量类似，但是它的值无法在声明之后改变，并且变量初始化必须和声明同时进行（请参见 3.1.2 节）：

```
const double c = 2.99792458E08;
c += 10;                        // Compile-time Error
```

局部变量

局部变量和常量的作用范围在当前的语句块中。在当前语句块或者嵌套的语句块中无法声明同名的局部变量：

```
int x;
{
  int y;
  int x;                // Error - x already defined
}
{
  int y;                // OK - y not in scope
}
Console.Write (y);  // Error - y is out of scope
```

变量的作用范围是其所在的整个代码块（包括前向和后向）。这意味着虽然在变量或常量声明之前引用它是不合法的，但即使将示例中的 x 初始化移动到方法的末尾我们也会得到相同的错误，这个奇怪的规则和 C++ 是不同的。

2.11.2 表达式语句

表达式语句既是表达式也是合法的语句。表达式语句必须改变状态或者执行某些可能改变状态的调用。状态改变本质上指改变一个变量的值。可能的表达式语句有：

- 赋值表达式（包括自增和自减表达式）
- （有返回值的和没有返回值的）方法调用表达式
- 对象实例化表达式

例如：

```
// Declare variables with declaration statements:
string s;
int x, y;
System.Text.StringBuilder sb;

// Expression statements
x = 1 + 2;                  // Assignment expression
x++;                        // Increment expression
y = Math.Max (x, 5);        // Assignment expression
Console.WriteLine (y);      // Method call expression
sb = new StringBuilder();   // Assignment expression
new StringBuilder();        // Object instantiation expression
```

即使调用的构造器或方法有返回值，也并不一定要使用该值。因此除非构造器或方法改变了某些状态，否则以下这些语句完全没有用处：

```
new StringBuilder();      // Legal, but useless
new string ('c', 3);      // Legal, but useless
x.Equals (y);             // Legal, but useless
```

2.11.3 选择语句

C# 使用以下几种机制来有条件地控制程序的执行流：

- 选择语句（if、switch）

- 条件语句（?:）

- 循环语句（while、do..while、for 和 foreach）

本节将介绍两种最简单的结构：if 语句和 switch 语句。

2.11.3.1 if 语句

if 语句在 bool 表达式为真时执行其中的语句，例如：

```
if (5 < 2 * 3)
  Console.WriteLine ("true");      // true
```

if 中的语句可以是代码块：

```
if (5 < 2 * 3)
{
  Console.WriteLine ("true");
  Console.WriteLine ("Let's move on!");
}
```

2.11.3.2 else 子句

if 语句之后可以紧跟 else 子句：

```
if (2 + 2 == 5)
  Console.WriteLine ("Does not compute");
else
  Console.WriteLine ("False");        // False
```

在 else 子句中，能嵌套另一个 if 语句：

```
if (2 + 2 == 5)
  Console.WriteLine ("Does not compute");
else
  if (2 + 2 == 4)
    Console.WriteLine ("Computes");    // Computes
```

2.11.3.3 用大括号改变执行流

else 子句总是与它之前的语句块中紧邻的未配对的 if 语句结合：

```
if (true)
  if (false)
    Console.WriteLine();
  else
    Console.WriteLine ("executes");
```

语义上等价于：

```
if (true)
{
  if (false)
    Console.WriteLine();
  else
    Console.WriteLine ("executes");
}
```

可以通过改变大括号的位置来改变执行流：

```
if (true)
{
  if (false)
    Console.WriteLine();
}
else
  Console.WriteLine ("does not execute");
```

大括号可以明确表明结构，这能提高嵌套 if 语句的可读性（虽然编译器并不需要）。需要特别指出的是下面的模式：

```
void TellMeWhatICanDo (int age)
{
  if (age >= 35)
    Console.WriteLine ("You can be president!");
  else if (age >= 21)
    Console.WriteLine ("You can drink!");
  else if (age >= 18)
    Console.WriteLine ("You can vote!");
  else
    Console.WriteLine ("You can wait!");
}
```

这里，我们参照其他语言的"elseif"结构（以及 C# 本身的 #elif 预处理指令）来安排 if 和 else 语句。Visual Studio 会自动识别这个模式并保持代码缩进。从语义上讲，紧跟着每一个 if 语句的 else 语句从功能上都是嵌套在 else 子句之中的。

2.11.3.4 switch 语句

switch 语句可以根据变量可能的取值来转移程序的执行。switch 语句可以拥有比嵌套 if 语句更加简洁的代码，因为 switch 语句仅仅需要一次表达式计算：

```
void ShowCard (int cardNumber)
{
  switch (cardNumber)
  {
```

```
      case 13:
        Console.WriteLine ("King");
        break;
      case 12:
        Console.WriteLine ("Queen");
        break;
      case 11:
        Console.WriteLine ("Jack");
        break;
      case -1:                          // Joker is -1
        goto case 12;                   // In this game joker counts as queen
      default:                          // Executes for any other cardNumber
        Console.WriteLine (cardNumber);
        break;
    }
  }
```

这个例子演示了最一般的情形，即针对常量的 switch。当指定常量时，只能指定内置的整数类型、bool、char、enum 类型以及 string 类型。

每一个 case 子句结束时必须使用某种跳转指令显式指定下一个执行点（除非你的代码本身就是一个无限循环），这些跳转指令有：

- break（跳转到 switch 语句的最后）

- goto case x（跳转到另外一个 case 子句）

- goto default（跳转到 default 子句）

- 其他的跳转语句，例如，return、throw、continue 或者 goto label

当多个值需要执行相同的代码时，可以按照顺序列出共同的 case 条件：

```
  switch (cardNumber)
  {
    case 13:
    case 12:
    case 11:
      Console.WriteLine ("Face card");
      break;
    default:
      Console.WriteLine ("Plain card");
      break;
  }
```

switch 语句的这种特性可以写出比多个 if-else 更加简洁的代码。

2.11.3.5 按类型 switch

 按照类型进行 switch 是带有模式的 switch 语句的一种特殊的使用情况，最近几版 C# 语言引入了多种模式。有关模式的完整讨论，请参见 4.13 节。

C# 支持按类型 switch（从 C# 7 开始）：

```
TellMeTheType (12);
TellMeTheType ("hello");
TellMeTheType (true);

void TellMeTheType (object x)    // object allows any type
{
  switch (x)
  {
    case int i:
      Console.WriteLine ("It's an int!");
      Console.WriteLine ($"The square of {i} is {i * i}");
      break;
    case string s:
      Console.WriteLine ("It's a string");
      Console.WriteLine ($"The length of {s} is {s.Length}");
      break;
    default:
      Console.WriteLine ("I don't know what x is");
      break;
  }
}
```

（object 类型允许其变量为任何类型，这部分内容将在 3.2 节和 3.3 节详细讨论。）

每一个 case 子句都指定了一种需要匹配的类型和一个变量（模式变量），如果类型匹配成功就对变量赋值。和常量不同，子句对可用的类型并没有进行任何限制。

when 关键字可用于对 case 进行预测，例如：

```
switch (x)
{
  case bool b when b == true:     // Fires only when b is true
    Console.WriteLine ("True!");
    break;
  case bool b:
    Console.WriteLine ("False!");
    break;
}
```

case 子句的顺序会影响类型的选择（这和选择常量的情况有些不同）。如果交换 case 的顺序，则上述示例可以得到完全不同的结果（事实上，上述程序甚至无法编译，因为编译器发现第二个 case 子句是永远不会执行的）。但 default 子句是一个例外，不论它出现在什么地方都会在最后才执行。

如果希望按照类型进行 switch，但对其值却并不关心，这种情况下可以使用"丢弃"变量（_）：

```
case DateTime _:
  Console.WriteLine ("It's a DateTime");
```

堆叠多个 case 子句也是没有问题的。在下面的例子中，Console.WriteLine 会在任何浮点类型的值大于 1000 时执行：

```
switch (x)
{
  case float f when f > 1000:
  case double d when d > 1000:
  case decimal m when m > 1000:
    Console.WriteLine ("We can refer to x here but not f or d or m");
    break;
}
```

在上述例子中，编译器仅允许在 when 子句中使用模式变量 f、d 和 m。当调用 Console. WriteLine 时，我们并不清楚到底三个模式变量中的哪一个会被赋值，因而编译器会将它们放在作用域之外。

除此以外，还可以混合使用常量选择和模式选择，甚至可以选择 null 值：

```
case null:
  Console.WriteLine ("Nothing here");
  break;
```

2.11.3.6 switch 表达式

从 C# 8 开始，我们可以在表达式中使用 switch。以下示例展示了该功能的使用方法，其中，假定变量 cardNumber 是 int 类型：

```
string cardName = cardNumber switch
{
  13 => "King",
  12 => "Queen",
  11 => "Jack",
  _ => "Pip card"    // equivalent to 'default'
};
```

注意，switch 是在变量名称之后出现的，且其中的 case 子句相应地变为了以逗号结尾的表达式（而不再是语句）。switch 表达式相比 switch 语句更加紧凑，且可以用于 LINQ 查询（请参见第 8 章）。

如果在 switch 表达式中忽略默认表达式（_）同时其他条件匹配失败，则会抛出一个异常。

switch 表达式也支持多变量的选择（元组模式）：

```
int cardNumber = 12;
string suite = "spades";
string cardName = (cardNumber, suite) switch
{
  (13, "spades") => "King of spades",
  (13, "clubs") => "King of clubs",
  ...
};
```

switch 表达式与各种模式组合可以获得更多的选择效果，详情请参见 4.13 节。

2.11.4 迭代语句

C# 中可以使用 while、do-while、for 和 foreach 语句重复执行一系列语句。

2.11.4.1 while 和 do-while 循环

while 循环在 bool 表达式为 true 的情况下重复执行循环体中的代码。该表达式在循环体执行之前进行检测。例如，以下示例将输出 012：

```
int i = 0;
while (i < 3)
{
  Console.Write (i);
  i++;
}
```

do-while 循环在功能上不同于 while 循环的地方是前者在语句块执行之后才检查表达式的值（保证语句块至少执行过一次）。以下是用 do-while 循环重新书写上述例子：

```
int i = 0;
do
{
  Console.Write (i);
  i++;
}
while (i < 3);
```

2.11.4.2 for 循环

for 循环就像一个有特殊子句的 while 循环，这些特殊子句用于初始化和迭代循环变量。for 循环有以下三个子句：

```
for (initialization-clause; condition-clause; iteration-clause)
  statement-or-statement-block
```

每一个子句的作用如下：

初始化子句
在循环之前执行，初始化一个或多个迭代变量。

条件子句
它是一个 bool 表达式，当取值为 true 时，将执行循环体。

迭代子句
在每次语句块迭代之后执行，通常用于更新迭代变量。

例如，下面的例子将输出 0 到 2 的数字：

```
for (int i = 0; i < 3; i++)
  Console.WriteLine (i);
```

下面的代码将输出前 10 个斐波那契数（每一个数都是前面两个数的和）：

```
for (int i = 0, prevFib = 1, curFib = 1; i < 10; i++)
{
  Console.WriteLine (prevFib);
  int newFib = prevFib + curFib;
  prevFib = curFib; curFib = newFib;
}
```

for 语句的这三个部分都可以省略，因而可以通过下面的代码来实现无限循环（也可以用 while (true) 来代替）：

```
for (;;)
  Console.WriteLine ("interrupt me");
```

2.11.4.3 foreach 循环

foreach 语句遍历可枚举对象的每一个元素，.NET 中大多数表示集合或元素列表的类型都是可枚举的。例如，数组和字符串都是可枚举的。以下示例从头到尾枚举了字符串中的每一个字符：

```
foreach (char c in "beer")   // c is the iteration variable
  Console.WriteLine (c);
```

以上程序的输出为：

```
b
e
e
r
```

我们将在 4.6 节详细介绍可枚举对象。

2.11.5 跳转语句

C# 的跳转语句有 break、continue、goto、return 和 throw。

跳转语句仍然遵守 try 语句的可靠性规则（参见 4.5 节），因此：

- 若跳转语句跳转到 try 语句块之外，则它总是在达到目标之前执行 try 语句的 finally 语句块。
- 跳转语句不能从 finally 语句块内跳到块外（除非使用 throw）。

2.11.5.1 break 语句

break 语句用于结束迭代或 switch 语句的执行：

```
int x = 0;
while (true)
{
  if (x++ > 5)
    break;        // break from the loop
}
```

```
  // execution continues here after break
  ...
```

2.11.5.2 continue 语句

continue 语句放弃循环体中后续的语句，继续下一轮迭代。例如，以下的循环跳过了偶数：

```
for (int i = 0; i < 10; i++)
{
  if ((i % 2) == 0)       // If i is even,
    continue;             // continue with next iteration

  Console.Write (i + " ");
}

OUTPUT: 1 3 5 7 9
```

2.11.5.3 goto 语句

goto 语句将执行点转移到语句块中的指定标签处，格式如下：

```
goto statement-label;
```

或用于 switch 语句内：

```
goto case case-constant;     // (Only works with constants, not patterns)
```

标签语句仅仅是代码块中的占位符，位于语句之前，用冒号后缀表示。下面的代码模拟 for 循环来遍历从 1 到 5 的数字：

```
int i = 1;
startLoop:
if (i <= 5)
{
  Console.Write (i + " ");
  i++;
  goto startLoop;
}

OUTPUT: 1 2 3 4 5
```

goto case case-constant 会将执行点转移到 switch 语句块中的另一个条件上（参见 2.11.3.4 节）。

2.11.5.4 return 语句

return 语句用于退出方法。如果这个方法有返回值，则必须返回方法指定返回类型的表达式。

```
decimal AsPercentage (decimal d)
{
  decimal p = d * 100m;
```

```
    return p;                    // Return to the calling method with value
  }
```

`return` 语句能够出现在方法的任意位置（除 `finally` 块中），并且可以多次出现。

2.11.5.5 throw 语句

`throw` 语句抛出异常来表示有错误发生（参见 4.5 节）：

```
if (w == null)
  throw new ArgumentNullException (...);
```

2.11.6 其他语句

`using` 语句用一种优雅的语法在 `finally` 块中调用实现了 `IDisposable` 接口对象的 `Dispose` 方法（请参见 4.5 节和 12.1 节）。

 C# 重载了 `using` 关键字，使它在不同上下文中有不同的含义。特别地，`using` 指令和 `using` 语句是不同的。

`lock` 语句是调用 `Mintor` 类型的 `Enter` 和 `Exit` 方法的简化写法（请参见第 14 章和第 23 章）。

2.12 命名空间

命名空间是一系列类型名称的领域。通常情况下，类型组织在分层的命名空间里，既避免了命名冲突又更容易查找。例如，处理公钥加密的 RSA 类型就定义在如下的命名空间下：

```
System.Security.Cryptography
```

命名空间组成了类型名的基本部分。下面代码调用了 RSA 类型的 `Create` 方法：

```
System.Security.Cryptography.RSA rsa =
  System.Security.Cryptography.RSA.Create();
```

 命名空间是独立于程序集的，程序集是像 *.dll* 文件一样的部署单元（参见第 17 章）。

命名空间并不影响 `public`、`internal`、`private` 等成员的可见性。

`namespace` 关键字为其中的类型定义了命名空间，例如：

```
namespace Outer.Middle.Inner
{
  class Class1 {}
```

```
    class Class2 {}
  }
```

命名空间中的"."表明了嵌套命名空间的层次结构，下面的代码在语义上和上一个例子是等价的：

```
namespace Outer
{
  namespace Middle
  {
    namespace Inner
    {
      class Class1 {}
      class Class2 {}
    }
  }
}
```

类型可以用完全限定名称（fully qualified name），也就是包含从外到内的所有命名空间的名称，来指定。例如，上述例子中，可以使用 Outer.Middle.Inner.Class1 来指代 Class1。

如果类型没有在任何命名空间中定义，则它存在于全局命名空间（global namespace）中。全局命名空间也包含了顶级命名空间，就像前面例子中的 Outer 命名空间。

2.12.1 文件范围命名空间（C# 10）

通常，一个文件中的所有类型都定义在同一个命名空间中：

```
namespace MyNamespace
{
  class Class1 {}
  class Class2 {}
}
```

从 C# 10 开始，我们可以使用文件范围命名空间来达到相同的目的：

```
namespace MyNamespace;  // Applies to everything that follows in the file.

class Class1 {}         // inside MyNamespace
class Class2 {}         // inside MyNamespace
```

文件范围命名空间不但令代码更简洁，还能消除不必要的缩进。

2.12.2 using 指令

using 指令用于导入命名空间，这是避免使用完全限定名称来指代某种类型的快捷方法。以下例子导入了前一个例子的 Outer.Middle.Inner 命名空间：

```
using Outer.Middle.Inner;

Class1 c;    // Don't need fully qualified name
```

在不同命名空间中定义相同类型名称是合法的（而且通常是必要的）。然而，这种做法通常在开发者不会同时导入两个命名空间时使用，例如，TextBox类，这个名称在 System.Windows.Controls（WPF）和 System.Windows.Forms（Windows Forms）命名空间中都有定义。

using 指令可以在命名空间中嵌套使用，这样可以限制 using 指令的作用范围。

2.12.3 global using 指令（C# 10）

在 C# 10 中，若在 using 指令前添加 global 关键字，则该指令将在整个工程或相应编译单元中的所有文件中生效：

```
global using System;
global using System.Collection.Generic;
```

因此，我们可以使用上述指令将公共的命名空间引用集中起来以避免在每一个文件中都进行重复书写。

global using 指令必须出现在非 global using 指令之前，并且不能够在 namespace 声明之内使用。全局指令也可以和 using static 合并使用。

隐式全局 using 指令

从 .NET 6 开始，我们可以在工程文件中配置隐式 global using 指令。如果工程文件中的 ImplicitUsings 元素的值为 true（新工程默认为 true），则将隐式引入如下的命名空间：

```
System
System.Collections.Generic
System.IO
System.Linq
System.Net.Http
System.Threading
System.Threading.Tasks
```

不同工程使用的 SDK（Web、Windows Forms、WPF 等）不同，因此除上述命名空间外还会引入其他命名空间。

2.12.4 using static 指令

我们不仅可以使用 using 指令导入命名空间，还可以使用 using static 指令导入特定的类型，这样就可以使用类型静态成员而无须指定类型的名称了。在下面例子中，我们在不指定类型的情况下调用 Console 类的静态方法 WriteLine：

```
using static System.Console;

WriteLine ("Hello");
```

`using static` 指令将类型的可访问的静态成员，包括字段、属性以及嵌套类型（参见第 3 章），全部导入进来。同时，该指令也支持导入枚举类型的成员（参见第 3 章）。因此如果导入了以下的枚举类型：

```
using static System.Windows.Visibility;
```

我们就可以直接使用 `Hidden` 而不是 `Visibility.Hidden` 了：

```
var textBox = new TextBox { Visibility = Hidden };   // XAML-style
```

C# 编译器还没有聪明到可以基于上下文来推断出正确的类型，因此在导入多个静态类型导致二义性时会发生编译错误。

2.12.5 命名空间中的规则

2.12.5.1 名称范围

外层命名空间中声明的名称能够直接在内层命名空间中使用。以下示例中的 Class1 在 Inner 中不需要限定名称：

```
namespace Outer
{
  class Class1 {}

  namespace Inner
  {
    class Class2 : Class1 {}
  }
}
```

在使用命名空间树形结构的不同分支中的类型时，需要使用部分限定名称。在下面的例子中，SalesReport 类继承 Common.ReportBase：

```
namespace MyTradingCompany
{
  namespace Common
  {
    class ReportBase {}
  }
  namespace ManagementReporting
  {
    class SalesReport : Common.ReportBase {}
  }
}
```

2.12.5.2 名称隐藏

如果相同类型名称同时出现在内层和外层命名空间中，则内层名称优先。如果要使用外层命名空间中的类型，则必须使用它的完全限定名称：

```
namespace Outer
{
```

```
class Foo { }

namespace Inner
{
  class Foo { }

  class Test
  {
    Foo f1;           // = Outer.Inner.Foo
    Outer.Foo f2;     // = Outer.Foo
  }
}
}
```

 所有的类型名在编译时都会转换为完全限定名称。中间语言（IL）代码不包含非限定名称和部分限定名称。

2.12.5.3 重复的命名空间

只要命名空间内的类型名称不冲突，就可以重复声明同一个命名空间：

```
namespace Outer.Middle.Inner
{
  class Class1 {}
}
namespace Outer.Middle.Inner
{
  class Class2 {}
}
```

上述例子也可以分为两个不同的源文件，并将每一个类都编译到不同的程序集中。

源文件 1：

```
namespace Outer.Middle.Inner
{
  class Class1 {}
}
```

源文件 2：

```
namespace Outer.Middle.Inner
{
  class Class2 {}
}
```

2.12.5.4 嵌套的 using 指令

我们能够在命名空间中嵌套使用 using 指令，这样可以控制 using 指令在命名空间声明中的作用范围。在以下例子中，Class1 在一个命名空间中可见，但是在另一个命名空间中不可见：

```
namespace N1
{
  class Class1 {}
}

namespace N2
{
  using N1;

  class Class2 : Class1 {}
}

namespace N2
{
  class Class3 : Class1 {}    // Compile-time error
}
```

2.12.6 类型和命名空间别名

导入命名空间可能导致类型名称的冲突，因此可以只导入需要的特定类型而不是整个命名空间，并给它们创建别名。例如：

```
using PropertyInfo2 = System.Reflection.PropertyInfo;
class Program { PropertyInfo2 p; }
```

下面代码为整个命名空间创建别名：

```
using R = System.Reflection;
class Program { R.PropertyInfo p; }
```

2.12.7 高级命名空间特性

2.12.7.1 外部别名

使用外部别名就可以引用两个完全限定名称相同的类型（例如，命名空间和类型名称都相同）。这种特殊情况只在两种类型来自不同的程序集时才会出现。请考虑下面的例子：

程序库 1，编译为 *Widgets1.dll*：

```
namespace Widgets
{
  public class Widget {}
}
```

程序库 2，编译为 *Widgets2.dll*：

```
namespace Widgets
{
  public class Widget {}
}
```

当应用程序同时引用 *Widgets1.dll* 和 *Widgets2.dll* 时：

```
using Widgets;

Widget w = new Widget();
```

以上程序是无法编译的，因为 Widget 类型是有二义性的。外部别名则可以消除应用程序中的二义性。第一步需要更改应用程序的 *.csproj* 工程文件，为每一个引用赋予一个唯一的别名：

```
<ItemGroup>
  <Reference Include="Widgets1">
    <Aliases>W1</Aliases>
  </Reference>
  <Reference Include="Widgets2">
    <Aliases>W2</Aliases>
  </Reference>
</ItemGroup>
```

接下来就可以使用 extern alias 指令使用这些别名了：

```
extern alias W1;
extern alias W2;

W1.Widgets.Widget w1 = new W1.Widgets.Widget();
W2.Widgets.Widget w2 = new W2.Widgets.Widget();
```

2.12.7.2 命名空间别名限定符

之前提到，内层命名空间中的名称隐藏外层命名空间中的名称。但是，有时即使使用类型的完全限定名也无法解决冲突。请考虑下面的例子：

```
namespace N
{
  class A
  {
    static void Main() => new A.B();      // Instantiate class B
    public class B {}                     // Nested type
  }
}

namespace A
{
  class B {}
}
```

Main 方法将会实例化嵌套类 B 或命名空间 A 中的类 B。编译器总是给当前命名空间中的标识符以更高的优先级，在这种情况下，将会实例化嵌套类 B。

要解决这样的冲突，可以使用如下的方式限定命名空间中的名称：

* 全局命名空间，即所有命名空间的根命名空间（由上下文关键字 global 指定）

* 一系列的外部别名

"::" 用于限定命名空间别名。下面的例子中，我们使用了全局命名空间（这通常出现在自动生成的代码中，以避免名称冲突）：

```
namespace N
{
  class A
  {
    static void Main()
    {
      System.Console.WriteLine (new A.B());
      System.Console.WriteLine (new global::A.B());
    }

    public class B {}
  }
}

namespace A
{
  class B {}
}
```

以下例子使用了别名限定符（2.12.7.1 节中例子的修改版本）：

```
extern alias W1;
extern alias W2;

W1::Widgets.Widget w1 = new W1::Widgets.Widget();
W2::Widgets.Widget w2 = new W2::Widgets.Widget();
```

第 3 章

在 C# 中创建类型

本章将深入讨论类型和类型的成员。

3.1 类

类是最常见的一种引用类型，最简单的类的声明如下：

```
class YourClassName
{
}
```

而复杂的类可能包含如下内容：

- 在 class 关键字之前：类特性（attribute）和类修饰符。非嵌套的类修饰符有 public、internal、abstract、sealed、static、unsafe 和 partial。
- 紧接 YourClassName：泛型参数、唯一基类与多个接口。
- 在花括号内：类成员（方法、属性、索引器、事件、字段、构造器、重载运算符、嵌套类型和终结器）。

本章涵盖除类特性、运算符函数，以及 unsafe 关键字外的上述所有内容，unsafe 关键字将在第 4 章介绍。以下将逐一介绍各个类成员。

3.1.1 字段

字段（field）是类或结构体中的变量成员，例如：

```
class Octopus
{
  string name;
  public int Age = 10;
}
```

字段可用以下修饰符进行修饰：

- 静态修饰符：`static`
- 访问权限修饰符：`public internal private protected`
- 继承修饰符：`new`
- 不安全代码修饰符：`unsafe`
- 只读修饰符：`readonly`
- 线程访问修饰符：`volatile`

私有字段的命名有两种常用的方式，一种是驼峰命名法（例如，`firstName`），另一种是驼峰命名法加下划线前缀（例如，`_firstName`）。后者可以方便地区分私有字段与局部变量。

3.1.1.1 readonly 修饰符

`readonly` 修饰符防止字段在构造后进行变更。只读字段只能在声明时或在其所属的类型构造器中赋值。

3.1.1.2 字段初始化

字段不一定要初始化，没有初始化的字段均为默认值（`0`、`'\0'`、`null`、`false`）。字段初始化逻辑在构造器之前运行：

```
public int Age = 10;
```

字段初始化器可以包含表达式，也可以调用其他方法：

```
static readonly string TempFolder = System.IO.Path.GetTempPath();
```

3.1.1.3 同时声明多个字段

简便起见，可以用逗号分隔的列表声明一组相同类型的字段。这是声明若干具有共同特性和修饰符的字段的简单方法：

```
static readonly int legs = 8,
                    eyes = 2;
```

3.1.2 常量

常量是一种值永远不会改变的静态字段，常量会在编译时静态赋值，编译器会在常量使用点上直接替换该值（类似于 C++ 的宏）。常量可以是 `bool`、`char`、`string`、任何内建的数字类型或者枚举类型。

常量用关键字 `const` 声明，并且必须用值初始化，例如：

```
public class Test
{
  public const string Message = "Hello World";
}
```

常量和 static readonly 字段的功能相似，但它在使用时有着更多的限制。常量能够使用的类型有限，而且初始化字段的语句含义也不同。其他与 static readonly 字段的不同之处还有：常量是在编译时进行赋值的。因此，

```
public static double Circumference (double radius)
{
  return 2 * System.Math.PI * radius;
}
```

将编译为：

```
public static double Circumference (double radius)
{
  return 6.2831853071795862 * radius;
}
```

将 PI 作为常量是合理的，它的值将在编译期确定。相反，static readonly 字段的值在程序运行时可以取不同的值：

```
static readonly DateTime StartupTime = DateTime.Now;
```

如果将 static readonly 字段提供给其他程序集使用，则可以在后续版本中更新其数值，这是 static readonly 字段的一个优势。例如，假设程序集 X 提供了如下的常量：

```
public const decimal ProgramVersion = 2.3;
```

如果程序集 Y 引用程序集 X 并使用了这个常量，那么值 2.3 将在编译时固定在程序集 Y 中。这意味着如果 X 后来重新编译，而且其中的常量值更改为 2.4，那么 Y 仍将使用旧值 2.3 直至 Y 重新编译。而 static readonly 字段则不存在这个问题。

从另一个角度看，未来可能发生变化的任何值从定义上讲都不是恒定的，因此不应当表示为常量。

常量也可以在方法内声明：

```
void Test()
{
  const double twoPI = 2 * System.Math.PI;
  ...
}
```

非局部常量可以使用以下的修饰符：

- 访问权限修饰符：public internal private protected
- 继承修饰符：new

3.1.3 方法

方法用一组语句实现某个行为。方法从调用者指定的参数中获得输入数据，并通过指定

的输出类型将输出数据返回给调用者。方法可以返回 void 类型，表明它不会向调用者返回任何值。此外，方法还可以通过 ref/out 参数向调用者返回输出数据。

方法的签名在这个类型的签名中必须是唯一的。方法的签名由它的名字和一定顺序的参数类型（但不包含参数名和返回值类型）组成。

方法可以用以下修饰符修饰：

- 静态修饰符：static
- 访问权限修饰符：public internal private protected
- 继承修饰符：new virtual abstract override sealed
- 部分方法修饰符：partial
- 非托管代码修饰符：unsafe extern
- 异步代码修饰符：async

3.1.3.1 表达式体方法

当方法仅由一个表达式构成时：

```
int Foo (int x) { return x * 2; }
```

则可以用表达式体方法来简化其表现形式，即用胖箭头来取代花括号和 return 关键字：

```
int Foo (int x) => x * 2;
```

表达式体函数也可以用 void 作为返回类型：

```
void Foo (int x) => Console.WriteLine (x);
```

3.1.3.2 局部方法

我们可以在一个方法中定义另一个方法：

```
void WriteCubes()
{
  Console.WriteLine (Cube (3));
  Console.WriteLine (Cube (4));
  Console.WriteLine (Cube (5));

  int Cube (int value) => value * value * value;
}
```

局部方法（上述例子中的 Cube 方法）仅仅在包含它的方法（上例中的 WriteCubes 方法）内可见。这不仅简化了父类型还可以让阅读代码的人一眼看出 Cube 不会在其他地方使用。另外一个优势是局部方法可以访问父方法中的局部变量和参数，这会导致很多后果，我们将在 4.3.2 节详细介绍。

局部方法还可以出现在其他类型的函数中，例如，属性访问器和构造器中。你甚至可

以将局部方法放在其他局部方法中或者放在使用语句块的 Lambda 表达式中（参见第 4
章）。同时，局部方法可以是迭代的（参见第 4 章）和异步的（参见第 14 章）方法。

3.1.3.3 静态局部方法

（从 C# 8 开始）在局部方法中添加 static 修饰符，可以防止局部方法访问外围方法中
的局部变量和参数。这有助于减少耦合，防止在局部方法中意外地引用外围方法中的
变量。

3.1.3.4 局部方法和顶级语句

在顶级语句中声明的任何方法都是局部方法。因此（除非将其标记为 static）它可以访
问顶级语句中的变量：

```
int x = 3;
Foo();

void Foo() => Console.WriteLine (x);
```

3.1.3.5 重载方法

 局部方法不能重载，因此顶级语句中声明的方法（即局部方法）是无法重
载的。

只要确保方法签名不同，可以在类型中重载方法（使用同一个名称定义多个方法）。例
如，以下的一组方法可以同时出现在同一个类型中：

```
void Foo (int x) {...}
void Foo (double x) {...}
void Foo (int x, float y) {...}
void Foo (float x, int y) {...}
```

但是，下面的两对方法则不能同时出现在一个类型中，因为方法的返回值类型和 params
修饰符不属于方法签名的一部分：

```
void  Foo (int x) {...}
float Foo (int x) {...}             // Compile-time error

void  Goo (int[] x) {...}
void  Goo (params int[] x) {...}  // Compile-time error
```

参数是按值传递还是按引用传递也是方法签名的一部分。例如，Foo(int) 和 Foo(ref
int) 或 Foo(out int) 可以同时出现在一个类中。但 Foo(ref int) 和 Foo(out int) 不
能同时出现在一个类中：

```
void Foo (int x) {...}
void Foo (ref int x) {...}      // OK so far
void Foo (out int x) {...}      // Compile-time error
```

3.1.4 实例构造器

构造器执行类或结构体的初始化代码。构造器的定义和方法的定义类似，区别仅在于构造器名和返回值只能与封装它的类型相同：

```
Panda p = new Panda ("Petey");   // Call constructor

public class Panda
{
  string name;                    // Define field
  public Panda (string n)         // Define constructor
  {
    name = n;                     // Initialization code (set up field)
  }
}
```

实例构造器支持以下的修饰符：

*   访问权限修饰符：`public internal private protected`
*   非托管代码修饰符：`unsafe extern`

仅包含一个语句的构造器也可以使用表达式体成员的写法，例如：

```
public Panda (string n) => name = n;
```

3.1.4.1 重载构造器

类或者结构体可以重载构造器。为了避免重复代码，构造器可以用 this 关键字调用另一个构造器：

```
using System;

public class Wine
{
  public decimal Price;
  public int Year;
  public Wine (decimal price) { Price = price; }
  public Wine (decimal price, int year) : this (price) { Year = year; }
}
```

当构造器调用另一个构造器时，被调用的构造器先执行。

还可以向另一个构造器传递表达式：

```
public Wine (decimal price, DateTime year) : this (price, year.Year) { }
```

表达式内不能使用 this 引用，例如，不能调用实例方法（这是强制性的，由于这个对象当前还没有通过构造器初始化完毕，因此调用任何方法都有可能失败）。但是表达式可以调用静态方法。

3.1.4.2 隐式无参数构造器

C# 编译器会自动为没有显式定义构造器的类生成无参数公有构造器。但是，一旦显式定义了至少一个构造器，系统就不再自动生成无参数的构造器了。

3.1.4.3 构造器和字段的初始化顺序

之前提到，字段可以在声明时初始化为其默认值：

```
class Player
{
  int shields = 50;   // Initialized first
  int health = 100;   // Initialized second
}
```

字段的初始化按声明的先后顺序，在构造器之前执行。

3.1.4.4 非公有构造器

构造器不一定都是公有的。通常，定义非公有的构造器是为了通过一个静态方法调用来控制创建类实例的过程。静态方法可以从一个池中返回对象，而不必每次创建一个新对象的实例。静态方法还可以根据不同的输入参数返回不同的子类对象：

```
public class Class1
{
  Class1() {}                              // Private constructor
  public static Class1 Create (...)
  {
    // Perform custom logic here to return an instance of Class1
    ...
  }
}
```

3.1.5 解构器

解构器（也称为解构方法）就像构造器的反过程，构造器使用若干值作为参数，并且将它们赋值给字段，而解构器则相反，将字段反向赋值给若干变量。

解构方法的名字必须为 Deconstruct，并且拥有一个或多个 out 参数，例如：

```
class Rectangle
{
  public readonly float Width, Height;

  public Rectangle (float width, float height)
  {
    Width = width;
    Height = height;
  }

  public void Deconstruct (out float width, out float height)
  {
    width = Width;
    height = Height;
  }
}
```

若要调用解构器，则需使用如下的特殊语法：

```
var rect = new Rectangle (3, 4);
(float width, float height) = rect;         // Deconstruction
Console.WriteLine (width + " " + height);    // 3 4
```

第二行是解构调用，它创建了两个局部变量并调用 Deconstruct 方法。上述解构调用等价于：

```
float width, height;
rect.Deconstruct (out width, out height);
```

或者：

```
rect.Deconstruct (out var width, out var height);
```

解构调用允许隐式类型推断，因此我们可以将其简写为：

```
(var width, var height) = rect;
```

或者：

```
var (width, height) = rect;
```

 在解构过程中，如果并非对所有的变量都感兴趣，则可以使用丢弃符号（_）来忽略它们：

```
var (_, height) = rect;
```

以上写法比起定义一个不会使用的变量更能够体现出程序的本意。

如果解构中的变量已经定义过了，那么可以忽略类型声明：

```
float width, height;
(width, height) = rect;
```

上述操作也称为解构赋值。我们可以通过解构赋值来简化类的构造器：

```
public Rectangle (float width, float height) =>
  (Width, Height) = (width, height);
```

我们还可以通过重载 Deconstruct 方法向调用者提供一系列解构方案。

 Deconstruct 方法可以是扩展方法（请参见 4.9 节），这种做法可方便地对第三方作者的类型进行解构。

在 C# 10 中，我们可以在解构时同时匹配现有变量并声明新变量，例如：

```
double x1 = 0;
(x1, double y2) = rect;
```

3.1.6 对象初始化器

为了简化对象的初始化，可以在调用构造器之后直接通过对象初始化器设置对象的可访问字段或属性，例如下面的类：

```
public class Bunny
{
  public string Name;
  public bool LikesCarrots;
  public bool LikesHumans;

  public Bunny () {}
  public Bunny (string n) { Name = n; }
}
```

就可以用对象初始化器对 Bunny 对象进行实例化：

```
// Note parameterless constructors can omit empty parentheses
Bunny b1 = new Bunny { Name="Bo", LikesCarrots=true, LikesHumans=false };
Bunny b2 = new Bunny ("Bo")     { LikesCarrots=true, LikesHumans=false };
```

构造 b1 和 b2 的代码等价于：

```
Bunny temp1 = new Bunny();     // temp1 is a compiler-generated name
temp1.Name = "Bo";
temp1.LikesCarrots = true;
temp1.LikesHumans = false;
Bunny b1 = temp1;

Bunny temp2 = new Bunny ("Bo");
temp2.LikesCarrots = true;
temp2.LikesHumans = false;
Bunny b2 = temp2;
```

使用临时变量是为了确保即使在初始化过程中抛出异常，也不会得到一个部分初始化的对象。

使用对象初始化器还是使用可选参数

除了使用对象初始化器，还可以令 Bunny 的构造器接收可选参数：

```
public Bunny (string name,
              bool likesCarrots = false,
              bool likesHumans = false)
{
  Name = name;
  LikesCarrots = likesCarrots;
  LikesHumans = likesHumans;
}
```

我们可以使用如下的语句构造 Bunny 对象：

```
Bunny b1 = new Bunny (name: "Bo",
                      likesCarrots: true);
```

在之前 C# 版本中，这样做的优点是我们可以将 Bunny 的字段（或属性，之后会讲解）设置为只读。如果在对象的生命周期内无须改变字段值或属性值，则这样做是一种良好的实践。但是，在 C# 9 中，使用 init 修饰符可以令对象初始化器也具有上述能力。稍后讨论属性时我们再来介绍它。

可选参数有两个缺点。首先，虽然在构造器中使用可选参数可以创建只读类型，但是它无法简单地实现非破坏性更改（nondestructive mutation）。我们将在 4.12 节中介绍非破坏性更改，并给出上述问题的解决方案。

其次，在公有库中使用可选参数可能造成向后兼容问题。这是因为后续添加可选参数会破坏该程序集对现有消费者二进制兼容性（如果该公有库发布在 NuGet 上，则更应当重视上述问题：当消费者引用了包 A 和包 B，而这两个包分别依赖于 L 的不兼容版本时问题就变得更加棘手了）。

上述问题之所以存在，是因为所有的可选参数都需要由调用者处理。换句话说，C# 会将我们的构造器调用转换为：

```
Bunny b1 = new Bunny ("Bo", true, false);
```

如果另一个程序集实例化 Bunny，则当 Bunny 类再次添加一个可选参数（如 likesCats）时就会出错。除非引用该类的程序集也重新编译，否则，它还将继续调用三个参数的构造器（现在已经不存在了），从而造成运行时错误。（还有一种难以发现的错误是，如果我们修改了某个可选参数的默认值，则另一个程序集的调用者在重新编译之前，还会继续使用旧的可选值。）

3.1.7 this 引用

this 引用指代实例本身。在下面的例子中，Marry 方法将 partner 的 Mate 字段设定为 this：

```
public class Panda
{
  public Panda Mate;

  public void Marry (Panda partner)
  {
    Mate = partner;
    partner.Mate = this;
  }
}
```

this 引用可避免字段、局部变量或属性之间发生混淆，例如：

```
public class Test
{
  string name;
  public Test (string name) { this.name = name; }
}
```

this 引用仅在类或结构体的非静态成员中有效。

3.1.8 属性

从外表看来，属性（property）和字段很类似，但是属性内部像方法一样含有逻辑。例如，从以下代码不能判断出 CurrentPrice 到底是字段还是属性：

```
Stock msft = new Stock();
msft.CurrentPrice = 30;
msft.CurrentPrice -= 3;
Console.WriteLine (msft.CurrentPrice);
```

属性和字段的声明很类似，但是属性比字段多出了 get/set 代码块。下面是 CurrentPrice 作为属性的实现方法：

```
public class Stock
{
  decimal CurrentPrice;          // The private "backing" field

  public decimal CurrentPrice    // The public property
  {
    get { return CurrentPrice; }
    set { CurrentPrice = value; }
  }
}
```

get 和 set 是属性的访问器。读属性时会运行 get 访问器，它必须返回属性类型的值。给属性赋值时会运行 set 访问器，它有一个名为 value 的隐含参数，该参数的类型和属性的类型相同。它的值一般来说会赋值给一个私有字段（上例中为 CurrentPrice）。

尽管访问属性和字段的方式是相同的，但不同之处在于，属性在获取和设置值的时候给实现者提供了完全的控制能力。这种控制能力使实现者可以选择任意的内部表示形式，而无须将属性的内部细节暴露给用户。在本例中，set 方法可以在 value 超出有效范围时抛出异常。

 本书中广泛使用公有字段以免干扰读者的注意力。但是在实际应用中，为了提高封装性可能会更倾向于使用公有属性。

属性支持以下的修饰符：

- 静态修饰符：static
- 访问权限修饰符：public、internal、private、protected
- 继承修饰符：new、virtual、abstract、override、sealed
- 非托管代码修饰符：unsafe、extern

3.1.8.1 只读属性和计算属性

如果只定义了 get 访问器，属性就是只读的。如果只定义了 set 访问器，那么它就是只写的。一般很少使用只写属性。

通常属性会用一个专门的支持字段来存储其所代表的数据，但属性也可以从其他数据计算得来：

```
decimal currentPrice, sharesOwned;

public decimal Worth
{
  get { return currentPrice * sharesOwned; }
}
```

3.1.8.2 表达式体属性

只读属性（就像之前的例子中那样的属性）可简写为表达式体属性。它使用胖箭头替换了花括号、get 访问器和 return 关键字：

```
public decimal Worth => currentPrice * sharesOwned;
```

只需添加少许代码，就可以进一步将 set 访问器改为表达式体：

```
public decimal Worth
{
  get => currentPrice * sharesOwned;
  set => sharesOwned = value / currentPrice;
}
```

3.1.8.3 自动属性

属性最常见的实现方式是使用 get 访问器或者 set 访问器读写私有字段（该字段与属性类型相同）。编译器会将自动属性声明转换为这种实现方式。因此我们可以将本节的第一个例子重新定义为：

```
public class Stock
{
  ...
  public decimal CurrentPrice { get; set; }
}
```

编译器会自动生成一个后台私有字段，该字段的名称由编译器生成且无法引用。如果希望属性对其他类型暴露为只读属性，则可以将 set 访问器标记为 private 或 protected。自动属性是在 C# 3.0 中引入的。

3.1.8.4 属性初始化器

我们可以像初始化字段那样为自动属性添加属性初始化器（property initializer）：

```
public decimal CurrentPrice { get; set; } = 123;
```

上述写法将 CurrentPrice 的值初始化为 123。拥有初始化器的属性可以为只读属性：

```
public int Maximum { get; } = 999;
```

就像只读字段那样，只读自动属性只可以在类型的构造器中赋值。这个功能适于创建不可变（只读）的对象。

3.1.8.5 get 和 set 的可访问性

get 和 set 访问器可以有不同的访问级别。典型的用例是将 public 属性中的 set 访问器设置成 internal 或 private 的：

```
public class Foo
{
  private decimal x;
  public decimal X
  {
    get        { return x;  }
    private set { x = Math.Round (value, 2); }
  }
}
```

注意，属性本身应当声明具有较高的访问级别（本例中为 public），然后在需要较低级别的访问器上添加相应的访问权限修饰符。

3.1.8.6 只用于初始化的 set 访问器（init-only setter）

C# 9 在声明属性访问器时可以使用 init 替代 set：

```
public class Note
{
  public int Pitch    { get; init; } = 20;   // "Init-only" property
  public int Duration { get; init; } = 100;  // "Init-only" property
}
```

只用于初始化的属性和只读属性相似，而前者可以使用对象初始化器进行赋值：

```
var note = new Note { Pitch = 50 };
```

在初始化之后，属性值就无法更改了：

```
note.Pitch = 200;  // Error – init-only setter!
```

只用于初始化的属性甚至无法从类内部赋值。只能通过属性初始化器、构造器或者其他只用于初始化的访问器赋值。

若不使用只用于初始化的属性，则可以声明只读属性并用构造器进行初始化：

```
public class Note
{
  public int Pitch    { get; }
  public int Duration { get; }
```

```
    public Note (int pitch = 20, int duration = 100)
    {
      Pitch = pitch; Duration = duration;
    }
  }
```

如果上述类型是公有库的类，则在构造器中添加可选参数会破坏消费端的二进制兼容性，从而造成版本管理的困难（而添加只用于初始化的属性则不会破坏兼容性）。

 只用于初始化的属性有另外一个显著的优点：当它和"记录"（请参见 4.12 节）配合使用时可以实现非破坏性更改。

和普通的 set 访问器一样，只用于初始化的访问器也可以提供实现代码：

```
public class Note
{
  readonly int _pitch;
  public int Pitch { get => _pitch; init => _pitch = value; }
  ...
```

注意 _pitch 字段是只读的：只用于初始化的 set 访问器可以修改自身所在类中 readonly 字段的值。（如果没有这种特性，则 _pitch 字段必须可写，这样类就无法防止内部的变更了。）

 将类的访问器从 init 更改为 set，或反之从 set 更改为 init 都是二进制上的重大变更。因此引用程序集一方需要重新编译。
上述情况对于完全不可变的类型不会构成任何问题。因为它们的属性不会包含（可写的）set 访问器。

3.1.8.7 CLR 属性的实现

C# 属性访问器在内部会编译成名为 get_XXX 和 set_XXX 的方法：

```
public decimal get_CurrentPrice {...}
public void set_CurrentPrice (decimal value) {...}
```

init 访问器和 set 访问器的处理方法类似，但 init 会在其 set 访问器的"modreq"元数据上额外设置一个标记（详情请参见 18.2.2.1 节）。

简单的非虚属性访问器会被 JIT（即时）编译器内联编译，消除了属性和字段访问间的性能差距。内联是一种优化方法，它用方法的函数体替代方法调用。

3.1.9 索引器

索引器为访问类或者结构体中封装的列表或字典型数据元素提供了一种自然的访问接口。索引器和属性很相似，但索引器通过索引值而非属性名称来访问数据元素。例如，

string 类具有索引器，可以通过 int 索引访问其中每一个 char 的值。

```
string s = "hello";
Console.WriteLine (s[0]); // 'h'
Console.WriteLine (s[3]); // 'l'
```

使用索引器的语法就像使用数组一样，不同之处在于索引参数可以是任意类型。

索引器和属性具有相同的修饰符（请参见 3.1.8 节），并且可以在方括号前插入？以使用
null 条件运算（请参见 2.10 节）：

```
string s = null;
Console.WriteLine (s?[0]);  // Writes nothing; no error.
```

3.1.9.1 索引器的实现

编写索引器首先要定义一个名为 this 的属性，并将参数定义放在一对方括号中，例如：

```
class Sentence
{
  string[] words = "The quick brown fox".Split();

  public string this [int wordNum]      // indexer
  {
    get { return words [wordNum];  }
    set { words [wordNum] = value; }
  }
}
```

以下代码展示了索引器的使用方式：

```
Sentence s = new Sentence();
Console.WriteLine (s[3]);        // fox
s[3] = "kangaroo";
Console.WriteLine (s[3]);        // kangaroo
```

一个类型可以定义多个参数类型不同的索引器，一个索引器也可以包含多个参数：

```
public string this [int arg1, string arg2]
{
  get { ... }  set { ... }
}
```

如果省略 set 访问器，则索引器就是只读的。同时，索引器也可以使用表达式体的语法
简化其定义：

```
public string this [int wordNum] => words [wordNum];
```

3.1.9.2 索引器在 CLR 中的实现

索引器在内部会编译成名为 get_Item 和 set_Item 的方法，如下所示：

```
public string get_Item (int wordNum) {...}
public void set_Item (int wordNum, string value) {...}
```

3.1.9.3 在索引器中使用索引和范围

我们可以在自定义类的索引器参数中使用 Index 或者 Range 类型来支持索引和范围操作（请参见 2.7.2 节）。例如，我们可以扩展 3.1.9.1 节中的例子，在 Sentence 类中加入以下索引器：

```
public string this [Index index] => words [index];
public string[] this [Range range] => words [range];
```

并进行如下调用：

```
Sentence s = new Sentence();
Console.WriteLine (s [^1]);        // fox
string[] firstTwoWords = s [..2];   // (The, quick)
```

3.1.10 静态构造器

每个类型的静态构造器只会执行一次，而不是每个实例执行一次。一个类型只能定义一个静态构造器，名称必须和类型同名，且没有参数：

```
class Test
{
  static Test() { Console.WriteLine ("Type Initialized"); }
}
```

运行时将在类型使用之前调用静态构造器，以下两种行为可以触发静态构造器执行：

• 实例化类型

• 访问类型的静态成员

静态构造器只支持 unsafe 和 extern 这两个修饰符。

如果静态构造器抛出了未处理的异常（参见第 4 章），则该类型在整个应用程序生命周期内都是不可用的。

从 C# 9 开始，除了静态构造器之外，我们还可以定义模块初始化器，它在每个程序集中只会执行一次（当程序集第一次加载时）。定义模块初始化器需要编写一个静态方法，并在该方法上应用 [ModuleInitializer] 特性：

```
[System.Runtime.CompilerServices.ModuleInitializer]
internal static void InitAssembly()
{
  ...
}
```

静态构造器和字段初始化顺序

静态模块初始化器会在调用静态构造器前运行。如果类型没有静态构造器，则字段会在类型被使用之前或者在运行时的任意更早时间进行初始化。

静态字段初始化器按照字段声明的先后顺序运行。在下面例子中，X 初始化为 0，而 Y 初始化为 3：

```
class Foo
{
  public static int X = Y;    // 0
  public static int Y = 3;    // 3
}
```

如果我们交换两个字段初始化顺序，则两个字段都将初始化为 3。以下示例会先输出 0 后输出 3，因为字段初始化器在 X 初始化为 3 之前创建了 Foo 的实例：

```
Console.WriteLine (Foo.X);    // 3

class Foo
{
  public static Foo Instance = new Foo();
  public static int X = 3;

  Foo() => Console.WriteLine (X);    // 0
}
```

如果交换上面代码中加粗的两行，则两个字段上下两次都输出 3。

3.1.11 静态类

标记为 static 的类无法实例化也不能被继承，它只能由 static 成员组成。System.Console 和 System.Math 类就是静态类的绝佳示例。

3.1.12 终结器

终结器（finalizer）是只能够在类中使用的方法，该方法在垃圾回收器回收未引用的对象占用的内存前调用。终结器的语法是类型的名称加上 ~ 前缀。

```
class Class1
{
  ~Class1()
  {
    ...
  }
}
```

事实上，这是 C# 语言重写 Object 类的 Finalize 方法的语法。编译器会将其扩展为如下的声明：

```
protected override void Finalize()
{
  ...
  base.Finalize();
}
```

我们将在第 12 章详细讨论垃圾回收和终结器。

终结器允许使用以下修饰符：

• 非托管代码修饰符：unsafe

可以使用表达式体语法编写单语句终结器：

```
~Class1() => Console.WriteLine ("Finalizing");
```

3.1.13 分部类型和方法

分部类型（partial type）允许一个类型分开进行定义，典型的做法是分开在多个文件中。分部类型使用的常见场景是从其他源文件自动生成分部类（例如，从 Visual Studio 模板或设计器），而这些类仍然需要人为为其编写方法，例如：

```
// PaymentFormGen.cs - auto-generated
partial class PaymentForm { ... }

// PaymentForm.cs - hand-authored
partial class PaymentForm { ... }
```

每一个部分必须包含 partial 声明，因此以下的写法是不合法的：

```
partial class PaymentForm {}
class PaymentForm {}
```

分部类型的各个组成部分不能包含冲突的成员，例如，具有相同参数的构造器。分部类型完全由编译器处理，因此各部分在编译时必须可用，并且必须编译在同一个程序集中。

可以在多个分部类声明中指定基类，只要基类是同一个基类即可。此外，每一个分部类型组成部分可以独立指定实现的接口。我们将在 3.2 节和 3.6 节详细讨论基类和接口。

编译器并不保证分部类型声明中各个组成部分之间的字段初始化顺序。

3.1.13.1 分部方法

分部类型可以包含分部方法（partial method）。这些方法能够令自动生成的分部类型为手动编写的代码提供自定义钩子（hook），例如：

```
partial class PaymentForm     // In auto-generated file
{
  ...
  partial void ValidatePayment (decimal amount);
}

partial class PaymentForm     // In hand-authored file
{
  ...
  partial void ValidatePayment (decimal amount)
```

```
        {
          if (amount > 100)
            ...
        }
    }
```

分部方法由定义和实现两部分组成。定义一般由代码生成器生成，而实现一般由手动编写。如果没有提供方法的实现，分部方法的定义会被编译器清除（调用它的代码部分也一样）。这样，自动生成的代码既可以提供钩子又不必担心代码过于臃肿。分部方法返回值类型必须是 void，且该方法是隐式的 private 方法。分部方法不能包含 out 参数。

3.1.13.2 扩展分部方法

C# 9 引入的扩展分部方法（extended partial method）是为反向生成代码的情形而设计的。此时，程序员定义钩子方法而代码生成器则实现该方法。使用 Roslyn 的源代码生成器时就可能出现上述情况。我们可以向编译器提供一个程序集，并由该程序集自动生成部分代码。

当分部方法的开头是访问修饰符时，该分部方法就成为扩展分部方法：

```
public partial class Test
{
  public partial void M1();     // Extended partial method
  private partial void M2();    // Extended partial method
}
```

访问修饰符不仅影响方法的访问性，它还告诉编译器需要对该声明加以区别对待。

扩展分部方法必须含有实现，它不会像分部方法那样在没有实现时被编译器清除。在上述例子中，由于 M1 和 M2 两个方法指定了访问修饰符（public 和 private），因此都需要进行实现。

由于扩展分部方法无法被编译器清除，因此它们可以返回任何类型，并可以包含 out 参数：

```
public partial class Test
{
  public partial bool IsValid (string identifier);
  internal partial bool TryParse (string number, out int result);
}
```

3.1.14 nameof 运算符

nameof 运算符返回任意符号的字符串名称（类型、成员、变量等）：

```
int count = 123;
string name = nameof (count);        // name is "count"
```

相对于直接指定一个字符串，这样做的优点体现在静态类型检查中。例如，令 Visual Studio 这样的开发工具理解你引用的符号。这样，当符号重命名时，所有引用之处都会随之重新命名。

当指定一个类型的成员（例如，属性和字段）名称时，请务必引用其类型名称。这对静态和实例成员都有效：

```
string name = nameof (StringBuilder.Length);
```

上述代码将结果解析为 Length，如果希望得到 StringBuilder.Length，则可以这样做：

```
nameof (StringBuilder) + "." + nameof (StringBuilder.Length);
```

3.2 继承

类可以通过继承另一个类来对自身进行扩展或定制。继承类可以重用被继承类所有功能而无须重新构建。类只能继承自唯一的类，但是可以被多个类继承，从而形成了类的树形结构。在本例中，我们定义一个名为 Asset 的类：

```
public class Asset
{
  public string Name;
}
```

接下来我们定义 Stock 和 House 这两个类，它们都继承了 Asset 类，具有 Asset 类的所有特征，而各自又有自身新增的成员定义：

```
public class Stock : Asset    // inherits from Asset
{
  public long SharesOwned;
}

public class House : Asset    // inherits from Asset
{
  public decimal Mortgage;
}
```

下面是这两个类的使用方法：

```
Stock msft = new Stock { Name="MSFT",
                         SharesOwned=1000 };

Console.WriteLine (msft.Name);        // MSFT
Console.WriteLine (msft.SharesOwned); // 1000

House mansion = new House { Name="Mansion",
                            Mortgage=250000 };

Console.WriteLine (mansion.Name);     // Mansion
Console.WriteLine (mansion.Mortgage); // 250000
```

派生类（derived class）Stock 和 House 都从基类 Asset 中继承了 Name 字段。

派生类也称为子类（subclass）。

基类也称为超类（superclass）。

3.2.1 多态

引用是多态的，这意味着 x 类型的变量可以指向 x 子类的对象。例如，考虑如下的方法：

```
public static void Display (Asset asset)
{
  System.Console.WriteLine (asset.Name);
}
```

上述方法可以用来显示 Stock 和 House 的实例，因为这两个类都继承自 Asset：

```
Stock msft     = new Stock ... ;
House mansion = new House ... ;

Display (msft);
Display (mansion);
```

多态之所以能够实现，是因为子类（Stock 和 House）具有基类（Asset）的全部特征，反过来则不正确。如果 Display 转而接受 House 对象，则不能够把 Asset 对象传递给它。

```
Display (new Asset());     // Compile-time error

public static void Display (House house)          // Will not accept Asset
{
  System.Console.WriteLine (house.Mortgage);
}
```

3.2.2 类型转换和引用转换

对象引用可以：

- 隐式向上转换为基类的引用

- 显式向下转换为子类的引用

各个兼容的类型的引用间向上或向下类型转换仅执行引用转换，即（逻辑上）生成一个新的引用指向同一个对象。向上转换总是能够成功，而向下转换只有在对象类型符合要求时才能成功。

3.2.2.1 向上类型转换

向上类型转换即从一个子类引用创建一个基类的引用，例如：

```
Stock msft = new Stock();
Asset a = msft;                 // Upcast
```

向上转换之后，变量 a 仍然是 msft 指向的 Stock 对象。被引用的对象本身不会被替换或者改变：

```
Console.WriteLine (a == msft);          // True
```

虽然 a 与 msft 均引用同一对象，但 a 在该对象上的视图更加严格：

```
Console.WriteLine (a.Name);             // OK
Console.WriteLine (a.SharesOwned);      // Compile-time error
```

上例中的最后一行会产生一个编译时错误，这是因为虽然变量 a 实际引用了 Stock 类型的对象，但它的（声明）类型仍为 Asset。因而若要访问 SharesOwned 字段，必须将 Asset 向下转换为 Stock。

3.2.2.2 向下类型转换

向下转换则是从基类引用创建一个子类引用。例如：

```
Stock msft = new Stock();
Asset a = msft;                         // Upcast
Stock s = (Stock)a;                     // Downcast
Console.WriteLine (s.SharesOwned);      // <No error>
Console.WriteLine (s == a);             // True
Console.WriteLine (s == msft);          // True
```

向上转换仅仅影响引用，而不会影响被引用的对象。向下转换则必须是显式转换，因为它有可能导致运行时错误：

```
House h = new House();
Asset a = h;                            // Upcast always succeeds
Stock s = (Stock)a;                     // Downcast fails: a is not a Stock
```

如果向下转换失败，则会抛出 InvalidCastException，这是一种运行时类型检查（我们还会在 3.3.2 节详细介绍这个概念）。

3.2.2.3 as 运算符

as 运算符在向下类型转换出错时返回 null（而不是抛出异常）：

```
Asset a = new Asset();
Stock s = a as Stock;                   // s is null; no exception thrown
```

这个操作相当有用，接下来只需判断结果是否为 null 即可：

if (s != null) Console.WriteLine (s.SharesOwned);

如果不用判断结果是否为 null，那么更推荐使用类型转换。因为如果发生错误，那么类型转换会抛出描述更清晰的异常。我们可以通过比较下面两行代码来说明：

```
long shares = ((Stock)a).SharesOwned;   // Approach #1
long shares = (a as Stock).SharesOwned; // Approach #2
```

如果 a 不是 Stock 类型，则第一行代码会抛出 InvalidCastException，这很清晰地描述了错误。而第二行代码会抛出 NullReferenceException，这就比较模糊。因为不容易区分 a 不是 Stock 类型和 a 是 null 这两种不同的情况。

从另一个角度看，使用类型转换运算符就是告诉编译器："我确定这个值的类型，如果判断错误，那么说明代码有缺陷，请抛出一个异常！"而如果使用 as 运算符，则表示不确定其类型，需要根据运行时输出结果来确定执行的分支。

as 运算符不能执行自定义转换（请参见 4.17 节），也不能用于数值转换：

```
long x = 3 as long;    // Compile-time error
```

as 和类型转换运算符也可以用来实现向上类型转换，但是不常用，因为隐式转换就已经足够了。

3.2.2.4 is 运算符

is 运算符用于检测变量是否满足特定的模式。C# 支持若干模式，其中最重要的模式是类型模式。在这种模式下，is 运算符后跟类型的名称。

在类型模式上下文中，is 运算符检查引用的转换是否能够成功，即对象是否从某个特定的类派生（或者实现某个接口）。该运算符常在向下类型转换前使用：

```
if (a is Stock)
  Console.WriteLine (((Stock)a).SharesOwned);
```

如果拆箱转换（unboxing conversion）能成功执行，则 is 运算符也会返回 true（参见 3.3 节），但它不能用于自定义类型转换和数值转换。

除类型模式之外，is 运算符还支持 C# 近期引入的多种其他模式，完整的介绍请参见 4.13 节。

3.2.2.5 引入模式变量

我们可以在使用 is 运算符时引入一个变量：

```
if (a is Stock s)
  Console.WriteLine (s.SharesOwned);
```

上述代码等价于：

```
Stock s;
if (a is Stock)
{
  s = (Stock) a;
  Console.WriteLine (s.SharesOwned);
}
```

引入的变量可以"立即"使用，因此以下代码是合法的：

```
if (a is Stock s && s.SharesOwned > 100000)
  Console.WriteLine ("Wealthy");
```

同时，引入的变量即使在 is 表达式之外也仍然在作用域内，例如：

```
if (a is Stock s && s.SharesOwned > 100000)
  Console.WriteLine ("Wealthy");
Else
  s = new Stock();    // s is in scope

Console.WriteLine (s.SharesOwned);  // Still in scope
```

3.2.3 虚函数成员

子类可以重写（override）标识为 virtual 的函数以提供特定的实现。方法、属性、索引器和事件都可以声明为 virtual：

```
public class Asset
{
  public string Name;
  public virtual decimal Liability => 0;   // Expression-bodied property
}
```

Liability => 0 是 { get { return 0; } } 的简写，更多关于该语法的介绍，请参见 3.1.8.2 节。

子类可以使用 override 修饰符重写虚方法：

```
public class Stock : Asset
{
  public long SharesOwned;
}

public class House : Asset
{
  public decimal Mortgage;
  public override decimal Liability => Mortgage;
}
```

默认的情况下，Asset 类型的 Liability 属性为 0，Stock 类不用限定这一行为，而 House 类则令 Liability 属性返回 Mortgage 的值：

```
House mansion = new House { Name="McMansion", Mortgage=250000 };
Asset a = mansion;
```

```
Console.WriteLine (mansion.Liability);  // 250000
Console.WriteLine (a.Liability);        // 250000
```

虚方法和重写的方法的签名、返回值以及可访问性必须完全一致。重写的方法可以通过
base 关键字调用其基类的实现（我们将在 3.2.7 节介绍）。

 从构造器调用虚方法有潜在的危险性，因为编写子类的人在重写方法的时候
未必知道现在正在操作一个未完全实例化的对象。换言之，重写的方法很可
能最终会访问到一些方法或属性，而这些方法或属性依赖的字段还未被构造
器初始化。

协变返回类型

从 C# 9 开始，我们可以在重写方法（或属性的 get 访问器）时返回派生类型（子类型），
例如：

```
public class Asset
{
  public string Name;
  public virtual Asset Clone() => new Asset { Name = Name };
}

public class House : Asset
{
  public decimal Mortgage;
  public override House Clone() => new House
                                { Name = Name, Mortgage = Mortgage };
}
```

上述重写是合法的，因为它并没有破坏 Clone 方法的契约（即必须返回 Asset 类型的对
象）。它返回了更具体的 House，但仍然是一个 Asset。

在 C# 9 之前，重写的方法必须具有一致的返回类型：

```
public override Asset Clone() => new House { ... }
```

上述方法和先前示例中的行为是一样的。因为重写的 Clone 方法中初始化的类型仍然是
House 而非 Asset。但是，如果想要将返回对象当作 House 处理就需要执行一次向下类
型转换了：

```
House mansion1 = new House { Name="McMansion", Mortgage=250000 };
House mansion2 = (House) mansion1.Clone();
```

3.2.4 抽象类和抽象成员

声明为抽象（abstract）的类不能实例化，只有抽象类的具体实现子类才能实例化。

抽象类中可以定义抽象成员，抽象成员和虚成员相似，只不过抽象成员不提供默认的实
现。除非子类也声明为抽象类，否则其实现必须由子类提供：

```
public abstract class Asset
{
  // Note empty implementation
  public abstract decimal NetValue { get; }
}

public class Stock : Asset
{
  public long SharesOwned;
  public decimal CurrentPrice;

  // Override like a virtual method.
  public override decimal NetValue => CurrentPrice * SharesOwned;
}
```

3.2.5 隐藏继承成员

有时，基类和子类可能会定义（名称）相同的成员，例如：

```
public class A      { public int Counter = 1; }
public class B : A  { public int Counter = 2; }
```

类 B 中的 Counter 字段隐藏了类 A 中的 Counter 字段。通常，这种情况是在定义了子类成员之后又意外地将其添加到基类中而造成的。因此，编译器会产生一个警告，并采用下面的方法避免这种二义性：

- A 的引用（在编译时）绑定到 A.Counter。
- B 的引用（在编译时）绑定到 B.Counter。

有时需要故意隐藏一个成员。此时可以在子类的成员上使用 new 修饰符。new 修饰符仅用于阻止编译器发出警告，写法如下：

```
public class A      { public     int Counter = 1; }
public class B : A  { public new int Counter = 2; }
```

new 修饰符可以明确将你的意图告知编译器和其他开发者：重复的成员是有意义的。

C# 在不同上下文中的 new 关键字拥有完全不同的含义。特别注意，new 运算符和 new 修饰符是不同的。

new 和重写

请观察以下的类层次：

```
public class BaseClass
{
  public virtual void Foo()  { Console.WriteLine ("BaseClass.Foo"); }
}
```

```
public class Overrider : BaseClass
{
  public override void Foo() { Console.WriteLine ("Overrider.Foo"); }
}

public class Hider : BaseClass
{
  public new void Foo()      { Console.WriteLine ("Hider.Foo"); }
}
```

以下代码展示了 Overrider 和 Hider 的不同行为：

```
Overrider over = new Overrider();
BaseClass b1 = over;
over.Foo();                    // Overrider.Foo
b1.Foo();                      // Overrider.Foo

Hider h = new Hider();
BaseClass b2 = h;
h.Foo();                       // Hider.Foo
b2.Foo();                      // BaseClass.Foo
```

3.2.6 密封函数和类

重写的函数成员可以使用 sealed 关键字进行密封，以防止被其他的子类再次重写。在前面的虚函数成员示例中，我们可以密封 House 类的 Liability 实现，来防止继承了 House 的子类重写 Liability 这个属性：

```
public sealed override decimal Liability { get { return Mortgage; } }
```

在类上使用 sealed 修饰符也可以防止类的继承。密封类比密封函数成员更常见。

虽然密封函数成员可以防止重写，但是它却无法阻止成员被隐藏。

3.2.7 base 关键字

base 关键字和 this 关键字很相似，它有两个重要目的：

- 从子类访问重写的基类函数成员。
- 调用基类的构造器（见 3.2.8 节）。

本例中，House 类用关键字 base 访问 Asset 类对 Liability 的实现：

```
public class House : Asset
{
  ...
    public override decimal Liability => base.Liability + Mortgage;
}
```

我们使用 base 关键字用非虚的方式访问 Asset 的 Liability 属性。这意味着不管实例的运行时类型如何，都将访问 Asset 类的相应属性。

如果 Liability 是隐藏属性而非重写的属性，该方法也同样有效。也可以在调用相应函数前，将其转换为基类来访问隐藏的成员。

3.2.8 构造器和继承

子类必须声明自己的构造器。派生类可以访问基类的构造器，但是并非自动继承。例如，如果我们定义了如下的 Baseclass 和 Subclass：

```
public class Baseclass
{
  public int X;
  public Baseclass () { }
  public Baseclass (int x) { this.X = x; }
}

public class Subclass : Baseclass { }
```

则下面的语句是非法的：

```
Subclass s = new Subclass (123);
```

Subclass 必须重新定义它希望对外公开的任何构造器。不过，它可以使用 base 关键字调用基类的任何一个构造器：

```
public class Subclass : Baseclass
{
  public Subclass (int x) : base (x) { }
}
```

base 关键字和 this 关键字很像，但 base 关键字调用的是基类的构造器。

基类的构造器总是先执行，这保证了基类的初始化先于子类的特定初始化。

3.2.8.1 隐式调用基类的无参数构造器

如果子类的构造器省略 base 关键字，那么将隐式调用基类的无参数构造器：

```
public class BaseClass
{
  public int X;
  public BaseClass() { X = 1; }
}

public class Subclass : BaseClass
{
  public Subclass() { Console.WriteLine (X); }   // 1
}
```

如果基类没有可访问的无参数的构造器，子类的构造器中就必须使用 base 关键字。

3.2.8.2 构造器和字段初始化的顺序

当对象实例化时，初始化按照以下的顺序进行：

1. 从子类到基类：

   a）初始化字段。

   b）计算被调用的基类构造器中的参数。

2. 从基类到子类：

   a）构造器方法体的执行。

例如：

```
public class B
{
  int x = 1;          // Executes 3rd
  public B (int x)
  {
    ...               // Executes 4th
  }
}
public class D : B
{
  int y = 1;          // Executes 1st
  public D (int x)
    : base (x + 1)    // Executes 2nd
  {
    ...               // Executes 5th
  }
}
```

3.2.9 重载和解析

继承对方法的重载有着特殊的影响。请考虑以下两个重载：

```
static void Foo (Asset a) { }
static void Foo (House h) { }
```

当重载被调用时，优先匹配最明确的类型：

```
House h = new House (...);
Foo(h);                     // Calls Foo(House)
```

具体调用哪个重载是在编译器静态时决定的而非运行时决定的。下面的代码调用 Foo(Asset)，尽管 a 在运行时是 House 类型的：

```
Asset a = new House (...);
Foo(a);                     // Calls Foo(Asset)
```

如果把 Asset 类转换为 dynamic（参见第 4 章），则会在运行时决定调用哪个重载。这样就会基于对象的实际类型进行选择：

```
Asset a = new House (...);
Foo ((dynamic)a);  // Calls Foo(House)
```

3.3 object 类型

object 类型（System.Object）是所有类型的最终基类。任何类型都可以向上转换为 object 类型。

为了说明这个类型的重要性，首先介绍通用栈。栈是一种遵循 LIFO（Last-In First-Out，后进先出）的数据结构。栈有两种操作：将对象压入（Push）栈，以及将对象从栈中弹出（Pop）。以下是一个可以容纳 10 个对象的栈的简单实现：

```
public class Stack
{
  int position;
  object[] data = new object[10];
  public void Push (object obj)   { data[position++] = obj;  }
  public object Pop()             { return data[--position]; }
}
```

由于 Stack 类操作的对象是 object，所以可以实现 Push 或 Pop 任意类型的实例的操作。

```
Stack stack = new Stack();
stack.Push ("sausage");
string s = (string) stack.Pop();    // Downcast, so explicit cast is needed

Console.WriteLine (s);              // sausage
```

object 是引用类型，承载了类的优点。尽管如此，int 等值类型也可以和 object 类型相互转换并加入栈中。C# 这种特性称为类型一致化，以下是一个例子：

```
stack.Push (3);
int three = (int) stack.Pop();
```

当值类型和 object 类型相互转换时，公共语言运行时（CLR）必须进行一些特定的工作来对接值类型和引用类型在语义上的差异。这个过程称为装箱（boxing）和拆箱（unboxing）。

 在 3.9 节中，我们会介绍如何改进 Stack 类，使之能更好地处理同类型元素。

3.3.1 装箱和拆箱

装箱是将值类型实例转换为引用类型实例的行为。引用类型可以是 object 类或接口（本章后面将介绍接口）注 1。本例中，我们将 int 类型装箱成一个 object 对象：

```
int x = 9;
object obj = x;              // Box the int
```

注 1：引用类型也可以是 System.ValueType 或 System.Enum，参见第 6 章。

拆箱操作刚好相反，它把 object 类型转换成原始的值类型：

```
int y = (int)obj;          // Unbox the int
```

拆箱需要显式类型转换。运行时将检查提供的值类型和真正的对象类型是否匹配，并在检查出错的时候抛出 InvalidCastException。例如，下面的例子将抛出异常，因为 long 类型和 int 类型并不匹配：

```
object obj = 9;            // 9 is inferred to be of type int
long x = (long) obj;       // InvalidCastException
```

下面的语句是正确的：

```
object obj = 9;
long x = (int) obj;
```

以下的语句也是正确的：

```
object obj = 3.5;          // 3.5 is inferred to be of type double
int x = (int) (double) obj;  // x is now 3
```

在上一个例子中，(double) 是拆箱操作而 (int) 是数值转换操作。

 装箱转换对系统提供一致性的数据类型至关重要。但这个体系并不是完美的，3.9 节会介绍数组和泛型的变量只能支持引用转换，不能支持装箱转换：

```
object[] a1 = new string[3];   // Legal
object[] a2 = new int[3];      // Error
```

装箱和拆箱中的复制语义

装箱是把值类型的实例复制到新对象中，而拆箱是把对象的内容复制回值类型的实例中。下面的示例修改了 i 的值，但并不会改变它先前装箱时复制的值：

```
int i = 3;
object boxed = i;
i = 5;
Console.WriteLine (boxed);    // 3
```

3.3.2 静态和运行时类型检查

C# 程序在静态（编译时）和运行时（CLR）都会执行类型检查。

静态类型检查使编译器能够在程序没有运行的情况下检查程序的正确性。例如，编译器会强制进行静态类型检查，因而以下代码会出错：

```
int x = "5";
```

在使用引用类型转换或者拆箱操作进行向下类型转换时，CLR 会执行运行时类型检查，例如：

```
object y = "5";
int z = (int) y;          // Runtime error, downcast failed
```

运行时可以进行类型检查，因为堆上的每一个对象都在内部存储了类型标识。这个标识可以通过调用 object 类的 GetType 方法得到。

3.3.3 GetType 方法和 typeof 运算符

C# 中的所有类型在运行时都会维护 System.Type 类的实例。以下两个基本方法可以获得 System.Type 对象：

- 在类型实例上调用 GetType 方法。

- 在类型名称上使用 typeof 运算符。

GetType 在运行时计算而 typeof 在编译时静态计算（如果使用泛型类型参数，那么它将由即时编译器解析）。

System.Type 拥有诸多属性，例如，类型的名称、程序集、基类型等属性：

```
Point p = new Point();
Console.WriteLine (p.GetType().Name);         // Point
Console.WriteLine (typeof (Point).Name);       // Point
Console.WriteLine (p.GetType() == typeof(Point)); // True
Console.WriteLine (p.X.GetType().Name);        // Int32
Console.WriteLine (p.Y.GetType().FullName);     // System.Int32

public class Point { public int X, Y; }
```

System.Type 同时还是运行时反射模型的访问入口，我们将在第 18 章中介绍该内容。

3.3.4 ToString 方法

ToString 方法返回类型实例的默认文本描述。所有内置类型都重写了该方法。下面是对 int 类使用 ToString 方法的示例：

```
int x = 1;
string s = x.ToString();       // s is "1"
```

可以用下面的方式在自定义的类中重写 ToString 方法：

```
Panda p = new Panda { Name = "Petey" };
Console.WriteLine (p);    // Petey

public class Panda
{
  public string Name;
  public override string ToString() => Name;
}
```

如果不重写 ToString 方法，那么它会返回类型的名称。

当直接在值类型对象上调用 ToString 这样的 object 成员时，若该成员是重写的，则不会发生装箱。只有进行类型转换时才会执行装箱操作：

```
int x = 1;
string s1 = x.ToString();    // Calling on nonboxed value
object box = x;
string s2 = box.ToString();  // Calling on boxed value
```

3.3.5 object 的成员列表

以下列出了 object 的所有成员：

```
public class Object
{
  public Object();

  public extern Type GetType();
  public virtual bool Equals (object obj);
  public static bool Equals  (object objA, object objB);
  public static bool ReferenceEquals (object objA, object objB);

  public virtual int GetHashCode();

  public virtual string ToString();

  protected virtual void Finalize();
  protected extern object MemberwiseClone();
}
```

我们将在 6.13 节中介绍 Equals、ReferenceEquals 和 GetHashCode 方法。

3.4 结构体

结构体和类相似，不同之处在于：

- 结构体是值类型，而类是引用类型。
- 结构体不支持继承（除了隐式派生自 object 类型，或更精确地说，是派生自 System.ValueType）。

结构体可以包含类能包含的所有成员，但终结器除外。由于结构体无法继承，因此我们无法将它的成员标记为 virtual、abstract 或者 protected 的。

在 C# 10 之前，我们无法在结构体中定义字段初始化器与无参构造器。虽然 C# 10 中放宽了这一规定——当然主要是为了支持 record struct（请参见 4.12 节）——但是在使用这些功能前仍需要三思而行，否则将可能造成令人困惑的结果（请参见 3.4.1 节）。

当表示一个值类型语义时，使用结构体更加理想。数值类型就是一个很好的例子。对于数值来说，在赋值时对值进行复制而不是对引用进行复制是很自然的。由于结构体是值类型，因此它的实例不需要在堆上实例化，创建一个类型的多个实例就更加高效了。例如，创建一个元素类型为值类型的数组只需要进行一次堆空间的分配。

结构体是值类型，因而它的实例不能为 null。结构体对象的默认值是一个空值实例，即其所有的字段均为空值（均为默认值）。

3.4.1 结构体的构造语义

结构体和类不同，它的每一个字段必须在构造器（或字段初始化器）中显式的赋值。例如：

```
struct Point
{
  int x, y;
  public Point (int x, int y) { this.x = x; this.y = y; }  // OK
}
```

如果我们添加以下构造器，则会出现编译错误，因为我们并没为其中的 y 字段赋值：

```
public Point (int x)        { this.x = x; }  // Not OK
```

默认构造器

结构体不论有没有定义构造器，均会包含隐式的无参构造器。无参构造器会将其中的每一个字段按位以零初始化（即每个字段的默认值）：

```
Point p = new Point();       // p.x and p.y will be 0
struct Point { int x, y; }
```

即使定义了无参构造器，隐式的无参构造器也仍然存在，并且可以用 default 关键字"调用"它：

```
Point p1 = new Point();       // p1.x and p1.y will be 1
Point p2 = default;           // p2.x and p2.y will be 0

struct Point
{
  int x = 1;
  int y;
  public Point() => y = 1;
}
```

在以上例子中，我们使用字段初始化器将结构体中的 x 初始化为 1，并在无参构造器中将 y 初始化为 1。如果使用 default 关键字，那我们仍然可以在创建 Point 实例时跳过所有的初始化逻辑。当然，除了使用 default 关键字之外，我们还有其他"调用"默认构造器的办法：

```
var points = new Point[10];   // Each point in the array will be (0,0)
var test = new Test();        // test.p will be (0,0)

class Test { Point p; }
```

同时拥有"两个"无参构造器很容易造成错误。这也是我们避免在结构体中使用字段初始化器和显式定义无参构造器的理由。

因此，在结构体设计过程中，应当确保其 default 值是一个有效状态，而无须进行初始化。例如，与其使用初始化器：

```
struct WebOptions { public string Protocol { get; set; } = "https"; }
```

不如采用以下形式：

```
struct WebOptions
{
  string protocol;
  public string Protocol { get => protocol ?? "https";
                           set => protocol = value;    }
}
```

3.4.2 只读结构体与只读函数

在结构体上应用 readonly 修饰符可用于确保其中所有的字段都是 readonly 的。这不但可以帮助我们表达只读的本意，还能够给予编译器更多的优化空间：

```
readonly struct Point
{
  public readonly int X, Y;   // X and Y must be readonly
}
```

如果需要更细粒度的应用 readonly 的特性，可以将 readonly 修饰符应用在结构体的函数（function）中（C# 8）。这确保了如果该函数试图更改任何字段的值就会产生一个编译期错误：

```
struct Point
{
  public int X, Y;
  public readonly void ResetX() => X = 0;  // Error!
}
```

如果 readonly 函数调用非 readonly 函数，则编译器会生成一个警告（并同时保护性地创建一个结构体对象的副本以避免潜在地发生更改字段的风险）。

3.4.3 ref 结构体

ref 结构体是在 C# 7.2 中适时引进的功能。该功能的引入主要是为第 23 章介绍的 Span<T> 和 ReadOnlySpan<T> 提供支持（除此之外，还有第 11 章介绍的高度优化的 Utf8JsonReader）。这些结构体可以通过一些微小的优化来减少内存分配。

和引用类型不同（引用类型实例是分配在堆上的），值类型对象是存储在声明处的（即变量在哪里声明就存储在哪里）。如果值类型声明为参数或者局部变量，则该对象会存储在栈上：

```
void SomeMethod()
{
  Point p;    // p will reside on the stack
}
struct Point { public int X, Y; }
```

但是如果值类型声明为类中的字段，则它将存储在堆上：

```
class MyClass
{
  Point p;    // Lives on heap, because MyClass instances live on the heap
}
```

类似地，结构体数组是存储在堆上的，同样，装箱的结构体也会转存在堆上。

在结构体在声明上添加 ref 修饰符可以确保该结构体只可能存储在栈上。任何可能令 ref 结构体存储在堆上的做法都会产生编译期错误：

```
var points = new Point [100];         // Error: will not compile!

ref struct Point { public int X, Y; }
class MyClass    { Point P;         }  // Error: will not compile!
```

ref 结构体的引入主要是为了支持 Span<T> 和 ReadOnlySpan<T> 这两个结构体。由于 Span<T> 和 ReadOnlySpan<T> 实例只能够存储在栈上，因此它们能够安全地包装栈上分配的内存。

ref 结构体无法和任何可能直接或者间接导致堆存储的功能结合使用，包括将在第 4 章中介绍的一些高级 C# 特性，例如 Lambda 表达式、迭代器、异步函数（因为异步函数会创建对外不可见的包含字段的类型）。此外，ref 结构体也不能出现在非 ref 的结构体中，并且它们也无法实现任何接口（因为这可能会导致装箱操作）。

3.5 访问权限修饰符

为了提高封装性，类型或类型成员可以在声明中添加以下六个访问权限修饰符之一来限制其他类型和其他程序集对它的访问。

public

完全访问权限。这是枚举类型成员或接口成员隐含的可访问性。

internal

仅可以在程序集内访问，或供友元程序集访问。这是非嵌套类型的默认可访问性。

private

　　仅可以在包含类型中访问。这是类或者结构体成员的默认可访问性。

protected

　　仅可以在包含类型或子类中访问。

protected internal

　　protected 和 internal 可访问性的并集。protected internal 修饰的成员在任意
　　一种修饰符限定下都能够访问。

private protected（从 C# 7.2 开始支持）

　　protected 和 internal 可访问性的交集。若一个成员是 private protected 的，
　　那么该成员只能够在定义该字段的类型中或被相同程序集中的子类型访问（它的可
　　访问性比 protected 和 internal 都低）。

3.5.1 示例

Class2 可以从本程序集外访问，而 Class1 不可以：

```
class Class1 {}              // Class1 is internal (default)
public class Class2 {}
```

ClassB 的字段 x 可以被本程序集的其他类型访问，而 ClassA 的则不可以：

```
class ClassA { int x;          } // x is private (default)
class ClassB { internal int x; }
```

Subclass 中的函数可以调用 Bar 但是不能调用 Foo：

```
class BaseClass
{
  void Foo()           {}        // Foo is private (default)
  protected void Bar() {}
}

class Subclass : BaseClass
{
  void Test1() { Foo(); }        // Error - cannot access Foo
  void Test2() { Bar(); }        // OK
}
```

3.5.2 友元程序集

在一些高级的场景中，添加 System.Runtime.CompilerServices.InternalsVisibleTo
程序集特性就可以将 internal 成员提供给其他友元程序集访问。可以用如下方法指定
友元程序集：

```
[assembly: InternalsVisibleTo ("Friend")]
```

如果友元程序集有强名称（参见第 17 章），必须指定其完整的 160 字节公钥：

```
[assembly: InternalsVisibleTo ("StrongFriend, PublicKey=0024f000048c...")]
```

可以使用 LINQ 查询的方式从强命名的程序集中提取完整的公钥值（关于 LINQ 的介绍，请参见第 8 章）：

```
string key = string.Join ("",
    Assembly.GetExecutingAssembly().GetName().GetPublicKey()
      .Select (b => b.ToString ("x2")));
```

 LINQPad 中有一个例子和本例类似，它可以选择指定程序集，而后将其完整公钥复制到剪贴板上。

3.5.3 可访问性上限

类型的可访问性是它内部声明成员可访问性的上限。关于可访问性上限，最常用的示例是 internal 类型中的 public 成员。例如：

```
class C { public void Foo() {} }
```

C 的（默认）可访问性是 internal，它作为 Foo 的最高访问权限，使 Foo 成为 internal 的。而将 Foo 指定为 public 的原因一般是为了将来将 C 的权限改成 public 时方便进行重构。

3.5.4 访问权限修饰符的限制

当重写基类的函数时，重写函数的可访问性必须一致，例如：

```
class BaseClass          { protected virtual  void Foo() {} }
class Subclass1 : BaseClass { protected override void Foo() {} }  // OK
class Subclass2 : BaseClass { public      override void Foo() {} }  // Error
```

（若在另外一个程序集中重写 protected internal 方法，则重写方法必须为 protected。这是上述规则中的一个例外情况。）

编译器会阻止任何不一致的访问权限修饰符。例如，子类可以比基类的访问权限低，但不能比基类的访问权限高：

```
internal class A {}
public class B : A {}            // Error
```

3.6 接口

接口和类相似，但接口只提供行为定义而不会持有任何状态（数据），因此：

- 接口只能定义函数而不能定义字段。

- 接口的成员都是隐式抽象的。（虽然 C# 8 支持在接口中声明非抽象函数，但这应当视为一种特殊情况。我们将在 3.6.6 节中详细介绍该特性。）

- 一个类（或者结构体）可以实现多个接口，而一个类只能够继承一个类，结构体则完全不支持继承（只能从 System.ValueType 派生）。

接口声明和类声明很相似。但接口不提供成员的实现，这是因为它的所有成员都是隐式抽象的。这些成员将由实现接口的类或结构体实现。接口只能包含函数，即方法、属性、事件、索引器（而这些正是类中可以定义为抽象的成员类型）。

以下是 System.Collections 命名空间下的 IEnumerator 接口的定义：

```
public interface IEnumerator
{
  bool MoveNext();
  object Current { get; }
  void Reset();
}
```

接口成员总是隐式 public 的，并且不能用访问权限修饰符声明。实现接口意味着它将为所有的成员提供 public 实现：

```
internal class Countdown : IEnumerator
{
  int count = 11;
  public bool MoveNext() => count-- > 0;
  public object Current => count;
  public void Reset() { throw new NotSupportedException(); }
}
```

可以把对象隐式转换为它实现的任意一个接口：

```
IEnumerator e = new Countdown();
while (e.MoveNext())
  Console.Write (e.Current);      // 109876543210
```

尽管 CountDown 是 internal 权限的类，通过把 CountDown 实例转换为 IEnumerator，其内部实现 IEnumerator 接口的成员就可以作为 public 成员访问。例如，如果同程序集中的一个公有类型定义了如下的方法：

```
public static class Util
{
  public static object GetCountDown() => new CountDown();
}
```

另一个程序集的调用者可以执行：

```
IEnumerator e = (IEnumerator) Util.GetCountDown();
e.MoveNext();
```

如果 IEnumerator 定义为 internal，那么以上方法就不能使用了。

3.6.1 扩展接口

接口可以从其他接口派生，例如：

```
public interface IUndoable                { void Undo(); }
public interface IRedoable : IUndoable { void Redo(); }
```

IRedoable "继承" 了 IUndoable 接口的所有成员。换言之，实现 IRedoable 的类型也必须实现 IUndoable 的成员。

3.6.2 显式接口实现

当实现多个接口时，有时会出现成员签名的冲突。显式实现（explicitly implementing）接口成员可以解决冲突。请看下面的例子：

```
interface I1 { void Foo(); }
interface I2 { int Foo(); }

public class Widget : I1, I2
{
  public void Foo()
  {
    Console.WriteLine ("Widget's implementation of I1.Foo");
  }

  int I2.Foo()
  {
    Console.WriteLine ("Widget's implementation of I2.Foo");
    return 42;
  }
}
```

I1 和 I2 都有相同签名的 Foo 成员。Widget 显式实现了 I2 的 Foo 方法，使得同一个类中同时存在两个同名的方法。调用显式实现成员的唯一方式是先将其转换为对应的接口：

```
Widget w = new Widget();
w.Foo();                       // Widget's implementation of I1.Foo
((I1)w).Foo();                 // Widget's implementation of I1.Foo
((I2)w).Foo();                 // Widget's implementation of I2.Foo
```

另一个使用显式实现接口成员的原因是隐藏那些高度定制化的或对类的正常使用干扰很大的接口成员。例如，实现了 ISerializable 接口的类通常会选择隐藏 ISerializable 成员，除非显式转换成这个接口。

3.6.3 用虚成员实现接口

默认情况下，隐式实现的接口成员是密封的。如需重写，必须在基类中将其标识为 virtual 或者 abstract：

```
public interface IUndoable { void Undo(); }
```

```
public class TextBox : IUndoable
{
  public virtual void Undo() => Console.WriteLine ("TextBox.Undo");
}

public class RichTextBox : TextBox
{
  public override void Undo() => Console.WriteLine ("RichTextBox.Undo");
}
```

不管是从基类还是从接口中调用接口成员，调用的都是子类的实现：

```
RichTextBox r = new RichTextBox();
r.Undo();                           // RichTextBox.Undo
((IUndoable)r).Undo();              // RichTextBox.Undo
((TextBox)r).Undo();                // RichTextBox.Undo
```

显式实现的接口成员不能标识为 virtual，也不能实现通常意义的重写，但是它可以被重新实现（reimplemented）。

3.6.4 在子类中重新实现接口

子类可以重新实现基类实现的任意一个接口成员。不管基类中该成员是否为 virtual，当通过接口调用时，重新实现都能够劫持成员的实现。它对接口成员的隐式和显式实现都有效，但后者效果更好。

在下面的例子中，TextBox 显式实现 IUndoable.Undo，所以不能标识为 virtual。为了重写，RichTextBox 必须重新实现 IUndoable 的 Undo 方法：

```
public interface IUndoable { void Undo(); }

public class TextBox : IUndoable
{
  void IUndoable.Undo() => Console.WriteLine ("TextBox.Undo");
}

public class RichTextBox : TextBox, IUndoable
{
  public void Undo() => Console.WriteLine ("RichTextBox.Undo");
}
```

从接口调用重新实现的成员时，调用的是子类的实现：

```
RichTextBox r = new RichTextBox();
r.Undo();                  // RichTextBox.Undo      Case 1
((IUndoable)r).Undo();     // RichTextBox.Undo      Case 2
```

假定 RichTextBox 定义不变，如果 TextBox 隐式实现 Undo：

```
public class TextBox : IUndoable
{
  public void Undo() => Console.WriteLine ("TextBox.Undo");
}
```

那么我们就有了另外一种调用 Undo 的方法，如下面的"Case 3"所示，它将"切断"整个系统：

```
RichTextBox r = new RichTextBox();
r.Undo();                  // RichTextBox.Undo       Case 1
((IUndoable)r).Undo();     // RichTextBox.Undo       Case 2
((TextBox)r).Undo();       // TextBox.Undo           Case 3
```

从"Case 3"可以看到，通过重新实现来劫持调用的方式仅在通过接口调用成员时有效，而从基类调用时无效。这个特性通常不尽如人意，因为它们的语义是不一致的。因此，重新实现主要适合于重写显式实现的接口成员。

接口重新实现的替代方案

即使是显式实现的成员，接口重新实现还是容易出问题，这是因为：

- 子类无法调用基类的方法。

- 基类的作者在定义基类时也许并非期望重新实现其中的方法，或无法接受重新实现后带来的潜在问题。

重新实现是在子类不期望被重写时的最后选择。而更好的选择是在定义基类时，无须令子类使用重新实现的方式就能够完成重写，以下两种方法可以做到这一点：

- 当隐式实现成员时，尽可能将其标记为 virtual。

- 当显式实现成员时，如果能够预测子类可能要重写某些逻辑，则使用下面的模式：

```
public class TextBox : IUndoable
{
  void IUndoable.Undo()          => Undo();    // Calls method below
  protected virtual void Undo() => Console.WriteLine ("TextBox.Undo");
}

public class RichTextBox : TextBox
{
  protected override void Undo() => Console.WriteLine("RichTextBox.Undo");
}
```

如果你不希望添加任何的子类，则可以把类标记为 sealed 以制止接口的重新实现。

3.6.5 接口和装箱

将结构体转换为接口会引发装箱，而调用结构体的隐式实现接口成员不会引发装箱。

```
interface  I { void Foo();          }
struct S : I { public void Foo() {} }

...
S s = new S();
s.Foo();           // No boxing.
```

```
I i = s;            // Box occurs when casting to interface.
i.Foo();
```

3.6.6 默认接口成员

从 C# 8 开始，我们可以在接口成员中添加默认实现，而该成员就不必进行实现了：

```
interface ILogger
{
  void Log (string text) => Console.WriteLine (text);
}
```

若要在一个广为人知的程序库中为接口添加一个成员，又想避免破坏现有的成千上万的实现，这个特性就显得尤为重要了。

默认实现永远是显式的。因而假设一个类实现了 ILogger 接口但并未定义 Log 方法，那么要调用 Log 方法必须通过接口来进行调用：

```
class Logger : ILogger { }
...
((ILogger)new Logger()).Log ("message");
```

这避免了接口实现的多继承问题：如果两个接口中添加了相同的默认成员，那么在决定应该调用哪一个成员的时候是不会存在二义性问题的。

除此之外，接口中还能定义静态成员（包括静态字段）。接口的默认实现可以访问以下静态成员：

```
interface ILogger
{
  void Log (string text) =>
    Console.WriteLine (Prefix + text);

  static string Prefix = "";
}
```

由于接口成员是隐式 public 成员，因此在外部访问其静态成员也是可行的：

```
ILogger.Prefix = "File log: ";
```

如需限制这一行为，可在接口的静态成员上添加访问修饰符（例如 private、protected 和 internal）。

接口中（仍然）禁止定义实例字段，这和接口的目的是一致的，它定义的应该是行为而非状态。

使用类与使用接口的对比

类与接口使用的指导原则如下：

* 若类型间能够自然地共享实现，则使用类和子类。

> • 若各个实现是独立的，则定义接口。
>
> 观察下面的类：
>
> ```
> abstract class Animal {}
> abstract class Bird           : Animal {}
> abstract class Insect         : Animal {}
> abstract class FlyingCreature : Animal {}
> abstract class Carnivore      : Animal {}
>
> // Concrete classes:
>
> class Ostrich : Bird {}
> class Eagle   : Bird, FlyingCreature, Carnivore {}  // Illegal
> class Bee     : Insect, FlyingCreature {}           // Illegal
> class Flea    : Insect, Carnivore {}                // Illegal
> ```
>
> Eagle、Bee 和 Flea 类是无法编译的，因为继承多个类是非法的。为了解决这个问题，我们需要将其中的某些类型转换为接口。问题是转换哪个类型呢？遵照一般原则，我们看出所有的昆虫和飞鸟类共享实现，所以 Insect 和 Bird 仍然使用类的形式。而"能飞的生物"的"飞"是独立的机制，"食肉动物"的"食肉"是独立的机制，所以我们将 FlyingCreature 和 Carnivore 转换为接口：
>
> ```
> interface IFlyingCreature {}
> interface ICarnivore      {}
> ```
>
> 在特定的语义中，Bird 和 Insect 可以对应 Windows 控件和 Web 控件，而 Flying-Creature 和 Carnivore 对应 IPrintable 和 IUndoable。

3.7 枚举类型

枚举类型是一种特殊的值类型，我们能够在该类型中定义一组命名的数值常量。例如：

```
public enum BorderSide { Left, Right, Top, Bottom }
```

使用枚举类型的方法如下：

```
BorderSide topSide = BorderSide.Top;
bool isTop = (topSide == BorderSide.Top);   // true
```

每一个枚举成员都对应一个整数。在默认情况下：

- 对应的数值是 int 类型的。

- 按照枚举成员的声明顺序，自动按照 0、1、2……进行常量赋值。

当然，可以指定其他的整数类型代替默认类型，例如：

```
public enum BorderSide : byte { Left, Right, Top, Bottom }
```

也可以显式指定每一个枚举成员对应的值：

```
public enum BorderSide : byte { Left=1, Right=2, Top=10, Bottom=11 }
```

编译器还支持显式指定部分枚举成员。没有指定的枚举成员，在最后一个显式指定的值基础上递增。因此上例等价于：

```
public enum BorderSide : byte
  { Left=1, Right, Top=10, Bottom }
```

3.7.1 枚举类型转换

枚举类型的实例可以与它对应的整数值相互显式转换：

```
int i = (int) BorderSide.Left;
BorderSide side = (BorderSide) i;
bool leftOrRight = (int) side <= 2;
```

也可以显式将一个枚举类型转换为另一个。假设 HorizontalAlignment 定义为：

```
public enum HorizontalAlignment
{
  Left = BorderSide.Left,
  Right = BorderSide.Right,
  Center
}
```

则两个枚举类型之间的转换是通过对应的整数值进行的：

```
HorizontalAlignment h = (HorizontalAlignment) BorderSide.Right;
// same as:
HorizontalAlignment h = (HorizontalAlignment) (int) BorderSide.Right;
```

在枚举表达式中，编译器会特殊对待数值字面量 0，它不需要进行显式转换：

```
BorderSide b = 0;    // No cast required
if (b == 0) ...
```

对 0 进行特殊对待的原因有如下两个：

- 第一个枚举成员经常作为默认值。

- 在合并枚举类型中，0 表示无标志。

3.7.2 标志枚举类型

枚举类型的成员可以合并。为了避免混淆，合并枚举类型的成员要显式指定值，典型的值为 2 的幂次。例如：

```
[Flags]
enum BorderSides { None=0, Left=1, Right=2, Top=4, Bottom=8 }
```

或者

```
enum BorderSides { None=0, Left=1, Right=1<<1, Top=1<<2, Bottom=1<<3 }
```

可以使用位运算符合并枚举类型的值，例如，| 和 &，它们将作用在对应的整数值上。

```
BorderSides leftRight = BorderSides.Left | BorderSides.Right;

if ((leftRight & BorderSides.Left) != 0)
  Console.WriteLine ("Includes Left");      // Includes Left

string formatted = leftRight.ToString();   // "Left, Right"

BorderSides s = BorderSides.Left;
s |= BorderSides.Right;
Console.WriteLine (s == leftRight);   // True

s ^= BorderSides.Right;                      // Toggles BorderSides.Right
Console.WriteLine (s);                       // Left
```

按照惯例，当枚举类型的成员可以合并时，其枚举类型一定要应用 Flags 特性。如果声明了一个没有标注 Flags 特性的枚举类型，其成员依然可以合并，但若在该枚举实例上调用 ToString 方法，则会输出一个数值而非一组名字。

一般来说，合并枚举类型通常用复数名词而不用单数形式。

为了方便起见，可以将合并的成员直接放在枚举的声明内：

```
[Flags]
enum BorderSides
{
  None=0,
  Left=1, Right=1<<1, Top=1<<2, Bottom=1<<3,
  LeftRight = Left | Right,
  TopBottom = Top  | Bottom,
  All       = LeftRight | TopBottom
}
```

3.7.3 枚举运算符

枚举类型可用的运算符有：

```
=    ==   !=   <   >   <=   >=   +   -   ^   &   |   ~
+=   -=   ++  --   sizeof
```

位运算符、算术运算符和比较运算符都返回对应整数值的运算结果。枚举类型和整数类型之间可以做加法，但两个枚举类型之间不能做加法。

3.7.4 类型安全问题

请看下面的枚举类型：

```
public enum BorderSide { Left, Right, Top, Bottom }
```

由于枚举类型可以和它对应的整数类型相互转换，因此枚举的真实值可能超出枚举类型成员的数值范围：

```
BorderSide b = (BorderSide) 12345;
Console.WriteLine (b);                // 12345
```

位运算符和算术运算符也会产生类似的非法值：

```
BorderSide b = BorderSide.Bottom;
b++;                               // No errors
```

非法的 BorderSide 的枚举值可能破坏如下的程序：

```
void Draw (BorderSide side)
{
  if      (side == BorderSide.Left)  {...}
  else if (side == BorderSide.Right) {...}
  else if (side == BorderSide.Top)   {...}
  else                               {...} // Assume BorderSide.Bottom
}
```

针对上述问题的解决方案之一是再加上一个 else 子句：

```
...
else if (side == BorderSide.Bottom) ...
else throw new ArgumentException ("Invalid BorderSide: " + side, "side");
```

而另一个解决方案是显式检查枚举值的合法性。可以使用静态方法 Enum.IsDefined 来执行该操作：

```
BorderSide side = (BorderSide) 12345;
Console.WriteLine (Enum.IsDefined (typeof (BorderSide), side));    // False
```

遗憾的是，Enum.IsDefined 对标志枚举类型不起作用，然而下面的方法（巧妙使用了 Enum.ToString() 的行为）可以在标志枚举类型合法时返回 true：

```
for (int i = 0; i <= 16; i++)
{
  BorderSides side = (BorderSides)i;
  Console.WriteLine (IsFlagDefined (side) + " " + side);
}

bool IsFlagDefined (Enum e)
{
  decimal d;
  return !decimal.TryParse(e.ToString(), out d);
}

[Flags]
public enum BorderSides { Left=1, Right=2, Top=4, Bottom=8 }
```

3.8 嵌套类型

嵌套类型（nested type）是声明在另一个类型内部的类型：

```
public class TopLevel
{
  public class Nested { }               // Nested class
  public enum Color { Red, Blue, Tan }  // Nested enum
}
```

嵌套类型有如下的特征：

- 可以访问包含它的外层类型中的私有成员，以及外层类型能够访问的所有内容。
- 可以在声明上使用所有的访问权限修饰符，而不限于 public 和 internal。
- 嵌套类型的默认可访问性是 private 而不是 internal。
- 从外层类以外访问嵌套类型，需要使用外层类名称进行限定（就像访问静态成员一样）。

例如，为了从 TopLevel 外访问 Color.Red，我们必须这样做：

```
TopLevel.Color color = TopLevel.Color.Red;
```

所有的类型（类、结构体、接口、委托和枚举）都可以嵌套在类和结构体之内。

以下示例在嵌套类型中访问外层私有成员：

```
public class TopLevel
{
  static int x;
  class Nested
  {
    static void Foo() { Console.WriteLine (TopLevel.x); }
  }
}
```

以下示例在嵌套类型上使用 protected 访问权限修饰符：

```
public class TopLevel
{
  protected class Nested { }
}

public class SubTopLevel : TopLevel
{
  static void Foo() { new TopLevel.Nested(); }
}
```

以下示例在外层类型之外的类型中引用嵌套类型：

```
public class TopLevel
{
  public class Nested { }
}

class Test
{
  TopLevel.Nested n;
}
```

嵌套类型在编译器中得到了广泛应用，例如，编译器在生成迭代器和匿名方法时就会生成包含这些结构内部状态的私有（嵌套）类。

如果使用嵌套类型主要是为了避免命名空间中类型定义杂乱无章，那么可以考虑使用嵌套命名空间。使用嵌套类型的原因应当是利用它较强的访问控制能力，或者是因为嵌套的类型必须访问外层类型的私有成员。

3.9 泛型

C# 有如下两种不同的机制来编写跨类型可复用的代码：继承和泛型。但继承的复用性来自基类，而泛型的复用性是通过带有占位符的模板类型实现的。和继承相比，泛型能够提高类型的安全性，并减少类型转换和装箱。

C# 的泛型和 C++ 的模板是相似的概念，但它们的工作方法不同。我们将在 3.9.14 节讲解。

3.9.1 泛型类型

泛型类型中声明的类型参数（占位符类型）需要由泛型类型的消费者（即提供类型参数的一方）来填充。下面是一个存放类型 T 实例的泛型栈类型 Stack<T>。Stack<T> 声明了单个类型参数 T：

```
public class Stack<T>
{
  int position;
  T[] data = new T[100];
  public void Push (T obj)  => data[position++] = obj;
  public T Pop()            => data[--position];
}
```

Stack<T> 的使用方式如下：

```
var stack = new Stack<int>();
stack.Push (5);
stack.Push (10);
int x = stack.Pop();        // x is 10
int y = stack.Pop();        // y is 5
```

Stack<int> 用类型参数 int 填充 T，这会在运行时隐式创建一个类型 Stack<int>。若试图将一个字符串加入 Stack<int> 中则会产生一个编译时错误。Stack<int> 具有如下的定义（为了防止混淆，类的名字将以 # 代替，替换的部分将用粗体展示）：

```
public class ###
{
  int position;
  int[] data = new int[100];
  public void Push (int obj)  => data[position++] = obj;
  public int Pop()            => data[--position];
}
```

技术上，我们称 Stack<T> 是开放类型，称 Stack<int> 是封闭类型。在运行时，所有的泛型实例都是封闭的，占位符已经被类型填充。这意味着以下语句是非法的：

```
var stack = new Stack<T>();   // Illegal: What is T?
```

但是，在类或者方法的内将 T 定义为类型参数是合法的：

```
public class Stack<T>
{
  ...
  public Stack<T> Clone()
  {
    Stack<T> clone = new Stack<T>();   // Legal
    ...
  }
}
```

3.9.2 为什么需要泛型

泛型是为了代码能够跨类型复用而设计的。假定我们需要一个整数栈，但是没有泛型的支持。那么一种解决方法是为每一个需要的元素类型硬编码不同版本的类（例如 IntStack、StringStack 等）。显然，这将导致大量的重复代码。另一个解决方法是写一个用 object 作为元素类型的栈：

```
public class ObjectStack
{
  int position;
  object[] data = new object[10];
  public void Push (object obj) => data[position++] = obj;
  public object Pop()              => data[--position];
}
```

但是 ObjectStack 类不会像硬编码的 IntStack 类一样只处理整数元素。而且 ObjectStack 需要用到装箱和向下类型转换，而这些都不能够在编译时进行检查：

```
// Suppose we just want to store integers here:
ObjectStack stack = new ObjectStack();

stack.Push ("s");              // Wrong type, but no error!
int i = (int)stack.Pop();  // Downcast - runtime error
```

我们的栈既需要支持各种不同类型的元素，又需要一种简便的方法将栈的元素类型限定为特定类型，以提高类型安全性，减少类型转换和装箱。泛型恰好将元素类型参数化从而提供了这些功能。Stack<T> 同时具有 ObjectStack 和 IntStack 的全部优点。它与 ObjectStack 的共同点是 Stack<T> 只需要书写一次就可以支持各种类型，而与 IntStack 的共同点是 Stack<T> 的元素是特定的某个类型。Stack<T> 的独特之处在于操作的类型是 T，并且可以在编程时将 T 替换为其他类型。

ObjectStack 在功能上等价于 Stack<object>。

3.9.3 泛型方法

泛型方法在方法的签名中声明类型参数。

使用泛型方法，许多基本算法就可以用通用方式实现了。以下是交换两个任意类型 T 的变量值的泛型方法：

```
static void Swap<T> (ref T a, ref T b)
{
  T temp = a;
  a = b;
  b = temp;
}
```

Swap<T> 的使用方式如下：

```
int x = 5;
int y = 10;
Swap (ref x, ref y);
```

通常调用泛型方法不需要提供类型参数，因为编译器可以隐式推断得到类型信息。如果有二义性，则可以用以下方式调用泛型方法：

```
Swap<int> (ref x, ref y);
```

在泛型中，只有引入类型参数（用尖括号标出）的方法才可归为泛型方法。泛型 Stack 类中的 Pop 方法仅仅使用了类型中已有的类型参数 T，因此不属于泛型方法。

只有方法和类可以引入类型参数。属性、索引器、事件、字段、构造器、运算符等都不能声明类型参数，虽然它们可以参与使用所在类型中已经声明的类型参数。例如，在泛型的栈中，我们可以写一个索引器返回一个泛型项：

```
public T this [int index] => data [index];
```

类似地，构造器可以参与使用已经存在的类型参数，但是不能引入新的类型参数：

```
public Stack<T>() { }   // Illegal
```

3.9.4 声明类型参数

可以在声明类、结构体、接口、委托（参见第 4 章）和方法时引入类型参数。其他的结构（如属性）虽不能引入类型参数，但可以使用类型参数。例如，以下代码中的属性 Value 使用了类型参数 T：

```
public struct Nullable<T>
{
  public T Value { get; }
}
```

泛型或方法可以有多个参数：

```
class Dictionary<TKey, TValue> {...}
```

可以用以下方式实例化：

```
Dictionary<int,string> myDict = new Dictionary<int,string>();
```

或者：

```
var myDict = new Dictionary<int,string>();
```

只要类型参数的数量不同，泛型类型名和泛型方法的名称就可以进行重载。例如，下面的三个类型名称不会冲突：

```
class A       {}
class A<T>    {}
class A<T1,T2> {}
```

习惯上，如果泛型类型和泛型方法只有一个类型参数，且参数的含义明确，那么一般将其命名为 T。当使用多个类型参数时，每一个类型参数都使用 T 作为前缀，后面跟一个更具描述性的名称。

3.9.5 typeof 和未绑定泛型类型

在运行时不存在开放的泛型类型，开放泛型类型将在编译过程中封闭。但运行时可能存在未绑定（unbound）的泛型类型，这种泛型类型只作为 Type 对象存在。C# 中唯一指定未绑定泛型类型的方式是使用 typeof 运算符：

```
class A<T> {}
class A<T1,T2> {}
...

Type a1 = typeof (A<>);   // Unbound type (notice no type arguments).
Type a2 = typeof (A<,>);  // Use commas to indicate multiple type args.
```

开放泛型类型一般与反射 API（参见第 18 章）一起使用。

typeof 运算符也可以用于指定封闭的类型：

```
Type a3 = typeof (A<int,int>);
```

或一个开放类型（当然，它会在运行时封闭）：

```
class B<T> { void X() { Type t = typeof (T); } }
```

3.9.6 泛型的默认值

default 关键字可用于获取泛型类型参数的默认值。引用类型的默认值为 null，而值类型的默认值是将值类型的所有字段按位设置为 0 的值。

```
static void Zap<T> (T[] array)
{
  for (int i = 0; i < array.Length; i++)
    array[i] = default(T);
}
```

从 C# 7.1 开始，我们可以在编译器能够进行类型推断的情况下忽略类型参数。因此以上程序最后一行可以写为：

```
array[i] = default;
```

3.9.7 泛型的约束

默认情况下，类型参数可以由任何类型来替换。在类型参数上应用约束，可以将类型参数定义为指定的类型参数。以下列出了可用的约束：

```
where T : base-class    // Base-class constraint
where T : interface     // Interface constraint
where T : class         // Reference-type constraint
where T : class?        // (see "Nullable Reference Types" in Chapter 1)
where T : struct        // Value-type constraint (excludes Nullable types)
where T : unmanaged     // Unmanaged constraint
where T : new()         // Parameterless constructor constraint
where U : T             // Naked type constraint
where T : notnull       // Non-nullable value type, or (from C# 8)
                        // a non-nullable reference type
```

在下面的例子中，GenericClass<T，U> 的 T 要求派生自（或者本身就是）SomeClass 并且实现 Interface1，要求 U 提供无参数构造器。

```
class       SomeClass {}
interface Interface1 {}

class GenericClass<T,U> where T : SomeClass, Interface1
                        where U : new()
{...}
```

约束可以应用在方法定义或者类型定义——这些可以定义类型参数的地方。

基类约束要求类型参数必须是子类（或者匹配特定的类），接口约束要求类型参数必须实现特定的接口。这些约束要求类型参数的实例可以隐式转换为相应的类和接口。例如，我们可以使用 System 命名空间中的 IComparable<T> 泛型接口实现泛型的 Max 方法，该方法会返回两个值中更大的一个：

```
public interface IComparable<T>    // Simplified version of interface
{
```

```
int CompareTo (T other);
}
```

CompareTo 方法在 this 大于 other 时返回正值。以此接口为约束，我们可以将 Max 方法写为（为了避免分散注意力，省略了 null 检查）：

```
static T Max <T> (T a, T b) where T : IComparable<T>
{
  return a.CompareTo (b) > 0 ? a : b;
}
```

Max 方法可以接受任何实现了 IComparable<T> 接口的类型参数（大部分内置类型都实现了该接口，例如 int 和 string）：

```
int z = Max (5, 10);              // 10
string last = Max ("ant", "zoo"); // zoo
```

类约束和结构体约束规定 T 必须是引用类型或值类型（不能为空）。结构体约束的一个很好的例子是 System.Nullable<T> 结构体（请参见 4.7 节）：

```
struct Nullable<T> where T : struct {...}
```

非托管类型约束（C# 7.3 引入）是一个增强型的结构体约束。其中 T 必须是一个简单的值类型或该值类型中（递归的）不包含任何引用类型字段[译注1]。

无参数构造器约束要求 T 有一个 public 无参数构造器。如果定义了这个约束，就可以对类型 T 使用 new() 了：

```
static void Initialize<T> (T[] array) where T : new()
{
  for (int i = 0; i < array.Length; i++)
    array[i] = new T();
}
```

裸类型约束要求一个类型参数必须从另一个类型参数中派生（或匹配）。在本例中，FilteredStack 方法返回了另一个 Stack，返回的 Stack 仅包含原来类中的一部分元素，并且类型参数 U 是类型参数 T 的子类：

```
class Stack<T>
{
  Stack<U> FilteredStack<U>() where U : T {...}
}
```

3.9.8 继承泛型类型

泛型类和非泛型类一样都可以派生子类，并且在泛型类型子类中仍可以令基类中类型参

译注1：更加严格的说法是，非托管类型约束指类型参数必须是一个非可空的非托管类型，其中非托管类型指 sbyte、byte、short、ushort、int、uint、long、ulong、char、float、double、decimal 和 bool，以及枚举类型、指针类型和任何自定义的结构体（该结构体不包含任何类型参数，仅仅包含非托管类型的字段）。

数保持开放，如下所示：

```
class Stack<T>                      {...}
class SpecialStack<T> : Stack<T> {...}
```

子类也可以用具体的类型来封闭泛型参数：

```
class IntStack : Stack<int>  {...}
```

子类型还可以引入新的类型参数：

```
class List<T>                       {...}
class KeyedList<T,TKey> : List<T> {...}
```

 技术上，子类型中所有的类型参数都是新的，可以说子类型封闭后又重新开放了基类的类型参数。因此子类可以在重新打开的类型参数上使用更有意义的新名称：

```
class List<T> {...}
class KeyedList<TElement,TKey> : List<TElement> {...}
```

3.9.9 自引用泛型声明

一个类型可以使用自身类型作为具体类型来封闭类型参数：

```
public interface IEquatable<T> { bool Equals (T obj); }

public class Balloon : IEquatable<Balloon>
{
  public string Color { get; set; }
  public int CC { get; set; }

  public bool Equals (Balloon b)
  {
    if (b == null) return false;
    return b.Color == Color && b.CC == CC;
  }
}
```

以下的写法也是合法的：

```
class Foo<T> where T : IComparable<T> { ... }
class Bar<T> where T : Bar<T> { ... }
```

3.9.10 静态数据

静态数据对于每一个封闭的类型来说都是唯一的：

```
Console.WriteLine (++Bob<int>.Count);     // 1
Console.WriteLine (++Bob<int>.Count);     // 2
Console.WriteLine (++Bob<string>.Count);  // 1
Console.WriteLine (++Bob<object>.Count);  // 1
```

```
class Bob<T> { public static int Count; }
```

3.9.11 类型参数和转换

C# 的类型转换运算符可以进行多种的类型转换，包括：

- 数值转换。

- 引用转换。

- 装箱 / 拆箱转换。

- 自定义转换（通过运算符重载，请参见第 4 章）。

根据已知操作数的类型，在编译时就已经决定了类型转换的方式。但对于泛型类型参数
来说，由于编译时操作数的类型还并未确定，上述规则就会出现特殊的情形。如果导致
了二义性，那么编译器会产生一个错误。

最常见的场景是在执行引用转换时：

```
StringBuilder Foo<T> (T arg)
{
  if (arg is StringBuilder)
    return (StringBuilder) arg;    // Will not compile
  ...
}
```

由于不知道 T 的确切类型，编译器会疑惑你是否希望执行自定义转换。上述问题最简
单的解决方案就是改用 as 运算符，因为它不能进行自定义类型转换，因此是没有二义
性的：

```
StringBuilder Foo<T> (T arg)
{
  StringBuilder sb = arg as StringBuilder;
  if (sb != null) return sb;
  ...
}
```

而更一般的做法是先将其转换为 object 类型。这种方法行得通，因为从 object 转换，
或将对象转换为 object 都不是自定义转换，而是引用或者装箱 / 拆箱转换。在下例中，
StringBuilder 是引用类型，所以一定是引用转换：

```
return (StringBuilder) (object) arg;
```

拆箱转换也可能导致二义性。例如，下面的代码可能是拆箱转换、数值转换或者自定义
转换：

```
int Foo<T> (T x) => (int) x;    // Compile-time error
```

而解决方案也是先将其转换为 object，然后再将其转换为 int（很明显，这是一个非二
义性的拆箱转换）：

```
int Foo<T> (T x) => (int) (object) x;
```

3.9.12 协变

假定 A 可以转换为 B，如果 X<A> 可以转换为 X<B>，那么称 X 有一个协变类型参数。

 由于 C# 有协变（covariance）和逆变（contravariance）的概念，所以"可转换"意味着可以通过隐式引用转换进行类型转换，例如，A 是 B 的子类或者 A 实现 B。而数值转换、装箱转换和自定义转换是不包含在内的。

例如，IFoo<T> 类型如果能够满足以下条件，则 IFoo<T> 拥有协变参数 T：

```
IFoo<string> s = ...;
IFoo<object> b = s;
```

接口支持协变类型参数（委托也支持协变类型参数，请参见第 4 章），但是类是不支持协变类型参数的。数组也支持协变（如果 A 可以隐式引用转换为 B，则 A[] 也可以隐式引用转换为 B[]）。接下来将对此进行一些讨论和比较。

 协变和逆变（或简称可变性）都是高级概念。在 C# 中引入和强化协变的动机在于允许泛型接口和泛型类型（尤其是 .NET 中定义的那些类型，例如，IEnumerable<T>）像人们期待的那样工作。即使你不了解它们背后的细节，也可以从中获益。

3.9.12.1 可变性不是自动的

为了保证静态类的安全性，泛型类型参数不是自动可变的。请看下面的例子：

```
class Animal {}
class Bear : Animal {}
class Camel : Animal {}

public class Stack<T>    // A simple Stack implementation
{
  int position;
  T[] data = new T[100];
  public void Push (T obj)  => data[position++] = obj;
  public T Pop()            => data[--position];
}
```

接下来的语句是不能通过编译的：

```
Stack<Bear> bears = new Stack<Bear>();
Stack<Animal> animals = bears;              // Compile-time error
```

这种约束避免了以下代码可能产生的运行时错误：

```
animals.Push (new Camel());        // Trying to add Camel to bears
```

但是协变的缺失可能妨碍复用性。例如在下例中，我们希望写一个 Wash 方法"清洗"整个 Animal 栈：

```
public class ZooCleaner
{
    public static void Wash (Stack<Animal> animals) {...}
}
```

将 Bear 栈传入 Wash 方法会产生编译时错误。一种解决方法是重新定义一个带有约束的 Wash 方法：

```
class ZooCleaner
{
    public static void Wash<T> (Stack<T> animals) where T : Animal { ... }
}
```

这样我们就可以使用如下方式调用 Wash 了：

```
Stack<Bear> bears = new Stack<Bear>();
ZooCleaner.Wash (bears);
```

另一种解决方案是让 Stack<T> 实现一个拥有协变类型参数的泛型接口，后面会举例讲解。

3.9.12.2 数组

出于历史原因，数组类型支持协变。这说明如果 B 是 A 的子类，则 B[] 可以转换为 A[]（A 和 B 都是引用类型）。例如：

```
Bear[] bears = new Bear[3];
Animal[] animals = bears;      // OK
```

然而这种复用性也有缺点，数组元素的赋值可能在运行时发生错误：

```
animals[0] = new Camel();      // Runtime error
```

3.9.12.3 声明协变类型参数

在接口和委托的类型参数上指定 out 修饰符可将其声明为协变参数。和数组不同，这个修饰符保证了协变类型参数是完全类型安全的。

为了阐述这一点，我们假定 Stack<T> 类实现了如下的接口：

```
public interface IPoppable<out T> { T Pop(); }
```

T 上的 out 修饰符表明了 T 只用于输出的位置（例如，方法的返回值）。out 修饰符将类型参数标记为协变参数，并且可以进行如下操作：

```
var bears = new Stack<Bear>();
bears.Push (new Bear());
// Bears implements IPoppable<Bear>. We can convert to IPoppable<Animal
IPoppable<Animal> animals = bears;    // Legal
```

```
    Animal a = animals.Pop();
```

bears 到 animals 的转换是由编译器保证的，因为类型参数具有协变性。在这种情况下，
若试图将 Camel 实例入栈，则编译器会阻止这种行为。因为 T 只能在输出位置出现，所
以不可能将 Camel 类输入接口中。

接口中的协变或逆变都是常见的，在接口中同时支持协变和逆变是很少
见的。

特别注意，方法中的 out 参数是不支持协变的，这是 CLR 的限制。

如前所述，我们可以利用类型转换的协变性解决复用性问题：

```
public class ZooCleaner
{
  public static void Wash (IPoppable<Animal> animals) { ... }
}
```

第 7 章讲述的 IEnumerator<T> 和 IEnumerable<T> 接口的 T 都是协变的。这
意味着需要时可以将 IEnumerable<string> 转换为 IEnumerable<object>。

如果在输入位置（例如，方法的参数或可写属性）使用协变参数，则会发生编译时错误。

不管是类型参数还是数组，协变（和逆变）仅仅对于引用转换有效，而对装
箱转换无效。因此，如果编写了一个接受 IPoppable<object> 类型参数的方
法，则可以使用 IPoppable<string> 调用它，但不能使用 IPoppable<int>。

3.9.13 逆变

通过前面的介绍我们已经知道，假设 A 可以隐式引用转换为 B，如果 X<A> 允许引用类型
转换为 X<B>，则类型 X 具有协变类型参数。而逆变的转换方向正好相反，即从 X<B> 转
换到 X<A>。它仅在类型参数出现在输入位置上，并用 in 修饰符标记才行得通。以下扩
展了之前的例子，假设 Stack<T> 实现了如下的接口：

```
public interface IPushable<in T> { void Push (T obj); }
```

则以下的语句是合法的：

```
IPushable<Animal> animals = new Stack<Animal>();
```

```
IPushable<Bear> bears = animals;    // Legal
bears.Push (new Bear());
```

IPushable 中没有任何成员输出 T，所以将 animals 转换为 bears 时不会出现问题（但是通过这个接口无法实现 Pop 方法）。

 即使 T 含有相反的可变性标记，Stack<T> 类可以同时实现 IPushable<T> 和 IPoppable<T>。由于只能通过接口而不是类实现可变性，因此在进行可变性转换之前，必须首先选定 IPoppable 或者 IPushable 接口。而选定的接口会限制操作在合适的可变性规则下执行。

这也说明了为什么类不允许接受可变性类型参数：具体实现通常都需要数据进行双向流动。

再看一个例子，以下是 System 命名空间中的一个接口定义：

```
public interface IComparer<in T>
{
  // Returns a value indicating the relative ordering of a and b
  int Compare (T a, T b);
}
```

该接口含有逆变参数 T，因此我们可以使用 IComparer<object> 来比较两个字符串：

```
var objectComparer = Comparer<object>.Default;
// objectComparer implements IComparer<object>
IComparer<string> stringComparer = objectComparer;
int result = stringComparer.Compare ("Brett", "Jemaine");
```

与协变正好相反，如果将逆变的类型参数用在输出位置（例如，返回值或者可读属性）上，则编译器将报告错误。

3.9.14 C# 泛型和 C++ 模板对比

C# 的泛型和 C++ 的模板在应用上很相似，但是它们的工作原理却大不相同。两者都发生了生产者和消费者的关联，且生产者的占位符将被消费者填充。但是在 C# 泛型中，生产者的类型（开放类型，如 List<T>）可以编译到程序库中（如 *mscorlib.dll*）。这是因为生产者和消费者进行关联生成封闭类型是在运行时发生的。而在 C++ 模板中，这一关联是在编译时进行的。这意味着 C++ 不能将模板库部署为 *.dll*，它们只存在于源代码中。这令动态语法检查难以实现，更不用说即时创建或参数化类型了。

为了深究这一情形形成的原因，我们重新观察 C# 的 Max 方法：

```
static T Max <T> (T a, T b) where T : IComparable<T>
  => a.CompareTo (b) > 0 ? a : b;
```

为什么我们不能按以下方式实现呢？

```
static T Max <T> (T a, T b)
  => (a > b ? a : b);                // Compile error
```

原因是，Max 需要在编译时支持所有可能的 T 类型值。由于对于任意类型 T，运算符 >
没有统一的含义，因此上述程序无法通过编译。实际上，并不是所有的类型都支持 > 运
算符。相对地，下面的代码是用 C++ 的模板编写的 Max 方法。该代码会为每一个 T 值分
别编译，对特定的 T 呈现不同的 > 语义，而当 T 不支持 > 运算符时，编译失败：

```
template <class T> T Max (T a, T b)
{
  return a > b ? a : b;
}
```

第 4 章

C# 的高级特性

本章将在第 2 章、第 3 章概念的基础上探讨 C# 的高级特性。本章的前 4 节请按照顺序阅读，其他节则可以自由阅读。

4.1 委托

委托（delegate）是一种知道如何调用方法的对象。

委托类型（delegate type）定义了一类可以被委托实例（delegate instance）调用的方法。具体来说，它定义了方法的返回类型（return type）和参数类型（parameter type）。以下语句定义了一个委托类型 Transformer：

```
delegate int Transformer (int x);
```

Transformer 兼容任何具有 int 返回类型和单个 int 类型参数的方法，例如：

```
int Square (int x) { return x * x; }
```

或者可以简洁地写为：

```
int Square (int x) => x * x;
```

将一个方法赋值给一个委托变量就能创建一个委托实例：

```
Transformer t = Square;
```

可以像调用方法一样调用委托实例：

```
int answer = t(3);    // answer is 9
```

以下是一个完整的例子：

```
Transformer t = Square;          // Create delegate instance
int result = t(3);               // Invoke delegate
Console.WriteLine (result);      // 9
```

```
int Square (int x) => x * x;
delegate int Transformer (int x);    // Delegate type declaration
```

委托实例字面上是调用者的代理，调用者调用委托，而委托调用目标方法。这种间接调用方式可以将调用者和目标方法解耦。

以下语句：

```
Transformer t = Square;
```

是下面语句的简写：

```
Transformer t = new Transformer (Square);
```

从技术上讲，当引用没有括号和参数的 Square 方法时，我们指定的是一组方法。如果该方法被重载，C# 会根据赋值委托的签名选择正确的重载方法。

语句

```
t(3)
```

是下面语句的简写：

```
t.Invoke(3)
```

委托和回调（callback）类似，一般指类似 C 函数指针的结构。

4.1.1 用委托书写插件方法

委托变量可以在运行时指定一个目标方法，这个特性可用于编写插件方法。在本例中有一个名为 Transform 的公共方法，它对整数数组的每一个元素进行变换。Transform 方法接受一个委托参数并以此为插件方法执行变换操作：

```
int[] values = { 1, 2, 3 };
Transform (values, Square);      // Hook in the Square method

foreach (int i in values)
  Console.Write (i + "  ");      // 1   4   9

void Transform (int[] values, Transformer t)
{
  for (int i = 0; i < values.Length; i++)
    values[i] = t (values[i]);
}

int Square (int x) => x * x;
```

```
int Cube (int x) => x * x * x;

delegate int Transformer (int x);
```

只需将上述程序第二行中的 Square 改为 Cube 即可更改变换的类型。

Transform 方法是一个高阶函数（high-order function），因为它是一个以函数作为参数的函数。（返回委托的方法也称为高阶函数。）

4.1.2 实例方法目标与静态方法目标

委托的目标方法可以是局部方法、静态方法或实例方法。以下代码中的目标方法为静态方法：

```
Transformer t = Test.Square;
Console.WriteLine (t(10));      // 100

class Test { public static int Square (int x) => x * x; }

delegate int Transformer (int x);
```

而下列代码中的目标方法是实例方法：

```
Test test = new Test();
Transformer t = test.Square;
Console.WriteLine (t(10));      // 100

class Test { public int Square (int x) => x * x; }

delegate int Transformer (int x);
```

当把实例方法赋值给委托对象时，委托对象不仅会维护方法的引用，还会保护方法所在对象的实例。System.Delegate 类的 Target 属性代表了方法所在对象的实例（如果引用的是静态方法，则该属性的值为 null）。例如：

```
MyReporter r = new MyReporter();
r.Prefix = "%Complete: ";
ProgressReporter p = r.ReportProgress;
p(99);                            // %Complete: 99
Console.WriteLine (p.Target == r);   // True
Console.WriteLine (p.Method);        // Void ReportProgress(Int32)
r.Prefix = "";
p(99);                            // 99

public delegate void ProgressReporter (int percentComplete);

class MyReporter
{
  public string Prefix = "";

  public void ReportProgress (int percentComplete)
    => Console.WriteLine (Prefix + percentComplete);
}
```

由于委托的 Target 属性存储了实例的引用，因此实例的生存期（至少）会延长到与委托生存期一样长。

4.1.3 多播委托

所有的委托实例都拥有多播能力，这意味着一个委托实例可以引用一个目标方法，也可以引用一组目标方法。委托可以使用 + 和 += 运算符联结多个委托实例。例如：

```
SomeDelegate d = SomeMethod1;
d += SomeMethod2;
```

最后一行等价于：

```
d = d + SomeMethod2;
```

现在调用 d 不仅会调用 SomeMethod1 而且会调用 SomeMethod2。委托会按照添加的顺序依次触发。

- 和 -= 运算符会从左侧委托操作数中将右侧委托操作数删除。例如：

```
d -= SomeMethod1;
```

现在，调用 d 只会触发 SomeMethod2 调用。

对值为 null 的委托变量进行 + 或者 += 操作等价于为变量指定一个新的值：

```
SomeDelegate d = null;
d += SomeMethod1;        // Equivalent (when d is null) to d = SomeMethod1;
```

同样，在只有唯一目标方法的委托上调用 -= 等价于为该变量指定 null 值。

委托是不可变的，因此调用 += 和 -= 的实质是创建一个新的委托实例，并把它赋值给已有变量。

如果一个多播委托拥有非 void 的返回类型，则调用者将从最后一个触发的方法接收返回值。前面的方法仍然调用，但是返回值都会被丢弃。大部分调用多播委托的情况都会返回 void 类型，因此这个细小的差异就不存在了。

所有的委托类型都是从 System.MulticastDelegate 类隐式派生的。而 System.MulticastDelegate 继承自 System.Delegate。C# 将委托中的 +、-、+= 和 -= 运算符都编译成了 System.Delegate 的静态 Combine 和 Remove 方法。

多播委托的示例

若方法的执行时间很长，那么可以令该方法定期调用一个委托向调用者报告进程的执行情况。例如，在以下代码中，HardWork 方法通过调用 ProgressReporter 委托参数报告执行进度：

```
public delegate void ProgressReporter (int percentComplete);

public class Util
{
  public static void HardWork (ProgressReporter p)
  {
    for (int i = 0; i < 10; i++)
    {
      p (i * 10);                         // Invoke delegate
      System.Threading.Thread.Sleep (100);  // Simulate hard work
    }
  }
}
```

为了监视进度，我们在 Main 方法中创建了一个多播委托实例 p。这样就可以通过两个独立的方法监视执行进度了：

```
ProgressReporter p = WriteProgressToConsole;
p += WriteProgressToFile;
Util.HardWork (p);

void WriteProgressToConsole (int percentComplete)
  => Console.WriteLine (percentComplete);

void WriteProgressToFile (int percentComplete)
  => System.IO.File.WriteAllText ("progress.txt",
                                  percentComplete.ToString());
```

4.1.4 泛型委托类型

委托类型可以包含泛型类型参数，例如：

```
public delegate T Transformer<T> (T arg);
```

根据上面的定义，可以写一个通用的 Transform 方法，让它对任何类型都有效：

```
int[] values = { 1, 2, 3 };
Util.Transform (values, Square);     // Hook in Square
foreach (int i in values)
  Console.Write (i + "  ");          // 1    4    9

int Square (int x) => x * x;

public class Util
{
  public static void Transform<T> (T[] values, Transformer<T> t)
  {
    for (int i = 0; i < values.Length; i++)
      values[i] = t (values[i]);
  }
}
```

4.1.5 Func 和 Action 委托

有了泛型委托，我们就可以定义出一些非常通用的小型委托类型，它们可以具有任意的返回类型和（合理的）任意数目的参数。这些小型委托类型就是定义在 System 命名空间下的 Func 和 Action 委托（in 和 out 是标记可变性的修饰符，我们将在后面说明）。

```
delegate TResult Func <out TResult>              ();
delegate TResult Func <in T, out TResult>        (T arg);
delegate TResult Func <in T1, in T2, out TResult> (T1 arg1, T2 arg2);
... and so on, up to T16

delegate void Action                   ();
delegate void Action <in T>            (T arg);
delegate void Action <in T1, in T2>    (T1 arg1, T2 arg2);
... and so on, up to T16
```

这些委托都是非常通用的委托。前面例子中的 Transform 委托就可以用一个带有 T 类型参数并返回 T 类型值的 Func 委托代替：

```
public static void Transform<T> (T[] values, Func<T,T> transformer)
{
  for (int i = 0; i < values.Length; i++)
    values[i] = transformer (values[i]);
}
```

这些委托中没有涉及的场景只有 ref/out 和指针参数了。

 在 C# 诞生之初，并不存在 Func 和 Action 委托（因为那个时候还不存在泛型）。由于这个历史问题，所以 .NET 中很多代码都使用自定义委托类型，而不是 Func 和 Action。

4.1.6 委托和接口

能用委托解决的问题，都可以用接口解决。例如，下面的 ITransformer 接口可以代替委托解决前面例子中的问题：

```
int[] values = { 1, 2, 3 };
Util.TransformAll (values, new Squarer());
foreach (int i in values)
  Console.WriteLine (i);

public interface ITransformer
{
  int Transform (int x);
}

public class Util
{
 public static void TransformAll (int[] values, ITransformer t)
 {
   for (int i = 0; i < values.Length; i++)
```

```
      values[i] = t.Transform (values[i]);
  }
}

class Squarer : ITransformer
{
  public int Transform (int x) => x * x;
}
```

如果以下一个或多个条件成立，委托可能是比接口更好的选择：

- 接口内仅定义了一个方法。

- 需要多播能力。

- 订阅者需要多次实现接口。

虽然在 ITransformer 的例子中不需要多播，但接口仅仅定义了一个方法，而且订阅者有可能为了支持不同的变换（例如平方或立方变换）需要多次实现 ITransformer 接口。如果使用接口，由于一个类只能实现一次 ITransformer，因此我们必须对每一种变换编写一个新的类型。这样做很麻烦：

```
int[] values = { 1, 2, 3 };
Util.TransformAll (values, new Cuber());
foreach (int i in values)
  Console.WriteLine (i);

class Squarer : ITransformer
{
  public int Transform (int x) => x * x;
}

class Cuber : ITransformer
{
  public int Transform (int x) => x * x * x;
}
```

4.1.7 委托的兼容性

4.1.7.1 类型的兼容性

即使签名相似，委托类型也互不兼容：

```
D1 d1 = Method1;
D2 d2 = d1;                        // Compile-time error

void Method1() { }
delegate void D1();
delegate void D2();
```

 但是以下写法是有效的：

```
D2 d2 = new D2 (d1);
```

如果委托实例指向相同的目标方法，则认为它们是相等的：

```
D d1 = Method1;
D d2 = Method1;
Console.WriteLine (d1 == d2);          // True

void Method1() { }
delegate void D();
```

如果多播委托按照相同的顺序引用相同的方法，则它们是相等的。

4.1.7.2 参数的兼容性

当调用方法时，可以给方法的参数提供更加特定的变量类型，这是正常的多态行为。基于同样的原因，委托也可以有比它的目标方法参数类型更具体的参数类型，这称为逆变。例如：

```
StringAction sa = new StringAction (ActOnObject);
sa ("hello");

void ActOnObject (object o) => Console.WriteLine (o);    // hello

delegate void StringAction (string s);
```

和类型参数的可变性一样，委托的可变性仅适用于引用转换。

委托仅仅替其他人调用方法。在本例中，在调用 StringAction 时，参数类型是 string。当这个参数传递给目标方法时，参数隐式向上转换为 object。

标准事件模式的设计宗旨是通过使用公共的 EventArgs 基类来利用逆变特性。例如，可以用两个不同的委托调用同一个方法，一个传递 MouseEvent-Args，而另一个则传递 KeyEventArgs。

4.1.7.3 返回类型的兼容性

调用一个方法时可能得到比请求类型更特定的返回值类型，这也是正常的多态行为。基于同样的原因，委托的目标方法可能返回比委托声明的返回值类型更加特定的返回值类型，这称为协变。例如：

```
ObjectRetriever o = new ObjectRetriever (RetriveString);
object result = o();
Console.WriteLine (result);      // hello

string RetriveString() => "hello";

delegate object ObjectRetriever();
```

ObjectRetriever 期望返回一个 object 。但若返回 object 子类也是可以的，这是因为委托的返回类型是协变的。

4.1.7.4 泛型委托类型的参数变化

在第 3 章中，我们介绍了泛型接口是如何支持协变和逆变参数类型的。而委托也具有相同的功能。

如果我们要定义一个泛型委托类型，那么建议参考如下的准则：

- 将只用于返回值类型的类型参数标记为协变（out）。
- 将只用于参数的任意类型参数标记为逆变（in）。

这样可以依照类型的继承关系自然地进行类型转换。

以下（在 System 命名空间中定义的）委托拥有协变类型参数 TResult：

```
delegate TResult Func<out TResult>();
```

它允许如下的操作：

```
Func<string> x = ...;
Func<object> y = x;
```

而下面（在 System 命名空间中定义）的委托拥有逆变类型参数 T：

```
delegate void Action<in T> (T arg);
```

因而可以执行如下操作：

```
Action<object> x = ...;
Action<string> y = x;
```

4.2 事件

当使用委托时，一般会出现广播者（broadcaster）和订阅者（subscriber）两种角色。

广播者是包含委托字段的类型，它通过调用委托决定何时进行广播。

订阅者是方法的目标接收者。订阅者通过在广播者的委托上调用 += 和 -= 来决定何时开始监听和何时监听结束。订阅者不知道也不会干涉其他订阅者。

事件就是正式定义这一模式的语言功能。事件是一种使用有限的委托功能实现广播者 / 订阅者模型的结构。使用事件的主要目的在于保证订阅者之间不互相影响。

声明事件最简单的方法是在委托成员的前面加上 event 关键字：

```
// Delegate definition
public delegate void PriceChangedHandler (decimal oldPrice,
                                          decimal newPrice);
public class Broadcaster
{
  // Event declaration
  public event PriceChangedHandler PriceChanged;
}
```

Broadcaster 类型中的代码对 PriceChanged 有完全的访问权限，并可以将其视为委托。
而 Broadcaster 类型之外的代码则仅可以在 PriceChanged 事件上执行 += 和 -= 运算。

事件的工作机制是怎样的

当声明如下委托时，在内部发生了三件事情：

```
public class Broadcaster
{
  public event PriceChangedHandler PriceChanged;
}
```

首先，编译器将事件的声明转换为如下形式：

```
PriceChangedHandler priceChanged;   // private delegate
public event PriceChangedHandler PriceChanged
{
  add    { priceChanged += value; }
  remove { priceChanged -= value; }
}
```

add 和 remove 关键字明确了事件的访问器，就像属性的访问器那样。我们将在后续讲解如何编写访问器。

而后，编译器在 Broadcaster 类里面找到除调用 += 和 -= 之外的 PriceChanged 引用点，并将它们重定向到内部的 priceChanged 委托字段。

最后，编译器对事件上的 += 和 -= 运算符操作相应地调用事件的 add 或 remove 访问器。有意思的是当应用于事件时，+= 和 -= 的行为是唯一的，而不像其他情况下是 + 和 - 运算符与赋值运算符的简写。

观察下面的例子，在 Stock 类中，每当 Stock 的 Price 发生变化时，就会触发 Price-Changed 事件：

```
public delegate void PriceChangedHandler (decimal oldPrice,
                                           decimal newPrice);
public class Stock
{
  string symbol;
  decimal price;

  public Stock (string symbol) => this.symbol = symbol;

  public event PriceChangedHandler PriceChanged;

  public decimal Price
  {
    get => price;
    set
    {
      if (price == value) return;        // Exit if nothing has changed
      decimal oldPrice = price;
      price = value;
```

```
        if (PriceChanged != null)            // If invocation list not
            PriceChanged (oldPrice, price);   // empty, fire event.
    }
  }
}
```

在上例中，如果将 event 关键字去掉，PriceChanged 就变成了普通的委托字段，虽然运行结果是不变的，但是 Stock 类就没有原来健壮了。因为这时订阅者可以通过以下方式相互影响：

- 通过重新指派 PriceChanged 替换其他订阅者（不用 += 运算符）。

- 清除所有订阅者（将 PriceChanged 设置为 null）。

- 通过调用委托广播到其他订阅者。

4.2.1 标准事件模式

在 .NET 程序库中几乎所有和事件相关的定义中，都体现了一个标准模式。该模式保证了程序库和用户代码使用事件的一致性。标准事件模式的核心是 System.EventArgs 类，这是一个预定义的没有成员（但是有一个静态的 Empty 字段）的类。EventArgs 是为事件传递信息的基类。在 Stock 示例中，我们可以继承 EventArgs 以便在 PriceChanged 事件被触发时传递新的和旧的 Price 值：

```
public class PriceChangedEventArgs : System.EventArgs
{
  public readonly decimal LastPrice;
  public readonly decimal NewPrice;

  public PriceChangedEventArgs (decimal lastPrice, decimal newPrice)
  {
    LastPrice = lastPrice;
    NewPrice = newPrice;
  }
}
```

考虑到复用性，EventArgs 子类应当根据它包含的信息来命名（而非根据使用它的事件命名）。它一般将数据以属性或只读字段的方式暴露给外界。

EventArgs 子类就位后，下一步就是选择或者定义事件的委托了。这一步需要遵循三条规则：

- 委托必须以 void 作为返回值。

- 委托必须接受两个参数，第一个参数是 object 类型，第二个参数是 EventArgs 的子类。第一个参数表明了事件的广播者，第二个参数则包含了需要传递的额外信息。

- 委托的名称必须以 EventHandler 结尾。

.NET 定义了一个名为 System.EventHandler<> 的泛型委托来辅助实现标准事件模式：

```
public delegate void EventHandler<TEventArgs> (object source, TEventArgs e)
```

在泛型出现之前（C# 2.0 之前），我们只能以如下方式书写自定义委托：

```
public delegate void PriceChangedHandler
    (object sender, PriceChangedEventArgs e);
```

出于历史原因，.NET 库中大部分事件使用的委托都是这样定义的。

接下来就是定义选定委托类型的事件了。这里使用泛型的 EventHandler 委托：

```
public class Stock
{
  ...
  public event EventHandler<PriceChangedEventArgs> PriceChanged;
}
```

最后，该模式需要编写一个 protected 的虚方法来触发事件。方法名称必须和事件名称一致，以 On 作为前缀，并接收唯一的 EventArgs 参数：

```
public class Stock
{
  ...

  public event EventHandler<PriceChangedEventArgs> PriceChanged;

  protected virtual void OnPriceChanged (PriceChangedEventArgs e)
  {
    if (PriceChanged != null) PriceChanged (this, e);
  }
}
```

为了在多线程下可靠地工作（参见第 14 章），在测试和调用委托之前，需要将它保存在一个临时变量中：

```
var temp = PriceChanged;
if (temp != null) temp (this, e);
```

我们可以使用 null 条件运算符来避免声明临时变量：

```
PriceChanged?.Invoke (this, e);
```

这种方式既线程安全又书写简明，是现阶段最好的事件触发方式。

这样就提供了一个子类可以调用或重写事件的关键点（假设该类不是密封类）。

以下是完整的例子：

```
using System;

Stock stock = new Stock ("THPW");
stock.Price = 27.10M;
// Register with the PriceChanged event
stock.PriceChanged += stock_PriceChanged;
stock.Price = 31.59M;
```

```
void stock_PriceChanged (object sender, PriceChangedEventArgs e)
{
  if ((e.NewPrice - e.LastPrice) / e.LastPrice > 0.1M)
    Console.WriteLine ("Alert, 10% stock price increase!");
}

public class PriceChangedEventArgs : EventArgs
{
  public readonly decimal LastPrice;
  public readonly decimal NewPrice;

  public PriceChangedEventArgs (decimal lastPrice, decimal newPrice)
  {
    LastPrice = lastPrice; NewPrice = newPrice;
  }
}

public class Stock
{
  string symbol;
  decimal price;

  public Stock (string symbol) => this.symbol = symbol;

  public event EventHandler<PriceChangedEventArgs> PriceChanged;

  protected virtual void OnPriceChanged (PriceChangedEventArgs e)
  {
    PriceChanged?.Invoke (this, e);
  }

  public decimal Price
  {
    get => price;
    set
    {
      if (price == value) return;
      decimal oldPrice = price;
      price = value;
      OnPriceChanged (new PriceChangedEventArgs (oldPrice, price));
    }
  }
}
```

如果事件不需要传递额外的信息，则可以使用预定义的非泛型委托 EventHandler。在本例中，我们重写 Stock 类，当 price 属性发生变化时，触发 PriceChanged 事件，事件除了传达已发生的消息之外没有必须包含的信息。为了避免创建不必要的 EventArgs 实例，我们使用了 EventArgs.Emtpy 属性：

```
public class Stock
{
  string symbol;
  decimal price;

  public Stock (string symbol) { this.symbol = symbol; }
```

```
public event EventHandler PriceChanged;

protected virtual void OnPriceChanged (EventArgs e)
{
  PriceChanged?.Invoke (this, e);
}

public decimal Price
{
  get { return price; }
  set
  {
    if (price == value) return;
    price = value;
    OnPriceChanged (EventArgs.Empty);
  }
}
```

4.2.2 事件访问器

事件访问器是对事件的 += 和 -= 功能的实现。默认情况下，访问器由编译器隐式实现。考虑如下声明：

```
public event EventHandler PriceChanged;
```

编译器将其转化为：

- 一个私有的委托字段。

- 一对公有的事件访问器函数（add_PriceChanged 和 remove_PriceChanged），它们将 += 和 -= 操作转向了私有的委托字段。

我们也可以显式定义事件访问器来替代这个过程。以下是 PriceChanged 事件的手动实现：

```
private EventHandler priceChanged;       // Declare a private delegate

public event EventHandler PriceChanged
{
  add    { priceChanged += value; }
  remove { priceChanged -= value; }
}
```

本例在功能上和 C# 的默认访问器实现是等价的（C# 使用无锁的比较 – 交换算法来保证委托更新时的线程安全性，请参见 *http://albahari.com/threading*）。若定义了自定义事件访问器，C# 就不会生成默认的字段和访问器逻辑了。

显式定义事件访问器，可以在委托的存储和访问上进行更复杂的操作。这主要有以下三种情形：

- 当前事件访问器仅仅是广播事件的类的中继器。

- 当类定义了大量的事件，而大部分事件有很少的订阅者时，例如 Windows 控件。在这种情况下，最好在一个字典中存储订阅者的委托实例，因为字典会比大量的空委托字段引用更少的存储开销。

- 当显式实现声明事件的接口时。

以下例子展示了第三种情形：

```
public interface IFoo { event EventHandler Ev; }

class Foo : IFoo
{
  private EventHandler ev;

  event EventHandler IFoo.Ev
  {
    add     { ev += value; }
    remove { ev -= value; }
  }
}
```

 事件的 add 和 remove 部分会分别编译为 add_*XXX* 和 remove_*XXX* 方法。

4.2.3 事件的修饰符

和方法类似，事件可以是虚的（virtual）、重写的（overridden）、抽象的（abstract）或者密封的（sealed），当然也可以是静态的（static）：

```
public class Foo
{
  public static event EventHandler<EventArgs> StaticEvent;
  public virtual event EventHandler<EventArgs> VirtualEvent;
}
```

4.3 Lambda 表达式

Lambda 表达式是一种可以替代委托实例的匿名方法。编译器会立即将 Lambda 表达式转换为以下两种形式之一：

- 一个委托实例。
- 一个类型为 Expression<TDelegate> 的表达式树。该表达式树将 Lambda 表达式内部的代码表示为一个可遍历的对象模型，因此 Lambda 表达式的解释可以延迟到运行时进行（请参见 8.10 节）。

在以下示例中，x => x * x 是一个 Lambda 表达式：

```
Transformer sqr = x => x * x;
Console.WriteLine (sqr(3));    // 9

delegate int Transformer (int i);
```

 编译器在内部将这种 Lambda 表达式编译为一个私有的方法，并将表达式代码转移到该方法中。

Lambda 表达式拥有以下形式：

(parameters) => expression-or-statement-block

为了方便起见，在只有一个可推测类型的参数时，可以省略参数表外围的小括号。

在本例中，只有一个参数 x，而表达式是 x * x：

```
x => x * x;
```

Lambda 表达式的每一个参数对应委托的一个参数，而表达式的类型（可以是 void）对应着委托的返回类型。

在本例中，x 对应参数 i，而表达式 x * x 的类型对应着返回值类型 int，因此它和 Transformer 委托是兼容的：

```
delegate int Transformer (int i);
```

Lambda 表达式的代码除了表达式之外还可以是语句块，因此我们可以把上例改写成：

```
x => { return x * x; };
```

Lambda 表达式通常与 Func 和 Action 委托一起使用，因此前面的表达式通常写成如下形式：

```
Func<int,int> sqr = x => x * x;
```

以下是带有两个参数的表达式示例：

```
Func<string,string,int> totalLength = (s1, s2) => s1.Length + s2.Length;
int total = totalLength ("hello", "world");   // total is 10;
```

如果 Lambda 表达式中无须使用参数，（从 C# 9 开始）可以使用下划线丢弃该参数：

```
Func<string,string,int> totalLength = (_,_) => ...
```

以下示例展示了一个无参的 Lambda 表达式：

```
Func<string> greetor = () => "Hello, world";
```

从 C# 10 开始，若 Lambda 表达式可以由 Func 和 Action 表示，则可以在该表达式上使用隐式类型声明。因此上述语句可以简写为：

```
var greeter = () => "Hello, world";
```

4.3.1 显式指定 Lambda 参数和返回值的类型

编译器通常可以根据上下文推断出 Lambda 表达式的类型，但是当无法推断时则必须显式指定每一个参数的类型。请考虑如下方法：

```
void Foo<T> (T x)          {}
void Bar<T> (Action<T> a) {}
```

以下代码无法通过编译，因为编译器无法推断 x 的类型：

```
Bar (x => Foo (x));       // What type is x?
```

我们可以通过显式指定 x 的类型来修正这个问题：

```
Bar ((int x) => Foo (x));
```

这个简单的例子还可以用如下两种方式修正：

```
Bar<int> (x => Foo (x));    // Specify type parameter for Bar
Bar<int> (Foo);             // As above, but with method group
```

以下示例展示了另一种使用显式指定参数类型的方式（适用于 C# 10 及后续版本）：

```
var sqr = (int x) => x * x;
```

编译器可以从上述代码中推断出 sqr 的类型为 Func<int, int>。（如果不显式指定 int 参数类型而使用隐式参数类型，则编译会失败。这是因为编译器虽能推断出 sqr 的类型为 Func<T, T> 却无法得知 T 的具体类型。）

从 C# 10 开始，我们还能够指定 Lambda 表达式的返回类型：

```
var sqr = int (int x) => x;
```

指定返回类型可以改善编译器处理复杂的嵌套 Lambda 表达式时的性能。

4.3.2 捕获外部变量

Lambda 表达式可以引用其定义所在之处可以访问的任何变量，这些变量称为外部变量（outer variable）。外部变量也包含局部变量、参数和字段：

```
int factor = 2;
Func<int, int> multiplier = n => n * factor;
Console.WriteLine (multiplier (3));          // 6
```

Lambda 表达式所引用的外部变量称为捕获变量（captured variable），含有捕获变量的表达式称为闭包（closure）。

变量也可以被匿名方法和局部方法捕获，捕获变量的规则都是一样的。

捕获的变量会在真正调用委托时赋值，而不是在捕获时赋值：

```
int factor = 2;
Func<int, int> multiplier = n => n * factor;
factor = 10;
Console.WriteLine (multiplier (3));        // 30
```

Lambda 表达式也可以更新捕获的变量的值：

```
int seed = 0;
Func<int> natural = () => seed++;
Console.WriteLine (natural());          // 0
Console.WriteLine (natural());          // 1
Console.WriteLine (seed);               // 2
```

捕获变量的生命周期延伸到了和委托的生命周期一致。在以下例子中，局部变量 seed 本应该在 Natural 执行完毕后从作用域中消失，但由于 seed 被捕获，因此其生命周期已经和捕获它的委托 natural 保持一致了：

```
static Func<int> Natural()
{
  int seed = 0;
  return () => seed++;      // Returns a closure
}

static void Main()
{
  Func<int> natural = Natural();
  Console.WriteLine (natural());      // 0
  Console.WriteLine (natural());      // 1
}
```

在 Lambda 表达式内实例化的局部变量对于每一次委托实例的调用都是唯一的。如果我们更改上述示例，在 Lambda 表达式内实例化 seed，则程序的结果（当然这个结果不是我们期望的）将与之前不同：

```
static Func<int> Natural()
{
  return() => { int seed = 0; return seed++; };
}

static void Main()
{
  Func<int> natural = Natural();
  Console.WriteLine (natural());          // 0
  Console.WriteLine (natural());          // 0
}
```

内部捕获变量是通过将变量"提升"为私有类的字段的方式实现的。当调用方法时，实例化该私有类，并将其生命周期绑定在委托实例上。

4.3.2.1 静态 Lambda

当 Lambda 表达式捕获局部变量、参数、实例字段或 this 引用时，编译器会根据需要创建或实例化一个私有类型以保存捕获的数据。由于这类操作需要分配内存（后续也需要回收），因此可能会造成微小的性能损失。在性能要求较高的场景下，一种微优化的方式即在代码的热点执行路径上减少内存分配或不进行内存分配，以降低垃圾收集器的工作负载。

从 C# 9 开始，我们可以使用 static 关键字来确保 Lambda 表达式、局部函数或匿名函数不会捕获任何状态。它适于用那些需要尽可能避免不必要内存分配的微优化场景中。例如，我们可以在以下 Lambda 表达式上添加静态修饰符：

```
Func<int, int> multiplier = static n => n * 2;
```

如果之后修改 Lambda 代码时意外捕获了局部变量，则编译器将生成一个错误：

```
int factor = 2;
Func<int, int> multiplier = static n => n * factor;  // will not compile
```

Lambda 表达式本身会解析为一个委托实例，这也需要进行内存分配。但是如果 Lambda 不捕获变量，则编译器就可以在整个应用程序的生存期中重用缓存的单个委托实例。因此是没有额外损耗的。

该特性还可以用于局部方法。在以下示例中，Multiply 方法无法访问 factor 变量：

```
void Foo()
{
  int factor = 123;
  static int Multiply (int x) => x * 2;   // Local static method
}
```

当然，即使使用了 static 修饰符，我们仍然可以在 Multiply 方法中调用 new 分配内存。静态 Lambda 防止的是不经意间的引用导致的潜在内存分配。同时，static 修饰符还可以作为一种文档工具，以表明耦合度的降低。

静态 Lambda 仍然可以访问静态变量和常量（这些访问并不会形成闭包）。

static 关键字仅仅作为检查手段存在，并不会影响编译期生成的 IL。即使不添加 static 关键字，编译器也只会在需要的时候生成闭包（即使生成了闭包，也会使用各种技巧削减开销）。

4.3.2.2 捕获迭代变量

当捕获 for 循环中的迭代变量时，C# 会认为该变量是在循环体外定义的。这意味着同一个变量在每一次迭代都被捕获了，因此程序输出 333 而非 012：

```
Action[] actions = new Action[3];

for (int i = 0; i < 3; i++)
  actions [i] = () => Console.Write (i);

foreach (Action a in actions) a();      // 333
```

每一个闭包（加粗的部分）都捕获了相同的变量 i（如果变量 i 在循环中保持不变，则非常有效，我们甚至可以在循环体中显式更改 i 的值），而这个后果是每一个委托只在调用的时候才看到 i 的值，而这时 i 已经是 3 了。将 for 展开更便于理解：

```
Action[] actions = new Action[3];
int i = 0;
actions[0] = () => Console.Write (i);
i = 1;
actions[1] = () => Console.Write (i);
i = 2;
actions[2] = () => Console.Write (i);
i = 3;
foreach (Action a in actions) a();      // 333
```

如果我们真的希望输出 012，那么需要将循环变量指定到循环内部的局部变量中：

```
Action[] actions = new Action[3];
for (int i = 0; i < 3; i++)
{
  int loopScopedi = i;
  actions [i] = () => Console.Write (loopScopedi);
}
foreach (Action a in actions) a();      // 012
```

由于 loopScopedi 对于每一次迭代都是新创建的，因此每一个闭包都将捕获不同的变量。

在 C# 5.0 之前，foreach 循环和 for 循环在闭包中的行为是相同的。这会引起很大的困惑，与 for 不同，foreach 循环中的迭代变量是不可变的，所以人们可以将它作为循环体的局部变量。当然，如今这个问题已经被修复，我们可以以预期的行为安全地捕获 foreach 循环的迭代变量。

4.3.3 Lambda 表达式和局部方法的对比

局部方法（请参见 3.1.3.2 节）和 Lambda 表达式的相应功能是重叠的，而局部方法拥有以下三个优势：

- 局部方法无须使用奇怪的技巧就可以实现递归（调用自己）。

- 局部方法避免了定义杂乱的委托类型。

- 局部方法的开销更小。

局部方法更加高效，因为它不需要间接使用委托（委托会消耗更多的 CPU 时钟周期并使用更多的内存），而且当它们访问局部变量的时候不需要编译器像委托那样将捕获的变量放到一个隐藏的类中去。

但是，在许多情况下仍然需要使用委托，尤其是当需要调用高阶函数（即使用委托作为参数的方法）的时候：

```
public void Foo (Func<int,bool> predicate) { ... }
```

（我们将在第 8 章中介绍更多的内容。）在这种情况下，就不得不使用委托了。特别是针对这种情况，Lambda 表达式通常会显得更加简洁和清晰。

4.4 匿名方法

匿名方法是 C# 2.0 引入的特性，并通过 C# 3.0 的 Lambda 表达式得到了极大的扩展。匿名方法类似于 Lambda 表达式，但是没有以下特性：

- 隐式类型的参数。

- 表达式语法（匿名方法必须是一个语句块）。

- 在赋值给 Expression<T> 时将其编译为表达式树的能力。

匿名方法的写法是在 delegate 关键字后面跟上参数的声明（可选），然后是方法体。例如：

```
Transformer sqr = delegate (int x) {return x * x;};
Console.WriteLine (sqr(3));                      // 9

delegate int Transformer (int i);
```

第一行代码语义上等同于下面的 Lambda 表达式：

```
Transformer sqr =      (int x) => {return x * x;};
```

或者更简单地：

```
Transformer sqr =      x  => x * x;
```

匿名方法和 Lambda 表达式捕获外部变量的方式是完全一样的，而且它们都可以添加 static 关键字获得静态 Lambda 的行为。

完全省略参数的声明是匿名方法独有的特性（即使委托需要这些参数声明），该特性尤其适用于声明一个具有空事件处理器的事件：

```
public event EventHandler Clicked = delegate { };
```

这样，在触发事件时就避免了 null 检查。下面的写法是合法的：

```
// Notice that we omit the parameters:
Clicked += delegate { Console.WriteLine ("clicked"); };
```

4.5 try 语句和异常

try 语句是为了处理错误或者执行清理代码而定义的语句块。try 语句块后面必须跟一个或多个 catch 语句块或 finally 语句块，或者两者都有。当 try 语句块执行发生错误时，就会执行 catch 语句块。当 try 语句块结束时（或者如果当前是 catch 语句块且当 catch 语句块结束时），不管有没有发生错误，都会执行 finally 语句块来执行清理代码。

catch 语句块可以访问 Exception 对象，该对象包含错误信息。我们可以在 catch 语句块中处理错误或者再次抛出异常。例如，记录日志并重新抛出异常，或者抛出一个更高层次的异常。

finally 语句块为程序的执行提供了确定性，CLR 会尽最大努力保证其执行。它通常用于执行清理任务，例如，关闭网络连接等。

try 语句的使用示例如下：

```
try
{
  ... // exception may get thrown within execution of this block
}
catch (ExceptionA ex)
{
  ... // handle exception of type ExceptionA
}
catch (ExceptionB ex)
{
  ... // handle exception of type ExceptionB
}
finally
{
  ... // cleanup code
}
```

考虑如下程序：

```
int y = Calc (0);
Console.WriteLine (y);

int Calc (int x) => 10 / x;
```

由于 x 是 0，因此运行时将抛出 DivideByZeroException，程序终止。我们可以通过 catch 捕获异常来防止程序提前终止：

```
try
{
```

```
    int y = Calc (0);
    Console.WriteLine (y);
  }
  catch (DivideByZeroException ex)
  {
    Console.WriteLine ("x cannot be zero");
  }
  Console.WriteLine ("program completed");

  int Calc (int x) => 10 / x;
```

输出为：

```
x cannot be zero
program completed
```

上述程序是异常处理的简单示例。在实际工作中，更好的方法是在调用 Calc 之前显式检查除数是否为 0。

我们更提倡提前进行检查以避免错误，而不是依赖 try/catch 语句块。这是因为异常处理代价比较大，通常需要超过几百个时钟周期。

当 try 语句中抛出异常时，公共语言运行时（CLR）会执行如下测试：

try 语句是否具有兼容的 catch 语句块？

- 如果有，则执行点转移到可以处理相应异常的 catch 语句块，之后再跳转到 finally 语句块（如果有的话），再继续正常执行。

- 如果没有，则执行会直接跳转到 finally 语句块（如果有的话），之后 CLR 会从调用栈中寻找其他 try 语句块，若找到则重复上述测试。

如果没有任何函数处理该异常，则程序将终止执行。

4.5.1 catch 子句

catch 子句定义捕获哪些类型的异常，这些异常应当是 System.Exception 或者 System.Exception 的子类。

捕获 System.Exception 表示捕获所有可能的异常，通常用于如下场景：

- 不论何种特定类型的异常，程序都可以恢复。

- （在记录日志之后）重新抛出该异常。

- 程序终止前的最后一个错误处理函数。

比上述更常见的做法则是捕获特定类型的异常（例如 OutOfMemoryException），以避免出现设计中遗漏特定情景的情况。

可以使用多个 catch 子句处理多种异常类型（同样，以下例子也可以进行显式参数检查而不仅仅是进行异常处理）：

```
class Test
{
  static void Main (string[] args)
  {
    try
    {
      byte b = byte.Parse (args[0]);
      Console.WriteLine (b);
    }
    catch (IndexOutOfRangeException)
    {
      Console.WriteLine ("Please provide at least one argument");
    }
    catch (FormatException)
    {
      Console.WriteLine ("That's not a number!");
    }
    catch (OverflowException)
    {
      Console.WriteLine ("You've given me more than a byte!");
    }
  }
}
```

一个 catch 子句只针对一种给定的异常。如果想通过捕获更普遍的异常（如 System. Exception）来构建安全网，则必须把处理特定异常的逻辑放在前面。

如果不需要访问异常的属性，则可以捕获异常但不指定变量：

```
catch (OverflowException)   // no variable
{
  ...
}
```

甚至，可以同时忽略异常的类型和变量（捕获所有的异常）：

```
catch { ... }
```

异常筛选器

我们可以在 catch 子句中添加 when 子句来指定异常筛选器（exception filter）：

```
catch (WebException ex) when (ex.Status == WebExceptionStatus.Timeout)
{
  ...
}
```

如果本例中抛出了 WebException，则 when 关键字后指定的布尔表达式就会执行。如果执行结果为 false，则 catch 语句块会被忽略，继而评估后续的 catch 语句块。有了异常筛选器之后，我们就可以重复捕获同类型的异常了：

```
catch (WebException ex) when (ex.Status == WebExceptionStatus.Timeout)
```

```
{ ... }
catch (WebException ex) when (ex.Status == WebExceptionStatus.SendFailure)
{ ... }
```

when 子句中的布尔表达式可以包含副作用，例如，调用一个方法来记录诊断所需的异常。

4.5.2 finally 语句块

无论代码是否抛出异常，也无论 try 语句块是否完全执行，finally 语句块总会执行。通常，finally 语句块用于执行清理工作。

finally 语句块会在以下任一种情况后执行：

- 在 catch 语句块执行完成后（或抛出一个新的异常时）。

- try 语句块执行完成后（或者抛出了一个异常但没有任何 catch 语句块针对该异常）。

- 控制逻辑使用 jump 语句（例如，return 或 goto）离开了 try 语句块。

唯一能够阻止 finally 语句块执行的就只有无限循环，或者应用程序进程突然终止了。

finally 语句块为程序添加了确定性保证。在以下例子中，即使发生了列表中的情况，打开的文件也总是能够关闭：

- try 语句块正常结束。

- 因为是空文件（EndOfStream）而提前返回了。

- 读取文件时抛出了 IOException。

```
void ReadFile()
{
  StreamReader reader = null;     // In System.IO namespace
  try
  {
    reader = File.OpenText ("file.txt");
    if (reader.EndOfStream) return;
    Console.WriteLine (reader.ReadToEnd());
  }
  finally
  {
    if (reader != null) reader.Dispose();
  }
}
```

在本例中，我们通过 StreamReader 的 Dispose 方法来关闭文件。在 finally 语句块中调用 Dispose 方法是一种标准约定，在 C# 中也有 using 语句对此提供直接支持。

4.5.2.1 using 语句

许多类的内部都封装了非托管资源，例如，文件句柄、图像句柄、数据库连接等。这些类都实现了 System.IDisposable 接口，该接口定义了一个名为 Dispose 的无参数方法，用于清除这些非托管资源。using 语句提供了一种优雅方式，可以在 finally 块中调用 IDisposable 接口对象的 Dispose 方法。

因而以下语句：

```
using (StreamReader reader = File.OpenText ("file.txt"))
{
  ...
}
```

完全等价于：

```
{
  StreamReader reader = File.OpenText ("file.txt");
  try
  {
    ...
  }
  finally
  {
    if (reader != null)
      ((IDisposable)reader).Dispose();
  }
}
```

4.5.2.2 using 声明

如果我们忽略 using 语句后的括号和语句块，那么 using 语句就成了 using 声明（C# 8）。相应的资源会在程序执行到该声明所在语句块外时释放：

```
if (File.Exists ("file.txt"))
{
  using var reader = File.OpenText ("file.txt");
  Console.WriteLine (reader.ReadLine());
  ...
}
```

在上述代码中，当程序执行到 if 语句块外时将调用 reader 对象的 Dispose 方法。

4.5.3 抛出异常

代码在运行时或在用户代码中都可以抛出异常。以下例子中，Display 方法会抛出：System.ArgumentNullException：

```
try { Display (null); }
catch (ArgumentNullException ex)
{
  Console.WriteLine ("Caught the exception");
}

void Display (string name)
{
  if (name == null)
```

```
    throw new ArgumentNullException (nameof (name));

  Console.WriteLine (name);
}
```

 检查参数是否为 null 并适时抛出 ArgumentNullException 异常是再平常不
过的操作了，因此在 .NET 6 中我们可以将其简写为：

```
void Display (string name)
{
  ArgumentNullException.ThrowIfNull (name);
  Console.WriteLine (name);
}
```

请注意，我们无须指定参数的名称，这将在 4.15.1 节中给出解释。

4.5.3.1 throw 表达式

throw 也可以以表达式的形式出现在表达式体函数中：

```
public string Foo() => throw new NotImplementedException();
```

throw 表达式也可以出现在三元条件表达式中：

```
string ProperCase (string value) =>
  value == null ? throw new ArgumentException ("value") :
  value == "" ? "" :
  char.ToUpper (value[0]) + value.Substring (1);
```

4.5.3.2 重新抛出异常

异常被捕获后可以再次抛出，例如：

```
try { ... }
catch (Exception ex)
{
  // Log error
  ...
  throw;          // Rethrow same exception
}
```

 如果将 throw 替换为 throw ex，那么这个例子仍然有效。但是新产生异常的
StackTrace 属性不再反映原始的错误。

重新抛出异常可用于需要记录错误但是并不将异常隐藏的情形，也可以在异常超出处理
范围的情况下放弃对异常进行处理。另一种常见情形是重新抛出某个类型更加具体的
异常：

```
try
{
```

C# 的高级特性 | 185

```
    ... // Parse a DateTime from XML element data
}
catch (FormatException ex)
{
  throw new XmlException ("Invalid DateTime", ex);
}
```

请注意，当构建 XmlException 时，我们将原始的异常 ex 作为第二个参数。这个参数将作为新异常的 InnerException 属性而辅助诊断。几乎所有类型的异常都提供了类似的构造器。

在跨越信任边界时，常见做法是重新抛出一个不那么明确的异常，以防止因技术信息泄露而给黑客可乘之机。

4.5.4 System.Exception 的关键属性

System.Exception 类有下面几个重要属性：

StackTrace
表示一个异常从起源到 catch 语句块的所有调用方法的字符串。

Message
描述异常的字符串。

InnerException
导致外部异常的内部异常（如果有的话）。而内部异常本身也可以有另外一个
InnerException。

所有的 C# 异常都是运行时异常，没有和 Java 对等的编译时 checked 异常
（checked exception）。

4.5.5 常用的异常类型

以下所列的异常类型在 CLR 和 .NET 库中广泛使用，可以在程序中抛出这些异常或者将其作为基类型来派生自定义的异常类型：

System.ArgumentException
当使用不恰当的参数调用函数时抛出该异常。这通常表明应用程序有缺陷。

System.ArgumentNullException
ArgumentException 的子类。当函数的参数（意外）为 null 时抛出该异常。

System.ArgumentOutOfRangeException
ArgumentException 的子类。当（通常是数字）参数太大或者太小时抛出该异常。

例如，当向只能接受正数的函数传递负数时会抛出该异常。

System.InvalidOperationException

> 无论参数值如何，当对象的状态无法令方法成功执行时抛出该异常。例如，读取未打开的文件或在列表对象已修改的情况下用枚举器访问下一个元素时会抛出该异常。

System.NotSupportedException

> 当不支持特定的功能时抛出该异常。例如，当在一个 IsReadOnly 为 true 的集合上调用 Add 方法时会抛出该异常。

System.NotImplementedException

> 当特定的函数还没有实现时抛出该异常。

System.ObjectDisposedException

> 当函数调用的对象已被销毁时抛出该异常。

另一个常见的异常类型是 NullReferenceException。当访问 null 对象的成员时，CLR 就会抛出这个异常（表示代码有缺陷）。使用下面的语句会直接抛出一个 NullReferenceException 异常（仅用于测试目的）：

```
throw null;
```

4.5.6 TryXXX 方法模式

当编写方法时需要考虑方法出错时的行为，可以返回某个特定的错误代码，或抛出一个异常。一般情况下，如果错误发生在正常的工作流程之外，或者方法的直接调用者很可能无法处理这个错误时选择抛出异常。但是有些情况下最好给调用者提供两种选择。int 类型是一个典型的例子，它为 Parse 方法定义了两个版本：

```
public int Parse     (string input);
public bool TryParse (string input, out int returnValue);
```

如果解析失败，则 Parse 方法抛出一个异常，而 TryParse 方法则返回 false。

可以用如下方式令 *XXX* 方法调用 Try*XXX* 方法来实现这种模式：

```
public return-type XXX (input-type input)
{
  return-type returnValue;
  if (!TryXXX (input, out returnValue))
    throw new YYYException (...)
  return returnValue;
}
```

4.5.7 异常的替代方式

在 int.TryParse 中，函数可以通过返回类型或者参数向调用函数返回错误代码。尽管这种方式对于简单的可预见性错误可行，但是针对所有的错误类型就显得捉襟见肘了。这样做不仅会使方法的签名晦涩，而且增加了不必要的复杂性，使代码变得混乱。此外，这种做法也不能推广到运算符（例如，除法运算符）、属性等不是方法的函数上。此时一种替代方式是将错误放在一个公共的地方，使其对调用栈中的所有函数都可见（例如，每一个线程中存储当前错误的静态方法）。但是，这要求每一个函数都参与到这种错误传播模式中，因此这种方式既冗长又容易出错。

4.6 枚举类型和迭代器

4.6.1 枚举类型

枚举器（enumerator）是一个只读的且只能在值序列上前移的游标。在 C# 中，如果类型满足以下规则中的一种，那么该类型就可以作为枚举器使用：

- 拥有名为 MoveNext 的 public 无参方法，并拥有一个名为 Current 的 public 属性。
- 实现了 System.Collections.Generic.IEnumerator<T> 接口。
- 实现了 System.Collections.IEnumerator 接口。

foreach 语句用来在可枚举（enumerable）对象上执行迭代操作。可枚举对象是序列的逻辑表示，它本身不是游标，但是它可以在对象自身上生成游标。在 C# 中，如果类型满足以下规则中的一种，那么该类型就是一个可枚举类型（以下规则的检查是按顺序执行的）：

- 拥有名为 GetEnumerator 的 public 无参方法，且该方法返回枚举器。
- 实现了 System.Collections.Generic.IEnumerable<T> 接口。
- 实现了 System.Collections.IEnumerable 接口。
- （从 C# 9 之后）可以绑定到名为 GetEnumerator 的扩展方法，并且该扩展方法返回枚举器（请参见 4.9 节）。

枚举类型模式如下：

```
class Enumerator    // Typically implements IEnumerator or IEnumerator<T>
{
  public IteratorVariableType Current { get {...} }
  public bool MoveNext() {...}
}

class Enumerable    // Typically implements IEnumerable or IEnumerab`
{
  public Enumerator GetEnumerator() {...}
}
```

以下是遍历单词 beer 中每一个字母的高级方法：

```
foreach (char c in "beer")
  Console.WriteLine (c);
```

以下程序则是使用低层的调用，即不用 foreach 语句遍历单词 beer 的每一个字母的方法：

```
using (var enumerator = "beer".GetEnumerator())
  while (enumerator.MoveNext())
  {
    var element = enumerator.Current;
    Console.WriteLine (element);
  }
```

如果迭代器实现了 IDisposable，则 foreach 语句也会起到 using 语句的作用，隐式销毁枚举器对象。

我们将在第 7 章详细介绍枚举相关的接口。

4.6.2 集合的初始化器

只需一个简单的步骤就可以实例化并填充可枚举对象：

```
using System.Collections.Generic;
...

List<int> list = new List<int> {1, 2, 3};
```

编译器会将上述语句转换为：

```
using System.Collections.Generic;
...

List<int> list = new List<int>();
list.Add (1);
list.Add (2);
list.Add (3);
```

它要求可枚举对象实现 System.Collections.IEnumerable 接口，并且有可以调用的带适当数量参数的 Add 方法。同样我们也能够使用类似的方式初始化字典（请参见 7.5 节）：

```
var dict = new Dictionary<int, string>()
{
  { 5, "five" },
  { 10, "ten" }
};
```

或者更加简洁地写为：

```
var dict = new Dictionary<int, string>()
{
  [3] = "three",
```

```
        [10] = "ten"
    };
```

第二种写法不仅适用于字典而且适用于任何具有索引器的类型。

4.6.3 迭代器

foreach 语句是枚举器的消费者，而迭代器是枚举器的生产者。在本例中，我们使用迭代器来返回斐波那契数列（斐波那契数列表中的每一个数字是前两个数字之和）：

```
using System;
using System.Collections.Generic;

foreach (int fib in Fibs(6))
  Console.Write (fib + "  ");
}

IEnumerable<int> Fibs (int fibCount)
{
  for (int i = 0, prevFib = 1, curFib = 1; i < fibCount; i++)
  {
    yield return prevFib;
    int newFib = prevFib+curFib;
    prevFib = curFib;
    curFib = newFib;
  }
}

OUTPUT: 1  1  2  3  5  8
```

return 语句表示"这是该方法的返回值"，而 yield return 语句则表示"这是当前枚举器产生的下一个元素"。在每条 yield 语句中，控制都返回给调用者，但是必须同时维护调用者的状态，以便调用者枚举下一个元素的时候，能够继续执行该方法。该状态的生命周期是与枚举器绑定的。在调用者枚举结束之后，该状态就可以被释放。

编译器将迭代方法转换为实现了 IEnumerable<T> 或 IEnumerator<T> 的私有类。迭代器块中的逻辑被"反转"并分别进入编译器生成的枚举器类的 MoveNext 方法和 Current 属性。当调用迭代器方法的时候，所做的仅仅是实例化编译器生成的类，而迭代器代码并没有真正执行。编写的迭代器代码只有当开始枚举结果序列时才开始执行，通常使用 foreach 语句。

迭代器可以是局部方法（请参见 3.1.3.2 节）。

4.6.4 迭代器语义

迭代器是包含一个或者多个 yield 语句的方法、属性或者索引器。迭代器必须返回以下四个接口之一（否则编译器会产生相应错误）：

```
// Enumerable interfaces
System.Collections.IEnumerable
System.Collections.Generic.IEnumerable<T>

// Enumerator interfaces
System.Collections.IEnumerator
System.Collections.Generic.IEnumerator<T>
```

迭代器具有不同的语义，这取决于迭代器返回的是可枚举接口还是枚举器接口，我们将在第 7 章说明。

我们可以一次使用多个 yield 语句，例如：

```
foreach (string s in Foo())
  Console.WriteLine(s);            // Prints "One","Two","Three"

IEnumerable<string> Foo()
{
  yield return "One";
  yield return "Two";
  yield return "Three";
}
```

4.6.4.1 yield break 语句

return 语句在迭代器块中是非法的。如果希望提前退出迭代器块，应该使用 yield break 语句。我们可以将 Foo 修改为如下示例：

```
IEnumerable<string> Foo (bool breakEarly)
{
  yield return "One";
  yield return "Two";

  if (breakEarly)
    yield break;
  yield return "Three";
}
```

4.6.4.2 迭代器和 try/catch/finally 语句块

yield return 语句不能出现在带有 catch 子句的 try 语句块中：

```
IEnumerable<string> Foo()
{
  try { yield return "One"; }    // Illegal
  catch { ... }
}
```

yield return 语句也不能出现在 catch 或者 finally 语句块中。出现这些限制的原因是编译器必须将迭代器转换为带有 MoveNext、Current 和 Dispose 成员的普通类，而转换异常处理语句块会大大增加代码的复杂性。

但是可以在只带有 finally 语句块的 try 语句块中使用 yield 语句：

```
IEnumerable<string> Foo()
{
  try { yield return "One"; }    // OK
  finally { ... }
}
```

当枚举器到达序列末尾或被销毁时就可以执行 finally 语句块了。如果枚举提前结束，则 foreach 语句会隐式销毁枚举器，这是消费枚举器的安全且正确的做法。当显式使用枚举器时，一个陷阱是提前结束枚举而不销毁枚举器，从而绕过 finally 语句块的执行。我们可以将枚举器的使用显式包裹在 using 语句中来避免上述错误。

```
string firstElement = null;
var sequence = Foo();
using (var enumerator = sequence.GetEnumerator())
  if (enumerator.MoveNext())
    firstElement = enumerator.Current;
```

4.6.5 组合序列

迭代器的可组合性高。我们可以扩展前面的示例，只输出偶数斐波那契数列：

```
using System;
using System.Collections.Generic;

foreach (int fib in EvenNumbersOnly (Fibs(6)))
  Console.WriteLine (fib);

IEnumerable<int> Fibs (int fibCount)
{
  for (int i = 0, prevFib = 1, curFib = 1; i < fibCount; i++)
  {
    yield return prevFib;
    int newFib = prevFib+curFib;
    prevFib = curFib;
    curFib = newFib;
  }
}

IEnumerable<int> EvenNumbersOnly (IEnumerable<int> sequence)
{
  foreach (int x in sequence)
    if ((x % 2) == 0)
      yield return x;
}
```

每个元素只有到最后关头，即执行 MoveNext() 操作时才会进行计算，图 4-1 显示了随时间变化的数据请求和数据输出。

迭代器模式的可组合性对 LINQ 而言非常重要，我们将在第 8 章进行讨论。

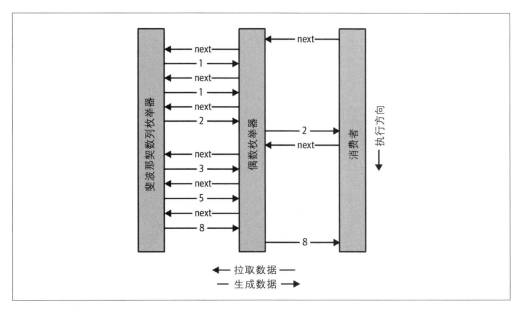

图 4-1: 组合序列

4.7 可空值类型

引用类型可以使用空引用表示一个不存在的值, 然而值类型不能直接表示为 null:

```
string s = null;        // OK, Reference Type
int i = null;           // Compile Error, Value Type cannot be null
```

若要在值类型中表示 null, 则必须使用特殊的结构即可空值类型。可空值类型是由值类型后加一个 "?" 表示的:

```
int? i = null;                     // OK, Nullable Type
Console.WriteLine (i == null);     // True
```

4.7.1 Nullable<T> 结构体

T? 会转换为 System.Nullable<T>, 它是一个轻量级的不可变的结构体。它只有两个字段, 分别代表 Value 和 HasValue。System.Nullable<T> 的本质是很简单的:

```
public struct Nullable<T> where T : struct
{
  public T Value {get;}
  public bool HasValue {get;}
  public T GetValueOrDefault();
  public T GetValueOrDefault (T defaultValue);
  ...
}
```

以下代码：

```
int? i = null;
Console.WriteLine (i == null);            // True
```

将转换为：

```
Nullable<int> i = new Nullable<int>();
Console.WriteLine (! i.HasValue);          // True
```

当 HasValue 为 false 时，试图获得 Value 会抛出 InvalidOperationException 异常。当 HasValue 为 true 时，GetValueOrDefault() 会返回 Value，否则返回 new T() 或者一个特定的自定义默认值。

T? 的默认值为 null。

4.7.2 隐式和显式的可空值类型转换

从 T 到 T? 的转换是隐式的，反之则是显式的。例如：

```
int? x = 5;        // implicit
int y = (int)x;    // explicit
```

显式强制转换与直接调用可空对象的 Value 属性实质上是等价的。因此，当 HasValue 为 false 的时候将抛出 InvalidOperationException。

4.7.3 装箱拆箱可空值

当 T? 类型的对象装箱后，堆中的装箱值包含的是 T，而非 T?。这种优化方式是可行的，因为装箱值已经是一个可以赋值为 null 的引用类型了。

C# 允许通过 as 运算符对一个可空值类型进行拆箱。如果强制转换出错，那么结果为 null：

```
object o = "string";
int? x = o as int?;
Console.WriteLine (x.HasValue);   // False
```

4.7.4 运算符优先级提升

Nullable<T> 结构并没有定义诸如 <、>、== 之类的运算符。尽管如此，以下代码仍然能够正常编译和执行：

```
int? x = 5;
int? y = 10;
bool b = x < y;      // true
```

这是因为编译器会从实际值类型借用或者"提升"小于运算符。在语义上，它会将前面的比较表达式转换为如下语句：

```
    bool b = (x.HasValue && y.HasValue) ? (x.Value < y.Value) : false;
```

换句话说，如果 x 和 y 都有值，那么它会通过 int 的小于运算符做比较。否则它会返回 false。

运算符提升意味着可以隐式使用 T 的运算符来处理 T?。可以专门针对 T? 进行运算符重载来实现特殊的空值行为。但是在大多数情况下，最好通过编译器来自动地应用系统的空值逻辑。以下是一些示例：

```
int? x = 5;
int? y = null;

// Equality operator examples
Console.WriteLine (x == y);    // False
Console.WriteLine (x == null); // False
Console.WriteLine (x == 5);    // True
Console.WriteLine (y == null); // True
Console.WriteLine (y == 5);    // False
Console.WriteLine (y != 5);    // True

// Relational operator examples
Console.WriteLine (x < 6);     // True
Console.WriteLine (y < 6);     // False
Console.WriteLine (y > 6);     // False

// All other operator examples
Console.WriteLine (x + 5);     // 10
Console.WriteLine (x + y);     // null (prints empty line)
```

编译器会根据运算符的分类来执行空值逻辑。下面将介绍这些不同的规则。

4.7.4.1 相等运算符 (== 和 !=)

提升后的相等运算符可以像引用类型那样处理空值，这意味着两个 null 值是相等的。

```
Console.WriteLine (      null ==      null);   // True
Console.WriteLine ((bool?)null == (bool?)null);   // True
```

而且：

* 如果只有一个操作数为 null，那么两个操作数不相等。
* 如果两个操作数都不能为 null，则比较它们的 Value。

4.7.4.2 关系运算符 (<、<=、>=、>)

对于关系运算符而言比较 null 操作数是没有意义的。因此比较空值和另外一个空值或非空值的结果都是 false。

```
bool b = x < y;     // Translation:

bool b = (x.HasValue && y.HasValue)
         ? (x.Value < y.Value)
```

```
        : false;

// b is false (assuming x is 5 and y is null)
```

4.7.4.3 其他运算符 (+、-、*、/、%、&、|、^、<<、>>、+、++、--、!和~)

当任意一个操作数为 null 时，此类运算符都会返回 null。SQL 用户是非常熟悉这种模式的：

```
int? c = x + y;   // Translation:

int? c = (x.HasValue && y.HasValue)
        ? (int?) (x.Value + y.Value)
        : null;

// c is null (assuming x is 5 and y is null)
```

唯一的例外是计算 bool? 的 & 和 | 运算符，我们稍后会进行详细讨论。

4.7.4.4 混合使用可空和非空类型的操作数

混合使用可空或不可空值类型是可行的，这是因为 T 与 T? 之间存在着隐式转换机制：

```
int? a = null;
int b = 2;
int? c = a + b;   // c is null - equivalent to a + (int?)b
```

4.7.5 在 bool? 上使用 & 和 | 运算符

如果操作数的类型为 bool?，那么 & 和 | 运算符会将 null 作为一个未知值（unknown value）看待。所以 null | true 应当返回 true，因为：

• 如果未知值是假的，那么结果为真。

• 如果未知值是真的，那么结果为真。

类似地，null & false 的结果为 false。这个行为和 SQL 非常相似，以下例子说明了一些其他组合用法：

```
bool? n = null;
bool? f = false;
bool? t = true;
Console.WriteLine (n | n);    // (null)
Console.WriteLine (n | f);    // (null)
Console.WriteLine (n | t);    // True
Console.WriteLine (n & n);    // (null)
Console.WriteLine (n & f);    // False
Console.WriteLine (n & t);    // (null)
```

4.7.6 可空值类型和 null 运算符

可空值类型与 ?? 运算符相辅相成（请参见 2.10.1 节），如以下示例所示：

```
int? x = null;
int y = x ?? 5;        // y is 5

int? a = null, b = 1, c = 2;
Console.WriteLine (a ?? b ?? c);  // 1 (first non-null value)
```

在可空值类型上使用 ?? 运算符相当于调用 GetValueOrDefault 方法并提供一个显式的
默认值，但变量如果不是 null 的话则不会使用默认值。

可空值类型同样适用于 null 条件运算符（请参见 2.10.3 节）。在下面的例子中，length
的值为 null：

```
System.Text.StringBuilder sb = null;
int? length = sb?.ToString().Length;
```

结合使用 null 合并运算符和 null 条件运算符可最终得到 0 而不是 null：

```
int length = sb?.ToString().Length ?? 0;  // Evaluates to 0 if sb is null
```

4.7.7 可空值类型的应用场景

可空值类型常用来表示未知的值，尤其是在数据库编程中最为常见。数据编程通常需要
将类映射到具有可空列的数据表中。如果这些列是字符串类型（例如，Customer 表的
EmailAddress 列），这样就没有任何问题，因为字符串是一种 CLR 的引用类型，所以可
以为 null。然而有些 SQL 列的类型是值类型，因此使用可空值类型可以将这些 SQL 的
列映射到 CLR 中。例如：

```
// Maps to a Customer table in a database
public class Customer
{
  ...
  public decimal? AccountBalance;
}
```

可空值类型还可以表示支持字段，即所谓的环境属性（ambient property）。如果环境属
性的值为 null，则返回父一级的值。例如：

```
public class Row
{
  ...
  Grid parent;
  Color? color;

  public Color Color
  {
    get { return color ?? parent.Color; }
    set { color = value == parent.Color ? (Color?)null : value; }
  }
}
```

4.7.8 可空值类型的替代方案

在可空值类型成为 C# 语言的一部分之前（例如 C# 2.0 以前的版本），也有许多处理可空值类型的方式。出于历史原因，这些方式现在仍然存在于 .NET 库中，其中一种方式是将一个特定的非空值指定为"空值"。字符串和数组类中就使用了这种方式。例如，`String.IndexOf` 在找不到字符时会返回一个特殊的"魔法值" `-1`。

```
int i = "Pink".IndexOf ('b');
Console.WriteLine (i);        // -1
```

然而，`Array.IndexOf` 只有在索引是基于 0 的时候才会返回 `-1`。实际的规则是 `IndexOf` 返回比数据下限小 1 的值。在下一个例子中，`IndexOf` 在没有找到某个元素的时候返回 `0`。

```
// Create an array whose lower bound is 1 instead of 0:

Array a = Array.CreateInstance (typeof (string),
                                new int[] {2}, new int[] {1});
a.SetValue ("a", 1);
a.SetValue ("b", 2);
Console.WriteLine (Array.IndexOf (a, "c"));  // 0
```

指定"魔法值"会造成各种问题，以下列举了一些原因：

- 每一个值类型有不同的空值表示方式。而与之相反，使用可空值类型可以用一种通用模式处理任意的值类型。

- 可能无法找到一个合理的值。例如，在上述的例子中，我们无法总是使用 `-1`。更早的例子中表示一个未知账号的余额的方式也有相同的问题。

- 如果忘记对魔法值进行测试可能导致长期忽略不正确的数据，直至在后续运行中出现一个出乎意料的结果。而如果忘记测试 `HasValue` 为 null 的情况，则会马上抛出 `InvalidOperationException`。

- 没有在类型层面上处理 null 值的能力。类型可以传达程序的意图，并允许编译器检查其正确性，从而和编译器的规则保持一致。

4.8 可空引用类型

可空值类型令值类型可以使用空值，而可空引用类型（C# 8+）却正相反。启用该功能可以一定程度上防止引用类型的值为空值，并进一步避免 `NullReferenceException`。

可空引用类型提供的这种安全性完全是由编译器来实现的。当编译器发现代码可能产生 `NullReferenceException` 时，就会生成一系列警告。

要启用可空引用类型功能，需要在 .csproj 工程文件中添加相应的 `Nullable` 元素（这样做将在整个工程范围内启用该功能）：

```
<PropertyGroup>
  <Nullable>enable</Nullable>
</PropertyGroup>
```

也可以在代码中直接使用以下指令来圈定该功能的生效范围：

```
#nullable enable   // enables nullable reference types from this point on
#nullable disable  // disables nullable reference types from this point on
#nullable restore  // resets nullable reference types to project setting
```

功能启用之后，编译器将默认认定引用非空。如需令引用类型接受空值且不生成编译器警告，则需要添加 ? 后缀来标记该引用为可空引用。在以下示例中，s1 是不可空的，而 s2 是可空的：

```
#nullable enable    // Enable nullable reference types

string s1 = null;   // Generates a compiler warning!
string? s2 = null;  // OK: s2 is nullable reference type
```

 由于可空引用类型是编译期功能，因此 string 和 string? 在运行时的行为是一致的。相反，可空值类型则在类型系统引入了名为 Nullable<T> 的新类型。

由于 x 没有初始化，因此以下代码也会产生警告：

```
class Foo { string x; }
```

将 x 初始化即可消除警告。在字段上初始化或在构造器中初始化均可。

4.8.1 null 包容运算符

当对可空引用类型执行解引用操作时，若编译器认为相应操作可能产生 NullReferenceException，则仍然会生成警告。在以下示例中，访问字符串对象的 Length 属性会生成警告：

```
void Foo (string? s) => Console.Write (s.Length);
```

此时，可以使用 null 包容运算符（!）来消除这个警告：

```
void Foo (string? s) => Console.Write (s!.Length);
```

上述示例中的 null 包容运算符是危险的，因为这有可能抛出 NullReferenceException，而这恰恰是我们希望避免的。因此可以做如下修正：

```
void Foo (string? s)
{
  if (s != null) Console.Write (s.Length);
}
```

注意，此处无须使用 null 包容运算符。这是因为编译器通过静态流程分析——至少在这种简单的例子中——足以推断出解引用操作是安全的，不会产生 NullReferenceException。

编译器提供的检查和警告手段并非无懈可击，这种检查能够覆盖的情况是非常有限的。例如，编译器无法得知数组的元素是否已经初始化，因此以下程序不会产生编译器警告：

```
var strings = new string[10];
Console.WriteLine (strings[0].Length);
```

4.8.2 隔离注解与警告上下文

使用 #nullable enable 指令（或者在工程文件中添加 <Nullable>enable</Nullable>配置）启用可空引用类型支持将产生如下两个效果：

- 它启用了可空注解上下文（nullable annotation context）。该上下文指示编译器将所有引用类型的变量声明均视为非空类型，除非该变量有？后缀的修饰。
- 它启用了可空警告上下文（nullable warning context）。该上下文指示编译器在发现代码可能产生 NullRefernceException 的时候生成一个警告。

有时，我们希望区分这两个概念，仅仅启用注解上下文或仅仅启用警告上下文（尽管只启用警告上下文的意义并不大）：

```
#nullable enable annotations    // Enable the annotation context
// OR:
#nullable enable warnings       // Enable the warning context
```

（上述技巧同样适用于 #nullable disable 和 #nullable restore。）

也可以在工程文件中应用相应的配置：

```
<Nullable>annotations</Nullable>
<!-- OR -->
<Nullable>warnings</Nullable>
```

在特定的类或程序集上仅仅启用注解上下文可以作为将可空引用类型引入遗留代码库的良好开端。正确的注解 public 成员可以让遗留代码中的类或程序集和其他的类和程序集进行良好的配合，这样它们不但可以享受可空引用类型带来的好处，同时无须处理类或程序集中产生的警告。

4.8.3 将可空相关的警告视为错误

对于全新的工程，从外部整体启用可空上下文是明智之举。除此之外，还可以再进一步，即将和空值相关的警告视为错误。这样除非解决所有和空值相关的警告，否则工程就无法完成编译：

```
<PropertyGroup>
  <Nullable>enable</Nullable>
  <WarningsAsErrors>CS8600;CS8602;CS8603</WarningsAsErrors>
</PropertyGroup>
```

4.9 扩展方法

扩展方法允许在现有类型上扩展新的方法而无须修改原始类型的定义。扩展方法是静态类的静态方法，而其中的第一个参数需要用 this 修饰符修饰，且第一个参数的类型就是需要扩展的类型：

```
public static class StringHelper
{
  public static bool IsCapitalized (this string s)
  {
    if (string.IsNullOrEmpty(s)) return false;
    return char.IsUpper (s[0]);
  }
}
```

IsCapitalized 扩展方法可以像 string 的实例方法那样进行调用。例如：

```
Console.WriteLine ("Perth".IsCapitalized());
```

编译后，扩展方法调用就会转换成普通的静态方法调用了：

```
Console.WriteLine (StringHelper.IsCapitalized ("Perth"));
```

这个转换过程如下：

```
arg0.Method (arg1, arg2, ...);           // Extension method call
StaticClass.Method (arg0, arg1, arg2, ...); // Static method call
```

接口也一样可以扩展：

```
public static T First<T> (this IEnumerable<T> sequence)
{
  foreach (T element in sequence)
    return element;

  throw new InvalidOperationException ("No elements!");
}
...
Console.WriteLine ("Seattle".First());    // S
```

4.9.1 扩展方法链

扩展方法和实例方法类似，可以用简单的方式进行链式调用。考虑如下两个函数：

```
public static class StringHelper
{
  public static string Pluralize (this string s) {...}
  public static string Capitalize (this string s) {...}
}
```

以下程序中的 x 和 y 是相同的，两者的最终结果均为 "Sausages"。只不过 x 的计算过程使用了扩展方法，而 y 则使用了静态方法。

```
string x = "sausage".Pluralize().Capitalize();
string y = StringHelper.Capitalize (StringHelper.Pluralize ("sausage"));
```

4.9.2 二义性与解析

4.9.2.1 命名空间

只有当包含扩展方法的类存在于当前作用域时（一般通过导入其所在的命名空间）我们才能够访问扩展方法。例如，以下示例中的扩展方法 IsCapitalized：

```
using System;

namespace Utils
{
  public static class StringHelper
  {
    public static bool IsCapitalized (this string s)
    {
      if (string.IsNullOrEmpty(s)) return false;
      return char.IsUpper (s[0]);
    }
  }
}
```

如果要使用 IsCapitalized，那么下面的应用程序必须导入 Utils 命名空间，否则会出现编译时错误：

```
namespace MyApp
{
  using Utils;

  class Test
  {
    static void Main() => Console.WriteLine ("Perth".IsCapitalized());
  }
}
```

4.9.2.2 扩展方法与实例方法

任何匹配成功的实例方法的优先级总是高于扩展方法。在下面的例子中，即使参数 x 类型为 int 也会优先调用 Test 的 Foo 方法：

```
class Test
{
  public void Foo (object x) { }    // This method always wins
}

static class Extensions
{
  public static void Foo (this Test t, int x) { }
}
```

在这个例子中，只能通过普通的静态调用语法来调用扩展方法，即 Extensions. Foo(...)。

4.9.2.3 扩展方法与扩展方法

如果两个扩展方法签名相同，则必须使用普通的静态方法调用形式才能对二者进行区分。当然，如果其中一个扩展方法具有更具体的参数，那么相应方法优先级更高。

例如，考虑以下两个类：

```
static class StringHelper
{
  public static bool IsCapitalized (this string s) {...}
}
static class ObjectHelper
{
  public static bool IsCapitalized (this object s) {...}
}
```

以下代码将调用 StringHelper 的 IsCapitalized 方法：

```
bool test1 = "Perth".IsCapitalized();
```

需要注意的是，类型和结构体都比接口更加具体。

4.9.2.4 扩展方法降级

当 Microsoft 向 .NET 运行时库中添加的扩展方法与现存的第三方库中的扩展方法冲突时，则可能会造成一些"有趣"的结果。作为第三方库的作者，我可能希望"撤回"扩展方法，但并不删除它，也不破坏现有消费端的二进制兼容性。

万幸的是，以上要求是可行的，只需从扩展方法定义中移除 this 关键字即可。这个操作将扩展方法"降级"为普通的静态方法。这种解决方案的优雅之处在于任何之前依赖第三方程序库编译的程序集均可以继续正常工作（就像从前一样，调用定义的方法）。这是因为扩展方法调用在编译时会转换为静态方法调用。

只有在重新编译代码的时候，消费端才会因为扩展方法的降级而受到影响。此时，先前调用定义的扩展方法的代码将绑定到 Microsoft 定义的扩展方法上（假设已经引入了相应的命名空间）。如果消费端仍然希望调用先前定义的方法，则需要按照调用静态方法的方式进行书写。

4.10 匿名类型

匿名类型是一个由编译器临时创建的类，它用于存储一组值。如果需要创建一个匿名类型，则可以使用 new 关键字，随后使用对象初始化器来指定该类型包含的属性和值。例如：

```
var dude = new { Name = "Bob", Age = 23 };
```

编译器将会把上述语句（大致）转换为：

```
internal class AnonymousGeneratedTypeName
{
  private string name;  // Actual field name is irrelevant
  private int    age;   // Actual field name is irrelevant

  public AnonymousGeneratedTypeName (string name, int age)
  {
    this.name = name; this.age = age;
  }

  public string  Name { get { return name; } }
  public int     Age  { get { return age;  } }

  // The Equals and GetHashCode methods are overridden (see Chapter 6).
  // The ToString method is also overridden.
}
...

var dude = new AnonymousGeneratedTypeName ("Bob", 23);
```

匿名类型只能通过 var 关键字来引用，因为它并没有一个名字。

匿名类型的属性名称可以从一个本身为标识符（或者以标识符结尾）的表达式推断得到，例如：

```
int Age = 23;
var dude = new { Name = "Bob", Age, Age.ToString().Length };
```

上述代码等价于：

```
var dude = new { Name = "Bob", Age = Age, Length = Age.ToString().Length };
```

在同一个程序集内声明的两个匿名类型实例，如果它们的元素名称和类型是相同的，那么它们在内部就是相同的类型：

```
var a1 = new { X = 2, Y = 4 };
var a2 = new { X = 2, Y = 4 };
Console.WriteLine (a1.GetType() == a2.GetType());    // True
```

此外，匿名类型还会重写 Equals 方法来执行结构化相等比较（即数据值的比较）：

```
Console.WriteLine (a1.Equals (a2));    // True
```

而相等运算符却执行引用比较：

```
Console.WriteLine (a1 == a2);          // False
```

以下代码创建了一个匿名类型的数组：

```
var dudes = new[]
```

```
{
  new { Name = "Bob", Age = 30 },
  new { Name = "Tom", Age = 40 }
};
```

匿名类型的对象无法通过方法有效地返回，因为将函数返回类型指定为 var 是非法的：

```
var Foo() => new { Name = "Bob", Age = 30 };  // Not legal!
```

因此我们只得用 object 或者 dynamic 作为返回值，而每一个调用 Foo 方法的点都需要动态绑定，这种方式会丧失静态类型的安全性（以及 Visual Studio 的 IntelliSense）：

```
dynamic Foo() => new { Name = "Bob", Age = 30 };  // No static type safety.
```

匿名类型是不可更改的，因此匿名类型的实例在创建之后无法进行改动。但是，在 C# 10 中，可以使用 with 关键字创建一个可变更的副本（非破坏性更改）。

```
var a1 = new { A = 1, B = 2, C = 3, D = 4, E = 5 };
var a2 = a1 with { E = 10 };
Console.WriteLine (a2);        // { A = 1, B = 2, C = 3, D = 4, E = 10 }
```

匿名类型主要用于编写 LINQ 查询（参见第 8 章）。

4.11 元组

和匿名类型一样，元组（tuple）也是存储一组值的便捷方式。元组的主要目的是不使用 out 参数而从方法中返回多个值（这是匿名类型做不到的）。

元组几乎可以做到匿名类型做到的任何事情，甚至更多。而它的缺点之一是运行命名元素时会擦除类型，我们接下来将会进行介绍。

创建元组字面量的最简单方式是在括号中列出期望的值。这样就可以创建一个包含匿名元素的元组，并使用 Item1、Item2 等访问其中的元素：

```
var bob = ("Bob", 23);    // Allow compiler to infer the element types

Console.WriteLine (bob.Item1);   // Bob
Console.WriteLine (bob.Item2);   // 23
```

元组是值类型，并且其中的元素是可变（可读可写）的：

```
var joe = bob;            // joe is a *copy* of bob
joe.Item1 = "Joe";        // Change joe's Item1 from Bob to Joe
Console.WriteLine (bob);  // (Bob, 23)
Console.WriteLine (joe);  // (Joe, 23)
```

和匿名类型不同，我们可以将每一个元素的类型列在括号中来显式指定元组的类型：

```
(string,int) bob  = ("Bob", 23);
```

这意味着我们可以有效地从方法中返回元组：

```
(string,int) person = GetPerson();  // Could use 'var' instead if we want
Console.WriteLine (person.Item1);   // Bob
Console.WriteLine (person.Item2);   // 23

(string,int) GetPerson() => ("Bob", 23);
```

元组和泛型配合默契，因此以下类型都是合法的：

```
Task<(string,int)>
Dictionary<(string,int),Uri>
IEnumerable<(int id, string name)>   // See below for naming elements
```

4.11.1 元组元素命名

创建元组字面量时，可以为其中的元素起一些有意义的名字：

```
var tuple = (name:"Bob", age:23);

Console.WriteLine (tuple.name);    // Bob
Console.WriteLine (tuple.age);     // 23
```

当然也可以在指定元组类型时进行命名：

```
var person = GetPerson();
Console.WriteLine (person.name);   // Bob
Console.WriteLine (person.age);    // 23

(string name, int age) GetPerson() => ("Bob", 23);
```

需要指出的是，即使进行了命名也可以像匿名时那样使用 Item1、Item2 等来引用元素（虽然 Visual Studio 会在 IntelliSense 中隐藏这些字段）。

元素命名可以由属性或字段命名直接推断得出：

```
var now = DateTime.Now;
var tuple = (now.Day, now.Month, now.Year);
Console.WriteLine (tuple.Day);            // OK
```

如果元组（按顺序）对应的元素类型相同，则元组是类型兼容的，而其中的元素命名可以不同：

```
(string name, int age, char sex)  bob1 = ("Bob", 23, 'M');
(string age,  int sex, char name) bob2 = bob1;   // No error!
```

上述例子也会导致令人困惑的结果：

```
Console.WriteLine (bob2.name);    // M
Console.WriteLine (bob2.age);     // Bob
Console.WriteLine (bob2.sex);     // 23
```

类型擦除

我们之前提到过 C# 编译器会为匿名类型创建自定义类并为每一个元素创建命名的属性。而在处理元组时则借助了一系列现存的泛型结构体，这和匿名对象的处理方式是非常不同的：

```
public struct ValueTuple<T1>
public struct ValueTuple<T1,T2>
public struct ValueTuple<T1,T2,T3>
...
```

每一个 ValueTuple<> 结构体都有 Item1、Item2 等字段。

因此，(string, int) 是 ValueTuple<string, int> 的别名。同时，这意味着命名的元组元素并没有底层类型的命名属性的支撑。这些名字仅仅存在于源代码和编译器的"想象"中。在运行时，这些名字大多会消失。当我们反编译引用命名元素的元组时，可以看到程序仅仅引用了 Item1、Item2 等这样的字段。若将元组变量赋值给一个 object 对象并在调试器下观察（或者在 LINQPad 下输出），就可以发现元素的名字完全消失了。因此，在绝大多数情况下，都不能用反射（请参见第 18 章）的方式确定元组在运行时的命名。

 刚才提到元组的命名在大部分情况下都消失了，那么就有例外的情况。当方法或属性返回命名元组类型时，编译器会将一个自定义特性 TupleElementNamesAttribute 附加到成员的返回类型上以生成元素名称（请参见 4.14 节）。这样命名元素就可以支持跨程序集的方法调用了（注意，在这种情况下，编译器没有可供参考的源代码）。

4.11.2 ValueTuple.Create

除前面提到的方法外，还可以在非泛型的 ValueTuple 类型上调用工厂方法来创建元组：

```
ValueTuple<string,int> bob1 = ValueTuple.Create ("Bob", 23);
(string,int)           bob2 = ValueTuple.Create ("Bob", 23);
(string name, int age) bob3 = ValueTuple.Create ("Bob", 23);
```

4.11.3 元组的解构

元组隐式支持解构模式（请参见 3.1.5 节），因此可以将一个元组解构为独立的变量。考虑以下代码：

```
var bob = ("Bob", 23);

string name = bob.Item1;
int age = bob.Item2;
```

使用元组的解构器可以简写为：

```
var bob = ("Bob", 23);
```

```
(string name, int age) = bob;     // Deconstruct the bob tuple into
                                  // separate variables (name and age).
Console.WriteLine (name);
Console.WriteLine (age);
```

解构元组的语法和声明一个含有命名元素的元组的语法有很多相似之处。下面的例子指出了它们的区别：

```
(string name, int age)      = bob;    // Deconstructing a tuple
(string name, int age) bob2 = bob;    // Declaring a new tuple
```

以下是另一个例子，其中包含了方法调用和类型推断（var）：

```
var (name, age, sex) = GetBob();
Console.WriteLine (name);         // Bob
Console.WriteLine (age);          // 23
Console.WriteLine (sex);          // M

string, int, char) GetBob() => ( "Bob", 23, 'M');
```

除此之外，还可以直接将元组解构到字段和属性，简化构造器中的多字段或属性的赋值：

```
class Point
{
  public readonly int X, Y;
  public Point (int x, int y) => (X, Y) = (x, y);
}
```

4.11.4 元组的比较

和匿名类型一样，元组的 Equals 方法也执行结构化相等比较。这意味着它比较的也是内部的数据而不是引用：

```
var t1 = ("one", 1);
var t2 = ("one", 1);
Console.WriteLine (t1.Equals (t2));    // True
```

ValueTuple<> 类型还重载了 == 和 != 运算符：

```
Console.WriteLine (t1 == t2);    // True (from C# 7.3)
```

当然，它也重写了 GetHashCode 方法，因此元组对象可以用作字典中的键。关于相等比较的话题，请参见 6.13 节以及 7.5 节。

ValueTuple<> 类型实现了 IComparable 接口（请参见 6.14 节），因此元组也可以作为排序的依据。

4.11.5 System.Tuple 类

在 System 命名空间下还存在着另一类泛型类型：Tuple（而不是 ValueTuple）。Tuple

是在 2010 年引入的。Tuple 是类，而 ValueTuple 类型是结构体。反思之后，人们发现将元组定义为类这一决定是错误的，在典型的元组使用场景中，结构体有一些性能优势（避免了不必要的内存分配）且几乎没有任何缺点。因此微软在 C# 7 中增加了对元组的语言级支持，推荐使用新的 ValueTuple 而忽略之前的 Tuple 类型。我们还能在 C# 7 之前的代码中发现 Tuple 类的影子，但它们没有任何语言上的特殊支持，例如：

```
Tuple<string,int> t = Tuple.Create ("Bob", 23);  // Factory method
Console.WriteLine (t.Item1);      // Bob
Console.WriteLine (t.Item2);      // 23
```

4.12 记录

记录是一种特殊的类或结构体，其设计意在处理不可变（只读）数据。其中最有用的特性就是非破坏性更改（nondestructive mutation）。除此之外，记录也常用于创建合并或保存数据的类型。在简单的场景中，它不但可以消除样板代码，还保持了不可变类型最需要的相等语义。

记录仅仅是 C# 编译期中的结构。在运行时，CLR 中的记录和类是一样的（只不过前者中有不少由编译器“合成”的成员）。

4.12.1 记录产生的背景

使用不可变类型（即类的字段在初始化后不能更改）是简化程序和消除缺陷的常见方式，也是函数式编程的重要组成部分。函数式编程需要避免使用可变类型，并将函数作为数据对待。LINQ 就是基于这种原则进行设计的。

如需“更改”不可变对象，则需要创建一个新对象，将数据复制到新对象中，并在该过程中进行修改（称为非破坏性更改）。这种方式在性能上往往没有预想的那么糟糕，因为浅表复制就已经足够了（深层复制会复制子对象和集合，当数据不可变时是不必要的）。但从编码的角度说，实现非破坏性更改是非常麻烦的，在属性众多时尤其如此。记录通过语言层面支持的模式解决了这个问题。

有时，程序员（尤其是函数式程序员）面临的另一个问题是如何将不可变类和其他数据组合（但并不额外增加行为）。定义这种类型需要的工作量往往超出预期，它需要在构造器中将每一个参数赋值给相应的属性（此处解构器应该可以发挥作用）。若使用记录，则编译器就可以帮助我们完成上述工作。

最后，如果对象不可变，那么它的标识自然也无法改变。因此，这种类型更适合进行结构化的相等比较而非引用相等比较。结构化相等即两个实例只有在其数据相等时才相同（和元组一致）。（无论这个记录是类还是结构体）记录默认使用结构化相等比较，无须编写样板代码。

4.12.2 定义记录

定义记录和定义类或结构体相似，它们都可以包含相同种类的成员，包括字段、属性、方法等。记录可以实现接口，基于类的记录还可以继承其他（基于类的）记录。

默认情况下，记录的底层类型是"类"：

```
record Point { }          // Point is a class
```

从 C# 10 开始，记录的底层类型还可以基于结构体：

```
record struct Point { }    // Point is a struct
```

（record class 也是合法的，它的含义和只写 record 是一样的。）

一个简单的记录可能仅仅包含一系列只用于初始化的属性和一个构造器：

```
record Point
{
  public Point (double x, double y) => (X, Y) = (x, y);

  public double X { get; init; }
  public double Y { get; init; }
}
```

 以上构造器使用了前一节中描述的简化写法：

```
(X, Y) = (x, y);
```

上述写法在本例中等价于：

```
{ this.X = x; this.Y = y; }
```

C# 在编译时会将记录的定义转换为类（或结构体），并执行以下附加步骤：

- 生成一个 protected 的复制构造器（与一个隐藏的克隆方法）以实现非破坏性更改。
- 重写或重载相等比较相关的函数来实现结构化相等的比较。
- 重写 ToString() 方法（展开并输出记录中的公有属性，这个行为和匿名类型类似）。

因此，上述记录的声明将扩展为类似如下代码：

```
class Point
{
  public Point (double x, double y) => (X, Y) = (x, y);

  public double X { get; init; }
  public double Y { get; init; }

  protected Point (Point original)     // "Copy constructor"
  {
    this.X = original.X; this.Y = original.Y
  }
```

```
// This method has a strange compiler-generated name:
public virtual Point <Clone>$() => new Point (this);    // Clone method
// Additional code to override Equals, ==, !=, GetHashCode, ToString()
// ...
}
```

虽然我们仍然可以在记录的构造器中添加可选参数，但是我们并不推荐这样做（至少在公有的程序库中）。我们建议仅仅将那些只用于初始化的属性放在构造器中：

```
new Foo (123, 234) { Optional2 = 345 };

record Foo
{
  public Foo (int required1, int required2) { ... }

  public int Required1 { get; init; }
  public int Required2 { get; init; }

  public int Optional1 { get; init; }
  public int Optional2 { get; init; }
}
```

这种模式的优点是，若消费者编译时使用了旧版本的程序集，那么我们可以安全地在记录中添加只用于初始化的属性而不破坏二进制兼容性。

参数列表

记录的定义中也可以包含参数列表：

```
record Point (double X, double Y)
{
  // You can optionally define additional class members here...
}
```

参数支持 in 和 params 修饰符，但是不支持 out 或 ref 修饰符。如果在定义中指定了参数列表，则编译器将执行以下步骤：

- 为每一个参数生成一个只用于初始化的属性。
- 生成一个主构造器来输入属性的值。
- 生成一个解构器。

基于结构体的记录的可更改性

除非使用 readonly 关键字进行修饰，否则当使用参数列表定义 record struct 时，编译器会生成可写的属性而不是仅进行初始化的属性：

```
readonly record struct Point (double X, double Y);
```

这样做的原因是在典型的应用场景下，struct 的不可更改特性并非由于 struct 本身不

可更改，而是使用 struct 的上层结构是不可更改的。在以下范例中，即使 X 字段本身是可写的，我们也无法更改 X 字段：

```
var test = new Immutable();
test.Field.X++;  // Prohibited, because Field is readonly
test.Prop.X++;   // Prohibited, because Prop is {get;} only

class Immutable
{
  public readonly Mutable Field;
  public Mutable Prop { get; }
}

struct Mutable { public int X, Y; }
```

但是以下语句却是可行的：

```
var test = new Immutable();
Mutable m = test.Prop;
m.X++;
```

我们唯一能做到的只是更改一个局部变量（test.Prop 的副本）。更改一个局部变量的值可以作为一种有效的优化，同时又不会影响非可变类型系统带来的好处。

但反之，如果 Field 是一个可写入的字段，且 Prop 也是一个可写的属性，则不管如何声明 Mutable 结构体，我们都可以轻松更改其内容。

因此，如果我们按如下方式简单地声明 Point 记录：

```
record Point (double X, double Y);
```

编译器将生成和上一节中几乎一样的展开代码，其中一个小的区别是构造器中参数的名称是 X 和 Y 而非 x 和 y：

```
public Point (double X, double Y)    // "Primary constructor"
{
  this.X = X; this.Y = Y;
}
```

 主构造器的参数 X 和 Y 可以"神奇地"被记录中的任何字段与只用于初始化的属性利用。我们将在 4.12.6 节中说明这个细节。

定义参数列表的另一个不同之处是编译器会生成相应的解构器：

```
public void Deconstruct (out double X, out double Y)    // Deconstructor
{
  X = this.X; Y = this.Y;
}
```

拥有参数列表的记录还可以使用如下继承语法：

```
record Point3D (double X, double Y, double Z) : Point (X, Y);
```

相应地，编译器将生成如下主构造器：

```
class Point3D : Point
{
  public double Z { get; init; }

  public Point3D (double X, double Y, double Z) : base (X, Y)
    => this.Z = Z;
}
```

 当我们需要定义聚合了多个值的类（在函数式编程中称作积类型）时，就可以使用参数列表对代码进行有效的简化。它同样适用于构造原型。但是当需要在 init 访问器中添加逻辑（例如用于验证参数）时，记录就不太适用了，我们稍后会对此进行介绍。

4.12.3 非破坏性更改

编译器在所有记录类型上执行的最重要的一步就是生成了复制构造器（和隐藏的克隆方法）。这样就可以使用 with 关键字对记录对象进行非破坏性更改了：

```
Point p1 = new Point (3, 3);
Point p2 = p1 with { Y = 4 };
Console.WriteLine (p2);        // Point { X = 3, Y = 4 }

record Point (double X, double Y);
```

在上述示例中，p2 是 p1 的副本，但是 p2 的 Y 属性的值为 4。属性数目越多，这种方式的优势就越明显：

```
Test t1 = new Test (1, 2, 3, 4, 5, 6, 7, 8);
Test t2 = t1 with { A = 10, C = 30 };
Console.WriteLine (t2);

record Test (int A, int B, int C, int D, int E, int F, int G, int H);
```

上述代码的输出为：

```
Test { A = 10, B = 2, C = 30, D = 4, E = 5, F = 6, G = 7, H = 8 }
```

非破坏性更改分为两个阶段：

1. 首先，复制构造器复制记录对象。它默认将复制记录对象中的每一个字段，一板一眼地创建对象副本并忽略 init 访问器中的任何逻辑（这也避免了初始化的开销）。这个过程会涉及所有的字段（无论是 public 还是 private 字段，抑或是由自动属性生成的隐藏字段）。

2. 接下来，更新成员初始化列表中的每一个属性的值（使用 init 访问器）。

因此，编译器会将下列代码：

```
Test t2 = t1 with { A = 10, C = 30 };
```

转换为与以下代码功能等价的形式：

```
Test t2 = new Test(t1);  // Use copy constructor to clone t1 field by field
t2.A = 10;               // Update property A
t2.C = 30;               // Update property C
```

（显式编写以上代码是无法通过编译的，因为 A 和 C 都是只用于初始化的属性。此外，复制构造器是 protected 的。C# 通过调用记录中生成的 public 隐藏方法 <Clone>$ 来解决构造器的调用问题。）

如有必要可以自行定义复制构造器。C# 将使用自定义的构造器而不再额外生成复制构造器：

```
protected Point (Point original)
{
  this.X = original.X; this.Y = original.Y;
}
```

如果记录中包含需要复制的可更改的子对象或集合，或者包含需要清理的计算字段，则可以编写自定义的复制构造器。但遗憾的是，我们只能够替换而无法增强默认的实现。

在继承其他的记录时，复制构造器只应复制自身的字段。复制基记录字段的工作则应当委托给基记录进行：

```
protected Point (Point original) : base (original)
{
  ...
}
```

4.12.4 属性校验

记录中的显式声明的属性可以在 init 访问器中添加校验逻辑。以下示例将确保 X 永远不为 NaN（非数字）：

```
record Point
{
  // Notice that we assign x to the X property (and not the _x field):
  public Point (double x, double y) => (X, Y) = (x, y);

  double _x;
  public double X
  {
    get => _x;
    init
    {
      if (double.IsNaN (value))
        throw new ArgumentException ("X Cannot be NaN");
      _x = value;
    }
  }
}
```

```
    public double Y { get; init; }
}
```

以上设计确保了在构造与非破坏性更改操作时均对属性进行校验：

```
Point p1 = new Point (2, 3);
Point p2 = p1 with { X = double.NaN };    // throws an exception
```

但刚刚我们提到过，自动生成的复制构造器将复制所有字段与自动属性的值。因此，上述记录的复制构造器将类似于以下代码：

```
protected Point (Point original)
  {
    _x = original._x; Y = original.Y;
  }
```

需要注意的是复制 _x 字段会绕过 X 属性访问器的限制。但是这并不会造成任何后果。因为这个完全复制对象的值已经安全经过了 X 中 init 访问器的验证。

4.12.5 计算字段与延迟评估

在函数式编程中，延迟评估是不可变对象的一种常见模式。延迟评估即只有在需要的时候才计算相应值，并将计算结果缓存起来留备后用。例如，若需要在 Point 记录中添加一个属性，返回当前点与原点 (0，0) 的距离：

```
record Point (double X, double Y)
{
  public double DistanceFromOrigin => Math.Sqrt (X*X + Y*Y);
}
```

我们可以对上述代码进行重构，避免每次请求 DistanceFromOrigin 时都重复计算。首先，删除参数列表，并将 X、Y 和 DistanceFromOrigin 均定义为只读属性。这样我们就可以在构造器中计算 DistanceFromOrigin 的值：

```
record Point
{
  public double X { get; }
  public double Y { get; }
  public double DistanceFromOrigin { get; }

  public Point (double x, double y) =>
    (X, Y, DistanceFromOrigin) = (x, y, Math.Sqrt (x*x + y*y));
}
```

上述代码能够正常工作，但是无法进行非破坏性更改（将 X 和 Y 更改为只用于初始化的属性将破坏代码功能，因为 DistanceFromOrigin 的值在 init 访问器执行之后可能不再成立）。此外，上述代码无论是否访问了 DistanceFromOrigin 都会执行距离计算，因此优化并不彻底。优化的方案应当在第一次使用属性时延迟计算并缓存距离值：

```
record Point
```

```
  {
    ...

    double? _distance;
    public double DistanceFromOrigin
    {
      get
      {
        if (_distance == null)
          _distance = Math.Sqrt (X*X + Y*Y);

        return _distance.Value;
      }
    }
  }
```

 从技术角度看，我们在代码中"更改"了 _distance 的值。但是我们仍然可以说 Point 是不可变类型，因为延迟计算并更改字段的值并未违反不可变性的规则，也未破坏其优点，甚至还可以和第 21 章中的 Lazy<T> 类型合并使用。

使用 C# 的 null 合并赋值运算符可以将整个属性的声明精简为一行代码：

```
public double DistanceFromOrigin => _distance ??= Math.Sqrt (X*X + Y*Y);
```

(以上代码当 _distance 非 null 时返回 _distance，否则将 Math.Sqrt (X*X + Y*Y) 赋值给 _distance 并返回 _distance 的值。)

为了使上述代码与只用于初始化的属性协同工作，还需要进一步修改，即在 X 和 Y 通过 init 访问器赋值时清空缓存的 _distance 字段。完整代码如下：

```
record Point
{
  public Point (double x, double y) => (X, Y) = (x, y);

  double _x, _y;
  public double X { get => _x; init { _x = value; _distance = null; } }
  public double Y { get => _y; init { _y = value; _distance = null; } }

  double? _distance;
  public double DistanceFromOrigin => _distance ??= Math.Sqrt (X*X + Y*Y);
}
```

这样，Point 就可以支持非破坏性更改功能了：

```
Point p1 = new Point (2, 3);
Console.WriteLine (p1.DistanceFromOrigin);   // 3.605551275463989
Point p2 = p1 with { Y = 4 };
Console.WriteLine (p2.DistanceFromOrigin);   // 4.47213595499958
```

一个意外的惊喜是自动生成的复制构造器也会复制缓存的 _distance 字段。因此，如果记录中的其他属性没有涉及相应的计算，则对这些属性的非破坏性更改不会损失缓存的值。如果你对此并不在意，除了在 init 访问器中清理缓存值之外，还可以编写自定义的复制构造器忽略缓存的字段。这样做更加精炼，因为这个方案可以保留参数列表。自定义复制构造器也可以利用解构器实现：

```
record Point (double X, double Y)
{
  double? _distance;
  public double DistanceFromOrigin => _distance ??= Math.Sqrt (X*X + Y*Y);

  protected Point (Point other) => (X, Y) = other;
}
```

需要注意，无论采用哪种方案，添加延迟计算字段都会破坏默认的结构化比较机制（因为这些字段有可能被赋值也有可能没有）。但是这个问题修正起来并不困难，我们稍后会进行介绍。

4.12.6 主构造器

当我们使用参数列表定义记录时，编译器会自动生成属性的声明，同时会生成主构造器（和解构器）。如你所见，这种机制在简单情形下工作良好，而在更加复杂的情况下，则可以忽略参数列表，自行编写属性声明与构造器。

如果你愿意处理主构造器的奇特语义，则 C# 还可以提供另外一个略显折中的方案，即定义参数列表，同时编写部分或所有属性的声明：

```
record Student (string ID, string LastName, string GivenName)
{
  public string ID { get; } = ID;
}
```

在上述示例中，我们接管了 ID 属性的定义。我们将其定义为一个只读属性（而不是只用于初始化的属性），防止其参与非破坏性更改过程。如果我们不希望在非破坏性更改过程中更改特定属性，就可以将它声明为只读属性。这样它就只能在记录中存储运算结果，而无须进行更新。

注意，这些只读属性需要进行初始化（见粗体文字）：

```
public string ID { get; } = ID;
```

当我们接管属性声明时，属性初始化就是我们的责任了。主构造器将不再进行自动操作。此外，上述代码中粗体的 ID 引用的是主构造器中的参数，而不是 ID 属性。

 而在 record struct 中，重新将属性定义为字段是合法的：

```
record struct Student (string ID)
{
  public string ID = ID;
}
```

主构造器的特别之处是其参数（本例中为 ID、LastName 和 GivenName）对于所有的字段和属性初始化器都是可见的。我们可以将上述示例进行扩展来演示该特性：

```
record Student (string ID, string LastName, string FirstName)
{
  public string ID { get; } = ID;
  readonly int _enrollmentYear = int.Parse (ID.Substring (0, 4));
}
```

同样，粗体的 ID 引用的是主构造器的参数而不是属性。（这种写法并不构成二义性的原因是在初始化器中访问属性是非法的。）

在本例中，_enrollmentYear 的值是从 ID 的最初四位数字中计算出来的。虽然将其保存在只读字段中是安全的（因为 ID 属性是只读属性，因此它不可能被非破坏性更改），但是在真实工程中却并不适用。这是因为若没有显式的构造器，就没有一个集中的地点对 ID 进行校验，并在 ID 非法时抛出有意义的异常（而这是一个普遍的需求）。

需要对属性进行验证也是编写 init 访问器的理由（请参见 4.12.4 一节）。但是主构造器和这种要求配合不佳。例如，请考虑如下记录，其 init 访问器将执行是否为 null 的校验：

```
record Person (string Name)
{
  string _name = Name;
  public string Name
  {
    get  => _name;
    init => _name = value ?? throw new ArgumentNullException ("Name");
  }
}
```

由于 Name 不是自动属性，因此无法（在属性上）进行初始化。最好的方式就是对字段进行初始化（见粗体部分）。但遗憾的是通过以下代码即可跳过 null 校验：

```
var p = new Person (null);     // Succeeds! (bypasses the null check)
```

可见，不自行编写构造器是无法将主构造器参数赋值给属性的，这就是目前面临的难题。虽然有一些替代措施（例如，将 init 中验证逻辑重构到一个独立的静态方法中调用两次），但最简单的方式就是放弃使用参数列表，自行编写普通的构造器（如果需要的话还需要编写解构器）：

```
record Person
{
  public Person (string name) => Name = name;  // Assign to *PROPERTY*

  string _name;
  public string Name { get => _name; init => ... }
}
```

4.12.7 记录与相等比较

和结构体、匿名类型与元组一样，记录默认提供了结构化相等比较的能力，这意味着两个记录只有在所有字段（与自动属性）都相等时才相等：

```
var p1 = new Point (1, 2);
var p2 = new Point (1, 2);
Console.WriteLine (p1.Equals (p2));    // True

record Point (double X, double Y);
```

记录（和元组一样）也支持相等运算符：

```
Console.WriteLine (p1 == p2);          // True
```

记录默认的相等比较的实现不可避免地存在一些问题。例如，若记录中包含延迟加载的值、数组或集合类型（它们需要为相等比较做特殊的处理），则会破坏相等比较的逻辑。所幸，修正这些相等比较问题是比较容易的，并且无须为类或结构体完整地实现相等比较逻辑。

和类与结构体不同，我们无法为记录重写 object.Equals 方法，而是需要定义以下形式的公有 Equals 方法：

```
record Point (double X, double Y)
{
  double _someOtherField;
  public virtual bool Equals (Point other) =>
    other != null && X == other.X && Y == other.Y;
}
```

该 Equals 方法必须是 virtual（而不是 override），它的参数表必须是强类型的，例如，实际的记录类型（本例中为 Point 而不是 object）。若方法签名正确，则编译器将自动使用该方法。

在本例中，我们更改了相等比较的逻辑，比较了 X 和 Y 的值而忽略了 _someOtherField 字段。

如果当前记录继承了其他记录，则可以调用 base.Equals 方法：

```
public virtual bool Equals (Point other) => base.Equals (other) && ...
```

和其他类型一样，自定义相等比较还需重写 GetHashCode() 方法。对于记录来说，我们无须重写 != 或 ==，也无须实现 IEquatable<T>，这些工作都将自动完成。我们将在 6.13 节中完整地介绍相等比较。

4.13 模式

在第 3 章中，我们展示了如何使用 is 运算符验证引用的转换是否成功：

```
if (obj is string)
```

```
    Console.WriteLine (((string)obj).Length);
```

以上代码可以更加简洁地写为：

```
if (obj is string s)
    Console.WriteLine (s.Length);
```

以上代码引入了一种称为类型模式的模式。除了类型模式之外，is 运算符还支持其他在 C# 最近几个版本中引入的模式。例如，属性模式：

```
if (obj is string { Length:4 })
    Console.WriteLine ("A string with 4 characters");
```

模式可以在以下上下文中使用：

- is 运算符之后（*variable* is *pattern*）。
- switch 语句中。
- switch 表达式中。

我们在 2.11.3.5 和 3.2.2.4 节中介绍了类型模式（并简要介绍了元组模式）。本节将介绍更多 C# 最近版本中引入的高级模式。

大多数特定模式都是随 switch 语句或表达式一起使用的。这些模式可以减少 when 子句的使用，也可以在原本无法支持的场景下使用 switch。

 本节介绍的模式在某些场景下是有一定作用的。但请牢记这些高度模式化的 switch 语句都可以被简单的 if 语句——或者在某些情况下还可以使用三元运算符——来替代，而且替换后的代码量并不会显著增加。

4.13.1 var 模式

var 模式是类型模式的变体，即将类型名称替换为了 var 关键字。由于转换必定成功，因此它的目的仅仅是引入一个可以重复使用的变量：

```
bool IsJanetOrJohn (string name) =>
    name.ToUpper() is var upper && (upper == "JANET" || upper == "JOHN");
```

上述代码等价于以下代码：

```
bool IsJanetOrJohn (string name)
{
    string upper = name.ToUpper();
    return upper == "JANET" || upper == "JOHN";
}
```

能够在表达式体方法中使用 var 模式引入一个可复用的变量（本例中为 upper）的确方便。但是该模式只能在方法返回类型为 bool 时使用。

4.13.2 常量模式

常量模式可以直接与常量进行匹配，常用于处理 object 类型：

```
void Foo (object obj)
{
  if (obj is 3) ...
}
```

以上示例中的粗体文字等价于：

```
obj is int && (int)obj == 3
```

（C# 无法直接使用 == 比较 object 与常量的值，因为运算符是静态的，编译器需要提前知道对象的类型。）

因此，这种模式仅在没有合理替代方案的情况下才有少许的用处：

```
if (3.Equals (obj)) ...
```

常量与模式组合器共同使用可以发挥更大的作用，我们稍后将进行介绍。

4.13.3 关系模式

C# 9 支持在模式中使用 <、>、<= 和 >= 运算符：

```
if (x is > 100) Console.WriteLine ("x is greater than 100");
```

这种模式适合与 switch 配合使用：

```
string GetWeightCategory (decimal bmi) => bmi switch
{
  < 18.5m => "underweight",
  < 25m => "normal",
  < 30m => "overweight",
  _ => "obese"
};
```

关系模式可以和模式组合器共同使用以发挥更大作用。

关系模式也可以和编译时类型为 object 的变量配合使用。但若和数值常量一起使用则需要特别注意。在以下示例中，最后一行将输出 False，因为我们试图匹配 decimal（十进制）值与整数值：

```
object obj = 2m;                      // obj is decimal
Console.WriteLine (obj is < 3m);  // True
Console.WriteLine (obj is < 3);   // False
```

4.13.4 模式组合器

从 C# 9 开始，我们可以通过 and、or 与 not 关键字将模式组合起来：

```
bool IsJanetOrJohn (string name) => name.ToUpper() is "JANET" or "JOHN";

bool IsVowel (char c) => c is 'a' or 'e' or 'i' or 'o' or 'u';

bool Between1And9 (int n) => n is >= 1 and <= 9;

bool IsLetter (char c) => c is >= 'a' and <= 'z'
                            or >= 'A' and <= 'Z';
```

与 && 和 || 运算符类似，and 比 or 拥有更高的优先级。我们也可以使用括号更改运算顺序。

我们可以将 not 组合器与类型模式巧妙结合，测试对象是否是特定类型：

```
if (obj is not string) ...
```

这比下列写法要好懂得多：

```
if (!(obj is string)) ...
```

4.13.5 元组模式和位置模式

元组模式（C# 8 引入）用于匹配元组：

```
var p = (2, 3);
Console.WriteLine (p is (2, 3));    // True
```

这种模式可用于 switch 多个值：

```
int AverageCelsiusTemperature (Season season, bool daytime) =>
  (season, daytime) switch
  {
    (Season.Spring, true) => 20,
    (Season.Spring, false) => 16,
    (Season.Summer, true) => 27,
    (Season.Summer, false) => 22,
    (Season.Fall, true) => 18,
    (Season.Fall, false) => 12,
    (Season.Winter, true) => 10,
    (Season.Winter, false) => -2,
    _ => throw new Exception ("Unexpected combination")
};

enum Season { Spring, Summer, Fall, Winter };
```

元组模式可以理解为位置模式（C# 8+）的一种特殊形式。位置模式可以匹配任何定义了 Deconstruct 方法（请参见 3.1.5 节）的类型。在以下示例中，我们利用了编译器为 Point 记录生成的解构器：

```
var p = new Point (2, 2);
Console.WriteLine (p is (2, 2));  // True

record Point (int X, int Y);        // Has compiler-generated deconstructor
```

在匹配的过程中可以同时进行解构操作，使用以下语法：

```
Console.WriteLine (p is (var x, var y) && x == y);    // True
```

以下 switch 表达式结合使用了类型模式和位置模式：

```
string Print (object obj) => obj switch
{
  Point (0, 0)                    => "Empty point",
  Point (var x, var y) when x == y => "Diagonal"
  ...
};
```

4.13.6 属性模式

属性模式（C# 8）可以匹配对象的一个或者多个属性值。例如，在介绍 is 运算符时我们曾给出以下示例：

```
if (obj is string { Length:4 }) ...
```

但是，上述代码相比以下代码并没有显著的优势：

```
if (obj is string s && s.Length == 4) ...
```

但是将属性模式与 swtich 语句和表达式联合使用优势就明显了。以 System.Uri 类为例（这个类表示一个 URI），这个类定义了 Scheme、Host、Port 和 IsLoopback 属性。在以下防火墙代码中，我们可以使用 switch 表达式配合属性模式来决定是否允许访问特定的 URI：

```
bool ShouldAllow (Uri uri) => uri switch
{
  { Scheme: "http",  Port: 80  } => true,
  { Scheme: "https", Port: 443 } => true,
  { Scheme: "ftp",   Port: 21  } => true,
  { IsLoopback: true           } => true,
  _ => false
};
```

属性模式支持属性嵌套，因此以下代码是合法的：

```
{ Scheme: { Length: 4 }, Port: 80 } => true,
```

而上述代码在 C# 10 中可以进一步简化为：

```
{ Scheme.Length: 4, Port: 80 } => true,
```

还可以在属性模式中使用其他模式，包括使用关系模式：

```
{ Host: { Length: < 1000 }, Port: > 0 } => true,
```

而更详细的条件可以使用 when 子句来表示：

```
{ Scheme: "http" } when string.IsNullOrWhiteSpace (uri.Query) => true,
```

将属性模式和类型模式结合也是可行的：

```
bool ShouldAllow (object uri) => uri switch
{
  Uri { Scheme: "http",  Port: 80  } => true,
  Uri { Scheme: "https", Port: 443 } => true,
  ...
```

就像类型模式那样，以上用法也可以在子句的末尾引入变量，并使用该变量的值：

```
Uri { Scheme: "http", Port: 80 } httpUri => httpUri.Host.Length < 1000,
```

该变量也可以在 when 子句中使用：

```
Uri { Scheme: "http", Port: 80 } httpUri
                          when httpUri.Host.Length < 1000 => true,
```

属性模式中甚至可以在属性一级引入变量：

```
{ Scheme: "http", Port: 80, Host: string host } => host.Length < 1000,
```

新引入的变量可以使用隐式类型，因此我们可以将 string 替换为 var。以下是完整的示例代码：

```
bool ShouldAllow (Uri uri) => uri switch
{
  { Scheme: "http",  Port: 80, Host: var host } => host.Length < 1000,
  { Scheme: "https", Port: 443                 } => true,
  { Scheme: "ftp",   Port: 21                  } => true,
  { IsLoopback: true                           } => true,
  _ => false
};
```

想要找到一个通过上述模式而令代码变得更加简洁的例子并不容易。与上述代码相比，以下两种实现方式的代码反而更短：

```
{ Scheme: "http", Port: 80 } => uri.Host.Length < 1000 => ...
```

或者

```
{ Scheme: "http", Port: 80, Host: { Length: < 1000 } } => ...
```

4.14 特性

之前我们介绍过，在程序中可以使用修饰符指定代码的行为，例如 virtual 或 ref。这些结构都是语言内置的。而特性是一种为代码元素（程序集、类型、成员、返回值、参数和泛型类型参数）添加自定义信息的扩展机制。这种扩展机制对 C# 语言中那些与类型系统深度整合，而无须特殊关键字或结构的服务是非常有用的。

特性的一个常见的例子是序列化或反序列化过程，即将任意对象转换为一个用于存储或传输的特定格式，或从特定格式生成对象的过程。我们可以在字段上使用特性来表明 C#

字段和特定格式表示方式间的转换关系。

4.14.1 特性类

特性是通过直接或者间接继承 System.Attribute 抽象类来定义的。如果要将特性附加到代码元素中，那么就需要在该代码元素前用方括号指定特性的类型名称。例如，以下的例子将 ObsoleteAttribute 附加到 Foo 类上：

```
[ObsoleteAttribute]
public class Foo {...}
```

编译器可以识别该特性，并在编译时对引用该特性标记的类型或成员的行为产生警告。按照惯例，所有特性类型都以 Attribute 结尾。C# 能够识别这个后缀，并允许在为成员附加特性时忽略该后缀：

```
[Obsolete]
public class Foo {...}
```

ObsoleteAttribute 是在 System 命名空间中声明的一种类型，如下所示（为了简明起见省略部分代码）：

```
public sealed class ObsoleteAttribute : Attribute {...}
```

C# 语言和 .NET 库中包含了大量的预定义特性，我们将在第 18 章介绍如何自定义特性。

4.14.2 命名和位置特性参数

特性可以包含参数。在下面的例子中，我们将 XmlTypeAttribute 添加到一个类上。这个特性指示（在 System.Xml.Serialization 命名空间内定义的）XML 序列化器如何将一个对象转化为 XML 格式并接受哪些特性参数。以下代码中的特性将 CustomerEntity 类映射到名为 Customer 的 XML 元素上，且这个 XML 元素位于 *http://oreilly.com* 命名空间：

```
[XmlType ("Customer", Namespace="http://oreilly.com")]
public class CustomerEntity { ... }
```

特性参数分为位置参数和命名参数。在前一个例子中，第一个参数是位置参数，第二个参数是命名参数。位置参数对应特性类中公有构造器的参数，命名参数则对应特性类中的公有字段或者公有属性。

当指定一个特性时，必须包含特性构造器中的位置参数，而命名参数则是可选的。

我们将在第 18 章中详细介绍有效的参数类型，以及这些参数的求值规则。

4.14.3 在程序集与支持字段上使用特性

在不显式指定的情况下，特性的目标就是它后面紧跟的代码元素，并且一般是类型或者类型的成员。然而，也可以将特性附加在程序集上。这就要求显式指定特性的目标了。以下代码展示了如何在程序集中添加 AssemblyFileVersion 特性以指定程序集的版本信息：

```
[assembly: AssemblyFileVersion ("1.2.3.4")]
```

从 C# 7.3 开始，可以使用 field: 前缀为自动属性的支持字段添加特性。该功能可用于序列化的控制：

```
[field:NonSerialized]
public int MyProperty { get; set; }
```

4.14.4 在 Lambda 表达式上使用特性（C# 10）

从 C# 10 开始，我们可以在 Lambda 表达式的方法、参数和返回值上使用特性。例如：

```
Action<int> a = [Description ("Method")]
                [return: Description ("Return value")]
                ([Description ("Parameter")]int x) => Console.Write (x);
```

 当我们使用某些需要在方法上添加特性的框架时——例如 ASP.NET——上述功能就显得尤为重要了。通过在 Lambda 表达式上添加特性，我们就不必为简单的操作创建命名方法了。

这些特性将附加在那些编译器生成的方法上，而委托变量则指向这些方法。在第 18 章中，我们将介绍如何通过反射使用代码中的特性。在具体介绍之前，我们可以直接使用其结论：

```
var methodAtt = a.GetMethodInfo().GetCustomAttributes();
var paramAtt = a.GetMethodInfo().GetParameters()[0].GetCustomAttributes();
var returnAtt = a.GetMethodInfo().ReturnParameter.GetCustomAttributes();
```

为了避免语法上的二义性，在 Lambda 表达式的参数上使用特性时必须添加括号。此外，若 Lambda 表达式作为表达式树存在，则不能在其上附加特性。

4.14.5 指定多个特性

一个代码元素可以指定多个特性。特性可以列在同一对方括号中（用逗号分隔），或者分隔在多对方括号中，当然也可以是两种形式的结合。下面的三个例子在语义上是相同的：

```
[Serializable, Obsolete, CLSCompliant(false)]
public class Bar {...}

[Serializable] [Obsolete] [CLSCompliant(false)]
public class Bar {...}

[Serializable, Obsolete]
[CLSCompliant(false)]
public class Bar {...}
```

4.15 调用者信息特性

我们可以在方法的可选参数上添加以下三种特性中的一种（称为调用者信息特性）。这些特性可以令编译器从调用者源代码中获取信息，并将这些信息作为默认值注入参数中：

- [CallerMemberName] 表示调用者的成员名称。

- [CallerFilePath] 表示调用者的源代码文件的路径。

- [CallerLineNumber] 表示调用者源代码文件的行号。

以下代码中的 Foo 方法演示了这三个特性：

```
using System;
using System.Runtime.CompilerServices;

class Program
{
  static void Main() => Foo();

  static void Foo (
    [CallerMemberName] string memberName = null,
    [CallerFilePath] string filePath = null,
    [CallerLineNumber] int lineNumber = 0)
  {
  Console.WriteLine (memberName);
  Console.WriteLine (filePath);
  Console.WriteLine (lineNumber);
  }
}
```

假设我们的程序位于 *c:\source\test\Program.cs*，则输出结果是：

```
Main
c:\source\test\Program.cs
6
```

和标准的可选参数一样，替代操作是在调用位置完成的。因此，Main 方法中的代码实际上是以下程序的语法糖：

```
static void Main() => Foo ("Main", @"c:\source\test\Program.cs", 6);
```

调用者信息特性适用于日志记录，也适用于实现一些模式，例如，在对象的某个属性变化时触发变化通知事件。事实上，System.ComponentModel 命名空间的 INotifyPropertyChanged 接口正是处理此类问题的标准接口：

```
public interface INotifyPropertyChanged
{
  event PropertyChangedEventHandler PropertyChanged;
}

public delegate void PropertyChangedEventHandler
```

```
    (object sender, PropertyChangedEventArgs e);

  public class PropertyChangedEventArgs : EventArgs
  {
    public PropertyChangedEventArgs (string propertyName);
    public virtual string PropertyName { get; }
  }
```

注意，PropertyChangedEventArgs 参数需要接收发生变化的属性名称。然而，在实现该接口时，使用 [CallerMemberName] 特性就无须在触发事件时提供属性名称了：

```
  public class Foo : INotifyPropertyChanged
  {
    public event PropertyChangedEventHandler PropertyChanged = delegate { };

    void RaisePropertyChanged ([CallerMemberName] string propertyName = null)
      => PropertyChanged (this, new PropertyChangedEventArgs (propertyName));

    string customerName;
    public string CustomerName
    {
      get => customerName;
      set
      {
        if (value == customerName) return;
        customerName = value;
        RaisePropertyChanged();
        // The compiler converts the above line to:
        // RaisePropertyChanged ("CustomerName");
      }
    }
  }
```

CallerArgumentExpression 特性（C# 10）

具有 [CallerArgumentExpression] 特性的方法参数可捕获调用者的参数表达式：

```
  Print (Math.PI * 2);

  void Print (double number,
              [CallerArgumentExpression("number")] string expr = null)
    => Console.WriteLine (expr);

  // Output: Math.PI * 2
```

编译器会将调用者的参数表达式代码字面量传入标记了特性的参数中。其中，字面量也包括注解：

```
  Print (Math.PI /*(n)*/ * 2);

  // Output:  Math.PI /*(n)*/ * 2
```

这个功能可以用于编写参数验证或断言库。以下示例中的代码抛出了异常，其中输出了"2 + 2 == 5"，这个消息有助于修正程序缺陷：

```
    Assert (2 + 2 == 5);

    void Assert (bool condition,
                 [CallerArgumentExpression ("condition")] string message = null)
    {
      if (!condition) throw new Exception ("Assertion failed: " + message);
    }
```

另一个例子是 .NET 6 新引入的 ArgumentNullException 类中的 ThrowIfNull 静态方法。
其定义如下：

```
    public static void ThrowIfNull (object argument,
      [CallerArgumentExpression("argument")] string paramName = null)
    {
      if (argument == null)
        throw new ArgumentNullException (paramName);
    }
```

其使用方法如下：

```
    void Print (string message)
    {
      ArgumentNullException.ThrowIfNull (message);
      ...
    }
```

可以在方法中多次使用 [CallerArgumentExpression] 特性来捕获多个参数表达式。

4.16 动态绑定

动态绑定（dynamic binding）将绑定（即解析类型、成员和操作的过程）从编译时延迟
到运行时。动态绑定适用于那些开发者知道某个特定的函数、成员或操作的存在，而编
译器却不知道的情况。这种情况通常出现在操作动态语言（例如，IronPython）和 COM
时。在这些情况下，如果不使用动态绑定就只能使用反射机制了。

动态类型是通过上下文关键字 dynamic 声明的：

```
    dynamic d = GetSomeObject();
    d.Quack();
```

动态绑定类型会告诉编译器"不要紧张"，我们认为 d 的运行时类型具有一个 Quack 方
法，但是我们无法静态证明这一点。由于 d 是动态的，所以编译器推迟到运行时才将
Quack 绑定给 d。为了真正理解这个概念，我们需要先区分静态绑定和动态绑定。

4.16.1 静态绑定与动态绑定

典型的绑定例子是在编译表达式时将一个名称映射到一个具体的函数上。如果要编译如
下表达式，那么编译器需要找到 Quack 方法的实现：

```
    d.Quack();
```

假设 d 的静态类型为 Duck：

```
Duck d = ...
d.Quack();
```

最简单的情况是编译器找到 Duck 中无参数的 Quack 方法进行绑定。如果绑定失败，则编译器会将搜索范围扩大到具有可选参数的方法、Duck 的基类上的方法和将 Duck 作为第一个参数的扩展方法。如果还是没有找到匹配的方法，那么将发生一个编译错误。无论绑定的是什么样的方法，都必须是由编译器编译的，而且完全依赖于之前已经知道的操作数（这里是 d）类型。这就是所谓的静态绑定。

现在我们将 d 的静态类型改为 object：

```
object d = ...
d.Quack();
```

调用 Quack 时会遇到一个编译错误。因为虽然存储在 d 中的值包含了一个名为 Quack 的方法，但是编译器无法得知，因为编译器所知的所有信息只是变量的类型（这里是 object）。现在我们来将 d 的静态类型改为 dynamic：

```
dynamic d = ...
d.Quack();
```

dynamic 类型类似于 object，它也是一种同样不具备描述性的类型。但区别是动态类型能够在编译器不知道它存在的情况下使用它。动态对象是基于其运行时类型而非编译时类型进行绑定的。当编译器遇到一个动态绑定表达式时（通常是一个包含任意 dynamic 类型值的表达式），它仅仅对表达式进行打包，而绑定则在后续运行时执行。

在运行时，如果一个动态对象实现了 IDynamicMetaObjectProvider，那么这个接口将用于执行绑定。否则，绑定的方式几乎像是编译器已经事先知道动态对象的运行时类型一样。我们将这两种方式分别称为自定义绑定和语言绑定。

4.16.2 自定义绑定

自定义绑定是通过动态对象实现 IDynamicMetaObjectProvider（IDMOP）接口来实现的。虽然可以在 C# 编写的类型上实现 IDMOP（这种方式也很有效），但是更常见情况是从 .NET 的动态语言运行时（Dynamic Language Runtime，DLR）上实现的动态语言中（例如，IronPython 或者 IronRuby）获得 IDMOP 对象。这些语言的对象已经隐式实现了 IDMOP，通过这种方式可以直接定义操作的含义。

我们将在第 19 章中详细介绍自定义绑定器。现在仅仅通过一个简单的绑定器来展示其功能：

```
using System;
using System.Dynamic;
```

```
dynamic d = new Duck();
d.Quack();                   // Quack method was called
d.Waddle();                  // Waddle method was called

public class Duck : DynamicObject
{
  public override bool TryInvokeMember (
    InvokeMemberBinder binder, object[] args, out object result)
  {
    Console.WriteLine (binder.Name + " method was called");
    result = null;
    return true;
  }
}
```

Duck 类实际上并没有 Quack 方法。相反，它使用自定义绑定拦截并解释所有方法的调用。

4.16.3 语言绑定

语言绑定是在动态对象未实现 IDynamicMetaObjectProvider 时发生的。语言绑定在处理设计不当的类型或绕过 .NET 本身类型系统的限制时是非常有用的（我们将在第 19 章详细介绍）。例如，使用数字类型的一个常见问题是它没有通用接口。但是方法是可以动态绑定的，运算符也一样：

```
int x = 3, y = 4;
Console.WriteLine (Mean (x, y));

dynamic Mean (dynamic x, dynamic y) => (x + y) / 2;
```

上述代码的好处非常明显，它不需要重复处理每种数值类型。然而这样做失去了静态类型安全性的保护，因此更可能发生运行时异常，而非编译时错误。

> 动态绑定会损害静态类型安全性，但是不会影响运行时类型安全性。与反射机制（参见第 18 章）不同，动态绑定不能绕过成员可访问性规则。

从设计的角度，若动态对象的运行时类型在静态编译时已知，则语言的运行时绑定可以无限接近静态绑定的效果。在上述例子中，如果我们在 Mean 的参数直接声明为 int 类型，那么程序的行为是相同的。静态和动态绑定最显著的差异在于扩展方法，我们将在4.16.11 节进行介绍。

> 动态绑定会对性能产生影响。然而，DLR 的缓存机制对同一个动态表达式的重复调用进行了优化，允许在一个循环中高效地调用动态表达式。因此在如今的硬件条件下，一个简单的动态表达式的处理开销可以控制在 100 纳秒以内。

4.16.4 RuntimeBinderException

如果成员绑定失败，那么程序会抛出 RuntimeBinderException 异常，可以将其看作一个运行时的编译时错误：

```
dynamic d = 5;
d.Hello();                    // throws RuntimeBinderException
```

上述代码抛出异常的原因是 int 类型没有 Hello 方法。

4.16.5 动态类型的运行时表示

dynamic 和 object 类型之间有深度的等价关系。在运行时，以下表达式的结果为 true：

```
typeof (dynamic) == typeof (object)
```

上述规则还可以扩展到构造类型和数组类型：

```
typeof (List<dynamic>) == typeof (List<object>)
typeof (dynamic[]) == typeof (object[])
```

与对象引用相似，动态引用也可以指向任何类型的对象（指针对象除外）：

```
dynamic x = "hello";
Console.WriteLine (x.GetType().Name);  // String

x = 123;  // No error (despite same variable)
Console.WriteLine (x.GetType().Name);  // Int32
```

在结构上，object 引用和动态引用没有任何区别。动态引用可以直接在它所指向的对象上执行动态操作。可以将 object 对象转换为 dynamic，以便对 object 对象执行任意的动态操作：

```
object o = new System.Text.StringBuilder();
dynamic d = o;
d.Append ("hello");
Console.WriteLine (o);   // hello
```

 若在提供了公有的 dynamic 成员的类型上使用反射，则可以观察到这些成员就是标记了特性的 object。例如：

```
public class Test
{
  public dynamic Foo;
}
```

和

```
public class Test
{
  [System.Runtime.CompilerServices.DynamicAttribute]
  public object Foo;
}
```

是等价的。

因此，该类型的消费者知道 Foo 属性应该作为动态类型使用，而同时也可以在不支持动态绑定的语言上回退到 object 类型。

4.16.6 动态转换

dynamic 类型可以隐式从其他类型转换而来或转换为其他类型：

```
int i = 7;
dynamic d = i;
long j = d;            // No cast required (implicit conversion)
```

只有在动态对象的运行时类型能够隐式转换到目标静态类型时上述转换才能成功，例子中的转换之所以能够成功是因为 int 类型可以隐式转换为 long 类型。

下面的例子将会抛出 RuntimeBinderException 异常，因为 int 类型不能够隐式转换为 short 类型：

```
int i = 7;
dynamic d = i;
short j = d;           // throws RuntimeBinderException
```

4.16.7 var 与 dynamic

var 和 dynamic 类型表面上相似，但实际上是非常不同的：

- var 说："让编译器去确定我的类型吧。"

- dynamic 说："让运行时去确定我的类型吧。"

例如：

```
dynamic x = "hello";  // Static type is dynamic; runtime type is string
var y = "hello";       // Static type is string; runtime type is string
int i = x;             // Runtime error     (cannot convert string to int)
int j = y;             // Compile-time error (cannot convert string to int)
```

一个由 var 声明的变量的静态类型可以是 dynamic：

```
dynamic x = "hello";
var y = x;             // Static type of y is dynamic
int z = y;             // Runtime error (cannot convert string to int)
```

4.16.8 动态表达式

字段、属性、方法、事件、构造器、索引器、运算符和转换都可以动态调用。

若动态表达式的返回值为 void，那么和静态类型的表达式一样，它的结果是无法使用的。两者的区别是动态表达式的错误发生在运行时：

```
dynamic list = new List<int>();
var result = list.Add (5);          // RuntimeBinderException thrown
```

包含动态操作数的表达式一般来说也是动态的，这是因缺少类型信息的结果向下传递而造成的：

```
dynamic x = 2;
var y = x * 3;          // Static type of y is dynamic
```

这个规则有一些例外情况。首先，将动态表达式转换为静态类型会产生一个静态表达式：

```
dynamic x = 2;
var y = (int)x;          // Static type of y is int
```

其次，构造器的调用总是产生静态表达式，即使调用时使用的是动态参数。在以下例子中，x 会被静态地设置为 StringBuilder 类型：

```
dynamic capacity = 10;
var x = new System.Text.StringBuilder (capacity);
```

此外，在极少数情况下，包含动态参数的表达式也是静态的，这些情况包括将索引传递给数组以及创建委托的表达式。

4.16.9 无动态接收者的动态调用

dynamic 的使用通常涉及动态接收者，即动态对象是动态函数调用的接收者：

```
dynamic x = ...;
x.Foo();          // x is the receiver
```

然而，还可以使用动态参数调用已知的静态函数。这种调用遵循动态重载解析规则，包括调用：

- 静态方法。
- 实例构造器。
- 已知静态类型的接收者的实例方法。

在下面的例子中，Foo 被动态绑定，且依赖于动态参数的运行时类型：

```
class Program
{
  static void Foo (int x)    => Console.WriteLine ("int");
  static void Foo (string x) => Console.WriteLine ("string");

  static void Main()
  {
    dynamic x = 5;
    dynamic y = "watermelon";
```

```
      Foo (x);      // int
      Foo (y);      // string
    }
  }
```

本例中并没有动态接收者，因此编译器可以静态进行基本检查以确定动态调用能否成功。它会检查是否存在名称和参数数量匹配的函数。如果没有发现候选函数，则产生一个编译时错误。例如：

```
class Program
{
  static void Foo (int x)    => Console.WriteLine ("int");
  static void Foo (string x) => Console.WriteLine ("string");

  static void Main()
  {
    dynamic x = 5;
    Foo (x, x);          // Compiler error - wrong number of parameters
    Fook (x);            // Compiler error - no such method name
  }
}
```

4.16.10 动态表达式中的静态类型

在动态绑定中使用动态类型是天经地义的，但是静态类型在可能的情况下也可用在动态绑定中。例如：

```
class Program
{
  static void Foo (object x, object y) { Console.WriteLine ("oo"); }
  static void Foo (object x, string y) { Console.WriteLine ("os"); }
  static void Foo (string x, object y) { Console.WriteLine ("so"); }
  static void Foo (string x, string y) { Console.WriteLine ("ss"); }

  static void Main()
  {
    object o = "hello";
    dynamic d = "goodbye";
    Foo (o, d);                // os
  }
}
```

Foo (o，d) 的调用是动态绑定的，这是因为它其中的一个参数 d 的类型是 dynamic。但是，由于 o 的类型是静态已知的，所以即使这个绑定是动态发生的，也会使用这个静态参数。在本例中，重载解析器之所以选择 Foo 的第二个实现，是 o 的静态类型和 d 的运行时类型共同决定的。换句话说，编译器会尽其所能地静态化。

4.16.11 不可调用的函数

有些函数无法动态调用，例如：

- 扩展方法（通过扩展方法语法）。

- 必须将类型转换为接口才能调用的接口成员。

- 基类中被子类隐藏的成员。

理解其中的原因对于理解动态绑定是非常有帮助的。

动态绑定需要两部分信息：调用函数的名称和调用该函数的对象。但是在上述三种不可调用的情况中还涉及一个只在编译时可见的附加类型（additional type）。在本书成书之时，我们仍然无法动态指定这种附加类型。

当调用扩展方法时，其附加类型是隐含的，即定义扩展方法的静态类。编译器会根据源代码中的 using 指令来搜索这个类。由于 using 指令在编译后（当它们在绑定过程中完成了将简单的名称映射到完整命名空间限定名称之后）就消失了，因此扩展方法是仅存在于编译时的概念。

当通过接口调用成员时，需要通过一个隐式转换或显式转换来指定这个附加类型。有两种情况需要执行这个操作，一种情况是调用显式实现的接口成员，另一种情况是调用另一个程序集内部类型中实现的接口成员。以下示例中的两个类型展示了第一种情况：

```
interface IFoo    { void Test();        }
class Foo : IFoo { void IFoo.Test() {} }
```

为了调用 Test 方法，我们必须将类型显式转换为 IFoo 接口。如果用静态方式则很简单：

```
IFoo f = new Foo();   // Implicit cast to interface
f.Test();
```

考虑如下动态类型的例子：

```
IFoo f = new Foo();
dynamic d = f;
d.Test();                // Exception thrown
```

我们用隐式转换（上面代码中加粗的部分）告知编译器将 f 的后续成员调用绑定到 IFoo 上而不是 Foo 上，换句话说，即通过 IFoo 接口的视角来查看对象。但是这个视角在运行时会消失，因此 DLR 无法完成这个绑定过程。这种运行时视角消失可以用以下代码来说明：

```
Console.WriteLine (f.GetType().Name);    // Foo
```

类似的情况也出现在调用隐藏的基类成员上，必须通过强制类型转换或者使用 base 关键字来指定一个附加类型，否则附加类型会在运行时消失。

 如需动态地调用接口方法，一种方式是使用 Uncapsulator 开源库。我们可以从 NuGet 或 GitHub 下载它。Uncapsulator 是专门解决该问题而生的，它利用自定义绑定提供了比 dynamic 使用更加方便的动态类型：

```
IFoo f = new Foo();
dynamic uf = f.Uncapsulate();
uf.Test();
```

Uncapsulator 还提供了使用名称进行基类型或接口转换，动态调用静态成员与访问类型的非公有方法等功能。

4.17 运算符重载

运算符可以通过重载以更自然的语法操作自定义类型。运算符重载最适合实现那种表示基元数据类型的结构体。例如，自定义的数值类型。

下面的运算符符号都是可以重载的：

+ (unary)	- (unary)	!	~	++
--	+		-	* /
%	&		|	^	<<
>>	==	!=	>	<
>=	<=			

除此之外，以下运算符也是可以重载的：

- 隐式和显式转换（使用 implicit 和 explicit 关键字实现）。
- true 和 false 运算符（非字面量）。

而以下运算符也可以间接重载：

- 复合赋值运算符（例如，+= 和 /=）可以通过重写非复合运算符（例如，+ 和 /）隐式重写。
- 条件运算符 && 和 || 可以通过重写按位操作运算符 & 和 | 隐式重写。

4.17.1 运算符函数

运算符是通过声明运算符函数进行重载的，运算符函数具有以下规则：

- 函数名为 operator 关键字跟上运算符符号。
- 运算符函数必须是 static 和 public 的。
- 运算符函数的参数即操作数。
- 运算符函数的返回类型表示表达式的结果。
- 运算符函数的操作数中至少有一个类型和声明运算符函数的类型是一致的。

在以下例子中，我们用名为 Note 的结构体表示音符，并重载 + 运算符：

```
public struct Note
{
  int value;
```

```
    public Note (int semitonesFromA) { value = semitonesFromA; }
    public static Note operator + (Note x, int semitones)
    {
      return new Note (x.value + semitones);
    }
  }
```

这个重载令 Note 可以和 int 相加:

```
Note B = new Note (2);
Note CSharp = B + 2;
```

重载运算符会自动支持相应的复合赋值运算符。在上例中,因为我们重载了 + 号,所以自然就可以使用 += 了。

```
CSharp += 2;
```

和方法与属性一样,C# 可以将只含有一个表达式的运算符函数简洁地写成表达式体语法的形式:

```
public static Note operator + (Note x, int semitones)
                   => new Note (x.value + semitones);
```

4.17.2 重载等号和比较运算符

通常在我们使用结构体(或类,但不常见)时需要重载等号和比较运算符。重载等号和比较运算符有一些特殊的规则和要求,我们将在第 6 章详细介绍。在这里,我们将其总结为:

成对重载

  C# 编译器要求逻辑上成对的运算符必须同时定义。这些运算符包括 (==、!=)、(<、>) 和 (<=、>=)。

Equals *和* GetHashCode

  在大多数情况下,如果重载了 (==) 和 (!=) 运算符,则必须重载 object 中定义的 Equals 和 GetHashCode 方法,使之具有合理的行为。如果没有按照要求重载,则 C# 编译器会发出警告(我们将在 6.13 节中详细介绍)。

IComparable *和* IComparable<T>

  如果重载了 (<、>) 和 (<=、>=) 运算符,那么还应当实现 IComparable 和 IComparable<T> 接口。

4.17.3 自定义隐式和显式转换

隐式和显式转换也是可重载的运算符。这些转换经过重载后,一般能使强相关的类型(例如,数字)之间的转换变得更加简明自然。

如果要在弱相关的类型之间进行转换,则更适合采用以下方式:

- 编写一个以转换类型为参数的构造器。

- 编写（静态的）ToXXX 和 FromXXX 方法进行类型转换。

之前我们在介绍类型时提到，隐式转换意味着它能够保证转换一定成功，且转换时不会丢失信息。相反，若转换成功与否取决于运行时环境，或转换过程中可能丢失信息，则应当使用显式转换。

在以下例子中，我们定义了 Note 类型和 double（代表以赫兹为单位的音符频率）之间的转换规则：

```
...
// Convert to hertz
public static implicit operator double (Note x)
  => 440 * Math.Pow (2, (double) x.value / 12 );

// Convert from hertz (accurate to the nearest semitone)
public static explicit operator Note (double x)
  => new Note ((int) (0.5 + 12 * (Math.Log (x/440) / Math.Log(2) ) ));
...

Note n = (Note)554.37;   // explicit conversion
double x = n;            // implicit conversion
```

按照之前的规则，相比实现隐式和显式运算符，在上例中，实现 ToFrequency（与静态的 FromFrequency）方法可能是更好的选择。

as 和 is 运算符会忽略自定义转换：

```
Console.WriteLine (554.37 is Note);   // False
Note n = 554.37 as Note;              // Error
```

4.17.4 重载 true 和 false

true 和 false 运算符只会在那些本身有布尔语义但无法转换为 bool 的类型中重载（这种类型并不多见）。例如，一个类型实现了三个状态逻辑，通过重载 true 和 false 运算符，这个类型就可以无缝地和条件语句 if、do、while、for、&&、|| 和 ?:，以及运算符一起使用了。System.Data.SqlTypes.SqlBoolean 结构体就提供了这个功能：

```
SqlBoolean a = SqlBoolean.Null;
if (a)
  Console.WriteLine ("True");
else if (!a)
  Console.WriteLine ("False");
else
  Console.WriteLine ("Null");

OUTPUT:
Null
```

以下代码重新实现了 SqlBoolean 中关于 true 和 false 运算符的一部分代码：

```
public struct SqlBoolean
{
  public static bool operator true (SqlBoolean x)
    => x.m_value == True.m_value;

  public static bool operator false (SqlBoolean x)
    => x.m_value == False.m_value;

  public static SqlBoolean operator ! (SqlBoolean x)
  {
    if (x.m_value == Null.m_value)  return Null;
    if (x.m_value == False.m_value) return True;
    return False;
  }

  public static readonly SqlBoolean Null =  new SqlBoolean(0);
  public static readonly SqlBoolean False = new SqlBoolean(1);
  public static readonly SqlBoolean True =  new SqlBoolean(2);

  private SqlBoolean (byte value) { m_value = value; }
  private byte m_value;
}
```

4.18 不安全的代码和指针

C# 中可以将代码块标记为不安全代码并使用 /unsafe 编译器选项来使用指针直接进行内存操作。指针类型主要用来与 C 语言 API 进行互操作，但是也可以用来访问托管堆以外的内存，或者处理严重影响性能的热点。

4.18.1 指针基础

对于每一种值类型或引用类型 V，它们都有用对应的指针类型 $V*$。指针实例保存了变量的地址。指针类型可以（不安全地）转换为任何一种指针类型。主要的指针运算符有：

运算符	作用
&	取地址运算符返回指向某个变量地址的指针
*	解引用（复引用）运算符返回指针指向地址的变量
->	指针取成员运算符是一个快捷语法，其中 x->y 等价于 (*x).y

为了和 C 语言保持一致，在指针上加上或减去一个整数将得到另一个指针。两个指针相减会得到一个 64 位整数（无论是 32 位平台还是 64 位平台都是如此）。

4.18.2 不安全的代码

使用 unsafe 关键字修饰类型、类型成员或者语句块，就可以在该范围内使用指针类型

并可以像 C 语言那样对作用域内的内存执行指针操作。下面的例子用指针实现了快速的
位图处理：

```
unsafe void BlueFilter (int[,] bitmap)
{
  int length = bitmap.Length;
  fixed (int* b = bitmap)
  {
    int* p = b;
    for (int i = 0; i < length; i++)
      *p++ &= 0xFF;
  }
}
```

不安全代比对应的安全代码运行的速度更快，本例中使用了一个遍历数组索引和检查边
界的嵌套循环。由于没有穿越托管运行环境的开销，不安全的 C# 方法可能比调用外部
C 函数的执行速度更快。

4.18.3 fixed 语句

fixed 语句是用来锁定托管对象的，例如前面例子中的位图。在程序执行过程中，许许
多多对象都在堆上分配，并从堆上回收。为了避免不必要的内存浪费和内存的碎片化，
垃圾回收器都会移动这些对象。因此，如果一个对象的地址在引用时发生变化，那么指
向该对象的指针是无效的。fixed 语句则告诉垃圾回收器"锁定"这个对象，而且不要
移动它。这可能对运行时效率会产生一定影响，所以 fixed 代码块应当只供短暂使用，
而且在代码块中应当避免在堆上分配内存。

在 fixed 语句中可以获得一个指向任意值类型、任意值类型数组或字符串的指针。对于
数组和字符串，这个指针实际上指向第一个值类型的元素。

对引用类型中的内联值类型操作需要事先锁定引用类型，例如：

```
Test test = new Test();
unsafe
{
  fixed (int* p = &test.X)   // Pins test
  {
    *p = 9;
  }
  Console.WriteLine (test.X);
}

class Test { public int X; }
```

我们将在 24.6 节中进一步介绍 fixed 语句。

4.18.4 指针取成员运算符

除了 & 和 * 运算符，C# 还支持 C++ 形式的 -> 运算符。该运算符可以在结构体上使用：

```
Test test = new Test();
unsafe
{
  Test* p = &test;
  p->X = 9;
  System.Console.WriteLine (test.X);
}

struct Test { public int X; }
```

4.18.5 stackalloc 关键字

stackalloc 关键字将在栈上显式分配一块内存。由于内存是在栈上分配的，因此其生命周期和其他局部变量（这里的局部变量指那些没有被 Lambda 表达式、迭代块或者异步方法捕获，因此其生命周期也没有延长的变量）一样，受限于方法执行期。可以在这块内存上使用 [] 运算符进行索引访问：

```
int* a = stackalloc int [10];
for (int i = 0; i < 10; ++i)
    Console.WriteLine (a[i]);
```

在第 23 章中，我们将介绍如何在无须使用 unsafe 关键字的情况下使用 Span<T> 管理这些分配在栈上的内存：

```
Span<int> a = stackalloc int [10];
for (int i = 0; i < 10; ++i)
    Console.WriteLine (a[i]);
```

4.18.6 固定大小的缓冲区

fixed 关键字的另外一个用途是在结构体中创建固定大小的缓冲区（这个功能常用于调用非托管函数，请参见第 24 章）：

```
new UnsafeClass ("Christian Troy");

unsafe struct UnsafeUnicodeString
{
  public short Length;
  public fixed byte Buffer[30];    // Allocate block of 30 bytes
}

unsafe class UnsafeClass
{
  UnsafeUnicodeString uus;

  public UnsafeClass (string s)
  {
    uus.Length = (short)s.Length;
    fixed (byte* p = uus.Buffer)
      for (int i = 0; i < s.Length; i++)
        p[i] = (byte) s[i];
  }
}
```

固定大小的缓冲区不是数组，如果 Buffer 是数组类型，那么它就会成为一个存储在堆上的对象的引用，而非存储在结构体内部的 30 个字节了。

在本例中，fixed 关键字还用于将包含缓冲区的对象（UnsafeClass 实例）在堆上进行锁定。因此 fixed 表示了两个不同的事物，第一是大小固定的，第二是位置固定的。这两者通常一起使用，即固定大小的缓冲区必须在固定的位置使用。

4.18.7 void*

void 指针（void*）不对指向的数据做任何的类型假设，它常用于处理原始内存的函数。任意的指针都可以隐式转换为 void*。void* 不可解引用，且算术运算符也不能在 void 指针上使用，例如：

```
short[] a = { 1, 1, 2, 3, 5, 8, 13, 21, 34, 55 };
unsafe
{
  fixed (short* p = a)
  {
    //sizeof returns size of value-type in bytes
    Zap (p, a.Length * sizeof (short));
  }
}
foreach (short x in a)
  System.Console.WriteLine (x);    // Prints all zeros

unsafe void Zap (void* memory, int byteCount)
{
  byte* b = (byte*)memory;
  for (int i = 0; i < byteCount; i++)
    *b++ = 0;
}
```

4.18.8 原生大小整数

nint 和 nuint 是在 C# 9 中引入的原生大小整数类型，其长度与运行时进程的地址空间大小（一般为 32 位或 64 位）一致。原生大小整数能够改善效率，防止溢出，并且适于进行指针运算。

使用原生大小整数能够提升效率。例如，在 C# 中，指针减法的结果永远是 64 位整数（long），这在 32 位平台下效率是比较低的。通过将指针转换为 nint，可以确保其相减的结果仍然是 nint 类型（即在 32 位平台上，其结果也为 32 位）：

```
unsafe nint AddressDif (char* x, char* y) => (nint)x - (nint)y;
```

使用原生整数还能防止溢出。在 nint 和 nuint 出现之前，当我们需要一种类型来表示数组的偏移量或缓冲区的长度时，只得退而使用 System.IntPtr 和 System.UIntPtr。但这两种类型本来是用于包装系统句柄和地址指针的，因而可以在 unsafe 上下文以外进行互操作。虽然它们也是原生大小，但算数运算能力却不强——更麻烦的是它们的算术运算全部都是 unchecked 的，因此，它们会静悄悄地发生溢出。

相比之下，原生大小整数更像是标准整数，它们支持完整的算术运算也可以执行溢出检查：

```
nint x = 123, y = 234;
checked
{
  nint sum = x + y, product = x * y;
  Console.WriteLine (product);
}
```

32 位整数常量可以直接赋值给原生大小整数（但 64 位整数常量则不能，因为可能会发生运行时溢出）。我们可以显式使用强制类型转换将原生大小整数转换为其他整数类型，反之亦然。

在运行时，nint 和 nuint 映射为 IntPtr 和 UIntPtr 结构体。因此，我们不必进行强制转换（一种身份变换）就可以在这两种类型间转换：

```
nint x = 123;
IntPtr p = x;
nint y = p;
```

由之前的讨论可知，虽然在运行时形式相同，但 nint 或 nuint 并不仅仅是 IntPtr 或 UIntPtr 的快捷方式。特别地，编译器会将 nint 和 nuint 视为数值类型。它们不但可以参与数值计算（而 IntPtr 和 UIntPtr 则不行），同时还具有 checked 代码块的支持。

> nint 或 nuint 变量就像是戴着特殊帽子的 IntPtr 或 UIntPtr。编译器一看到这顶帽子就将其认作"安全的数值类型"。
>
> 这种身兼多职的行为是原生大小整数独有的，而其他的则不然。例如，int 完全是 System.Int32 的同义词，它们可以自由互换。

这种不同则意味着两者各有适用的场合：

- nint 或 unint 适用于表示内存的偏移量或缓冲区的长度。
- IntPtr 或 UIntPtr 适用于包装句柄或进行指针互操作。

按照上述方式使用这两类类型可以清晰地表述程序的意图。

> .NET 中的 Buffer.MemoryCopy 方法的实现就是一个正确使用 nint 和 nuint 的典范。我们可以在 GitHub 上查看 .NET 的 *Buffer.cs* 代码文件，也可以使用 ILSpy 等反编译器查看其代码。LINQPad 中的 *C# 10 in a Nutshell* 范例中也包含了一个简化版本。

4.18.9 函数指针

函数指针（C# 9 引入）与委托类似，但是它并不使用委托实例进行中转，而是直接指向方法。函数指针只能指向静态方法，它不具备多播的能力，并且只能够在 unsafe 上下文中使用（因为函数指针会跳过运行时类型安全检查）。它的主要目的就是简化并优化 C# 与非托管 API 的交互（请参见 24.3 节）。

函数指针类型的声明为（它的返回值是最后一个类型参数）：

```
delegate*<int, char, string, void>   // (void refers to the return type)
```

以上声明可以匹配如下函数签名：

```
void SomeFunction (int x, char y, string z)
```

& 运算符可以从一组方法中创建一个函数指针。以下是一个完整示例：

```
unsafe
{
  delegate*<string, int> functionPointer = &GetLength;
  int length = functionPointer ("Hello, world");

  static int GetLength (string s) => s.Length;
}
```

在上述示例中，functionPointer 并非对象，而是一个直接指向目标方法内存地址的变量。因此，我们不能像调用方法那样使用 Invoke（或引用 Target 对象）：

```
Console.WriteLine ((IntPtr)functionPointer);
```

和其他指针一样，函数指针不会进行运行时类型检查。以下我们将函数的返回值视作 decimal（decimal 比 int 要长，因此这意味着我们会在输出中引入一些随机的内存值）：

```
var pointer2 = (delegate*<string, decimal>) (IntPtr) functionPointer;
Console.WriteLine (pointer2 ("Hello, unsafe world"));
```

4.18.10 [SkipLocalsInit] 特性

在 C# 编译方法时会生成一个标志，令运行时将方法中的局部变量初始化为默认值（将内存值设置为 0）。而从 C# 9 开始，我们可以在方法上使用（System.Runtime.CompilerServices 命名空间中的）[SkipLocalsInit] 特性要求编译器不生成相应标志：

```
[SkipLocalsInit]
void Foo() ...
```

该特性也可以应用在类型——这样做相当于为该类型的所有方法都应用该特性——甚至整个模块（即程序集的容器）上：

```
[module: System.Runtime.CompilerServices.SkipLocalsInit]
```

在普通的安全的情形下，[SkipLocalsInit] 特性对功能和性能的影响是很小的。因为 C# 明确的赋值策略要求局部变量在读取之前必须显式赋值。因此，无论是否使用特性，JIT 优化器很可能都会生成相同的机器代码。

但是在 unsafe 上下文中，使用 [SkipLocalsInit] 特性可以有效地节省 CLR 初始化值类型局部变量的开销，一定程度上提高大量使用栈存储（通过 stackalloc 大量使用栈空间）的方法的性能。以下示例在应用 [SkipLocalsInit] 特性后输出未初始化的内存值（这些内存没有初始化为 0）：

```
[SkipLocalsInit]
unsafe void Foo()
{
  int local;
  int* ptr = &local;
  Console.WriteLine (*ptr);

  int* a = stackalloc int [100];
  for (int i = 0; i < 100; ++i) Console.WriteLine (a [i]);
}
```

有意思的是，在安全的上下文中，使用 Span<T> 也能够达到相同的结果：

```
[SkipLocalsInit]
void Foo()
{
  Span<int> a = stackalloc int [100];
  for (int i = 0; i < 100; ++i) Console.WriteLine (a [i]);
}
```

使用 [SkipLocalsInit] 特性时，即使没有一个方法是 unsafe 的，也需要在编译程序集时指定 unsafe 选项。

4.19 预处理指令

预处理指令向编译器提供关于一段代码的附加信息。最常用的预处理指令是条件指令，它提供了一种控制某一块代码编译与否的方法，例如：

```
#define DEBUG
class MyClass
{
  int x;
  void Foo()
  {
    #if DEBUG
    Console.WriteLine ("Testing: x = {0}", x);
    #endif
  }
  ...
}
```

在上述类中，Foo 方法中的语句将根据 DEBUG 符号定义与否来有条件地对其中语句进行编译。如果我们移除 DEBUG 符号，则其中的语句就不会编译。预处理符号可以定义在源代码中（像上例中那样），也可以在 .csproj 文件中在工程级别定义。

```
<PropertyGroup>
```

```
<DefineConstants>DEBUG;ANOTHERSYMBOL</DefineConstants>
</PropertyGroup>
```

#if 和 #elif 指令可以使用 ||、&& 和 ! 运算符对多个符号进行或、与、非的逻辑运算。下面的指令会令编译器在 TESTMODE 符号定义时并且 DEBUG 符号未定义时编译其中的代码：

```
#if TESTMODE && !DEBUG
    ...
```

请谨记，这并不是普通的 C# 表达式，并且这些符号和在程序中定义的变量是毫无关系的，无论是静态变量还是其他变量。

#error 和 #warning 符号可以避免条件指令的滥用。它可以在出现不符合要求的编译符号时产生一条错误或警告信息。表 4-1 列出了预处理指令。

表 4-1：预处理指令

预处理指令	操作
#define *symbol*	定义 symbol 符号
#undef *symbol*	取消 symbol 符号的定义
if *symbol*	判断 symbol 符号
[*operator symbol2*]...	其中 operator 可以是 ==、!=、&& 和 ||。#if 指令后可以跟 #else、#elif 和 #endif
#else	执行到下一个 #endif 之前的代码
#elif *symbol* [*operator symbol2*]	组合 #else 分支和 #if 判断
#endif	结束条件指令
#warning *text*	在编译器输出中显示 text 警告信息
#error *text*	在编译器输出中显示 text 错误信息
#error version	报告编译器的版本并退出
#pragma warning [disable | restore]	取消 / 恢复对编译器警告的检测
#line [*number* ["*file*"]] | hidden	number 是源代码的行号（从 C# 10 开始还可以在其中指定列号）；file 是输出的文件名；hidden 指示调试器忽略此处到下一个 #line 指令之间的代码
#region *name*	标记大纲的开始位置
#endregion	标记大纲区域的结束位置
#nullable *option*	请参见 4.8 节

4.19.1 Conditional 特性

使用 Conditional 特性修饰的特性只有在给定的预处理符号出现时才编译。例如：

```
// file1.cs
#define DEBUG
using System;
using System.Diagnostics;
[Conditional("DEBUG")]
public class TestAttribute : Attribute {}

// file2.cs
#define DEBUG
[Test]
class Foo
{
  [Test]
  string s;
}
```

当 DEBUG 符号在 *file2.cs* 范围内出现时，编译器才会将 [Test] 特性加入进来。

4.19.2 pragma 警告

当编译器发现代码中一些看似无意的疏忽时会给出警告信息。与错误不同，警告一般不会终止应用程序的编译过程。

编译器产生的警告信息在排查代码的缺陷时是非常有用的。然而，如果得到的是虚假的警告，那么它的实用性就大打折扣了。因此，在大型应用程序中，保持良好的信噪比对于发现"真正的"警告是非常重要的。

对此，编译器允许通过 #pragma warning 指令有选择地避免一些警告。在下面的例子中，我们指示编译器在 Message 字段没有使用时不要产生警告：

```
public class Foo
{
  static void Main() { }

  #pragma warning disable 414
  static string Message = "Hello";
  #pragma warning restore 414
}
```

忽略 #pragma warning 指令中的数字则意味着禁用或恢复所有的编译器警告。

如果你希望彻底应用这个指令，则可以用 /warnaserror 开关让编译器将所有警告都显示为错误。

4.20 XML 文档

文档注释是一段记录类型或成员的嵌入式 XML。文档注释位于类型或成员声明之前，以三个斜线开头：

```
/// <summary>Cancels a running query.</summary>
public void Cancel() { ... }
```

多行的注释方法如下所示：

```
/// <summary>
/// Cancels a running query
/// </summary>
public void Cancel() { ... }
```

或像这样：

```
/**
    <summary> Cancels a running query. </summary>
*/
public void Cancel() { ... }
```

若在 *.csproj* 文件中添加如下配置：

```
<PropertyGroup>
  <DocumentationFile>SomeFile.xml</DocumentationFile>
</PropertyGroup>
```

则编译器会将此类文档注释抽取到特定的 XML 文件中。这个文件主要有如下两种用途：

- 若该文件和编译生成的程序集位于同一目录下。则 Visual Studio 和 LINQPad 等工具会自动加载该 XML 文件，并在消费同名程序集时利用其中的信息提供 IntelliSense 智能成员列表。

- 可以使用第三方工具（例如，Sandcastle 或 NDoc）将 XML 文件转换为 HTML 帮助文件。

4.20.1 标准 XML 文档标签

以下是 Visual Studio 和文档生成器支持的标准 XML 标签：

`<summary>`

```
<summary>...</summary>
```

IntelliSense 中展示的类型或成员帮助信息，一般为一个短语或句子。

`<remarks>`

```
<remarks>...</remarks>
```

类型或成员的附加描述信息。文档生成器会获得这些信息，并将其合并到类型或成员的描述信息中。

`<param>`

```
<param name="name">...</param>
```

对方法参数的解释。

`<returns>`

```
<returns>...</returns>
```

对方法返回值的解释。

\<exception\>

> \<exception [cref="*type*"]\>...\</exception\>

列出该方法可能抛出的一种异常（cref 是异常的类型）。

\<example\>

> \<example\>...\</example\>

该标签代表文档生成器使用的示例。它通常包含了描述性信息和源代码（源代码一般位于 \<c\> 或 \<code\> 标签内）。

\<c\>

> \<c\>...\</c\>

内联的代码片段。这个标签通常用在 \<example\> 标签内。

\<code\>

> \<code\>...\</code\>

多行代码的示例。这个标签通常在 \<example\> 标签内使用。

\<see\>

> \<see cref="*member*"\>...\</see\>

将一个内联的交叉引用插入到另外一个类型或成员中。HTML 文档生成器通常将其转换为一个超链接。如果该类型或者成员名称是无效的，则编译器会产生一条警告信息。如果要引用泛型类型，那么要使用花括号，例如，cref="Foo{T,U}"。

\<seealso\>

> \<seealso cref="*member*"\>...\</seealso\>

交叉引用另外一个类型或成员。文档生成器通常将这部分内容写入页面下方一个独立的 "See Also" 小节中。

\<paramref\>

> \<paramref name="*name*"/\>

在 \<summary\> 和 \<remarks\> 标签内引用参数。

\<list\>

> ```
> <list type=[ bullet | number | table ]>
>   <listheader>
>     <term>...</term>
>     <description>...</description>
>   </listheader>
>   <item>
>     <term>...</term>
>     <description>...</description>
>   </item>
> </list>
> ```

令文档生成器生成一个带有项目符号、编号或表格式的列表。

\<para\>

> \<para\>...\</para\>

令文档生成器为指定内容单独生成一个段落。

```
<include>
    <include file='filename' path='tagpath[@name="id"]'>...</include>
```
合并一个包含文档的外部 XML 文件。path 属性的值是用于查询该文件中某个特定元素的 XPath 查询。

4.20.2 用户自定义标签

C# 编译器不仅可以识别的预定义 XML 标签，还支持用户自定义标签。<param> 标签及其 cref 属性是编译器唯一需要进行特殊处理的部分（对于 <param> 标签，它将验证参数名称，并确保包含方法所有的参数都在文档中进行了记录。对于 cref 属性，它将确保属性所指是真实的类型或成员，并将其扩展为完全限定类型或成员 ID）。在用户自定义标签中也可以定义 cref 属性，其验证和扩展方式和预定义的 <exception>、<permission>、<see> 和 <seealso> 标签是一样的。

4.20.3 类型交叉引用或成员交叉引用

类型名称和类型或成员交叉引用将会转换为相应类型或成员的唯一 ID。这些名称是由 ID 所表示的内容的前缀与类型或成员的签名组成的。其中，成员的前缀有以下几种：

XML 类型前缀	ID 前缀的应用目标
N	命名空间
T	类型（类、结构体、枚举、接口、委托）
F	字段
P	属性（包括索引器）
M	方法（包括特殊方法）
E	事件
!	错误

签名的规则有详细的文档，但非常复杂。

以下是一个类及生成的 ID 的示例：

```
// Namespaces do not have independent signatures
namespace NS
{
  /// T:NS.MyClass
  class MyClass
  {
    /// F:NS.MyClass.aField
    string aField;

    /// P:NS.MyClass.aProperty
    short aProperty {get {...} set {...}}

    /// T:NS.MyClass.NestedType
    class NestedType {...};

    /// M:NS.MyClass.X()
```

```csharp
    void X() {...}

    /// M:NS.MyClass.Y(System.Int32,System.Double@,System.Decimal@)
    void Y(int p1, ref double p2, out decimal p3) {...}

    /// M:NS.MyClass.Z(System.Char[ ],System.Single[0:,0:])
    void Z(char[ ] p1, float[,] p2) {...}

    /// M:NS.MyClass.op_Addition(NS.MyClass,NS.MyClass)
    public static MyClass operator+(MyClass c1, MyClass c2) {...}

    /// M:NS.MyClass.op_Implicit(NS.MyClass)~System.Int32
    public static implicit operator int(MyClass c) {...}

    /// M:NS.MyClass.#ctor
    MyClass() {...}

    /// M:NS.MyClass.Finalize
    ~MyClass() {...}

    /// M:NS.MyClass.#cctor
    static MyClass() {...}
  }
}
```

第 5 章

.NET 概述

.NET 6 运行时中绝大部分功能都是由大量的托管类型提供的。这些类型组织在层次化的命名空间中，并打包为一套程序集。

有些 .NET 类型是由 CLR 直接使用的，而且对于托管宿主环境而言是必不可少的。这些类型位于一个名为 *System.Private.CoreLib.dll* 的程序集中，包括 C# 的内置类型、基本的集合类、流处理类型、序列化、反射、线程和原生互操作类型。

System.Private.CoreLib.dll 替换了 .NET Framework 中的 *mscorlib.dll*。但是官方文档中仍有不少部分仍在引述 mscorlib。

在此之上是一些附加类型，它们充实了 CLR 层面的功能，提供了其他一些特性，如 XML、JSON、网络和语言集成查询（LINQ）等。这些类型组成了基础类型库（Base Class Library，BCL）。在基础类型库之上的则是应用程序层（application layer），它们提供了开发特定类型程序（例如，Web 程序或富客户端应用程序）的 API。

本章包含如下内容：

* 基础类型库概述（涵盖了后续章节的内容）。

* 应用程序层的概要性总结。

.NET 6 的新功能

.NET 6 对基础类型库中加入了大量新的功能，特别是：

* `DateOnly` 或 `TimeOnly` 结构体能够清晰地表示日期或时间。例如，记录生日或定制闹钟（请参见 6.3 节）。

* `BitOperations` 静态类型可以提供底层的以 2 为基数的数字操作（请参见

6.10 节）。

- 添加了新的 LINQ 方法：Chunk、DistinctBy、UnionBy、IntersectBy、
  ExceptBy、MinBy 与 MaxBy（请参见第 9 章）。此外，Take 方法现在也可以接收
  Range 类型的变量。

- 新的 JsonNode API 提供了流畅的可写入的 DOM 模型，而且 JsonNode 无
  须销毁。（请参见 11.4.4 节）。除此之外，还在 Utf8JsonWriter 中添加了
  WriteRawValue 方法。

- 新的 RandomAccess 类提供了高性能的线程安全的文件 I/O 操作。

- System.Reflection 命名空间中的 NullabilityInfoContext 类可用于查询可空
  类型的标记（请参见 18.2.2.2 节）。

- 在 System.Security.Cryptography 命名空间下的 RandomNumberGenerator 类
  添加了 GetBytes(int) 静态方法，该方法可以一次性返回随机字节数组。同时
  添加的还有简化加密和解密操作的新方法（请参见 20.4.1 节）。

- Parallel 类中添加了新的 ForEachAsync 方法，该方法限制了异步操作的并发
  数目（请参见 21.4.1.3 节）。现在，Task 类型上也有 WaitAsync 方法了，它可以
  在任何异步操作上添加超时机制。同时添加的还有专门为 await 而设计的新计
  时器（请参见 21.9.1 节）

- 新的 NativeMemory 类型提供了底层内存分配机制（例如，malloc）的轻量级
  包装。

.NET 6 还对其运行时进行了诸多性能改进。对 Windows ARM64 与 Apple 的 M1 或
M2 处理器进行了优化。

在应用程序层，最大的变化是引入了 MAUI（多平台应用 UI，在 2022 年起引入）。
它替代 Xamarin 进行跨平台的移动端开发。MAUI 同样支持跨平台的 macOS 和
Windows 桌面应用程序开发，并使用统一的 .NET 6 CLR/BCL。UWP 也迎来了它的
继任者 Windows App SDK（使用 WinUI3 作为其展示层）。此外还引入了称为 Blazor
Desktop 的新技术，用于编写基于 HTML 的桌面和移动端应用程序。

5.1 .NET Standard

如果 NuGet 上提供的大量公共库仅仅支持 .NET 6，那么它们的价值就大打折扣了。编
写程序库通常需要支持各种平台与运行时版本，并以最低的公分母为目标进行构建，而
无须为各个运行时独立进行构建。如果程序库仅需要支持 .NET 6 的直接前序版本，则
相对容易。例如，如果以 .NET Core 3.0 为目标，那么该库则可以运行在 .NET Core
3.0、.NET Core 3.1 和 .NET 5+ 上。

但如果需要支持 .NET Framework 和 Xamarin，则事情就变得复杂了。这些运行时都有功能互相重叠的 CLR 和 BCL，而且相互间并没有与绝对的包含关系。

.NET Standard 通过人为定义整个遗留运行时的子集来解决上述问题。将 .NET Standard 为构建目标就可以更容易地编写支持广泛的程序库。

 .NET Standard 不是一套运行时，它仅仅是一个描述（类型和成员的）最小功能集基线的规范，以保证特定框架间的兼容性。这个概念和 C# 的接口很相似，.NET 标准类似一个接口，而运行时则是实现接口的具体类型。

5.1.1 .NET Standard 2.0

.NET Standard 2.0 是 .NET Standard 中使用最广泛的一个版本。以 .NET Standard 2.0（而不是特定运行时）为构建目标的程序库可以不经修改而运行在大部分现代运行时或仍然使用的遗留运行时中，包括：

- .NET Core 2.0+（包括 .NET 5 和 .NET 6）。
- UWP 10.0.16299+。
- Mono 5.4+（旧版本的 Xamarin 也使用该 CLR/BCL）。
- .NET Framework 4.6.1+。

如需基于 .NET Standard 2.0 进行开发，请在 *.csproj* 工程文件中添加如下配置：

```
<PropertyGroup>
  <TargetFramework>netstandard2.0</TargetFramework>
<PropertyGroup>
```

本书描述的大多数 API 都是 .NET Standard 2.0 所支持的。

5.1.2 .NET Standard 2.1

.NET Standard 2.1 是 .NET Standard 2.0 的超集，它（仅仅）支持以下平台：

- .NET Core 3.0+
- Mono 6.4+

目前，还没有任何一个版本的 .NET Framework 支持 .NET Standard 2.1（甚至 UWP 也不支持）。因而，此时其用途还不如 .NET Standard 2.0 广泛。

.NET Standard 2.1 支持以下的 API（但 .NET Standard 2.0 并不支持这些 API）：

- `Span<T>`（请参见第 23 章）。
- `Reflection.Emit`（请参见第 18 章）。
- `ValueTask<T>`（请参见第 14 章）。

5.1.3 旧版本 .NET Standard

除上述 .NET Standard 版本之外，还有一些现存的旧版本的 .NET Standard，主要版本号是 1.1、1.2、1.3 和 1.6。更高的版本号意味着对低版本号的扩展。例如，如果一个程序库基于 .NET Standard 1.6，那么该程序库不仅可以支持最近版本的主要运行时，还可以兼容 .NET Core 1.0。如果基于 .Net Standard 1.3，那么它可以支持包括 .NET Framework 4.6.0 在内的之前提到过的所有框架。下表列出了 .NET Standard 和所支持的框架的关系：

如基于以下标准	那么可支持以下框架
Standard 1.6	.NET Core 1.0
Standard 1.3	同上，还包括 .NET 4.6.0
Standard 1.2	同上，还包括 .NET 4.5.1、Windows Phone 8.1、WinRT for Windows 8.1
Standard 1.1	同上，还包括 .NET 4.5.0、Windows Phone 8.0、WinRT for Windows 8.0

 .NET Standard 2.0 相比 1.x 版本增添了几千个 API，本书中包括很多这样的 API。因此支持 .NET Standard 1.x 版本，尤其是在集成现有程序库的代码的情况下支持 1.x 版本，这是非常困难的。

你可以将 .NET Standard 想象为一个最小的公分母。以 .NET Standard 2.0 为例，实现了该标准的运行时拥有相似的 BCL，因此其公分母大且完善，而如果还要兼容 .NET Core 1.0（一个小得多的 BCL），那么它的最小公分母（.NET Standard 1.x）就非常小而不完善了。

5.1.4 .NET Framework 和 .NET 6 的兼容性

.NET Framework 已经存在了很长时间。因此，存在不少仅为 .NET Framework 开发，而在 .NET Standard、.NET Core 和 .NET 6 下暂不存在对等功能的库。为了解决这个问题，.NET 5+ 和 .NET Core 项目可以直接引用 .NET Framework 的程序集。但仍有如下限制：

- 若 .NET Framework 的程序集调用了未受支持的 API，则会抛出异常。

- 一些不常见的依赖（经常）可能发生解析失败的现象。

在实践中，执行简单功能的程序集（例如，包装非托管程序集的程序集）是最有可能可以正常工作的。

5.2 运行时与 C# 语言的关系

默认情况下，工程的运行时版本决定了可以使用的 C# 语言的版本：

- .NET 6 运行时为 C# 10。

- .NET 5 运行时为 C# 9。

- .NET Core 3.x、Xamarin 和 .NET Standard 2.1 对应的语言版本为 C# 8。

- .NET Core 2.x、.NET Framework 和 .NET Standard 2.0 及更低的版本对应为 C# 7.3。

上述关系皆因后续 C# 版本所需的类型只存在于后续的运行时版本中。

我们可以在工程文件中通过更改 `<LangVersion>` 元素的值更改使用的语言版本。若在先前的 .NET 运行时（例如，.NET 5）上选择更新的语言版本（例如，C# 10），则当语言的功能依赖新的 .NET 类型时就会失败（但是有时候我们可以自行定义这些类型）。

5.3 引用程序集

在基于 .NET Standard 进行开发时，工程会隐式的引用名为 *netstandard.dll* 的程序集。它包含了所有对应版本的 .NET Standard 中支持的类型和成员，称为"引用程序集"（reference assembly）。引用程序集仅仅为编译器服务但并不包含编译代码，在运行时将通过程序集重定向特性定位"真正"的程序集（程序集的选择取决于程序集最终所在的运行平台和运行时）。

有趣的是 .NET 6 也遵循类似的流程。我们的工程会隐式的引用一系列引用程序集，这些程序集中的类型是相应版本的 .NET 程序集的镜像。这对维持跨版本和跨平台的兼容性有很大帮助，甚至可以基于本机未安装的 .NET Core 版本进行开发。

5.4 CLR 和 BCL

5.4.1 系统类型

大多数基础类型都位于 System 命名空间中。其中包括 C# 的内置类型，Exception 基类、Enum、Array、Delegate 基类，以及 Nullable、Type、DateTime、TimeSpan 和 Guid。System 命名空间还包含执行数学计算功能的 Math 类、生成随机数字的 Random 类和用于在不同类型执行转换操作的类型（Convert 和 BitConverter）。

第 6 章将详细介绍这些类型。除此之外还将介绍框架中各种标准协议的定义接口，例如，用于格式化任务的 IFormattable 接口和用于顺序比较的 IComparable 接口。

System 命名空间还定义了 IDisposable 接口以及与垃圾回收器交互的 GC 类，我们将在第 12 章中对这些内容进行介绍。

5.4.2 文本处理

我们将在第 6 章介绍 System.Text 命名空间中的 StringBuilder 类（可编辑或可变的字

符串类型）和用于文本编码（例如，UTF-8）的类型（Encoding 类及其子类型）。

在第 25 章中，我们将介绍 System.Text.RegularExpressions 命名空间中基于模式进行搜索和替换操作的高级类型。

5.4.3 集合

第 7 章将介绍 .NET 提供的各种处理集合的类型。包括基于列表和基于字典的结构，以及一组统一这些常用特性的标准接口。这些集合类型都定义在以下命名空间中：

```
System.Collections              // Nongeneric collections
System.Collections.Generic      // Generic collections
System.Collections.Specialized  // Strongly typed collections
System.Collections.ObjectModel  // Bases for your own collections
System.Collections.Concurrent   // Thread-safe collections (Chapter 22)
```

5.4.4 查询

我们将在第 8 章到第 10 章中介绍语言集成查询（Language Integrated Query，LINQ）。LINQ 允许对本地和远程集合（例如，SQL Server 的表）执行类型安全的查询。LINQ 的巨大优势是提供了一种跨多个领域的统一查询 API。其类型位于以下的命名空间中：

```
System.Linq              // LINQ to Objects and PLINQ
System.Linq.Expressions  // For building expressions manually
System.Xml.Linq          // LINQ to XML
```

5.4.5 XML 和 JSON

.NET 对 XML 和 JSON 有着良好的支持。第 10 章将主要介绍 LINQ to XML，一个可通过 LINQ 构建和查询的轻量 XML 文档对象模型（Document Object Model，DOM）。第 11 章将介绍高性能的 XML 底层读或写类，XML 架构（Schema）、样式表（Stylesheet）以及 JSON 相关的类型：

```
System.Xml                // XmlReader, XmlWriter
System.Xml.Linq           // The LINQ to XML DOM
System.Xml.Schema         // Support for XSD
System.Xml.Serialization  // Declarative XML serialization for .NET types
System.Xml.XPath          // XPath query language
System.Xml.Xsl            // Stylesheet support

System.Text.Json          // JSON reader/writer and DOM
```

关于 JSON 序列化器的介绍，请参考在线资料：*http://www.albahari.com/nutshell*。

5.4.6 诊断

在第 13 章中，我们将介绍日志和断言功能。我们将介绍如何与其他进程进行交互，书写 Windows 事件日志以并进行性能监控。这些类型是在 System.Diagnostics 命名空间定义的。

5.4.7 并发与异步

大多数现代应用都需要同时处理多个任务。C# 从 5.0 版本开始，通过引入异步函数和诸如任务、任务组合器等高级结构大大简化了相关操作。第 14 章将首先介绍多线程的基础概念，之后将详细介绍上述内容。执行线程和异步操作的类型位于 System.Threading 和 System.Threading.Tasks 命名空间下。

5.4.8 流与 I/O

.NET 的底层输入输出（I/O）操作使用的是基于流的模型。流一般用于直接从文件或网络连接中进行读写操作。流可以串联，或包裹在装饰器流中以实现压缩或加密功能。第 15 章将介绍流的架构，以及该架构对文件与目录、压缩、管道和内存映射文件的特殊支持。Stream 和其他 I/O 相关的类型定义在 System.IO 命名空间下；而 Windows Runtime（WinRT）中进行文件 I/O 的类型则定义在 Windows.Storage 命名空间中。

5.4.9 网络

System.Net 命名空间下的类型可以直接访问大多数标准的网络协议，如 HTTP、FTP、TCP/IP 和 SMTP。在第 16 章中我们将逐一介绍如何使用这些协议进行通信。首先我们从一些简单任务开始，例如，下载一个页面，最后将介绍如何用 TCP/IP 直接接收 POP3 的电子邮件。以下是相应内容涉及的命名空间：

```
System.Net
System.Net.Http          // HttpClient
System.Net.Mail          // For sending mail via SMTP
System.Net.Sockets       // TCP, UDP, and IP
```

5.4.10 程序集、反射和特性

C# 程序编译后产生的程序集包含可执行指令（存储为中间语言或者称为 IL）和元数据（描述了程序的类型、成员和特性）。通过反射机制可以在运行时检查元数据或者执行某些操作，如动态调用方法。通过 Reflection.Emit 可以随时创建新代码。

在第 17 章中，我们将介绍程序集的构成，如何动态地加载并隔离程序集。在第 18 章中，我们将介绍反射和特性，包括如何检查元数据、动态调用函数、编写自定义特性、创建新类型以及解析原始的 IL。使用反射和程序集的类型主要集中在以下命名空间中：

```
System
System.Reflection
System.Reflection.Emit
```

5.4.11 动态编程

在第 19 章中，我们将介绍动态编程的几种模式并使用动态语言运行时（Dynamic Language Runtime，DLR）。我们将介绍如何实现访问者模式、书写自定义的动态对象，并实现和 IronPython 的互操作。动态编程的类型位于 System.Dynamic 命名空间中。

5.4.12 加密

.NET 支持主流的哈希和加密协议。第 20 章将介绍哈希、对称加密、公钥加密和 Windows 数据保护 API（Windows Data Protection API）。相关类型定义在以下命名空间中：

```
System.Security
System.Security.Cryptography
```

5.4.13 高级线程功能

C# 的异步函数减少了对底层技术的依赖，显著简化了并发编程。然而，开发者有时候仍然需要使用信号发送结构、线程本地存储、读写锁等功能。第 21 章将深入介绍这方面的内容。线程类型位于 System.Threading 命名空间中。

5.4.14 并行编程

第 22 章将详细介绍与多核处理器应用相关的库和类型，其中包括任务并行 API、命令式数据并行和函数式并行（PLINQ）机制。

5.4.15 Span<T> 和 Memory<T>

为应对性能热点的优化工作，CLR 提供了一系列帮助应用程序降低内存管理负载的类型。Span<T> 和 Memory<T> 就是其中的两个关键类型，我们将在第 23 章中详细介绍。

5.4.16 原生互操作性与 COM 互操作性

.NET 可以与原生代码和组件对象模型（Component Object Model，COM）代码实现互操作。原生互操作性可以调用非托管 DLL 中的函数、注册回调函数、映射数据结构并操作原生数据类型。COM 互操作性可以（在 Windows 操作系统中）调用 COM 类型，将 .NET 的类型传递给 COM。支持这种功能的类型位于 System.Runtime.InteropServices 命名空间中。我们将在第 24 章中介绍。

5.4.17 正则表达式

第 25 章将介绍如何使用正则表达式在字符串中匹配字符模式。

5.4.18 序列化

.NET 提供了几种系统来将对象保存成二进制及文本格式，或从这些格式的数据中恢复对象。这些系统除可用于通信之外还可用于将对象保存成文件或从文件中恢复对象。我们将所有四种序列化引擎的介绍放在了在线资料（*http://www.albahari.com/nutshell*）中，包括二进制序列化器、（最近更新的）JSON 序列化器、XML 序列化器和数据契约序列化器（data contract serializer）。

5.4.19 Roslyn 编译器

C# 语言的编译器本身也是用 C# 语言写成的，其项目名称为" Roslyn"。相关的库以 NuGet 包的形式发布。有了这些库的支持，我们就可以将编译器的功能延伸到将代码编译到程序集之外，例如，编写代码分析工具和重构工具。有关 Roslyn 编译器的相关内容，请参见 *http://www.albahari.com/nutshell*。

5.5 应用程序层

基于用户界面的应用程序可以划分为两类，瘦客户端（例如，网站）和富客户端（即用户必须下载并安装到计算机或移动设备上的程序）。

使用 C# 编写瘦客户端可以使用 ASP.NET Core。它可以在 Windows、Linux 和 macOS 中执行。ASP.NET Core 还可以编写 Web API 应用程序。

编写富客户端应用程序则有若干选择：

- Windows 桌面层有 WPF 和 Windows Forms API。它们可以运行在 Windows 7/8/10/11 桌面系统上。

- UWP 用于开发 Windows 商店应用，它可以运行在 Windows 10 以上桌面系统或设备上。

- WinUI 3（Windows App SDK）是 UWP 的继任者，它执行在 Windows 10 以上桌面系统上。

- MAUI（前身为 Xamarin）可以运行在 iOS 和 Android 移动设备上。MAUI 还可以用于开发跨平台的，可以在 macOS 和 Windows 系统中运行的桌面应用。

除此之外还有一些第三方库提供了跨平台的 UI 支持，例如，Avalonia。

5.5.1 ASP.NET Core

ASP.NET Core 是一个轻量级的模块化框架，它是 ASP.NET 的继任者。ASP.NET Core 适用于创建网站、基于 REST 的 Web API 应用程序以及微服务。它和流行的单页面应用程序框架（例如，React 和 Angular）亦能良好配合 ASP.NET Core 支持流行的 Model-View-Controller（MVC）模式，同时也支持更新的 Blazor 技术，即使用 C# 而不是

JavaScript 开发客户端程序。

ASP.NET Core 可以在 Windows、Linux 和 macOS 上运行，并可以自包含在自定义进程中。和它在 .NET Framework 上的先辈（ASP.NET）不同，ASP.NET Core 并不依赖 System.Web 和历史包袱沉重的 Web Forms。

和许多瘦客户端框架一样，ASP.NET Core 相比富客户端有如下的优越性：

* 无须执行客户端部署操作。

* 客户端程序可以运行在任何支持 Web 浏览器的平台上。

* 易于更新。

5.5.2 Windows 桌面

使用 Windows 桌面应用程序层书写富客户端应用程序有两种用户界面 API 可供选择，WPF 和 Windows Forms。这两种 API 都可以运行在 Windows 7～11 的桌面版 / 服务器操作系统上。

5.5.2.1 WPF

WPF 是在 2006 年引入的，它的功能在后续得到了持续的增强。和前辈 Windows Forms 不同，WPF 直接使用 DirectX 进行控件渲染，其优势如下：

* 支持复杂的图形，如任意的变换、3D 渲染、多媒体、真实透明。还可以使用样式和模板支持皮肤更换功能。

* 主要度量单位不是像素，因此应用程序可以正确显示在任何 DPI（每英寸的点数）的设备上。

* 支持大量的动态布局特性，因此可以随意设置应用程序布局而不用担心出现元素重叠。

* 使用 DirectX 实现快速渲染，支持显卡硬件加速。

* 提供了可靠的数据绑定支持。

* 可以使用 XAML 对用户界面进行声明式描述，并和后台的 "code-behind" 文件分开维护，有助于显示和功能的隔离。

WPF 的规模和复杂度导致它的学习周期较长。编写 WPF 应用程序的类型位于 System.Windows 命名空间以及除了 System.Windows.Forms 之外的所有子命名空间中。

5.5.2.2 Windows Forms

Windows Forms 是和 .NET Framework 第一个版本同时发布的富客户端 API。和 WPF 相比，Windows Forms 相对简单，它支持编写一般 Windows 应用程序所需的大部分特性，而且能够良好地兼容遗留应用程序。但是和 WPF 相比，它有很多缺点，而最主要的问题是它只是一个 GDI+ 和 Win32 控件库的包装而已：

- 虽然提供了一些 DPI 相关的机制。但是当客户端的 DPI 设置和开发者的 DPI 设置不同时仍然很容易写出行为错误的应用程序。

- 绘制非标准控件的 API 基于 GDI+，虽然它相对灵活，但是渲染大的区域时速度比较缓慢（在缺少双缓冲的情况下还可能会出现画面抖动）。

- 控件缺少真实透明的支持。

- 大部分控件是不可组合的。例如，你无法将一个图片控件放在一个选项卡控件的标题上。自定义列表视图、下拉列表和选项卡控件在 WPF 中很简单，但在 Windows Form 中却非常耗时耗力。

- 难以可靠地进行动态布局。

最后一条是使用 WPF 代替 Windows Forms 的绝佳理由，即使编写的业务应用程序所需要的仅仅是一个用户界面而不需要考虑"用户体验"。WPF 中的布局元素，例如 Grid，可以方便地把标签和文本框对齐，即使将文本进行本地化之后也总是对齐的，并不需要添加额外的处理逻辑，同时还不会出现画面抖动的情况。此外，你不需要处理和屏幕分辨率相关的底层逻辑，WPF 的布局元素从设计之初就将自适应性的尺寸调整考虑在内了。

从积极的方面看，Windows Forms 学习过程相对简单，并且有丰富的第三方控件的支持。

Windows Forms 相关的类型位于 *System.Windows.Forms.dll* 程序集下的 `System.Windows.Forms` 命名空间，以及 *System.Drawing.dll* 程序集下的 `System.Drawing` 命名空间中。后者还包括绘制自定义控件所需的 GDI+ 的类型。

5.5.3 UWP 与 WinUI3

UWP 是一个编写触摸优先用户界面的富客户端 API。它能运行在 Windows 10+ 桌面和其他设备上。第一个字母 U 代表"Universal"，它指代相应的应用程序能够在所有的 Windows 10 设备上运行。包括 XBox、Surface Hub 和 Hololens。但是它并不兼容 Windows 的早期版本，包括 Windows 7 和 Windows 8/8.1。

UWP API 所使用的 XAML 和 WPF 类似。但 UWP 和 WPF 应用程序的根本性区别在于：

- UWP 应用程序的主要部署方式是通过 Windows 商店进行部署。

- 出于防范恶意软件威胁的需要，UWP 应用程序运行于一个沙盒之上。这意味着它们无法进行任意文件的读写，并且它们无法在运行中进行管理员权限提升。

- UWP 依赖的 WinRT 类型是 Windows 操作系统，而非托管运行时的一部分。这意味着在书写应用程序时需要指定 Windows 10 操作系统的版本范围（例如，Windows 10 build 17763 到 Windows 10 build 18362）。这意味着要么支持旧的 API，要么要求客户安装最新的 Windows Update。

上述区别带来的诸多限制极大地限制了 UWP 的能力，它也从未达到 WPF 和 Windows Forms 的普及程度。为了解决这个问题，Microsoft 使用了新技术来取代 UWP，这就是 Windows App SDK（其 UI 层称为 WinUI3）。

Windows App SDK 会将 WinRT API 的调用从操作系统传递到运行时中，因而它可以使用完全托管的接口，并且不需要局限在指定的操作系统版本上。除此之外，它还进行了如下改进：

- 更容易与 Windows 桌面系统 API（Windows Forms 和 WPF）集成。
- 可以编写在 Windows Store 沙盒之外运行的程序。
- 可以运行在最新的 .NET 之上（UWP 则是与 .NET Core 2.2 强绑定的）。

但是在成书之时，Windows App SDK 并不支持 XBox 和 HoloLens。

5.5.4 MAUI

MAUI（2022 早期版本）是 Xamarin 的继任者，它支持用 C# 开发在 iOS 和 Android 设备上运行的移动应用程序（也可以开发在 macOS 和 Windows 上运行的跨平台桌面应用程序）。

iOS 和 Android 系统上运行的 CLR/BCL 称为 Mono（是开源的 Mono 运行时的一个旁支）。Mono 曾经和 .NET 并不完全兼容，如果希望程序支持 Mono 和 .NET，则需要支持 .NET Standard。但是 MAUI 中的 Mono 的公开接口已经与 .NET 6 进行了合并，从而令 Mono 成为 .NET 6 的另一个实现。

MAUI 的新功能包括统一的工程接口、热加载、支持 Blazor 桌面和混合模式应用程序，以及更好的性能和更短的启动时间。更多信息请参见 *https://github.com/dotnet/maui*。

第 6 章

.NET 基础

我们在编程时所需的许多核心功能并不是由 C# 语言提供的，而是由 .NET BCL 中的类型提供的。在本章中，我们将介绍在基础编程任务（例如，虚的相等比较、顺序比较以及类型转换）中各种类型的作用。我们还会介绍 .NET 中的基础类型，例如 String、DateTime 和 Enum。

本章中的绝大部分类型位于 System 命名空间下，但以下几种类型例外：

* StringBuilder 类型定义在 System.Text 命名空间中。该命名空间中还包含用于进行文本编码的类型。

* CultureInfo 及相关类型定义在 System.Globalization 命名空间中。

* XmlConvert 类型定义在 System.Xml 命名空间中。

6.1 字符串与文本处理

6.1.1 char

C# 中的一个 char 代表一个 Unicode 字符。char 是 System.Char 的别名。在第 2 章中，我们介绍了如何表示 char 字面量，例如：

```
char c = 'A';
char newLine = '\n';
```

System.Char 定义了一系列静态方法对字符进行处理，例如，ToUpper、ToLower 和 IsWhiteSpace。这些方法既可以通过 System.Char 类型进行调用也可以使用其别名 char 进行调用：

```
Console.WriteLine (System.Char.ToUpper ('c'));    // C
Console.WriteLine (char.IsWhiteSpace ('\t'));      // True
```

ToUpper 和 ToLower 会受到最终用户语言环境的影响，这可能会导致微妙的缺陷。例如，下面的表达式在土耳其语言环境中会得到 false 值：

```
char.ToUpper ('i') == 'İ'
```

因为在土耳其语中，char.ToUpper ('i') 的结果是 'İ'（注意字符上面的点）。为了避免这个问题，System.Char 和 System.String 还提供了和语言环境无关的，有 Invariant 后缀的 ToUpper 和 ToLower。它们会使用英语语言规则：

```
Console.WriteLine (char.ToUpperInvariant ('i'));    // I
```

它是以下写法的简化形式：

```
Console.WriteLine (char.ToUpper ('i', CultureInfo.InvariantCulture))
```

更多关于语言环境和文化的介绍请参考 6.5 节。

char 类型中有相当一部分的静态方法用于字符分类，如表 6-1 所示。

表 6-1：字符分类静态方法

静态方法	包含的字符	包含的 Unicode 字符分类
IsLetter	A～Z、a～z 和其他字母字符	UpperCaseLetter LowerCaseLetter TitleCaseLetter ModifierLetter OtherLetter
IsUpper	大写字母	UpperCaseLetter
IsLower	小写字母	LowerCaseLetter
IsDigit	0～9 和其他字母表中的数字	DecimalDigitNumber
IsLetterOrDigit	字母和数字	(IsLetter，IsDigit)
IsNumber	所有数字以及 Unicode 分数和罗马数字符号	DecimalDigitNumber LetterNumber OtherNumber
IsSeparator	空格与所有的 Unicode 分隔符	LineSeparator ParagraphSeparator
IsWhiteSpace	所有的分隔符，以及 \n、\r、\t、\f 和 \v	LineSeparator ParagraphSeparator
IsPunctuation	西方和其他字母表中的标点符号	DashPunctuation ConnectorPunctuation InitialQuotePunctuation FinalQuotePunctuation
IsSymbol	大部分其他的可打印符号	MathSymbol ModifierSymbol OtherSymbol

表 6-1：字符分类静态方法（续）

静态方法	包含的字符	包含的 Unicode 字符分类
IsControl	值小于 0x20 的不可打印的控制字符。例如，\r、\n、\t、\0 和 0x7F 与 0x9A 之间的字符	（无）

对于更详细的分类，char 提供了一个名为 GetUnicodeCategory 的静态方法，它返回一个 UnicodeCategory 枚举值，它的成员即表 6-1 最右边一列的值。

 我们完全有能力通过显式转换一个整数来造出一个 Unicode 集之外的 char。因此要检测字符的有效性，可以调用 char.GetUnicodeCategory 方法，如果返回值为 UnicodeCategory.OtherNotAssigned，那么这个字符就是无效的。

一个 char 字符占用 16 个二进制位，这足以表示基本多文种平面（Basic Multilingual Plane）中的所有 Unicode 字符。但是如果超出了这个范围，就必须使用替代组（surrogate pair），我们将在 6.1.5 节中介绍它的使用方法。

6.1.2 字符串

C# 中的 string（== System.String）是一个不可变的（不可修改的）的字符序列。在第 2 章中，我们介绍了如何表示一个字符串字面量，执行相等比较以及如何连接两个字符串。本小节我们将介绍其余的字符串处理函数：System.String 类的静态和实例成员函数。

6.1.2.1 创建字符串

创建字符串的最简单方法就是将字面量赋给一个变量，这和我们在第 2 章中的做法一样：

```
string s1 = "Hello";
string s2 = "First Line\r\nSecond Line";
string s3 = @"\\server\fileshare\helloworld.cs";
```

若要创建一个重复的字符序列，可以使用 string 类的构造器：

```
Console.Write (new string ('*', 10));    // **********
```

我们还可以从 char 数组来构造一个字符串，而 ToCharArray 方法则执行了相反的操作：

```
char[] ca = "Hello".ToCharArray();
string s = new string (ca);              // s = "Hello"
```

string 类的重载构造器可以接收各种（不安全的）指针类型，以便从类似 char* 这种类型中创建字符串。

6.1.2.2 null 和空字符串

空字符串指长度为零的字符串。我们可以使用字面量或静态 string.Empty 字段来创建一个空字符串。若要判断一个字符串是否为空字符串，则可以执行一个相等比较，或测试它的 Length 属性：

```
string empty = "";
Console.WriteLine (empty == "");             // True
Console.WriteLine (empty == string.Empty);   // True
Console.WriteLine (empty.Length == 0);       // True
```

字符串是引用类型，因此它可以为 null：

```
string nullString = null;
Console.WriteLine (nullString == null);       // True
Console.WriteLine (nullString == "");         // False
Console.WriteLine (nullString.Length == 0);   // NullReferenceException
```

我们可以使用静态方法 string.IsNullOrEmpty 来判断一个字符串是否为 null 或空字符串。

6.1.2.3 访问字符串中的字符

字符串的索引器可以返回一个指定索引位置的字符。和所有操作字符串的方法相似，索引是从 0 开始计数的：

```
string str  = "abcde";
char letter = str[1];         // letter == 'b'
```

string 还实现了 IEnumerable<char>，所以可以用 foreach 遍历它的字符：

```
foreach (char c in "123") Console.Write (c + ",");     // 1,2,3,
```

6.1.2.4 字符串内搜索

在字符串内执行搜索的最简单方法是 StartsWith、EndsWith 和 Contains，这些方法均返回 true 或 false：

```
Console.WriteLine ("quick brown fox".EndsWith ("fox"));      // True
Console.WriteLine ("quick brown fox".Contains ("brown"));    // True
```

StartsWith 和 EndsWith 提 供 了 重 载 方 法，使 用 StringComparison 枚 举 或 者 CultureInfo 对象来控制大小写和文化相关的规则（请参见 6.1.3.1 节）。其默认行为是使用当前文化规则执行区分大小写的匹配。以下代码则使用了不变文化规则执行不区分大小写的搜索：

```
"abcdef".StartsWith ("aBc", StringComparison.InvariantCultureIgnoreCase)
```

Contains 则没有提供这种便利的重载方法，但是可以使用 IndexOf 方法实现相同的效果。

IndexOf 的功能更强，它返回指定字符或者字符串的首次出现的位置（-1 则表示该子字符串不存在）：

```
Console.WriteLine ("abcde".IndexOf ("cd"));    // 2
```

IndexOf 也提供了重载方法, 不但接受 StringComparison 枚举值, 还可以接受
startPosition 参数, 指定初始搜索的索引位置:

```
Console.WriteLine ("abcde abcde".IndexOf ("CD", 6,
               StringComparison.CurrentCultureIgnoreCase));    // 8
```

LastIndexOf 和 IndexOf 类似, 只是它是从后向前进行搜索的。

IndexOfAny 返回字符串中和给定字符集合中的任意一个字符相匹配的第一个位置:

```
Console.Write ("ab,cd ef".IndexOfAny (new char[] {' ', ','} ));    // 2
Console.Write ("pas5w0rd".IndexOfAny ("0123456789".ToCharArray() ));  // 3
```

LastIndexOfAny 则从相反方向执行相同操作。

6.1.2.5 字符串处理

string 是不可变的, 因此所有 "处理" 字符串的方法都会返回一个新的字符串, 而原始
的字符串则不受影响 (其效果和重新为一个字符串变量赋值一样)。

Substring 方法可以提取部分字符串:

```
string left3 = "12345".Substring (0, 3);     // left3 = "123";
string mid3  = "12345".Substring (1, 3);     // mid3 = "234";
```

若省略长度, 则会得到剩余的字符串:

```
string end3  = "12345".Substring (2);        // end3 = "345";
```

Insert 和 Remove 在特定的位置插入或者删除一些字符:

```
string s1 = "helloworld".Insert (5, ", ");   // s1 = "hello, world"
string s2 = s1.Remove (5, 2);                // s2 = "helloworld";
```

PadLeft 和 PadRight 会用特定的字符 (如果未指定则使用空格) 将字符串填充为指定的
长度:

```
Console.WriteLine ("12345".PadLeft (9, '*'));  // ****12345
Console.WriteLine ("12345".PadLeft (9));       //     12345
```

如果输入字符串长度大于填充长度, 则返回不发生变化的原始字符串。

TrimStart 和 TrimEnd 会从字符串的开始或结尾删除指定的字符, Trim 则是从开始和结
尾执行删除操作。这些方法默认会删除空白字符 (包括空格、制表符、换行和这些字符
的 Unicode 变体):

```
Console.WriteLine ("  abc \t\r\n ".Trim().Length);    // 3
```

Replace 会替换字符串中所有 (非重叠的) 特定字符或子字符串:

```
Console.WriteLine ("to be done".Replace (" ", " | ") );   // to | be | done
Console.WriteLine ("to be done".Replace (" ", "")    );   // tobedone
```

ToUpper 和 ToLower 会返回与输入字符串相对应的大写和小写字符串。默认情况下，它会受用户当前语言设置的影响，ToUpperInvariant 和 ToLowerInvariant 则总是应用英语字母表规则。

6.1.2.6 字符串的分割与连接

Split 将字符串分割为若干部分：

```
string[] words = "The quick brown fox".Split();

foreach (string word in words)
  Console.Write (word + "|");     // The|quick|brown|fox|
```

默认情况下，Split 使用空白字符作为分隔符，重载的方法也可以接收 char 和 string 分隔符的 params 数组。Split 还可以接受一个 StringSplitOptions 枚举值以删除空项。这在一行文本中有多种单词分隔符时很有用。

静态方法 Join 则执行和 Split 相反的操作。它需要一个分隔符和字符串的数组：

```
string[] words = "The quick brown fox".Split();
string together = string.Join (" ", words);     // The quick brown fox
```

静态方法 Concat 和 Join 类似，但是它仅仅接受一个字符串的 params 数组，且不支持分隔符。Concat 操作和 + 操作符效果完全相同（实际上，编译器会将 + 转换为 Concat）：

```
string sentence      = string.Concat ("The", " quick", " brown", " fox");
string sameSentence = "The" + " quick" + " brown" + " fox";
```

6.1.2.7 String.Format 与组合格式字符串

静态方法 Format 提供了创建嵌入变量的字符串的便利方法。嵌入的变量（或值）可以是任何类型，而 Format 则会直接调用它们的 ToString 方法。

包含嵌入变量的主字符串称为组合格式字符串。调用 String.Format 时，需要提供一个组合格式字符串，后面紧跟每一个嵌入的变量，例如：

```
string composite = "It's {0} degrees in {1} on this {2} morning";
string s = string.Format (composite, 35, "Perth", DateTime.Now.DayOfWeek);

// s == "It's 35 degrees in Perth on this Friday morning"
```

（单位是摄氏度！）

插值字符串字面量可以实现和上述例子中相同的效果（请参见 2.6.2 节）。只需在字符串前附加 $ 符号，并将表达式写在花括号中：

```
string s = $"It's hot this {DateTime.Now.DayOfWeek} morning";
```

花括号里面的每一个数字称为格式项（format item）。这些数字对应参数的位置，后面可以跟随：

- 逗号与应用的最小宽度（minimum width）。
- 冒号与格式字符串（format string）。

最小宽度用于对齐各个列。如果其值为负数，则为左对齐，否则为右对齐：

```
string composite = "Name={0,-20} Credit Limit={1,15:C}";

Console.WriteLine (string.Format (composite, "Mary", 500));
Console.WriteLine (string.Format (composite, "Elizabeth", 20000));
```

运行结果为：

```
Name=Mary                Credit Limit=        $500.00
Name=Elizabeth           Credit Limit=     $20,000.00
```

如果不使用 `string.Format`，则上述方法可写为：

```
string s = "Name=" + "Mary".PadRight (20) +
           " Credit Limit=" + 500.ToString ("C").PadLeft (15);
```

上例中的信用额度是通过 "C" 格式字符串转换为货币值的。我们将在 6.5 节中详细介绍格式字符串。

6.1.3 字符串的比较

.NET 在两个值的比较上划分了两个不同的概念：相等比较（equality comparison）和顺序比较（order comparison）。相等比较验证两个实例是否从语义上是相同的，而顺序比较则验证两个实例（如果有的话）按照升序或者降序排列的话，哪一个应当首先出现。

相等比较并不是顺序比较的一个子集。这两种方法各自有不同的用途。例如，两个不同的值却可以有相同的排序位置。我们将在 6.13 节中介绍相关内容。

字符串之间可以使用 == 操作符或者 `string` 的 Equals 方法来进行相等比较。后者可以指定一些选项（例如，不区分大小写），因此功能更强。

另一个不同点是，如果将变量转换为 `object` 类型，则 == 就不一定是按字符串处理的了，我们将在 6.13 节中说明原因。

字符串的顺序比较则可使用实例方法 `CompareTo` 或者静态方法 `Compare` 或 `CompareOrdinal`，

这些方法会返回一个正数、负数或者 0。这取决于第一个值是在第二个值之后、之前还是同时出现。

在详细介绍每一个方法之前，我们需要了解 .NET 中的字符串比较算法。

6.1.3.1 序列比较与文化相关的字符串比较

字符串比较有两种基本算法，序列比较（ordinal）和文化相关的比较（culture-sensitive）。序列比较会直接将字符串解析为数字（按照它们的 Unicode 字符数值），而文化相关的比较则参照特定的字母表来解析字符。有两种特殊的文化："当前文化"（current culture），基于计算机控制面板的设定；"不变文化"（invariant culture），在任何计算机上都是相同的（并且和美国文化密切一致）。

对于相等比较，序列和文化相关的算法都是非常有用的。而排序时，人们则通常选择文化相关的比较，这是因为当按照字符进行排序时，通常需要一个字母顺序表。序列比较依赖的是 Unicode 的数字位置，这恰好会使英文字母按照顺序排列，但即使是这样也可能不能满足要求。例如，在区分大小写的情况下，考虑如下字符串 "Atom""atom" 和 "Zamia"。若使用不变文化则排列顺序将是：

    "atom", "Atom", "Zamia"

而使用序列比较则为：

    "Atom", "Zamia", "atom"

这是因为不变文化封装了一个字母表，它认为大写字符与其对应的小写字符是相邻的（aAbBcCdD……）。然而序列比较算法将所有大写字母排列在前面，然后才是全部小写字母（A……Z，a……z）。这实际上回归到了 20 世纪 60 年代发明的 ASCII 字符集了。

6.1.3.2 字符串的相等比较

尽管序列比较有其局限性，但是字符串的 == 运算符总是执行区分大小写的序列比较。不带有参数的 string.Equals 方法也是用同样的方式。这就是 string 类型的"默认"相等比较的行为。

字符串的 == 和 Equals 方法选择序列算法的原因是它既高效又确定。字符串相等比较是基础操作，并远比顺序比较使用频繁。

"严格"的相等概念与 == 运算符的一般用途是一致的。

下面的方法允许执行文化相关的大小写比较：

```
public bool Equals(string value, StringComparison comparisonType);

public static bool Equals (string a, string b,
                           StringComparison comparisonType);
```

我们更推荐静态的版本，因为它在两个字符串中的一个或者全部为 null 的时候仍然有效。StringComparison 是枚举类型，其定义如下：

```
public enum StringComparison
{
  CurrentCulture,              // Case-sensitive
  CurrentCultureIgnoreCase,
  InvariantCulture,            // Case-sensitive
  InvariantCultureIgnoreCase,
  Ordinal,                     // Case-sensitive
  OrdinalIgnoreCase
}
```

例如：

```
Console.WriteLine (string.Equals ("foo", "FOO",
                   StringComparison.OrdinalIgnoreCase));   // True

Console.WriteLine ("ǔ" == "û");                           // False

Console.WriteLine (string.Equals ("ǔ", "û",
                   StringComparison.CurrentCulture));      // ?
```

（上例中的第三个比较的结果是由计算机当前语言设置决定的。）

6.1.3.3 字符串的顺序比较

String 的实例方法 CompareTo 执行文化相关的区分大小写的顺序比较。与 == 运算符不同，CompareTo 不使用序列比较。这是因为对于排序来说，文化相关的算法更为有效。

以下是方法的定义：

```
public int CompareTo (string strB);
```

 实例方法 CompareTo 实现了 IComparable 泛型接口，它也是在整个 .NET 库中使用的标准比较协议。这意味着 string 的 CompareTo 定义了字符串在应用程序中，作为集合元素时排序的默认行为。关于 IComparable 的更多内容，请参见 6.14 节。

对于其他类型的比较则可以调用静态方法 Compare 和 CompareOrdinal：

```
public static int Compare (string strA, string strB,
                           StringComparison comparisonType);

public static int Compare (string strA, string strB, bool ignoreCase,
                           CultureInfo culture);

public static int Compare (string strA, string strB, bool ignoreCase);

public static int CompareOrdinal (string strA, string strB);
```

后两个方法是前面两个方法的快捷调用形式。

所有的顺序比较方法都返回正数、负数或者零，这取决于第一个值是在第二个值之后、之前还是相同的位置：

```
Console.WriteLine ("Boston".CompareTo ("Austin"));    // 1
Console.WriteLine ("Boston".CompareTo ("Boston"));    // 0
Console.WriteLine ("Boston".CompareTo ("Chicago"));   // -1
Console.WriteLine ("ü".CompareTo ("ü"));              // 0
Console.WriteLine ("foo".CompareTo ("FOO"));          // -1
```

以下语句使用当前的文化进行不区分大小写的比较：

```
Console.WriteLine (string.Compare ("foo", "FOO", true));   // 0
```

可以指定 `CultureInfo` 对象，来植入任意的字母表：

```
// CultureInfo is defined in the System.Globalization namespace

CultureInfo german = CultureInfo.GetCultureInfo ("de-DE");
int i = string.Compare ("Müller", "Muller", false, german);
```

6.1.4 StringBuilder

`StringBuilder` 类（`System.Text` 命名空间）表示一个可变（可编辑）的字符串。`StringBuilder` 可以直接进行子字符串的 Append、Insert、Remove 和 Replace 而不需要替换整个 `StringBuilder`。

`StringBuilder` 的构造器可以选择接收一个初始字符串值，及内部容量的初始值（默认为 16 个字符）。如果需要更大的容量，则 `StringBuilder` 会自动（以较小的性能代价）调整它的内部结构，以至其最大的容量（默认为 `int.MaxValue`）。

`StringBuilder` 一般通过反复调用 Append 来构建较长的字符串，这比反复连接字符串类型对象要高效得多：

```
StringBuilder sb = new StringBuilder();
for (int i = 0; i < 50; i++) sb.Append(i).Append(",");
```

可以调用 `ToString()` 方法来获得最终结果：

```
Console.WriteLine (sb.ToString());

0,1,2,3,4,5,6,7,8,9,10,11,12,13,14,15,16,17,18,19,20,21,22,23,24,25,26,
27,28,29,30,31,32,33,34,35,36,37,38,39,40,41,42,43,44,45,46,47,48,49,
```

`AppendLine` 执行 Append 操作，随后添加一个换行序列（在 Windows 下为 `"\r\n"`）。而 `AppendFormat` 则接受一个组合格式字符串，这和 `String.Format` 是类似的。

除了 Insert、Remove 和 Replace 方法（Replace 方法和字符串的 Replace 方法类似），`StringBuilder` 还定义了 Length 属性和一个可写的索引器，以获得或设置每一个字符。

如果要清除 `StringBuilder` 的内容，可以创建一个新的 `StringBuilder` 或者将 Length 设置为零。

将 StringBuilder 的 Length 属性设置为 0 并不会减小其内部容量。因此，如果之前 StringBuilder 已经包含了 100 万个字符，则它在 Length 设置为 0 后仍然占用大约 2MB 的内存。因此，如果希望释放这些内存，则必须新建一个 StringBuilder，然后将旧的对象清除出作用域（从而可以被垃圾回收）。

6.1.5 文本编码和 Unicode

字符集是一种字符配置，每一对配置包含了一个数字码或者代码点（code point）。常用的字符集有 Unicode 和 ASCII 两种。Unicode 具有约 100 万个字符的地址空间，目前已经分配的大约有 100 000 个。Unicode 包括世界上使用最广泛的语言、一些历史语言以及特殊符号。ASCII 字符集只是 Unicode 字符集的前 128 个字符。它包括 US 风格键盘上的大多数字符。ASCII 比 Unicode 出现早 30 年，有时仍以其简单性和高效性而得到应用，它的每一个字符是用一个字节表示的。

.NET 类型系统的设计使用的是 Unicode 字符集，但是它隐含支持 ASCII 字符集，因为 ASCII 字符集是 Unicode 的子集。

文本编码（text encoding）是将字符从数字代码点映射到二进制表示的方法。在 .NET 中，文本编码主要用于处理文本文件和流。当将一个文本文件读取到字符串时，文本编码器（text encoder）会将文件数据从二进制转换为 char 和 string 类型使用的内部 Unicode 表示形式。文本编码能够限制哪些字符可以被识别，并影响存储效率。

.NET 的文本编码分为如下两类：

- 一类是将 Unicode 字符映射到其他字符集。
- 一类是使用标准的 Unicode 编码模式。

第一类包含遗留的编码方式，例如，IBM 的 EBCDIC，以及包含前 128 个区域扩展字符的 8 位字符集（这种将字符集字以代码页进行区分的方法，在 Unicode 之前就已经普遍存在了）。ASCII 编码也属于这一类，它将对前 128 个字符编码，然后去掉其他字符。这个分类也包含 GB18030（这种编码方式并非遗留编码方式），这种编码是从 2000 年以后，在中国开发或在中国销售的应用程序的强制编码标准。

第二类是 UTF-8、UTF-16 和 UTF-32（和废弃的 UTF-7）。每一种编码方式在空间的使用效率上都有所差别。UTF-8 对于大多数文本而言是最具空间效率的，它使用 1~4 个字节来表示每一个字符。前 128 个字符中每一个字符只需要一个字节，这样它就可以兼容 ASCII。UTF-8 是最普遍的文本文件和流编码方式（特别是在 Internet 上），并且是 .NET 中默认的流的 I/O 编码方式（事实上，它几乎是所有隐式使用编码功能的默认编码方式）。

UTF-16 使用一个或者两个 16 位字来表示一个字符，它是 .NET 内部表示字符和字符串的方式。有一些程序也使用 UTF-16 来写入文件内容。

UTF-32 的空间效率是最低的，每一个代码点直接对应一个 32 位数，所以每一个字符都会占用 4 个字节。因此，UTF-32 很少使用。然而由于每一个字符都有相同的字节数，因此它可以简化随机访问操作。

6.1.5.1 获取一个 Encoding 对象

System.Text 中的 Encoding 类是封装文本编码的基类型。它有一些特性相似的子类，封装了其他编码方式。其中一些最常用的编码可以通过调用 Encoding 类的特定静态属性获得。

编码名称	Encoding 类的静态属性
UTF-8	Encoding.UTF8
UTF-16	Encoding.Unicode（注意，不是 UTF16）
UTF-32	Encoding.UTF32
ASCII	Encoding.ASCII

如需获得其他编码方式，还可以调用 Encoding.GetEncoding 方法，并传入标准的 IANA（互联网数字分配机构，Internet Assigned Numbers Authority）字符集名称：

```
// In .NET 5+ and .NET Core, you must first call RegisterProvider:
Encoding.RegisterProvider (CodePagesEncodingProvider.Instance);

Encoding chinese = Encoding.GetEncoding ("GB18030");
```

静态方法 GetEncodings 返回所有支持的编码方式清单及对应的标准 IANA 名称：

```
foreach (EncodingInfo info in Encoding.GetEncodings())
  Console.WriteLine (info.Name);
```

获取编码方式的另一个方法是直接实例化 Encoding 类。这样做可以通过构造器参数来设置各种选项，包括：

- 在解码时，如果遇到一个无效字节序列，是否抛出异常。默认为 false。

- 对 UTF-16/UTF-32 进行编码或解码时是否使用最高有效字节优先（大字节存储顺序，big endian）或最低有效字节优先（小字节存储顺序，little endian）。默认值为小字节存储顺序。这也是 Windows 操作系统的标准。

- 是否使用字节顺序标记（表示字节顺序的前缀）。

6.1.5.2 文件与流 I/O 编码

Encoding 对象最常见的应用是控制文件或流的文本读写操作。例如，下面的代码将 "Testing..." 以 UTF-16 的编码方式写入文件 data.txt 中：

```
System.IO.File.WriteAllText ("data.txt", "Testing...", Encoding.Unicode);
```

如果省略最后一个参数，则 WriteAllText 会使用最普遍的 UTF-8 编码方式。

 UTF-8 是所有文件和流 I/O 的默认文本编码方式。

我们将在 15.3 节中继续对这个问题进行阐述。

6.1.5.3 编码为字节数组

Encoding 对象可以将文本转换为字节数组，反之亦然。GetBytes 方法用指定的编码方式将 string 转换为 byte[]，而 GetString 则将 byte[] 转换为 string：

```
byte[] utf8Bytes  = System.Text.Encoding.UTF8.GetBytes  ("0123456789");
byte[] utf16Bytes = System.Text.Encoding.Unicode.GetBytes ("0123456789");
byte[] utf32Bytes = System.Text.Encoding.UTF32.GetBytes ("0123456789");

Console.WriteLine (utf8Bytes.Length);    // 10
Console.WriteLine (utf16Bytes.Length);   // 20
Console.WriteLine (utf32Bytes.Length);   // 40

string original1 = System.Text.Encoding.UTF8.GetString  (utf8Bytes);
string original2 = System.Text.Encoding.Unicode.GetString (utf16Bytes);
string original3 = System.Text.Encoding.UTF32.GetString  (utf32Bytes);

Console.WriteLine (original1);           // 0123456789
Console.WriteLine (original2);           // 0123456789
Console.WriteLine (original3);           // 0123456789
```

6.1.5.4 UTF-16 和替代组

前面提到 .NET 将字符和字符串存储为 UTF-16 格式。由于 UTF-16 每一个字符需要一个或者两个 16 位的字，而 char 只有 16 位，这就意味着有些 Unicode 字符需要两个 char 来表示。这会造成如下两个后果：

- 字符串的 Length 属性值可能大于它的实际字节数。

- 一个 char 有时无法完整表示一个 Unicode 字符。

大多数应用程序会忽略这一点，因为几乎所有常用的字符集都位于名为基本多文种平面这个 Unicode 节。而这一节中的字符在 UTF-16 编码下只需要 16 位就可以表示。BMP 包括了 84 种世界范围内的语言，并含有超过 30 000 个汉字字符。只有一些古代语言、乐谱符号和生僻汉字字符不包含在内。

如果需要支持双字字符，那么可以用如下的 char 类型下的静态方法将 32 位代码点转换为一个包含两个字符的字符串，同样也可以进行反向转换：

```
string ConvertFromUtf32 (int utf32)
int    ConvertToUtf32   (char highSurrogate, char lowSurrogate)
```

双字字符称为替换字符，它们很容易辨认，因为每一个字都是从 0xD800 到 0xDFFF。
char 类型的以下静态方法可进行替换字符相关的判断：

```
bool IsSurrogate     (char c)
bool IsHighSurrogate (char c)
bool IsLowSurrogate  (char c)
bool IsSurrogatePair (char highSurrogate, char lowSurrogate)
```

System.Globalization 命名空间下的 StringInfo 类也提供了一组处理双字字符的方法
和属性。

BMP 之外的字符一般需要特殊的字体，并且只有非常有限的操作系统支持。

6.2 日期和时间

在 System 命名空间中有以下几个不可变的结构体用以进行日期和时间的表示：
DateTime、DateTimeOffset、TimeSpan、DateOnly 和 TimeOnly。C# 没有定义与这些类
型对应的关键字。

6.2.1 TimeSpan

TimeSpan 表示一段时间间隔或是一天内的时间。对于后者，它就是一个时钟时间（不包
括日期）。它等同于从午夜开始到现在的时间（假设没有夏令时）。TimeSpan 的最小单
位为 100 纳秒，最大值为 1000 万天，可以为正数也可以为负数。

创建 TimeSpan 的方法有如下三种：

• 通过它的一个构造器

• 通过调用其中一个静态 From... 方法

• 通过两个 DateTime 相减得到

TimeSpan 的构造器如下：

```
public TimeSpan (int hours, int minutes, int seconds);
public TimeSpan (int days, int hours, int minutes, int seconds);
public TimeSpan (int days, int hours, int minutes, int seconds,
                                        int milliseconds);
public TimeSpan (long ticks);    // Each tick = 100ns
```

如果希望指定一个单位时间间隔，例如分钟、小时等，那么静态方法 From... 更方便：

```
public static TimeSpan FromDays (double value);
public static TimeSpan FromHours (double value);
public static TimeSpan FromMinutes (double value);
```

```
public static TimeSpan FromSeconds (double value);
public static TimeSpan FromMilliseconds (double value);
```

例如：

```
Console.WriteLine (new TimeSpan (2, 30, 0));     // 02:30:00
Console.WriteLine (TimeSpan.FromHours (2.5));     // 02:30:00
Console.WriteLine (TimeSpan.FromHours (-2.5));    // -02:30:00
```

TimeSpan 重载了 <、>、+ 和 – 运算符。以下表达式可以得到一个 2.5 小时的 TimeSpan：

```
TimeSpan.FromHours(2) + TimeSpan.FromMinutes(30);
```

下面的表达式则表示 10 天减去 1 秒所剩的时间间隔：

```
TimeSpan.FromDays(10) - TimeSpan.FromSeconds(1);    // 9.23:59:59
```

我们仍将使用上述表达式展示 Days、Hours、Minutes、Seconds 和 Milliseconds 这几个整数的类型属性：

```
TimeSpan nearlyTenDays = TimeSpan.FromDays(10) - TimeSpan.FromSeconds(1);

Console.WriteLine (nearlyTenDays.Days);          // 9
Console.WriteLine (nearlyTenDays.Hours);         // 23
Console.WriteLine (nearlyTenDays.Minutes);       // 59
Console.WriteLine (nearlyTenDays.Seconds);       // 59
Console.WriteLine (nearlyTenDays.Milliseconds);  // 0
```

相反，Total... 属性则返回表示整个时间跨度的 double 类型值：

```
Console.WriteLine (nearlyTenDays.TotalDays);          // 9.99998842592593
Console.WriteLine (nearlyTenDays.TotalHours);         // 239.999722222222
Console.WriteLine (nearlyTenDays.TotalMinutes);       // 14399.9833333333
Console.WriteLine (nearlyTenDays.TotalSeconds);       // 863999
Console.WriteLine (nearlyTenDays.TotalMilliseconds);  // 863999000
```

静态的 Parse 方法则执行与 ToString 相反的操作。它能够将一个字符串转换为一个 TimeSpan。TryParse 和 Parse 方法一样，只是在转换失败时返回 false 而非抛出异常。XmlConvert 类也提供了基于 XML 格式化标准协议的 TimeSpan/ 字符串转换方法。

TimeSpan 的默认值是 TimeSpan.Zero。

TimeSpan 也可以用以表示一天内的时间（从午夜到现在的时间）。要获得当前的时间，我们可以调用 DateTime.Now.TimeOfDay。

6.2.2 DateTime 和 DateTimeOffset

DateTime 和 DateTimeOffset 都是表示日期或者时间的不可变结构体。它们的最小单位均为 100 纳秒，而且值的范围为从 0001 年到 9999 年。

DateTimeOffset 和 DateTime 的功能类似。但是它主要的特点是存储了协调世界时

（UTC）的偏移量，这允许在进行不同时区的时间值比较时也能得到有效的结果。

"A Brief History of DateTime"精彩地展示了 `DateTimeOffset` 的基本原理，作者是 Anthony Moore，该文章可以在线阅读（参见 *https://oreil.ly/-sNh3*）。

6.2.2.1 使用 DateTime 还是 DateTimeOffset

`DateTime` 和 `DateTimeOffset` 在处理时区上的方式是不同的。`DateTime` 具有三个状态标记来表示该 `DateTime` 是否是相对于：

- 当前计算机的本地时间。
- UTC（现代的格林尼治时间）译注 1。
- 不确定。

而 `DateTimeOffset` 则更加明确，它将 UTC 的偏移量存储为一个 `TimeSpan`：

```
July 01 2019 03:00:00 -06:00
```

这种特性必将影响相等比较结果，而这也是在 `DateTime` 和 `DateTimeOffset` 之间做出选择的主要依据。特别是：

- `DateTime` 会在比较时忽略三状态标记。当两个值的年、月、日、时、分等相同时，就认为它们是相等的。
- 如果两个值指的是相同的时间点，那么 `DateTimeOffset` 则认为它们是相等的。

夏令时会使这种差异的区分显得更加重要，即使应用程序不需要处理多个地理时区时也面临这个问题。

因此，`DateTime` 会认为以下的两个值是不相等的，而 `DateTimeOffset` 则认为是相同的：

```
July 01 2019 09:00:00 +00:00 (GMT)
July 01 2019 03:00:00 -06:00 (local time, Central America)
```

在大多数情况下，`DateTimeOffset` 的相等比较逻辑都会更好。例如，在计算两个国际事件哪个先于另一个发生时，`DateTimeOffset` 就可以隐式给出正确的答案。类似，组织分布式拒绝服务攻击的黑客也会触及 `DateTimeOffset`！如果使用 `DateTime` 进行相同的操作则需要在整个应用程序中统一时区（一般是 UTC）。这有如下两个问题：

- 为了给最终用户友好的体验，UTC `DateTime` 需要在格式化之前显式转换为本地时间。
- 人们很容易忘记上述规则而直接使用本地的 `DateTime`。

译注 1：UTC 和原格林尼治标准时间是有细微的差异的，但这个差异总在 1 秒以内。

如果在运行时只关心本地计算机的时间，则 DateTime 会更好。例如，如果希望在每个跨国办公室的本地时间的下周日凌晨三点（这是活动最少的时间）调度一次存档操作，则使用 DateTime 可能更合适，因为它与每一个站点的本地时间相对应。

在内部，DateTimeOffset 使用一个短整数来存储以分钟为单位的 UTC 偏移量。它不会存储任何与时区有关的信息，所以我们无法区分 +08:00 偏移值指的是新加坡时间还是珀斯时间。

我们将在 6.3 节深入阐述时区和相等比较操作。

SQL Server 2008 引入了同名的数据类型以直接对 DateTimeOffset 进行支持。

6.2.2.2 创建 DateTime

DateTime 定义了能够接受年、月、日（还有可选的时、分、秒、毫秒）等整数值的构造器：

```
public DateTime (int year, int month, int day);

public DateTime (int year, int month, int day,
                 int hour, int minute, int second, int millisecond);
```

如果只指定日期，则时间会隐式设置为午夜（0:00）。

DateTime 的构造器也允许指定一个 DateTimeKind，这是一个具有以下值的枚举：

```
Unspecified, Local, Utc
```

这三个值与前面一节介绍的三个状态标记对应。Unspecified 是默认值，它表示 DateTime 并未指定时区信息。Local 表示相对于当前计算机的本地时区。本地的 DateTime 并没有包含它引用了哪一个时区的信息，而 DateTimeOffset 也没有这个信息，它只包含了相对 UTC 的偏移量。

DateTime 的 Kind 属性返回 DateTimeKind 值。

DateTime 的构造器提供了重载以接收 Calendar 对象。这意味着可以使用 System.Globalization 下的 Calendar 的子类来指定一个日期：

```
DateTime d = new DateTime (5767, 1, 1,
                           new System.Globalization.HebrewCalendar());

Console.WriteLine (d);    // 12/12/2006 12:00:00 AM
```

（这个例子日期的格式取决于计算机控制面板中的设置。）DateTime 总是使用默认的公

.NET 基础

历，而本例在构造时进行了一次转换。如果要使用另一个日历进行计算，那么则需要调用 Calendar 子类的方法。

也可以使用 long 类型的计数值（tick）来构造 DateTime，其中计数值是从 01/01/0001 年的午夜开始计时的，单位为 100 纳秒。

在互操作性上，DateTime 提供了静态方法 FromFileTime 和 FromFileTimeUtc 方法以转换 Windows 文件的时间（其类型为 long），同时，FromOADate 用于转换一个 OLE 的日期/时间（类型为 double）。

若要从字符串创建 DateTime 则可以调用 Parse 或 ParseExact 静态方法。这两个方法都接受可选的标记或格式提供器，ParseExact 还接受格式字符串。我们将在 6.5 节中详细讨论日期时间的解析。

6.2.2.3 创建一个 DateTimeOffset

DateTimeOffset 和 DateTime 具有类似的构造器，其区别是 DateTimeOffset 还需要指定一个 TimeSpan 类型的 UTC 偏移量：

```
public DateTimeOffset (int year, int month, int day,
                       int hour, int minute, int second,
                       TimeSpan offset);

public DateTimeOffset (int year, int month, int day,
                       int hour, int minute, int second, int millisecond,
                       TimeSpan offset);
```

其中 TimeSpan 必须为整数分钟数，否则构造器会抛出一个异常。

DateTimeOffset 也有接收 Calendar 对象与 long 计数值的构造器，还有参数为字符串的 Parse 和 ParseExact 静态方法。

使用以下的构造器从现有的 DateTime 创建 DateTimeOffset 也是可以的：

```
public DateTimeOffset (DateTime dateTime);
public DateTimeOffset (DateTime dateTime, TimeSpan offset);
```

使用隐式类型转换也可以创建 DateTimeOffset 对象：

```
DateTimeOffset dt = new DateTime (2000, 2, 3);
```

 从 DateTime 隐式转换到 DateTimeOffset 是非常贴心的设计。因为大多数 .NET BCL 中的类型都支持 DateTime 而不是 DateTimeOffset。

如果没有指定偏移量，则可以使用以下规则从 DateTime 值推断出偏移量：

* 如果 DateTime 具有一个 Utc 的 DateTimeKind，那么偏移量为零。

- 如果 DateTime 具有一个 Local 或 Unspecified（默认）的 DateTimeKind，那么偏移量以本地时区计算。

为了进行反方向转换，DateTimeOffset 提供了三个返回 DateTime 的属性：

- UtcDateTime 属性会返回一个 UTC 的 DateTime。
- LocalDateTime 属性会返回一个以本地时区（在需要的时候进行转换）表示的 DateTime。
- DateTime 属性返回忽略时区表示的 DateTime，其 Kind 属性为 Unspecified（例如，它返回一个加上了偏移量的 UTC 时间）[译注 2]。

6.2.2.4 获得当前 DateTime/DateTimeOffset

DateTime 和 DateTimeOffset 都具有一个静态的 Now 属性，它会返回当前的日期和时间：

```
Console.WriteLine (DateTime.Now);        // 11/11/2019 1:23:45 PM
Console.WriteLine (DateTimeOffset.Now);  // 11/11/2019 1:23:45 PM -06:00
```

DateTime 还有一个 Today 属性，它将返回日期的部分：

```
Console.WriteLine (DateTime.Today);      // 11/11/2019 12:00:00 AM
```

静态的 UtcNow 属性会返回 UTC 的当前日期和时间：

```
Console.WriteLine (DateTime.UtcNow);        // 11/11/2019 7:23:45 AM
Console.WriteLine (DateTimeOffset.UtcNow);  // 11/11/2019 7:23:45 AM +00:00
```

这些方法的返回精度取决于操作系统，一般情况下都在 10～20 毫秒范围内。

6.2.2.5 日期和时间的处理

DateTime 和 DateTimeOffset 都提供了相似的返回各种日期时间元素的实例属性：

```
DateTime dt = new DateTime (2000, 2, 3,
                            10, 20, 30);

Console.WriteLine (dt.Year);         // 2000
Console.WriteLine (dt.Month);        // 2
Console.WriteLine (dt.Day);          // 3
Console.WriteLine (dt.DayOfWeek);    // Thursday
Console.WriteLine (dt.DayOfYear);    // 34

Console.WriteLine (dt.Hour);         // 10
Console.WriteLine (dt.Minute);       // 20
Console.WriteLine (dt.Second);       // 30
Console.WriteLine (dt.Millisecond);  // 0
```

译注 2：该属性实际上忽略了偏移值，直接返回 DateTime 部分，例如，如果 DateTimeOffset 为 01/01/2018 07:30 +08:00，那么该属性将返回 01/01/2018 07:30, Unspecified。

```
Console.WriteLine (dt.Ticks);        // 630851700300000000
Console.WriteLine (dt.TimeOfDay);    // 10:20:30 (returns a TimeSpan)
```

DateTimeOffset 还提供了返回 TimeSpan 类型偏移量的属性 Offset。

DateTime 和 DateTimeOffset 都提供了以下进行日期时间运算的实例方法（大部分方法接受 double 或 int 类型的参数）：

```
AddYears   AddMonths   AddDays
AddHours   AddMinutes  AddSeconds   AddMilliseconds   AddTicks
```

这些方法都返回新的 DateTime 或 DateTimeOffset，并考虑了闰年问题。同时还可以通过输入一个负数来执行减法运算。

Add 方法会将一个 TimeSpan 值和 DateTime 或 DateTimeOffset 值相加。重载的 + 号运算符也可以执行同样的操作：

```
TimeSpan ts = TimeSpan.FromMinutes (90);
Console.WriteLine (dt.Add (ts));
Console.WriteLine (dt + ts);              // same as above
```

当然，还可以从 DateTime/DateTimeOffset 减去一个 TimeSpan 值，或将两个 DateTime/DateTimeOffset 值相减。后一种运算会返回一个 TimeSpan：

```
DateTime thisYear = new DateTime (2015, 1, 1);
DateTime nextYear = thisYear.AddYears (1);
TimeSpan oneYear = nextYear - thisYear;
```

6.2.2.6 DateTime 的格式化和解析

调用 DateTime 的 ToString 会将结果格式化为一个短日期（short date），全部都是数字，后面跟一个长时间（long time），包括秒。例如：

```
11/11/2019 11:50:30 AM
```

可以在操作系统的控制面板中设置日、月、年的展示顺序，是否用前置的 0 补齐位数，使用 12 小时还是 24 小时表示法。

DateTimeOffset 的 ToString 效果与 DateTime 是一样的，只是它同时返回偏移量：

```
11/11/2019 11:50:30 AM -06:00
```

ToShortDateString 和 ToLongDateString 方法仅仅返回日期部分。长日期格式也是在控制面板中设置的，例如，"Wednesday, 11 November 2015"。ToShortTimeString 和 ToLongTimeString 仅返回时间部分，例如，17:10:10（前者不包含秒）。

刚刚介绍的这四个方法实际上是使用四种不同格式字符串（format string）的快捷方式。ToString 重载后可以接受一个格式字符串和格式提供器。这些参数提供了大量的选项来控制区域设置的生效方式。相关内容请参见 6.5 节。

如果文化设置和格式化方式差异过大，那么可能造成 DateTime 和 DateTime-Offset 解析出错。此时，可以在 ToString 中指定文化无关的格式化字符串（例如 "o"）来忽略文化设置。

```
DateTime dt1 = DateTime.Now;
string cannotBeMisparsed = dt1.ToString ("o");
DateTime dt2 = DateTime.Parse (cannotBeMisparsed);
```

而 Parse/TryParse 和 ParseExact/TryParseExact 静态方法则执行和 ToString 相反的操作，它们将字符串转换为 DateTime 或 DateTimeOffset。这些方法同样进行了重载以接收格式提供器。Try* 方法会在解析失败时返回 false 而不会抛出 FormatException。

6.2.2.7 DateTime 和 DateTimeOffset 的空值

由于 DateTime 和 DateTimeOffset 都是结构体，因此它们是不能为 null 的。当需要将其设置为 null 时可以使用如下两种方法：

- 使用 Nullable 类型（例如 DateTime? 或 DateTimeOffset?）。
- 使用 DateTime.MinValue 或 DateTimeOffset.MinValue 静态字段（它们同时也是这些类型的默认值）。

使用可空值类型通常是最佳方法，因为编译器可以防止代码出现错误。DateTime.MinValue 可用于兼容 C# 2.0（引入了可空值类型）之前编写的代码。

 在 DateTime.MinValue 上调用 ToUniversalTime 或 ToLocalTime 可能返回一个不为 DateTime.MinValue 的值（取决于在 GMT 的哪一边）。如果你就在 GMT 上（夏令时以外的英格兰地区），那么完全没有问题，因为本地时间和 UTC 时间是相同的。这真是对英格兰严冬之苦的补偿！

6.3 DateOnly 与 TimeOnly

.NET 6 引入了 DateOnly 和 TimeOnly 结构体，它们仅仅单纯地表示日期或时间。

DateOnly 和 DateTime 类似，但是并不包含时间部分，DateOnly 也不支持 DateTimeKind 属性。从效果上来说，它永远是 Unspecified，并且没有 Local 和 Utc 之分。在 DateOnly 引入之前，我们一般用 DateTime 并通过将其时间部分设置为 0（午夜）来表示日期。但是，在进行日期比较时，若时间部分不为 0，则会造成错误的结果。

TimeOnly 也和 DateTime 类似，只是没有日期部分。TimeOnly 只用于表示一天中的时间，因此它适用于记录闹钟或营业时间。

6.4 DateTime 与时区

DateTime 处理时区的方式很简单，它在内部将 DateTime 存储为两部分信息：

- 一个 62 位数，表示从 01/01/0001 开始的时间计数值。

- 一个 2 位枚举数，表示 DateTimeKind（Unspecified、Local 或 Utc）。

当比较两个 DateTime 实例时，只有它们的计数值参与比较，而 DateTimeKinds 则被忽略：

```
DateTime dt1 = new DateTime (2000, 1, 1, 10, 20, 30, DateTimeKind.Local);
DateTime dt2 = new DateTime (2000, 1, 1, 10, 20, 30, DateTimeKind.Utc);
Console.WriteLine (dt1 == dt2);          // True
DateTime local = DateTime.Now;
DateTime utc = local.ToUniversalTime();
Console.WriteLine (local == utc);        // False
```

实例方法 ToUniversalTime/ToLocalTime 会将日期时间转换为 UTC/ 本地时间。这些方法会使用计算机的当前时区设置，返回一个 DateTimeKind 为 Utc 或 Local 的新 DateTime。如果在一个 DateTimeKind 为 Utc 的 DateTime 上调用 ToUniversalTime，或者在一个 Local 的 DateTime 上调用 ToLocalTime，则不会发生任何转换。但是，如果在 Unspecified 的 DateTime 上调用 ToUniversalTime 或者 ToLocalTime，则会发生转换。

使用 DateTime.SpecifyKind 静态方法可以创建一个 Kind 不同的 DateTime：

```
DateTime d = new DateTime (2015, 12, 12);  // Unspecified
DateTime utc = DateTime.SpecifyKind (d, DateTimeKind.Utc);
Console.WriteLine (utc);                // 12/12/2015 12:00:00 AM
```

6.4.1 DateTimeOffset 与时区

DateTimeOffset 内部包括一个总是 UTC 的 DateTime 字段和一个用 16 位整数表示的以分钟计量的 UTC 偏移量。在比较时，仅仅比较（UTC 的）DateTime 字段，而偏移量主要用于格式化。

ToUniversalTime/ToLocalTime 方法会返回一个表示相同时间点的 DateTimeOffset ，但是分别具有一个 UTC 或本地时间的偏移量。与 DateTime 不同，这些方法不会影响底层的日期 / 时间值，只是影响偏移量：

```
DateTimeOffset local = DateTimeOffset.Now;
DateTimeOffset utc   = local.ToUniversalTime();

Console.WriteLine (local.Offset);   // -06:00:00 (in Central America)
Console.WriteLine (utc.Offset);     // 00:00:00

Console.WriteLine (local == utc);                 // True
```

如果要在比较中将 Offset 也考虑在内，可以使用 EqualExact 方法：

```
Console.WriteLine (local.EqualsExact (utc));      // False
```

6.4.2 TimeZoneInfo

TimeZoneInfo 类提供了时区名称、时区的 UTC 偏移量和夏令时规则。

6.4.2.1 TimeZone

TimeZone.CurrentTimeZone 静态方法会根据本地设置返回一个 TimeZone 对象：

```
TimeZone zone = TimeZone.CurrentTimeZone;
Console.WriteLine (zone.StandardName);     // Pacific Standard Time
Console.WriteLine (zone.DaylightName);     // Pacific Daylight Time
```

GetDaylightChanges 方法会返回指定年份的夏令时信息：

```
DaylightTime day = zone.GetDaylightChanges (2019);
Console.WriteLine (day.Start.ToString ("M"));     // 10 March
Console.WriteLine (day.End.ToString ("M"));       // 03 November
Console.WriteLine (day.Delta);                    // 01:00:00
```

6.4.2.2 TimeZoneInfo

TimeZoneInfo.Local 静态属性会根据本地设置返回 TimeZoneInfo 对象。以下示例展示了本地设置为加利福尼亚时的结果：

```
TimeZoneInfo zone = TimeZoneInfo.Local;
Console.WriteLine (zone.StandardName);     // Pacific Standard Time
Console.WriteLine (zone.DaylightName);     // Pacific Daylight Time
```

IsDaylightSavingTime 和 GetUtcOffset 方法的使用方式如下：

```
DateTime dt1 = new DateTime (2019, 1, 1);   // DateTimeOffset works, too
DateTime dt2 = new DateTime (2019, 6, 1);
Console.WriteLine (zone.IsDaylightSavingTime (dt1));   // True
Console.WriteLine (zone.IsDaylightSavingTime (dt2));   // False
Console.WriteLine (zone.GetUtcOffset (dt1));           // -08:00:00
Console.WriteLine (zone.GetUtcOffset (dt2));           // -07:00:00
```

调用 FindSystemTimeZoneById 方法并提供时区 ID 就可以获得世界上任何一个时区的 TimeZoneInfo。我们将切换到西澳大利亚时区，而其中原因很快就会明朗：

```
TimeZoneInfo wa = TimeZoneInfo.FindSystemTimeZoneById
                  ("W. Australia Standard Time");

Console.WriteLine (wa.Id);                        // W. Australia Standard Time
Console.WriteLine (wa.DisplayName);               // (GMT+08:00) Perth
Console.WriteLine (wa.BaseUtcOffset);             // 08:00:00
Console.WriteLine (wa.SupportsDaylightSavingTime);   // True
```

Id 属性就是传递给 FindSystemTimeZoneById 方法的参数。可以使用 GetSystemTimeZones 静态方法返回全世界所有的时区。因此可以用如下方式输出全部有效时区的 ID 字符串：

```
foreach (TimeZoneInfo z in TimeZoneInfo.GetSystemTimeZones())
    Console.WriteLine (z.Id);
```

 还可以通过调用 TimeZoneInfo.CreateCustomTimeZone 创建一个自定义的时区。因为 TimeZoneInfo 是不可变的，所以在创建时必须输入方法需要的所有相关数据。

调用 ToSerializedString 方法可以将一个预定义的或者自定义的时区序列化为一个具有可读性的字符串，并可以通过 TimeZoneInfo.FromSerializedString 进行反序列化。

ConverTime 静态方法可以将一个 DateTime 或 DateTimeOffset 从一个时区转换到另一个时区。该方法可同时接受源时区和目标时区的 TimeZoneInfo 对象，也可以仅仅包含目标时区的 TimZoneInfo 对象。若想要直接从 UTC 时间进行转换，或者直接转换到 UTC 时间，则可以调用 ConvertTimeFromUtc 和 ConvertTimeToUtc。

TimeZoneInfo 专门提供了处理夏令时的方法，具体如下：

- IsInvalidTime：该方法在 DateTime 位于夏令时时钟向前跳过的时间区间之内时返回 true。
- IsAmbiguousTime：该方法在 DateTime 或者 DateTimeOffset 处于由于时钟回拨而重复的时间区间之内时返回 true。
- GetAmbiguousTimeOffsets：该方法返回一个二义的 DateTime 或者 DateTimeOffset 的 TimeSpan 数组。该数组中的值为可选的有效偏移值。

我们无法从 TimeZoneInfo 中直接得到夏令时起止日期。相反，必须调用 GetAdjustmentRules 来得到所有年份的所有夏令时规则的声明汇总。每一个规则都有代表其有效日期范围的 DateStart 和 DateEnd 属性：

```
foreach (TimeZoneInfo.AdjustmentRule rule in wa.GetAdjustmentRules())
  Console.WriteLine ("Rule: applies from " + rule.DateStart +
                              " to " + rule.DateEnd);
```

西澳大利亚时区在 2006 年季度中期时首次引入夏令时，并在 2009 年废除。这意味着需要对第一年设置一条特殊的规则，因此该时区夏令时有两条规则：

```
Rule: applies from 1/01/2006 12:00:00 AM to 31/12/2006 12:00:00 AM
Rule: applies from 1/01/2007 12:00:00 AM to 31/12/2009 12:00:00 AM
```

每一个 AdjustmentRule 拥有一个 TimeSpan 类型的 DaylightDelta 属性（这个属性的值几乎在每种情况下都是一小时），以及 DaylightTransitionStart 和 DaylightTransitionEnd 属性。后面两个属性全部为 TimeZoneInfo.TransitionTime 类型。该类型具有如下属性：

```
public bool IsFixedDateRule { get; }
public DayOfWeek DayOfWeek { get; }
public int Week { get; }
public int Day { get; }
public int Month { get; }
public DateTime TimeOfDay { get; }
```

转换时间有一些复杂，因为它既需要表示固定日期也需要表示浮动日期。浮动日期是类似"三月的最后一个星期日"这样的日期。转换时间的解释规则如下：

1. 对于转换结束时间，如果 IsFixedDateRule 为 true，Day 是 1，Month 是 1，TimeOfDay 是 DateTime.MinValue，则这个年份没有夏令时的结束时间（这只可能出现在南半球刚刚引入夏令时的某个地区）。

2. 否则，如果 IsFixedDateRule 为 true，那么 Month、Day 和 TimeOfDay 属性决定了规则调整的起止时间。

3. 否则，如果 IsFixedDateRule 为 false，那么 Month、DayOfWeek、Week 和 TimeOfDay 属性共同决定了规则调整的起止时间。

在最后一种情况中，Week 所指的是月份的周数，"5" 代表最后一周。我们可以通过列举 wa 时区的调整规则来说明这一点：

```
foreach (TimeZoneInfo.AdjustmentRule rule in wa.GetAdjustmentRules())
{
  Console.WriteLine ("Rule: applies from " + rule.DateStart +
                                  " to " + rule.DateEnd);

  Console.WriteLine ("   Delta: " + rule.DaylightDelta);
  Console.WriteLine ("   Start: " + FormatTransitionTime
                            (rule.DaylightTransitionStart, false));

  Console.WriteLine ("   End:   " + FormatTransitionTime
                            (rule.DaylightTransitionEnd, true));
  Console.WriteLine();
}
```

在 FormatTransitionTime 方法中，我们使用了以上介绍的规则：

```
static string FormatTransitionTime (TimeZoneInfo.TransitionTime tt,
                                    bool endTime)
{
  if (endTime && tt.IsFixedDateRule
              && tt.Day == 1 && tt.Month == 1
              && tt.TimeOfDay == DateTime.MinValue)
    return "-";

  string s;
  if (tt.IsFixedDateRule)
    s = tt.Day.ToString();
  else
    s = "The " +
        "first second third fourth last".Split() [tt.Week - 1] +
        " " + tt.DayOfWeek + " in";

  return s + " " + DateTimeFormatInfo.CurrentInfo.MonthNames [tt.Month-1]
         + " at " + tt.TimeOfDay.TimeOfDay;
}
```

6.4.3 夏令时与 DateTime

如果使用 DateTimeOffset 或 UTC 的 DateTime 进行相等比较，那么结果是不受夏令时影响的。但是对于本地时间的 DateTime 则可能会受到夏令时的影响。

这些规则可以总结为：

- 夏令时只影响本地时间，而不影响 UTC 时间。
- 当夏令时的时钟回调时，当且仅当使用本地时间的 DateTime，基于时间前移的比较才会得到错误的结果。
- 即使时钟回调了，也总是可以可靠地将本地时间转换为 UTC 时间，反之亦然。

IsDaylightSavingTime 方法可以告诉我们给定的本地 DateTime 是否处在夏令时中。如果向该方法传递 UTC 时间，则该方法永远返回 false。

```
Console.Write (DateTime.Now.IsDaylightSavingTime());      // True or False
Console.Write (DateTime.UtcNow.IsDaylightSavingTime());  // Always False
```

假定 dto 是一个 DateTimeOffset 对象，那么下面的表达式将得到同样的效果：

```
dto.LocalDateTime.IsDaylightSavingTime
```

夏令时的结束会给本地时间相关的算法带来复杂的问题，因为当时钟回拨时，同样的小时数（更准确说是时间差值 Delta）将会重复。

 在比较两个任意的 DateTime 前先调用 ToUniversalTime 方法可以确保结果的可靠性。但当且仅当其中一个日期的 DateTimeKind 属性值为 Unspecified 时上述规则失效。这个潜在的危险性是我们倾向于使用 DateTimeOffset 的另一个原因。

6.5 格式化和解析

格式化即将一个对象转换为字符串，而解析则是将字符串转换为对象。这两种操作在编程时都是很常用的，因此 .NET 提供了一系列的机制来执行这些任务：

ToString 和 Parse

　　这两个方法是很多类型的默认具备的功能。

格式提供器 （format provider）

　　对象上的其他 ToString （以及 Parse）重载方法会接受格式字符串和格式提供器。格式提供器不仅使用灵活而且和文化相关。.NET 自带了数字类型和 DateTime/DateTimeOffset 的格式提供器。

XmlConvert

　　这个静态类提供了基于 XML 标准的格式化和解析方法。如果希望使用文化无关的转换，或希望避免误解析，则可以使用 XmlConvert 作为有效的通用转换器。XmlConvert 支持数字类型、bool、DateTime、DateTimeOffset、TimeSpan 和 Guid。

类型转换器（type converter）

这种转换器是面向设计器 XAML 解析器的。

在本节中，我们将讨论前面两种机制，尤其是格式提供器。在后续章节中，我们将介绍 XmlConvert、类型转换器以及其他转换机制。

6.5.1 ToString 和 Parse

最简单的格式字符串的机制是 ToString 方法，它能为所有简单的值类型（bool、DateTime、DateTimeOffset、TimeSpan、Guid 和所有数字类型）产生有意义的字符串输出。同时这些类型都定义了静态的 Parse 方法来完成反向的转换：

```
string s = true.ToString();      // s = "True"
bool b = bool.Parse (s);         // b = true
```

如果解析失败，则会抛出 FormatException。很多类型还定义了 TryParse 方法，在转换失败时返回 false 而不会抛出异常：

```
bool failure = int.TryParse ("qwerty", out int i1);
bool success = int.TryParse ("123", out int i2);
```

如果仅关心解析是否成功而不关心解析的结果，则可以丢弃相应变量：

```
bool success = int.TryParse ("123", out int _);
```

如果预期会遇到错误，那么调用 TryParse 比在异常处理块中调用 Parse 要更优雅，也执行得更快。

DateTime(Offset) 和数字类型的 Parse 和 TryParse 方法会使用本地的文化设置。因而可以指定一个 CultureInfo 对象改变这个设置。而指定一个不变文化通常是个好主意。例如，在德国将 "1.234" 解析为 double 类型时将得到 1234：

```
Console.WriteLine (double.Parse ("1.234"));    // 1234  (In Germany)
```

这是因为在德国，. 表示千位分隔符而不是小数点。而指定一个不变文化就可以解决上述问题：

```
double x = double.Parse ("1.234", CultureInfo.InvariantCulture);
```

同样的方法也适用于 ToString()：

```
string x = 1.234.ToString (CultureInfo.InvariantCulture);
```

6.5.2 格式提供器

有些情况下需要对格式化和解析进行更多的控制。例如，格式化一个 DateTime(Offset) 有很多种方式。格式提供器（format provider）提供了大量的控制格式化和解析的方式，并支持数字类型和日期 / 时间类型。格式提供器还可以提供用户界面的格式化和解析控制。

使用格式提供器的方式是 IFormattable 接口。所有的数字类型以及 DateTime(Offset) 类型都实现了这个接口：

```
public interface IFormattable
{
    string ToString (string format, IFormatProvider formatProvider);
}
```

第一个参数是格式字符串（format string），第二个参数就是格式提供器。格式字符串提供指令，而格式提供器则决定了这些指令将如何转换。例如：

```
NumberFormatInfo f = new NumberFormatInfo();
f.CurrencySymbol = "$$";
Console.WriteLine (3.ToString ("C", f));         // $$ 3.00
```

这里的 "C" 是表示货币的格式字符串，而 NumberFormatInfo 对象是一个格式提供器，它决定了货币（和其他数字形式）该如何展示。这种机制也支持全球化。

 所有数字和日期的格式字符串都可以从 6.6 节中找到。

如果指定一个 null 格式字符串或 null 格式提供器，则会使用默认格式提供器。默认的格式提供器为 CultureInfo.CurrentCulture。如果没有重新赋值，那么它对应了计算机运行时的控制面板设置。例如：

```
Console.WriteLine (10.3.ToString ("C", null));  // $10.30
```

为方便起见，大多数类型都重载了 ToString 方法以忽略 null 提供器：

```
Console.WriteLine (10.3.ToString ("C"));     // $10.30
Console.WriteLine (10.3.ToString ("F4"));    // 10.3000 (Fix to 4 D.P.)
```

在 DateTime(Offset) 类型或数字类型上调用无参数的 ToString 方法等价于使用默认的格式提供器，且格式字符串为空字符串。

.NET 定义了以下三种格式提供器（它们都实现了 IFormatProvider）：

```
NumberFormatInfo
DateTimeFormatInfo
CultureInfo
```

 所有的 enum 类型都可以格式化，但是它们并没有特殊的 IFormatter 类。

6.5.2.1 格式提供器和 CultureInfo

在格式提供器的上下文中，CultureInfo 扮演了根据文化的区域设置返回 NumberFormatInfo 和 DateTimeFormatInfo 两个格式提供器的间接机制。

在下面的例子中，我们使用了一个特殊的文化（英国英语）：

```
CultureInfo uk = CultureInfo.GetCultureInfo ("en-GB");
Console.WriteLine (3.ToString ("C", uk));      // £3.00
```

上述范例使用了适用于 en-GB 文化的默认的 NumberFormatInfo 对象。

下面的例子使用了不变文化对 DateTime 进行了格式化。不变文化总是保持相同的设置，而和计算机的设置无关：

```
DateTime dt = new DateTime (2000, 1, 2);
CultureInfo iv = CultureInfo.InvariantCulture;
Console.WriteLine (dt.ToString (iv));          // 01/02/2000 00:00:00
Console.WriteLine (dt.ToString ("d", iv));     // 01/02/2000
```

 不变文化是基于美国文化的，但是有如下不同：

- 货币符号是 ¤ 而非 $。
- 日期和时间的格式化带有前导零（仍然是月份在前）。
- 使用 24 小时制计时，不使用 AM/PM 标识符。

6.5.2.2 使用 NumberFormatInfo 和 DateTimeFormatInfo

在下例中，我们实例化了一个 NumberFormatInfo 对象并将组分隔符从逗号修改为空格，并使用它将数字格式化为保留小数点后 3 位的形式：

```
NumberFormatInfo f = new NumberFormatInfo ();
f.NumberGroupSeparator = " ";
Console.WriteLine (12345.6789.ToString ("N3", f));   // 12 345.679
```

NumberFormatInfo 或 DateTimeFormatInfo 的初始设置是基于不变文化的。但有时选择不同的文化作为起点可能更合适。为此，可以 Clone 一个现有的格式提供器：

```
NumberFormatInfo f = (NumberFormatInfo)
                  CultureInfo.CurrentCulture.NumberFormat.Clone();
```

虽然原生的格式提供器是只读的，但是克隆出来的实例总是可写的。

6.5.2.3 组合格式化

组合格式字符串将变量替代符和格式字符串组合在一起。静态方法 String.Format 可以接收一个组合格式字符串（我们在 6.1.2.7 节中介绍过）。

```
string composite = "Credit={0:C}";
Console.WriteLine (string.Format (composite, 500));   // Credit=$500.00
```

Console 类重载了 Write 和 WriteLine 方法以接受一个组合格式字符串，因此上述例子可以简化为：

```
Console.WriteLine ("Credit={0:C}", 500);   // Credit=$500.00
```

同样可以在 StringBuilder（调用 AppendFormat 方法）和用于处理 I/O 操作的 TextWriter 上（参见第 15 章）追加组合格式字符串。

string.Format 方法可以接受一个可选的格式提供器参数。一个简单应用场景是调用任意对象的 ToString 方法，同时传递格式提供器：

```
string s = string.Format (CultureInfo.InvariantCulture, "{0}", someObject);
```

和以下代码是等价的：

```
string s;
if (someObject is IFormattable)
  s = ((IFormattable)someObject).ToString (null,
                                       CultureInfo.InvariantCulture);
else if (someObject == null)
  s = "";
else
  s = someObject.ToString();
```

6.5.2.4 通过格式提供器进行解析

格式提供器并未对解析提供标准接口。相反，每一个参与的类型都会重载它的静态 Parse（和 TryParse）方法来接受一个格式提供器，以及一个可选的 NumberStyles 或 DateTimeStyles 枚举参数。

NumberStyles 和 DateTimeStyles 将决定解析的工作方式，它们提供了一些自定义的设置，例如，是否允许括号或者货币符号出现在输入字符串中（默认这两个选项都是否定的）。例如：

```
int error = int.Parse ("(2)");   // Exception thrown

int minusTwo = int.Parse ("(2)", NumberStyles.Integer |
                             NumberStyles.AllowParentheses);   // OK

decimal fivePointTwo = decimal.Parse ("£5.20", NumberStyles.Currency,
                           CultureInfo.GetCultureInfo ("en-GB"));
```

下一节中列出了所有的 NumberStyles 和 DateTimeStyles 的成员，以及每一个成员的默认解析规则。

6.5.2.5 IFormatProvider 和 ICustomFormatter

所有的格式提供器都实现了 `IFormatProvider` 接口：

```
public interface IFormatProvider { object GetFormat (Type formatType); }
```

这个方法提供了一种间接进行格式化的手段，`CultureInfo` 就是用它来返回合适的 `NumberFormatInfo` 或 `DateTimeInfo` 对象并完成格式化操作的。

实现了 `IFormatProvider` 和 `ICustomFormatter`，就能编写自定义的格式提供器了（该自定义格式提供器可以和现有类型配合工作）。`ICustomFormatter` 接口仅定义了一个方法：

```
string Format (string format, object arg, IFormatProvider formatProvider);
```

下例中的自定义格式提供器将数字转换为单词：

```
public class WordyFormatProvider : IFormatProvider, ICustomFormatter
{
  static readonly string[] _numberWords =
   "zero one two three four five six seven eight nine minus point".Split();

  IFormatProvider _parent;    // Allows consumers to chain format providers

  public WordyFormatProvider () : this (CultureInfo.CurrentCulture) { }
  public WordyFormatProvider (IFormatProvider parent) => _parent = parent;

  public object GetFormat (Type formatType)
  {
    if (formatType == typeof (ICustomFormatter)) return this;
    return null;
  }

  public string Format (string format, object arg, IFormatProvider prov)
  {
    // If it's not our format string, defer to the parent provider:
    if (arg == null || format != "W")
      return string.Format (_parent, "{0:" + format + "}", arg);

    StringBuilder result = new StringBuilder();
    string digitList = string.Format (CultureInfo.InvariantCulture,
                                      "{0}", arg);
    foreach (char digit in digitList)
    {
      int i = "0123456789-.".IndexOf (digit),
                            StringComparison.InvariantCulture);
      if (i == -1) continue;
      if (result.Length > 0) result.Append (' ');
      result.Append (_numberWords[i]);
    }
    return result.ToString();
  }
}
```

注意，在 `Format` 方法中，我们使用 `string.Format` 并指定 `InvariantCulture` 将输入数

字转换为字符串。虽然它比直接在 arg 对象上调用 ToString() 复杂，但调用 ToString 方法将会使用 CurrentCulture。需要使用不变文化的原因后续会进行展示：

```
int i = "0123456789-.".IndexOf (digit),
                              StringComparison.InvariantCulture);
```

这里的关键是数字字符串仅仅由 0123456789-. 等字符组成，并不包含国际化字符。

以下例子展示了 WordyFormatProvider 的使用方法：

```
double n = -123.45;
IFormatProvider fp = new WordyFormatProvider();
Console.WriteLine (string.Format (fp, "{0:C} in words is {0:W}", n));

// -$123.45 in words is minus one two three point four five
```

自定义格式提供器只能用在组合格式字符串中。

6.6 标准格式字符串与解析标记

标准格式字符串决定了数字类型或 DateTime/DateTimeOffset 转换为字符串的方式。格式字符串有两种：

标准格式字符串

> 提供基本的格式控制。标准格式字符串是由一个字母及后续的可选数字组成。例如，"C" 或 "F2"。

自定义格式字符串

> 通常使用模板对每一个字符实现精细控制。例如，"0:#.000E+00"。

自定义格式字符串与自定义格式提供器无关。

6.6.1 数字格式字符串

表 6-2 列出了所有的标准数字格式字符串。

表 6-2：标准数字格式字符串

字母	含义	范例输入	结果	说明
G 或 g	通用	1.2345, "G"	1.2345	当数值很小或很大时，转换为指数表示形式
		0.00001, "G"	1E-05	
		0.00001, "g"	1e-05	G3 将展示精度限制在三个数字（小数点前后相加）
		1.2345, "G3"	1.23	
		12345 , "G3"	1.23E04	
F	固定小数位数	2345.678, "F2"	2345.68	F2 表示四舍五入到小数点后两位
		2345.6, "F2"	2345.60	

表 6-2：标准数字格式字符串（续）

字母	含义	范例输入	结果	说明
N	带（数值）组分隔符的固定小数位数	2345.678，"N2" 2345.6，"N2"	2,345.68 2,345.60	同上，带有组分隔符（千位）（具体方式取决于格式提供器）
D	数字前填充 0	123，"D5" 123，"D1"	00123 123	仅适用于整数。D5 表示将数字填充至 5 位数，但不把大于 5 位的数字截短
E 或 e	强制使用指数表示	56789，"E" 56789，"e" 56789，"E2"	5.678900E+004 5.678900e+004 5.68E+004	默认精确到小数点后 6 位
C	货币	1.2，"C" 1.2，"C4"	$1.20 $1.2000	不带有数字的 C 字符串使用格式提供器的默认数字精度
P	百分数	.503，"P" .503，"P0"	50.30% 50%	使用格式提供器的符号和布局。可以选择性地重写小数点位置
X 或 x	十六进制数	47，"X" 47，"x" 47，"X4"	2F 2f 002F	X 指大写十六进制数，而 x 指采用小写十六进制数。仅仅适用于整数
R 或 G9/G17	元整	1f / 3f，"R"	0.333333343	R 用于 BigInteger 类型，G17 用于 double 类型而 G9 用于 float 类型

如果不提供数值格式字符串（或者使用 null 或空字符串），那么相当于使用不带数字的"G"标准格式字符串。这包括了以下两种形式：

- 小于 10^{-4} 或大于该类型精度的数字将表示为指数形式（科学记数法）。

- 受 float 和 double 精度限制的两位小数是经过舍入的，以避免从二进制形式转换为十进制时的内在不精确性。

 刚刚提到的自动舍入通常是有好处的，因而很少会被注意到。然而，如果需要往返转换一个数字就可能产生问题。换言之，即将数字转换为字符串，再转换回数字（可能反复多次）同时保持值不变。因此，我们需要使用 R、G17 和 G9 格式字符来处理这种隐式舍入。

表 6-3 列出了一些自定义数字格式字符串。

表 6-3: 自定义数字格式字符串

分类符	含义	范例输入	结果	说明
#	数字占位符	12.345, ".##" 12.345, ".####"	12.35 12.345	限定小数点后的小数位数
0	零占位符	12.345, ".00" 12.345, ".0000" 99, "000.00"	12.35 12.3450 099.00	与 # 相同，但是用 0 补齐小数点前后不足的位数
.	小数点			表示小数点。小数点的符号来自 NumberFormatInfo
,	组分隔符	1234, "#,###,###" 1234, "0,000,000"	1,234 0,001,234	其符号来自 NumberFormatInfo
,（同上）	倍增符号	1000000, "#," 1000000, "#,,"	1000 1	如果逗号在末尾或小数点之前，那么它就是一个倍增符号。会将结果除以 1,000、1,000,000 等
%	百分数表示法	0.6, "00%"	60%	先乘以 100，而后添加从 NumberFormatInfo 获得的百分号符号
E0、e0、E+0、e+0、E-0、e-0	指数表示法	1234, "0E0" 1234, "0E+0" 1234, "0.00E00" 1234, "0.00e00"	1E3 1E+3 1.23E03 1.23e03	
\	转义字符	50, @"\#0"	#50	与字符串前缀 @ 一起使用或使用 \\
'xx''xx'	字面量字符串引号	50, "0 '...'"	50 ...	
;	分段符	15, "#;(#);zero" -5, "#;(#);zero" 0, "#;(#);zero"	15 (5) zero	（如果为正数） （如果为负数） （如果为零）
任何其他字符	字面量字符	35.2, "$0 . 00c"	$35 . 20c	

6.6.2 NumberStyles

每一种数字类型都定义了一个静态的 Parse 方法，它接收 NumberStyles 参数。NumberStyles 是一个标记枚举类型，当把字符串转换为数字时，它可以决定读取字符串的方式。它具有以下几个可以组合的成员：

```
AllowLeadingWhite    AllowTrailingWhite
AllowLeadingSign     AllowTrailingSign
```

```
AllowParentheses      AllowDecimalPoint
AllowThousands        AllowExponent
AllowCurrencySymbol   AllowHexSpecifier
```

`NumberStyles` 也定义了以下的组合成员:

```
None  Integer  Float  Number  HexNumber  Currency  Any
```

除了 `None`，所有的复合值都包含了 `AllowLeadingWhite` 和 `AllowTrailingWhite`，其余的标记如图 6-1 所示，其中加粗显示了最常使用的三种。

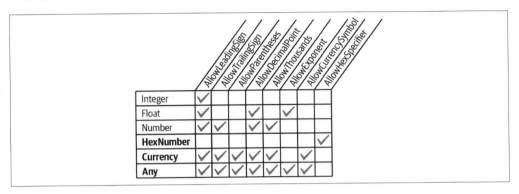

图 6-1: 组合 NumberStyles

若调用 `Parse` 而不设定任何标记的话，则会使用如图 6-2: 所示的默认值。

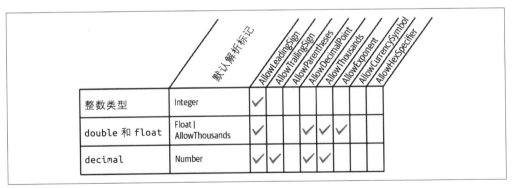

图 6-2: 数字类型的默认解析标记

若不希望使用图 6-2 所示的默认值，那么必须显式指定 `NumberStyles`:

```
int thousand = int.Parse ("3E8", NumberStyles.HexNumber);
int minusTwo = int.Parse ("(2)", NumberStyles.Integer |
                               NumberStyles.AllowParentheses);
double aMillion = double.Parse ("1,000,000", NumberStyles.Any);
decimal threeMillion = decimal.Parse ("3e6", NumberStyles.Any);
decimal fivePointTwo = decimal.Parse ("$5.20", NumberStyles.Currency);
```

因为我们没有指定格式提供器，所以这个例子支持本地货币符号、组分隔符、小数点等。下一个例子以硬编码的方式使用欧元符号和空格组分隔符来表示货币：

```
NumberFormatInfo ni = new NumberFormatInfo();
ni.CurrencySymbol = "€";
ni.CurrencyGroupSeparator = " ";
double million = double.Parse ("€1 000 000", NumberStyles.Currency, ni);
```

6.6.3 DateTime 格式字符串

DateTime/DateTimeOffset 的格式字符串根据它们是否使用文化和格式提供器的设置可分为两组。使用文化和格式提供器的格式字符串列在表 6-4 中，而其他格式字符串列在表 6-5 中。示例输出结果来自下面的 DateTime（表 6-4 中列出的是不变文化下的结果）：

```
new DateTime (2000, 1, 2, 17, 18, 19);
```

表 6-4：使用文化相关的日期 / 事件格式字符串

格式字符串	含义	范例输出
d	短日期	01/02/2000
D	长日期	Sunday, 02 January 2000
t	短时间	17:18
T	长时间	17:18:19
f	长日期 + 短时间	Sunday, 02 January 2000 17:18
F	长日期 + 长时间	Sunday, 02 January 2000 17:18:19
g	短日期 + 短时间	01/02/2000 17:18
G（默认）	短日期 + 长时间	01/02/2000 17:18:19
m, M	月与日	02 January
y, Y	年与月	January 2000

表 6-5：使用文化无关的日期 / 事件格式字符串

格式字符串	含义	范例输出	说明
o	往返转换	2000-01-02T17:18:19.0000000	若 DateTime 的 Kind 属性不是 Unspecified，则附加时区信息
r, R	RFC 1123 标准	Sun, 02 Jan 2000 17:18:19 GMT	必须使用 DateTime.ToUniversalTime 显式转换为 UTC
s	可排序；ISO 8601	2000-01-02T17:18:19	可进行基于文本的排序
u	UTC，可排序	2000-01-02 17:18:19Z	同上，但必须显式转换为 UTC
U	UTC	Sunday, 02 January 2000 17:18:19	长日期 + 短时间，转换为 UTC

"r" "R" 和 "u" 格式字符串会添加一个表示 UTC 的后缀，但是它们不能将一个本地时间自动转换为 UTC 时间（所以必须自行进行转换）。奇怪的是，"U" 会自动转换为 UTC，但是它不会添加时区后缀！事实上，"o" 是上述分类符中唯一一个不需要干预就能够产生一个明确的 DateTime 的格式分类符。

DateTimeFormatInfo 还支持自定义字符串，与数字的自定义格式字符串相似，详细的清单可以从 Microsoft 的在线文档（*https://oreil.ly/kUSCm*）中得到。下面是一个自定义格式字符串的示例：

```
yyyy-MM-dd HH:mm:ss
```

DateTime 的解析与误解析

将月份或天数放在前面的日期字符串是有二义性的，非常容易出现误解析，对于国际用户尤甚。在用户界面控制上，由于格式化和解析强制使用同一设置，因此往往不存在这种问题。但是在写入文件的过程中，日期时间的误解析则会造成问题。下面是两种解决方法：

*   在格式化和解析时总是显式指定相同的文化（例如，不变文化）。
*   以一种文化无关的方式格式化 DateTime 和 DateTimeOffset。

第二种方法更加可靠，尤其是选择将 4 位年份放在前面的格式，因为这种字符串更难被误解析[译注3]。而且，使用符合标准的年份在前的格式字符串（如 "o"）能够像 O 型万能供血者那样正确解析用同样设置格式化的本地字符串。使用 "s" 或者 "u" 格式化的日期还具有可排序的优点。

为了演示这一点，我们假设生成了下面的与文化无关的 DateTime 字符串 s：

```
string s = DateTime.Now.ToString ("o");
```

 "o" 格式字符串的输出中包含毫秒。下面的自定义格式字符串结果与 "o" 相同，但是不包括毫秒：

```
yyyy-MM-ddTHH:mm:ss K
```
[译注4]

我们可以用两种方式来解析上述字符串。ParseExact 要求严格匹配指定的格式字符串：

```
DateTime dt1 = DateTime.ParseExact (s, "o", null);
```

（还可以使用 XmlConvert 的 ToString 和 ToDateTime 方法来达到相似的效果。）

Parse 方法则隐式接受 "o" 格式和 CurrentCunture 格式：

```
DateTime dt2 = DateTime.Parse (s);
```

译注 3：因为这种格式总是会采用年、月、日的排列。

译注 4：原书中的格式字符串为 yyyy-MM-ddTHH:mm:ss K，但如果和 ISO 兼容的话，K 之前不应当出现空格。

上述方法对 DateTime 和 DateTimeOffset 都有效。

 如果已知待解析字符串的格式，那么使用 ParseExact 会更好。因为它意味着如果字符串的格式不正确就会抛出异常，这远远好于得到一个误解析的日期。

6.6.4 DateTimeStyles

DateTimeStyles 是一个标记枚举类型，它可以在调用 DateTime(Offset) 的 Parse 方法时提供额外的控制指令。以下列出了其中的成员：

```
None,
AllowLeadingWhite, AllowTrailingWhite, AllowInnerWhite,
AssumeLocal, AssumeUniversal, AdjustToUniversal,
NoCurrentDateDefault, RoundTripKind
```

除此以外还有一个组合成员 AllowWhiteSpaces：

```
AllowWhiteSpaces = AllowLeadingWhite | AllowTrailingWhite | AllowInnerWhite
```

该枚举的默认值为 None。这意味着多余的空格是禁止的（属于标准 DateTime 模式的空格除外）。

AssumeLocal 和 AssumeUniversal 可以在字符串没有时区信息后缀（例如，Z 或 +9:00）时使用，AdjustToUniversal 仍会参照时区后缀，但随后会使用当前区域设置将其转换为 UTC。

如果解析一个包含时间但不包含日期的字符串，则会默认使用今天的日期。如果指定了 NoCurrentDateDefault 标记，则使用 0001 年 1 月 1 日。

6.6.5 枚举的格式字符串

我们在 3.7 节中介绍了枚举值的格式化与解析。表 6-6 列出了每一种格式字符串及以下表达式的输出结果：

```
Console.WriteLine (System.ConsoleColor.Red.ToString (formatString));
```

表 6-6：枚举的格式字符串

格式字符串	含义	范例输出	说明
G 或 g	通用	Red	默认情况
F 或 f	视为设置了 Flags 属性的枚举值	Red	用于处理组合成员，和 enum 是否标记为 Flags 无关
D 或 d	十进制值	12	获取枚举值的整数值
X 或 x	十六进制值	0000000C	获取枚举值的整数值

6.7 其他转换机制

在前面两节中，我们介绍了格式提供器这一 .NET 主要的格式化和解析机制。其他的重要转换机制则分散在各种类型和命名空间中。有些可以和 string 相互转换，有些则采用其他的转换方式。本节中，我们将讨论以下这些内容：

- Convert 类及其功能：
  - ◆ 采用舍入方式而非截断方式的实数到整数转换
  - ◆ 解析二进制、八进制和十六进制数字
  - ◆ 动态转换
  - ◆ Base-64 转换
- XmlConvert 及其在 XML 格式化和解析中的作用。
- 类型转换器及其在设计器和 XAML 格式化与解析中的作用。
- 支持二进制转换的 BitConverter。

6.7.1 Convert 类

.NET 将以下类型称为基本类型：

- bool、char、string、System.DateTime 和 System.DateTimeOffset。
- 所有的 C# 数字类型。

静态类 Convert 定义了将每一个基本类型转换为其他基本类型的方法。可是这些方法大部分都没有什么实际用处；要么抛出异常，要么是隐式转换的冗余方法。然而，其中有一些方法还是很有用的，我们将在接下来的章节中介绍。

 所有的基本类型都（显式）实现了 IConvertible，它定义了转换到其他基本类型的方法。在大多数情况中，这些方法的实现只是简单地调用了 Convert 类中的某个方法。编写一个接收 IConvertible 类型的参数的方法在特定情况下用处很大。

6.7.1.1 实数到整数的舍入转换

在第 2 章中，我们介绍了数字类型之间的显式和隐式转换。概括为：

- 隐式转换只支持无损转换（例如，int 到 double 的转换）。
- 有损转换则需要使用显式转换（例如，double 到 int 的转换）。

转换操作是经过效率优化的，因此它将截断不符合要求的数据。这可能导致从一个实数转换为一个整数的操作出现问题，因为在这种情况下通常希望将结果进行舍入而非截断。Convert 类的数字转换方法正是为此准备的，它们总是采用舍入的方式：

```
double d = 3.9;
int i = Convert.ToInt32 (d);     // i == 4
```

Convert 采用银行家舍入的方式，将中间值转换为偶整数（这样可以避免正负偏差）。如果银行舍入方式不适用，那么可以对实数调用 Math.Round 方法，该方法可以使用额外的参数控制中间值的舍入方式。

6.7.1.2 解析二进制、八进制和十六进制数字

To（整数类型）的方法包括一些重载方法，它们可以将字符串解析为其他进制：

```
int thirty = Convert.ToInt32  ("1E", 16);    // Parse in hexadecimal
uint five  = Convert.ToUInt32 ("101", 2);    // Parse in binary
```

第二个参数指定了进制数，它可以是任何一种进制，必须是二、八、十或十六进制之一！

6.7.1.3 动态转换

有时，转换的具体类型在运行时才能够确定，因此，Convert 类提供了 ChangeType 方法：

```
public static object ChangeType (object value, Type conversionType);
```

源类型和目标类型必须都是"基本"类型之一。ChangeType 还可以接受可选的 IFormatProvider 参数。例如：

```
Type targetType = typeof (int);
object source = "42";
object result = Convert.ChangeType (source, targetType);

Console.WriteLine (result);           // 42
Console.WriteLine (result.GetType()); // System.Int32
```

上述方法的用途之一是编写可以处理多种类型的反序列化器。它还能够将任意枚举类型转换为对应的整数类型（请参见 3.7 节）。

但 ChangeType 无法指定格式字符串，也无法指定解析标记。

6.7.1.4 Base 64 转换

有时，我们需要将一些二进制数据（例如，位图）嵌入 XML 文件和电子邮件这些文本文档中。而 Base 64 是普遍使用的方式，它使用 ASCII 字符集中的 64 个字符将二进制数据编码为可读的字符。

Convert 类的 ToBase64String 方法将一个字节数组转换为 Base 64 格式，而 FromBase-64String 则执行相反的操作。

6.7.2 XmlConvert

若需要处理 XML 文件的数据读写，System.Xml 命名空间下的 XmlConvert 类型提供了

格式化和解析的最佳方法。XmlConvert 的方法不需要提供特殊的格式字符串就能够处理 XML 格式的细微差别。例如，XML 中的 true 是 "true" 而不是 "True"。.NET BCL 在内部也经常使用 XmlConvert，它还可以用在通用的与文化无关的序列化操作中。

XmlConvert 中的格式化方法均为重载的 ToString 方法，而解析方法则称为 ToBoolean、ToDateTime 等：

```
string s = XmlConvert.ToString (true);          // s = "true"
bool isTrue = XmlConvert.ToBoolean (s);
```

DateTime 的格式化和解析方法可以接受一个 XmlDateTimeSerializationMode 参数。这个参数是枚举类型。可能的取值为：

```
Unspecified, Local, Utc, RoundtripKind
```

若 DateTime 的时区并非和转换的目标一致，则使用 Local 和 Utc 会在格式化时进行一次转换，并将时区信息附加在字符串上：

```
2010-02-22T14:08:30.9375            // Unspecified
2010-02-22T14:07:30.9375+09:00      // Local
2010-02-22T05:08:30.9375Z           // Utc
```

Unspecified 会在格式化之前删除附加在 DateTime 上的时区信息（例如，DateTimekind）。RoundtripKind 则保持 DateTime 的 DateTimeKind，因此当重新进行解析时，解析出来的 DateTime 会和格式化之前的 DateTime 保持严格一致。

6.7.3 类型转换器

类型转换器在设计时环境中执行格式化和解析操作。它们也能够解析 XAML（可扩展应用程序标记语言，Extensible Application Markup Language）文档中的值。XAML 主要用于 WPF（Windows Presentation Foundation）。

.NET 中有超过 100 种类型转换器，用于处理颜色、图像和 URL 等数据。相反，格式提供器则只为一些简单的值类型提供了实现。

类型转换器通常会采用多种方式解析字符串，而这个过程并不需要提示。例如，在 Visual Studio 的 WPF 应用程序中，如果我们在属性窗口中将控件的 BackColor 属性赋值为 Beige，则 Color 类型转换器就会判断出引用的是一个颜色名称而非 RGB 字符或系统颜色值。类型转换器的灵活性使它在设计器和 XAML 文档之外的环境中也很有用。

所有的类型转换器都是 System.ComponentModel 命名空间中 TypeConverter 类型的子类。如果要获得一个 TypeConverter，则需要调用 TypeDescripter.GetConverter 方法。以下例子获得了一个 Color（位于 System.Drawing 命名空间中）类型的 TypeConverter：

```
TypeConverter cc = TypeDescriptor.GetConverter (typeof (Color));
```

TypeConverter 的诸多方法还包括 ConvertToString 和 ConvertFromString 方法。我们可以按以下方式进行调用：

```
Color beige  = (Color) cc.ConvertFromString ("Beige");
Color purple = (Color) cc.ConvertFromString ("#800080");
Color window = (Color) cc.ConvertFromString ("Window");
```

按照惯例，类型转换器的名称应以 Converter 结尾，并且通常与它们转换的类型位于同一个命名空间中。类型是通过 TypeConverterAttribute 与转换器联系在一起的。这样设计器就可以自动获得对应的转换器。

类型转换器还可以提供一些设计时的服务，例如，为设计器生成标准的下拉列表项，或者辅助代码序列化。

6.7.4 BitConverter

大多数基本类型都可以通过调用 BitConverter.GetBytes 方法转换为字节数组：

```
foreach (byte b in BitConverter.GetBytes (3.5))
  Console.Write (b + " ");                         // 0 0 0 0 0 0 12 64
```

BitConverter 还提供了将字节数组转换为其他类型的方法，例如 ToDouble。

BitConverter 不支持 decimal 和 DateTime(Offset) 类型，但是可以通过 decimal.GetBits 将一个 decimal 转换为一个 int 数组。另外，decimal 也提供了一个接受 int 数组的构造器。

而对于 DateTime，则可以调用一个实例的 ToBinary 方法，它会返回一个 long，然后就可以通过 BitConverter 进行转换。静态的 DateTime.FromBinary 方法则可以执行相反的操作。

6.8 全球化

应用程序的国际化包括全球化（globalization）和本地化（localization）。

全球化专注于三个任务（重要性从大到小）：

1. 保证程序在其他文化环境中运行时不会出错。
2. 采用本地文化的格式化规则，例如，日期的显示。
3. 设计程序，使之能够从将来编写和部署的附属程序集中读取文化相关的数据和字符串。

本地化则是为上面的最后一个任务针对特定文化编写附属程序集。这个任务可以在程序编写完成之后进行，我们将在 17.5 节中进行详细介绍。

.NET 本身能够通过设置特定的文化规则来完成第二个任务。我们已经知道了如何在 DateTime 或整数类型上使用本地格式规则调用 ToString。但是这可能令第一个任务失败并导致程序中断，因为此时日期和数字将按照当前确定的文化进行格式化。之前介绍过，解决该问题的方式就是在格式化和解析时指定一个文化（例如，不变文化），或者使用和文化无关的方法（例如，XmlConvert 中的方法）。

6.8.1 全球化检查清单

我们在本章中介绍了全球化的一些重要知识点。以下是对一些必要任务的总结：

- 认识 Unicode 和文本编码（请参见 6.1.5 节）。
- 请记住 char 和 string 的一些方法是文化相关的，如 ToUpper 和 ToLower，除非希望区分不同的文化，否则应当使用 ToUpperInvariant 和 ToLowerInvariant。
- 推荐使用文化无关的方式对 DateTime 和 DateTimeOffset 进行格式化和解析。例如，ToString("o") 以及 XmlConvert 。
- 除非希望使用本地文化行为，否则请在格式化和解析数字或日期 / 时间时指定一个文化。

6.8.2 测试

在测试中可以通过重新指定 System.Threading 命名空间下的 Thread 的 CurrentCulture 属性来模拟不同的文化。下面的代码将把当前文化修改为土耳其文化：

```
Thread.CurrentThread.CurrentCulture = CultureInfo.GetCultureInfo ("tr-TR");
```

土耳其文化是非常好的测试用例，这是因为：

- "i".ToUpper() != "I" 且 "I".ToLower() != "i"。
- 日期使用日 . 月 . 年的方式进行格式化（请注意分隔符为 .）。
- 小数点的符号为"逗号"而非"点"。

还可以通过修改 Windows 控制面板中的数字和日期格式设置来进行测试，这些修改会反映到默认文化设置（CultureInfo.CurrentCulture）中。

CultureInfo.GetCultures() 会返回一个包含所有可用文化的数组。

 Thread 和 CultureInfo 还支持 CurrentUICulture 属性，这个属性主要用于本地化。我们将在第 17 章中进行介绍。

6.9 操作数字

6.9.1 转换

我们在前面的章节中已经介绍了数值转换方面的内容。表 6-7 总结了所有可能的转换。

表 6-7：数值转换总结

任务	函数	范例

解析十进制数字	Parse
	TryParse
		`double d = double.Parse ("3.5");`
		`int i;`
		`bool ok = int.TryParse("3", out i);`

解析二进制、八进制、十六进制数字	Convert.ToIntegral	`int i = Convert.ToInt32 ("1E", 16);`
按十六进制格式化	ToString ("X")	`string hex = 45.ToString ("X");`
无损数值转换	隐式转换	`int i = 23;` `double d = i;`
截断式数值转换	显式转换	`double d = 23.5;` `int i = (int)d;`
圆整式数值转换（实数到整数）	Convert.ToIntegral	`double d = 23.5;` `int i = Convert.ToInt32 (d);`

6.9.2 Math

表 6-8 列出了静态类 Math 的所有成员，其中，三角函数接受 double 类型的参数，而其他的方法（例如 Max）则重载支持所有的数值类型。Math 类还定义了数学常量 E(e) 和 PI。

表 6-8：静态类 Math 的方法

类别	方法
舍入	Round、Truncate、Floor、Ceiling
最大值 / 最小值	Max、Min
绝对值和符号	Abs、Sign
平方根	Sqrt
幂运算	Pow、Exp
对数运算	Log、Log10
三角函数	Sin、Cos、Tan、Sinh、Cosh、Tanh、Asin、Acos、Atan

Round 方法能够指定舍入的小数位数以及如何处理中间值（远离 0 或者使用银行家舍入的方式）。Floor 和 Ceiling 会舍入到最接近的整数，Floor 总是向下舍入，而 Ceiling 总是向上舍入（即使是负数）。

Max 和 Min 只接受两个参数。因此如果要从一个数组或数字序列中得到结果，请使用 System.Linq.Enumerable 中的 Max 和 Min 扩展方法。

6.9.3 BigInteger

BigInteger 结构体是一种特殊数值类型，它位于 System.Numerics 命名空间中。它可以表示任意大的整数而不会丢失精度。

C# 并没有为 BigInteger 提供原生支持，所以无法采用字面量表示 BigInteger 的值。然而，可以从任意整数类型隐式转换为 BigInteger，例如：

```
BigInteger twentyFive = 25;      // implicit conversion from integer
```

为了表示更大的数字（例如 10^{100}），可以利用 BigInteger 的诸如 Pow （乘方）这样的静态方法：

```
BigInteger googol = BigInteger.Pow (10, 100);
```

或者也可以使用 Parse 方法从字符串创建这个数字：

```
BigInteger googol = BigInteger.Parse ("1".PadRight (101, '0'));
```

在这个对象上调用 ToString() 方法则可以输出所有的数字：

```
Console.WriteLine (googol.ToString()); // 1000000000000000000000000000000
000000000000000000000000000000000000000000000000000000000000000000000
```

使用显式类型转换运算符可以将一个 BigInteger 转换为标准数值类型（有可能损失精度），也可以进行反向转换。例如：

```
double g2 = (double) googol;       // Explicit cast
BigInteger g3 = (BigInteger) g2;   // Explicit cast
Console.WriteLine (g3);
```

这个例子的输出结果演示了精度丢失的情况：

```
99999999999999967336168804116912...
```

BigInteger 重载了包括取余数（%）在内的所有算术运算符，还重载了顺序比较以及相等比较运算符。

另一种创建 BigInteger 的方式是从字节数组进行创建。以下代码生成了一个用于加密的 32 字节随机数，随后我们将其赋值到了一个 BigInteger 上：

```
// This uses the System.Security.Cryptography namespace:
RandomNumberGenerator rand = RandomNumberGenerator.Create();
byte[] bytes = new byte [32];
rand.GetBytes (bytes);
var bigRandomNumber = new BigInteger (bytes);   // Convert to BigInteger
```

将一个数字存储到 BigInteger 中可以获得值类型的语义，这是使用 BigInteger 相比使用字节数组的优点。调用 ToByteArray 可以将一个 BigInteger 再次转换回字节数组。

6.9.4 Half

Half 结构体是 .NET 5 引入的 16 位浮点类型。Half 类型的主要目的是和图形处理器进行交互，而大多数 CPU 并不具备对该类型的原生支持。

Half 可以和 float 与 double 进行显式类型转换：

```
Half h = (Half) 123.456;
Console.WriteLine (h);      // 123.44  (note loss of precision)
```

Half 类型并未定义算术运算符，因此如需进行计算必须转换为其他类型（如，float 和 double）。

Half 的取值范围为 -65500 到 65500：

```
Console.WriteLine (Half.MinValue);   // -65500
Console.WriteLine (Half.MaxValue);   // 65500
```

需要注意在接近极值范围时可能会出现精度损失：

```
Console.WriteLine ((Half)65500);     // 65500
Console.WriteLine ((Half)65490);     // 65500
Console.WriteLine ((Half)65480);     // 65470
```

6.9.5 Complex

Complex 结构体是另外一个特殊的数值类型，它表示实部和虚部均为 double 类型的复数。Complex 和 BigInteger 位于相同的命名空间中。

使用 Complex 之前需要指定实部和虚部的值来进行实例化：

```
var c1 = new Complex (2, 3.5);
var c2 = new Complex (3, 0);
```

标准的数值类型可以隐式转换为复数类型。

可以通过属性访问 Complex 结构体的实部和虚部值，以及相位角（phase）和模（magnitude）：

```
Console.WriteLine (c1.Real);        // 2
Console.WriteLine (c1.Imaginary);   // 3.5
Console.WriteLine (c1.Phase);       // 1.05165021254837
Console.WriteLine (c1.Magnitude);   // 4.03112887414927
```

还可以从相位角和模来构建 Complex：

```
Complex c3 = Complex.FromPolarCoordinates (1.3, 5);
```

Complex 也重载了标准的算术运算符：

```
Console.WriteLine (c1 + c2);    // (5, 3.5)
Console.WriteLine (c1 * c2);    // (6, 10.5)
```

Complex 结构体还有一些静态方法可以支持更高级的功能，例如：

- 三角函数（Sin、Asin、Sinh、Tan 等）。

- 取对数和求幂。

- Conjugate（求共轭复数）。

6.9.6 Random

Random 类能够生成类型为 byte、integer 或 double 的伪随机序列。

使用 Random 之前需要将其实例化，并可以传递一个可选的种子参数来初始化随机数序列。使用相同的种子（在相同的 CLR 版本下）一定会产生相同序列的数字。这个特性可用于重现特定行为：

```
Random r1 = new Random (1);
Random r2 = new Random (1);
Console.WriteLine (r1.Next (100) + ", " + r1.Next (100));    // 24, 11
Console.WriteLine (r2.Next (100) + ", " + r2.Next (100));    // 24, 11
```

若不需要重现性，那么在创建 Random 时就无须提供种子，此时将用当前系统时间来生成种子。

由于系统时钟只有有限的精度，因此两个创建时间非常相近（一般在 10 毫秒之内）的 Random 实例会生成相同值序列。常用的方法是每当需要一个随机数时才实例化一个 Random 对象，而不是重用同一个对象。

声明单例的静态 Random 实例是一个不错的模式。但是在多线程环境下可能出现问题，因为 Random 对象并非线程安全的。我们将在 21.8 节中介绍一个替代方案。

调用 Next(*n*) 将生成一个 0 到 *n*-1 的随机整数，调用 NextDouble 将生成一个 0 到 1 的随机 double 值，而调用 NextBytes 将使用随机值填充一个字节数组。

Random 的随机性对于高安全性要求的应用程序（例如，加密）而言并不够高。因此 .NET 提供了一种密码强度的随机数生成器，它位于 System.SecurityCryptography 命名空间下。其使用方式如下：

```
var rand = System.Security.Cryptography.RandomNumberGenerator.Create();
byte[] bytes = new byte [32];
rand.GetBytes (bytes);        // Fill the byte array with random numbers.
```

这种随机数生成器的缺点是不够灵活，填充字节数组是获得随机数的唯一方法。因此要获得一个整数就必须使用 BitConverter：

```
byte[] bytes = new byte [4];
rand.GetBytes (bytes);
int i = BitConverter.ToInt32 (bytes, 0);
```

6.10 BitOperations 类

.NET 6 引入的 System.Numerics.BitOperations 类提供了以下方法来辅助以 2 为底的运算：

IsPow2

如果当前数字是 2 的幂次，则返回 true

LeadingZeroCount / TrailingZeroCount

返回数字作为以 2 为底 32 位或 64 位整数时的前导零或后置的个数。

Log2

返回以 2 为底的无符号整数的对数值。

PopCount

返回无符号整数中各个位中值为 1 的位的数目。

RotateLeft / RotateRight

向左 / 向右循环移位。

RoundUpToPowerOf2

将一个无符号整数圆整为最接近的 2 的幂次整数[译注5]。

6.11 枚举

我们在第 3 章介绍了 C# 的枚举类型，并说明了如何组合成员、判断相等性、使用逻辑运算符以及执行转换。.NET 通过 System.Enum 类型扩展了 C# 对枚举的支持。这个类型有两种角色：

- 为所有的 enum 类型提供了统一的类型。
- 定义静态的实用方法。

类型统一意味着可以将任意的枚举成员隐式转换为 System.Enum 实例：

```
Display (Nut.Macadamia);    // Nut.Macadamia
Display (Size.Large);       // Size.Large
```

译注 5：这里指大于或者等于指定整数的 2 的幂次整数，如果指定无符号整数为 0 或者结果溢出，则结果为 0。

```
void Display (Enum value)
{
  Console.WriteLine (value.GetType().Name + "." + value.ToString());
}

enum Nut  { Walnut, Hazelnut, Macadamia }
enum Size { Small, Medium, Large }
```

System.Enum 的静态实用方法的主要功能是执行转换操作或获得枚举的成员列表。

6.11.1 枚举值转换

枚举值有三种表示形式：

- enum 成员。

- 对应的整数。

- 字符串。

本节中我们将介绍如何在上述形式间进行转换。

6.11.1.1 将枚举转换为整数

首先回顾一下 enum 成员与整数值的显式转换方法。如果在编译时知道确切的 enum 类型，则显式转换可以正确地将枚举转换为整数形式：

```
[Flags]
public enum BorderSides { Left=1, Right=2, Top=4, Bottom=8 }
...
int i = (int) BorderSides.Top;        // i == 4
BorderSides side = (BorderSides) i;   // side == BorderSides.Top
```

可以用同样的方法将一个 System.Enum 实例转换为整数类型，但先要将其转换为 object 而后再转换为整数类型：

```
static int GetIntegralValue (Enum anyEnum)
{
  return (int) (object) anyEnum;
}
```

上述方法要求事先知道枚举对应的整数类型。若传入一个 long 类型的 enum，则该方法将会崩溃。如果希望编写一个适应任意整数类型的 enum 方法，则可以采用以下三种方式。第一种方式是调用 Convert.ToDecimal：

```
static decimal GetAnyIntegralValue (Enum anyEnum)
{
  return Convert.ToDecimal (anyEnum);
}
```

这种方式能够奏效是因为每一种整数类型（包括 ulong）都可以无损地转换为 decimal。第二种方式是调用 Enum.GetUnderlyingType 来获得 enum 的整数类型，然后调用

Convert.ChangeType:

```
static object GetBoxedIntegralValue (Enum anyEnum)
{
  Type integralType = Enum.GetUnderlyingType (anyEnum.GetType());
  return Convert.ChangeType (anyEnum, integralType);
}
```

这种方式会保持原始的整数类型，例如：

```
object result = GetBoxedIntegralValue (BorderSides.Top);
Console.WriteLine (result);                      // 4
Console.WriteLine (result.GetType());            // System.Int32
```

 GetBoxedIntegralType 方法实际上并没有执行值转换，而是将同一个值重新装箱到了另一种类型中。它将一个以枚举类型表示的整数值转换为以整数类型表示的整数值。我们将在 6.11.3 节中介绍相关内容。

第三种方式是调用 Format 或 ToString 方法，并指定 "d" 或 "D" 格式字符串。这样我们就将 enum 变量的整型值转换为一个字符串。这种方式可用于编写自定义序列化器：

```
static string GetIntegralValueAsString (Enum anyEnum)
{
  return anyEnum.ToString ("D");      // returns something like "4"
}
```

6.11.1.2 将整数转换为枚举值

Enum.ToObject 将整数值转换为一个给定类型的 enum 实例：

```
object bs = Enum.ToObject (typeof (BorderSides), 3);
Console.WriteLine (bs);                          // Left, Right
```

上述做法是以下代码的动态版本：

```
BorderSides bs = (BorderSides) 3;
```

ToObject 的重载方法可以接受几乎所有的整数类型，以及 object（后者可以支持任何装箱后的整数类型）。

6.11.1.3 字符串转换

要将一个 enum 转换为字符串，可以调用静态的 Enum.Format 方法或者调用实例的 ToString 方法。每一个方法都会接收格式字符串参数，其中 "G" 表示默认的格式化行为，"D" 表示将实际的整数值输出为字符串，"X" 和 "D" 一样，只不过使用十六进制数值，而 "F" 表示格式化一个不带 Flags 的枚举组合成员。相关的示例列表可参见 6.6 节。

Enum.Parse 可以将一个字符串转换为 enum，该方法的输入是一个 enum 类型和一个包含多个成员的字符串：

```
BorderSides leftRight = (BorderSides) Enum.Parse (typeof (BorderSides),
                                                  "Left, Right");
```

该方法还包含第三个可选参数以执行大小写不敏感的解析，如果成员不存在，则抛出
ArgumentException。

6.11.2 列举枚举值

Enum.GetValues 返回一个包含 enum 类型的所有成员的数组：

```
foreach (Enum value in Enum.GetValues (typeof (BorderSides)))
    Console.WriteLine (value);
```

该数组也会包括组合成员，例如 LeftRight = Left | Right。

Enum.GetNames 执行相同的操作，但是返回的是一个字符串数组。

 在内部，CLR 通过反射来实现 GetValues 和 GetNames，其结果会被缓存起来以提高效率。

6.11.3 枚举的工作方式

enum 的语义在很大程度上是由编译器决定的。在 CLR 中，enum 实例（未拆箱）与它的实际整数值在运行时是没有区别的。而且，CLR 中定义的 enum 仅仅是 System.Enum 的子类型，而每一个成员则是其静态整数类型字段。这意味着在通常情况下，使用 enum 是非常高效的，其运行时开销和整数常量的开销一致。

而这个方案的缺点在于 enum 虽然支持静态方式，却不具有强类型安全性。我们已经在第 3 章看到了相关示例：

```
[Flags] public enum BorderSides { Left=1, Right=2, Top=4, Bottom=8 }
...
BorderSides b = BorderSides.Left;
b += 1234;                              // No error!
```

而当编译器无法执行验证（如本例）时，运行时也同样不会抛出异常。

我们所谓 enum 实例与其整数值在运行时是没有区别的，但是以下例子中的行为却又有些不一样：

```
[Flags] public enum BorderSides { Left=1, Right=2, Top=4, Bottom=8 }
...
Console.WriteLine (BorderSides.Right.ToString());        // Right
Console.WriteLine (BorderSides.Right.GetType().Name);    // BorderSides
```

根据 enum 实例的运行时本质，我们有理由认为本例应当输出 2 和 Int32！而实际的行为则是由编译器的一些巧妙实现造成的。C# 会在调用 enum 实例的虚函数前（例如，

ToString 或者 GetType) 显式地将其装箱，而在 enum 实例装箱后，其运行时包装就可以访问引用的 enum 类型了。

6.12 Guid 结构体

Guid 结构体表示一个全局唯一标识符：一个 16 字节值在其生成时就可以肯定为全世界唯一的。Guid 在应用程序和数据库中通常作为各种排序的键，可表示的值总共有 2^{128} 或 3.4×10^{18} 个。

我们可以调用静态的 Guid.NewGuid 方法创建唯一的 Guid：

```
Guid g = Guid.NewGuid ();
Console.WriteLine (g.ToString());  // 0d57629c-7d6e-4847-97cb-9e2fc25083fe
```

我们也可以使用构造器实例化一个现有的 Guid 值。常用的两种构造器为：

```
public Guid (byte[] b);     // Accepts a 16-byte array
public Guid (string g);     // Accepts a formatted string
```

当以字符串形式出现的时候，Guid 是一个由 32 个十六进制数字表示的值，并在第 8 个、第 12 个、第 16 个和第 20 个数字之后可以添加可选的连字符。整个字符串还可以放在方括号或花括号中：

```
Guid g1 = new Guid ("{0d57629c-7d6e-4847-97cb-9e2fc25083fe}");
Guid g2 = new Guid ("0d57629c7d6e484797cb9e2fc25083fe");
Console.WriteLine (g1 == g2);  // True
```

Guid 是一个结构体，支持值类型的语义，因而前面的例子可以使用相等运算符。

Guid 的 ToByteArray 方法可以将其转换为一个字节数组。

Guid.Empty 静态属性将返回一个空的 Guid（全部为零），它通常用来表示 null。

6.13 相等比较

到现在为止，我们都认为 == 和 != 就是相等比较的全部。但是相等比较是非常复杂而细微的，有时还需要使用其他的方法和接口。本节将介绍 C# 和 .NET 相等比较的协议，主要关注的问题有如下两个：

- == 和 != 在什么时候能够满足相等比较的需要，而什么时候不满足，有哪些替代的方法？
- 什么时候应当为一个类型自定义相等比较逻辑，以及如何定义相等比较逻辑？

在我们详细介绍相等比较协议以及做法之前，我们首先要了解值相等和引用相等的基本概念。

6.13.1 值相等和引用相等

相等有两种：

值相等
　　两个值在某种意义上是相等的。

引用相等
　　两个引用指向完全相同的对象。

除非被重写，否则：

- 值类型使用值相等。

- 引用类型使用引用相等。（匿名类型和记录类型的相等比较则被重写。）

实际上值类型只能使用值相等（除非被装箱），一个简单的例子就是比较两个数字：

```
int x = 5, y = 5;
Console.WriteLine (x == y);   // True (by virtue of value equality)
```

更复杂的例子就是比较两个 `DateTimeOffset` 结构体。下面的两个 `DateTimeOffset` 指向同一个时间点，所以它们应该是相等的，输出结果为 True。

```
var dt1 = new DateTimeOffset (2010, 1, 1, 1, 1, 1, TimeSpan.FromHours(8));
var dt2 = new DateTimeOffset (2010, 1, 1, 2, 1, 1, TimeSpan.FromHours(9));
Console.WriteLine (dt1 == dt2);   // True
```

 `DateTimeOffset` 是一个结构体，但是它的相等语义是比较复杂的。默认情况下，结构体采用一种特殊相等语义，称为结构化相等（structural equality），即如果所有的成员都相等，那么两个结构体相等。（可以创建一个结构体，然后调用它们的 Equals 方法来验证这一点，后续内容将对此进行更详细的介绍。）

引用类型默认采用引用相等的比较形式。在下面的例子中，尽管它们所指的对象具有相同的内容，但是 f1 和 f2 是不相等的。

```
class Foo { public int X; }
...
Foo f1 = new Foo { X = 5 };
Foo f2 = new Foo { X = 5 };
Console.WriteLine (f1 == f2);   // False
```

相反，f3 和 f1 相等，这是因为它们引用了同一个对象：

```
Foo f3 = f1;
Console.WriteLine (f1 == f3);   // True
```

我们将在本节的后面介绍如何自定义引用类型来实现值相等。System 命名空间的 Uri 类就是自定义值相等的例子：

```
Uri uri1 = new Uri ("http://www.linqpad.net");
Uri uri2 = new Uri ("http://www.linqpad.net");
Console.WriteLine (uri1 == uri2);              // True
```

而 string 类也具有相似的特性:

```
var s1 = "http://www.linqpad.net";
var s2 = "http://" + "www.linqpad.net";
Console.WriteLine (s1 == s2);        // True
```

6.13.2 标准相等比较协议

类型的相等比较实现共有三种标准协议:

- == 和 != 运算符。

- object 对象的 Equals 虚方法。

- IEquatable<T> 接口。

此外, 我们还将在第 7 章讨论相等比较的扩展协议以及 IStructuralEquatable 接口。

6.13.2.1 == 和 !=

我们在很多的例子中都使用了标准的 == 和 != 运算符进行相等或不相等的比较。而 == 与 != 的特殊性在于它们是运算符, 因此它们是静态解析的 (实际上, 它们本身的实现就是静态函数)。因此, 当我们使用 == 与 != 时, C# 会在编译时根据类型确定哪一个函数将执行比较操作, 且这里没有任何虚行为。一般这种判断结果都和我们的期望一致。在下面的例子中, 由于 x 和 y 都是 int 类型, 因此编译器将 == 运算符绑定到了 int 类型上:

```
int x = 5;
int y = 5;
Console.WriteLine (x == y);        // True
```

但是在下面的例子中, 编译器会将 == 运算符绑定到 object 类型上:

```
object x = 5;
object y = 5;
Console.WriteLine (x == y);        // False
```

object 是一个类 (因此是一个引用类型), 因此 object 的 == 运算符将对 x 和 y 进行引用相等比较。由于 x 和 y 分别引用了装箱后存储在堆上的不同对象, 所以其结果为 false。

6.13.2.2 Object.Equals 虚方法

为了正确比较上例中的 x 和 y, 我们可以使用 Equals 虚方法。Equals 是定义在 System. Object 上的方法, 因此所有的类型都支持这个方法:

```
object x = 5;
object y = 5;
Console.WriteLine (x.Equals (y));        // True
```

Equals 是在运行时根据对象的实际类型解析的。在这个例子中，它会调用 Int32 的 Equals 方法，在操作对象上进行相等比较从而返回 true。对于引用类型，Equals 默认进行引用相等比较。对于结构体，Equals 会调用每一个字段的 Equals 进行结构化比较。

为什么要这么复杂

你可能会疑惑为什么 C# 的设计人员不将 == 设计成虚函数以避免这个问题呢。这样它在功能上就等同于 Equals。这样设计有以下三个原因：

- 如果第一个操作数为 null，则 Equals 将会抛出 NullReferenceException 而失败。但是静态方法则不会。

- == 运算符是静态解析的，因此它执行的速度非常快。这意味着可以轻松编写出计算密集型的代码而不需要额外地学习其他的语言，例如 C++。

- 有时的确需要将 == 和 Equals 进行区分定义。我们将在本节后面的内容中介绍这一点。

总之，设计的复杂性反映了处理的情形的复杂性：相等概念涵盖的情形是很广泛的。

因此 Equals 适合用来比较两个未知类型的对象。下面的方法可比较两个任意类型的对象：

```
public static bool AreEqual (object obj1, object obj2)
  => obj1.Equals (obj2);
```

然而这个例子在第一个参数为 null 时会抛出 NullReferenceException 而失败。以下是修正后的方法：

```
public static bool AreEqual (object obj1, object obj2)
{
  if (obj1 == null) return obj2 == null;
  return obj1.Equals (obj2);
}
```

或者可以更简洁地写为：

```
public static bool AreEqual (object obj1, object obj2)
  => obj1 == null ? obj2 == null : obj1.Equals (obj2);
```

6.13.2.3 object.Equals 静态方法

object 类提供了一个静态的辅助方法，该方法正是实现了前一个例子中的 AreEqual 操作。虽然它的名字与虚方法相同，都是 Equals，但是不会有冲突，因为它会接受两个参数：

```
public static bool Equals (object objA, object objB)
```

如果对象的类型在编译时未知，那么该方法可以提供支持 null 值的相等比较算法：

```
object x = 3, y = 3;
Console.WriteLine (object.Equals (x, y));   // True
x = null;
Console.WriteLine (object.Equals (x, y));   // False
y = null;
Console.WriteLine (object.Equals (x, y));   // True
```

这在编写泛型类型时是很有用的。以下代码若不使用 object.Equals 而是使用 == 或 !=，
则无法正常编译：

```
class Test <T>
{
  T _value;
  public void SetValue (T newValue)
  {
    if (!object.Equals (newValue, _value))
    {
      _value = newValue;
      OnValueChanged();
    }
  }
  protected virtual void OnValueChanged() { ... }
}
```

此处无法使用运算符，因为编译器无法绑定一个类型未知的静态方法。

更加精确地实现上述比较的方式是使用 EqualityComparer<T> 类。其优点是
不需进行装箱：

```
        if (!EqualityComparer<T>.Default.Equals (newValue, _value))
```

我们将在 7.8 节中详细介绍 EqualityComparer<T>。

6.13.2.4 object.ReferenceEquals 静态方法

有时候需要强制进行引用相等比较。静态方法 object.ReferenceEquals 就可以实现这
种比较：

```
Widget w1 = new Widget();
Widget w2 = new Widget();
Console.WriteLine (object.ReferenceEquals (w1, w2));   // False

class Widget { ... }
```

此处进行引用比较的原因是 Widget 类有可能重写了虚的 Equals 方法，导致 w1.Equals(w2)
返回 true。此外，Widget 类还可以重载 == 运算符，令 w1 == w2 同样返回 true。在这
两种情况下，调用 object.ReferenceEquals 都能够保证正常地引用相等语义。

另一种强制进行引用相等比较的方法是将值转换为 object，然后再使用 ==
运算符。

6.13.2.5 IEquatable<T> 接口

调用 `object.Equals` 方法会对值类型进行强制装箱。由于装箱操作比实际比较操作的开销还高，因此这种方式不适用于性能高度敏感的场景。C# 2.0 引入了 IEquatable<T> 接口来解决这个问题：

```
public interface IEquatable<T>
{
    bool Equals (T other);
}
```

IEquatable<T> 接口在实现上可以得到和 `object` 的虚函数完全相同的结果，但速度上更快。大多数 .NET 类型都实现了 IEquatable<T>。我们还可以在泛型中使用 IEquatable<T> 作为约束：

```
class Test<T> where T : IEquatable<T>
{
    public bool IsEqual (T a, T b)
    {
        return a.Equals (b);        // No boxing with generic T
    }
}
```

即使我们删除泛型约束，这个类仍然可以编译。但是 a.Equals(b) 就会绑定到速度更慢的 object.Equals 方法（假定 T 是一个值类型）上。

6.13.2.6 Equals 和 == 在何时并不等价

之前提到，有时 == 和 Equals 反而应当具有不同的关于"相等"的定义。例如：

```
double x = double.NaN;
Console.WriteLine (x == x);         // False
Console.WriteLine (x.Equals (x));   // True
```

double 类型的 == 运算符强制规定一个 NaN 不等于任何对象，即使是另一个值也是 NaN。这从数学角度来说是非常自然的，并且也反映了底层 CPU 的行为。然而，Equals 方法必须支持自反相等，换句话说：

x.Equals (x) 必须总是返回 true。

Equals 的行为对于集合和字典来说至关重要，否则就无法找到之前存储的项目了。

对于值类型来说，分别对 Equals 和 == 应用不同的相等定义的做法是非常少见的。但这种做法在引用类型中要多得多，开发者自定义 Equals 实现值的相等比较，而仍旧令 == 执行（默认的）引用相等比较。StringBuilder 类就是采用了这种方式：

```
var sb1 = new StringBuilder ("foo");
var sb2 = new StringBuilder ("foo");
Console.WriteLine (sb1 == sb2);         // False (referential equality)
Console.WriteLine (sb1.Equals (sb2));   // True  (value equality)
```

接下来我们将介绍如何自定义相等操作。

6.13.3 相等比较和自定义类型

先来回顾一下默认的相等比较行为：

- 值类型采用相等比较。

- 引用类型采用引用相等比较，但重写相等逻辑的除外（例如，匿名类型和记录类型）。

此外：

- 结构体的 Equals 方法默认采用的是结构化值相等（例如，它会比较结构体中的每个字段）。

有时创建一个类型时重写这个行为是很有用的，以下两种情况都适用于这种做法：

- 为了改变相等比较的含义。

- 为了加快结构体相等比较的速度。

6.13.3.1 修改相等比较的语义

当 == 和 Equals 默认行为不符合类型的要求且和使用者期望的行为不一致时，就应当修改相等比较的语义。例如 DateTimeOffset，这是一个具有两个私有字段的结构体：一个 UTC 的 DateTime 和一个整数偏移量。如果让我们来实现这个类型的话，我们可能希望在相等比较时仅仅考虑 UTC 的 DateTime 字段而不需要考虑偏移字段。另一个例子是诸如 double 类型和 float 类型这种支持 NaN 值的数值类型。如果我们来实现这些类型，也希望在相等比较时能支持 NaN 值的比较逻辑。

对于类而言，有时将值的相等（而不是引用相等）作为默认行为可能更自然。这通常适用小的，持有很少数据的类，例如 System.Uri（或者 System.String）。

而对于记录类型，编译器会自动实现结构化相等（即比较每一个字段）比较。但有时，我们并不想比较所有的字段，或者需要编写特殊的比较逻辑（例如，集合对象）。在记录上重写相等逻辑的过程略有不同，因为记录遵循一种特殊的模式，这种模式从设计上和记录的继承规则相辅相成。

6.13.3.2 提高结构体相等比较的速度

结构体默认的结构化相等比较算法是相对较慢的。通过重载 Equals 来实现这个过程能够获得近 20% 的性能提升。重载 == 运算符并实现 IEquatable<T> 接口可以避免相等比较过程中的装箱操作，这同样可以将速度再提升 20%。

 重写引用类型的相等语义并不能提高性能。因为引用相等比较的默认算法只需要比较两个 32 位或者 64 位整数，所以它的运行速度已经非常快了。

自定义相等语义实际上还有另一个原因，那就是为了改进结构体的散列算法，以提高散列表的性能。这是因为相等比较和散列内在上是存在关联的。我们将在后面的章节介绍散列。

6.13.3.3 如何重写相等语义

以下列出了重写类和结构体相等语义的步骤：

1. 重写 GetHashCode() 和 Equals() 方法。

2. （可选）重载 != 和 ==。

3. （可选）实现 IEquatable<T>。

重写记录的相等逻辑虽然和以上不同但实际操作则更加简单，因为编译器已经按照记录的特殊模式重写了相等方法和相应运算符。如果需要干预该过程，则必须遵循这种模式，即按照以下方式编写 Equals 方法：

```
record Test (int X, int Y)
{
    public virtual bool Equals (Test t) => t != null && t.X == X && t.Y == Y;
}
```

注意，Equals 方法是 virtual 的（而不是 override），它接受实际的记录类型（本例中为 Test，而不是 object）。编译器会自动识别包含"正确"签名的方法并对其进行修补。

除此之外，还需要重写 GetHashCode() 方法（这和类与结构体相同）。但无须重载 != 和 == 运算符，也不需要实现 IEquatable<T> 接口，因为编译器已经完成了这些工作。

6.13.3.4 重写 GetHashCode

GetHashCode 是 Object 类型中的一个虚方法。也许在 System.Object 这个只拥有很少预定义成员的类型中定义这个应用范围狭窄且用途特定的方法很怪异，因为它只服务于以下两种类型：

```
System.Collections.Hashtable
System.Collections.Generic.Dictionary<TKey,TValue>
```

这些类型都是散列表（hashtable），即一些使用键来存储和获取元素的集合。散列表支持一个基于键的高效分配元素的方法。它要求每一个键都是 Int32 整数，或者称为散列码。散列码对于每个键来说不需要唯一，但是为了实现最佳的散列表性能，它要尽可能保持差异性。哈希表在系统中的地位是非常重要的，因此在 System.Object 中定义了 GetHashCode 方法，令每一种类型都能够生成哈希值。

我们将在第 7 章详细介绍哈希表。

引用类型和值类型都有默认的 GetHashCode 的实现。这意味只要不重写 Equals，就不用重写 GetHashCode（如果重写了 GetHashCode，那么几乎可以肯定 Equals 方法也会被重写）。

下面是重写 object.GetHashCode 的其他规则：

- 它必须在 Equals 方法返回 true 的两个对象上返回相同的值。因此，GetHashCode 和 Equals 通常成对重写。

- 它不能抛出异常。

- 如果重复调用相同的对象，那么必须返回相同的值（除非对象改变）。

为了实现最佳的哈希表性能，GetHashCode 应当尽可能避免为两个不同的值返回相同的哈希值。这也是方才在结构体上重写 GetHashCode 和 Equals 的第三个原因，其目的就是实现更高效的哈希算法。结构体上的默认哈希算法是在运行时生成的，它基于结构体中的每一个字段值来计算哈希值。

相反，类的默认 GetHashCode 实现是基于一个内部对象标识的。基于目前的 CLR 实现，这个标识在所有实例中是唯一的。

> 如果一个对象作为键添加到字典后其哈希值发生了变化，那么这个对象在字典中将不可访问。因此可以基于不可变的字段进行哈希值的计算以避免这个问题。

我们随后将用一个完整的例子展示重写 GetHashCode 的方法。

6.13.3.5 重写 Equals

object.Equals 的逻辑如下：

- 对象不可能是 null（除非它是一个可空值类型）。

- 相等是自反性的（对象与其本身相等）。

- 相等是可交换的（如果 a.Equals(b)，那么 b.Equals(a)）。

- 相等是可传递的（如果 a.Equals(b) 且 b.Equals(c)，那么 a.Equals(c)）。

- 相等比较操作是可以重复并且可靠的（它不会抛出异常）。

6.13.3.6 重载 == 和 !=

除了重写 Equals，我们还可选择性地重载相等和不等运算符。这种重载几乎都会发生在结构体上，否则 == 和 != 运算符将无法在该类型上工作。

对于类，则有如下两种处理方法：

- 不重载 == 和 !=，这样它们会应用引用相等规则。

- 重写 Equals 的同时重载 == 和 != 运算符。

第一种方法通常用于自定义类型，特别是可变类型。它能够保证该类型符合一般预期，即对于引用类型，== 与 != 执行引用相等比较以避免产生歧义。我们之前看到过如下例子：

```
var sb1 = new StringBuilder ("foo");
var sb2 = new StringBuilder ("foo");
Console.WriteLine (sb1 == sb2);        // False (referential equality)
Console.WriteLine (sb1.Equals (sb2));  // True  (value equality)
```

第二种方法适用于那些不需要引用相等比较的类型。它们一般是不可变类型，例如，string 和 System.Uri 类。它们有时是良好的结构体候选者。

 虽然我们可以重载 != 使之具有 ! (==) 之外的语义，但是这在实际中是几乎不可能发生的，而在与 float.NaN 进行比较时例外。

6.13.3.7 实现 IEquatable<T>

为了保持完整性，若重写 Equals，最好也实现 IEquatable<T> 接口。它的结果应总是与重写的 Equals 方法保持一致。借助 Equals 方法来实现 IEquatable<T> 接口几乎没有程序开销，如下面的例子所示。

6.13.3.8 范例：Area 结构体

假设我们需要一个结构体来表示一块区域，且该区域的长和宽是可以互换的，即 5×10 等于 10×5。（这个类型应该适用于排列矩形图形的算法。）

以下是完整的代码：

```
public struct Area : IEquatable <Area>
{
  public readonly int Measure1;
  public readonly int Measure2;

  public Area (int m1, int m2)
  {
    Measure1 = Math.Min (m1, m2);
    Measure2 = Math.Max (m1, m2);
  }

  public override bool Equals (object other)
      => other is Area a && Equals (a);     // Calls method below

  public bool Equals (Area other)         // Implements IEquatable<Area>
    => Measure1 == other.Measure1 && Measure2 == other.Measure2;

  public override int GetHashCode()
    => HashCode.Combine (Measure1, Measure2);
```

```
    public static bool operator == (Area a1, Area a2) => a1.Equals (a2);

    public static bool operator != (Area a1, Area a2) => !a1.Equals (a2);
}
```

 从 C# 10 开始，我们可以使用 record 快速实现上述处理逻辑。我们可以将其声明为 record struct，并删除构造器后的所有代码。

上述代码在实现 GetHashCode 方法时使用了 .NET 的 HashCode.Combine 函数来创建一个组合的哈希值。（在该函数之前，实现相同功能的主流方式是使用每一个哈希值乘以一个素数，再将其累加起来。）

以下示例展示了 Area 结构体的行为：

```
Area a1 = new Area (5, 10);
Area a2 = new Area (10, 5);
Console.WriteLine (a1.Equals (a2));    // True
Console.WriteLine (a1 == a2);          // True
```

6.13.3.9 扩展相等比较器

如果你希望类型在不同的特定情形下使用不同的相等语义，那么可以使用扩展接口 IEqualityComparer。它在与标准的集合类一起使用时非常有效，我们将会在接下来的一章讲到它，请参见 7.8 节。

6.14 顺序比较

除了标准的相等比较协议之外，C# 和 .NET 还定义了确定对象之间相对顺序的标准协议。基本的协议包括：

* IComparable 接口（IComparable 和 IComparable<T> 接口）。

* > 和 < 运算符。

IComparable 接口可用于普通的排序算法。在以下例子中，静态的 Array.Sort 方法可以奏效的原因是 System.String 实现了 IComparable 接口：

```
string[] colors = { "Green", "Red", "Blue" };
Array.Sort (colors);
foreach (string c in colors) Console.Write (c + " ");   // Blue Green Red
```

< 和 > 运算符用途更加特定，它们大多数情况用于数字类型的比较。由于它们是静态解析的，因此可以转换为高效的字节码，适用于计算密集的算法。

.NET 还通过 IComparer 接口提供了扩展排序协议。我们将在第 7 章的最后一节介绍它。

6.14.1 IComparable

`IComparable` 的定义方式如下：

```
public interface IComparable       { int CompareTo (object other); }
public interface IComparable<in T> { int CompareTo (T other);      }
```

这两个接口实现了相同的功能。对于值类型，泛型安全的接口执行速度比非泛型要快。它们的 `CompareTo` 方法按照如下方式执行：

*   如果 a 在 b 之后，则 a.CompareTo(b) 应当返回一个正数。

*   如果 a 和 b 位置相同，则 a.CompareTo(b) 返回 0。

*   如果 a 在 b 之前，则 a.CompareTo(b) 应当返回一个负数。

例如：

```
Console.WriteLine ("Beck".CompareTo ("Anne"));       // 1
Console.WriteLine ("Beck".CompareTo ("Beck"));       // 0
Console.WriteLine ("Beck".CompareTo ("Chris"));      // -1
```

大多数的基本类型都实现了这两种 `IComparable` 接口。在编写自定义类型时有时也需要实现这些接口。稍后我们将介绍一个这样的例子。

IComparable 与 Equals

假设一种类型既重写了 `Equals`，又实现了 `IComparable` 接口。那么当 `Equals` 返回 `true` 时，`CompareTo` 返回 0。这种行为是符合预期的。但也有例外的情况：

当 `Equals` 返回 `false` 时，`CompareTo` 可以返回任何结果（只要其内部规则是一致的）！

换句话说，相等比较是严格的，而排序比较则不然（如果违反上述规则，则排序算法机会出错）。所以，`CompareTo` 的结果可能是所有的对象都相同，而 `Equals` 却可以表达"有一些对象比其他对象相同程度更高"的意思。

`System.String` 就是最好的例子。`String` 的 `Equals` 方法和 `==` 运算符采用的都是序列比较，即它会比较每一个字符的 Unicode 值。然而，其 `CompareTo` 方法使用的却是较为宽泛的文化相关的比较。在大多数计算机中，字符串 "ǖ" 和 "ǖ" 用 `Equals` 比较时是不同的，然而用 `CompareTo` 比较时则是相同的。

在第 7 章中，我们将讨论扩展排序协议 `IComparer`。它可以在调用排序方法或实例化支持排序的集合时指定新的排序算法。自定义的 `IComparer` 还可以进一步明确 `CompareTo` 和 `Equals` 的区别。例如，不区分大小写的字符串顺序比较器比较 "A" 和 "a" 时会返回 0，反之亦然。总之，`CompareTo` 永远不比 `Equals` 更严格。

当为自定义类型实现 IComparable 接口时，可以将下面一行代码添加到 CompareTo 的开头来确保遵守上述规则：

```
if (Equals (other)) return 0;
```

此后，在确保逻辑一致的前提下可以返回任何值。

6.14.2 < 和 >

有些类型定义了 < 和 > 运算符，例如：

```
bool after2010 = DateTime.Now > new DateTime (2010, 1, 1);
```

可以肯定，< 和 > 运算符的实现在功能上应当与 IComparable 接口保持一致。这也是在整个 .NET 中都适用的标准做法。

同样，若重载了 < 和 > 运算符，那么也应当同时实现 IComparable 接口，这也是一种标准做法。但反之则不然。事实上，大部分实现了 IComparable 的 .NET 类型都没有重载 < 和 >。这与相等比较的处理方法不同，对于相等比较，如果类型实现了 Equals 一般也会重载 == 运算符。

通常，在以下情况下才会重载 < 和 > 运算符：

- 类型具有固有的"大于"和"小于"的概念（对应于 IComparable 的更宽泛的"之前"和"之后"概念）。
- 这种比较只能用一种方式或在一个上下文下执行。
- 比较的结果在各种文化中保持不变。

System.String 并不满足最后一点：字符串的比较结果可能会由于语言的不同而不同，因此 string 类型并不支持 < 和 > 运算符，例如：

```
bool error = "Beck" > "Anne";        // Compile-time error
```

6.14.3 实现 IComparable 接口

以下的结构体代表了一个音符，它实现了 IComparable 接口并重载了 < 和 > 运算符。为了演示的完整性，我们还重写了 Equals 和 GetHashCode 方法并重载了 == 和 != 运算符：

```
public struct Note : IComparable<Note>, IEquatable<Note>, IComparable
{
  int _semitonesFromA;
  public int SemitonesFromA { get { return _semitonesFromA; } }

  public Note (int semitonesFromA)
  {
    _semitonesFromA = semitonesFromA;
  }
```

```
public int CompareTo (Note other)              // Generic IComparable<T>
{
  if (Equals (other)) return 0;     // Fail-safe check
  return _semitonesFromA.CompareTo (other._semitonesFromA);
}

int IComparable.CompareTo (object other)       // Nongeneric IComparable
{
  if (!(other is Note))
    throw new InvalidOperationException ("CompareTo: Not a note");
  return CompareTo ((Note) other);
}

public static bool operator < (Note n1, Note n2)
  => n1.CompareTo (n2) < 0;

public static bool operator > (Note n1, Note n2)
  => n1.CompareTo (n2) > 0;

public bool Equals (Note other)      // for IEquatable<Note>
  => _semitonesFromA == other._semitonesFromA;

public override bool Equals (object other)
{
  if (!(other is Note)) return false;
  return Equals ((Note) other);
}

public override int GetHashCode() => _semitonesFromA.GetHashCode();

public static bool operator == (Note n1, Note n2) => n1.Equals (n2);

public static bool operator != (Note n1, Note n2) => !(n1 == n2);
}
```

6.15 实用类

6.15.1 Console 类

静态类 Console 用于处理控制台应用程序的标准输入 / 输出。命令行（控制台）应用程序的输入是利用键盘通过 Read、ReadKey 以及 ReadLine 方法得到的，而输出则通过 Write 和 WriteLine 方法显示在文本窗口上。还可以通过 WindowLeft、WindowTop、WindowHeight 以及 WindowWidth 属性控制窗口的位置和尺寸。也可以修改 Background-Color 和 ForegroundColor 属性控制背景及前景的颜色，并通过 CursorLeft、CursorTop 和 CursorSize 属性控制鼠标指针。

```
Console.WindowWidth = Console.LargestWindowWidth;
Console.ForegroundColor = ConsoleColor.Green;
Console.Write ("test... 50%");
Console.CursorLeft -= 3;
Console.Write ("90%");     // test... 90%
```

Write 和 WriteLine 的重载方法可以接受一个复合格式字符串（参见 6.1 节中的 String. Format 方法）。然而，这两个方法都不接受格式提供器，因此无法使用 CultureInfo. CurrentCulture（可以通过显式调用 string.Format 解决）。

Console.Out 属性会返回一个 TextWriter 实例。将 Console.Out 传递给一个接受 TextWriter 的方法，并在其中向 Console 进行输出是一种有效的程序诊断方式。

除此之外，还可以通过 SetIn 和 SetOut 方法重定向 Console 的输入和输出流。

```
// First save existing output writer:
System.IO.TextWriter oldOut = Console.Out;

// Redirect the console's output to a file:
using (System.IO.TextWriter w = System.IO.File.CreateText
                                ("e:\\output.txt"))
{
  Console.SetOut (w);
  Console.WriteLine ("Hello world");
}

// Restore standard console output
Console.SetOut (oldOut);
```

在第 15 章中，我们将介绍流和文本编辑器的工作方式。

在 Visual Studio 中运行 WPF 或 Windows Forms 应用程序时，（在调试模式下）Console 的输出流会自动重定向到 Visual Studio 的输出窗口。因此 Console.Write 可用于诊断问题。但是在大多数情况下，使用 System. Diagnostics 命名空间下的 Debug 和 Trace 类更合适（参见第 13 章）。

6.15.2 Environment 类

静态类 System.Environment 提供了很多有用的属性：

文件和文件夹

    CurrentDirectory、SystemDirectory、CommandLine

计算机和操作系统

    MachineName、ProcessorCount、OSVersion、NewLine

用户登录

    UserName、UserInteractive、UserDomainName

诊断信息

    TickCount、StackTrace、WorkingSet、Version

除此之外还可以通过 GetFolderPath 方法获得更多的文件夹。我们将在 15.6 节中介绍它。

如果需要访问操作系统的环境变量（在命令行提示符下输入"set"时看到的结果），则可使用以下三个方法：GetEnvironmentVariable、GetEnvironmentVariables 和 SetEnvironmentVariable。

可通过设置 ExitCode 属性来设置应用程序的返回值。当程序被命令行或批处理文件调用时，FailFast 方法可以在不执行清理操作的情况下立即终止程序。

Environment 类同样适用于 Windows 应用商店开发，但仅仅提供了非常有限的几个成员（ProcessorCount、NewLine 和 FailFast）。

6.15.3 Process 类

System.Diagnostics 命名空间的 Process 类可以启动一个新的进程。（第 13 章将介绍如何使用这个类型与其他的进程进行交互。）

 出于安全性考虑，Windows 商店应用不能够使用 Process 类，因此无法在这种应用中任意启动进程。只能使用 Windows.System.Launcher 类来"启动"一个具有访问权限的 URI 或者文件，例如：

```
Launcher.LaunchUriAsync (new Uri ("http://albahari.com"));

var file = await KnownFolders.DocumentsLibrary
                              .GetFileAsync ("foo.txt");
Launcher.LaunchFileAsync (file);
```

上述操作将使用（与 URI 方案或文件扩展名）关联的应用程序打开 URI 或者文件，且当前程序必须处于前台才能够执行这个操作。

静态方法 Process.Start 有很多种重载形式，最简单的形式仅仅接受一个文件名称以及可选的参数：

```
Process.Start ("notepad.exe");
Process.Start ("notepad.exe", "e:\\file.txt");
```

而最灵活的重载方法接受 ProcessStartInfo 实例。我们能够使用该重载捕获并重定向被启动进程的输入、输出以及错误输出（如果 UseShellExecute 属性为 false）。例如，以下代码将捕获 ipconfig 命令的输出：

```
ProcessStartInfo psi = new ProcessStartInfo
{
  FileName = "cmd.exe",
  Arguments = "/c ipconfig /all",
  RedirectStandardOutput = true,
  UseShellExecute = false
};
Process p = Process.Start (psi);
string result = p.StandardOutput.ReadToEnd();
Console.WriteLine (result);
```

如果不将输出重定向，则 Process.Start 会与调用者并行执行。如果希望等待进程结束，那么可以调用 Process 对象的 WaitForExit 方法（可同时传递可选的超时时间参数）。

6.15.3.1 重定向输出流和错误流

当 UseShellExecute 为 false 时（.NET 的默认值），我们可以捕获标准的输入、输出和错误流，并通过 StandardInput、StandardOutput 和 StandardError 从这些流中读取或向它们中写入数据。

同时重定向标准输出流和标准错误流是不太容易的，因为通常情况下无法预见从两个流中读取数据的顺序（无法事先知道数据是如何交错写入两个流中的）。要解决这个问题就需要同时从两个流中读取数据，即至少从一个流中异步地读取数据。该过程如下：

- 处理 OutputDataReceived 或者 ErrorDataReceived 事件。这些事件将在收到输出流数据与错误流数据时触发。

- 调用 BeginOutputReadLine 或者 BeginErrorReadLine 方法。这将开始事件的生成过程。

以下方法将启动一个可执行程序，并同时捕获其输出流和错误流：

```
(string output, string errors) Run (string exePath, string args = "")
{
  using var p = Process.Start (new ProcessStartInfo (exePath, args)
  {
    RedirectStandardOutput = true,
    RedirectStandardError = true,
    UseShellExecute = false,
  });

  var errors = new StringBuilder ();

  // Read from the error stream asynchronously...
  p.ErrorDataReceived += (sender, errorArgs) =>
  {
    if (errorArgs.Data != null) errors.AppendLine (errorArgs.Data);
  };
  p.BeginErrorReadLine ();

  // ...while we read from the output stream synchronously:
  string output = p.StandardOutput.ReadToEnd();

  p.WaitForExit();
  return (output, errors.ToString());
}
```

6.15.3.2 UseShellExecute

在 .NET 5+（与 .NET Core）中，UseShellExecute 默认值为 false，而在 .NET Framework 中，其默认值为 true。这是一个重大变更，因此将程序代码从 .NET Framework 移植到 .NET 5 时，请务必检查所有针对 Process.Start 的调用。

UseShellExecute 标志可以更改 CLR 启动进程的方式。当 UseShellExecute 为 true
时，可以执行如下操作：

- 指定文件或文档的路径而非指定可执行文件路径（操作系统会使用相关的应用程序
  打开文件或者文档）。
- 指定 URL（操作系统会使用默认的浏览器打开指定的 URL）。
- （在 Windows 操作系统中）指定 Verb 属性（Verb 属性为字符串类型值，例如，设置
  为 runas 可以令一个进程以管理员权限启动）。

但是，此时将无法重定向输入、输出流。如果需要重定向输入输出流，但仍需要以文件
或文档来启动进程，则可以将 UseShellExecute 设置为 false，启动命令行进程（*cmd.
exe*），并辅以“/c”开关。可以参考之前调用 *ipconfig* 命令的范例。

在 Windows 下，使用 UseShellExecute 将指示 CLR 使用 Windows 的 *ShellExecute* 函数
而非 *CreateProcess* 函数。在 Linux 下，UseShellExecute 将指示 CLR 调用 *xdg-open*、
gnome-open 或 *kfmclient*。

6.15.4 AppContext 类

静态类 System.AppContext 具有以下两个常用属性：

- BaseDirectory 属性返回应用程序启动时所在的目录。程序集的解析（找到并加载
  依赖）和配置文件的定位（例如，*appsettings.json*）都需要用到这个属性。
- TargetFrameworkName 属性返回当前应用程序基于的 .NET 运行时的名称和版本（该
  信息可在 *.runtimeconfig.json* 文件中指定）。这个属性的值可能比运行时实际使用的
  框架版本要更老一些。

此外，AppContext 类还管理了一个全局的以字符串作为键，布尔类型为值的字典对
象。该对象为程序库的作者提供了一套标准机制，以允许用户来打开或关闭程序库功
能。如果不希望对大多数用户开放这些实验性的功能，则可以使用这种非类型化的
机制。

例如，程序库的消费者可以使用如下方式启用程序库的某个功能：

```
AppContext.SetSwitch ("MyLibrary.SomeBreakingChange", true);
```

程序库中的代码则可以使用如下方式对相关功能的开关状态进行检查：

```
bool isDefined, switchValue;
isDefined = AppContext.TryGetSwitch ("MyLibrary.SomeBreakingChange",
                                     out switchValue);
```

TryGetSwitch 方法将在开关未定义的情况下返回 false。这样我们就可以区分未定义和
值为 false 这两种不同的情况了，这种区分是非常必要的。

有趣的是，TryGetSwitch 方法的设计是一个 API 设计方式的反例。这个方法没有必要使用 out 参数，而应返回一个可空的 bool 类型，其 true、false 和 null 分别对应了打开、关闭和未定义状态。这样就可以使用以下写法进行查询了：

```
bool switchValue = AppContext.GetSwitch ("...") ?? false;
```

第 7 章

集合

.NET 提供了一系列标准的存储和管理对象集合的类型，其中包括大小可变的列表、链表、排序或非排序字典以及数组。在这些类型中，只有数组是 C# 语言的一部分，而其余的集合只是一些类。我们可以像使用其他类那样创建这些集合类型的实例。

.NET BCL 中的集合类型可以分为以下类别：

- 定义标准集合协议的接口。

- 开箱即用的集合类（列表、字典等）。

- 用于为特定应用程序编写的基类。

本章将介绍其中的每一类集合，并用一节介绍对集合元素进行比较和排序的类型。

集合的命名空间如下：

命名空间	包括的类型
System.Collections	非泛型的集合类和接口
System.Collections.Specialized	强类型非泛型的集合类
System.Collections.Generic	泛型集合类和接口
System.Collections.ObjectModel	自定义集合的代理和基类
System.Collections.Concurrent	线程安全的集合（参见第 22 章）

7.1 枚举

我们在计算中会用到各种各样的集合类型，从简单的数据结构（如数组或链表）到更复杂的数据结构（如红黑树和哈希表）。虽然这些结构的内部实现和外部特征差异很大，但几乎都需要实现遍历这一功能。.NET BCL 通过一系列接口（IEnumerable、IEnumerator 及其泛型接口）定义了这个功能。因此不同的数据结构可以使用一组通用 API 进行遍历，图 7-1 展示了部分接口。

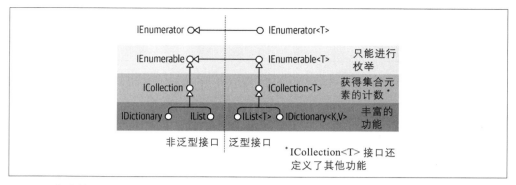

图 7-1：集合的接口

7.1.1 IEnumerable 和 IEnumerator

IEnumerator 接口定义了以前向方式遍历或枚举集合元素的基本底层协议。其声明如下：

```
public interface IEnumerator
{
  bool MoveNext();
  object Current { get; }
  void Reset();
}
```

MoveNext 将当前元素或"游标"向前移动到下一个位置，如果集合中没有更多的元素，那么它会返回 false。Current 返回当前位置的元素（通常需要从 object 转换为更具体的类型）。在获取第一个元素之前必须先调用 MoveNext(即使是空集合也需要这个操作)。如果实现了 Reset 方法，则可以将当前位置移回起点，并允许再一次枚举集合。Reset 方法主要用于和组件对象模型（COM）进行互操作。该方法并未得到广泛支持，因而一般应当尽量避免调用该方法（我们完全可以重新实例化一个枚举器来达到相同效果，因此调用该方法并没有太大必要）。

通常，集合本身并不实现枚举器，而是通过 IEnumerable 接口提供枚举器：

```
public interface IEnumerable
{
  IEnumerator GetEnumerator();
}
```

通过定义一个返回枚举器的方法，IEnumerable 灵活地将迭代逻辑转移到了另一个类上。此外，多个消费者可以同时遍历同一个集合而不互相影响。IEnumerable 可以看作"IEnumerator 的提供者"，它是所有集合类型需要实现的最基础接口。

以下例子演示了 IEnumerable 和 IEnumerator 的最基本用法：

```
string s = "Hello";
```

```
// Because string implements IEnumerable, we can call GetEnumerator():
IEnumerator rator = s.GetEnumerator();

while (rator.MoveNext())
{
  char c = (char) rator.Current;
  Console.Write (c + ".");
}

// Output:  H.e.l.l.o.
```

然而，我们很少采用这种方式直接调用枚举器的方法，因为 C# 提供了更快捷的语法：foreach 语句。以下使用 foreach 语句重写了上述示例：

```
string s = "Hello";      // The String class implements IEnumerable

foreach (char c in s)
  Console.Write (c + ".");
```

7.1.2 IEnumerable<T> 和 IEnumerator<T>

实现泛型的 IEnumerator<T> 和 IEnumerable<T> 接口也会同时实现 IEnumerator 和 IEnumerable 接口：

```
public interface IEnumerator<T> : IEnumerator, IDisposable
{
  T Current { get; }
}

public interface IEnumerable<T> : IEnumerable
{
  IEnumerator<T> GetEnumerator();
}
```

这些接口通过定义一个类型化的 Current 和 GetEnumerator 强化了静态类型安全性，避免了值类型元素装箱的额外开销，而且对于消费者来说更加方便。数组已经自动实现了 IEnumerable<T>（其中，T 指的是数组成员的类型）。

由于泛型接口的静态类型安全性得到了改进，因此用字符数组调用下面的方法将产生编译时错误：

```
void Test (IEnumerable<int> numbers) { ... }
```

集合类的标准做法是公开提供 IEnumerable<T> 接口，并通过显式接口实现来“隐藏”非泛型的 IEnumerable 接口。如果直接调用 GetEnumerator() 则返回类型安全的泛型 IEnumerator<T> 对象。但是，有时候这个规则会由于向后兼容性而被破坏（C# 2.0 之前不支持泛型）。数组就是一个很好的例子，它必须返回非泛型的（更确切地说是“经典”的）IEnumerator 以避免破坏之前的代码。为了获得一个泛型 IEnumerator<T>，必须先将数组强制转换为相应的接口：

```
int[] data = { 1, 2, 3 };
var rator = ((IEnumerable <int>)data).GetEnumerator();
```

幸好我们可以使用 foreach 语句，因此几乎无须编写上述代码。

IEnumerable<T> 和 IDisposable

IEnumerable<T> 继承了 IDisposable。这样枚举器就可以保有像数据库连接这样的资源，而且可以确保在枚举结束后（或中途停止后）释放这些资源。foreach 语句能够识别这个细节，并将下面的语句：

```
foreach (var element in somethingEnumerable) { ... }
```

逻辑等价地转换为：

```
using (var rator = somethingEnumerable.GetEnumerator())
  while (rator.MoveNext())
  {
    var element = rator.Current;
    ...
  }
```

何时使用非泛型接口

既然 IEnumerable<T> 等泛型接口具有更高的类型安全性，那么还需要使用非泛型 IEnumerable（或者 ICollection 或者 IList）吗？

由于 IEnumerable<T> 是从 IEnumerable 派生的，因此实现 IEnumerable<T> 时需要同时实现 IEnumerable。实际上，我们很少需要从零开始实现这些接口，通常都会使用迭代器方法、Collection<T> 和 LINQ 等高级途径。

作为消费者，几乎在所有情况下都可以完全使用泛型接口。但有些时候非泛型接口还是非常有用的，因为它们能够在各种集合中实现所有元素类型的统一。例如，下面的方法能够递归地计算任意集合的元素个数。

```
public static int Count (IEnumerable e)
{
  int count = 0;
  foreach (object element in e)
  {
    var subCollection = element as IEnumerable;
    if (subCollection != null)
      count += Count (subCollection);
    else
      count++;
  }
  return count;
}
```

由于 C# 为泛型接口提供了协变性，因此上述方法中使用 IEnumerable<object> 代替 IEnumerable 也是有效的。然而，如果集合类型没有实现 IEnumerable<T>，并且其中元素类型为值类型时就有可能出错。Windows Forms 上的 ControlCollection

---

> 就是一个例子。
>
> （你可能已经注意到了，我们的例子中包含一个潜在的缺陷。如果存在循环引用，上述代码将会造成无限递归而最终使方法崩溃。最简单的修复方法是使用 HashSet，请参见 7.4.6 节。）

using 块可以确保枚举器已被销毁，更多关于 IDisposable 的内容请参见第 12 章。

7.1.3 实现枚举接口

我们可能出于下面的原因而实现 IEnumerable 或 IEnumerable<T> 接口：

- 为了支持 foreach 语句。
- 为了与任何标准集合进行互操作。
- 为了达到一个成熟的集合接口的要求。
- 为了支持集合初始化器。

要实现 IEnumerable 或 IEnumerable<T>，就必须提供一个枚举器，可以采用如下三种方式实现：

- 如果这个类"包装"了某个集合，那么就返回所包装集合的枚举器。
- 使用 yield return 来进行迭代。
- 实例化自己的 IEnumerator 或 IEnumerator<T> 实现。

 除上述方式之外还可以创建一个现有集合的子类，Collection<T> 类型正是基于此而设计的（请参见 7.6 节）。此外，还可以使用 LINQ 查询运算符，我们将在第 8 章中介绍。

返回另一个集合的枚举器就是调用内部集合的 GetEnumerator 方法。然而，这种方法仅仅适合一些最简单的情况，那就是内部集合的元素正好就是所需要的那些元素。而更好的方法是使用 C# 的 yield return 语句编写迭代器。迭代器是 C# 语言的一个特性。它能协助完成集合的编写，foreach 语句也使用这种形式来协助集合的消费。迭代器会自动处理 IEnumerable 和 IEnumerator 及其泛型版本的实现。以下是一个简单的例子：

```
public class MyCollection : IEnumerable
{
  int[] data = { 1, 2, 3 };

  public IEnumerator GetEnumerator()
  {
    foreach (int i in data)
      yield return i;
  }
}
```

请注意其中的"黑魔法"：GetEnumerator 看起来并没有返回一个枚举器。通过解析 yield return 语句，编译器会生成一个隐藏的嵌套枚举器类，并重构 GetEnumerator 来返回这个类的实例。迭代器很强大，也很简单，并大量地应用在了 LINQ-to-Object 的标准查询运算符实现中。

我们也能够用这种方式实现泛型接口 IEnumerable<T>：

```
public class MyGenCollection : IEnumerable<int>
{
  int[] data = { 1, 2, 3 };

  public IEnumerator<int> GetEnumerator()
  {
    foreach (int i in data)
      yield return i;
  }

  // Explicit implementation keeps it hidden:
  IEnumerator IEnumerable.GetEnumerator() => GetEnumerator();
}
```

因 为 IEnumerable<T> 继 承 自 IEnumerable， 因 此 必 须 同 时 实 现 泛 型 和 非 泛 型 的 GetEnumerator。 为 了 与 标 准 方 法 保 持 一 致， 我 们 显 式 实 现 了 非 泛 型 版 本。 由 于 IEnumerator<T> 继承自 IEnumerator，因此它能够直接调用泛型的 GetEnumerator。

刚刚编写的类非常适合作为更加成型的集合的基础。但是，如果我们只需要一个简单的 IEnumerable<T> 实现，那么比起定义一个类，使用 yield return 语句会更加简单。我们可以将迭代逻辑放在一个返回泛型 IEnumerable<T> 的方法中，而其余的工作则由编译器完成。例如：

```
public static IEnumerable <int> GetSomeIntegers()
{
  yield return 1;
  yield return 2;
  yield return 3;
}
```

以下代码则调用了上述方法：

```
foreach (int i in Test.GetSomeIntegers())
  Console.WriteLine (i);
```

最后一种编写 GetEnumerator 的方法是直接编写一个实现 IEnumerator 的类，这与编译器解析迭代器所做的工作是完全相同的（大多数情况下不需要这样做）。下面的例子定义了一个集合，它以硬编码的方式包含了 1、2 和 3 这三个整数。

```
public class MyIntList : IEnumerable
{
  int[] data = { 1, 2, 3 };

  public IEnumerator GetEnumerator() => new Enumerator (this);
```

```
  class Enumerator : IEnumerator            // Define an inner class
  {                                         // for the enumerator.
    MyIntList collection;
    int currentIndex = -1;

    public Enumerator (MyIntList items) => this.collection = items;

    public object Current
    {
      get
      {
        if (currentIndex == -1)
          throw new InvalidOperationException ("Enumeration not started!");
        if (currentIndex == collection.data.Length)
          throw new InvalidOperationException ("Past end of list!");
        return collection.data [currentIndex];
      }
    }

    public bool MoveNext()
    {
      if (currentIndex >= collection.data.Length - 1) return false;
      return ++currentIndex < collection.data.Length;
    }

    public void Reset() => currentIndex = -1;
  }
}
```

 实现 Reset 方法不是必需的，实现该方法时可以在其中抛出 NotSuppor-
tedException。

注意，第一次调用 MoveNext 方法会将位置移动到列表的第一个（而不是第二个）元素上。

为了和迭代器在功能上保持一致，还必须实现 IEnumerator<T>。下面是一个为了保持简洁而省略了边界检查代码的实现：

```
class MyIntList : IEnumerable<int>
{
  int[] data = { 1, 2, 3 };

  // The generic enumerator is compatible with both IEnumerable and
  // IEnumerable<T>. We implement the nongeneric GetEnumerator method
  // explicitly to avoid a naming conflict.

  public IEnumerator<int> GetEnumerator() => new Enumerator(this);
  IEnumerator IEnumerable.GetEnumerator() => new Enumerator(this);

  class Enumerator : IEnumerator<int>
  {
    int currentIndex = -1;
```

```
    MyIntList collection;

    public Enumerator (MyIntList items) => this.items = items;

    public int Current => collection.data [currentIndex];
    object IEnumerator.Current => Current;

    public bool MoveNext() => ++currentIndex < collection.data.Length;

    public void Reset() => currentIndex = -1;

    // Given we don't need a Dispose method, it's good practice to
    // implement it explicitly, so it's hidden from the public interface.
    void IDisposable.Dispose() {}
  }
}
```

这个使用泛型的例子运行的速度更快，因为 IEnumerable<int>.Current 不需要将 int 转换为 object，从而避免了装箱开销。

7.2 ICollection 和 IList 接口

虽然枚举接口提供了一种向前迭代集合的协议，但是它们并没有提供确定集合大小，根据索引访问成员，搜索以及修改集合的机制。为了实现这些功能，.NET 定义了 ICollection、IList 和 IDictionary 接口。这些接口都支持泛型和非泛型版本。然而，非泛型版本只是为了兼容遗留代码而存在。

这些接口的继承层次如图 7-1 所示。可以简单总结如下：

IEnumerable<T> *（和 IEnumerable）*
    提供了最少的功能支持（仅支持元素枚举）。

ICollection<T> *（和 ICollection）*
    提供一般的功能（例如，Count 属性）。

IList<T>/IDictionary<K, V> *及其非泛型版本*
    支持最多的功能（包括根据索引 / 键进行"随机"访问）。

大多数情况下，我们不需要实现这些接口。当需要编写一个集合类时，往往会从 Collection<T>（请参见 7.6 节）派生。LINQ 还提供了另一种适合于多种场景的方法。

上述接口的泛型和非泛型版本的差异很大，特别是 ICollection。这主要是由历史原因造成的：泛型出现后，由于借鉴了之前经验，导致在成员的选择上和之前出现了差异（比之前更好了）。因此，ICollection<T> 并没有实现 ICollection，而 IList<T> 也没有实现 IList，相应的 IDictionary<TKey, TValue> 也没有实现 IDictionary。当然，在有利的情况下，集合类通常同时实现了两种版本的接口。

若 IList<T> 实现了 IList，则当类型转换为 IList<T> 接口时，会得到一个同时含有 Add(T) 和 Add(object) 成员的接口。这显著破坏了静态类型安全性，因为我们可以将任意类型作为 Add 方法的参数。

本节将介绍 ICollection<T>、IList<T> 及其非泛型版本，字典相关的接口将在 7.5 节中介绍。

.NET 类库并未统一"集合"（collection）和"列表"（list）这两个词汇的使用方式。例如，IList<T> 接口比 ICollection<T> 接口的功能更多，因此很容易认为 List<T> 类比 Collection<T> 类的功能更强。但事实并非如此。因此，一般认为"集合"和"列表"这两个术语大体上含义是相同的，只在涉及具体类型时例外。

7.2.1 ICollection<T> 和 ICollection

ICollection<T> 标准集合接口可以对其中的对象进行计数。它可以确定集合大小（Count），确定集合中是否存在某个元素（Contains），将集合复制到一个数组（ToArray）以及确定集合是否为只读（IsReadOnly）。对于可写集合，还可以对集合元素进行添加（Add）、删除（Remove）以及清空（Clear）操作。它实现了 IEnumerable<T>，因此也可以通过 foreach 语句进行遍历。

```
public interface ICollection<T> : IEnumerable<T>, IEnumerable
{
  int Count { get; }

  bool Contains (T item);
  void CopyTo (T[] array, int arrayIndex);
  bool IsReadOnly { get; }

  void Add(T item);
  bool Remove (T item);
  void Clear();
}
```

非泛型的 ICollection 也提供了计数的功能，但是它并不支持修改或检查集合元素的功能：

```
public interface ICollection : IEnumerable
{
    int Count { get; }
    bool IsSynchronized { get; }
    object SyncRoot { get; }
    void CopyTo (Array array, int index);
}
```

非泛型接口也定义了一些辅助同步操作（请参见第 14 章）的属性，而泛型版本则没有这些属性，因为线程安全性并非一个集合的固有特性。

这两种接口都不难实现。如果需要实现一个只读的 ICollection<T>，则其 Add、Remove 和 Clear 方法应当直接抛出 NotSupportedException。

这些接口通常与 IList 或者 IDictionary 一起实现。

7.2.2 IList<T> 和 IList

IList<T> 是按照位置对集合进行索引的标准接口。除了从 ICollection<T> 和 IEnumer-able<T> 继承的功能之外，它还可以按位置（通过索引器）读写元素，并在特定位置插入或删除元素。

```
public interface IList<T> : ICollection<T>, IEnumerable<T>, IEnumerable
{
  T this [int index] { get; set; }
  int IndexOf (T item);
  void Insert (int index, T item);
  void RemoveAt (int index);
}
```

IndexOf 方法可以对列表执行线性搜索，如果未找到指定的元素则返回 -1。

IList 的非泛型版本具有更多的成员，因为（相比泛型版本）它从 ICollection 继承过来的成员比较少：

```
public interface IList : ICollection, IEnumerable
{
  object this [int index] { get; set }
  bool IsFixedSize { get; }
  bool IsReadOnly  { get; }
  int  Add      (object value);
  void Clear();
  bool Contains (object value);
  int  IndexOf  (object value);
  void Insert   (int index, object value);
  void Remove   (object value);
  void RemoveAt (int index);
}
```

非泛型的 IList 的 Add 方法会返回一个整数来代表最新添加元素的索引。相反，ICollection<T> 的 Add 方法的返回类型为 void。

通用的 List<T> 类实现了 IList<T> 和 IList 两种接口。C# 的数组同样实现了泛型和非泛型版本的 IList 接口（需要注意，添加和删除元素的方法使用显式接口实现对外隐藏。如果调用这些方法，则会抛出 NotSupportedException）。

 如果试图通过 IList 的索引器访问一个多维数组，则程序就会抛出一个 ArgumentException。当我们用下面的方式编写代码时就可能出现问题：

```
public object FirstOrNull (IList list)
```

```
{
  if (list == null || list.Count == 0) return null;
  return list[0];
}
```

这段代码看上去无懈可击，但是如果传递一个多维数组，则该方法会抛出异常。我们可以在运行时使用下面的表达式测试一个多维数组（详见第 19 章）：

```
list.GetType().IsArray && list.GetType().GetArrayRank()>1
```

7.2.3 IReadOnlyCollection<T> 与 IReadOnlyList<T>

.NET Core 同样定义了一系列仅提供只读操作的集合及列表接口：

```
public interface IReadOnlyCollection<out T> : IEnumerable<T>, IEnumerable
{
  int Count { get; }
}

public interface IReadOnlyList<out T> : IReadOnlyCollection<T>,
                                        IEnumerable<T>, IEnumerable
{
  T this[int index] { get; }
}
```

由于上述接口的类型参数仅仅在输出时使用，因此被标记为协变参数。这样我们就可以将一个"猫咪"的列表表示为一个"动物"的只读列表。相反，在 ICollection<T> 和 IList<T> 中，由于 T 在输入输出时均被使用，因此没有标记为协变参数。

 这些接口表示的是集合或列表的只读视图。但这并不意味着其底层实现也是只读的。大多数可写的集合类型同时实现了只读的接口和可写的接口。

上述只读接口不仅可以为集合提供协变特性，还可以为私有的可写类型提供只读视图。我们会在 7.6.3 节中进行演示并提供一种更好的解决方案。

在 Windows Runtime 中，IReadOnlyList<T> 与 IVetorView<T> 相对应。

7.3 Array 类

Array 类是所有一维和多维数组的隐式基类，它是实现标准集合接口的最基本类型之一。Array 类提供了类型统一性，所以所有的数组对象都能够访问同一套公共的方法，而与它们的声明或实际的元素类型无关。

正是由于数组是如此的基础，因此 C# 提供了显式的数组声明和初始化语法（请参见第 2 章、第 3 章）。当使用 C# 语法声明数组时，CLR 会在内部将其转换为 Array 类型的子类，合成一个对应该数组维度和元素类型的伪类型。这个伪类型实现了类型化的泛型集合接口，例如，IList<string>。

CLR 也会特别处理数组类型的创建，它将数组类型分配到一块连续内存空间中。这样数据的索引就非常高效了，同时不允许在创建后修改数组的大小。

Array 实现了泛型接口 IList<T> 及其非泛型版本。但是 IList<T> 是显式实现的，以保证 Array 的公开接口中不包含其中的一些方法，如 Add 和 Remove。这些方法会在固定长度的集合（如数组）上抛出异常。Array 类实例也提供了一个静态的 Resize 方法。但是它实际上是创建一个新数组，并将每一个元素复制到新数组中。Resize 方法是很低效的，而且程序中其他地方的数组引用仍然指向原始版本的数组。对于可调整大小的集合，一种更好的方式是使用 List<T> 类（将在 7.4 节中介绍）。

数组可以包含值类型或引用类型的元素。值类型元素存储在数组中，所以一个有三个 long 整数（每一个 8 字节）的数组将会占用 24 字节的连续内存空间。然而，引用类型在数组中只占用一个引用所需的空间（32 位环境是 4 字节，而 64 位环境则为 8 字节）。图 7-2 说明了下面这个程序在内存中的作用效果：

```
StringBuilder[] builders = new StringBuilder [5];
builders [0] = new StringBuilder ("builder1");
builders [1] = new StringBuilder ("builder2");
builders [2] = new StringBuilder ("builder3");

long[] numbers = new long [3];
numbers [0] = 12345;
numbers [1] = 54321;
```

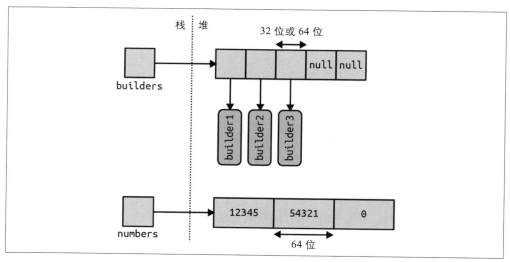

图 7-2：内存中的数组

Array 本身是一个类，因此无论数组中的元素是什么类型，数组（本身）总是引用类型。

这意味着语句 arrayB = arrayA 的结果是两个变量引用同一数组。类似地，除非使用结构化相等比较器（structural equality comparer）来比较数组中的每一个元素，否则两个不同的数组在相等比较中总是不相等的：

```
object[] a1 = { "string", 123, true };
object[] a2 = { "string", 123, true };

Console.WriteLine (a1 == a2);                          // False
Console.WriteLine (a1.Equals (a2));                    // False

IStructuralEquatable se1 = a1;
Console.WriteLine (se1.Equals (a2,
 StructuralComparisons.StructuralEqualityComparer));   // True
```

数组可以通过 Clone 方法进行复制，例如，arrayB = arrayA.Clone()。但是，其结果是一个浅表副本（shallow clone），即表示数组本身的内存会被复制。如果数组中包含的是值类型的对象，那么这些值也会被复制；但如果包含的是引用类型的对象，那么只有引用会被复制（结果就是两个数组的元素都引用了相同的对象）。图 7-3 演示了以下代码的效果：

```
StringBuilder[] builders2 = builders;
StringBuilder[] shallowClone = (StringBuilder[]) builders.Clone();
```

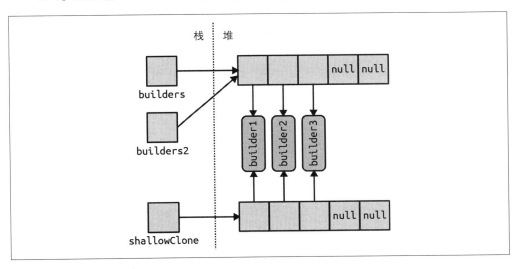

图 7-3：数组的浅表副本

如果要进行深度复制即复制引用类型子对象，则必须遍历整个数组，然后手动克隆每一个元素。相同的规则也适用于其他 .NET 集合类型。

虽然 Array 主要是针对 32 位索引器设计的，但是它也通过一些能够接受 Int32 和 Int64 参数的方法实现对 64 位索引器的部分支持（即令数组在理论上支持多至 2^{64} 个元素）。这些重载方法在实际中的作用是很小的，因为 CLR 不允许任何对象（包括数组）在大小上超过 2GB（不论是 32 位还是 64 位运行环境都如此）。

 Array 类的很多方法看起来应该是实例方法，实际上却是静态方法。这是一个奇怪的设计决策，因而我们在 Array 上寻找方法时应当同时查看静态方法和实例方法。

7.3.1 创建和索引

创建和索引数组的最简单的方法是使用 C# 语言构造：

```
int[] myArray = { 1, 2, 3 };
int first = myArray [0];
int last = myArray [myArray.Length - 1];
```

此外，还可以调用 Array.CreateInstance 动态创建一个数组实例。该方法可以在运行时指定元素类型、维数，并通过指定数组下界来实现非零开始的数组。非零开始的数组不符合 .NET 公共语言规范（Common Language Specification，CLS）的规定，因此不能用作 F# 或 Visual Basic 语言中使用的类库的共有成员。

GetValue 和 SetValue 方法可用于访问动态创建的数组元素（访问普通数组元素亦可）：

```
// Create a string array 2 elements in length:
Array a = Array.CreateInstance (typeof(string), 2);
a.SetValue ("hi", 0);                         //  → a[0] = "hi";
a.SetValue ("there", 1);                      //  → a[1] = "there";
string s = (string) a.GetValue (0);           //  → s = a[0];

// We can also cast to a C# array as follows:
string[] cSharpArray = (string[]) a;
string s2 = cSharpArray [0];
```

动态创建的零索引数组可以转换为匹配或类型兼容（满足标准数组的可变性规则）的 C# 数组。例如，如果 Apple 是 Fruit 的子类，那么 Apple[] 可以转换为 Fruit[]。这就产生了一个问题，为什么不使用 object[] 作为统一的数组类型而使用 Array 类呢？原因就是 object[] 既不兼容多维数组，也不兼容值类型数组（以及不以零开始索引的数组）。int[] 数组不能够转换为 object[]，因此，我们需要 Array 类实现彻底的类型统一。

GetValue 和 SetValue 也支持编译器创建的数组，并且它们能够在方法中处理任意类型和任意维数的数组。对于多维数组，它们接收一个索引器数组参数：

```
public object GetValue (params int[] indices)
public void   SetValue (object value, params int[] indices)
```

下面的方法会输出数组的第一个元素，并可以是任意维度的数组：

```
void WriteFirstValue (Array a)
{
  Console.Write (a.Rank + "-dimensional; ");
```

```
    // The indexers array will automatically initialize to all zeros, so
    // passing it into GetValue or SetValue will get/set the zero-based
    // (i.e., first) element in the array.

    int[] indexers = new int[a.Rank];
    Console.WriteLine ("First value is " +  a.GetValue (indexers));
}

void Demo()
{
  int[]  oneD = { 1, 2, 3 };
  int[,] twoD = { {5,6}, {8,9} };

  WriteFirstValue (oneD);    // 1-dimensional; first value is 1
  WriteFirstValue (twoD);    // 2-dimensional; first value is 5
}
```

 对于已知维数但未知类型的数组，泛型提供了一种更加简单且高效的方法：

```
void WriteFirstValue<T> (T[] array)
{
  Console.WriteLine (array[0]);
}
```

如果元素与数组的类型不一致，则 SetValue 将抛出异常。

当数组实例化时，无论是通过语言的语法还是使用 Array.CreateInstance，数组元素都会自动初始化。对于引用类型元素的数组，这意味着写入 null 值。对于值类型元素的数组，这意味着调用值类型的默认构造函数（实际上就是成员的"清零"操作）。Array类也可以通过 Clear 方法实现清零功能：

```
public static void Clear (Array array, int index, int length);
```

这种方法不会改变数组的大小，这和通常意义的 Clear 方法（例如，ICollection<T>.Clear）不同，后者一般会将集合元素全部删除。

7.3.2 枚举

数组可以通过 foreach 语句进行枚举：

```
int[] myArray = { 1, 2, 3};
foreach (int val in myArray)
  Console.WriteLine (val);
```

也可以使用静态方法 Array.ForEach 进行枚举，例如：

```
public static void ForEach<T> (T[] array, Action<T> action);
```

这种方法使用如下的 Action 委托作为参数：

```
public delegate void Action<T> (T obj);
```

以下示例使用 Array.ForEach 重写了第一个例子：

```
Array.ForEach (new[] { 1, 2, 3 }, Console.WriteLine);
```

7.3.3 长度和维数

Array 提供了如下方法和属性来查询长度和维数：

```
public int  GetLength      (int dimension);
public long GetLongLength  (int dimension);

public int  Length      { get; }
public long LongLength  { get; }

public int GetLowerBound (int dimension);
public int GetUpperBound (int dimension);

public int Rank { get; }     // Returns number of dimensions in array
```

GetLength 和 GetLongLength 返回数组指定维度的长度（0 表示一维数组），而 Length 和 LongLength 返回数组所有维度的元素总数。

GetLowerBound 和 GetUpperBound 适用于处理非零起始的数组。GetUpperBound 返回的结果与任意维度的 GetLowerBound 和 GetLength 相加的结果是相同的。

7.3.4 搜索

Array 类提供了许多搜索一维数组元素的方法：

BinarySearch 方法
    快速在排序数组中找到特定元素。

IndexOf 或 LastIndexOf 方法
    搜索未排序数组中的特定元素。

Find、FindLast、FindIndex、FindAll、Exists 或 TrueForAll
    搜索未排序数组中满足指定的 Predicate<T> 的一个或多个元素。

当指定的值未找到时，上述搜索方法都不会抛出异常。相反，如果一个元素未找到，那么这些方法会返回整数 -1（假设数组索引都是从零开始的），而返回泛型类型的方法则返回该类型的默认值（例如，0 对应 int 或 null 对应 string）。

二分搜索方法速度快，但是仅适用于排序数组，而且要求元素能够比较顺序，而不仅仅是比较是否相等。为了实现这个效果，二分搜索方法可以接受 IComparer 或者 IComparer<T> 对象来判断元素的顺序（参见本章 7.8 节）。这个判断必须与原来数组排序时所使用的比较器保持一致。如果没有指定比较器，则根据它的默认排序算法（取决于它实现的 IComparable 或 IComparable<T> 接口）。

IndexOf 和 LastIndexOf 方法会对数组执行简单的枚举过程，返回与给定值匹配的第一个（或者最后一个）元素的位置。

基于谓词（predicate）的搜索方法允许使用一个方法委托或者 Lambda 表达式来判断给定的元素是否匹配。谓词是一个简单的委托，它接受对象并返回 true 或 false。

```
public delegate bool Predicate<T> (T object);
```

以下代码在字符串数组中查找包含字母 "a" 的姓名：

```
string[] names = { "Rodney", "Jack", "Jill" };
string match = Array.Find (names, ContainsA);
Console.WriteLine (match);     // Jack
ContainsA (string name) { return name.Contains ("a"); }
```

上例可以使用 Lambda 表达式简写为：

```
string[] names = { "Rodney", "Jack", "Jill" };
string match = Array.Find (names, n => n.Contains ("a"));     // Jack
```

FindAll 返回所有满足谓词的元素的数组。事实上，它和 System.Linq 命名空间下的 Enumerable.Where 方法是等价的，唯一的区别是 FindAll 返回满足条件的元素数组，而后者则返回一个 IEnumerable<T>。

如果至少有一个数组成员满足给定的谓词，那么 Exists 方法就会返回 true，它和 System.Linq.Enumerable 中的 Any 方法是等价的。

如果所有的项目都满足给定谓词，那么 TrueForAll 方法将返回 true，它和 System.Linq.Enumerable 中的 All 方法是等价的。

7.3.5 排序

以下是 Array 类内置的排序算法：

```
// For sorting a single array:

public static void Sort<T> (T[] array);
public static void Sort     (Array array);

// For sorting a pair of arrays:

public static void Sort<TKey,TValue> (TKey[] keys, TValue[] items);
public static void Sort              (Array keys, Array items);
```

上述的每一个方法都有接受以下参数的相应重载方法：

```
int index               // Starting index at which to begin sorting
int length              // Number of elements to sort
IComparer<T> comparer   // Object making ordering decisions
Comparison<T> comparison // Delegate making ordering decisions
```

下面的代码演示了 Sort 方法的最简单用法：

```
int[] numbers = { 3, 2, 1 };
Array.Sort (numbers);                          // Array is now { 1, 2, 3 }
```

接受一对数组的排序方法将基于第一个数组的元素的排序结果对两个数组的元素进行相应的调整。在下面的例子中，数字和其对应的单词最终都将按数字顺序进行排列：

```
int[] numbers = { 3, 2, 1 };
string[] words = { "three", "two", "one" };
Array.Sort (numbers, words);

// numbers array is now { 1, 2, 3 }
// words   array is now { "one", "two", "three" }
```

Array.Sort 要求数组中的元素实现 IComparable（请参见 6.14 节），这意味着 C# 的最基本的内置类型（例如，前面例子中的整数）都可以进行排序。如果元素是不可比较的，或者希望重写默认的排序方式，则需要给 Sort 方法提供一个自定义的 comparison 提供器来规定两个元素的相对位置。以下两种方式都能达到这个效果：

- 实现一个 IComparer 或 IComparer<T> 对象（请参见 7.8 节）。
- 传递一个 Comparison 委托：

    ```
    public delegate int Comparison<T> (T x, T y);
    ```

Comparison 委托的语义与 ICompare<T>.CompareTo 是相同的。如果 x 在 y 之前，则返回一个负数；如果 x 在 y 之后，则返回一个正数；如果 x 和 y 有相同的顺序值，则返回 0。

在以下例子中，我们对一个整数数组进行排序使奇数排列在偶数之前：

```
int[] numbers = { 1, 2, 3, 4, 5 };
Array.Sort (numbers, (x, y) => x % 2 == y % 2 ? 0 : x % 2 == 1 ? -1 : 1);

// numbers array is now { 1, 3, 5, 2, 4 }
```

 我们可以使用 LINQ 的 OrderBy 与 ThenBy 运算符来作为 Sort 的替代方法。和 Array.Sort 不同，LINQ 运算符不会对原始数组进行修改，而是将排序结果放在新生成的 IEnumerable<T> 序列中。

7.3.6 反转数组元素

以下的方法将数组的全部或部分元素的顺序进行反转：

```
public static void Reverse (Array array);
public static void Reverse (Array array, int index, int length);
```

7.3.7 复制数组

Array 提供了 4 个对数组进行浅表复制的方法，分别为 Clone、CopyTo、Copy 和 ConstrainedCopy。前两个是实例方法，后两个为静态方法。

Clone 方法返回一个全新的（浅表复制的）数组，CopyTo 和 Copy 方法复制数组中的若干连续元素。若复制多维数组，则需要将多维数组的索引映射为线性索引。例如，一个 3×3 数组的中间矩阵（position[1, 1]）的索引可以用 4 表示，其计算方法是 1 * 3 + 1。这些方法允许源与目标范围重叠而不会造成任何问题。

ConstrainedCopy 执行一个原子操作，如果所有请求的元素无法成功复制（例如，类型错误），那么操作将会回滚。

Array 还提供了一个 AsReadOnly 方法来包装数组以防止其中的元素被重新赋值。

7.3.8 转换和调整大小

Array.ConvertAll 会创建并返回一个包含指定元素类型 TOutput 的新数组，它会调用 Converter 委托来复制每一个元素。Converter 的定义如下：

```
public delegate TOutput Converter<TInput,TOutput> (TInput input)
```

下例中的代码将把一个浮点数组转换为一个整数数组：

```
float[] reals = { 1.3f, 1.5f, 1.8f };
int[] wholes = Array.ConvertAll (reals, r => Convert.ToInt32 (r));

// wholes array is { 1, 2, 2 }
```

Resize 方法则会创建一个新的数组，并将所有元素复制到新数组中，再通过引用参数返回这个新数组。但是，原始数组的所有引用都不会发生任何变化。

 System.Linq 命名空间中的一系列扩展方法都可以进行数组转换，并返回 IEnumerable<T>。此后，也可以调用 Enumerable 类的 ToArray 方法将其转换回数组形式。

7.4 List、Queue、Stack 和 Set

.NET 提供了一些基本的具体集合类型，这些类型实现了本章中介绍过的一系列接口。本节我们将着重介绍列表型的集合（字典型的集合将在 7.5 节中介绍）。和我们先前介绍过的接口一样，每一种集合类型都可以选择使用泛型或非泛型进行实现。在灵活性和性能方面，泛型类更具有优势，而它们的非泛型冗余版本则是为了向后兼容。这与集合接口不同，非泛型集合接口在某些情形下是有用武之地的。

在本节介绍的集合类型中，泛型 List 类是最常用的类型。

7.4.1 List<T> 和 ArrayList

泛型 List<T> 和非泛型 ArrayList 类都提供了一种可动态调整大小的对象数组实现。它们是集合类中使用最广泛的类型，ArrayList 实现了 IList，而 List<T> 既实现了 IList 又实现了 IList<T>。与数组不同，List<T> 和 ArrayList 的所有的接口都是公开实现的，其中的方法（例如，Add 和 Remove）也都是公开可用的。

List<T> 和 ArrayList 在内部都维护了一个对象数组，并在它超出容量时将其替换为一个更大的数组。在集合中追加元素的效率很高（因为数组末尾一般都有空闲的位置），而插入元素的速度会慢一些（因为插入位置之后的所有元素都必须向后移动才能留出插入空间），移除元素同样速度较慢（尤其是移除起始元素）。与数组一样，对排序的列表执行 BinarySearch 是非常高效的。但其他情况下就需要检查每一个元素，因而效率就不是那么高了。

> 如果 T 是一种值类型，那么 List<T> 的速度会比 ArrayList 快好几倍，因为 List<T> 不需要对元素执行装箱和拆箱操作。

List<T> 和 ArrayList 都包含接收现有集合的构造器，它们会将现有集合中的每一个元素都复制到新的 List<T> 或 ArrayList 中。

```
public class List<T> : IList<T>, IReadOnlyList<T>
{
  public List ();
  public List (IEnumerable<T> collection);
  public List (int capacity);

  // Add+Insert
  public void Add         (T item);
  public void AddRange    (IEnumerable<T> collection);
  public void Insert      (int index, T item);
  public void InsertRange (int index, IEnumerable<T> collection);

  // Remove
  public bool Remove      (T item);
  public void RemoveAt    (int index);
  public void RemoveRange (int index, int count);
  public int  RemoveAll   (Predicate<T> match);

  // Indexing
  public T this [int index] { get; set; }
  public List<T> GetRange (int index, int count);
  public Enumerator<T> GetEnumerator();

  // Exporting, copying and converting:
  public T[] ToArray();
  public void CopyTo (T[] array);
  public void CopyTo (T[] array, int arrayIndex);
  public void CopyTo (int index, T[] array, int arrayIndex, int count);
  public ReadOnlyCollection<T> AsReadOnly();
  public List<TOutput> ConvertAll<TOutput> (Converter <T,TOutput>
                                            converter);
  // Other:
  public void Reverse();                // Reverses order of elements in list.
```

```
    public int Capacity { get;set; }   // Forces expansion of internal array.
    public void TrimExcess();           // Trims internal array back to size.
    public void Clear();                // Removes all elements, so Count=0.
}

    public delegate TOutput Converter <TInput, TOutput> (TInput input);
```

除上述成员外，List<T> 还提供了 Array 类型中所有搜索和排序的实例方法。

以下代码演示了 List 类型的属性和方法的使用方式。对于搜索和排序请参考 7.3 节中的示例。

```
var words = new List<string>();     // New string-typed list

words.Add ("melon");
words.Add ("avocado");
words.AddRange (new[] { "banana", "plum" } );
words.Insert (0, "lemon");                           // Insert at start
words.InsertRange (0, new[] { "peach", "nashi" });   // Insert at start

words.Remove ("melon");
words.RemoveAt (3);                        // Remove the 4th element
words.RemoveRange (0, 2);                  // Remove first 2 elements

// Remove all strings starting in 'n':
words.RemoveAll (s => s.StartsWith ("n"));

Console.WriteLine (words [0]);                      // first word
Console.WriteLine (words [words.Count - 1]);        // last word
foreach (string s in words) Console.WriteLine (s);  // all words
List<string> subset = words.GetRange (1, 2);        // 2nd->3rd words

string[] wordsArray = words.ToArray();     // Creates a new typed array

// Copy first two elements to the end of an existing array:
string[] existing = new string [1000];
words.CopyTo (0, existing, 998, 2);

List<string> upperCaseWords = words.ConvertAll (s => s.ToUpper());
List<int> lengths = words.ConvertAll (s => s.Length);
```

使用非泛型的 ArrayList 类往往需要进行烦琐的转换，如下面的例子所示：

```
ArrayList al = new ArrayList();
al.Add ("hello");
string first = (string) al [0];
string[] strArr = (string[]) al.ToArray (typeof (string));
```

编译器是无法验证这些转换的，因此下面的例子虽然能够编译成功，但在运行时会出错：

```
int first = (int) al [0];     // Runtime exception
```

ArrayList 从功能上和 List<object> 类型相似。当我们需要一个混合类型的元素列表时（且该列表中的元素并不共享相同的基类），这两种类型都是可用的。此时，如果需要使用反射机制（请参见第 19 章）处理列表，那么选择

ArrayList 更有优势。这是因为相比于 List<object>，反射机制更容易处理
非泛型的 ArrayList。

如果导入了 System.Linq 命名空间，那么可以先使用 Cast 再调用 ToList 将一个 ArrayList
转换为一个泛型 List：

```
ArrayList al = new ArrayList();
al.AddRange (new[] { 1, 5, 9 } );
List<int> list = al.Cast<int>().ToList();
```

Cast 和 ToList 都是 System.Linq.Enumerable 的扩展方法。

7.4.2 LinkedList<T>

LinkedList<T> 是一个泛型的双向链表（见图 7-4）。双向链表是一系列相互引用的节
点，每一个节点都引用前一个节点、后一个节点以及实际存储的数据元素。它的主要优
点是元素总能够高效插入到链表的任意位置，因为插入节点只需要创建一个新节点，然
后修改引用值。然而查找插入节点的位置会比较慢，因为链表本身并没有直接索引的内
在机制。我们必须遍历每一个节点，并且无法执行二分搜索。

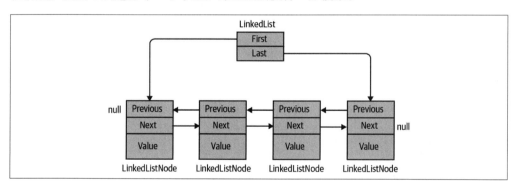

图 7-4：LinkedList<T> 类型

LinkedList<T> 实现了 IEnumerable<T> 和 ICollection<T>（及其他们的非泛型版本），
但是没有实现 IList<T>，因为它不支持索引访问。链表节点是通过下面的类实现的：

```
public sealed class LinkedListNode<T>
{
  public LinkedList<T> List { get; }
  public LinkedListNode<T> Next { get; }
  public LinkedListNode<T> Previous { get; }
  public T Value { get; set; }
}
```

当添加一个节点时，可以指定它相对于其他节点的位置，或者指定列表的开始或结束位
置。可以使用以下方法为 LinkedList<T> 添加节点：

```
public void AddFirst(LinkedListNode<T> node);
public LinkedListNode<T> AddFirst (T value);

public void AddLast (LinkedListNode<T> node);
public LinkedListNode<T> AddLast (T value);

public void AddAfter (LinkedListNode<T> node, LinkedListNode<T> newNode);
public LinkedListNode<T> AddAfter (LinkedListNode<T> node, T value);

public void AddBefore (LinkedListNode<T> node, LinkedListNode<T> newNode);
public LinkedListNode<T> AddBefore (LinkedListNode<T> node, T value);
```

类似地，可以用以下方法从链表中删除元素：

```
public void Clear();

public void RemoveFirst();
public void RemoveLast();

public bool Remove (T value);
public void Remove (LinkedListNode<T> node);
```

LinkedList<T> 内部的一些字段记录了列表元素的个数以及列表的头部和尾部。可以通过下面的公有属性访问这些信息：

```
public int Count { get; }                    // Fast
public LinkedListNode<T> First { get; }       // Fast
public LinkedListNode<T> Last { get; }        // Fast
```

LinkedList<T> 也支持以下的搜索方法（每一个方法的内部都会枚举该列表）：

```
public bool Contains (T value);
public LinkedListNode<T> Find (T value);
public LinkedListNode<T> FindLast (T value);
```

最后，可以将 LinkedList<T> 的元素复制到一个数组中，以便支持索引处理。LinkedList<T> 也支持 foreach 语句所需的枚举器：

```
public void CopyTo (T[] array, int index);
public Enumerator<T> GetEnumerator();
```

以下代码演示了 LinkedList<T> 的用法：

```
var tune = new LinkedList<string>();
tune.AddFirst ("do");                         // do
tune.AddLast ("so");                          // do - so

tune.AddAfter (tune.First, "re");             // do - re- so
tune.AddAfter (tune.First.Next, "mi");        // do - re - mi- so
tune.AddBefore (tune.Last, "fa");             // do - re - mi - fa- so

tune.RemoveFirst();                           // re - mi - fa - so
tune.RemoveLast();                            // re - mi - fa

LinkedListNode<string> miNode = tune.Find ("mi");
```

```
tune.Remove (miNode);                           // re - fa
tune.AddFirst (miNode);                         // mi- re - fa

foreach (string s in tune) Console.WriteLine (s);
```

7.4.3 Queue<T> 和 Queue

Queue<T> 和 Queue 是一种先进先出（FIFO）的数据结构，它们提供了 Enqueue（将一个元素添加到队列末尾）和 Dequeue（取出并删除队列的第一个元素）方法。它们还包括一个只返回而不删除队列第一个元素的 Peek 方法，以及一个 Count 属性（可在取出元素前检查该元素是否存在于队列中）。

虽然队列是可枚举的，但是它并没有实现 IList<T> 和 IList，因为我们无法直接通过索引访问其成员。然而，可以使用 ToArray 方法将其中元素复制到一个数组中，而后进行随机访问：

```
public class Queue<T> : IEnumerable<T>, ICollection, IEnumerable
{
  public Queue();
  public Queue (IEnumerable<T> collection);     // Copies existing elements
  public Queue (int capacity);                  // To lessen auto-resizing
  public void Clear();
  public bool Contains (T item);
  public void CopyTo (T[] array, int arrayIndex);
  public int Count { get; }
  public T Dequeue();
  public void Enqueue (T item);
  public Enumerator<T> GetEnumerator();         // To support foreach
  public T Peek();
  public T[] ToArray();
  public void TrimExcess();
}
```

以下代码演示了 Queue<int> 的使用方法：

```
var q = new Queue<int>();
q.Enqueue (10);
q.Enqueue (20);
int[] data = q.ToArray();                // Exports to an array
Console.WriteLine (q.Count);             // "2"
Console.WriteLine (q.Peek());            // "10"
Console.WriteLine (q.Dequeue());         // "10"
Console.WriteLine (q.Dequeue());         // "20"
Console.WriteLine (q.Dequeue());         // throws an exception (queue empty)
```

队列的实现和泛型 List 类相似，在内部都使用了一个可根据需要进行大小调整的数组。队列具有一个直接指向头部和尾部元素的索引，因此（除非需要调整内部数组的大小）其入队和出队的操作速度非常快。

7.4.4 Stack<T> 和 Stack

Stack<T> 和 Stack 是后进先出（LIFO）的数据结构，它们提供了 Push（向栈的顶部添加一个元素）和 Pop（从栈顶取出并删除一个元素）方法，也提供了一个只读取而不删除元素的 Peek 方法、Count 属性，以及可以导出数据并进行随机访问的 ToArray 方法：

```csharp
public class Stack<T> : IEnumerable<T>, ICollection, IEnumerable
{
  public Stack();
  public Stack (IEnumerable<T> collection);   // Copies existing elements
  public Stack (int capacity);                // Lessens auto-resizing
  public void Clear();
  public bool Contains (T item);
  public void CopyTo (T[] array, int arrayIndex);
  public int Count { get; }
  public Enumerator<T> GetEnumerator();       // To support foreach
  public T Peek();
  public T Pop();
  public void Push (T item);
  public T[] ToArray();
  public void TrimExcess();
}
```

以下代码演示了 Stack<int> 的使用方法：

```csharp
var s = new Stack<int>();
s.Push (1);                      //                Stack = 1
s.Push (2);                      //                Stack = 1,2
s.Push (3);                      //                Stack = 1,2,3
Console.WriteLine (s.Count);     // Prints 3
Console.WriteLine (s.Peek());    // Prints 3,   Stack = 1,2,3
Console.WriteLine (s.Pop());     // Prints 3,   Stack = 1,2
Console.WriteLine (s.Pop());     // Prints 2,   Stack = 1
Console.WriteLine (s.Pop());     // Prints 1,   Stack = <empty>
Console.WriteLine (s.Pop());     // throws exception
```

栈和 Queue<T> 与 List<T> 一样，其内部也是用一个可以根据需要调整大小的数组实现的。

7.4.5 BitArray

BitArray 是一个压缩保存 bool 值的可动态调整大小的集合。由于它使用一个位（而不是一般的一个字节）来存储一个 bool 值，因此比起简单的 bool 数组和以 bool 为类型参数的泛型 List，BitArray 具有更高的内存使用效率。

BitArray 的索引器可以读写每一个位：

```csharp
var bits = new BitArray(2);
bits[1] = true;
```

它提供了四种按位操作的运算符方法：And、Or、Xor 和 Not。除最后一个方法外，其他的方法都接受一个 BitArray 作为参数：

```csharp
bits.Xor (bits);                 // Bitwise exclusive-OR bits with itself
Console.WriteLine (bits[1]);     // False
```

7.4.6 HashSet\<T\> 和 SortedSet\<T\>

HashSet\<T\> 和 SortedSet\<T\> 都具有以下特点：

- 它们的 Contains 方法均使用哈希查找因而执行速度很快。

- 它们都不保存重复元素，并且都忽略添加重复值的请求。

- 无法根据位置访问元素。

SortedSet\<T\> 按一定顺序保存元素，而 HashSet\<T\> 则不是。

HashSet\<T\> 和 SortedSet\<T\> 类型的共同点是它们都实现了 ISet\<T\> 接口。从 .NET 5 开始，这些类型还实现了 IReadOnlySet\<T\> 接口。那些不可更改的 Set 类型也实现了该接口（请参见 7.7 节）。

HashSet\<T\> 是通过使用只存储键的哈希表实现的；而 SortedSet\<T\> 则是通过一个红 / 黑树实现的。

两个集合都实现了 ICollection\<T\> 并提供了一些常用的方法，例如，Contains、Add 和 Remove。此外还提供了一个基于谓词的删除元素的方法：RemoveWhere。

下面的语句从现有集合创建了一个 HashSet\<char\>，测试其中是否包含某些成员，并枚举了集合中的元素（注意，没有重复的元素）：

```
var letters = new HashSet<char> ("the quick brown fox");

Console.WriteLine (letters.Contains ('t'));    // true
Console.WriteLine (letters.Contains ('j'));    // false

foreach (char c in letters) Console.Write (c);   // the quickbrownfx
```

（string 实现了 IEnumerable\<char\>，因此我们能够将其作为参数传递给 HashSet\<char\> 的构造器。）

真正有意思的方法是集合的各种操作。以下集合操作是破坏性的，即它们会修改集合：

```
public void UnionWith            (IEnumerable<T> other);   // Adds
public void IntersectWith        (IEnumerable<T> other);   // Removes
public void ExceptWith           (IEnumerable<T> other);   // Removes
public void SymmetricExceptWith (IEnumerable<T> other);    // Removes
```

下面的方法仅仅是对集合的查询，因而是非破坏性的：

```
public bool IsSubsetOf        (IEnumerable<T> other);
public bool IsProperSubsetOf   (IEnumerable<T> other);
public bool IsSupersetOf       (IEnumerable<T> other);
public bool IsProperSupersetOf (IEnumerable<T> other);
public bool Overlaps           (IEnumerable<T> other);
public bool SetEquals          (IEnumerable<T> other);
```

UnionWith 会将第二个集合的所有元素添加到原始集合上（不包含重复元素）。而

IntersectWith 会将不属于两个集合共有的元素删除。例如，我们可以用下面的代码提取字符集中所有的元音字母：

```
var letters = new HashSet<char> ("the quick brown fox");
letters.IntersectWith ("aeiou");
foreach (char c in letters) Console.Write (c);      // euio
```

ExceptWith 会删除源集合中的指定元素。下面的例子将删除集合中的所有元音字母：

```
var letters = new HashSet<char> ("the quick brown fox");
letters.ExceptWith ("aeiou");
foreach (char c in letters) Console.Write (c);      // th qckbrwnfx
```

SymmetricExceptWith 将删除两个集合中共有的元素：

```
var letters = new HashSet<char> ("the quick brown fox");
letters.SymmetricExceptWith ("the lazy brown fox");
foreach (char c in letters) Console.Write (c);      // quicklazy
```

请注意，HashSet<T> 和 SortedSet<T> 均实现了 IEnumerable<T>。因此我们也可以使用另外一种 Set 类型或者集合类型作为集合操作方法的参数。

SortedSet<T> 拥有 HashSet<T> 的所有成员。除此之外还有如下成员：

```
public virtual SortedSet<T> GetViewBetween (T lowerValue, T upperValue)
public IEnumerable<T> Reverse()
public T Min { get; }
public T Max { get; }
```

SortedSet<T> 的构造器还可接收一个可选的 IComparer<T> 参数（而非一个相等比较器）。

下面这个例子将会把相同的字符加载到 SortedSet<char> 中：

```
var letters = new SortedSet<char> ("the quick brown fox");
foreach (char c in letters) Console.Write (c);   // bcefhiknoqrtuwx
```

使用上个例子的结果，我们可以用下面的方法获得 f 与 i 之间的字符：

```
foreach (char c in letters.GetViewBetween ('f', 'i'))
  Console.Write (c);                                      //  fhi
```

7.5 字典

字典是一种集合，其中包含的元素均为键值对。字典通常用于查找或用作排序列表。

.NET 通过 IDictionary 和 IDictionary<TKey, TValue> 接口以及一系列通用的字典类定义了标准字典协议。这些通用的字典类在以下几个方面互不相同：

- 元素是否按照有序序列存储。

- 元素是否可以以位置（索引）或键进行访问。

- 是否为泛型。

- 从大字典中用键获得元素值时的快慢。

表 7-1 总结了所有字典类在上述方面的区别。我们在 1.5GHz 的 PC 上，对一个键值类型均为整数类型的字典进行 50 000 次操作，并对每一种操作以毫秒为单位进行计时。（使用相同底层结构的集合类型的泛型和非泛型版本的性能差异主要是由装箱造成的，并且仅仅在值类型元素的集合中才会出现。）

表 7-1：各种字典类的区别

类型	内部结构	是否按索引检索	内存开销（按照每个元素的平均字节数）	速度（随机插入）	速度（顺序插入）	速度（用键检索）
未排序						
Dictionary<K,V>	哈希表	否	22	30	30	20
Hashtable	哈希表	否	38	50	50	30
ListDictionary	链表	否	36	50 000	50 000	50 000
OrderedDictionary	哈希表 + 数组	是	59	70	70	40
排序						
SortedDictionary<K,V>	红黑树	否	20	130	100	120
SortedList<K,V>	两个数组	是	2	3 300	30	40
SortedList	两个数组	是	27	4 500	100	180

以大 O 表示法来看，用键检索元素的时间复杂度为：

- 对于 HashTable、Dictionary、OrderedDictionary 为 O(1)。

- 对于 SortedDictionary 和 SortedList 为 $O(\log n)$。

- 对于 ListDictionary（以及非字典的类型，如 List<T>）为 $O(n)$。

其中，n 是集合中的元素个数。

7.5.1 IDictionary<TKey, TValue>

IDictionary<TKey,TValue> 定义了所有基于键值的集合的标准协议。它扩展了 ICollection<T> 接口，并增加了方法和属性以便使用任何类型的键进行元素访问：

```
public interface IDictionary <TKey, TValue> :
  ICollection <KeyValuePair <TKey, TValue>>, IEnumerable
{
  bool ContainsKey (TKey key);
  bool TryGetValue (TKey key, out TValue value);
  void Add        (TKey key, TValue value);
```

```
    bool Remove        (TKey key);

    TValue this [TKey key]      { get; set; }  // Main indexer - by key
    ICollection <TKey> Keys     { get; }       // Returns just keys
    ICollection <TValue> Values { get; }       // Returns just values
}
```

 除上述接口外，IReadOnlyDictionary<TKey, TValue> 接口定义了只读的字典的成员子集。

如需向字典增加一个元素，则可以调用 Add 方法或者直接使用索引访问器。后者将在键并不存在于字典时创建相应键值，而在键存在的情况下则直接更新值。字典的实现不允许重复键，因此对同一个字典用同一个键调用两次 Add 方法将抛出异常。

我们可以使用索引器或者 TryGetValue 方法从字典中检索元素的值。如果这个值不存在，那么索引器会抛出一个异常而 TryGetValue，则返回 false。我们还可以用属性 ContainsKey 来确定键是否存在，但这样做意味着需要进行两次查找才能最终检索值。

直接对 IDictionary<TKey, TValue> 进行枚举会返回一个 KeyValuePair 结构体序列：

```
public struct KeyValuePair <TKey, TValue>
{
  public TKey Key     { get; }
  public TValue Value { get; }
}
```

还可以通过字典的 Keys 和 Values 属性单独枚举键或者值。

我们将在下一节中使用泛型的 Dictionary 类说明该接口的使用方式。

7.5.2 IDictionary

非泛型的 IDictionary 接口在原理上与 IDictionary<TKey, TValue> 相同，但是存在以下两个重要的功能区别。我们需要注意这种区别，因为一些遗留代码（包括 .NET BCL 本身）仍然在使用 IDictionary。

- 若试图通过索引器检索一个不存在的键会返回 null（而不是抛出一个异常）。

- 使用 Contains 而非 ContainsKey 来检测成员是否存在。

枚举非泛型的 IDictionary 会返回一个 DictionaryEntry 结构体序列：

```
public struct DictionaryEntry
{
  public object Key   { get; set; }
  public object Value { get; set; }
}
```

7.5.3 Dictionary<TKey, TValue> 和 HashTable

泛型的 Dictionary 类（和 List<T> 集合一样）是使用最广泛的集合之一。它使用一个哈希表数据结构来存储键和值，而且快速、高效。

 Hashtable（没有非泛型的 Dictionary 类）是非泛型的 Dictionary<TKey, TValue>。因此，当提到 Dictionary 时，我们指的是泛型的 Dictionary<TKey, TValue> 类。

Dictionary 同时实现了泛型和非泛型的 IDictionary 接口，其中，泛型的 IDictionary 是公开接口。事实上，Dictionary 是泛型 IDictionary 接口的一个标准实现。

下面的程序演示了它的用法：

```
var d = new Dictionary<string, int>();

d.Add("One", 1);
d["Two"] = 2;      // adds to dictionary because "two" not already present
d["Two"] = 22;     // updates dictionary because "two" is now present
d["Three"] = 3;

Console.WriteLine (d["Two"]);              // Prints "22"
Console.WriteLine (d.ContainsKey ("One")); // true (fast operation)
Console.WriteLine (d.ContainsValue (3));   // true (slow operation)
int val = 0;
if (!d.TryGetValue ("onE", out val))
  Console.WriteLine ("No val");            // "No val" (case sensitive)

// Three different ways to enumerate the dictionary:

foreach (KeyValuePair<string, int> kv in d)    // One; 1
  Console.WriteLine (kv.Key + "; " + kv.Value); // Two; 22
                                                 // Three; 3

foreach (string s in d.Keys) Console.Write (s); // OneTwoThree
Console.WriteLine();
foreach (int i in d.Values) Console.Write (i);  // 1223
```

字典的底层哈希表会将每一个元素的键转换为一个整数哈希值，即一个伪的唯一值，然后使用算法将哈希值转换为一个哈希值键。这个哈希值键会在内部决定元素属于哪一个"桶"。如果这个"桶"包含了不止一个值，那么哈希表会在其中执行线性搜索。一个优秀的哈希函数不会强求返回唯一的哈希值（事实上也不可能做到），而是尽可能地令哈希值均匀分布在 32 位整数范围内，以避免出现元素过度集中（低效）的桶。

字典可以支持任意类型的键，只要可以对键进行相等比较并获得哈希值即可。默认情况下，相等性将由键的 object.Equals 方法确定，而唯一的哈希值则通过键的 GetHashCode 方法获得。如果要改变这种行为，则可以重写这些方法，或在创建字典的时候提供一个 IEqualityComparer 对象。一个常见的应用就是在创建以字符串为键的字典时指定一个不区分大小写的相等比较器：

```
var d = new Dictionary<string, int> (StringComparer.OrdinalIgnoreCase);
```

我们将在 7.8 节中进一步讨论这个问题。

和其他类型的集合一样，字典也可以通过在构造器中指定集合的预期大小来减少或避免进行内部大小调整的操作，从而改善性能。

非泛型版本的字典称为 Hashtable。它与泛型的字典在功能上类似，区别在于 Hashtable 实现的是非泛型的 IDictionary 接口。我们之前已经讨论过它们的不同之处。

Dictionary 和 Hashtable 的缺点是其中的元素是无序的。而且在添加元素的时候并不保存原始顺序。此外，所有的字典类型都不允许出现重复的键。

 在 2005 年引入泛型集合时，CLR 团队选择根据它们的表现形式进行命名（Dictionary、List）而不是根据其内部的实现方式命名（Hashtable、ArrayList）。虽然这种命名方式很好，因为可以在将来自由地修改实现方式，但是这也意味着它们的名称无法反映其性能表现（而通常这是选择集合的重要依据）。

7.5.4 OrderedDictionary

OrderedDictionary 是一种非泛型字典，它能够保存添加元素时的原始顺序。使用 OrderedDictionary 既可以根据索引访问元素，也可以根据键来访问元素。

 OrderedDictionary 并非一个排序字典。

OrderedDictionary 是 Hashtable 和 ArrayList 的组合。因为它具有 Hashtable 的所有功能，也有诸如 RemoveAt 以及整数索引器等功能。它的 Keys 和 Values 属性可以按照原始添加的顺序返回键或值。

这个类是在 .NET Framework 2.0 中引入的，特别要指出，它并没有泛型版本。

7.5.5 ListDictionary 和 HybridDictionary

ListDictionary 使用一个独立链表来存储实际的数据。虽然它能够保存添加元素时的原始顺序，但是它不支持排序。ListDictionary 在处理大型列表时非常缓慢。它存在的真正意义是高效处理非常小的列表（小于 10 个元素）。

HybridDictionary 是一个在达到一定大小后能够自动转换为 Hashtable 的 ListDictionary。

其目的是解决 ListDictionary 的性能问题。它的原理在于在字典很小时降低内存开销，而在字典变大时保持良好性能。然而，考虑到中间存在转换的开销，而且 Dictionary 在这两种情况下都不会太严重或太慢，因此即使直接使用 Dictionary 也是非常合理的。

这两种类都只有非泛型形式。

7.5.6 排序字典

.NET BCL 支持如下两种在内部将内容根据键进行排序的字典类：

- SortedDictionary<TKey,TValue>。
- SortedList<TKey,TValue>。[注1]

（在本节中，我们将 <TKey,TValue> 简写为 <,>。）

SortedDictionary<,> 内部为红黑树：一种在插入和检索中表现都相当不错的数据结构。

SortedList<,> 的内部实现是排序的数组对。它的检索速度很快（通过二分搜索）但插入性能很差（因为必须移动现有值才能够留出空间存储新的元素）。

SortedDictionary<,> 在随机序列（尤其是大型列表）中插入元素的速度比 SortedList<,> 快得多，然而 SortedList<,> 也有突出的功能，它既可以按照索引又可通过键对元素进行访问。SortedList<,> 可以（通过 Keys、Values 属性的索引器）直接访问排序列表中的第 n 个元素，而在 SortedDictionary<,> 中只能够通过枚举 n 个元素才能实现相同的操作。（或者可以编写一个类，通过组合使用排序字典与列表类达到相同的效果。）

与所有字典一样，以上集合都不允许出现重复键。

下面的例子使用反射机制将 System.Object 中所有的方法加载到一个以名称为键的排序列表中，然后枚举它们的键和值：

```
// MethodInfo is in the System.Reflection namespace

var sorted = new SortedList <string, MethodInfo>();

foreach (MethodInfo m in typeof (object).GetMethods())
  sorted [m.Name] = m;

foreach (string name in sorted.Keys)
  Console.WriteLine (name);

foreach (MethodInfo m in sorted.Values)
  Console.WriteLine (m.Name + " returns a " + m.ReturnType);
```

第一轮枚举的结果为：

注 1：SortedList 是具有相同功能的非泛型版本。

```
Equals
GetHashCode
GetType
ReferenceEquals
ToString
```

第二轮枚举的结果为：

```
Equals returns a System.Boolean
GetHashCode returns a System.Int32
GetType returns a System.Type
ReferenceEquals returns a System.Boolean
ToString returns a System.String
```

注意，我们是通过它的索引器填充字典的，如果使用 Add 方法，则会抛出一个异常。因为我们所反射的 object 类重载了 Equals 方法，所以无法将两个相等的键重复添加到字典中。使用索引器则可以在第二次重写前面的元素而不会出现错误。

可以将相同键的多个值保存在一个列表中：

```
SortedList <string, List<MethodInfo>>
```

以下代码对上述例子进行了扩展，它像使用普通字典那样，以 "GetHashCode" 为键检索 MethodInfo：

```
Console.WriteLine (sorted ["GetHashCode"]);       // Int32 GetHashCode()
```

以上例子也适用于 SortedDictionary<,>。然而，下面两行程序将分别检索最后一个键和最后一个值，且仅仅适用于排序列表：

```
Console.WriteLine (sorted.Keys  [sorted.Count - 1]);          // ToString
Console.WriteLine (sorted.Values[sorted.Count - 1].IsVirtual); // True
```

7.6 自定义集合与代理

前一节讨论的集合类使用方便且可以直接实例化，但它们无法令你控制当一个元素添加到集合或从集合移除时的行为。当应用程序使用强类型集合时，有时会需要这种控制，例如：

- 当添加或删除一个元素时触发一个事件。

- 当添加或删除一个元素时更新一些属性。

- 检测"不合法"的添加或删除操作并抛出异常（例如，如果操作违反了业务规则）。

.NET BCL 在 System.Collections.ObjectModel 命名空间中提供了一些专门针对以上问题的集合类。这些类型都是一些实现了 IList<T> 或者 IDictionary<,> 的代理类或包装类，它们将方法转发到一个底层集合上。底层集合的每个 Add、Remove 或者 Clear 操作都是以那些重写后的虚方法作为入口传递下来的。

自定义集合类通常用在一些公开的集合上。例如，在 System.Windows.Form 类上的一系列可公开访问的控件。

7.6.1 Collection\<T\> 和 CollectionBase

Collection\<T\> 类是一个可定制的 List\<T\> 包装类。

它除了实现了 IList\<T\> 和 IList，Collection\<T\> 还定义了四个虚方法和一个 protected 属性，如下所示：

```
public class Collection<T> :
  IList<T>, ICollection<T>, IEnumerable<T>, IList, ICollection, IEnumerable
{
  // ...

  protected virtual void ClearItems();
  protected virtual void InsertItem (int index, T item);
  protected virtual void RemoveItem (int index);
  protected virtual void SetItem (int index, T item);

  protected IList<T> Items { get; }
}
```

这些虚方法提供了类似"钩子"的入口，你可以通过它们强化或更改列表的正常行为。protected 属性 Items 允许实现者直接访问"内部列表"，即不需要使用虚方法就可以在内部进行更改。

这些虚方法无须重写。除非需要修改列表的默认行为，否则它们可以保持不变。以下例子说明了以 Collection\<T\> 为"骨架"的典型用法：

```
Zoo zoo = new Zoo();
zoo.Animals.Add (new Animal ("Kangaroo", 10));
zoo.Animals.Add (new Animal ("Mr Sea Lion", 20));
foreach (Animal a in zoo.Animals) Console.WriteLine (a.Name);

public class Animal
{
  public string Name;
  public int Popularity;

  public Animal (string name, int popularity)
  {
    Name = name; Popularity = popularity;
  }
}

public class AnimalCollection : Collection <Animal>
{
  // AnimalCollection is already a fully functioning list of animals.
  // No extra code is required.
}

public class Zoo   // The class that will expose AnimalCollection.
```

```
{                           // This would typically have additional members.
  public readonly AnimalCollection Animals = new AnimalCollection();
}
```

按照这种方式，AnimalCollection 从功能上并不比简单的 List<Animal> 多，它的作用
是提供一个基类以便扩展。为说明这一点，我们给 Animal 添加一个 Zoo 属性，因此它
能够引用它所在的 Zoo。我们还将重写 Collection<Animal> 中的每一个虚方法，以便
自动维护这个属性：

```
public class Animal
{
  public string Name;
  public int Popularity;
  public Zoo Zoo { get; internal set; }
  public Animal(string name, int popularity)
  {
    Name = name; Popularity = popularity;
  }
}

public class AnimalCollection : Collection <Animal>
{
  Zoo zoo;
  public AnimalCollection (Zoo zoo) { this.zoo = zoo; }

  protected override void InsertItem (int index, Animal item)
  {
    base.InsertItem (index, item);
    item.Zoo = zoo;
  }
  protected override void SetItem (int index, Animal item)
  {
    base.SetItem (index, item);
    item.Zoo = zoo;
  }
  protected override void RemoveItem (int index)
  {
    this [index].Zoo = null;
    base.RemoveItem (index);
  }
  protected override void ClearItems()
  {
    foreach (Animal a in this) a.Zoo = null;
    base.ClearItems();
  }
}

public class Zoo
{
  public readonly AnimalCollection Animals;
  public Zoo() { Animals = new AnimalCollection (this); }
}
```

Collection<T> 也有一个可以接收 IList<T> 的构造器。和其他集合类不同，它所提供

的列表是代理而非复制的。这意味着对于原始列表的修改会反映到 Collection<T> 包装类上（虽然没有触发 Collection<T> 的虚函数）。相对地，通过 Collection<T> 所做的修改也将会修改底层的列表。

CollectionBase

CollectionBase 是 Collection<T> 的非泛型版本。它提供了 Collection<T> 具有的大多数功能，但是使用方式并不灵活。CollectionBase 没有 InsertItem、RemoveItem、SetItem 和 ClearItem 这些模板方法，但它对应每一个函数都设置了相应的"钩子"方法来满足各种需要，包括 OnInsert、OnInsertComplete、OnSet、OnSetComplete、OnRemove、OnRemoveComplete、OnClear 和 OnClearComplete。 因 为 CollectionBase 是非泛型的，所以在继承它时还必须实现类型化方法，至少需要一个类型化的索引器和 Add 方法。

7.6.2 KeyedCollection<TKey, TItem> 和 DictionaryBase

KeyedCollection<TKey,TItem> 继承自 Collection<TItem>，并对其功能进行了增减。它增加了通过键访问元素的功能（和字典类似），移除了代理操作自己内部列表的能力。

KeyedCollection 和 OrderedDictionary 的相似之处是它们都组合使用了线性列表和哈希表。然而，与 OrderedDictionary 的不同之处是它并没有实现 IDictionary，也不支持键 / 值对的概念。相反，键是通过提供的抽象 GetKeyForItem 方法从元素本身获取的。这意味着枚举一个 KeyedCollection 就像是在枚举一个普通列表一样。

KeyedCollection<TKey,TItem> 是一个可以按键进行快速查找的 Collection<TItem>。

KeyedCollection 继承了 Collection<> 类，因此它继承了 Collection<> 的所有功能，但不包括从一个已有的列表进行构造的功能。其中定义的附加成员有：

```
public abstract class KeyedCollection <TKey, TItem> : Collection <TItem>
  // ...

  protected abstract TKey GetKeyForItem(TItem item);
  protected void ChangeItemKey(TItem item, TKey newKey);

  // Fast lookup by key - this is in addition to lookup by index.
  public TItem this[TKey key] { get; }

  protected IDictionary<TKey, TItem> Dictionary { get; }
}
```

GetKeyForItem 方法需要实现者重写以获得底层对象的键。当一个元素的键发生变化时，必须调用 ChangeItemKey 方法来更新内部的字典。Dictionary 属性返回内部字典，该字典是在添加第一个元素的时候创建的，可用于实现查找功能。以上行为可以通过在构造器中指定创建阈值来改变，即将内部字典的创建时机延迟到元素数目达到阈值为止（在这期间，如果用键搜索元素，则执行线性查找）。不指定阈值的原因之一是拥有一个有效的字典就可以使用 Dictionary 的 Keys 属性获得键的 ICollection<> 集合。此后还可以将这个集合通过公有属性返回。

KeyedCollection<,> 通常用来实现按索引或者名称访问元素的集合。我们再次使用前面动物园的例子，并用 KeyedCollection<string, Animal> 实现 AnimalCollection：

```
public class Animal
{
  string name;
  public string Name
  {
    get { return name; }
    set {
      if (Zoo != null) Zoo.Animals.NotifyNameChange (this, value);
      name = value;
    }
  }
  public int Popularity;
  public Zoo Zoo { get; internal set; }

  public Animal (string name, int popularity)
  {
    Name = name; Popularity = popularity;
  }
}

public class AnimalCollection : KeyedCollection <string, Animal>
{
  Zoo zoo;
  public AnimalCollection (Zoo zoo) { this.zoo = zoo; }
  internal void NotifyNameChange (Animal a, string newName) =>
    this.ChangeItemKey (a, newName);

  protected override string GetKeyForItem (Animal item) => item.Name;

  // The following methods would be implemented as in the previous example
  protected override void InsertItem (int index, Animal item)...
  protected override void SetItem (int index, Animal item)...
  protected override void RemoveItem (int index)...
  protected override void ClearItems()...
}

public class Zoo
{
  public readonly AnimalCollection Animals;
  public Zoo() { Animals = new AnimalCollection (this); }
}
```

以下代码展示了上述类型的使用方法：

```
Zoo zoo = new Zoo();
zoo.Animals.Add (new Animal ("Kangaroo", 10));
zoo.Animals.Add (new Animal ("Mr Sea Lion", 20));
Console.WriteLine (zoo.Animals [0].Popularity);          // 10
```

```
Console.WriteLine (zoo.Animals ["Mr Sea Lion"].Popularity);   // 20
zoo.Animals ["Kangaroo"].Name = "Mr Roo";
Console.WriteLine (zoo.Animals ["Mr Roo"].Popularity);        // 10
```

DictionaryBase

KeyedCollection 的非泛型版本是 DictionaryBase。这个遗留类采用了非常特别的
实现方法，它实现了 IDictionary，并且使用了类似 CollectionBase 那样的烦琐
的钩子函数，例如，OnInsert、OnInsertComplete、OnSet、OnSetComplete、OnRemove、
OnRemoveComplete、OnClear 和 OnClearComplete（以及额外的 OnGet）。实现 IDictionary
而不是使用 KeyedCollection 的好处是不需要创建子类来获得元素的键。但由于
DictionaryBase 本来就是为了让大家继承的，因此这个理由就站不住脚了。Keyed-
Collection 中的模型改进几乎可以肯定是因为它晚出现了几年而有了后发优势。总之
DictionaryBase 的最佳使用场景是提供向后兼容性。

7.6.3 ReadOnlyCollection<T>

ReadOnlyCollection<T> 是一个包装器，或者称作代理。它为集合提供了一种只读视
图。它允许一个类公开地提供只读的集合，而仍然可以在内部对集合进行更改。

只读集合的构造器接受另一个集合并持久的维护它的引用。它不会静态复制输入的集
合，所以输入集合的后续修改都可以通过这个只读包装器显示出来。

为了演示这一点，不妨假设一个类希望提供一个名为 Names 的公有字符串列表属性，且
这个列表是只读的，如以下代码所示：

```
public class Test
{
  List<string> names = new List<string>();
  public IReadOnlyList<string> Names => names;
}
```

尽管 Names 返回了一个只读接口，但是消费者仍然可以在运行时将其向下转换为
List<string> 或者 IList<string>，从而调用 Add、Remove 或者 Clear 方法。ReadOn-
lyCollection<T> 则可以提供更健壮的解决方案：

```
public class Test
{
  List<string> names = new List<string>();
  public ReadOnlyCollection<string> Names { get; private set; }

  public Test() => Names = new ReadOnlyCollection<string> (names);

  public void AddInternally() => names.Add ("test");
}
```

现在，只有 Test 类的成员能够修改这个名称列表：

```
Test t = new Test();

Console.WriteLine (t.Names.Count);          // 0
t.AddInternally();
Console.WriteLine (t.Names.Count);          // 1

t.Names.Add ("test");                       // Compiler error
((IList<string>) t.Names).Add ("test");     // NotSupportedException
```

7.7 不可变集合

之前提到 ReadOnlyCollection<T> 可以为一个集合创建只读视图。限制集合或对象的写入（更改）操作，从而达到简化程序，避免缺陷的目的。

不可变集合则扩展了这个原则。它提供了一类初始化之后就永远无法更改的集合。如果需要在集合中添加新的元素，则需要创建一个全新的集合而原始集合维持不变。

不可变性是函数式编程的标志，它有如下优点：

- 它有效地避免了和状态更替相关的一大类缺陷。

- 它可以避免大多数第 14 章、第 22 章和第 23 章介绍的线程安全相关的错误，从而大大降低并行和多线程编程的难度。

- 它令代码更易于理解。

而不可变性的缺点在于任何改动均需创建一个全新的对象。虽然可以使用本节中的一些策略，例如，复用部分原始结构，避免这种缺点，但仍可能会对性能造成影响。

不可变集合是内建在 .NET 中的（.NET Framework 则是在 *System.Collections.Immutable Nuget* 包中提供的）。所有的集合均定义在 System.Collections.Immutable 命名空间下。

类型	内部结构
ImmutableArray<T>	数组
ImmutableList<T>	AVL 树
ImmutableDictionary<K,V>	AVL 树
ImmutableHashSet<T>	AVL 树
ImmutableSortedDictionary<K,V>	AVL 树
ImmutableSortedSet<T>	AVL 树
ImmutableStack<T>	链表
ImmutableQueue<T>	链表

ImmutableArray<T> 和 ImmutableList<T> 都是不可变的 List<T>，它们的功能相同但是性能特点却不一样，我们将在 7.7.4 节中进行介绍。

不可变集合提供的公共接口与其可变版本类似。它们的主要不同点是表面上更改集合的方法（例如，Add 和 Remove）不会修改原始集合，而是返回一个执行添加或删除操作后的新集合。

 不可变集合虽然可以阻止在集合中添加或删除元素，但无法阻止元素本身的修改。为了充分发挥不可变性，应当确保在不可变集合中使用不可变的元素。

7.7.1 创建不可变集合

每一种不可变集合类型均提供了 Create<T>() 方法。该方法接收集合的初始值并返回根据这些初始值初始化完毕的不可变集合对象：

```
ImmutableArray<int> array = ImmutableArray.Create<int> (1, 2, 3);
```

除此之外，每一种集合类型还提供了 CreateRange<T> 方法。该方法和 Create<T> 方法提供相同功能，只是其参数类型为 IEnumerable<T> 而非 params T[]。

除上述两种方法外，还可以使用 IEnumerable<T> 对象，调用相应的扩展方法（ToImmutableArray、ToImmutableList、ToImmutableDictionary 等）创建不可变集合：

```
var list = new[] { 1, 2, 3 }.ToImmutableList();
```

7.7.2 使用不可变集合

不可变集合的 Add 方法返回新的集合，该集合包含原始集合中的所有元素以及新加入的元素：

```
var oldList = ImmutableList.Create<int> (1, 2, 3);

ImmutableList<int> newList = oldList.Add (4);

Console.WriteLine (oldList.Count);    // 3  (unaltered)
Console.WriteLine (newList.Count);    // 4
```

而 Remove 方法的行为也是类似的，它将返回删除了指定元素的新集合。

重复地调用上述方法添加或删除元素的效率是很低的，因为不论是添加还是移除操作，每次都会创建新的不可变集合。此时更适合使用 AddRange（或 RemoveRange）方法。这些方法接受 IEnumerable<T> 类型的参数，并一次性将其中的元素添加或删除完毕：

```
var anotherList = oldList.AddRange (new[] { 4, 5, 6 });
```

不可变列表和数组还定义了可以在特定索引处插入元素的 Insert 与 InsertRange 方法，删除特定索引处元素的 RemoveAt 方法，以及基于谓词的 RemoveAll 方法。

7.7.3 不可变集合的构建器

每一种不可变集合类型均定义了相应的构建器来应对更复杂的初始化需要。构建器是和相应的可变集合功能相同、性能相近的类型。当数据初始化完毕后，调用构建器的 .ToImmutable() 方法即可得到不可变集合：

```
ImmutableArray<int>.Builder builder = ImmutableArray.CreateBuilder<int>();
builder.Add (1);
builder.Add (2);
builder.Add (3);
builder.RemoveAt (0);
ImmutableArray<int> myImmutable = builder.ToImmutable();
```

除此之外，还可以使用构建器对现有的不可变集合进行批量包含多种更新的操作：

```
var builder2 = myImmutable.ToBuilder();
builder2.Add (4);          // Efficient
builder2.Remove (2);       // Efficient
...                        // More changes to builder...
// Return a new immutable collection with all the changes applied:
ImmutableArray<int> myImmutable2 = builder2.ToImmutable();
```

7.7.4 不可变集合的性能

大多数不可变集合内部使用了 AVL 树。它可以在进行添加和移除操作时利用部分原有内部结构，而不用重新创建整个集合。这降低了添加和移除操作的开销（对于大型集合来说，这可以将复制集合的巨大开销适度降低），但同时也降低了读取元素的速度。因此，大部分不可变集合的写入速度和读取速度比相应的可变集合要慢。

受影响最大的集合应属 ImmutableList<T>，它的读取速度和写入速度比 List<T>慢 10～200 倍（取决于列表的大小）。这也是引入 ImmutableArray<T> 类型的原因：ImmutableArray<T> 内部是一个数组，可有效降低读取元素操作的开销（其性能和原生可变数组的性能相仿）。但相应的代价是由于原始数据无法被重复利用，因此添加元素的方法（甚至）比 ImmutableList<T> 都要慢得多。

因此，ImmutableArray<T> 适合于关注读取速度但是不会频繁（不使用构建器）执行 Add 或 Remove 操作的场景。

类型	读取元素性能	添加元素性能
ImmutableList<T>	慢	慢
ImmutableArray<T>	很快	很慢

 调用 ImmutableArray 的 Remove 方法比调用 List<T> 的 Remove 方法的开销还要大——即使是在移除第一个元素这种最坏的情况下也要慢得多，因为为新的集合分配空间会给垃圾回收器增添额外的负担。

虽然不可变集合总体上有比较明显的性能损失，但重要的是要正确地从整体规模上看待这种损失。拥有几百万元素的 ImmutableList 的 Add 方法在一般的计算机上基本能在一毫秒内执行完毕,而读操作则可以在 100 纳秒内完成。如果需要在一个循环中进行数据写入,则可以使用构建器避免性能开销。

不可变集合的以下特点也有助于降低程序开销:

- 不可变性可以简化并发和并行编程(参见第 22 章),利用所有核心。在并行编程中涉及可变状态很容易造成错误,需要使用锁或其他并发集合。而锁和并发集合均会影响性能。

- 不可变性可降低防御性的拷贝集合数据以避免意外更改的需要。这也是最新的 Visual Studio 的开发过程中倾向于使用不可变集合的因素之一。

- 在大多数典型程序中,很少有集合能有足够多的元素展现出可变集合和不可变集合的差异。

除 Visual Studio 之外,功能强大的 Microsoft Roslyn 工具链也大量使用不可变集合。这充分展现了不可变集合的优势远胜于开销。

7.8 扩展相等比较和排序操作

在 6.13 节和 6.14 节中,我们介绍了 .NET 中为类型添加相等比较,计算哈希值以及排序功能的标准协议。若类型实现了这些协议,那么它在字典或排序列表中自然具有正确的行为。更具体地说:

- 若类型的 Equals 和 GetHashCode 函数能够返回有意义的结果,则该类型就可以作为 Dictionary 或者 Hashtable 的键。

- 若类型实现了 IComparable 或 IComparable<T>,则该类型可以作为任何一种排序字典或列表中的键。

类型默认的相等比较或顺序比较的实现一般都是该类型最自然的行为,但是它的默认行为有时不能满足需要。例如,你可能需要一个字典,它以 string 类型为键且不区分大小写,或者你可能需要一个按照顾客的邮政编码排序的顾客列表。为此,.NET 定义了一组和标准协议匹配的扩展协议。这些扩展协议实现了以下两个功能:

- 使用替代的相等比较或顺序比较行为。

- 使用一个本身无法进行相等比较或排序的类型作为字典或者排序集合的键。

这些扩展协议由以下接口构成:

IEqualityComparer 和 IEqualityComparer<T>

- 执行扩展的相等比较和哈希操作。

- 可以和 Hashtable 和 Dictionary 类型配合使用。

IComparer 和 IComparer<T>

- 执行扩展的顺序比较操作。

- 可与排序字典、排序集合以及 Array.Sort 配合使用。

每一个接口都有泛型和非泛型两种形式，而 IEqualityComparer 接口同时还拥有一个名为 EqualityComparer 的默认实现类。

除此以外，IStrcturalEquatable 和 IStructuralComparable 这两个接口可以对类和数组进行结构比较。

7.8.1 IEqualityComparer 和 EqualityComparer

相等比较器主要针对 Dictionary 和 Hashtable 类，它可以在其中使用非默认的相等比较和哈希值计算行为。

我们先回顾一下基于哈希表的字典的要求，即对于任意键都需要回答以下两个问题：

- 它与另一个键是否相同？

- 它的整数哈希值是什么？

相等比较器通过实现 IEqualityComparer 接口解决这两个问题：

```
public interface IEqualityComparer<T>
{
   bool Equals (T x, T y);
   int GetHashCode (T obj);
}

public interface IEqualityComparer        // Nongeneric version
{
   bool Equals (object x, object y);
   int GetHashCode (object obj);
}
```

编写自定义比较器需要实现其中的一个或两个接口（同时实现两个接口可以得到最大的互操作性）。由于直接实现有一定的复杂性，因此可以继承 EqualityComparer 类。它的定义如下：

```
public abstract class EqualityComparer<T> : IEqualityComparer,
                                            IEqualityComparer<T>
{
   public abstract bool Equals (T x, T y);
   public abstract int GetHashCode (T obj);

   bool IEqualityComparer.Equals (object x, object y);
   int IEqualityComparer.GetHashCode (object obj);

   public static EqualityComparer<T> Default { get; }
}
```

EqualityComparer 实现了两个接口，而我们需要做的是重写其中的两个抽象方法。

Equals 和 GetHashCode 的语义和第 6 章介绍的 object.Equals 和 object.GetHashCode 的规则完全相同。在下面的例子中，我们定义了一个带有两个字段的 Customer 类，然后为其编写了一个相等比较器来同时匹配姓与名：

```
public class Customer
{
  public string LastName;
  public string FirstName;

  public Customer (string last, string first)
  {
    LastName = last;
    FirstName = first;
  }
}
public class LastFirstEqComparer : EqualityComparer <Customer>
{
  public override bool Equals (Customer x, Customer y)
    => x.LastName == y.LastName && x.FirstName == y.FirstName;

  public override int GetHashCode (Customer obj)
    => (obj.LastName + ";" + obj.FirstName).GetHashCode();
}
```

为了演示这一工作原理，我们创建了两个顾客：

```
Customer c1 = new Customer ("Bloggs", "Joe");
Customer c2 = new Customer ("Bloggs", "Joe");
```

因为我们没有重写 object.Equals，所以这里使用普通的引用类型相等语义：

```
Console.WriteLine (c1 == c2);              // False
Console.WriteLine (c1.Equals (c2));        // False
```

当在 Dictionary 中使用这些顾客但不指定相等比较器时，就会应用默认的相等语义：

```
var d = new Dictionary<Customer, string>();
d [c1] = "Joe";
Console.WriteLine (d.ContainsKey (c2));        // False
```

现在我们使用自定义的相等比较器：

```
var eqComparer = new LastFirstEqComparer();
var d = new Dictionary<Customer, string> (eqComparer);
d [c1] = "Joe";
Console.WriteLine (d.ContainsKey (c2));        // True
```

需要注意，在本例中，若顾客已经存在于字典中了，就不应更改它们的 FirstName 和 LastName 属性；否则，它的哈希值就会发生变化，从而破坏 Dictionary。

7.8.1.1 EqualityComparer<T>.Default

EqualityComparer<T>.Default 属性会返回一个通用的相等比较器，替代静态的

object.Equals 方法。它的优点是会首先检查 T 是否实现了 IEquatable<T> ，如果是，则直接调用实现类，从而避免装箱开销。这在泛型方法中尤其有用：

```
static bool Foo<T> (T x, T y)
{
  bool same = EqualityComparer<T>.Default.Equals (x, y);
  ...
```

7.8.1.2 ReferenceEqualityComparer.Instance（.NET 5+）

从 .NET 5 开始，ReferenceEqualityComparer.Instance 属性将返回一个仅执行引用比较的比较器。对于值类型，其 Equals 方法永远返回 false。

7.8.2 IComparer 和 Comparer

顺序比较器用自定义的排序逻辑替换排序字典和排序集合中的排序逻辑。

注意，顺序比较器对于不排序的字典（如 Dictionary 和 Hashtable）是没有作用的，因为它们需要的是一个 IEqualityComparer 来获取哈希值。类似地，相等比较器对于排序字典和排序集合也是没有用处的。

以下是 IComparer 接口的定义：

```
public interface IComparer
{
  int Compare(object x, object y);
}
public interface IComparer <in T>
{
  int Compare(T x, T y);
}
```

与相等比较器一样，我们也可以从以下抽象类继承而不是直接实现接口：

```
public abstract class Comparer<T> : IComparer, IComparer<T>
{
  public static Comparer<T> Default { get; }

  public abstract int Compare (T x, T y);        // Implemented by you
  int IComparer.Compare (object x, object y);    // Implemented for you
}
```

下面的例子展示了一个描述"愿望"的类以及一个按优先级对愿望进行排序的比较器：

```
class Wish
{
  public string Name;
  public int Priority;

  public Wish (string name, int priority)
  {
    Name = name;
    Priority = priority;
  }
```

```
  }
  class PriorityComparer : Comparer<Wish>
  {
    public override int Compare (Wish x, Wish y)
    {
      if (object.Equals (x, y)) return 0;     // Optimization
      if (x == null) return -1;
      if (y == null) return 1;
      return x.Priority.CompareTo (y.Priority);
    }
  }
```

object.Equals 保证了顺序比较绝不会与 Equals 方法产生冲突。在这里调用静态的
object.Equals 比调用 x.Equals 更好，这是因为当 x 为 null 时它仍然有效！

在下面的例子中，我们将介绍如何使用 PriorityComparer 对 List 进行排序：

```
var wishList = new List<Wish>();
wishList.Add (new Wish ("Peace", 2));
wishList.Add (new Wish ("Wealth", 3));
wishList.Add (new Wish ("Love", 2));
wishList.Add (new Wish ("3 more wishes", 1));

wishList.Sort (new PriorityComparer());
foreach (Wish w in wishList) Console.Write (w.Name + " | ");

// OUTPUT: 3 more wishes | Love | Peace | Wealth |
```

接下来的例子将实现 SurnameComparer，这个比较器会像电话簿中那样使用姓氏字符串
进行排序：

```
class SurnameComparer : Comparer <string>
{
  string Normalize (string s)
  {
    s = s.Trim().ToUpper();
    if (s.StartsWith ("MC")) s = "MAC" + s.Substring (2);
    return s;
  }

  public override int Compare (string x, string y)
    => Normalize (x).CompareTo (Normalize (y));
}
```

以下代码展示了如何在排序字典中使用 SurnameComparer：

```
var dic = new SortedDictionary<string,string> (new SurnameComparer());
dic.Add ("MacPhail", "second!");
dic.Add ("MacWilliam", "third!");
dic.Add ("McDonald", "first!");

foreach (string s in dic.Values)
  Console.Write (s + " ");                    // first! second! third!
```

7.8.3 StringComparer

StringComparer 是一个预定义的扩展类，它可以对字符串进行相等比较和排序比较，并允许指定特定的语言和大小写选项。StringComparer 同时实现了 IEqualityComparer 和 IComparer（及其泛型版本），所以它可以和任何类型的字典或排序集合一起使用：

StringComparer 是抽象类，而具体的比较器实例是通过它的静态方法和属性获得的。例如，StringComparer.Ordinal 是字符串相等比较的默认行为，而 StringComparer.CurrentCulture 是字符串顺序比较的默认行为。以下列出了 StringComparer 的所有静态成员：

```
public static StringComparer CurrentCulture { get; }
public static StringComparer CurrentCultureIgnoreCase { get; }
public static StringComparer InvariantCulture { get; }
public static StringComparer InvariantCultureIgnoreCase { get; }
public static StringComparer Ordinal { get; }
public static StringComparer OrdinalIgnoreCase { get; }
public static StringComparer Create (CultureInfo culture,
                                     bool ignoreCase);
```

在以下例子中，我们创建了一个不区分大小写的字典，即 dict["Joe"] 和 dict["JOE"] 的意义是相同的：

```
var dict = new Dictionary<string, int> (StringComparer.OrdinalIgnoreCase);
```

下一个例子中的人名数组是按照澳大利亚英语进行排序的：

```
string[] names = { "Tom", "HARRY", "sheila" };
CultureInfo ci = new CultureInfo ("en-AU");
Array.Sort<string> (names, StringComparer.Create (ci, false));
```

最后一个例子是之前介绍过的，与文化相关的 SurnameComparer 类（像电话簿那样对姓名进行比较）：

```
class SurnameComparer : Comparer<string>
{
  StringComparer strCmp;

  public SurnameComparer (CultureInfo ci)
  {
    // Create a case-sensitive, culture-sensitive string comparer
    strCmp = StringComparer.Create (ci, false);
  }
  string Normalize (string s)
  {
    s = s.Trim();
    if (s.ToUpper().StartsWith ("MC")) s = "MAC" + s.Substring (2);
    return s;
  }

  public override int Compare (string x, string y)
  {
```

```
          // Directly call Compare on our culture-aware StringComparer
          return strCmp.Compare (Normalize (x), Normalize (y));
     }
}
```

7.8.4 IStructuralEquatable 和 IStructuralComparable

我们在第 6 章介绍过，结构体默认实现结构化比较：如果所有的字段都相等，那么两个结构体也是相等的。但是有时结构化相等和顺序比较在其他类型（例如数组）上作为扩展选项也是非常必要的。以下两种接口定义了此类比较：

```
public interface IStructuralEquatable
{
  bool Equals (object other, IEqualityComparer comparer);
  int GetHashCode (IEqualityComparer comparer);
}

public interface IStructuralComparable
{
  int CompareTo (object other, IComparer comparer);
}
```

IEqualityComparer 或 IComparer 会应用到组合对象的每一个元素中。我们可以使用数组进行演示。在下面的例子中，我们比较了两个数组的相等性。首先我们使用默认的 Equals 方法，然后使用 IStructuralEquatable 的 Equals 方法：

```
int[] a1 = { 1, 2, 3 };
int[] a2 = { 1, 2, 3 };
IStructuralEquatable se1 = a1;
Console.Write (a1.Equals (a2));                              // False
Console.Write (se1.Equals (a2, EqualityComparer<int>.Default)); // True
```

以下是另一个例子：

```
string[] a1 = "the quick brown fox".Split();
string[] a2 = "THE QUICK BROWN FOX".Split();
IStructuralEquatable se1 = a1;
bool isTrue = se1.Equals (a2, StringComparer.InvariantCultureIgnoreCase);
```

第 8 章

LINQ

LINQ 是 Language-Integrated Query 的缩写，它可以视为一组语言和运行时特性的集合。LINQ 可以对本地对象集合或远程数据源进行结构化的类型安全的查询操作。

LINQ 支持查询任何实现了 `IEnumerable<T>` 接口的集合类型，无论是数组、列表还是 XML 文档结构模型（Document Object Model，DOM），乃至 SQL Server 数据库中的数据表，这种远程数据源都可以查询。LINQ 具有编译时类型检查和动态查询组合这两大优点。

本章我们将主要讨论 LINQ 的架构及查询的基本写法。LINQ 中所有的核心类型都包含在 `System.Linq` 和 `System.Linq.Expression` 这两个命名空间中。

本章及随后两章中的示例都可以在 LINQPad（一种交互式查询工具）中运行。你可从 *http://www.linqpad.net* 下载该软件。

8.1 入门

LINQ 数据的基本组成部分是序列和元素。序列是任何实现了 `IEnumerable<T>` 接口的对象，而其中的每一项称为一个元素。在接下来的例子中，`names` 就是一个序列，而其中的 `"Tom"` `"Dick"` 和 `"Harry"` 就是这个序列中的元素：

```
string[] names = { "Tom", "Dick", "Harry" };
```

`names` 表示内存中的本地对象的集合，因此我们称之为本地序列。

查询运算符（query operator）是 LINQ 中进行序列转换的方法。通常，查询运算符可接受一个输入序列，并将其转换为一个输出序列。在 `System.Linq` 命名空间的 `Enumerable` 类中定义了约 40 种查询运算符。这些运算符都是以静态扩展方法的形式来实现的，称为标准查询运算符。

我们将对本地序列进行的查询操作称为本地查询或 LINQ-to-objects 查询。

LINQ 还支持对那些从远程数据源（例如，SQL Server 数据库）中动态获取的序列进行查询。这些序列需要实现 IQueryable<T> 接口。而在 Queryable 类中则有一组相应的标准查询运算符对其进行支持。关于这方面的内容，我们将在 8.8 节中介绍。

查询是一个使用查询运算符在枚举序列的过程中对序列进行转换的表达式。最简单的查询包括一个输入序列和一个运算符。例如，我们可以使用 Where 运算符找出一个简单数组中字符个数至少为 4 的元素：

```
string[] names = { "Tom", "Dick", "Harry" };
IEnumerable<string> filteredNames = System.Linq.Enumerable.Where
                                    (names, n => n.Length >= 4);
foreach (string n in filteredNames)
  Console.WriteLine (n);

Dick
Harry
```

由于标准查询运算符都是以静态扩展方法的方式实现的，因此我们可以像使用对象的实例方法那样直接在 names 之上调用 Where：

```
IEnumerable<string> filteredNames = names.Where (n => n.Length >= 4);
```

需要导入 System.Linq 命名空间才能正确编译上述代码。下面是这个示例的完整代码：

```
using System;
using System.Collections.Generic;
using System.Linq;

string[] names = { "Tom", "Dick", "Harry" };

IEnumerable<string> filteredNames = names.Where (n => n.Length >= 4);
foreach (string name in filteredNames) Console.WriteLine (name);

Dick
Harry
```

 实际上我们可以通过隐式声明 filteredNames 的类型来进一步精简代码：

```
var filteredNames = names.Where (n => n.Length >= 4);
```

但这样做会降低可读性，并且在 IDE 以外的环境下无法获得自动提示信息。因此，在本章中我们会尽可能避免隐式定义查询结果的类型（在实际项目中可能会更多地使用隐式类型定义）。

大多数查询运算符都接受一个 Lambda 表达式作为参数。Lambda 表达式不但表达了查询方向还形成了查询结构。在上例中，Lambda 表达式为：

```
n => n.Length >= 4
```

表达式的输入参数对应一个输入元素。本例中，输入参数 n 表示数组中的每一个名字，其类型是 string。而 Where 运算符要求这个表达式返回一个 bool 值。如果该值为 true 那么意味着该元素应当包含在输出序列中。下面是 Where 运算符的方法签名：

```
public static IEnumerable<TSource> Where<TSource>
  (this IEnumerable<TSource> source, Func<TSource,bool> predicate)
```

而接下来的查询则返回那些包含字母"a"的名字：

```
IEnumerable<string> filteredNames = names.Where (n => n.Contains ("a"));

foreach (string name in filteredNames)
  Console.WriteLine (name);               // Harry
```

到目前为止，我们使用扩展方法和 Lambda 表达式编写了查询语句。我们接下来就会看到，这种查询方式是可以高度组合的。它可以将若干查询运算符进行链式组合。在本书中我们称之为"流式语法"（fluent syntax）[1]。C# 还提供了另外一种查询语法，称为查询表达式语法。之前的例子可以用查询表达式写为：

```
IEnumerable<string> filteredNames = from n in names
                                    where n.Contains ("a")
                                    select n;
```

流式语法和查询语法是相辅相成的。在接下来的两节中，我们将对两种编写方式进行深入探讨。

8.2 流式语法

流式语法是编写 LINQ 表达式的最基础同时也是最灵活的方式。在这一节中，我们将介绍如何使用多个查询运算符链构造更复杂的查询，从中我们能够看到扩展方法的强大功能。此外我们还会介绍如何在查询运算符中编写一个 Lambda 表达式，并在最后介绍几个新的查询运算符。

8.2.1 查询运算符链

在前一节中，我们创建了两个简单的查询。每一个查询都由一个查询运算符组成。若想构造更复杂的查询，只需在前面的查询表达式后追加新的查询运算符即可。为了展示这种用法，接下来我们将从集合中找出所有包含字母"a"的字符串，并将其按照长度进行排序，然后将结果转换为大写的形式：

```
using System;
using System.Collections.Generic;
```

注 1：该名称源于 Eric Evans 和 Martin Fowler 在流式接口（fluent interface）上的工作。

```
using System.Linq;

string[] names = { "Tom", "Dick", "Harry", "Mary", "Jay" };

IEnumerable<string> query = names
  .Where   (n => n.Contains ("a"))
  .OrderBy (n => n.Length)
  .Select  (n => n.ToUpper());

foreach (string name in query) Console.WriteLine (name);

JAY
MARY
HARRY
```

上例中，变量 n 在每一个 Lambda 表达式中都是私有的。可以用下面例子中的标识符 c 来说明为何可以复用标识符 n：

```
void Test()
{
  foreach (char c in "string1") Console.Write (c);
  foreach (char c in "string2") Console.Write (c);
  foreach (char c in "string3") Console.Write (c);
}
```

Where、OrderBy 和 Select 都是标准的查询运算符。它们都会解析为 Enumerable 类的扩展方法（必须导入 System.Linq 命名空间）。

我们已经介绍了 Where 运算符的作用，它会筛选输入的序列。OrderBy 运算符根据输入的序列生成一个排序后的版本，而 Select 方法将输入序列中的每一个元素按给定的 Lambda 表达式进行转换或投射（本例中为 n.ToUpper()）。数据从左向右依次被链条中的各个查询运算符处理。因此本例中数据先筛选，后排序，最后执行投射操作。

查询运算符绝不会修改输入序列，相反，它会返回一个新序列。这种设计是符合函数式编程规范的，而 LINQ 就是起源自函数式编程。

以下是这三种查询运算符所对应的扩展方法的签名（这里对 OrderBy 的签名稍稍进行了简化）：

```
public static IEnumerable<TSource> Where<TSource>
  (this IEnumerable<TSource> source, Func<TSource,bool> predicate)

public static IEnumerable<TSource> OrderBy<TSource,TKey>
  (this IEnumerable<TSource> source, Func<TSource,TKey> keySelector)

public static IEnumerable<TResult> Select<TSource,TResult>
  (this IEnumerable<TSource> source, Func<TSource,TResult> selector)
```

当我们以上面示例中的方式链式使用三个查询运算符时，一个运算符的输出序列就是下一个运算符的输入序列。因此可以将整个查询理解为由一个个相互连接的传送带所组成的生产线，如图 8-1 所示。

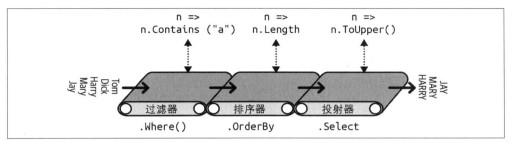

图 8-1：查询运算符链

我们可以分步建立等价的查询，例如：

```
// You must import the System.Linq namespace for this to compile:

IEnumerable<string> filtered   = names    .Where  (n => n.Contains ("a"));
IEnumerable<string> sorted     = filtered.OrderBy (n => n.Length);
IEnumerable<string> finalQuery = sorted   .Select (n => n.ToUpper());
```

finalQuery 的结果和之前查询结果是相同的。实际上，每一个中间步骤都是一个可以执行的合法的查询：

```
foreach (string name in filtered)
  Console.Write (name + "|");          // Harry|Mary|Jay|

Console.WriteLine();
foreach (string name in sorted)
  Console.Write (name + "|");          // Jay|Mary|Harry|

Console.WriteLine();
foreach (string name in finalQuery)
  Console.Write (name + "|");          // JAY|MARY|HARRY|
```

扩展方法的重要性

调用查询运算符时，除了使用扩展方法语法之外还可以使用普通的静态方法语法。例如：

```
IEnumerable<string> filtered = Enumerable.Where (names,
                                       n => n.Contains ("a"));
IEnumerable<string> sorted = Enumerable.OrderBy (filtered, n => n.Length);
IEnumerable<string> finalQuery = Enumerable.Select (sorted,
                                       n => n.ToUpper());
```

实际上编译器也是这样转换扩展方法调用的。若避免使用扩展方法，则在编写上面例子中的单语句查询时就会变得很困难。先来回顾一下使用扩展方法语法时，单语句查询的写法：

```
IEnumerable<string> query = names.Where   (n => n.Contains ("a"))
                                 .OrderBy (n => n.Length)
                                 .Select  (n => n.ToUpper());
```

这种天然的线性写法清晰地表示了数据是从左向右依次处理的，且所有 Lambda 表达式都出现在查询运算符的一侧（中缀标记法）。如果不使用扩展方法，则查询就会丧失流畅性：

```
IEnumerable<string> query =
  Enumerable.Select (
    Enumerable.OrderBy (
      Enumerable.Where (
        names, n => n.Contains ("a")
      ), n => n.Length
    ), n => n.ToUpper()
  );
```

8.2.2 使用 Lambda 表达式

在前面的例子中，我们把如下 Lambda 表达式传递给了 Where 运算符：

```
n => n.Contains ("a")        // Input type = string, return type = bool.
```

 若一个 Lambda 表达式接受一个输入值并返回一个 bool，则该表达式称为谓词。

查询运算符不同，则 Lambda 表达式的作用也不同。在 Where 运算符中，它判断一个元素是否应当包含在输出序列中；在 OrderBy 运算符中，它将输入序列中的每一个元素映射为排序的键；在 Select 运算符中，它决定了如何转换输入序列中的每一个元素，然后再放进输出序列中。

 查询运算符中的 Lambda 表达式针对的永远是输入序列的每一个元素，而非输入序列整体。

查询运算符会根据需要执行 Lambda 表达式，一般来说，输入序列中的每一个元素都会执行一次。Lambda 表达式可以将自定义的逻辑注入查询运算符中，这是查询运算符在具备了多种多样能力的同时本身仍然得以保持简单的原因。以下是一个 Enumerable. Where 的完整实现，其中并未考虑异常的处理：

```
public static IEnumerable<TSource> Where<TSource>
  (this IEnumerable<TSource> source, Func<TSource,bool> predicate)
{
  foreach (TSource element in source)
    if (predicate (element))
```

```
        yield return element;
    }
```

8.2.2.1 Lambda 表达式和 Func 的签名

标准运算符使用了泛型的 Func 委托。Func 是 System 命名空间下的一系列通用泛型委托。它的定义满足以下要求：

> Func 中类型参数出现的先后次序和 Lambda 表达式中的参数顺序相同。

因此，Func<TSource, bool> 所对应的 Lambda 表达式为 TSource => bool：接受一个 TSource 参数并返回一个 bool 值。

类似地，Func<TSource, TResult> 所对应的 Lambda 表达式为 TSource => TResult。

关于 Func 委托列表，请参见 4.3 节。

8.2.2.2 Lambda 表达式和元素类型

标准的查询运算符使用了以下的类型参数名称：

泛型类型名称	含义
TSource	输入序列的元素类型
TResult	输出序列的元素类型（如果和 TSource 不一致的话）
TKey	在排序、分组、连接操作中作为键的元素类型

TSource 是由输入序列的元素类型决定的，而 TResult 和 TKey 则通常是从我们给出的 Lambda 表达式中推断得出的。

以 Select 查询运算符的签名为例：

```
public static IEnumerable<TResult> Select<TSource,TResult>
  (this IEnumerable<TSource> source, Func<TSource,TResult> selector)
```

Func<TSource, TResult> 对应的 Lambda 表达式为 TSource => TResult，它将一个输入元素映射为输出元素。其中 TSource 和 TResult 可以是不同的类型，因而该表达式可以更改每一个元素的类型。更进一步说，Lambda 表达式可以决定输出序列的类型。以下的查询使用 Select 运算符将字符串类型的元素转换为整数类型：

```
string[] names = { "Tom", "Dick", "Harry", "Mary", "Jay" };
IEnumerable<int> query = names.Select (n => n.Length);

foreach (int length in query)
  Console.Write (length + "|");    // 3|4|5|4|3|
```

编译器可以通过 Lambda 表达式的返回值推断 TResult 的类型，在这个例子中，n.Length 为 int 类型，因此可推断 TResult 为 int 类型。

Where 查询运算符比 Select 要简单一些。因为它并不改变输出元素的类型，它的输入输出元素类型是一样的，即它仅仅进行元素的筛选而不对元素进行转换：

```
public static IEnumerable<TSource> Where<TSource>
  (this IEnumerable<TSource> source, Func<TSource,bool> predicate)
```

最后我们看一下 OrderBy 的签名：

```
// Slightly simplified:
public static IEnumerable<TSource> OrderBy<TSource,TKey>
  (this IEnumerable<TSource> source, Func<TSource,TKey> keySelector)
```

Func<TSource, TKey> 将每一个输入元素映射为一个排序的键。TKey 的类型是由 Lambda 表达式推断出来的，且和输入输出元素的类型无关。例如，我们可以按长度（键的类型为 int）也可以按字母顺序（键的类型为 string）对姓名列表进行排序：

```
string[] names = { "Tom", "Dick", "Harry", "Mary", "Jay" };
IEnumerable<string> sortedByLength, sortedAlphabetically;
sortedByLength       = names.OrderBy (n => n.Length);   // int key
sortedAlphabetically = names.OrderBy (n => n);          // string key
```

 实际上，我们可以不用 Lambda 表达式，而是使用传统的方法委托作为参数调用 Enumerable 类中的查询运算符。这种直接调用的方式在查询本地集合（尤其是 LINQ to XML 时，我们将在第 10 章介绍）时非常简洁，但却无法用于基于 IQueryable<T> 的序列（例如，当查询数据库时）。这是因为 IQueryable 的运算符需要从 Lambda 表达式构建表达式树。我们将在 8.8 节介绍相关内容。

8.2.3 原始顺序

输入序列中的原始元素顺序对于 LINQ 来说非常重要。因为一些查询运算符，例如 Take、Skip 和 Reverse，直接依赖这种顺序。

Take 运算符将输出前 x 个元素，而丢弃其他元素，例如：

```
int[] numbers  = { 10, 9, 8, 7, 6 };
IEnumerable<int> firstThree = numbers.Take (3);     // { 10, 9, 8 }
```

Skip 运算符会跳过集合中的前 x 个元素而输出剩余的元素，例如：

```
IEnumerable<int> lastTwo    = numbers.Skip (3);     // { 7, 6 }
```

Reverse 运算符会将集合中的所有元素反转，这和它的命名是一致的：

```
IEnumerable<int> reversed   = numbers.Reverse();    // { 6, 7, 8, 9, 10 }
```

在本地查询中（即 LINQ-to-object），Where 和 Select 运算符也会维持输入序列的原始顺序（除了那些确定会调整顺序的运算符，其他的查询运算符都不会改变序列中的元素顺序）。

8.2.4 其他运算符

并非所有的 LINQ 查询运算符都会返回序列。例如，针对元素的运算符可以从输入序列中返回单个元素，如 First、Last、ElementAt 运算符：

```
int[] numbers       = { 10, 9, 8, 7, 6 };
int firstNumber     = numbers.First();                  // 10
int lastNumber      = numbers.Last();                   // 6
int secondNumber    = numbers.ElementAt(1);             // 9
int secondLowest = numbers.OrderBy(n=>n).Skip(1).First(); // 7
```

由于这些运算符返回的是一个元素，因此一般在其后不会再调用其他查询运算符，除非返回的元素仍然是一个集合。

而聚合运算符返回一个标量值，通常是一个数值类型的值：

```
int count = numbers.Count();        // 5;
int min = numbers.Min();            // 6;
```

以下这些判断运算符则返回 bool 类型：

```
bool hasTheNumberNine = numbers.Contains (9);           // true
bool hasMoreThanZeroElements = numbers.Any();          // true
bool hasAnOddElement = numbers.Any (n => n % 2 != 0); // true
```

一些查询运算符接受两个输入序列。例如，Concat 运算符会将一个输入序列附加到另一个序列后面，而 Union 运算符除了附加之外还会去掉其中重复的元素：

```
int[] seq1 = { 1, 2, 3 };
int[] seq2 = { 3, 4, 5 };
IEnumerable<int> concat = seq1.Concat (seq2);    // { 1, 2, 3, 3, 4, 5 }
IEnumerable<int> union  = seq1.Union (seq2);     // { 1, 2, 3, 4, 5 }
```

连接运算符也属此类，我们会在第 9 章进行详细介绍。

8.3 查询表达式

C# 为 LINQ 查询提供了一种简化的语法结构，称为查询表达式。表面上，这种语法像是在 C# 中内嵌 SQL，而实际上，这种设计却来源于像 LISP 和 Haskell 这样的函数式编程语言中的列表推导功能。

 本书中，我们将查询表达式语法简写为"查询语法"。

在之前的章节中，我们以流式查询的方式将包含字母"a"的字符串筛选出来并按其长度进行排序，最后转换为大写形式。在以下例子中，我们将使用查询语法执行相同的操作：

```
using System;
using System.Collections.Generic;
using System.Linq;

string[] names = { "Tom", "Dick", "Harry", "Mary", "Jay" };

IEnumerable<string> query =
  from     n in names
  where    n.Contains ("a")        // Filter elements
  orderby  n.Length                // Sort elements
  select   n.ToUpper();            // Translate each element (project)

foreach (string name in query) Console.WriteLine (name);

JAY
MARY
HARRY
```

查询表达式一般以 from 子句开始，最后以 select 或者 group 子句结束。from 子句的作用是声明范围变量（本例中为 n），可以理解为，通过这个变量可以遍历输入序列中的元素，和 foreach 很像。图 8-2 展示了完整的语法结构。

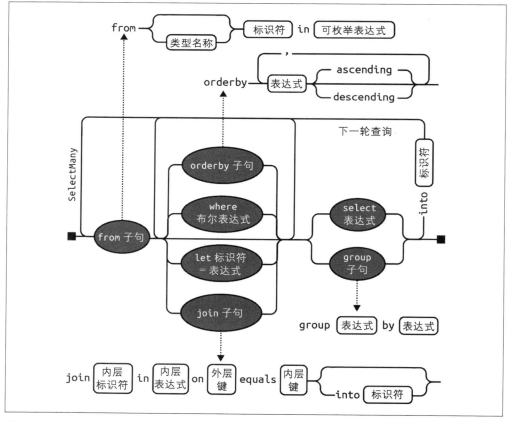

图 8-2：查询语法的结构

为了理解图 8-2，可以像列车那样，从图 8-2 的左边开始依次进行处理。例如，在必选的 `from` 子句之后，可以添加 `orderby`、`where`、`let` 和 `join` 子句。在它们之后，还可以添加 `select` 或 `group` 子句，或者使用另一组 `from`、`orderby`、`where`、`let` 或 `join` 子句开始下一轮查询。

编译器在处理查询表达式前会将其转换为流式语法形式。这种转换是机械性的，就像是将 `foreach` 语句转换为 `GetEnumerator` 和 `MoveNext` 一样。这意味着任何可以用查询语法完成的逻辑也可以用流式语法编写。因此上例中的查询语法一开始就会被编译器转换为以下形式：

```
IEnumerable<string> query = names.Where   (n => n.Contains ("a"))
                                 .OrderBy (n => n.Length)
                                 .Select  (n => n.ToUpper());
```

如果查询使用的是流式语法，则 `Where`、`OrderBy` 和 `Select` 运算符在执行前会同样解析为 `Enumerable` 类的相应的扩展方法。因为我们导入了 `System.Linq` 命名空间，且 `names` 也实现了 `IEnumerable<string>` 接口。虽然编译器并不会对 `Enumerable` 类型进行特殊对待，但是可以将这种转换查询表达式的过程理解为：编译器机械地将"*Where*""*OrderBy*"和"*Select*"代入到语句中，并像手动输入这些方法名称那样对它们进行编译。这种解析方式是非常灵活的。例如，在后续章节中介绍的数据库查询运算符会相应地将运算符绑定到 `Queryable` 类型的扩展方法上。

删除 `using System.Linq` 指令，就不能顺利编译查询表达式了，因为编译器在编译 `Where`、`OrderBy` 和 `Select` 这些运算符时无法绑定到与之对应的方法。因此，若要编译查询表达式就必须导入 `System.Linq` 或者其他实现了相应查询方法的命名空间。

8.3.1 范围变量

紧跟在 `from` 关键字后面的标识符称为范围变量。范围变量指向当前序列中即将进行操作的元素。

在之前的例子中，每一个查询子句都使用了范围变量 `n`，并且不同子句的范围变量枚举的序列都是不同的：

```
from    n in names         // n is our range variable
where   n.Contains ("a")   // n = directly from the array
orderby n.Length           // n = subsequent to being filtered
select  n.ToUpper()        // n = subsequent to being sorted
```

这就不难理解编译器是如何把上述语句机械地转换为流式语法了：

```
names.Where   (n => n.Contains ("a"))   // Locally scoped n
     .OrderBy (n => n.Length)           // Locally scoped n
     .Select  (n => n.ToUpper())        // Locally scoped n
```

如你所见，每一个 n 的实例都位于各个 Lambda 表达式的私有作用域内。

以下子句也可以在查询表达式中引入新的范围变量：

- let
- into
- 新的 from 子句
- join

我们会在 8.6 节、9.1.1.2 节和 9.1.1.3 节介绍上述内容。

8.3.2 LINQ 查询语法与 SQL 语法

LINQ 查询表达式看起来和 SQL 很像，但它们是完全不同的。LINQ 查询本质上是 C# 表达式，必须遵循 C# 标准的规则。例如，LINQ 中，变量必须在声明后才能使用，而在 SQL 中，SELECT 子句可以在 FROM 子句定义之前直接引用表的别名。

LINQ 中的子查询实际上是另一个 C# 表达式，因此不需要专门的语法。而在 SQL 中，使用子查询需要遵循特殊的语法规则。

LINQ 查询中，数据流从左向右随查询流动。而在 SQL 中，数据的流动并不一定是结构化的。

LINQ 查询就像传送带或流水线一样，运算符接收序列并输出序列，且这个过程和序列中的元素顺序是相关的。而 SQL 查询则是由子句网络构成的，且子句处理的集合是和顺序无关的。

8.3.3 查询语法和流式语法

查询语法和流式语法各有优势。

查询语法在以下方面显得更加简洁：

- 在查询语句中使用 let 子句在现有范围变量的基础上引入新的变量。
- 在 SelectMany、Join 或者 GroupJoin 中引用外部范围变量。

（我们将在 8.6 节中介绍 let 子句，在第 9 章中，我们将介绍 SelectMany、Join 和 GroupJoin 的用法。）

若查询只包含简单的 Where、OrderBy 和 Select ，则这两种查询方式都很好用，可根据个人的偏好进行选择。

如果查询是由单个运算符构成的，那么流式语法更简短，结构也更清晰。

最后，有很多运算符在查询语法中并没有相应的关键字与之对应，此时就只能使用（至少是部分使用）流式语法了。即，若查询含有以下列出的运算符之外的其他运算符，则需选用流式语法：

```
Where, Select, SelectMany
OrderBy, ThenBy, OrderByDescending, ThenByDescending
GroupBy, Join, GroupJoin
```

8.3.4 混合查询语法

如果没有合适的查询语法来支持查询运算符，那么我们可以混合使用上面介绍的两种查询方式。这种做法的唯一的限制是每一种查询语法组件必须都是完整的（例如，必须由 from 子句开始，以 select 或者 group 子句结束）。

例如，对于如下数组声明：

```
string[] names = { "Tom", "Dick", "Harry", "Mary", "Jay" };
```

以下表达式将计算包含字母"a"的字符串数目：

```
int matches = (from n in names where n.Contains ("a") select n).Count();
// 3
```

以下表达式将按照字母顺序获得第一个名字：

```
string first = (from n in names orderby n select n).First();    // Dick
```

在复杂查询中，使用混合语法查询有时会有奇效。而上述两个简单的例子则可以直接使用流式语法编写：

```
int matches = names.Where (n => n.Contains ("a")).Count();    // 3
string first = names.OrderBy (n => n).First();                // Dick
```

 混合语法查询有时可以写出兼顾功能性和简洁性的查询。因此不要偏袒流式语法或查询语法，在遇到复杂情况时尝试用混合语法查询来解决问题吧。

在本章余下的内容中，我们会尽可能使用两种语法来演示重要的概念。

8.4 延迟执行

大部分查询运算符的一个重要性质是它们并非在构造时执行，而是在枚举（即在枚举器上调用 MoveNext）时执行。请考虑如下查询：

```
var numbers = new List<int> { 1 };

IEnumerable<int> query = numbers.Select (n => n * 10);    // Build query

numbers.Add (2);                          // Sneak in an extra element
```

```
foreach (int n in query)
    Console.Write (n + "|");            // 10|20|
```

可见，在查询语句创建之后，向列表中新添加的数字也出现在了查询结果中。这是因为这些筛选和排序逻辑只会在 foreach 语句执行时才会生效，这称为延迟或懒惰执行。它和委托的效果类似：

```
Action a = () => Console.WriteLine ("Foo");
// We've not written anything to the Console yet. Now let's run it:
a();  // Deferred execution!
```

几乎所有的标准查询运算符都具有延迟执行的能力，而以下运算符除外：

* 返回单个元素或标量值的运算符，例如 First 或 Count。

* 以下转换运算符：

```
ToArray, ToList, ToDictionary, ToLookup, ToHashSet
```

上述运算符都会立即执行，因为它们的结果类型不具备任何延迟执行的机制。例如，Count 方法返回一个整数，而整数是无法再枚举的。如以下查询立即执行：

```
int matches = numbers.Where (n => n <= 2).Count();    // 1
```

延迟执行是一个很重要的特性，因为它将查询的创建和查询的执行进行了解耦。这使得查询可以分多个步骤进行创建，尤其适用于创建数据库查询。

 子查询中提供了额外的间接性。子查询中的任何语句都会延迟执行，包括聚合和转换方法，我们将在 8.5 节进行介绍。

8.4.1 重复执行

延迟执行的另一个后果是当重复枚举时，延迟执行的查询也会重复执行：

```
var numbers = new List<int>() { 1, 2 };

IEnumerable<int> query = numbers.Select (n => n * 10);
foreach (int n in query) Console.Write (n + "|");   // 10|20|

numbers.Clear();
foreach (int n in query) Console.Write (n + "|");   // <nothing>
```

重复执行会带来以下几个负面的影响：

* 无法缓存某一个时刻的查询结果。

* 对于一些计算密集型查询（或依赖远程数据库的查询），重复执行会造成浪费。

因此，可以使用转换运算符，例如，用 ToArray 或 ToList 来避免重复执行。ToArray 会将查询的输出结果复制到一个数组中，而 ToList 则会将结果复制到一个泛型的 List<T>

对象中：

```
var numbers = new List<int>() { 1, 2 };

List<int> timesTen = numbers
  .Select (n => n * 10)

  .ToList();                    // Executes immediately into a List<int>

numbers.Clear();
Console.WriteLine (timesTen.Count);       // Still 2
```

8.4.2 捕获变量

如果你的 Lambda 表达式捕获了外部变量，那么该变量的值将在表达式执行时决定：

```
int[] numbers = { 1, 2 };

int factor = 10;
IEnumerable<int> query = numbers.Select (n => n * factor);
factor = 20;
foreach (int n in query) Console.Write (n + "|");    // 20|40|
```

当在 for 循环中构造查询时，很容易掉入该特性的陷阱。例如，我们可以用如下代码去掉一个字符串中的元音字符。虽然这段代码不算高效，但是它能给出正确的结果：

```
IEnumerable<char> query = "Not what you might expect";

query = query.Where (c => c != 'a');
query = query.Where (c => c != 'e');
query = query.Where (c => c != 'i');
query = query.Where (c => c != 'o');
query = query.Where (c => c != 'u');

foreach (char c in query) Console.Write (c);   // Nt wht y mght xpct
```

现在我们来看看将表达式构造逻辑放在 for 循环中的效果：

```
IEnumerable<char> query = "Not what you might expect";
string vowels = "aeiou";

for (int i = 0; i < vowels.Length; i++)
  query = query.Where (c => c != vowels[i]);

foreach (char c in query) Console.Write (c);
```

这段代码在枚举查询结果时抛出了 IndexOutOfRangeException。在 4.3.2 节中我们介绍过，编译器会将 for 循环中的迭代变量看成循环作用域之外的变量。因此每一个闭包都捕获了相同的变量 i，且在枚举查询结果时其值为 5。为了解决这个问题，我们必须将循环变量赋值给语句块内声明的另一个变量：

```
for (int i = 0; i < vowels.Length; i++)
{
```

```
        char vowel = vowels[i];
        query = query.Where (c => c != vowel);
    }
```

这样就保证了每一次循环迭代捕获到的都是全新的局部变量。

也可以使用 foreach 替代 for 循环来解决这个问题：

```
    foreach (char vowel in vowels)
        query = query.Where (c => c != vowel);
```

8.4.3 延迟执行的工作原理

查询运算符通过返回装饰器序列来提供延迟执行的功能。

装饰器序列不同于一般的集合类型（如，数组或链表），它（一般）并没有存储元素的后台结构。而是包装了一个在运行时才会生成的序列，并永久维护其依赖关系。当我们向装饰器序列中请求数据时，它就不得不向被包装的输入序列请求数据。

查询运算符执行转换过程中会进行"装饰"操作。若输出序列并没有经过转换过程，那么它就仅仅是一个代理而不是装饰器了。

例如，在调用 Where 运算符时，它会生成装饰器序列。其中保存了输入序列的引用，Lambda 表达式以及其他相关参数。而仅当对装饰器进行枚举时才会对输入序列进行枚举。

图 8-3 演示了这个查询的构成：

```
    IEnumerable<int> lessThanTen = new int[] { 5, 12, 3 }.Where (n => n < 10);
```

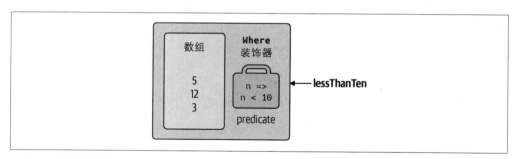

图 8-3：装饰器序列

当我们枚举 lessThanTen 时，才开始真正通过 Where 装饰器对数组执行查询。

所幸是这种装饰器序列很容易用 C# 的迭代器实现，因而不难实现自己的查询运算符。以下示例就演示了如何实现自定义的 Select 语句：

```
public static IEnumerable<TResult> MySelect<TSource,TResult>
  (this IEnumerable<TSource> source, Func<TSource,TResult> selector)
{
  foreach (TSource element in source)
    yield return selector (element);
}
```

上述方法就是一个使用 yield return 语句的迭代器。它从功能上和以下代码是一样的：

```
public static IEnumerable<TResult> MySelect<TSource,TResult>
  (this IEnumerable<TSource> source, Func<TSource,TResult> selector)
{
  return new SelectSequence (source, selector);
}
```

其中的迭代逻辑封装到了（由编译器生成的）SelectSequence 类的枚举器中。

因此调用 Select 和 Where 查询运算符时，所做的工作仅限于实例化了一个装饰了输入序列的枚举类而已。

8.4.4 串联装饰器

链式查询运算符将创建多层装饰器。例如，请考虑以下查询：

```
IEnumerable<int> query = new int[] { 5, 12, 3 }.Where   (n => n < 10)
                                              .OrderBy (n => n)
                                              .Select  (n => n * 10);
```

每一个查询运算符都将实例化一个装饰器（就像俄罗斯套娃那样）将上一层的序列进行包装。图 8-4 展示了这个查询的对象模型。需要注意的是，该对象模型在枚举操作开始之前就已经创建好了。

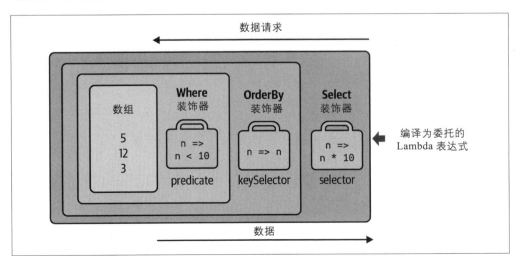

图 8-4：多层装饰器的模型

枚举 query 的操作实际上是在查询原始的数组数据，这些数据将逐层通过装饰器链并执行相应的变换操作。

 如果在查询语句最后添加 ToList 方法，则会立即执行之前的运算符，并将整个对象模型合并为一个独立的列表。

图 8-5 使用 UML（统一建模语言）的方式重新展示了相同的对象构成。Select 语句的装饰器引用了 OrderBy 的装饰器，后者则引用了 Where 的装饰器，而 Where 的装饰器引用了数组。延迟执行使我们可以渐进式的组合查询语句，从而形成等价的对象模型。

```
IEnumerable<int>
  source   = new int[] { 5, 12, 3 },
  filtered = source   .Where   (n => n < 10),
  sorted   = filtered .OrderBy (n => n),
  query    = sorted   .Select  (n => n * 10);
```

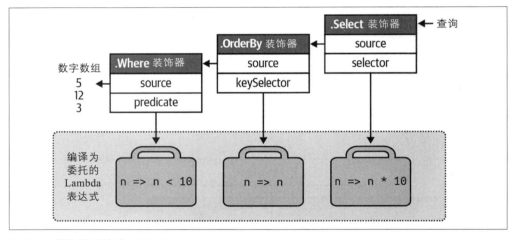

图 8-5：装饰器结构的 UML 图

8.4.5 查询语句的执行方式

以下代码枚举了前面得到的 query 集合：

```
foreach (int n in query) Console.WriteLine (n);

30
50
```

在内部，foreach 语句调用 Select 的装饰器（最外层或者最后一个运算符）上的 GetEnumerator 方法而开始了整个执行过程。而执行结果则是一个枚举器的链式组合，这种组合形式正是装饰器先后顺序的反映。图 8-6 展示了执行枚举操作的流程。

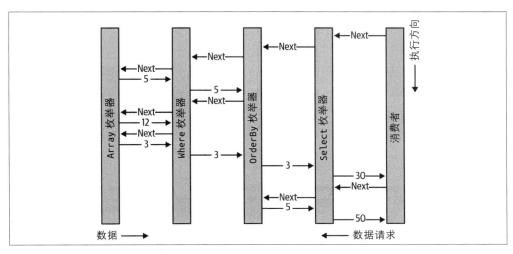

图 8-6：执行本地查询

在 8.1 节中，我们将查询比作一条生产线上的传送带。进一步说，LINQ 查询是一条懒惰的生产线，其中的传送带仅当需要时才开始运送元素。创建一个查询即创建了一条一切都准备就绪，但却并不开动生产线。当消费者请求其中的元素时（枚举查询结果时），最右侧的传送带就开始转动，而后依次触发了其他的传送带的转动，直至获得输入序列的元素。LINQ 正是遵守着这种按需拉动，而不是供应方推动的模型。这点非常重要，在接下来的内容中我们将会介绍如何扩展 LINQ 以支持 SQL 数据库的查询。

8.5 子查询

子查询就是包含在另一个查询的 Lambda 表达式中的查询语句。下面的例子使用子查询对一组音乐家的名字进行了排序：

```
string[] musos =
  { "David Gilmour", "Roger Waters", "Rick Wright", "Nick Mason" };

IEnumerable<string> query = musos.OrderBy (m => m.Split().Last());
```

m.Split 将每一个字符串转换为一组单词，而在每一组上都调用了 Last 查询运算符。m.Split().Last() 就是子查询，而 query 则引用了外部查询。

子查询是合法的。因为子查询就是另一个 C# 表达式，而我们可以将任何合法的 C# 表达式放在 Lambda 表达式的右侧。这意味着子查询的规则是由 Lambda 表达式的规则（以及查询运算符的行为）决定的。

子查询这个词在通常意义下具有广泛的含义。而在 LINQ 中，这个术语指包含在一个查询的 Lambda 表达式中的另一个查询。若是在查询表达式中，只要包含在其他查询语句中的查询都是子查询（但 from 子句除外）。

子查询属于父表达式的私有作用域下，因此它可以引用外部 Lambda 表达式的参数（或者查询表达式中的范围变量）。

m.Split().Last() 是一个非常简单的子查询，而下面的示例稍稍复杂些，它将获得数组中所有长度最短的元素：

```
string[] names = { "Tom", "Dick", "Harry", "Mary", "Jay" };

IEnumerable<string> outerQuery = names
  .Where (n => n.Length == names.OrderBy (n2 => n2.Length)
                                .Select  (n2 => n2.Length).First());

// Tom, Jay
```

使用查询表达式语法可以实现同样的功能：

```
IEnumerable<string> outerQuery =
  from   n in names
  where  n.Length ==
           (from n2 in names orderby n2.Length select n2.Length).First()
  select n;
```

由于外部范围变量 n 位于子查询的作用域内，因此我们无法将 n 作为子查询的范围变量使用。

子查询仅在父 Lambda 表达式求值时执行。这意味着子查询也是随外部查询按需查询的。可以说执行是从外向内执行的。本地查询从字面上遵守这种模型，而解释型查询（例如，数据库查询）则从概念上遵守这个模型。

仅当请求到来时，子查询才开始执行并将数据提供给外部查询，如图 8-7 和图 8-8 所示。在我们的例子中，每一次外部循环迭代都将执行一次子查询（图 8-7 中最上层的传送带）。

我们可以将子查询更加简洁地写为：

```
IEnumerable<string> query =
  from   n in names
  where  n.Length == names.OrderBy (n2 => n2.Length).First().Length
  select n;
```

如果使用聚合函数 Min，则可以将上述查询进一步简化为：

```
IEnumerable<string> query =
  from   n in names
  where  n.Length == names.Min (n2 => n2.Length)
  select n;
```

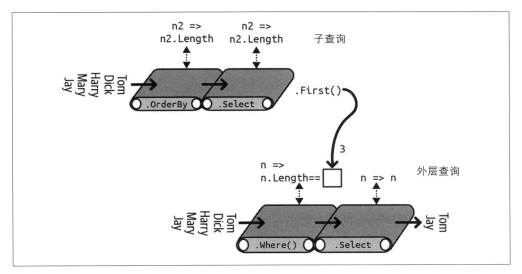

图 8-7：子查询的构成

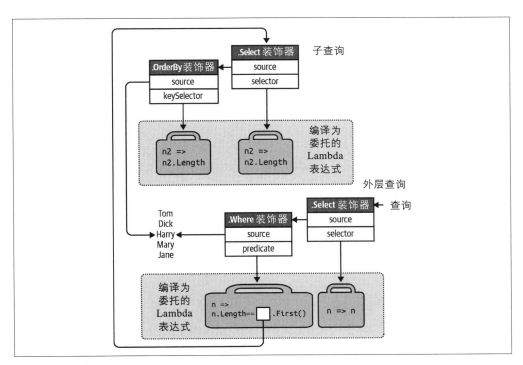

图 8-8：子查询构成的 UML 图

在 8.8 节中，我们将介绍如何查询如 SQL 表这样的远程的数据源。在示例中，我们将编写一个典型的数据库查询，这个查询会作为一个完整单元执行，因此只需一次数据库访问就可以完成。相反，上例中针对本地集合的查询的运行效率是比较低的，因为子查询会随外层循环迭代重复地进行计算。我们可以通过分别执行子查询来避免这种低效的操作（单独运行的子查询事实上已经不是子查询了）：

```
int shortest = names.Min (n => n.Length);

IEnumerable<string> query = from    n in names
                            where   n.Length == shortest
                            select n;
```

当执行本地查询的时候，单独编写子查询是一种常用的方式。但是当子查询和外部查询有关联关系时，即它引用了外部的范围变量时，就不能使用这种方式了。我们将在 9.1.1.2 节详述关联子查询。

子查询与延迟执行

子查询中的元素相关运算符和聚合运算符，如 First、Count，不会导致外部查询立即执行。延迟执行仍然会被外部查询引用。这是因为子查询是间接执行的，即在本地查询中，它通过委托驱动执行，而在解释型查询中，它通过表达式树来执行。

如果 Select 表达式中包含子查询，若是本地查询，则相当于对一个查询序列进行了投射，每一个查询都属于一次延迟执行。其作用总体上是透明的，并有助于在之后提高执行效率。在 Select 中使用子查询的其他细节将会在第 9 章中进行介绍。

8.6 构造方式

本节将介绍构造复杂查询的三种方式：

- 渐进式查询构造。
- 使用 into 关键字。
- 包装查询语句。

以上三者全部都是链接的方式。但无论方式如何，在运行时都会生成相同的查询。

8.6.1 渐进式查询构造

在本章的开始部分，我们曾经演示过如何渐近地创建流式查询：

```
var filtered = names    .Where  (n => n.Contains ("a"));
var sorted   = filtered .OrderBy (n => n);
var query    = sorted   .Select  (n => n.ToUpper());
```

由于每一个查询运算符都会返回一个装饰器序列，因此这种方式和单一表达式方式生成的查询的链接方式以及包装的层次都是一样的。但是，这种渐进式的构造方式有一些潜在的优势：

- 这种方式使查询更容易编写。
- 我们可以根据需要添加查询运算符，例如：

```
if (includeFilter) query = query.Where (...)
```

的写法比

```
query = query.Where (n => !includeFilter || <expression>)
```

要高效得多。因为它在 includeFilter 为 false 时不会添加额外的查询运算符。

这种渐进构造方式还有助于查询的阅读和理解。假设我们希望将元音字母从名字列表中移除，而后将所有长度大于 2 的名字按照字母顺序进行排序。我们可以使用流式语法，采用先投射再筛选的方式，将整个查询写成单一的表达式：

```
IEnumerable<string> query = names
  .Select  (n => n.Replace ("a", "").Replace ("e", "").Replace ("i", "")
                   .Replace ("o", "").Replace ("u", ""))
  .Where   (n => n.Length > 2)
  .OrderBy (n => n);

// Dck
// Hrry
// Mry
```

 上述查询使用了五次 Replace 调用来移除元音字母。实际上，这个功能还可以使用正则表达式高效地完成：

```
n => Regex.Replace (n, "[aeiou]", "")
```

当然 string 的 Replace 方法也有其优势，尤其是它可以在数据库查询中使用。

将上述查询直接转换为查询表达式有一些困难，因为 select 子句只能在 where 和 orderby 子句之后出现。若我们重新调整查询顺序并把投射操作放在最后，则查询结果就和期望不同了：

```
IEnumerable<string> query =
  from    n in names
  where   n.Length > 2
  orderby n
  select  n.Replace ("a", "").Replace ("e", "").Replace ("i", "")
           .Replace ("o", "").Replace ("u", "");

// Dck
// Hrry
// Jy
// Mry
// Tm
```

幸运的是，我们仍然有办法用查询语法得到正确的结果。方法之一就是用渐进的方式构造查询：

```
IEnumerable<string> query =
  from    n in names
  select n.Replace ("a", "").Replace ("e", "").Replace ("i", "")
          .Replace ("o", "").Replace ("u", "");

query = from n in query where n.Length > 2 orderby n select n;

// Dck
// Hrry
// Mry
```

8.6.2 into 关键字

在不同上下文中，into 关键字在表达式中会解析为两种不同的方式。第一种方式触发继续查询；第二种方式则触发 GroupJoin。

into 关键字可以在投射之后"继续"执行后续查询。因此，它可以作为构建渐进式查询的快捷途径。例如，我们可以将前面的查询用 into 关键字重新编写：

```
IEnumerable<string> query =
  from    n in names
  select n.Replace ("a", "").Replace ("e", "").Replace ("i", "")
          .Replace ("o", "").Replace ("u", "")
  into noVowel
    where noVowel.Length > 2 orderby noVowel select noVowel;
```

into 关键字只能够出现在 select 和 group 子句之后。into 会"重新创建"一个查询，而在这个新的查询中就可以再次使用 where、orderby 和 select 子句了。

虽然从查询表达式的角度看，into 貌似重新创建了一个查询，但事实上，在最终转换成流式语法时，它们都是同一个查询。因此 into 并不会带来实质的性能损失，我们有充足的理由在构造查询时使用它。

和 into 等价的流式语法仅仅是更长的运算符链而已。

作用域规则

into 关键字后面的查询语句不能够使用之前定义的范围变量，因此以下查询是无法通过编译的：

```
var query =
  from n1 in names
  select n1.ToUpper()
  into n2                          // Only n2 is visible from here on.
    where n1.Contains ("x")        // Illegal: n1 is not in scope.
    select n2;
```

将上述查询映射为流式语法则更容易看出出错的原因：

```
var query = names
  .Select (n1 => n1.ToUpper())
  .Where  (n2 => n1.Contains ("x"));      // Error: n1 no longer in scope
```

当代码运行到 Where 筛选器的时候，n1 已然不存在了。Where 的输入序列中只有大写的名字，因此无法再使用 n1 进行筛选。

8.6.3 查询的包装

以渐进方式构造的查询可以通过将各个查询进行包装从而将其构造为一条独立的语句。一般来说：

```
var tempQuery = tempQueryExpr
var finalQuery = from ... in tempQuery ...
```

可以表示为：

```
var finalQuery = from ... in (tempQueryExpr)
```

这种包装和渐进式查询构造或使用 into 关键字（没有中间变量）语义上是等价的。最终的结果都会生成一个线性的查询运算符链。例如，考虑如下查询：

```
IEnumerable<string> query =
  from   n in names
  select n.Replace ("a", "").Replace ("e", "").Replace ("i", "")
           .Replace ("o", "").Replace ("u", "");

query = from n in query where n.Length > 2 orderby n select n;
```

我们可以将其修改为包装形式：

```
IEnumerable<string> query =
  from n1 in
  (
    from   n2 in names
    select n2.Replace ("a", "").Replace ("e", "").Replace ("i", "")
             .Replace ("o", "").Replace ("u", "")
  )
  where n1.Length > 2 orderby n1 select n1;
```

当上述查询转换为流式语法时，可以发现它们的运算符链都是相同的：

```
IEnumerable<string> query = names
  .Select (n => n.Replace ("a", "").Replace ("e", "").Replace ("i", "")
                  .Replace ("o", "").Replace ("u", ""))
  .Where  (n => n.Length > 2)
  .OrderBy (n => n);
```

（编译器并没有为 .Select (n => n) 生成代码，因为这种代码完全是冗余的。）

包装后的查询和我们之前写的子查询类似，它们都有内部查询和外部查询的概念，有时难以分清。而将其转换为流式语法时，这种包装实际上只是顺序链接运算符的一种方式。最终的结果和子查询（将内部查询嵌入到另一个查询的 Lambda 表达式中）的形式是非常不同的。

用之前的比喻来形容：在进行包装时，"内部"查询将作为前置的传送带，而相对地，子查询就骑在传送带上面，并且会由传送带的 Lambda 工人按需触发（如图 8-7 所示）。

8.7 投射方式

8.7.1 对象初始化器

目前为止，`select` 子句都直接投射为标量元素类型，为了投射更复杂的类型，可以使用 C# 的对象初始化器。例如，在查询的第一步，我们希望把名字列表中的元音字母去除，但同时还需要保留原来的名字以便为接下来的查询所用。为了完成这个需求，可以首先定义一个辅助类：

```
class TempProjectionItem
{
  public string Original;    // Original name
  public string Vowelless;   // Vowel-stripped name
}
```

然后使用对象初始化器将每一项投射为上述类型：

```
string[] names = { "Tom", "Dick", "Harry", "Mary", "Jay" };

IEnumerable<TempProjectionItem> temp =
  from n in names
  select new TempProjectionItem
  {
    Original  = n,
    Vowelless = n.Replace ("a", "").Replace ("e", "").Replace ("i", "")
                 .Replace ("o", "").Replace ("u", "")
  };
```

上述查询结果的类型为 `IEnumerable<TempProjectionItem>`，因而可以继续执行以下查询：

```
IEnumerable<string> query = from    item in temp
                            where   item.Vowelless.Length > 2
                            select  item.Original;
// Dick
// Harry
// Mary
```

8.7.2 匿名类型

使用匿名类型不但可以定义中间结果的形式，还避免了编写特殊的类。因此我们可以将前面例子中的 `TempProjectionItem` 类替换为匿名类型：

```
var intermediate = from n in names

  select new
  {
    Original = n,
    Vowelless = n.Replace ("a", "").Replace ("e", "").Replace ("i", "")
                 .Replace ("o", "").Replace ("u", "")
  };

IEnumerable<string> query = from    item in intermediate
                            where  item.Vowelless.Length > 2
                            select item.Original;
```

上述程序的结果和之前的例子是相同的，且不需要定义一次性类。编译器会生成一个临时类，并且类的字段与投射中定义的结构相匹配，即 intermediate 查询的类型为：

```
IEnumerable <random-compiler-generated-name>
```

声明这种类型变量的唯一方式是使用 var 关键字。在本例中，使用 var 并非仅仅为了便于书写，而是必需的形式。

使用 into 关键字可以使上述查询更加简洁：

```
var query = from n in names
  select new
  {
    Original = n,
    Vowelless = n.Replace ("a", "").Replace ("e", "").Replace ("i", "")
                 .Replace ("o", "").Replace ("u", "")
  }
  into temp
  where temp.Vowelless.Length > 2
  select temp.Original;
```

查询表达式还提供了另外一种方便的书写形式来实现上述查询：let 关键字。

8.7.3 let 关键字

let 关键字可以在查询中定义一个新的变量，这个新的变量能够和范围变量并存。

以下示例使用 let 关键字查询一组名字中，去除元音字母后长度大于 2 的名字：

```
string[] names = { "Tom", "Dick", "Harry", "Mary", "Jay" };

IEnumerable<string> query =
  from n in names
  let vowelless = n.Replace ("a", "").Replace ("e", "").Replace ("i", "")
                   .Replace ("o", "").Replace ("u", "")
  where vowelless.Length > 2
  orderby vowelless
  select n;        // Thanks to let, n is still in scope.
```

编译器会将 let 子句投射为一个临时的匿名类型，该类型不但包含范围变量，还包含新的表达式变量。换句话说，编译器会将查询转换为之前的匿名类型查询的形式。

LINQ

let 有两个方面的功能：

- 它同时投射了新的元素和已有的元素。
- 它允许在一个查询中无须重写而复用其中的表达式。

let 的优点在本例中体现无疑，即在 select 子句中我们既能够投射原始名字（n）又能够投射去掉了元音字母的版本（vowelless）。

如图 8-2 所示，在 where 语句前后可以使用任意多个 let 语句，而且后面的 let 语句可以引用前面 let 语句引入的变量（其作用范围还和 into 子句引入的边界相关）。let 关键字透明地对所有现存的变量进行了重新投射。

let 表达式不需要求得标量类型值，例如，有时将它作为子序列反而更加有用。

8.8 解释型查询

LINQ 提供了两种平行的架构：针对本地对象集合的本地查询，以及针对远程数据源的解释型查询。目前为止，我们介绍了本地查询的架构。本地查询主要针对实现了 IEnumerable<T> 的集合类型进行操作。本地查询会（默认）使用 Enumerable 类型中的查询运算符，进而生成链式的装饰器序列。查询接受的委托，无论是使用查询语法、流式语法还是通常的委托，都会完全编译为中间语言代码（IL Code），这和其他 C# 方法是一致的。

与此不同，解释型查询是描述性的。它操作的序列实现了 IQuerable<T> 接口，并且它的查询运算符是定义在 Queryable 类中的。它们在运行时生成表达式树，并进行解释。这些表达式树可以转换为其他语言，例如，它可以转换为 SQL 查询，这样就可以使用 LINQ 查询数据库了。

Enumerable 中的查询运算符也可以接收 IQueryable<T> 序列。但是这种方式产生的查询永远只能在客户端本地执行，这也是在 Queryable 类中创建另一套查询运算符的原因。

如需书写解释型查询，则首先需要一组以 IQueryable<T> 为序列类型的 API。例如，Microsoft Entity Framework Core（EF Core）。它可用于查询多种数据库，例如，SQL Server、Oracle、MySQL、PostgreSQL 以及 SQLite。

对普通的可枚举集合也可以通过调用 AsQueryable 方法将其包装为 IQueryable<T>。我们将会在 8.10 节中介绍 AsQueryable 方法。

IQueryable<T> 是对 IEnumerable<T> 的扩展，它在后者基础上添加了生成表达式树的方法。在大多数情况下，我们并不需要关心这些方法的细节，因为这些方法是由运行时进行调用的。我们将在 8.10 节中对 IQueryable<T> 进行深入介绍。

为了进行展示，我们将使用如下 SQL 脚本在 SQL Server 上创建一个简单的 Customer 表，并在其中插入若干名字：

```
create table Customer
(
  ID int not null primary key,
  Name varchar(30)
)
insert Customer values (1, 'Tom')
insert Customer values (2, 'Dick')
insert Customer values (3, 'Harry')
insert Customer values (4, 'Mary')
insert Customer values (5, 'Jay')
```

在上述脚本执行完毕后，我们在 C# 中使用 EF Core 用一个解释型 LINQ 查询从数据库中找到所有名字中含有字母 "a" 的客户：

```
using System;
using System.Linq;
using Microsoft.EntityFrameworkCore;

using var dbContext = new NutshellContext();

IQueryable<string> query = from c in dbContext.Customers
  where   c.Name.Contains ("a")
  orderby c.Name.Length
  select  c.Name.ToUpper();

foreach (string name in query) Console.WriteLine (name);

public class Customer
{
  public int ID { get; set; }
  public string Name { get; set; }
}

// We'll explain the following class in more detail in the next section.
public class NutshellContext : DbContext
{
  public virtual DbSet<Customer> Customers { get; set; }

  protected override void OnConfiguring (DbContextOptionsBuilder builder)
    => builder.UseSqlServer ("...connection string...");

  protected override void OnModelCreating (ModelBuilder modelBuilder)
    => modelBuilder.Entity<Customer>().ToTable ("Customer")
                                      .HasKey (c => c.ID);
}
```

EF Core 会将上述查询转换为如下的 SQL：

```
SELECT UPPER([c].[Name])
FROM [Customers] AS [c]
WHERE CHARINDEX(N'a', [c].[Name]) > 0
ORDER BY CAST(LEN([c].[Name]) AS int)
```

其结果为：

```
// JAY
// MARY
// HARRY
```

8.8.1 解释型查询的工作机制

让我们来了解一下上述查询的执行过程。

首先，编译器会将查询语法转换为流式语法。这和本地查询是一致的：

```
IQueryable<string> query = dbContext.customers
                            .Where   (n => n.Name.Contains ("a"))
                            .OrderBy (n => n.Name.Length)
                            .Select  (n => n.Name.ToUpper());
```

其次，编译器会进一步解析上述查询中的运算符方法，而这也是本地查询和解释型查询的区别所在，解释型查询会解析为 Queryable 类中的方法，而本地查询会解析为 Enumerable 类中的方法。

要了解其中的原因，我们需要首先了解 dbContext.Customers 变量，因为上述查询全部都是围绕着这个变量创建的。dbContext.Customers 是一个类型为 DbSet<T> 的变量，它实现了 IQueryable<T> 接口（IQueryable<T> 接口则实现了 IEnumerable<T> 接口）。这意味着编译器需要从两个 Where 实现中选择一个：它要么调用 Enumerable 类中的扩展方法，要么调用 Queryable 类中的扩展方法：

```
public static IQueryable<TSource> Where<TSource> (this
  IQueryable<TSource> source, Expression <Func<TSource,bool>> predicate)
```

而编译器选择了 Queryable.Where 方法，因为相应方法签名的特定匹配度更高。

Queryable.Where 接收一个包装为 Expression<TDelegate> 类型的谓词。编译器将根据这个参数将 Lambda 表达式转换为表达式树 n=>n.Name.Contains("a")（而不是编译的委托）。一个表达式树是一个基于 System.Linq.Expressions 命名空间类型的对象模型，它的结构可以在运行时进行检查。因此 EF Core 可以将其延迟转换为 SQL 语句。

由于 Queryable.Where 也会返回 IQueryable<T>，因此接下来的 OrderBy 和 Select 运算符也会使用相同的流程进行解析。图 8-9 展示了这段查询的最终结果。在阴影框内的部分是一个描述整个查询的表达式树，这个表达式树会在运行时进行遍历。

执行

和本地查询相似，解释型查询也会遵循延迟执行的模型。这意味着只有开始对查询进行枚举时才会生成 SQL 语句。此外，若对一个查询进行两次枚举则会执行两次数据库查询。

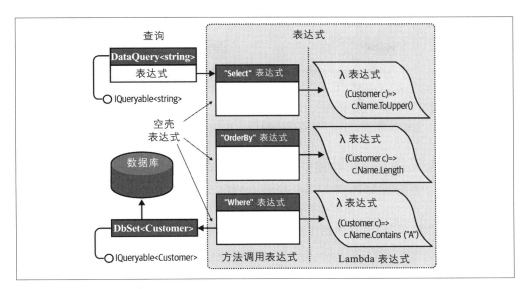

图 8-9：解释型查询的构成

在内部，解释型查询的执行方式和本地查询是不同的。当我们枚举解释型查询时，最外层的序列会执行程序来遍历整个表达式树，并将其作为一个整体来处理。在我们的例子中，EF Core 会将表达式树转换为 SQL 语句，执行并返回结果序列。

 为了使 EF Core 正确执行，需要得到数据库的模式（Schema）。数据库大纲可以根据框架约定、代码特性以及流式配置 API 进行配置。我们将会在本章中进行介绍。

我们在之前将 LINQ 查询描述为一个生产线。当枚举一个 IQueryable 传送带时，它不会像本地查询那样使整个生产线都开动起来，而仅仅启动 IQueryable 那个部分。这个部分的专用枚举器会向生产线管理者发出请求，管理者会检视整条生产线，它们并非编译后的代码，而是调用伪方法的表达式及其前置指令（表达式树）。然后，管理者会遍历所有的表达式，将它们转换为一个独立的清单（SQL 语句）。并在清单执行之后，将结果返回给消费者。整条生产线仅有一个传送带在运转，而其他部分只是描述既定工作的空壳构成的网络。

理解上述过程很有意义。例如，对于本地查询，我们可以（使用迭代器）编写自定义的查询方法，然后用这个方法来对现有的集合进行操作。对于远程查询来说，上述过程会困难得多，甚至难以实现。定义一个接受 IQueryable<T> 的扩展方法 MyWhere 的过程就是将自定义的伪方法放入生产线的过程，而生产线的管理者却并不知道如何处理我们的伪方法。就算是我们有能力在这个阶段介入，我们的解决方案也会牢牢地和一个特定的提供者（例如，EF Core）绑定起来，无法支持其他 IQueryable 实现。因此，Queryable

类中定义的标准方法实际上是一组标准的词汇表，可对任何远程集合进行查询。而我们对词汇表的扩展并不具备这种能力。

上述处理模型带来的另一个问题是，即使使用标准的查询方法，有些查询也是 IQueryable 提供器难以生成的。EF Core 终究会受数据库服务器的功能限制，而有些 LINQ 查询并没有对应的 SQL 语句。如果你熟悉 SQL，那么你对此一定深有感触。虽然有时我们需要多次实验才能确定运行时错误的原因，但是更多的时候它们工作得非常顺畅。

8.8.2 综合使用解释型查询和本地查询

我们可以在一个查询中同时使用解释型查询运算符和本地查询运算符。通常的做法是将本地查询运算符放在外层，而将解释性查询操作放在内层，即令解释型查询为本地查询提供输入。这个模式也适用于数据库查询。

例如，假设我们自定义了如下的扩展方法，将字符串集合成对组合为另一个集合：

```
public static IEnumerable<string> Pair (this IEnumerable<string> source)
{
  string firstHalf = null;
  foreach (string element in source)
    if (firstHalf == null)
      firstHalf = element;
    else
    {
      yield return firstHalf + ", " + element;
      firstHalf = null;
    }
}
```

我们可以将 EF Core 和本地运算符混合来使用上述扩展方法：

```
using var dbContext = new NutshellContext ();
IEnumerable<string> q = dbContext.Customers
  .Select (c => c.Name.ToUpper())
  .OrderBy (n => n)
  .Pair()                          // Local from this point on.
  .Select ((n, i) => "Pair " + i.ToString() + " = " + n);

foreach (string element in q) Console.WriteLine (element);

// Pair 0 = DICK, HARRY
// Pair 1 = JAY, MARY
```

变量 dbContext.Customers 的类型实现了 IQueryable<T> 接口，因此 Select 运算符将解析为 Queryable.Select。由于它返回的输出序列类型仍然是 IQueryable<T>，因此 OrderBy 运算符也会解析为 Queryable.OrderBy。但是，接下来的 Pair 运算符并没有提供接受 IQueryable<T> 的重载——只能接受 IEnumerable<T> 类型。因此它会解析为本地的 Pair 方法，并将解释型查询包装为本地查询。Pair 方法的返回类型仍然是 IEnumerable，因此其后的 Select 方法也会解析为本地查询运算符。

在 EF Core 一侧会生成如下的 SQL 语句：

```
SELECT UPPER([c].[Name]) FROM [Customers] AS [c] ORDER BY UPPER([c].[Name])
```

而其他操作将在本地执行。从结果上，我们最终会在外部得到一个本地查询，而它的数据则源于内侧的解释型查询。

8.8.3 AsEnumerable 方法

Enumerable.AsEnumerable 是最简单的查询运算符，其完整的定义如下：

```
public static IEnumerable<TSource> AsEnumerable<TSource>
            (this IEnumerable<TSource> source)
{
    return source;
}
```

它的作用是将一个 IQueryable<T> 序列转换为一个 IEnumerable<T> 序列。强制将后续的查询运算符绑定到 Enumerable 的运算符（而不是 Queryable 的运算符）上，从而使后续查询按本地查询处理。

在下面的例子中，假设 SQL Server 数据库中存在一个名为 MedicalArticles 的表，我们将使用 EF Core 获得所有和流感相关的文章，且文章的摘要须小于 100 个单词。其中，我们将使用正则表达式完成单词的统计：

```
Regex wordCounter = new Regex (@"\b(\w|[-'])+\b");

using var dbContext = new NutshellContext ();

var query = dbContext.MedicalArticles
  .Where (article => article.Topic == "influenza" &&
                     wordCounter.Matches (article.Abstract).Count < 100);
```

SQL Server 不支持正则表达式，因此 EF Core 将抛出一个异常，并提示无法将上述查询转换为 SQL 语句。为了解决这个问题，我们可以将查询分为两个部分，第一个部分通过 EF Core 查询获得所有和流感相关的文章，而第二个部分使用本地查询筛选摘要小于 100 个单词的文章：

```
Regex wordCounter = new Regex (@"\b(\w|[-'])+\b");

using var dbContext = new NutshellContext ();

IEnumerable<MedicalArticle> efQuery = dbContext.MedicalArticles
  .Where (article => article.Topic == "influenza");

IEnumerable<MedicalArticle> localQuery = efQuery
  .Where (article => wordCounter.Matches (article.Abstract).Count < 100);
```

由于 efQuery 的类型为 IEnumerable<MedicalArticle>，因此第二个查询会绑定到本地查询运算符上，从而保证了这个部分的筛选逻辑是在客户端运行的。

使用 AsEnumerable 运算符可以将两个查询合并为一个:

```
Regex wordCounter = new Regex (@"\b(\w|[-'])+\b");

using var dbContext = new NutshellContext ();

var query = dbContext.MedicalArticles
  .Where (article => article.Topic == "influenza")

  .AsEnumerable()
  .Where (article => wordCounter.Matches (article.Abstract).Count < 100);
```

除了 AsEnumerable 之外,我们还可以调用 ToArray 和 ToList 达到同样的效果。AsEnumerable 的优势在于,它不会立即触发查询的执行,也不会预先创建任何存储结构。

 将查询逻辑从数据库服务器移到客户端可能会降低查询的性能,特别是检索大量数据行时性能损失会更加严重。一种更高效的方式(同时也更加复杂)是使用 SQL CLR 集成功能从数据库端暴露一个函数来执行正则表达式的匹配工作。

我们将在第 10 章中再次展示混合使用解释型查询和本地查询的方法。

8.9 EF Core

本章与第 9 章将使用 EF Core 展示解释型查询的用法。在本节中,我们将介绍 EF Core 的一些关键特性。

8.9.1 EF Core 实体类型

EF Core 允许使用任何类来表示数据。而查询中的所有的列在该类中均有公共属性与其一一对应。

例如,以下实体类可用于查询或更新数据库中 *Customer* 表中的数据:

```
public class Customer
{
  public int ID { get; set; }
  public string Name { get; set; }
}
```

8.9.2 DbContext

在实体类定义完毕之后,接下来需要创建 DbContext 的派生类。这个类的实例就是和数据库交互的会话(session)对象。一般来说,新的 DbContext 类型会包括一个或者多个 DbSet<T> 属性,每一个属性和模型中的一种实体相对应:

```
public class NutshellContext : DbContext
{
```

```
    public DbSet<Customer> Customers { get; set; }
    ... properties for other tables ...

  }
```

DbContext 对象的作用是:

- 作为工厂创建查询中需要的 DbSet<> 对象。

- 追踪所有实体对象的更改,以便事后将更改写回(请参见 8.9.4 节)。

- 提供可重写的虚方法以便对数据库连接和模型进行配置。

8.9.2.1 配置连接

如需指定数据库提供器和连接字符串,则可重写 OnConfiguring 方法:

```
public class NutshellContext : DbContext
{
  ...
  protected override void OnConfiguring (DbContextOptionsBuilder
                                         optionsBuilder) =>
    optionsBuilder.UseSqlServer
      (@"Server=(local);Database=Nutshell;Trusted_Connection=True");
}
```

上述代码直接以字符串字面量的形式指定了连接字符串。在产品代码中,这个信息往往是从配置文件中(例如, *appsettings.json*)得到的。

UseSqlServer 是在 *Microsoft.EntityFramework.SqlServer Nuget* 包的程序集中定义的扩展方法。其他的数据库提供器也有相应的包进行支持,包括 Oracle、MySQL、PostgresSQL以及 SQLite。

 ASP.NET Core[译注1] 应用程序可以使用其中的依赖注入框架对 optionsBuilder 进行预配置。在大多数情况下,这可以避免统一重写 OnConfiguring 方法。为了令配置生效,需要在 DbContext 中定义如下构造器:

```
public NutshellContext (DbContextOptions<NutshellContext>
                        options)
  : base(options) { }
```

如果选择重写 OnConfiguring(有可能 DbContext 是在其他情形下使用的),也可以检查相应选项是否已经事先进行了配置:

```
protected override void OnConfiguring (
  DbContextOptionsBuilder optionsBuilder)
{
  if (!optionsBuilder.IsConfigured)
  {
    ...
  }
}
```

译注 1:原书为 ASP.NET 系笔误。

在 OnConfiguring 方法中还可以进行其他配置，例如，配置延迟加载特性（请参见 8.9.6 节）。

8.9.2.2 配置模型

默认情况下 EF Core 是基于约定的，即 EF Core 可以根据类型和属性的名称推断数据库模式。

如需更改默认行为，可以重写 OnModelCreating 方法，并调用 ModelBuilder 的扩展方法使用流式 API 进行配置。例如，以下代码显式地为 Customer 实体类指定了数据库表名：

```
protected override void OnModelCreating (ModelBuilder modelBuilder) =>
  modelBuilder.Entity<Customer>()
    .ToTable ("Customer");   // Table is called 'Customer'
```

如果不进行配置，则 EF Core 会将实体映射到"Customers"表而非"Customer"表上，因为在 DbContext 中 DbSet<Customer> 类型的属性的名称为 Customers：

```
public DbSet<Customer> Customers { get; set; }
```

 以下代码将所有的实体映射到和实体类型名称（一般情况下为单数）一致的表名上，而不是映射到 DbSet<T> 的属性名称上（一般情况下为复数）：

```
protected override void OnModelCreating (ModelBuilder
                                          modelBuilder)
{
  foreach (IMutableEntityType entityType in
            modelBuilder.Model.GetEntityTypes())
  {
    modelBuilder.Entity (entityType.Name)
      .ToTable (entityType.ClrType.Name);
  }
}
```

流式 API 提供了配置列的扩展语法。以下示例将使用两个常用的方法：

- HasColumnName 方法可以将属性映射到指定名称的列。

- IsRequired 方法表明该列不能为空。

```
protected override void OnModelCreating (ModelBuilder modelBuilder) =>
  modelBuilder.Entity<Customer> (entity =>
  {

    entity.ToTable ("Customer");
    entity.Property (e => e.Name)
        .HasColumnName ("Full Name") // Column name is 'Full Name'
        .IsRequired();               // Column is not nullable
  });
```

表 8-1 列出了一些最重要的流式 API 方法。

除了流式 API 之外，还可以通过向实体类和属性指定特性（数据注解）的方式对模型进行配置。该方式相比流式 API 显得不够灵活和强大，指定特性的方式必须在编译期完成，同时某些选项只能通过流式 API 进行配置。

表 8-1：流式 API 中的模型配置方法

方法	目的	范例

ToTable	为实体类指定数据库的表名	builder
		  .Entity<Customer>()
		  .ToTable("Customer");

HasColumnName	为属性指定列名	builder.Entity<Customer>()
		  .Property(c => c.Name)
		  .HasColumnName("Full Name");

HasKey	指定键（通常这个键是与默认约定不同的）	builder.Entity<Customer>() .HasKey(c => c.CustomerNr);

IsRequired	指定属性必须赋值（不能为 null）	builder.Entity<Customer>()
		  .Property(c => c.Name)
		  .IsRequired();

HasMaxLength	指定可变长度变量（通常是字符串）的最大长度值	builder.Entity<Customer>()
		  .Property(c => c.Name)
		  .HasMaxLength(60);

HasColumnType	指定列的数据库数据类型	builder.Entity<Purchase>()
		  .Property(p => p.Description)
		  .HasColumnType("varchar(80)");

Ignore	忽略类型	builder.Ignore<Products>();
Ignore	忽略类型中的属性	builder.Entity<Customer>() .Ignore(c => c.ChatName);

HasIndex	将一个或者多个属性指定为数据库中的索引	// Compound index:
		builder.Entity<Purchase>()
		  .HasIndex(p =>
		    new { p.Date, p.Price });
		
		// Unique index on one property
		builder
		  .Entity<MedicalArticle>()
		  .HasIndex(a => a.Topic)
		  .IsUnique();

HasOne	请参见 8.9.5 节	builder.Entity<Purchase>()
		  .HasOne(p => p.Customer)
		  .WithMany(c => c.Purchases);

LINQ

表 8-1: 流式 API 中的模型配置方法（续）

方法	目的	范例
HasMany	请参见 8.9.5 节	builder.Entity<Customer>() .HasMany(c => c.Purchases) .WithOne(p => p.Customer);

8.9.2.3 创建数据库

EF Core 支持代码先行模式，即 EF Core 通过用户定义的实体类型来创建数据库。要完成这个操作，只需调用 DbContext 实例中的方法：

```
dbContext.Database.EnsureCreated();
```

而更好的方式是使用 EF Core 中的数据迁移功能，它不但创建数据库，而且可以进行配置令 EF Core 自动地在实体类型变更时更新数据库模式。通过 Visual Studio 的 Package Manager Console 就可以开启数据迁移功能，并可以使用如下命令创建数据库：

```
Install-Package Microsoft.EntityFrameworkCore.Tools
Add-Migration InitialCreate
Update-Database
```

第一个命令将在 Visual Studio 中安装 EF Core 管理工具。第二个命令将创建一个特殊的代码迁移 C# 类，该类中包含创建数据库的指令。最后一个命令从工程中的应用程序配置文件中得到数据库连接字符串，并在数据库中执行这些指令。

8.9.2.4 使用 DbContext

在定义实体类型并派生 DbContext 之后，就可以创建 DbContext 对象并查询数据库了：

```
using var dbContext = new NutshellContext();
Console.WriteLine (dbContext.Customers.Count());
// Executes "SELECT COUNT(*) FROM [Customer] AS [c]"
```

DbContext 对象也可向数据库中写入数据。以下代码向 Customer 表中插入一行数据：

```
using var dbContext = new NutshellContext();
Customer cust = new Customer()
{
  Name = "Sara Wells"
};
dbContext.Customers.Add (cust);
dbContext.SaveChanges();     // Writes changes back to database
```

以下代码将查询刚刚插入的数据：

```
using var dbContext = new NutshellContext();
Customer cust = dbContext.Customers
  .Single (c => c.Name == "Sara Wells")
```

接下来的代码将更新客户的姓名，并将更改写回数据库：

```
cust.Name = "Dr. Sara Wells";
dbContext.SaveChanges();
```

 Single 运算符是按主键检索记录的理想方法。和 First 不同，如果结果中包含多于一条记录，则会抛出一个异常。

8.9.3 对象跟踪

DbContext 实例会跟踪所有实例化的实体，因此当重复请求表中的同一行时，它总会返回相同的实例。换句话说，一个上下文对象在它的生命周期内永远不会对表中的同一行（以主键进行区分）返回两个不同的实体对象。这种特性称为对象跟踪。

为了演示对象跟踪功能，假设 Customer 的 ID 和名字的字母排列顺序一致。则以下例子中的 a 和 b 引用的将是同一个对象：

```
using var dbContext = new NutshellContext ();

Customer a = dbContext.Customers.OrderBy (c => c.Name).First();
Customer b = dbContext.Customers.OrderBy (c => c.ID).First();
```

销毁 DbContext

虽然 DbContext 实现了 IDisposable 接口，但我们一般不需要销毁这些对象。虽然销毁上下文对象会强制销毁它们持有的数据库连接，但该操作并不必要，因为 EF Core 会在获得查询结果后自动关闭连接。

销毁一个上下文对象可能会因为延迟执行而出现问题，请考虑如下代码：

```
IQueryable<Customer> GetCustomers (string prefix)
{
  using (var dbContext = new NutshellContext ())
    return dbContext.Customers
                 .Where (c => c.Name.StartsWith (prefix));
}
...
foreach (Customer c in GetCustomers ("a"))
  Console.WriteLine (c.Name);
```

以上代码执行时会发生错误，因为 DbContext 在枚举查询时已经被销毁了。

但即使不销毁上下文对象，也需要注意以下问题：

*   这种方式寄希望于连接对象的 Close 方法来释放所有非托管资源。对于 SqlConnection 而言其行为的确如此。但是理论上，第三方连接仍然可以在调用 Close（而不是调用 Dispose）的时候保持连接的开启（这种做法违反了 IDbConnection.Close 的初衷）。

*   如果在查询中手动调用 GetEnumerator 方法（而不是使用 foreach 语句）却没

有将枚举器销毁或没有对序列进行消费，那么数据连接仍然会保持开启状态。此时销毁 DbContext 对象可以弥补这个问题。

- 有的开发者会认为只要对象实现了 IDisposable 接口，那么销毁它会使代码更简洁。

如果想显式销毁上下文对象以避免上述问题，我们必须将 DbContext 实例传递到 GetCustomer 方法中。在 ASP.NET Core MVC 中 context 实例可以由依赖注入框架提供。依赖注入框架将管理 context 对象的生命周期。context 对象将在一个工作单元（unit of work）开始（例如，HTTP 请求正在控制器中处理）时创建，并在工作单元结束时销毁。

EF Core 执行第二个查询的过程是什么样的呢？它首先查询数据库，并获得单一一行记录，接下来它使用这一行的主键查找上下文对象的实体缓存。如果找到匹配对象，则返回缓存中的对象而不会更新任何值。因此，若其他用户正巧在更新数据库中客户表的 Name 字段，则该字段的更新值会被当前的查询忽略。这不但有助于避免意外的副作用（Customer 可能已在其他地方使用），还有助于进行并发管理。如果我们更改了 Customer 对象上的属性，那么我们肯定不希望这些内容在调用 SaveChanges 之前被自动覆写。

 如需禁用对象跟踪功能，可在查询中级联调用 AsNoTracking 扩展方法，或在上下文对象上将 ChangeTracker.QueryTrackingBehavior 设置为 Query-TrackingBehavior.NoTracking。在数据只读情境下禁用跟踪是比较有效的，它可以改善性能并降低内存的消耗。

如果要从数据库中得到最新的数据，则要么实例化一个新的上下文对象，要么调用 Reload 方法：

```
dbContext.Entry (myCustomer).Reload();
```

而最佳实践是每一个工作单元使用一个全新的 DbContext，这样几乎不需要手动重新加载实体了。

8.9.4 更改跟踪

当更新从 DbContext 加载的实体的属性值时，EF Core 将识别这些改动并在调用 SaveChanges 方法时将改动更新到数据库中。为此，EF Core 在 DbContext 派生类加载实体时创建该实体状态的快照。调用 SaveChanges 方法时（或手动查询所做的更改时，接下来会介绍该部分内容）将对比当前状态与初始状态的差异。以下代码列举了 DbContext 中的对象所做的更改：

```
foreach (var e in dbContext.ChangeTracker.Entries())
{
  Console.WriteLine ($"{e.Entity.GetType().FullName} is {e.State}");
  foreach (var m in e.Members)
    Console.WriteLine (
      $"   {m.Metadata.Name}: '{m.CurrentValue}' modified: {m.IsModified}");
}
```

当调用 SaveChanges 时，EF Core 将使用 ChangeTracker 中的信息构建 SQL 语句，这些语句将更新数据库以匹配数据库中的更改对象，生成 insert 语句（添加新行）、update 语句（更新数据）以及 delete 语句（删除从 DbContext 派生类的对象图中移除的对象对应的行）。执行中会处理相应的 TransactionScope。如果没有指定 TransactionScope，则会将所有语句包裹在一个新的事务中。

如需优化更改跟踪，可以在实体上实现 INotifyPropertyChanged 接口或（可选的）INotifyPropertyChanging 接口。前者可以令 EF Core 避免执行原始状态对比而造成的开销，后者可以避免更新时重复保存原始值。在实现了上述接口之后，可以在配置模型时在 ModelBuilder 上调用 HasChangeTrackingStrategy 方法来激活更改跟踪的优化机制。

8.9.5 导航属性

导航属性可以达成以下目的：

- 无须手动书写 join 就可以查询关联表。

- 在插入、删除和更新相关行时无须显式更新外键。

例如，假定一个客户可以进行多笔支付，我们可以使用如下实体表示 *Customer* 和 *Purchase* 之间的一对多关系：

```
public class Customer
{
  public int ID { get; set; }
  public string Name { get; set; }

  // Child navigation property, which must be of type ICollection<T>:
  public virtual List<Purchase> Purchases {get;set;} = new List<Purchase>();
}

public class Purchase
{
  public int ID { get; set; }
  public DateTime Date { get; set; }
  public string Description { get; set; }
  public decimal Price { get; set; }
  public int CustomerID? { get; set; }      // Foreign key field

  public Customer Customer { get; set; }     // Parent navigation property
}
```

EF Core 可以从这些实体中推断出 CustomerID 是 Customer 表的外键，因为其名称"CustomerID"满足常见的名称约定。如果使用 EF Core 从实体创建数据库，则 Purchase.CustomerID 和 Customer.ID 之间将建立外键约束。

若 EF Core 无法推断其关系，则可以在 OnModelCreating 方法中显式配置：

```
modelBuilder.Entity<Purchase>()
  .HasOne (e => e.Customer)
  .WithMany (e => e.Purchases)
  .HasForeignKey (e => e.CustomerID);
```

在导航属性配置完成后，即可按照如下方式书写查询：

```
var customersWithPurchases = Customers.Where (c => c.Purchases.Any());
```

我们将在第 9 章详细介绍查询的书写方法。

8.9.5.1 在导航集合中添加、删除实体

在导航集合中添加新的实体对象时，EF Core 会自动在调用 SaveChanges 时添加外键数据：

```
Customer cust = dbContext.Customers.Single (c => c.ID == 1);

Purchase p1 = new Purchase { Description="Bike",  Price=500 };
Purchase p2 = new Purchase { Description="Tools", Price=100 };

cust.Purchases.Add (p1);
cust.Purchases.Add (p2);

dbContext.SaveChanges();
```

在上例中，EF Core 自动将每一笔新添加的支付的 CustomerID 列设置为 1，同时为每一笔支付生成 ID，并将其写入 Perchase.ID 中。

当从导航集合中移除实体并调用 SaveChanges 时，EF Core 会根据关系的配置和推断结果来清除外键字段的值或从数据库中删除相应的行。在上例中，由于 Purchase.CustomerID 是一个可空的整数（这样我们可以表示一笔没有客户参与或没有现金事务的支付），因此若要解除支付和客户的关系，则会清空其外键字段的值而不是将整行从数据库中删除。

8.9.5.2 加载导航属性

当 EF Core 生成实体对象时，默认情况下不会同时加载其中的导航属性：

```
using var dbContext = new NutshellContext();
var cust = dbContext.Customers.First();
Console.WriteLine (cust.Purchases.Count);    // Always 0
```

如需令 EF Core 预先加载导航属性，解决方案之一是使用 Include 扩展方法：

```
var cust = dbContext.Customers
  .Include (c => c.Purchases)
  .Where (c => c.ID == 2).First();
```

此外还可以使用投射的方式，这种方式在只需要使用部分实体索引时尤其适用，因为它可以减少数据的传输量：

```
var custInfo = dbContext.Customers
  .Where (c => c.ID == 2)
  .Select (c => new
    {
      Name = c.Name,
      Purchases = c.Purchases.Select (p => new { p.Description, p.Price })
    })
  .First();
```

上述两种技术均可将所需数据告知 EF Core，从而可以在一次数据库查询中完成数据获取工作。此外也可以手动令 EF Core 在需要时加载导航属性：

```
dbContext.Entry (cust).Collection (b => b.Purchases).Load();
// cust.Purchases is now populated.
```

这称作显式加载。和前面的例子不同，它会产生一次额外的数据库查询。

8.9.5.3 延迟加载

另一种加载导航属性的方式称作延迟加载。当使用延迟加载时，EF Core 将为每一个实体类生成对应的代理类型，截获访问未加载导航属性的请求并按需加载导航属性。正因为如此，延迟加载要求每个导航属性必须为虚，并且实体类必须可以继承（不能为封闭类）。同时，上下文对象不能在延迟加载发生之前销毁，因为这样才能执行附加的数据库查询。

在 DbContext 的派生类的 OnConfiguring 方法中可以启用延迟加载：

```
protected override void OnConfiguring (DbContextOptionsBuilder
                                        optionsBuilder)
{
  optionsBuilder
    .UseLazyLoadingProxies()
    ...
}
```

（以上操作需要添加 Microsoft.EntityFrameworkCore.Proxies NuGet 包的引用。）

延迟加载的缺点在于，EF Core 在每次访问未加载的导航属性时都必须向数据库发出额外的请求。如果要发出许多这样额外的请求，那么性能可能会受到影响。

使用延迟加载时，类的运行时类型将是从实体类派生的代理，例如：

```
using var dbContext = new NutshellContext();
var cust = dbContext.Customers.First();
Console.WriteLine (cust.GetType());
// Castle.Proxies.CustomerProxy
```

8.9.6 延迟执行

EF Core 和本地查询一样遵循延迟执行的方式，因此我们可以渐进式地构造查询。但如果 Select 表达式中出现子查询，那么 EF Core 的延迟查询语义就比较特殊了。

本地查询会在这种情况下使用双重延迟执行，因为从功能上，我们是在对一个查询序列进行投射。因此如果仅仅枚举外层序列而不枚举内层序列的话，子查询就不会执行。

EF Core 的外部主查询和子查询是同时执行的，因为这样可以避免大量的重复操作。

例如，以下查询在第一个 foreach 语句时会一次性执行完毕：

```
using var dbContext = new NutshellContext ();

var query = from c in dbContext.Customers
            select
               from p in c.Purchases
               select new { c.Name, p.Price };

foreach (var customerPurchaseResults in query)
  foreach (var namePrice in customerPurchaseResults)
    Console.WriteLine ($"{ namePrice.Name} spent { namePrice.Price}");
```

任何显式投射的导航属性都会在这一次查询中全部加载完成：

```
var query = from c in dbContext.Customers
            select new { c.Name, c.Purchases };

foreach (var row in query)
  foreach (Purchase p in row.Purchases)     // No extra round-tripping
    Console.WriteLine (row.Name + " spent " + p.Price);
```

但是如果我们枚举的导航属性没有进行预先加载或投射，就会应用延迟执行规则。在以下例子中，EF Core 会在每次循环中执行一次 Purchases 查询（假设已启用延迟加载）：

```
foreach (Customer c in dbContext.Customers.ToArray())
  foreach (Purchase p in c.Purchases)      // Another SQL round-trip
    Console.WriteLine (c.Name + " spent " + p.Price);
```

这种模型的优势在于我们可以根据客户端的判断逻辑有选择地执行内层循环：

```
foreach (Customer c in dbContext.Customers.ToArray())
  if (myWebService.HasBadCreditHistory (c.ID))
    foreach (Purchase p in c.Purchases)   // Another SQL round trip
      Console.WriteLine (c.Name + " spent " + p.Price);
```

 请注意上述两个查询中的 ToArray 方法。默认情况下，SQL Server 在当前查询仍在处理的过程中无法进行新的查询，因此需要调用 ToArray 来完全加载客户数据，以便接下来获得客户支付数据时可以进行额外的查询。当然，也可以在连接字符串中添加 ;MultipleActiveResultSets=True 来启用 SQL Server 的多激活结果集支持（Multiple Active Result Set，MARS）。请慎重启用 MARS，因为它有可能屏蔽交互式的数据库设计，而这种设计可以通过预先加载或投射数据的方式来改进。

（在 9.1.1.2 节中，我们将详细介绍 Select 子查询。）

8.10 构建查询表达式

本章到目前为止，每当需要动态组合查询时，我们都会根据要求以链接查询运算符的方式来实现。虽然这对大多数情况都很适用，但有时我们需要在一个合适的粒度上动态地将提供给查询运算符的 Lambda 表达式进行组合。

在本节中的所有例子中，我们都假定有如下的 Product 类：

```
public class Product
{
  public int ID { get; set; }
  public string Description { get; set; }
  public bool Discontinued { get; set; }
  public DateTime LastSale { get; set; }
}
```

8.10.1 委托与表达式树

之前我们介绍过：

* 本地查询使用 Enumerable 运算符，接受委托。

* 解释型查询使用 Queryable 运算符，接受表达式树。

我们可以通过对比 Enumerable 类和 Queryable 类的 Where 运算符的签名来验证上述规则：

```
public static IEnumerable<TSource> Where<TSource> (this
  IEnumerable<TSource> source, Func<TSource,bool> predicate)

public static IQueryable<TSource> Where<TSource> (this
  IQueryable<TSource> source, Expression<Func<TSource,bool>> predicate)
```

当将 Lambda 表达式嵌入到查询中时，无论是绑定到 Enumerable 类中的运算符还是 Queryable 类中的运算符，看起来都是相同的：

```
IEnumerable<Product> q1 = localProducts.Where (p => !p.Discontinued);
IQueryable<Product>  q2 = sqlProducts.Where   (p => !p.Discontinued);
```

当我们将 Lambda 表达式赋值给中间变量时，必须显式确定它是一个委托（例如，Func<>）还是一个表达式树（例如，Expression<Func<>>）。在下面的例子中，predicate1 和 predicate2 两个变量是无法互换的：

```
Func <Product, bool> predicate1 = p => !p.Discontinued;
```

```
IEnumerable<Product> q1 = localProducts.Where (predicate1);

Expression <Func <Product, bool>> predicate2 = p => !p.Discontinued;
IQueryable<Product> q2 = sqlProducts.Where (predicate2);
```

8.10.1.1 表达式树的编译

我们可以通过调用 Compile 方法将查询表达式转换为委托。可以利用这种转换来定义方法以返回可重用的表达式。例如，在下面的例子中我们在 Product 类中添加了一个静态方法，该方法判断产品是否在持续生产，并在过去 30 天内有销量。如果是，则返回 true：

```
public class Product
{
  public static Expression<Func<Product, bool>> IsSelling()
  {
    return p => !p.Discontinued && p.LastSale > DateTime.Now.AddDays (-30);
  }
}
```

上述方法既可用于解释型查询也可以用于本地查询：

```
void Test()
{
  var dbContext = new NutshellContext();
  Product[] localProducts = dbContext.Products.ToArray();

  IQueryable<Product> sqlQuery =
    dbContext.Products.Where (Product.IsSelling());

  IEnumerable<Product> localQuery =
    localProducts.Where (Product.IsSelling().Compile());
}
```

 .NET 并没有 API 反向执行上述转换，即从委托转换为表达式树。因此表达式树的适用范围更加广泛。

8.10.1.2 AsQueryable

AsQueryable 运算符让查询语句既可以在本地集合上执行也可以在远程序列上执行：

```
IQueryable<Product> FilterSortProducts (IQueryable<Product> input)
{
  return from p in input
         where ...
         orderby ...
         select p;
}

void Test()
{
```

```
        var dbContext = new NutshellContext();
        Product[] localProducts = dbContext.Products.ToArray();

        var sqlQuery   = FilterSortProducts (dbContext.Products);
        var localQuery = FilterSortProducts (localProducts.AsQueryable());
        ...
    }
```

AsQueryable 将一个本地序列包装为 IQueryable<T>，因此后续查询中的查询运算符将
解析为表达式树。在之后枚举结果集时，表达式树会被隐式编译（有微小的性能损失），
而本地序列的枚举则和之前的执行方式是一样的。

8.10.2 表达式树

前面我们提到过，从 Lambda 表达式隐式转换为 Expression<TDelegate> 时，C# 编译
器会生成代码构建表达式树。使用一些程序手段，我们可以手动在运行时执行相同的操
作，即动态从零开始构造表达式树。其结果可以转换为 Expression<TDelegate> 并用在
EF Core 查询中，或者我们可以调用 Compile 方法将表达式树编译为一个普通的委托。

表达式文档结构模型

表达式树是一个微型的代码 DOM（文档结构模型）。树中的每一个节点都代表了
System.Linq.Expression 命名空间下的一个类型。图 8-10 展示了这些类型。

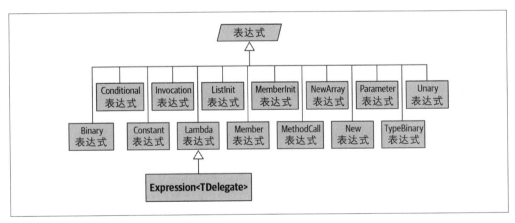

图 8-10：表达式类型

所有节点的基类都是（非泛型的）Expression 类。泛型的 Expression<TDelegate> 的实际
意义为"类型化的 Lambda 表达式"，其名字本应叫作 LambdaExpression<TDelegate>，但
是由于这种名字不很美观，因此使用了 Expression<TDelegate> 的写法：

```
        LambdaExpression<Func<Customer,bool>> f = ...
```

Expression<T> 的基类是（非泛型的）LambdaExpression 类。LambdaExpression 为 Lambda

表达式树提供了统一的类型，任何 Expression<T> 都可以转换为 LambdaExpression。

LambdaExpression 和普通 Expression 的区别是 Lambda 表达式拥有参数。

创建表达式树时不要直接实例化各个节点类型，而是调用 Expression 类型提供的静态方法。例如，Add、And、Call、Constant、LessThan 等。

图 8-11 展示了以下语句创建的表达式树：

```
Expression<Func<string, bool>> f = s => s.Length < 5;
```

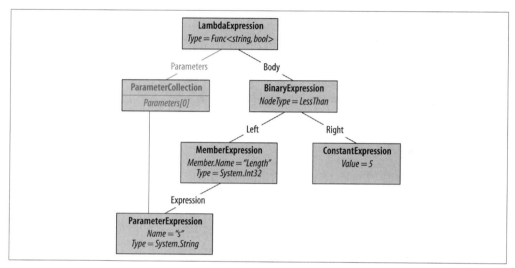

图 8-11：表达式树

我们可以用如下代码来展示表达式树的节点：

```
Console.WriteLine (f.Body.NodeType);                 // LessThan
Console.WriteLine (((BinaryExpression) f.Body).Right);  // 5
```

接下来我们将从零开始创建这个表达式。规则是沿表达式树自底向上依次创建。我们的表达式树中最下面的部分是 ParameterExpression，而 Lambda 表达式的参数为 s，其类型为 string：

```
ParameterExpression p = Expression.Parameter (typeof (string), "s");
```

下一步则是创建 MemberExpression 和 ConstantExpression。在前一个例子中，我们需要访问参数 s 的 Length 属性：

```
MemberExpression stringLength = Expression.Property (p, "Length");
ConstantExpression five = Expression.Constant (5);
```

接下来需要进行 LessThan 判断：

```
BinaryExpression comparison = Expression.LessThan (stringLength, five);
```

最后一步则是创建 Lambda 表达式。我们会将参数集合部分和 Body 部分连在一起：

```
Expression<Func<string, bool>> lambda
  = Expression.Lambda<Func<string, bool>> (comparison, p);
```

将 Lambda 表达式编译为委托是一种测试表达式正确性的简便方法：

```
Func<string, bool> runnable = lambda.Compile();

Console.WriteLine (runnable ("kangaroo"));           // False
Console.WriteLine (runnable ("dog"));                // True
```

 解析各个表达式类型的最简单方式是使用 Visual Studio 的调试器对已有的 Lambda 表达式进行检测。

关于该部分内容的后续讨论，请参见在线内容：*http://www.albahari.com/expressions*。

第 9 章

LINQ 运算符

本章将介绍各个 LINQ 运算符。本章内容可以作为参考资料备查，此外，在 9.1.1.2 节和 9.1.1.3 节中还介绍了以下概念：

- 投射对象的层次关系。

- 使用 Select、SelectMany、Join 和 GourpJoin 进行连接查询。

- 多个范围变量的查询表达式。

本章所有例子中的 names 数组的定义都是一致的：

```
string[] names = { "Tom", "Dick", "Harry", "Mary", "Jay" };
```

本章中数据库查询的例子所使用的 dbContext 为：

```
var dbContext = new NutshellContext();
```

NutshellContext 的定义如下：

```
public class NutshellContext : DbContext
{
  public DbSet<Customer> Customers { get; set; }
  public DbSet<Purchase> Purchases { get; set; }

  protected override void OnModelCreating(ModelBuilder modelBuilder)
  {
    modelBuilder.Entity<Customer>(entity =>
    {
      entity.ToTable("Customer");
      entity.Property(e => e.Name).IsRequired();  // Column is not nullable
    });
    modelBuilder.Entity<Purchase>(entity =>
    {
      entity.ToTable("Purchase");
      entity.Property(e => e.Date).IsRequired();
      entity.Property(e => e.Description).IsRequired();
    });
  }
```

```
  }

  public class Customer
  {
    public int ID { get; set; }
    public string Name { get; set; }

    public virtual List<Purchase> Purchases { get; set; }
      = new List<Purchase>();
  }

  public class Purchase
  {
    public int ID { get; set; }
    public int? CustomerID { get; set; }
    public DateTime Date { get; set; }
    public string Description { get; set; }
    public decimal Price { get; set; }

    public virtual Customer Customer { get; set; }
  }
```

 本章中的所有示例，以及匹配上述模式的示例数据库都已包含在 LINQPad 中。你可以从 *http://www.linqpad.net* 下载 LINQPad 软件。

上述代码对应的 SQL Server 数据表定义如下：。

```
CREATE TABLE Customer (
  ID int NOT NULL IDENTITY PRIMARY KEY,
  Name nvarchar(30) NOT NULL
)

CREATE TABLE Purchase (
  ID int NOT NULL IDENTITY PRIMARY KEY,
  CustomerID int NOT NULL REFERENCES Customer(ID),
  Date datetime NOT NULL,
  Description nvarchar(30) NOT NULL,
  Price decimal NOT NULL
)
```

9.1 概述

本节将概括介绍所有的标准查询运算符。标准查询运算符分为三类：

- 输入是序列，输出是序列（序列→序列）。

- 输入是集合，输出是单个元素或标量值。

- 没有输入，输出是序列（生成方法）。

我们先介绍上述分类方式，以及每种分类下的运算符。之后我们将详细介绍每个查询运算符。

9.1.1 序列→序列

大多数查询运算符都属于这一类，它们接收一个或者多个输入序列，并生成单一的输出序列。图 9-1 展示了那些重组序列形态的运算符。

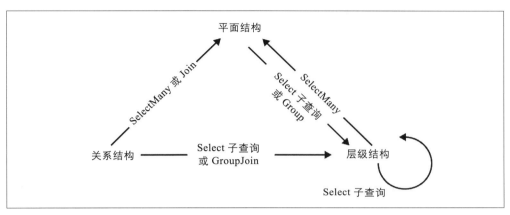

图 9-1：重组序列形态的运算符

9.1.1.1 筛选运算符

```
IEnumerable<TSource> →IEnumerable<TSource>
```

此类运算符返回原始序列的一个子集。

```
Where, Take, TakeLast, TakeWhile, Skip, SkipLast, SkipWhile,
Distinct, DistinctBy
```

9.1.1.2 投射运算符

```
IEnumerable<TSource>→IEnumerable<TResult>
```

这种运算符用 Lambda 函数将每一个元素转换为其他形式。其中 SelectMany 用于展平嵌套序列；而 EF Core 中的 Select 和 SelectMany 则用于执行内连接、左外连接、交叉连接和非相等的连接。

```
Select, SelectMany
```

9.1.1.3 连接运算符

```
IEnumerable<TOuter>, IEnumerable<TInner>→IEnumerable<TResult>
```

将两个序列中的元素连接在一起。Join 和 GroupJoin 运算符可以高效执行本地查询，并支持内连接和左外连接。Zip 运算符则将同时枚举两个序列，并对每一对元素进行操作。Zip 运算符的类型参数没有采用 TOuter 和 TInner 的命名，而是命名为 TFirst 和 TSecond。

```
IEnumerable<TFirst>, IEnumerable<TSecond>→IEnumerable<TResult>
```

```
Join, GroupJoin, Zip
```

9.1.1.4 排序运算符

```
IEnumerable<TSource>→IOrderedEnumerable<TSource>
```

返回一个排序后的序列：

```
OrderBy, OrderByDescending, ThenBy, ThenByDescending, Reverse
```

9.1.1.5 分组运算符

```
IEnumerable<TSource>→IEnumerable<IGrouping<TKey,TElement>>

IEnumerable<TSource>→IEnumerable<TElement[]>
```

将一个序列分组为若干子序列：

```
GroupBy, Chunk
```

9.1.1.6 集合运算符

```
IEnumerable<TSource>, IEnumerable<TSource>→IEnumerable<TSource>
```

该运算符接收两个相同类型的序列，并返回共有的元素序列、合并元素的序列或不同元素的序列：

```
Concat, Union, UnionBy, Intersect, IntersectBy, Except, ExceptBy
```

9.1.1.7 转换方法：导入

```
IEnumerable→IEnumerable<TResult>

    OfType, Cast
```

9.1.1.8 转换方法：导出

IEnumerable<TSource> →数组、列表、字典、查找或者序列

```
ToArray, ToList, ToDictionary, ToLookup, AsEnumerable, AsQueryable
```

9.1.2 序列→元素或值

以下查询运算符均接受一个输入序列，并返回单个元素或值。

9.1.2.1 元素运算符

```
IEnumerable<TSource>→TSource
```

从一个序列中取出一个特定的元素：

```
First, FirstOrDefault, Last, LastOrDefault, Single, SingleOrDefault,
ElementAt, ElementAtOrDefault, MinBy, MaxBy, DefaultIfEmpty
```

9.1.2.2 聚合方法

IEnumerable<TSource>→*scalar*

对集合中的元素进行计算，然后返回一个标量值（通常是数字）：

Aggregate, Average, Count, LongCount, Sum, Max, Min

9.1.2.3 量词运算符

IEnumerable<TSource>→*bool*

一种返回 true 或者 false 的聚合方法：

All, Any, Contains, SequenceEqual

9.1.3 void →序列

第三种查询运算符可以从零开始输出一个序列。

生成集合的方法

void→IEnumerable<TResult>

生成一个简单的集合，其方法有：

Empty, Range, Repeat

9.2 筛选

IEnumerable<TSource>→IEnumerable<TSource>

方法	描述	等价 SQL
Where	返回满足给定条件的元素集合	WHERE
Take	返回前 count 个元素，丢弃剩余的元素	WHERE ROW_NUMBER()... 或者 TOP n subquery
Skip	跳过前 count 个元素，返回剩余的元素	WHERE ROW_NUMBER()... 或者 NOT IN (SELECT TOP n...)
TakeLast	仅仅返回最后的 count 个元素	抛出异常
SkipLast	仅仅跳过最后的 count 个元素	抛出异常
TakeWhile	返回输入序列中的元素，直到谓词为 false	抛出异常
SkipWhile	持续忽略输入序列中的元素，直至谓词为 false。而后返回剩余元素	抛出异常
Distinct DistinctBy	返回一个没有重复元素的集合	SELECT DISTINCT...

上述表格中的"等价 SQL"并不一定指 IQueryable 实现（例如，EF Core）生成的 SQL 语句，而是在一般情况下我们处理类似问题所使用的 SQL 查询。这种转换并不简单，因此有些列是留空的。当无法转换时，则会抛出异常。

在接下来演示 Enumerable 的实现代码时，我们会忽略 null 参数检查的逻辑和索引谓词逻辑。

经过各种筛选方法之后，我们要么得到原始序列中的所有元素，要么得到了其中的一部分元素，但永远不可能得到比原始序列还多的元素。集合中的元素和输入时是一致的，不会被改变。

9.2.1 Where

参数	类型
源序列	IEnumerable<TSource>
谓词	TSource => bool 或者 (TSource, int) => bool[①]

① 方法无法在 EF Core 中使用。

9.2.1.1 查询语法

```
where bool-expression
```

9.2.1.2 Enumerable.Where 实现

去掉 null 参数检查逻辑后，Enumerable.Where 的内部实现功能上等价于如下代码：

```
public static IEnumerable<TSource> Where<TSource>
  (this IEnumerable<TSource> source, Func <TSource, bool> predicate)
{
  foreach (TSource element in source)
    if (predicate (element))
      yield return element;
}
```

9.2.1.3 概述

Where 返回输入序列中满足给定谓词的那些元素，例如：

```
string[] names = { "Tom", "Dick", "Harry", "Mary", "Jay" };
IEnumerable<string> query = names.Where (name => name.EndsWith ("y"));

// Harry
// Mary
// Jay
```

如果使用查询语法，则是：

```
IEnumerable<string> query = from n in names
                            where n.EndsWith ("y")
                            select n;
```

若配合使用 let、orderby 和 join 子句，则 where 子句可以在查询中出现多次：

```
from n in names
where n.Length > 3
let u = n.ToUpper()
where u.EndsWith ("Y")
select u;

// HARRY
// MARY
```

标准 C# 变量作用域规则也同样适用于上述查询。换句话说，在引用变量之前，必须用范围变量或 let 子语声明，否则不能使用。

9.2.1.4 索引筛选

Where 的谓词可以接受第二个可选的 int 类型参数。这个参数用于指定输入序列中每个元素的位置，并可以用于元素的筛选。例如，在下面的例子中，查询会跳过偶数位置上的元素：

```
IEnumerable<string> query = names.Where ((n, i) => i % 2 == 0);

// Tom
// Harry
// Jay
```

如果在 EF Core 中使用索引筛选，则会抛出一个异常。

9.2.1.5 EF Core 中的 SQL LIKE 比较

string 类型中的以下方法将在查询中转换为 SQL 的 LIKE 运算符：

```
Contains, StartsWith, EndsWith
```

例如，c.Name.Contains ("abc") 将会转换为 customer.Name LIKE '%abc%'（更准确地说是转换为一个参数化的版本）。Contains 方法仅可用于和局部表达式进行比较，如果需要和其他的列进行比较，则需要使用 EF.Functions.Like 方法：

```
... where EF.Functions.Like (c.Description, "%" + c.Name + "%")
```

EF.Functions.Like 也可以进行更复杂的比较操作（例如，LIKE 'abc%def%'）。

9.2.1.6 EF Core 中使用 < 和 > 进行字符串比较

string 的 CompareTo 方法可以用于字符串的顺序比较。该方法将映射为 SQL 中的 < 和 > 运算符：

```
dbContext.Purchases.Where (p => p.Description.CompareTo ("C") < 0)
```

9.2.1.7 EF Core 中的 WHERE x IN (…, …, …)

在 EF Core 中，可以在筛选谓词中使用 Contains 运算符来查询本地集合，例如：

```
string[] chosenOnes = { "Tom", "Jay" };

from c in dbContext.Customers
where chosenOnes.Contains (c.Name)
...
```

上述查询会映射为 SQL 的 IN 运算符，也就是：

```
WHERE customer.Name IN ("Tom", "Jay")
```

如果本地集合是一个实体数组或其他非标量类型的数组，则 EF Core 可能会生成 EXISTS 子句。

9.2.2 Take、TakeLast、Skip 和 SkipLast 运算符

参数	类型
源序列	IEnumerable<TSource>
保留或忽略的元素数目	int

Take 将返回序列中的前 n 个元素，并放弃其余元素，而 Skip 则是放弃前 n 个元素，并返回其余元素。如果一个网页中需要展示大量的匹配数据，则可以配合使用这两个方法。例如，假设在一个图书数据库中搜索包含 "mercury" 这个词的图书时返回了 100 个结果，则下面的操作可以取出前 20 个：

```
IQueryable<Book> query = dbContext.Books
  .Where  (b => b.Title.Contains ("mercury"))
  .OrderBy (b => b.Title)
  .Take (20);
```

而以下的查询将返回第 21 个到第 40 个结果：

```
IQueryable<Book> query = dbContext.Books
  .Where  (b => b.Title.Contains ("mercury"))
  .OrderBy (b => b.Title)
  .Skip (20).Take (20);
```

在 SQL Server 2005 中，EF Core 会将 Take 和 Skip 转换为 ROW_NUMBER 函数，而对于更早版本的 SQL Server 数据库，则会将其转换成 TOP 的 n 个子查询。

TakeLast 方法会取最后 n 个元素而 SkipLast 方法则跳过最后 n 个元素。

从 .NET 6 开始为 Take 方法添加了参数为 Range 类型的重载。这个重载可以直接涵盖所有四种方法的功能。例如，Take(5..) 和 Skip(5) 是等价的，而 Take(^..5) 和 SkipLast(5) 是等价的。

9.2.3 TakeWhile 和 SkipWhile

参数	类型
源序列	IEnumerable<TSource>
谓词	TSource => bool 或 (TSource, int) => bool

TakeWhile 运算符会枚举输入序列，并输出每一个元素，直至给定的谓词为 false，并忽略剩余的元素：

```
int[] numbers      = { 3, 5, 2, 234, 4, 1 };
var takeWhileSmall = numbers.TakeWhile (n => n < 100);   // { 3, 5, 2 }
```

SkipWhile 运算符会枚举输入序列，忽略每一个元素，直至给定的谓词为 false，并返回剩余的元素：

```
int[] numbers      = { 3, 5, 2, 234, 4, 1 };
var skipWhileSmall = numbers.SkipWhile (n => n < 100);   // { 234, 4, 1 }
```

TakeWhile 和 SkipWhile 没有对应的 SQL 语句，因此如果在 EF Core 查询中使用它们会抛出异常。

9.2.4 Distinct 和 DistinctBy

Distinct 运算符返回去除重复元素后的输入序列，并可以接受（可选的）自定义相等比较器。下面的例子返回去除重复字母的字符串：

```
char[] distinctLetters = "HelloWorld".Distinct().ToArray();
string s = new string (distinctLetters);                  // HeloWrd
```

由于 string 实现了 IEnumerable<char> 接口，因此我们可以直接调用 LINQ 方法。

.NET 6 引入的 DistinctBy 方法可以在进行相等比较之前指定键选择器，因此以下表达式的结果为 {1, 2, 3}：

```
new[] { 1.0, 1.1, 2.0, 2.1, 3.0, 3.1 }.DistinctBy (n => Math.Round (n, 0))
```

9.3 投射

IEnumerable<TSource> → IEnumerable<TResult>

方法	描述	等价 SQL 语句
Select	将输入中的每一个元素按照给定的 Lambda 表达式进行转换	SELECT
SelectMany	将输入的每一个元素按照 Lambda 表达式进行转换，并将嵌套的集合展平后连接在一起	INNER JOIN, LEFT OUTER JOIN, CROSS JOIN

Select 和 SelectMany 是数据库查询的最常用的连接方法，而对于本地查询来说，Join 和 GroupJoin 则是本地查询中最高效的连接方法。

9.3.1 Select

参数	类型
源序列	IEnumerable<TSource>
谓词	TSource => TResult 或者 (TSource, int) => TResult[①]

① 不适用于 EF Core。

9.3.1.1 查询语法

```
select projection-expression
```

9.3.1.2 Enumerable 类中的实现

```
public static IEnumerable<TResult> Select<TSource,TResult>
  (this IEnumerable<TSource> source, Func<TSource,TResult> selector)
{
  foreach (TSource element in source)
    yield return selector (element);
}
```

9.3.1.3 概述

Select 不会改变输入序列的元素数量。每一个元素则可以被 Lambda 函数转换为任意形式。

下面的例子将输出当前计算机上安装的所有字体的名字（需要导入 System.Drawing 命名空间）：

```
IEnumerable<string> query = from f in FontFamily.Families
                            select f.Name;

foreach (string name in query) Console.WriteLine (name);
```

在上述例子中，select 子句会将 FontFamily 对象转换为对应的名称。下面是等价的 Lambda 表达式的形式：

```
IEnumerable<string> query = FontFamily.Families.Select (f => f.Name);
```

Select 语句经常用于投射到匿名类型：

```
var query =
  from f in FontFamily.Families
  select new { f.Name, LineSpacing = f.GetLineSpacing (FontStyle.Bold) };
```

有时查询语法的投射中不会执行任何转换，而仅仅是为了满足查询必须以 select 和 group 结尾的语法要求。以下的查询给出了所有支持删除线的字体：

```
IEnumerable<FontFamily> query =
  from f in FontFamily.Families
  where f.IsStyleAvailable (FontStyle.Strikeout)
  select f;

foreach (FontFamily ff in query) Console.WriteLine (ff.Name);
```

此时，编译器在将其转换为流式查询时会忽略投射操作。

9.3.1.4 索引投射

selector 表达式还可以接受一个可选的整数参数。该参数是一个索引器，提供了每一个输入元素的位置。需要注意的是这种投射方式仅支持本地查询：

```
string[] names = { "Tom", "Dick", "Harry", "Mary", "Jay" };

IEnumerable<string> query = names
  .Select ((s,i) => i + "=" + s);       // { "0=Tom", "1=Dick", ... }
```

9.3.1.5 select 子查询和对象结构

在 select 子句中还可以包含子查询，这种查询可用于构建多层次的对象结构。下面的例子会返回一个集合，该集合会返回 Path.GetTempPath() 下的所有目录的描述，而每一个子集合则包含了相应目录下的文件：

```
string tempPath = Path.GetTempPath();
DirectoryInfo[] dirs = new DirectoryInfo (tempPath).GetDirectories();

var query =
  from d in dirs
  where (d.Attributes & FileAttributes.System) == 0
  select new
  {
    DirectoryName = d.FullName,
    Created = d.CreationTime,
    Files = from f in d.GetFiles()
            where (f.Attributes & FileAttributes.Hidden) == 0
            select new { FileName = f.Name, f.Length, }
  };

foreach (var dirFiles in query)
{
  Console.WriteLine ("Directory: " + dirFiles.DirectoryName);
  foreach (var file in dirFiles.Files)
    Console.WriteLine ("   " + file.FileName + " Len: " + file.Length);
}
```

上述查询的内部查询称为关联子查询。当子查询引用外部查询的对象时（在本例中，子查询引用了 d，即正在枚举的目录），该子查询就是关联的。

Select 内部的子查询可以将一个多层次对象映射为另一个层次化对象，或将一组关联的对象模型映射为一个层次化对象模型。

在本地查询中，Select 内部的子查询会导致双重延迟执行。在本例中，只有内部 foreach 语句开始枚举时，才会执行文件的筛选和投射操作。

9.3.1.6 EF Core 中的子查询和连接

EF Core 对子查询投射提供了良好的支持，子查询可用于实现 SQL 的连接功能。以下例子检索了每个客户的姓名及其大额购买记录：

```
var query =
  from c in dbContext.Customers
  select new {
              c.Name,
              Purchases = (from p in dbContext.Purchases
                           where p.CustomerID == c.ID && p.Price > 1000
                           select new { p.Description, p.Price })
                           .ToList()
             };

foreach (var namePurchases in query)
{
  Console.WriteLine ("Customer: " + namePurchases.Name);
   foreach (var purchaseDetail in namePurchases.Purchases)
     Console.WriteLine ("  - $$$: " + purchaseDetail.Price);
}
```

请注意子查询中的 ToList 调用。EF Core 3.0 无法在子查询引用 DbContext 的情况下从子查询结果中创建可查询对象，这个问题已经被 EF Core 团队记录在问题列表中，并有可能会在未来的版本发布中解决。

这种嵌套查询特别适合于解释型查询，其中的外部查询和子查询会作为一个整体进行处理，避免了不必要的重复执行。在本地查询中，由于需要枚举外部元素和内部元素的所有组合情况才能得到最终的匹配结果（且匹配数量很可能并不大），因此它的执行效率并不是很高。对于本地查询来说，更推荐使用 Join 和 GroupJoin，我们会在后续章节中介绍它们的用法。

该查询可以从两个不同的集合中取出符合条件的元素，因此它可以被看成一种"连接"操作。这与常见的数据库连接（或子查询）的不同之处在于查询输出没有展平为一个二维结果集。我们将关系数据映射成了一个层次化的数据，而非展平的数据。

使用 Customer 实体上的 Purchases 导航属性，我们可以将上述查询简化为：

```
from c in dbContext.Customers
```

```
select new
{
  c.Name,
  Purchases = from p in c.Purchases      // Purchases is List<Purchase>
              where p.Price > 1000
              select new { p.Description, p.Price }
};
```

（EF Core 3.0 不需要在针对导航属性的子查询上调用 ToList 方法。）

这两种查询都类似 SQL 中的左外连接，也就是不管客户有没有购买记录，所有的客户都会被查询出来。若想模拟内连接，即只返回那些大额购买的客户，而其他的客户不会包含在内，则我们需要在 Purchases 集合上添加一个筛选条件：

```
from c in dbContext.Customers
where c.Purchases.Any (p => p.Price > 1000)
select new {
             c.Name,
             Purchases = from p in c.Purchases
                         where p.Price > 1000
                         select new { p.Description, p.Price }
           };
```

上面的查询并不整洁，因为它使用了两次相同的谓词（Price > 1000）。我们可以使用 let 子句来避免重复：

```
from c in dbContext.Customers
let highValueP = from p in c.Purchases
                 where p.Price > 1000
                 select new { p.Description, p.Price }
where highValueP.Any()
select new { c.Name, Purchases = highValueP };
```

这种形式的查询就比较灵活了。例如，如果将 Any 替换为 Count，就可以查询出那些有两个以上大额购买记录的客户：

```
...
where highValueP.Count() >= 2
select new { c.Name, Purchases = highValueP };
```

9.3.1.7 将数据投射到具体的类型

在先前的示例中，我们在输出时往往采用匿名对象。如果能够直接使用对象初始化器初始化（普通）命名类就更好了。命名类型不但可以包含自定义逻辑，而且可以无须使用类型信息就可以在方法和程序集之间进行传递。

自定义的业务实体对象就是一个典型的例子。自定义的业务实体对象是用于隐藏底层数据库相关的细节的，具有一些属性的普通类型。例如，我们可以从业务实体类中移除外键字段。假设我们创建了自定义的实体类 CustomerEntity 和 PurchaseEntity，下面我们就演示一下如何将查询结果投射到这两个类中：

```
IQueryable<CustomerEntity> query =
  from c in dbContext.Customers
  select new CustomerEntity
  {
    Name = c.Name,
    Purchases =
      (from p in c.Purchases
       where p.Price > 1000
       select new PurchaseEntity {
                                   Description = p.Description,
                                   Value = p.Price
                                 }
      ).ToList()
  };

// Force query execution, converting output to a more convenient List:
List<CustomerEntity> result = query.ToList();
```

 当自定义业务实体类用于在程序层间或是在独立系统间传递数据时，通常称其为数据传输对象（Data Transfer Object，DTO）。DTO 是不包含业务逻辑的。

到目前为止，我们还没有使用 Join 或者 SelectMany 语句。这是因为我们一直在处理多层次结构的数据，如图 9-2 所示。在使用 LINQ 时，我们一般会避免使用传统 SQL 的方式将表展平转化为一个二维结果集。

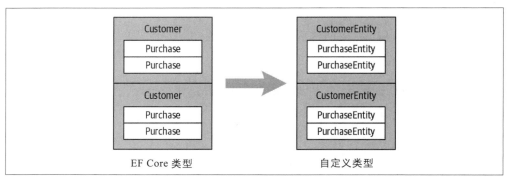

图 9-2：将结果投射为对象层次结构

9.3.2 SelectMany

参数	类型
源序列	IEnumerable<TSource>
结果选择器	TSource => IEnumerable<TResult> 或 (TSource, int) => IEnumerable<TResult>[1]

① 不适用于 EF Core。

9.3.2.1 查询语法

```
from identifier1 in enumerable-expression1
from identifier2 in enumerable-expression2
...
```

9.3.2.2 Enumerable 类中的实现

```
public static IEnumerable<TResult> SelectMany<TSource,TResult>
  (IEnumerable<TSource> source,
   Func <TSource,IEnumerable<TResult>> selector)
{
  foreach (TSource element in source)
    foreach (TResult subElement in selector (element))
      yield return subElement;
}
```

9.3.2.3 概述

SelectMany 可以将两个子序列连接成单一的展平的输出序列。

之前的 Select 对于每个输入元素只返回一个输出元素，而 SelectMany 返回 $0 \sim n$ 个输出元素。这 $0 \sim n$ 个元素必须由子序列或 Lambda 表达式输出的子序列提供。

SelectMany 可用于展开子序列，将嵌套的集合展平，以及连接两个集合并输出一个展平的输出序列。使用传送带模型理解即 SelectMany 将新的材料放在传送带上。使用 SelectMany 时，每一个输入元素都是生成新材料的触发器。新材料是由 selector Lambda 表达式生成的，且其类型必须是一个序列。换句话说，Lambda 表达式必须为每一个输入元素生成一个子序列。最终的结果是将每个输入元素对应的子序列连接起来的序列。

先举一个简单的例子，假设我们拥有如下的姓名数组：

```
string[] fullNames = { "Anne Williams", "John Fred Smith", "Sue Green" };
```

而我们希望将它转换为一个简单的展平的词汇集合：

```
"Anne", "Williams", "John", "Fred", "Smith", "Sue", Green"
```

SelectMany 可以实现这样的需求，因为在 SelectMany 中每一个输入元素会映射为不定个数的输出元素。我们要做的就是实现一个 selector 表达式将每一元素转换为一个子序列。本例中可以使用 string.Split 方法，它可以将一个字符串分割为单词，而将结果以数组的形式返回：

```
string testInputElement = "Anne Williams";
string[] childSequence  = testInputElement.Split();

// childSequence is { "Anne", "Williams" };
```

因此，我们的 SelectMany 查询及结果如下：

```
IEnumerable<string> query = fullNames.SelectMany (name => name.Split());

foreach (string name in query)
  Console.Write (name + "|");   // Anne|Williams|John|Fred|Smith|Sue|Green|
```

 如果我们在这里使用 Select 而不是 SelectMany，就会得到一个层次化的结果。以下代码将得到一个字符串数组序列，并需要使用嵌套的 foreach 进行枚举：

```
IEnumerable<string[]> query =
  fullNames.Select (name => name.Split());

foreach (string[] stringArray in query)
  foreach (string name in stringArray)
    Console.Write (name + "|");
```

SelectMany 的好处在于它可以得到一个展平的（而不是嵌套的）结果序列。

在查询语法中也可以使用 SelectMany，但需要使用附加的生成器，即查询中附加的 from 子句。查询语法中的 from 关键字有两个含义，在查询的开始，它声明了最初的输入序列和范围变量，而在查询的其他部分，则会转换为 SelectMany。以下用查询语法重新实现了之前需求：

```
IEnumerable<string> query =
  from fullName in fullNames
  from name in fullName.Split()        // Translates to SelectMany
  select name;
```

注意，附加的生成器会生成新的范围变量，即本例中的 name。但旧的范围变量仍然在作用域之内，因此我们可以在后续查询中继续访问这两个变量。

9.3.2.4 多范围变量

在之前的例子中，除非查询结束或出现 into 子句，否则 name 和 fullName 会仍然在停留在作用域之内。这种变量的作用域的扩展行为是查询语法的一个重要的功能，这是流式的语法所不具备的。

为了演示这一点，我们仍使用之前的查询为例，同时将 fullName 包含在最终的投射中：

```
IEnumerable<string> query =
  from fullName in fullNames
  from name in fullName.Split()
  select name + " came from " + fullName;
```

Anne came from Anne Williams
Williams came from Anne Williams
John came from John Fred Smith
...

为了能继续访问这两个变量，编译器必须在后台使用一些技巧。用流式语法重新编写这个查询有助于了解其中的细节。整个过程相当巧妙！如果在最后的投射之前又加入了

where 或 orderby 子句，改写就变得更复杂了：

```
from fullName in fullNames
from name in fullName.Split()
orderby fullName, name
select name + " came from " + fullName;
```

整个查询的问题在于 SelectMany 只会生成一个展平的子元素序列，本例中就是一个单词的集合。作为单词来源的外部元素（fullName）已经丢失。为了将外部元素和每一个子元素结合在一起，需要一个临时的匿名类型：

```
from fullName in fullNames
from x in fullName.Split().Select (name => new { name, fullName } )
orderby x.fullName, x.name
select x.name + " came from " + x.fullName;
```

上述查询唯一的变化在于将每一个子元素（name）和 fullName 一起包装在了一个匿名类型中。这和 let 子句的做法非常相似。最终的流式语法形式为：

```
IEnumerable<string> query = fullNames
  .SelectMany (fName => fName.Split()
                               .Select (name => new { name, fName } ))
  .OrderBy (x => x.fName)
  .ThenBy  (x => x.name)
  .Select  (x => x.name + " came from " + x.fName);
```

9.3.2.5 查询语法的思路

如前面的例子所示，查询语法非常适合需要多个范围变量的场景。因此除了使用查询语法之外，更重要的是了解其中的思想。

在查询中，编写附加生成器有两种基本模式。第一种模式是将子序列扩展并转换为展平的子序列。其做法是在附加生成器中调用现有范围变量的属性或方法。例如，在之前的例子中：

```
from fullName in fullNames
from name in fullName.Split()
```

对 fullName 的枚举扩展为对单词的枚举。这和在 EF Core 查询中扩展导航属性的操作非常相似。例如，以下查询列出了所有客户及其所有购买记录：

```
IEnumerable<string> query = from c in dbContext.Customers
                            from p in c.Purchases
                            select c.Name + " bought a " + p.Description;
```

```
Tom bought a Bike
Tom bought a Holiday
Dick bought a Phone
Harry bought a Car
...
```

上述查询将客户扩展成了购买信息的子序列。

第二种模式是执行笛卡儿积或交叉连接操作，在这种操作中，一个序列中的所有元素将和另外一个序列中的所有元素进行匹配。做法是编写一个新的生成器，并且它的 selector 表达式返回的序列和范围变量无关：

```
int[] numbers = { 1, 2, 3 };  string[] letters = { "a", "b" };

IEnumerable<string> query = from n in numbers
                            from l in letters
                            select n.ToString() + l;

// RESULT: { "1a", "1b", "2a", "2b", "3a", "3b" }
```

上述查询也是 SelectMany 连接的基本形式。

9.3.2.6 使用 SelectMany 进行连接查询

SelectMany 可以连接两个序列。我们可以用 SelectMany 进行交叉连接，而后再对结果进行筛选。例如，以下查询将参与游戏的人两两配对：

```
string[] players = { "Tom", "Jay", "Mary" };

IEnumerable<string> query = from name1 in players
                            from name2 in players
                            select name1 + " vs " + name2;

//RESULT: { "Tom vs Tom", "Tom vs Jay", "Tom vs Mary",
//          "Jay vs Tom", "Jay vs Jay", "Jay vs Mary",
//          "Mary vs Tom", "Mary vs Jay", "Mary vs Mary" }
```

这个查询执行的操作是："对于第一组的每一个参赛者，遍历第二组的每一个参赛者，从第一组选出一个队员和第二组中选出的队员进行比赛"。虽然我们得到了（交叉连接的）结果，但是我们还需要添加一个额外的筛选器才能使结果真正有效：

```
IEnumerable<string> query = from name1 in players
                            from name2 in players
                            where name1.CompareTo (name2) < 0
                            orderby name1, name2
                            select name1 + " vs " + name2;

//RESULT: { "Jay vs Mary", "Jay vs Tom", "Mary vs Tom" }
```

上述代码中的筛选谓词组成连接条件。由于上述连接条件中没有使用相等运算符，因此它也称为非相等连接。

9.3.2.7 在 EF Core 中使用 SelectMany

在 EF Core 中可以使用 SelectMany 实现交叉连接、非相等连接、内连接、左外连接。SelectMany 和 Select 类似，不仅可以处理预定义的关联，还可以处理其他关系。SelectMany 返回的是一个展平的结果集，与之相反，Select 返回的是一个层次化的结果集。

我们在前一节中介绍了 EF Core 交叉连接的内容。以下例子就使用了交叉连接以匹配所有的客户和购买记录：

```
var query = from c in dbContext.Customers
            from p in dbContext.Purchases
            select c.Name + " might have bought a " + p.Description;
```

实际应用中，我们仅希望匹配客户自己的购买记录。我们可以像标准 SQL 中的相等连接一样，添加一个 where 子句和连接谓词来实现这个需求：

```
var query = from c in dbContext.Customers
            from p in dbContext.Purchases
            where c.ID == p.CustomerID
            select c.Name + " bought a " + p.Description;
```

 上面的查询可以正确转换为相应的 SQL 语句。在下一节中，我们将演示如何将其扩展为外连接。如果使用 Join 运算符改写上述查询反而会降低扩展性，这是 LINQ 和标准 SQL 查询的不同之处。

如果实体类中定义了导航集合属性，那么可以通过扩展该子集合（而不是通过筛选交叉连接）来实现相同的查询效果：

```
from c in dbContext.Customers
from p in c.Purchases
select new { c.Name, p.Description };
```

上述查询的好处在于它不需要使用连接谓词，也就是我们不再需要从交叉连接的结果中筛选、扩展并展平数据了。

我们还可以在查询中继续添加 where 子句来添加新的筛选条件。例如，如果我们只希望得到姓名以 "T" 开头的客户，可以添加如下筛选条件：

```
from c in dbContext.Customers
where c.Name.StartsWith ("T")
from p in c.Purchases
select new { c.Name, p.Description };
```

在 EF Core 中，即使上述查询中的 where 子句向下移动一行也不会改变查询方式，它们将产生相同的 SQL 语句。但是，若是本地查询，这样做会降低查询效率。因此，在本地查询中，应当尽量先筛选后连接。

如有必要，还可以使用额外的 from 子句来引入新表。例如，如果每一笔购买记录还关联了多个购买的商品，那么我们仍然可以得到客户的购买记录，并且在每一个购买记录中包含购买商品的明细：

```
from c in dbContext.Customers
from p in c.Purchases
from pi in p.PurchaseItems
select new { c.Name, p.Description, pi.Detail };
```

每一个 from 子句都引入了一个新的子表。若通过导航属性从父表引入数据，则无须添加 from 子句，而是直接使用导航属性即可。例如，如果希望查询客户关联的销售员的姓名，则可以使用如下查询：

```
from c in dbContext.Customers
select new { Name = c.Name, SalesPerson = c.SalesPerson.Name };
```

此处无须使用 SelectMany，因为这个查询中并没有需要展平的子集。父表的导航属性返回的是单个元素。

9.3.2.8 使用 SelectMany 实现外连接

从前面的示例中不难发现，Select 运算符中的子查询会转换为一个左外连接：

```
from c in dbContext.Customers
select new {
            c.Name,
            Purchases = from p in c.Purchases
                        where p.Price > 1000
                        select new { p.Description, p.Price }
        };
```

在这个例子中，每一个外部元素（customer），不管是否拥有购买记录，都会被包含进来。但是假设现在我们需要使用 SelectMany 重写这个查询，以便得到展平的而不是层次化的数据集：

```
from c in dbContext.Customers
from p in c.Purchases
where p.Price > 1000
select new { c.Name, p.Description, p.Price };
```

展平查询的过程实际上是执行内连接的过程，只有那些高消费的客户才会被查询到。如果希望使用左外连接，同时展平结果集，则我们还需要在内部序列上添加 DefaultIfEmpty 查询运算符。该方法在输入集合中没有元素时，返回仅包含一个 null 元素的序列。以下是一个忽略了价格谓词的查询：

```
from c in dbContext.Customers
from p in c.Purchases.DefaultIfEmpty()
select new { c.Name, p.Description, Price = (decimal?) p.Price };
```

上述查询在 EF Core 中工作良好，它会取出所有的客户，即使没有任何购买记录也不会有问题。但是如果上述查询是一个本地查询，则会导致程序崩溃，因为当 p 为 null 时，p.Description 和 p.Price 会抛出 NullReferenceException。我们可以采用如下写法使查询能够在两种场景中正常工作：

```
from c in dbContext.Customers
from p in c.Purchases.DefaultIfEmpty()
select new {
            c.Name,
```

```
                  Descript = p == null ? null : p.Description,
                  Price = p == null ? (decimal?) null : p.Price
              };
```

现在，将价格筛选器重新加回。这里不能够直接使用 where 子句在上述查询中添加价格筛选器，因为它会在 DefaultIfEmpty 之后执行：

```
    from c in dbContext.Customers
    from p in c.Purchases.DefaultIfEmpty()
    where p.Price > 1000...
```

正确的方式是在 DefaultIfEmpty 运算符之前使用 where 子句与子查询：

```
    from c in dbContext.Customers
    from p in c.Purchases.Where (p => p.Price > 1000).DefaultIfEmpty()
    select new {
            c.Name,
            Descript = p == null ? null : p.Description,
            Price = p == null ? (decimal?) null : p.Price
          };
```

EF Core 会将上述查询转换为左外连接。以上方式是编写类似查询的一种有效模式。

 如果你习惯在 SQL 中使用外连接，那么可能更习惯在查询中使用和 SQL 类似的奇怪写法，而不是使用（实际上更简单的）Select 子查询。Select 子查询产生的层次化结果集不需要进行额外的 null 值处理，因此往往比外连接查询产生的结果集效果更好。

9.4 连接

方法	描述	等价的 SQL
Join	使用查找规则对两个集合的元素进行匹配，返回展平的结果集	INNER JOIN
GroupJoin	同上，但返回层次化的结果集	INNER JOIN, LEFT OUTER JOIN
Zip	同时依次枚举两个序列（像拉链一样），对每一对元素执行指定的函数	抛出异常

9.4.1 Join 和 GroupJoin

IEnumerable<TOuter>, IEnumerable<TInner>→IEnumerable<TResult>

9.4.1.1 Join 的参数

参数	类型
外部序列	IEnumerable<TOuter>
内部序列	IEnumerable<TInner>

参数	类型
外部键选择器	TOuter => TKey
内部键选择器	TInner => TKey
结果选择器	(TOuter,TInner) => TResult

9.4.1.2 GroupJoin 的参数

参数	类型
外部序列	IEnumerable<TOuter>
内部序列	IEnumerable<TInner>
外部键选择器	TOuter => TKey
内部键选择器	TInner => TKey
结果选择器	(TOuter,IEnumerable<TInner>) => TResult

9.4.1.3 查询语法

```
from outer-var in outer-enumerable
join inner-var in inner-enumerable on outer-key-expr equals inner-key-expr
[ into identifier ]
```

9.4.1.4 概述

Join 和 GroupJoin 将两个输入序列连接为一个输出序列。Join 生成展平的输出，而 GroupJoin 则生成层次化的输出。

Join 和 GroupJoin 提供了一种 Select 和 SelectMany 之外的查询途径。Join 和 GroupJoin 对本地内存集合的查询具有更高的执行效率，因为它们会将内部序列加载进键查找表中，以避免对内部序列进行重复枚举。其缺点在于它们仅仅提供了内连接和左外连接的等价表示，而对于交叉连接和非相等连接还需要使用 Select 或 SelectMany。因此对于 EF Core 的查询而言，Join 和 GroupJoin 相比于 Select 和 SelectMany 并不具备优势。

表 9-1 总结了几种连接方式的异同

表 9-1：连接策略

查询方式	结果形式	本地查询效率	支持内连接	支持左外连接	支持交叉连接	支持非相等连接
Select + SelectMany	非嵌套	低	是	是	是	是
Select + Select	嵌套	低	是	是	是	是
Join	非嵌套	高	是	—	—	—
GroupJoin	嵌套	高	是	是	—	—
GroupJoin + SelectMany	非嵌套	高	是	是	—	—

9.4.1.5 Join

Join 运算符执行内连接操作，返回展平的输出序列。

以下查询列出了所有的客户及其购买记录（没有使用导航属性）：

```
IQueryable<string> query =
  from c in dbContext.Customers
  join p in dbContext.Purchases on c.ID equals p.CustomerID
  select c.Name + " bought a " + p.Description;
```

其查询结果和 SelectMany 查询结果是一样的：

```
Tom bought a Bike
Tom bought a Holiday
Dick bought a Phone
Harry bought a Car
```

为了展示 Join 相比于 SelectMany 的优势，我们必须将上述查询转换为本地查询。在以下例子中，我们将所有的客户和购买记录复制到数组中，并对这些数组进行查询：

```
Customer[] customers = dbContext.Customers.ToArray();
Purchase[] purchases = dbContext.Purchases.ToArray();
var slowQuery = from c in customers
                from p in purchases where c.ID == p.CustomerID
                select c.Name + " bought a " + p.Description;

var fastQuery = from c in customers
                join p in purchases on c.ID equals p.CustomerID
                select c.Name + " bought a " + p.Description;
```

上述两个查询得到相同的结果，但是 Join 查询执行的速度明显优于 SelectMany。这是由于 Join 在 Enumerable 类中的实现会将内部集合（purchases）预加载到一个键查找表中。

Join 的查询语法可以总结为如下形式：

```
join inner-var in inner-sequence on outer-key-expr equals inner-key-expr
```

LINQ 中的 Join 运算符是有外部序列和内部序列之分的，它们的区别在于：

- 外部序列是输入序列，在本例中是 customers。

- 内部序列是新引入的集合，在本例中是 purchases。

Join 运算符执行内连接，这意味着没有购买记录的客户将不会包含在输出中。在内连接中，内部序列和外部序列能够互换顺序而结果不受影响：

```
from p in purchases                                      // p is now outer
join c in customers on p.CustomerID equals c.ID          // c is now inner
...
```

一个查询中可以使用多个 join 子句。例如，当每个购买记录还有一个或者多个子记录时，就可以将子记录也连接进来：

```
from c in customers
join p in purchases on c.ID equals p.CustomerID          // first join
join pi in purchaseItems on p.ID equals pi.PurchaseID    // second join
...
```

上述查询中，purchases 在第一个连接处是内部序列，而在第二个连接处是外部序列。实际上，使用嵌套的 foreach 语句也能够（低效地）获得相同的查询结果：

```
foreach (Customer c in customers)
  foreach (Purchase p in purchases)
    if (c.ID == p.CustomerID)
      foreach (PurchaseItem pi in purchaseItems)
        if (p.ID == pi.PurchaseID)
          Console.WriteLine (c.Name + "," + p.Price + "," + pi.Detail);
```

在查询语法中，这和 SelectMany 形式的查询一样，先前的 join 中的变量仍然会保持在作用域中，并且在 join 子句中间也可以插入 where 和 let 子句。

9.4.1.6 基于多个键的连接

我们可以通过匿名类型在一个查询中基于多个键进行连接查询：

```
from x in sequenceX
join y in sequenceY on new { K1 = x.Prop1, K2 = x.Prop2 }
                equals new { K1 = y.Prop3, K2 = y.Prop4 }
...
```

为了保证正确性，两个匿名类型必须在结构上完全一致。编译器会将其实现为相同的内部类型来确保连接键的兼容性。

9.4.1.7 连接操作在流式语法中的使用

以下是用查询语法编写的连接查询：

```
from c in customers
join p in purchases on c.ID equals p.CustomerID
select new { c.Name, p.Description, p.Price };
```

可以改写为如下的流式语法：

```
customers.Join (              // outer collection
    purchases,                // inner collection
    c => c.ID,                // outer key selector
    p => p.CustomerID,        // inner key selector
    (c, p) => new
      { c.Name, p.Description, p.Price }    // result selector
);
```

输出序列中的每一个元素最终都是由结果选择器表达式创建的。若希望在结果投射之前添加其他子句，例如 orderby：

```
from c in customers
join p in purchases on c.ID equals p.CustomerID
orderby p.Price
select c.Name + " bought a " + p.Description;
```

则在流式语法的结果选择器中就必须引入一个临时的匿名类型，来确保 c 和 p 在连接后仍然处于作用域范围之内。

```
customers.Join (                        // outer collection
    purchases,                          // inner collection
    c => c.ID,                          // outer key selector
    p => p.CustomerID,                  // inner key selector
    (c, p) => new { c, p } )            // result selector
  .OrderBy (x => x.p.Price)
  .Select (x => x.c.Name + " bought a " + x.p.Description);
```

可见，使用查询语法书写连接查询会显得更加简洁清晰。

9.4.1.8 GroupJoin

GroupJoin 和 Join 的作用相同，只是 Join 返回的是展平的结果，而 GroupJoin 则返回按外部元素分组的层次化结果，并且它也可以支持左外连接。EF Core 目前不支持 GroupJoin 运算。

GroupJoin 的查询语法和 Join 一致，但（Join 子句）后续需要和 into 关键字配合。

以下示例使用本地查询演示了它的基本用法：

```
Customer[] customers = dbContext.Customers.ToArray();
Purchase[] purchases = dbContext.Purchases.ToArray();

IEnumerable<IEnumerable<Purchase>> query =
  from c in customers
  join p in purchases on c.ID equals p.CustomerID
  into custPurchases
  select custPurchases;    // custPurchases is a sequence
```

 只有当 into 子句直接出现在 join 子句之后时才会转换为 GroupJoin。如果 into 子句出现在 select 或者 group 子句之后，则表示继续查询。虽然这两种使用方法都引入了新的范围变量，但是它们的意义是截然不同的。

上述查询的结果是序列的序列。我们可以使用以下方式对结果进行枚举：

```
foreach (IEnumerable<Purchase> purchaseSequence in query)
  foreach (Purchase p in purchaseSequence)
    Console.WriteLine (p.Description);
```

这种结果并不是很好，因为 purchaseSequence 没有引用客户信息。一般来说，我们会用如下方式进行查询：

```
from c in customers
```

```
join p in purchases on c.ID equals p.CustomerID
into custPurchases
select new { CustName = c.Name, custPurchases };
```

以下查询使用了 Select 子查询。它的结果和上例相同，但性能要逊色一些：

```
from c in customers
select new
{
  CustName = c.Name,
  custPurchases = purchases.Where (p => c.ID == p.CustomerID)
};
```

默认情况下，GroupJoin 和左外连接的功能是相同的。如果想执行内连接，即仅查询有购买记录的客户信息，则可以使用以下方式对 custPurchases 进行筛选：

```
from c in customers join p in purchases on c.ID equals p.CustomerID
into custPurchases
where custPurchases.Any()
select ...
```

组连接 into 后的子句操作的是内部子元素的子序列，而不是单个内部子元素。这意味着如果需要对单个购买记录进行筛选的话，则需要在连接之前调用 Where 运算符：

```
from c in customers
join p in purchases.Where (p2 => p2.Price > 1000)
  on c.ID equals p.CustomerID
into custPurchases ...
```

和 Join 一样，我们可以使用 GroupJoin 来构建 Lambda 查询。

9.4.1.9 展平外连接

GroupJoin 可以生成外连接，而 Join 可以得到展平的结果集。但如何既能够使用外连接又得到展平的结果集呢？解决方法是首先使用 GroupJoin，而后对每一个子序列调用 DefaultIfEmpty，最终在结果上使用 SelectMany 运算符：

```
from c in customers
join p in purchases on c.ID equals p.CustomerID into custPurchases
from cp in custPurchases.DefaultIfEmpty()
select new
{
  CustName = c.Name,
  Price = cp == null ? (decimal?) null : cp.Price
};
```

DefaultIfEmpty 将在购买记录子序列为空时返回一个只包含一个 null 值的序列。第二个 from 将被转换为 SelectMany。在这个查询中它会展平所有的购买记录的子序列，并将其连接为一个单一购买记录序列。

9.4.1.10 连接查找表

在 Enumerable 类中，Join 和 GroupJoin 方法分两步执行。首先它们将内部序列加载进查找表（lookup）中，然后对外部序列和查找表进行查询。

查找表是一个分组的序列，该序列可以直接用键对分组进行访问。还可以将其看作一个字典序列，字典可以在一个键下容纳多个元素（有时称之为多值字典）。查找表是只读的，它实现了如下接口：

```
public interface ILookup<TKey,TElement> :
  IEnumerable<IGrouping<TKey,TElement>>, IEnumerable
{
  int Count { get; }
  bool Contains (TKey key);
  IEnumerable<TElement> this [TKey key] { get; }
}
```

 连接运算符和其他运算符一样，也支持延迟执行语义。也就是说，直到对输出序列进行枚举时，才会构建整个查找表。

在处理本地集合时，既可以使用连接运算符来定义查找表，也可以手动创建和查询查找表。这样做有两个好处：

- 可以在多个查询中重复使用同一个查找表。

- 查询查找表是理解 Join 和 GroupJoin 的绝佳途径。

ToLookup 扩展方法会创建一个查找表。以下语句将所有的购买记录加载进查找表中，并使用 CustomerID 为键。

```
ILookup<int?,Purchase> purchLookup =
  purchases.ToLookup (p => p.CustomerID, p => p);
```

第一个参数指定键，而第二个参数定义了查找表中需要加载的对象值。

读取查找表和读取字典类似，只不过索引器返回的是一个匹配序列而不是一个匹配的元素。以下代码枚举了所有 ID 为 1 的客户的购买记录。

```
foreach (Purchase p in purchLookup [1])
  Console.WriteLine (p.Description);
```

使用查找表时，使用 SelectMany 或 Select 查询就可以拥有 Join 或 GroupJoin 的执行效率。在查找表上使用 Join 和 SelectMany 是等价的：

```
from c in customers
from p in purchLookup [c.ID]
select new { c.Name, p.Description, p.Price };

Tom Bike 500
Tom Holiday 2000
Dick Bike 600
Dick Phone 300
...
```

如果在上述查询中加入 DefaultIfEmpty，则会得到一个外连接：

```
from c in customers
from p in purchLookup [c.ID].DefaultIfEmpty()
 select new {
             c.Name,
             Descript = p == null ? null : p.Description,
             Price = p == null ? (decimal?) null : p.Price
           };
```

GroupJoin 的作用等价于在一个投射操作中读取查找表的内容：

```
from c in customers
select new {
             CustName = c.Name,
             CustPurchases = purchLookup [c.ID]
           };
```

9.4.1.11 Enumerable 类中连接的实现

以下是 Enumerable.Join 的最简单实现方式，代码中没有包含 null 的验证逻辑：

```
public static IEnumerable <TResult> Join
                              <TOuter,TInner,TKey,TResult> (
  this IEnumerable <TOuter>      outer,
  IEnumerable <TInner>           inner,
  Func <TOuter,TKey>             outerKeySelector,
  Func <TInner,TKey>             innerKeySelector,
  Func <TOuter,TInner,TResult>   resultSelector)
{
  ILookup <TKey, TInner> lookup = inner.ToLookup (innerKeySelector);
  return
    from outerItem in outer
    from innerItem in lookup [outerKeySelector (outerItem)]
    select resultSelector (outerItem, innerItem);
}
```

GroupJoin 的实现和 Join 类似，但是逻辑更简单：

```
public static IEnumerable <TResult> GroupJoin
                              <TOuter,TInner,TKey,TResult> (
  this IEnumerable <TOuter>      outer,
  IEnumerable <TInner>           inner,
  Func <TOuter,TKey>             outerKeySelector,
  Func <TInner,TKey>             innerKeySelector,
  Func <TOuter,IEnumerable<TInner>,TResult>  resultSelector)
{
  ILookup <TKey, TInner> lookup = inner.ToLookup (innerKeySelector);
  return
    from outerItem in outer
    select resultSelector
     (outerItem, lookup [outerKeySelector (outerItem)]);
}
```

9.4.2 Zip 运算符

```
IEnumerable<TFirst>, IEnumerable<TSecond>→IEnumerable<TResult>
```

Zip 运算符同时枚举两个集合中的元素（就像拉链一样），返回经过处理的元素对。例如，以下代码：

```
int[] numbers = { 3, 5, 7 };
string[] words = { "three", "five", "seven", "ignored" };
IEnumerable<string> zip = numbers.Zip (words, (n, w) => n + "=" + w);
```

将产生如下序列：

```
3=three
5=five
7=seven
```

两个输入序列中不配对的元素会被直接忽略。需要注意的是，EF Core 不支持 Zip 运算符。

9.5 排序

```
IEnumerable<TSource>→IOrderedEnumerable<TSource>
```

方法	描述	等价 SQL
OrderBy, ThenBy	将序列按升序排序	ORDER BY ...
OrderByDescending, ThenByDescending	将序列按降序排序	ORDER BY ... DESC
Reverse	将一个序列进行反转	抛出异常

排序运算符返回相同元素排序之后的序列。

OrderBy、OrderByDescending、ThenBy 和 ThenBy Descending

OrderBy 和 OrderByDescending 的参数

参数	类型
输入序列	IEnumerable<TSource>
键选择器	TSource => TKey

返回的类型为 IOrderedEnumerable<TSource>。

ThenBy 和 ThenByDescending 的参数

参数	类型
输入序列	IOrderedEnumerable<TSource>
键选择器	TSource => TKey

查询语法

```
orderby expression1 [descending] [, expression2 [descending] ... ]
```

概述

OrderBy 返回一个排序的输入序列，并使用 keySelector 表达式来进行比较。接下来的查询将生成一个姓名序列，并且该序列是按照字母表顺序进行排序的：

```
IEnumerable<string> query = names.OrderBy (s => s);
```

而以下查询则以每个名字的长度排序：

```
IEnumerable<string> query = names.OrderBy (s => s.Length);

// Result: { "Jay", "Tom", "Mary", "Dick", "Harry" };
```

排序键相同的元素（本例中为 Jay/Tom 和 Mary/Dick）的顺序是不确定的，因此我们添加了 ThenBy 运算符：

```
IEnumerable<string> query = names.OrderBy (s => s.Length).ThenBy (s => s);

// Result: { "Jay", "Tom", "Dick", "Mary", "Harry" };
```

ThenBy 运算符将排序键相同的元素进行再排序。你可以指定任意多个 ThenBy 运算符。例如，以下代码首先按照长度进行排序，然后按照第二个字符进行排序，最后按照第一个字符进行排序：

```
names.OrderBy (s => s.Length).ThenBy (s => s[1]).ThenBy (s => s[0]);
```

以上查询的等价查询语法为：

```
from s in names
orderby s.Length, s[1], s[0]
select s;
```

 以下的修改是不正确的，它实际上会先按照 s[1] 排序，而后按照 s.Length 进行排序（若在数据库查询中，则只按照 s[1] 排序而抛弃前一个排序方式）：

```
from s in names
orderby s.Length
orderby s[1]
...
```

LINQ 中还提供了 OrderByDescending 和 ThenByDescending 运算符，它们和先前的运算符一样，只不过和之前的顺序是相反的。以下的 EF Core 查询将购买记录按照价格降序进行排序，而对于价格相同的元素，按照字母表顺序进行排序：

```
dbContext.Purchases.OrderByDescending (p => p.Price)
                   .ThenBy (p => p.Description);
```

其查询语法如下：

```
from p in dbContext.Purchases
orderby p.Price descending, p.Description
select p;
```

比较器和排序规则

在本地查询中，键选择器对象会根据默认的 IComparable 实现中的算法对集合中的元素进行排序（请参见第 7 章）。如果希望使用其他的排序方式，可以提供一个 IComparer 对象来重写排序算法。以下例子执行了不区分大小写的排序：

```
names.OrderBy (n => n, StringComparer.CurrentCultureIgnoreCase);
```

查询语法和 EF Core 不支持自定义比较器。在查询数据库时，比较算法是由相关的列的排序规则（collation）配置决定的。如果排序规则是区分大小写的，而我们希望不区分大小写，则可以在键选择器中调用 ToUpper 方法：

```
from p in dbContext.Purchases
orderby p.Description.ToUpper()
select p;
```

IOrderedEnumerable 和 IOrderedQueryable

排序运算符的返回类型是一个特殊的 IEnumerable<T> 子类型。在 Enumerable 类中为 IOrderedEnumerable<TSource>，而在 Queryable 类中则为 IOrderedQueryable<TSource>。这些实现支持使用 ThenBy 运算符来进一步排序而不是替换先前的排序规则。

IOrderedEnumerable 和 IOrderedQueryable 实现并没有公开其他成员，因此它们就和普通序列一样。但实际上，在使用渐进的方式构造查询时能够看出，它们是两种不同的类型：

```
IOrderedEnumerable<string> query1 = names.OrderBy (s => s.Length);
IOrderedEnumerable<string> query2 = query1.ThenBy (s => s);
```

如果我们将 query1 声明为 IEnumerable<string>，则第二行是无法通过编译的，因为 ThenBy 需要一个 IOrderedEnumerable<string> 实现。我们可以在范围变量上使用隐式类型定义来避免这个问题：

```
var query1 = names.OrderBy (s => s.Length);
var query2 = query1.ThenBy (s => s);
```

隐式类型定义也有其本身的问题。例如，以下代码是无法通过编译的：

```
var query = names.OrderBy (s => s.Length);
query = query.Where (n => n.Length > 3);        // Compile-time error
```

编译器根据 OrderBy 的输出序列类型将 query 的类型推断为 IOrderedEnumerable<string>。但是，第二行的 Where 返回的却是一个普通的 IEnumerable<string>，而

这种类型无法对 query 赋值。在这种情况下，我们使用显式类型声明，或者在 OrderBy 之后调用 AsEnumerable()：

```
var query = names.OrderBy (s => s.Length).AsEnumerable();
query = query.Where (n => n.Length > 3);        // OK
```

如果是解释型查询，则需要用 AsQueryable 来替代 AsEnumerable。

9.6 分组

方法	描述	等价 SQL 语句
GroupBy	将一个序列分组为若干子序列	GROUP BY
Chunk	将一个序列分组为固定长度的若干数组	

9.6.1 GroupBy

IEnumerable<TSource>→IEnumerable<IGrouping<TKey,TElement>>

参数	类型
输入序列	IEnumerable<TSource>
键选择器	TSource => TKey
元素选择器（可选）	TSource => TElement
比较器（可选）	IEqualityComparer<TKey>

9.6.1.1 查询语法

group element-expression by key-expression

9.6.1.2 概述

GroupBy 可以对一个展平的输入序列进行分组。例如，以下代码将 *Path.GetTempPath()* 目录下的所有文件按照扩展名进行分组：

```
string[] files = Directory.GetFiles (Path.GetTempPath());

IEnumerable<IGrouping<string,string>> query =
  files.GroupBy (file => Path.GetExtension (file));
```

也可以使用隐式类型定义：

```
var query = files.GroupBy (file => Path.GetExtension (file));
```

其结果集可以用以下方式枚举：

```
foreach (IGrouping<string,string> grouping in query)
{
```

```
      Console.WriteLine ("Extension: " + grouping.Key);
      foreach (string filename in grouping)
        Console.WriteLine ("   - " + filename);
   }

   Extension: .pdf
     -- chapter03.pdf
     -- chapter04.pdf
   Extension: .doc
     -- todo.doc
     -- menu.doc
     -- Copy of menu.doc
   ...
```

Enumerable.GroupBy 方法在内部创建了一个临时的列表字典，将所有键相同的元素存储到相同的子列表中。而后返回一个分组序列，而每个分组都是由一个序列及相应的键（Key 属性）组成的：

```
public interface IGrouping <TKey,TElement> : IEnumerable<TElement>,
                                             IEnumerable
{
   TKey Key { get; }     // Key applies to the subsequence as a whole
}
```

默认情况下，每个分组中的元素就是未处理的原始输入元素，但也可以通过指定 elementSelector 参数来对输入元素进行处理。例如，以下代码将每一个输入元素转换成了大写的形式：

```
files.GroupBy (file => Path.GetExtension (file), file => file.ToUpper());
```

elementSelector 独立于 keySelector，因此在上述例子中，这意味着每一个组的键仍然保持着原本的大小写状态：

```
Extension: .pdf
  -- CHAPTER03.PDF
  -- CHAPTER04.PDF
Extension: .doc
  -- TODO.DOC
```

需要注意的是，子集合并没有按照键的字母顺序排序。GroupBy 只会进行分组而不会进行排序。事实上，它会保持原始的顺序。我们可以添加 OrderBy 运算符进行排序：

```
files.GroupBy (file => Path.GetExtension (file), file => file.ToUpper())
     .OrderBy (grouping => grouping.Key);
```

GroupBy 可以直接转换为查询语法：

```
group element-expr by key-expr
```

以下用查询语法重写了上述例子：

```
from file in files
group file.ToUpper() by Path.GetExtension (file);
```

和 select 一样，group 可以"结束"一个查询。如果要继续查询，则需要添加继续查询的子句：

```
from file in files
group file.ToUpper() by Path.GetExtension (file) into grouping
orderby grouping.Key
select grouping;
```

在 group by 查询中往往会继续查询。例如，以下查询将忽略小于 5 个文件的组：

```
from file in files
group file.ToUpper() by Path.GetExtension (file) into grouping
where grouping.Count() >= 5
select grouping;
```

 group by 子句后跟 where 相当于 SQL 中的 HAVING。它会影响整个集合或每一个子序列，而不是单个的元素。

有时我们只关心每一个分组的聚合结果，以筛除不需要的子序列：

```
string[] votes = { "Dogs", "Cats", "Cats", "Dogs", "Dogs" };

IEnumerable<string> query = from vote in votes
                            group vote by vote into g
                            orderby g.Count() descending
                            select g.Key;

string winner = query.First();    // Dogs
```

9.6.1.3 在 EF Core 中使用 GroupBy

分组操作同样适用于数据库查询。但如果定义了导航属性，则分组操作并不像 SQL 中那样常见。例如，当我们想要找到购买记录超过两条的客户时，就不需要使用 group，如下所示：

```
from c in dbContext.Customers
where c.Purchases.Count >= 2
select c.Name + " has made " + c.Purchases.Count + " purchases";
```

又例如，可以使用分组操作来统计一年的销售总额：

```
from p in dbContext.Purchases
group p.Price by p.Date.Year into salesByYear
select new {
            Year       = salesByYear.Key,
            TotalValue = salesByYear.Sum()
          };
```

LINQ 的分组比 SQL 的 GroupBy 功能更强，因为它不需要任何聚合就可以得到所有的行：

```
from p in dbContext.Purchases
group p by p.Date.Year
Date.Year
```

但是，上述查询在 EF Core 中是无法工作的。一种简单的解决办法是在分组前调用 .AsEnumerable()，让分组操作在客户端执行。只要分组前经过了筛选，客户端就只会从服务器加载筛选过的数据，从而不会对性能产生太大的影响。

和传统 SQL 相比，其另一个不同点是它不需要对分组和排序的变量或表达式进行投射。

9.6.1.4 根据多个键进行分组

可以使用匿名类型对复合键进行分组：

```
from n in names
group n by new { FirstLetter = n[0], Length = n.Length };
```

9.6.1.5 自定义相等比较器

在本地查询中，可以在 GroupBy 中传递自定义相等比较器，这样就可以更改键的比较算法了。但这种方式并不常见，因为大多数情况下更改键选择器表达式就足够了。例如，以下代码会创建一个不区分大小写的分组：

```
group n by n.ToUpper()
```

9.6.2 Chunk

```
IEnumerable<TSource>→IEnumerable<TElement[]>
```

参数	类型
输入序列	IEnumerable<TSource>
数组长度	int

Chunk 是 .NET 6 引入的运算符，它将序列分组为一系列的指定长度（如果元素数目不够则小于指定长度）的 "块"：

```
foreach (int[] chunk in new[] { 1, 2, 3, 4, 5, 6, 7, 8 }.Chunk (3))
  Console.WriteLine (string.Join (", ", chunk));
```

其输出为：

```
1, 2, 3
4, 5, 6
7, 8
```

9.7 集合运算符

```
IEnumerable<TSource>, IEnumerable<TSource>→IEnumerable<TSource>
```

方法	描述	等价 SQL 语句
Concat	返回两个序列的拼接序列	UNION ALL
Union, UnionBy	返回两个序列的拼接序列并去除重复元素	UNION
Intersect, IntersectBy	返回两个序列中的公共元素	WHERE...IN(...)
Except, ExceptBy	返回第一个序列中没有在第二个序列中出现的元素	EXCEPT 或者 WHERE...NOT IN(...)

9.7.1 Concat、Union 和 UnionBy

Concat 返回第一个序列的所有元素，然后再将第二个集合的元素紧跟在第一个结果集的后面。Union 和 Concat 一样，但是会去掉重复元素：

```
int[] seq1 = { 1, 2, 3 }, seq2 = { 3, 4, 5 };

IEnumerable<int>
  concat = seq1.Concat (seq2),    // { 1, 2, 3, 3, 4, 5 }
  union  = seq1.Union  (seq2);    // { 1, 2, 3, 4, 5 }
```

对两个拥有共同基类型的不同类型序列进行合并时，需要显式指定类型参数。例如，反射 API（请参见第 18 章）的方法和属性的类型分别为 MethodInfo 和 PropertyInfo 类。它们的基类型都是 MemberInfo。因此我们可以将方法和属性序列通过 Concat 连接，并显式指定基类型：

```
MethodInfo[] methods = typeof (string).GetMethods();
PropertyInfo[] props = typeof (string).GetProperties();
IEnumerable<MemberInfo> both = methods.Concat<MemberInfo> (props);
```

以下例子在合并之前进行了筛选：

```
var methods = typeof (string).GetMethods().Where (m => !m.IsSpecialName);
var props = typeof (string).GetProperties();
var both = methods.Concat<MemberInfo> (props);
```

上面的代码依赖于接口类型参数的可变性：methods 是 IEnumerable<MethodInfo> 类型，需要协变才能转换为 IEnumerable<MemberInfo>。这种转换正是对可变性效果的良好证明。

.NET 6 引入的 UnionBy 可以指定 keySelector 来判断元素的重复性。以下示例将执行一个忽略大小写的合并操作：

```
string[] seq1 = { "A", "b", "C" };
string[] seq2 = { "a", "B", "c" };
var union = seq1.UnionBy (seq2, x => x.ToUpperInvariant());
// union is { "A", "b", "C" }
```

上述示例的结果也可以指定相等比较器用 Union 来实现：

```
var union = seq1.Union (seq2, StringComparer.InvariantCultureIgnoreCase);
```

9.7.2 Intersect、IntersectBy、Except 和 ExceptBy

Intersect 返回两个序列中的共同元素，而 Except 则返回存在于第一个序列却不存在于
第二个序列中的元素：

```
int[] seq1 = { 1, 2, 3 }, seq2 = { 3, 4, 5 };

IEnumerable<int>
  commonality = seq1.Intersect (seq2),     // { 3 }
  difference1 = seq1.Except    (seq2),     // { 1, 2 }
  difference2 = seq2.Except    (seq1);     // { 4, 5 }
```

Enumerable.Except 内部将第一个序列的所有元素加载进一个字典中，并移除字典中所
有在第二个序列中出现的元素。等价的 SQL 语句为 NOT EXISTS 或 NOT IN 子查询：

```
SELECT number FROM numbers1Table
WHERE number NOT IN (SELECT number FROM numbers2Table)
```

.NET 6 引入的 IntersectBy 和 ExceptBy 方法可以在执行相等比较前先使用指定的键选
择器确定需要比较的对象（请参见上一节中关于 UnionBy 的讨论）。

9.8 转换方法

LINQ 主要用于处理序列，换句话说，就是实现了 IEnumerable<T> 接口的集合。转换方
法就是将序列转换为其他集合类型，或从其他集合类型转换为序列。

方法	描述
OfType	将 IEnumerable 转换为 IEnumerable<T>，如果转换过程中有错误类型的元素，则丢弃该元素
Cast	将 IEnumerable 转换为 IEnumerable<T>，如果转换过程中有错误类型的元素，则抛出异常
ToArray	将 IEnumerable<T> 转换为 T[]
ToList	将 IEnumerable<T> 转换为 List<T>
ToDictionary	将 IEnumerable<T> 转换为 Dictionary<TKey, TValue>
ToLookup	将 IEnumerable<T> 转换为 ILookup<TKey, TElement>
AsEnumerable	将集合类型转换为 IEnumerable<T>
AsQueryable	将集合类型转换或转化为 IQueryable<T>

9.8.1 OfType 和 Cast

OfType 和 Cast 接受非泛型的 IEnumerable 集合并生成泛型的 IEnumerable<T> 序列，
进而执行后续的子查询。

```
ArrayList classicList = new ArrayList();        // in System.Collections
classicList.AddRange ( new int[] { 3, 4, 5 } );
IEnumerable<int> sequence1 = classicList.Cast<int>();
```

Cast 和 OfType 的不同在于它们对不兼容类型输入元素的处理方式。Cast 会抛出异常，
而 OfType 会忽略不兼容的元素，继续处理后续元素：

```
DateTime offender = DateTime.Now;
classicList.Add (offender);
IEnumerable<int>
  sequence2 = classicList.OfType<int>(), // OK - ignores offending DateTime
  sequence3 = classicList.Cast<int>();    // Throws exception
```

元素兼容的规则严格遵循 C# 的 is 运算符的规则，并且仅仅允许引用转换或拆箱转换。
这点我们可以从 OfType 的内部实现了解到：

```
public static IEnumerable<TSource> OfType <TSource> (IEnumerable source)
{
  foreach (object element in source)
    if (element is TSource)
      yield return (TSource)element;
}
```

Cast 的内部实现和上述实现基本一致，只是它会忽略类型兼容性检测：

```
public static IEnumerable<TSource> Cast <TSource> (IEnumerable source)
{
  foreach (object element in source)
    yield return (TSource)element;
}
```

这种实现的局限性在于无法使用 Cast 来执行数值或自定义的转换（对于这些转换，可以
使用 Select 操作）。换句话说，Cast 并不如 C# 的类型转换运算符灵活。

```
int i = 3;
long l = i;         // Implicit numeric conversion int->long
int i2 = (int) l;   // Explicit numeric conversion long->int
```

接下来我们可以尝试用 OfType 或者 Cast 将 int 序列转换为 long 序列，从中可以看出
上述局限性：

```
int[] integers = { 1, 2, 3 };

IEnumerable<long> test1 = integers.OfType<long>();
IEnumerable<long> test2 = integers.Cast<long>();
```

当枚举开始时，test1 会生成零个元素，而 test2 则会抛出异常。其原因很容易从
OfType 的实现中得出。在代入 TSource 之后，我们会得到以下表达式：

```
(element is long)
```

而该表达式对于 int 类型会返回 false，因为它们并不在一个继承关系中。

在枚举 test2 时为什么会抛出异常呢？请注意在 Cast 的实现中，element 的类型是 object。当 TSource 是值类型时，CLR 就认为这是一个拆箱转换。于是生成的方法正好重现了 3.3.1 节示例中的情形：

```
int value = 123;
object element = value;
long result = (long) element;  // exception
```

由于 element 变量是 object 类型，因此执行了 object 到 long 的拆箱转换，而不是 int 到 long 的数值转换。拆箱转换要求类型严格一致，因此对 int 类型的 object 到 long 的拆箱转换失败了。

我们建议在这种情况下可以使用普通的 Select 语句解决问题：

```
IEnumerable<long> castLong = integers.Select (s => (long) s);
```

OfType 和 Cast 还可以对泛型输入序列中的元素执行向下转换。例如，假设输入序列类型为 IEnumerable<Fruit>，则 OfType<Apple> 只会返回所有的苹果。这种查询在 LINQ to XML（参见第 10 章）中尤其有用。

Cast 也支持查询语法。只需用特定类型定义一个范围变量即可：

```
from TreeNode node in myTreeView.Nodes
...
```

9.8.2 ToArray、ToList、ToDictionary、ToHashSet 和 ToLookup

ToArray、ToList 和 ToHashSet 方法分别将结果放入数组、List<T> 或 HashSet<T> 中。这些运算符在执行时会强制立即对输入序列执行枚举操作。例如，8.4 节中的例子。

ToDictionary 和 ToLookup 方法都需要如下参数：

参数	类型
输入序列	IEnumerable<TSource>
键选择器	TSource => TKey
元素选择器（可选）	TSource => TElement
比较器（可选）	IEqualityComparer<TKey>

ToDictionary 方法也会强制立即执行序列的查询，并将结果输出到一个泛型 Dictionary 中。keySelector 表达式必须将输入序列中的每一个元素映射为唯一的值，否则就会抛出异常。相反，ToLookup 则允许多个元素生成相同的键，请参见 9.4.1.10 节。

9.8.3 AsEnumerable 和 AsQueryable

AsEnumerable 将序列向上转换为 IEnumerable<T>，强制编译器将子序列的查询运算符绑定到 Enumerable 类（而非 Queryable 类）上。相关示例请参见 8.8.2 节。

若序列实现了 IQueryable<T> 接口，则 AsQueryable 会将该序列向下转换为该接口；否则会将本地查询包装为新 IQueryable<T> 实例。

9.9 元素运算符

IEnumerable<TSource>→ TSource

方法	描述	等价 SQL
First、FirstOrDefault	返回序列中的第一个元素，可添加可选的谓词	SELECT TOP 1... ORDER BY...
Last、LastOrDefault	返回序列中的最后一个元素，可添加可选的谓词	SELECT TOP 1... ORDER BY...DESC
Single、SingleOrDefault	和 First/FirstOrDefault 几乎等价，但是在多于一个匹配时抛出异常	
ElementAt、ElementAtOrDefault	返回特定位置的元素	抛出异常
MinBy、MaxBy	返回拥有最小或者最大值的元素	抛出异常
DefaultIfEmpty	当序列没有任何元素时，返回一个单元素序列，且元素值为 default (TSource)	OUTER JOIN

以 OrDefault 结尾的方法会在输入序列为空序列，或在谓词没有任何匹配元素时返回 default(TSource) 而不是抛出异常。

default(TSource) 对于引用类型元素为 null，对于 bool 类型为 false，而对于数值类型为零。

9.9.1 First、Last 和 Single

参数	类型
输入集合	IEnumerable<TSource>
谓词（可选）	TSource => bool

以下示例演示了 First 和 Last 的用法：

```
int[] numbers  = { 1, 2, 3, 4, 5 };
int first      = numbers.First();              // 1
```

```
int last        = numbers.Last();                    // 5
int firstEven   = numbers.First  (n => n % 2 == 0);  // 2
int lastEven    = numbers.Last   (n => n % 2 == 0);  // 4
```

下面的例子演示了 First 和 FirstOrDefault 的不同：

```
int firstBigError  = numbers.First          (n => n > 10);   // Exception
int firstBigNumber = numbers.FirstOrDefault (n => n > 10);   // 0
```

为了避免出现异常，使用 Single 运算符时，必须保证集合中有且仅有一个匹配元素，而 SingleOrDefault 则允许集合中有一个或者零个匹配元素，如下所示：

```
int onlyDivBy3 = numbers.Single (n => n % 3 == 0);   // 3
int divBy2Err  = numbers.Single (n => n % 2 == 0);   // Error: 2 & 4 match

int singleError = numbers.Single          (n => n > 10);      // Error
int noMatches   = numbers.SingleOrDefault (n => n > 10);      // 0
int divBy2Error = numbers.SingleOrDefault (n => n % 2 == 0);  // Error
```

Single 是所有元素运算符中要求最高的运算符，FirstOrDefault 和 LastOrDefault 则是容忍度最高的运算符。

在 EF Core 中，Single 运算符通常用在使用主键从数据库中检索一行数据的场景：

```
Customer cust = dataContext.Customers.Single (c => c.ID == 3);
```

9.9.2 ElementAt 运算符

参数	类型
输入序列	IEnumerable<TSource>
元素的索引	int

ElementAt 将返回序列中的第 n 个元素：

```
int[] numbers   = { 1, 2, 3, 4, 5 };
int third       = numbers.ElementAt (2);          // 3
int tenthError  = numbers.ElementAt (9);          // Exception
int tenth       = numbers.ElementAtOrDefault (9); // 0
```

Enumerable.ElementAt 在输入序列恰好实现了 IList<T> 的情况下会直接调用 IList<T> 的索引器；否则它将枚举 n 次，并返回下一个元素。EF Core 不支持 ElementAt 运算符。

9.9.3 MinBy 和 MaxBy

.NET 6 引入的 MinBy 和 MaxBy 将返回由 keySelector 决定的拥有最小值或者最大值的元素：

```
string[] names = { "Tom", "Dick", "Harry", "Mary", "Jay" };
Console.WriteLine (names.MaxBy (n => n.Length));   // Harry
```

相对地，之前介绍的 Min 和 Max 则分别返回元素自身的最小值和最大值：

```
Console.WriteLine (names.Max   (n => n.Length));   // 5
```

如果序列中有两个或更多的元素均为最小值或最大值，则 MinBy 和 MaxBy 将返回其中的第一个值：

```
Console.WriteLine (names.MinBy (n => n.Length));    // Tom
```

如果输入序列为空，则 MinBy 和 MaxBy 将在元素类型可以为 null 时返回 null；否则将抛出异常。

9.9.4 DefaultIfEmpty

DefaultIfEmpty 在输入序列为空序列时，返回只包含一个 default(TSource) 元素的序列；否则返回原始的输入序列。它主要用来实现展平结果集的外连接，请参见 9.3.2.8 节和 9.4.1.9 节。

9.10 聚合方法

IEnumerable\<TSource\>→*scalar*

方法	描述	等价 SQL
Count、LongCount	返回输入序列中元素的个数，可以添加可选的谓词	COUNT(...)
Min、Max	返回序列中的最小和最大的元素	MIN(...)、MAX(...)
Sum、Average	计算序列中元素的数值和或平均数	SUM(...)、AVG(...)
Aggregate	执行自定义聚合方法	抛出异常

9.10.1 Count 和 LongCount

参数	类型
源序列	IEnumerable\<TSource\>
谓词（可选）	TSource => bool

Count 运算符的作用是对序列进行枚举，返回集合中元素的个数：

```
int fullCount = new int[] { 5, 6, 7 }.Count();    // 3
```

Enumerable.Count 的内部实现会检查输入序列。如果输入序列实现了 ICollection\<T\>，那么它就会直接调用 ICollection\<T\>.Count；否则，它会枚举序列中的所有元素，并统计总数目。

该方法可以接受一个可选的谓词：

```
int digitCount = "pa55w0rd".Count (c => char.IsDigit (c));    // 3
```

LongCount 和 Count 一样，但是它返回 64 位整数，支持大于 20 亿个元素的序列。

9.10.2 Min 和 Max

参数	类型
源序列	IEnumerable<TSource>
结果选择器（可选）	TSource => TResult

Min 和 Max 分别返回序列中最小和最大的元素：

```
int[] numbers = { 28, 32, 14 };
int smallest = numbers.Min();  // 14;
int largest  = numbers.Max();  // 32;
```

如果提供了 selector 表达式，则首先会对每一个元素执行投射操作：

```
int smallest = numbers.Max (n => n % 10);  // 8;
```

如果输入序列中的元素本身不可比较（即没有实现 IComparable<T>），则必须提供
selector 表达式。

```
Purchase runtimeError = dbContext.Purchases.Min ();          // Error
decimal? lowestPrice = dbContext.Purchases.Min (p => p.Price);  // OK
```

selector 表达式不仅决定了如何比较元素，还决定了最终的结果。在上述例子中，返
回值类型为 decimal 而非 Purchase 对象。如果需要返回 Purchase 对象，则需使用子
查询：

```
Purchase cheapest = dbContext.Purchases
  .Where (p => p.Price == dbContext.Purchases.Min (p2 => p2.Price))
  .FirstOrDefault();
```

另一种方法是使用 OrderBy 和 FirstOrDefault，这样就不需要使用聚合查询了。

9.10.3 Sum 和 Average

参数	类型
输入序列	IEnumerable<TSource>
结果选择器（可选）	TSource => TResult

Sum 和 Average 聚合运算符与 Min 和 Max 的使用方式相似：

```
decimal[] numbers    = { 3, 4, 8 };
decimal sumTotal     = numbers.Sum();              // 15
decimal average      = numbers.Average();          // 5   (mean value)
```

以下的查询返回 names 数组中每一个名字的长度之和：

```
int combinedLength = names.Sum (s => s.Length);    // 19
```

Sum 和 Average 对类型要求比较严格。它们的定义中严格指定了每一种数值类型（int、long、float、double、decimal 及其可空类型）。而相反，Min 和 Max 可以支持任何实现了 IComparable<T> 的类型，例如 string。

更进一步讲，Average 值的返回类型只能是 decimal、float 或者 double。可以参考下表：

选择器类型	结果类型
decimal	decimal
float	float
int、long、double	double

这意味着，以下代码是不能通过编译的（"因为不能将 double 转换为 int"）：

```
int avg = new int[] { 3, 4 }.Average();
```

但是以下代码却可以编译成功：

```
double avg = new int[] { 3, 4 }.Average();    // 3.5
```

Average 会将输入值隐式向上转换以避免精度损失。在本例中，我们对一组整数类型的元素求平均值，得到的结果为 3.5，而并不需要像下面这样对输入元素进行类型转换：

```
double avg = numbers.Average (n => (double) n);
```

在数据库查询中，Sum 和 Average 会转换为标准的 SQL 聚合语句。例如，以下查询返回了平均购买记录大于 500 美元的客户：

```
from c in dbContext.Customers
where c.Purchases.Average (p => p.Price) > 500
select c.Name;
```

9.10.4 Aggregate

Aggregate 用于实现自定义的独特聚合算法。Aggregate 无法 EF Core 中使用，并且它的功能是根据特定的使用场景确定的。以下例子使用 Aggregate 运算符完成了和 Sum 相同的功能：

```
int[] numbers = { 1, 2, 3 };
int sum = numbers.Aggregate (0, (total, n) => total + n);    // 6
```

Aggregate 的第一个参数称为种子，它指定了累积结果的初始值。第二个参数是一个表达式，它积累更新并返回全新元素。第三个参数是可选的，它会将累积值投射为最终的结果。

 Aggregate 运算符解决的大多数问题都可以用 foreach 循环解决，并且后者的语法更加易用。Aggregate 运算符的优势是处理大型的或复杂的聚合操作，同时，还可以使用 PLINQ 将这种操作并行化（请参见第 22 章）。

9.10.4.1 无种子的聚合操作

在使用 Aggregate 运算符时可以省略种子，编译器会自动将集合的第一个元素隐式地作为种子。以下是一个无种子的聚合查询：

```
int[] numbers = { 1, 2, 3 };
int sum = numbers.Aggregate ((total, n) => total + n);   // 6
```

上述例子得出了和之前例子一样的结果，但执行的运算过程是不同的。前面的例子我们计算了 0 + 1 + 2 + 3，而本例计算的则是 1 + 2 + 3。以下的例子用乘法代替加法，更好地展示了两者之间的差异：

```
int[] numbers = { 1, 2, 3 };
int x = numbers.Aggregate (0, (prod, n) => prod * n);   // 0*1*2*3 = 0
int y = numbers.Aggregate (   (prod, n) => prod * n);   //   1*2*3 = 6
```

无种子聚合的优势之一是不需要使用特殊重载就可以并行化（请参见第 22 章）。但是同时，它也有一些使用上的陷阱。

9.10.4.2 无种子聚合的陷阱

无种子聚合方法要求传入的委托满足交换性和结合性，否则就可能得出（和正常的查询相比）反直觉的或非确定性的结果（例如，使用 PLINQ 将查询并行化）。例如，考虑如下函数：

```
(total, n) => total + n * n
```

这个函数既不满足交换性，也不满足结合性（例如，$1 + 2 * 2 != 2 + 1 * 1$）。让我们来观察一下用这种方法来计算 2、3、4 的平方和会出现什么情况：

```
int[] numbers = { 2, 3, 4 };
int sum = numbers.Aggregate ((total, n) => total + n * n);   // 27
```

我们期望的计算方式为：

```
2*2 + 3*3 + 4*4    // 29
```

而实际计算方式为：

```
2 + 3*3 + 4*4    // 27
```

解决这个问题的方式有多种，例如，可以将 0 作为第一个元素：

```
int[] numbers = { 0, 2, 3, 4 };
```

这种方式并不优雅，而且在并行化时仍然会得到错误的结果，因为 PLINQ 会假定函数的结合性，并选择多个元素作为种子。为了说明这个问题，我们将聚合函数表示为如下形式：

```
f(total, n) => total + n * n
```

则 LINQ 到 Object 会按照如下方式进行计算：

```
f(f(f(0, 2),3),4)
```

而 PLINQ 可能按如下方式计算：

```
f(f(0,2),f(3,4))
```

则查询的输出结果为：

```
First partition:    a = 0 + 2*2  (= 4)
Second partition:   b = 3 + 4*4  (= 19)
Final result:       a + b*b = 365)
OR EVEN:            b + a*a (= 35)
```

解决上述问题有两种较好的方案。第一种方案就是将上述聚合转换为有种子的聚合，并以 0 作为种子。这种方式的复杂之处在于如何使用 PLINQ。我们需要使用一种特殊的重载来防止查询顺序执行（请参见 22.2.8 节）。

第二种方案就是重新编写查询，保证聚合函数的交换性和结合性：

```
int sum = numbers.Select (n => n * n).Aggregate ((total, n) => total + n);
```

当然在上述简单的场景下应当使用 Sum 而不是 Aggregate：

```
int sum = numbers.Sum (n => n * n);
```

实际上，使用 Sum 和 Average 可以实现更多功能。例如，我们可以用 Average 来求均方根：

```
Math.Sqrt (numbers.Average (n => n * n))
```

甚至标准差：

```
double mean = numbers.Average();
double sdev = Math.Sqrt (numbers.Average (n =>
                {
                  double dif = n - mean;
                  return dif * dif;
                }));
```

以上两种形式都安全、高效并且可以完全并行化。在第 22 章中，我们会给出一个使用自定义聚合查询的实际示例，并且该示例中的聚合函数无法用 Sum 和 Average 化简。

9.11 量词运算符

IEnumerable\<TSource>→*bool*

方法	描述	等价 SQL
Contains	如果给定序列中包含指定元素，则返回 true	WHERE...IN(...)
Any	如果序列中有任何元素满足给定的条件，则返回 true	WHERE...IN(...)
ALL	若序列中所有元素都满足给定条件，则返回 true	WHERE(...)
SequenceEqual	如果第二序列和输入序列包含的元素相同，则返回 true	

9.11.1 Contains 和 Any

Contains 方法接受一个 TSource 类型的参数，而 Any 则接受一个可选的谓词。

若给定序列包含指定的元素，则 Contains 运算符返回 true：

```
bool hasAThree = new int[] { 2, 3, 4 }.Contains (3);      // true;
```

当序列中至少有一个元素使给定的表达式返回 true 时，Any 运算符也返回 true。我们可以用 Any 运算符重新实现上述查询：

```
bool hasAThree = new int[] { 2, 3, 4 }.Any (n => n == 3);  // true;
```

Any 包含了 Contains 的所有功能，并且还有一些其他功能：

```
bool hasABigNumber = new int[] { 2, 3, 4 }.Any (n => n > 10);  // false;
```

如果不提供任何谓词，则 Any 运算符在序列中至少含有一个元素时返回 true。因此上述查询还可以写作：

```
bool hasABigNumber = new int[] { 2, 3, 4 }.Where (n => n > 10).Any();
```

Any 常用在数据库查询的子查询中，例如：

```
from c in dbContext.Customers
where c.Purchases.Any (p => p.Price > 1000)
select c
```

9.11.2 All 和 SequenceEqual

当序列中的所有元素都满足谓词时，All 运算符返回 true。以下查询将返回所有购买记录小于 100 美元的客户：

```
dbContext.Customers.Where (c => c.Purchases.All (p => p.Price < 100));
```

SequenceEqual 运算符比较两个序列。当两个序列都含有相同的元素,并且它们的顺序也相同时,SequenceEqual 返回 true。SequenceEqual 支持可选的相等比较器,默认的比较器为 EqualityComparer<T>.Default。

9.12 生成集合的方法

void→IEnumerable<TResult>

方法	描述
Empty	创建一个空序列
Repeat	创建一个含有重复元素的序列
Range	创建一个整数序列

Empty、Repeat 和 Range 都是静态的非扩展方法,它们只能创建简单的本地序列。

9.12.1 Empty

Empty 仅接收一个类型参数,该运算符将创建一个空序列:

```
foreach (string s in Enumerable.Empty<string>())
  Console.Write (s);                              // <nothing>
```

和 ?? 运算符配合的话,Empty 可以实现和 DefaultIfEmpty 相反的运算。例如,假设我们有如下的整数型锯齿数组并希望得到一个展平的列表,则以下的 SelectMany 查询会在内部数组为 null 时失败:

```
int[][] numbers =
{
  new int[] { 1, 2, 3 },
  new int[] { 4, 5, 6 },
  null                     // this null makes the query below fail.
};

IEnumerable<int> flat = numbers.SelectMany (innerArray => innerArray);
```

上述问题可以使用 Empty 和 ?? 运算符来解决:

```
IEnumerable<int> flat = numbers
  .SelectMany (innerArray => innerArray ?? Enumerable.Empty <int>());

foreach (int i in flat)
  Console.Write (i + " ");     // 1 2 3 4 5 6
```

9.12.2 Range 和 Repeat

Range 运算符接受两个整数参数,分别为起始索引和元素的个数:

```
foreach (int i in Enumerable.Range (5, 3))
  Console.Write (i + " ");                    // 5 6 7
```

Repeat 同样接收两个参数，分别为元素的值和元素的重复次数：

```
foreach (bool x in Enumerable.Repeat (true, 3))
  Console.Write (x + " ");                   // True True True
```

第 10 章

LINQ to XML

.NET 提供了一系列操作 XML 数据的 API，其中 LINQ to XML 是处理通用 XML 文档的首选工具。它提供了轻量的、LINQ 友好的 XML 文档对象模型（Document Object Model，DOM）以及与之配套的查询运算符。

本章将具体介绍 LINQ to XML。在第 11 章中，我们将介绍前向的 XML 读 / 写器。在线附加内容（*http://www.albahari.com/nutshell*）中还将涵盖操作 XML 架构和样式表的类型。.NET 仍然保留了基于 XmlDocument 的遗留 DOM，我们就不做介绍了。

 LINQ to XML 的设计非常完善并且效率很高。它的轻量的 DOM 设计很好地封装了底层的 XmlReader 和 XmlWriter，这种设计即使不使用 LINQ 也极具价值。

LINQ to XML 的所有类型都定义在 System.Xml.Linq 命名空间中。

10.1 架构概述

本节将简要介绍 DOM 的概念，然后分析 LINQ to XML 中 DOM 的实现逻辑。

10.1.1 什么是 DOM

请看如下的 XML 文件：

```
<?xml version="1.0" encoding="utf-8"?>
<customer id="123" status="archived">
  <firstname>Joe</firstname>
  <lastname>Bloggs</lastname>
</customer>
```

和其他 XML 文件一样，我们的 XML 文件的起始部分是声明，紧接着是根元素即 customer。customer 元素有两个属性，每一个属性都有一个名字（id 和 status）和一个值（"123" 和 "archived"）。customer 节点下有两个子元素 firstname 和 lastname，每一个子元素都含有简单的文本内容（"Joe" 和 "Bloggs"）。

XML 文档的每一个部分（声明、元素、属性、值和文本内容）都可以用类来表示。如果使用集合属性来存储子内容，我们就可以用一棵对象树来完整地表示整个文档。这称为文档对象模型或 DOM。

10.1.2 LINQ to XML 的 DOM

LINQ to XML 由两部分组成：

- XML DOM，我们称之为 X-DOM。
- 大约 10 个用于查询的运算符。

X-DOM 是由诸如 XDocument、XElement、XAttribute 等类型组成的。有意思的是，X-DOM 类型并没有和 LINQ 捆绑在一起。也就是说，即使不用 LINQ 查询，也可以加载、更新或存储 X-DOM。

相对地，我们也可以使用 LINQ 来查询由旧的 W3C 兼容的类型创建的 DOM 对象。但是，这种用法容易混淆并且有诸多限制。X-DOM 的不同之处在于它是对 LINQ 友好的：

- X-DOM 中的一些方法可以返回可查询的 IEnumerable 序列。
- X-DOM 的构造器在设计上就可以通过 LINQ 投射来构建对象树。

10.2 X-DOM 概述

图 10-1 展示了 X-DOM 的核心类型。在这些类型中，最常用的就是 XElement。XObject 是整棵继承层次结构的根，而 XElement 和 XDocument 则是容器层次结构的根。

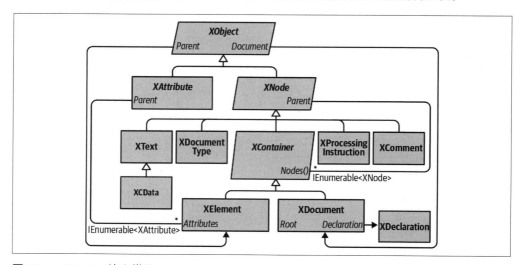

图 10-1：X-DOM 核心类型

图 10-2 展示了由以下代码创建的 X-DOM 树：

```
string xml = @"<customer id='123' status='archived'>
                 <firstname>Joe</firstname>
                 <lastname>Bloggs<!--nice name--></lastname>
              </customer>";

XElement customer = XElement.Parse (xml);
```

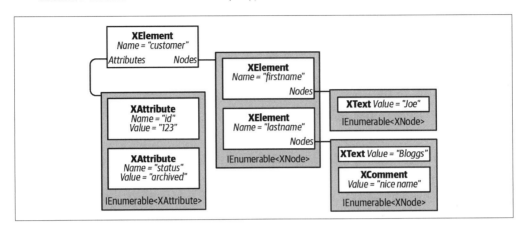

图 10-2：一棵简单的 X-DOM 树

XObject 是整个 XML 内容的抽象基类。该类型定义了一个指向容器树中 Parent 元素的链接，并定义了可选的指向 XDocument 的链接。

XNode 是除 XML 属性之外的绝大部分内容的基类。XNode 的一个重要特性是它可以有序地放在一个混合了各种 XNode 类型的集合中。例如，考虑如下 XML 片段：

```
<data>
  Hello world
  <subelement1/>
  <!--comment-->
  <subelement2/>
</data>
```

父元素 <data> 下的第一个节点是 XText 节点（Hello World），之后是一个 XElement 类型的节点，紧跟着的是一个 XComment 节点，最后是另一个 XElement 节点。与此相对的是 XAttribute 对象的存储方式，XAttribute 节点只支持其他同为 XAttribute 类型的值。

虽然 XNode 可以访问它的父 XElement，但它却没有子节点的概念，因为管理子节点的工作是由子类 XContainer 承担的。XContainer 中定义了一系列成员和方法来管理子节点，它还是 XElement 和 XDocument 的抽象基类。

XElement 定义了一系列成员（例如 Name 和 Value），以管理自己的属性。在绝大多数情况下，XElement 只会包含一个 XText 类型的子节点，XElement 的 Value 属性封装了对该子节点内容的读取和设置操作，避免了烦琐的访问。Value 属性使我们在大多数情况下无须直接操作 XText 节点。

XDocument 是 XML 树的根节点。更精确地说，它封装了根 XElement，添加了 XDeclaration、一系列的处理指令，以及其他"根级别"元素所需的功能。和 W3C 标准的 DOM 不同的是，XDocument 并非必需，你甚至可以在不使用 XDocument 的情况下加载、处理以及保存 X-DOM！这种不依赖 XDocument 的方式意味着我们可以简单高效地将一个子节点树移动到另一个 X-DOM 层次结构中。

10.2.1 加载和解析

XElement 和 XDocument 都提供了静态的 Load 和 Parse 方法，它们都可以通过现有的数据创建 X-DOM：

- Load 方法从文件、URI、Stream、TextReader 以及 XmlReader 中创建 X-DOM。

- Parse 方法从字符串创建 X-DOM。

例如：

```
XDocument fromWeb = XDocument.Load ("http://albahari.com/sample.xml");

XElement fromFile = XElement.Load (@"e:\media\somefile.xml");

XElement config = XElement.Parse (
@"<configuration>
    <client enabled='true'>
      <timeout>30</timeout>
    </client>
  </configuration>");
```

在后续章节中，我们将会介绍如何遍历并更新 X-DOM。为了使大家有一个大致的印象，以下代码演示了操作上一个例子刚刚生成的 config 元素的方法：

```
foreach (XElement child in config.Elements())
  Console.WriteLine (child.Name);                    // client

XElement client = config.Element ("client");

bool enabled = (bool) client.Attribute ("enabled");  // Read attribute
Console.WriteLine (enabled);                          // True
client.Attribute ("enabled").SetValue (!enabled);     // Update attribute

int timeout = (int) client.Element ("timeout");       // Read element
Console.WriteLine (timeout);                          // 30
client.Element ("timeout").SetValue (timeout * 2);    // Update element

client.Add (new XElement ("retries", 3));             // Add new element

Console.WriteLine (config);            // Implicitly call config.ToString()
```

最后一行的输出结果如下：

```
<configuration>
  <client enabled="false">
    <timeout>60</timeout>
    <retries>3</retries>
  </client>
</configuration>
```

 XNode 同样提供了静态的 ReadFrom 方法从 XmlReader 中实例化和填充任意类型的节点。和 Load 不同的是，ReadFrom 读取一个完整的节点信息后就结束了，这样可以手动继续读取下一个节点。

此外，我们还可以反向使用 XmlReader 和 XmlWriter 类中的 CreateReader 和 CreateWriter 方法读写 XNode 的信息。

我们将会在第 11 章中介绍 XmlReader 和 XmlWriter 类，以及如何在 X-DOM 中使用它们。

10.2.2 保存和序列化

在任意节点上调用 ToString 方法会将此节点的内容转换为 XML 字符串，就像上个例子中那样，格式化好的字符串还带有换行和缩进（可以通过设置 SaveOptions. DisableFormatting 属性在 ToString 时禁用换行和缩进）。

XElement 和 XDocument 还 分 别 提 供 了 Save 方法，将 X-DOM 写 入 文 件、Stream、TextWriter 以及 XmlWriter 中。如果指定了一个文件，则 XML 声明将会自动写入文件。XNode 类中也含有一个 WriteTo 方法，而这个方法只接收 XmlWriter。

我们将在 10.7 节详细介绍 XML 声明的处理方法。

10.3 实例化 X-DOM

除了使用 Load 和 Parse 方法之外，还可以手动实例化多个对象，并使用 XContainer. Add 方法将对象添加到父节点来创建 X-DOM 树。

要创建 XElement 和 XAttribute，只需要提供名称和值即可：

```
XElement lastName = new XElement ("lastname", "Bloggs");
lastName.Add (new XComment ("nice name"));

XElement customer = new XElement ("customer");
customer.Add (new XAttribute ("id", 123));
customer.Add (new XElement ("firstname", "Joe"));
customer.Add (lastName);

Console.WriteLine (customer.ToString());
```

结果为：

```
<customer id="123">
  <firstname>Joe</firstname>
  <lastname>Bloggs<!--nice name--></lastname>
</customer>
```

创建 XElement 时，值并不是必需的，可以仅提供元素的名称，随后再添加内容。需要注意的是，我们提供的值是一个简单的字符串，并没有显式创建并添加 XText 子节点。X-DOM 的内部机制会自动完成这个操作，我们只需要关注"值"即可。

10.3.1 函数式构建

在上述例子中，很难通过阅读代码了解整个 XML 的结构。X-DOM 还支持另一种实例化的方法，称为函数式构建（该名称源于函数式编程）。使用这种方式，可以用一个表达式来构建整棵树：

```
XElement customer =
  new XElement ("customer", new XAttribute ("id", 123),
    new XElement ("firstname", "joe"),
    new XElement ("lastname", "bloggs",
      new XComment ("nice name")
    )
  );
```

这种方式有两个优点。第一，可以用代码体现 XML 的结构；第二，这种表达式可以包含在 LINQ 的 select 子句中。例如，以下的查询将 EF Core 的实体类型直接投射为 X-DOM 格式：

```
XElement query =
  new XElement ("customers",
    from c in dbContext.Customers.AsEnumerable()
    select
      new XElement ("customer", new XAttribute ("id", c.ID),
        new XElement ("firstname", c.FirstName),
        new XElement ("lastname", c.LastName,
          new XComment ("nice name")
        )
      )
  );
```

关于 X-DOM 投射的更多内容，请参见 10.10 节。

10.3.2 指定内容

为了支持函数式构建，XElement（和 XDocument）的构造器都拥有接受 params 对象数组的重载：

```
public XElement (XName name, params object[] content)
```

而 XContainer 中的 Add 方法也有相同的重载形式：

```
public void Add (params object[] content)
```

所以，可以在构建或添加 X-DOM 时指定任意数目、任意类型的子对象，因为任何对象都可以作为 XML 的合法内容。那么每一种类型的内容对象在内部是如何进行处理的呢？以下按顺序列出了 XContainer 类内部的处理方式：

1. 如果对象为 null，则忽略该对象。

2. 如果对象是从 XNode 或者 XStreamingElement 继承的，则将其添加到 Nodes 集合中。

3. 如果对象是 XAttribute，则将其添加到 Attribute 集合中。

4. 如果对象是 string，那么将其包装为 XText 节点并添加到 Nodes 中[注1]。

5. 如果对象实现了 IEnumerable 则枚举该对象，并且将上述规则应用到序列中的每一个对象上。

6. 否则，将对象转换为 string，包装为 XText 节点，并添加到 Nodes 中[注2]。

综上可见，创建节点时，最终落脚点不是 Nodes 就是 Attributes。此外，所有对象都是有效的内容，因为最终可以调用 ToString 方法并将其视为 XText 节点。

在调用任意类型的 ToString 之前，XContainer 都会事先进行类型检查。如果为以下类型之一：

```
float, double, decimal, bool,
DateTime, DateTimeOffset, TimeSpan
```

则 XContainer 就会调用 XmlConvert 类中相应类型的 ToString 方法（而不是调用对象自身的 ToString 方法）。这样做保证了对象可以往复转换并符合标准 XML 的格式规则。

10.3.3 自动深度克隆

在（使用函数式构建或调用 Add 方法）向元素中添加节点或属性时，该节点或属性的 Parent 属性就会自动设置为相应的元素。每一个节点只能有一个父元素：如果将一个已经拥有父节点的节点加入第二个父节点，则该节点会被自动深度克隆。以下代码中的每一个 customer 都有一个独立的 address 副本：

```
var address = new XElement ("address",
                new XElement ("street", "Lawley St"),
                new XElement ("town", "North Beach")
```

注1：X-DOM 内部在处理 string 类型的对象时会进行一系列优化操作，即将简单的文本内容保存在字符串中。直到在 XContainer 上调用 Nodes() 方法时才会生成实际的 XText 节点。

注2：请参见注1。

```
                             );
       var customer1 = new XElement ("customer1", address);
       var customer2 = new XElement ("customer2", address);

       customer1.Element ("address").Element ("street").Value = "Another St";
       Console.WriteLine (
         customer2.Element ("address").Element ("street").Value);   // Lawley St
```

这种自动复制操作对 X-DOM 对象的实例化没有任何副作用，而这也是函数式编程的一个标志。

10.4 导航和查询

XNode 和 XContainer 类提供了用于遍历 X-DOM 树的属性和方法。但与传统的 DOM 不同，这些函数并没有返回一个实现了 IList<T> 类型的集合，而是返回一个值，或者返回一个实现了 IEnumerable<T> 的序列。这样，既可以使用 LINQ 进行查询，也可以使用 foreach 来枚举其中的元素，或者使用 LINQ 查询语法进行简单的导航任务或构建复杂的查询。

 和 XML 一样，X-DOM 中的元素和属性的名称都是区分大小写的。

10.4.1 导航至子节点

返回值类型	成员	支持的类型
XNode	FirstNode { get; }	XContainer
	LastNode { get; }	XContainer
IEnumerable<XNode>	Nodes()	XContainer*
	DescendantNodes()	XContainer*
	DescendantNodesAndSelf()	XElement*
XElement	Element (XName)	XContainer
IEnumerable<XElement>	Elements ()	XContainer*
	Elements (XName)	XContainer*
	Descendants ()	XContainer*
	Descendants (XName)	XContainer*
	DescendantsAndSelf ()	XElement*
	DescendantsAndSelf (XName)	XElement*
bool	HasElements { get; }	XElement

上表中的第三列中，使用 * 标记的函数也可以在同类型的序列上进行操作。例如，可以在 XContainer 或者 XContainer 对象序列上调用 Nodes。这是因为 System.Xml.Linq 命名空间中定义了一系列扩展方法（即概述中提到的查询运算符）。

10.4.1.1 FirstNode、LastNode 和 Nodes

FirstNode 和 LastNode 属性直接访问第一个或最后一个子节点，Nodes 返回所有的子节点序列。这三个方法仅操作直接子节点，例如：

```
var bench = new XElement ("bench",
              new XElement ("toolbox",
                new XElement ("handtool", "Hammer"),
                new XElement ("handtool", "Rasp")
              ),
              new XElement ("toolbox",
                new XElement ("handtool", "Saw"),
                new XElement ("powertool", "Nailgun")
              ),
              new XComment ("Be careful with the nailgun")
            );
foreach (XNode node in bench.Nodes())
  Console.WriteLine (node.ToString (SaveOptions.DisableFormatting) + ".");
```

上述代码的输出为：

```
<toolbox><handtool>Hammer</handtool><handtool>Rasp</handtool></toolbox>.
<toolbox><handtool>Saw</handtool><powertool>Nailgun</powertool></toolbox>.
<!--Be careful with the nailgun-->.
```

10.4.1.2 检索元素

Elements 方法可以返回 XElement 类型的子节点：

```
foreach (XElement e in bench.Elements())
  Console.WriteLine (e.Name + "=" + e.Value);     // toolbox=HammerRasp
                                                  // toolbox=SawNailgun
```

以下 LINQ 查询将找到含有射钉枪（nail gun）的工具箱（toolbox）：

```
IEnumerable<string> query =
  from toolbox in bench.Elements()
  where toolbox.Elements().Any (tool => tool.Value == "Nailgun")
  select toolbox.Value;

RESULT: { "SawNailgun" }
```

以下查询使用 SelectMany 检索所有工具箱中的手工工具（hand tool）：

```
IEnumerable<string> query =
  from toolbox in bench.Elements()
  from tool in toolbox.Elements()
```

```
              where tool.Name == "handtool"
              select tool.Value;

      RESULT: { "Hammer", "Rasp", "Saw" }
```

 Elements 方法与在 Nodes 上使用 LINQ 查询是等价的。之前的示例还可以写为：

```
      from toolbox in bench.Nodes().OfType<XElement>()
      where ...
```

Elements 方法还可以返回指定名称的元素，例如：

```
      int x = bench.Elements ("toolbox").Count();      // 2
```

这等价于：

```
      int x = bench.Elements().Where (e => e.Name == "toolbox").Count();  // 2
```

Elements 还具有扩展方法的定义。扩展方法可以接收 IEnumerable<XContainer> 类型的参数，或者更精确地说，接受如下类型的参数：

```
      IEnumerable<T> where T : XContainer
```

可见，Elements 方法不但可以处理单个元素，还可以处理元素序列。若使用 Elements 方法，则可以将上述从工具箱中取得手工工具的查询重写为如下形式：

```
      from tool in bench.Elements ("toolbox").Elements ("handtool")
      select tool.Value;
```

以上查询中，第一次调用的 Elements 方法绑定的是 XContainer 的实例方法，而第二次 Elements 方法则绑定到了扩展方法上。

10.4.1.3 检索单个元素

Element 方法返回匹配给定名称的第一个元素。Element 方法对于简单的导航是非常实用的，例如：

```
      XElement settings = XElement.Load ("databaseSettings.xml");
      string cx = settings.Element ("database").Element ("connectString").Value;
```

Element 等价于调用 Elements 方法，并调用 LINQ 中带有名称匹配谓词的 FirstOr-Default 查询运算符。当匹配的元素不存在时，Element 方法将返回 null。

 Element("xyz").Value 调用在 xyz 元素不存在时将抛出 NullReference-Exception。如果你更希望得到 null 而非抛出异常，则可以使用 null 条件运算符——Element("xyz")?.Value——或者将 XElement 强制类型转换为 string 而不是访问 Value 属性。也就是说：

```
      string xyz = (string) settings.Element ("xyz");
```

这种方式奏效的原因是 XElement 专门以此为目的，定义了显式转换为 string 类型的运算。

10.4.1.4 获取子元素

XContainer 还提供了访问子元素或子节点的所有子元素（以至整棵树）的功能，它们分别为 Descendants 与 DescendantNodes 方法。Descendants 接收一个可选的元素名称。如最早的例子所示，也可以使用 Descendants 来获得所有的手工工具：

```
Console.WriteLine (bench.Descendants ("handtool").Count());  // 3
```

而 DescendantNodes 方法将包含所有的父节点和叶子节点，如以下示例所示：

```
foreach (XNode node in bench.DescendantNodes())
  Console.WriteLine (node.ToString (SaveOptions.DisableFormatting));
```

其输出为：

```
<toolbox><handtool>Hammer</handtool><handtool>Rasp</handtool></toolbox>
<handtool>Hammer</handtool>
Hammer
<handtool>Rasp</handtool>
Rasp
<toolbox><handtool>Saw</handtool><powertool>Nailgun</powertool></toolbox>
<handtool>Saw</handtool>
Saw
<powertool>Nailgun</powertool>
Nailgun
<!--Be careful with the nailgun-->
```

以下程序将在 X-DOM 中查找包含单词"careful"的所有注释节点：

```
IEnumerable<string> query =
  from c in bench.DescendantNodes().OfType<XComment>()
  where c.Value.Contains ("careful")
  orderby c.Value
  select c.Value;
```

10.4.2 导航至父节点

所有的 XNode 都有一个 Parent 属性，与一个 Ancestor*XXX* 方法。我们可以使用这些方法导航至父节点。父节点一定是一个 XElement。

返回值类型	成员	支持类型
XElement	Parent { get; }	XNode
Enumerable<XElement>	Ancestors ()	XNode
	Ancestors (XName)	XNode
	AncestorsAndSelf ()	XElement
	AncestorsAndSelf (XName)	XElement

若 x 是一个 XElement，则以下代码一定会输出 true：

```
foreach (XNode child in x.Nodes())
  Console.WriteLine (child.Parent == x);
```

而如果 x 为 XDocument 的话则不然。XDocument 很特殊，它可以拥有子节点，但它永远都不会是任何节点的父节点！可以使用 Document 属性来访问 XDocument，这种方式对 X-DOM 树上的任意对象都适用。

Ancestors 方法则返回一个序列。序列的第一个元素是 Parent，而下一个元素则是 Parent.Parent，以此类推，直至根元素。

可以使用 LINQ 查询 AncestorsAndSelf().Last() 找到根元素。

另一种方法是调用 Document.Root，但这种方式必须以 XDocument 的存在为前提。

10.4.3 导航至同级节点

返回值类型	成员	所在类型
bool	IsBefore (XNode node)	XNode
	IsAfter (XNode node)	XNode
XNode	PreviousNode { get; }	XNode
	NextNode { get; }	XNode
IEnumerable<XNode>	NodesBeforeSelf()	XNode
	NodesAfterSelf()	XNode
IEnumerable<XElement>	ElementsBeforeSelf()	XNode
	ElementsBeforeSelf (XName name)	XNode
	ElementsAfterSelf()	XNode
	ElementsAfterSelf (XName name)	XNode

可以像链表一样使用 PreviousNode 和 NextNode（以及 FirstNode 和 LastNode）属性来遍历节点。事实上，节点在内部确实是以链表的方式存储的。

XNode 内部使用的是单链表，因此 PreviousNode 属性的效率比较低。

10.4.4 导航至节点的属性

返回类型	成员	所在类型
bool	HasAttributes { get; }	XElement

返回类型	成员	所在类型
XAttribute	Attribute (XName name)	XElement
	FirstAttribute { get; }	XElement
	LastAttribute { get; }	XElement
IEnumerable<XAttribute>	Attributes()	XElement
	Attributes (XName name)	XElement

除上述属性之外，XAttribute 还提供了 Parent 属性、PreviousAttribute 和 NextAttribute 属性。

Attributes 方法接收一个名称，并返回一个包含零个到一个元素的序列，而一个 XML 元素是不能够包含多个同名属性的。

10.5 更新 X-DOM

可以用以下几种方式来更新 XML 中的元素和属性：

* 调用 SetValue 方法或者给 Value 属性赋值。
* 调用 SetElementValue 或 SetAttributeValue。
* 调用 Remove*XXX* 方法。
* 调用 Add*XXX* 或者 Replace*XXX* 方法来更新内容。

我们甚至可以重新设置 XElement 的 Name 属性值。

10.5.1 简单的值更新

成员	类
SetValue (object value)	XElement、XAttribute
Value { get; set; }	XElement、XAttribute

SetValue 方法使用一个简单值来替换元素或属性的现有值。给 Value 属性赋值可以达到相同的效果，但这种方式仅支持 string 类型的数据。我们将在 10.6 节详细介绍这两种方法。

调用 SetValue 方法（或对 Value 属性赋值）将替换所有的子节点：

```
XElement settings = new XElement ("settings",
                     new XElement ("timeout", 30)
                   );
settings.SetValue ("blah");
Console.WriteLine (settings.ToString());  // <settings>blah</settings>
```

10.5.2 更新子节点和属性

分类	成员	支持类型
Add	Add (params object[] content)	XContainer
	AddFirst (params object[] content)	XContainer
Remove	RemoveNodes()	XContainer
	RemoveAttributes()	XElement
	RemoveAll()	XElement
Update	ReplaceNodes (params object[] content)	XContainer
	ReplaceAttributes (params object[] content)	XElement
	ReplaceAll (params object[] content)	XElement
	SetElementValue (XName name, object value)	XElement
	SetAttributeValue (XName name, object value)	XElement

在上述方法中，最方便的是最后两个方法：`SetElementValue` 和 `SetAttributeValue`。它们可以便捷地实例化 `XElement` 和 `XAttribute` 对象并将其添加到父元素中，覆盖现有的同名元素或属性：

```
XElement settings = new XElement ("settings");
settings.SetElementValue ("timeout", 30);    // Adds child node
settings.SetElementValue ("timeout", 60);    // Update it to 60
```

`Add` 方法可以向元素或文档中添加子节点，而 `AddFirst` 会将节点插入到集合的开头而不是结尾。

`RemoveNodes` 和 `RemoveAttributes` 方法可以将所有的子节点或属性一次性全部删除，而 `RemoveAll` 相当于依次调用了这两个方法。

`ReplaceXXX` 方法等价于先删除（Removing）再添加（Add）。它们会保留输入信息的快照，因此 `e.ReplaceNodes(e.Nodes())` 是可以正确执行的。

10.5.3 通过父节点更新子节点

成员	支持的类型
AddBeforeSelf (params object[] content)	XNode
AddAfterSelf(paramsobject[]content)	XNode
Remove()	XNode、XAttribute
ReplaceWith (params object[] content)	XNode

上表中的 `AddBeforeSelf`、`AddAfterSelf`、`Remove` 和 `ReplaceWith` 方法只会操作当前节点所在集合，而不会操作当前节点的子节点。这意味着当前节点必须拥有父元素，否则就会抛出异常。`AddBeforeSelf` 和 `AddAfterSelf` 适用于在任意位置插入一个新的节点。

```
XElement items = new XElement ("items",
                    new XElement ("one"),
                    new XElement ("three")
                );
items.FirstNode.AddAfterSelf (new XElement ("two"));
```

以上代码的操作结果如下：

```
<items><one /><two /><three /></items>
```

实际上，在一个由很多元素组成的序列中的任意位置插入节点的效率是很高的，因为内部节点是存储在链表中的。

Remove 方法可以将当前节点从父元素中移除。ReplaceWith 方法具有相同的功能，只不过它在移除节点后还会在同一位置插入其他内容：

```
XElement items = XElement.Parse ("<items><one/><two/><three/></items>");
items.FirstNode.ReplaceWith (new XComment ("One was here"));
```

其执行结果如下：

```
<items><!--one was here--><two /><three /></items>
```

移除节点或属性序列

System.Xml.Linq 命名空间中提供了一系列扩展方法。这些扩展方法可以将一个节点或属性序列从父元素上移除。考虑如下 X-DOM：

```
XElement contacts = XElement.Parse (
@"<contacts>
    <customer name='Mary'/>
    <customer name='Chris' archived='true'/>
    <supplier name='Susan'>
      <phone archived='true'>012345678<!--confidential--></phone>
    </supplier>
  </contacts>");
```

以下代码将移除所有的 customer 元素：

```
contacts.Elements ("customer").Remove();
```

而以下代码将移除所有存档的联系人（archived contact），因此 Chris 会被删除：

```
contacts.Elements().Where (e => (bool?) e.Attribute ("archived") == true)
                    .Remove();
```

如果使用 Descendants() 方法替换 Elements()，则 DOM 中所有存档的元素都将被移除，其结果为：

```
<contacts>
  <customer name="Mary" />
  <supplier name="Susan" />
</contacts>
```

以下的实例将移除注释中包含"confidential"这个词的联系人：

```
contacts.Elements().Where (e => e.DescendantNodes()
                                  .OfType<XComment>()
                                  .Any (c => c.Value == "confidential")
                            ).Remove();
```

其结果为：

```
<contacts>
  <customer name="Mary" />
  <customer name="Chris" archived="true" />
</contacts>
```

而使用下面的简单查询就可以移除整棵树中的所有注释节点：

```
contacts.DescendantNodes().OfType<XComment>().Remove();
```

 Remove 方法在实现上会将所有匹配的元素保存在一个临时列表中，而后枚举这个列表中的元素并执行删除操作。这避免了在删除的同时进行查询所引起的错误。

10.6 使用 Value

XElement 和 XAttribute 类型都拥有 string 类型的 Value 属性。如果一个元素仅拥有一个 XText 子节点，那么 XElement 的 Value 属性就相当于访问该节点内容的快捷方式。对于 XAttribute 来说，Value 属性就是 XML 属性的值。

可见，尽管存储方式不同，但是 X-DOM 操作元素和属性值的方式却是一致的。

10.6.1 设置 Value

有两种方式可以设置元素和属性的值：调用 SetValue 的方法或向 Value 属性赋值。SetValue 方法的灵活性更强，因为它不但能够接受字符串，还可以接受其他的简单数据类型：

```
var e = new XElement ("date", DateTime.Now);
e.SetValue (DateTime.Now.AddDays(1));
Console.Write (e.Value);          // 2019-10-02T16:39:10.734375+09:00
```

除了上述方式之外，还可以为元素的 Value 属性赋值，但是这需要手动将 DateTime 转换为字符串。这种转换并非单纯调用 ToString 方法，而是应当使用 XmlConvert 来将数据转换为 XML 兼容的格式。

当向 XElement 或 XAttribute 的构造器中传递值时，构造器会将非 string 类型的值按照上述方式进行自动格式转换。这保证了 DateTime 格式的正确性，也保证了 true 会转化为小写形式，而 double.NegativeInfinity 会表示为 -INF。

10.6.2 获得 Value

可以使用简单的类型转换将 XElement 和 XAttribute 的 Value 值转换为原始类型。听上去这是不可能的，但实际上它没有任何问题，例如：

```
XElement e = new XElement ("now", DateTime.Now);
DateTime dt = (DateTime) e;

XAttribute a = new XAttribute ("resolution", 1.234);
double res = (double) a;
```

XML 元素和属性不会将 DateTime 或数字类型的值采用原生格式进行存储，而是会首先转换为文本格式进行存储。在需要的时候再从文本解析为目标类型。它并没有"记录"原始类型，因此如果转换失败，则会造成运行时错误。为了保证代码的健壮性，可以将这个逻辑包裹在 try/catch 块中，并捕获 FormatException。

XElement 和 XAttribute 类型的显式转换支持以下类型：

- 所有的标准数值类型

- string、bool、DateTime、DateTimeOffset、TimeSpan 和 Guid

- 上述值类型的 Nullable<> 版本

在使用 Element 和 Attribute 方法时，最好将其返回值转换为可空值类型，因为当特定名称的元素或属性不存在时，转换仍然可以正常进行。例如，如果 x 没有名为 timeout 的元素，则第一行代码将产生运行时错误，而第二行代码则不会：

```
int timeout = (int) x.Element ("timeout");        // Error
int? timeout = (int?) x.Element ("timeout");      // OK; timeout is null.
```

可以使用 ?? 运算符来去除最终结果中的可空值类型。以下代码将在 resolution 属性不存在时返回 1.0：

```
double resolution = (double?) x.Attribute ("resolution") ?? 1.0;
```

但当元素或属性存在，而值为空（或者格式不正确）的时候，即使转换为可空值类型也无法避免错误的发生。此时，必须手动处理 FormatException。

在 LINQ 查询中也可以进行类型转换。例如，以下例子将返回"John"：

```
var data = XElement.Parse (
  @"<data>
     <customer id='1' name='Mary' credit='100' />
     <customer id='2' name='John' credit='150' />
     <customer id='3' name='Anne' />
  </data>");

IEnumerable<string> query = from cust in data.Elements()
                            where (int?) cust.Attribute ("credit") > 100
                            select cust.Attribute ("name").Value;
```

由于 Anne 没有 credit 属性，因此将其属性值转换为可空值类型可以避免 NullRefer-
enceException。另一种解决方案是在 where 子句中添加谓词：

```
where cust.Attributes ("credit").Any() && (int) cust.Attribute...
```

上面这些原则同样适用于对元素值的查询。

10.6.3 值与混合内容节点

有了 Value 属性的支持，你可能会好奇什么时候才需要直接使用 XText 节点呢？答案是
当拥有混合内容时，例如：

```
<summary>An XAttribute is <bold>not</bold> an XNode</summary>
```

在这种情况下，一个简单的 Value 属性就不能获得 summary 中的所有内容了。summary
元素包含三项内容：一个 XText 类型的节点，之后是一个 XElement 类型的节点，而最
后又是一个 XText 类型的节点。以下是这三者的结构：

```
XElement summary = new XElement ("summary",
                       new XText ("An XAttribute is "),
                       new XElement ("bold", "not"),
                       new XText (" an XNode")
                   );
```

有意思的是，即使在这种情况下仍然可以查询 summary 的 Value，且不会抛出任何异常。
它的返回值拼接了各个子节点的值：

```
An XAttribute is not an XNode
```

对 summary 的 Value 属性赋值仍然是合法的。这个赋值操作会使用一个新的 XText 节点
替换之前的所有子节点。

10.6.4 自动连接 XText 节点

当向 XElement 中添加简单内容时，X-DOM 会将内容附加到现有的 XText 节点而不
会新建 XText 节点。在下面的示例中，e1 和 e2 中只会有一个 XText 子元素，其值为
HelloWorld：

```
var e1 = new XElement ("test", "Hello"); e1.Add ("World");
var e2 = new XElement ("test", "Hello", "World");
```

如果显式创建新的 XText 节点，则最终会得到多个子节点：

```
var e = new XElement ("test", new XText ("Hello"), new XText ("World"));
Console.WriteLine (e.Value);            // HelloWorld
Console.WriteLine (e.Nodes().Count());  // 2
```

XElement 不会连接这两个 XText 节点，因此节点对象的标识均得到了保留。

10.7 文档和声明

10.7.1 XDocument

如前所述，XDocument 封装了根 XElement 节点，并且可以添加 XDeclaration、处理指令、文档类型和根级别的注释。XDocument 是可选的，并可以忽略或省略。这和 W3C 的 DOM 是不同的，它并不会作为一个胶水层将所有内容整合起来。

XDocument 提供了与 XElement 功能相同的构造器。另外，由于它也继承了 XContainer 类，因此它也支持 Add*XXX*、Remove*XXX* 和 Replace*XXX* 方法。但和 XElement 不同，XDocument 可接受的内容是有限的，如：

- 一个 XElement 对象（"根节点"）。
- 一个 XDeclaration 对象。
- 一个 XDocumentType 对象 [引用一个文档类型定义（Document Type Definition，DTD）]。
- 任意数目的 XProgressingInstruction 对象。
- 任意数目的 XComment 对象。

 在上面提到的组成 XDocument 的这些对象中，只有 XElement 根元素是必需的。而 XDeclaration 是可选的。如果省略，在序列化的过程中会应用默认的设置。

最简单的合法 XDocument 只包含一个根元素：

```
var doc = new XDocument (
        new XElement ("test", "data")
        );
```

注意，虽然这里并没有包括 XDeclaration 对象，但是调用 doc.Save 时所生成的文件仍然会包含默认生成的 XML 声明。

以下代码生成一个简单但是格式正确的 XHTML 文件，展示了 XDocument 可以接受的所有结构：

```
var styleInstruction = new XProcessingInstruction (
  "xml-stylesheet", "href='styles.css' type='text/css'");

var docType = new XDocumentType ("html",
  "-//W3C//DTD XHTML 1.0 Strict//EN",
  "http://www.w3.org/TR/xhtml1/DTD/xhtml1-strict.dtd", null);

XNamespace ns = "http://www.w3.org/1999/xhtml";
var root =
  new XElement (ns + "html",
```

```
      new XElement (ns + "head",
        new XElement (ns + "title", "An XHTML page")),
      new XElement (ns + "body",
        new XElement (ns + "p", "This is the content"))
  );

var doc =
  new XDocument (
    new XDeclaration ("1.0", "utf-8", "no"),
    new XComment ("Reference a stylesheet"),
    styleInstruction,
    docType,
    root);

doc.Save ("test.html");
```

以上代码生成的 *test.html* 内容如下：

```
<?xml version="1.0" encoding="utf-8" standalone="no"?>
<!--Reference a stylesheet-->
<?xml-stylesheet href='styles.css' type='text/css'?>
<!DOCTYPE html PUBLIC "-//W3C//DTD XHTML 1.0 Strict//EN"
                      "http://www.w3.org/TR/xhtml1/DTD/xhtml1-strict.dtd">
<html xmlns="http://www.w3.org/1999/xhtml">
  <head>
    <title>An XHTML page</title>
  </head>
  <body>
    <p>This is the content</p>
  </body>
</html>
```

XDocument 有一个 Root 属性，这个属性可以快捷地访问当前文档的根 XElement。其反向链接则是通过 XObject 的 Document 属性提供的。文档树中的对象都拥有这个属性：

```
Console.WriteLine (doc.Root.Name.LocalName);           // html
XElement bodyNode = doc.Root.Element (ns + "body");
Console.WriteLine (bodyNode.Document == doc);           // True
```

前面提到过，文档对象的子节点是没有 Parent 信息的：

```
Console.WriteLine (doc.Root.Parent == null);           // True
foreach (XNode node in doc.Nodes())
  Console.Write (node.Parent == null);                  // TrueTrueTrueTrue
```

 XDeclaration 并不是 XNode 类型的，因此它不会出现在文档的 Nodes 集合中，而注释、处理指令和根元素都会出现在 Nodes 集合中。声明会专门存放在 Declaration 属性中。这解释了为什么上述代码的最后一行只输出了四个 True（而不是五个）。

10.7.2 XML 声明

一个标准的 XML 文件的起始部分是 XML 声明，例如：

```
<?xml version="1.0" encoding="utf-8" standalone="yes"?>
```

XML 声明确保了整个文件能够被 XML 阅读器正确解析并理解。XElement 和 XDocument 都遵循以下 XML 声明规则：

- 提供文件名调用 Save 方法总是会自动写入 XML 声明。

- 在 XmlWriter 对象上调用 Save 时，除非 XmlWriter 特别指定，否则会写入 XML 声明。

- ToString 方法不会生成 XML 声明。

如果不想让 XmlWriter 生成 XML 声明，可以设置 XmlWriterSettings 对象的 OmitXmlDeclaration 和 ConformanceLevel 属性，并将这个设置传递给 XmlWriter 的构造器。我们将在第 11 章中介绍该内容。

是否有 XDeclaration 对象并不会影响 XML 声明的写入。XDeclaration 的目的是指导 XML 的序列化进程。这种影响主要分为如下两个方面：

- 使用何种文本编码标准。

- 如果要写入声明，如何定义 XML 声明中的 encoding 和 standalone 两个属性的值。

XDeclaration 的构造器接收三个参数，分别对应 version、encoding 和 standalone 属性。在下面的例子中，*test.xml* 文件是使用 UTF-16 进行编码的：

```
var doc = new XDocument (
            new XDeclaration ("1.0", "utf-16", "yes"),
            new XElement ("test", "data")
        );
doc.Save ("test.xml");
```

XML 写入器会忽略指定的 XML 版本信息，而总是写入 "1.0"。

需要注意的是，XML 声明中的编码方式必须使用 IETF 编码方式书写，例如 "utf-16"。

将 XML 声明输出为字符串

如果需要将 XDocument 序列化为 string，同时包含声明，则需使用 XmlWriter。这是因为 ToString 方法不会包含 XML 声明：

```
var doc = new XDocument (
            new XDeclaration ("1.0", "utf-8", "yes"),
            new XElement ("test", "data")
        );
var output = new StringBuilder();
```

```
var settings = new XmlWriterSettings { Indent = true };
using (XmlWriter xw = XmlWriter.Create (output, settings))
  doc.Save (xw);
Console.WriteLine (output.ToString());
```

上述代码的输出为：

```
<?xml version="1.0" encoding="utf-16" standalone="yes"?>
<test>data</test>
```

需要注意的是，输出的编码方式为 UTF-16，而我们在代码中创建 XDeclaration 时指定的却是 UTF-8！这看起来像是一个缺陷，但事实上，XmlWriter 的处理却非常智。由于输出的是 string 而不是文件或流，因此不可能使用除 UTF-16 以外的编码方式（字符串内部使用的就是这种编码方式）。因此 XmlWriter 真实地输出了 "utf-16"。

这也可以解释为什么 ToString 方法不会输出 XML 声明了。假如不使用 Save 方法，而是使用下面的方式将 XDocument 保存到文件中：

```
File.WriteAllText ("data.xml", doc.ToString());
```

按照上面这种写法，*data.xml* 会缺少 XML 声明，虽然不完整，但仍然能够解析（因为可以推断文本的编码）。但是如果 ToString 会生成 XML 声明，则 *data.xml* 就会包含不正确的声明（encoding="utf-16"）。这将导致整个 XML 文件都不能够正确解读，因为 WriteAllText 实际上是使用 UTF-8 进行编码的。

10.8 名称和命名空间

我们都知道 .NET 类型都有自己的命名空间，实际上，XML 元素及其属性也是如此。

XML 命名空间有两个功能。首先，和 C# 命名空间一样，它们可以避免命名冲突。例如，当要合并来自两个不同文件的 XML 数据时，可以避免命名冲突。其次，命名空间赋予了名称一个绝对的含义。例如，名称"nil"可以有各种各样的含义。但是这个名称在 *http://www.w3.org/2001/xmlschema-instance* 命名空间下，所表达的意思除了某些特定的规则之外，和 C# 中的 null 是基本一致的。

由于 XML 中的命名空间非常容易混淆，这里首先概要介绍一下它的概念。在后续章节中，我们再介绍如何在 LINQ to XML 中使用它。

10.8.1 XML 中的命名空间

假设我们希望在 OReilly.Nutshell.CSharp 命名空间下定义一个 customer 元素，有两种实现方式，一种是使用 xmlns 属性：

```
<customer xmlns="OReilly.Nutshell.CSharp"/>
```

xmlns 是一个特殊的保留属性，以上用法有两个功能：

- 它为相关的元素指定了命名空间。

- 它为所有的后代元素指定了默认的命名空间。

这意味着在下面的示例中，address 和 postcode 节点也同样位于 OReilly.Nutshell. CSharp 命名空间中：

```
<customer xmlns="OReilly.Nutshell.CSharp">
  <address>
    <postcode>02138</postcode>
  </address>
</customer>
```

如果我们不希望 address 和 postcode 继承父节点的命名空间，则可以进行如下设置：

```
<customer xmlns="OReilly.Nutshell.CSharp">
  <address xmlns="">
    <postcode>02138</postcode>         <!-- postcode now inherits empty ns -->
  </address>
</customer>
```

10.8.1.1 前缀

另一种指定命名空间的方法是使用前缀。前缀是一个命名空间的别名，使用它指定命名空间所使用的字符数目较少。使用前缀方法分两步进行：定义前缀和使用前缀。以下方法一次性完成了这两步操作：

```
<nut:customer xmlns:nut="OReilly.Nutshell.CSharp"/>
```

此处一次性完成了两步操作。右侧 xmlns:nut="..." 定义了前缀的名称 nut 并且使其在当前元素和所有子元素上生效。左边的部分 nut:customer 将新定义的前缀分配到了 customer 元素上。

拥有前缀的元素不会为它的后代元素定义默认的命名空间。在以下的 XML 中，firstname 的命名空间为空：

```
<nut:customer xmlns:nut="OReilly.Nutshell.CSharp">
  <firstname>Joe</firstname>
</customer>
```

如果希望将前缀 OReilly.Nutshell.CSharp 赋予 firstname，则必须使用如下定义：

```
<nut:customer xmlns:nut="OReilly.Nutshell.CSharp">
  <nut:firstname>Joe</firstname>
</customer>
```

为了方便子元素的使用，还可以将前缀定义在父元素上但不给父元素赋值。以下例子定义了两个前缀 i 和 z，而不为 customer 元素指定任何命名空间：

```
<customer xmlns:i="http://www.w3.org/2001/XMLSchema-instance"
          xmlns:z="http://schemas.microsoft.com/2003/10/Serialization/">
```

```
    ...
  </customer>
```

如果 customer 元素为根节点，那么整个文档的节点就都可以使用 i 和 z 前缀了。当需要元素赋予不同的命名空间时，使用前缀是非常方便的。

需要注意的是，上述命名空间均为 URI。使用（你拥有的）URI 是定义命名空间的一个标准做法，它保证了命名空间的唯一性。因此在实际工作中，customer 更可能是以下形式：

```
<customer xmlns="http://oreilly.com/schemas/nutshell/csharp"/>
```

或者

```
<nut:customer xmlns:nut="http://oreilly.com/schemas/nutshell/csharp"/>
```

10.8.1.2 属性

属性也支持命名空间，不同的是属性必须使用前缀。例如：

```
<customer xmlns:nut="OReilly.Nutshell.CSharp" nut:id="123" />
```

另一个不同之处在于，非限定属性总是包含一个空的命名空间，它永远也不会从父元素继承一个默认的命名空间。

对于属性来说，一般是不需要命名空间的，因为属性是元素的局部特征。而那些通用属性或者元数据属性除外，例如，前面提到的 W3C 中的 nil 属性：

```
<customer xmlns:xsi="http://www.w3.org/2001/XMLSchema-instance">
  <firstname>Joe</firstname>
  <lastname xsi:nil="true"/>
</customer>
```

上面的代码明确指出了 lastname 的值为 nil（C# 中的 null），而不是一个空的字符串。由于我们使用标准的命名空间，因此通用解析器都可以正确理解我们的意图。

10.8.2 在 X-DOM 中指定命名空间

到目前为止，在我们使用的示例中都是将一个简单的字符串作为 XElement 和 XAttribute 的名称。简单字符串对应的 XML 名称属于空命名空间，就像那些定义在全局命名空间中的 .NET 类型一样。

指定 XML 命名空间的方式有很多。第一种方式是在本地名称前面用大括号来指定：

```
var e = new XElement ("{http://domain.com/xmlspace}customer", "Bloggs");
Console.WriteLine (e.ToString());
```

以下是上述代码生成的 XML：

```
<customer xmlns="http://domain.com/xmlspace">Bloggs</customer>
```

第二种方式（也是更好的方式）是使用 XNamespace 和 XName 类型来设置命名空间。它们的定义如下：

```
public sealed class XNamespace
{
  public string NamespaceName { get; }
}

public sealed class XName      // A local name with optional namespace
{
  public string LocalName { get; }
  public XNamespace Namespace { get; }   // Optional
}
```

两种类型都定义了从 string 到相应类型的隐式转换。因此以下代码是合法的：

```
XNamespace ns        = "http://domain.com/xmlspace";
XName localName       = "customer";
XName fullName        = "{http://domain.com/xmlspace}customer";
```

XNamespace 还重载了 + 运算符，这样无须使用大括号即可将命名空间和元素组合为一个 XName 对象：

```
XNamespace ns = "http://domain.com/xmlspace";
XName fullName = ns + "customer";
Console.WriteLine (fullName);       // {http://domain.com/xmlspace}customer
```

X-DOM 的所有构造器和方法实际上都是用 XName，而不是用 string 来定义元素或者属性的名称。之所以可以这样使用是因为字符串可以隐式转换为 XName 对象。

为属性或元素指定命名空间的方式是一样的：

```
XNamespace ns = "http://domain.com/xmlspace";
var data = new XElement (ns + "data",
              new XAttribute (ns + "id", 123)
            );
```

10.8.3 X-DOM 和默认命名空间

除非要输出 XML，否则 X-DOM 会默认忽略默认命名空间的概念。这意味着，在构建子 XElement 时，若有必要，则必须显式指定命名空间，因为子元素不会从父元素继承命名空间：

```
XNamespace ns = "http://domain.com/xmlspace";
var data = new XElement (ns + "data",
              new XElement (ns + "customer", "Bloggs"),
              new XElement (ns + "purchase", "Bicycle")
            );
```

而 X-DOM 在读取或输出 XML 时会使用默认命名空间：

页边有竖排文字 LINQ to XML

```
Console.WriteLine (data.ToString());

OUTPUT:
  <data xmlns="http://domain.com/xmlspace">
    <customer>Bloggs</customer>
    <purchase>Bicycle</purchase>
  </data>

Console.WriteLine (data.Element (ns + "customer").ToString());

OUTPUT:
  <customer xmlns="http://domain.com/xmlspace">Bloggs</customer>
```

如果在创建 XElement 的子元素时没有指定命名空间：

```
XNamespace ns = "http://domain.com/xmlspace";
var data = new XElement (ns + "data",
            new XElement ("customer", "Bloggs"),
            new XElement ("purchase", "Bicycle")
          );
Console.WriteLine (data.ToString());
```

则会得到如下结果：

```
<data xmlns="http://domain.com/xmlspace">
  <customer xmlns="">Bloggs</customer>
  <purchase xmlns="">Bicycle</purchase>
</data>
```

另外一个常见错误是在导航 X-DOM 时忘记指定命名空间：

```
XNamespace ns = "http://domain.com/xmlspace";
var data = new XElement (ns + "data",
            new XElement (ns + "customer", "Bloggs"),
            new XElement (ns + "purchase", "Bicycle")
          );
XElement x = data.Element (ns + "customer");    // ok
XElement y = data.Element ("customer");         // null
```

如果在构建 X-DOM 树时没有指定命名空间，还可以在随后的代码中为每一个元素分配命名空间，如下所示：

```
foreach (XElement e in data.DescendantsAndSelf())
  if (e.Name.Namespace == "")
    e.Name = ns + e.Name.LocalName;
```

10.8.4 前缀

X-DOM 对前缀的处理和命名空间一样，只在序列化中使用。这意味着完全忽略前缀的问题也是可行的。使用前缀的唯一理由是为了高效输出 XML 文件。例如，考虑如下代码：

```
XNamespace ns1 = "http://domain.com/space1";
XNamespace ns2 = "http://domain.com/space2";
```

```
var mix = new XElement (ns1 + "data",
            new XElement (ns2 + "element", "value"),
            new XElement (ns2 + "element", "value"),
            new XElement (ns2 + "element", "value")
        );
```

默认情况下，XElement 会序列化为以下形式：

```
<data xmlns="http://domain.com/space1">
  <element xmlns="http://domain.com/space2">value</element>
  <element xmlns="http://domain.com/space2">value</element>
  <element xmlns="http://domain.com/space2">value</element>
</data>
```

上述例子中有一些不必要的重复代码。我们可以不更改 X-DOM 的创建方式，而是在序列化之前通过添加前缀属性来解决。这种操作一般在根元素上完成：

```
mix.SetAttributeValue (XNamespace.Xmlns + "ns1", ns1);
mix.SetAttributeValue (XNamespace.Xmlns + "ns2", ns2);
```

以上两行代码将前缀"ns1"添加到了我们的 XNamespace 变量 ns1，将前缀"ns2"添加到了变量 ns2 上。X-DOM 会自动使用这些属性缩短序列化的 XML 结果。以下是在 mix 上调用 ToString 的结果：

```
<ns1:data xmlns:ns1="http://domain.com/space1"
          xmlns:ns2="http://domain.com/space2">
  <ns2:element>value</ns2:element>
  <ns2:element>value</ns2:element>
  <ns2:element>value</ns2:element>
</ns1:data>
```

前缀的引入不会影响构建、查询和更新 X-DOM 的方式。实际上，这些操作可以完全忽略前缀，直接使用完整的名称即可。只有当序列化到文件或者流（反之亦然）的时候才需要使用前缀。

前缀对于序列化属性同样有效。在以下例子中，我们使用 W3C 标准属性将一个客户的生日和信用卡信息设置为 "nil"。加粗的代码确保了序列化的时候不会出现不必要的命名空间重复：

```
XNamespace xsi = "http://www.w3.org/2001/XMLSchema-instance";
var nil = new XAttribute (xsi + "nil", true);

var cust = new XElement ("customers",
            new XAttribute (XNamespace.Xmlns + "xsi", xsi),
            new XElement ("customer",
              new XElement ("lastname", "Bloggs"),
              new XElement ("dob", nil),
              new XElement ("credit", nil)
            )
          );
```

上述代码生成的 XML 如下：

```
<customers xmlns:xsi="http://www.w3.org/2001/XMLSchema-instance">
  <customer>
    <lastname>Bloggs</lastname>
    <dob xsi:nil="true" />
    <credit xsi:nil="true" />
  </customer>
</customers>
```

为了让代码更简短，我们在前面的代码中预先定义了 nil XAttribute 对象。可以在创建 DOM 的过程中重复引用该属性，而它会如我们所愿自动进行复制。

10.9 注解

注解可以将任何自定义的数据附加在任何的 XObject 上。注解是为了存放自定义私有数据而设计的，X-DOM 会将其视为黑盒。如果你使用过 Windows Forms 或 Windows Presentation Foundation（WPF）控件上的 Tag 属性，可能对注解就不会感到陌生。它们的不同在于一个对象的注解可以有多个，且可以将作用域设置为私有，这样其他数据类型就无法看到这些注解，更不用说修改其中的数据了。

可以使用以下的方法向 XObject 添加或者删除注解：

```
public void AddAnnotation (object annotation)
public void RemoveAnnotations<T>()      where T : class
```

以下方法用于检索对象的注解：

```
public T Annotation<T>()                where T : class
public IEnumerable<T> Annotations<T>() where T : class
```

每一个注解都使用它的类型（必须是引用类型）作为键。以下代码首先添加了一个 string 类型的注解，而后又检索了这个注解：

```
XElement e = new XElement ("test");
e.AddAnnotation ("Hello");
Console.WriteLine (e.Annotation<string>());   // Hello
```

我们还可以添加多个相同类型的注解，然后调用 Annotations 方法检索所有符合条件的注解对象。

使用 string 这种公有类型作为键并不是一个很好的选择，因为其他类型中的代码有可能会和我们的注解相互干扰。一种比较好的做法是使用内部类或嵌套的私有类：

```
class X
{
  class CustomData { internal string Message; }   // Private nested type

  static void Test()
  {
    XElement e = new XElement ("test");
    e.AddAnnotation (new CustomData { Message = "Hello" } );
```

```
        Console.Write (e.Annotations<CustomData>().First().Message);  // Hello
    }
}
```

若要移除一个注解，则必须先通过键找到它：

```
e.RemoveAnnotations<CustomData>();
```

10.10 将数据投射到 X-DOM

前面我们讨论了如何使用 LINQ 从 X-DOM 中获得数据。相反，我们还可以使用 LINQ 将数据从数据源（只要它支持 LINQ 查询即可）直接投射到 X-DOM 中。例如：

- EF Core 实体类型。

- 本地集合。

- 另一个 X-DOM。

不管使用何种数据源，从 LINQ 投射生成 X-DOM 的方式是相同的：首先使用函数式构建表达式定义出期望的 X-DOM 的结构，然后针对该表达式进行相应的 LINQ 查询。

例如，假设我们从一个数据库中查询客户信息并生成以下形式的 XML：

```
<customers>
  <customer id="1">
    <name>Sue</name>
    <buys>3</buys>
  </customer>
  ...
</customers>
```

我们首先为这个 X-DOM 书写一个简单的函数式构建表达式：

```
var customers =
  new XElement ("customers",
    new XElement ("customer", new XAttribute ("id", 1),
      new XElement ("name", "Sue"),
      new XElement ("buys", 3)
    )
  );
```

然后将上述表达式变为投射形式并围绕它构建 LINQ 查询：

```
var customers =
  new XElement ("customers",
    // We must call AsEnumerable() due to a bug in EF Core.
    from c in dbContext.Customers.AsEnumerable()
    select
      new XElement ("customer", new XAttribute ("id", c.ID),
        new XElement ("name", c.Name),
        new XElement ("buys", c.Purchases.Count)
      )
  );
```

由于 EF Core 当前版本的一个缺陷（该缺陷会在后续版本中修正），上述例子中需调用 AsEnumerable 方法。在该缺陷修正之后，就无须使用 AsEnumerable。这样做可以避免每次调用 c.Purchase.Count 时重复执行查询，从而改善性能。

上述代码生成的 XML 如下：

```
<customers>
  <customer id="1">
    <name>Tom</name>
    <buys>3</buys>
  </customer>
  <customer id="2">
    <name>Harry</name>
    <buys>2</buys>
  </customer>
    ...
</customers>
```

还可以用另一种更加清晰的方式分两步构造这个查询。

第一步：

```
IEnumerable<XElement> sqlQuery =
  from c in dbContext.Customers.AsEnumerable()
  select
    new XElement ("customer", new XAttribute ("id", c.ID),
      new XElement ("name", c.Name),
      new XElement ("buys", c.Purchases.Count)
    );
```

其中内层是一个普通的 LINQ 查询，它将数据投射为若干 XElement。第二步操作为：

```
var customers = new XElement ("customers", sqlQuery);
```

这一步构建了根节点 XElement。这里的特殊之处在于 sqlQuery 并不是一个单一的 XElement 而是一个实现了 IEnumerable<XElement> 的 IQueryable<XElement>。之前提到过，在处理 XML 内容时会自动对集合类型进行枚举，因此其中的每一个 XElement 都添加成了子节点。

10.10.1 排除空元素

假设在前面的示例中，我们还希望在结果中包含客户最近的高价购买记录的详细信息，则可以使用如下查询：

```
var customers =
  new XElement ("customers",
    // The AsEnumerable call can be removed when the EF Core bug is fixed.
    from c in dbContext.Customers.AsEnumerable()
    let lastBigBuy = (from p in c.Purchases
                        where p.Price > 1000
```

```
                    orderby p.Date descending
                    select p).FirstOrDefault()
    select
      new XElement ("customer", new XAttribute ("id", c.ID),
        new XElement ("name", c.Name),
        new XElement ("buys", c.Purchases.Count),
        new XElement ("lastBigBuy",
          new XElement ("description", lastBigBuy?.Description),
          new XElement ("price", lastBigBuy?.Price ?? 0m)
        )
      )
  );
```

这种查询在客户没有高价购买记录时会返回空元素（如果不是数据库查询而是本地查询，则会抛出 NullReferenceException）。在这种情况下，完全忽略 lastBigBuy 节点效果更佳。我们可以通过在条件运算符中包装 lastBigBuy 元素的构造器来实现这个目标：

```
    select
      new XElement ("customer", new XAttribute ("id", c.ID),
        new XElement ("name", c.Name),
        new XElement ("buys", c.Purchases.Count),
        lastBigBuy == null ? null :
          new XElement ("lastBigBuy",
            new XElement ("description", lastBigBuy.Description),
            new XElement ("price", lastBigBuy.Price)
```

上述查询在客户没有 lastBigBuy 时返回 null 而不是一个空的 XElement 对象。这是我们期望的结果，因为 null 在内容处理时会被自动忽略。

10.10.2 流投射

若我们将数据投射为 X-DOM 仅仅是为了保存数据（或者调用其 ToString 方法），则可考虑使用 XStreamingElement 来改善内存使用效率。XStreamingElement 是一个简化版的 XElement，它支持延迟加载子内容语义。例如，可以使用 XStreamingElement 替换外层的 XElement：

```
    var customers =
      new XStreamingElement ("customers",
        from c in dbContext.Customers
        select
          new XStreamingElement ("customer", new XAttribute ("id", c.ID),
            new XElement ("name", c.Name),
            new XElement ("buys", c.Purchases.Count)
          )
      );
    customers.Save ("data.xml");
```

传入 XStreamingElement 构造器中的查询不会被立即枚举，而是在调用 Save、ToString 或者 WriteTo 时才会真正进行读取。这样可以避免将整个 X-DOM 一次性加载到内存中。这种查询的不足之处在于如果多次进行 Save 操作，则查询语句会重复执行。另外，

XStreamingElement 也无法遍历子节点，它也没有提供诸如 Elements 和 Attributes 之类的方法。

XStreamingElement 并不继承 XObject 类型，也不基于其他类，因为它只有相当有限的成员。除了 Save、ToString 和 WriteTo 之外，其成员还有：

- Add 方法，该方法的参数与构造器相似。
- Name 属性。

XStreamingElement 不允许以流的方式从中读取内容，如果要读取内容，则必须使用 XmlReader 配合 X-DOM 来实现，我们会在 11.3 节中介绍如何实现。

第 11 章

其他 XML 与 JSON 技术

第 10 章介绍了 LINQ to XML 的 API 以及 XML 的基本知识。本章我们将介绍底层的 XmlReader/XmlWriter 类型与操作 JSON（JavaScript Object Notation）类型。目前 JSON 相比 XML 得到了更广泛的应用。

关于处理 XML 架构以及样式表的相关工具介绍，请参见在线的附加内容（*http://www. albahari.com/nutshell/*）。

11.1 XmlReader

XmlReader 是一个高性能的类，它能够以低层次、前向的方式读取 XML 流。

考虑如下的 XML 文件 *customer.xml*：

```
<?xml version="1.0" encoding="utf-8" standalone="yes"?>
<customer id="123" status="archived">
  <firstname>Jim</firstname>
  <lastname>Bo</lastname>
</customer>
```

调用 XmlReader.Create 静态方法可以创建 XmlReader 实例，该方法接收 Stream、TextReader 或者 URI 字符串参数：

```
using XmlReader reader = XmlReader.Create ("customer.xml");
  ...
```

XmlReader 可能会从一些较慢的数据源（例如 Stream 和 URI）读取数据，因此它的大多数方法都提供了异步版本以方便编写非阻塞代码。

我们将在第 14 章详细介绍异步编程。

以下代码通过读取字符串来创建 XmlReader：

```
using XmlReader reader = XmlReader.Create (
```

```
new System.IO.StringReader (myString));
```

除此之外，还可以传递 XmlReaderSettings 对象来控制 XML 的解析和验证选项。例如，XmlReaderSettings 的以下三个属性可有效地跳过无关内容：

```
bool IgnoreComments                    // Skip over comment nodes?
bool IgnoreProcessingInstructions      // Skip over processing instructions?
bool IgnoreWhitespace                  // Skip over whitespace?
```

处理空白节点通常会分散精力，因而我们可以忽略空白字符节点，如以下示例所示：

```
XmlReaderSettings settings = new XmlReaderSettings();
settings.IgnoreWhitespace = true;

using XmlReader reader = XmlReader.Create ("customer.xml", settings);
  ...
```

XmlReaderSettings 的另一个重要属性是 ConformanceLevel。它的默认值为 Document，它将指示 XmlReader 验证当前文档是否为包含一个根节点的有效 XML 文档。但如果你只想读取一个 XML 文档的包含多个节点的部分内容就会出现问题：

```
<firstname>Jim</firstname>
<lastname>Bo</lastname>
```

如果需要解析上述片段且不抛出异常，则必须将 ConformanceLevel 设置为 Fragment。

XmlReaderSettings 的另一个属性 CloseInput 指示当关闭读取器的时候是否同时关闭底层的流。XmlWriterSettings 也有类似的属性 CloseOutput。它们的默认值均为 false。

11.1.1 读取节点

XML 流以 XML 节点为单位。读取器按照文本流顺序进行深度优先的遍历。读取器的 Depth 属性可返回游标的当前深度。

从 XmlReader 中读取节点的最基本途径是调用 Read 方法。该方法将读取 XML 流的下一个节点，相当于 IEnumerator 的 MoveNext 方法。第一次调用 Read 方法会将游标放置在第一个节点。当 Read 方法返回 false 时，意味着游标已经越过了最后一个节点，此时 XmlReader 对象就应当关闭并弃用了。

XmlReader 提供了 Name 和 Value 两个 string 类型的属性来访问节点的内容。根据节点类型，其内容可能定义在 Name 或 Value 上，或者两者同时都有。

在以下示例中，我们读取了 XML 流的每一个节点，同时输出每一个节点的类型：

```
XmlReaderSettings settings = new XmlReaderSettings();
settings.IgnoreWhitespace = true;

using XmlReader reader = XmlReader.Create ("customer.xml", settings);
while (reader.Read())
```

```
{
  Console.Write (new string (' ', reader.Depth * 2));  // Write indentation
  Console.Write (reader.NodeType.ToString());

  if (reader.NodeType == XmlNodeType.Element ||
      reader.NodeType == XmlNodeType.EndElement)
  {
    Console.Write (" Name=" + reader.Name);
  }
  else if (reader.NodeType == XmlNodeType.Text)
  {
    Console.Write (" Value=" + reader.Value);
  }
  Console.WriteLine ();
}
```

其输出如下：

```
XmlDeclaration
Element Name=customer
  Element Name=firstname
    Text Value=Jim
  EndElement Name=firstname
  Element Name=lastname
    Text Value=Bo
  EndElement Name=lastname
EndElement Name=customer
```

XML 属性并没有包含在 Read 的遍历中（11.1.3 节将详细介绍相关内容）。

NodeType 属性的类型是 XmlNodeType 枚举，它包含以下成员：

None	Comment	Document
XmlDeclaration	Entity	DocumentType
Element	EndEntity	DocumentFragment
EndElement	EntityReference	Notation
Text	ProcessingInstruction	Whitespace
Attribute	CDATA	SignificantWhitespace

11.1.2 读取元素

通常情况下我们在读之前就已经了解要读取的 XML 文档的结构了。XmlReader 提供了一系列方法推断特定的文档结构并进行数据读取。这不仅可以简化代码，还能够进行一些验证工作。

如果验证失败的话，XmlReader 会抛出 XmlException。XmlException 具有 LineNumber 和 LinePosition 属性来指示失败发生的具体位置。当 XML 文件很大时，这些信息是非常必要的。

ReadStartElement 方法首先验证当前的 NodeType 是否为 Element，然后调用 Read 方法。如果指定名称，则它还会验证当前的元素名称是否匹配。

而 ReadEndElement 方法首先验证当前的 NodeType 是否为 EndElement，然后调用 Read 方法。

例如，对于 XML 片段：

```
<firstname>Jim</firstname>
```

我们可以用如下方式进行读取：

```
reader.ReadStartElement ("firstname");
Console.WriteLine (reader.Value);
reader.Read();
reader.ReadEndElement();
```

ReadElementContentAsString 方法会一次完成上述所有操作，它读取起始元素、一个文本节点和结束元素，并以字符串形式返回内容：

```
string firstName = reader.ReadElementContentAsString ("firstname", "");
```

ReadElementContentAsString 方法的第二个参数是命名空间，在上述例子中为空字符串。这个方法也有类型化的版本，例如，ReadElementContentAsInt，该方法会将结果解析为整数。回到最初的 XML 文档：

```
<?xml version="1.0" encoding="utf-8" standalone="yes"?>
<customer id="123" status="archived">
  <firstname>Jim</firstname>
  <lastname>Bo</lastname>
  <creditlimit>500.00</creditlimit>     <!-- OK, we sneaked this in! -->
</customer>
```

我们可以用以下方式获得文档中的内容：

```
XmlReaderSettings settings = new XmlReaderSettings();
settings.IgnoreWhitespace = true;

using XmlReader r = XmlReader.Create ("customer.xml", settings);

r.MoveToContent();                 // Skip over the XML declaration
r.ReadStartElement ("customer");
string firstName    = r.ReadElementContentAsString ("firstname", "");
string lastName     = r.ReadElementContentAsString ("lastname", "");
decimal creditLimit = r.ReadElementContentAsDecimal ("creditlimit", "");

r.MoveToContent();        // Skip over that pesky comment
r.ReadEndElement();       // Read the closing customer tag
```

 MoveToContent 方法非常有用，它可以跳过那些不必要的 XML 声明、空白节点、注释和处理指令。当然，你也可以通过设置 XmlReaderSettings 中的相关属性使读取器自动忽略这些内容。

11.1.2.1 可选元素

在前一个例子中，若希望将 `<lastname>` 设置为可选元素，则一个简单的方法是：

```
r.ReadStartElement ("customer");
string firstName    = r. ReadElementContentAsString ("firstname", "");
string lastName     = r.Name == "lastname"
                      ? r.ReadElementContentAsString() : null;
decimal creditLimit = r.ReadElementContentAsDecimal ("creditlimit", "");
```

11.1.2.2 随机元素顺序

本节的示例均依赖元素在 XML 文件中出现的顺序。如果需要解析以随机顺序出现的元素，则最简单的办法是一次性将一整个 XML 片段加载到 X-DOM 中，我们将在 11.3 节进行介绍。

11.1.2.3 空元素

`XmlReader` 处理空元素的方式是一个可怕的陷阱。考虑如下元素：

```
<customerList></customerList>
```

在 XML 中，它等价于：

```
<customerList/>
```

但是 `XmlReader` 会以不同的方式进行处理。对于第一种情况，以下代码可以按照预期工作：

```
reader.ReadStartElement ("customerList");
reader.ReadEndElement();
```

而对于第二种情况，`ReadEndElement` 会抛出一个异常，因为 `XmlReader` 无法找到指定的结束节点。可以使用以下代码检查这个空节点：

```
bool isEmpty = reader.IsEmptyElement;
reader.ReadStartElement ("customerList");
if (!isEmpty) reader.ReadEndElement();
```

实际应用中，在元素包含子元素时（例如，客户列表）这种写法就显得非常累赘。对于包含简单文本的元素（如，firstName），可以调用类似 `ReadElementContentAsString` 的方法来避免这个问题。`ReadElementXXX` 方法都可以正确处理这两种空元素。

11.1.2.4 其他 ReadXXX 方法

表 11-1 汇总了 `XmlReader` 中的所有 `ReadXXX` 方法。大部分方法都是用来处理 XML 元素的。示例 XML 片段中的加粗部分则是相应读取方法的关注点。

表 11-1：读取方法汇总

方法	支持的 NodeType	XML 示例	输入 参数	返回的数据
ReadContentAs*XXX*	Text	\<a>x\</a>		x
ReadElementContentAs*XXX*	Element	\<a>x\</a>		x
ReadInnerXml	Element	\<a>x\</a>		x
ReadOuterXml	Element	\<a>x\</a>		\<a>x\</a>
ReadStartElement	Element	\<a>x\</a>		
ReadEndElement	Element	\<a>x\</a>		
ReadSubtree	Element	\<a>x\</a>		\<a>x\</a>
ReadToDescendant	Element	\<a>x\\\</a>	"b"	
ReadToFollowing	Element	\<a>x\\\</a>	"b"	
ReadToNextSibling	Element	\<a>x\</a>\\	"b"	
ReadAttributeValue	Attribute	请参见 11.1.3 节		

ReadContentAs*XXX* 方 法 将 一 个 文 本 节 点 解 析 为 *XXX* 类 型，该 方 法 内 部 使 用 了 XMLConvert 类来实现字符串到类型的转换，而文本节点既可以包含在元素中也可以包含在属性中。

ReadElementContentAs*XXX* 方法包装了相应的 ReadContentAs*XXX* 方法来读取元素节点，而不是元素内的文本节点。

ReadInnerXml 通常用来读取元素，它会读取并返回一个元素及所有后代节点。当它应用在一个属性上时，则返回这个属性的值。ReadOuterXml 和 ReadInnerXml 类似，但是它会包含，而非排除游标位置所在的元素。

ReadSubtree 返回一个代理读取器，它仅仅提供了当前节点和后代节点的视图。代理读取器必须在原始的读取器进行下一次读取之前关闭。当代理读取器关闭时，原始读取器的游标会移动到整个子树的末尾。

ReadToDescendant 将游标移动到指定名称或命名空间的第一个后代节点的起始位置。ReadToFollowing 将游标移动到指定名称或命名空间的第一个节点的起始位置（不论深度大小）。ReadToNextSibling 将游标移动到指定名称或命名空间的第一个兄弟节点的起始位置。

ReadString 和 ReadElementString 是两个遗留方法，它们类似于 ReadContentAsString 和 ReadElementContentAsString。但如果元素内包含多于一个文本节点时会抛出异常。通常来说，应当尽可能避免使用这些方法，因为当元素包含注释时，它们就会抛出异常。

11.1.3 读取属性

XmlReader 提供了一个索引器，它可以使用位置或名称随机访问元素的属性。调用 GetAttribute 方法和使用索引是等价的。

例如，考虑以下的 XML 片段：

```
<customer id="123" status="archived"/>
```

我们可以用以下方式来获得属性的值：

```
Console.WriteLine (reader ["id"]);          // 123
Console.WriteLine (reader ["status"]);      // archived
Console.WriteLine (reader ["bogus"] == null); // True
```

 XmlReader 必须在起始元素上才能获得属性值。当调用 ReadStartElement 之后就再也无法访问这些属性了！

虽然属性在语义上和顺序无关，但是我们却可以通过位置来访问它。因此上述例子可以重写为：

```
Console.WriteLine (reader [0]);     // 123
Console.WriteLine (reader [1]);     // archived
```

索引器还支持指定属性的命名空间（如果有的话）。

AttributeCount 返回当前节点的属性数目。

属性节点

为了显式遍历属性节点，必须使用一种特殊的形式而不是简单地调用 Read 方法。这样做的好处之一是可以将属性值通过 ReadContentAs*XXX* 的方式解析为其他类型。

这种特殊的做法必须在起始元素上执行。为了使处理更简单，属性遍历并不考虑前向规则，可以调用 MoveToAttribute 方法跳转（前向或后向）到任何一个属性。

 MoveToElement 可以从遍历中的任何一个属性节点跳回起始元素。

回到之前的例子：

```
<customer id="123" status="archived"/>
```

可以按如下方式获得属性值：

```
reader.MoveToAttribute ("status");
```

```
string status = reader.ReadContentAsString();

reader.MoveToAttribute ("id");
int id = reader.ReadContentAsInt();
```

若指定的属性不存在，则 MoveToAttribute 方法将返回 false。

还可以通过调用 MoveToFirstAttribute 和 MoveToNextAttribute 方法按顺序遍历每一个属性：

```
if (reader.MoveToFirstAttribute())
  do { Console.WriteLine (reader.Name + "=" + reader.Value);  }
  while (reader.MoveToNextAttribute());

// OUTPUT:
id=123
status=archived
```

11.1.4 命名空间和前缀

XmlReader 提供了两种并行的系统来引用元素和属性的名称：

* Name

* NamespaceURI 和 LocalName

当读取元素的 Name 属性，或者调用只接受单一 name 参数的方法时，使用的就是第一个系统。这个系统在没有命名空间和前缀的情况下工作得很好；反之，命名空间将被忽略，而前缀也只是以其字面的形式包含进来。例如：

代码片段示例	Name
`<customer ...>`	`customer`
`<customer xmlns='blah' ...>`	`customer`
`<x:customer ... >`	`x:customer`

以下代码可以处理前两种情况：

```
reader.ReadStartElement ("customer");
```

但第三种情况需要用下面的方式处理：

```
reader.ReadStartElement ("x:customer");
```

第二个系统则基于两个命名空间相关的属性：NamespaceURI 和 LocalName。这些属性考虑了前缀以及父元素所定义的默认命名空间。前缀会自动展开，这意味着 NamespaceURI 总能够反映当前元素语义上正确的命名空间，而 LocalName 一定不会包含前缀。

当调用需要传递两个参数的方法（如 ReadStartElement）时，那么使用的就是第二套系统。例如，对于如下 XML：

```
<customer xmlns="DefaultNamespace" xmlns:other="OtherNamespace">
  <address>
    <other:city>
      ...
```

可以用如下方式来读取：

```
reader.ReadStartElement ("customer", "DefaultNamespace");
reader.ReadStartElement ("address",  "DefaultNamespace");
reader.ReadStartElement ("city",     "OtherNamespace");
```

我们往往需要将前缀抽象出来，例如，如果需要可以使用 Prefix 属性查看当前使用的前缀，并调用 LookupNamespace 将前缀转换为命名空间。

11.2 XmlWriter

XmlWriter 是一个 XML 流的前向写入器。XmlWriter 的设计和 XmlReader 是对称的。

和 XmlTextReader 一样，XmlWriter 也是通过 XmlWriter 的 Create 方法创建的。在创建过程中同样可以指定一个可选的 settings 对象。在接下来的例子中，我们打开了缩进选项，令输出更可读，并输出了一个简单的 XML 文件：

```
XmlWriterSettings settings = new XmlWriterSettings();
settings.Indent = true;

using XmlWriter writer = XmlWriter.Create ("foo.xml", settings);

writer.WriteStartElement ("customer");
writer.WriteElementString ("firstname", "Jim");
writer.WriteElementString ("lastname", "Bo");
writer.WriteEndElement();
```

上述代码将生成以下文档（这个文档和之前 XmlReader 示例中的文档是一模一样的）：

```
<?xml version="1.0" encoding="utf-8"?>
<customer>
  <firstname>Jim</firstname>
  <lastname>Bo</lastname>
</customer>
```

XmlWriter 会自动在起始部分写入声明。我们可以在 XmlWriterSettings 中将 OmitXml-Declaration 设置为 true 或者将 ConfirmanceLevel 设置为 Fragment 来关闭这种行为。后者还支持写入多个根节点，如果不设置，则会抛出异常。

WriteValue 方法会写入一个文本节点，它不仅接受 string 类型的参数，还可以接受 bool 和 DateTime 这种非字符串类型的参数。而它在内部会使用 XmlConvert 来将参数转换为 XML 格式兼容的字符串：

```
writer.WriteStartElement ("birthdate");
writer.WriteValue (DateTime.Now);
writer.WriteEndElement();
```

相反，如果我们调用：

```
WriteElementString ("birthdate", DateTime.Now.ToString());
```

则结果很有可能不是 XML 兼容的，并可能在解析不正确的情况下造成安全隐患。

WriteString 和调用 WriteValue 并传递字符串参数的操作是等价的。XmlWriter 会自动解析那些对属性和元素值而言的非法字符（如，&、<、> 以及扩展 Unicode 字符），并对其进行转义。

11.2.1 写入属性

在起始元素之后可以立刻写入属性：

```
writer.WriteStartElement ("customer");
writer.WriteAttributeString ("id", "1");
writer.WriteAttributeString ("status", "archived");
```

而对于非字符串类型的值的写入，则可以调用 WriteStartAttribute、WriteValue，然后调用 WriteEndAttribute 方法来完成。

11.2.2 写入其他类型节点

XmlWriter 定义了一系列的方法来写入其他类型的节点：

```
WriteBase64        // for binary data
WriteBinHex        // for binary data
WriteCData
WriteComment
WriteDocType
WriteEntityRef
WriteProcessingInstruction
WriteRaw
WriteWhitespace
```

WriteRaw 方法直接将一个字符串写入到输出流中。另外 WriteNode 方法可以接收一个 XmlReader 参数，并输出其中所有的内容。

11.2.3 命名空间和前缀

Write* 方法的重载允许将元素或属性和命名空间关联起来。接下来我们将重写上例中 XML 文件的内容，将所有的元素和 *http://oreilly.com* 命名空间关联起来，并在 customer 元素上声明前缀 o：

```
writer.WriteStartElement ("o", "customer", "http://oreilly.com");
writer.WriteElementString ("o", "firstname", "http://oreilly.com", "Jim");
writer.WriteElementString ("o", "lastname", "http://oreilly.com", "Bo");
writer.WriteEndElement();
```

输出的 XML 如下所示：

```
<?xml version="1.0" encoding="utf-8"?>
<o:customer xmlns:o='http://oreilly.com'>
  <o:firstname>Jim</o:firstname>
  <o:lastname>Bo</o:lastname>
</o:customer>
```

XmlWriter 会在父元素上声明了命名空间的情况下忽略子元素的命名空间声明，这使代码变得非常简洁。

11.3 XmlReader/XmlWriter 的使用模式

11.3.1 处理多层次结构数据

考虑以下类：

```
public class Contacts
{
  public IList<Customer> Customers = new List<Customer>();
  public IList<Supplier> Suppliers = new List<Supplier>();
}

public class Customer { public string FirstName, LastName; }
public class Supplier { public string Name;                }
```

假设我们希望使用 XmlReader 和 XmlWriter 来将 Contacts 对象序列化为以下形式的 XML 文档：

```
<?xml version="1.0" encoding="utf-8"?>
<contacts>
    <customer id="1">
        <firstname>Jay</firstname>
        <lastname>Dee</lastname>
    </customer>
    <customer>                      <!-- we'll assume id is optional -->
        <firstname>Kay</firstname>
        <lastname>Gee</lastname>
    </customer>
    <supplier>
        <name>X Technologies Ltd</name>
    </supplier>
</contacts>
```

最好的方式并非实现一个大的方法，而是通过在 Customer 和 Supplier 类型上定义 ReadXml 和 WriteXml 以封装相应的 XML 功能来实现。这种做法的模式非常直接：

- ReadXml 和 WriteXml 保证了当它们退出的时候，读取器或者写入器保持同样的深度。

- ReadXml 读取外层元素，而 WriteXml 写入内层内容。

以下是 Customer 类型的实现：

```
public class Customer
{
  public const string XmlName = "customer";
  public int? ID;
  public string FirstName, LastName;

  public Customer () { }
  public Customer (XmlReader r) { ReadXml (r); }

  public void ReadXml (XmlReader r)
  {
    if (r.MoveToAttribute ("id")) ID = r.ReadContentAsInt();
    r.ReadStartElement();
    FirstName = r.ReadElementContentAsString ("firstname", "");
    LastName = r.ReadElementContentAsString ("lastname", "");
    r.ReadEndElement();
  }

  public void WriteXml (XmlWriter w)
  {
    if (ID.HasValue) w.WriteAttributeString ("id", "", ID.ToString());
    w.WriteElementString ("firstname", FirstName);
    w.WriteElementString ("lastname", LastName);
  }
}
```

注意，ReadXml 会读取外层起始元素到结束元素的节点。如果调用者已经执行了相同的任务，则 Customer 就无法读取它自己的属性了。而 WriteXml 没有采用对称的写法是考虑了以下因素：

- 调用者需要确定外层元素的命名方式。

- 调用者可能需要编写附加的 XML 属性。例如，元素的子类型（在读到这个元素之后才能够决定应当实例化哪种类）。

使用这种模式的另外一个好处是它可以让我们的实现和 IXmlSerializable 兼容（我们将在在线材料 *http://www.albahari.com/nutshell/* 中覆盖"序列化"相关的内容）。

Supplier 类可以按照相似的方式实现：

```
public class Supplier
{
  public const string XmlName = "supplier";
  public string Name;

  public Supplier () { }
  public Supplier (XmlReader r) { ReadXml (r); }

  public void ReadXml (XmlReader r)
  {
    r.ReadStartElement();
    Name = r.ReadElementContentAsString ("name", "");
    r.ReadEndElement();
  }
```

```
public void WriteXml (XmlWriter w) =>
    w.WriteElementString ("name", Name);
}
```

Contacts 类必须在 ReadXml 时遍历 customers 元素，以检测子元素是一个 customer 还是一个 supplier。同时，还需要避开空元素陷阱：

```
public void ReadXml (XmlReader r)
{
    bool isEmpty = r.IsEmptyElement;          // This ensures we don't get
    r.ReadStartElement();                     // snookered by an empty
    if (isEmpty) return;                      // <contacts/> element!
    while (r.NodeType == XmlNodeType.Element)
    {
        if (r.Name == Customer.XmlName)      Customers.Add (new Customer (r));
        else if (r.Name == Supplier.XmlName) Suppliers.Add (new Supplier (r));
        else
            throw new XmlException ("Unexpected node: " + r.Name);
    }
    r.ReadEndElement();
}

public void WriteXml (XmlWriter w)
{
    foreach (Customer c in Customers)
    {
        w.WriteStartElement (Customer.XmlName);
        c.WriteXml (w);
        w.WriteEndElement();
    }
    foreach (Supplier s in Suppliers)
    {
        w.WriteStartElement (Supplier.XmlName);
        s.WriteXml (w);
        w.WriteEndElement();
    }
}
```

以下示例将包含 Customer 和 Supplier 的 Contacts 对象序列化到 XML 文件中：

```
var settings = new XmlWriterSettings();
settings.Indent = true;  // To make visual inspection easier

using XmlWriter writer = XmlWriter.Create ("contacts.xml", settings);

var cts = new Contacts()
// Add Customers and Suppliers...

writer.WriteStartElement ("contacts");
cts.WriteXml (writer);
writer.WriteEndElement();
```

相应地，以下程序将从上述 XML 文件中反序列化 Contacts 对象：

```
var settings = new XmlReaderSettings();
settings.IgnoreWhitespace = true;
```

```
settings.IgnoreComments = true;
settings.IgnoreProcessingInstructions = true;

using XmlReader reader = XmlReader.Create("contacts.xml", settings);
reader.MoveToContent();
var cts = new Contacts();
cts.ReadXml(reader);
```

11.3.2 混合使用 XmlReader/XmlWriter 和 X-DOM

我们可以在使用 XmlReader 或者 XmlWriter 处理 XML 树时随时使用 X-DOM。X-DOM 是处理内层元素的最佳方式，这样我们就可以兼有 X-DOM 的易用性和 XmlReader、XmlWriter 低内存消耗的优点。

11.3.2.1 使用 XmlReader 和 XElement

如果希望将当前的元素读取到 X-DOM 中，可以调用 XNode.ReadFrom 方法，并将 XmlReader 对象作为参数传递到该方法中。和 XElement.Load 不同，这个方法并不会一次读完整个的文档，而是仅仅读到当前子树的末尾。

例如，给定以下结构的 XML 日志文件：

```
<log>
  <logentry id="1">
    <date>...</date>
    <source>...</source>
    ...
  </logentry>
  ...
</log>
```

假设现有一百万个 logentry 元素，那么将整个文档读取到 X-DOM 将会占用大量内存。一个更好的解决方案是使用 XmlReader 遍历每一个 logentry，并使用 XElement 去处理每一个元素：

```
XmlReaderSettings settings = new XmlReaderSettings();
settings.IgnoreWhitespace = true;

using XmlReader r = XmlReader.Create ("logfile.xml", settings);

r.ReadStartElement ("log");
while (r.Name == "logentry")
{
  XElement logEntry = (XElement) XNode.ReadFrom (r);
  int id = (int) logEntry.Attribute ("id");
  DateTime date = (DateTime) logEntry.Element ("date");
  string source = (string) logEntry.Element ("source");
  ...
}
r.ReadEndElement();
```

如果使用前面小节中的模式，则可以在 ReadXml 或 WriteXml 方法中使用 XElement，而无须让调用者了解这些细节！例如，我们可以按照以下方式重写 Customer 的 ReadXml 方法：

```
public void ReadXml (XmlReader r)
{
  XElement x = (XElement) XNode.ReadFrom (r);
  ID = (int) x.Attribute ("id");
  FirstName = (string) x.Element ("firstname");
  LastName = (string) x.Element ("lastname");
}
```

XElement 可以和 XmlReader 共同保证命名空间会正确得到保留且前缀会恰当展开，即使它们的定义在当前级别之外。因此给定以下格式的 XML 文件：

```
<log xmlns="http://loggingspace">
  <logentry id="1">
  ...
```

在 logentry 一级构建的 XElement 元素会正确继承外部的命名空间。

11.3.2.2 使用 XmlWriter 和 XElement

XElement 支持将内层元素写入 XmlWriter。以下代码使用 XElement 将 100 万个 logentry 元素输出到 XML 文件而不会将所有内容保存在内存中：

```
using XmlWriter w = XmlWriter.Create ("logfile.xml");

w.WriteStartElement ("log");
for (int i = 0; i < 1000000; i++)
{
  XElement e = new XElement ("logentry",
                new XAttribute ("id", i),
                new XElement ("date", DateTime.Today.AddDays (-1)),
                new XElement ("source", "test"));
  e.WriteTo (w);
}
w.WriteEndElement ();
```

使用 XElement 能够有效缩短执行时间，其执行时间和使用 XmlWriter 的执行时间几乎没有任何区别。

11.4 处理 JSON

JSON 已经替代 XML 成了主流。虽然 JSON 缺乏 XML 的高级特性（例如，命名空间、前缀和架构），但它具有简单整洁的优点，并且它的格式与 JavaScript 对象的字符串表示如出一辙。

过去，.NET 并没有内置对 JSON 的支持，因此如需处理相应内容则需要使用第三方库——主要是 Json.NET——来完成。虽然现在这种情况已经不复存在，但 Json.NET 库的使用仍然非常广泛，其主要原因如下：

- Json.NET 是在 2011 年发布的（目前已经经历了长时间的开发）。

- 其 API 仍然可以支持旧版本的 .NET 平台。

- 大部分人认为相比于 Microsoft 的 JSON API，Json.NET 的功能更多（至少在过去是这样）。

Microsoft 的 JSON API 的优势在于它是完全重新设计的，并力求简洁高效。此外，从 .NET 6 开始，它的功能已经可以比肩 Json.NET 了。

本节我们将介绍如下内容：

- 前向的 JSON 读取器和写入器（Utf8JsonReader 与 Utf8JsonWriter）。

- 只读的 JsonDocument DOM 读取器。

- 可读写的 JsonNode DOM 读取或写入器。

我们将在在线内容（*http://www.albahari.com/nutshell*）的"序列化"一节介绍 JsonSerializer。它可以自动将类型序列化为 JSON 并从 JSON 反序列化为对象。

11.4.1 Utf8JsonReader

System.Text.Json.Utf8JsonReader（*https://oreil.ly/9Fc3E*）是优化的前向的 JSON 读取器，用于读取 UTF-8 编码的 JSON 文本。从概念上，它和本章之前介绍的 XmlReader 类似，并且使用方法也大致相同。

请考虑如下的 JSON 文件 *people.json*：

```
{
  "FirstName":"Sara",
  "LastName":"Wells",
  "Age":35,
  "Friends":["Dylan","Ian"]
}
```

外层的大括号指代 JSON 对象（JSON 对象可以包含属性，例如，"FirstName" 和 "LastName"），而方括号则代表 JSON 数组（包含一系列重复元素）。在本例中，这些重复的元素是字符串，但它们也可以是对象（或者其他数组）。

以下代码通过枚举 JSON 的标记来解析文件。标记可以是对象的起始或终止部分、数组的起始或终止部分、属性的名称或者数组和属性的值（字符串、数字、true、false 或 null）。

```
byte[] data = File.ReadAllBytes ("people.json");
Utf8JsonReader reader = new Utf8JsonReader (data);
while (reader.Read())
{
  switch (reader.TokenType)
  {
    case JsonTokenType.StartObject:
      Console.WriteLine ($"Start of object");
```

```
          break;
      case JsonTokenType.EndObject:
        Console.WriteLine ($"End of object");
        break;
      case JsonTokenType.StartArray:
        Console.WriteLine();
        Console.WriteLine ($"Start of array");
        break;
      case JsonTokenType.EndArray:
        Console.WriteLine ($"End of array");
        break;
      case JsonTokenType.PropertyName:
        Console.Write ($"Property: {reader.GetString()}");
        break;
      case JsonTokenType.String:
        Console.WriteLine ($" Value: {reader.GetString()}");
        break;
      case JsonTokenType.Number:
        Console.WriteLine ($" Value: {reader.GetInt32()}");
        break;
      default:
        Console.WriteLine ($"No support for {reader.TokenType}");
        break;
    }
  }
```

其输出为：

```
Start of object
Property: FirstName Value: Sara
Property: LastName Value: Wells
Property: Age Value: 35
Property: Friends
Start of array
 Value: Dylan
 Value: Ian
End of array
End of object
```

由于 Utf8JsonReader 直接操作 UTF-8，因此它可以直接遍历标记而无须将数据转换为 UTF-16（.NET 字符串的格式）。只有在调用类似 GetString() 的方法时才会进行 UTF-16 的转换。

Utf8JsonReader 的构造器的参数类型并非字节数组而是 ReadOnlySpan<byte>（因此 Utf8JsonReader 是一个 ref struct）。当传入字节数组时将隐式从 T[] 转换为 ReadOnlySpan<T>。我们将在第 23 章中介绍 Span 的工作方式，并介绍如何使用它们来尽量减少内存的分配。

JsonReaderOptions

默认情况下 Utf8JsonReader 要求 JSON 必须严格遵守 JSON RFC 8259 标准中的要求。如需放宽要求，可在创建 Utf8JsonReader 时在构造器中传入 JsonReaderOptions 对象，并进行如下配置：

C 语言形式的注释

默认情况下，JSON 中的注释会导致 `JsonException`。如果将 `CommentHandling` 属性设置为 `JsonCommentHandling.Skip` 就可以忽略注释。若设置为 `JsonComm-entHandling.Allow`，则读取器将识别并生成 `JsonTokenType.Comment` 标记。但注释不能够出现在其他标记的中间。

尾部逗号

按照标准，对象的最后一个属性和数组最后一个元素不能具有尾部的逗号。若设置 `AllowTrailingCommas` 属性为 `true`，则可放宽该限制。

控制最大嵌套深度

默认情况下，对象和数组可以最大嵌套 64 层。可以设置 `MaxDepth` 属性来覆盖这个设置。

11.4.2 Utf8JsonWriter

`System.Text.Json.Utf8JsonWriter`（*https://oreil.ly/aO3sO*）是一个前向的 JSON 读取器。它支持如下类型：

- `String` 和 `DateTime`（将序列化为 JSON 字符串）。

- 数值类型：`Int32`、`UInt32`、`Int64`、`UInt64`、`Single`、`Double` 和 `Decimal`（将序列化为 JSON 数字）。

- `bool`（将序列化为 JSON 的 true/false 字面量）。

- JSON null。

- 数组。

我们可以根据 JSON 标准将这些数据放入对象中。此外它还支持写入注释。虽然注释并非 JSON 标准的一部分，但是通常它都可以被各种 JSON 解析器识别。

以下代码展示了 `Utf8JsonWriter` 的用法：

```
var options = new JsonWriterOptions { Indented = true };

using (var stream = File.Create ("MyFile.json"))
using (var writer = new Utf8JsonWriter (stream, options))
{
  writer.WriteStartObject();
  // Property name and value specified in one call
  writer.WriteString ("FirstName", "Dylan");
  writer.WriteString ("LastName", "Lockwood");
  // Property name and value specified in separate calls
  writer.WritePropertyName ("Age");
  writer.WriteNumberValue (46);
  writer.WriteCommentValue ("This is a (non-standard) comment");
```

```
        writer.WriteEndObject();
    }
```

上述代码将输出如下 JSON 文件：

```
{
    "FirstName": "Dylan",
    "LastName": "Lockwood",
    "Age": 46
    /*This is a (non-standard) comment*/
}
```

从 .NET 6 开始，`Utf8JsonWriter` 增加了 `WriteRawValue` 方法将字符串或字节数组直接写入 JSON 流中。该功能在特定情形下是非常有用的。例如，当我们希望所有写入 JSON 的数字均需要包含小数点时（1.0 而不是 1）。

本例中将 `JsonWriterOptions` 对象的 `Indented` 属性设置为 `true` 来改善生成文件的可读性。若不进行任何设置，则输出将变为：

```
{"FirstName":"Dylan","LastName":"Lockwood","Age":46...}
```

`JsonWriterOptions` 中的 `Encoder` 属性可以对字符串的转义规则进行控制，而 `SkipValidation` 属性可以跳过结构性检查（这样可能导致产生非法的 JSON 输出）。

11.4.3 JsonDocument

`System.Text.Json.JsonDocument` 类型可以将 JSON 数据解析为由 `JsonElement` 实例构成的只读 DOM 模型，且其中的 `JsonElement` 是按需生成的。和 `Utf8JsonReader` 不同，`JsonDocument` 可以随机访问 JSON 中的元素。

Microsoft 的 JSON API 提供了两种基于 DOM 的 JSON API，一种是 `JsonDocument`，另一种是 `JsonNode`（我们将在下一小节介绍）。`JsonNode` 是 .NET 6 引入的，它主要是为了解决写 DOM 的需要。但是它也适用于只读场景，其接口使用起来也更加流畅。`JsonNode` 和传统的 DOM 一样使用不同的类表示 JSON 的值、数组和对象。相反，`JsonDocument` 则追求极致的轻量化，它仅包含一种节点类（`JsonDocument`）和两种轻量的结构体（`JsonElement` 和 `JsonProperty`），并按需解析底层数据。图 11-1 展示了两种 API 的不同之处。

在大多数实际应用场景中，`JsonDocument` 和 `JsonNode` 的性能差异是微乎其微的。因此，如果你只想学习一种 API，则可以直接选择 `JsonNode`。

`JsonDocument` 通过使用内存池来减少垃圾回收的次数，以大幅改善性能。因此 `JsonDocument` 需在使用完毕之后进行销毁，否则其内存将不会返回到内存池中。因此，如果将 `JsonDocument` 存储在类的字段中，则相应类应当实现 `IDisposable` 接口。如果担心设计负担较大，则可以考虑使用 `JsonNode`。

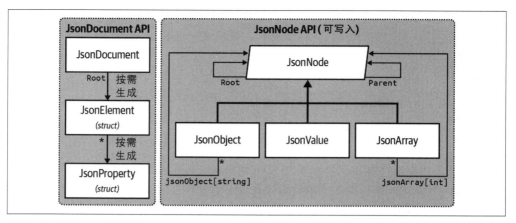

图 11-1：两种 API 的区别

静态 Parse 方法可以从流、字符串或内存缓冲区中创建 JsonDocument 对象：

```
using JsonDocument document = JsonDocument.Parse (jsonString);
...
```

调用 Parse 方法时也可以提供 JsonDocumentOptions 对象对尾部逗号、注释和最大嵌套深度进行控制（关于这些选项的介绍，请参见 11.4.1 节的 "JsonReaderOptions"）。

JsonDocument 对象创建好之后就可以从 RootElement 属性访问 DOM 了：

```
using JsonDocument document = JsonDocument.Parse ("123");
JsonElement root = document.RootElement;
Console.WriteLine (root.ValueKind);         // Number
```

JsonElement 可用于表示 JSON 值（字符串、数字、true/false、null）、数组和对象，其 ValueKind 属性返回具体类型。

 本节后续内容介绍的方法会在元素类型与期望不符时抛出异常。若不能确定 JSON 文件的架构定义，则可事先确认 ValueKind 的类型以避免异常。

JsonElement 还提供了两个可以处理任意类型元素的方法：GetRawText() 方法返回下一级 JSON，而 WriteTo 方法可将任意元素写入 Utf8JsonWriter。

11.4.3.1 读取简单值

如果元素代表一个 JSON 值，那么可以使用 GetString、GetInt32、GetBoolean 等方法获得其中的值：

```
using JsonDocument document = JsonDocument.Parse ("123");
int number = document.RootElement.GetInt32();
```

JsonElement 同样提供了将 JSON 字符串解析为其他常用 CLR 类型——例如 DateTime

（甚至是 base-64 编码的二进制数据）——的方法。它同时还提供了 TryGet* 版本的方法以避免在解析失败时抛出异常。

11.4.3.2 读取 JSON 数组

如果 JsonElement 是一个数组，则可以调用如下方法进行处理：

EnumerateArray()

将 JSON 数组中的所有子元素枚举为 JsonElement。

GetArrayLength()

返回数组中元素的数目。

除此之外，还可以使用索引器来获得特定位置的元素：

```
using JsonDocument document = JsonDocument.Parse (@"[1, 2, 3, 4, 5]");
int length = document.RootElement.GetArrayLength();   // 5
int value  = document.RootElement[3].GetInt32();      // 4
```

11.4.3.3 读取 JSON 对象

如果当前元素代表的是一个 JSON 对象，则可以调用如下方法进行处理：

EnumerateObject()

枚举对象的所有属性名称和属性值。

GetProperty (string propertyName)

通过名称获得属性（返回值类型为 JsonElement）。如果属性名称不存在，则抛出异常。

TryGetProperty (string propertyName, out JsonElement value)

如果对象属性存在，则返回该属性。

例如：

```
using JsonDocument document = JsonDocument.Parse (@"{ ""Age"": 32}");
JsonElement root = document.RootElement;
int age = root.GetProperty ("Age").GetInt32();
```

我们可以使用如下方法来发现对象中的 Age 属性：

```
JsonProperty ageProp = root.EnumerateObject().First();
string name = ageProp.Name;              // Age
JsonElement value = ageProp.Value;
Console.WriteLine (value.ValueKind);     // Number
Console.WriteLine (value.GetInt32());    // 32
```

11.4.3.4 JsonDocument 与 LINQ

JsonDocument 和 LINQ 可以默契配合。对于如下 JSON 文件：

```
[
  {
    "FirstName":"Sara",
    "LastName":"Wells",
    "Age":35,
    "Friends":["Ian"]
  },
  {
    "FirstName":"Ian",
    "LastName":"Weems",
    "Age":42,
    "Friends":["Joe","Eric","Li"]
  },
  {
    "FirstName":"Dylan",
    "LastName":"Lockwood",
    "Age":46,
    "Friends":["Sara","Ian"]
  }
]
```

我们可以结合使用 JsonDocument 和 LINQ 对文件内容进行查询，如下所示：

```
using var stream = File.OpenRead (jsonPath);
using JsonDocument document = JsonDocument.Parse (json);

var query =
  from person in document.RootElement.EnumerateArray()
  select new
  {
    FirstName = person.GetProperty ("FirstName").GetString(),
    Age = person.GetProperty ("Age").GetInt32(),
    Friends =
      from friend in person.GetProperty ("Friends").EnumerateArray()
      select friend.GetString()
  };
```

由于 LINQ 是延迟执行的，因此必须在 JsonDocument 文档对象超出边界而被 using 语句销毁之前完成查询的枚举。

11.4.3.5 使用 JSON 写入器进行更新

虽然 JsonDocument 是只读的，但我们可以使用 JsonElement 的 WriteTo 方法将 Json-Element 对象的内容发送到 Utf8JsonWriter 对象中，从而提供一种更新 JSON 内容的机制。在以下示例中，我们将读取前一个例子中的 JSON 文件，将其中含有两个或两个以上朋友的人的数据写入到一个新的 JSON 文件中：

```
using var json = File.OpenRead (jsonPath);
using JsonDocument document = JsonDocument.Parse (json);

var options = new JsonWriterOptions { Indented = true };

using (var outputStream = File.Create ("NewFile.json"))
using (var writer = new Utf8JsonWriter (outputStream, options))
```

```
{
  writer.WriteStartArray();
  foreach (var person in document.RootElement.EnumerateArray())
  {
    int friendCount = person.GetProperty ("Friends").GetArrayLength();
    if (friendCount >= 2)
      person.WriteTo (writer);
  }
}
```

虽然上述方式可以更新 JSON 的内容，但是对于此类操作，使用 JsonNode 是更好的选择。

11.4.4 JsonNode

JsonNode（位于 System.Text.Json.Nodes 命名空间下）是 .NET 6 引入的，它的引入主要是为了解决写 DOM 的需要，但也可用于只读场景，其接口使用起来也更加流畅。JsonNode 和传统的 DOM 一样使用不同的类表示 JSON 的值、数组和对象（请参见图 11-1）。由于使用了类，因此使用此类 API 会有垃圾回收的开销，但是在大多数现实场景中这种开销微不足道。JsonNode 同样是高度优化的，尤其是在对相同的节点进行反复读取时速度可能比 JsonDocument 还快（这是由于 JsonNode 是延迟加载的，它会缓存解析的结果）。

静态 Parse 方法可以从流、字符串、内存缓冲区或 Utf8JsonReader 中创建 JsonNode：

```
JsonNode node = JsonNode.Parse (jsonString);
```

调用 Parse 方法时还可以指定 JsonDocumentOptions 对象以控制结尾逗号的处理、注释和最大深度限制（关于各个选项的详细讨论请参见 11.4.1 节的 "JsonReaderOptions"）和 JsonDocument 不同，JsonNode 对象是无须销毁的。

 调用 JsonNode 的 ToString() 方法将返回便于阅读的带有缩进的 JSON 字符串，而 ToJsonString() 方法则返回 "压缩" 后的 JSON 字符串。

Parse 方法返回具体的 JsonNode 类型，它可能是 JsonValue、JsonObject 或者 JsonArray。为了避免将 JsonNode 向下转换为具体的类型，JsonNode 提供了 AsValue()、AsObject() 和 AsArray() 方法：

```
var node = JsonNode.Parse ("123");  // Parses to a JsonValue
int number = node.AsValue().GetValue<int>();
// Shortcut for ((JsonValue)node).GetValue<int>();
```

通常我们并不需要调用这些方法，因为 JsonNode 本身已经包含了最常用的方法：

```
var node = JsonNode.Parse ("123");
int number = node.GetValue<int>();
// Shortcut for node.AsValue().GetValue<int>();
```

11.4.4.1 获取简单值

从前面的例子中可知，我们可以使用 GetValue 方法并附加类型参数来获得简单的值。而 JsonNode 还重载了 C# 的显式类型转换运算符，这更简化了获得简单值的方式，例如：

```
var node = JsonNode.Parse ("123");
int number = (int) node;
```

这种方式可以支持标准的数字类型、char、bool、DateTime、DateTimeOffset、Guid（以及上述这些类型的可空版本）和 string 类型。

如果不确定解析是否成功，则可以使用如下方式：

```
if (node.AsValue().TryGetValue<int> (out var number))
    Console.WriteLine (number);
```

从 JSON 文本中解析出来的节点对象内部引用了 JsonElement 对象（即部分使用了 JsonDocument 的只读 JSON API）。因此我们可以使用如下代码获得其 JsonElement 对象：

```
JsonElement je = node.GetValue<JsonElement>();
```

但是如果节点对象是显式实例化的，则不适用上述规则（因为在这种情况下我们会更新 DOM 对象）。这些节点并不会使用 JsonElement 对象作为后台存储，而是直接存储其解析后的值（请参见 11.4.4.5 节）。

11.4.4.2 获取 JSON 数组

表示 JSON 数组的 JsonNode 类型为 JsonArray。

JsonArray 实现了 IList<JsonNode> 接口。因此我们可以像使用数组和列表那样枚举其中的元素：

```
var node = JsonNode.Parse (@"[1, 2, 3, 4, 5]");
Console.WriteLine (node.AsArray().Count);      // 5

foreach (JsonNode child in node.AsArray())
{ ... }
```

我们也可以使用索引器直接从 JsonNode 类中访问指定索引的元素：

```
Console.WriteLine ((int)node[0]);   // 1
```

11.4.4.3 获取 JSON 对象

表示 JSON 对象的 JsonNode 类型为 JsonObject。

JsonObject 实现了 IDictionary<string, JsonNode> 接口，因此我们可以通过索引器访问其中的成员。当然，我们也可以枚举其中所有的键值对。

和 JsonArray 一样，我们也可以使用索引器直接从 JsonNode 类访问其中的成员：

```
var node = JsonNode.Parse (@"{ ""Name"":""Alice"", ""Age"": 32}");
string name = (string) node ["Name"];    // Alice
int age = (int) node ["Age"];            // 32
```

我们也可以使用以下方式获得其中的 Name 和 Age 属性的值：

```
// Enumerate over the dictionary's key/value pairs:
foreach (KeyValuePair<string,JsonNode> keyValuePair in node.AsObject())
{
  string propertyName = keyValuePair.Key;    // "Name" (then "Age")
  JsonNode value = keyValuePair.Value;
}
```

当我们并不确定 JSON 对象是否包含特定属性的时候，可以使用以下方法：

```
if (node.AsObject().TryGetPropertyValue ("Name", out JsonNode nameNode))
{ ... }
```

11.4.4.4 流式遍历与 LINQ

我们可以仅仅使用索引器深入 JSON 的对象树。例如，对于以下 JSON 文件：

```
[
  {
    "FirstName":"Sara",
    "LastName":"Wells",
    "Age":35,
    "Friends":["Ian"]
  },
  {
    "FirstName":"Ian",
    "LastName":"Weems",
    "Age":42,
    "Friends":["Joe","Eric","Li"]
  },
  {
    "FirstName":"Dylan",
    "LastName":"Lockwood",
    "Age":46,
    "Friends":["Sara","Ian"]
  }
]
```

我们可以用以下方式获得第二个人的第三个朋友：

```
string li = (string) node[1]["Friends"][2];
```

上述文件也可以使用 LINQ 进行查询：

```
JsonNode node = JsonNode.Parse (File.ReadAllText (jsonPath));

var query =
  from person in node.AsArray()
  select new
```

```
{
  FirstName = (string) person ["FirstName"],
  Age = (int) person ["Age"],
  Friends =
    from friend in person ["Friends"].AsArray()
    select (string) friend
};
```

和 JsonDocument 不同，JsonNode 无须销毁，因此我们不用担心 JsonNode 对象在延迟枚举的过程不慎销毁。

11.4.4.5 更新 JsonNode

JsonObject 和 JsonArray 都是可以更改的，因此我们可以更新其内容。

在 JsonObject 上替换或添加属性的最简单方式是使用索引器。在以下示例中，我们将 Color 属性的值从"Red"更改为"White"并添加一个新的属性"Valid"

```
var node = JsonNode.Parse ("{ \"Color\": \"Red\" }");
node ["Color"] = "White";
node ["Valid"] = true;
Console.WriteLine (node.ToJsonString());  // {"Color":"White","Valid":true}
```

上述示例的第二行是以下代码的简化形式：

```
node ["Color"] = JsonValue.Create ("White");
```

除了简单值外，还可以用 JsonArray 和 JsonObject 给属性赋值（我们将在下一节中演示如何创建 JsonArray 与 JsonObject 实例）。

如需删除一个 JSON 对象的属性，则应当首先将对象类型转换为 JsonObject（或者调用 AsObject 方法）而后调用 Remove 方法：

```
node.AsObject().Remove ("Valid");
```

（JsonObject 也定义了 Add 方法，该方法将在同名属性已经存在时抛出异常。）

我们可以使用索引器替换 JsonArray 对象中的值：

```
var node = JsonNode.Parse ("[1, 2, 3]");
node[0] = 10;
```

调用 JsonNode 的 AsArray 方法之后就可以调用（JsonArray 的）Add、Insert、Remove 或 RemoveAt 方法了。在以下示例中，我们将删除数组中的第一个元素，并在数组末尾插入一个元素：

```
var arrayNode = JsonNode.Parse ("[1, 2, 3]");
arrayNode.AsArray().RemoveAt(0);
arrayNode.AsArray().Add (4);
Console.WriteLine (arrayNode.ToJsonString());  // [2,3,4]
```

11.4.4.6 使用程序创建 JsonNode DOM

JsonArray 和 JsonObject 可以使用对象初始化的语法进行构造。因此我们可以使用一个表达式构建整个 JsonNode DOM。

```
var node = new JsonArray
{
  new JsonObject {
    ["Name"] = "Tracy",
    ["Age"] = 30,
    ["Friends"] = new JsonArray ("Lisa", "Joe")
  },
  new JsonObject {
    ["Name"] = "Jordyn",
    ["Age"] = 25,
    ["Friends"] = new JsonArray ("Tracy", "Li")
  }
};
```

上述表达式可以生成如下 JSON：

```
[
  {
    "Name": "Tracy",
    "Age": 30,
    "Friends": ["Lisa", "Joe"]
  },
  {
    "Name": "Jordyn",
    "Age": 25,
    "Friends": ["Tracy","Li"]
  }
]
```

第 12 章

对象销毁与垃圾回收

有些对象需要显式依靠销毁代码来释放资源，例如，打开的文件、锁、操作系统句柄和非托管对象。它们在 .NET 的术语中称为销毁（disposal），相应的功能则由 IDisposable 接口提供。此外，那些占用了托管内存但不再使用的对象必须在某个时间回收，这个功能称为垃圾回收，它由 CLR 执行。

销毁不同于垃圾回收，它通常是显式调用，而垃圾回收则是完全自动执行的。换言之，程序员要关心诸如文件句柄、锁和操作系统资源的释放，而 CLR 则关心内存的释放。

本章将介绍对象销毁和垃圾回收相关的内容，还会介绍 C# 的终结器及终结器模式（作为销毁的补充手段），最后我们将讨论垃圾回收器的复杂性和其他内存管理选项。

12.1 IDisposable 接口、Dispose 方法和 Close 方法

.NET 为需要进行销毁操作的类型提供了一个特殊的接口：

```
public interface IDisposable
{
  void Dispose();
}
```

C# 的 using 语句从语法上提供了调用实现 IDisposable 接口对象的 Dispose 方法的捷径。它会将相应的语句包裹在 try 或 finally 语句块中。例如：

```
using (FileStream fs = new FileStream ("myFile.txt", FileMode.Open))
{
  // ... Write to the file ...
}
```

编译器会将上述代码转换为：

```
FileStream fs = new FileStream ("myFile.txt", FileMode.Open);
try
{
  // ... Write to the file ...
}
finally
{
  if (fs != null) ((IDisposable)fs).Dispose();
}
```

finally 语句块保证了 Dispose 方法即使在抛出异常，或者语句块执行提前结束的情况下也一定会被调用。

同样，下面的语法也能够确保在 fs 脱离作用域时将其销毁：

```
using FileStream fs = new FileStream ("myFile.txt", FileMode.Open);

// ... Write to the file ...
```

在比较简单的情况下，编写自定义的可销毁类型只需要实现 IDisposable 接口并编写 Dispose 方法即可：

```
sealed class Demo : IDisposable
{
  public void Dispose()
  {
    // Perform cleanup / tear-down.
    ...
  }
}
```

 这种模式在简单的情况下工作良好，并非常适用于密封类。我们将在 12.3.1 节中介绍一个更好的模式，它能够在消费者忘记调用 Dispose 时提供备用手段。对于非密封类来说，强烈建议从外层就开始遵守后者的模式。否则，当子类也希望添加相应的功能时逻辑将变得非常混乱。

12.1.1 标准销毁语义

.NET 中的销毁逻辑遵循了一系列事实标准。这些规则并未硬编码在 .NET 或内置在 C# 语言中。它的目的是为消费者定义一个一致的协议。其中包括：

1. 对象一旦销毁就无法再恢复，也不能够重新激活。在销毁之后继续调用对象的方法（除 Dispose 之外）或访问其属性都将抛出 ObjectDisposedException。

2. 可以重复调用对象的 Dispose 方法，且不会发生任何错误。

3. 若可销毁对象 x "拥有" 可销毁对象 y，则 x 的 Dispose 方法会自动调用 y 的 Dispose 方法，接到其他指令的情况除外。

尽管这些规则并不是强制的，但它对于编写自定义的类也是非常有帮助的。没有什么能够阻止你编写"取消销毁"的方法，但你可能会遭到同行的指责。

根据规则 3，容器对象将自动销毁其中的子对象。Windows Form 的容器控件就是一个典型的例子，例如 Form 和 Panel。容器控件可能包含若干个子控件。尽管没有显式销毁每一个子控件，但当父控件或窗体关闭或者销毁时，它们将负责完成子控件的销毁工作。另一个示例是包装在 DeflateStream 类中的 FileStream。除非在构造器中指定其他的行为，否则销毁 DeflateStream 也将同时销毁 FileStream。

Close 方法和 Stop 方法

除了 Dispose 方法，一些类型还定义了 Close 方法。.NET BCL 并未对 Close 方法赋予一致的语义，但几乎所有情况都满足以下两者中的一个：

- 从功能上等价于 Dispose 方法。
- 从功能上是 Dispose 方法的子集。

第二种情形的一个示例是 IDbConnection 接口：关闭的连接可以重新打开，而销毁的连接则不能。另一个例子是由 ShowDialog 激活的 Windows 窗体：Close 方法会隐藏它，但 Dispose 方法则释放它的资源。

一些类定义了 Stop 方法（例如，Timer 和 HttpListener）。Stop 方法可能会释放非托管资源，但和 Dispose 不同的是它允许调用 Start 方法而重新开始。

12.1.2 销毁对象的时机

在几乎所有的情况下都需要遵守的安全规则是："如果能销毁就销毁它。"包含非托管资源句柄的对象几乎都需要销毁代码来释放这些句柄，例如，文件或网络流、网络套接字、Windows 窗体控件、GDI+ 的笔触（Pen）、笔刷（Brush）和位图对象。相应地，如果一个类型是可销毁的，那么它一般（并不一定总是）都会直接或间接地引用非托管句柄。这是因为非托管句柄提供了访问外部世界，即操作系统资源、网络连接和数据库锁的途径。如果这些对象没有被恰当地释放，那么它们将造成额外的麻烦。

然而，也有三种不适合销毁对象的情况：

- 当你并不持有该对象——例如，当通过静态字段或者属性获得共享的对象时。
- 当一个对象的 Dispose 方法执行了一些并不需要的操作时。
- 当一个对象的 Dispose 方法在设计上并非必需，而且释放该对象会增加程序的复杂性时。

第一种情况比较少见。一个主要的案例位于 System.Drawing 命名空间中：通过静态字段或者属性（例如，Brushes.Blue）获得的 GDI+ 对象永远不能销毁。这是因为同样的实例在整个应用程序生命周期中都可能会被用到。而通过构造器创建的实例（例如，new

SolidBrush）以及通过静态方法获得的实例（例如，Font.FromHdc）都应当销毁。

第二种情况最常见。在 System.IO 和 System.Data 命名空间中就有一些很好的示例，如
下表所示：

类型	销毁功能	何时不需要销毁
MemoryStream	防止进一步的输入和输出	后续操作仍然需要读写这个流
StreamReader，StreamWriter	清空读取器和写入器，并关闭底层流	当需要保持相关的流的打开状态时（相应地，必须在完成操作之后立即调用 StreamWriter 的 Flush 方法）
IDbConnection	释放数据库连接，清空连接字符串	如果需要重新打开数据库连接，则应当调用 Close 而不是 Dispose 方法
DbContext（EF Core）	防止进一步使用	当后续的延迟执行的查询仍然需要连接到相应上下文时

MemoryStream 的 Dispose 方法只是禁用了对象，但没有执行任何重要的清理工作，因
为 MemoryStream 并没有持有非托管句柄或其他类似的资源。

第三种情况包含类似 StringReader 和 StringWriter 这样的类型。这些类型在基类的强
制下都是可销毁的类型，但并不意味着它们真的需要进行销毁。如果完全在一个方法中
实例化并使用这个对象，那么使用 using 包装这些对象尚不会带来什么麻烦。但是如果
该对象需要长时间使用，那么持续追踪并在其不再使用的情况下进行销毁就会带来不必
要的复杂性。在这种情况下，可以直接忽略对象的销毁工作。

忽略对象的销毁工作有时会带来性能损失（请参见 12.3.1 节）。

12.1.3 在销毁时清理字段

一般来说，我们并不需要在 Dispose 方法中清理对象的字段。然而，在销毁时取消在对
象生命周期内对相关事件的订阅却是一个好的实践（请参见 12.5 节）。取消这种订阅可
以避免接收不需要的事件通知，同时能够避免垃圾回收器（GC）认为对象仍处于存活
状态。

Dispose 方法本身并没有释放（托管）内存，只有垃圾回收时才会释放内存。

同样，在对象销毁时设置字段的值也是非常值得的，因为这样就可以在用户试图继续调
用对象的方法时抛出 ObjectDisposedException。一种好的模式就是在对象上公开一个

可读的自动属性：

```
public bool IsDisposed { get; private set; }
```

这种做法从技术上并不是必要的，但是最好在 Dispose 方法中清除对象自身的事件处理器（赋值为 null），以避免这些事件在销毁后被触发。

有时，对象可能会保存一些像密钥这样高价值的保密数据。在这种情况下，在销毁对象时最好从字段中清除这些数据（以避免机器上的其他进程在内存释放到操作系统后获得这些值）。System.Security.Cryptography 命名空间下的 SymmetricAlgorithm 类正是这么做的。它会在销毁时会调用 Array.Clear 清除持有的加密密钥。

12.1.4 匿名可销毁对象

有时我们希望无须定义一个类而实现 IDisposable 接口。例如，假设一个类中有两个方法用于挂起与恢复事件处理：

```
class Foo
{
  int _suspendCount;

  public void SuspendEvents() => _suspendCount++;
  public void ResumeEvents() => _suspendCount--;

  void FireSomeEvent()
  {
    if (_suspendCount == 0)
      ... fire some event ...
  }
  ...
}
```

这种 API 的设计使用起来并不方便。消费者如果需要确保调用 ResumeEvents，就需要将方法调用放在 finally 语句块中，以防止过程中抛出异常：

```
var foo = new Foo();
foo.SuspendEvents();
try
{
  ... do stuff ...      // Because an exception could be thrown here
}
finally
{
  foo.ResumeEvents();   // ...we must call this in a finally block
}
```

更好的方案是无须调用 ResumeEvents，而是令 SuspendEvents 方法返回一个 IDisposable 对象。这样，客户端的代码就可以写为：

```
using (foo.SuspendEvents())
{
  ... do stuff ...
}
```

问题是这意味着每一次实现 SuspendEvent 方法，至少也得编写以下这么多代码：

```
public IDisposable SuspendEvents()
{
  _suspendCount++;
  return new SuspendToken (this);
}

class SuspendToken : IDisposable
{
  Foo _foo;
  public SuspendToken (Foo foo) => _foo = foo;
  public void Dispose()
  {
    if (_foo != null) _foo._suspendCount--;
    _foo = null;  // Prevent against consumer disposing twice
  }
}
```

以上问题可以复用以下类型，使用匿名销毁模式来解决：

```
public class Disposable : IDisposable
{
  public static Disposable Create (Action onDispose)
    => new Disposable (onDispose);

  Action _onDispose;
  Disposable (Action onDispose) => _onDispose = onDispose;

  public void Dispose()
  {
    _onDispose?.Invoke();   // Execute disposal action if non-null.
    _onDispose = null;      // Ensure it can't execute a second time.
  }
}
```

此时 SuspendEvents 方法可以简化为：

```
public IDisposable SuspendEvents()
{
  _suspendCount++;
  return Disposable.Create (() => _suspendCount--);
}
```

12.2 自动垃圾回收

无论对象是否需要通过 Dispose 方法来执行自定义清理逻辑，在某些时刻，堆上的内存都必须被释放。CLR 通过自动化的垃圾回收器来处理这些工作，而我们则完全无法手动释放托管内存。考虑下面的方法：

```
public void Test()
{
  byte[] myArray = new byte[1000];
  ...
}
```

当执行 Test 方法时，该方法会在堆上分配内存来创建一个 1000 字节的数组。这个数组则被栈上的局部变量 myArray 引用。当该方法结束时，局部变量 myArray 已经跳出了作用域，这意味着已经没有任何变量会引用堆上的数组了。这个未引用的数组就可以被垃圾回收器回收了。

 在调试模式并禁用代码优化时，为了调试的需要，局部变量所引用对象的生命周期会扩展到语句块的结束部分。否则，一旦它不再被引用就可以被回收。

垃圾回收并非在对象不被引用之后立即执行，而是周期进行的。这很像街道上的垃圾清洁工作，而不同的是垃圾回收器的调度安排并不是确定的。CLR 会基于一些因素来决定何时开始回收。这些因素包括可用的内存、已经分配的内存数目和最后一次内存回收的间隔（GC 会根据应用程序的内存访问模式自行进行优化）。这意味着在对象不被引用和内存释放之间有着不确定的延时。理论上说，这种间隔可能从几纳秒到几天。

 垃圾回收器并不会在每一次回收中清理所有的垃圾。内存管理器会将内存划分为若干代，而 GC 会更频繁地回收最新的代（最近分配的对象），旧的代（长时间存活的对象）则不会这样频繁地被回收。我们将在 12.4 节中详细介绍相关内容。

垃圾回收和内存使用

垃圾回收器试图在垃圾回收所花费的时间和应用程序的内存使用（工作集）上保持平衡。因此，应用程序会消费比实际所需更多的内存，尤其是在构造大的临时数组时。

我们可以使用 Windows 任务管理器或资源监视器，也可以在程序中查询性能计数器来监视进程的内存使用情况：

```
// These types are in System.Diagnostics:
string procName = Process.GetCurrentProcess().ProcessName;
using PerformanceCounter pc = new PerformanceCounter
    ("Process", "Private Bytes", procName);
Console.WriteLine (pc.NextValue());
```

以上代码查询了私有工作集（private working set）的使用情况，它是应用程序的内存使用状况的最佳指标，尤其是它不包含 CLR 内部已经释放的内存。这部分内存会在其他进程需要时返还给操作系统。

根

根可以使对象保持存活。如果对象没有直接或者间接地被根引用，那么它就可以被垃圾回收器回收了。

根有以下几种：

- 当前正在执行的方法（或在其调用栈的任何一个方法中）的局部变量或者参数。
- 静态变量。
- 终结队列中的对象（请参见 12.3 节）。

我们无法执行一个被删除对象中的代码，因此只要对象还有一个实例方法在执行，它就一定会被上述方式中的一种引用。

需要注意的是，相互循环引用的对象组在没有根引用的情况下可以回收的（见图 12-1）。换言之，对象若无法按照箭头（引用）顺序从根对象进行访问的话就是不可达的，这种对象将会被回收。

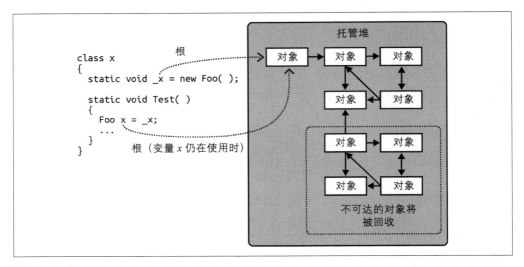

图 12-1：根

12.3 终结器

若对象拥有终结器，则在对象从内存中释放之前，会执行终结器。终结器和构造器的声明方式很像，但它以 ~ 字符作为前缀：

```
class Test
{
  ~Test()
  {
    // Finalizer logic...
  }
}
```

（虽然终结器和构造器的声明很相似，但终结器无法声明为 public 或 static 的，无法拥有参数，并且无法调用基类。）

终结器之所以可以执行是因为垃圾回收是分不同的阶段进行的。首先，垃圾回收器会确定未使用的可以删除的对象，而那些没有终结器的对象会被直接删除。有（挂起或未执行的）终结器的对象在当时会保持存活，并被放到一个特殊的队列中。

此时，垃圾回收就已经完成了，应用程序将继续执行。此时，一个终结器线程开始与应用程序并行执行，取出特殊队列中的对象并执行终结方法。在每一个对象的终结器执行之前，对象仍然是存活的，此时这个特殊队列扮演着根对象的角色。一旦对象离开了队列，并且终结器执行完毕，对象就变成了未引用的对象，并将在下一次（属于该对象那一代的）垃圾回收时删除。

终结器非常有用，但是它也有一些附加的代价：

- 终结器会降低内存分配和回收的速度（GC 需要对终结器的执行进行追踪）。

- 终结器延长了对象和该对象所引用的对象的生命周期（它们必须等到下一次垃圾回收时才会被真正删除）。

- 无法预测多个对象的终结器调用的顺序。

- 开发者对于终结器调用的时机只有非常有限的控制能力。

- 如果一个终结器的代码阻塞，则其他对象也无法终结。

- 如果应用程序没有被完全卸载，则对象的终结器也可能无法得以执行。

总之，终结器和律师有相似之处，虽然它的存在非常必要，但是除非绝对必要，通常都不会希望使用它。如果使用它的话，则需要 100% 理解它所做的一切。

要实现终结器，需要遵守以下准则：

- 保证终结器可以很快执行完毕。

- 永远不要阻塞终结器的执行（请参见 14.2.3 节）。

- 不要引用其他可终结对象。

- 不要在终结器中抛出异常。

 CLR 甚至可以在对象构造器抛出异常时调用对象的终结器。因此需要注意，在编写终结器时，对象的字段有可能并没有初始化完毕。

12.3.1 在终结器中调用 Dispose

在终结器中调用 Dispose 方法是一个常见的模式。这适用于对象的清理并没有那么紧急的情况，而调用对象的 Dispose 方法更像是一个优化而不是必要的行为。

需要注意，在这种模式下，内存的回收和资源的回收耦合在了一起，而实际上它们的关注点是不同的（除非资源本身就是内存）。此外，这种模式会增加终结线程的负担。

这个模式通常在消费者忘记调用 Dispose 方法时作为补救措施。但是，也可以相应地记录日志以便将来修复这个问题。

以下就是实现这种用途的标准模式：

```
class Test : IDisposable
{
  public void Dispose()                 // NOT virtual
  {
    Dispose (true);
    GC.SuppressFinalize (this);         // Prevent finalizer from running.
  }

  protected virtual void Dispose (bool disposing)
  {
    if (disposing)
    {
      // Call Dispose() on other objects owned by this instance.
      // You can reference other finalizable objects here.
      // ...
    }

    // Release unmanaged resources owned by (just) this object.
    // ...
  }

  ~Test() => Dispose (false);
}
```

重载的 Dispose 方法接受一个 bool disposing 标志。相应的无参数的 Dispose 并不是虚方法，而是简单地以 true 为参数调用了重载的 Dispose 方法。

重载的 Dispose 方法中包含了实际的销毁逻辑。由于它是 protected virtual 的，因此它也为子类提供了安全添加销毁逻辑的方法。disposing 标志用于区分是恰当地调用 Dispose 方法，还是由终结器进行最后的补救。当 disposing 为 false 的时候，这个方法不得再引用其他可终结对象（这是因为其他对象可能已经终结而处于一种无法预期的状态）。这条规则涵盖了绝大多数的情形。当然，在 disposing 为 false 时，我们可能还会执行如下工作：

• 释放任何直接引用的操作系统资源（例如，通过 P 或 Invoke 调用 Win32 API 获得的资源）。

• 删除构造过程中创建的临时文件。

为了使这个方法更加健壮，方法中的代码都应当包裹在 try 或 catch 语句块中，并在异常出现时记录日志。记录日志本身也应当尽可能简单、健壮。

另一个需要注意的地方是，我们在无参数的 Dispose 方法中调用了 GC.SuppressFinalize 方法。这可以防止垃圾回收器在之后回收这个对象时执行终结器。从技术上讲，这并不必要，因为 Dispose 方法能够重复调用。但是这样做可以在一个周期之内将对象（及该对象引用的对象）回收，从而提高性能。

12.3.2 对象的复活

如果终结器把即将销毁的对象引用到一个存活的对象上，那么当下一次（属于那个对象代的）垃圾回收发生时，CLR 会发现先前需要销毁的对象不再需要销毁了，因此该对象就不会被回收。这是一个高级处理方式，称为"复活"（resurrection）。

为了解释这种方式，不妨假设我们的类管理了一个临时文件。当类的实例被回收时，我们希望终结器删除这个临时文件。这看起来很简单：

```
public class TempFileRef
{
  public readonly string FilePath;
  public TempFileRef (string filePath) { FilePath = filePath; }

  ~TempFileRef() { File.Delete (FilePath); }
}
```

但是，上述实现是有缺陷的。File.Delete 方法有可能抛出异常（例如，当不具备足够的权限，文件正在使用中或者文件已被删除）。这种异常有可能会使整个应用程序崩溃（其他的终结器也会因此无法执行）。我们可以使用空的 catch 语句块"吃掉"这个异常，但是之后我们就无法得知这个错误了。调用一些复杂的错误报告 API 也不是个好主意，因为这会加重终结器线程的负担，阻碍其他对象的回收。总之，我们希望终结过程是简单、可靠、迅速的。

更好的方式是采用如下的静态集合来记录这个错误：

```
public class TempFileRef
{
  static internal readonly ConcurrentQueue<TempFileRef> FailedDeletions
    = new ConcurrentQueue<TempFileRef>();

  public readonly string FilePath;
  public Exception DeletionError { get; private set; }

  public TempFileRef (string filePath) { FilePath = filePath; }

  ~TempFileRef()
  {
    try { File.Delete (FilePath); }
    catch (Exception ex)
    {
      DeletionError = ex;
      FailedDeletions.Enqueue (this);    // Resurrection
    }
  }
}
```

将对象添加到静态的 FailedDeletions 集合中将为对象添加一个新的引用，保证了对象离开这个集合之前仍然保持存活。

ConcurrentQueue<T> 是 Queue<T> 的线程安全版本，它位于 System.Collections.Concurrent 命名空间中（请参见第 22 章）。在本例中，使用线程安全的集合是非常必要的。第一，CLR 保留了在多个线程上并行执行终结器的能力。这意味着在访问静态集合这种共享资源时，必须考虑两个对象一起被终结的可能性。第二，在某些情况下，我们希望将一些对象从 FailedDeletions 中弹出，以便我们可以对它们进行操作。这也需要以一种线程安全的方式来进行，因为其他对象的终结器会将对象插入到集合中，这些操作有可能会并发进行。

GC.ReRegisterForFinalize 方法

复活对象的终结器将不会重新执行。如果希望重新执行终结器，则必须调用 GC.ReRegisterForFinalize 方法。

在以下示例中，我们试图在终结器中删除临时文件（和之前的例子一样）。但是如果文件删除失败，则我们重新注册对象，并在下次垃圾回收时重试：

```
public class TempFileRef
{
  public readonly string FilePath;
  int _deleteAttempt;

  public TempFileRef (string filePath) { FilePath = filePath; }

  ~TempFileRef()
  {
    try { File.Delete (FilePath); }
    catch
    {
      if (_deleteAttempt++ < 3) GC.ReRegisterForFinalize (this);
    }
  }
}
```

在第三次尝试失败之后，我们的终结器将默默放弃删除文件。我们还可以将这种操作和之前的示例结合来增强程序功能，即在第三次失败的时候将对象添加到 FailedDeletions 集合中。

请在终结器方法中对 ReRegisterForFinalize 仅进行一次调用。如果调用了两次，对象将会注册两次并再次经历两次终结过程。

12.4 垃圾回收器的工作方式

标准 CLR 使用分代式标记——压缩 GC 对托管堆上的对象进行自动内存管理。这种垃圾回收器是追踪型垃圾回收器，它不会干涉每一次的对象访问，而是会直接激活并追踪存储在托管堆上的对象引用图，来决定哪些对象应当作为垃圾进行回收。

当内存分配量超过了特定的阈值，或者需要降低应用程序内存使用量时，垃圾回收器就会在进行内存分配时（通过 new 关键字）触发一次垃圾回收。这个过程还可以通过调用 `System.GC.Collect` 方法来手动触发。在垃圾回收过程中，所有的线程都可能冻结（我们会在 12.5 节详细介绍）。

GC 会从根对象开始按照对象引用遍历对象图，将所有遍历到的对象标记为可达对象。在这个过程完成之后，所有没有标记的对象（即未被使用的对象）将会作为垃圾进行回收。

未被使用的对象若没有终结器，则会被立即回收。有终结器的对象将会放到终结队列中，并在 GC 完成之后由终结器线程处理。然后，这些对象将在下一次对这代对象的垃圾回收中回收（除非该对象复活）。

剩余的存活对象将移动到堆的起始位置（压缩），释放出更多的对象空间来容纳更多的对象。这种压缩过程的目的有两个，它可以防止内存碎片化，并且 GC 可以用很简单的策略来分配新的对象，将新的对象分配在堆的尾部即可。同时，它还避免了耗时的内存片段列表的维护开销。

如果垃圾回收之后仍然没有足够的内存来分配新的对象，且操作系统也无法分配更多的内存，则会抛出 `OutOfMemoryException`。

我们可以调用 `GC.GetGCMemoryInfo()` 方法来获得当前托管堆的状态信息。从 .NET 5 开始，该方法的功能得到了增强——可以一并返回与性能相关的数据。

12.4.1 优化技术

垃圾回收器使用了多种优化技术来减少垃圾回收的时间。

12.4.1.1 分代回收

最重要的优化措施是分代垃圾回收。这是因为尽管许多对象的分配和释放非常频繁，但是某些对象会长时间存活，并不需要在每次回收时都追踪它。

垃圾回收器将堆上的内存分为了三代。刚刚分配的对象位于第 0 代，在第一轮回收中存活的对象为第 1 代，而其他所有对象为第 2 代。第 0 代和第 1 代对象就是所谓的短生存期（ephemeral）的代。

CLR 将第 0 代控制在一个相对较小的空间内（典型大小在几百 KB 至几 MB）。当第 0 代填满时，GC 就会触发第 0 代垃圾回收。第 0 代垃圾回收会频繁发生。GC 对第 1 代内存应用了相似空间限制（作为第 2 代的缓冲区），且第 1 代内存的回收也相对快速而频繁。一次完整的内存回收会包含第 2 代内存。但是这种回收时间较长，因此并不是那么频繁。图 12-2 展示了一次完整回收的效果。

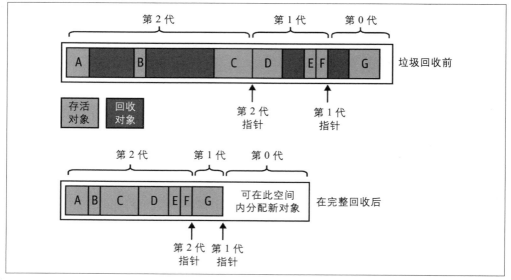

图 12-2：堆上的各代内存

可以给出一些粗略的估计值。一次第 0 代回收大概花费不到 1 毫秒的时间，这在典型的应用程序中几乎感觉不到。然而一次对拥有大对象图程序的完整回收可能需要 100 毫秒。这个数字的影响因素很多，因此在不同情况下会有明显的差异，尤其是对于第 2 代内存（和第 0 代和第 1 代内存不同，第 2 代内存是没有大小限制的）。

这样做的结果是存活周期短的对象可以非常有效地被垃圾回收器回收。像以下这种方法创建的 StringBuilder 对象一定会在第 0 代被快速回收。

```
string Foo()
{
  var sb1 = new StringBuilder ("test");
  sb1.Append ("...");
  var sb2 = new StringBuilder ("test");
  sb2.Append (sb1.ToString());
  return sb2.ToString();
}
```

12.4.1.2 大对象堆

垃圾回收器会将大于某一个阈值的对象（目前是 85 000 字节）存放在一个独立的堆中，

称为大对象堆（Large Object Heap，LOH）。它可以避免压缩大型对象的开销，并避免过量的第 0 代回收。如果没有 LOH 的话，则在分配一系列的 16 MB 对象时几乎每次分配都会触发一次第 0 代回收。

默认情况下，大对象堆是不会被压缩的，因为在垃圾回收时移动大块的内存的开销较大。这意味着：

- 分配将变得更加缓慢，因为垃圾回收器无法简单地在堆的末尾分配对象，它也必须关心中间的空隙。这就需要维护空闲内存块的链表[注1]。

- 大对象堆有可能会碎片化。这意味着在大对象堆上释放对象会在堆上产生一个空洞。例如，一个 86 000 字节的空洞只可能由 85 000 字节和 86 000 字节之间的对象来填充（除非这个空洞可以和其他空洞相连）。

如果碎片化会造成问题的话，也可以控制 GC 在下一次回收时压缩大对象堆：

```
GCSettings.LargeObjectHeapCompactionMode =
  GCLargeObjectHeapCompactionMode.CompactOnce;
```

如果应用程序频繁分配大型数组，则另一个方案是使用 .NET 中的数组池 API（请参见 12.4.5 节）。

大对象堆并不是分代的，其中所有的对象都会按第 2 代来处理。

12.4.1.3 工作站回收与服务器回收

.NET 提供了两种垃圾回收模式：工作站模式和服务器模式。工作站模式是默认模式，若需使用服务器模式，则可在应用程序的 *.csproj* 文件中添加如下配置：

```
<PropertyGroup>
  <ServerGarbageCollection>true</ServerGarbageCollection>
</PropertyGroup>
```

在构建工程时这个设置会写入到应用程序的 *.runtimeconfig.json* 文件中，而 CLR 会加载这个配置：

```
"runtimeOptions": {
  "configProperties": {
    "System.GC.Server": true
    ...
```

当启用服务器回收模式时，CLR 会为每一个内核分配独立的堆并安排独立的 GC。虽然这样可以加速回收，但这会消耗更多的内存和 CPU 资源（因为每一个内核都需要相应的线程）。若计算机启用服务器 GC 并同时执行多个其他进程，则可能导致 CPU 过载。这在工作站下现象尤其明显，因为这将使操作系统的响应能力下降。

注 1：在对象被固定的情况下，这种情况也会在普通堆上发生。请参见 4.18.3 节。

服务器回收模式只在多核系统下有效，在单核系统（或者单核虚拟机中）会直接忽略该设置。

12.4.1.4 后台回收

不管是工作站还是服务器模型，CLR 都会默认启用后台回收。若要禁用该设置，则可以在应用程序的 .csproj 工程文件中添加如下配置：

```
<PropertyGroup>
  <ConcurrentGarbageCollection>false</ConcurrentGarbageCollection>
</PropertyGroup>
```

这样在构建时，该配置就会写入应用程序的 .runtimeconfig.json 文件中：

```
"runtimeOptions": {
  "configProperties": {
    "System.GC.Concurrent": false,
...
```

在回收过程中，GC 必须冻结（阻塞）执行线程。后台回收则可以缩小这种延迟，使得应用程序具有更好的响应性。当然，这也会相对地多消耗一些 CPU 和内存资源。因此，禁用后台回收会造成如下后果：

- 一定程度上降低了 CPU 和内存资源的占用。
- 当垃圾回收操作发生时，应用程序会出现更长的停滞（延迟）。

而后台回收即令应用程序代码和第 2 代回收得以并行执行（第 0 代和第 1 代的回收是足够快的，因此并行回收并没有太多的优势）。

后台回收是之前并发回收的改进版本。在先前的版本中，如果第 0 代内存已经占满且第 2 代正在回收则无法维持并发，而后台回收则没有这种限制。因此，使用后台回收，应用程序就可以持续地分配内存，并获得更好的响应性。

12.4.1.5 垃圾回收通知

如果禁用后台回收，则可以令 GC 在完整（阻塞）回收前进行通知。这原本是服务器农场（Server Farm）的配置，本意是在进行完全回收之前将请求转发到其他的服务器上，然后立即开始回收，在回收完毕之后再重新开始将请求路由到这台服务器上。

要启用通知，请调用 GC.RegisterForFullGCNotification 方法，之后开启另一个线程（请参见第 14 章），并首先调用 GC.WaitForFullGCApproach。当这个方法返回 GCNotificationStatus 时表示一次回收即将开始，此时，你可以将请求路由到其他服务器并强制手动触发一次回收（请参见 12.5 节）。然后调用 GC.WaitForFullGCComplete，当这个方法返回时，说明回收已经完毕了。此时可以重新开始接收请求，并重复以上过程。

12.4.2 强制垃圾回收

我们可以在任何时刻调用 GC.Collect 方法来强制进行垃圾回收。调用 GC.Collect 的无参数方法将会发起一次完整回收。如果传入一个整数值，则只有整数值的那一代会被回收。因此 GC.Collect(0) 只执行一次快速的第 0 代垃圾回收。

总的来说，让 GC 来决定何时进行垃圾回收会得到最佳的性能。强制垃圾回收会令第 0 代对象不必要地提升到第 1 代对象中（而第 1 代对象则会提升到第 2 代对象中）。同时，这种行为也会影响 GC 的自我调整能力，即垃圾回收器可以动态调整每一代的回收阈值，以保证应用程序执行时的最佳性能。

然而，也有一些例外情况，最常见的情形是在应用程序试图休眠一段时间的时候。一个很好的例子是执行日常活动（也许是检查更新）的 Windows 服务。这样的应用程序可能在内部使用了 System.Timers.Timer 来每 24 小时初始化一次活动。在完成活动之后的 24 小时之内将不需要执行任何代码。这意味着在这一段时间内，由于没有进行任何的内存分配，因此也没有任何机会来触发垃圾回收。而之前的活动消耗的内存在接下来的 24 小时之内也将被保留，即使对象图是空的其行为也是一样的。解决方案就是在每天的活动结束之后就立刻调用 GC.Collect 方法。

为了避免对象的回收由于终结器的存在而延长，可以额外调用 WaitForPendingFinalizers 并重新进行回收：

```
GC.Collect();
GC.WaitForPendingFinalizers();
GC.Collect();
```

以上方式经常在一个循环中执行，通常运行对象的终结器会释放更多同样拥有终结器的对象。

另外，也可以调用 GC.Collect 方法对拥有终结器的类进行测试。

12.4.3 在运行时对垃圾回收进行调整

GCSettings.LatencyMode 静态属性可以决定如何在延迟和整体效率上进行权衡。将默认值 Interactive 更改为 LowLatency 或者 SustainedLowLatency 将使 CLR 更快（更频繁）地进行回收。如果你的应用程序需要对实时事件进行快速响应，这种方式就显得非常有用了。将模式设置为 Batch 适用于批量处理场景，它可以使吞吐率达到最高，但同时会对程序的响应速度造成潜在的负面影响。

如果在 *runtimeconfig.json* 文件中禁用后台回收，则无法使用 SustainedLowLatency 模式。

我们还可以调用 GC.TryStartNoGCRegion 方法令 CLR 临时挂起垃圾回收操作，如需恢复，可以调用 GC.EndNoGCRegion。

12.4.4 内存压力

运行时会基于一些因素来决定何时初始化回收，其中一个因素就是机器的总内存负载。如果应用程序分配了非托管内存（请参见第 24 章），则运行时会得到非常乐观的内存使用状况（而其实则不然），因为 CLR 只知道托管内存。针对这种情况，可以调用 `GC.AddMemoryPressure` 方法使 CLR 假定已经分配了指定数量的非托管内存来解决。在非托管内存释放之后，也可以调用 `GC.RemoveMemoryPressure` 来取消这种内存压力。

12.4.5 数组池

若应用程序频繁初始化数组对象，则可以使用数组池（array pooling）避免大部分垃圾回收的开销。数组池技术是 .NET Core 3 引入的，它可以"借用"数组对象，并随后将其放回数组池以备复用。

如需分配数组，则可以调用 `System.Buffers` 命名空间中 `ArrayPool` 类的 `Rent` 方法，并提供数组的大小：

```
int[] pooledArray = ArrayPool<int>.Shared.Rent (100);  // 100 bytes
```

上述代码将从全局共享的数组池中创建长度（至少）为 100 字节的数组。池管理器可能会创建比预期大的数组（一般来说它会分配 2 的幂次大小的数组）。

在数组使用完毕后，调用 `Return` 方法会释放数组并将其放回数组池中。该数组可供后续使用：

```
ArrayPool<int>.Shared.Return (pooledArray);
```

向该方法中（可选的）传递布尔值可以在数组返回数组池之前清理其中的内容。

 数组池无法阻止开发者在数组释放后继续（非法）使用该数组，这也是其局限性之一。因而开发者应小心应对避免上述情况发生。这种破坏不仅限于自身的代码，因为其他的 API（例如，ASP.NET Core）也会使用数组池。

如果不希望使用共享的数组池，那么还可以创建独立的数组池并从其中租借数组。这可以避免破坏其他 API 的功能。但是这样做会增加总体内存的使用量（并减少了复用数组的机会）：

```
var myPool = ArrayPool<int>.Create();
int[] array = myPool.Rent (100);
...
```

12.5 托管内存泄漏

在 C++ 这种非托管语言中，开发者必须牢记在对象不再使用时手动释放内存，否则就会导致内存泄漏。在托管语言中，由于 CLR 的自动垃圾回收系统，这种类型的错误不再可能发生。

尽管如此，大型复杂的 .NET 应用程序也会遇到类似的问题，虽然形式相对温和但是也会造成相同的结果：应用程序会在其生命周期内消耗越来越多的内存，直至最终不得不重启。但托管内存泄漏通常更容易诊断和预防，这也是不幸中的万幸了。

托管内存泄漏是由那些虽然不再使用，但其引用已经被遗忘而一直存活的对象造成的。常见的一种情况是事件处理器造成的，它保存着目标对象的引用（除非目标是一个静态方法）。例如，考虑以下类：

```
class Host
{
  public event EventHandler Click;
}

class Client
{
  Host _host;
  public Client (Host host)
  {
    _host = host;
    _host.Click += HostClicked;
  }

  void HostClicked (object sender, EventArgs e) { ... }
}
```

以下测试中的方法实例化了 1000 个 clients 对象：

```
class Test
{
  static Host _host = new Host();

  public static void CreateClients()
  {
    Client[] clients = Enumerable.Range (0, 1000)
     .Select (i => new Client (_host))
     .ToArray();
    // Do something with clients ...
  }
}
```

你也许希望这 1000 个 Client 对象会在 CreateClients 执行完毕之后被选中并释放。但不幸的是，每一个 Client 对象都有一个引用它们的对象：_host 对象。它的 Click 事件引用了每一个 Client 实例。如果 Click 事件并未被触发，或者即使被触发也并没有显著的特征，那这种情况就很难发现了。

以上问题的解决方案之一是令 Client 实现 IDisposable 接口，并在 Dispose 方法中注销事件处理器：

```
public void Dispose() { _host.Click -= HostClicked; }
```

而 Client 的消费者应当在使用完毕后销毁这些实例：

```
Array.ForEach (clients, c => c.Dispose());
```

 在 12.6 节中，我们将介绍另外一种解决方案。这种方案可以在不适用可销毁对象的环境下（例如，Windows Presentation Foundation）使用。实际上，WPF 框架提供了 WeakEventManager 类来充分利用那些使用弱引用的模式。

12.5.1 定时器

忽略定时器也可以造成内存泄漏（我们将在第 21 章讨论定时器）。根据定时器的类型，可分为两种不同的情况。首先我们来关注一下 System.Timers 命名空间中的定时器。在下面的示例中，Foo 类（实例化之后）将每秒钟调用一次 tmr_Elapsed 方法：

```
using System.Timers;

class Foo
{
  Timer _timer;

  Foo()
  {
    _timer = new System.Timers.Timer { Interval = 1000 };
    _timer.Elapsed += tmr_Elapsed;
    _timer.Start();
  }

  void tmr_Elapsed (object sender, ElapsedEventArgs e) { ... }
}
```

在这种情况下，Foo 实例将永远不会被回收！问题在于运行时自身会保留已经激活的定时器的引用，以便触发 Elapsed 事件。因此：

- 运行时会确保 _timer 的存活。

- _timer 通过 tmr_Elapsed 事件处理器使 Foo 实例保持存活。

当你意识到 Timer 实现了 IDisposable 接口时，上述问题的解决方法就很明显了。销毁定时器将使其停止并保证运行时不会再引用定时器对象：

```
class Foo : IDisposable
{
  ...
  public void Dispose() { _timer.Dispose(); }
}
```

 如果类中的任何字段所赋的对象实现了 IDisposable 接口，那么该类也应当实现 IDisposable 接口。这是一个实现 IDisposable 的良好准则。

WPF 和 Window Forms 定时器的工作方式和刚刚介绍的定时器是完全一样的。

然而，System.Threading 命名空间下的定时器是比较特殊的。.NET 并不会保存激活定时器的引用，而是直接引用回调委托。这意味着如果忘记销毁线程定时器，那么终结器也会触发，定时器将自动停止并销毁：

```
static void Main()
{
  var tmr = new System.Threading.Timer (TimerTick, null, 1000, 1000);
  GC.Collect();
  System.Threading.Thread.Sleep (10000);    // Wait 10 seconds
}

static void TimerTick (object notUsed) { Console.WriteLine ("tick"); }
```

上述代码必须在"release"模式下编译（禁用 debug 模式并开启代码优化）。可以看到，定时器甚至只触发了一次事件之后就被回收和释放了。我们仍然可以借助使用完毕后销毁定时器的方式来修正这个问题：

```
using (var tmr = new System.Threading.Timer (TimerTick, null, 1000, 1000))
{
  GC.Collect();
  System.Threading.Thread.Sleep (10000);    // Wait 10 seconds
}
```

using 会在代码块结尾处隐式调用 tmr.Dispose 方法，这保证了在代码块结束之前 tmr 变量都是在"使用"状态中的，因此在代码块结束之前都不会被垃圾回收器回收。有趣的是，在这种情况下使用 Dispose 反而延长了对象的生存期。

12.5.2 诊断内存泄漏

最简单的避免托管内存泄漏的方式就是在编写应用程序时主动监视内存的使用状况。我们可以用以下语句获得当前程序中对象的内存消耗（true 参数告知 GC 首先执行一次垃圾回收）：

```
long memoryUsed = GC.GetTotalMemory (true);
```

如果你使用的是测试驱动开发的方式，那么还可以利用单元测试来断定内存是否已经按照预想进行了回收。如果这种断言失败，则只需要检查最近的更改就可以发现潜在的问题。

如果当前的大型应用程序已经出现了托管内存泄漏，则可以使用 *windbg.exe* 工具来找到它。除此之外，还有一些拥有友好的图形界面的工具，例如，Microsoft 的 CLR Profiler、SciTech 的 Memory Profiler 以及 Red Gate 的 ANTS Memory Profiler 等。

CLR 也公开了多种事件计数器来辅助资源的监控。

12.6 弱引用

有时，相比令对象存活，保持对象的 GC "不可见" 引用反而更加有效。这种引用称为弱引用，它是由 System.WeakReference 类实现的。

要使用 WeakReference，只需像以下程序那样从目标对象创建即可：

```
var sb = new StringBuilder ("this is a test");
var weak = new WeakReference (sb);
Console.WriteLine (weak.Target);      // This is a test
```

如果目标只是被一个或者多个弱引用所引用的话，GC 就可以考虑将目标回收。在目标被回收之后，WeakReference 的 Target 属性将为 null：

```
var weak = GetWeakRef();
GC.Collect();
Console.WriteLine (weak.Target);    // (nothing)

WeakReference GetWeakRef () =>
  new WeakReference (new StringBuilder ("weak"));
```

为了避免在测试目标是否为 null 和消费目标期间回收目标，可以将目标赋值给局部变量：

```
var sb = (StringBuilder) weak.Target;
if (sb != null) { /* Do something with sb */ }
```

一旦将目标赋值给局部变量，它就有了强的根，因此该变量在使用期间是无法回收的。

以下类使用弱引用来追踪实例化的 Widget 对象，但并不阻止回收这些对象：

```
class Widget
{
  static List<WeakReference> _allWidgets = new List<WeakReference>();
  public readonly string Name;

  public Widget (string name)
  {
    Name = name;
    _allWidgets.Add (new WeakReference (this));
  }

  public static void ListAllWidgets()
  {
    foreach (WeakReference weak in _allWidgets)
    {
      Widget w = (Widget)weak.Target;
      if (w != null) Console.WriteLine (w.Name);
    }
  }
}
```

这种方式的唯一缺点是静态列表将一直增长，目标为 null 的弱引用将会越来越多。因此还需要实现一些清理策略才行。

12.6.1 弱引用和缓存

`WeakReference` 的用途之一是缓存大的对象图，这使得我们可以简单地缓存占用内存较多的数据而不会引起内存过度消耗：

```
_weakCache = new WeakReference (...);    // _weakCache is a field
...
var cache = _weakCache.Target;
if (cache == null) { /* Re-create cache & assign it to _weakCache */ }
```

这种策略在实践中的作用也许比较有限，因为我们几乎没有垃圾回收器何时触发以及哪一代会进行回收的控制权。特别地，如果缓存仍然在第 0 代中，那么它可能在几微秒之内就被回收了（垃圾回收器只在内存紧张的情况下进行回收，在正常内存情况下才进行周期性的回收）。因此，至少要使用两个级别的缓存，一开始使用强引用进行缓存，在一定时间后再转换为弱引用。

12.6.2 弱引用和事件

前面我们介绍了事件是如何导致内存泄漏的，而解决方案是要么避免订阅事件，要么实现 Dispose 方法来取消订阅。而弱引用则提供了另外一种解决方案。

若一个委托仅仅保存目标的弱引用，那么目标就不会由于委托的原因而继续存活，这些目标若想继续存活，必须拥有其他的引用者。当然如果在事件触发时目标就已经被选中并被 GC 回收，事件就会命中一个未引用的对象。因此为了使解决方案可行，代码在以上情况出现时必须足够健壮。在上述情况下，可以按照以下方式实现弱引用委托类：

```
public class WeakDelegate<TDelegate> where TDelegate : class
{
  class MethodTarget
  {
    public readonly WeakReference Reference;
    public readonly MethodInfo Method;

    public MethodTarget (Delegate d)
    {
      // d.Target will be null for static method targets:
      if (d.Target != null) Reference = new WeakReference (d.Target);
      Method = d.Method;
    }
  }

  List<MethodTarget> _targets = new List<MethodTarget>();

  public WeakDelegate()
  {
    if (!typeof (TDelegate).IsSubclassOf (typeof (Delegate)))
      throw new InvalidOperationException
```

```
          ("TDelegate must be a delegate type");
    }

    public void Combine (TDelegate target)
    {
      if (target == null) return;

      foreach (Delegate d in (target as Delegate).GetInvocationList())
        _targets.Add (new MethodTarget (d));
    }

    public void Remove (TDelegate target)
    {
      if (target == null) return;
      foreach (Delegate d in (target as Delegate).GetInvocationList())
      {
        MethodTarget mt = _targets.Find (w =>
          Equals (d.Target, w.Reference?.Target) &&
          Equals (d.Method.MethodHandle, w.Method.MethodHandle));

        if (mt != null) _targets.Remove (mt);
      }
    }

    public TDelegate Target
    {
      get
      {
        Delegate combinedTarget = null;

        foreach (MethodTarget mt in _targets.ToArray())
        {
          WeakReference wr = mt.Reference;

          // Static target || alive instance target
          if (wr == null || wr.Target != null)
          {
            var newDelegate = Delegate.CreateDelegate (
              typeof(TDelegate), wr?.Target, mt.Method);
            combinedTarget = Delegate.Combine (combinedTarget, newDelegate);
          }
          else
            _targets.Remove (mt);
        }

        return combinedTarget as TDelegate;
      }
      set
      {
        _targets.Clear();
        Combine (value);
      }
    }
  }
}
```

以上代码展示了 C# 和 CLR 的一系列有趣的特点。首先，我们在构造函数中检查了
TDelegate 是否是委托类型。这是 C# 的类型约束的限制导致的，C# 将 System.Delegate

类型视为一种特殊类型而不能够出现在类型约束中。因此以下类型约束是非法的：

```
... where TDelegate : Delegate   // Compiler doesn't allow this
```

因此，我们只能选择一个类约束，并在构造器中执行运行时检查。

在 Combine 和 Remove 方法中，我们通过 as 运算符将 target 转换为 Delegate 而没有使用通常的类型转换运算符。这是因为 C# 不允许对类型参数直接使用转换运算符，如果这样做就无法区分自定义转换和引用转换从而引发二义性。

接下来，我们调用了 GetInvocationList 方法，因为该委托可能是一个多播委托，即一个委托拥有多个接收方法。

在 Target 属性中，我们创建了一个多播的委托。这个多播委托包含了所有被弱引用（目标仍然存活）所引用的委托。在这里，我们从列表中移除了所有的"死"引用，避免 _ target 列表无限制地增长。（我们也可以在 Combine 方法中进行相同的操作来改善这个类，而另外一个值得改进的点是添加锁来保证线程安全性，请参见 14.2.5 节。）我们还支持不使用弱引用的委托，以及目标是静态方法的委托。

以下代码实现了一个事件，并展示了上述委托的使用方法：

```
public class Foo
{
  WeakDelegate<EventHandler> _click = new WeakDelegate<EventHandler>();

  public event EventHandler Click
  {
    add { _click.Combine (value); } remove { _click.Remove (value); }
  }

  protected virtual void OnClick (EventArgs e)
    => _click.Target?.Invoke (this, e);
}
```

第 13 章

诊断

当错误发生时，最重要的事情就是得到辅助诊断问题的信息。集成开发环境（IDE）和调试器对问题的诊断能够起到极大的帮助作用，但这种手段通常只能够在开发时使用。应用程序一旦发布，应用程序自身就必须收集和记录诊断信息。为了满足这种需求，.NET 提供了一套记录诊断信息、监视应用程序行为、检测运行时错误并与调试工具（如果有的话）集成的工具。

一些诊断工具和 API 是 Windows 特有的（因为这些工具使用了 Windows 操作系统提供的功能）。为了避免平台特有的 API 污染 .NET BCL，Microsoft 将它们通过独立的 NuGet 包发布，并可根据需要来引用。Windows 平台特有的包有很多，可以引用 *Microsoft.Windows.Compatibility* "master" 来一次性引用所有的包。

本章涉及的类主要定义在 System.Diagnostics 命名空间中。

13.1 条件编译

使用 C# 中的预处理指令可以有条件地编译任意一部分代码。预处理指令是一类特殊的编译器指令，它们都以 # 符号开头（和其他的 C# 结构不同，它必须出现在一个独立行中）。从逻辑上说，它们会在主要的编译工作开始前执行（虽然在实践中，编译器是在词法解析时处理这些指令的）。预处理指令中和条件编译相关的指令有 #if、#else、#endif 和 #elif。

#if 指令表示若特定的符号没有定义，则编译器将忽略该部分代码。定义符号可以使用 #define 指令或者使用编译开关。#define 指令应用于特定的文件，而编译开关则应用于整个程序集：

```
#define TESTMODE        // #define directives must be at top of file
                        // Symbol names are uppercase by convention.

using System;
```

```
class Program
{
  static void Main()
  {
#if TESTMODE
    Console.WriteLine ("in test mode!");      // OUTPUT: in test mode!
#endif
  }
}
```

如果我们删除第一行，`Console.WriteLine` 语句将像被注释掉一样，彻底从可执行程序中移除。

`#else` 语句和 C# 的 `else` 语句类似，而 `#elif` 语句等价于 `#else` 语句之后再接 `#if` 语句。`||`、`&&` 和 `!` 运算符可以用于执行 "或" "与" 和 "非" 操作：

```
#if TESTMODE && !PLAYMODE       // if TESTMODE and not PLAYMODE
  ...
```

但是需要注意，这并不是在构建普通的 C# 表达式，操作的符号和（静态和非静态的）变量没有任何的关联。

要为程序集范围内的所有文件定义符号，可编辑 .csproj 文件（或编辑 Visual Studio 中的 Project Properties 窗口的 Build 选项卡的内容）。例如，以下代码定义了两个符号 TESTMODE 和 PLAYMODE：

```
<PropertyGroup>
  <DefineConstants>TESTMODE;PLAYMODE</DefineConstants>
</PropertyGroup>
```

如果在程序集级别定义了符号，则可以在某一个特定的文件中使用 `#undef` 指令取消当前文件中这个符号的定义。

13.1.1 条件编译与静态变量标志

先前的程序也可以用简单的静态字段来实现：

```
static internal bool TestMode = true;

static void Main()
{
  if (TestMode) Console.WriteLine ("in test mode!");
}
```

以上做法的优点是可以支持运行时配置。那么我们为什么还选择条件编译呢？其原因在于条件编译有一些静态变量所不具备的应用场景，例如：

- 有条件地包含某个属性。

- 改变变量的声明类型。

- 在 using 指令中切换命名空间或类型别名。例如：

```
using TestType =
  #if V2
    MyCompany.Widgets.GadgetV2;
  #else
    MyCompany.Widgets.Gadget;
  #endif
```

条件编译甚至可以用来进行大型重构。例如，可以立即在新旧版本之间切换，或编写能够在多个运行时版本下编译的库，并在条件允许时利用最新的特性。

条件编译的另一个优点在于调试代码可以引用在部署阶段中并未引入的程序集中的类型。

13.1.2 Conditional 特性

Conditional 特性指示编译器在符号没有定义的情况下忽略对特定类或方法的任何调用。

为了展示 Conditional 特性的用途，不妨假设我们需要编写一个记录状态信息的方法：

```
static void LogStatus (string msg)
{
  string logFilePath = ...
  System.IO.File.AppendAllText (logFilePath, msg + "\r\n");
}
```

假设我们希望只有在 LOGGINGMODE 符号定义时才执行这个方法。那么第一种解决方案是在所有调用 LogStatus 的代码前后加上 #if 指令：

```
#if LOGGINGMODE
LogStatus ("Message Headers: " + GetMsgHeaders());
#endif
```

这种方式提供了预期的结果，但是非常烦琐。第二种解决方案是在 LogStatus 方法内包含 #if 指令，然而，按照下面的方式调用 LogStatus 方法则会出现问题：

```
LogStatus ("Message Headers: " + GetComplexMessageHeaders());
```

在上述代码中，GetComplexMessageHeaders 方法永远都会被调用，而这会对性能造成影响。

我们可以在 LogStatus 方法上使用（位于 System.Diagnostics 命名空间中的）Conditional 特性以合并第一种方案的功能和第二种方案的便利：

```
[Conditional ("LOGGINGMODE")]
static void LogStatus (string msg)
{
  ...
}
```

该属性指示编译器在所有调用 LogStatus 的地方按使用 #if LOGGINGMODE 包装那样进行

处理，即如果符号没有定义，则对 LogStatus 的调用会在编译时完全忽略，包括参数表达式的计算（因此任何表达式的副作用都会被忽略）。值得一提的是，即使 LogStatus 和调用者不在同一个程序集，该机制仍然有效。

 [Conditional] 的另一个好处在于条件性检测是在调用者编译时执行的，而不是在被调用者在编译时执行的。因此它可以用来编写包含诸如 LogStatus 这样的方法的库，并且只需要编写一种版本即可。

Conditional 特性在运行时会被忽略，因为它是仅仅用于编译时的指令。

Conditional 特性的替代方法

如果需要在运行时动态启动或者关闭某种功能，则 Conditional 特性毫无用处，此时必须使用基于变量的方法。这就将问题转换为如何在调用条件日志记录方法时巧妙避免参数计算的问题。此时，可以使用函数式的方式解决这个问题：

```
using System;
using System.Linq;

class Program
{
  public static bool EnableLogging;

  static void LogStatus (Func<string> message)
  {
    string logFilePath = ...
    if (EnableLogging)
      System.IO.File.AppendAllText (logFilePath, message() + "\r\n");
  }
}
```

Lambda 表达式可以在调用该方法时避免臃肿的语法：

```
LogStatus ( () => "Message Headers: " + GetComplexMessageHeaders() );
```

当 EnableLogging 为 false 时，GetComplexMessageHeaders 方法永远不会进行计算。

13.2 Debug 和 Trace 类

Debug 和 Trace 是提供了基础断言和日志记录功能的静态类。这两个类很相似，但其应用场景不同。Debug 类用于调试版本，而 Trace 类则用于调试和发布版本。也就是说：

```
All methods of the Debug class are defined with [Conditional("DEBUG")].
All methods of the Trace class are defined with [Conditional("TRACE")].
```

这意味着如果不定义 DEBUG 和 TRACE 符号的话，所有对 Debug 和 Trace 类方法的调用都会被编译器忽略。（Visual Studio 在 Project Properties 的 Build 选项卡中提供了定义这些符号的复选框，并默认在创建新项目时定义 TRACE 符号。）

Debug 和 Trace 类都提供了 Write、WriteLine、WriteIf 方法，默认情况下，这些方法将向调试器的输出窗口发送消息：

```
Debug.Write     ("Data");
Debug.WriteLine (23 * 34);
int x = 5, y = 3;
Debug.WriteIf   (x > y, "x is greater than y");
```

Trace 类也提供了 TraceInformation、TraceWarning 和 TraceError 方法。这些方法和 Write 方法的不同取决于当前使用的 TraceListener 类型（我们将在 13.2.2 节详细介绍）。

13.2.1 Fail 和 Assert 方法

Debug 和 Trace 类型都提供了 Fail 和 Assert 方法。Fail 方法将向 Debug 或者 Trace 类中的 Listeners 集合中的每一个 TraceListener 发送消息（参见下一节）。在默认情况下，这些消息会显示在调试输出窗口和对话框中：

```
Debug.Fail ("File data.txt does not exist!");
```

Assert 方法在 bool 参数为 false 时调用 Fail 方法，称为断言（assertion）。通常断言的失败意味着程序的缺陷。除此之外，还可以为断言指定错误消息（可选）：

```
Debug.Assert (File.Exists ("data.txt"), "File data.txt does not exist!");
var result = ...
Debug.Assert (result != null);
```

Write、Fail 和 Assert 方法都拥有接受字符串类型的额外消息的重载方法，这在处理输出时很有用。

另外一种断言的方式是在相反条件成立时抛出异常，这种方式通常用于验证方法的参数：

```
public void ShowMessage (string message)
{
  if (message == null) throw new ArgumentNullException ("message");
  ...
}
```

这种"断言"每次都会无条件地进行编译，并无法灵活地通过 TraceListener 控制错误断言的输出结果。而且从技术上来说，它们也不是断言。所谓断言是指如果出错，则说明当前的方法存在缺陷。而根据参数验证抛出一个异常，则反映了调用者代码的缺陷。

13.2.2 TraceListener 类

Trace 类具有静态的 Listeners 属性，该属性将返回 TraceListener 实例的集合。它们负责处理由 Write、Fail 和 Trace 方法触发的信息。

默认情况下，一个 Listeners 集合包含一个单独的监听器（DefaultTraceListener），这个默认的监听器有以下两个关键特性：

- 当连接到调试器（例如，Visual Studio 的调试器）时，将消息输出到调试输出窗口；否则忽略消息内容。
- 当调用 Fail 方法时（或者断言失败时），终止程序的运行。

我们可以（可选地）移除默认的监听器，然后添加一个或者多个自定义监听器来改变这种行为。既可以从零开始编写 TraceListener（从 TraceListener 继承），也可使用以下预定义的监听器类型：

- TextWriterTraceListener：将消息写入 Stream 或者 TextWriter，或将消息追加到文件中。
- EventLogTraceListener：将事件日志写入到 Windows 事件日志中（仅适用于 Windows）。
- EventProviderTraceListener：将事件写入操作系统的 Windows 事件追踪（Event Tracing for Windows，ETW）子系统中（跨平台支持）。

TextWriterTraceListener 类还进一步划分为 ConsoleTraceListener、DelimitedListTraceListener、XmlWriterTraceListener 和 EventSchemaTraceListener 类。

下面的示例清除了 Trace 的默认监听器，并添加了 3 个其他的监听器，其中一个将消息追加到文件，另一个将消息输出到控制台，最后一个将消息输出到 Windows 事件日志：

```
// Clear the default listener:
Trace.Listeners.Clear();

// Add a writer that appends to the trace.txt file:
Trace.Listeners.Add (new TextWriterTraceListener ("trace.txt"));

// Obtain the Console's output stream, then add that as a listener:
System.IO.TextWriter tw = Console.Out;
Trace.Listeners.Add (new TextWriterTraceListener (tw));

// Set up a Windows Event log source and then create/add listener.
// CreateEventSource requires administrative elevation, so this would
// typically be done in application setup.
if (!EventLog.SourceExists ("DemoApp"))
  EventLog.CreateEventSource ("DemoApp", "Application");

Trace.Listeners.Add (new EventLogTraceListener ("DemoApp"));
```

对于 Windows 事件日志，通过 Write、Fail 或者 Assert 方法输出的消息在事件查看器中均显示为"信息"（Information）。但是通过 TraceWarning 和 TraceError 方法输出的消息则相应显示为"警告"或者"错误"。

TraceListener 有一个 TraceFilter 类型的 Filter 属性，它能够决定是否将消息输出给监听器。我们既可以实例化预定义的子类，例如，EventTypeFilter 或者 SourceFilter，也可以从 TraceFilter 继承并重写 ShouldTrace 方法来实现消息的筛选。例如，可以按消息的种类进行筛选。

TraceListener 还定义了 IndentLevel 和 IndentSize 属性来控制缩进，而 TraceOutputOptions 属性可以用来写入额外的数据：

```
TextWriterTraceListener tl = new TextWriterTraceListener (Console.Out);
tl.TraceOutputOptions = TraceOptions.DateTime | TraceOptions.Callstack;
```

调用 Trace 方法时会应用 TraceOutputOptions 中的配置：

```
Trace.TraceWarning ("Orange alert");

DiagTest.vshost.exe Warning: 0 : Orange alert
    DateTime=2007-03-08T05:57:13.6250000Z
    Callstack=    at System.Environment.GetStackTrace(Exception e, Boolean
needFileInfo)
    at System.Environment.get_StackTrace()    at ...
```

13.2.3 刷新并关闭监听器

像 TextWriterTraceListener 这样的将信息写入流中的监听器往往会进行缓存处理。这意味着：

- 消息也许不会在输出流或者文件中立即出现。
- 在应用程序结束之前，必须关闭，至少也要刷新（flush）监听器，否则将失去缓存中的内容（如果是输出到文件的话，默认缓存最多为 4KB）。

Trace 和 Debug 类提供了静态的 Close 和 Flush 方法来调用所有监听器的 Close 和 Flush 方法（而这些方法会调用内部写入器或者流的 Close 或者 Flush 方法）。Close 方法会隐式调用 Flush 方法，并关闭文件句柄，以防止进一步写入数据。

因此，作为一个一般性的规则，应当在应用程序结束时调用 Close，而在希望保证当前消息被写入时调用 Flush。这个规则适用于基于流的或者基于文件的监听器。

Trace 和 Debug 类还提供了 AutoFlush 属性，如果该属性为 true，则会在每条消息之后强制执行 Flush 方法。

如果使用基于文件和流的监听器，则推荐将 Debug 和 Trace 的 AutoFlush 设置为 true。否则，一旦发生了未处理的异常或者关键性的错误，就可能导致最后 4KB 的诊断信息丢失。

13.3 调试器的集成

在一些情况下，应用程序需要和调试器（如果有的话）进行交互。在开发阶段，调试器通常就是你的集成开发环境（IDE），例如 Visual Studio，而在部署阶段，调试器通常是底层调试工具，例如 WinDbg、Cordbg 或 MDbg。

13.3.1 附加和断点

`System.Diagnostics` 命名空间中的静态 `Debugger` 类提供了与调试器交互的基本函数：`Break`、`Launch`、`Log` 和 `IsAttached`。

调试器只有附加到应用程序上才能够开始调试。如果从 IDE 运行应用程序的话，则调试器将会自动附加在应用程序上（除非选择 "Start without debugging"）。但有时在 IDE 中无法方便地使用调试模式启动一个应用程序，例如，Windows Service 或者 Visual Studio 设计器。此时可以正常启动应用程序，然后选择 " Debug Proces"。然而这种方式无法在应用程序启动的早期设置断点。

另一种解决办法是在应用程序内使用 `Debugger.Break`。这个方法将启动调试器，将进程附加在调试器上，并且在当前的执行点上挂起执行。（`Launch` 方法也是这样操作的，但是它不会挂起执行。）一旦附加成功，就可以通过 `Log` 方法直接向调试器的输出窗口中输出日志信息。`IsAttached` 属性可以判断是否已经有调试器附加到了当前的应用程序上。

13.3.2 Debugger 特性

`DebuggerStepThrough` 和 `DebuggerHidden` 特性为调试器提供了如何为特定方法、构造器和类处理单步步进操作的建议。

`DebuggerStepThrough` 请求调试器在不需要任何用户交互的情况下单步执行函数。这个特性对于自动生成的方法和将实际工作转移到其他方法的代理方法来说非常适用。对于后一种情况，如果在实际的方法中设置了断点，而调试器在调用栈中将仍然显示代理方法，除非添加 `DebuggerHidden` 特性。这两个特性可以配合使用来帮助用户专注于调试应用逻辑，而不是在调用管道中转来转去：

```
[DebuggerStepThrough, DebuggerHidden]
void DoWorkProxy()
{
  // setup...
  DoWork();
  // teardown...
}

void DoWork() {...}   // Real method...
```

13.4 进程与线程处理

在第 6 章的最后一节中，我们介绍了如何用 `Process.Start` 方法启动新的进程。`Process` 类也可用于查询本机或其他计算机的进程或与其他进程交互。`Process` 类是 .NET

Standard 2.0 的一部分（但它的功能在 UWP 平台上是受限的）。

13.4.1 检查运行中的进程

`Process.GetProcessXXX` 方法通过名称或者进程 ID 检索指定的进程，或者检索本机或指定名称的计算机中的所有进程。这种检索既包括托管进程又包括非托管进程。每一个 `Process` 实例都拥有许多属性来获得进程的统计数据，例如，名称、ID、优先级、内存、处理器利用率、窗口句柄等。以下示例列举了当前计算机上所有执行中的进程：

```
foreach (Process p in Process.GetProcesses())
using (p)
{
  Console.WriteLine (p.ProcessName);
  Console.WriteLine ("   PID:     " + p.Id);
  Console.WriteLine ("   Memory:  " + p.WorkingSet64);
  Console.WriteLine ("   Threads: " + p.Threads.Count);
}
```

`Process.GetCurrentProcess` 方法返回当前的进程。

如果需要终止一个进程，则可以调用 `Kill` 方法。

13.4.2 在进程中检查线程

`Process.Threads` 属性可用于枚举其他进程内的所有线程。但是，所获得的对象并非 `System.Threading.Thread` 对象而是 `ProcessThread` 对象。该对象用于管理而非执行同步任务。`ProcessThread` 对象提供了相应线程的诊断信息，并允许对某些属性进行控制，例如，优先级与处理器亲和性：

```
public void EnumerateThreads (Process p)
{
  foreach (ProcessThread pt in p.Threads)
  {
    Console.WriteLine (pt.Id);
    Console.WriteLine ("   State:    " + pt.ThreadState);
    Console.WriteLine ("   Priority: " + pt.PriorityLevel);
    Console.WriteLine ("   Started:  " + pt.StartTime);
    Console.WriteLine ("   CPU time: " + pt.TotalProcessorTime);
  }
}
```

13.5 StackTrace 和 StackFrame 类

`StackTrace` 和 `StackFrame` 类提供了执行调用栈的只读视图。我们可以获得当前线程以及异常对象的堆栈追踪信息。虽然这些信息可以用于特定的编程用途，但主要还是用于诊断目的。`StackTrace` 代表了一个完整的调用栈，而 `StackFrame` 代表了调用栈中的一个单独的方法调用。

如果仅仅需要得到当前调用方法的名称和代码行号，则可以考虑使用调用者信息特性而非堆栈追踪信息，因为前者简单且速度更快，请参见 4.15 节。

如果使用无参数构造器或者使用带有一个 bool 参数的构造器实例化 StackTrace 对象，则将得到当前线程调用栈的快照。bool 参数的值若为 true，则 StackTrace 将在程序集的 *.pdb*（项目的调试文件）文件存在的情况下读取文件名、行号、列偏移量等数据。项目调试文件是在编译时使用 /debug 开关生成的。（Visual Studio 总会使用这个开关，但也可以在"*Advanced Build Settings*"中禁用这个开关。）

一旦获得了 StackTrace 对象，就可以调用 GetFrame 方法检查特定的调用帧。当然也可以通过 GetFrames 方法获得所有的调用帧：

```
static void Main() { A (); }
static void A()    { B (); }
static void B()    { C (); }
static void C()
{
  StackTrace s = new StackTrace (true);

  Console.WriteLine ("Total frames:   " + s.FrameCount);
  Console.WriteLine ("Current method: " + s.GetFrame(0).GetMethod().Name);
  Console.WriteLine ("Calling method: " + s.GetFrame(1).GetMethod().Name);
  Console.WriteLine ("Entry method:   " + s.GetFrame
                                  (s.FrameCount-1).GetMethod().Name);
  Console.WriteLine ("Call Stack:");
  foreach (StackFrame f in s.GetFrames())
    Console.WriteLine (
      "  File: "   + f.GetFileName() +
      "  Line: "   + f.GetFileLineNumber() +
      "  Col: "    + f.GetFileColumnNumber() +
      "  Offset: " + f.GetILOffset() +
      "  Method: " + f.GetMethod().Name);
}
```

其输出如下：

```
Total frames:   4
Current method: C
Calling method: B
Entry method: Main
Call stack:
  File: C:\Test\Program.cs  Line: 15  Col: 4   Offset: 7  Method: C
  File: C:\Test\Program.cs  Line: 12  Col: 22  Offset: 6  Method: B
  File: C:\Test\Program.cs  Line: 11  Col: 22  Offset: 6  Method: A
  File: C:\Test\Program.cs  Line: 10  Col: 25  Offset: 6  Method: Main
```

IL（中间语言）偏移量通常表示下一条将要执行的指令的偏移量，而不是当前执行的指令的偏移量。但奇怪的是，如果 *.pdb* 文件存在的话，往往能够记录真实执行点的行号和列数。

这是因为在根据 IL 偏移量计算行号和列号时，CLR 会尽力推断实际的执行点。编译器生成 IL 时会辅助这种推断，其中包括在 IL 流中插入 nop（无操作）指令。

然而，当启用代码优化时，会禁止编译器插入 nop 指令，这样调用栈追踪就可能显示下一个执行语句的行号和列号了。优化还会使用其他技术，例如，铺平整个方法，而这些优化会进一步影响调用栈追踪的结果。

获取整个 StackTrace 基本信息的最简单的方法是调用 ToString 方法。它的结果看起来像下面这样：

```
at DebugTest.Program.C() in C:\Test\Program.cs:line 16
at DebugTest.Program.B() in C:\Test\Program.cs:line 12
at DebugTest.Program.A() in C:\Test\Program.cs:line 11
at DebugTest.Program.Main() in C:\Test\Program.cs:line 10
```

另一种获得调用栈信息的方式是将 Exception 对象（显示了异常抛出的位置）传入 StackTrace 的构造器中。

Exception 本身就具有 StackTrace 属性，但是这个属性的返回值为简单的字符串而不是 StackTrace 对象。StackTrace 对象相比字符串对于记录应用程序部署后的异常日志要有效得多，在 .pdf 文件缺失的情况下更是如此，因为可以记录 IL 的偏移量来代替行和列号。将 IL 偏移量和 ildasm 工具相结合，就可以精确定位方法中发生错误的位置。

13.6 Windows 事件日志

Win32 平台以 Windows 事件日志的形式提供了一种集中式的日志记录机制。

如果注册了 EventLogTraceListener，那么之前提到的 Debug 和 Trace 类就可以写入 Windows 事件日志了。使用 EventLog 类则可以直接写入 Windows 事件日志，无须使用 Trace 或 Debug 类。此外，这个类也可以用于读取和监视事件数据。

将信息写入 Windows 事件日志非常适用于 Windows Service 应用程序，因为它无法在问题出现的时候弹出任何用户界面以提示用户到特定的文件下寻找诊断信息。同时，Windows Service 通常都会将信息写入事件日志，而 Windows 事件日志也是系统管理员在服务发生异常时的首选检查点。

标准 Windows 事件日志有三种，按名称分为：

- 应用程序。
- 系统。
- 安全。

应用程序日志是大多数应用程序通常写入日志的地方。

13.6.1 写入事件日志

如需写入 Windows 事件日志，则需要：

1. 选择三种事件日志中的一种（通常是应用程序）。

2. 选定源名称，必要时需要创建源名称（创建源名称需要管理员权限）。

3. 调用 EventLog.WriteEntry 方法并提供日志名称、源名称和消息数据。

源名称是应用程序的可识别名称。在使用源名称之前必须使用 CreateEventSource 注册它。在注册完成之后就可以调用 WriteEntry 方法：

```
const string SourceName = "MyCompany.WidgetServer";

// CreateEventSource requires administrative permissions, so this would
// typically be done in application setup.
if (!EventLog.SourceExists (SourceName))
  EventLog.CreateEventSource (SourceName, "Application");

EventLog.WriteEntry (SourceName,
  "Service started; using configuration file=...",
  EventLogEntryType.Information);
```

EventLogEntryType 可以是 Information、Warning、Error、SuccessAudit 或者 FailureAudit。每一种类型在 Windows 事件查看器中都对应了不同的图标。还可以（可选地）指定事件的类别和 ID（每一个都需要自行指定）并提供可选的二进制数据。

CreateEventSource 还支持指定计算机名称以将日志写入其他计算机的事件日志中，但这需要足够的权限。

13.6.2 读取事件日志

要读取事件日志，需要用欲访问的日志名称来实例化 EventLog 对象，还可以指定日志所在的计算机的名称（可选）。每一个日志条目可通过 Entries 集合属性来读取：

```
EventLog log = new EventLog ("Application");

Console.WriteLine ("Total entries: " + log.Entries.Count);

EventLogEntry last = log.Entries [log.Entries.Count - 1];
Console.WriteLine ("Index:   " + last.Index);
Console.WriteLine ("Source:  " + last.Source);
Console.WriteLine ("Type:    " + last.EntryType);
Console.WriteLine ("Time:    " + last.TimeWritten);
Console.WriteLine ("Message: " + last.Message);
```

可以使用静态方法 EventLog.GetEventLogs（需要管理员权限才能访问全部内容）来枚举当前（或者其他）计算机的所有日志：

```
foreach (EventLog log in EventLog.GetEventLogs())
  Console.WriteLine (log.LogDisplayName);
```

以上代码通常情况下至少会输出"Application""Security"以及"System"。

13.6.3 监视事件日志

EntryWritten 事件可以在一条项目写入 Windows 事件日志时获得通知。这种机制适用于本机事件日志，无论任何应用程序记录日志均会触发该事件。

要启用日志监视：

1. 实例化 EventLog 并将它的 EnableRaisingEvents 属性设置为 true。

2. 处理 EntryWritten 事件。

例如：

```
using (var log = new EventLog ("Application"))
{
  log.EnableRaisingEvents = true;
  log.EntryWritten += DisplayEntry;
  Console.ReadLine();
}

void DisplayEntry (object sender, EntryWrittenEventArgs e)
{
  EventLogEntry entry = e.Entry;
  Console.WriteLine (entry.Message);
}
```

13.7 性能计数器

性能计数器仅支持 Windows 平台，并需要引用 System.Diagnostics. PerformanceCounter Nuget 包。如果使用 Linux 或 macOS，则可以使用 13.9 节中介绍的工具作为替代品。

之前讨论的日志机制适用于获得信息并进行事后分析。然而，要想获得应用程序（或者整个系统）的当前状态，则需要更加实时的方法。在 Win32 下，这种需求的解决方案就是性能监视基础设施。它由一系列系统或应用程序公开的性能计数器构成，并且可以通过 Microsoft 控制台管理插件（Microsoft Management Console，MMC）实时查看这些计数器的值。

性能计数器按照"System""Processor"".NET CLR Memory"等类别分组。在图形界面（Graphical User Interface，GUI）工具中，这些分组有时也称为"性能对象"每一个分组都有一系列相关的性能计数器，它们监视了系统或应用程序的一个部分。例如，在".NET CLR Memory"中的性能计数器包括"% Time in GC""# Bytes in All Heaps"以及"Allocated byes/sec"等。

每一个种类都有可能有一个或者多个可以独立监视的实例。例如，在"Processor"分组中，"% Processor Time"计数器用于监视 CPU 的利用率。在一个多处理器的机器上，该计数器支持每一个 CPU 一个实例，并对每一个 CPU 的利用率进行独立监视。

以下小节将演示如何执行一些常见任务，例如，确定公开的计数器、监视计数器以及创建自定义的计数器来输出应用程序的状态信息。

读取某些性能计数器或者分组可能需要本机或目标计算机的管理员权限。这取决于所访问的信息。

13.7.1 遍历可用的计数器

以下示例将遍历计算机上的所有可用性能计数器。对于那些支持实例的计数器，则遍历每一个实例的计数器：

```
PerformanceCounterCategory[] cats =
  PerformanceCounterCategory.GetCategories();

foreach (PerformanceCounterCategory cat in cats)
{
  Console.WriteLine ("Category: " + cat.CategoryName);

  string[] instances = cat.GetInstanceNames();
  if (instances.Length == 0)
  {
    foreach (PerformanceCounter ctr in cat.GetCounters())
      Console.WriteLine ("  Counter: " + ctr.CounterName);
  }
  else   // Dump counters with instances
  {
    foreach (string instance in instances)
    {
      Console.WriteLine ("  Instance: " + instance);
      if (cat.InstanceExists (instance))
        foreach (PerformanceCounter ctr in cat.GetCounters (instance))
          Console.WriteLine ("    Counter: " + ctr.CounterName);
    }
  }
}
```

上述程序的输出将超过 10 000 行，而且需要执行相当一段时间。这是因为 PerformanceCounterCategory.InstanceExists 实现的效率较低。在实际的系统中，只有需要的时候才应当去检索更加详细的信息。

下面的例子使用 LINQ 查询来检索 .NET 性能计数器，并将结果写入到 XML 文件中：

```
var x =
  new XElement ("counters",
    from PerformanceCounterCategory cat in
        PerformanceCounterCategory.GetCategories()
    where cat.CategoryName.StartsWith (".NET")
    let instances = cat.GetInstanceNames()
    select new XElement ("category",
      new XAttribute ("name", cat.CategoryName),
      instances.Length == 0
      ?
        from c in cat.GetCounters()
        select new XElement ("counter",
          new XAttribute ("name", c.CounterName))
      :
        from i in instances
        select new XElement ("instance", new XAttribute ("name", i),
          !cat.InstanceExists (i)
          ?
            null
          :
            from c in cat.GetCounters (i)
            select new XElement ("counter",
              new XAttribute ("name", c.CounterName))
        )
    )
  );
x.Save ("counters.xml");
```

13.7.2 读取性能计数器的数据

如需获取性能计数器的值，则需要实例化 PerformanceCounter 对象并调用 NextValue
或者 NextSample 方法。NextValue 返回简单的 float 类型值，而 NextSample 则返回
一个 CounterSample 对象。该对象将包含更多的高级属性，例如，CounterFrequency、
TimeStamp、BaseValue 以及 RawValue。

PerformanceCounter 的构造器接收性能计数器的分组名称、计数器的名称以及可选的
实例。因此，若要显示所有 CPU 当前的利用率，可以按以下代码操作：

```
using PerformanceCounter pc = new PerformanceCounter ("Processor",
                                                      "% Processor Time",
                                                      "_Total");
Console.WriteLine (pc.NextValue());
```

如果要显示当前进程"实际"（私有）内存消耗：

```
string procName = Process.GetCurrentProcess().ProcessName;
using PerformanceCounter pc = new PerformanceCounter ("Process",
                                                      "Private Bytes",
                                                      procName);
Console.WriteLine (pc.NextValue());
```

PerformanceCounter 并没有公开 ValueChanged 事件。因此，如果需要监视各种变
化，则必须使用轮询的方法。在下一个例子中，我们每隔 200 毫秒轮询一次，直至

EventWaitHandle 触发退出信号：

```
// need to import System.Threading as well as System.Diagnostics

static void Monitor (string category, string counter, string instance,
                     EventWaitHandle stopper)
{
  if (!PerformanceCounterCategory.Exists (category))
    throw new InvalidOperationException ("Category does not exist");

  if (!PerformanceCounterCategory.CounterExists (counter, category))
    throw new InvalidOperationException ("Counter does not exist");

  if (instance == null) instance = "";   // "" == no instance (not null!)
  if (instance != "" &&
      !PerformanceCounterCategory.InstanceExists (instance, category))
    throw new InvalidOperationException ("Instance does not exist");

  float lastValue = 0f;
  using (PerformanceCounter pc = new PerformanceCounter (category,
                                                  counter, instance))
    while (!stopper.WaitOne (200, false))
    {
      float value = pc.NextValue();
      if (value != lastValue)         // Only write out the value
      {                               // if it has changed.
        Console.WriteLine (value);
        lastValue = value;
      }
    }
}
```

下面我们将使用这个方法同步监视处理器和硬盘活动：

```
EventWaitHandle stopper = new ManualResetEvent (false);

new Thread (() =>
  Monitor ("Processor", "% Processor Time", "_Total", stopper)
).Start();

new Thread (() =>
  Monitor ("LogicalDisk", "% Idle Time", "C:", stopper)
).Start();

Console.WriteLine ("Monitoring - press any key to quit");
Console.ReadKey();
stopper.Set();
```

13.7.3 创建计数器并写入性能数据

在写入性能计数器数据之前，需要创建性能计数器分组并创建性能计数器。例如，以下
代码同时创建了分组和该分组下的所有计数器：

```
string category = "Nutshell Monitoring";

// We'll create two counters in this category:
```

```
    string eatenPerMin = "Macadamias eaten so far";
    string tooHard = "Macadamias deemed too hard";
    if (!PerformanceCounterCategory.Exists (category))
    {
      CounterCreationDataCollection cd = new CounterCreationDataCollection();

      cd.Add (new CounterCreationData (eatenPerMin,
             "Number of macadamias consumed, including shelling time",
             PerformanceCounterType.NumberOfItems32));

      cd.Add (new CounterCreationData (tooHard,
             "Number of macadamias that will not crack, despite much effort",
             PerformanceCounterType.NumberOfItems32));

      PerformanceCounterCategory.Create (category, "Test Category",
        PerformanceCounterCategoryType.SingleInstance, cd);
    }
```

当性能计数器添加完毕之后，就会出现在 Windows 性能监视工具中。如果之后希望在该分组下添加更多的性能计数器，必须先调用 `PerformanceCounterCategory.Delete` 方法删除旧的分组。

 创建和删除性能计数器需要管理员权限，因此它通常作为应用程序安装的一部分。

一旦性能计数器创建完成，就可以实例化 `PerformanceCounter`，将 ReadOnly 属性设置为 false，并对 RawValue 属性赋值来更新计数器的值。也可以使用 Increament 和 IncreamentBy 方法来更新现有的值：

```
    string category = "Nutshell Monitoring";
    string eatenPerMin = "Macadamias eaten so far";

    using (PerformanceCounter pc = new PerformanceCounter (category,
                                                           eatenPerMin, ""))
    {
      pc.ReadOnly = false;
      pc.RawValue = 1000;
      pc.Increment();
      pc.IncrementBy (10);
      Console.WriteLine (pc.NextValue());    // 1011
    }
```

13.8 Stopwatch 类

Stopwatch 类提供了一种方便的机制来测量运行时间。Stopwatch 使用了操作系统和硬件提供的最高分辨率机制，通常少于 1 微秒（相比之下，DateTime.Now 和 Environment.TickCount 的分辨率在 15 毫秒左右）。

要使用 Stopwatch，可以调用 StartNew 方法。这将会实例化一个 Stopwatch 对象并开始计时（此外，也可以先实例化，再手动调用 Start 方法）。Elapsed 属性将以 TimeSpan 的形式返回消耗的时间间隔：

```
Stopwatch s = Stopwatch.StartNew();
System.IO.File.WriteAllText ("test.txt", new string ('*', 30000000));
Console.WriteLine (s.Elapsed);        // 00:00:01.4322661
```

Stopwatch 还公开了 ElapsedTicks 属性，该属性将以 long 的形式返回消耗的计数值数目。若要将计数值转换为秒，则需要将该返回值除以 Stopwatch.Frequency 属性的值。除此之外，Stopwatch 还有 ElapsedMilliseconds 属性，而这个属性往往是最易用的。

调用 Stop 方法将终止计时，Elapsed 和 ElapsedTicks 属性值将不再改变。运行 Stopwatch 并不会引起任何的后台活动，因此调用 Stop 方法是可选的。

13.9 跨平台诊断工具

本节将简要介绍支持 .NET 的跨平台诊断工具：

dotnet-counters

   该工具可展示执行中的应用程序的状态概览。

dotnet-trace

   该工具提供了更加详细的性能和事件监视功能。

dotnet-dump

   该工具在应用程序崩溃之后根据需要获得转储文件。

这些工具无须管理员权限提升，不仅适用于开发环境也适用于产品环境。

13.9.1 dotnet-counters

dotnet-counters 工具可以监视 .NET 进程的内存和 CPU 使用状况，并将信息写入控制台（或文件）中。

如需安装该工具，可在终端中输入如下命令（*dotnet* 命令应处于路径变量中）：

```
dotnet tool install --global dotnet-counters
```

如需监视一个进程，可使用如下命令：

```
dotnet-counters monitor System.Runtime --process-id <<ProcessID>>
```

System.Runtime 即我们希望监视 *System.Runtime* 类别下的所有计数器。我们不仅可以指定类别，还可以指定计数器的名称（dotnet-counters list 命令可以列出所有可用的类别和计数器）。

其输出会持续刷新，如下所示：

```
Press p to pause, r to resume, q to quit.
    Status: Running

[System.Runtime]
    # of Assemblies Loaded                        63
    % Time in GC (since last GC)                   0
    Allocation Rate (Bytes / sec)            244,864
    CPU Usage (%)                                  6
    Exceptions / sec                               0
    GC Heap Size (MB)                              8
    Gen 0 GC / sec                                 0
    Gen 0 Size (B)                           265,176
    Gen 1 GC / sec                                 0
    Gen 1 Size (B)                           451,552
    Gen 2 GC / sec                                 0
    Gen 2 Size (B)                                24
    LOH Size (B)                           3,200,296
    Monitor Lock Contention Count / sec            0
    Number of Active Timers                        0
    ThreadPool Completed Work Items / sec         15
    ThreadPool Queue Length                        0
    ThreadPool Threads Count                       9
    Working Set (MB)                              52
```

该工具支持如下命令：

命令	目的
list	显示计数器名称列表及每一个计数器的说明
ps	显示可供监视的 *dotnet* 进程列表
monitor	显示所选的计数器的值（阶段性刷新）
collect	将计数器的信息保存到文件中

该工具的参数如下表所示：

命令	目的
--version	显示 *dotnet-counters* 工具的版本号
-h, --help	显示帮助信息
-p, --process-id	需要监视的 *dotnet* 进程的 ID。该参数适用于 monitor 和 collect 命令
--refresh-interval	设置预期刷新时间（秒）。该参数适用于 monitor 和 collect 命令
-o, --output	设置输出文件名称。该参数适用于 collect 命令
--format	设置输出的格式。其值为 csv 或 json。该参数适用于 collect 命令

13.9.2 dotnet-trace

追踪信息是一种具有时间戳的程序事件记录，例如，方法调用或数据库查询。追踪信息可以包含性能指标与自定义事件，同时也可以包含本地上下文（例如，局部变量的值）。一般来说，.NET Framework 和 ASP.NET 这类框架使用 ETW。而 .NET 5 中，在 Windows 操作系统中执行的应用程序会将追踪信息写入 ETW，而在 Linux 中执行的应用程序会写入 LTTng[译注1]。

如需安装该工具，可执行如下命令：

```
dotnet tool install --global dotnet-trace
```

如需开始记录应用程序事件，可执行如下命令：

```
dotnet-trace collect --process-id <<ProcessId>>
```

上述命令将使用默认配置执行 dotnet-trace，即收集 CPU 与 .NET 运行时事件，并将结果写入 *trace.nettrace* 文件。如需使用其他配置，可通过 --profile 开关进行指定，*gc-verbose* 会追踪垃圾回收并对对象分配进行采样，而 *gc-collect* 则仅仅使用低开销的方式对垃圾回收进行追踪。此外 -o 选项可以指定输出到其他的文件。

默认的输出文件是扩展名为 *.netperf* 的文件。该文件可以直接在 Windows 中使用 PerfView 工具进行分析。相应地，可以令 *dotnet-trace* 工具输出与 Speedscope（*https://www.speedscope.app/*）——一个在线分析服务——格式兼容的文件。如需创建该类型的文件（*.speedscope.json*），请使用 *--format speedscope* 选项。

> PrefView 工具可以从 *https://github.com/microsoft/perfview* 下载。随 Windows 10 发布的 PrefView 工具有可能不支持 *.netperf* 格式的文件。

dotnet-trace 工具支持如下命令：

命令	目的
collect	开始将计数信息记录到文件中
ps	展示可供监视的 *dotnet* 进程列表
list-profiles	列出内置的追踪配置，并对每项配置中包含的事件提供器和过滤器进行说明
convert <file>	将 *nettrace*（*.netperf*）格式的文件转换为其他格式文件。目前只支持 *speedscope*

自定义追踪事件

应用程序可以自定义 EventSource 来触发自定义事件：

译注 1：Linux 下的开源追踪信息框架，请参见 *https://lttng.org/*。

```
[EventSource (Name = "MyTestSource")]
public sealed class MyEventSource : EventSource
{
  public static MyEventSource Instance = new MyEventSource ();
  MyEventSource() : base (EventSourceSettings.EtwSelfDescribingEventFormat)
  {
  }

  public void Log (string message, int someNumber)
  {
    WriteEvent (1, message, someNumber);
  }
}
```

WriteEvent 方法拥有诸多重载来接收各种简单类型（主要是字符串和整数）的组合。例如：

```
MyEventSource.Instance.Log ("Something", 123);
```

而在调用 *dotnet-trace* 时，也必须指定需要记录的自定义事件源：

```
dotnet-trace collect --process-id <<ProcessId>> --providers MyTestSource
```

13.9.3 dotnet-dump

转储（dump），有时称为核心转储（core dump），是进程虚拟内存状态的快照。可以根据需要转储正在执行的进程，也可以配置操作系统在应用程序崩溃时创建转储。

在 Ubuntu Linux 操作系统上，以下命令将在应用程序崩溃时创建核心转储文件（其他类型 Linux 配置的必要步骤可能略有不同）：

```
ulimit -c unlimited
```

在 Windows 中，可以使用 *regedit.exe* 程序在注册表的本地主机中创建或编辑如下的键：

```
SOFTWARE\Microsoft\Windows\Windows Error Reporting\LocalDumps
```

在该键中，添加与可执行文件名称相同的键（例如，*foo.exe*），并在相应的键下继续添加如下的键：

- DumpFolder（REG_EXPAND_SZ）：该键的值指明了转储文件保存的路径。
- DumpType（REG_DWORD）：若值为 2，则会创建完整的转储文件。
- （可选）DumpCount（REG_DWORD）：最大允许的转储文件数目，超过该数目则最早的转储文件将被删除。

如需安装该工具，可执行如下命令：

```
dotnet tool install --global dotnet-dump
```

安装完毕之后就可以按需要（在不结束进程的情况下）创建转储文件：

```
dotnet-dump collect --process-id <<YourProcessId>>
```

以下命令将启动交互式的 shell 程序对转储文件进行分析：

```
dotnet-dump analyze <<dumpfile>>
```

若应用程序由于未处理的异常而终止，则可使用 *printexceptions*（或使用 *pe* 简写）来输出异常的细节。dotnet-dump 还支持多种附加命令，可以使用 *help* 命令进行查询。

第 14 章

并发与异步

大多数应用程序都需要同时（并发）执行多件事情。本章将先介绍并发与异步的基础知识，即线程和任务的基本概念，然后再详细介绍异步原理和 C# 的异步函数。

我们将在第 21 章中更加深入地介绍多线程，并在第 22 章中介绍并行编程的相关知识。

14.1 概述

最常见的并发场景包括：

编写快速响应的用户界面

在 Windows Presentation Foundation（WPF）、移动应用和 Windows Forms 应用程序中，都需要并发执行耗时任务以保证用户界面的响应性。

可以处理同时出现的请求

在服务器上，客户端的请求可能会并发到达，必须通过并行处理才能够保证程序的可伸缩性。如果使用 ASP.NET Core 或 Web API，则运行时会自动执行并行处理。然而，程序员仍然需要关注某些共享的状态（例如，使用静态变量作为缓存）。

并行编程

如果可以将负载划分到多个核心上，那么多核、多处理器计算机就可以提升密集计算代码的执行速度（第 22 章将专门介绍这方面的内容）。

预测执行

在多核主机上，有时可通过预测的方式提前执行某些任务来改善程序性能。例如，LINQPad 使用这种方式来提高查询的创建速度。如果事先无法知道哪种方法是最优的，则可以并行执行多个解决同一任务的不同算法，最先完成的算法就是最优的。

这种程序同时执行代码的机制称为多线程（multithreading）。CLR 和操作系统都支持多线程，它是并发中的基本概念。因此，要介绍并发编程，首先就要具备线程的基础知识，特别是线程的共享状态。

14.2 线程

线程是一个可以独立执行的执行路径。

每一个线程都运行在一个操作系统进程中，这个进程提供了程序执行的独立环境。在单线程（single threaded）程序中，进程中只有一个线程运行，因此线程可以独立使用进程环境。在多线程程序中，一个进程中会运行多个线程。它们共享同一个执行环境（特别是内存）。这在一定程度上说明了多线程的作用。例如，可以使用一个线程在后台获得数据，同时使用另一个线程显示所获得的数据。这些数据就是所谓的共享状态（shared state）。

14.2.1 创建线程

客户端程序（控制台、WPF、UWP 或者 Windows Forms）在启动时都会从操作系统自动创建一个线程（主线程）。除非（直接或者间接地）手动创建多个线程[注1]，否则，该应用程序就是一个单线程的应用程序。

要创建并启动一个线程，需要首先实例化 Thread 对象并调用 Start 方法。Thread 的最简单的构造器接收一个 ThreadStart 委托：一个无参数的方法，表示执行的起始位置。例如：

```
// NB: All samples in this chapter assume the following namespace imports:
using System;
using System.Threading;

Thread t = new Thread (WriteY);         // Kick off a new thread
t.Start();                              // running WriteY()

// Simultaneously, do something on the main thread.
for (int i = 0; i < 1000; i++) Console.Write ("x");

void WriteY()
{
  for (int i = 0; i < 1000; i++) Console.Write ("y");
}
// Typical Output:
xxxxxxxxxxxxxxxxxxxxxxyyyyyyyyyyyyyyyyyyyyyyyyyyyyyyyyyyy
xxxxxxxxxxxxxxxxxxxxxxxxxxxxxxxxxxxxxxxxyyyyyyyyyyyyyyyyy
yyyyyyyyyyyyyyyyyyyyyyyyyyyyyyxxxxxxxxxxxxxxxxxxxxxxxxxxx
xxxxxxxxxxxxxxxxxxxxxxxxxxxxxxxxxxyyyyyyyyyyyyyyyyyyyyyyy
yyyyyyyyyyyyyxxxxxxxxxxxxxxxxxxxxxxxxxxxxxxxxxxxxxxxxxxxx
...
```

主线程会创建一个新的线程 t，而新的线程会执行重复输出字符 y 的方法。同时，主线

注1：CLR 会为垃圾回收和终结化操作额外创建线程。

程也会重复地输出字符 x，如图 14-1 所示。在单核计算机上，操作系统会为每一个线程划分时间片（Windows 系统的典型值为 20 毫秒）来模拟并发执行，因此上述代码会出现连续的 x 和 y。在一个多核心或多处理器的机器上，两个线程可以并行执行（会和机器上其他执行的进程进行竞争），因此虽然我们还是会得到连续的 x 和 y，但这却是由于 Console 处理并发请求的机制导致的。

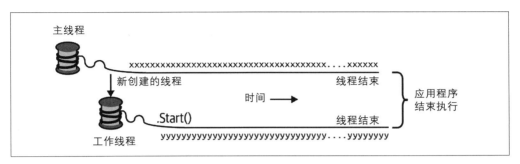

图 14-1：启动一个新线程

 线程是抢占式的，它和其他线程的代码是交错执行的。这个术语通常可以解释一些由此而产生的问题。

线程一旦启动，IsAlive 属性就会返回 true，直至线程停止。在 Thread 的构造函数接收的委托执行完毕之后，线程就会停止。线程停止之后就无法再启动了。

每一个线程都有一个 Name 属性用作调试。这个属性在 Visual Studio 中尤其有用，因为线程的名称会显示在"Thread"窗口和"Debug Location"工具栏上。线程的名称只能够设置一次，试图修改线程的名称会抛出异常。

静态属性 Thread.CurrentThread 将返回当前正在执行的线程：

```
Console.WriteLine (Thread.CurrentThread.Name);
```

14.2.2 汇合与休眠

调用 Thread 的 Join 方法可以等待线程结束：

```
Thread t = new Thread (Go);
t.Start();
t.Join();
Console.WriteLine ("Thread t has ended!");

void Go() { for (int i = 0; i < 1000; i++) Console.Write ("y"); }
```

这段代码会输出 1 000 次"y"字符，然后输出"Thread t has ended!"。调用 Join 时可

以指定一个超时时间（以毫秒为单位或者用 TimeSpan 定义）。如果线程在指定时间内正常结束，则返回 true；如果超时，则返回 false。

Thread.Sleep 方法将当前线程的执行暂停指定的时间：

```
Thread.Sleep (TimeSpan.FromHours (1));  // Sleep for 1 hour
Thread.Sleep (500);                     // Sleep for 500 milliseconds
```

Thread.Sleep(0) 将会导致线程立即放弃自己的时间片，自觉地将 CPU 交于其他的线程。Thread.Yield() 执行相同的操作，但是它仅仅会将资源交给同一个处理器上运行的线程。

 Sleep(0) 或者 Yield 在高级性能调优方面非常有用。同时它还是一种很好的诊断工具，可用于帮助开发者发现与线程安全相关的问题。如果在代码的任意位置插入 Thread.Yield() 导致程序失败，则代码一定存在缺陷。

在等待线程 Sleep 或者 Join 的过程中，线程是阻塞（blocked）的。

14.2.3 阻塞

当线程由于特定因素而暂停执行时，它就是阻塞的，例如，调用 Sleep 休眠或者通过 Join 等待其他线程执行结束。阻塞的线程会立刻交出它的处理器时间片，并从此开始不再消耗处理器时间，直至阻塞条件结束。可以使用 ThreadState 属性测试线程的阻塞状态：

```
bool blocked = (someThread.ThreadState & ThreadState.WaitSleepJoin) != 0;
```

 ThreadState 是一个标志枚举类型，它由"三层"二进制位组成。然而，其中的大多数值都是冗余、无用或者废弃的。以下扩展方法将 ThreadState 限定为四个有用的值之一：Unstarted、Running、WaitSleepJoin、Stopped：

```
public static ThreadState Simplify (this ThreadState ts)
{
  return ts & (ThreadState.Unstarted |
               ThreadState.WaitSleepJoin |
               ThreadState.Stopped);
}
```

ThreadState 属性适用于诊断调试工作，但是不适合实现同步，因为线程的状态可能在测试 ThreadState 和获取这个信息的时间段内发生变化。

当线程被阻塞或者解除阻塞时，操作系统就会进行一次上下文切换（context switch）。这会导致细小的开销，一般在 1～2 微秒。

14.2.3.1 I/O 密集和计算密集

如果一个操作的绝大部分时间都在等待事件的发生，则称为 I/O 密集，例如，下载网页

或者调用 `Console.ReadLine`。（I/O 密集操作一般都会涉及输入或者输出，但是这并非硬性要求。例如，`Thread.Sleep` 也是一种 I/O 密集的操作。）相反，如果操作的大部分时间都用于执行大量的 CPU 操作，则称为计算密集。

14.2.3.2 阻塞与自旋

I/O 密集操作主要表现为以下两种形式：在当前线程同步进行等待，直至操作完成（例如，`Console.ReadLine`、`Thread.Sleep` 以及 `Thread.Join`）；异步进行操作，在操作完成的时候或者之后某个时刻触发回调函数（之后将详细介绍）。

同步的 I/O 密集操作的大部分时间都花费在阻塞线程上，但是也可能在一个定期循环中自旋：

```
while (DateTime.Now < nextStartTime)
  Thread.Sleep (100);
```

虽然有更好的办法实现这种效果（例如，使用定时器或者使用信号发送结构），但另外一种选择是令线程持续性自旋：

```
while (DateTime.Now < nextStartTime);
```

一般来说，上述做法非常浪费处理器时间，因为 CLR 和操作系统都会认为这个线程正在执行重要的运算，从而会为其分配相应的资源。从效果上来说，我们将一个 I/O 密集的操作转变成了一个计算密集型操作。

 自旋与阻塞有一些细微的差别。首先，非常短暂的自旋在条件可以很快得到满足的场景（例如，几微秒）下是非常高效的，因为它避免了上下文切换带来的延迟和开销。.NET 提供了一些特殊的辅助方法和类来进行这一操作，请参见 *http://albahari.com/threading/* 的 "SpinLock and SpinWait"。

其次，阻塞并非零开销。这是因为每一个线程在存活时会占用 1MB 左右的内存，并给 CLR 和操作系统带来持续性的管理开销。因此，阻塞可能会给繁重的 I/O 密集型程序（例如，要处理成百上千的并发操作）带来麻烦。因此，这些程序更适于使用回调的方式，在等待时完全解除这些线程。我们将在后面讨论异步模式的时候介绍这种方法。

14.2.4 本地状态与共享状态

CLR 为每一个线程分配了独立的内存栈，从而保证了局部变量的隔离。下面的示例定义了一个拥有局部变量的方法，并同时在主线程和新创建的线程中调用该方法：

```
new Thread (Go).Start();   // Call Go() on a new thread
Go();                      // Call Go() on the main thread

void Go()
```

```
{
  // Declare and use a local variable - 'cycles'
  for (int cycles = 0; cycles < 5; cycles++) Console.Write ('?');
}
```

由于每一个线程的内存栈上都会有一个独立的 cycles 变量的副本，因此我们可以预测，程序的输出将是 10 个问号。

如果不同的线程拥有同一个对象或变量的引用，则这些线程之间就共享了数据：

```
bool _done = false;

new Thread (Go).Start();
Go();

void Go()
{
    if (!_done) { _done = true; Console.WriteLine ("Done"); }
}
```

上述代码中，两个线程共享 _done 字段。因此，"Done" 只会输出一次，而非两次。

由 Lambda 表达式捕获的局部变量也可以在不同线程中共享：

```
bool done = false;
ThreadStart action = () =>
{
    if (!done) { done = true; Console.WriteLine ("Done"); }
};
new Thread (action).Start();
action();
```

而最常见的情况还是使用字段在线程间共享数据。在以下示例中，两个线程都调用了同一个 ThreadTest 实例的 Go() 方法，因此它们共享相同的 _done 字段：

```
var tt = new ThreadTest();
new Thread (tt.Go).Start();
tt.Go();

class ThreadTest
{
  bool _done;

  public void Go()
  {
    if (!_done) { _done = true; Console.WriteLine ("Done"); }
  }
}
```

而静态字段提供了另一种在线程之间共享变量的方法：

```
class ThreadTest
{
  static bool _done;    // Static fields are shared between all threads
                        // in the same process.
```

```
static void Main()
{
  new Thread (Go).Start();
  Go();
}

static void Go()
{
  if (!_done) { _done = true; Console.WriteLine ("Done"); }
}
```

以上四个例子均演示了另一个重要的概念：线程的安全性（或者缺少线程安全性）。它们的输出是不确定的，有可能（虽然概率很小）会输出两次"Done"。然而，如果我们对调 Go 方法中的语句，则输出两次"Done"的可能性将大大增加：

```
static void Go()
{
  if (!_done) { Console.WriteLine ("Done"); _done = true; }
}
```

上述语句的问题是，当一个线程在判断 if 语句的时候，另一个线程有可能在 _done 设置为 true 之前就已经开始执行 WriteLine 语句了。

我们的例子展示了共享可写状态可能引起间歇性错误，这也是多线程中经常被诟病的问题。我们将介绍如何通过锁机制来避免这个问题，然而，最好的方式是避免使用共享状态。我们稍后还将介绍如何通过异步编程的方式来解决这个问题。

14.2.5 锁与线程安全

锁与线程安全性都是重要的问题。关于它们的完整讨论，请参见 21.2 节和 21.3 节。

我们可以在读写共享字段时首先获得一个排他锁来修正之前示例的问题。使用 C# 的 lock 语句就可以实现这个目标：

```
class ThreadSafe
{
  static bool _done;
  static readonly object _locker = new object();

  static void Main()
  {
    new Thread (Go).Start();
    Go();
  }
```

```
static void Go()
{
  lock (_locker)
  {
    if (!_done) { Console.WriteLine ("Done"); _done = true; }
  }
}
```

当两个线程同时竞争一个锁时（它可以是任意引用类型的对象，这里是 _locker），一个线程会进行等待（阻塞），直到锁被释放。这样就保证了一次只有一个线程能够进入这个代码块。因此"Done"只会输出一次。在不确定的多线程上下文下，采用这种方式进行保护的代码称为线程安全的代码。

 即使是变量自增操作也并不是线程安全的：底层处理器也会采用独立的读－自增－写操作来执行 x++ 这种表达式。因此，如果两个线程同时在锁之外执行 x++，则这个变量最终可能只会自增一次而非两次（最坏的情况下，x 可能会被破坏而得到一个新旧数值二进制混合后的值）。

锁并非解决线程安全的万能手段，人们很容易忘记在访问字段时加锁，而且锁本身也存在一些问题（例如，死锁）。

在 ASP.NET Core 应用程序中，锁的一个常见用途是访问那些存储频繁访问数据库对象的共享缓存。这种类型的应用程序很容易实现，并且也不会出现死锁问题。我们会在 21.3.2 节给出相关示例。

14.2.6 向线程传递数据

有时我们需要给线程的启动方法传递参数。最简单的方案是使用 Lambda 表达式，并在其中使用指定的参数调用相应的方法：

```
Thread t = new Thread ( () => Print ("Hello from t!") );
t.Start();

void Print (string message) => Console.WriteLine (message);
```

这种方法可以向方法传递任意数量的参数，甚至可以将整个实现过程封装在一个多语句的 Lambda 表达式中：

```
new Thread (() =>
{
  Console.WriteLine ("I'm running on another thread!");
  Console.WriteLine ("This is so easy!");
}).Start();
```

另一种传递参数的方法则不如 Lambda 表达式灵活，即向 Thread 的 Start 方法传递一个参数：

```
Thread t = new Thread (Print);
t.Start ("Hello from t!");

void Print (object messageObj)
{
  string message = (string) messageObj;   // We need to cast here
  Console.WriteLine (message);
}
```

由于 Thread 对象的重载构造器可以接受以下两种委托的任意一种，因此以上代码是奏效的：

```
public delegate void ThreadStart();
public delegate void ParameterizedThreadStart (object obj);
```

Lambda 表达式和变量捕获

如之前所见，Lambda 表达式是向线程传递参数的最方便的形式之一。但我们需要小心，在线程开始后不要意外地修改捕获变量的值。例如，考虑如下代码：

```
for (int i = 0; i < 10; i++)
  new Thread (() => Console.Write (i)).Start();
```

以上程序的输出是不确定的。例如，可能会得到以下结果：

```
0223557799
```

问题在于变量 i，它在整个循环的生命周期内引用的都是同一块内存位置。因此，每一个线程都在使用一个可能在运行中随时改变的变量调用 Console.Write 方法。解决方案是在循环体内使用临时变量：

```
for (int i = 0; i < 10; i++)
{
  int temp = i;
  new Thread (() => Console.Write (temp)).Start();
}
```

这样，数字 0 到 9 都只会出现一次。（但是各个数字出现的顺序仍然是不确定的，因为线程的启动时间是不确定的。）

> 这个问题和 8.4.2 节中的问题相似。C# 捕获变量的规则无论是在循环还是在多线程中都容易造成各种各样的问题。

由于变量 temp 是每一次循环迭代的局部变量，因此，每一个线程捕获的都是内存位置完全不同的变量，并且不会出现之前的问题。上述两段代码所描述的问题可以简化为：

```
string text = "t1";
Thread t1 = new Thread ( () => Console.WriteLine (text) );

text = "t2";
```

```
Thread t2 = new Thread ( () => Console.WriteLine (text) );

t1.Start(); t2.Start();
```

由于两个 Lambda 表达式都捕获了同一个 text 变量，因此会输出两个 t2。

14.2.7 异常处理

线程执行和线程创建时所处的 try、catch 或 finally 语句块无关。假设有如下程序：

```
try
{
  new Thread (Go).Start();
}
catch (Exception ex)
{
  // We'll never get here!
  Console.WriteLine ("Exception!");
}

void Go() { throw null; }   // Throws a NullReferenceException
```

本例中的 try 和 catch 语句是无效的，新创建的线程会受未处理的 NullReferenceEx-ception 异常影响。如果将每一个线程看作独立的执行路径，那么就可以理解上述行为。

补救方法是将异常处理器移动到 Go 方法之内：

```
new Thread (Go).Start();

void Go()
{
  try
  {
    ...
    throw null;    // The NullReferenceException will get caught below
    ...
  }
  catch (Exception ex)
  {
    // Typically log the exception and/or signal another thread
    // that we've come unstuck
    ...
  }
}
```

在产品环境中，应用程序的所有线程入口方法都需要添加一个异常处理器，就和主线程中一样（通常位于更高一级的执行栈中）。未处理的异常可能会导致整个应用程序崩溃，并弹出丑陋的错误对话框。

 在编写这样的处理逻辑时，一般是不能够单纯忽略异常的，通常需要明确记录异常的信息。对于客户端应用程序还可能需要对用户显示一个对话框，以便得到授权将这些信息自动提交到 Web 服务器。最后还可以选择是否重新启动程序，因为未处理的异常可能会使应用程序处于无效状态。

集中式异常处理

WPF、UWP 和 Windows Forms 应用程序都支持订阅"全局"的异常处理事件，分别为 Application.DispatcherUnhandledException 以及 Application.ThreadException。这些事件将会在程序的消息循环（相当于在 Application 激活时主线程上运行的所有代码）调用中发生未处理的异常时触发。这种方式非常适合于记录日志并报告应用程序的缺陷（但需要注意，它不会被由我们创建的工作线程中产生的未处理异常触发）。处理这些事件可以防止应用程序直接关闭，但是为避免应用程序在出现未处理异常后继续执行造成潜在的状态损坏，通常需要重新启动应用程序。

14.2.8 前台线程与后台线程

一般情况下，显式创建的线程称为前台线程（foreground thread）。只要有一个前台线程还在运行，应用程序就仍然保持运行状态，而后台线程（background thread）则不然。当所有前台线程结束时，应用程序就会停止，且所有运行的后台线程也会随之终止。

 线程的前台 / 后台状态和线程的优先级（执行时间的分配）无关。

可以使用线程的 IsBackground 属性来查询或修改线程的前后台状态：

```
static void Main (string[] args)
{
  Thread worker = new Thread ( () => Console.ReadLine() );
  if (args.Length > 0) worker.IsBackground = true;
  worker.Start();
}
```

如果应用程序调用时不带有任何参数，则工作线程会处于前台状态，并在 ReadLine 语句处等待用户的输入。当主线程结束时，由于前台线程仍然在运行，因此应用程序会继续保持运行状态。如果应用程序启动时带有参数，则工作线程就会设置为后台状态，而应用程序也将在主线程结束时退出，从而终止 ReadLine 的执行。

如果进程以上述方式终止，则后台线程执行栈上的任何 finally 语句块都无法执行。如果应用程序在 finally 或者 using 语句块中执行了清理逻辑，例如，删除临时文件，那么可以在应用程序结束时显式等待后台线程汇合（join），或触发信号发送结构（参见 14.2.10 节）来避免上述问题。无论采用哪一种方法，都需要指定一个超时时间，来抛弃那些无法按时结束的问题线程，否则用户只能够通过"任务管理器"（UNIX 用户则通过 kill 命令）来终止应用程序。

前台线程则不需要这样的处理，但是必须注意，尽量避免出现线程无法结束的缺陷。活跃的前台线程是导致应用程序无法正常退出的常见原因之一。

14.2.9 线程的优先级

线程的 `Priority` 属性可以决定相对于其他线程，当前线程在操作系统中分配的执行时间的长短。具体的优先级包括：

```
enum ThreadPriority { Lowest, BelowNormal, Normal, AboveNormal, Highest }
```

如果同时激活多个线程，优先级就会变得很重要。提升一个线程的优先级需要慎重，因为其他线程的执行时间就可能减少而处于饥饿状态。如果你希望一个线程比其他进程中的线程有更高的优先级，那么还必须使用 `System.Diagnostics` 命名空间下的 `Process` 类来提高进程本身的优先级：

```
using Process p = Process.GetCurrentProcess();
p.PriorityClass = ProcessPriorityClass.High;
```

这种方法非常适用于一些工作量比较少，但是要求较低延迟（能够快速响应）的 UI 进程。在计算密集（特别是带有用户界面）的应用程序中，提高进程的优先级可能会挤占其他进程的执行时间，从而影响整个计算机的运行速度。

14.2.10 信号发送

有时一个线程需要等待来自其他线程的通知，即所谓的信号发送（signaling）。最简单的信号发送结构是 `ManualResetEvent`。调用 `ManualResetEvent` 的 `WaitOne` 方法可以阻塞当前线程，直到其他线程调用了 `Set` "打开"的信号。以下示例启动了一个线程，并等待 `ManualResetEvent`。它会阻塞两秒钟，直至主线程发送信号为止：

```
var signal = new ManualResetEvent (false);

new Thread (() =>
{
  Console.WriteLine ("Waiting for signal...");
  signal.WaitOne();
  signal.Dispose();
  Console.WriteLine ("Got signal!");
}).Start();

Thread.Sleep(2000);
signal.Set();              // "Open" the signal
```

在 `Set` 调用后，信号发送结构仍然会保持"打开"状态，可以调用 `Reset` 方法再次将其"关闭"。

`ManualResetEvent` 是 CLR 提供的若干信号发送结构之一，我们将会在第 21 章详细介绍所有的信号发送结构。

14.2.11 富客户端应用程序的线程

在 WPF、UWP 和 Windows Forms 应用程序中，在主线程上执行长时间的操作将导致应用程序失去响应。这是因为主线程同时也是处理消息循环的线程，它会根据键盘和鼠标事件来执行相应的渲染工作。

一种常用的方法是创建一个工作线程来执行耗时的操作，工作线程的代码执行耗时的操作，并在完成之时更新 UI 线程。然而，所有富客户端应用程序采取的线程模型都要求 UI 元素和控件只能够由创建它们的线程访问（通常是主 UI 线程）。如果不遵守这个约定可能导致未定义的行为，或者抛出异常。

因此，如果想要在工作线程上更新 UI，就必须将请求发送给 UI 线程，这种技术称为封送（marshal）。实现这个操作的底层方式如下（我们稍后将讨论基于这些技术的其他解决方案）：

- 在 WPF 中，调用元素上的 Dispatcher 对象的 BeginInvoke 或 Invoke 方法。
- 在 UWP 应用中，调用 Dispatcher 对象的 RunAsync 或 Invoke 方法。
- 在 Windows Forms 应用中，调用控件的 BeginInvoke 或 Invoke 方法。

所有这些方法都接收一个委托来引用实际执行的方法。BeginInvoke 或 RunAsync 会将这个委托加入 UI 线程的消息队列上（这个消息队列也处理键盘、鼠标和定时器事件）。Invoke 也会执行相同的操作，但是它会阻塞，直至 UI 线程读取或者处理了这些消息。因此，使用 Invoke 可以从方法中直接得到返回值。如果不需要返回值，则可以使用 BeginInvoke 或 RunAsync，它们不会阻塞调用者，也不会造成死锁（请参见 21.2.7 节）。

 可以想象，当调用 Application.Run 时会执行如下伪代码：

```
while (!thisApplication.Ended)
{
  wait for something to appear in message queue
  Got something: what kind of message is it?
    Keyboard/mouse message -> fire an event handler
    User BeginInvoke message -> execute delegate
    User Invoke message -> execute delegate & post result
}
```

这种循环可以令工作线程将委托封送到 UI 线程上执行。

例如，假设有一个 WPF 窗口包含一个文本框 txtMessage。我们希望一个工作线程能够在一个耗时的任务（我们将使用 Thread.Sleep 来模拟）执行完毕后更新文本框的内容。以下是具体的实现：

```
partial class MyWindow : Window
{
  public MyWindow()
  {
    InitializeComponent();
    new Thread (Work).Start();
  }
```

```
void Work()
{
  Thread.Sleep (5000);              // Simulate time-consuming task
  UpdateMessage ("The answer");
}

void UpdateMessage (string message)
{
  Action action = () => txtMessage.Text = message;
  Dispatcher.BeginInvoke (action);
}
```

多个 UI 线程

UI 线程也可以有多个，但是每一个线程要对应不同的窗口。最有代表性的场景是一个应用程序有多个顶级窗口，通常称之为单文档界面（Single Document Interface, SDI）应用程序，例如，Microsoft Word。每一个 SDI 窗口通常在任务栏上将自己显示为独立的应用程序，而和其他的 SDI 窗口在功能上完全独立。为每一个窗口指定独立的 UI 线程，可以使每一个窗口都具有更好的独立响应能力。

运行这段代码会立即出现一个响应窗口。在 5 秒之后，它会更新文本框。这段代码与 Windows Forms 相似，唯一不同的是我们调用的是（Form 的）BeginInvoke 方法：

```
void UpdateMessage (string message)
{
  Action action = () => txtMessage.Text = message;
  this.BeginInvoke (action);
}
```

14.2.12 同步上下文

System.ComponentModel 命名空间下有一个 SynchronizationContext 抽象类，这个类实现了一般性的线程封送功能。

移动应用和桌面应用（UWP、WPF 和 Windows Forms）的富客户端 API 都定义并实例化了 SynchronizationContext 的子类，当运行在 UI 线程上时，可通过静态属性 SynchronizationContext.Current 获得。通过捕获这个属性就可以从工作线程将数据"提交"到 UI 控件上：

```
partial class MyWindow : Window
{
  SynchronizationContext _uiSyncContext;

  public MyWindow()
  {
    InitializeComponent();
    // Capture the synchronization context for the current UI thread:
    _uiSyncContext = SynchronizationContext.Current;
```

```
        new Thread (Work).Start();
    }

    void Work()
    {
        Thread.Sleep (5000);              // Simulate time-consuming task
        UpdateMessage ("The answer");
    }

    void UpdateMessage (string message)
    {
        // Marshal the delegate to the UI thread:
        _uiSyncContext.Post (_ => txtMessage.Text = message, null);
    }
}
```

这种做法非常有用,因为它同样适用于所有富客户端用户界面的 API。

在 Dispatcher 或者 Control 上调用 Post 的效果和 BeginInvoke 相同。另外 Send 方法和 Invoke 方法的效果也是相同的。

14.2.13 线程池

每当启动一个线程时,都需要一定的时间(几百微秒)来创建新的局部变量栈。线程池通过预先创建一个可回收线程的池子来降低这个开销。线程池对开发高性能的并行程序与控制细粒度的并发都是非常必要的,它可以支持运行一些短暂的操作而不会受到线程启动开销的影响。

在使用线程池中的线程时还需要考虑以下问题:

- 线程池中线程的 Name 属性是无法进行设置的,因此会增加代码调试的难度(但可以在调试时使用 Visual Studio 的 Threads 窗口附加一个描述信息)。
- 线程池中的线程都是后台线程。
- 阻塞线程池中的线程将影响性能(请参见 14.2.13.2 小节)。

我们可以任意设置线程池中线程的优先级,而当我们将线程归还线程池时线程的优先级会恢复为普通级别。

Thread.CurrentThread.IsThreadPoolThread 属性可用于确认当前运行的线程是否是一个线程池线程。

14.2.13.1 进入线程池

在线程池上运行代码的最简单的方式是调用 Task.Run(我们将在下一节深入介绍这个方法):

```
// Task is in System.Threading.Tasks
Task.Run (() => Console.WriteLine ("Hello from the thread pool"));
```

.NET Framework 4.0 之前没有 Task 类，因此可以调用 ThreadPool.QueueUserWorkItem：

```
ThreadPool.QueueUserWorkItem (notUsed => Console.WriteLine ("Hello"));
```

 以下方式均隐式使用了线程池：

- ASP.NET Core 和 Web API 应用服务。

- System.Timers.Timer 和 System.Threading.Timer。

- 第 22 章中介绍的并行编程结构。

- BackgroundWorker 类（已弃用）。

14.2.13.2 线程池的整洁性

线程池还有另外一个功能，那就是保证临时性的计算密集作业不会导致 CPU 超负荷（oversubscription）。所谓超负荷，是指激活的线程数目多于 CPU 核心数量，从而导致操作系统必须按时间片执行线程调度。超负荷会影响性能，因为划分时间片需要大量的上下文切换开销，并可能使 CPU 的缓存失效，而这些都是现代处理器实现高性能的必要条件。

CLR 通过将任务进行排队，并控制任务启动数量来避免线程池超负荷。它首先运行与硬件核心数量相同的并发任务，然后通过爬山算法调整并发数量，在一个方向上不停地调整工作负载。如果吞吐量有所改善，它就维持这个方向（反之，则调换到另一个方向）。哪怕计算机上有多个进程活动，它仍能够运行在最优性能曲线上。

如果满足以下两个条件，则 CLR 的策略将得到最好的效果：

- 大多数工作项目的运行时间非常短暂（小于 250 毫秒或者理想情况下小于 100 毫秒），这样 CLR 就会有大量的机会进行测量和调整。

- 线程池中不会出现大量以阻塞为主的作业。

阻塞是非常麻烦的，因为它会让 CLR 错误地认为它占用了大量的 CPU。CLR 会检测并进行补偿（向线程池中注入更多的线程），但这可能使线程池受到后续超负荷的影响。此外，由于 CLR 会限制注入新线程的速度，因此这也会增加延迟，特别是应用程序的生命周期前期（在客户端操作系统上更加严重，因为在客户端操作系统需要更低的资源消耗）。

因此，如果希望尽可能提高 CPU 的利用率（例如，第 22 章介绍的并行编程 API），则请务必保持线程池的整洁性。

14.3 任务

线程是创建并发的底层工具，因此它有一定的局限性，特别是：

- 虽然在线程启动时不难向其中传递数据，但是当线程 Join 后却难以从中得到"返回值"。通常不得不创建一些共享字段（来得到"返回值"）。此外，捕获和处理线程中操作抛出的异常也是非常麻烦的。

- 在线程完成之后，就无法再次启动它，相反，只能够进行 Join（并阻塞当前操作线程）操作。

这些局限性会影响细粒度并发性的实现。换言之，这种方式难以将小的并发组合成为大的并发操作（这对于异步编程而言非常重要，后面的章节将对此进行介绍），并会增加手动同步处理（例如，使用锁、信号发送等）的依赖，而且很容易造成问题。

直接使用线程也会对性能产生影响，具体请参见 14.2.13 节。而且如果需要运行大量并发的 I/O 密集型操作，那么基于线程的方法仅仅在线程本身的开销这方面就会消耗成百上千兆的内存。

Task 类型可以解决所有这些问题。与线程相比，Task 是一个更高级的抽象概念，它代表了一个并发操作，而该操作并不一定依赖线程来完成。Task 是可以组合（compositional）的［你可以将它们通过延续（continuation）操作串联在一起］。它们可以使用线程池减少启动延迟，也可以通过 TaskCompletionSource 采用回调的方式避免多个线程同时等待 I/O 密集型操作。

Task 类型是在 Framework 4.0 中作为并行编程库的组成部分引入的。然而它们后来经历了许多改进［通过使用等待器（awaiter)]，从而在常见的并发场景中发挥了越来越大的作用。Task 类型也是 C# 异步功能的基础类型。

在本章中，我们将忽略和并行编程相关的内容，相应的内容将在第 22 章中介绍。

14.3.1 启动任务

启动一个基于线程的 Task 的最简单方式是使用 Task.Run（Task 类位于 System.Threading.Tasks 命名空间下）静态方法。调用时只需传入一个 Action 委托：

```
Task.Run (() => Console.WriteLine ("Foo"));
```

Task 默认使用线程池中的线程，它们都是后台线程。这意味着当主线程结束时，所有的任务也会随之停止。因此，要在控制台应用程序中运行这些例子，必须在启动任务之后阻塞主线程（例如，在任务对象上调用 Wait，或者调用 Console.ReadLine 方法）：

```
Task.Run (() => Console.WriteLine ("Foo"));
Console.ReadLine();
```

在本书的 LINQPad 相关实例中省略了 Console.ReadLine 方法的调用，这是因为 LINQPad 进程会保持后台线程的运行。

采用这种方式调用 Task.Run 的效果与下面启动线程的方式很相似（唯一的不同是没有隐式使用线程池，我们稍后将介绍这个问题）：

```
new Thread (() => Console.WriteLine ("Foo")).Start();
```

Task.Run 会返回一个 Task 对象，它可以用于监控任务的执行过程。这一点与 Thread 对象不同。（注意，我们没有在 Task.Run 之后调用 Start，这是因为 Task.Run 创建的任务是"热"的任务；相反，如果要创建"冷"的任务，则必须调用 Task 的构造器，但是这种方式在实践中很少见到。）

我们可以使用 Task 的 Status 属性来追踪其执行状态。

14.3.1.1 Wait 方法

调用 Task 的 Wait 方法可以阻塞当前方法，直到任务完成，这和调用线程对象的 Join 方法类似：

```
Task task = Task.Run (() =>
{
  Thread.Sleep (2000);
  Console.WriteLine ("Foo");
});
Console.WriteLine (task.IsCompleted);  // False
task.Wait();  // Blocks until task is complete
```

可以在 Wait 中指定一个超时时间和取消令牌（可选）来提前终止等待状态（请参见 14.6.1 节）。

14.3.1.2 长任务

默认情况下，CLR 会将任务运行在线程池线程上，这种线程非常适合执行短小的计算密集的任务。如果要执行长时间阻塞的操作（如上面的例子），则可以按照以下方式避免使用线程池线程：

```
Task task = Task.Factory.StartNew (() => ...,
                    TaskCreationOptions.LongRunning);
```

在线程池上运行一个长时间执行的任务并不会造成问题，但是如果要并行运行多个长时间运行的任务（特别是会造成阻塞的任务），则会对性能造成影响。在这种情况下，相比于使用 TaskCreationOptions.LongRunning 而言，更好的方案如下：

- 如果运行的是 I/O 密集型任务，则使用 TaskCompletionSource 和异步函数（asynchronous function）通过回调函数而非使用线程实现并发性。

- 如果任务是计算密集型的，则使用生产者 / 消费者队列可以控制这些任务造成的并发数量，避免出现线程和进程饥饿的问题（请参见 22.7.1 节）。

14.3.2 返回值

Task 有一个泛型子类 Task<TResult>，它允许任务返回一个值。如果在调用 Task.Run 时传入一个 Func<TResult> 委托（或者兼容的 Lambda 表达式）替代 Action，就可以获得一个 Task<TResult> 对象：

```
Task<int> task = Task.Run (() => { Console.WriteLine ("Foo"); return 3; });
// ...
```

此后，通过查询 Result 属性就可以获得任务的返回值。如果当前任务还没有执行完毕，则调用该属性会阻塞当前线程，直至任务结束。

```
int result = task.Result;       // Blocks if not already finished
Console.WriteLine (result);     // 3
```

以下示例创建了一个任务，它使用 LINQ 计算前 300 万个整数（从 2 开始）中素数的个数：

```
Task<int> primeNumberTask = Task.Run (() =>
  Enumerable.Range (2, 3000000).Count (n =>
    Enumerable.Range (2, (int)Math.Sqrt(n)-1).All (i => n % i > 0)));

Console.WriteLine ("Task running...");
Console.WriteLine ("The answer is " + primeNumberTask.Result);
```

这段代码会输出"Task running..."，然后在几秒钟之后输出答案 216816。

可以将 Task<TResult> 理解为一个"未来值"，它封装了 Result 并将在之后生效。

14.3.3 异常

任务可以方便地传播异常，这和线程是截然不同的。因此，如果任务中的代码抛出一个未处理异常（换言之，如果任务出错），那么在调用 Wait() 或者访问 Task<TResult> 的 Result 属性时，该异常就会被重新抛出：

```
// Start a Task that throws a NullReferenceException:
Task task = Task.Run (() => { throw null; });
try
{
  task.Wait();
```

```
  }
  catch (AggregateException aex)
  {
    if (aex.InnerException is NullReferenceException)
      Console.WriteLine ("Null!");
    else
      throw;
  }
```

（为了适应并行编程场景，CLR 会将异常包装为一个 AggregateException，我们将在第 22 章介绍这些内容。）

使用 Task 的 IsFaulted 和 IsCanceled 属性可以在不抛出异常的情况下检测出错的任务。如果这两个属性都返回了 false，则说明没有错误发生。如果 IsCanceled 为 true，则说明任务抛出了 OperationCanceledException（请参见 14.6.1 节）。如果 IsFaulted 为 true，则说明任务抛出了其他类型的异常，通过 Exception 属性可以了解该异常的信息。

异常和自治的任务

自治任务指那些可以"运行并忘记"的任务（这些任务不需要调用 Wait() 或访问 Result 属性，也不需要进行任务的延续）。对于自治任务，最好在任务代码中显式声明异常处理代码，防止出现和线程类似的难以察觉的错误。

如果异常仅导致无法获得一些不重要的结果，那么忽略异常是最好的方式。例如，如果用户取消了一个网页下载操作，那么即使网页不存在，我们也并不关心。

如果异常反映了程序的重大缺陷的话，就绝不能够忽略该异常，因为：

• 这个缺陷可能会使程序陷入无效的状态。

• 这个缺陷可能导致更多异常的发生，这样，在没有记录初始异常的情况下会增加诊断的难度。

使用静态事件 TaskScheduler.UnobservedTaskException 可以在全局范围订阅未观测的异常。处理这个事件，并将错误记录在日志中，是一个有效的处理异常的方式。

未观测异常之间也存在一些细微的差异：

• 如果在等待任务时设置了超时时间，则在超时时间之后发生的错误将产生未观测异常。

• 在错误发生之后，如果检查任务的 Exception 属性，则该异常就成了已观测到的异常。

14.3.4 延续

延续会告知任务在完成之后继续执行后续的操作。延续通常由一个回调方法实现，该方法会在操作完成之后执行。给一个任务附加延续的方法有两种。第一种方法尤其重要，因为 C# 的异步功能正是使用了这种方法，接下来我们将介绍这种方法。我们仍然使用14.3.2 节中的素数计算的例子来进行演示：

```
Task<int> primeNumberTask = Task.Run (() =>
  Enumerable.Range (2, 3000000).Count (n =>
    Enumerable.Range (2, (int)Math.Sqrt(n)-1).All (i => n % i > 0)));

var awaiter = primeNumberTask.GetAwaiter();
awaiter.OnCompleted (() =>
{
  int result = awaiter.GetResult();
  Console.WriteLine (result);       // Writes result
});
```

调用任务的 GetAwaiter 方法将返回一个 awaiter 对象。这个对象的 OnCompleted 方法告知先导（antecedent）任务（primeNumberTask），当它执行完毕（或者出现错误）时调用一个委托。将延续附加到一个也已执行完毕的任务上是完全没有问题的，此时，延续的逻辑将会立即执行。

等待器（awaiter）可以是任意暴露了 OnCompleted 和 GetResult 方法和 IsCompleted 属性的对象。它不需要实现特定的接口或者继承特定基类来统一这些成员（实际上 OnCompleted 是 INotifyCompletion 接口的一部分）。我们将在 14.5 节介绍这种模式的重要性。

如果先导任务出现错误，则当延续代码调用 awaiter.GetResult() 的时候将会重新抛出异常。当然，我们也可以访问先导任务的 Result 属性而不是调用 GetResult 方法。但如果先导任务失败，则调用 GetResult 方法可以直接得到原始的异常，而不是包装后的 AggregateException。因此，这种方式可以实现更加简洁清晰的 catch 代码块。

对于非泛型任务，GetResult 的返回值为 void，而这个函数的用途完全是为了重新抛出异常。

如果提供了同步上下文，则 OnCompleted 会自动捕获它，并将延续提交到这个上下文中。这对于富客户端应用程序来说非常重要，因为这意味着将延续放回 UI 线程中。但如果编写的是一个程序库，则通常不希望出现上述行为，因为开销较大的 UI 线程切换应当在程序运行离开程序库时发生一次，而不是在方法调用期间发生。我们可以使用 ConfigureAwait 方法来避免这种行为：

```
var awaiter = primeNumberTask.ConfigureAwait (false).GetAwaiter();
```

如果并未提供任何同步上下文，或者调用了 ConfigureAwait(false)，延续代码一般会运行在先导任务运行的线程上，从而避免不必要的开销。

另一种附加延续的方式是调用任务对象的 ContinueWith 方法：

```
primeNumberTask.ContinueWith (antecedent =>
{
  int result = antecedent.Result;
  Console.WriteLine (result);              // Writes 123
});
```

ContinueWith 方法本身会返回一个 Task 对象，因此它非常适用于添加更多的延续。然而，如果任务出现错误，则我们必须直接处理 AggregateException；如果需要将延续封送到 UI 应用程序上，则还需要书写额外的代码（请参见 22.4.5 节）。在非 UI 上下文中，若希望延续任务和先导任务执行在同一个线程上，还需要指定 TaskContinuationOptions.ExecuteSynchronously。否则，它就会去请求线程池。ContinueWith 更适用于并行编程场景，我们将在第 22 章中介绍。

14.3.5 TaskCompletionSource 类

前面介绍了如何使用 Task.Run 创建一个任务，并在线程池线程（或者非线程池线程）上运行特定委托。另一种创建任务的方法是使用 TaskCompletionSource。

TaskCompletionSource 可以从后续才会完成的操作中创建任务，它会提供一个 "附属" 任务，我们可以在实际操作结束或失败的时候指定该 "附属" 任务的状态。这非常适用于 I/O 密集型的工作：它不但可以利用任务所有的优点（能够传递返回值、异常或延续），而且不需要在操作执行期间阻塞线程。

TaskCompletionSource 的用法很简单，直接进行实例化即可。它包含一个 Task 属性，返回一个 Task 对象。我们可以等待这个对象，也可以和其他的所有任务一样，在其上附加延续。然而这个任务本身完全是由 TaskCompletionSource 对象的以下方法控制的：

```
public class TaskCompletionSource<TResult>
{
  public void SetResult (TResult result);
  public void SetException (Exception exception);
  public void SetCanceled();

  public bool TrySetResult (TResult result);
  public bool TrySetException (Exception exception);
  public bool TrySetCanceled();
  public bool TrySetCanceled (CancellationToken cancellationToken);
  ...
}
```

调用这些方法就可以给任务发送信号，将其设置为完成、错误或者取消状态（我们将会在 14.6.1 节中详述）。以上方法都应当只调用一次，如果多次调用的话，SetResult、SetException 或者 SetCanceled 会抛出异常，而那些不抛出异常的方法，例如 Try*，则会返回 false。

下面的例子会在等待 5 秒后输出 42：

```
var tcs = new TaskCompletionSource<int>();

new Thread (() => { Thread.Sleep (5000); tcs.SetResult (42); })
  { IsBackground = true }
  .Start();

Task<int> task = tcs.Task;          // Our "slave" task.
Console.WriteLine (task.Result);    // 42
```

使用 TaskCompletionSource，我们就可以编写自己的 Run 方法：

```
Task<TResult> Run<TResult> (Func<TResult> function)
{
  var tcs = new TaskCompletionSource<TResult>();
  new Thread (() =>
  {
    try { tcs.SetResult (function()); }
    catch (Exception ex) { tcs.SetException (ex); }
  }).Start();
  return tcs.Task;
}
...
Task<int> task = Run (() => { Thread.Sleep (5000); return 42; });
```

调用该方法和调用 Task.Factory.StartNew，并传递 TaskCreationOptions.LongRunning 参数是等价的，它们都会请求一个非线程池线程。

TaskCompletionSource 的真正作用是创建一个不绑定线程的任务。例如，假设一个任务需要等待 5 秒，之后返回数字 42。我们可以使用 Timer 类，由 CLR（进而由操作系统）在 x 毫秒之后触发一个事件（我们将在第 21 章详细介绍定时器），而无须使用线程：

```
Task<int> GetAnswerToLife()
{
  var tcs = new TaskCompletionSource<int>();
  // Create a timer that fires once in 5000 ms:
  var timer = new System.Timers.Timer (5000) { AutoReset = false };
  timer.Elapsed += delegate { timer.Dispose(); tcs.SetResult (42); };
  timer.Start();
  return tcs.Task;
}
```

在以上代码中，我们的方法会返回一个在 5 秒之后完成的任务，该任务的结果为 42。通过给任务附加一个延续，就可以在不阻塞任何线程的情况下输出这个结果：

```
var awaiter = GetAnswerToLife().GetAwaiter();
awaiter.OnCompleted (() => Console.WriteLine (awaiter.GetResult()));
```

我们可以将延迟的时间作为参数，并去掉返回值，这样它就成了一个通用的 Delay 方法。这意味着，它需要返回 Task 而非 Task<int>。但是我们并没有非泛型的 TaskCompletionSource 类，因此我们无法直接返回一个非泛型的 Task。但这个问题很容易变通，由于 Task<TResult> 是从 Task 派生的，因此我们可以创建一个 TaskCompletionSource<*anything*> 并将 Task<*anything*> 隐式转换为 Task：

```
var tcs = new TaskCompletionSource<object>();
Task task = tcs.Task;
```

现在我们就可以实现一个通用的 Delay 方法：

```
Task Delay (int milliseconds)
{
  var tcs = new TaskCompletionSource<object>();
  var timer = new System.Timers.Timer (milliseconds) { AutoReset = false };
  timer.Elapsed += delegate { timer.Dispose(); tcs.SetResult (null); };
  timer.Start();
  return tcs.Task;
}
```

 .NET 5 引入了非泛型的 TaskCompletionSource，因此，如果目标平台为 .NET 5 及后续平台，则可以将 TaskCompletionSource<object> 替换为 TaskCompletionSource。

以下程序将在 5 秒之后输出"42"：

```
Delay (5000).GetAwaiter().OnCompleted (() => Console.WriteLine (42));
```

TaskCompletionSource 不需要使用线程，这意味着只有当延续启动的时候（5 秒之后）才会创建线程。接下来，我们将同时启动 10 000 个操作，但这并不会出错或者过多消耗资源：

```
for (int i = 0; i < 10000; i++)
  Delay (5000).GetAwaiter().OnCompleted (() => Console.WriteLine (42));
```

 定时器会在线程池线程上触发它的回调方法，因此在 5 秒之后，线程池会接到 10 000 个在 TaskCompletionSource 上调用 SetResult(null) 的请求。如果请求的速度超过了处理的速度，那么线程池就会进行排队，并以最优的 CPU 并行原则处理这些请求。这种方法最适合处理执行时间短暂的线程密集的作业，而本例正符合这个特点。本例中的线程相关作业仅仅是调用了 SetResult 并将延续提交到了同步上下文中（在 UI 应用程序中），而如果没有同步上下文，则直接执行延续（Console.WriteLine(42)）。

14.3.6 Task.Delay 方法

我们刚刚实现的 Delay 方法非常实用，实际上，它也是 Task 类的一个静态方法：

```
Task.Delay (5000).GetAwaiter().OnCompleted (() => Console.WriteLine (42));
```

或者：

```
Task.Delay (5000).ContinueWith (ant => Console.WriteLine (42));
```

Task.Delay 是 Thread.Sleep 的异步版本。

14.4 异步编程的原则

在演示 TaskCompletionSource 时，我们最终使用了异步方法。在这一节中，我们将具体说明异步操作的定义，并说明如何实现异步编程。

14.4.1 同步操作与异步操作

同步操作（synchronous operation）先完成工作再返回调用者。

异步操作（asynchronous operation）的大部分工作则是在返回给调用者之后才完成。

我们平常编写和调用的大多数方法都是同步方法。例如，List<T>.Add、Console.WriteLine 或者 Thread.Sleep。异步方法则不常见，并且异步调用需要并发创建，因为工作对于调用者来说是并行的。异步方法通常都会非常迅速（甚至会立即）返回给调用者，因此它们也称为非阻塞方法。

到目前为止，我们学习的异步方法都是通用方法：

- Thread.Start。
- Task.Run。
- 给任务附加延续的方法。

此外，我们在 14.2.12 节介绍的一些方法（Dispatcher.BeginInvoke 和 SynchronizationContext.Post 方法）都是异步方法。之前在 14.3.5 节中实现的方法，包括 Delay，也是异步方法。

14.4.2 什么是异步编程

异步编程的原则是以异步的方式编写运行时间很长（或者可能很长）的函数。这和编写长时间运行的函数的传统同步方法正好相反。它会在一个新的线程或者任务上调用这些函数，从而实现所需的并发性。

异步方法的不同点在于并发性是在长时间运行的方法内启动，而不是从这个方法外启动。这样做有两个优点：

- I/O 密集的并发性的实现不需要绑定线程（具体请参见 14.3.5 节），因此可以提高可伸缩性和效率。
- 富客户端应用程序可以减少工作线程的代码，因此可以简化线程安全性的实现。

这也产生了两种独立的异步编程方法。第一种是编写高效处理并发 I/O 的（一般是服务器端的）应用程序。它的关键并非线程安全性（因为这种情形很少使用共享状态），而在于线程的效率，特别是，每一个网络请求不会独自消耗一个线程。因此，在这种上下文中，只有 I/O 密集型的操作可以从异步中受益。

第二种则是简化富客户端应用程序的线程安全性。这和程序大小的增长速度密切相关，因为为了处理程序的复杂性，一般来说会将大的方法重构为若干个小的方法，从而产生一连串互相调用的方法［调用图（calling graph）］。

在传统的同步调用图中，如果出现一个运行时间很长的操作，我们就必须将整个调用图转移到一个工作线程中以保持 UI 的响应性。因此，我们最终会得到一个跨越很多方法的并发操作（粗粒度并发性），此时需要考虑图中每一个方法的线程安全性。

使用异步调用图，就可以在真正需要的时候再启动线程。因此可以降低调用图中线程的使用频率（或者在 I/O 密集型操作中完全不使用线程）。其他的方法则可以在 UI 线程上执行，从而大大简化线程安全性的实现。这种方式称为细粒度的并发性，即由一系列小的并发操作组成，而在这些操作之间插入 UI 线程的执行过程。

为了利用这一点，I/O 和计算密集型操作都应当采用异步方式实现。常用的经验法则是任何超过 50 毫秒的响应都用异步的方式处理。

（另一方面，过度使用细粒度的异步操作可能会对性能带来影响，因为异步操作是有额外开销的，请参见 14.5.7 节。）

本章主要关注于富客户端情形，因为它往往比第一种情况更加复杂。第 16 章我们将给出两个例子，展示如何处理 I/O 密集型的情形（请参见 16.8.1 节和 16.5 节）。

UWP 框架鼓励使用异步编程，以至于一些运行时间较长的方法要么没有同步执行的版本，要么会抛出异常。因此，只能够调用异步方法，并返回 Task 对象（或者能够使用 AsTask 转换为 Task 的对象）。

14.4.3 异步编程与延续

任务非常适合进行异步编程，因为它支持延续，这对异步性是非常必要的（例如，在 14.3.5 节中书写的 Delay 方法）。在编写 Delay 方法时，我们使用了 TaskCompletionSource，而它是一种在"底层"实现 I/O 密集异步方法的标准手段。

在计算密集的方法中，我们使用 Task.Run 创建线程相关的异步性。只需直接将 Task 对象返回给调用者就可以创建异步方法。异步编程的不同点在于，我们希望将异步放在底层调用图上，因此富客户端应用程序的高层方法就可以一直在 UI 线程上运行，并可访问控件、共享状态，而不用担心会出现线程安全问题。为了说明这一点，不妨考虑以下示例，该示例使用可用内核计算素数个数（我们将在第 22 章介绍 ParallelEnumerable）：

```
int GetPrimesCount (int start, int count)
{
  return
```

```
    ParallelEnumerable.Range (start, count).Count (n =>
      Enumerable.Range (2, (int)Math.Sqrt(n)-1).All (i => n % i > 0));
}
```

以上代码是如何工作的并不重要，重要的是它会运行相当一段时间。我们可以编写另外一个方法来证明：

```
void DisplayPrimeCounts()
{
  for (int i = 0; i < 10; i++)
    Console.WriteLine (GetPrimesCount (i*1000000 + 2, 1000000) +
      " primes between " + (i*1000000) + " and " + ((i+1)*1000000-1));
    Console.WriteLine ("Done!");
}
```

其输出为：

```
78498 primes between 0 and 999999
70435 primes between 1000000 and 1999999
67883 primes between 2000000 and 2999999
66330 primes between 3000000 and 3999999
65367 primes between 4000000 and 4999999
64336 primes between 5000000 and 5999999
63799 primes between 6000000 and 6999999
63129 primes between 7000000 and 7999999
62712 primes between 8000000 and 8999999
62090 primes between 9000000 and 9999999
```

我们来看一下现有的调用图，其中 DisplayPrimeCounts 调用 GetPrimesCount。为简便起见，前者使用了 Console.WriteLine，而在真实的富客户端应用程序中，则会更新 UI 控件的显示（我们后面将会介绍这一点）。采用以下方法就可以为这个调用图创建粗粒度的并发性：

```
Task.Run (() => DisplayPrimeCounts());
```

相反，如果采用细粒度的并发方法，我们就需要编写异步的 GetPrimesCount 方法：

```
Task<int> GetPrimesCountAsync (int start, int count)
{
  return Task.Run (() =>
    ParallelEnumerable.Range (start, count).Count (n =>
      Enumerable.Range (2, (int) Math.Sqrt(n)-1).All (i => n % i > 0)));
}
```

14.4.4 语言支持的重要性

现在我们必须修改 DisplayPrimeCounts 方法，令其调用 GetPrimesCountAsync 方法。此时就需要使用 C# 新增的 await 和 async 关键字，因为相比之下，其他方式都要比想象的复杂。例如，如果直接将循环修改为：

```
for (int i = 0; i < 10; i++)
{
```

```
    var awaiter = GetPrimesCountAsync (i*1000000 + 2, 1000000).GetAwaiter();
    awaiter.OnCompleted (() =>
      Console.WriteLine (awaiter.GetResult() + " primes between... "));
  }
  Console.WriteLine ("Done");
```

这个循环将很快完成 10 次迭代（因为这些方法都是非阻塞的），然后全部的 10 个操作都会并行执行，而 "Done" 则会被提前输出。

在这种情况下，并行执行这些任务是不可取的，因为它们的内部已经是并行的了。这样做会消耗更长的时间才能看到第一个输出结果（而且输出的顺序会变乱）。

在实际中，若任务 B 依赖任务 A 的结果，则我们有充分的理由来保证任务执行的顺序。例如，在下载网页时，DNS 查询一定发生在 HTTP 请求发送之前。

如果要令任务顺序执行，则必须在延续上触发下一次循环。这意味着必须放弃 for 循环，而将其变成延续的递归调用：

```
void DisplayPrimeCounts()
{
  DisplayPrimeCountsFrom (0);
}

void DisplayPrimeCountsFrom (int i)
{
  var awaiter = GetPrimesCountAsync (i*1000000 + 2, 1000000).GetAwaiter();
  awaiter.OnCompleted (() =>
  {
    Console.WriteLine (awaiter.GetResult() + " primes between...");
    if (++i < 10) DisplayPrimeCountsFrom (i);
    else Console.WriteLine ("Done");
  });
}
```

如果令 DisplayPrimeCounts 本身也成为异步的，即返回一个在完成时触发的任务，则情况会变得更加复杂。此时必须创建一个 TaskCompletionSource：

```
Task DisplayPrimeCountsAsync()
{
  var machine = new PrimesStateMachine();
  machine.DisplayPrimeCountsFrom (0);
  return machine.Task;
}

class PrimesStateMachine
{
  TaskCompletionSource<object> _tcs = new TaskCompletionSource<object>();
  public Task Task { get { return _tcs.Task; } }

  public void DisplayPrimeCountsFrom (int i)
  {
```

```
        var awaiter = GetPrimesCountAsync (i*1000000+2, 1000000).GetAwaiter();
        awaiter.OnCompleted (() =>
        {
          Console.WriteLine (awaiter.GetResult());
          if (++i < 10) DisplayPrimeCountsFrom (i);
          else { Console.WriteLine ("Done"); _tcs.SetResult (null); }
        });
      }
    }
```

幸运的是，C# 的异步函数（asynchronous function）可以帮我们完成所有这些操作。使
用 async 和 await 关键字，我们只需将程序写成如下形式：

```
async Task DisplayPrimeCountsAsync()
{
  for (int i = 0; i < 10; i++)
    Console.WriteLine (await GetPrimesCountAsync (i*1000000 + 2, 1000000) +
      " primes between " + (i*1000000) + " and " + ((i+1)*1000000-1));
  Console.WriteLine ("Done!");
}
```

可见，async 和 await 关键字可以极大地降低程序的复杂性。现在我们来介绍一下它们
的工作原理。

如果我们换一个角度来观察这个问题，就会发现循环结构（for、foreach 等）
和延续一起工作效果并不理想，因为循环依赖于方法当前的本地状态（循环
还将执行多少次）。

因此，虽然 async 和 await 可以解决这些问题，但是有时还是需要将循环
结构替换为函数式的等价操作（即 LINQ 查询）。这也是 Reactive Extension
（Rx）的基础，它非常适合于在结果上执行查询运算符，或者合并多个序列。
但为了避免阻塞，Rx 是基于推送序列的，而这种方式在理论上比较复杂。

14.5 C# 的异步函数

async 和 await 关键字令我们用同步的代码风格编写异步代码，极大地去除了异步编程
的复杂性。

14.5.1 等待

await 关键字可以简便地附加延续。首先来看一个最简单的情形：

```
var result = await expression;
statement(s);
```

编译器会将上述代码转换为下面具有相同功能的代码：

```
var awaiter = expression.GetAwaiter();
```

```
      awaiter.OnCompleted (() =>
      {
        var result = awaiter.GetResult();
        statement(s);
      });
```

 对于同步完成的情况，编译器还会生成代码来"跳过"延续过程（请参见 14.5.7 节）。除此之外还会处理各种琐碎的细节，我们将在后续的章节中介绍。

我们再来回顾一下前面用于计算素数个数的异步方法：

```
Task<int> GetPrimesCountAsync (int start, int count)
{
  return Task.Run (() =>
    ParallelEnumerable.Range (start, count).Count (n =>
      Enumerable.Range (2, (int)Math.Sqrt(n)-1).All (i => n % i > 0)));
}
```

使用 await 关键字，就可以调用该方法：

```
int result = await GetPrimesCountAsync (2, 1000000);
Console.WriteLine (result);
```

为了完成编译，我们必须在上述代码所在方法上添加 async 修饰符：

```
async void DisplayPrimesCount()
{
  int result = await GetPrimesCountAsync (2, 1000000);
  Console.WriteLine (result);
}
```

async 修饰符会指示编译器将 await 作为一个关键字而非标识符来避免二义性（C# 5 之前的代码有可能将 await 作为标识符，这样做可以确保之前的代码还能够正确进行编译）。async 修饰符只支持返回类型为 void 以及（我们稍后会介绍的）Task 或 Task<TResult> 的方法（或 Lambda 表达式）。

 async 修饰符和 unsafe 修饰符类似，都不会对方法签名或者公共元数据产生影响。它只影响方法内部的执行细节，因此在接口上添加 async 是没有意义的。但是这种方式也是合法的，例如，可以在一个重写的非异步的虚方法上添加 async（但前提是方法签名必须保持不变）。

添加了 async 修饰符的方法称为异步函数，因为通常它们本身也是异步的。为了解释这一点，我们需要了解异步函数的执行过程。

当遇到 await 表达式时，通常情况下执行过程会返回给调用者，就像是迭代器中的 yield return 一样。但是，运行时在返回之前会在等待的任务上附加一个延续，保证任务结束时，执行点会跳回到方法中，并继续执行剩余的代码。如果任务出错，则会重新抛出异常；如果顺利结束，则用返回值为 await 表达式赋值。我们可以通过上一个例子的展开形式来印证上述过程：

```
void DisplayPrimesCount()
{
  var awaiter = GetPrimesCountAsync (2, 1000000).GetAwaiter();
  awaiter.OnCompleted (() =>
  {
    int result = awaiter.GetResult();
    Console.WriteLine (result);
  });
}
```

await 等待的表达式通常情况下是一个任务。但实际上，只要该对象拥有 GetAwaiter 方法，且该方法的返回值为等待器（这个对象需实现 INotifyCompletion.OnCompleted 方法，具有返回恰当类型的 GetResult 方法和一个 bool 类型的 IsCompleted 属性），则编译器都可以接受。

注意，我们的 await 表达式返回一个 int 值。这是因为该表达式的类型为 Task<int>（即 GetAwaiter().GetResult() 方法返回值为 int）。

等待非泛型的任务也是合法的，它会生成一个 void 表达式：

```
await Task.Delay (5000);
Console.WriteLine ("Five seconds passed!");
```

14.5.1.1 获取本地状态

await 表达式的最大优势在于它几乎可以出现在代码的任意位置。具体来说，await 表达式可以在任何（异步函数的）表达式中出现，但不能出现在 lock 表达式或者 unsafe 上下文中：

在以下示例中，await 出现在循环结构中：

```
async void DisplayPrimeCounts()
{
  for (int i = 0; i < 10; i++)
    Console.WriteLine (await GetPrimesCountAsync (i*1000000+2, 1000000));
}
```

在第一次执行 GetPrimesCountAsync 方法时，由于出现了 await 表达式，因此执行点返回给调用者。当方法完成（或者出错）时，执行点会从停止之处恢复执行，同时保留本地变量和循环计数器的值。

如果不使用 await 关键字，则最简单的等价代码就是我们在 14.4.4 节中编写的示例代码。然而，编译器会采用一些更加通用的策略将这些方法转换为状态机（就像迭代器那样）。

编译器会使用延续在 await 表达式之后恢复执行（使用等待器模式）。这意味着如果代码运行在富客户端应用程序的 UI 线程上，则同步上下文会将执行恢复到同一个线程上。否则，执行过程会恢复到任务所在的那个线程上。线程的更换不会影响执行顺序，但如果设置了线程亲和性（例如，通过线程本地存储，请参见 21.8 节），则可能受到影响。整个过程就像是坐在出租车上游览某个城市一样。在同步上下文的情况下，代码总是使用同一辆出租车（线程），而没有同步上下文的情况下，每一次都会使用不同的出租车。但无论是哪一种情况，旅程都是相同的。

14.5.1.2 UI 上的等待处理

我们可以通过一个更实际的例子来展示异步函数的作用。我们将编写一个简单的 UI 程序，并且使该程序在调用计算密集的方法时，仍然保持 UI 的响应性。首先从同步实现开始：

```
class TestUI : Window
{
  Button _button = new Button { Content = "Go" };
  TextBlock _results = new TextBlock();

  public TestUI()
  {
    var panel = new StackPanel();
    panel.Children.Add (_button);
    panel.Children.Add (_results);
    Content = panel;
    _button.Click += (sender, args) => Go();
  }

  void Go()
  {
    for (int i = 1; i < 5; i++)
      _results.Text += GetPrimesCount (i * 1000000, 1000000) +
        " primes between " + (i*1000000) + " and " + ((i+1)*1000000-1) +
        Environment.NewLine;
  }

  int GetPrimesCount (int start, int count)
  {
    return ParallelEnumerable.Range (start, count).Count (n =>
      Enumerable.Range (2, (int) Math.Sqrt(n)-1).All (i => n % i > 0));
  }
}
```

当按下"Go"按钮时，由于执行计算密集代码的时间较长，因此在这段时间内应用程序会陷入无响应的状态。我们可以分两步实现相应的异步方法。第一步，实现异步版本的 GetPrimesCount 方法：

```
Task<int> GetPrimesCountAsync (int start, int count)
{
  return Task.Run (() =>
    ParallelEnumerable.Range (start, count).Count (n =>
      Enumerable.Range (2, (int) Math.Sqrt(n)-1).All (i => n % i > 0)));
}
```

第二步，在 Go 方法中调用 GetPrimesCountAsync：

```
async void Go()
{
  _button.IsEnabled = false;
  for (int i = 1; i < 5; i++)
    _results.Text += await GetPrimesCountAsync (i * 1000000, 1000000) +
      " primes between " + (i*1000000) + " and " + ((i+1)*1000000-1) +
      Environment.NewLine;
  _button.IsEnabled = true;
}
```

由以上代码可见异步函数的简洁性：只需按同步方式编写，并当调用异步函数时进行等待（await）就可以避免阻塞。GetPrimesCountAsync 方法会运行在工作线程上，而 Go 方法则会"租用"UI 线程的时间，即 Go 方法在消息循环中是以伪并发方式执行的（执行会在 UI 线程的其他事件处理中穿插进行）。在整个伪并发过程中，只有在 await 的过程中才会进行抢占。这就简化了线程的安全性：在我们的例子中，唯一的问题就是它可能发生重入（reentrancy），即执行过程中可能会重复单击按钮，我们可以通过禁用按钮来避免重复单击。真正的并发则发生在调用栈底层，由 Task.Run 调用的代码中。为了利用这种模型的优点，真正并发的代码应避免访问共享状态或 UI 组件。

假设我们此次并不计算素数，而是下载若干网页并累计它们的长度，应该如何实现呢。.NET Core 提供了许多返回任务的异步方法，而 System.Net 命名空间下的 WebClient 类就是其中之一。它的 DownloadDataTaskAsync 方法可以异步地将一个 URI 内容下载到一个字节数组中，并返回 Task<byte[]> 对象。因此，该方法的等待结果为 byte[]。我们将 Go 方法重写为：

```
async void Go()
{
  _button.IsEnabled = false;
  string[] urls = "www.albahari.com www.oreilly.com www.linqpad.net".Split();
  int totalLength = 0;
  try
  {
    foreach (string url in urls)
    {
      var uri = new Uri ("http://" + url);
      byte[] data = await new WebClient().DownloadDataTaskAsync (uri);
      _results.Text += "Length of " + url + " is " + data.Length +
                  Environment.NewLine;
      totalLength += data.Length;
    }
    _results.Text += "Total length: " + totalLength;
  }
  catch (WebException ex)
  {
    _results.Text += "Error: " + ex.Message;
  }
  finally { _button.IsEnabled = true; }
}
```

同样，这段代码也和同步代码别无二致，包括 catch 和 finally 语句块的使用方式。即使在第一次 await 之后执行返回了调用者，finally 语句块也只会在该方法逻辑完成（完成所有的代码执行，提前 return 或者遇到未处理的异常）之后才会执行。

详细探究上述代码的执行机制有助于理解异步过程。首先我们来重新观察 UI 线程上的消息循环的伪代码：

```
Set synchronization context for this thread to WPF sync context
while (!thisApplication.Ended)
{
  wait for something to appear in message queue
  Got something: what kind of message is it?
    Keyboard/mouse message -> fire an event handler
    User BeginInvoke/Invoke message -> execute delegate
}
```

UI 元素上绑定的事件处理器就是通过消息循环来执行的。当 Go 方法执行时，执行过程会首先处理到 await 表达式，而后返回消息循环（解放 UI 以便响应后续的事件）。编译器对于 await 的展开保证了在返回之前会创建延续，以便在任务完成时执行过程可以在原位置恢复。由于我们是在 UI 线程上执行等待操作，因此延续会提交到消息循环的同步上下文中，确保整个 Go 方法以伪并发的方式在 UI 线程上执行。真正的 I/O 密集型的并发则发生在 DownloadDataTaskAsync 的实现中。

14.5.1.3 与粗粒度并发的比较

在 C# 5 之前，由于没有语言的支持，且 .NET Framework 仅通过 EAP 和 APM 等模式（请参见 14.7 节），而不是以返回 Task 的方式暴露异步编程特性，从而导致异步编程举步维艰。

常用的变通方法是采用粗粒度的并发实现（事实上，还可以使用 BackgroundWorker 类型）。以之前计算素数的同步方法为例（其中包含 GetPrimesCount 方法）。我们将修改按钮的事件处理器来实现粗粒度的异步操作：

```
...
_button.Click += (sender, args) =>
{
  _button.IsEnabled = false;
  Task.Run (() => Go());
};
```

（由于 BackgroundWorker 无法简化本例，因此我们选用了 Task.Run）。无论使用哪种方案，整个同步调用图（Go 与 GetPrimesCount）都会运行在工作线程上。由于 Go 方法会更新 UI 元素，因此必须使用 Dispatcher.BeginInvoke 方法：

```
void Go()
{
  for (int i = 1; i < 5; i++)
  {
```

```
    int result = GetPrimesCount (i * 1000000, 1000000);
    Dispatcher.BeginInvoke (new Action (() =>
      _results.Text += result + " primes between " + (i*1000000) +
      " and " + ((i+1)*1000000-1) + Environment.NewLine));
  }
  Dispatcher.BeginInvoke (new Action (() => _button.IsEnabled = true));
}
```

和异步实现不同，上述方法的循环部分工作在工作线程上。这看起来似乎并无问题，但即便简单如本例，使用多线程也会引入竞争条件。（你能发现其中的问题吗？如果没有的话请尝试运行本例，问题很快就会出现。）

若进一步实现取消功能及进度报告，或者在方法中继续添加其他代码，就更容易发生线程安全性的错误。例如，若循环的上限并非一个固定值，而是来自一个方法调用：

```
for (int i = 1; i < GetUpperBound(); i++)
```

假设该上限值是 GetUpperBound() 方法从一个配置文件中延迟加载的，且只会在首次调用时加载。所有的代码都运行在工作线程上，而这些代码很可能不是线程安全的。因此，在调用图上层启动工作线程是一个冒险的做法。

14.5.2 编写异步函数

要编写异步函数，可将返回类型由 void 更改为 Task。这样方法本身就可以进行异步调用（并且是可等待的）。其他方面则不需要进行更改：

```
async Task PrintAnswerToLife()    // We can return Task instead of void
{
  await Task.Delay (5000);
  int answer = 21 * 2;
  Console.WriteLine (answer);
}
```

需要注意的是，方法体内并不需要显式返回一个任务，编译器会负责生成 Task，并在方法完成之前或出现未处理的异常时触发 Task。这样就很容易创建异步调用链：

```
async Task Go()
{
  await PrintAnswerToLife();
  Console.WriteLine ("Done");
}
```

由于 Go 方法的返回值为 Task，因此它本身就是可等待的。

编译器会展开异步函数，将任务对象返回，并使用 TaskCompletionSource 创建一个新的任务对象。

除了这些细微的区别之外，我们还可以将 PrintAnswerToLife 方法展开为如下的功能等价实现：

```
Task PrintAnswerToLife()
{
  var tcs = new TaskCompletionSource<object>();
  var awaiter = Task.Delay (5000).GetAwaiter();
  awaiter.OnCompleted (() =>
  {
    try
    {
      awaiter.GetResult();      // Re-throw any exceptions
      int answer = 21 * 2;
      Console.WriteLine (answer);
      tcs.SetResult (null);
    }
    catch (Exception ex) { tcs.SetException (ex); }
  });
  return tcs.Task;
}
```

因此，当一个返回任务的异步函数结束时，执行过程都会返回等待它的程序（通过延续）。

在一个富客户端场景下，若执行点并没有在 UI 线程上，则它会返回 UI 线程。在其他的场景下，它会继续在延续所在的线程上运行。因此，不同于 UI 线程初始化后的初次回弹，第二种情况下跳出异步调用图不会发生任何延迟开销。

14.5.2.1 返回 Task<TResult>

异步函数中若方法体返回 TResult，则函数的返回值为 Task<TResult>：

```
async Task<int> GetAnswerToLife()
{
  await Task.Delay (5000);
  int answer = 21 * 2;
  return answer;      // Method has return type Task<int> we return int
}
```

在实现内部，这段代码在激活 TaskCompletionSource 时会传递一个值而不是 null。以下示例演示了这种情形，其中，Go 方法调用 PrintAnswerToLife，PrintAnswerToLife 继而调用了 GetAnswerToLife：

```
async Task Go()
{
  await PrintAnswerToLife();
  Console.WriteLine ("Done");
}

async Task PrintAnswerToLife()
{
  int answer = await GetAnswerToLife();
  Console.WriteLine (answer);
}
```

```
async Task<int> GetAnswerToLife()
{
  await Task.Delay (5000);
  int answer = 21 * 2;
  return answer;
}
```

从效果上看，我们将原始的 PrintAnswerToLife 重构为两个方法，而这个过程和同步编程一样简单。如果用同步的方式实现调用图，首先程序将阻塞 5 秒，之后 Go() 方法会得到和异步函数相同的结果：

```
void Go()
{
  PrintAnswerToLife();
  Console.WriteLine ("Done");
}

void PrintAnswerToLife()
{
  int answer = GetAnswerToLife();
  Console.WriteLine (answer);
}

int GetAnswerToLife()
{
  Thread.Sleep (5000);
  int answer = 21 * 2;
  return answer;
}
```

 说明了使用 C# 异步函数进行程序设计的基本原则：

1. 首先，以同步方式实现方法。

2. 其次，将同步方法调用改为异步方法调用，并使用 await。

3. 除了"最顶级"的方法（通常是 UI 控件事件处理器）之外，将异步方法的返回类型修改为 Task 或者 Task<TResult>，使其成为可等待的方法。

由于编译器能够为异步函数创建任务，因此，除非要进行 I/O 密集并发的底层编程（这种情形是比较少见的），一般情况下，我们无须显式实例化 TaskCompletionSource 类型。（对于计算密集型的并发方法，则可以使用 Task.Run 创建任务。）

14.5.2.2 执行异步调用图

为了确切理解异步调用图的执行过程，我们将代码重新排列为：

```
async Task Go()
{
  var task = PrintAnswerToLife();
  await task; Console.WriteLine ("Done");
}
```

```
async Task PrintAnswerToLife()
{
  var task = GetAnswerToLife();
  int answer = await task; Console.WriteLine (answer);
}

async Task<int> GetAnswerToLife()
{
  var task = Task.Delay (5000);
  await task; int answer = 21 * 2; return answer;
}
```

Go 先调用 PrintAnswerToLife，而后调用 GetAnswerToLife。GetAnswerToLife 又调用了 Delay，而后调用 await。await 会使执行点返回到 PrintAnswerToLife 的 await，继而返回到 Go。Go 同样 await 并返回到它的调用者。上述这些过程都是在调用 Go 的线程上同步执行的。这就是主要的同步执行阶段。

5 秒之后，Delay 上的延续被触发，执行点返回到 GetAnswerToLife 并在线程池线程上执行（如果我们是从 UI 线程上开始最初调用的，则执行点现在将回到 UI 线程）。随后，GetAnswerToLife 的其他语句将被执行，而 Task<int> 也将得到结果 42，并结束执行。之后，执行点执行 PrintAnswerToLife 的延续，即 PrintAnswerToLife 中剩余部分的代码。这个执行过程将一直持续直至 Go 中的任务执行完毕。

因为和同步调用采用了同一种模式，所以整个执行流和之前的同步调用图是完全匹配的。我们在每一个异步方法调用后都会立刻 await，这样就形成了一个无并发（无重叠执行）的调用图。每一个 await 表达式都在执行过程中形成一个"缺口"，而之后的程序都可以在缺口处恢复执行。

14.5.2.3 并行性

调用异步方法但不等待就可以令异步方法和后续代码并行执行。在之前的例子中，按钮的事件处理器直接调用了 Go 方法：

```
_button.Click += (sender, args) => Go();
```

虽然 Go 是一个异步方法，但是我们并没有等待它。这样它可以利用并发特性来保证 UI 的快速响应。

我们可以使用相同的法则以并行方式执行两个异步操作：

```
var task1 = PrintAnswerToLife();
var task2 = PrintAnswerToLife();
await task1; await task2;
```

（我们通过 await 两个任务结束并行执行。我们后续会介绍如何使用 WhenAll 任务组合器来优化这个模式。）

虽然上述两种方式在启动上有所差异，但无论操作是否从 UI 线程上启动，都可以用于创建并发性。两种情况都从底层操作（例如，Task.Delay 或者 Task.Run 中的代码）上实现了真正的并发性。在调用栈中位于这两种调用之前的那些方法，只有启动时没有同步上下文参与的情况下才属于真正的并发操作；否则仅仅是之前提到的伪并发操作（这种情况简化了线程安全性）。在伪并发操作下，唯一能够抢占的位置就是 await 语句。这就使得我们可以定义一个共享字段 _x，并在 GetAnswerToLife 中不需要任何锁保护就可以进行自增操作：

```
async Task<int> GetAnswerToLife()
{
  _x++;
  await Task.Delay (5000);
  return 21 * 2;
}
```

（但是我们无法假定 _x 在 await 前后均保持相同的值。）

14.5.3 异步 Lambda 表达式

普通的具有名称的方法可以成为异步方法：

```
async Task NamedMethod()
{
  await Task.Delay (1000);
  Console.WriteLine ("Foo");
}
```

只要添加了 async 关键字，匿名的方法（Lambda 表达式及匿名方法）就可以异步执行：

```
Func<Task> unnamed = async () =>
{
  await Task.Delay (1000);
  Console.WriteLine ("Foo");
};
```

它们可以采用相同的方式进行调用和等待：

```
await NamedMethod();
await unnamed();
```

异步 Lambda 表达式可以附加到事件处理器：

```
myButton.Click += async (sender, args) =>
{
  await Task.Delay (1000);
  myButton.Content = "Done";
};
```

上述代码比以下代码简洁得多，但是效果相同：

```
myButton.Click += ButtonHandler;
...
async void ButtonHander (object sender, EventArgs args)
```

```
{
  await Task.Delay (1000);
  myButton.Content = "Done";
};
```

异步的 Lambda 表达式也可以返回 Task<TResult>：

```
Func<Task<int>> unnamed = async () =>
{
  await Task.Delay (1000);
  return 123;
};
int answer = await unnamed();
```

14.5.4 异步流

在 C# 中可以使用 yield return 实现迭代器，也可以使用 await 编写异步函数。异步流（asynchronous stream，异步流是在 C# 8 中引入的）则是以上两个概念的结合体。它不但能编写可以等待的迭代器，还可以以异步的形式生成元素。这些功能均基于以下两个接口，这两个接口正好是同步枚举接口（请参见 4.6 节）的异步对应版本：

```
public interface IAsyncEnumerable<out T>
{
  IAsyncEnumerator<T> GetAsyncEnumerator (...);
}

public interface IAsyncEnumerator<out T>: IAsyncDisposable
{
  T Current { get; }
  ValueTask<bool> MoveNextAsync();
}
```

ValueTask<T> 结构体封装了 Task<T>，它的行为和 Task<T> 相似。但在任务对象同步完成（这在枚举序列时是比较常见的）的情况下具有更好的执行性能。关于两者的区别，请参见 14.5.7.2 节。IAsyncDisposable 是 IDisposable 的异步版本，若需要提供清理操作，则请手动实现该接口：

```
public interface IAsyncDisposable
{
  ValueTask DisposeAsync();
}
```

在 IAsyncEnumerator<T> 接口中，从序列中获得每一个元素（MoveNextAsync）的操作是一个异步操作，因此异步流适用于处理元素零零散散到达的情形（就像是处理视频流那样）。相反，如果流对象的延迟是整体性的，即其中的元素会一起到达，则更适用于类型：

```
Task<IEnumerable<T>>
```

结合使用迭代器和异步方法的规则来编写方法就可以创建一个异步流，即该方法应同时具备 yield return 和 await，并且其返回值应当为 IAsyncEnumerable<T>：

```
async IAsyncEnumerable<int> RangeAsync (
  int start, int count, int delay)
{
  for (int i = start; i < start + count; i++)
  {
    await Task.Delay (delay);
    yield return i;
  }
}
```

相应地，使用 await foreach 语句就可以消费异步流：

```
await foreach (var number in RangeAsync (0, 10, 500))
  Console.WriteLine (number);
```

以上例子中，数据持续以每 500 毫秒一个的速度到达（或者在真实场景中，数据生成完毕）。如果像以下例子中使用 Task<IEnumerable<T>> 的话，则只有当所有的数据都准备好时才会最终返回：

```
static async Task<IEnumerable<int>> RangeTaskAsync (int start, int count,
                                                    int delay)
{
  List<int> data = new List<int>();
  for (int i = start; i < start + count; i++)
  {
    await Task.Delay (delay);
    data.Add (i);
  }

  return data;
}
```

消费上例中的结果只需使用 foreach 语句即可：

```
foreach (var data in await RangeTaskAsync(0, 10, 500))
  Console.WriteLine (data);
```

14.5.4.1 查询 IAsyncEnumerable<T>

System.Linq.Async Nuget 包包含了对 IAsyncEnumerable<T> 查询的 LINQ 查询运算符，这样就可以像查询 IEnumerable<T> 那样编写查询。

例如，我们可以对上一节中的 RangeAsync 方法编写 LINQ 查询：

```
IAsyncEnumerable<int> query =
  from i in RangeAsync (0, 10, 500)
  where i % 2 == 0   // Even numbers only.
  select i * 10;     // Multiply by 10.

await foreach (var number in query)
  Console.WriteLine (number);
```

其输出为 0、20、40 等。

在 Reactive Extension（Rx）中，使用 ToObservable 扩展方法将 IAsyncEnumerable<T> 转换为 IObservable<T> 之后就可以使用其中（功能更强大）的查询运算符。相反，也可以使用 ToAsyncEnumerable 扩展方法进行反方向的转换。

14.5.4.2 ASP.NET Core 中的 IAsyncEnumerable<T>

ASP.NET Core 控制器的方法目前支持返回 IAsyncEnumerable<T> 类型的对象。此类方法必须标记为 async 方法。例如：

```
[HttpGet]
public async IAsyncEnumerable<string> Get()
{
    using var dbContext = new BookContext();
    await foreach (var title in dbContext.Books
                                    .Select(b => b.Title)
                                    .AsAsyncEnumerable())
        yield return title;
}
```

14.5.5 WinRT 中的异步方法

如需开发 UWP 应用程序，则需要使用操作系统定义的 WinRT 类型。在 WinRT 中，Task 的等价类型为 IAsyncAction，而 Task<TResult> 的等价类型为 IAsyncOperation<TResult>。对于报告进度的操作，等价类型为 IAsyncActionWithProgress<TProgress> 和 IAsyncOperationWithProgress<TResult,TProgress>。它们均定义于 Windows.Foundation 命名空间中。

它们都可以通过 AsTask 扩展方法转换为 Task 或者 Task<TResult>：

```
Task<StorageFile> fileTask = KnownFolders.DocumentsLibrary.CreateFileAsync
                        ("test.txt").AsTask();
```

或者可以直接执行 await：

```
StorageFile file = await KnownFolders.DocumentsLibrary.CreateFileAsync
                        ("test.txt");
```

由于 COM 类型系统的限制，IAsyncActionWithProgress<TProgress> 和 IAsyncOperationWithProgress<TResult, TProgress> 并非基于 IAsyncAction。它们均继承自一个通用的基类型 IAsyncInfo。

AsTask 也拥有接受取消令牌（请参见 14.6.1 节）的重载方法。当和 *WithProgress 类型（请参见 14.6.2 节）一起使用时，它还能接受 IProgress<T> 对象。

14.5.6 异步与同步上下文

我们在前面介绍了同步上下文对提交延续的重要性。除此之外，在一些更复杂的情况中，这种同步上下文和无返回值的异步函数也能够相互配合。这并不属于 C# 编译器展开的直接结果，而是属于 System.CompilerServices 命名空间中的 Async*MethodBuilder 类型的功能。编译器会利用这些类型展开异步函数。

14.5.6.1 异常提交

在富客户端应用程序中，通常使用集中式异常处理事件（WPF 中的 Application. DispatcherUnhandledException）对 UI 线程上的未处理的异常进行处理。而在 ASP. NET Core 应用程序中，*Startup.cs* 文件中的 ConfigureServices 方法中的自定义 ExceptionFilterAttribute 也有类似的功能。在内部，它们是以在自己的 try 或 catch 语句块内触发 UI 事件（或者在 ASP.NET Core 中，在页面处理方法的管道中触发事件）来达到目的的。

上层的异步函数会使这种情况变得更加复杂。假设我们使用下面的事件处理器处理单击按钮事件：

```
async void ButtonClick (object sender, RoutedEventArgs args)
{
  await Task.Delay(1000);
  throw new Exception ("Will this be ignored?");
}
```

当单击按钮时，事件处理器就会执行。正常情况下，执行会在 await 语句之后返回到消息循环。但是消息循环体中的 catch 语句块是无法捕获到 1 秒之后抛出的异常的。

为了解决这个问题，AsyncVoidMethodBuilder 会捕获未处理异常（在无返回值的异步函数中），然后将它们提交到同步上下文中（如果有的话），以保证触发全局异常处理事件。

编译器只能够将这个逻辑应用到无返回值的异步函数中。所以，如果我们将 ButtonClick 的返回值从 void 改为 Task，则未处理的异常将会令 Task 的状态变为"失败"，而无法得到任何处理（产生了未观测的异常）。

需要注意的是，在 await 之前或之后抛出异常并没有任何区别。因此，在接下来的例子中，我们将异常直接提交到了同步上下文（如果有的话）中，而绝不会提交给调用者：

```
async void Foo() { throw null; await Task.Delay(1000); }
```

（如果没有同步上下文，则异常会传播到线程池中，并终止应用程序的执行。）

不将异常直接返回给调用者的原因是保持可预测性与一致性。在以下示例中，不论

someCondition 的结果如何，由 InvalidOperationException 导致 Task 失败的行为均会保持一致：

```
async Task Foo()
{
  if (someCondition) await Task.Delay (100);
  throw new InvalidOperationException();
}
```

这种方式和迭代器有一定的相似性：

```
IEnumerable<int> Foo() { throw null; yield return 123; }
```

在这个例子中，异常不会直接抛出到调用者，而是当枚举该序列时才会抛出。

14.5.6.2 OperationStarted 和 OperationCompleted

如果存在同步上下文，那么返回值为 void 的异步函数也会在整个函数开始执行时调用 OperationStarted 方法，当函数结束时，调用 OperationCompleted 方法。

如果要编写一个自定义同步上下文并对这些无返回值的异步方法进行单元测试，则可重载这两个方法。具体方式请参见 Microsoft 的并行编程博客，网址为 *https://devblogs. microsoft.com/pfxteam*[译注1]。

14.5.7 优化

14.5.7.1 同步完成

一个异步方法有可能会在 await 语句之前返回。假设有如下方法来缓存下载的网页：

```
static Dictionary<string,string> _cache = new Dictionary<string,string>();

async Task<string> GetWebPageAsync (string uri)
{
  string html;
  if (_cache.TryGetValue (uri, out html)) return html;
  return _cache [uri] =
    await new WebClient().DownloadStringTaskAsync (uri);
}
```

如果某个 URI 已经存在于缓存之中，那么执行过程就会在 await 之前返回给调用者，同时这个方法会返回一个已经结束了的任务。这种方式称为同步完成。

在等待同步完成的任务时，执行点并不会返回给调用者，同时通过延续来回弹。相反，它会马上执行下一条语句，编译器会通过检查 awaiter 的 IsCompleted 属性来实现这种优化。换句话说，当执行如下等待操作时：

译注1：在成书时，上述内容的具体该网址为 *https://devblogs.microsoft.com/pfxteam/await-synchronizationcontext-and-console-apps-part-3/*。

```
Console.WriteLine (await GetWebPageAsync ("http://oreilly.com"));
```

编译器会在同步完成的情况下跳过延续代码：

```
var awaiter = GetWebPageAsync().GetAwaiter();
if (awaiter.IsCompleted)
  Console.WriteLine (awaiter.GetResult());
else
  awaiter.OnCompleted (() => Console.WriteLine (awaiter.GetResult()));
```

即使异步函数同步地返回了，等待这种函数仍然会有一些开销，对于 2019 年的 PC，这个开销为 20 纳秒左右。

相反，回弹到线程池会带来 1～2 微秒的上下文切换开销。而若回弹到 UI 消息循环，则可能花费十倍于上述时间（如果 UI 线程繁忙，这个时间会更长）。

编写从不等待的异步方法也是合法的，编译器会相应地生成警告信息：

```
async Task<string> Foo() { return "abc"; }
```

在重写虚方法或者抽象方法时，若不需要进行异步处理，那么很适合使用这种方式。（例如，对于 MemoryStream 的 ReadAsync 和 WriteAsync 的实现，请参见第 15 章。）另一种方式是使用 Task.FromResult 方法，这个方法会返回一个已经结束了的任务：

```
Task<string> Foo() { return Task.FromResult ("abc"); }
```

我们的 GetWebPageAsync 方法若在 UI 线程上调用，那么它本身就是线程安全的，即可以连续多次调用这个方法（来启动多个并发下载），而不需要使用锁对缓存进行保护。但是，如果多次处理同一个 URI 就会启动多个冗余的下载，而它们最终都会更新同一个缓存记录（最后一次下载会覆盖之前的下载结果）。在没有错误发生的情况下，更高效的方式是令同一个 URI 的后续调用（异步）等待正在处理的请求。

还有一个简单的方式可在不使用锁或者信号发送结构的前提下达到相同的效果，即缓存 Task<string> 而不是缓存 string：

```
static Dictionary<string,Task<string>> _cache =
  new Dictionary<string,Task<string>>();

Task<string> GetWebPageAsync (string uri)
{
  if (_cache.TryGetValue (uri, out var downloadTask)) return downloadTask;
  return _cache [uri] = new WebClient().DownloadStringTaskAsync (uri);
}
```

（注意，我们并没有将方法标记为 async，因为我们直接返回了从 WebClient 的方法中得到的 Task。）

现在，如果使用相同的 URI 重复调用 GetWebPageAsync，就可以保证能够获得同一个

Task<string> 对象。（这样做还有一个好处，即可以降低垃圾回收器的负载。）如果任务完成，由于有前面介绍过的编译器优化，因此等待它的开销是很低的。

我们可以进一步扩展该示例，使用锁来保护整个方法体，这样即使不在同步上下文中也仍然具有线程安全性：

```
lock (_cache)
  if (_cache.TryGetValue (uri, out var downloadTask))
    return downloadTask;
  else
    return _cache [uri] = new WebClient().DownloadStringTaskAsync (uri);
}
```

这种方法之所以有效是因为我们并没有在下载网页的过程中添加锁（这样会破坏并发性），而仅仅在检查缓存、开始一个新的任务，并在更新任务缓存的一小段时间内添加了锁。

14.5.7.2 ValueTask<T>

 ValueTask<T> 主要目的是对特定场景进行微优化。一般情况下，我们无须书写返回该类型的方法。但我们仍需对下一节中提到的注意事项多加留心，因为一些 .NET 方法的返回类型为 ValueTask<T>，且 IAsyncEnumerable<T> 也使用了该类型。

刚刚提到了，编译器会在任务同步完毕的情况下，通过短路延续并立即执行下一条语句的方式优化 await 表达式。因此，若同步完毕是由缓存造成的，那么缓存任务本身就是一个优雅且高效的方案。

但是在所有的同步完成的情形下都缓存任务对象也是不切实际的。有些情形下必须创建全新的任务对象，从而造成微小的潜在性能损失。这是因为 Task 和 Task<T> 都是引用类型，创建引用类型实例需要在堆上分配内存并进行后续回收。若想对上述情形进行彻底优化，就应该避免内存分配，即不创建引用类型的对象，这样就不会为垃圾回收工作增添任何负载。ValueTask 和 ValueTask<T> 就是在这种情况下引入的，以在编译器允许时代替 Task 与 Task<T>：

```
async ValueTask<int> Foo() { ... }
```

等待同步完成的 ValueTask<T> 是无须分配任何内存的：

```
int answer = await Foo();   // (Potentially) allocation-free
```

如果上述操作并没有同步完成，则 ValueTask<T> 将创建一个普通的 Task<T>，并将其传递给 await，这种情况下性能就不会得到改善。

ValueTask<T> 对象可以使用 AsTask 方法转换为 Task<T> 对象。

ValueTask 也有非泛型的版本，这和 Task 是一致的。

14.5.7.3 使用 ValueTask<T> 的注意事项

ValueTask<T> 并不常见，因为这个结构体完全是为性能优化服务的。它会受不恰当的值类型语义的影响，并可能产生预料之外的后果。为了避免这些不良后果，请勿进行如下操作：

- 多次等待同一个 ValueTask<T> 对象。
- 在操作未结束之前调用 .GetAwaiter().GetResult() 方法。

如果无论如何也需要执行上述操作，则请先调用 .AsTask() 方法并在返回的 Task 对象上进行操作。

避免上述陷阱的最简单方式就是直接等待相应的方法调用，例如：

```
await Foo();   // Safe
```

当你将一个值类型的任务赋值给另一个变量的时候就会打开通向错误的大门：

```
ValueTask<int> valueTask = Foo();   // Caution!
// Our use of valueTask can now lead to errors.
```

为了避免错误发生，应立即将其转换为普通任务对象：

```
Task<int> task = Foo().AsTask();   // Safe
// task is safe to work with.
```

14.5.7.4 避免大量回弹

对于在循环中多次调用的方法，通过调用 ConfigureAwait 方法可以避免该方法重复回弹到 UI 消息循环中。它会阻止任务将延续提交到同步上下文中，并将开销降低到了上下文切换的级别（远远小于等待同步方法完成的开销）：

```
async void A() { ... await B(); ... }

async Task B()
{
  for (int i = 0; i < 1000; i++)
    await C().ConfigureAwait (false);
}

async Task C() { ... }
```

这意味着方法 B 和方法 C 不会再应用 UI 应用程序的简单线程安全模型（代码会在 UI 线程上执行，只有在 await 时才可以抢占），而方法 A 则不受影响，在启动之后仍然会运行在 UI 线程上。

该优化尤其适合于编写程序库：此时不需要简化线程安全的支持，因为这些代码不会和调用者共享状态，也不会访问 UI 控件。（在我们的例子中，如果方法 C 会同步完成，那么只要其操作能很快完成，这种方法就仍然适用。）

14.6 异步模式

14.6.1 取消操作

通常，并发操作在启动之后必须能够取消（可能是出于用户的请求）。使用取消标志就可以轻松实现这个功能。例如，我们可以将该功能封装为以下类：

```
class CancellationToken
{
  public bool IsCancellationRequested { get; private set; }
  public void Cancel() { IsCancellationRequested = true; }
  public void ThrowIfCancellationRequested()
  {
    if (IsCancellationRequested)
      throw new OperationCanceledException();
  }
}
```

然后，再按照以下方式编写一个可取消的异步方法：

```
async Task Foo (CancellationToken cancellationToken)
{
  for (int i = 0; i < 10; i++)
  {
    Console.WriteLine (i);
    await Task.Delay (1000);
    cancellationToken.ThrowIfCancellationRequested();
  }
}
```

将取消令牌传递给 Foo 方法之后，调用者只需调用取消令牌上的 Cancel 方法即可。该方法将 IsCancellationRequested 设置为 true。Foo 随后会因此而失败，并抛出 OperationCanceledException（该异常正是为这种情形而设计的，它定义于 System 命名空间中）。

这种模式在不考虑线程安全性（需要在读或写 IsCancellationRequested 时添加锁操作）时是很高效的。CLR 提供了一个实现类似功能的类型 CancellationToken。然而 Cancel 方法却未定义在 CancellationToken 类上，而是定义在另一个 CancellationTokenSource 类上。这种分离具有一定的安全性，即只能通过 CancellationToken 对象的方法检查取消操作，而不能够启动取消操作。

要获得一个取消令牌，首先要实例化一个 CancellationTokenSource：

```
var cancelSource = new CancellationTokenSource();
```

它有一个 Token 属性，可以返回一个 CancellationToken。因此，可以按照以下方式调用 Foo 方法：

```
var cancelSource = new CancellationTokenSource();
Task foo = Foo (cancelSource.Token);
```

```
...
... (sometime later)
cancelSource.Cancel();
```

在 CLR 中，大部分异步方法都支持取消令牌，其中包括 Delay。如果修改 Foo，令其将令牌传递到 Delay 方法中，那么请求到达之后任务会马上停止（而不会等到一秒之后）：

```
async Task Foo (CancellationToken cancellationToken)
{
  for (int i = 0; i < 10; i++)
  {
    Console.WriteLine (i);
    await Task.Delay (1000, cancellationToken);
  }
}
```

注意，我们无须调用 ThrowIfCancellationRequested 方法，因为 Task.Delay 方法中已经包含了该操作。取消令牌会顺利地沿着调用栈向下进行传递（就像取消请求会通过异常的方式沿着调用栈向上级联传播一样）。

 UWP 依赖 WinRT 类型。其异步方法并没有使用 CancellationToken，而是使用了一种低级别的协议来处理取消操作，其中的 IAsyncInfo 类型中定义了 Cancel 方法。但是也可以通过调用 AsTask 重载方法，并传入一个取消令牌来弥补这个不同。

同步方法也支持取消操作（例如，Task.Wait 方法）。在这些情况中，取消指令必须以异步方式执行（例如，在另一个任务中执行）。例如：

```
var cancelSource = new CancellationTokenSource();
Task.Delay (5000).ContinueWith (ant => cancelSource.Cancel());
...
```

事实上，在创建 CancellationTokenSource 时就可以指定一个时间间隔，以在一定时间段之后启动取消操作（和我们上述演示一致）。无论是同步还是异步，都可以用这种方式来实现超时操作：

```
var cancelSource = new CancellationTokenSource (5000);
try { await Foo (cancelSource.Token); }
catch (OperationCanceledException ex) { Console.WriteLine ("Cancelled"); }
```

CancellationToken 结构提供了一个 Register 方法，该方法可注册一个回调代理。在取消操作发生时，它可以返回一个可销毁的对象来撤销注册。

若出现未处理的 OperationCanceledException 异常（IsCanceled 为 true，IsFaulted 为 false），则编译器生成的异步函数会自动进入“已取消”状态。使用 Task.Run 创建的任务，只要在构造函数中传入了（相同的）CancellationToken，其行为就是相同的。在异步场景下，任务出错和任务取消的区别并不明显，两种情形在等待时都会抛出 OperationCanceledException。但是在高级并行编程场景中则区别较大（特别是在条件延续中)。我们将在 22.4.3 节中介绍相关的内容。

14.6.2 进度报告

一些异步操作需要在运行时报告操作的执行进度。一种简单方案是向异步方法中传入一个 Action 委托,在进度发生变化时就触发方法:

```
Task Foo (Action<int> onProgressPercentChanged)
{
  return Task.Run (() =>
  {
    for (int i = 0; i < 1000; i++)
    {
      if (i % 10 == 0) onProgressPercentChanged (i / 10);
      // Do something compute-bound...
    }
  });
}
```

以下就是调用该函数的方式:

```
Action<int> progress = i => Console.WriteLine (i + " %");
await Foo (progress);
```

虽然这种方式在控制台应用程序中运行良好,但在富客户端场景下却不然。当它在工作线程中报告进度时,会给消费线程带来潜在的线程安全问题。(从效果上,这样做就允许了并发性对外暴露所产生的副作用。若只从 UI 线程上调用该方法,则该方法可以确保隔离性。)

IProgress<T> 和 Progress<T>

CLR 拥有一对专门针对进度报告的类型:IProgress<T> 接口和 Progress<T> 类(实现了 IProgress<T> 接口)。它们的作用是"包装"一个委托,以便使 UI 应用程序可以通过同步上下文安全地报告进度。

IProgress<T> 接口只有一个方法:

```
public interface IProgress<in T>
{
  void Report (T value);
}
```

IProgress<T> 易于使用,我们的方法几乎无须进行修改:

```
Task Foo (IProgress<int> onProgressPercentChanged)
{
  return Task.Run (() =>
  {
    for (int i = 0; i < 1000; i++)
    {
      if (i % 10 == 0) onProgressPercentChanged.Report (i / 10);
```

```
        // Do something compute-bound...
      }
   });
}
```

Progress<T> 类的构造器可以接受一个 Action<T> 委托并对其进行包装：

```
var progress = new Progress<int> (i => Console.WriteLine (i + " %"));
await Foo (progress);
```

（Progress<T> 还有一个 ProgressChanged 事件，我们可以订阅这个事件而无须在构造函数中传入一个委托。）在 Progress<int> 实例化时，如果拥有同步上下文，该类就会捕获同步上下文。当 Foo 调用 Report 方法时，该对象会使用同步上下文调用委托。

如果用具有多种属性的自定义类型替代 int，异步方法可以实现更详细的进度报告。

> 如果我们熟悉 Rx，那么不难发现，IProgress<T> 与异步函数返回的任务结合可以实现和 IObserver<T> 类似的功能。它们的区别在于任务除了 IProgress<T> 类型触发的值之外还拥有一个"最终的"（不同类型的）返回值。
>
> IProgress<T> 生成的值是典型的用后即焚的值（例如，完成进度的百分比或者目前为止下载的字节数），而 IObserver<T> 的 OnNext 提交值则是最终的结果，这也正是调用它的初衷。

WinRT 中的异步方法也支持进度报告功能，但是它采用的协议受到了 COM 基础类型系统的影响而显得相对复杂。异步的 WinRT 方法不通过 IProgress<T> 对象报告进度，而会返回如下的接口对象，替代 IAsyncAction 和 IAsyncOperation<TResult>：

```
IAsyncActionWithProgress<TProgress>
IAsyncOperationWithProgress<TResult, TProgress>
```

有趣的是，这两个接口都是基于 IAsyncInfo，而不是 IAsyncAction 和 IAsyncOperation<TResult>。

好在 AsTask 扩展方法提供了支持 IProgress<T> 参数的重载，因此 .NET 开发者可以忽略上述 COM 接口，而使用如下方法：

```
var progress = new Progress<int> (i => Console.WriteLine (i + " %"));
CancellationToken cancelToken = ...
var task = someWinRTobject.FooAsync().AsTask (cancelToken, progress);
```

14.6.3 基于任务的异步模式

.NET 提供了大量返回任务的异步方法，因此它们都可以 await（主要和 I/O 相关）。大部分方法都采用一种基于任务的异步模式（Task-based Asynchronous Pattern，TAP），该模式是到目前为止最合理的一种方式。TAP 方法执行如下操作：

- 返回一个"热"（正在运行中的）Task 或者 Task<TResult>。

- 拥有"Async"后缀（除非是一些特殊情况，例如，任务组合器）。

- 若支持取消操作或进度报告，则需要拥有接受 CancellationToken 或者 IProgress<T> 的重载。

- 快速返回调用者（初始同步阶段非常短小）。

- 对于 I/O 密集型任务不绑定线程。

如前面所述，TAP 方法易于通过 C# 的异步函数实现。

14.6.4 任务组合器

统一协议的异步函数（它们均返回任务）的优点之一是可以使用并编写任务组合器，即一些和任务的具体用途无关、可以将任务进行组合的函数。

CLR 包含两种任务组合器：Task.WhenAny 和 Task.WhenAll。在介绍它们之前，我们先定义如下方法：

```
async Task<int> Delay1() { await Task.Delay (1000); return 1; }
async Task<int> Delay2() { await Task.Delay (2000); return 2; }
async Task<int> Delay3() { await Task.Delay (3000); return 3; }
```

14.6.4.1 WhenAny

Task.WhenAny 方法会在任务组中的任意一个任务完成时返回这个任务。例如，以下任务会在一秒内完成：

```
Task<int> winningTask = await Task.WhenAny (Delay1(), Delay2(), Delay3());
Console.WriteLine ("Done");
Console.WriteLine (winningTask.Result);   // 1
```

我们等待的 Task.WhenAny 返回的任务将会是所有任务中第一个完成的任务。我们的示例是非阻塞的（包括最后访问 Result 属性，因为那个时候任务已经完成）。但即便如此也建议对 winningTask 进行 await 操作。

```
Console.WriteLine (await winningTask);   // 1
```

因为这样做的话，任何重新抛出的异常就不需要包装在 AggregateException 异常中了。事实上，我们可以直接在一次操作中进行所有的等待操作：

```
int answer = await await Task.WhenAny (Delay1(), Delay2(), Delay3());
```

如果在这个过程中，有一个并非第一个结束的任务发生了失败，除非我们等待了这个任务（或查询相应任务的 Exception 属性），否则这个异常会成为未观测的异常。

WhenAny 方法可以在原本不支持超时和取消的操作中添加超时和取消功能：

```
Task<string> task = SomeAsyncFunc();
Task winner = await (Task.WhenAny (task, Task.Delay(5000)));
if (winner != task) throw new TimeoutException();
string result = await task;   // Unwrap result/re-throw
```

注意，由于上述例子在调用 WhenAny 时使用了不同类型的任务，因此完成的任务只能作
为一个普通的 Task 而非 Task<string>。

14.6.4.2 WhenAll

Task.WhenAll 返回一个任务，该任务仅当参数中的所有任务全部完成时才完成。以下示
例中的任务将在 3 秒之后完成［同时演示了分叉（fork）或汇合（join）模式］：

```
await Task.WhenAll (Delay1(), Delay2(), Delay3());
```

若不使用 WhenAll 而是依次等待 task1、task2 和 task3，则可以得到相似的结果：

```
Task task1 = Delay1(), task2 = Delay2(), task3 = Delay3();
await task1; await task2; await task3;
```

三次等待的效率一般来说是低于一次等待的，除此之外，这两种方式的区别在于，如果
task1 出错，那么我们就无法等待 task2 和 task3，并导致它们中间发生的异常成为未
观测的异常。

相反，Task.WhenAll 只在所有的任务完成之后才会完成，即使中间出现了错误也一样。
如果多个任务发生了错误，那么这些异常会组合到任务的 AggregateException 中（这
也是 AggregateException 真正发挥作用的时候，你可以从中得到所有的异常）。但是如
果等待该组合任务的话，则只会抛出第一个异常，因此如果要查看所有异常，则必须采
用如下写法：

```
Task task1 = Task.Run (() => { throw null; } );
Task task2 = Task.Run (() => { throw null; } );
Task all = Task.WhenAll (task1, task2);
try { await all; }
catch
{
  Console.WriteLine (all.Exception.InnerExceptions.Count);   // 2
}
```

对一系列 Task<TResult> 任务调用 WhenAll 会返回一个 Task<TResult[]>，即所有任务
的结果组合。如果执行等待操作，则该返回值为 TResult[] 类型：

```
Task<int> task1 = Task.Run (() => 1);
Task<int> task2 = Task.Run (() => 2);
int[] results = await Task.WhenAll (task1, task2);   // { 1, 2 }
```

以下是一个实际的示例，并行下载多个 URI，然后计算它们的总下载大小：

```
async Task<int> GetTotalSize (string[] uris)
{
```

并发与异步

```
IEnumerable<Task<byte[]>> downloadTasks = uris.Select (uri =>
    new WebClient().DownloadDataTaskAsync (uri));

byte[][] contents = await Task.WhenAll (downloadTasks);
return contents.Sum (c => c.Length);
}
```

这段代码的效率稍显不足，因为我们只能在所有任务都完成之后再处理字节数组。如果在下载之后马上将字节数组转换为其长度，则效率会有所提高。这正是异步 Lambda 表达式发挥作用的时候，因为我们需要在 LINQ 的 Select 查询运算符中添加一个 await 表达式：

```
async Task<int> GetTotalSize (string[] uris)
{
    IEnumerable<Task<int>> downloadTasks = uris.Select (async uri =>
        (await new WebClient().DownloadDataTaskAsync (uri)).Length);

    int[] contentLengths = await Task.WhenAll (downloadTasks);
    return contentLengths.Sum();
}
```

14.6.4.3 自定义组合器

我们还可以编写自定义的任务组合器。最简单的"组合器"可以接受一个任务（如下所示），并允许在特定超时时间内等待任意的任务：

```
async static Task<TResult> WithTimeout<TResult> (this Task<TResult> task,
                                                 TimeSpan timeout)
{
    Task winner = await Task.WhenAny (task, Task.Delay (timeout))
                            .ConfigureAwait (false);
    if (winner != task) throw new TimeoutException();
    return await task.ConfigureAwait (false);   // Unwrap result/re-throw
}
```

由于这个方法是一个不访问外部共享状态的"库方法"，因此使用了 ConfigureAwait(false) 来避免回弹到 UI 同步上下文中。我们可以在任务按时结束的时候取消 Task.Delay 来进一步提升性能（这会避免定时器限制的微小开销）：

```
async static Task<TResult> WithTimeout<TResult> (this Task<TResult> task,
                                                 TimeSpan timeout)
{
    var cancelSource = new CancellationTokenSource();
    var delay = Task.Delay (timeout, cancelSource.Token);
    Task winner = await Task.WhenAny (task, delay).ConfigureAwait (false);
    if (winner == task)
        cancelSource.Cancel();
    else
        throw new TimeoutException();
    return await task.ConfigureAwait (false);   // Unwrap result/re-throw
}
```

以下代码可以通过一个 CancellationToken 来"抛弃"任务：

```
static Task<TResult> WithCancellation<TResult> (this Task<TResult> task,
                                                CancellationToken cancelToken)
{
  var tcs = new TaskCompletionSource<TResult>();
  var reg = cancelToken.Register (() => tcs.TrySetCanceled ());
  task.ContinueWith (ant =>
  {
    reg.Dispose();
    if (ant.IsCanceled)
      tcs.TrySetCanceled();
    else if (ant.IsFaulted)
      tcs.TrySetException (ant.Exception.InnerException);
    else
      tcs.TrySetResult (ant.Result);
  });
  return tcs.Task;
}
```

任务组合器的逻辑有时很复杂，有时还需要使用在第 21 章中介绍的各种信号发送结构。但这实际上是有益的，因为它不但将并发相关的复杂性从业务逻辑中分离了出来，而且还将它们封装在了可重用的方法中（而这些方法均可以独立进行测试）。

以下组合器的作用与 WhenAll 类似。不同点在于只要有一个任务出现错误，最终任务就会立即出错：

```
async Task<TResult[]> WhenAllOrError<TResult>
  (params Task<TResult>[] tasks)
{
  var killJoy = new TaskCompletionSource<TResult[]>();
  foreach (var task in tasks)
    task.ContinueWith (ant =>
    {
      if (ant.IsCanceled)
        killJoy.TrySetCanceled();
      else if (ant.IsFaulted)
        killJoy.TrySetException (ant.Exception.InnerException);
    });
  return await await Task.WhenAny (killJoy.Task, Task.WhenAll (tasks))
                    .ConfigureAwait (false);
}
```

我们首先创建了 TaskCompletionSource 对象，其唯一作用就是在任何一个任务出错时终止最终的任务。因此我们永远不会调用它的 SetResult 方法，而只会调用它的 TrySetCanceled 和 TrySetException 方法。在本例中，由于我们不需要访问任务的结果，也不需要在此时回弹到 UI 线程中，因此 ContinueWith 比 GetAwaiter().OnCompleted 更合适。

14.6.5 异步锁

21.4.1.1 节将介绍如何使用 SemaphoreSlim 来锁定或对并发的异步操作进行限制。

14.7 旧有的异步编程模式

在任务和异步函数出现之前，.NET 使用其他方式实现异步编程。由于基于任务的异步处理已经成为主流模式，因此这些模式现在已经很少使用。

14.7.1 异步编程模型

异步编程模型（Asynchronous Programming Model，APM）是最古老的编程模式，它使用一对以 Begin 和 End 开头的方法，以及一个名为 IAsyncResult 的接口实现异步执行。在以下示例中，我们将调用 System.IO 命名空间中的 Stream 类的 Read 方法。该方法的同步版本为：

```
public int Read (byte[] buffer, int offset, int size);
```

可以推断，基于任务的异步版本的声明应当是：

```
public Task<int> ReadAsync (byte[] buffer, int offset, int size);
```

而 APM 版本的声明如下：

```
public IAsyncResult BeginRead (byte[] buffer, int offset, int size,
                               AsyncCallback callback, object state);
public int EndRead (IAsyncResult asyncResult);
```

调用 Begin* 方法将启动异步操作，并返回 IAsyncResult 对象，该对象是异步操作的令牌。当操作完成或者出错的时候就会触发 AsyncCallback 委托：

```
public delegate void AsyncCallback (IAsyncResult ar);
```

处理委托的代码应当调用 End* 方法，获得操作的返回值，并在操作出错的时候重新抛出异常。

APM 不仅使用不便，还容易造成实现错误。处理 APM 的最简单的方式是调用 Task.Factory.FromAsync 适配器方法。该方法会将一个 APM 方法对转换为一个 Task。在内部，它使用 TaskCompletionSource 创建一个任务，并在 APM 操作结束或者出错的时候触发这个任务。

FromAsync 方法需要以下参数：

- 一个指定 BeginXXX 方法的委托。
- 一个指定 EndXXX 方法的委托。
- 需要传递给这些方法的额外参数。

FromAsync 的重载方法几乎可以支持 .NET 中所有的异步方法签名对应的委托类型和参数。例如，假设 stream 是一个 Stream 对象的实例而 buffer 是一个 byte[]，则可以用如下方式进行调用：

```
Task<int> readChunk = Task<int>.Factory.FromAsync (
  stream.BeginRead, stream.EndRead, buffer, 0, 1000, null);
```

14.7.2 基于事件的异步模式

基于事件的异步模式（Event-based Asynchronous Pattern，EAP）是在 2005 年引入的，
与 APM 相比，它更为简单，尤其是在 UI 场景中。然而，提供这种实现的类型并不多，
其中最值得一提的是 System.Net 命名空间中的 WebClient 类型。EAP 只是一种模式，
它并没有任何的辅助类型。本质上，这个模式只是一个类提供了一组成员，而这组成员
在内部管理程序的并发性，例如：

```
// These members are from the WebClient class:

public byte[] DownloadData (Uri address);     // Synchronous version
public void DownloadDataAsync (Uri address);
public void DownloadDataAsync (Uri address, object userToken);
public event DownloadDataCompletedEventHandler DownloadDataCompleted;

public void CancelAsync (object userState);  // Cancels an operation
public bool IsBusy { get; }                  // Indicates if still running
```

*Async 方法会启动一个异步操作。当操作结束时，将相应触发 *Completed 事件（并自
动提交给捕获的同步上下文）。这个事件会传回一个事件参数对象，其中包含：

- 一个表示操作是否（通过调用 CancelAsync 而）取消的标记。

- 一个 Error 对象，该对象表示是否有异常抛出。

- 在调用 Async 方法时提供的 userToken 对象（可选）。

EAP 类型还可能在执行进度发生变化时触发进度报告事件（同样，也会提交到捕获的同
步上下文中）：

```
public event DownloadProgressChangedEventHandler DownloadProgressChanged;
```

实现 EAP 需要大量的样板代码，因此这个模式的代码并不优雅。

14.7.3 BackgroundWorker 类

System.ComponentModel 命名空间中的 BackgroundWorker 是一个通用的 EAP 实现类。
它允许富客户端应用启动一个工作线程，报告执行完成或百分比进度，且无须显式捕获
同步上下文。例如：

```
var worker = new BackgroundWorker { WorkerSupportsCancellation = true };
worker.DoWork += (sender, args) =>
{                                        // This runs on a worker thread
  if (args.Cancel) return;
  Thread.Sleep(1000);
  args.Result = 123;
};
```

```
worker.RunWorkerCompleted += (sender, args) =>
{                                                   // Runs on UI thread
  // We can safely update UI controls here...
  if (args.Cancelled)
    Console.WriteLine ("Cancelled");
  else if (args.Error != null)
    Console.WriteLine ("Error: " + args.Error.Message);
  else
    Console.WriteLine ("Result is: " + args.Result);
};
worker.RunWorkerAsync();    // Captures sync context and starts operation
```

RunWorkerAsync 方法将启动操作，并在一个线程池工作线程上触发 DoWork 事件。它会捕获同步上下文，并当操作完成或出错时通过同步上下文触发 RunWorkerCompleted 事件（和延续类似）。

BackgroundWorker 可以创建粗粒度的并发性，其中的 DoWork 事件完全运行在工作线程上。如果需要在该事件处理器上更新 UI 控件（而非提交百分比进度），则必须使用 Dispatcher.BeginInvoke 或其他类似的方法。

关于 BackgroundWorker 更详细的介绍，请参见在线部分的内容：*http://albahari.com/threading*。

第 15 章

流与 I/O

本章将介绍 .NET 的输入和输出的基本类型，主要包含以下几个方面的内容：

- .NET 流的架构，以及它是如何为多种 I/O 类型提供统一的读写编程接口的。

- 处理磁盘文件和目录的相关类。

- 压缩、命名管道以及内存映射文件的特定流类型。

本章将集中介绍 System.IO 命名空间（主要提供底层 I/O 功能）中的类型。

15.1 流的架构

.NET 流的架构主要包含三个概念（如图 15-1 所示）：后台存储流、装饰器流以及流适配器。

后台存储是输入输出的终结点，例如，文件或者网络连接。准确地说，它可以是以下的一种或者两种：

- 支持顺序读取字节的源。

- 支持顺序写入字节的目标。

要使用后台存储，则必须公开相应的接口。Stream 正是实现这个功能的 .NET 标准类，它支持标准的读、写以及定位方法。与数组不同，流并不会直接将数据存储在内存中，流会以每次一个字节或者每次一块数据的方式按照序列处理数据。因此，无论后台存储大小如何，流都只会占用很少的固定大小的内存。

流可以分为如下两类：

后台存储流

    它们是与特定的后台存储类型连接的流，例如，FileStream 或者 NetworkStream。

装饰器流

    这些流会使用其他的流，并以某种方式转换数据，例如，DeflateStream 或者 CryptoStream。

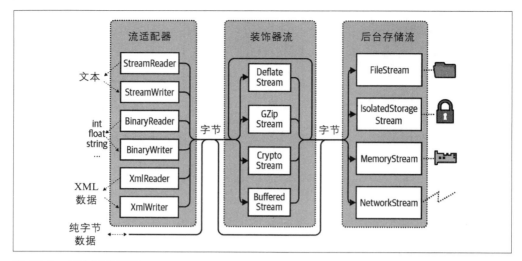

图 15-1：.NET 流的架构

装饰器流从架构上带来如下好处：

- 后台存储流无须自己实现压缩和加密功能。

- 装饰之后流不再受接口变化的影响。

- 装饰器支持运行时连接。

- 装饰器可以相互串联（例如，在压缩装饰器流之后再跟一个加密装饰器流）。

后台存储流和装饰器流仅支持字节处理。虽然这种方式灵活又高效，但应用程序往往需要处理更高层次的数据，例如，文本或者 XML。适配器正好弥补了这个鸿沟，它在类中创建专门的方法以支持特定的格式。例如，TextReader 有一个 ReadLine 方法，而 XmlTextWriter 则拥有 WriteAttribute 方法。

 适配器和装饰器都对流进行了包装。但装饰器是一个流，而适配器本身并不是一个流。一般来说，适配器会完全隐藏那些直接处理字节的方法。

总之，后台存储流负责处理原始数据，装饰器流可以透明地进行二进制数据的转换（例如，加密），而适配器则提供了处理更高级类型（例如，文本和 XML）的方法。图 15-1 形象地展示了它们的关系。我们只需简单地将一个对象传入另一个对象的构造器就可以构成一个链条。

15.2 使用流

抽象的 Stream 类是所有流的基类。它的方法和属性定义了三种基本操作：读、写和查找。除此之外，它还定义了一些管理性的任务，例如，关闭、刷新（flush）和配置超时时间（见表 15-1）。

表 15-1：Stream 类的成员

分类	成员
读	public abstract bool CanRead { get; }
	public abstract int Read (byte[] buffer, int offset, int count)
	public virtual int ReadByte();
写	public abstract bool CanWrite { get; }
	public abstract void Write (byte[] buffer, int offset, int count);
	public virtual void WriteByte (byte value);
查找	public abstract bool CanSeek { get; }
	public abstract long Position { get; set; }
	public abstract void SetLength (long value);
	public abstract long Length { get; }
	public abstract long Seek (long offset, SeekOrigin origin);
关闭 / 刷新	public virtual void Close();
	public void Dispose();
	public abstract void Flush();
超时	public virtual bool CanTimeout { get; }
	public virtual int ReadTimeout { get; set; }
	public virtual int WriteTimeout { get; set; }
其他	public static readonly Stream Null; // "Null" stream
	public static Stream Synchronized (Stream stream);

Stream 类还提供了异步的 Read 和 Write 方法，这些方法都会返回 Task 对象，并支持取消令牌。除此之外，还有支持 Span<T> 和 Memory<T> 的重载，我们将在第 23 章介绍。

在以下示例中，我们使用一个文件流来演示读、写和查找操作：

```
using System;
using System.IO;

// Create a file called test.txt in the current directory:
using (Stream s = new FileStream ("test.txt", FileMode.Create))
{
  Console.WriteLine (s.CanRead);       // True
  Console.WriteLine (s.CanWrite);      // True
```

```
    Console.WriteLine (s.CanSeek);          // True

    s.WriteByte (101);
    s.WriteByte (102);
    byte[] block = { 1, 2, 3, 4, 5 };
    s.Write (block, 0, block.Length);       // Write block of 5 bytes

    Console.WriteLine (s.Length);           // 7
    Console.WriteLine (s.Position);         // 7
    s.Position = 0;                         // Move back to the start

    Console.WriteLine (s.ReadByte());       // 101
    Console.WriteLine (s.ReadByte());       // 102

    // Read from the stream back into the block array:
    Console.WriteLine (s.Read (block, 0, block.Length));   // 5

    // Assuming the last Read returned 5, we'll be at
    // the end of the file, so Read will now return 0:
    Console.WriteLine (s.Read (block, 0, block.Length));   // 0
}
```

要实现异步读写，只需将 Read/Write 调用更改为 ReadAsync/WriteAsync，并 await 相应的表达式即可。（我们还必须在相应的调用方法之前添加 async 关键字。具体的内容请参见第 14 章。）

```
async static void AsyncDemo()
{
  using (Stream s = new FileStream ("test.txt", FileMode.Create))
  {
    byte[] block = { 1, 2, 3, 4, 5 };
    await s.WriteAsync (block, 0, block.Length);    // Write asychronously

    s.Position = 0;                                 // Move back to the start

    // Read from the stream back into the block array:
    Console.WriteLine (await s.ReadAsync (block, 0, block.Length));    // 5
  }
}
```

有些应用程序可能需要操作速度相对缓慢的流（尤其是网络流），使用异步方法可以在不捆绑线程操作的情况下使这些应用程序具有更好的响应能力和更强的可伸缩性。

 为了保持简洁，本章中的大部分例子将使用同步方法，但是实际中，我们更推荐使用异步 Read/Write 方法处理网络 I/O 的场景。

15.2.1 读取和写入

流可以支持读操作、写操作或者两者都支持。如果 CanWrite 为 false，则这个流就是只读的；如果 CanRead 为 false，则这个流就是只写的。

Read 方法可以将流中的一个数据块读到一个数组中，并返回接收的字节数。这个字节数一定小于等于 count 参数。如果小于 count 参数，则表明读取位置已经到达流的末尾，或者流本身是以小块方式提供数据的（通常是网络流）。不论是哪一种情况，数组的剩余字节都不会被写入，仍然会保持先前的值。

使用 Read 方法时，只有当方法返回 0 时才能够确定读到已经到达流的末尾。因此，如果我们有一个长度为 1000 字节的流，那么以下代码有可能无法将全部数据都读取到内存中：

```
// Assuming s is a stream:
byte[] data = new byte [1000];
s.Read (data, 0, data.Length);
```

Read 方法可能会从任何位置读取 1～1000 字节的内容。若流中仍然有剩余的字节，则不会被读取。

以下是读取长度为 1000 字节的流的正确方法：

```
byte[] data = new byte [1000];

// bytesRead will always end up at 1000, unless the stream is
// itself smaller in length:

int bytesRead = 0;
int chunkSize = 1;
while (bytesRead < data.Length && chunkSize > 0)
  bytesRead +=
    chunkSize = s.Read (data, bytesRead, data.Length - bytesRead);
```

幸运的是，BinaryReader 类型提供了实现相同效果的简单方法：

```
byte[] data = new BinaryReader (s).ReadBytes (1000);
```

如果流的长度小于 1000 字节，则返回的字节数组大小是实际数据的长度。如果流支持查找，那么将上述程序中的 1000 替换为 (int)s.Length 就能够读取所有的内容。

我们将在 15.3 节详细介绍 BinaryReader 类型。

ReadByte 方法更加简单，它每次只读取一个字节，并在流结束时返回 -1。ReadByte 实际上返回的是一个 int 而非 byte，因为后者是无法表示 -1 的。

Write 方法和 WriteByte 方法可以将数据发送到流中。如果无法发送指定的字节，这些方法就会抛出一个异常。

Read 和 Write 方法中的 offset 参数指的是 buffer 数组中开始读写的索引位置，而不是流中的位置。

15.2.2 查找

如果 CanSeek 返回 true，那么表示当前的流是可以查找的。在一个可以查找的流中（例如，文件流），不但可以查询还可以修改它的长度 Length（调用 SetLength 方法），也可以通过 Position 属性随时设置读写的位置（Position 属性的位置是相对于流的起始位置的）。Seek 方法则可以参照当前位置或者结束位置进行位置的设置。

 修改 FileStream 的 Position 属性通常需要几微秒的时间。如果要在循环中执行数百万次的位置修改，那么 MemoryMappedFile 可能比 FileStream 更加合适（请参见 15.8 节）。

如果流不支持查找功能（例如，加密流），那么确定流长度的唯一方法就是遍历整个流。而且，如果需要重新读取先前的位置，则必须关闭整个流，然后重新从头开始读取。

15.2.3 关闭和刷新

流在使用结束后必须销毁，以释放底层资源，例如，文件和套接字句柄。可以在 using 语句块中创建流的实例来确保结束后销毁流对象。通常，流对象的标准销毁语义为：

- Dispose 和 Close 方法的功能是一样的。
- 重复销毁或者关闭流对象不会产生任何错误。

关闭一个装饰器流会同时关闭装饰器及后台存储流。关闭装饰器链的最外层装饰器（链条的头部）就可以关闭链条中的所有对象。

有一些流（例如，文件流）会将数据缓冲到后台存储中并从中取回数据，减少回程，从而提高性能。这意味着，写入流的数据并不会直接存储到后台存储中，而是会先将缓冲区填满再写入存储器。Flush 方法可以强制将缓冲区中的数据写入后台存储中。当流关闭的时候，也会自动调用 Flush 方法，因此以下代码是没有必要的：

```
s.Flush(); s.Close();
```

15.2.4 超时

如果流的 CanTimeout 属性返回 true，那么就可以为这个流对象设置读写超时时间。例如，网络流支持超时设置，而文件流和内存流则不支持。若流支持超时时间，则可以使用 ReadTimeout 和 WriteTimeout 属性以毫秒为单位设置预期的超时时间，0 表示不进行超时设置。在设置完毕后，Read 和 Write 方法就会在超时后抛出一个异常。

异步的 ReadAsync/WriteAsync 方法不支持超时，但相应地，我们可以向其中传入取消令牌。

15.2.5 线程安全

通常情况下，流并不是线程安全的，这意味着当两个线程并发读写同一个流对象的时候有可能会发生错误。Stream 类提供了一个简单的解决方案，即使用静态的 Synchronized 方法。这个方法可以接收任何类型的流，并返回一个线程安全的包装器。这个包装器会使用一个排他锁保证每一次读、写或者查找操作只能有一个线程执行。这样，多个线程就可以同时向一个数据流中写入数据了，而其他的操作（例如，并发的读操作）也会使用锁保证每一个线程都能访问流中相应部分。我们将在第 21 章全面介绍线程安全相关的内容。

 从 .NET 6 开始，我们可以使用 RandomAccess 类执行高性能的、线程安全的文件 I/O 操作。RandomAccess 类还支持接收多个缓冲区来改善性能。

15.2.6 后台存储流

图 15-2 展示了 .NET 中主要的后台存储流。我们也可以通过 Stream 的静态字段 Null 得到一个"空"的流。"空"的流常用于单元测试。

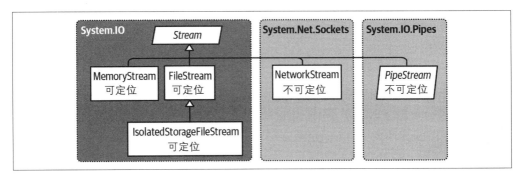

图 15-2：后台存储流

在下面的章节中，我们将介绍 FileStream 和 MemoryStream。而在本章的最后一节中，我们将介绍 IsolatedStorageStream。第 16 章将介绍 NetworkStream 类型。

15.2.7 FileStream 类

在本节之前，我们演示了使用 FileStream 读取和写入字节数据的方法。现在我们将介绍这个类的具体特性。

 在 Universal Windows Platform（UWP）应用中，你还可以使用 Windows. Storage 类型来处理文件 I/O 操作（请参见 *http://www.albahari.com/nutshell* 上的在线文档）。

15.2.7.1 创建 FileStream

实例化 FileStream 的最简单方法是使用 File 类型中的静态方法：

```
FileStream fs1 = File.OpenRead  ("readme.bin");      // Read-only
FileStream fs2 = File.OpenWrite ("writeme.tmp");     // Write-only
FileStream fs3 = File.Create    ("readwrite.tmp");   // Read/write
```

如果文件已经存在，那么 OpenWrite 和 Create 的行为是不同的。Create 方法会删除文件全部内容，而 OpenWrite 则会保留流中全部现存内容并将流的起始位置设置为 0。如果我们写入的内容比原始文件内容长度还短，则 OpenWrite 执行之后，文件中会同时包含新旧内容。

我们还可以直接实例化一个 FileStream，它的构造器支持所有特性，例如，允许指定文件名或者底层文件句柄、文件创建和访问模式、共享选项、缓冲选项以及安全性。以下代码会直接打开一个已有文件进行读写操作，而不会覆盖这个文件（using 关键字保证了 fs 在脱离作用域时会被销毁）：

```
using var fs = new FileStream ("readwrite.tmp", FileMode.Open);
```

我们随后会详细介绍 FileMode 的用法。

15.2.7.2 指定文件名

文件名可以是绝对路径（例如，*c:\temp\test.txt* 或者在 UNIX 下 */tmp/test.txt*），也可以是相对当前目录的路径（例如，*test.txt* 或者 *temp\test.txt*）。可以访问 Environment.CurrentDirectory 属性来获得或者更改当前目录。

> 在应用程序启动时，当前目录不一定是应用程序可执行文件所在的路径。因此，一定不要用当前目录来定位与可执行文件一起打包的其他运行时文件。

AppDomain.CurrentDomain.BaseDirectory 属性会返回应用程序的基础目录，正常情况下，它就是可执行文件所在的文件夹。结合使用 Path.Combine 方法就可以定位该目录下的文件名。

```
string baseFolder = AppDomain.CurrentDomain.BaseDirectory;
string logoPath = Path.Combine (baseFolder, "logo.jpg");
Console.WriteLine (File.Exists (logoPath));
```

File 类中的快捷方法

以下静态方法能够将一个文件一次性读到内存中：

- File.ReadAllText（返回字符串）。

- File.ReadAllLines（返回一个字符串数组）。

- File.ReadAllBytes（返回一个字节数组）。

以下静态方法能够一次性地写入一个完整的文件：

- File.WriteAllText。

- File.WriteAllLines。

- File.WriteAllBytes。

- File.AppendAllText（适用于向日志文件中追加内容）。

静态方法 File.ReadLines 和 File.ReadAllLines 类似，但前者会返回一个延迟加载的 IEnumerable<string> 类型。它无须将所有内容加载到内存中，因而更加高效。同时它适合与 LINQ 结合使用。例如，以下代码统计长度大于 80 个字符的行数：

```
int longLines = File.ReadLines ("filePath")
                    .Count (l => l.Length > 80);
```

我们还可以通过通用命名转换（Universal Naming Convention，UNC）路径读写网络文件，例如，\\JoesPC\PicShare\pic.jpg 或者 \\10.1.1.2\PicShare\pic.jpg。（若从 macOS 或 UNIX 访问 Windows 共享的文件，则需要依照相应操作系统的方式将共享文件挂载到文件系统中，再使用普通路径的形式在 C# 中打开。）

15.2.7.3 指定 FileMode

FileStream 类型每一个接受文件名的构造器都需要提供 FileMode 枚举参数。图 15-3 形象地说明了选择 FileMode 的方法，并且每一种选择和 File 类型中相应的静态方法都有一定的对应关系：

 用 File.Create 或者 FileMode.Create 处理隐藏文件会抛出异常。如果想要覆盖一个隐藏文件，则必须先删除该隐藏文件，而后再重新创建：

```
File.Delete ("hidden.txt");
using var file = File.Create ("hidden.txt");
...
```

在创建 FileStream 时，若只提供文件名和 FileMode，则会得到一个可读可写的流（但有一种例外）。如果传入了 FileAccess 参数，就可以对读写模式进行取舍：

```
[Flags]
public enum FileAccess { Read = 1, Write = 2, ReadWrite = 3 }
```

以下代码将返回一个只读的流（相当于调用 File.OpenRead）：

```
using var fs = new FileStream ("x.bin", FileMode.Open, FileAccess.Read);
...
```

FileMode.Append 则是一个例外，这个模式只会得到只读的流。相反，如果既要追加内容，又希望支持读写的话，就需要使用 FileMode.Open 或者 FileMode.OpenOrCreate 打开文件，并定位到流的结尾处：

```
using var fs = new FileStream ("myFile.bin", FileMode.Open);

fs.Seek (0, SeekOrigin.End);
...
```

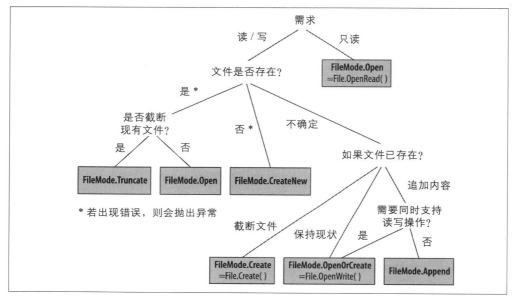

图 15-3：选择 FileMode 的方法

15.2.7.4 FileStream 的高级特性

以下是创建 FileStream 时的其他可选参数：

- FileShare 枚举描述了在完成文件处理之前，若其他进程希望访问该文件，则可以给其他进程授予的访问权限（None、Read、ReadWrite 或者 Write，其中 Read 为默认权限）。

- 内部缓冲区的大小（以字节为单位，默认大小为 4KB）。

- 表明是否由操作系统管理异步 I/O 的标志。

- FileOptions 标志枚举值，其中包括请求操作系统加密（Encrypted）、在文件关闭时自动删除临时文件（DeleteOnClose），以及优化提示（RandomAccess 和 SequentialScan）。此外，还有一个 WriteThrough 标志可以要求操作系统禁用写后缓存，这适用于事务文件或日志文件的处理。如果操作系统不支持特定标志，则这个标志会被自动忽略。

使用 FileShare.ReadWrite 打开一个文件可以允许其他进程或用户读写同一个文件。为了避免混乱，我们可以使用以下方法在读或者写之前锁定文件的特定部分：

```
// Defined on the FileStream class:
public virtual void Lock   (long position, long length);
public virtual void Unlock (long position, long length);
```

如果所请求的文件段的部分或者全部已经被锁定了，则 Lock 操作会抛出一个异常。

15.2.8 MemoryStream

MemoryStream 使用数组作为后台存储。这在一定程度上与使用流的目的是相违背的，因为这个后台存储都必须一次性地驻留在内存中。然而，MemoryStream 仍然有一定的用途，例如，随机访问一个不可查找的流。如果将原始的流保存在内存中是可行的，则可以通过如下方式将其复制到 MemoryStream 中：

```
var ms = new MemoryStream();
sourceStream.CopyTo (ms);
```

我们可以调用 ToArray 方法将一个 MemoryStream 转换为一个字节数组。GetBuffer 方法则更加高效地直接返回底层存储数组的引用。但是，需要注意的是，这个数组通常会比流的实际长度要长一些。

 MemoryStream 的关闭和刷新不是必需的。如果关闭了一个 MemoryStream 就无法再次读写了，但是我们仍然可以调用 ToArray 方法来获得底层的数据。刷新操作则不会对内存流执行任何操作。

在 15.4 节和 20.1 节中，我们将进一步给出 MemoryStream 的使用示例。

15.2.9 PipeStream

PipeStream 可以使用操作系统的管道协议与另一个进程进行通信。管道协议共有如下两类：

匿名管道（速度更快）
　　支持在同一个计算机中的父进程和子进程之间进行单向通信。

命名管道（更加灵活）
　　支持同一台计算机的任意两个进程之间，或者使用网络链接的不同计算机中的两个进程间进行双向通信。

管道很适合在同一台计算机进行进程间通信（IPC），它不依赖于任何网络传输（因此没有网络协议开销），性能更好，也不会有防火墙问题。

管道是基于流实现的，因此一个进程会等待接收字节，而另一个进程则负责发送字节。另一种进程通信的方法是通过共享内存进行通信，我们将在 15.8 节中介绍相关内容。

PipeStream 是一个抽象类，它有 4 个子类，其中两个用于匿名管道，而另外两个用于命名管道。

匿名管道

AnonymousPipeServerStream 和 AnonymousPipeClientStream。

命名管道

NamedPipeServerStream 和 NamedPipeClientStream。

命名管道的使用更加简单，因此我们首先介绍它的使用方法。

15.2.9.1 命名管道

命名管道可以让通信各方使用名称相同的管道进行通信。该协议定义了两种不同的角色：客户端与服务器。客户端和服务器之间的通信采用以下方式：

- 服务器实例化一个 NamedPipeServerStream，然后调用 WaitForConnection 方法。
- 客户端实例化一个 NamedPipeClientStream，然后调用 Connect（可提供可选的超时时间）。

此后，双方就可以通过读写流进行通信。

在以下示例中，服务器将发送一个字节（100），此后等待接收一个字节：

```
using var s = new NamedPipeServerStream ("pipedream");

s.WaitForConnection();
s.WriteByte (100);                    // Send the value 100.
Console.WriteLine (s.ReadByte());
```

而以下是对应的客户端的代码：

```
using var s = new NamedPipeClientStream ("pipedream");

s.Connect();
Console.WriteLine (s.ReadByte());
s.WriteByte (200);                     // Send the value 200 back.
```

命名管道流默认是双向通信的，因此任何一方都可以读或者写它们的流。这意味着客户端和服务器都必须统一使用一种协议来协调它们的操作，因此双方不能同时发送或者接收消息。

通信双方还需要统一每一次传输的数据长度，我们的示例中并没有刻意强调这个方面，因为我们在每一个方向上仅仅传输了一个字节。为了支持传输更长的消息，管道提供了一种消息传输模式（只支持 Windows 操作系统）。如果启用这个模式，调用 Read 的一方可以通过检查 IsMessageComplete 来确定消息是否传输完毕。为了演示这个特性，我们将编写一个辅助方法，它会从一个启用消息传输的 PipeStream 中读取完整的消息。换言之，一直读取到 IsMessageComplete 的值变为 true 为止：

```
static byte[] ReadMessage (PipeStream s)
{
  MemoryStream ms = new MemoryStream();
  byte[] buffer = new byte [0x1000];        // Read in 4 KB blocks

  do     { ms.Write (buffer, 0, s.Read (buffer, 0, buffer.Length)); }
  while (!s.IsMessageComplete);

  return ms.ToArray();
}
```

（如果要将操作改为异步操作，只需将 s.Read 更改为 await s.ReadAsync 即可。）

仅仅通过 Read 方法是否返回 0 来确定 PipeStream 是否完成了消息的读取是不行的。这是因为与其他大多数的流类型不同，管道流和网络流并没有确定的结尾。相反，它们会在消息传输期间临时中断。

现在我们可以激活消息传输模式。在服务器端，在创建流时指定 PipeTransmissionMode. Message 就可以激活消息传输：

```
using var s = new NamedPipeServerStream ("pipedream", PipeDirection.InOut,
                                1, PipeTransmissionMode.Message);

s.WaitForConnection();

byte[] msg = Encoding.UTF8.GetBytes ("Hello");
s.Write (msg, 0, msg.Length);

Console.WriteLine (Encoding.UTF8.GetString (ReadMessage (s)));
```

在客户端，调用 Connect 之后设置 ReadMode 即可激活消息传输：

```
using var s = new NamedPipeClientStream ("pipedream");

s.Connect();
s.ReadMode = PipeTransmissionMode.Message;

Console.WriteLine (Encoding.UTF8.GetString (ReadMessage (s)));

byte[] msg = Encoding.UTF8.GetBytes ("Hello right back!");
s.Write (msg, 0, msg.Length);
```

消息模式仅仅支持 Windows 操作系统。在其他的操作系统下会抛出 Platform-NotSupportedException。

15.2.9.2 匿名管道

匿名管道支持在父子进程之间进行单向通信。匿名管道不会使用系统范围内的名称，而是通过一个私有句柄进行消息传递。

与命名管道一样，匿名管道也分客户端和服务器端。然而，其通信系统却不同，它采用了以下方法：

1. 服务器实例化一个 AnonymousPipeServerStream 对象，并提交一个值为 In 或者 Out 的 PipeDirection。

2. 服务器调用 GetClientHandleAsString 方法获得一个管道的标识符，然后传递回客户端（一般作为启动子进程的一个参数）。

3. 子进程实例化一个 AnonymousPipeClientStream 对象，指定相反的 PipeDirection。

4. 服务器调用 DisposeLocalCopyOfClientHandle 方法释放第 2 步中生成的本地句柄。

5. 父子进程通过读 / 写流进行通信。

匿名管道是单向的，因此服务器必须为双向通信创建两个管道。在以下代码中，控制台应用程序创建了输入和输出两个管道，并启动子进程。而后，向子进程发送一个字节，并从子进程中接收一个字节：

```
class Program
{
  static void Main (string[] args)
  {
    if (args.Length == 0)
      // No arguments signals server mode
      AnonymousPipeServer();
    else
      // We pass in the pipe handle IDs as arguments to signal client mode
      AnonymousPipeClient (args [0], args [1]);
  }

  static void AnonymousPipeClient (string rxID, string txID)
  {
    using (var rx = new AnonymousPipeClientStream (PipeDirection.In, rxID))
    using (var tx = new AnonymousPipeClientStream (PipeDirection.Out, txID))
    {
      Console.WriteLine ("Client received: " + rx.ReadByte ());
      tx.WriteByte (200);
    }
  }

  static void AnonymousPipeServer ()
  {
    using var tx = new AnonymousPipeServerStream (
                      PipeDirection.Out, HandleInheritability.Inheritable);
    using var rx = new AnonymousPipeServerStream (
                      PipeDirection.In, HandleInheritability.Inheritable);

    string txID = tx.GetClientHandleAsString ();
```

```
            string rxID = rx.GetClientHandleAsString ();

            // Create and start up a child process.
            // We'll use the same Console executable, but pass in arguments:
            string thisAssembly = Assembly.GetEntryAssembly().Location;
            string thisExe = Path.ChangeExtension (thisAssembly, ".exe");
            var args = $"{txID} {rxID}";
            var startInfo = new ProcessStartInfo (thisExe, args);

            startInfo.UseShellExecute = false;       // Required for child process
            Process p = Process.Start (startInfo);
            tx.DisposeLocalCopyOfClientHandle ();    // Release unmanaged
            rx.DisposeLocalCopyOfClientHandle ();    // handle resources.

            tx.WriteByte (100);    // Send a byte to the child process

            Console.WriteLine ("Server received: " + rx.ReadByte ());

            p.WaitForExit ();
        }
    }
```

与命名管道一样，客户端和服务器必须协调它们的发送和接收，并且统一每一次传输的数据长度。但是，匿名管道不支持消息模式，因此必须实现自己的消息长度协议。一种方法是在每一次传输的前四个字节中发送一个整数值，来定义后续消息的长度。BitConverter 类可以在整数和含四个元素的字节数组之间进行转换。

15.2.10 BufferedStream

BufferedStream 可以装饰或者包装另外一个具有缓冲功能的流，它是 .NET 的诸多核心装饰器流类型之一。图 15-4 中列出了所有装饰器流的类型。

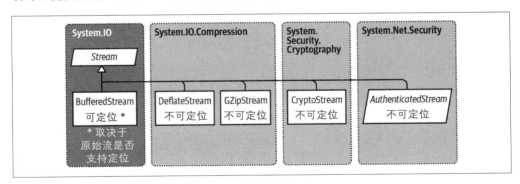

图 15-4：装饰器流的类型

缓冲能够减少后台存储的回程调用，从而提高性能。在以下代码中，我们将一个 FileStream 包装在一个有 20KB 缓冲区的 BufferedStream 中：

```
// Write 100K to a file:
File.WriteAllBytes ("myFile.bin", new byte [100000]);
```

```
using FileStream fs = File.OpenRead ("myFile.bin");
using BufferedStream bs = new BufferedStream (fs, 20000);  //20K buffer

bs.ReadByte();
Console.WriteLine (fs.Position);          // 20000
```

上述示例会提前将数据读取到缓冲区，因此虽然仅仅读取了一个字节，但是底层流已经向前读取了 20 000 字节。因此剩余的 19 999 次 ReadByte 调用就不需要再次访问 FileStream。

本例中组合使用 BufferedStream 和 FileStream 的好处并不明显，因为 FileStream 中已经内置了缓冲区。它的唯一用途只是扩大一个已有的 FileStream 缓冲区而已。

关闭一个 BufferedStream 将会自动关闭底层的后台存储流。

15.3 流适配器

Stream 仅仅支持字节处理，但要读写一些数据类型，例如，字符串、整数或者 XML 元素，则需要适配器的支持。以下是 .NET 支持的适配器：

文本适配器（处理字符串和字符数据）
    TextReader, TextWriter
    StreamReader, StreamWriter
    StringReader, StringWriter

二进制适配器（处理基元类型数据，例如 int、bool、string 和 float）
    BinaryReader, BinaryWriter

XML 适配器（请参见第 11 章）
    XmlReader, XmlWriter

上述适配器类型的关系如图 15-5 所示。

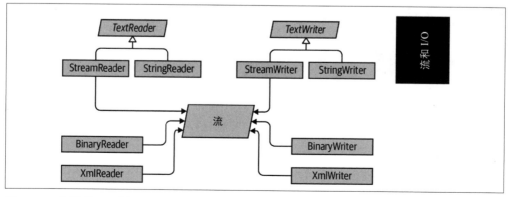

图 15-5：各种适配器类型

15.3.1 文本适配器

TextReader 和 TextWriter 都是专门处理字符和字符串的适配器的抽象基类，它们在 .NET 中各有两个通用的实现：

StreamReader/StreamWriter

 使用 Stream 存储原始数据，将流中的字节转换为字符或者字符串。

StringReader/StringWriter

 使用内存字符串实现 TextReader/TextWriter。

表 15-2 列出了 TextReader 的成员。Peek 方法可以不用前移就返回流中的下一个字符。Peek 和无参数的 Read 方法在到达流的末尾时都会返回 -1；否则将返回一个可以直接转换为 char 类型的整数。接收一个 char[] 缓冲区参数的 Read 重载方法与 ReadBlock 方法具有类似的功能。ReadLine 会一直读取到出现 CR（13 号字符）、LF（10 号字符）或者 CR + LF 对为止，然后它会返回一个丢弃了 CR/LF 的字符串。

表 15-2：TextReader 成员

分类	成员
读取一个字符	public virtual int Peek(); // Cast the result to a char
	public virtual int Read(); // Cast the result to a char
读取多个字符	public virtual int Read (char[] buffer, int index, int count);
	public virtual int ReadBlock (char[] buffer, int index, int count);
	public virtual string ReadLine();
	public virtual string ReadToEnd();
关闭	public virtual void Close();
	public void Dispose(); // Same as Close
其他	public static readonly TextReader Null;
	public static TextReader Synchronized (TextReader reader);

Environment.NewLine 返回当前操作系统中的换行字符序列。

Windows 操作系统的换行序列为 "\r\n"（可以认为是 " ReturN"）它模仿了机械打字机：回车符（13 号字符）后面加上一个换行符（10 号字符）。如果顺序调换，则结果可能是两行，也可能一行也没有！

UNIX 和 macOS 操作系统下的换行序列为 "\n"。

TextWriter 类拥有类似的写操作方法，如表 15-3 所示。Write 和 WriteLine 方法特意为每一种基元类型以及 object 类型进行了重载。这些方法调用传入参数的 ToString 方法（如果在构建 TextWriter 时或者调用写操作方法时指定了 IFormatProvider，则会根据 IFormatProvider 的规则进行格式化）。

表 15-3: TextWriter 成员

分类	成员
写一个字符	`public virtual void Write (char value);`
写多个字符	`public virtual void Write (string value);`
	`public virtual void Write (char[] buffer, int index, int count);`
	`public virtual void Write (string format, params object[] arg);`
	`public virtual void WriteLine (string value);`
关闭与刷新	`public virtual void Close();`
	`public void Dispose(); // Same as Close`
	`public virtual void Flush();`
格式化和编码	`public virtual IFormatProvider FormatProvider { get; }`
	`public virtual string NewLine { get; set; }`
	`public abstract Encoding Encoding { get; }`
其他	`public static readonly TextWriter Null;`
	`public static TextWriter Synchronized (TextWriter writer);`

WriteLine 会给指定的文本附加 Environment.NewLine。我们可以使用 NewLine 属性来修改这些字符（可用于与 UNIX 文件格式进行交互）。

 与 Stream 一样，TextReader 和 TextWriter 均为它们的读 / 写方法提供了基于 Task 的异步版本。

15.3.1.1 StreamReader 和 StreamWriter

以下示例先用一个 StreamWriter 将两行文本写入一个文件中，然后再使用一个 StreamReader 读取文件中的内容：

```
using (FileStream fs = File.Create ("test.txt"))
using (TextWriter writer = new StreamWriter (fs))
{
  writer.WriteLine ("Line1");
  writer.WriteLine ("Line2");
}
```

```
using (FileStream fs = File.OpenRead ("test.txt"))
using (TextReader reader = new StreamReader (fs))
{
  Console.WriteLine (reader.ReadLine());        // Line1
  Console.WriteLine (reader.ReadLine());        // Line2
}
```

文本适配器通常和文件有关，因此 File 类也为此提供了一些静态方法，例如，CreateText、AppendText 以及 OpenText：

```
using (TextWriter writer = File.CreateText ("test.txt"))
{
  writer.WriteLine ("Line1");
  writer.WriteLine ("Line2");
}

using (TextWriter writer = File.AppendText ("test.txt"))
  writer.WriteLine ("Line3");

using (TextReader reader = File.OpenText ("test.txt"))
  while (reader.Peek() > -1)
    Console.WriteLine (reader.ReadLine());      // Line1
                                                // Line2
                                                // Line3
```

上述示例也演示了通过 reader.Peek() 测试文件结尾的判断方法。另一种方式则是不断进行读取操作，直至 reader.ReadLine 返回 null。

我们还可以读写其他的类型（如整型），但是因为 TextWriter 会调用类型的 ToString 方法，所以必须解析字符串才能够将数据读出：

```
using (TextWriter w = File.CreateText ("data.txt"))
{
  w.WriteLine (123);          // Writes "123"
  w.WriteLine (true);         // Writes the word "true"
}

using (TextReader r = File.OpenText ("data.txt"))
{
  int myInt = int.Parse (r.ReadLine());      // myInt == 123
  bool yes = bool.Parse (r.ReadLine());      // yes == true
}
```

15.3.1.2 字符编码

TextReader 和 TextWriter 本身是与流或者后台存储无关的抽象类。然而，StreamReader 和 StreamWriter 都与底层字节流有关，因此，它们必须进行字符和字节之间的转换。然而它们是通过 System.Text 命名空间的 Encoding 类进行这些操作的，所以在创建 StreamReader 或者 StreamWriter 时需要选定一种编码方式。如果不进行选择，则会默认使用 UTF-8 编码。

如果明确指定了一种编码方式，默认情况下，`StreamWriter` 会在流起始部分写入一个前缀来识别该编码方式。但这通常不是一个好做法，而按照以下方式指定编码会更好：

```
var encoding = new UTF8Encoding (
  encoderShouldEmitUTF8Identifier:false,
  throwOnInvalidBytes:true);
```

第二个参数令 `StreamWriter`（或者 `StreamReader`）在遇到无法根据编码转换为有效字符串的字节时抛出一个异常，其行为与未指定编码方式的默认行为是一致的。

最简单的编码方式是 ASCII，因为其中的每一个字符都是使用一个字节表示的。ASCII 编码将 Unicode 字符集的前 127 个字符映射为一个字节，其中包括键盘上的所有字符。然而包括特殊符号与非英语字符在内的其他大多数字符都无法表示，这些字符会转换为 □ 字符。默认的 UTF-8 编码方式也能够映射所有的 Unicode 字符，但是其机制更加复杂。它将前 127 个字符编码为一个字节，以便兼容 ASCII，而其他字符则编码为动态数量个字节（通常是两个或者三个）。考虑以下程序：

```
using (TextWriter w = File.CreateText ("but.txt"))    // Use default UTF-8
  w.WriteLine ("but-");                                // encoding.

using (Stream s = File.OpenRead ("but.txt"))
  for (int b; (b = s.ReadByte()) > -1;)
    Console.WriteLine (b);
```

其中，单词"but"后面紧跟的并不是一个标准连字符，而是长破折号（—）：U+2014。这个字符在编辑器上显示正常，但是在输出中为：

```
98      // b
117     // u
116     // t
226     // em dash byte 1      Note that the byte values
128     // em dash byte 2      are >= 128 for each part
148     // em dash byte 3      of the multibyte sequence.
13      // <CR>
10      // <LF>
```

长破折号不属于 Unicode 字符集的前 127 个字符，因此它在 UTF-8 中需要一个以上的字节来表示（本例中是 3 个字节）。UTF-8 在处理西方字符时非常高效，因为最常用的字符仅需要一个字节。只要忽略 127 之后的字节，就可以轻松向下兼容 ASCII。而其缺点是在流中查找字符的位置非常麻烦，因为每一个字符的位置和流中的字节位置并没有对应关系。另一种方式是 UTF-16（`Encoding` 类中的名称为"Unicode"）。以下示例说明了如何使用 UTF-16 编写相同的字符串：

```
using (Stream s = File.Create ("but.txt"))
using (TextWriter w = new StreamWriter (s, Encoding.Unicode))
  w.WriteLine ("but-");

foreach (byte b in File.ReadAllBytes ("but.txt"))
  Console.WriteLine (b);
```

输出为：

```
255    // Byte-order mark 1
254    // Byte-order mark 2
98     // 'b' byte 1
0      // 'b' byte 2
117    // 'u' byte 1
0      // 'u' byte 2
116    // 't' byte 1
0      // 't' byte 2
20     // '--' byte 1
32     // '--' byte 2
13     // <CR> byte 1
0      // <CR> byte 2
10     // <LF> byte 1
0      // <LF> byte 2
```

从技术上，UTF-16 使用 2 个或者 4 个字节表示一个字符（分配或者保留的 Unicode 字符接近 100 万个，因此 2 字节并非总是够用）。然而，C# 的 char 类型仅仅有 16 位，因此 UTF-16 编码方式总会使用 2 字节表示一个 .NET 的 char。这样就很容易跳转到流中的特定字符索引上。

UTF-16 使用 2 字节的前缀来表明字节顺序（"小字节序"或者"大字节序"，即最低有效字节在前还是最高有效字节在前）。Windows 系统采用的默认标准是小字节序。

15.3.1.3 StringReader 和 StringWriter

StringReader 和 StringWriter 适配器并不包装流，相反，它们使用一个字符串或者 StringBuilder 作为底层数据源。这意味着它们不需要进行任何的字节转换。事实上，这些类所执行的操作都可以通过字符串或者 StringBuilder 与一个索引变量轻松实现。上述类型与 StreamReader 和 StreamWriter 共享相同的基类，这也是它们的优势所在。例如，假设我们有一个包含 XML 的字符串，且希望使用 XmlReader 来解析这个字符串，其中 XmlReader.Create 方法可以接收如下参数：

- URI
- Stream
- TextReader

那么我们如何才能够解析 XML 字符串呢？由于 StringReader 是 TextReader 的子类，因此我们可以采用传入 StringReader 实例来解决这个问题：

```
XmlReader r = XmlReader.Create (new StringReader (myString));
```

15.3.2 二进制适配器

BinaryReader 和 BinaryWriter 能够读写基本的数据类型：bool、byte、char、decimal、float、double、short、int、sbyte、ushort、uint、ulong 以及 string 和基元类型的数组。

与 StreamReader 和 StreamWriter 不同，二进制适配器能够高效存储基元数据类型，因为它们本身与内存中的表示就是一致的。因此，一个 int 占用 4 字节，而一个 double 占用 8 字节。字符串是通过文本编码（与 StreamReader 和 StreamWriter 一样）写入的，但是带有长度前缀，从而不需要特殊分隔符就可以读取一系列字符串。

假设我们有如下的简单类型：

```
public class Person
{
  public string Name;
  public int    Age;
  public double Height;
}
```

我们可以在 Person 类中添加如下方法，使用二进制适配器将数据保存到一个流中，或者从一个流中加载数据：

```
public void SaveData (Stream s)
{
  var w = new BinaryWriter (s);
  w.Write (Name);
  w.Write (Age);
  w.Write (Height);
  w.Flush();          // Ensure the BinaryWriter buffer is cleared.
                      // We won't dispose/close it, so more data
}                     // can be written to the stream.

public void LoadData (Stream s)
{
  var r = new BinaryReader (s);
  Name   = r.ReadString();
  Age    = r.ReadInt32();
  Height = r.ReadDouble();
}
```

BinaryReader 也可以将数据读入字节数组。以下代码将读取一个可查找流中的全部内容：

```
byte[] data = new BinaryReader (s).ReadBytes ((int) s.Length);
```

这比直接从一个流中读取数据还方便，因为它不需要使用循环来保证已经读取了所有数据。

15.3.3 关闭和销毁流适配器

销毁流适配器的方式有如下四种：

1. 只关闭适配器。
2. 关闭适配器，而后关闭流。
3. （对于写入器）先刷新适配器，而后关闭流。
4. （对于读取器）直接关闭流。

 对于适配器和流而言，Close 和 Dispose 是同义词。

方法 1 和方法 2 在语义上是相同的，因为关闭适配器会自动关闭底层流。只要嵌套使用 using 语句，就意味着隐式采用方法 2：

```
using (FileStream fs = File.Create ("test.txt"))
using (TextWriter writer = new StreamWriter (fs))
  writer.WriteLine ("Line");
```

嵌套语句是由内向外（语句位置）销毁的，因此适配器先关闭而流则后关闭。即使适配器的构造函数抛出一个异常，底层流也仍然会关闭。因此嵌套 using 语句是最佳的选择！

 一定不要在关闭或刷新写入器之前关闭一个流，这样会丢失适配器中缓存的所有数据。

方法 3 和方法 4 之所以有效是因为适配器属于那种特殊的，不需要一定进行销毁的对象。例如，当适配器使用完毕时，我们仍然希望保持底层流以备后续使用：

```
using (FileStream fs = new FileStream ("test.txt", FileMode.Create))
{
  StreamWriter writer = new StreamWriter (fs);
  writer.WriteLine ("Hello");
  writer.Flush();

  fs.Position = 0;
  Console.WriteLine (fs.ReadByte());
}
```

上述例子中，我们写入一个文件，并重新进行定位，最后在关闭流之前从中读取了一个字节。如果我们销毁 StreamWriter，那么也就关闭了底层的 FileStream，从而会导致后续的读操作失败。本例成功的先决条件是需要调用 Flush 确保 StreamWriter 的缓冲区数据均写入了底层流中。

流适配器语义上并非必须销毁，因此它并没有实现扩展的销毁模式，即在终结器中调用 Dispose。这可以保证垃圾回收器在找到废弃的适配器时不会自动销毁该适配器。

StreamReader 和 StreamWriter 也提供了额外的构造器以保证流在适配器销毁之后仍然保持打开的状态。因此前一个例子可以写为：

```
using (var fs = new FileStream ("test.txt", FileMode.Create))
{
  using (var writer = new StreamWriter (fs, new UTF8Encoding (false, true),
                                        0x400, true))
    writer.WriteLine ("Hello");

  fs.Position = 0;
  Console.WriteLine (fs.ReadByte());
  Console.WriteLine (fs.Length);
}
```

15.4 压缩流

System.IO.Compression 命名空间中提供了两个通用的压缩流：DeflateStream 和 GZipStream。这两个类都使用了与 ZIP 格式类似的常见压缩算法。它们的区别是，GZipStream 会在开头和结尾处写入额外的协议信息，其中包括检测错误的 CRC。除此之外，GZipStream 还遵循一个其他软件公认的标准。

.NET 还引入了 BrotliStream，该类型实现了 Brotli 压缩算法。BrotliStream 的压缩速度不及 DeflateStream 和 GZipStream 的十分之一，但它拥有更好的压缩比。而且它的性能问题只是针对压缩过程而言的，其解压缩的速度非常理想。

这三种流都支持读写操作，但是有以下限制条件：

- 在写入流时进行压缩。

- 在读取流时解压缩。

DeflateStream、GZipStream 和 BrotliStream 都是装饰器。它们的构造器接收底层流参数，并将数据压缩写入底层流或者从底层流读取数据并解压。在以下示例中，我们使用 FileStream 作为后台存储，压缩字节序列，并对其解压：

```
using (Stream s = File.Create ("compressed.bin"))
using (Stream ds = new DeflateStream (s, CompressionMode.Compress))
  for (byte i = 0; i < 100; i++)
    ds.WriteByte (i);

using (Stream s = File.OpenRead ("compressed.bin"))
using (Stream ds = new DeflateStream (s, CompressionMode.Decompress))
  for (byte i = 0; i < 100; i++)
    Console.WriteLine (ds.ReadByte());      // Writes 0 to 99
```

使用 DeflateStream 压缩的文件为 102 字节，比原始文件稍大（而使用 BrotliStream 压缩后的文件为 73 字节）。这是因为高密度的非重复的二进制文件数据压缩效果很差（缺少规律性的加密数据的压缩比是最差的，这是加密设计本身的初衷）。这种压缩适用于大多数文本文件。以下示例将从一个简短的句子中随机选取 1000 个单词形成文本流，并使用 Brotli 算法对该文本流进行压缩和解压缩操作。这个示例也演示了串联后台存储流、装饰流和适配器的用法（如图 15-1 所示），并且本例中还使用了异步方法：

```
string[] words = "The quick brown fox jumps over the lazy dog".Split();
Random rand = new Random (0);    // Give it a seed for consistency

using (Stream s = File.Create ("compressed.bin"))
using (Stream ds = new BrotliStream (s, CompressionMode.Compress))
using (TextWriter w = new StreamWriter (ds))
  for (int i = 0; i < 1000; i++)
    await w.WriteAsync (words [rand.Next (words.Length)] + " ");

Console.WriteLine (new FileInfo ("compressed.bin").Length);      // 808

using (Stream s = File.OpenRead ("compressed.bin"))
using (Stream ds = new BrotliStream (s, CompressionMode.Decompress))
using (TextReader r = new StreamReader (ds))
  Console.Write (await r.ReadToEndAsync());  // Output below:

lazy lazy the fox the quick The brown fox jumps over fox over fox The
brown brown brown over brown quick fox brown dog dog lazy fox dog brown
over fox jumps lazy lazy quick The jumps fox jumps The over jumps dog...
```

在本例中，BrotliStream 的压缩结果为 808 字节，每一个单词占用的空间小于一个字节（而 DeflateStream 的压缩结果为 885 字节）。

15.4.1 内存数据压缩

有时我们需要在内存中压缩全部数据。以下代码将使用 MemoryStream 执行这个操作：

```
byte[] data = new byte[1000];            // We can expect a good compression
                                         // ratio from an empty array!
var ms = new MemoryStream();
using (Stream ds = new DeflateStream (ms, CompressionMode.Compress))
  ds.Write (data, 0, data.Length);

byte[] compressed = ms.ToArray();
Console.WriteLine (compressed.Length);        // 11

// Decompress back to the data array:
ms = new MemoryStream (compressed);
using (Stream ds = new DeflateStream (ms, CompressionMode.Decompress))
  for (int i = 0; i < 1000; i += ds.Read (data, i, 1000 - i));
```

DeflateStream 上的 using 语句是非常标准的关闭流的方法，它会清理该过程中所有还未写入缓冲区中的数据，而且还会关闭它包装的 MemoryStream，因此我们必须调用 ToArray 来提取它的数据。

以下代码则不会关闭 MemoryStream ，并且它使用了异步的读写方法：

```
byte[] data = new byte[1000];

MemoryStream ms = new MemoryStream();
using (Stream ds = new DeflateStream (ms, CompressionMode.Compress, true))
  await ds.WriteAsync (data, 0, data.Length);

Console.WriteLine (ms.Length);              // 113
ms.Position = 0;
using (Stream ds = new DeflateStream (ms, CompressionMode.Decompress))
  for (int i = 0; i < 1000; i += await ds.ReadAsync (data, i, 1000 - i));
```

我们向 DeflateStream 的构造器中传入了额外的标志，这样它就不会像普通协议那样在销毁时关闭底层流了。换句话说，MemoryStream 会保持打开的状态，因此我们可以将位置重置为 0，而后重新读取流。

15.4.2 UNIX 下的 gzip 文件压缩

GZipStream 使用的压缩算法正是 UNIX 操作系统下常用的文件压缩算法。每一个源文件会被压缩为一个扩展名为 .gz 的独立目标文件。

以下方法实现了 UNIX 中 gzip 和 gunzip 命令的功能：

```
async Task GZip (string sourcefile, bool deleteSource = true)
{
  var gzipfile = $"{sourcefile}.gz";
  if (File.Exists (gzipfile))
    throw new Exception ("Gzip file already exists");

  // Compress
  using (FileStream inStream = File.Open (sourcefile, FileMode.Open))
  using (FileStream outStream = new FileStream (gzipfile, FileMode.CreateNew))
  using (GZipStream gzipStream =
    new GZipStream (outStream, CompressionMode.Compress))
    await inStream.CopyToAsync (gzipStream);

  if (deleteSource) File.Delete(sourcefile);
}

async Task GUnzip (string gzipfile, bool deleteGzip = true)
{
  if (Path.GetExtension (gzipfile) != ".gz")
    throw new Exception ("Not a gzip file");

  var uncompressedFile = gzipfile.Substring (0, gzipfile.Length - 3);
  if (File.Exists (uncompressedFile))
    throw new Exception ("Destination file already exists");

  // Uncompress
  using (FileStream uncompressToStream =
          File.Open (uncompressedFile, FileMode.Create))
  using (FileStream zipfileStream = File.Open (gzipfile, FileMode.Open))
  using (var unzipStream =
```

```
            new GZipStream (zipfileStream, CompressionMode.Decompress))
      await unzipStream.CopyToAsync (uncompressToStream);

   if (deleteGzip) File.Delete (gzipfile);
}
```

以下代码将压缩一个文件：

```
await GZip ("/tmp/myfile.txt");        // Creates /tmp/myfile.txt.gz
```

而以下代码将文件解压缩：

```
await GUnzip ("/tmp/myfile.txt.gz")   // Creates /tmp/myfile.txt
```

15.5 操作 ZIP 文件

System.IO.Compression 命名空间中的 ZipArchive 和 ZipFile 支持 ZIP 压缩格式的文件。与 DeflateStream 和 GZipStream 相比，这种格式的优点是可以处理多个文件，并可以兼容 Windows 资源管理器创建的 ZIP 文件。

虽然 ZipArchive 和 ZipFile 同时支持 Windows 和 UNIX，但这种文件格式在 Windows 上更加流行。UNIX 下常用 *.tar* 格式的文件作为多个文件的容器。如需读写 *.tar* 格式的文件，请使用第三方的程序库，例如，SharpZipLib。

ZipArchive 可以操作流，而 ZipFile 则执行更加常见的文件操作。（ZipFile 是 ZipArchive 的静态辅助类。）

ZipFile 中的 CreateFromDirectory 方法可以将指定目录的所有文件添加到一个 ZIP 文件中：

```
ZipFile.CreateFromDirectory (@"d:\MyFolder", @"d:\archive.zip");
```

而 ExtractToDirectory 则执行相反的操作，将一个 ZIP 文件解压缩到一个目录中：

```
ZipFile.ExtractToDirectory (@"d:\archive.zip", @"d:\MyFolder");
```

在压缩时，可以指定是优化文件大小还是优化压缩速度，以及是否在存档文件中包含源目录名称。在我们的例子中，若配置了第二个选项的话，则我们的存档文件中会包含一个子目录 *MyFolder*，而目录中则是压缩的文件。

ZipFile 的 Open 方法可用于读 / 写各个文件项目，这个方法会返回一个 ZipArchive 对象（也可以从 Stream 对象创建 ZipArchive 实例）。调用 Open 时必须指定一个文件名，并指定存档的操作方式：Read、Create 或者 Update。然后就可以枚举 Entries 属性遍历现有项目了。还可以调用 GetEntry 方法来查询某一个具体文件：

```
using (ZipArchive zip = ZipFile.Open (@"d:\zz.zip", ZipArchiveMode.Read))
```

```
    foreach (ZipArchiveEntry entry in zip.Entries)
        Console.WriteLine (entry.FullName + " " + entry.Length);
```

ZipArchiveEntry 中还包含了 Delete 方法、ExtractToFile 方法（这个方法实际上是
ZipFileExtensions 类的扩展方法），以及返回一个可读 / 可写 Stream 的 Open 方法。调
用 ZipArchive 类的 CreateEntry 方法（或者 CreateEntryFromFile 扩展方法）就可以
创建一组新的项。例如，以下代码将创建一个存档文件 *d:\zz.zip*，其中包含 *foo.dll*，而
这个文件位于 *bin\X64* 目录下：

```
    byte[] data = File.ReadAllBytes (@"d:\foo.dll");
    using (ZipArchive zip = ZipFile.Open (@"d:\zz.zip", ZipArchiveMode.Update))
        zip.CreateEntry (@"bin\X64\foo.dll").Open().Write (data, 0, data.Length);
```

若使用 MemoryStream 来创建 ZipArchive 的话，就可以完全在内存中进行操作。

15.6 文件与目录操作

System.IO 命名空间中有一些可以进行文件和目录操作（例如，复制和移动、创建目录，
以及设置文件的属性和权限）的实用类型。对于大多数的特性，我们都有两种选择，一
种是静态方法，另一种是实例方法。

静态类

  File 和 Directory。

实例方法类（使用文件或者目录名创建）

  FileInfo 和 DirectoryInfo。

此外，还有一个特殊的静态类 Path，它不操作文件或目录，但是它可以处理文件名称或
者目录路径字符串。同时 Path 还可以用于临时文件的处理。

15.6.1 File 类

File 是一个静态类，它的方法均接受文件名参数。这个参数可以是相对于当前目录的路
径也可以是一个完整的路径。以下是它的一些方法（所有的 public 和 static 方法）：

```
    bool Exists (string path);       // Returns true if the file is present

    void Delete  (string path);
    void Copy    (string sourceFileName, string destFileName);
    void Move    (string sourceFileName, string destFileName);
    void Replace (string sourceFileName, string destinationFileName,
                                          string destinationBackupFileName);

    FileAttributes GetAttributes (string path);
    void SetAttributes           (string path, FileAttributes fileAttributes);

    void Decrypt (string path);
    void Encrypt (string path);
```

```
DateTime GetCreationTime   (string path);        // UTC versions are
DateTime GetLastAccessTime (string path);        // also provided.
DateTime GetLastWriteTime  (string path);

void SetCreationTime   (string path, DateTime creationTime);
void SetLastAccessTime (string path, DateTime lastAccessTime);
void SetLastWriteTime  (string path, DateTime lastWriteTime);

FileSecurity GetAccessControl (string path);
FileSecurity GetAccessControl (string path,
                               AccessControlSections includeSections);
void SetAccessControl (string path, FileSecurity fileSecurity);
```

Move 方法会在目标文件存在的情况下抛出一个异常，但是 Replace 方法则不会。这两个方法都可以重命名文件，或将文件移动到另一个目录下。

如果文件是只读的，则 Delete 方法会抛出 UnauthorizedAccessException。因此可以在操作之前预先通过 GetAttributes 方法进行检查。此外，如果操作系统拒绝了进程对文件的删除权限，则依然会抛出异常。以下列出了 GetAttributes 返回的 FileAttribute 枚举类型的所有可能值：

```
Archive, Compressed, Device, Directory, Encrypted,
Hidden, IntegritySystem, Normal, NoScrubData, NotContentIndexed,
Offline, ReadOnly, ReparsePoint, SparseFile, System, Temporary
```

这个枚举类型的成员是可以组合的。以下代码演示了如何在不影响其他属性的前提下替换其中一个文件的属性：

```
string filePath = "test.txt";

FileAttributes fa = File.GetAttributes (filePath);
if ((fa & FileAttributes.ReadOnly) != 0)
{
    // Use the exclusive-or operator (^) to toggle the ReadOnly flag
    fa ^= FileAttributes.ReadOnly;
    File.SetAttributes (filePath, fa);
}

// Now we can delete the file, for instance:
File.Delete (filePath);
```

FileInfo 类提供了更易用的修改只读标志的方法：

```
new FileInfo ("test.txt").IsReadOnly = false;
```

15.6.1.1 压缩与加密属性

该功能仅支持 Windows 操作系统，并需要引用 System.Management Nuget 包。

Compressed 和 Encrypted 文件属性与 Windows 资源管理器中的文件或目录属性对话框中的"压缩"和"加密"复选框对应。这种压缩和加密是透明的，且所有操作由操作系统完成，并支持对普通数据进行读写操作。

SetAttributes 方法无法修改文件的 Compressed 或者 Encrypted 属性，它会悄悄出错！对于加密文件来说，可以调用 File 类中的 Encrypt() 和 Decrypt() 方法。但对于压缩文件来说就更加复杂了，一种方法是使用 System.Management 命名空间中的 Windows 管理规范（Windows Management Instrumentation，WMI）API 进行处理。以下示例会压缩一个目录，如果操作成功则返回 0，否则将返回一个 WMI 错误代码：

```
static uint CompressFolder (string folder, bool recursive)
{
  string path = "Win32_Directory.Name='" + folder + "'";
  using (ManagementObject dir = new ManagementObject (path))
  using (ManagementBaseObject p = dir.GetMethodParameters ("CompressEx"))
  {
    p ["Recursive"] = recursive;
    using (ManagementBaseObject result = dir.InvokeMethod ("CompressEx",
                                                   p, null))
      return (uint) result.Properties ["ReturnValue"].Value;
  }
}
```

若要执行解压缩操作，则可以将 CompressEx 替换为 UncompressEx。

透明加密需要使用用户登录密码生成的密钥。该系统对于验证用户执行的密码修改操作是非常可靠的，但是如果密码被管理员重置，那么加密文件的数据就不可恢复了。

 透明加密和压缩需要特殊的文件系统支持。NTFS（主要用于硬盘）文件系统支持所有这些特性，而 CDFS（用于 CD-ROM）和 FAT（用于可移除的存储卡）则不支持。

我们可通过和 Win32 API 的互操作来确定卷是否支持压缩和加密：

```
using System;
using System.IO;
using System.Text;
using System.ComponentModel;
using System.Runtime.InteropServices;

class SupportsCompressionEncryption
{
  const int SupportsCompression = 0x10;
  const int SupportsEncryption = 0x20000;

  [DllImport ("Kernel32.dll", SetLastError = true)]
  extern static bool GetVolumeInformation (string vol, StringBuilder name,
    int nameSize, out uint serialNum, out uint maxNameLen, out uint flags,
    StringBuilder fileSysName, int fileSysNameSize);
```

```
  static void Main()
  {
    uint serialNum, maxNameLen, flags;
    bool ok = GetVolumeInformation (@"C:\", null, 0, out serialNum,
                                    out maxNameLen, out flags, null, 0);
    if (!ok)
      throw new Win32Exception();

    bool canCompress = (flags & SupportsCompression) != 0;
    bool canEncrypt = (flags & SupportsEncryption) != 0;
  }
}
```

15.6.1.2 文件安全性

 该功能仅支持 Windows 操作系统，并需要引用 System.IO.FilesSystem. AccessControl Nuget 包。

FileSecurity 类可以查询或修改操作系统授予用户和角色的权限（该类型所在命名空间为 System.Security.AccessControl）。

在下面的示例中，我们先列出一个文件的现有权限，然后将写入权限授予"Users"组：

```
using System;
using System.IO;
using System.Security.AccessControl;
using System.Security.Principal;

void ShowSecurity (FileSecurity sec)
{
  AuthorizationRuleCollection rules = sec.GetAccessRules (true, true,
                                                typeof (NTAccount));
  foreach (FileSystemAccessRule r in rules.Cast<FileSystemAccessRule>()
    .OrderBy (rule => rule.IdentityReference.Value))
  {
    // e.g., MyDomain/Joe
    Console.WriteLine ($"  {r.IdentityReference.Value}");
    // Allow or Deny: e.g., FullControl
    Console.WriteLine ($"    {r.FileSystemRights}: {r.AccessControlType}");
  }
}

var file = "sectest.txt";
File.WriteAllText (file, "File security test.");

var sid = new SecurityIdentifier (WellKnownSidType.BuiltinUsersSid, null);
string usersAccount = sid.Translate (typeof (NTAccount)).ToString();

Console.WriteLine ($"User: {usersAccount}");

FileSecurity sec = new FileSecurity (file,
                        AccessControlSections.Owner |
                        AccessControlSections.Group |
```

```
                                AccessControlSections.Access);

    Console.WriteLine ("AFTER CREATE:");
    ShowSecurity(sec); // BUILTIN\Users doesn't have Write permission

    sec.ModifyAccessRule (AccessControlModification.Add,
        new FileSystemAccessRule (usersAccount, FileSystemRights.Write,
                                  AccessControlType.Allow),
        out bool modified);

    Console.WriteLine ("AFTER MODIFY:");
    ShowSecurity (sec); // BUILTIN\Users has Write permission
```

在 15.6.5 节中，我们将会给出另外一个例子。

15.6.2 Directory 类

静态 Directory 类和 File 类类似，也提供了一系列的方法来检查是否存在目录（Exists）、移动目录（Move）、删除目录（Delete）、获取 / 设置创建时间或者最后访问时间，以及获取 / 设置目录的安全权限。此外，Directory 类还包含以下静态方法：

```
    string GetCurrentDirectory ();
    void   SetCurrentDirectory (string path);

    DirectoryInfo CreateDirectory  (string path);
    DirectoryInfo GetParent        (string path);
    string        GetDirectoryRoot (string path);

    string[] GetLogicalDrives(); // Gets mount points on Unix

    // The following methods all return full paths:
    string[] GetFiles              (string path);
    string[] GetDirectories        (string path);
    string[] GetFileSystemEntries  (string path);

    IEnumerable<string> EnumerateFiles            (string path);
    IEnumerable<string> EnumerateDirectories      (string path);
    IEnumerable<string> EnumerateFileSystemEntries (string path);
```

 最后的三个方法很可能比 Get* 方法的效率更高，因为它们全部都是延迟计算的，在枚举序列的时候才会从文件系统中取回数据。因此它们特别适合于 LINQ 查询。

Enumerate* 方法和 Get* 方法均具有接受一个 searchPattern（字符串类型）和 searchOption（枚举类型）的重载方法。若指定 SearchOption.SearchAllSubDirectories，则会递归地进行子目录搜索。*FileSystemEntries 方法则合并了 *Files 和 *Directories 的两种结果。

以下代码在目录不存在时创建一个目录：

```
    if (!Directory.Exists (@"d:\test"))
      Directory.CreateDirectory (@"d:\test");
```

15.6.3 FileInfo 类和 DirectoryInfo 类

File 和 Directory 类型的静态方法便于操作单个文件或目录。但是如果要针对一个项目进行一系列调用，则 FileInfo 类和 DirectoryInfo 类提供的对象模型更加适合。

FileInfo 类以实例成员的形式提供了 File 类型静态方法的大部分功能，此外还包含一些额外的属性，如 Extension、Length、IsReadOnly 以及 Directory（返回一个 DirectoryInfo 对象）。例如：

```
static string TestDirectory =>
  RuntimeInformation.IsOSPlatform (OSPlatform.Windows)
    ? @"C:\Temp"
    : "/tmp";

Directory.CreateDirectory (TestDirectory);

FileInfo fi = new FileInfo (Path.Combine (TestDirectory, "FileInfo.txt"));

Console.WriteLine (fi.Exists);          // false

using (TextWriter w = fi.CreateText())
  w.Write ("Some text");

Console.WriteLine (fi.Exists);          // false (still)
fi.Refresh();
Console.WriteLine (fi.Exists);          // true

Console.WriteLine (fi.Name);            // FileInfo.txt
Console.WriteLine (fi.FullName);        // c:\temp\FileInfo.txt (Windows)
                                        // /tmp/FileInfo.txt (Unix)
Console.WriteLine (fi.DirectoryName);   // c:\temp (Windows)
                                        // /tmp (Unix)
Console.WriteLine (fi.Directory.Name);  // temp
Console.WriteLine (fi.Extension);       // .txt
Console.WriteLine (fi.Length);          // 9

fi.Encrypt();
fi.Attributes ^= FileAttributes.Hidden;    // (Toggle hidden flag)
fi.IsReadOnly = true;

Console.WriteLine (fi.Attributes);      // ReadOnly,Archive,Hidden,Encrypted
Console.WriteLine (fi.CreationTime);    // 3/09/2019 1:24:05 PM

fi.MoveTo (Path.Combine (TestDirectory, "FileInfoX.txt"));

DirectoryInfo di = fi.Directory;
Console.WriteLine (di.Name);               // temp or tmp
Console.WriteLine (di.FullName);           // c:\temp or /tmp
Console.WriteLine (di.Parent.FullName);    // c:\ or /
di.CreateSubdirectory ("SubFolder");
```

以下代码使用 DirectoryInfo 枚举文件和子目录：

```
DirectoryInfo di = new DirectoryInfo (@"e:\photos");
```

```
foreach (FileInfo fi in di.GetFiles ("*.jpg"))
  Console.WriteLine (fi.Name);

foreach (DirectoryInfo subDir in di.GetDirectories())
  Console.WriteLine (subDir.FullName);
```

15.6.4 Path 类型

静态类 Path 中的方法和字段可用于处理路径和文件名称。

假设有如下代码：

```
string dir  = @"c:\mydir";      // or /mydir
string file = "myfile.txt";
string path = @"c:\mydir\myfile.txt";    // or /mydir/myfile.txt

Directory.SetCurrentDirectory (@"k:\demo");     // or /demo
```

我们可以用以下表达式演示 Path 类型中方法和字段的使用方式：

表达式	结果（先 Windows 后 UNIX）
Directory.GetCurrentDirectory()	k:\demo\ 或 /demo
Path.IsPathRooted (file)	False
Path.IsPathRooted (path)	True
Path.GetPathRoot (path)	c:\ 或 /
Path.GetDirectoryName (path)	c:\mydir 或 /mydir
Path.GetFileName (path)	myfile.txt
Path.GetFullPath (file)	k:\demo\myfile.txt 或 /demo/myfile.txt
Path.Combine (dir, file)	c:\mydir\myfile.txt 或 /mydir/myfile.txt
文件后缀：	
Path.HasExtension (file)	True
Path.GetExtension (file)	.txt
Path.GetFileNameWithoutExtension (file)	myfile
Path.ChangeExtension (file, ".log")	myfile.log
分隔符和字符：	
Path.DirectorySeparatorChar	\ 或 /
Path.AltDirectorySeparatorChar	/
Path.PathSeparator	; 或 :
Path.VolumeSeparatorChar	: 或 /

表达式	结果（先 Windows 后 UNIX）
Path.GetInvalidPathChars()	值为 0~31 的字符以及 "<>| 或 0
Path.GetInvalidFileNameChars()	值为 0~31 的字符以及 "<>|:*?\/ 或 0 和 /
临时文件：	
Path.GetTempPath()	*<local user folder>\Temp* 或 */tmp/*
Path.GetRandomFileName()	*d2dwuzjf.dnp*
Path.GetTempFileName()	*<local user folder>\Temp\tmp14B.tmp* 或 */tmp/ tmpubSUY0.tmp*

Path 的 Combine 方法可以在不需要检查名称后面是否有路径分隔符的情况下组合目录和文件名，或者组合两个目录。该方法可以根据操作系统使用正确的路径分隔符，并提供了支持多达四个目录和（或者）文件名称组合的重载。

GetFullPath 可以将一个相对于当前目录的路径转换为一个绝对路径，并可以接受诸如 *..\..\file.txt* 这样的参数。

GetRandomFileName 方法会返回一个完全唯一的 8.3 格式的文件名，但不会创建文件。GetTempFileName 会使用一个自增计数器生成一个临时文件（这个计数器每隔 65 000 次重复一遍），并用这个名称在本地临时目录下创建一个 0 字节的文件。

 当 GetTempFileName 生成的临时文件使用完毕后，必须删除该文件。否则，在第 65 000 次调用 GetTempFileName 之后将抛出一个异常。如果出现这个问题，我们可以考虑组合使用 GetTempPath 和 GetRandomFileName 方法创建临时文件。但仍需要注意临时文件的磁盘空间占用问题。

15.6.5 特殊文件夹

Path 和 Directory 类型并不具备查找特殊文件夹的功能，这些特殊文件夹包括 *My Document*、*Program Files*、*Application Data* 等。该功能是由 System.Environment 类的 GetFolderPath 方法提供的。

```
string myDocPath = Environment.GetFolderPath
  (Environment.SpecialFolder.MyDocuments);
```

Environment.SpecialFolder 类型是一个枚举类型，它包含 Windows 中所有的特殊目录。例如，AdminTools、ApplicationData、Fonts、History、SendTo、StartMenu 等。但是，.NET 运行时所在的目录并没有涵盖在这些特殊目录中，我们可以使用如下方式获得 .NET 运行时的目录：

```
System.Runtime.InteropServices.RuntimeEnvironment.GetRuntimeDirectory()
```

大部分特殊文件夹在 UNIX 操作系统下都没有对应的路径。在 Ubuntu Linux 18.04 桌面版本中支持以下路径：`ApplicationData`、`CommonApplicationData`、`Desktop`、`DesktopDirectory`、`LocalApplicationData`、`MyDocuments`、`MyMusic`、`MyPictures`、`MyVideos`、`Templates` 和 `UserProfile`。

在 Windows 操作系统中，上述枚举值中有一个特殊的值：`ApplicationData`。该目录可用于存储一些设置，但是它会随着用户的网络位置变化而变化（如果网络域启用了用户漫游配置的话）。另一个值 `LocalApplicationData` 则用于存储非漫游数据（尤其是已登录用户的数据）。此外 `CommonApplicationData` 用于存储当前计算机上用户的共享配置。我们更推荐将应用程序的配置写入这些目录，而非写入 Windows 注册表。在这些文件夹下存储数据的标准方式是在其中创建一个和应用程序同名的目录：

```
string localAppDataPath = Path.Combine (
  Environment.GetFolderPath (Environment.SpecialFolder.ApplicationData),
  "MyCoolApplication");

if (!Directory.Exists (localAppDataPath))
  Directory.CreateDirectory (localAppDataPath);
```

使用 `CommonApplicationData` 时要特别小心，如果用户使用管理员身份启动程序，程序会在 `CommonApplicationData` 下创建文件夹和文件，而用户将来在使用受限的 Windows 身份登录时就没有足够的权限修改这些文件了。（在权限受限的账号之间切换也存在相似的问题。）在安装过程中创建所需的文件夹（并为每个人分配权限），就可以解决这个问题。

另一个可以写入配置文件与日志文件的位置就是应用程序所在的目录，它可以通过 `AppDomain.CurrentDomain.BaseDirectory` 属性获得。然而，我们并不推荐这种方式，因为操作系统很可能拒绝应用程序在初次安装之后向该文件夹中写入内容（除非拥有管理员权限）。

15.6.6 查询卷信息

我们可以使用 `DriveInfo` 类来查询计算机驱动器相关的信息：

```
DriveInfo c = new DriveInfo ("C");        // Query the C: drive.
                                          // On Unix: /

long totalSize = c.TotalSize;             // Size in bytes.
long freeBytes = c.TotalFreeSpace;        // Ignores disk quotas.
long freeToMe  = c.AvailableFreeSpace;    // Takes quotas into account.

foreach (DriveInfo d in DriveInfo.GetDrives())  // All defined drives.
                                                // On Unix: mount points
{
  Console.WriteLine (d.Name);             // C:\
  Console.WriteLine (d.DriveType);        // Fixed
```

```
      Console.WriteLine (d.RootDirectory);     // C:\

      if (d.IsReady)   // If the drive is not ready, the following two
                       // properties will throw exceptions:
      {
        Console.WriteLine (d.VolumeLabel);     // The Sea Drive
        Console.WriteLine (d.DriveFormat);     // NTFS
      }
    }
```

静态方法 GetDrives 会返回所有映射的驱动器，包括 CD-ROM、内存卡和网络连接。
DriveType 是一个枚举类型，它包括如下值：

```
Unknown, NoRootDirectory, Removable, Fixed, Network, CDRom, Ram
```

15.6.7 捕获文件系统事件

FileSystemWatcher 类可以监控一个目录（或者子目录）的活动。不论哪一个用户或者
进程在该目录下创建、修改、重命名、删除文件或子目录，或者更改属性，都会触发
FileSystemWatcher 类的事件。例如：

```
Watch (GetTestDirectory(), "*.txt", true);

void Watch (string path, string filter, bool includeSubDirs)
{
  using (var watcher = new FileSystemWatcher (path, filter))
  {
    watcher.Created += FileCreatedChangedDeleted;
    watcher.Changed += FileCreatedChangedDeleted;
    watcher.Deleted += FileCreatedChangedDeleted;
    watcher.Renamed += FileRenamed;
    watcher.Error   += FileError;

    watcher.IncludeSubdirectories = includeSubDirs;
    watcher.EnableRaisingEvents = true;

    Console.WriteLine ("Listening for events - press <enter> to end");
    Console.ReadLine();
  }
  // Disposing the FileSystemWatcher stops further events from firing.
}

void FileCreatedChangedDeleted (object o, FileSystemEventArgs e)
  => Console.WriteLine ("File {0} has been {1}", e.FullPath, e.ChangeType);

void FileRenamed (object o, RenamedEventArgs e)
  => Console.WriteLine ("Renamed: {0}->{1}", e.OldFullPath, e.FullPath);

void FileError (object o, ErrorEventArgs e)
  => Console.WriteLine ("Error: " + e.GetException().Message);

string GetTestDirectory() =>
  RuntimeInformation.IsOSPlatform (OSPlatform.Windows)
    ? @"C:\Temp"
    : "/tmp";
```

FileSystemWatcher 是在一个独立线程上接收事件的，因此所有事件处理代码必须使用异常处理语句以防止发生错误而使应用程序崩溃。更多信息请参见 14.2.7 节。

Error 事件并不会通知文件系统错误。相反，它表示的是 FileSystemWatcher 的事件缓冲区溢出了，即它已经被 Changed、Created、Deleted 或者 Renamed 事件用尽了。我们可以通过 InternalBufferSize 属性修改事件缓冲区的大小。

IncludeSubdirectories 属性会应用递归规则。因此若在 C:\ 创建一个 FileSystem-Watcher 并将 IncludeSubdirectories 属性设置为 true，则在该硬盘任意位置对文件或目录进行修改都会触发它的事件。

使用 FileSystemWatcher 有可能会出现在文件完全生成或者更新之前打开或读取文件的问题。如果这些文件是由其他软件创建的，那么我们就需要考虑采取一些策略来防止该问题的发生。例如，创建一个未监控的扩展名的文件，待完全写入后再将其重命名。

15.7 操作系统安全性

所有的应用程序都基于用户的登录权限而受到操作系统的限制。这些约束会影响文件的 I/O 和其他能力（例如，访问 Windows 的注册表）。

在 Windows 和 UNIX 操作系统中均存在如下两类账户：

- 管理员或超级用户账户。该账户可以无限制地访问本地计算机的内容。

- 权限受限账户。该账户无法执行管理功能，并无权查看其他用户的数据。

Windows 操作系统的用户账户控制（User Account Control，UAC）功能使管理员在登录系统时同时拥有两个令牌（或可以理解为两顶帽子），一个是管理员的帽子，而另一个则是普通用户（除非获得了管理员权限提升，否则该账户权限受限）的帽子。用户必须在对话框提示中批准请求才能够获得权限提升。

在 UNIX 操作系统中，用户一般都会以权限受限账户登录，即使是管理员也会这样做，因为这样做可以避免意外损坏系统。当一个用户需要以更高权限执行命令时，就会在命令之前添加 sudo 指令（即 super user do 的缩写）。

默认情况下，应用程序会运行在受限用户权限下，即应用程序必须从以下列表中选择一种配置：

- 在编写应用时，要确保该程序可以在非管理员权限下执行。

- 在应用程序清单（只支持 Windows 操作系统）中请求管理员权限提升，或在应用程序中检测是否满足所需权限，并在权限受限时，提示用户以管理员或超级用户的身份重新启动程序。

第一个选项不但方便而且更加安全。在大多数情况下，将应用程序设计为在非管理员权限下也能够正常运行是比较简单的。

以下程序展示了如何确认当前程序是否正在管理员账户下执行：

```
[DllImport("libc")]
public static extern uint getuid();

static bool IsRunningAsAdmin()
{
  if (RuntimeInformation.IsOSPlatform (OSPlatform.Windows))
  {
    using var identity = WindowsIdentity.GetCurrent();
    var principal = new WindowsPrincipal (identity);
    return principal.IsInRole (WindowsBuiltInRole.Administrator);
  }
  return getuid() == 0;
}
```

在 Windows 启用 UAC 时，上述方法只会在当前进程运行在管理员权限提升的状态时返回 true。在 Linux 系统下，上述方法只在当前进程运行在超级用户权限下（例如 *sudo myapp*）时返回 true。

15.7.1 以标准用户账户运行

在标准用户账户下无法执行以下操作：

- 在以下目录下执行写入操作：
  - 操作系统目录（典型的目录，如 */Windows* 或者 */bin*、*/sbin*······）及其子目录。
  - 应用程序文件目录（如 *\Program Files* 或者 */usr/bin*、*/opt*）及其子目录。
  - 操作系统所在的驱动器的根目录（如 *C:* 或者 */*）。
- 在注册表的 HKEY_LOCAL_MACHINE 分支执行写入操作（Windows 操作系统）。
- 读取性能监视器（WMI）的数据（Windows 操作系统）。

此外，普通的 Windows 用户（甚至是管理员）也无法访问其他用户的文件或资源。Windows 使用访问控制列表（Access Control List，ACL）系统来保护这种资源。用户可以使用 System.Security.AccessControl 来查询并断言自己在 ACL 中的权限。ACL 还能够应用于进程间等待句柄的管理，我们将在第 21 章介绍该内容。

如果操作系统的安全系统认为你无法访问任何资源，则 CLR 会探测到这个错误并抛出 UnauthorizedAccessException（而不会静悄悄地失败）。

在大多数情况下，我们可以使用如下方式来处理标准用户的安全限制问题：

- 将文件写入推荐的位置。

- 避免使用注册表保存信息，而将信息写入文件中（在 Windows 下，HKEY_
  CURRENT_USER 注册表分支除外，因为用户拥有该分支的读 / 写权限）。

- 在安装过程中注册 ActiveX 或者 COM 组件（仅适用于 Windows 操作系统）。

存储用户文档的推荐位置为 SpecialFolder.MyDocuments：

```
string docsFolder = Environment.GetFolderPath
                        (Environment.SpecialFolder.MyDocuments);

string path = Path.Combine (docsFolder, "test.txt");
```

配置文件（用户可能会在应用程序之外进行修改）的推荐位置则是 SpecialFolderApp.
licationData（仅仅对于当前用户有效）或者 SpecialFolder.CommonApplicationData（对
所有用户有效）。一般来说，应用程序会根据组织和产品的名称在其中创建子目录。

15.7.2 管理权限提升及虚拟化

在应用程序清单中，可以请求 Windows 在程序执行时提示用户进行管理权限提升
（Linux 系统则会忽略该请求）：

```
<?xml version="1.0" encoding="utf-8"?>
<assembly manifestVersion="1.0" xmlns="urn:schemas-microsoft-com:asm.v1">
  <trustInfo xmlns="urn:schemas-microsoft-com:asm.v2">
    <security>
      <requestedPrivileges>
        <requestedExecutionLevel level="requireAdministrator" />
      </requestedPrivileges>
    </security>
  </trustInfo>
</assembly>
```

（我们将在第 17 章中进一步对应用程序清单进行介绍。）

如果将其中的 requireAdministrator 替换为 asInvoker，则它指示 Windows 无须进
行管理权限提升。其效果几乎和不提供应用程序清单一致，而不同点在于 asInvoker
会禁用虚拟化功能。虚拟化功能是 Windows Vista 引入的一个临时机制，其目的是帮
助旧的应用程序在不具备管理员权限的情况下正常工作。如果应用程序没有在应用
程序清单中指定 requestedExecutionLevel 元素，则会激活这种向后兼容的虚拟化
机制。

虚拟化机制会在应用程序向 *Program Files* 目录或者 Windows 目录中写入内容，或者向
注册表的 HKEY_LOCAL_MACHINE 区域写入数据时触发。它不会抛出异常，而是将这
些更新操作重定向到硬盘的另一个区域中而不影响原始数据。这避免了应用程序对操作
系统造成的修改或对其他应用程序造成影响。

15.8 内存映射文件

内存映射文件提供了两个主要特性：

- 高效地随机访问文件中的数据。

- 在同一台计算机的不同进程间共享内存。

内存映射文件类型位于 System.IO.MemoryMappedFiles 命名空间中，它包装了和内存映射文件相关的操作系统 API。

15.8.1 内存映射文件和随机 I/O

虽然常规的 FileStream 也支持随机文件 I/O（通过设置流的 Position 属性），但是它是为顺序 I/O 进行优化的。一般来说：

- FileStream 的顺序 I/O 的速度比内存映射速度快 10 倍左右。

- 内存映射文件的速度比 FileStream 的随机 I/O 速度快大约 10 倍左右。

修改 FileStream 的 Position 属性需要耗费几微秒的时间，这种效应在循环中会进一步累加。此外，FileStream 不适合多线程访问，因为它在读写的过程中位置会发生改变。

要创建一个内存映射文件，需要执行以下步骤：

1. 获取一个普通的 FileStream。

2. 使用文件流实例化 MemoryMappedFile。

3. 在内存映射文件对象上调用 CreateViewAccessor 方法。

最后一步会返回一个 MemoryMappedViewAccessor 对象。该对象提供了随机读写简单类型、结构体，以及数组的方法（更详细的信息请参见 15.8.4 节）。

以下代码创建了一个 100 万字节的文件，使用内存映射文件 API 读取文件内容，并在 500 000 字节的位置写入一个字节：

```
File.WriteAllBytes ("long.bin", new byte [1000000]);

using MemoryMappedFile mmf = MemoryMappedFile.CreateFromFile ("long.bin");
using MemoryMappedViewAccessor accessor = mmf.CreateViewAccessor();

accessor.Write (500000, (byte) 77);
Console.WriteLine (accessor.ReadByte (500000));    // 77
```

在调用 CreateFromFile 方法时还可以指定一个映射名称和容量。指定一个非空的映射名称就可以和其他进程共享该内存（见下一节），而指定一个容量可以自动将文件大小扩大为该值。例如，以下代码将创建一个 1000 字节的文件：

```
File.WriteAllBytes ("short.bin", new byte [1]);
```

```
using (var mmf = MemoryMappedFile.CreateFromFile
                  ("short.bin", FileMode.Create, null, 1000))
  ...
```

15.8.2 内存映射文件和共享内存（Windows 操作系统）

在 Windows 操作系统中，内存映射文件可以作为同一台机器上不同进程间共享内存的手段。一个进程可以调用 MemoryMappedFile.CreateNew 方法创建共享内存块，而另一个进程则可以使用相同的名称调用 MemoryMappedFile.OpenExisting 来共享内存。虽然它仍然是一个内存映射"文件"，但已经完全脱离了磁盘而进入内存中。

以下代码创建了一个 500 字节的共享内存映射文件，然后在位置 0 处写入整数 12345：

```
using (MemoryMappedFile mmFile = MemoryMappedFile.CreateNew ("Demo", 500))
using (MemoryMappedViewAccessor accessor = mmFile.CreateViewAccessor())
{
  accessor.Write (0, 12345);
  Console.ReadLine();   // Keep shared memory alive until user hits Enter.
}
```

而以下代码将打开同一个内存映射文件并从中读取写入的整数：

```
// This can run in a separate executable:
using (MemoryMappedFile mmFile = MemoryMappedFile.OpenExisting ("Demo"))
using (MemoryMappedViewAccessor accessor = mmFile.CreateViewAccessor())
  Console.WriteLine (accessor.ReadInt32 (0));   // 12345
```

15.8.3 跨平台的进程间内存共享

Windows 和 UNIX 都允许多个进程内存映射到同一个文件中。但必须小心地进行设定才能够正确地共享文件：

```
static void Writer()
{
  var file = Path.Combine (TestDirectory, "interprocess.bin");
  File.WriteAllBytes (file, new byte [100]);

  using FileStream fs =
    new FileStream (file, FileMode.Open, FileAccess.ReadWrite,
                    FileShare.ReadWrite);

  using MemoryMappedFile mmf = MemoryMappedFile
    .CreateFromFile (fs, null, fs.Length, MemoryMappedFileAccess.ReadWrite,
                     HandleInheritability.None, true);
  using MemoryMappedViewAccessor accessor = mmf.CreateViewAccessor();

  accessor.Write (0, 12345);

  Console.ReadLine();   // Keep shared memory alive until user hits Enter.

  File.Delete (file);
}
```

```
static void Reader()
{
  // This can run in a separate executable:
  var file = Path.Combine (TestDirectory, "interprocess.bin");
  using FileStream fs =
    new FileStream (file, FileMode.Open, FileAccess.ReadWrite,
                    FileShare.ReadWrite);
  using MemoryMappedFile mmf = MemoryMappedFile

    .CreateFromFile (fs, null, fs.Length, MemoryMappedFileAccess.ReadWrite,
                     HandleInheritability.None, true);
  using MemoryMappedViewAccessor accessor = mmf.CreateViewAccessor();

  Console.WriteLine (accessor.ReadInt32 (0));    // 12345
}

static string TestDirectory =>
  RuntimeInformation.IsOSPlatform (OSPlatform.Windows)
    ?  @"C:\Test"
    : "/tmp";
```

15.8.4 使用视图访问器

在 MemoryMappedFile 对象上调用 CreateViewAccessor 就可以得到一个视图访问器。视图访问器提供了在随机位置读写值的功能。

Read*/Write* 方法可以支持数值类型、bool、char，以及包含值类型元素或字段的数组和结构体。但它不支持引用类型或者包含引用类型的结构体或数组，因为引用类型是无法映射到非托管内存中的。因此，如果要向其中写入字符串就需要将字符串编码为字节数组：

```
byte[] data = Encoding.UTF8.GetBytes ("This is a test");
accessor.Write (0, data.Length);
accessor.WriteArray (4, data, 0, data.Length);
```

注意，我们先指定了长度。这意味着我们知道后面需要读取多少个字节：

```
byte[] data = new byte [accessor.ReadInt32 (0)];
accessor.ReadArray (4, data, 0, data.Length);
Console.WriteLine (Encoding.UTF8.GetString (data));    // This is a test
```

以下是一个读写结构体的示例：

```
struct Data { public int X, Y; }
...
var data = new Data { X = 123, Y = 456 };
accessor.Write (0, ref data);
accessor.Read (0, out data);
Console.WriteLine (data.X + " " + data.Y);    // 123 456
```

遗憾的是，Read 和 Write 方法执行速度相当缓慢。若要获得更好的性能，可以直接通过指针访问非托管内存。以下示例承接上述例子的代码：

```
unsafe
{
  byte* pointer = null;
  try
  {
    accessor.SafeMemoryMappedViewHandle.AcquirePointer (ref pointer);
    int* intPointer = (int*) pointer;
    Console.WriteLine (*intPointer);              // 123
  }
  finally
  {
    if (pointer != null)
      accessor.SafeMemoryMappedViewHandle.ReleasePointer ();
  }
}
```

要执行上述代码，则必须修改 .csproj 文件的内容，允许工程中包含不安全的代码：

```
<PropertyGroup>
  <AllowUnsafeBlocks>true</AllowUnsafeBlocks>
</PropertyGroup>
```

指针的性能优势在处理大型结构时会更加凸显，因为它可以直接处理原始数据，而不是通过 Read 和 Write 方法在托管和非托管内存间复制数据。我们将在第 24 章对相关内容进行详细介绍。

第 16 章

网络

.NET 在 System.Net.* 命名空间中包含了支持各种网络标准的类，例如，HTTP 和 TCP/IP。以下列出了其中的主要组件：

- HttpClient 类：消费 HTTP Web API 和 RESTful 服务。

- HttpListener 类：用于编写 HTTP 服务器。

- SmtpClient 类：构造并通过 SMTP 协议发送邮件。

- Dns 类：用于进行域名和地址之间的转换。

- TcpClient 类、UdpClient 类、TcpListener 类和 Socket 类：用于直接访问传输层和网络层

本章介绍的 .NET 类型均位于 System.Net.* 和 System.IO 命名空间中。

.NET 还提供了客户端 FTP 协议的支持，但相关的类型在 .NET 6 中均被标记为"过期"(obsolete)。因此，如果需要使用 FTP 协议，目前最佳方案是使用其他的 NuGet 库，例如，FluentFTP。

16.1 .NET 网络架构

图 16-1 列出了 .NET 网络编程类型以及所对应的通信层，其中大多数类型位于传输层或者应用层。传输层定义了发送和接收字节的基础协议（TCP 和 UDP），而应用层则定义了为特定应用程序设计的上层协议，例如，下载网页（HTTP）、发送邮件（SMTP）以及在域名和 IP 地址间进行转换（DNS）。

通常情况下，在应用层上编程是最方便的。然而，有时出于特定的原因，我们必须直接在传输层上进行操作，例如，当需要使用一种 .NET 并未提供的协议（例如，用于接收邮件的 POP3 协议）时。此外，当需要发明一种用于特定应用程序的自定义协议（例如，对等客户端）时也是如此。

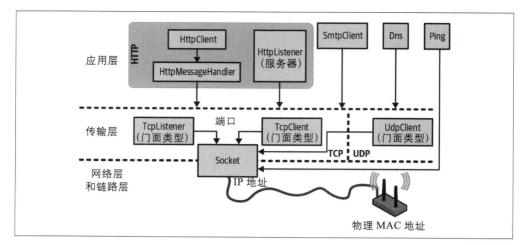

图 16-1：.NET 网络架构

在应用层协议中，HTTP 协议是用途广泛的通用通信协议。它的基本运行方式是将"请给我这个 URL 上的页面"适配为"请返回使用这些参数调用这个终结点的结果"。（HTTP 协议支持的动词除 get 之外，还有 put、post 和 delete，它们均可用于 REST 服务。）

HTTP 协议的丰富特性非常适用于多层业务应用程序及面向服务的架构，它支持验证、加密、分块消息传输、可扩展的头部和 cookie，并允许多个服务器应用程序共享同一个端口和 IP 地址。因此，.NET 对 HTTP 协议提供了完善的支持，除本章介绍的内容之外，还有更高层的框架支持，如 Web API 以及 ASP.NET Core。

如前面所见，网络是一个充满了缩略语的领域。表 16-1 列出了其中的常用术语及缩写。

表 16-1：网络术语缩写

缩写	全称	说明
DNS	Domain Name Service（域名服务）	在域名（例如，*ebay.com*）和 IP 地址（例如，199.54.213.2）之间进行转换
FTP	File Transfer Protocol（文件传输协议）	基于 Internet 的文件发送和接收的协议
HTTP	Hypertext Transfer Protocol（超文本传输协议）	用于获得网页或运行 Web 服务
IIS	Internet Information Service（Internet 信息服务）	Microsoft 的 Web 服务器软件
IP	Internet Protocol（Internet 协议）	TCP 与 UDP 之下的网络层协议
LAN	Local Area Network（局域网）	大多数 LAN 使用了 TCP/IP 等基于 Internet 的协议

表 16-1：网络术语缩写（续）

缩写	全称	说明
POP	Post Office Protocol（邮局协议）	用于接收 Internet 邮件
REST	REpresentational State Transfer（表述性状态转移）	流行的网络服务架构，它在响应中使用机器可追踪的链接，并可以在基础 HTTP 协议上工作
SMTP	Simple Mail Transfer Protocol（简单邮件传输协议）	用于发送 Internet 邮件
TCP	Transmission and Control Protocol（传输和控制协议）	传输层 Internet 协议，很多更高层的服务都是基于该协议构建的
UDP	Universal Datagram Protocol（通用数据报协议）	传输层 Internet 协议，多用于低开销的服务（例如，VoIP）
UNC	Universal Naming Convention（通用名称转换）	\\computer\sharename\filename
URI	Uniform Resource Identifier（统一资源标识符）	广泛使用的资源命名系统（例如，http://www.amazon.com 或者 mailto:joe@bloggs.org）
URL	Uniform Resource Locator（统一资源定位符）	其技术含义为（已逐渐停止使用）URI 的子集，而应用上的含义为 URI 的简称

16.2 地址与端口

计算机或其他设备需要一个地址才能够进行通信。Internet 使用了如下两套地址系统：

IPv4

> 它是目前主流的地址系统。IPv4 有 32 位宽。如果用字符串表示，则可以写为用点分隔的四个十进制数（例如，101.102.103.104）。地址可以是全世界唯一的，也可以在一个子网中是唯一的（例如，企业网络）。

IPv6

> 它是更新的 128 位地址系统。这些地址用字符串表示为以冒号分隔的十六进制数（例如，[3EA0:FFFF:198A:E4A3:4FF2:54fA:41BC:8D31]）。.NET Core 中要求要在 IPv6 地址前后加上方括号。

System.Net 命名空间的 IPAddress 类是采用其中任意一种协议的地址。若要实例化地址，可以令它的构造器接受一个字节数组，也可以使用静态 Parse 方法并传入正确格式化的字符串。

```
IPAddress a1 = new IPAddress (new byte[] { 101, 102, 103, 104 });
IPAddress a2 = IPAddress.Parse ("101.102.103.104");
Console.WriteLine (a1.Equals (a2));                    // True
```

```
Console.WriteLine (a1.AddressFamily);                        // InterNetwork

IPAddress a3 = IPAddress.Parse
  ("[3EA0:FFFF:198A:E4A3:4FF2:54fA:41BC:8D31]");
Console.WriteLine (a3.AddressFamily);     // InterNetworkV6
```

TCP 和 UDP 协议将每一个 IP 地址划分为 65 535 个端口，从而允许一台计算机在一个地址上运行多个应用程序，每一个应用程序使用一个端口。许多应用程序都分配有标准端口，例如，HTTP 默认使用 80 端口，而 SMTP 使用 25 端口。

TCP 和 UDP 协议中从 49512 到 65535 的端口是未分配端口，因此它可以用于测试及小规模部署。

IP 地址和端口组合在 .NET 中是使用 `IPEndPoint` 类表示的：

```
IPAddress a = IPAddress.Parse ("101.102.103.104");
IPEndPoint ep = new IPEndPoint (a, 222);      // Port 222
Console.WriteLine (ep.ToString());            // 101.102.103.104:222
```

防火墙可以阻挡端口通信。在许多企业环境中，只有少数端口是开放的，通常情况下只会开放 80 端口（不加密 HTTP）和 443 端口（安全的 HTTP）。

16.3 URI

URI 是一个具有特殊格式的字符串，它描述了一个 Internet 或 LAN 资源，如网页、文件，或者电子邮件地址。例如，*http:// www.ietf.org*、*ftp://myisp/doc.txt* 以及 *mailto:joe@gloggs.com*。URI 的确切格式是由 Internet 工程任务组（Internet Engineering Task Force，IETF）定义的。

URI 可分为三个组成部分：协议（scheme）、权限（authority）及路径（path）。`System` 命名空间的 `Uri` 类采用的正是这种划分方式，并为每一个部分提供了相应的属性，如图 16-2 所示。

`Uri` 类适用于验证 URI 字符串的格式，并将 URI 划分为相应的组成部分。在其他情况下，你可以将 URI 单纯地看作字符串，大多数网络相关的方法都提供了接受 `Uri` 对象和字符串的重载。

我们可以向 `Uri` 类的构造器中传递以下几种字符串来创建 `Uri` 对象：

- URI 字符串，例如，*http://www.ebay.com* 或者 *file://janespc/sharedpics/dolphin.jpg*。

- 硬盘中文件的绝对路径，例如，*c:\myfiles\data.xlsx* 或者 */tmp/myfiles/data.xlsx*

（UNIX）。

- LAN 中文件的 UNC 路径，例如，*janespc\sharedpics\dolphin.jpg*。

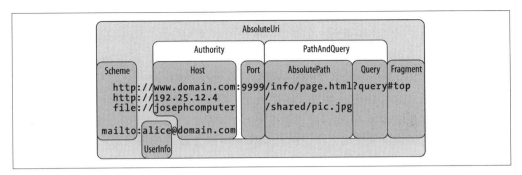

图 16-2：URI 的属性

文件和 UNC 路径会自动转换为 URI，首先添加"file:"协议，其次将反斜杠转换为斜杠。Uri 的构造器在创建 Uri 对象前还会执行一些基本的清理工作，包括将协议和主机名称转换为小写、删除默认端口号或者空端口号。如果没有提供 URI 协议，例如 *www. test.com*，则还将抛出 UriFormatException 异常。

Uri 的 IsLoopback 属性表示 Uri 是否引用本地主机（IP 地址为 127.0.0.1），IsFile 属性则表示该 Uri 是否引用了一个本地或者 UNC 路径（IsUnc。注意，IsUnc 对于使用 Samba 共享挂接到 Linux 文件系统的路径将返回 false）。如果 IsFile 返回 true，则 LocalPath 属性将返回一个符合本地操作系统命名习惯（根据操作系统会选择斜杠或者反斜杠字符）的绝对路径 AbsolutePath。而我们可以直接使用该路径调用 File.Open 方法。

Uri 实例还拥有一些只读属性。若希望修改一个给定的 Uri 对象，则需要创建一个 UriBuilder 对象，它具有相应的可写属性并可以通过 Uri 属性转换为 Uri 对象。

Uri 还提供了比较或者截取路径的方法：

```
Uri info = new Uri ("http://www.domain.com:80/info/");
Uri page = new Uri ("http://www.domain.com/info/page.html");

Console.WriteLine (info.Host);      // www.domain.com
Console.WriteLine (info.Port);      // 80
Console.WriteLine (page.Port);      // 80  (Uri knows the default HTTP port)

Console.WriteLine (info.IsBaseOf (page));       // True
Uri relative = info.MakeRelativeUri (page);
Console.WriteLine (relative.IsAbsoluteUri);     // False
Console.WriteLine (relative.ToString());        // page.html
```

我们可以访问相对 Uri 对象（如本例中的 *page.html*）的 IsAbsoluteUri 属性与 ToString() 方法，但访问其他成员都会抛出异常。我们可以按照以下方式直接实例化一个相对 Uri：

```
Uri u = new Uri ("page.html", UriKind.Relative);
```

 URI 后的斜杠是非常重要的。服务器会根据它来决定该 URI 是否包含了路径信息。

例如，对于传统的 Web 服务器，假设 URI 为 *http://www.albahari.com/nutshell/*，那么 HTTP 服务器就会在网站的 Web 文件夹中查找名为 *nutshell* 的子文件夹，并返回该文件夹中的默认文档（通常为 *index.html*）。

如果该 URI 结尾处并没有斜杠的话，则 Web 服务器会试图在网站的根目录下寻找名为 *nutshell*（没有扩展名）的文件，而这种行为通常不是我们期望的。如果该文件不存在，则大多数 Web 服务器会将其认定为用户输入错误，并返回 301 永久重定向错误，表示客户端应当尝试在结尾加上斜杠。默认情况下，.NET 的 HTTP 客户端和 Web 浏览器采用相同的行为来处理 301 错误，即使用推荐的 URI 重试一次。这意味着，如果忽略末尾本该添加的斜杠，那么请求仍然是有效的，只是会额外产生一个不必要的回程。

Uri 类还提供了一些静态的辅助方法，例如 EscapeUriString() 方法，会将 ASCII 值大于 127 的所有字符转换为十六进制，从而将一个字符串转换为一个有效的 URL。CheckHostName() 和 CheckSchemeName() 方法接收一个字符串并检查它们指定属性的语法是否正确（但它们不会确定主机或 URI 是否存在）。

16.4 HttpClient

HttpClient 类为 HTTP 客户端操作提供了全新的 API，以替换先前的 WebClient 与 WebRequest/WebResponse 类型（这些类型已经全部被标记为"过期"类型）。

HttpClient 类的出现与如今基于 HTTP 的 Web API 与 REST 服务的发展是密切相关的。除了简单获取网络页面之外，它在处理复杂的协议场景时更加得心应手。具体来说：

- 一个 HttpClient 实例就可以处理多个并发请求。此外，它也能够妥善处理自定义头部信息、cookie 信息，以及身份验证信息。
- HttpClient 支持插件式的自定义消息处理器。这可用于创建单元测试替身，以及创建（日志记录、压缩、加密等）自定义管道。
- HttpClient 有丰富且易于扩展的请求头部与内容类型系统。

 HttpClient 不支持进度报告。如需使用该功能，则可以参考 *http://www.albahari.com/nutshell/code.aspx* 中的 *HttpClient With Progress.linq*。此范例也可以在 LINQPad 的交互式范例库中找到。

使用 HttpClient 的最简单方式是创建一个实例，调用 Get* 方法并提供对应的 URI：

```
string html = await new HttpClient().GetStringAsync ("http://linqpad.net");
```

（除上述方法外，还有 `GetByteArrayAsync` 和 `GetStreamAsync` 方法。）`HttpClient` 的所有 I/O 相关方法都是异步的（没有同步版本）。

与之前的 `WebRequest` 和 `WebResponse` 不同，若想获得 `HttpClient` 的最佳性能，必须重用相同的实例（否则，它将会重复执行诸如 DNS 解析等操作而造成浪费，同时，它也会较长地持有套接字对象）。`HttpClient` 本身支持并发操作，因此可以像以下代码这样同时下载两个网页：

```
var client = new HttpClient();
var task1 = client.GetStringAsync ("http://www.linqpad.net");
var task2 = client.GetStringAsync ("http://www.albahari.com");
Console.WriteLine (await task1);
Console.WriteLine (await task2);
```

`HttpClient` 包含 `Timeout` 属性和 `BaseAddress` 属性（它会为每一个请求添加 URI 前缀）。`HttpClient` 在一定程度上就是一层简单外壳，而大多数属性都定义在 `HttpClientHandler` 类中。若要访问该类，可以先创建一个实例，而后将它传递给 `HttpClient` 的构造器：

```
var handler = new HttpClientHandler { UseProxy = false };
var client = new HttpClient (handler);
...
```

上述示例中的 `HttpClientHandler` 对象禁用了代理支持，这样可以在一定程度上避免自动判断是否使用代理服务器的开销。此外，还有专门控制 cookie、自动重定向、身份验证等功能的属性，我们将会在后续章节介绍它们。

16.4.1 GetAsync 方法与响应消息

`GetStringAsync`、`GetByteArrayAsync` 和 `GetStreamAsync` 方法比通用方法 `GetAsync` 的操作更便捷，`GetAsync` 会返回一个响应消息：

```
var client = new HttpClient();
// The GetAsync method also accepts a CancellationToken.
HttpResponseMessage response = await client.GetAsync ("http://...");
response.EnsureSuccessStatusCode();
string html = await response.Content.ReadAsStringAsync();
```

`HttpResponseMessage` 具有一系列访问头部信息（请参见 16.4.7 节）和 HTTP StatusCode 信息的属性。除非显式调用其 `EnsureSuccessStatusCode` 方法，否则它在响应失败（例如，其状态码为 404）时不会抛出异常。如果出现通信失败或者 DNS 错误，则会抛出异常 `HttpContent` 类的 `CopyToAsync` 方法可将内容数据写入到另一个流中。例如，将输出写到一个文件中：

```
using (var fileStream = File.Create ("linqpad.html"))
    await response.Content.CopyToAsync (fileStream);
```

GetAsync 是与四种 HTTP 动词相关的方法之一（其他的方法为 PostAsync、PutAsync、DeleteAsync）。我们将在稍后的 16.4.9 节中演示 PosyAsync 的用法。

16.4.2 SendAsync 方法与请求消息

HttpClient 中的 GetAsync、PostAsync、PutAsync 和 DeleteAsync 都是对 SendAsync 的快捷调用，而 SendAsync 才是可以满足各种需要的底层方法。要使用这个方法首先必须创建 HttpRequestMessage 对象：

```
var client = new HttpClient();
var request = new HttpRequestMessage (HttpMethod.Get, "http://...");
HttpResponseMessage response = await client.SendAsync (request);
response.EnsureSuccessStatusCode();
...
```

实例化 HttpRequestMessage 对象时可以自定义请求的属性，例如，头部信息（请参见 16.4.7 节）和请求内容（用于上传数据）。

16.4.3 上传数据和 HttpContent

在实例化 HttpRequestMessage 对象后，可以将 Content 属性设置为需要上传的内容。这个属性的类型是抽象类 HttpContent。.NET 提供了以下几种内容子类（当然，我们也可以实现自定义内容类型）：

- ByteArrayContent

- StringContent

- FromUrlEncodedContent（请参见 16.4.9 节）

- StreamContent

例如：

```
var client = new HttpClient (new HttpClientHandler { UseProxy = false });
var request = new HttpRequestMessage (
  HttpMethod.Post, "http://www.albahari.com/EchoPost.aspx");
request.Content = new StringContent ("This is a test");
HttpResponseMessage response = await client.SendAsync (request);
response.EnsureSuccessStatusCode();
Console.WriteLine (await response.Content.ReadAsStringAsync());
```

16.4.4 HttpMessageHandler 类

前面我们介绍过，大多数自定义的请求属性都是在 HttpClientHandler 中，而不是在 HttpClient 中定义的。HttpClientHandler 实际上是抽象类 HttpMessageHandler 的子类。HttpMessageHandler 类的定义如下：

```
public abstract class HttpMessageHandler : IDisposable
```

```
{
    protected internal abstract Task<HttpResponseMessage> SendAsync
        (HttpRequestMessage request, CancellationToken cancellationToken);

    public void Dispose();
    protected virtual void Dispose (bool disposing);
}
```

其中 HttpClient 的 SendAsync 方法会调用 HttpMessageHandler 的 SendAsync 方法。

创建 HttpMessageHandler 的子类很容易，我们还可以通过这种方式扩展 HttpClient 的功能。

16.4.4.1 单元测试和桩

我们可以在 HttpMessageHandler 的子类中实现一个单元测试中的桩替身（mocking handler）：

```
class MockHandler : HttpMessageHandler
{
    Func <HttpRequestMessage, HttpResponseMessage> _responseGenerator;

    public MockHandler
        (Func <HttpRequestMessage, HttpResponseMessage> responseGenerator)
    {
        _responseGenerator = responseGenerator;
    }

    protected override Task <HttpResponseMessage> SendAsync
        (HttpRequestMessage request, CancellationToken cancellationToken)
    {
        cancellationToken.ThrowIfCancellationRequested();
        var response = _responseGenerator (request);
        response.RequestMessage = request;
        return Task.FromResult (response);
    }
}
```

替身的构造器接受一个函数为桩替身生成请求的响应。这种做法可以用一个替身测试多个请求，因此也是最常见的做法。

我们可以在 SendAsync 中使用同步的 Task.FromResult，也可以使用异步的响应生成器生成 Task<HttpResponseMessage>。一般来说，桩替身的运行时间非常短暂，因此维持异步性是没有必要的。以下的例子展示了桩替身的用法：

```
var mocker = new MockHandler (request =>
    new HttpResponseMessage (HttpStatusCode.OK)
    {
        Content = new StringContent ("You asked for " + request.RequestUri)
    });

var client = new HttpClient (mocker);
var response = await client.GetAsync ("http://www.linqpad.net");
```

```
string result = await response.Content.ReadAsStringAsync();
Assert.AreEqual ("You asked for http://www.linqpad.net/", result);
```

（Assert.AreEqual 是单元测试框架，例如，在 NUnit 中定义的方法。）

16.4.4.2 使用 DelegateHandler 串联请求处理器

我们可以在 DelegateHandler 的子类中调用其他处理器（形成处理器链）。这种方式可用于实现自定义身份验证、压缩以及加密协议。以下程序展示了一个简单的日志处理器：

```
class LoggingHandler : DelegateHandler
{
  public LoggingHandler (HttpMessageHandler nextHandler)
  {
     InnerHandler = nextHandler;
  }

  protected async override Task <HttpResponseMessage> SendAsync
    (HttpRequestMessage request, CancellationToken cancellationToken)
  {
    Console.WriteLine ("Requesting: " + request.RequestUri);
    var response = await base.SendAsync (request, cancellationToken);
    Console.WriteLine ("Got response: " + response.StatusCode);
    return response;
  }
}
```

请注意，本例在重写 SendAsync 的时候保持了异步性，且在重写返回 Task 的方法时在签名上添加 async 修饰符是完全合法的。

一般来说，我们不会将信息写到控制台上，而是写到日志记录对象上（通过构造器传入）。还可以在构造器中传入 Action<T> 委托来规定如何记录请求和响应对象。

16.4.5 代理

代理服务器是一个负责转发 HTTP 请求的中间服务器。有时，一些组织会搭建一个代理服务器来作为员工访问 Internet 的唯一方式（主要是为了简化安全性）。代理本身拥有地址，并可以执行身份验证，使得只有局域网中的特定用户可以访问 Internet。

如果需要使用 HttpClient 访问代理，那么首先需要创建一个 HttpClientHandler，设置其 Proxy 属性，然后将它传递给 HttpClient 的构造器：

```
WebProxy p = new WebProxy ("192.178.10.49", 808);
p.Credentials = new NetworkCredential ("username", "password", "domain");

var handler = new HttpClientHandler { Proxy = p };
var client = new HttpClient (handler);
...
```

将 HttpClientHandler 的 UserProxy 属性设置为 false 即可以禁用自动代理检查功能，

而无须清空 Proxy 属性。

若创建 NetworkCredential 时提供了域名称，那么就会使用基于 Windows 的身份验证协议。如果要使用当前已验证的 Windows 用户，则可以将代理的 Credentials 属性设置为 CredentialCache.DefaultNetworkCredentials。

如需重复设置 Proxy 的值，则可以直接设置全局的默认值，例如：

```
HttpClient.DefaultWebProxy = myWebProxy;
```

16.4.6 身份验证

我们可以使用如下方式为 HttpClient 设置用户名和密码：

```
string username = "myuser";
string password = "mypassword";

var handler = new HttpClientHandler();
handler.Credentials = new NetworkCredential (username, password);
var client = new HttpClient (handler);
...
```

这种方法适用于基于对话的身份验证协议，如 Basic 和 Digest。还可以使用 Authenti-cationManager 类扩展此类协议。它还可以支持 Windows NTLM 协议和 Kerberos 协议（需要在创建 NetworkCredential 对象时提供一个域名称）。如果要使用当前认证的 Windows 用户，则可以将 Credentials 设置为 null 并将 UserDefaultCredentials 设置为 true。

在我们提供了身份验证凭据后，HttpClient 会自动协商兼容的协议。在特定情况下，还可以进行选择，例如，Microsoft Exchange 服务器的网页邮件页面的初始响应中可能会包含如下头部信息：

```
HTTP/1.1 401 Unauthorized
Content-Length: 83
Content-Type: text/html
Server: Microsoft-IIS/6.0
WWW-Authenticate: Negotiate
WWW-Authenticate: NTLM
WWW-Authenticate: Basic realm="exchange.somedomain.com"
X-Powered-By: ASP.NET
Date: Sat, 05 Aug 2006 12:37:23 GMT
```

401 代码表示需要进行授权，"WWW-Authenticate"头部信息表明服务器已经识别了身份验证的协议。如果在 HttpClientHandler 对象中配置了正确的用户名和密码，则你不会看到这条信息，因为运行时会自动选择兼容的身份验证协议，在原始请求上添加额外的头部信息，并重新提交。例如：

```
Authorization: Negotiate TlRMTVNTUAAABAAAt5II2gjACDArAAACAwACACgAAAAQ
ATmKAAAAD0lVDRdPUksHUq9VUA==
```

这种机制是透明无感知的，但是它会在每一个请求上产生额外的回程开销。若将 HttpClientHandler 上的 PreAuthenticate 属性设置为 true，则可以避免在相同的 URI 的后续请求上继续产生回程开销。

16.4.6.1 CredentialCache 类

CredentialCache 对象可以强制使用特定的身份验证协议。凭据缓存包含一个或者多个 NetworkCredential 对象，其中每一个对象都对应了一种特定的协议与 URI 前缀。例如，我们不希望在登录 Exchange Server 时使用 Basic 协议，因为这种协议会使用明文方式传输密码：

```
CredentialCache cache = new CredentialCache();
Uri prefix = new Uri ("http://exchange.somedomain.com");
cache.Add (prefix, "Digest",  new NetworkCredential ("joe", "passwd"));
cache.Add (prefix, "Negotiate", new NetworkCredential ("joe", "passwd"));

var handler = new HttpClientHandler();
handler.Credentials = cache;
...
```

其中，身份验证协议用一个字符串表示，有效的协议字符串包括：

```
Basic, Digest, NTLM, Kerberos, Negotiate
```

在这个例子中使用了 Negotiate，因为服务器没有在它的验证头部信息中表示它可以支持 Digest 协议。Negotiate 是一种 Windows 协议，目前是 Kerberos 或者是 NTLM，这取决于服务器的功能。但它确保了前向兼容性，可以在后续部署未来的安全标准。

CredentialCache.DefaultNetworkCredentials 静态属性可将当前验证的 Windows 用户添加到凭据缓存中，而不需要重复指定密码：

```
cache.Add (prefix, "Negotiate", CredentialCache.DefaultNetworkCredentials);
```

16.4.6.2 使用头部信息进行身份验证

我们还可以直接设置验证头部信息来实现身份验证：

```
var client = new HttpClient();
client.DefaultRequestHeaders.Authorization =
  new AuthenticationHeaderValue ("Basic",
    Convert.ToBase64String (Encoding.UTF8.GetBytes ("username:password")));
...
```

这个方法同样适用于自定义身份验证系统，如 OAuth。

16.4.7 头部信息

HttpClient 允许在请求中添加自定义的 HTTP 头部信息，也可以枚举响应中的头部信息。头部信息（例如，消息的内容类型或服务器软件）是由一些包含元数据的键值对组成的。HttpClient 将标准的 HTTP 头部信息包装为强类型的具备各种属性的集合，并且 DefaultRequestHeaders 属性中的头部信息设置将出现在每一个请求中：

```
var client = new HttpClient (handler);

client.DefaultRequestHeaders.UserAgent.Add (
  new ProductInfoHeaderValue ("VisualStudio", "2022"));

client.DefaultRequestHeaders.Add ("CustomHeader", "VisualStudio/2022");
```

HttpRequestMessage 类的 Headers 属性则包含了特定请求中的头部信息。

16.4.8 查询字符串

查询字符串是一个以问号开始的、附加在 URI 后的字符串，用于向服务器发送简单的数据。使用以下语法就可以在查询字符串中指定多个键值对：

```
?key1=value1&key2=value2&key3=value3...
```

以下示例展示了一个具有查询字符串的 URI：

```
string requestURI = "http://www.google.com/search?q=HttpClient&hl=fr";
```

如果查询中包含符号或空格，那么必须使用 Uri 的 EscapeDataString 方法才能创建合法的 URI：

```
string search = Uri.EscapeDataString ("(HttpClient or HttpRequestMessage)");
string language = Uri.EscapeDataString ("fr");
string requestURI = "http://www.google.com/search?q=" + search +
                    "&hl=" + language;
```

而最终的 URI 为：

```
http://www.google.com/search?q=(HttpClient%20OR%20HttpRequestMessage)&hl=fr
```

（EscapeDataString 和 EscapeUriString 类似，但是前者会进行特殊字符的编码，例如，& 或 =，否则这些字符会破坏查询字符串。）

16.4.9 上传表单数据

若要上传表单，则需创建一个 FromUrlEncodedContent 对象，并将其传递给 PostAsync 方法，或给请求的 Content 属性赋值：

```
string uri = "http://www.albahari.com/EchoPost.aspx";
var client = new HttpClient();
var dict = new Dictionary<string,string>
{
    { "Name", "Joe Albahari" },
    { "Company", "O'Reilly" }
};
var values = new FormUrlEncodedContent (dict);
```

```
var response = await client.PostAsync (uri, values);
response.EnsureSuccessStatusCode();
Console.WriteLine (await response.Content.ReadAsStringAsync());
```

16.4.10 cookie

cookie 是一种名称或值的字符串对，HTTP 服务器将其放在响应的头部信息中发送给客户端。Web 浏览器客户端通常会记录 cookie，并在它过期之前将其附加在（相同地址的）所有的后续请求上发送给服务器。服务器可以通过 cookie 得知之前是否曾和相同的客户端进行过交互，从而不再需要在 URI 上重复添加复杂的查询字符串。

默认情况下，HttpClient 会忽略从服务器收到的 cookie。若需要接收 cookie，则需要创建一个 CookieContainer 对象，并赋值给 HttpClientHandler 对象：

```
var cc = new CookieContainer();
var handler = new HttpClientHandler();
handler.CookieContainer = cc;
var client = new HttpClient (handler);
...
```

若要在未来的请求中包含接收到的 cookie，则只需复用 CookieContainer 对象。此外，我们还可以创建一个全新的 CookieContainer，然后使用以下代码手动添加 cookie：

```
Cookie c = new Cookie ("PREF",
                       "ID=6b10df1da493a9c4:TM=1179...",
                       "/",
                       ".google.com");
freshCookieContainer.Add (c);
```

第三个和第四个参数表示发起者的路径和域名。客户端上的 CookieContainer 可以保存来自不同位置的 cookie，HttpClient 只会向和 cookie 中的域名与路径匹配的服务器发送 cookie。

16.5 编写 HTTP 服务器

 如果你希望在 .NET 6 中编写 HTTP 服务器，除下文记述的方法外，还可以使用高层的 ASP.NET 最小化 API。其初始代码如下：

```
var app = WebApplication.CreateBuilder().Build();
app.MapGet ("/", () => "Hello, world!");
app.Run();
```

我们可以使用 HttpListener 类编写自定义的 HTTP 服务器。以下是一个示例 HTTP 服务器，它会监听端口 51111，等待一个客户端请求，然后返回一个单行文本的响应：

```
using var server = new SimpleHttpServer();

// Make a client request:
```

```
Console.WriteLine (await new HttpClient().GetStringAsync
  ("http://localhost:51111/MyApp/Request.txt"));

class SimpleHttpServer : IDisposable
{
  readonly HttpListener listener = new HttpListener();

  public SimpleHttpServer() => ListenAsync();
  async void ListenAsync()
  {
    listener.Prefixes.Add ("http://localhost:51111/MyApp/");  // Listen on
    listener.Start();                                         // port 51111

    // Await a client request:
    HttpListenerContext context = await listener.GetContextAsync();

    // Respond to the request:
    string msg = "You asked for: " + context.Request.RawUrl;
    context.Response.ContentLength64 = Encoding.UTF8.GetByteCount (msg);
    context.Response.StatusCode = (int)HttpStatusCode.OK;

    using (Stream s = context.Response.OutputStream)
    using (StreamWriter writer = new StreamWriter (s))
      await writer.WriteAsync (msg);
  }

  public void Dispose() => listener.Close();
}

OUTPUT: You asked for: /MyApp/Request.txt
```

在 Windows 操作系统中，HttpListener 在内部并不会使用 .NET 的 Socket 对象，相反，它调用的是 Windows HTTP Server API。这个 API 允许多个应用程序监听相同的 IP 地址和端口，而前提是每一个应用程序都需要注册不同的地址前缀。在我们的例子中，都注册了前缀 *http://localhost/myapp*，因此另一个应用程序也可以用其他的前缀，例如，*http://localhost/anotherapp*，监听相同的 IP 和端口。这是非常有价值的，因为一般在企业防火墙中开放新的端口需要进行一系列的审批。

当调用 GetContext 方法时，HttpListener 会等待下一个客户端请求，并返回一个包含 Request 和 Response 属性的对象。它们同 HttpClient 的请求与响应很相似，但是是从服务器的角度进行设计的。我们也可以像客户端那样，读写请求和响应对象的头部信息和 cookie。

我们可以评估客户端受众的情况来选择支持的 HTTP 协议特性。至少，每一个请求都需要设置内容长度和状态码。

以下是一个非常简单的、支持异步写入的网页服务器：

```
using System;
using System.IO;
using System.Net;
using System.Text;
```

```
using System.Threading.Tasks;

class WebServer
{
  HttpListener _listener;
  string _baseFolder;      // Your web page folder.

  public WebServer (string uriPrefix, string baseFolder)
  {
    _listener = new HttpListener();
    _listener.Prefixes.Add (uriPrefix);
    _baseFolder = baseFolder;
  }

  public async void Start()
  {
    _listener.Start();
    while (true)
      try
      {
        var context = await _listener.GetContextAsync();
        Task.Run (() => ProcessRequestAsync (context));
      }
      catch (HttpListenerException)    { break; }   // Listener stopped.
      catch (InvalidOperationException) { break; }   // Listener stopped.
  }
  public void Stop() => _listener.Stop();

  async void ProcessRequestAsync (HttpListenerContext context)
  {
    try
    {
      string filename = Path.GetFileName (context.Request.RawUrl);
      string path = Path.Combine (_baseFolder, filename);
      byte[] msg;
      if (!File.Exists (path))
      {
        Console.WriteLine ("Resource not found: " + path);
        context.Response.StatusCode = (int) HttpStatusCode.NotFound;
        msg = Encoding.UTF8.GetBytes ("Sorry, that page does not exist");
      }
      else
      {
        context.Response.StatusCode = (int) HttpStatusCode.OK;
        msg = File.ReadAllBytes (path);
      }
      context.Response.ContentLength64 = msg.Length;
      using (Stream s = context.Response.OutputStream)
        await s.WriteAsync (msg, 0, msg.Length);
    }
    catch (Exception ex) { Console.WriteLine ("Request error: " + ex); }
  }
}
```

以下是启动服务的代码：

```
// Listen on port 51111, serving files in d:\webroot:
```

```
var server = new WebServer ("http://localhost:51111/", @"d:\webroot");
try
{
  server.Start();
  Console.WriteLine ("Server running... press Enter to stop");
  Console.ReadLine();
}
finally { server.Stop(); }
```

你可以使用任何一个网络浏览器在客户端对服务器进行测试，在本例中，URI 是 *http://localhost:51111* 加上网页的名称。

 如果其他软件占用了同一个端口，那么 `HttpListener` 是不会启动的（除非这个软件也使用了 Windows HTTP Server API）。通常，监听 80 端口的应用程序有 Web 服务器，或者像 Skype 这样的点对点程序。

我们使用异步函数提高服务器的可伸缩性和运行效率。然而，若从 UI 线程启动该服务器，则会影响可伸缩性，因为每一个请求的执行过程都会在执行 `await` 之后返回 UI 线程。这种开销是毫无意义的，因为我们并没有共享的状态。因此在具有 UI 的情形下，最好不要和 UI 线程产生联系，可以使用：

```
Task.Run (Start);
```

也可以在调用 `GetContextAsync` 之后调用 `ConfigureAwait(false)`。

注意，虽然 `ProcessRequestAsync` 已经是异步方法，但是我们还是使用了 `Task.Run` 去调用该方法。这使得调用者可以立即处理另一个请求，而无须先等待方法的同步代码执行完毕（第一个 `await` 之前）。

16.6 使用 DNS

静态的 `Dns` 类封装了域名服务，将原始的 IP 地址（例如，66.135.192.87）转换为易于识别的域名（例如，*ebay.com*）。

`GetHostAddress` 方法可以将域名转换为 IP 地址（或一系列 IP 地址）：

```
foreach (IPAddress a in Dns.GetHostAddresses ("albahari.com"))
  Console.WriteLine (a.ToString());      // 205.210.42.167
```

`GetHostEntry` 方法则执行相反的操作，将地址反向转换为域名：

```
IPHostEntry entry = Dns.GetHostEntry ("205.210.42.167");
Console.WriteLine (entry.HostName);                 // albahari.com
```

`GetHostEntry` 还可以接受一个 `IPAddress` 对象，因此我们可以用一个字节数组来表示 IP 地址：

```
IPAddress address = new IPAddress (new byte[] { 205, 210, 42, 167 });
IPHostEntry entry = Dns.GetHostEntry (address);
Console.WriteLine (entry.HostName);                    // albahari.com
```

当我们使用 WebRequest 或者 TcpClient 时，域名会自动解析为 IP 地址。若应用程序会反复向同一个地址发送网络请求，为了提高性能可以显式使用 Dns 将域名转换为 IP 地址，而后直接对 IP 地址进行通信。这样可以避免重复解析同一个域名，尤其有益于（通过 TcpClient、UdpClient 或 Socket）处理传输层通信。

DNS 类还提供了基于任务的异步等待的方法：

```
foreach (IPAddress a in await Dns.GetHostAddressesAsync ("albahari.com"))
    Console.WriteLine (a.ToString());
```

16.7 通过 SmtpClient 类发送邮件

System.Net.Mail 命名空间中的 SmtpClient 类可使用简单邮件传输协议（Simple Mail Transfer Protocol, SMTP）发送电子邮件。若要发送一段简单的文本消息，则首先需要实例化 SmtpClient，并将 Host 属性设置为 SMTP 服务器的地址，最后调用 Send 方法发送邮件：

```
SmtpClient client = new SmtpClient();
client.Host = "mail.myserver.com";
client.Send ("from@adomain.com", "to@adomain.com", "subject", "body");
```

MailMessage 对象支持很多选项，包括添加附件：

```
SmtpClient client = new SmtpClient();
client.Host = "mail.myisp.net";
MailMessage mm = new MailMessage();

mm.Sender = new MailAddress ("kay@domain.com", "Kay");
mm.From   = new MailAddress ("kay@domain.com", "Kay");
mm.To.Add (new MailAddress ("bob@domain.com", "Bob"));
mm.CC.Add (new MailAddress ("dan@domain.com", "Dan"));
mm.Subject = "Hello!";
mm.Body = "Hi there. Here's the photo!";
mm.IsBodyHtml = false;
mm.Priority = MailPriority.High;

Attachment a = new Attachment ("photo.jpg",
                                System.Net.Mime.MediaTypeNames.Image.Jpeg);
mm.Attachments.Add (a);
client.Send (mm);
```

为了防止垃圾邮件，Internet 中的大多数 SMTP 服务器都只接受认证过的链接，并要求必须使用 SSL 进行通信：

```
var client = new SmtpClient ("smtp.myisp.com", 587)
{
```

```
    Credentials = new NetworkCredential ("me@myisp.com", "MySecurePass"),
    EnableSsl = true
  };
  client.Send ("me@myisp.com", "someone@somewhere.com", "Subject", "Body");
  Console.WriteLine ("Sent");
```

更改 DeliveryMethod 属性的值可以令 SmtpClient 通过 IIS 发送邮件，或者直接将所有消息写到指定目录下的 *.eml* 文件中，这种方式非常适用于开发工作：

```
SmtpClient client = new SmtpClient();
client.DeliveryMethod = SmtpDeliveryMethod.SpecifiedPickupDirectory;
client.PickupDirectoryLocation = @"c:\mail";
```

16.8 使用 TCP

大多数 Internet 与局域网（LAN）服务都是构建在 TCP 或者 UDP 这种传输层服务协议之上的。HTTP（HTTP 2 以及更早的版本）、FTP 和 SMTP 使用 TCP，DNS 以及 HTTP 3 则使用 UDP。TCP 是面向连接的，具有可靠性机制，而 UDP 则是无连接的，开销更小，并支持广播。BitTorrent 和 Voice over IP（VoIP）都使用了 UDP。

传输层比上层协议具有更高的灵活性，性能一般也更好。但是它需要用户自行处理诸如身份验证和加密这类具体的任务。

在 .NET 中，既可以使用易用的 TcpClient 和 TcpListener 门面类，也可以使用功能丰富的 Socket 类（实际上上述类型还可以混合使用，例如，可以通过 TcpClient 的 Client 属性访问底层的 Socket 对象）。Socket 类包含更多的配置选项，并可以直接进行网络层（IP）访问。此外，它还支持一些非 Internet 的协议，例如，Novell 的 SPX/IPX 协议。

和其他协议类似，TCP 也区分客户端和服务器，客户端发起请求，而服务器等待请求。以下示例展示了 TCP 客户端做同步请求的基本结构：

```
using (TcpClient client = new TcpClient())
{
  client.Connect ("address", port);
  using (NetworkStream n = client.GetStream())
  {
    // Read and write to the network stream...
  }
}
```

TcpClient 的 Connect 方法会在连接建立之前保持阻塞状态（ConnectAsync 是它对应的异步方法）。NetworkStream 则提供了双向通信的能力，既可以向服务器发送数据，也可以接收数据。

以下代码展示了一个简单的 TCP 服务器：

```
TcpListener listener = new TcpListener (<ip address>, port);
listener.Start();

while (keepProcessingRequests)
  using (TcpClient c = listener.AcceptTcpClient())
  using (NetworkStream n = c.GetStream())
  {
    // Read and write to the network stream...
  }

listener.Stop();
```

TcpListener 需要指定待监听的本地 IP 地址（例如，有两块网卡的计算机有可能拥有两个地址）。可以使用 IPAddress.Any 监听所有（或只监听）本地 IP 地址。AcceptTcpClient 方法会在接收到客户端请求之前保持阻塞状态（该方法也有相应的异步方法）。在接收到客户端请求后，就可以和客户端一样，调用 GetStream 方法。

当在传输层进行操作时，我们需要一个协议来确定谁来发起通话，何时通话，以及通话时间有多长，就像对讲机那样。如果双方同时发起通话或者同时接听，那么通信就会中断！

现在让我们发明一种协议，其中，客户端先发送"Hello"，而后服务器响应"Hello right back!"。以下是实现代码：

```
using System;
using System.IO;
using System.Net;
using System.Net.Sockets;
using System.Threading;

new Thread (Server).Start();      // Run server method concurrently.
Thread.Sleep (500);               // Give server time to start.
Client();

void Client()
{
  using (TcpClient client = new TcpClient ("localhost", 51111))
  using (NetworkStream n = client.GetStream())
  {
    BinaryWriter w = new BinaryWriter (n);
    w.Write ("Hello");
    w.Flush();
    Console.WriteLine (new BinaryReader (n).ReadString());
  }
}

void Server()      // Handles a single client request, then exits.
{
  TcpListener listener = new TcpListener (IPAddress.Any, 51111);
  listener.Start();
  using (TcpClient c = listener.AcceptTcpClient())
  using (NetworkStream n = c.GetStream())
  {
```

```
      string msg = new BinaryReader (n).ReadString();
      BinaryWriter w = new BinaryWriter (n);
      w.Write (msg + " right back!");
      w.Flush();                      // Must call Flush because we're not
    }                                 // disposing the writer.
    listener.Stop();
  }

  // OUTPUT: Hello right back!
```

在本例中，我们使用 localhost 回环接口在同一台机器上同时运行了客户端和服务器。我们随意在未分配端口范围（大于 49 152）选择了一个端口，然后使用 BinaryWriter 和 BinaryReader 进行文本消息编码。由于在通信结束之前需保证 NetworkStream 处于打开状态，因此我们并未销毁读写器。

BinaryReader 和 BinaryWriter 看似并非读写字符串的最佳选择，但是相对于 StreamReader 和 StreamWriter，其优势在于可以在编码中给字符串添加表示长度的整数前缀。因此 BinaryReader 总能知道需要读取多少个字符。如果调用 StreamReader.ReadToEnd，则可能会无限期阻塞，因为 NetworkStream 并没有结尾！只要连接是打开状态，网络流就无法确定客户端何时停止发送数据。

 事实上，StreamReader 完全不考虑 NetworkStream 的实现，即使是简单的 ReadLine 调用也是如此。这是因为 StreamReader 有一个预读缓冲区，使得读取的字节数多于当前可用的字节数而导致无限阻塞（直到套接字超时为止）。而其他的流类型（例如，FileStream），拥有确定的结尾，流对象的 Read 方法会在结尾处立即返回 0，因此不存在与 StreamReader 的兼容性问题。

并发 TCP 通信

TcpClient 和 TcpListener 均针对可伸缩的并发场景提供了基于任务的异步方法。使用这些方法只需简单地将阻塞方法替换为对应的 *Async 版本，而后等待任务返回。

以下例子实现了一个异步的 TCP 服务器。它接收一个长度为 5000 字节的请求，它会将接收到的字节翻转，而后送回客户端：

```
async void RunServerAsync ()
{
  var listener = new TcpListener (IPAddress.Any, 51111);
  listener.Start ();
  try
  {
    while (true)
      Accept (await listener.AcceptTcpClientAsync ());
  }
  finally { listener.Stop(); }
}
```

```
async Task Accept (TcpClient client)
{
  await Task.Yield ();
  try
  {
    using (client)
    using (NetworkStream n = client.GetStream ())
    {
      byte[] data = new byte [5000];

      int bytesRead = 0; int chunkSize = 1;
      while (bytesRead < data.Length && chunkSize > 0)
        bytesRead += chunkSize =
          await n.ReadAsync (data, bytesRead, data.Length - bytesRead);

      Array.Reverse (data);   // Reverse the byte sequence
      await n.WriteAsync (data, 0, data.Length);
    }
  }
  catch (Exception ex) { Console.WriteLine (ex.Message); }
}
```

上述程序在请求过程中不会阻塞线程，因此是可伸缩的。如果有 1000 个客户端同时通过一个慢速的网络连接到达（例如，每一个请求需要耗费几秒的时间），那么在这段时间里，该程序很可能无须（像同步解决方案那样）创建 1000 个线程，因为它只有在执行 await 表达式前后的代码时才会占用线程。

16.9 使用 TCP 接收 POP3 邮件

.NET 没有在应用层提供任何对 POP3 的支持。因此要想从 POP3 服务器接收邮件就需要在 TCP 层编写代码。所幸这个协议非常简单。POP3 的会话方式如下：

客户端	邮件服务器	说明
客户端连接…	+OK Hello there.	欢迎消息
USER joe	+OK Password required.	
PASS password	+OK Logged in.	
LIST	+OK	列出服务器中每一个消息的 ID 及其大小
	1 1876	
	2 5412	
	3 845	
	.	
RETR 1	+OK 1876 octets	检索指定 ID 的消息
	消息 #1 的内容	
	.	
DELE 1	+OK Deleted.	从服务器删除消息
QUIT	+OK Bye-bye.	

多行的 LIST 和 RETR 命令的响应会在一个独立的行以点号结束，其他的命令和响应则以换行符（CR + LF）结束。由于我们不能使用 StreamReader 读取 NetworkStream，因此我们编写了一个辅助方法以无缓冲的方式读取一行文本：

```
string ReadLine (Stream s)
{
  List<byte> lineBuffer = new List<byte>();
  while (true)
  {
    int b = s.ReadByte();
    if (b == 10 || b < 0) break;
    if (b != 13) lineBuffer.Add ((byte)b);
  }
  return Encoding.UTF8.GetString (lineBuffer.ToArray());
}
```

我们还需要一个辅助方法来发送命令。由于我们总是期望接收到以 +OK 开头的响应，因此可以同时读取和验证响应的内容：

```
void SendCommand (Stream stream, string line)
{
  byte[] data = Encoding.UTF8.GetBytes (line + "\r\n");
  stream.Write (data, 0, data.Length);
  string response = ReadLine (stream);
  if (!response.StartsWith ("+OK"))
    throw new Exception ("POP Error: " + response);
}
```

有了这些方法后，接收邮件的任务就变得很简单了。我们会在 110 端口（默认的 POP3 端口）建立一个 TCP 连接，然后开始与服务器进行通信。在下面的示例中，我们会将每一条邮件的消息书写到一个随机命名的 *.eml* 文件中，而后从服务器删除相应的消息：

```
using (TcpClient client = new TcpClient ("mail.isp.com", 110))
using (NetworkStream n = client.GetStream())
{
  ReadLine (n);                          // Read the welcome message.
  SendCommand (n, "USER username");
  SendCommand (n, "PASS password");
  SendCommand (n, "LIST");               // Retrieve message IDs
  List<int> messageIDs = new List<int>();
  while (true)
  {
    string line = ReadLine (n);          // e.g.,  "1 1876"
    if (line == ".") break;
    messageIDs.Add (int.Parse (line.Split (' ')[0] ));   // Message ID
  }

  foreach (int id in messageIDs)         // Retrieve each message.
  {
    SendCommand (n, "RETR " + id);
    string randomFile = Guid.NewGuid().ToString() + ".eml";
    using (StreamWriter writer = File.CreateText (randomFile))
      while (true)
      {
```

```
            string line = ReadLine (n);       // Read next line of message.
            if (line == ".") break;            // Single dot = end of message.
            if (line == "..") line = ".";      // "Escape out" double dot.
            writer.WriteLine (line);           // Write to output file.
        }
        SendCommand (n, "DELE " + id);         // Delete message off server.
    }
    SendCommand (n, "QUIT");
}
```

在 NuGet 网站也可以找到开源的，支持 POP3 的程序库。除此之外，这些程序库还支持身份验证、TLS/SSL 链接、MIME 解析以及其他相关的协议内容。

第 17 章

程序集

程序集是 .NET 基本部署单元，也是所有类型的容器。程序集包含已编译的类型、中间语言代码（Intermediate Language Code，IL Code）、运行时资源，以及用于标识版本及其他程序集的引用信息。程序集同样定义了类型解析的边界。在 .NET 中，程序集是由单一的扩展名为 .dll 的文件构成的。

当在 .NET 中构建可执行程序时会生成两个文件，一个是程序集文件（.dll），另一个是相应平台下的可执行的启动器（.exe）。

这和 .NET Framework 是不同的，.NET Framework 仅仅生成一个可移植的可执行程序集（Portable Executable assembly，PE assembly）。一个 PE 文件是一个 .exe 扩展名并同时扮演了程序集和启动器两种角色。一个 PE 文件可以同时支持 32 位和 64 位 Windows 操作系统。

本章的大部分类型都位于以下命名空间中：

```
System.Reflection
System.Resources
System.Globalization
```

17.1 程序集的组成部分

程序集包含如下内容：

程序集清单
向 CLR 运行时提供各种信息，例如，程序集的名称、版本以及引用的其他程序集。

应用程序清单
向操作系统提供必要的信息，例如，如何部署该程序集以及是否需要管理员权限。

编译后的类型
程序集中定义的类型的元数据以及编译后的 IL 代码。

资源

嵌入程序集中的其他数据，例如，图像和本地化文本。

尽管程序集几乎总包含编译后的类型，但是在所有这些内容中，只有程序集清单是必需的（除非它是一个资源程序集，请参见 17.5 节）。

17.1.1 程序集清单

程序集清单有如下两个目的：

- 向托管宿主环境描述程序集。
- 它像一个目录一样存储着程序集的模块、类型和资源。

因此，程序集是自描述的。消费者不需要额外的文件就可以发现程序集的数据、类型、函数等所有内容。

 程序集清单并不是显式添加到程序集中的，而是在编译过程中自动嵌入到程序集中的。

以下总结了程序集清单中存储的主要数据：

- 程序集的简单名称。
- 版本号（AssemblyVersion）。
- 程序集的公钥和已签名的哈希值（如果该程序集是强命名程序集）。
- 一系列引用的程序集，包括它们的版本和公钥。
- 程序集中定义的一系列类型。
- 如果该程序集是一个附属程序集，则还包含该程序集的文化设定（AssemblyCulture）。

该清单还可能存储以下信息：

- 该程序集的完整标题和描述信息（AssemblyTitle 和 AssemblyDescription）。
- 公司和版权信息（AssemblyCompany 和 AssemblyCopyright）。
- 该程序集的显示版本（AssemblyInformationalVersion）。
- 自定义数据的其他特性。

这些数据有些来自编译时提供给编译器的参数，例如，引用的程序集列表、给程序集签名所使用的公钥等。而其他的部分来源于程序集自身的特性（请参考括号中的内容）。

 我们可以使用 .NET 的 *ildasm.exe* 查看程序集清单的内容。在第 18 章中，我们将介绍如何使用反射以编程的方式获得程序集清单的内容。

指定程序集的特性

Visual Studio 中项目的"Property"（属性）页面的"Package"（包）选项卡中可以指定常用的程序集特性。该选项卡中的设置会添加到工程文件（*.csproj*）中。

如需指定选项卡之外的特性，除了在 *.csproj* 文件中设置之外还可以在代码中进行指定。（通常我们会在名为 *AssemblyInfo.cs* 的文件中进行这些操作。）

一个专门的特性文件仅仅包含 using 语句和程序集特性声明。例如，如果希望将 internal 范围的类型暴露给单元测试工程，则可以进行如下声明：

```
using System.Runtime.CompilerServices;

[assembly:InternalsVisibleTo("MyUnitTestProject")]
```

17.1.2 应用程序清单（Windows）

应用程序清单是一个 XML 文件，它向操作系统提供程序集相关的信息。程序集清单是在构建过程中作为 Win32 资源嵌入到可执行的启动文件中的。应用程序清单若存在，则会在 CLR 加载该程序集之前进行读取和处理，从而影响 Windows 启动应用程序进程的方式。

.NET 应用程序清单的根元素称为 assembly。其 XML 命名空间为 urn:schemas-microsoft-com:asm.v1：

```
<?xml version="1.0" encoding="utf-8"?>
<assembly manifestVersion="1.0" xmlns="urn:schemas-microsoft-com:asm.v1">
  <!-- contents of manifest -->
</assembly>
```

以下清单内容指示操作系统当前程序集要求获得管理员权限提升：

```
<?xml version="1.0" encoding="utf-8"?>
<assembly manifestVersion="1.0" xmlns="urn:schemas-microsoft-com:asm.v1">
  <trustInfo xmlns="urn:schemas-microsoft-com:asm.v2">
    <security>
      <requestedPrivileges>
        <requestedExecutionLevel level="requireAdministrator" />
      </requestedPrivileges>
    </security>
  </trustInfo>
</assembly>
```

（UWP 应用程序有更加详尽的配置清单，清单内容位于 *Package.appxmanifest* 文件中。其中包含了应用程序所需的功能声明，它决定了需要操作系统分配的权限。编辑该文件的最简单方法是使用 Visual Studio，只需双击配置清单文件就可以在编辑对话框中进行编辑。）

部署应用程序清单

在 Visual Studio 中，如需为 .NET 工程添加程序清单，可以在解决方案管理器（Solution Explorer）中右键单击相应的工程，选择"Add"（添加），然后选择"New Item"（新建

项目）并选择"Application Manifest File"（应用程序清单文件）。在构建过程中，应用
程序清单文件就会嵌入输出的程序集中。

.NET 工具 *ildasm.exe* 会无视嵌入式应用程序清单的存在。而在 Visual Studio
中的解决方案管理器（Solution Explorer）中双击程序集，则可以查看当前程
序集是否存在嵌入式应用程序清单。

17.1.3 模块

程序集的内容实际上是存储在一个或者多个称为模块的中间容器中。一个模块对应一
个包含程序集内容的文件。采用额外的容器层的原因是令一个程序集可以跨越多个文
件。但只有 .NET Framework 才支持该功能，.NET 5 与 .NET Core 并不支持这项功能。
图 17-1 展示了这种关系。

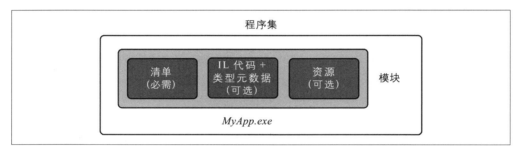

图 17-1：单文件程序集

虽然 .NET 不支持多文件程序集，但也需要时常关注模块这一额外的容器层，其主要应
用场景和反射有关（请参见 18.3 节和 18.6 节）。

17.1.4 Assembly 类

System.Reflection 命名空间下的 Assembly 类是在运行时访问程序集元数据的入口。
获得程序集对象的方式有很多，最简单的方式则是通过 Type 的 Assembly 属性：

```
Assembly a = typeof (Program).Assembly;
```

也可以通过 Assembly 类的静态方法来获得 Assembly 对象：

GetExecutingAssembly
　　返回定义当前正在执行的函数的类型所在的程序集。

GetCallingAssembly
　　和 GetExecutingAssembly 的功能类似，但返回的是调用当前执行函数的类型所在
　　的程序集。

GetEntryAssembly

返回定义应用程序初始入口方法的程序集。

得到 Assembly 对象之后，就可以使用它的属性和方法来查询程序集的元数据或反射其中的类型。表 17-1 列举了相关的函数。

表 17-1：Assembly 类的成员

函数	目的	参见章节
FullName, GetName	返回程序集的完全限定名称，或者返回 AssemblyName 对象	17.3 节
CodeBase, Location	返回程序集文件的位置	17.6 节
Load, LoadFrom, LoadFile	手动将程序集加载到内存中	17.6 节
GetSatelliteAssembly	找到给定文化的附属程序集	17.5 节
GetType, GetTypes	返回程序集中定义的一个类型 / 所有类型	18.1 节
EntryPoint	返回应用程序的入口方法的 MethodInfo	18.2 节
GetModule, GetModules, ManifestModule	返回程序集中的所有模块或者主模块	18.3 节
GetCustomAttribute, GetCustomAttributes	返回程序集的特性标记	18.4 节

17.2 强名称和程序集签名

.NET Framework 在程序集中引入强名称主要出于以下两点原因：

- 它可以将程序集放入全局程序集缓存（global assembly cache）中。
- 它可以被另一个具备强名称的程序集引用。

在 .NET 5 和 .NET Core 中，强名称就不那么重要了，因为这些运行时无须全局程序集缓存，而且它们也没有施加第二点限制。

强命名的程序集具有唯一的标识，它是通过在清单中添加如下两种元数据实现的：

- 属于该程序集作者的唯一编号。
- 程序集签名后的哈希值，以证实该程序集是由持有其唯一编号的作者生成的。

这种机制需要生成一个公钥 / 私钥对。公钥将提供唯一的标识编号，而私钥则负责为程序集签名。

强名称签名与认证代码签名是不同的。我们会在本章后续介绍认证代码签名。

公钥对于保证程序集引用的唯一性很有价值，强命名的程序集会将公钥合并到它的标识中。

在 .NET Framework 中，私钥用以保护程序集不被篡改。在没有私钥的情况下，其他人无法在不破坏签名的情况下发布其他版本。实践中，这主要用于将程序集加载到 .NET Framework 的全局程序集缓存中。在 .NET 5 和 .NET Core 中，这个签名并不重要，因为没有人来检查这个签名。

向"弱命名"的程序集中添加一个强名称会导致其标识的更改。因此，如果一个程序集需要强名称，则有必要在一开始就为它指定强名称。

如何为程序集添加强名称

如需给程序集添加强名称，首先需要使用 *sn.exe* 工具为程序集生成一个公钥 / 私钥对：

```
sn.exe -k MyKeyPair.snk
```

 Visual Studio 在安装时会生成一个名为 Developer Command Prompt for VS 的快捷方式，它会启动控制台并将诸如 *sn.exe* 之类工具的路径包含在 PATH 环境变量中。

以上命令将会产生一个新的密钥对，并存储在 *MyKeyPair.snk* 文件中。如果该文件丢失，就永远不能用同一个标识重新编译此程序集。

如需使用该文件为一个工程进行签名，可以在 Visual Studio 中打开项目属性窗口，在"签名"选项卡中选择"为程序集签名"复选框，并选择相应的 *.snk* 文件。

同一个的密钥对可以签署多个程序集，如果程序集的简单名称不同，则它们仍然具有不同的标识。

17.3 程序集名称

程序清单中的程序集标识中包含如下四种元数据：

- 简单名称。
- 版本（如果未指定，则为"0.0.0.0"）。
- 文化设定［如果不是附属程序集，则为"neutral"（文化中性）］。
- 公钥令牌（如果不是强命名程序集，则为"null"）。

简单名称不是来自任何特性，而是来源于最初编译成的文件的名称（不带扩展名）。因此 *System.Xml.dll* 的简单名称为"System.Xml"。重命名不会改程序集的简单名称。

版本号源自 AssemblyVersion 特性，它是由四个部分组成的字符串，如下所示：

major.minor.build.revision

我们可以像如下这样指定版本号：

```
[assembly: AssemblyVersion ("2.5.6.7")]
```

文化设定则来自 AssemblyCulture 特性，并适用于附属程序集，我们将在 17.5 节介绍。

公钥令牌则来自编译时指定的强名称，之前已经在 17.2 节介绍了。

17.3.1 完全限定名称

程序集的完全限定名称是包含了所有标识组成部分的字符串，其格式为：

simple-name, Version=*version*, Culture=*culture*, PublicKeyToken=*public-key*

例 如，*System.Private.CoreLib.dll* 的 完 全 限 定 名 称 为 *System.Private.CoreLib, Version= 4.0.0.0, Culture=neutral, PublicKeyToken=7cec85d7bea7798e*。

如果程序集没有 AssemblyVersion 特性，则版本会显示为 0.0.0.0。如果该程序集未签名，则其公钥令牌会显示为 null。

Assembly 对象的 FullName 属性会返回程序集的完全限定名称。编译器在清单中记录程序集引用时总会使用完全限定名称。

完全限定程序集名称不会包含程序集所在目录的路径。关于如何定位其他目录中的程序集这一独立内容，我们将在 17.6 节单独介绍。

17.3.2 AssemblyName 类

AssemblyName 类包含完全限定程序集名称的四种组成部分，每一个部分都有相应的属性。AssemblyName 类的目的有如下两个：

* 解析或者构建完全限定程序集名称。
* 存储一些额外的数据以便辅助程序集的查找和解析。

获得 AssemblyName 类的方式有以下几种：

* 实例化一个 AssemblyName 对象，并提供完全限定名称。
* 在一个现有的 Assembly 对象上调用 GetName 方法。
* 调用 AssemblyName.GetAssemblyName 方法，并提供程序集文件在磁盘上的路径。

我们可以完全不提供任何参数直接实例化一个 AssemblyName 对象，然后再分别设置它的每一个属性以构建完全限定名称。使用这种方式创建的 AssemblyName 是一个可变对象。

以下列出了 AssemblyName 的一些重要属性和方法：

```
string      FullName    { get; }            // Fully qualified name
string      Name        { get; set; }       // Simple name
Version     Version     { get; set; }       // Assembly version
CultureInfo CultureInfo { get; set; }       // For satellite assemblies
string      CodeBase    { get; set; }       // Location

byte[]      GetPublicKey();                  // 160 bytes
void        SetPublicKey (byte[] key);
byte[]      GetPublicKeyToken();             // 8-byte version
void        SetPublicKeyToken (byte[] publicKeyToken);
```

Version 本身是强类型的，它具有 Major、Minor、Build 和 Revision 等属性（分别表示主版本号、次版本号、构建号和修订号）。GetPublicKey 方法会返回完整的加密公钥。GetPublicKeyToken 则会返回公钥的最后 8 字节，以确定程序集的标识。

要使用 AssemblyName 获得程序集的简单名称，只需：

```
Console.WriteLine (typeof (string).Assembly.GetName().Name);
// System.Private.CoreLib
```

要想获得程序集的版本，可以使用以下代码：

```
string v = myAssembly.GetName().Version.ToString();
```

17.3.3 程序集的信息版本和文件版本

如需进一步表达程序集版本信息，可以使用以下两种特性，和 AssemblyVersion 不同，这两个特性并不会影响程序集标识，也不会影响编译和运行时的行为：

AssemblyInformationalVersion

这是展现给最终用户的版本号。这个版本号将展示在 Windows 文件属性对话框的"Product Version"（产品版本）项中，其中可以包含任意字符串，例如，"5.1 Beta 2"。通常，应用程序中的所有程序集会具有相同的信息版本号。

AssemblyFileVersion

该版本号原本是为了指定程序集的构建号。该版本号将展示在 Windows 文件属性对话框的"File Version"（文件版本）项中，和 AssemblyVersion 一样，它是由四个用点号分隔的数字组成的。

17.4 认证代码签名

认证代码（authenticode）是一个代码签名系统，其目的在于证明发行商的身份。认证代码和强名称签名是独立的，既可以独立使用又可以联合使用。

尽管强名称签名可以证明程序集 A、B 和 C 来自相同的一方（假设私钥并未泄露），但是它并不知道那一方到底是谁。为了知道这一方到底是 Joe Albahari 还是 Microsoft Corporation，就需要用到认证代码。

认证代码对于从 Internet 下载的应用程序非常有用，因为它可以证明应用程序来自权威认证机构，并在此期间没有被篡改。认证代码可以避免下载的应用程序在第一次执行时出现 Unknown Publisher 警告。Windows 商店应用程序也需要在上传 App 时提供认证代码签名。

认证代码不仅可用于 .NET 程序集，还适用于未托管的可执行文件和二进制文件，例如，.msi 部署文件。当然，认证代码无法保证应用程序免于受到恶意软件的攻击，但确实可以减少这种情况的发生。因此无论是个人还是实体都希望将（基于护照或公司文档的）名称附加在可执行文件或者库文件上。

CLR 不会将认证代码签名作为程序标识的一部分，但是它可以根据需要读取并验证认证代码签名的有效性，我们将稍后介绍。

使用认证代码进行签名需要以个人身份或者公司标识（公司章程等）为依托和认证机构（CA）取得联系。一旦 CA 接收了你的文档，就会给你颁发一个 X.509 代码签名证书。一般来说，这种证书的有效时间为 1～5 年。我们可以使用 *signtool* 工具用证书给我们的程序集签名，也可以使用 *makecert* 工具给自己颁发证书，但这种证书只在显式安装的计算机上才会认定为有效证书。

非自签名的证书依赖于公钥基础设施才能够运行在任何计算机上。本质上，你的证书是使用一个 CA 的证书签名的。而 CA 会由操作系统加载，因此证书本身是受信任的。[如需查看这些证书，可以打开 Windows 控制面板，在搜索框中输入"certificate"，在管理工具一节中，选择"管理计算机证书"。在证书管理器中，打开 Trusted Root Certification，即受信任的根证书颁发机构，并单击证书（certification）节点。] 若发行商的证书遭到泄露，则 CA 可以吊销该证书，因此如果要验证认证代码签名，则需要定期向 CA 询问最新的证书吊销列表。

由于认证代码使用了加密签名，因此若签名的文件遭到了篡改，则认证代码签名就会变为无效签名。我们将在第 20 章讨论加密、哈希及签名的内容。

17.4.1 如何进行认证代码签名

17.4.1.1 获得并安装证书

首先我们需要从 CA 获得代码签名的证书（请参见专栏的内容），然后就可以将证书作为密码保护文件或者将证书加载到计算机的证书库中。后者的优点是在签名时无须指定密码，这可以避免在自动构建脚本或批处理文件中书写可见的密码。

如何获得代码签名证书

Windows 会将一系列代码签名 CA 预加载为根认证机构，其中包括 Comodo、Go Daddy、GlobalSign、DigiCert、Thawte 和 Symantic。

除此之外，类似于 K Software 的分销商也提供上述机构的打折的代码签名认证服务。

由 K Software、Comodo、Go Daddy 和 GlobalSign 颁发的认证代码证书并不是很严格，因为它们也会为非 Microsoft 的程序进行签名。除此之外，各个供应商的产品在功能上都是差不多的。

需要注意的是，用于 SSL 的证书一般都不能用于认证代码签名（即使使用的是相同的 X.509 基础设施）。这在一定程度上是由于 SSL 认证是为了证明域的所有权，而认证代码则是为了证明你的身份。

若要将证书加载到计算机的证书库中，可打开之前提到的证书管理器。打开"个人"（Personal）目录，右键单击其中的"证书"（Certificates）目录并选择"所有任务"（All Tasks），"导入"（Import）。此时一个导入证书向导会引导你进行证书导入。导入完毕之后，单击证书的"查看"（View）按钮，并选择"详情"（Details）选项卡，就可以复制证书的"指纹"（thumbprint）了。这是一个 SHA-256 的哈希值，它会在后续的签名过程中对该证书进行识别。

 如果需要对程序进行强名称签名，那么必须在认证代码签名之前进行。这是因为 CLR 了解认证代码签名，但反之则不然。因此，如果在认证代码签名之后再进行强名称签名，会导致附加的 CLR 强名称签名被误认为是未经授权的修改，而该程序集也会误认为被篡改而导致签名失效。

17.4.1.2 利用 signtool.exe 工具进行签名

Visual Studio 附带的 *signtool.exe* 工具可对程序进行认证代码签名（可以从 *Program Files* 目录下的 *Microsoft SDKs\ClickOnce\SignTool* 目录下找到该工具）。以下代码将对 LINQPad.exe 进行签名，签名所需的证书位于计算机中的"My Store"中，其名称为"Joseph Albahari"，并使用 SHA 256 哈希算法签名。

```
signtool sign /n "Joseph Albahari" /fd sha256 LINQPad.exe
```

也可以使用 /d 和 /du 来提供描述信息或产品的 URL，例如：

```
... /d LINQPad /du http://www.linqpad.net
```

大多数情况下还要指定时间戳服务器。

17.4.1.3 时间戳

在证书过期之后，就不能再对程序进行签名。但是如果在签名时使用 /tr 开关指定了时间戳服务器，那么在过期之前的签名仍然是有效的。CA 还会为此提供一个 URI。以下就是 Comodo（或者 K Software）提供的 URI：

```
... /tr http://timestamp.comodoca.com/authenticode /td SHA256
```

17.4.1.4 验证一个程序是否已经被签名

要查看文件的认证代码签名，最容易的方式是在 Windows 资源管理器中查看文件的属性 [在"数字签名"（Digital Signatures）选项卡中]。也可以使用 signtool 工具来查看文件签名。

17.5 资源和附属程序集

应用程序通常不仅仅包含可执行代码，还包含诸如文本、图像或者 XML 文件等内容。这些内容可以作为程序集中的资源（resource）而存在。资源有两个相互有交集的使用场景：

* 容纳无法进入源代码的数据，例如，图像。

* 存储在多语言应用程序中需要进行翻译的数据。

程序集资源最终是一个带有名称的字节流。我们可以将程序集看作以字符串为键，以二进制数组为值的字典。通过 *ildasm* 工具可以看到反汇编的程序集中包含的 *banner.jpg* 和 *data.xml* 两个资源：

```
.mresource public banner.jpg
{
  // Offset: 0x00000F58 Length: 0x000004F6
}
.mresource public data.xml
{
  // Offset: 0x00001458 Length: 0x0000027E
}
```

在本例中，*banner.jpg* 和 *data.xml* 每一个都作为一个嵌入式资源直接包含在程序集中，而这就是嵌入资源的最简单方式。

.NET 还可以通过中间的 *.resources* 容器添加内容。在设计上，这些容器可以容纳那些需要翻译为不同语言的内容。本地化的 *.resources* 可以打包成独立的附属程序集在运行时根据用户操作系统的语言自动进行加载。

图 17-2 演示了一个程序集的结构，它包含两个直接嵌入的资源，还包含一个名为 *welcome.resources* 的 *.resources* 容器。我们为这个容器创建了两个本地化的附属程序集。

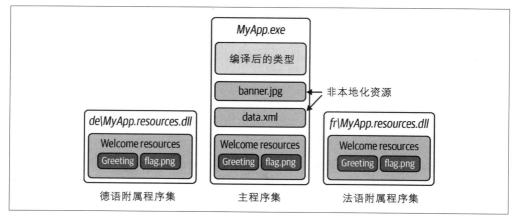

图 17-2：程序集的结构

17.5.1 直接嵌入资源

 Windows 商店应用程序不支持在程序集中嵌入资源，而会将额外的资源加入部署包中，在安装完毕后可从相应应用的 StorageFolder（Package.Current.InstalledLocation）访问并读取其中的内容。

如果要使用 Visual Studio 直接嵌入资源的话：

* 首先，将文件添加到项目中。
* 其次，将文件的构建操作（Build Action）设置为"嵌入式资源"（Embedded Resource）。

Visual Studio 总会将项目的默认命名空间作为资源名称的前缀，并附加资源所在的文件夹和子文件夹的名称。例如，如果项目默认命名空间为 Westwind.Reports 并且资源文件存储在 *pictures* 文件夹内，名称为 *banner.jpg*，则资源名称为 *Westwind.Reports.pictures.banner.jpg*。

 资源名称是区分大小写的，所以 Visual Studio 中包含资源的子文件夹名称也是区分大小写的。

要获得资源的话可以在包含该资源的程序集上调用 GetManifestResourceStream，该方法会返回一个流。我们可以使用各种方法来读取流中的内容：

```
Assembly a = Assembly.GetEntryAssembly();

using (Stream s = a.GetManifestResourceStream ("TestProject.data.xml"))
```

```
    using (XmlReader r = XmlReader.Create (s))
      ...
    System.Drawing.Image image;
    using (Stream s = a.GetManifestResourceStream ("TestProject.banner.jpg"))
      image = System.Drawing.Image.FromStream (s);
```

返回的流都是可查找的，因此我们还可以这样使用：

```
    byte[] data;
    using (Stream s = a.GetManifestResourceStream ("TestProject.banner.jpg"))
      data = new BinaryReader (s).ReadBytes ((int) s.Length);
```

如果使用 Visual Studio 来嵌入资源，那么务必记得包含命名空间前缀。为了避免错误，可以使用类型作为独立的参数来指定前缀（类型的命名空间会作为前缀）：

```
    using (Stream s = a.GetManifestResourceStream (typeof (X), "data.xml"))
```

X 可以是和资源具有相同命名空间的任意类型（一般情况下就是相同项目文件夹下的类型）。

 在 Visual Studio 的 Windows Presentation Foundation(WPF) 应用程序项目中，条目的“Resource”构建行为与“Embedded Resource”构建行为是不一样的。前者会将项目添加到 .resources 文件中（名为 <程序集名称>.g.resources），其中的内容可以通过 WPF 的 Application 类来访问，并使用 URI 作为访问的键。

更令人困惑的是，WPF 在多处使用了术语“resource”（资源），其中静态资源（static resource）和动态资源（dynamic resource）与程序集的资源实际没有任何关系。

若想获得程序集中所有资源的名称，可以使用 GetManifestResourceNames 方法。

17.5.2 .resources 文件

.resources 文件包含的内容多是潜在的本地化内容。和其他文件一样，.resources 文件最终会成为程序集的一个嵌入式资源。但它们的区别在于：

- .resources 文件要求首先将内容打包到 .resources 文件中。
- 需要通过 ResourceManager 类对资源内容进行访问，也可以通过 *pack URI* 进行访问，但不能通过 GetManifestResourceStream 访问。

.resources 文件是二进制文件，因此不宜直接进行编辑，但可以使用 .NET 和 Visual Studio 提供的工具来处理它们。一般我们会使用 .resx 格式处理字符串或者简单数据类型，而这种文件可以使用 Visual Studio 或者 *resgen* 工具转换为 .resources 文件。.resx 文件也同样适用于存储图像文件（适用于 Windows Forms 或者 ASP.NET 应用程序）。

在 WPF 应用程序中，对于需要使用 URI 引用的图像或类似的内容，则必须将其构建行为标记为"Resource"。不论是否需要进行本地化，以上规则都是适用的。

我们将在以下几小节中讨论如何实现这些操作。

17.5.3 .resx 文件

.resx 文件是一种能够生成 *.resources* 文件的设计时格式。*.resx* 文件是一个 XML 格式的键值对文件：

```
<root>
  <data name="Greeting">
    <value>hello</value>
  </data>
  <data name="DefaultFontSize" type="System.Int32, mscorlib">
    <value>10</value>
  </data>
</root>
```

在 Visual Studio 中，若要创建一个 *.resx* 文件，则可以添加一个"Resource File"类型的工程条目。编辑器会自动完成以下工作：

- 创建正确的头部。

- 提供设计器界面。可以从设计器中添加字符串、图像、文件以及其他类型的数据。

- 在编译时将 *.resx* 自动转换为 *.resources* 格式并嵌入到程序集中。

- 生成一个类来访问这些数据。

 资源设计器会将图像添加为 Image 类型的对象（*System.Drawing.dll*），而不会作为字节数组，因此资源设计器并不适用于 WPF 应用程序。

17.5.3.1 读取 .resources 文件

 在 Visual Studio 中创建 *.resx* 文件时会自动生成同名的类，可通过该类的属性访问每一个资源。

ResourceManager 类可以读取嵌入程序集中的 *.resources* 文件：

```
ResourceManager r = new ResourceManager ("welcome",
                                  Assembly.GetExecutingAssembly());
```

（如果使用 Visual Studio 编译资源，则第一个参数必须带有命名空间前缀。）

然后就可以调用 GetString 或者 GetObject（并进行强制类型转换）来访问其中的内容：

```
string greeting = r.GetString ("Greeting");
int fontSize = (int) r.GetObject ("DefaultFontSize");
Image image = (Image) r.GetObject ("flag.png");
```

还可以使用如下代码枚举 .resources 文件的内容：

```
ResourceManager r = new ResourceManager (...);
ResourceSet set = r.GetResourceSet (CultureInfo.CurrentUICulture,
                                    true, true);
foreach (System.Collections.DictionaryEntry entry in set)
  Console.WriteLine (entry.Key);
```

17.5.3.2 在 Visual Studio 中创建 pack URI 资源

WPF 应用程序的 XAML 文件需要通过 URI 访问资源，例如：

```
<Button>
  <Image Height="50" Source="flag.png"/>
</Button>
```

如果资源在另一个程序集中：

```
<Button>
  <Image Height="50" Source="UtilsAssembly;Component/flag.png"/>
</Button>
```

（Component 是一个字面关键字。）

.resx 文件中的资源是无法以上述方式加载的。必须将文件添加到项目中，并将文件的构建行为设置为 "Resource"（注意，不是 "Embedded Resource"）。Visual Studio 会将这些文件编译为一个名为 <程序集名称>.g.resources 的 .resources 文件。需要指出的是，XAML（会编译为 .baml）也会编译到这个文件中。

除上述方法之外，还可以调用 Application.GetResourceStream 方法加载这种以 URI 为查询键的资源：

```
Uri u = new Uri ("flag.png", UriKind.Relative);
using (Stream s = Application.GetResourceStream (u).Stream)
```

请注意，我们使用了一个相对 URI。当然我们也可以使用以下的方式用绝对 URI 来加载资源（注意，以下三个逗号并非录入错误）：

```
Uri u = new Uri ("pack://application:,,,/flag.png");
```

如果你希望指定 Assembly 对象，那么就可以使用 ResourceManager 检索其中的内容：

```
Assembly a = Assembly.GetExecutingAssembly();
ResourceManager r = new ResourceManager (a.GetName().Name + ".g", a);
using (Stream s = r.GetStream ("flag.png"))
  ...
```

ResourceManager 也可以枚举指定程序集中 .g.resources 容器的内容。

17.5.4 附属程序集

嵌入 .resources 文件中的数据是可以进行本地化的。

当应用程序需要以另外一种语言运行在一个其他版本的 Windows 上时，就需要进行资源的本地化。为了保持一致性，我们的应用程序也应当用相应的语言进行展示。

资源本地化的典型配置方式如下：

- 主程序集包含默认的或者备用语言的 .resources 文件。
- 独立的附属程序集则包含翻译为不同语言的本地化 .resources 文件。

当应用程序运行时，.NET 会检测当前操作系统的语言（使用 CultureInfo.CurrentUI-Culture）。当使用 ResourceManager 请求资源时，运行时会首先查找附属程序集。如果能够找到附属程序集，并且其中包含相应资源的键，则会使用附属程序集中的相应资源，而非主程序集中的资源。

这意味着我们无须修改主程序集，而只通过添加附属程序集就可以支持多语言。

 附属程序集不得包含可执行代码，只能包含资源。

附属程序集会部署在程序集所在文件夹的子文件夹中，如下所示：

```
programBaseFolder\MyProgram.exe
              \MyLibrary.exe
              \XX\MyProgram.resources.dll
              \XX\MyLibrary.resources.dll
```

其中 XX 代表两个字母的语言代码（例如，"de"代表德语）或者区域代码（例如，"en-GB"代表英国英语）。这种命名系统可以令 CLR 自动寻找并正确加载附属程序集。

17.5.4.1 构建附属程序集

之前创建 .resx 文件时，其中的资源文件为：

```
<root>
  ...
  <data name="Greeting"
    <value>hello</value>
  </data>
</root>
```

当我们在运行时检索问候语时，使用了如下语句：

```
ResourceManager r = new ResourceManager ("welcome",
                                          Assembly.GetExecutingAssembly());
Console.Write (r.GetString ("Greeting"));
```

假设我们希望该程序能够在德语版 Windows 运行时输出"hallo"。那么需要添加一个名为 *welcome.de.resx* 的 *.resx* 文件，并将其中的"hello"替换为"hallo"：

```
<root>
  <data name="Greeting">
    <value>hallo<value>
  </data>
</root>
```

在 Visual Studio 中，这就是所需的全部工作。当重新构建时，会自动创建一个名称为 *de* 的子目录，并将在其中创建名为 *MyApp.resources.dll* 的附属程序集。

17.5.4.2 测试附属程序集

我们可以更改 Thread 类的 CurrentUICulture 来模拟不同语言的操作系统：

```
System.Threading.Thread.CurrentThread.CurrentUICulture
  = new System.Globalization.CultureInfo ("de");
```

CultureInfo.CurrentUICulture 是该属性的只读版本。

一种有效测试附属程序集的策略是使用那些长相不同但又能看出原始文字的字符，例如，沐咄呮（本地化），而不要使用标准的字符。

17.5.4.3 Visual Studio 的设计器支持

Visual Studio 中的设计器对于本地化组件和可视化元素提供了广泛的支持。WPF 设计器也拥有自己的本地化工作流。其他基于 Component 的设计器或者 Windows Forms 控件设计器会提供仅供设计时使用的 Language 属性。若要为另一种语言自定义内容，只需更改 Language 属性，然后编辑组件即可。控件中所有指定为 Localizable 的属性将保存在相应语言的 *.resx* 文件中，只需更改 Language 属性就可以在各个语言之间进行切换。

17.5.5 文化和子文化

文化分为文化和子文化两个部分。文化代表了一种特定的语言；而子文化则代表了该语言的特定地区变种。.NET 遵循 RFC1766 标准以两个字母分别代表文化和子文化。以下是英语和德语文化的代码：

```
en
de
```

以下是澳大利亚英语子文化和奥地利德语子文化的代码：

```
en-AU
de-AT
```

.NET 使用 System.Globalization.CultureInfo 类表示文化。以下示例输出了应用程序的当前文化：

```
Console.WriteLine (System.Threading.Thread.CurrentThread.CurrentCulture);
Console.WriteLine (System.Threading.Thread.CurrentThread.CurrentUICulture);
```

在一台澳大利亚文化的计算机上执行上述程序会产生如下输出：

```
en-AU
en-US
```

CurrentCulture 反映了 Windows 控制面板中的区域设置，而 CurrentUICulture 则反映了当前操作系统的语言。

区域设置包括时区、货币和日期格式等内容。因此 CurrentCulture 决定了 DateTime.Parse 等函数的默认行为，我们还可以在需要时将区域设置自定义为和特定文化无关的设置。

CurrentUICulture 决定了人机交互所使用的语言。澳大利亚不需要为此设定独立的英语版本，因此它直接使用了美国英语。如果需要在奥地利工作几个月的话，我们就会进入控制面板，将 CurrentCulture 更改为奥地利德语。但是由于我们不会说德语，因此 CurrentUICulture 仍然为美国英语。

默认情况下，ResourceManager 会使用当前线程的 CurrentUICulture 属性决定加载哪一个附属程序集。ResourceManager 在加载资源时会采用后备机制，如果子文化资源的附属程序集存在，则会优先使用该程序集；否则会使用通用文化附属程序集。若通用文化的附属程序集不存在，则会使用主程序集中的默认文化。

17.6 程序集的加载、解析与隔离

从一个已知的位置加载程序集的流程是比较简单的，我们称该过程为程序集的加载。

但在更多情况下，我们（或者 CLR）需要在仅仅知道程序集的全名（或简单名称）的情况下加载程序集，该过程称为程序集的解析。程序集解析和加载过程的区别在于前者需要首先确定程序集的位置。

程序集的解析由如下两类场景触发：

* 在需要解析依赖时由 CLR 触发。

* 显式地通过调用诸如 Assembly.Load(AssemblyName) 这类方法触发。

在演示第一种情况之前，不妨假定应用程序是由一个主程序集和一系列静态引用的程序集（即依赖）组成，如下例所示：

```
AdventureGame.dll    // Main assembly
Terrain.dll          // Referenced assembly
UIEngine.dll         // Referenced assembly
```

其中，"静态引用"指的是 *AdventureGame.dll* 在编译时引用了 *Terrain.dll* 和 *UIEngine.dll*。编译器本身不需要进行程序集的解析，因为 *Terrain.dll* 和 *UIEngine.dll* 的位置会（显式地或者由 MSBuild）事先告知编译器。在编译过程中，编译器会将 Terrain 和 UIEngine 程序集的全名写入 *AdventureGame.dll* 的元数据中，但并不会将程序集位置写入元数据。因此，在运行时，Terrain 和 UIEngine 程序集就需要进行解析。

程序集的加载和解析是由程序集加载上下文（Assembly Load Context，ALC）处理的，具体而言是由 System.Runtime.Loader 命名空间中的 AssemblyLoadContext 类的实例处理的。由于 *AdevntureGame.dll* 是应用程序的主程序集，因此 CLR 使用默认的 ALC（即 AssemblyLoadContext.Default）来解析其依赖。默认 ALC 首先查找名为 *AdventureGame.deps.json* 的文件（该文件用于描述依赖的位置），并检测该文件的内容。若该文件不存在，则从应用程序的基础目录查找 *Terrain.dll* 和 *UIEngine.dll*。（默认 ALC 也会解析 .NET 运行时的程序集。）

开发者可以在应用程序执行过程中动态地加载程序集。例如，你可能需要在购买了特定功能后才加载后续部署中包含这些可选功能的程序集。在这种情况下，可以调用 Assembly.Load(AssemblyName) 方法加载现存的其他程序集。

更加复杂的场景则是实现一个插件系统。应用程序可以在运行时探测并加载用户提供的第三方程序集来扩展应用程序的功能。这个系统的复杂之处在于每一个插件程序集都可能拥有其自身的依赖，而这些依赖也需要进行解析。

此时可以考虑继承 AssemblyLoadContext 类并重写其中的程序集解析方法（Load 方法），以便控制插件搜索自身依赖的过程。例如，有可能每一个插件都拥有自己的目录，而插件的依赖均位于该目录下。

ALC 还有另外一个目的，通过为每一个插件及其依赖创建一个独立的 AssemblyLoad-Context 实例来保持插件之间的隔离性，确保它们的依赖可以同时加载而不会互相影响（自然也不会影响宿主程序）。例如，每一个插件都依赖不同版本的 JSON.NET。因此，ALC 不但提供了加载和解析功能，还提供了隔离功能。在特定的情况之下，ALC 甚至可以被卸载，并释放占用的内存。

在本节中，我们将详细阐述如下原则：

- ALC 如何处理程序集的加载和解析。

- 默认 ALC 扮演的角色。

- `Assembly.Load` 方法和基于上下文的 ALC。

- 如何使用 `AssemblyDependencyResolver`。

- 如何加载和解析非托管程序库。

- ALC 的卸载。

- 旧版本中的程序集加载方法。

此后，我们将编写一个支持 ALC 隔离的插件系统来实际展示这些理论的实际应用。

 `AssemblyLoadContext` 类 是 .NET 5 与 .NET Core 新 引 入 的 类 型。ALC 在 .NET Framework 中也是存在的，但是它是隐藏的且拥有诸多限制，只能通过调用 `LoadFile(string)`、`LoadFrom(string)` 和 `Load(byte[])` 这些静态方法才能间接地创建并和 ALC 交互。和 ALC API 相比，这些方法很不灵活，且容易出错（尤其在使用这些方法处理依赖时）。因此在 .NET 5 与 .NET Core 中，最好显式地使用 `AssemblyLoadContext` 提供的 API。

17.6.1 程序集加载上下文

刚刚我们提到，`AssemblyLoadContext` 类负责程序集的加载、解析，同时也提供隔离机制。

每一个 .NET Assembly 对象都仅仅属于一个 `AssemblyLoadContext`。可以使用如下代码来获得程序集的 ALC：

```
Assembly assem = Assembly.GetExecutingAssembly();
AssemblyLoadContext context = AssemblyLoadContext.GetLoadContext (assem);
Console.WriteLine (context.Name);
```

相应地，也可以理解为 ALC 包含或拥有一系列程序集。同样，也可以通过 `Assemblies` 属性获得这些程序集：

```
foreach (Assembly a in context.Assemblies)
  Console.WriteLine (a.FullName);
```

如需列举所有的 ALC，可以访问 `AssemblyLoadContext` 类的 `All` 静态属性。

如需创建 ALC 对象，可以直接实例化 `AssemblyLoadContext`，并为其命名（方便调试）。然而更多情况下，我们会实现自己的 `AssemblyLoadContext` 类，并定义依赖解析（即如何通过程序集的名称加载程序集）的逻辑。

17.6.1.1 加载程序集

`AssemblyLoadContext` 提供了如下方法来显式地将程序集加载到它的上下文中：

```
public Assembly LoadFromAssemblyPath (string assemblyPath);
public Assembly LoadFromStream (Stream assembly, Stream assemblySymbols);
```

第一个方法从指定的文件路径加载程序集，第二个方法则从（可以是内存中的）Stream
加载程序集。第二个方法的第二个参数是可选参数，它对应了相应工程的调试文件
（.pdb）。它可以在代码执行时将代码信息包含在调用栈之中，从而方便进行异常调试。

上述方法并没有进行任何解析工作。例如，以下代会码将 c:\temp\foo.dll 程序集加载到
ALC 中：

```
var alc = new AssemblyLoadContext ("Test");
Assembly assem = alc.LoadFromAssemblyPath (@"c:\temp\foo.dll");
```

如果指定程序集有效，则只要该程序集的简单名称在 ALC 中唯一，加载就必定会成功，
即无法将同名的不同版本的程序集加载到同一个 ALC 中。如需加载多个版本的程序集，
则需要创建额外的 ALC 实例。例如，以下示例加载了 foo.dll 程序集的另一份拷贝：

```
var alc2 = new AssemblyLoadContext ("Test 2");
Assembly assem2 = alc2.LoadFromAssemblyPath (@"c:\temp\foo.dll");
```

需要提醒的是，即使两个程序集是相同的，来自不同的 Assembly 对象的类型也是不同
的。在上述示例中，assem 中的类型和 assem2 中的类型是不兼容的。

除非卸载 ALC（请参见 17.6.7 节），否则程序集加载之后就无法被卸载。CLR 也会在程
序集文件加载之后持有相应的文件锁。

 我们可以通过字节数组加载程序集，以避免锁定文件：

```
bytes[] bytes = File.ReadAllBytes (@"c:\temp\foo.dll");
var ms = new MemoryStream (bytes);
var assem = alc.LoadFromStream (ms);
```

这样做有如下两个缺点：

- 程序集的 Location 属性为空值。有时应用程序需要了解加载程序集的
  位置（一些 API 同样需要这个信息）。

- 需要立即增加私有内存的开销以容纳整个程序集。若从文件名加载，则
  CLR 会使用内存映射文件。这不仅可以执行延迟加载工作而且支持进程
  间共享。同时，在可用内存不足的情况下，操作系统可以释放相应的内
  存并在需要时重新加载，而无须将其写入到页面文件中。

17.6.1.2 LoadFromAssemblyName

AssemblyLoadContext 还提供了以下从名称加载程序集的方法：

```
public Assembly LoadFromAssemblyName (AssemblyName assemblyName);
```

和刚刚讨论的两个方法不同，我们并没有提供任何程序集位置的信息，因此需要 ALC 对程序集进行解析。

17.6.1.3 程序集的解析

17.6.1.2 中的方法将触发程序集的解析过程。此外，CLR 在加载依赖的时候同样会触发程序集的解析。例如，假定程序集 A 静态引用程序集 B，则为了解析 B，CLR 会令加载了 A 程序集的 ALC 进行程序集解析。

 CLR 通过触发程序集解析来解析依赖，这和程序集所在的 ALC 是否为默认的 ALC 无关。如果使用默认的 ALC，则解析规则是硬编码在其中的，而如果使用自定义的 ALC，则我们可以自行定义解析规则。

程序集的解析过程如下：

1. CLR 首先（通过程序集全名的匹配）确认特定 ALC 中是否已经执行过相同的解析任务。如果已经执行过，则直接返回之前解析返回的 `Assembly` 对象。

2. 否则，CLR 将调用 ALC（`virtual protected`）的 Load 方法。该方法将定位并加载程序集。默认 ALC 的 Load 方法规则请参见 17.6.2 节。自定义 ALC 则完全依赖自定义规则来定位和加载程序集。例如，查找某些目录，如果程序集存在，就调用 `LoadFromAssemblyPath` 方法来加载它。当然，直接从当前 ALC 或者其他的 ALC 中返回已经加载过的程序集也是完全合法的（请参见 17.6.9 节）。

3. 如果第 2 步返回 null，则 CLR 将调用默认 ALC 的 Load 方法（如需解析 .NET 运行时的程序集或共用程序集，那么这是一个不错的"后备"方案）。

4. 如果第 3 步返回 null，则 CLR 会先后触发默认 ALC 和原始 ALC 的 `Resolving` 事件。

5. （出于和 .NET Framework 的兼容性考虑）如果程序集仍然没有解析成功，则触发 `AppDomain.CurrentDomain.AssemblyResolve` 事件。

 在上述过程结束之后，CLR 会执行"健全性检查"确保加载的程序集和需求的程序集是兼容的。它们的简单名称必须一致。如果提供了公钥令牌，则公钥令牌必须匹配。然而版本信息并不需要完全匹配——版本信息可以高于或低于请求值。

从上述过程可见，在自定义 ALC 中实现程序集解析的方式有如下两种：

- 重写 ALC 的 Load 方法。这种方式给予了自定义 ALC 第一发言权。这种方式通常是可取的（尤其是当我们需要隔离性时，使用这种方式是非常必要的）。

- 处理 ALC 的 `Resolving` 事件。该事件只会在默认 ALC 解析失败之后触发。

如果在 Resolving 事件上附加了多个事件处理器，则会采纳第一个返回非 null 值的处理器的结果。

为了演示这个过程，不妨假定需要加载的程序集 *foo.dll* 位于 *c:\temp* 目录（该目录和应用程序所在目录不同），且主程序在编译器并不知道该程序集的信息。又假定 *foo.dll* 依赖 *bar.dll*。我们期望保证当加载 *c:\temp\foo.dll* 并执行其中代码时，*c:\temp\bar.dll* 也能够正确解析。同时，也要保证 foo 和它的私有依赖 bar 不会影响主程序的执行。

首先我们来书写自定义的 ALC，并重写 Load 方法：

```
using System.IO;
using System.Runtime.Loader;

class FolderBasedALC : AssemblyLoadContext
{
  readonly string _folder;
  public FolderBasedALC (string folder) => _folder = folder;

  protected override Assembly Load (AssemblyName assemblyName)
  {
    // Attempt to find the assembly:
    string targetPath = Path.Combine (_folder, assemblyName.Name + ".dll");

    if (File.Exists (targetPath))
      return LoadFromAssemblyPath (targetPath);    // Load the assembly

    return null;    // We can't find it: it could be a .NET runtime assembly
  }
}
```

注意，在 Load 方法中，如果程序集不存在则该方法返回 null。这个检查是非常必要的，因为 *foo.dll* 也有可能会依赖其他 .NET BCL 程序集，因此 Load 方法也会加载类似 System.Runtime 这样的程序集。此时方法返回 null 就可以令 CLR 使用后备的默认 ALC，从而正确地解析这些程序集。

请注意，我们并不会将 .NET 运行时的 BCL 程序集加载到自定义的 ALC 中。系统程序集从设计上就是在默认 ALC 中执行的，将系统程序集加载到自定义 ALC 中可能会产生错误的行为，造成性能问题以及意料之外的类型不兼容问题。

以下程序使用上述自定义的 ALC 加载 *c:\temp* 下的 *foo.dll*。

```
var alc = new FolderBasedALC (@"c:\temp");
Assembly foo = alc.LoadFromAssemblyPath (@"c:\temp\foo.dll");
...
```

当后续调用 foo 程序集中的代码时，CLR 会在某一点解析其依赖 *bar.dll*。此时会调用自定义 ALC 的 Load 方法，并成功地在 c:\temp 目录找到 bar.dll。

在上述情形中，Load 方法也可以解析 foo.dll，因此上述代码可以简化为：

```
var alc = new FolderBasedALC (@"c:\temp");
Assembly foo = alc.LoadFromAssemblyName (new AssemblyName ("foo"));
...
```

接下来我们考虑另外一种解决方式。除了从 AssemblyLoadContext 派生并重写 Load 方法之外，还可以直接实例化 AssemblyLoadContext 并处理 Resolving 事件：

```
var alc = new AssemblyLoadContext ("test");
alc.Resolving += (loadContext, assemblyName) =>
{
  string targetPath = Path.Combine (@"c:\temp", assemblyName.Name + ".dll");
  return alc.LoadFromAssemblyPath (targetPath);   // Load the assembly
};
Assembly foo = alc.LoadFromAssemblyName (new AssemblyName ("foo"));
```

请注意，我们此时无须检查程序集是否存在，因为 Resolving 事件只会在默认 ALC 解析程序集失败时才触发。因此事件处理器不会处理 .NET BCL 程序集的解析请求。虽然这种方法有各种缺点，但它的确要简单一些。在上述程序中，主程序在编译时对 foo.dll 和 bar.dll 是一无所知的。如果主程序本身就依赖名为 foo.dll 和 bar.dll 的程序集，则 Resolving 事件不会触发，此时应用程序将加载 foo 和 bar 程序集（而非使用我们提供的逻辑），从而失去隔离性。

 FolderBaseALC 类充分演示了程序集解析的概念，但在实践中却用处不大。这是因为它既不能处理专门针对特定平台的程序集，也无法处理（类库项目）开发时的 NuGet 依赖。我们将在 17.6.6 节介绍解决上述问题的方法，同时，将在 17.6.9 节给出详细的示例。

17.6.2 默认 ALC

当应用程序启动时，CLR 会将一个特殊的 ALC 赋值到 AssemblyLoadContext.Default 静态属性上。启动程序集、启动程序集的静态引用的依赖以及 .NET 运行时的 BCL 程序集均会加载到默认 ALC 中。

默认 ALC 首先会在默认探测路径下对程序集进行自动解析（请参见 17.6.2.1 节），这通常和应用程序的 .deps.json 文件和 runtimeconfig.json 文件指明的路径一致。

如果 ALC 无法在默认探测路径找到程序集，则会触发 Resolving 事件。处理该事件就可以从其他的位置加载程序集。这样就可以将应用程序的依赖部署到其他位置，例如，子目录、共享目录，甚至是宿主程序集内的二进制资源中：

```
AssemblyLoadContext.Default.Resolving += (loadContext, assemblyName) =>
{
  // Try to locate assemblyName, returning an Assembly object or null.
  // Typically you'd call LoadFromAssemblyPath after finding the file.
  // ...
};
```

默认 ALC 的 Resolving 事件也会在自定义 ALC 解析程序集失败（即 Load 方法返回 null）且默认 ALC 也无法解析该程序集时触发。

我们可以从一开始就选择在 Resolving 事件之外就将程序集加载到默认 ALC 中。但这样做之前需要考虑一下使用独立的 ALC 或下一节提出的方案（即使用执行和上下文相关的 ALC）是否可以更好地解决问题。将程序集硬编码进默认 ALC 将无法从整体上（例如，和单元测试框架或和 LINQPad 隔离）对其进行隔离，因而会令代码变得脆弱。

如果确认要使用默认 ALC，则最好调用解析方法（例如，LoadFromAssemblyName）而不是加载方法（例如，LoadFromAssemblyPath）——当静态引用程序集时尤其如此。这是因为若所需的程序集已经加载完毕，则 LoadFromAssemblyName 会返回加载后的程序集，而 LoadFromAssemblyPath 会抛出异常。

（此外，使用 LoadFromAssemblyPath 会导致程序集的加载位置和 ALC 默认的解析机制不一致的风险。）

如果程序集的确在 ALC 无法自动找到的地方，我们仍然可以按照流程处理 ALC 的 Resolving 事件。

注意，调用 LoadFromAssemblyName 无须提供程序集的全名，而是提供简单名称即可（对于拥有强名称的程序集该规则也依然有效）：

```
AssemblyLoadContext.Default.LoadFromAssemblyName ("System.Xml");
```

若名称中包含公钥令牌，则它必须和加载的程序集的公钥令牌匹配。

默认探测路径

默认探测路径通常包含如下位置：

- *AppName.deps.json* 中指定的路径（其中 *AppName* 是应用程序主程序集的名称）。如果该文件不存在，则使用应用程序的基础目录作为探测路径。
- .NET 运行时系统程序集的所在路径（如果应用程序依赖特定框架）。

MSBuild 会自动生成 *AppName.deps.json* 文件，它描述了所有依赖的路径，其中包括平台无关的程序集（其位置为应用程序的基础目录），也包括平台相关的程序集（其位置为 *runtimes* 子目录下的子文件夹中，例如 *win* 或 *unix*）。

生成的 .deps.json 文件中指定的路径是相对路径。它是相对于应用程序基础目录的路径，或 是 相 对 于 *AppName.runtimeconfig.json* 或 *AppName.runtimeconfig.dev.json* 配 置 文 件 （*AppName.runtimeconfig.dev.json* 文件仅用于开发环境）中 additionalProbingPaths 部分指定的任意附加目录。

17.6.3 获得"当前"的 ALC

在上一节中，我们提到了显式将程序集加载到默认 ALC 中的做法需慎之又慎，而通常的做法是将程序集加载 / 解析到"当前"的 ALC 中。

在大多数情况下，"当前"ALC 是包含当前执行代码的程序集所在的 ALC：

```
var executingAssem = Assembly.GetExecutingAssembly();
var alc = AssemblyLoadContext.GetLoadContext (executingAssem);

Assembly assem = alc.LoadFromAssemblyName (...);  // to resolve by name
         // OR: = alc.LoadFromAssemblyPath (...);  // to load by path
```

可以通过以下方法更加灵活地明确获得（特定类型所在的程序集的）ALC：

```
var myAssem = typeof (SomeTypeInMyAssembly).Assembly;
var alc = AssemblyLoadContext.GetLoadContext (myAssem);
...
```

有些时候无法推断"当前"ALC。例如，如果需要在 .NET 中编写二进制序列化器 （*http://www.albahari.com/nutshell*），该序列化器在序列化时写入待序列化的对象类型全名（包括程序集的名称），则这些程序集在反序列化时必须进行解析。我们该使用哪一个 ALC 呢？这个问题的难点在于代码执行所在的程序集是反序列化器所在的程序集，而非调用反序列化器的代码所在的程序集。

上述问题的最佳解决方案不是自己猜测，而是让外界提供：

```
public object Deserialize (Stream stream, AssemblyLoadContext alc)
{
  ...
}
```

我们介绍了如何用最灵活的方式获得 ALC，也介绍了如何尽可能地防止错误发生的可能性，现在调用者就可以决定哪个才是"当前"的 ALC：

```
var assem = typeof (SomeTypeThatIWillBeDeserializing).Assembly;
var alc = AssemblyLoadContext.GetLoadContext (assem);
var object = Deserialize (someStream, alc);
```

17.6.4 Assembly.Load 与上下文相关的 ALC

在大多数情况下，我们会将程序集加载至当前执行代码所在的 ALC 中：

```
var executingAssem = Assembly.GetExecutingAssembly();
var alc = AssemblyLoadContext.GetLoadContext (executingAssem);
Assembly assem = alc.LoadFromAssemblyName (...);
```

Microsoft 在 Assembly 类中定义了相应的方法:

```
public static Assembly Load (string assemblyString);
```

以及接受 AssemblyName 对象的相同功能的方法:

```
public static Assembly Load (AssemblyName assemblyRef);
```

(不要将这些方法与旧版本的 Load(byte[]) 方法混淆。该方法的行为和上述方法是完全不同的,详细信息请参见 17.6.8 节。)

和 LoadFromAssemblyName 一样,我们可以指定程序集的简单名称、部分名称或完整名称:

```
Assembly a = Assembly.Load ("System.Private.Xml");
```

上述代码将 System.Private.Xml 程序集加载到了当前执行代码所在的程序集所在的 ALC 中。

在该示例中,我们指定了一个简单名称。指定以下名称也都是合法的,并且在 .NET 中结果都是一致的:

```
"System.Private.Xml, PublicKeyToken=cc7b13ffcd2ddd51"
"System.Private.Xml, Version=4.0.1.0"
"System.Private.Xml, Version=4.0.1.0, PublicKeyToken=cc7b13ffcd2ddd51"
```

如果指定了公钥令牌,则公钥令牌和加载程序集的公钥令牌必须一致。

MSDN 中对使用部分名称加载程序集的行为保持了谨慎的态度。它推荐在解析过程中指定确切的版本号与公钥令牌。这仍然是基于 .NET Framework 的基本原理的,例如,影响全局程序集缓存以及代码访问安全性。但是这些因素在 .NET 5 和 .NET Core 中都是不存在的,并且在通常情况下,使用简单名称或者部分名称加载程序集都是安全的。

本节中的两个方法均仅用于解析程序集,因此是无法指定文件目录的(即使在 AssemblyName 对象中指定 CodeBase 属性的值,它也会被忽略)。

不要使用 Assembly.Load 来加载静态引用的程序集,而是使用该程序集中的类型,并从类型中获得程序集:

```
Assembly a = typeof (System.Xml.Formatting).Assembly;
```

或者:

```
Assembly a = System.Xml.Formatting.Indented.GetType().Assembly;
```

这样就无须在执行代码所在 ALC 解析程序集（在 Assembly.Load 时）时对程序集名称进行硬编码（以防未来发生更改）。

如果自行实现 Assembly.Load 方法，则应当类似于如下代码：

```
[MethodImpl(MethodImplOptions.NoInlining)]
Assembly Load (string name)
{
  Assembly callingAssembly = Assembly.GetCallingAssembly();
  var callingAlc = AssemblyLoadContext.GetLoadContext (callingAssembly);
  return callingAlc.LoadFromAssemblyName (new AssemblyName (name));
}
```

EnterContextualReflection

Assembly.Load 使用调用方程序集的 ALC 上下文的策略会在间接调用 Assembly.Load 方法时会失效，例如，反序列化器或者单元测试执行器。如果中间人是定义在其他程序集中的，那么实际上使用的是中间人的加载上下文而不是调用者的上下文。

我们之前描述过书写反序列化器的场景。在这种场景下，理想的解决方案是令调用方提供 ALC 而不是通过 Assembly.Load(string) 方法来推断 ALC。

但 .NET 5 与 .NET Core 是从 .NET Framework 演变而来，而在 .NET Framework 中，隔离性是通过应用程序域而不是 ALC 来实现的，因此我们所谓的理想方案其实并不多见。所以有时在 ALC 无法被准确推断的情况下也仍然在调用 Assembly.Load(string)。.NET Core 中的二进制序列化器就是一个典型的例子。

为了让 Assembly.Load 方法在上述情况下仍能使用，Microsoft 在 AssemblyLoadContext 中添加了 EnterContextualReflection 方法。该方法将 ALC 赋值给 AssemblyLoadContext. CurrentContextualReflectionContext 属性。虽然这个属性是一个静态属性，但是它的值是保存在一个 AsyncLocal 变量中的，因此它在不同的线程中值也不同（其值会在整个异步操作过程中保留）。

如果该属性非 null，则 Assembly.Load 方法自动使用这个属性而不会使用调用方的 ALC：

```
Method1();

var myALC = new AssemblyLoadContext ("test");
using (myALC.EnterContextualReflection())
{
  Console.WriteLine (
    AssemblyLoadContext.CurrentContextualReflectionContext.Name);  // test

  Method2();
}
```

```
// Once disposed, EnterContextualReflection() no longer has an effect.
Method3();

void Method1() => Assembly.Load ("...");      // Will use calling ALC
void Method2() => Assembly.Load ("...");      // Will use myALC
void Method3() => Assembly.Load ("...");      // Will use calling ALC
```

之前的例子中演示了如何实现一个功能类似 Assembly.Load 的方法。现在我们可以将基于上下文的反射上下文纳入考虑范围来实现一个更加准确的 Assembly.Load 方法：

```
[MethodImpl(MethodImplOptions.NoInlining)]
Assembly Load (string name)
{
  var alc = AssemblyLoadContext.CurrentContextualReflectionContext
    ?? AssemblyLoadContext.GetLoadContext (Assembly.GetCallingAssembly());

  return alc.LoadFromAssemblyName (new AssemblyName (name));
}
```

虽然使用基于上下文的反射上下文可以维持旧版本代码的执行，但是更加健壮的方案仍然是（之前提到的）将调用 Assembly.Load 的代码修改为调用 ALC 对象的 LoadFromAssemblyName 方法，且 ALC 对象应由调用方提供。

 .NET Framework 虽然也有 Assembly.Load 方法，但没有 EnterContextual-Reflection 的等效方法（当然也不需要）。这是因为在 .NET Framework 中，隔离性主要是由应用程序域而不是由 ALC 来保证的。应用程序域提供了更强的隔离模型，而每一个应用程序域都有专有的加载上下文。因此即使是使用默认加载，上下文隔离性也能够得以保证。

17.6.5 加载和解析非托管程序库

ALC 还可以解析原生程序库。原生解析在调用标有 [DllImport] 特性的外部方法时发生：

```
[DllImport ("SomeNativeLibrary.dll")]
static extern int SomeNativeMethod (string text);
```

由于 [DllImport] 特性中并没有指定完整路径，因此调用 SomeNativeMethod 会触发定义了该方法的程序集所在的 ALC 的解析过程。

这个 ALC 中用于解析非托管程序库的虚方法是 LoadUnmanagedDll，而加载非托管程序库的方法是 LoadUnmanagedDllFromPath：

```
protected override IntPtr LoadUnmanagedDll (string unmanagedDllName)
{
  // Locate the full path of unmanagedDllName...
  string fullPath = ...
  return LoadUnmanagedDllFromPath (fullPath);      // Load the DLL
}
```

如果无法定位文件，则可以返回 IntPtr.Zero。此时 CLR 会触发 ALC 的 Resolving-UnmanagedDll 事件。

有趣的是，LoadUnmanagedDllFromPath 方法是被保护的，因此我们无法直接在 ResolvingUnmanagedDll 事件处理器上调用它。但是调用 NavtiveLibrary.Load 方法也能够达成相同的效果：

```
someALC.ResolvingUnmanagedDll += (requestingAssembly, unmanagedDllName) =>
{
    return NativeLibrary.Load ("(full path to unmanaged DLL)");
};
```

虽然原生程序库一般是由 ALC 对象加载的，但是它们却并不"属于"ALC。加载之后，原生程序库就完全独立，并且自行解析任何后续（可能存在的）依赖。此外，原生程序库对于进程来说是全局的，因此如果原生程序库的文件名称相同，则无法加载两个不同的版本。

17.6.6 AssemblyDependencyResolver

在 17.6.2.1 节中我们提到，如果 *.deps.json* 和 *runtimeconfig.json* 文件存在，则默认 ALC 会读取其中的内容，以决定在何处寻找平台相关的和开发过程中使用的 NuGet 依赖。

如果需要将平台相关的程序集或是 NuGet 包中的程序集加载到自定义的 ALC 中，则我们需要或多或少地复现这种逻辑。这需要解析配置文件，并遵守平台相关的命名规则。该过程不但艰辛，而且自定义的代码也无法跟上 .NET 后续版本可能出现的规则变化。

AssemblyDependencyResolver 类正是为解决该问题而生。首先，使用需要探测依赖的程序集的路径创建 AssemblyDependencyResolver 的实例：

```
var resolver = new AssemblyDependencyResolver (@"c:\temp\foo.dll");
```

其次，调用 ResolveAssemblyToPath 查找依赖的路径：

```
string path = resolver.ResolveAssemblyToPath (new AssemblyName ("bar"));
```

如果 *.deps.json* 文件不存在（或者 *.deps.json* 文件没有和 *bar.dll* 相关的配置），则结果为 *c:\temp\bar.dll*。

类似地，调用 ResolveUnmanagedDllToPath 方法就可以解析非托管程序集的路径。

以下示例将演示更复杂的场景，它创建了一个名为 ClientApp 的控制台项目，向 *Microsoft. Data.SqlClient* 中添加 NuGet 引用，并创建以下类型：

```
using Microsoft.Data.SqlClient;

namespace ClientApp
{
    public class Program
    {
```

```
        public static SqlConnection GetConnection() => new SqlConnection();
        static void Main() => GetConnection();    // Test that it resolves
    }
}
```

构建该应用程序并观察输出目录，可以发现其中包含文件 *Microsoft.Data.SqlClient.dll*，但是这个文件并不会在运行时加载。如果试图显式加载该文件，则会抛出异常。实际加载的程序集位于 *runtimes\win*（或者 *runtimes\unix*）目录下。默认 ALC 会通过解析 *ClientApp.deps.json* 文件找到程序集的所在。

如果想在另一个应用程序中加载 *ClientApp.dll* 程序集，则需要编写 ALC 来解析其依赖，即 *Microsoft.Data.SqlClient.dll*。在解析过程中，仅仅查找 *ClientApp.dll* 所在地目录是不够的（就像我们在 17.6.1.3 节中做的那样）。我们需要使用 AssemblyDependencyResolver 来确定当前平台所需的文件所在的位置：

```
string path = @"C:\source\ClientApp\bin\Debug\netcoreapp3.0\ClientApp.dll";
var resolver = new AssemblyDependencyResolver (path);
var sqlClient = new AssemblyName ("Microsoft.Data.SqlClient");
Console.WriteLine (resolver.ResolveAssemblyToPath (sqlClient));
```

在 Windows 平台机器上，其输出结果为：

```
C:\source\ClientApp\bin\Debug\netcoreapp3.0\runtimes\win\lib\netcoreapp2.1
\Microsoft.Data.SqlClient.dll
```

我们会在 17.6.9 节给出完整的示例。

17.6.7 卸载 ALC

在简单情况下，非默认的 AssemblyLoadContext 是可以卸载的。卸载 ALC 将释放内存并释放所加载程序集的文件锁。为了使 ALC 能够卸载，必须在实例化时将它的 isCollectible 参数设置为 true：

```
var alc = new AssemblyLoadContext ("test", isCollectible:true);
```

之后就可以调用 Unload 方法来触发 ALC 的卸载流程。

ALC 的卸载模型是合作型而不是抢占型的，即如果 ALC 中任意一个程序集的任何方法正在执行，则卸载会被推迟，直至这些方法执行结束。

真正意义上的卸载会在垃圾回收过程中进行。如果 ALC 之外的任何非弱引用引用了 ALC 中的任何内容（包括对象、类型和程序集），这个过程都不会发生。API（包括 .NET BCL 中的 API）通常会将对象缓存在静态字段或字典中，此外还会订阅事件。这些操作均会创建引用以避免卸载。确认卸载失败的原因是比较困难的，且往往需要使用类似 WinDbg 的工具。

17.6.8 旧版本中的加载方法

如果你仍在使用 .NET Framework（或者书写基于 .NET Standard 的程序库，并期望支持 .NET Framework），那么就无法使用 AssemblyLoadContext 类。需要使用以下方法来完成加载工作：

```
public static Assembly LoadFrom (string assemblyFile);
public static Assembly LoadFile (string path);
public static Assembly Load (byte[] rawAssembly);
```

LoadFile 和 Load(byte[]) 提供了隔离性支持，而 LoadFrom 则不会。

程序集的解析工作可以借由订阅应用程序域的 AssemblyResolve 事件解决。它和默认 ALC 的 Resolving 事件的原理是类似的。

17.6.8.1 LoadFrom

LoadFrom 方法从一个指定的路径将程序集加载到默认 ALC 中，它类似调用 Assembly-LoadContext.Default.LoadFromAssemblyPath 方法。但是有如下不同之处：

* 如果拥有相同简单名称的程序集已经被默认 ALC 加载，则 LoadFrom 会返回该程序集而不会抛出异常。

* 如果拥有相同简单名称的程序集没有被默认 ALC 加载，则会发生加载操作，但相应的程序集会处于一种特殊的"LoadFrom"状态。这个状态会影响默认 ALC 的解析行为，即如果程序集有任何依赖位于相同目录下，则默认 ALC 会自动解析这些依赖。

 .NET Framework 拥有全局程序集缓存（Global Assembly Cache，GAC）。如果程序集位于 GAC 中，则 CLR 会自动从 GAC 中加载程序集。本节开头提到的三个方法均适用该规则。

如需自动地传递性地解析位于相同目录下的依赖，则 LoadFrom 方法是非常方便的。但如果依赖并不满足这个条件就难办了，因为这种情形很难进行调试。因此最好使用 Load(string) 或 LoadFile 方法并处理应用程序域的 AssemblyResolve 事件来递进地完成程序集的解析。这种方式能够决定如何解析每一个程序集并可以在事件处理器中添加断点来进行调试。

17.6.8.2 LoadFile 和 Load(byte[])

LoadFile 和 Load(byte[]) 方法从指定的文件路径或指定的字节数组中将程序集加载进新的 ALC 中。和 LoadFrom 不同，这些方法提供了隔离性支持，并且可以加载相同程序集的多个版本。但是使用它们需要注意如下两点：

* 使用相同的路径调用 LoadFile 方法会返回之前加载过的程序集。

- 在 .NET Framework 中，这两个方法都会首先确认 GAC 中是否包含相应程序集，如果 GAC 中包含指定程序集，则优先从 GAC 中加载程序集。

使用 LoadFile 和 Load(byte[])，每一个加载的程序集都会拥有一个独立的 ALC（除了注意事项中的情况之外）。它提供了隔离性，但是管理起来却更加困难。

若要解析程序集，则需要处理 AppDomain 的 Resolving 事件。这个事件会在所有的 ALC 上触发：

```
AppDomain.CurrentDomain.AssemblyResolve += (sender, args) =>
{
  string fullAssemblyName = args.Name;
  // return an Assembly object or null
  ...
};
```

其中的 args 变量拥有一个名为 RequestingAssembly 的属性，该属性指示了触发了当前的解析工作的程序集。

在定位到相应程序集之后，就可以调用 Assembly.LoadFile 方法加载程序集。

 如需枚举所有已经加载到当前应用程序域的程序集，可以使用 AppDomain.CurrentDomain.GetAssemblies() 方法。该方法在 .NET 5 中也可以正常工作。其功能等价于：

```
AssemblyLoadContext.All.SelectMany (a => a.Assemblies)
```

17.6.9 编写插件系统

为了完整展示本节中介绍的内容，我们将编写一个插件系统。该系统将使用可卸载的 ALC 对每一个插件进行隔离。

我们的示例将包含如下三个 .NET 项目：

Plugin.Common（库）
   定义了插件需要实现的接口。

Capitalizer（库）
   一个将文本转换为大写的插件。

Plugin.Host（控制台程序）
   定位并调用插件。

我们假定工程位于如下的目录中：

```
c:\source\PluginDemo\Plugin.Common
c:\source\PluginDemo\Capitalizer
c:\source\PluginDemo\Plugin.Host
```

所有的项目都将引用 Plugin.Common 库，除此之外再无其他项目间引用。

 如果 Plugin.Host 引用了 Capitalizer，我们就无须编写插件系统了。插件系统的核心思想是在 Plugin.Host 和 Plugin.Common 发布之后，第三方就可以为该系统编写插件。

出于演示目的，可以使用 Visual Studio 方便地将三个项目放在同一个解决方案中，并右键单击"Plugin.Host"项目，选择"构建依赖"（Build Dependencies）>"项目依赖"（Project Dependencies）并勾选"Capitalizer"项目。这样在运行 Plugin.Host 时就可以在没有引用 Capitalizer 项目的情况下强制进行构建。

17.6.9.1 Plugin.Common

首先来编写 Plugin.Common。本例中的插件执行的任务非常简单：对字符串进行变换。以下就是插件的接口定义：

```
namespace Plugin.Common
{
  public interface ITextPlugin
  {
    string TransformText (string input);
  }
}
```

这也是 Plugin.Common 项目的所有内容。

17.6.9.2 Capitalizer 插件

Capitalizer 插件引用了 Plugin.Common，且仅包含一个类。目前该插件尽量保持逻辑简单，这样就不会有额外的依赖：

```
public class CapitalizerPlugin : Plugin.Common.ITextPlugin
{
  public string TransformText (string input) => input.ToUpper();
}
```

在两个项目构建完成后，Capitalizer 的输出文件夹中将包含两个程序集：

```
Capitalizer.dll      // Our plug-in assembly
Plugin.Common.dll    // Referenced assembly
```

17.6.9.3 Plugin.Host

Plugin.Host 是一个拥有两个类的控制台应用程序。第一个类是用于加载控件的自定义 ALC：

```
class PluginLoadContext : AssemblyLoadContext
{
  AssemblyDependencyResolver _resolver;
  public PluginLoadContext (string pluginPath, bool collectible)
    // Give it a friendly name to help with debugging:
    : base (name: Path.GetFileName (pluginPath), collectible)
  {
    // Create a resolver to help us find dependencies.
    _resolver = new AssemblyDependencyResolver (pluginPath);
  }

  protected override Assembly Load (AssemblyName assemblyName)
  {
    // See below
    if (assemblyName.Name == typeof (ITextPlugin).Assembly.GetName().Name)
      return null;

    string target = _resolver.ResolveAssemblyToPath (assemblyName);

    if (target != null)
      return LoadFromAssemblyPath (target);

    // Could be a BCL assembly. Allow the default context to resolve.
    return null;
  }

  protected override IntPtr LoadUnmanagedDll (string unmanagedDllName)
  {
    string path = _resolver.ResolveUnmanagedDllToPath (unmanagedDllName);

    return path == null
      ? IntPtr.Zero
      : LoadUnmanagedDllFromPath (path);
  }
}
```

构造器接收主插件程序集所在的路径，同时接收一个标志来确认当前 ALC 是否支持回收（从而可以将 ALC 卸载）。

Load 方法将进行依赖解析。所有的插件必须引用 Plugin.Common 才能够实现 ITextPlugin 接口，即 Load 方法也在解析 Plugin.Common 时触发。此时需要小心，因为插件的输出目录可能不仅包含 *Capitalizer.dll*，而且也同样包含一份 *Plugin.Common.dll* 的拷贝。如果将这份 *Plugin.Common.dll* 拷贝加载进 PluginLoadContext 中，就会得到两份程序集的拷贝，一份在宿主默认的上下文中，而另一份在插件的 PluginLoadContext 中。由于两份程序集互不兼容，宿主会抱怨插件没有实现 ITextPlugin 接口！

为了解决这个问题，必须显式地检查如下这种情况：

```
if (assemblyName.Name == typeof (ITextPlugin).Assembly.GetName().Name)
  return null;
```

返回 null 会令宿主默认的 ALC 进行程序集的解析工作：

除了返回 null，我们也可以返回 typeof(ITextPlugin).Assembly，这样它的工作也是正常的。我们如何能够确定宿主的 ALC（而不是自定义的 PluginLoadContext）可以解析 ITextPlugin 呢？请注意，PluginLoadContext 类是定义在 Plugin.Host 程序集中的，因此该类中任何静态引用的类型都会触发程序集（Plugin.Host）所在的 ALC 进行解析。

公共程序集检查完毕之后，代码使用了 AssemblyDependencyResolver 来定位所有插件（可能具备）的私有依赖的位置。（目前插件没有私有依赖。）

请注意，我们还重写了 LoadUnmanagedDll 方法，这保证了即使插件拥有非托管依赖，也能够正确地加载。

Plugin.Host 项目中的第二个类型是主程序。为了简单起见，我们将 Capitalizer 插件的路径硬编码在程序中（在真实项目中，我们可以从已知路径搜索 DLL 文件来发现插件，或者从配置文件中读取插件路径）：

```
class Program
{
  const bool UseCollectibleContexts = true;

  static void Main()
  {
    const string capitalizer = @"C:\source\PluginDemo\"
      + @"Capitalizer\bin\Debug\netcoreapp3.0\Capitalizer.dll";

    Console.WriteLine (TransformText ("big apple", capitalizer));
  }

  static string TransformText (string text, string pluginPath)
  {
    var alc = new PluginLoadContext (pluginPath, UseCollectibleContexts);
    try
    {
      Assembly assem = alc.LoadFromAssemblyPath (pluginPath);

      // Locate the type in the assembly that implements ITextPlugin:
      Type pluginType = assem.ExportedTypes.Single (t =>
                   typeof (ITextPlugin).IsAssignableFrom (t));

      // Instantiate the ITextPlugin implementation:
      var plugin = (ITextPlugin)Activator.CreateInstance (pluginType);

      // Call the TransformText method
      return plugin.TransformText (text);
    }
    finally
    {
      if (UseCollectibleContexts) alc.Unload();    // unload the ALC
    }
  }
}
```

在 `TransformText` 方法中，首先为插件创建一个 ALC 实例，并加载插件的主程序集。接下来，使用反射定位到实现 `ITextPlugin` 接口的类型（我们将在第 18 章介绍相应的内容）。最后创建插件实例，调用 `TransformText` 方法，并卸载 ALC。

 如果需要重复调用 `TransformText` 方法，则更好的做法是缓存 ALC 而不是每一次都在调用完成后卸载 ALC。

该示例输出如下：

```
BIG APPLE
```

17.6.9.4 添加依赖

插件系统的代码可以完全解析并隔离依赖。为了演示这一点，我们将为插件添加 *Humanizer.Core*（版本为 2.6.2）引用。这个操作既可以在 Visual Studio 界面上进行，也可以通过编辑 *Capitalizer.csproj* 项目文件来完成。

```
<ItemGroup>
  <PackageReference Include="Humanizer.Core" Version="2.6.2" />
</ItemGroup>
```

修改 `CapitalizerPlugin` 的实现：

```
using Humanizer;
namespace Capitalizer
{
  public class CapitalizerPlugin : Plugin.Common.ITextPlugin
  {
    public string TransformText (string input) => input.Pascalize();
  }
}
```

重新运行程序，就会得到以下输出：

```
BigApple
```

同样，创建另一个插件 Pluralizer。创建新的 .NET 类库项目并添加 *Humanizer.Core* 依赖（版本为 2.7.9）：

```
<ItemGroup>
  <PackageReference Include="Humanizer.Core" Version="2.7.9" />
</ItemGroup>
```

创建 `PluralizerPlugin` 类，和 `CapitalizerPlugin` 类似，只不过此次调用 `Pluralize` 方法：

```
using Humanizer;
namespace Pluralizer
{
  public class PluralizerPlugin : Plugin.Common.ITextPlugin
```

```
{
    public string TransformText (string input) => input.Pluralize();
}
}
```

最后，在 Plugin.Host 的 Main 方法中添加代码执行 Pluralizer 插件：

```
static void Main()
{
    const string capitalizer = @"C:\source\PluginDemo\"
        + @"Capitalizer\bin\Debug\netcoreapp3.0\Capitalizer.dll";

    Console.WriteLine (TransformText ("big apple", capitalizer));

    const string pluralizer = @"C:\source\PluginDemo\"
        + @"Pluralizer\bin\Debug\netcoreapp3.0\Pluralizer.dll";

    Console.WriteLine (TransformText ("big apple", pluralizer));
}
```

其输出为：

```
BigApple
big apples
```

为了了解整个过程，可以将 UseCollectibleContexts 常量设置为 false，并在 Main 方法中添加如下代码来枚举所有的 ALC 及其程序集：

```
foreach (var context in AssemblyLoadContext.All)
{
    Console.WriteLine ($"Context: {context.GetType().Name} {context.Name}");

    foreach (var assembly in context.Assemblies)
        Console.WriteLine ($"  Assembly: {assembly.FullName}");
}
```

从输出中可以看到，两个不同版本的 Humanizer 分别加载到了不同的 ALC 中：

```
Context: PluginLoadContext Capitalizer.dll
  Assembly: Capitalizer, Version=1.0.0.0, Culture=neutral, PublicKeyToken=...
  Assembly: Humanizer, Version=2.6.0.0, Culture=neutral, PublicKeyToken=...
Context: PluginLoadContext Pluralizer.dll
  Assembly: Pluralizer, Version=1.0.0.0, Culture=neutral, PublicKeyToken=...
  Assembly: Humanizer, Version=2.7.0.0, Culture=neutral, PublicKeyToken=...
Context: DefaultAssemblyLoadContext Default
  Assembly: System.Private.CoreLib, Version=4.0.0.0, Culture=neutral,...
  Assembly: Host, Version=1.0.0.0, Culture=neutral, PublicKeyToken=null
  ...
```

即使两个插件均使用同一个版本的 Humanizer，程序集的隔离仍具优势。例如，每一个程序集都可以拥有属于其自身的静态变量。

第 18 章

反射和元数据

在第 17 章中，我们了解到 C# 程序可以编译为一个包含元数据、编译代码和资源的程序集。在运行时检查并使用元数据和编译代码的操作称为反射。

程序集中的编译代码包括源代码的绝大部分内容。但是仍然有一些信息会丢失，例如，局部变量名称、注释和预处理指令。反射可以访问几乎所有的信息，甚至可以编写一个反编译器。

.NET 通过 C# 语言提供的诸多服务（例如，动态绑定、序列化和数据绑定）都是依托于元数据的。我们的应用程序可以充分地利用这些元数据，甚至可以通过自定义特性向元数据中添加信息。反射相关的 API 均位于 System.Reflection 命名空间下。我们甚至可以通过 System.Reflection.Emit 命名空间中的类在运行时动态创建新的元数据和可执行 IL（中间语言）指令。

本章的示例将默认导入 System、System.Reflection 和 System.Reflection.Emit 命名空间。

本章使用的术语"动态"指使用反射执行某些任务，这些任务的类型安全只能在运行时才能保证。这与通过 C# 的 dynamic 关键字进行动态绑定的原则相似，尽管它们的机制和功能各不相同。

动态绑定更容易使用，并可以更有效地利用动态语言运行时（DLR）与动态语言进行互操作。相对来说，反射操作并不容易，但是它在 CLR 任务中具有多方面的灵活性。例如，反射可以获得类型和成员的列表，可以使用字符串（作为类型名称）实例化一个对象，还可以在运行时构建程序集。

18.1 反射和激活类型

本节将介绍如何获得类型、检查类型中的元数据，并将对象动态实例化。

18.1.1 获取类型

System.Type 的实例代表了类型的元数据。由于 Type 的应用领域非常广泛，因此它存在于 System 命名空间中，而非 System.Reflection 命名空间中。

调用任意对象的 GetType 方法或者使用 C# 的 typeof 运算符都可以得到 System.Type 的实例：

```
Type t1 = DateTime.Now.GetType();    // Type obtained at runtime
Type t2 = typeof (DateTime);         // Type obtained at compile time
```

typeof 运算符还可以用于获得数组或泛型的类型：

```
Type t3 = typeof (DateTime[]);          // 1-d Array type
Type t4 = typeof (DateTime[,]);         // 2-d Array type
Type t5 = typeof (Dictionary<int,int>); // Closed generic type
Type t6 = typeof (Dictionary<,>);       // Unbound generic type
```

除此之外还可以通过类型的名称获得 Type 对象。如果我们拥有类型所在的 Assembly 引用，可以调用 Assembly.GetType 方法（我们将在 18.3 节进行详细介绍）：

```
Type t = Assembly.GetExecutingAssembly().GetType ("Demos.TestProgram");
```

如果我们并没有 Assembly 对象，则可以通过类型的程序集限定名称（类型的完整名称加上程序集的完全限定名称）获得类型的实例。同时，该程序集会隐式加载（就像是调用了 Assembly.Load(string) 方法一样）：

```
Type t = Type.GetType ("System.Int32, System.Private.CoreLib");
```

获得 System.Type 对象之后，就可以访问类型的名称、所在的程序集、基类型、可见性等属性：

```
Type stringType = typeof (string);
string name      = stringType.Name;      // String
Type baseType     = stringType.BaseType;  // typeof(Object)
Assembly assem    = stringType.Assembly;  // System.Private.CoreLib
bool isPublic     = stringType.IsPublic;  // true
```

可以说，System.Type 实例就是打开类型（和定义该类型的程序集）的所有元数据的窗口。

 System.Type 是一个抽象类型。因此，实际上 typeof 运算符获得的是一个 Type 的子类。这种 CLR 使用的子类是 .NET 的内部类型，称为 RuntimeType。

18.1.1.1 TypeInfo

如果应用程序面向的是 .NET Core 1.x 或者旧的 Windows 应用商店平台，那么大多数 Type 的成员定义都是不存在的。这些缺失的成员定义位于 TypeInfo 类中，我们可以调用 GetTypeInfo 方法获得该类的实例。因此，上一个例子在这里应当更改为：

```
Type stringType = typeof(string);
string name = stringType.Name;
Type baseType = stringType.GetTypeInfo().BaseType;
Assembly assem = stringType.GetTypeInfo().Assembly;
bool isPublic = stringType.GetTypeInfo().IsPublic;
```

.NET Core 2、3 与 .NET 5+（和 .NET Framework 4.5+ 以及所有 .NET Standard 版本）都
包含 TypeInfo，因此上述代码几乎可以在任何环境中运行。TypeInfo 还包含一些对成
员进行反射操作的其他属性和方法。

18.1.1.2 获取数组类型

前面提到的 typeof 运算符和 GetType 同样适用于数组类型。还可以对元素类型调用
MakeArrayType 以获得数组类型：

```
Type simpleArrayType = typeof (int).MakeArrayType();
Console.WriteLine (simpleArrayType == typeof (int[]));     // True
```

MakeArrayType 方法可以接受一个整数类型的参数以创建多维矩形数组：

```
Type cubeType = typeof (int).MakeArrayType (3);        // cube shaped
Console.WriteLine (cubeType == typeof (int[,,]));      // True
```

GetElementType 方法可以返回数组元素的类型：

```
Type e = typeof (int[]).GetElementType();       // e == typeof (int)
```

GetArrayRank 则可以返回矩形数组的维数：

```
int rank = typeof (int[,,]).GetArrayRank();    // 3
```

18.1.1.3 获取嵌套类型

要获得嵌套类型，可以在其容器类型上调用 GetNestedTypes 方法。例如：

```
foreach (Type t in typeof (System.Environment).GetNestedTypes())
  Console.WriteLine (t.FullName);

OUTPUT: System.Environment+SpecialFolder译注 1
```

或者：

```
foreach (TypeInfo t in typeof (System.Environment).GetTypeInfo()
                                          .DeclaredNestedTypes)
  Debug.WriteLine (t.FullName);
```

使用嵌套类型时需要注意 CLR 认为嵌套类型拥有特殊"嵌套"可访问性，例如：

译注 1：在 .NET Core 3.x 与 .NET 5+ 下，上述程序的输出结果为：
```
System.Environment+SpecialFolder
System.Environment+SpecialFolderOption
```

```
Type t = typeof (System.Environment.SpecialFolder);
Console.WriteLine (t.IsPublic);                          // False
Console.WriteLine (t.IsNestedPublic);                    // True
```

18.1.2 类型名称

类型具有 Namespace、Name 以及 FullName 属性。在大多数情况下，FullName 是前两者的组合：

```
Type t = typeof (System.Text.StringBuilder);

Console.WriteLine (t.Namespace);      // System.Text
Console.WriteLine (t.Name);           // StringBuilder
Console.WriteLine (t.FullName);       // System.Text.StringBuilder
```

上述规则有两种例外的情况：嵌套类型和封闭的泛型类型。

 Type 类中的 AssemblyQualifiedName 属性的值是类型的 FullName 后跟一个逗号，最后是程序集的完整名称。这个名称可以作为参数直接传递给 Type.GetType 方法，该方法会在默认的加载上下文下返回唯一确定的类型。

18.1.2.1 嵌套类型名称

对于嵌套类型来说，其容器类型只会在 FullName 中出现：

```
Type t = typeof (System.Environment.SpecialFolder);

Console.WriteLine (t.Namespace);      // System
Console.WriteLine (t.Name);           // SpecialFolder
Console.WriteLine (t.FullName);       // System.Environment+SpecialFolder
```

其中的 + 会将包含类型与嵌套的命名空间分隔开来。

18.1.2.2 泛型类型名称

泛型类型名称带有 ` 后缀，后续加上类型参数的数目。如果泛型类型是未绑定的类型，则它的 Name 和 FullName 都将遵循该规则：

```
Type t = typeof (Dictionary<,>); // Unbound
Console.WriteLine (t.Name);       // Dictionary`2
Console.WriteLine (t.FullName);   // System.Collections.Generic.Dictionary`2
```

如果泛型类型是封闭的，则它的 FullName（而且仅有 FullName）会包含额外的附加信息。其中，每一个类型参数枚举都将使用其程序集限定名称：

```
Console.WriteLine (typeof (Dictionary<int,string>).FullName);

// OUTPUT:
System.Collections.Generic.Dictionary`2[[System.Int32,
```

```
System.Private.CoreLib, Version=4.0.0.0, Culture=neutral,
PublicKeyToken=7cec85d7bea7798e],[System.String, System.Private.CoreLib,
Version=4.0.0.0, Culture=neutral, PublicKeyToken=7cec85d7bea7798e]]
```

这样就确保了 AssemblyQualifiedName（类型的完整名称与程序集名称的组合）中包含足够的信息，可以严格区分泛型类型及其类型参数。

18.1.2.3 数组和指针类型名称

数组类型的名称和 typeof 表达式使用的后缀是相同的：

```
Console.WriteLine (typeof ( int[]  ).Name);      // Int32[]
Console.WriteLine (typeof ( int[,] ).Name);      // Int32[,]
Console.WriteLine (typeof ( int[,] ).FullName);  // System.Int32[,]
```

而指针类型也是类似的：

```
Console.WriteLine (typeof (byte*).Name);      // Byte*
```

18.1.2.4 ref 和 out 参数的类型名称

ref 和 out 类型的参数带有 & 后缀：

```
public void RefMethod (ref int p)
{
  Type t = MethodInfo.GetCurrentMethod().GetParameters()[0].ParameterType;
  Console.WriteLine (t.Name);     // Int32&
}
```

我们将在 18.2 节对此继续进行介绍。

18.1.3 基本类型和接口

Type 类中具有 BaseType 属性：

```
Type base1 = typeof (System.String).BaseType;
Type base2 = typeof (System.IO.FileStream).BaseType;

Console.WriteLine (base1.Name);     // Object
Console.WriteLine (base2.Name);     // Stream
```

GetInterfaces 方法会返回类型实现的接口：

```
foreach (Type iType in typeof (Guid).GetInterfaces())
  Console.WriteLine (iType.Name);

IFormattable
IComparable
IComparable'1
IEquatable'1
```

反射还提供了如下三种和 C# 的 is 静态运算符等价的动态运算符：

IsInstanceOfType

　　该方法接收一个类型和一个实例。

IsAssignableFrom 与 IsAssignableTo (.NET 5 添加)

　　上述方法接收两个类型。

以下示例使用了第一个运算符：

```
object obj  = Guid.NewGuid();
Type target = typeof (IFormattable);

bool isTrue   = obj is IFormattable;      // Static C# operator
bool alsoTrue = target.IsInstanceOfType (obj);  // Dynamic equivalent
```

IsAssignableFrom 方法用途更加多样：

```
Type target = typeof (IComparable), source = typeof (string);
Console.WriteLine (target.IsAssignableFrom (source));      // True
```

IsSubclassOf 方法和 IsAssignableFrom 方法的功能类似，但是 IsSubclassOf 不包含接口。

18.1.4 实例化类型

从类型创建对象实例的方式有如下两种：

- 调用静态的 Activator.CreateInstance 方法。

- 调用 Type 类型的 GetConstructor 方法得到 ConstructorInfo 对象，并调用 ConstructorInfo.Invoke 方法（高级的对象实例化场景）。

Activator.CreateInstance 接受 Type 类型的参数，并且还可以接受可选的参数作为传递给构造器的参数：

```
int i = (int) Activator.CreateInstance (typeof (int));

DateTime dt = (DateTime) Activator.CreateInstance (typeof (DateTime),
                                                   2000, 1, 1);
```

CreateInstance 方法可以指定很多选项，例如，该类型所在的程序集以及是否绑定非公有的构造器。如果运行时无法找到合适的构造器，则会抛出 MissingMethodException。

当所用参数值无法甄别重载构造器时，就需要调用 ConstructorInfo 的 Invoke 方法。例如，假设 X 类拥有两个构造器，一个构造器接受 string 参数，另一个接受 StringBuilder 类型的参数。如果向 Activator.CreateInstance 传递 null 参数，则调用目标就具有二义性。此时就需要使用 ConstructorInfo：

```
// Fetch the constructor that accepts a single parameter of type string:
ConstructorInfo ci = typeof (X).GetConstructor (new[] { typeof (string) });
```

```
      // Construct the object using that overload, passing in null:
      object foo = ci.Invoke (new object[] { null });
```

如果使用 .NET Core 1 或旧版本的 Windows 应用商店，则：

```
ConstructorInfo ci = typeof (X).GetTypeInfo().DeclaredConstructors
  .FirstOrDefault (c =>
    c.GetParameters().Length == 1 &&
    c.GetParameters()[0].ParameterType == typeof (string));
```

如果想得到非公有的构造器，则需要指定 BindingFlags。详细内容请参见 18.2 节。

 使用动态实例化构造对象会增加几微秒的时间。相对来说，这个时间比较长，因为 CLR 实例化对象的速度是很快的（使用 new 实例化一个简单的小型类只需要消耗几十纳秒的时间）。

如果需要从一个元素类型动态实例化一个该类型的数组，则需要首先调用 MakeArrayType 方法。我们将在下一小节介绍如何实例化泛型类型。

如果要动态实例化委托对象，应当调用 Delegate.CreateDelegate 方法。以下示例演示了实例化实例委托和静态委托的过程：

```
class Program
{
  delegate int IntFunc (int x);

  static int Square (int x) => x * x;        // Static method
  int        Cube   (int x) => x * x * x;    // Instance method

  static void Main()
  {
    Delegate staticD = Delegate.CreateDelegate
      (typeof (IntFunc), typeof (Program), "Square");

    Delegate instanceD = Delegate.CreateDelegate
      (typeof (IntFunc), new Program(), "Cube");

    Console.WriteLine (staticD.DynamicInvoke (3));     // 9
    Console.WriteLine (instanceD.DynamicInvoke (3));   // 27
  }
}
```

要调用委托，可以像上述示例中那样调用返回的 Delegate 对象的 DynamicInvoke 方法，也可以将其转化为相应的委托类型：

```
IntFunc f = (IntFunc) staticD;
Console.WriteLine (f(3));            // 9 (but much faster!)
```

调用 CreateDelegate 方法时，也可以将 MethodInfo 作为参数来代替方法名称。我们将在 18.2 节中介绍 MethodInfo，同时还将介绍动态创建的委托转换为静态委托类型的原理。

18.1.5 泛型类型

Type 既可以表示封闭的泛型类型，也可以表示未绑定类型参数的泛型类型。在编译时只能够实例化封闭的泛型类型，而无法实例化未绑定的泛型类型：

```
Type closed = typeof (List<int>);
List<int> list = (List<int>) Activator.CreateInstance (closed);  // OK

Type unbound   = typeof (List<>);
object anError = Activator.CreateInstance (unbound);     // Runtime error
```

MakeGenericType 方法接受类型参数，即可将未绑定的泛型类型转换为封闭的泛型类型：

```
Type unbound = typeof (List<>);
Type closed = unbound.MakeGenericType (typeof (int));
```

而 GetGenericTypeDefinition 方法则实现相反的操作：

```
Type unbound2 = closed.GetGenericTypeDefinition();  // unbound == unbound2
```

如果当前 Type 对象是一个泛型类型，则 IsGenericType 属性的值为 true；如果当前泛型类型是未绑定的泛型类型，则 IsGenericTypeDefinition 属性为 true。以下程序将判断一个类型是否是可空的值类型：

```
Type nullable = typeof (bool?);
Console.WriteLine (
  nullable.IsGenericType &&
  nullable.GetGenericTypeDefinition() == typeof (Nullable<>));   // True
```

GetGenericArguments 可以返回封闭泛型类型的类型参数：

```
Console.WriteLine (closed.GetGenericArguments()[0]);     // System.Int32
Console.WriteLine (nullable.GetGenericArguments()[0]);   // System.Boolean
```

对于未绑定的泛型类型，GetGenericArguments 会返回在泛型类型定义中指定为占位符类型的伪类型：

```
Console.WriteLine (unbound.GetGenericArguments()[0]);      // T
```

在运行时，所有泛型类型不是未绑定的就是封闭的。在 typeof(Foo<>) 这类表达式中的泛型是未绑定的（这种情况相对比较少见），否则就是封闭的泛型类型。在运行时不存在开放式的泛型类型，所有开放式的类型都会被编译器封闭。因此，以下类中的方法总是会得到 false 的结果：

```
class Foo<T>
{
  public void Test()
    => Console.Write (GetType().IsGenericTypeDefinition);
}
```

18.2 反射并调用成员

`GetMembers` 方法可以返回类型的成员。考虑以下类型：

```
class Walnut
{
  private bool cracked;
  public void Crack() { cracked = true; }
}
```

我们可以使用以下方法对它的公有成员进行反射：

```
MemberInfo[] members = typeof (Walnut).GetMembers();
foreach (MemberInfo m in members)
  Console.WriteLine (m);
```

执行结果如下：

```
Void Crack()
System.Type GetType()
System.String ToString()
Boolean Equals(System.Object)
Int32 GetHashCode()
Void .ctor()
```

如果在调用 `GetMembers` 方法时不传递任何参数，则该方法会返回当前类型（及其基类）的所有公有成员。`GetMembers` 方法则可以通过名称检索特定的成员。由于成员可能会被重载，因此该方法仍然会返回一个数组：

```
MemberInfo[] m = typeof (Walnut).GetMembers ("Crack");
Console.WriteLine (m[0]);                              // Void Crack()
```

`MemberInfo` 也具有一个类型为 `MemberTypes` 的 `MemberType` 属性。它是一个标记枚举值，其可能的取值为：

All	Custom	Field	NestedType	TypeInfo
Constructor	Event	Method	Property	

当调用 `GetMembers` 方法时，可以传递一个 `MemberTypes` 实例来限定返回的成员类型。此外，还可以调用 `GetMethods`、`GetFields`、`GetProperties`、`GetEvents`、`GetConstructors` 以及 `GetNestedTypes` 方法获得相应的成员。以上方法均有返回指定的单个成员的版本。

 对类型成员进行检索时应尽可能具体，这样在类型添加新成员的时候就不会破坏原有功能。如果我们通过名称来获得方法，则应当给定所有的参数类型，确保在添加重载方法时代码仍然能够正常工作（我们将在 18.2.5 节提供一些示例）。

使用 TypeInfo 类反射成员

TypeInfo 类提供了另一种（更加简单的）成员反射协议。此类 API 可以按需选用（但对于 .NET Core 1 和旧版本的 Windows Store 应用则是必需的。其原因是缺少与 GetMembers 方法等价的方法）。

TypeInfo 并没有诸如 GetMembers 这类返回数组的方法，而是定义了返回 IEnumerable<T> 的属性。这种设计很适合进行 LINQ 查询。其中最常用的属性是 DeclaredMembers：

```
IEnumerable<MemberInfo> members =
  typeof(Walnut).GetTypeInfo().DeclaredMembers;
```

和 GetMembers() 方法不同，该结果中不会包含继承的成员：

```
Void Crack()
Void .ctor()
Boolean cracked
```

除此之外，还有一些属性可以返回特定的成员（例如，DeclaredProperties、DeclaredMethods、DeclaredEvents 等），而一些方法可以通过名称查询特定成员（例如，GetDeclaredMethod）。由于无法指定参数类型，因此后者无法查询重载的方法，但可以在 LINQ 查询中对 DeclaredMethods 的值进行筛选：

```
MethodInfo method = typeof (int).GetTypeInfo().DeclaredMethods
  .FirstOrDefault (m => m.Name == "ToString" &&
                        m.GetParameters().Length == 0);
```

MemberInfo 对象拥有 Name 属性以及如下两种 Type 属性：

DeclaringType

> 该属性返回该成员的定义类型。

ReflectedType

> 返回调用 GetMembers 的具体类型。

若该成员是在基类型上定义的，则上述两种类型将返回不同的值，其中 DeclaringType 将返回基类型，而 ReflectedType 将返回子类型。以下示例着重展示了这一点：

```
// MethodInfo is a subclass of MemberInfo; see Figure 18-1.

MethodInfo test = typeof (Program).GetMethod ("ToString");
MethodInfo obj  = typeof (object) .GetMethod ("ToString");

Console.WriteLine (test.DeclaringType);     // System.Object
Console.WriteLine (obj.DeclaringType);      // System.Object

Console.WriteLine (test.ReflectedType);     // Program
Console.WriteLine (obj.ReflectedType);      // System.Object

Console.WriteLine (test == obj);            // False
```

由于 test 和 obj 对象拥有不同的 ReflectedType，因此它们是不相同的。但是它们之间的差异仅仅在于反射 API 的实现。Program 类型在类型系统中并没有独特的 ToString 方法。我们可以通过下面两种方式证明这两个 MethodInfo 对象引用了相同的方法：

```
Console.WriteLine (test.MethodHandle == obj.MethodHandle);    // True

Console.WriteLine (test.MetadataToken == obj.MetadataToken    // True
                   && test.Module == obj.Module);
```

一个 MethodHandle 对于进程中的每一个（真正独特的）方法都是唯一的，而一个 MetadataToken 在一个程序集模块的所有类型和成员中也是唯一的。

MemberInfo 还定义了查询自定义特性的方法（请参见 18.4.4 节）。

 可以通过调用 MethodBase.GetCurrentMethod 获得当前执行方法的 MethodBase。

18.2.1 成员类型

MemberInfo 本身相比于具体成员是非常轻量的，因为它是图 18-1 中所有类型的抽象基类：

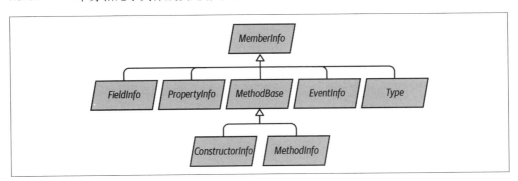

图 18-1：成员类型

可以根据 MemberInfo 的 MemberType 属性将 MemberInfo 转换为相应的子类型。如果通过 GetMethod、GetField、GetProperty、GetEvent、GetConstructor 或者 GetNestedTypes（及其复数版本）获取成员，则无须进行转换。表 18-1 列出了各种 C# 结构对应的方法。

表 18-1：检索成员的元数据

C# 结构	推荐的方法	可以使用的名称	结果
方法	GetMethod	方法名称	MethodInfo
属性	GetProperty	属性名称	PropertyInfo

表 18-1: 检索成员的元数据（续）

C# 结构	推荐的方法	可以使用的名称	结果
索引器	GetDefaultMembers		MemberInfo[]（若在 C# 中进行编译，则会包含 PropertyInfo 对象）
字段	GetField	字段名称	FieldInfo
枚举成员	GetField	成员名称	FieldInfo
事件	GetEvent	事件名称	EventInfo
构造器	GetConstructor		ConstructorInfo
终结器	GetMethod	"Finalize"	MethodInfo
运算符	GetMethod	"op_" + 运算符名称	MethodInfo
嵌套类型	GetNestedType	类型名称	Type

每一个 MemberInfo 的子类都有大量的属性和方法，包含了该成员各个方面的元数据，其中包含可见性、修饰符、泛型参数列表、参数、返回类型和自定义属性。

以下示例展示了 GetMethod 的使用方式：

```
MethodInfo m = typeof (Walnut).GetMethod ("Crack");
Console.WriteLine (m);                      // Void Crack()
Console.WriteLine (m.ReturnType);           // System.Void
```

所有的 *Info 实例都会在第一次使用时由反射 API 缓存：

```
MethodInfo method = typeof (Walnut).GetMethod ("Crack");
MemberInfo member = typeof (Walnut).GetMember ("Crack") [0];

Console.Write (method == member);           // True
```

和保存对象标识的作用一样，这种缓存有助于改善慢速 API 的性能。

18.2.2 C# 成员与 CLR 成员

从表 18-1 中可见，某些 C# 的功能结构和 CLR 的结构并非一一对应。这是因为 CLR 的反射 API 是为所有 .NET 语言设计的，例如，我们可以在 Visual Basic 中使用反射。

有些 C# 的结构，例如，索引器、枚举、运算符和终结器，在 CLR 层面上就已经设计出来了，特别是：

- C# 的索引器会转换为一个接受一个到多个参数的属性，并标记为该类型的 [DefaultMember]。

- C# 的枚举会转换为 System.Enum 类型的子类，每一个成员都是一个静态字段。

- C# 运算符会转换为一个有着特殊名称（以 "op_" 开头）的静态方法，例如，"op_

Addition"。

- C# 的终结器会转换为 Finalize 的重写方法。

属性和事件的构成比较复杂，它们实际上是由如下两部分构成的：

- 描述属性和事件本身的元数据（封装为 PropertyInfo 或者 EventInfo）。

- 一个或者两个后端方法（backing method）。

在 C# 程序中，后端方法会封装在属性或者事件的定义中。但是当它们编译为 IL 时，后端方法就会转换为普通方法，并且可以像其他方法那样进行调用。这意味着 GetMethods 不但会返回原始的方法，还会返回属性和事件的后端方法：

```
class Test { public int X { get { return 0; } set {} } }

void Demo()
{
  foreach (MethodInfo mi in typeof (Test).GetMethods())
    Console.Write (mi.Name + "  ");
}

// OUTPUT:
get_X  set_X  GetType  ToString  Equals  GetHashCode
```

我们可以通过 MethodInfo 类中的 IsSpecialName 属性的值来确定这些方法是不是属性、索引器或者事件的访问器，以及运算符。如果是，则该属性的值为 true。然而对于普通的 C# 方法以及 Finalize 方法（如果定义了的话），则会返回 false。

以下是 C# 自动生成的后端方法总结：

C# 结构	成员类型	IL 中的方法
属性	Property	get_*XXX* 和 set_*XXX*
索引器	Property	get_Item 和 set_Item
事件	Event	add_*XXX* 和 remove_*XXX*

每一个后端方法都有与之关联的 MethodInfo 对象。我们可以通过以下方式访问这些方法：

```
PropertyInfo pi = typeof (Console).GetProperty ("Title");
MethodInfo getter = pi.GetGetMethod();                    // get_Title
MethodInfo setter = pi.GetSetMethod();                    // set_Title
MethodInfo[] both = pi.GetAccessors();                    // Length==2
```

EventInfo 的 GetAddMethod 和 GetRemoveMethod 和上述示例的功能是类似的。

如果要反方向操作，即从 MethodInfo 找到 PropertyInfo 或者 EventInfo，则需要进行额外的查询。LINQ 语句非常适合这项任务：

```
PropertyInfo p = mi.DeclaringType.GetProperties()
                 .First (x => x.GetAccessors (true).Contains (mi));
```

18.2.2.1 只初始化属性 (init-only properties)

只初始化属性是 C# 9 中的新特性。我们可以使用对象初始化器对属性进行赋值，但随后编译器则将其视为只读属性。从 CLR 的角度来说，init 访问器只是一个普通的 set 访问器。只不过这个 set 方法的返回值上具有特殊的标志（该标志对编译器来说具有特殊含义）。

有趣的是，set 方法返回值上的标志并非特定的特性（attribute），而是一种相对特殊的机制，称为 *modreq*（即自定义修饰符）。该标志会确保旧版本的 C# 编译器（即无法识别新定义的 *modreq* 的编译器）忽略该访问器而不会将其视为可写访问器。

只初始化访问器上的 *modreq* 是 IsExternalInit，可以通过以下方式查询该标志：

```
bool IsInitOnly (PropertyInfo pi) => pi
  .GetSetMethod().ReturnParameter.GetRequiredCustomModifiers()
  .Any (t => t.Name == "IsExternalInit");
```

18.2.2.2 NullabilityInfoContext

从 .NET 6 开始，我们可以使用 NullabilityInfoContext 类获得字段、属性或参数是否可空的信息[译注2]：

```
void PrintPropertyNullability (PropertyInfo pi)
{
  var info = new NullabilityInfoContext().Create (pi);
  Console.WriteLine (pi.Name + " read " + info.ReadState);
  Console.WriteLine (pi.Name + " write " + info.WriteState);
  // Use info.Element to get nullability info for array elements
}
```

18.2.3 泛型类型成员

我们不但可以从未绑定的泛型类型中获得成员元数据，也可以从封闭的泛型类型中获得这些数据：

```
PropertyInfo unbound = typeof (IEnumerator<>)   .GetProperty ("Current");
PropertyInfo closed = typeof (IEnumerator<int>).GetProperty ("Current");

Console.WriteLine (unbound);    // T Current
Console.WriteLine (closed);     // Int32 Current

Console.WriteLine (unbound.PropertyType.IsGenericParameter);  // True
Console.WriteLine (closed.PropertyType.IsGenericParameter);   // False
```

译注2：原书为 nullability annotation，事实上，这种信息并非单纯从字段、属性或参数附加的特性来判断，还包括了实际对象的类型等信息。

从未绑定的或者封闭的泛型类型中得到的 MemberInfo 是相互独立的，即使对于签名中不含有泛型类型参数的成员也是如此：

```
PropertyInfo unbound = typeof (List<>)  .GetProperty ("Count");
PropertyInfo closed = typeof (List<int>).GetProperty ("Count");

Console.WriteLine (unbound);    // Int32 Count
Console.WriteLine (closed);     // Int32 Count

Console.WriteLine (unbound == closed);   // False

Console.WriteLine (unbound.DeclaringType.IsGenericTypeDefinition); // True
Console.WriteLine (closed.DeclaringType.IsGenericTypeDefinition); // False
```

未绑定泛型类型的成员是无法动态调用的。

18.2.4 动态调用成员

使用 Uncapsulator 开源库可以用更简单的方式动态调用成员（我们可以从 NuGet 或 GitHub 获取该库）。该程序库正是由本书的作者编写的，它可以用流式 API 使用自定义的动态绑定器，通过反射调用对象的公有或非公有成员。

一旦得到了 MethodInfo、PropertyInfo 或者 FieldInfo 对象，我们就可以动态调用它们，或者获得和设置它们的值了，这称为"后期绑定"(late binding)。它会在运行时（而不是在编译时）来决定成员的调用。

为了说明上述概念，以下代码使用了原始的静态绑定：

```
string s = "Hello";
int length = s.Length;
```

而以下代码通过后期绑定以动态方式实现了相同的效果：

```
object s = "Hello";
PropertyInfo prop = s.GetType().GetProperty ("Length");
int length = (int) prop.GetValue (s, null);            // 5
```

GetValue 和 SetValue 可以获得 / 设置 PropertyInfo 或者 FieldInfo 的值，第一个参数是类型的实例。若调用静态成员，则该参数为 null。访问索引器和访问名称为"Item"的属性类似，但是当调用 GetValue 或者 SetValue 时，需要提供索引器的值作为第二个参数。

调用 MethodInfo 的 Invoke 方法，并提供一个数组作为方法的参数表，即可动态调用方法。如果传递的参数类型错误，则运行时会抛出异常。动态调用舍弃了编译时的类型安全性，但是和 dynamic 关键字一样，它仍然能够保证运行时的类型安全性。

18.2.5 方法的参数

假设我们要以动态方式调用 string 的 Substring 方法。首先来看一下静态调用方式：

```
Console.WriteLine ("stamp".Substring(2));                 // "amp"
```

以下将使用反射和延迟绑定进行动态调用达到相同的效果：

```
Type type = typeof (string);
Type[] parameterTypes = { typeof (int) };
MethodInfo method = type.GetMethod ("Substring", parameterTypes);

object[] arguments = { 2 };
object returnValue = method.Invoke ("stamp", arguments);
Console.WriteLine (returnValue);                          // "amp"
```

由于 Substring 有重载方法，因此我们必须将一组参数的类型传递到 GetMethod 中以获得所需要的方法。如果不传递参数类型，则 GetMethod 会抛出 AmbiguousMatchException。

MethodBase（MethodInfo 和 ConstructorInfo 的基类）的 GetParameters 方法将会返回方法参数的元信息。以下示例延续了上一个例子，获得方法的参数：

```
ParameterInfo[] paramList = method.GetParameters();
foreach (ParameterInfo x in paramList)
{
  Console.WriteLine (x.Name);                    // startIndex
  Console.WriteLine (x.ParameterType);           // System.Int32
}
```

18.2.5.1 处理 ref 和 out 参数

若需要传递 ref 和 out 参数，则可以在获得方法之前调用相应类型的 MakeByRefType，例如：

```
int x;
bool successfulParse = int.TryParse ("23", out x);
```

可以通过下列动态方式来执行：

```
object[] args = { "23", 0 };
Type[] argTypes = { typeof (string), typeof (int).MakeByRefType() };
MethodInfo tryParse = typeof (int).GetMethod ("TryParse", argTypes);
bool successfulParse = (bool) tryParse.Invoke (null, args);

Console.WriteLine (successfulParse + " " + args[1]);      // True 23
```

上述代码同时适用于 ref 和 out 参数类型。

18.2.5.2 检索并调用泛型方法

在调用 GetMethod 时显式指定参数类型可以避免重载方法的二义性。但这种方式无法指定泛型参数类型。例如，System.Linq.Enumerable 类的 Where 方法有如下重载方法：

```
public static IEnumerable<TSource> Where<TSource>
 (this IEnumerable<TSource> source, Func<TSource, bool> predicate);

public static IEnumerable<TSource> Where<TSource>
 (this IEnumerable<TSource> source, Func<TSource, int, bool> predicate);
```

如果要检索指定的重载，我们必须检索所有的方法，然后手动查找期望的重载方法。以下程序查询了 Where 方法的重载情况：

```
from m in typeof (Enumerable).GetMethods()
where m.Name == "Where" && m.IsGenericMethod
let parameters = m.GetParameters()
where parameters.Length == 2
let genArg = m.GetGenericArguments().First()
let enumerableOfT = typeof (IEnumerable<>).MakeGenericType (genArg)
let funcOfTBool = typeof (Func<,>).MakeGenericType (genArg, typeof (bool))
where parameters[0].ParameterType == enumerableOfT
    && parameters[1].ParameterType == funcOfTBool
select m
```

在上述查询上调用 .Single() 方法就可以得到未绑定类型参数的正确的 MethodInfo 对象。下一步则要通过 MakeGenericMethod 来封闭这些类型参数：

```
var closedMethod = unboundMethod.MakeGenericMethod (typeof (int));
```

在这个示例中，我们将 TSource 封闭为 int 类型，这样就可以使用 IEnumerable<int> 和 Func<int, bool> 参数调用 Enumerable.Where 方法：

```
int[] source = { 3, 4, 5, 6, 7, 8 };
Func<int, bool> predicate = n => n % 2 == 1;    // Odd numbers only
```

现在我们就可以调用封闭的泛型方法：

```
var query = (IEnumerable<int>) closedMethod.Invoke
  (null, new object[] { source, predicate });

foreach (int element in query) Console.Write (element + "|");   // 3|5|7|
```

如果使用 System.Linq.Expression API 动态构建表达式（请参见第 8 章），则无须指定泛型方法。Expression.Call 方法的重载方法允许为目标方法指定封闭的类型参数：

```
int[] source = { 3, 4, 5, 6, 7, 8 };
Func<int, bool> predicate = n => n % 2 == 1;

var sourceExpr = Expression.Constant (source);
var predicateExpr = Expression.Constant (predicate);

var callExpression = Expression.Call (
  typeof (Enumerable), "Where",
  new[] { typeof (int) },  // Closed generic arg type.
  sourceExpr, predicateExpr);
```

18.2.6 使用委托提高性能

动态调用的效率不高，其开销通常为几微秒。如果要在一个循环中重复调用某个方法，则可以为目标动态方法动态实例化一个委托，这样就可以将微秒级的开销降低到纳秒级。在以下示例中，我们将动态调用 string 的 Trim 方法 100 万次而不会出现显著的开销：

```
MethodInfo trimMethod = typeof (string).GetMethod ("Trim", new Type[0]);
var trim = (StringToString) Delegate.CreateDelegate
                                 (typeof (StringToString), trimMethod);
for (int i = 0; i < 1000000; i++)
  trim ("test");

delegate string StringToString (string s);
```

以上方法执行速度很快，因为动态绑定（以粗体表示）仅仅发生了一次。

18.2.7 访问非公有成员

类型上所有检测元数据的方法（例如，GetProperty、GetField 等）都含有使用 BindingFlags 枚举的重载方法。这个枚举参数就是元数据的筛选器，使用它可以更改默认的筛选标准。它的常见用法是检索非公有成员（仅仅适用于桌面应用程序）。

例如，请观察如下类型：

```
class Walnut
{
  private bool cracked;
  public void Crack() { cracked = true; }

  public override string ToString() { return cracked.ToString(); }
}
```

我们可以通过如下方式来侵入 Walnut 类：

```
Type t = typeof (Walnut);
Walnut w = new Walnut();

w.Crack();
FieldInfo f = t.GetField ("cracked", BindingFlags.NonPublic |
                              BindingFlags.Instance);
f.SetValue (w, false);
Console.WriteLine (w);          // False
```

使用反射访问非公有成员的功能很强大，但是也非常危险，因为这样可以绕过封装层，并在类型的内部实现中创建无法管理的依赖。

BindingFlags 枚举

BindingFlags 可以按位组合。只要以下面 4 种组合作为起点，就可以得到多种匹配：

```
BindingFlags.Public    | BindingFlags.Instance
BindingFlags.Public    | BindingFlags.Static
BindingFlags.NonPublic | BindingFlags.Instance
BindingFlags.NonPublic | BindingFlags.Static
```

NonPublic 包括 internal、protected、protected internal 以及 private。

下面的示例可获得 object 类型的所有公有静态成员：

```
BindingFlags publicStatic = BindingFlags.Public | BindingFlags.Static;
MemberInfo[] members = typeof (object).GetMembers (publicStatic);
```

以下示例将获得 object 类型的所有非公有静态和实例成员：

```
BindingFlags nonPublicBinding =
  BindingFlags.NonPublic | BindingFlags.Static | BindingFlags.Instance;

MemberInfo[] members = typeof (object).GetMembers (nonPublicBinding);
```

其中，DeclaredOnly 标志会排除那些从基类继承的函数，但子类重写的方法除外。

> DeclaredOnly 标志和其他标志不同，它限制了结果集的范围，而其他的标志则扩展了结果集的范围。

18.2.8 泛型方法

泛型方法无法直接调用，因此以下程序将抛出一个异常：

```
class Program
{
  public static T Echo<T> (T x) { return x; }

  static void Main()
  {
    MethodInfo echo = typeof (Program).GetMethod ("Echo");
    Console.WriteLine (echo.IsGenericMethodDefinition);    // True
    echo.Invoke (null, new object[] { 123 } );             // Exception
  }
}
```

调用泛型方法需要一个额外的步骤，即在 MethodInfo 对象上调用 MakeGenericMethod 方法来指定确切的泛型类型参数。该方法将返回一个新的 MethodInfo，此时可以使用如下代码调用这个新的方法：

```
MethodInfo echo = typeof (Program).GetMethod ("Echo");
MethodInfo intEcho = echo.MakeGenericMethod (typeof (int));
Console.WriteLine (intEcho.IsGenericMethodDefinition);       // False
Console.WriteLine (intEcho.Invoke (null, new object[] { 3 } ));  // 3
```

18.2.9 调用未知类型的泛型接口成员

当需要调用（直到运行时才能得知的）未知类型参数的泛型接口成员时，使用反射是非常有效的。理论上，如果类型设计是完美的，则很少需要这种手段，但是类型总不会设计得那么完美。

例如，假设我们希望编写一个更加强大的 ToString 方法来处理 LINQ 的查询结果，那么我们可以进行以下声明：

```
public static string ToStringEx <T> (IEnumerable<T> sequence)
{
    ...
}
```

这种声明有很多限制，如果 sequence 中包含需要枚举的嵌套集合该怎么办呢？我们只能重载该方法：

```
public static string ToStringEx <T> (IEnumerable<IEnumerable<T>> sequence)
```

那么当 sequence 含有分组或者嵌套序列的投射时，方法重载的静态解决方案也就变得不太可行了。我们需要一个既可以扩展又能处理任何对象图的方式，例如：

```
public static string ToStringEx (object value)
{
    if (value == null) return "<null>";
    StringBuilder sb = new StringBuilder();

    if (value is List<>)                                    // Error
        sb.Append ("List of " + ((List<>) value).Count + " items");    // Error

    if (value is IGrouping<,>)                              // Error
        sb.Append ("Group with key=" + ((IGrouping<,>) value).Key);    // Error

    // Enumerate collection elements if this is a collection,
    // recursively calling ToStringEx()
    // ...

    return sb.ToString();
}
```

但是，这段代码是无法编译的，因为未绑定泛型类型参数的类（例如，List<> 或者 IGrouping<>）的成员是无法调用的。本例中的未绑定类型参数的类为 List<>。我们可以通过使用非泛型的 IList 接口来解决这个问题：

```
if (value is IList)
    sb.AppendLine ("A list with " + ((IList) value).Count + " items");
```

我们能够这样做的原因是，List<> 的设计者已经预见并实现了 IList（以及 IList 泛型接口）。当我们自己实现泛型类型时，也可以考虑使用相同的规则，即继承或实现一个用户可以备用的非泛型接口或基类有时是非常有价值的。

可惜的是，对于 IGrouping<,> 来说，上述方案无法达成。我们来观察一下它的接口定义：

```
public interface IGrouping <TKey,TElement> : IEnumerable <TElement>,
                                             IEnumerable
{
  TKey Key { get; }
}
```

由于没有访问 Key 属性的非泛型类型，因此我们只能使用反射方式。这个解决方案并非要调用未绑定泛型类型的成员（当然也是不可能的），而是在运行时确定参数类型，并调用封闭参数类型的泛型类型成员。

 在接下来的章节中，我们将使用 C# 的 dynamic 关键字更加简洁地解决这个问题。像本例这样出现了必须巧妙处理类型的情形是使用动态绑定的一个明确标志。

首先需要确定 value 是否实现了 IGrouping<,>，如果答案是肯定的，则需要封闭泛型接口的类型参数。使用 LINQ 查询是解决这个问题的良好手段。此后，我们将获得并调用 Key 属性：

```
public static string ToStringEx (object value)
{
  if (value == null) return "<null>";
  if (value.GetType().IsPrimitive) return value.ToString();

  StringBuilder sb = new StringBuilder();

  if (value is IList)
    sb.Append ("List of " + ((IList)value).Count + " items: ");

  Type closedIGrouping = value.GetType().GetInterfaces()
    .Where (t => t.IsGenericType &&
                 t.GetGenericTypeDefinition() == typeof (IGrouping<,>))
    .FirstOrDefault();

  if (closedIGrouping != null)    // Call the Key property on IGrouping<,>
  {
    PropertyInfo pi = closedIGrouping.GetProperty ("Key");
    object key = pi.GetValue (value, null);
    sb.Append ("Group with key=" + key + ": ");
  }

  if (value is IEnumerable)
    foreach (object element in ((IEnumerable)value))
      sb.Append (ToStringEx (element) + " ");

  if (sb.Length == 0) sb.Append (value.ToString());

  return "\r\n" + sb.ToString();
}
```

反射和元数据

以上方法是比较健壮的，不论是隐式实现还是显式实现 IGrouping<,>，上述方法都能够工作。以下代码演示了该方法的使用结果：

```
Console.WriteLine (ToStringEx (new List<int> { 5, 6, 7 } ));
Console.WriteLine (ToStringEx ("xyyzzz".GroupBy (c => c) ));

List of 3 items: 5 6 7

Group with key=x: x
Group with key=y: y y
Group with key=z: z z z
```

18.3 反射程序集

若需要动态反射程序集，只需调用 Assembly 对象的 GetType 或者 GetTypes 即可。以下示例将返回当前程序集下 Demos 命名空间中的 TestProgram 类型：

```
Type t = Assembly.GetExecutingAssembly().GetType ("Demos.TestProgram");
```

此外，还可以从类型获得其所在的程序集：

```
typeof (Foo).Assembly.GetType ("Demos.TestProgram");
```

以下示例列出了 e:\demo 目录下程序集 mylib.dll 中的所有类型：

```
Assembly a = Assembly.LoadFile (@"e:\demo\mylib.dll");

foreach (Type t in a.GetTypes())
  Console.WriteLine (t);
```

或者

```
Assembly a = typeof (Foo).GetTypeInfo().Assembly;

foreach (Type t in a.ExportedTypes)
  Console.WriteLine (t);
```

GetTypes 和 ExportedTypes 只返回顶层的和非嵌套的类型。

模块

调用多模块程序集对象的 GetTypes 方法将会返回所有模块中的所有类型。因此，可以忽略模块的存在而将程序集作为一种类型的容器进行处理。但是，当模块之间具有关联性时，就应该对元数据的令牌进行处理。

元数据令牌是一个整数，它对于模块范围内的每一个类型、成员、字符串或者资源都是唯一的。IL 会使用这些元数据令牌。因此在解析 IL 的过程中需要解析这些元数据令牌。相应的方法定义在 Module 类型的 ResolveType、ResolveMember、ResolveString 和 ResolveSignature 中（参见 18.10 节）。

调用程序集对象的 GetModules 方法可以获得程序集中的所有模块列表。此外，还可以通过 ManifestModule 属性直接访问程序集的主模块。

18.4 使用特性

CLR 允许使用特性将额外的元数据追加到类型、成员和程序集上。这是许多 CLR 功能（例如，序列化和安全）的运行机制，因而特性是一个应用程序不可或缺的一部分。

特性的一个关键的特点是可以自定义，并且像其他特性那样将附加的信息添加到代码元素上。这些附加信息会在编译过程中进入程序集，并可以在运行时通过反射获得这些信息并声明性地创建服务（例如，自动化单元测试）。

18.4.1 特性基础

C# 有如下三类特性：

- 位映射特性。

- 自定义特性。

- 伪自定义特性。

在这三种特性中，只有自定义特性是可扩展的。

在 C# 中"特性"这个术语可以代表三种特性中的任意一种，但是在大多数情况下代表自定义特性或者伪自定义特性。

位映射特性（本书中定义的术语）可以映射到类型元数据的特定位上。大多数的 C# 修饰符关键字（例如，public、abstract 以及 sealed）都会编译为位映射特性。这些特性非常高效，因为它们在元数据中占用的空间极小（大部分仅仅占据 1 位）并且 CLR 可以几乎不需要间接操作就可以直接定位这些信息。反射 API 可通过 Type（和其他 MemberInfo 的子类）上的特定属性访问这些信息，例如，IsPublic、IsAbstract 和 IsSealed。Attributes 属性则会一次性返回一个包含以上大多数信息的可标记枚举值：

```
static void Main()
{
  TypeAttributes ta = typeof (Console).Attributes;
  MethodAttributes ma = MethodInfo.GetCurrentMethod().Attributes;
  Console.WriteLine (ta + "\r\n" + ma);
}
```

上述程序的执行结果如下：

```
AutoLayout, AnsiClass, Class, Public, Abstract, Sealed, BeforeFieldInit
PrivateScope, Private, Static, HideBySig
```

相对地，自定义特性可以编译为类型的主元数据表中的二进制数据。所有的自定义特性都是由 System.Attribute 的子类表示的，而且与位映射特性不同，它们是可扩展的。这些元数据中的二进制块就是该特性类的标识，其中还包含了所有占位和命名的参数的值。自定义特性和 .NET 程序库中定义的特性的结构是完全相同的。

第 4 章介绍了如何在 C# 中将自定义的特性附加到类型或者成员上。以下代码将预定义的 Obsolete 特性附加在 Foo 类上：

```
[Obsolete] public class Foo {...}
```

该代码会指示编译器将 ObsoleteAttribute 实例合并到 Foo 类的元数据中。在运行时，我们可以调用 Type 或者 MemberInfo 对象的 GetCustomAttributes 方法以反射的方式获得这些值。

伪自定义特性看起来类似标准自定义特性，它们都由 System.Attribute 的子类表示，并且以标准方式附加到类型或成员上：

```
[Serializable] public class Foo {...}
```

伪自定义特性与自定义特性之间的差异在于编译器或者 CLR 内部会进行优化，将伪自定义特性转换为位映射特性。关于这方面的例子包括 [Serializable]、StructLayout、In 和 Out（请参见第 24 章）。反射会通过类似 IsSerializable 这类专用属性访问这些伪自定义特性的值。甚至在很多情况下也可以调用 GetCustomAttributes 方法以 System.Attribute 对象的方式得到（包括 SerializableAttribute）。这意味着我们几乎可以忽略伪自定义特性和自定义特性的差异。（注意，在使用 Reflection.Emit 在运行时以动态方式生成类型的方式是非常不一样的，我们将在 18.6 节介绍。）

18.4.2 AttributeUsage 特性

AttributeUsage 是一种应用在特性类上的特性。它可以告诉编译器如何使用目标特性：

```
public sealed class AttributeUsageAttribute : Attribute
{
  public AttributeUsageAttribute (AttributeTargets validOn);

  public bool AllowMultiple        { get; set; }
  public bool Inherited            { get; set; }
  public AttributeTargets ValidOn  { get; }
}
```

AllowMultiple 属性可以控制该特性是否能够在相同的目标上多次应用。Inherited 属性可以控制是否能将特性应用在基类型上也应用在子类型中（或者在方法中，一个应用在虚方法上的特性是否可以应用到重写的方法上）。ValidOn 属性确定特性可以附加在哪些目标（类、接口、属性、方法、参数）上。它可以接受任意组合的 AttributeTargets 枚举的值。

AttributeTargets 的值如下所示：

All	Delegate	GenericParameter	Parameter
Assembly	Enum	Interface	Property
Class	Event	Method	ReturnValue
Constructor	Field	Module	Struct

以下代码演示了 .NET 是如何把 AttributeUsage 应用到 Serializable 特性上的：

```
[AttributeUsage (AttributeTargets.Delegate |
                 AttributeTargets.Enum     |
                 AttributeTargets.Struct   |
                 AttributeTargets.Class,      Inherited = false)
]
public sealed class SerializableAttribute : Attribute { }
```

上述代码实际上几乎是 Serializable 特性的完整定义了。编写不包含属性或者特殊构造器的特性类是非常简单的。

18.4.3 定义自定义的特性

以下是自定义特性的编写方式：

1. 创建一个继承自 System.Attribute 或者 System.Attribute 子类的类。按照惯例，这个类的名字应当以"Attribute"作为后缀（并非必需）。

2. 按照上一小节的方式应用 AttributeUsage 特性。如果该特性不需要属性或有参数构造器，工作就到此为止。

3. 编写一个或者多个公有构造器。这些构造器的参数定义了该特性的预留参数，在使用特性时必须提供这些参数。

4. 为每一个命名参数声明公有字段或者属性。在使用该特性时，这些命名参数都是可选的。

特性的属性和构造器参数必须是以下类型：

- 密封的基元类型：bool、byte、char、double、float、int、long、short 或者 string。
- Type 类型。
- 枚举类型。
- 以上类型的一维数组。

当应用特性时，编译器必须能够静态评估每一个属性或者构造器参数的值。

以下类定义了一个自动化单元测试特性。它指定了需要作为测试执行的方法、测试的重复次数以及失败时应当显示的消息：

```
[AttributeUsage (AttributeTargets.Method)]
public sealed class TestAttribute : Attribute
{
  public int      Repetitions;
  public string   FailureMessage;

  public TestAttribute () : this (1)    { }
  public TestAttribute (int repetitions) { Repetitions = repetitions; }
}
```

在以下示例中，我们使用多种方式将 Test 特性附加到 Foo 类的方法中：

```
class Foo
{
  [Test]
  public void Method1() { ... }

  [Test(20)]
  public void Method2() { ... }

  [Test(20, FailureMessage="Debugging Time!")]
  public void Method3() { ... }
}
```

18.4.4 在运行时检索特性

在运行时检索特性的方法有如下两种：

- 调用 Type 或者 MemberInfo 的 GetCustomAttributes 方法。

- 调用 Attribute.GetCustomAttribute 或者 Attribute.GetCustomAttributes 方法。

第二项中的方法拥有两个重载，它们可以接受任何特性支持的反射对象（Type、Assembly、Module、MemberInfo 或者 ParameterInfo）。

 在类型和成员上调用 GetCustomAttributeData() 方法可以获得特性的信息。该方法与 GetCustomAttributes() 的不同之处在于前者还会返回特性的实例化方式，即使用的构造器的重载以及每一个构造器参数的名称。这个特性在需要生成代码或者 IL 来重新构建相同的特性状态时是非常有用的（请参见 18.7 节）。

以下代码演示了如何枚举 Foo 类中的每一个具有 TestAttribute 特性的方法：

```
foreach (MethodInfo mi in typeof (Foo).GetMethods())
{
  TestAttribute att = (TestAttribute) Attribute.GetCustomAttribute
    (mi, typeof (TestAttribute));

  if (att != null)
    Console.WriteLine ("Method {0} will be tested; reps={1}; msg={2}",
                       mi.Name, att.Repetitions, att.FailureMessage);
}
```

还可以使用：

```
foreach (MethodInfo mi in typeof (Foo).GetTypeInfo().DeclaredMethods)
...
```

其输出为：

```
Method Method1 will be tested; reps=1; msg=
Method Method2 will be tested; reps=20; msg=
Method Method3 will be tested; reps=20; msg=Debugging Time!
```

为了完整地说明如何使用这种方式编写一个单元测试系统，我们编写了一个扩展示例。
在该示例中，真正调用了使用 Test 特性装饰的方法：

```
foreach (MethodInfo mi in typeof (Foo).GetMethods())
{
  TestAttribute att = (TestAttribute) Attribute.GetCustomAttribute
    (mi, typeof (TestAttribute));

  if (att != null)
    for (int i = 0; i < att.Repetitions; i++)
      try
      {
        mi.Invoke (new Foo(), null);    // Call method with no arguments
      }
      catch (Exception ex)       // Wrap exception in att.FailureMessage
      {
        throw new Exception ("Error: " + att.FailureMessage, ex);
      }
}
```

回到特性反射的内容，以下示例列出了附加在特定类型上的特性列表：

```
object[] atts = Attribute.GetCustomAttributes (typeof (Test));
foreach (object att in atts) Console.WriteLine (att);

[Serializable, Obsolete]
class Test
{
}
```

以上程序的输出为：

```
System.ObsoleteAttribute
System.SerializableAttribute
```

18.5 动态生成代码

System.Reflection.Emit 命名空间包含了可以在运行时创建元数据和 IL 的类型。动态
生成代码对于特定的编程任务是非常重要的，例如，正则表达式 API，它会将正则表达
式转换为高性能的类型。另一个例子是 Entity Framework Core，它使用 Reflection.Emit
生成代理类实现延迟加载。

18.5.1 使用 DynamicMethod 生成 IL

DynamicMethod 类是位于 System.Reflection.Emit 命名空间中的一个轻量级工具类，该类可以在运行时生成方法。与 TypeBuilder 不同，它不需要首先创建包含该方法的程序集、模块和类型。这个特点使它非常适用于完成简单的任务，因此我们将其作为介绍 Reflection.Emit 的起点。

 当 DynamicMethod 及其 IL 不再被引用时它们就会被垃圾回收器回收。这意味着可以重复地生成动态方法，而无须担心内存占用。（如果使用动态程序集执行相同的功能，则需要在程序集创建时指定 AssemblyBuilderAccess. RunAndCollect 标记。）

以下代码将使用 DynamicMethod 创建一个方法，该方法会向控制台输出 Hello World：

```
public class Test
{
  static void Main()
  {
    var dynMeth = new DynamicMethod ("Foo", null, null, typeof (Test));
    ILGenerator gen = dynMeth.GetILGenerator();
    gen.EmitWriteLine ("Hello world");
    gen.Emit (OpCodes.Ret);
    dynMeth.Invoke (null, null);                    // Hello world
  }
}
```

OpCodes 对每一个 IL 操作码都有一个对应的静态只读字段。尽管 ILGenerator 还拥有专门的生成标签、局部变量以及异常处理的方法，但它的大部分功能是通过各种操作码实现的。方法总是以 Opcodes.Ret（其意义是“返回”）或者某些分支 / 抛出异常操作来结束的。ILGenerator 的 EmitWriteLine 方法会生成一系列底层操作码。我们可以将 EmitWriteLine 方法替换为这些操作码而得到相同的结果：

```
MethodInfo writeLineStr = typeof (Console).GetMethod ("WriteLine",
                          new Type[] { typeof (string) });
gen.Emit (OpCodes.Ldstr, "Hello world");       // Load a string
gen.Emit (OpCodes.Call, writeLineStr);         // Call a method
```

注意，我们将 typeof(Test) 传递到 DynamicMethod 的构造器中，这样，该动态方法就可以访问该类型的非公有方法。这意味着我们可以执行以下操作：

```
public class Test
{
  static void Main()
  {
    var dynMeth = new DynamicMethod ("Foo", null, null, typeof (Test));
    ILGenerator gen = dynMeth.GetILGenerator();

    MethodInfo privateMethod = typeof(Test).GetMethod ("HelloWorld",
      BindingFlags.Static | BindingFlags.NonPublic);
```

```
    gen.Emit (OpCodes.Call, privateMethod);        // Call HelloWorld
    gen.Emit (OpCodes.Ret);

    dynMeth.Invoke (null, null);                    // Hello world
  }

  static void HelloWorld()        // private method, yet we can call it
  {
    Console.WriteLine ("Hello world");
  }
}
```

理解 IL 需要花费大量的时间。因此与其了解所有的操作码，不如直接编译 C# 程序，而后检查、复制，并调整 IL 更容易些。LINQPad 可以显示任意方法或代码片段的 IL 代码。此外，我们也可以使用 ILSpy 等工具观察现有程序集的代码。

18.5.2 评估栈

评估栈（evaluation stack）是 IL 的核心概念。如果要调用含有参数的方法，则需要首先将这些参数推入（加载到）评估栈中，然后调用该方法。相应的方法会从评估栈上弹出所需的参数。我们之前在 `Console.WriteLine` 调用中曾做过讲解。以下是一个使用整数的例子：

```
var dynMeth = new DynamicMethod ("Foo", null, null, typeof(void));
ILGenerator gen = dynMeth.GetILGenerator();
MethodInfo writeLineInt = typeof (Console).GetMethod ("WriteLine",
                                    new Type[] { typeof (int) });

// The Ldc* op-codes load numeric literals of various types and sizes.

gen.Emit (OpCodes.Ldc_I4, 123);        // Push a 4-byte integer onto stack
gen.Emit (OpCodes.Call, writeLineInt);

gen.Emit (OpCodes.Ret);
dynMeth.Invoke (null, null);            // 123
```

要将两个数字相加，首先应当将每一个数字加载到评估栈中，而后调用 Add。Add 操作码会从评估栈上弹出两个值，并将结果推入评估栈。以下代码将 2 和 2 相加，然后使用先前获得的 `writeLine` 方法输出结果：

```
gen.Emit (OpCodes.Ldc_I4, 2);           // Push a 4-byte integer, value=2
gen.Emit (OpCodes.Ldc_I4, 2);           // Push a 4-byte integer, value=2
gen.Emit (OpCodes.Add);                 // Add the result together
gen.Emit (OpCodes.Call, writeLineInt);
```

如果要计算 `10 / 2 + 1`，则可以使用如下代码：

```
gen.Emit (OpCodes.Ldc_I4, 10);
gen.Emit (OpCodes.Ldc_I4, 2);
gen.Emit (OpCodes.Div);
gen.Emit (OpCodes.Ldc_I4, 1);
```

```
gen.Emit (OpCodes.Add);
gen.Emit (OpCodes.Call, writeLineInt);
```

或者：

```
gen.Emit (OpCodes.Ldc_I4, 1);
gen.Emit (OpCodes.Ldc_I4, 10);
gen.Emit (OpCodes.Ldc_I4, 2);
gen.Emit (OpCodes.Div);
gen.Emit (OpCodes.Add);
gen.Emit (OpCodes.Call, writeLineInt);
```

18.5.3 向动态方法传递参数

我们可以使用 Ldarg 和 Ldarg_*XXX* 操作码将传递给动态方法的参数加载到评估栈中。如果想要返回一个值，可以在结束时确保评估栈上仅仅保留一个值。若使用上述方式，我们必须在调用 DynamicMethod 的构造器时指定参数类型和返回值类型。以下示例将创建一个返回两个整数和的动态方法：

```
DynamicMethod dynMeth = new DynamicMethod ("Foo",
  typeof (int),                             // Return type = int
  new[] { typeof (int), typeof (int) },     // Parameter types = int, int
  typeof (void));

ILGenerator gen = dynMeth.GetILGenerator();

gen.Emit (OpCodes.Ldarg_0);       // Push first arg onto eval stack
gen.Emit (OpCodes.Ldarg_1);       // Push second arg onto eval stack
gen.Emit (OpCodes.Add);           // Add them together (result on stack)
gen.Emit (OpCodes.Ret);           // Return with stack having 1 value

int result = (int) dynMeth.Invoke (null, new object[] { 3, 4 } );   // 7
```

 当调用结束时，评估栈只可能严格拥有 0 个或者 1 个项（取决于方法是否有返回值）。如果违反了这个原则，CLR 将拒绝执行该方法。若需要从评估栈上移除元素，但是不进行任何处理，则可以使用 OpCodes.Pop 方法。

将动态方法转换为类型化的委托比调用 Invoke 要方便得多。CreateDelegate 就可以完成这个操作。以上示例中的委托拥有两个整数参数且返回值也是整数，正好可以使用 Func<int, int, int> 委托。因此上例中的最后一行代码可以替换为：

```
var func = (Func<int,int,int>) dynMeth.CreateDelegate
                              (typeof (Func<int,int,int>));
int result = func (3, 4);  // 7
```

 使用委托还可以省去动态方法调用的开销，这样每一次调用可以节省几微秒的时间。

我们将在 18.7 节介绍如何按引用的方式进行参数传递。

18.5.4 生成局部变量

调用 ILGenerator 上的 DeclareLocal 方法就可以声明一个局部变量。该方法返回一个 LocalBuilder 对象，而该对象可以与 Ldloc（加载一个局部变量）或者 Stloc（存储一个局部变量）这类的操作码协同使用。Ldloc 操作码会将值推入评估栈中，而 Stloc 则将值弹出评估栈。例如，考虑以下 C# 代码：

```
int x = 6;
int y = 7;
x *= y;
Console.WriteLine (x);
```

以下代码动态地生成上述代码：

```
var dynMeth = new DynamicMethod ("Test", null, null, typeof (void));
ILGenerator gen = dynMeth.GetILGenerator();

LocalBuilder localX = gen.DeclareLocal (typeof (int));    // Declare x
LocalBuilder localY = gen.DeclareLocal (typeof (int));    // Declare y

gen.Emit (OpCodes.Ldc_I4, 6);        // Push literal 6 onto eval stack
gen.Emit (OpCodes.Stloc, localX);    // Store in localX
gen.Emit (OpCodes.Ldc_I4, 7);        // Push literal 7 onto eval stack
gen.Emit (OpCodes.Stloc, localY);    // Store in localY

gen.Emit (OpCodes.Ldloc, localX);    // Push localX onto eval stack
gen.Emit (OpCodes.Ldloc, localY);    // Push localY onto eval stack
gen.Emit (OpCodes.Mul);              // Multiply values together
gen.Emit (OpCodes.Stloc, localX);    // Store the result to localX

gen.EmitWriteLine (localX);          // Write the value of localX
gen.Emit (OpCodes.Ret);

dynMeth.Invoke (null, null);         // 42
```

18.5.5 分支

IL 中没有 while、do 和 for 循环结构，它们都是使用标签、相等 goto 与条件 goto 语句实现的。这些都是分支操作码，包括 Br（无条件分支）、Brtrue（如果评估栈中的值为 true，则分支）和 Blt（如果第一个值小于第二个值，则分支）。

要设置分支的目标，需要首先调用 DefineLabel 方法（返回一个 Label 对象），然后调用 MarkLabel 方法来标记标签的位置。例如，请观察如下代码：

```
int x = 5;
while (x <= 10) Console.WriteLine (x++);
```

上述代码可以用以下方式生成：

```
ILGenerator gen = ...

Label startLoop = gen.DefineLabel();              // Declare labels
Label endLoop = gen.DefineLabel();

LocalBuilder x = gen.DeclareLocal (typeof (int));   // int x
gen.Emit (OpCodes.Ldc_I4, 5);                       //
gen.Emit (OpCodes.Stloc, x);                        // x = 5
gen.MarkLabel (startLoop);
  gen.Emit (OpCodes.Ldc_I4, 10);                    // Load 10 onto eval stack
  gen.Emit (OpCodes.Ldloc, x);                      // Load x onto eval stack

  gen.Emit (OpCodes.Blt, endLoop);                  // if (x > 10) goto endLoop

  gen.EmitWriteLine (x);                            // Console.WriteLine (x)

  gen.Emit (OpCodes.Ldloc, x);                      // Load x onto eval stack
  gen.Emit (OpCodes.Ldc_I4, 1);                     // Load 1 onto the stack
  gen.Emit (OpCodes.Add);                           // Add them together
  gen.Emit (OpCodes.Stloc, x);                      // Save result back to x

  gen.Emit (OpCodes.Br, startLoop);                 // return to start of loop
gen.MarkLabel (endLoop);

gen.Emit (OpCodes.Ret);
```

18.5.6 实例化对象和调用实例方法

IL 中的 Newobj 操作码和 new 是等价的。该操作码接收构造器并将构造后的对象加载到评估栈中。例如，以下代码创建了一个 StringBuilder 对象：

```
var dynMeth = new DynamicMethod ("Test", null, null, typeof (void));
ILGenerator gen = dynMeth.GetILGenerator();

ConstructorInfo ci = typeof (StringBuilder).GetConstructor (new Type[0]);
gen.Emit (OpCodes.Newobj, ci);
```

在对象加载到评估栈上之后，就可以使用 Call 或者 Callvirt 操作码调用实例方法。紧接上例的结果，我们可以使用读属性访问器取得 StringBuilder 的 MaxCapacity 属性值，并输出它的值：

```
gen.Emit (OpCodes.Callvirt, typeof (StringBuilder)
                   .GetProperty ("MaxCapacity").GetGetMethod());

gen.Emit (OpCodes.Call, typeof (Console).GetMethod ("WriteLine",
                             new[] { typeof (int) } ));
gen.Emit (OpCodes.Ret);
dynMeth.Invoke (null, null);          // 2147483647
```

为了模拟 C# 的调用语义：

- 应当使用 Call 调用静态方法和值类型的实例方法。

- 应当使用 CallVirt 调用引用类型的实例方法（不论它们是否声明为虚方法）。

在上一个示例中，虽然 StringBuilder 的 MaxCapacity 并非虚方法，我们仍然使用了 Callvirt 操作。这不会造成错误，它会执行一个非虚的调用。在引用类型的实例方法上使用 Callvirt 可以避免相反情形下的危险，即对一个虚方法执行 Call 指令（这个风险是非常现实的，因为被调用的目标方法很可能以后会更改其声明）。Callvirt 还有一个好处是它会检查接收方是否为 null。

使用 Call 调用虚方法会跳过虚调用语义，而直接调用给定的方法。这种方式不但很少采用而且也破坏了类型安全性。

以下示例传递了两个参数来构造 StringBuilder 对象，并向其中添加 ", world" 字符串，最后调用 ToString 方法：

```
// We will call:   new StringBuilder ("Hello", 1000)

ConstructorInfo ci = typeof (StringBuilder).GetConstructor (
                     new[] { typeof (string), typeof (int) } );

gen.Emit (OpCodes.Ldstr, "Hello");    // Load a string onto the eval stack
gen.Emit (OpCodes.Ldc_I4, 1000);      // Load an int onto the eval stack
gen.Emit (OpCodes.Newobj, ci);        // Construct the StringBuilder

Type[] strT = { typeof (string) };
gen.Emit (OpCodes.Ldstr, ", world!");
gen.Emit (OpCodes.Call, typeof (StringBuilder).GetMethod ("Append", strT));
gen.Emit (OpCodes.Callvirt, typeof (object).GetMethod ("ToString"));
gen.Emit (OpCodes.Call, typeof (Console).GetMethod ("WriteLine", strT));
gen.Emit (OpCodes.Ret);
dynMeth.Invoke (null, null);          // Hello, world!
```

为了增加趣味性，我们调用了 typeof(object) 的 GetMethod 方法，然后使用 Callvirt 对 ToString 方法进行了虚方法调用。我们也可以直接调用 StringBuilder 类型自身的 ToString 方法来得到相同的结果：

```
gen.Emit (OpCodes.Callvirt, typeof (StringBuilder).GetMethod ("ToString",
                                                    new Type[0] ));
```

（在调用 GetMehtod 时必须传递空类型数组参数，因为 StringBuilder 拥有重载的 ToString 方法。）

如果我们非虚地调用 object 的 ToString 方法，如下所示：

```
gen.Emit (OpCodes.Call,
          typeof (object).GetMethod ("ToString"));
```

那么结果将是 System.Text.StringBuilder。换句话说，我们就会绕开 StringBuilder 重写的 ToString 方法而直接调用 object 上的方法。

18.5.7 异常处理

ILGenerator 为异常情况处理提供了专门的方法。请观察如下 C# 代码:

```
try                                { throw new NotSupportedException(); }
catch (NotSupportedException ex) { Console.WriteLine (ex.Message);   }
finally                            { Console.WriteLine ("Finally");   }
```

上述代码可以翻译为:

```
MethodInfo getMessageProp = typeof (NotSupportedException)
                               .GetProperty ("Message").GetGetMethod();

MethodInfo writeLineString = typeof (Console).GetMethod ("WriteLine",
                                            new[] { typeof (object) } );
gen.BeginExceptionBlock();
  ConstructorInfo ci = typeof (NotSupportedException).GetConstructor (
                                             new Type[0] );
  gen.Emit (OpCodes.Newobj, ci);
  gen.Emit (OpCodes.Throw);
gen.BeginCatchBlock (typeof (NotSupportedException));
  gen.Emit (OpCodes.Callvirt, getMessageProp);
  gen.Emit (OpCodes.Call, writeLineString);
gen.BeginFinallyBlock();
  gen.EmitWriteLine ("Finally");
gen.EndExceptionBlock();
```

和 C# 一样, 我们可以包含多个 catch 块。如果要再次抛出相同的异常, 还可以使用
Rethrow 操作码。

 ILGenerator 提供了 ThrowException 辅助方法。但是该方法有一个缺陷,
它不能和 DynamicMethod 一起使用, 只能够与 MethodBuilder 一起使用 (请
参见 18.6 节)。

18.6 生成程序集和类型

尽管 DynamicMethod 非常方便, 但是它毕竟只能生成方法。如果我们需要生成其他结
构或者一个完整的类型, 就需要使用完整的 "重量级的" API。这意味着我们需要以动
态方式构建程序集和模块。这些程序集无须加载到磁盘上 (实际上, 它无法存储在磁盘
上, .NET Core 5 和 .NET Core 不允许将生成的程序集存储在磁盘上)。

假设我们需要动态创建一个类型, 由于类型必须存在某个程序集的某个模块中,
因此我们也必须首先创建程序集和模块, 然后才能创建类型。这些工作可以由
AssemblyBuilder 和 ModuleBuilder 类型完成:

```
AssemblyName aname = new AssemblyName ("MyDynamicAssembly");

AssemblyBuilder assemBuilder =
```

```
AssemblyBuilder.DefineDynamicAssembly (aname, AssemblyBuilderAccess.Run);

ModuleBuilder modBuilder = assemBuilder.DefineDynamicModule ("DynModule");
```

我们无法将类型添加到一个现有的程序集中，因为程序集一旦创建就不可变。

动态程序集不会被垃圾回收器回收，它会一直驻留在内存中直至进程结束。如果希望进行回收，则需要在定义程序集时指定 AssemblyBuilderAccess.RunAndCollect。但是可回收的程序集有诸多的限制条件（请参见 *http://albahari.com/dynamiccollect*[译注3]）。

在拥有了可以容纳类型的模块之后，就可以使用 TypeBuilder 创建类型了。以下代码定义了一个名为 Widget 的类：

```
TypeBuilder tb = modBuilder.DefineType ("Widget", TypeAttributes.Public);
```

TypeAttributes 标志枚举支持 CLR 的类型修饰符（这种类型修饰符在使用 ildasm 工具反汇编类型时看到）。成员可见性标志和类型修饰符的道理是相同的。成员可见性标志包括类型修饰符 Abstract、Sealed 以及定义 .NET 接口的 Interface，还包括 Serializable（和 C# 的 [Serializable] 特性是等价的）和 Explicit（和应用 [StructLayout(LayoutKind.Explicit)] 是等价的）。我们将在 18.7.4 节介绍其他特性的应用方式。

DefineType 方法还可以接受如下可选的基类型：

- 定义结构体，需要将 System.ValueType 指定为基类型。
- 定义委托，需要将 System.MulticastDelegate 指定为基类型。
- 实现接口，需要使用以接口数组类型为参数的构造器。
- 定义接口，需要设定 TypeAttributes.Interface | TypeAttributes.Abstract。

定义委托类型需要很多额外的操作。Joel Pobar 在他的博客文章 "Creating delegate types via Reflection.Emit"（*http://www.albahari.com/joelpob*）中演示了如何定义委托类型。

现在，我们来创建类型中的成员：

```
MethodBuilder methBuilder = tb.DefineMethod ("SayHello",
                                             MethodAttributes.Public,
                                             null, null);
```

译注3：原书中提供的链接文档已经过期，最新的文档请参见 *https://docs.microsoft.com/en-us/dotnet/framework/reflection-and-codedom/collectible-assemblies*。

```
ILGenerator gen = methBuilder.GetILGenerator();
gen.EmitWriteLine ("Hello world");
gen.Emit (OpCodes.Ret);
```

接着创建类型。类型一旦创建，其定义就确定下来了：

```
Type t = tb.CreateType();
```

类型创建完成之后就可以使用通常的反射获取信息并执行动态绑定：

```
object o = Activator.CreateInstance (t);
t.GetMethod ("SayHello").Invoke (o, null);          // Hello world
```

Reflection.Emit 对象模型

图 18-2 展示了 System.Reflection.Emit 命名空间下的主要类型。每一种类型都代表了一种 CLR 的结构，而且它们都对应了 System.Reflection 命名空间中的相应类型。因此在构建类型时，我们就可以使用生成的结构来代替这些标准结构。例如，我们之前使用以下方式调用了 Console.WriteLine：

```
MethodInfo writeLine = typeof(Console).GetMethod ("WriteLine",
                                   new Type[] { typeof (string) });
gen.Emit (OpCodes.Call, writeLine);
```

可以简单地使用 gen.Emit 和 MethodBuilder（而不是使用 MethodInfo）来调用动态生成的方法。这种能力是非常必要的，否则就无法在同一种类型中调用其他动态方法。

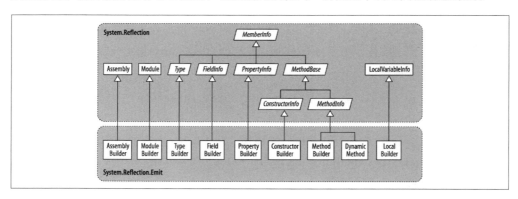

图 18-2：System.Reflection.Emit 的类型

当构造 TypeBuilder 之后，必须调用其中的 CreateType 方法。调用 CreateType 方法将封闭 TypeBuilder 和其中所有的成员，从而无法再进行任何的添加和更改操作，并返回真正可实例化的 Type。

在调用 CreateType 之前，TypeBuilder 及其成员处于"未创建"状态。未创建的结构有很多限制，尤其是无法调用任何会返回 MemberInfo 的成员，例如，GetMembers、GetMethod 或者 GetProperty。如果调用这些方法，则会抛出异常。如果需要引用未创建类型的成员，则必须使用最初生成的对象：

```
TypeBuilder tb = ...

MethodBuilder method1 = tb.DefineMethod ("Method1", ...);
MethodBuilder method2 = tb.DefineMethod ("Method2", ...);

ILGenerator gen1 = method1.GetILGenerator();

// Suppose we want method1 to call method2:

gen1.Emit (OpCodes.Call, method2);                    // Right
gen1.Emit (OpCodes.Call, tb.GetMethod ("Method2"));   // Wrong
```

在调用 CreateType 之后，我们不仅可以反射或实例化返回的 Type，还可以在初始的 TypeBuilder 对象上进行同样的操作。实际上，此时 TypeBuilder 已经成为真正的 Type 对象的代理了。这个功能非常重要，我们将在 18.9 节进行介绍。

18.7 生成类型成员

本节所有的例子都假定 TypeBuilder 对象 tb 是用以下方式实例化的：

```
AssemblyName aname = new AssemblyName ("MyEmissions");

AssemblyBuilder assemBuilder = AssemblyBuilder.DefineDynamicAssembly (
  aname, AssemblyBuilderAccess.Run);

ModuleBuilder modBuilder = assemBuilder.DefineDynamicModule ("MainModule");

TypeBuilder tb = modBuilder.DefineType ("Widget", TypeAttributes.Public);
```

18.7.1 生成方法

和实例化 DynamicMethod 相似，在调用 DefineMethod 方法时也可以指定返回类型和参数类型。例如，以下方法：

```
public static double SquareRoot (double value) => Math.Sqrt (value);
```

可以用如下程序生成：

```
MethodBuilder mb = tb.DefineMethod ("SquareRoot",
  MethodAttributes.Static | MethodAttributes.Public,
  CallingConventions.Standard,
  typeof (double),                    // Return type
  new[] { typeof (double) } );        // Parameter types

mb.DefineParameter (1, ParameterAttributes.None, "value");  // Assign name

ILGenerator gen = mb.GetILGenerator();
```

```
gen.Emit (OpCodes.Ldarg_0);                           // Load 1st arg
gen.Emit (OpCodes.Call, typeof(Math).GetMethod ("Sqrt"));
gen.Emit (OpCodes.Ret);

Type realType = tb.CreateType();
double x = (double) tb.GetMethod ("SquareRoot").Invoke (null,
                                        new object[] { 10.0 });
Console.WriteLine (x);    // 3.16227766016838
```

调用 DefineParameter 方法是可选的，这通常是为了指定参数名称。数字 1 指明了这是
方法的第一个参数（第 0 个参数代表返回值）。如果不调用 DefineParameter，则参数会
隐式命名为 __p1、__p2……如果需要将程序集写入磁盘，则定义参数的名称就非常必要，
因为这样做可以令方法更加易于使用。

 DefineParameter 会返回 ParameterBuilder 对象，我们可以调用该对象上
的 SetCustomAttribute 方法在参数上附加特性（请参见 18.7.4 节）。

如果要生成按引用传递的参数，例如，以下 C# 方法中的参数：

```
public static void SquareRoot (ref double value)
  => value = Math.Sqrt (value);
```

可调用参数类型的 MakeByRefType 方法：

```
MethodBuilder mb = tb.DefineMethod ("SquareRoot",
  MethodAttributes.Static | MethodAttributes.Public,
  CallingConventions.Standard,
  null,
  new Type[] { typeof (double).MakeByRefType() } );

mb.DefineParameter (1, ParameterAttributes.None, "value");

ILGenerator gen = mb.GetILGenerator();
gen.Emit (OpCodes.Ldarg_0);
gen.Emit (OpCodes.Ldarg_0);
gen.Emit (OpCodes.Ldind_R8);
gen.Emit (OpCodes.Call, typeof (Math).GetMethod ("Sqrt"));
gen.Emit (OpCodes.Stind_R8);
gen.Emit (OpCodes.Ret);

Type realType = tb.CreateType();
object[] args = { 10.0 };
tb.GetMethod ("SquareRoot").Invoke (null, args);
Console.WriteLine (args[0]);                // 3.16227766016838
```

此处使用的操作码是直接从反汇编的 C# 方法中复制的。请注意，访问按引用传递的参
数时的语义差异，Ldind 和 Stind 分别是"间接加载"和"间接存储"，而 R8 后缀表示
8 字节的浮点数。

生成 out 参数的方式和上述过程类似，但是需要按照如下方式调用 DefineParameter：

```
mb.DefineParameter (1, ParameterAttributes.Out, "value");
```

18.7.1.1 生成实例方法

生成实例方法时需要在调用 DefineMethod 时指定 MethodAttributes.Instance：

```
MethodBuilder mb = tb.DefineMethod ("SquareRoot",
  MethodAttributes.Instance | MethodAttributes.Public
  ...
```

对于实例方法，参数 0 指代 this，而其他参数从 1 开始。因此 Ldarg_0 会将 this 加载
到评估栈中，而 Ldarg_1 会将第一个真正的方法参数加载到评估栈中。

18.7.1.2 重写方法

重写基类的虚方法的过程很简单，只需在调用 DefineMethod 时定义一个具有相同名称、
相同签名、相同返回类型的方法并指定 MethodAttributes.Virtual 即可。这个方法同
样适用于实现接口方法。

TypeBuilder 中还定义了 DefineMethodOverride 方法，该方法可以使用不同的名称重
写方法。这通常用于显式接口实现。而对于其他的情形，请使用 DefineMethod 方法。

18.7.1.3 HideBySig

如果要定义类型的子类，则请在定义方法时指定 MethodAttributes.HideBySig。HideBySig
可确保 C# 风格的方法隐藏语义，即如果子类使用相同签名的方法，则隐藏基类的相
应方法。如果不指定 HideBySig，则方法只会根据名称进行隐藏。因此子类型中的
Foo(string) 将隐藏基类中的 Foo() 方法，而这种行为并不是我们期望的。

18.7.2 生成字段和属性

若需要创建字段，可调用 TypeBuilder 的 DefineField 方法，并指定字段名称、类型和
可见性。以下代码创建了一个名为 "length" 的私有整数字段：

```
FieldBuilder field = tb.DefineField ("length", typeof (int),
                                     FieldAttributes.Private);
```

创建属性和索引器则需要额外地几个步骤。首先需要调用 TypeBuilder 上的 Define-
Property 方法，并指定属性的名称和类型：

```
PropertyBuilder prop = tb.DefineProperty (
                          "Text",                      // Name of property
                          PropertyAttributes.None,
                          typeof (string),             // Property type
                          new Type[0]                  // Indexer types
                        );
```

（如果编写索引器，则最后一个参数为索引器类型的数组。）注意，在上述程序中，我们

并没有指定属性的可见性，这个操作是在单独的访问器方法上完成的。

下一步则是编写 get 和 set 方法。按照惯例，这些方法名称应当带有 "get_" 或 "set_" 前缀。然后就可以调用 PropertyBuilder 上的 SetGetMethod 和 SetSetMethod，将这些方法附加在属性上。

我们将给出一个完整的示例，不妨以下面的字段和属性声明为蓝本：

```
string _text;
public string Text
{
  get          => _text;
  internal set => _text = value;
}
```

以下代码动态生成上述属性：

```
FieldBuilder field = tb.DefineField ("_text", typeof (string),
                                     FieldAttributes.Private);
PropertyBuilder prop = tb.DefineProperty (
                      "Text",                    // Name of property
                      PropertyAttributes.None,
                      typeof (string),           // Property type
                      new Type[0]);              // Indexer types

MethodBuilder getter = tb.DefineMethod (
  "get_Text",                                    // Method name
  MethodAttributes.Public | MethodAttributes.SpecialName,
  typeof (string),                               // Return type
  new Type[0]);                                  // Parameter types

ILGenerator getGen = getter.GetILGenerator();
getGen.Emit (OpCodes.Ldarg_0);        // Load "this" onto eval stack
getGen.Emit (OpCodes.Ldfld, field);   // Load field value onto eval stack
getGen.Emit (OpCodes.Ret);            // Return

MethodBuilder setter = tb.DefineMethod (
  "set_Text",
  MethodAttributes.Assembly | MethodAttributes.SpecialName,
  null,                                          // Return type
  new Type[] { typeof (string) } );              // Parameter types

ILGenerator setGen = setter.GetILGenerator();
setGen.Emit (OpCodes.Ldarg_0);        // Load "this" onto eval stack
setGen.Emit (OpCodes.Ldarg_1);        // Load 2nd arg, i.e., value
setGen.Emit (OpCodes.Stfld, field);   // Store value into field
setGen.Emit (OpCodes.Ret);            // return

prop.SetGetMethod (getter);           // Link the get method and property
prop.SetSetMethod (setter);           // Link the set method and property
```

可以使用以下代码对该属性进行测试：

```
Type t = tb.CreateType();
object o = Activator.CreateInstance (t);
```

```
t.GetProperty ("Text").SetValue (o, "Good emissions!", new object[0]);
string text = (string) t.GetProperty ("Text").GetValue (o, null);

Console.WriteLine (text);                // Good emissions!
```

注意，在定义访问器的 MethodAttributes 时，我们指定了 SpecialName。这会避免编译器在静态引用程序集时直接绑定到这些方法上，并确保其他反射工具或 Visual Studio 的 IntelliSense 能够对访问器正确进行处理。

 我们也可以类似地使用 TypeBuilder 的 DefineEvent 来生成事件。而后显式定义事件访问器方法，并调用 SetAddOnMethod 或者 SetRemoveOnMethod 将这些方法添加到 EventBuilder 中。

18.7.3 生成构造器

调用 TypeBuilder 的 DefineConstructor 方法就可以创建自定义的构造器了。创建自定义构造器并非必需，因为会自动生成无参数的默认构造器。和 C# 一样，默认的构造器会在子类中调用基类的构造器，定义一个或者多个构造器会替换默认的构造器。

构造器适合进行初始化字段的工作。事实上，它是初始化字段的唯一场所，CLR 并未给 C# 的字段初始化器提供任何特殊的支持，它仅仅是在构造器中为字段赋值的语法捷径。

因此，如果要生成如下代码：

```
class Widget
{
  int _capacity = 4000;
}
```

则需要定义如下构造器：

```
FieldBuilder field = tb.DefineField ("_capacity", typeof (int),
                                FieldAttributes.Private);
ConstructorBuilder c = tb.DefineConstructor (
  MethodAttributes.Public,
  CallingConventions.Standard,
  new Type[0]);                  // Constructor parameters

ILGenerator gen = c.GetILGenerator();

gen.Emit (OpCodes.Ldarg_0);            // Load "this" onto eval stack
gen.Emit (OpCodes.Ldc_I4, 4000);       // Load 4000 onto eval stack
gen.Emit (OpCodes.Stfld, field);       // Store it to our field
gen.Emit (OpCodes.Ret);
```

调用基类构造器

但如果生成的类型是从其他类型继承，则我们刚刚编写的构造器就不会调用基类的构造器。这和 C# 是不同的，在 C# 中不论是直接调用还是间接方式，基类的构造器都会被调用。例如：

```
class A     { public A() { Console.Write ("A"); } }
class B : A { public B() {} }
```

而编译器会将第二行代码翻译为：

```
class B : A { public B() : base() {} }
```

但对于 IL 却不是这样，如果想要执行基类的构造器就必须进行显式调用（而且几乎总需要这样做）。假设基类为 A，则可以使用如下代码调用基类构造器：

```
gen.Emit (OpCodes.Ldarg_0);
ConstructorInfo baseConstr = typeof (A).GetConstructor (new Type[0]);
gen.Emit (OpCodes.Call, baseConstr);
```

调用带参数构造器与调用方法的方式是相同的。

18.7.4 附加特性

使用 SetCustomAttribute 和 CustomAttributeBuilder 就可以向动态结构中附加自定义特性。例如，假设我们希望将如下的特性声明附加在字段或者属性上：

```
[XmlElement ("FirstName", Namespace="http://test/", Order=3)]
```

要实现这一操作，需要使用接收单个字符串的 XmlElementAttribute 构造器。在使用 CustomAttributeBuilder 之前，我们必须先得到构造器，以及两个需要执行赋值操作的属性（Namespace 和 Order）：

```
Type attType = typeof (XmlElementAttribute);

ConstructorInfo attConstructor = attType.GetConstructor (
  new Type[] { typeof (string) } );

var att = new CustomAttributeBuilder (
  attConstructor,                          // Constructor
  new object[] { "FirstName" },            // Constructor arguments
  new PropertyInfo[]
  {
    attType.GetProperty ("Namespace"),     // Properties
    attType.GetProperty ("Order")
  },
  new object[] { "http://test/", 3 }       // Property values
);

myFieldBuilder.SetCustomAttribute (att);
// or propBuilder.SetCustomAttribute (att);
// or typeBuilder.SetCustomAttribute (att);  etc
```

18.8 生成泛型方法和类型

本节所有的示例都需要以如下方式实例化 modBuilder：

```
AssemblyName aname = new AssemblyName ("MyEmissions");

AssemblyBuilder assemBuilder = AssemblyBuilder.DefineDynamicAssembly (
  aname, AssemblyBuilderAccess.Run);

ModuleBuilder modBuilder = assemBuilder.DefineDynamicModule ("MainModule");
```

18.8.1 定义泛型方法

要生成泛型方法，需要进行如下操作：

1. 调用 MethodBuilder 的 DefineGenericParameters 方法来获得一个 GenericType-ParameterBuilder 对象的数组。
2. 使用上述泛型类型参数调用 MethodBuilder 的 SetSignature 方法。
3. 如果需要，还可以为这些参数命名。

例如，泛型方法：

```
public static T Echo<T> (T value)
{
  return value;
}
```

可以用如下语句生成：

```
TypeBuilder tb = modBuilder.DefineType ("Widget", TypeAttributes.Public);

MethodBuilder mb = tb.DefineMethod ("Echo", MethodAttributes.Public |
                                    MethodAttributes.Static);
GenericTypeParameterBuilder[] genericParams
  = mb.DefineGenericParameters ("T");

mb.SetSignature (genericParams[0],      // Return type
                 null, null,
                 genericParams,         // Parameter types
                 null, null);

mb.DefineParameter (1, ParameterAttributes.None, "value");   // Optional

ILGenerator gen = mb.GetILGenerator();
gen.Emit (OpCodes.Ldarg_0);
gen.Emit (OpCodes.Ret);
```

DefineGenericParameterst 方法可以接受任意数目的字符串参数，这些参数对应了想要使用的泛型类型的名称。在本例中，我们仅需要一个泛型类型 T。GenericType-ParameterBuilder 基于 System.Type，因此在生成操作码时可以替代 TypeBuilder。

GenericTypeParameterBuilder 还可以为泛型参数指定基类型约束：

```
genericParams[0].SetBaseTypeConstraint (typeof (Foo));
```

或者接口约束：

```
genericParams[0].SetInterfaceConstraints (typeof (IComparable));
```

因此，以下声明：

```
public static T Echo<T> (T value) where T : IComparable<T>
```

可以使用如下代码生成：

```
genericParams[0].SetInterfaceConstraints (
  typeof (IComparable<>).MakeGenericType (genericParams[0]) );
```

对于其他类型的约束，可以调用 SetGenericParameterAttributes 方法进行设定。该方法接受 GenericParameterAttributes 枚举类型参数，包括：

```
DefaultConstructorConstraint
NotNullableValueTypeConstraint
ReferenceTypeConstraint
Covariant
Contravariant
```

而最后两个值与泛型类型参数的 out 修饰符和 in 修饰符是等价的。

18.8.2 定义泛型类型

定义泛型类型的方式和前一小节所用的方式类似。两者的差异在于定义泛型类型需调用 TypeBuilder，而不是 MethodBuilder 的 DefineGenericParameters 方法。例如，以下类型：

```
public class Widget<T>
{
  public T Value;
}
```

可使用如下方式生成：

```
TypeBuilder tb = modBuilder.DefineType ("Widget", TypeAttributes.Public);

GenericTypeParameterBuilder[] genericParams
  = tb.DefineGenericParameters ("T");

tb.DefineField ("Value", genericParams[0], FieldAttributes.Public);
```

和泛型方法一样，泛型类型也可以采用相同的方式添加约束。

18.9 复杂的生成目标

在本节所有示例中使用的 modBuilder 的初始化方式与上一节是相同的。

18.9.1 未创建的封闭式泛型

假设我们要生成一个使用封闭泛型类型的方法：

```
public class Widget
{
  public static void Test() { var list = new List<int>(); }
}
```

那么其生成过程是非常简明的：

```
TypeBuilder tb = modBuilder.DefineType ("Widget", TypeAttributes.Public);

MethodBuilder mb = tb.DefineMethod ("Test", MethodAttributes.Public |
                                            MethodAttributes.Static);
ILGenerator gen = mb.GetILGenerator();

Type variableType = typeof (List<int>);

ConstructorInfo ci = variableType.GetConstructor (new Type[0]);

LocalBuilder listVar = gen.DeclareLocal (variableType);
gen.Emit (OpCodes.Newobj, ci);
gen.Emit (OpCodes.Stloc, listVar);
gen.Emit (OpCodes.Ret);
```

如果我们需要的并非一个整数列表，而是一个 Widget 列表：

```
public class Widget
{
  public static void Test() { var list = new List<Widget>(); }
}
```

理论上，只需进行简单改动就可以了。只需将：

```
Type variableType = typeof (List<int>);
```

替换为：

```
Type variableType = typeof (List<>).MakeGenericType (tb);
```

但是这样做会在调用 GetConstructor 方法时抛出 NotSupportedException。问题在于该封闭的泛型类型的参数是一个未创建状态的类型生成器（type builder），因此我们无法调用 GetConstructor。同理，我们也无法调用 GetField 和 GetMethod。

要解决这个问题并不是那么简单。TypeBuilder 提供了如下三个静态方法：

```
public static ConstructorInfo GetConstructor (Type, ConstructorInfo);
```

```
public static FieldInfo     GetField    (Type, FieldInfo);
public static MethodInfo    GetMethod   (Type, MethodInfo);
```

虽然看起来并不明显，但这些方法却是专门用来获取由未创建的类型生成器封闭的泛型类型的成员！其中第一个参数是封闭的泛型类型，而第二个参数是未绑定的泛型类型的成员。以下是使用上述方法修正之后的结果：

```
MethodBuilder mb = tb.DefineMethod ("Test", MethodAttributes.Public |
                                            MethodAttributes.Static);
ILGenerator gen = mb.GetILGenerator();

Type variableType = typeof (List<>).MakeGenericType (tb);

ConstructorInfo unbound = typeof (List<>).GetConstructor (new Type[0]);
ConstructorInfo ci = TypeBuilder.GetConstructor (variableType, unbound);

LocalBuilder listVar = gen.DeclareLocal (variableType);
gen.Emit (OpCodes.Newobj, ci);
gen.Emit (OpCodes.Stloc, listVar);
gen.Emit (OpCodes.Ret);
```

18.9.2 循环依赖

假设我们需要创建两个相互引用的类型，例如：

```
class A { public B Bee; }
class B { public A Aye; }
```

这样的类型可以用以下方式动态生成：

```
var publicAtt = FieldAttributes.Public;

TypeBuilder aBuilder = modBuilder.DefineType ("A");
TypeBuilder bBuilder = modBuilder.DefineType ("B");

FieldBuilder bee = aBuilder.DefineField ("Bee", bBuilder, publicAtt);
FieldBuilder aye = bBuilder.DefineField ("Aye", aBuilder, publicAtt);

Type realA = aBuilder.CreateType();
Type realB = bBuilder.CreateType();
```

注意，在引入这两个对象之前我们并没有调用 aBuilder 和 bBuilder 的 CreateType 方法。其中的规则是：先定义每个类型的所有细节，然后再调用每一个类型生成器上的 CreateType 方法。

有趣的是，realA 类型是合法的，但是在调用 bBuilder 的 CreateType 之前其功能是无效的（例如，如果在此之前就开始使用 aBuilder，则当试图访问 Bee 字段时就会抛出异常）。

那么，bBuilder 是如何知道在创建 realB 之后才去"修正"realA 的呢？答案是它根本没有去修正 realA，realA 会在下次使用时自行修正。这是因为当调用 CreateType 之后，

TypeBuilder 就成为真正的运行时类型的代理。由于 realA 引用了 bBuilder，因此可以非常容易地获得更新的元数据。

上述系统在类型生成器获得未创建类型的简单信息时非常有效，因为这些信息是可以事先确定的，如类型、成员和对象引用。例如，在创建 realA 时类型生成器无须知道 realB 最终会占用多少内存。这无关紧要，因为此时 realB 还没有创建！但是如果 realB 是一个结构体，则 realB 的最终大小就是创建 realA 的关键信息。

如果两个结构之间并非循环依赖，例如：

```
struct A { public B Bee; }
struct B {                }
```

则可以先创建结构体 B，然后再创建结构体 A。但是如果它们的关系如下：

```
struct A { public B Bee; }
struct B { public A Aye; }
```

我们不会尝试生成上述代码，因为两种彼此包含的结构是没有意义的（如果在 C# 中进行这种尝试会发生编译时错误）。但是以下变体却是合法而有效的：

```
public struct S<T> { ... }    // S can be empty and this demo will work.

class A { S<B> Bee; }
class B { S<A> Aye; }
```

在创建 A 时，TypeBuilder 需要知道 B 的内存开销，反之也一样。为了说明方便，我们不妨假设 S 是以静态方式定义的。当我们可以用以下代码生成类 A 和 B 时：

```
var pub = FieldAttributes.Public;

TypeBuilder aBuilder = modBuilder.DefineType ("A");
TypeBuilder bBuilder = modBuilder.DefineType ("B");

aBuilder.DefineField ("Bee", typeof(S<>).MakeGenericType (bBuilder), pub);
bBuilder.DefineField ("Aye", typeof(S<>).MakeGenericType (aBuilder), pub);

Type realA = aBuilder.CreateType();    // Error: cannot load type B
Type realB = bBuilder.CreateType();
```

不论我们使用什么样的顺序，CreateType 方法都会抛出 TypeLoadException：

- 先调用 aBuilder.CreateType 会导致"无法加载类型 B"。
- 先调用 bBuilder.CreateType 会导致"无法加载类型 A"！

若想解决这个问题，必须允许类型生成器通过创建 realA 来创建 realB 的一部分。这可以通过在调用 CreateType 之前处理 AppDomain 的 TypeResolve 事件来解决。因此，在我们示例中，需要将最后两行代码替换为：

```
TypeBuilder[] uncreatedTypes = { aBuilder, bBuilder };

ResolveEventHandler handler = delegate (object o, ResolveEventArgs args)
{
  var type = uncreatedTypes.FirstOrDefault (t => t.FullName == args.Name);
  return type == null ? null : type.CreateType().Assembly;
};

AppDomain.CurrentDomain.TypeResolve += handler;

Type realA = aBuilder.CreateType();
Type realB = bBuilder.CreateType();

AppDomain.CurrentDomain.TypeResolve -= handler;
```

TypeResolve 事件会在调用 aBuilder.CreateType 时触发，此时也正是需要 bBuilder 调用 CreateType 的时机。

当定义嵌套类型而且嵌套类型与父类型相互引用时，也需要像本例中那样处理 TypeResolve 事件。

18.10 解析 IL

调用 MethodBase 对象的 GetMethodBody 方法就可以获得现有方法的内容信息。该函数将返回 MethodBody 对象，该对象拥有检查方法的局部变量、异常处理子句、栈长度以及原始 IL 的一系列属性。获得原始 IL 的属性和 Reflection.Emit 的过程正好相反。

解析代码的原始 IL 对于代码分析是非常重要的。一个简单的用途就是在程序集更新后探测其中的哪些方法发生了改变。

为了展示如何进行 IL 解析，我们将书写一个类似 *ildasm* 的反汇编 IL 的应用程序。这个工具可以作为代码分析工具或者更高级的语言反汇编器的基础。

在介绍反射 API 时我们提到了，C# 的所有功能结构要么由 MethodBase 的子类型表示，要么将 MethodBase 的子类型附加在其上（例如属性、事件和索引器）。

编写反汇编器

我们的反汇编器的输出样本如下：

```
IL_00EB:  ldfld        Disassembler._pos
IL_00F0:  ldloc.2
IL_00F1:  add
IL_00F2:  ldelema      System.Byte
```

```
IL_00F7:  ldstr          "Hello world"
IL_00FC:  call           System.Byte.ToString
IL_0101:  ldstr          " "
IL_0106:  call           System.String.Concat
```

要获得上述输出，需要解析组成 IL 的二进制令牌。首先调用 MethodBody 的 GetILAs-
ByteArray 方法获得 IL 指令的字节数组。为了减少剩余工作的复杂度，我们将这个功能
写入一个类中：

```
public class Disassembler
{
  public static string Disassemble (MethodBase method)
    => new Disassembler (method).Dis();

  StringBuilder _output;    // The result to which we'll keep appending
  Module _module;           // This will come in handy later
  byte[] _il;               // The raw byte code
  int _pos;                 // The position we're up to in the byte code
  Disassembler (MethodBase method)
  {
    _module = method.DeclaringType.Module;
    _il = method.GetMethodBody().GetILAsByteArray();
  }

  string Dis()
  {
    _output = new StringBuilder();
    while (_pos < _il.Length) DisassembleNextInstruction();
    return _output.ToString();
  }
}
```

静态的 Disassemble 方法是这个类中唯一的公有成员。它的所有其他成员都是反汇编过
程的私有成员。整个过程的"主循环"位于 Dis 方法中，它将处理每一条指令。

在这个骨架下，其他的工作就是实现 DisassembleNextInstruction 方法。在进行这项工
作之前最好将所有操作码加载到静态字典中，这样就可以直接用 8 位或者 16 位的值进行
访问。最简单的方式是用反射的方法检索 OpCodes 类中所有静态的 OpCode 类型字段：

```
static Dictionary<short,OpCode> _opcodes = new Dictionary<short,OpCode>();

static Disassembler()
{
  Dictionary<short, OpCode> opcodes = new Dictionary<short, OpCode>();
    foreach (FieldInfo fi in typeof (OpCodes).GetFields
                        (BindingFlags.Public | BindingFlags.Static))
      if (typeof (OpCode).IsAssignableFrom (fi.FieldType))
      {
        OpCode code = (OpCode) fi.GetValue (null);    // Get field's value
        if (code.OpCodeType != OpCodeType.Nternal)
          _opcodes.Add (code.Value, code);
      }
}
```

我们将这些逻辑写入静态构造器，因此它只会执行一次。

现在我们将实现 DisassembleNextInstruction。每一个 IL 指令都由 1 到 2 个字节的操作码，紧跟 0、1、2、4 或者 8 字节的操作数组成。（一个特殊情况是内联的 switch 操作码，其操作数的数量是可变的。）因此，我们会先读取操作码，然后读取操作数，最后写出结果：

```
void DisassembleNextInstruction()
{
  int opStart = _pos;

  OpCode code = ReadOpCode();
  string operand = ReadOperand (code);

  _output.AppendFormat ("IL_{0:X4}:  {1,-12} {2}",
                        opStart, code.Name, operand);
  _output.AppendLine ();
}
```

要读取操作码，应当先读取一个字节，并检测该指令是否合法。如果这条指令不合法，则读取另外一个字节并搜索 2 字节长度的指令：

```
OpCode ReadOpCode()
{
  byte byteCode = _il [_pos++];
  if (_opcodes.ContainsKey (byteCode)) return _opcodes [byteCode];

  if (_pos == _il.Length)  throw new Exception ("Unexpected end of IL");

  short shortCode = (short) (byteCode * 256 + _il [_pos++]);

  if (!_opcodes.ContainsKey (shortCode))
    throw new Exception ("Cannot find opcode " + shortCode);

  return _opcodes [shortCode];
}
```

要读取操作数，则首先要确定操作数的长度。我们可以基于操作数的类型来执行这项工作。因为大多数的操作数是 4 字节的，所以可以通过条件子句轻松地筛选出例外的情况：

```
string ReadOperand (OpCode c)
{
  int operandLength =
    c.OperandType == OperandType.InlineNone
      ? 0 :
    c.OperandType == OperandType.ShortInlineBrTarget ||
    c.OperandType == OperandType.ShortInlineI ||
    c.OperandType == OperandType.ShortInlineVar
      ? 1 :
    c.OperandType == OperandType.InlineVar
      ? 2 :
    c.OperandType == OperandType.InlineI8 ||
```

```
      c.OperandType == OperandType.InlineR
        ? 8 :
      c.OperandType == OperandType.InlineSwitch
        ? 4 * (BitConverter.ToInt32 (_il, _pos) + 1) :
        4;  // All others are 4 bytes

  if (_pos + operandLength > _il.Length)
    throw new Exception ("Unexpected end of IL");

  string result = FormatOperand (c, operandLength);
  if (result == null)
  {                               // Write out operand bytes in hex
    result = "";
    for (int i = 0; i < operandLength; i++)
      result += _il [_pos + i].ToString ("X2") + " ";
  }
  _pos += operandLength;
  return result;
}
```

如果 FormatOperand 的结果为 null，意味着该操作数无须特殊格式化，因此我们简单地将其以十六进制的方式输出。此时可以令 FormatOperand 方法永远返回 null 并对反汇编器进行一些简单的测试。结果输出如下：

```
IL_00A8:  ldfld      98 00 00 04
IL_00AD:  ldloc.2
IL_00AE:  add
IL_00AF:  ldelema    64 00 00 01
IL_00B4:  ldstr      26 04 00 70
IL_00B9:  call       B6 00 00 0A
IL_00BE:  ldstr      11 01 00 70
IL_00C3:  call       91 00 00 0A
...
```

虽然操作码是正确的，但操作数用处不大。相比十六进制数字，我们更需要成员的名称和字符串。而 FormatOperand 方法编写完成后就可以应对这类情况，识别那些可以进行格式化的特殊情形，并从中获益，其中包含了大部分 4 字节操作数和其他一些短分支指令：

```
string FormatOperand (OpCode c, int operandLength)
{
  if (operandLength == 0) return "";

  if (operandLength == 4)
    return Get4ByteOperand (c);
  else if (c.OperandType == OperandType.ShortInlineBrTarget)
    return GetShortRelativeTarget();
  else if (c.OperandType == OperandType.InlineSwitch)
    return GetSwitchTarget (operandLength);
  else
    return null;
}
```

需要特殊处理的 4 字节操作数有三种。第一种是对成员或者类型的引用，这些操作数我们可以通过调用其定义所在模块的 ResolveMember 方法来获得成员或类型的名称。第二种是字符串，这些信息会存储在程序集模块的元数据中，可以调用 ResolveString 方法来获得这些信息。最后一种是分支的目标，这些操作数引用了 IL 中的字节偏移量。我们可以通过计算当前指令的地址（+ 4 字节处）来求得绝对地址，并进行格式化输出：

```
string Get4ByteOperand (OpCode c)
{
  int intOp = BitConverter.ToInt32 (_il, _pos);

  switch (c.OperandType)
  {
    case OperandType.InlineTok:
    case OperandType.InlineMethod:
    case OperandType.InlineField:
    case OperandType.InlineType:
      MemberInfo mi;
      try   { mi = _module.ResolveMember (intOp); }
      catch { return null; }
      if (mi == null) return null;

      if (mi.ReflectedType != null)
        return mi.ReflectedType.FullName + "." + mi.Name;
      else if (mi is Type)
        return ((Type)mi).FullName;
      else
        return mi.Name;

    case OperandType.InlineString:
      string s = _module.ResolveString (intOp);
      if (s != null) s = "'" + s + "'";
      return s;

    case OperandType.InlineBrTarget:
      return "IL_" + (_pos + intOp + 4).ToString ("X4");

    default:
      return null;
  }
}
```

 在上例中，调用 ResolveMember 的位置是代码分析工具对方法依赖进行记录的绝佳入口。

对于其他 4 字节的操作码，都会返回 null（这会致使 ReadOperand 将操作数格式化为十六进制的形式）。

最后需要注意的操作数是短分支目标和内联 switch。短分支目标使用一个带符号的字节表示目标偏移量（从当前指令末尾，即 +1 字节处，开始计算）。switch 的目标则是一系列可变长度的 4 字节分支目标：

```
string GetShortRelativeTarget()
{
  int absoluteTarget = _pos + (sbyte) _il [_pos] + 1;
  return "IL_" + absoluteTarget.ToString ("X4");
}

string GetSwitchTarget (int operandLength)
{
  int targetCount = BitConverter.ToInt32 (_il, _pos);
  string [] targets = new string [targetCount];
  for (int i = 0; i < targetCount; i++)
  {
    int ilTarget = BitConverter.ToInt32 (_il, _pos + (i + 1) * 4);
    targets [i] = "IL_" + (_pos + ilTarget + operandLength).ToString ("X4");
  }
  return "(" + string.Join (", ", targets) + ")";
}
```

至此，反汇编器就编写完成了。我们可以通过反汇编其中一个方法来进行测试：

```
MethodInfo mi = typeof (Disassembler).GetMethod (
  "ReadOperand", BindingFlags.Instance | BindingFlags.NonPublic);

Console.WriteLine (Disassembler.Disassemble (mi));
```

第 19 章

动态编程

在第 4 章中，我们介绍了 C# 语言动态绑定的工作方式。在本章中，我们将首先简要介绍动态语言运行时（Dynamic Language Runtime，DLR），然后介绍如下动态编程模式：

- 数值类型统一。
- 动态成员重载的解析。
- 自定义绑定（实现动态对象）。
- 动态语言互操作性。

在第 24 章中，我们将介绍 dynamic 是如何改善 COM 互操作性的。

本章使用的类型都位于 System.Dynamic 命名空间中。但 CallSite<> 除外，它位于 System.Runtime.CompilerService 命名空间中。

19.1 动态语言运行时

C# 依赖动态语言运行时执行动态绑定。

与其名称的意义相反，DLR 并非 CLR 的动态版本。确切地说，它是建立在 CLR 之上的库，就像是 *System.Xml.dll* 这种库一样。它的主要任务是为静态类型语言和动态类型语言提供统一的动态编程运行时服务。因此诸如 C#、Visual Basic、IronPython 和 IronRuby 等语言都可以用相同的协议来动态调用函数。这允许这些语言共享库并调用其他语言编写的代码。

DLR 还简化了在 .NET 中开发新的动态语言的任务。动态语言的作者只需工作在表达式树级别（和我们在第 8 章所讲的 System.Linq.Expressions 中的表达式树是一样的）即可，而无须生成中间语言代码（IL）。

DLR 进一步确保了所有消费者都会从调用点缓存（call-site caching）中获益。DLR 的这种优化方式避免了动态绑定中不必要的重复的成员解析决策（这种决策是比较昂贵的）。

19.2 数值类型统一

在第 4 章中，我们介绍了如何使用 dynamic 编写一个可以支持多种数值类型的方法：

```
static dynamic Mean (dynamic x, dynamic y) => (x + y) / 2;

static void Main()
{
  int x = 3, y = 5;
  Console.WriteLine (Mean (x, y));
}
```

什么是调用点

当编译器遇到一个动态表达式时，它并不知道谁会在运行时计算该表达式的值。例如，对于以下方法：

```
public dynamic Foo (dynamic x, dynamic y)
{
  return x / y;   // Dynamic expression
}
```

x 和 y 变量可以是任意的 CLR 对象、COM 对象甚至是托管在动态语言中的对象，因此编译器无法以常规的静态方式生成对已知类型的已知方法进行调用的代码。取而代之的是，编译器会生成描述操作的表达式树的代码。这些代码由调用点管理，并由 DLR 在运行时绑定。调用点则起到了调用者和被调用者之间媒介的作用。

调用点由 *System.Core.dll* 中的 **CallSite<>** 表示。观察上述方法的反汇编代码，结果如下所示：

```
static CallSite<Func<CallSite,object,object,object>> divideSite;

[return: Dynamic]
public object Foo ([Dynamic] object x, [Dynamic] object y)
{
  if (divideSite == null)
    divideSite =
      CallSite<Func<CallSite,object,object,object>>.Create (
        Microsoft.CSharp.RuntimeBinder.Binder.BinaryOperation (
          CSharpBinderFlags.None,
          ExpressionType.Divide,
          /* Remaining arguments omitted for brevity */ ));

  return divideSite.Target (divideSite, x, y);
}
```

可以看到，调用点会缓存在静态字段中，避免每一次调用时重新创建。DLR 进一步缓存了绑定阶段的结果和实际的目标方法（根据 x 和 y 类型的不同，实际中可能存在多个目标）。

真正的动态调用会在调用调用点的 Target 委托时发生，并传入 x 和 y 操作数。

注意，Binder 类是 C# 特有的。每一种支持动态绑定的语言都有和语言匹配的绑定器，它们会以相应的语言形式帮助 DLR 进行表达式解释，因此这个过程对于开发者是友好的。例如，如果我们以参数 5 和 2 调用 Foo 函数，则 C# 绑定器会确保结果为 2。相反，VB.NET 绑定器则会返回 2.5。

有趣的是，C# 可以允许 static 和 dynamic 关键字相邻出现！而关键字 internal 和 extern 也可以相邻出现。

但是，这样做（不必要地）牺牲了静态类型安全性。例如，以下代码不会产生编译错误，但是会在运行时失败：

```
string s = Mean (3, 5);    // Runtime error!
```

我们可以先引入泛型类型参数，然后在计算内部将参数类型强制转换为 dynamic 来解决上述问题：

```
static T Mean<T> (T x, T y)
{
  dynamic result = ((dynamic) x + y) / 2;
  return (T) result;
}
```

注意，我们显式将结果转换回 T。如果省略该转换，就需要依赖隐式转换。这种转换看上去能够正确运行，但是如果在运行时使用 8 位或者 16 位长度的整数类型，则会出现运行时失败。我们可以观察静态类型时两个 8 位数字相加的行为来理解上述失败的原因：

```
byte b = 3;
Console.WriteLine ((b + b).GetType().Name);  // Int32
```

上述程序的输出结果为 Int32，因为编译器会在执行算术操作前将 8 位或者 16 位数字"升级"为 Int32。为了保持一致性，C# 的绑定器会令 DLR 执行相同的操作，然后就得到了 Int32 值。这个值需要显式转换为更小的数值类型。当然，如果是进行求和而不是求平均数，这种方式就可能造成溢出。

即使存在调用点缓存，动态绑定也会对性能会造成一些影响。为了降低这种影响，我们可以对最常见的类型添加特定的重载以涵盖尽可能多的情况。例如，如果通过性能分析发现，以 double 为参数对 Mean 的调用是性能瓶颈，则可以添加如下重载：

```
static double Mean (double x, double y) => (x + y) / 2;
```

若在编译时再使用 double 类型的参数调用 Mean 方法，编译器就会选择重载的 Mean 函数。

19.3 动态成员重载解析

以动态类型参数调用静态已知的方法会将方法重载的解析从编译时推迟到运行时。这种方式可以解决特定的编程问题，例如，简化访问者设计模式的实现。它还可以用来突破一些由 C# 静态类型化带来的限制。

19.3.1 简化访问者模式

本质上，访问者模式允许向一个类的树形结构中添加方法而无须更改现有类的代码。尽管这种模式用处很广，但是和其他设计模式相比，其静态形式微妙而反直觉。该模式还要求被访问的类提供 Accept 方法以获得更加友好的访问性。若这些类并非由我们控制，则很难实现这一点。

而使用动态绑定则简单得多，而且无须更改已经存在的类。例如，请观察以下类的层次结构：

```
class Person
{
  public string FirstName { get; set; }
  public string LastName  { get; set; }

  // The Friends collection may contain Customers & Employees:
  public readonly IList<Person> Friends = new Collection<Person> ();
}

class Customer : Person { public decimal CreditLimit { get; set; } }
class Employee : Person { public decimal Salary      { get; set; } }
```

假设我们需要编写一个方法将 Person 的详细信息输出为 XML XElement，则最明显的解决方案是在 Person 类中编写一个 ToXElement() 虚方法。该方法将会返回带有 Person 属性的 XElement，而我们可以在 Customer 和 Employee 类中重写该方法，这样生成的 XElement 就会包含 CreditLimit 和 Salary。这个模式是有问题的，主要有以下两个原因：

- Person、Customer、Employee 类不受我们控制。这样我们无法向其中添加方法（从而扩展方法无法获得多态性的行为）。

- Person、Customer 和 Employee 类可能已经非常大了，很可能出现"万能对象"反模式，即一个类（例如，Person）包含了太多的功能，变得越来越难以维护。因此最好不要继续向 Person 类中添加不需要访问私有状态的方法。而 ToXElement 方法正是这样的方法。

通过动态成员重载解析特性，我们就可以在一个单独的类中编写 ToXElement 功能，而无须根据类型进行复杂的分支操作：

```
class ToXElementPersonVisitor
{
  public XElement DynamicVisit (Person p) => Visit ((dynamic)p);

  XElement Visit (Person p)
  {
    return new XElement ("Person",
      new XAttribute ("Type", p.GetType().Name),
      new XElement ("FirstName", p.FirstName),
      new XElement ("LastName", p.LastName),
      p.Friends.Select (f => DynamicVisit (f))
    );
  }

  XElement Visit (Customer c)    // Specialized logic for customers
  {
    XElement xe = Visit ((Person)c);    // Call "base" method
    xe.Add (new XElement ("CreditLimit", c.CreditLimit));
    return xe;
  }

  XElement Visit (Employee e)    // Specialized logic for employees
  {
    XElement xe = Visit ((Person)e);    // Call "base" method
    xe.Add (new XElement ("Salary", e.Salary));
    return xe;
  }
}
```

DynamicVisit 方法执行了一次动态分派，在运行时调用最特化的 Visit 版本。请注意使用粗体表示的代码行，这行代码对 Friends 集合中的每一个元素调用 DynamicVisit 方法。这确保了如果一个"友人"是 Customer 或者 Employee，则会调用正确的重载。

以下代码演示了这个类的用法：

```
var cust = new Customer
{
  FirstName = "Joe", LastName = "Bloggs", CreditLimit = 123
};
cust.Friends.Add (
  new Employee { FirstName = "Sue", LastName = "Brown", Salary = 50000 }
);

Console.WriteLine (new ToXElementPersonVisitor().DynamicVisit (cust));
```

以下是输出结果：

```
<Person Type="Customer">
  <FirstName>Joe</FirstName>
  <LastName>Bloggs</LastName>
  <Person Type="Employee">
    <FirstName>Sue</FirstName>
    <LastName>Brown</LastName>
```

```
      <Salary>50000</Salary>
    </Person>
    <CreditLimit>123</CreditLimit>
  </Person>
```

访问者变种

如果要使用多个访问者（visitor）类，那么可以定义一个抽象的访问者基类：

```
abstract class PersonVisitor<T>
{
  public T DynamicVisit (Person p) { return Visit ((dynamic)p); }

  protected abstract T Visit (Person p);
  protected virtual T Visit (Customer c) { return Visit ((Person) c); }
  protected virtual T Visit (Employee e) { return Visit ((Person) e); }
}
```

这样，子类型无须定义其本身的 DynamicVisit 方法，而是重写需要进行特化的 Visitor
方法。它的另一个好处在于可以将 Person 的类层次结构上的相应方法都集中起来，并
可以令实现者更加自然地调用基类型中的方法：

```
class ToXElementPersonVisitor : PersonVisitor<XElement>
{
  protected override XElement Visit (Person p)
  {
    return new XElement ("Person",
      new XAttribute ("Type", p.GetType().Name),
      new XElement ("FirstName", p.FirstName),
      new XElement ("LastName", p.LastName),
      p.Friends.Select (f => DynamicVisit (f))
    );
  }

  protected override XElement Visit (Customer c)
  {
    XElement xe = base.Visit (c);
    xe.Add (new XElement ("CreditLimit", c.CreditLimit));
    return xe;
  }

  protected override XElement Visit (Employee e)
  {
    XElement xe = base.Visit (e);
    xe.Add (new XElement ("Salary", e.Salary));
    return xe;
  }
}
```

我们还可以从 ToXElementPersonVisitor 继续派生子类。

19.3.2 调用未知类型的泛型类型成员

C# 严格的静态类型约束是一把双刃剑。一方面，它确保了程序在编译时具有一定的正确

性；另一方面，它偶尔会导致某些情况难以甚至无法用代码表达，以至于必须求助于反射。在这些情况下，使用动态绑定往往是比反射更清晰也更快捷的方法。

例如，如何在 T 未知的情况下使用 G<T> 类型的对象呢？请观察以下类：

```
public class Foo<T> { public T Value; }
```

假设我们需要编写以下方法：

```
static void Write (object obj)
{
  if (obj is Foo<>)                          // Illegal
    Console.WriteLine ((Foo<>) obj).Value);  // Illegal
}
```

上述方法是无法编译的，因为无法调用未绑定的泛型类型成员。

动态绑定提供了两种方式来处理这种情况。第一种方式就是动态访问 Value 成员：

```
static void Write (dynamic obj)
{
  try { Console.WriteLine (obj.Value); }
  catch (Microsoft.CSharp.RuntimeBinder.RuntimeBinderException) {...}
}
```

多重分派

C# 和 CLR 一直以虚方法调用的形式来提供对动态性的有限支持，这和 C# 的 dynamic 绑定不同。对于虚方法调用，编译器必须在编译时根据调用成员的名称和签名确定特定的虚方法成员。这意味着：

- 编译器必须能够完全理解调用表达式（例如，它必须在编译时确定目标成员是字段还是属性）。

- 重载的解析必须根据编译时的参数类型完全由编译器完成。

出于最后一点的影响，执行虚方法调用的特性称为单分派。为了了解其中原因，请观察如下的方法调用（其中 Walk 是一个虚方法）：

```
animal.Walk (owner);
```

运行时需要根据接收器（receiver），即 animal 的类型（因此是单分派）来决定是调用 dog 的 Walk 方法还是 cat 的 Walk 方法。如果有多个 Walk 重载接受不同类型的拥有者（owner）作为参数，则编译时就会选定特定的重载方法，而无须关心 owner 对象真实的运行时类型。换句话说，只有接收器的运行时类型可以改变调用的方法。

相反，动态调用的重载解析是不同的，动态调用会将重载解析推迟到运行时执行：

```
animal.Walk ((dynamic) owner);
```

对于上述代码，最终应当调用哪一个 Walk 方法不仅取决于 animal 的类型，还取决

于 owner 的类型，因此称为多重分派。也就是说，在多重分派中，最终调用的 Walk 方法不仅取决于参数的运行时类型，还取决于接收器的运行时类型。

这种方案的（潜在）优势在于它可以支持任何定义了 Value 字段或者属性的任何对象。但是该方案也存在一系列的问题。首先，以这种方式捕获异常不仅复杂而且效率较低（我们无法预先询问 DLR 这样做是否可以正常运行）；其次，如果 Foo 是一个接口（例如 IFoo<T>），但是以下两个条件之一成立，则该方法无法工作：

- 接口显式实现了 Value。
- 实现了 IFoo<T> 的类型是无法访问的（稍后会详细介绍）。

一个更好的解决方案是编写一个重载辅助方法 GetFooValue，然后使用动态成员重载解析（dynamic member overload resolution）来调用该方法：

```
static void Write (dynamic obj)
{
  object result = GetFooValue (obj);
  if (result != null) Console.WriteLine (result);
}

static T GetFooValue<T> (Foo<T> foo) => foo.Value;
static object GetFooValue (object foo) => null;
```

注意，接受 object 参数的重载 GetFooValue 方法可以作为任何参数类型的后备方法。若使用 dynamic 参数调用 GetFooValue 方法，则 C# 的动态绑定器会在运行时选择最合适的重载。如果待定的对象并非基于 Foo<T>，则 C# 的动态绑定器将选择对象参数重载，而不会抛出任何异常。

 另一种方法是只编写以上第一种 GetFooValue 方法，然后捕获 Runtime-BinderException。这样做的好处在于它区分了 foo.Value 为 null 的情况。但是由于其中设计了异常的抛出和捕获，因此在这种情况下会造成性能的损失。

在第 18 章中，我们用很多篇幅介绍了如何使用反射和接口解决相同的问题（请参见 18.2.9 节）。在例子中，我们设计了一个强大的、支持 IEnumerable 和 IGrouping<,> 的 ToString 方法。以下示例通过动态绑定更加轻松地解决了这个问题：

```
static string GetGroupKey<TKey,TElement> (IGrouping<TKey,TElement> group)
  => "Group with key=" + group.Key + ": ";

static string GetGroupKey (object source) => null;

public static string ToStringEx (object value)
{
  if (value == null) return "<null>";
  if (value is string s) return s;
```

```
        if (value.GetType().IsPrimitive) return value.ToString();

        StringBuilder sb = new StringBuilder();

        string groupKey = GetGroupKey ((dynamic)value);    // Dynamic dispatch
        if (groupKey != null) sb.Append (groupKey);

        if (value is IEnumerable)
          foreach (object element in ((IEnumerable)value))
            sb.Append (ToStringEx (element) + " ");

        if (sb.Length == 0) sb.Append (value.ToString());

        return "\r\n" + sb.ToString();
      }
```

例如，执行：

```
    Console.WriteLine (ToStringEx ("xyyzzz".GroupBy (c => c) ));

    Group with key=x: x
    Group with key=y: y y
    Group with key=z: z z z
```

注意，我们使用了动态成员重载解析来解决上述问题。如果执行如下代码：

```
    dynamic d = value;
    try { groupKey = d.Value); }
    catch (Microsoft.CSharp.RuntimeBinder.RuntimeBinderException) {...}
```

则会发生失败，因为 LINQ 的 GroupBy 运算符会返回一个 IGrouping<,> 实现，这种类型本身是 internal 的，因此是无法访问的：

```
    internal class Grouping : IGrouping<TKey,TElement>, ...
    {
      public TKey Key;
      ...
    }
```

即使 Key 属性声明为 public，但由于 Grouping 类是 internal 的，因此只能通过 IGrouping<,> 接口来访问。但第 4 章提到过，由于在动态调用 Value 成员时无法告知 DLR 绑定了哪个接口，因此该属性是无法访问的。

19.4 实现动态对象

对象可以通过实现 IDynamicMetaObjectProvider 来提供绑定语义，而更简单的方式是从 DynamicObject 类派生。DynamicObject 提供了对该接口的默认实现。我们在第 4 章曾简要进行了演示：

```
    dynamic d = new Duck();
    d.Quack();              // Quack method was called
    d.Waddle();             // Waddle method was called
```

```
public class Duck : DynamicObject
{
  public override bool TryInvokeMember (
    InvokeMemberBinder binder, object[] args, out object result)
  {
    Console.WriteLine (binder.Name + " method was called");
    result = null;
    return true;
  }
}
```

19.4.1 DynamicObject

在上一个例子中，我们重写了 TryInvokeMember 方法以允许消费者调用动态对象上的方法，如 Quack 或者 Waddle 方法。DynamicObject 还提供了其他的虚方法使得消费者可以使用其他的编程结构。下表列出了与这些方法对应的 C# 的典型结构：

方法	编程结构
TryInvokeMember	方法
TryGetMember、TrySetMember	属性或字段
TryGetIndex、TrySetIndex	索引器
TryUnaryOperation	一元运算符，例如！
TryBinaryOperation	二元运算符，例如 ==
TryConvert	转化（转换）为其他类型
TryInvoke	调用对象本身，例如 d("foo")

如果绑定成功，则这些方法返回 true；如果返回 false，则 DLR 会将其返回给语言绑定器，在 DynamicObject（及其子类）上寻找匹配的成员。如果这一步仍然失败，则抛出 RuntimeBinderException。

我们不妨使用一个可以动态访问 XElement（位于 System.Xml.Linq 命名空间）对象属性的类来展示 TryGetMember 和 TrySetMember 的用法：

```
static class XExtensions
{
  public static dynamic DynamicAttributes (this XElement e)
    => new XWrapper (e);

  class XWrapper : DynamicObject
  {
    XElement _element;
    public XWrapper (XElement e) { _element = e; }

    public override bool TryGetMember (GetMemberBinder binder,
                                       out object result)
    {
      result = _element.Attribute (binder.Name).Value;
      return true;
```

```
  }

  public override bool TrySetMember (SetMemberBinder binder,
                                     object value)
  {
    _element.SetAttributeValue (binder.Name, value);
    return true;
  }
  }
}
```

这样就能够按照以下方式使用代码：

```
XElement x = XElement.Parse (@"<Label Text=""Hello"" Id=""5""/>");
dynamic da = x.DynamicAttributes();
Console.WriteLine (da.Id);          // 5
da.Text = "Foo";
Console.WriteLine (x.ToString());    // <Label Text="Foo" Id="5" />
```

而以下代码则对 System.Data.IDataRecord 进行了类似的操作，这令读取数据变得更加容易：

```
public class DynamicReader : DynamicObject
{
  readonly IDataRecord _dataRecord;
  public DynamicReader (IDataRecord dr) { _dataRecord = dr; }

  public override bool TryGetMember (GetMemberBinder binder,
                                     out object result)
  {
    result = _dataRecord [binder.Name];
    return true;
  }
}
...
using (IDataReader reader = someDbCommand.ExecuteReader())
{
  dynamic dr = new DynamicReader (reader);
  while (reader.Read())
  {
    int id = dr.ID;
    string firstName = dr.FirstName;
    DateTime dob = dr.DateOfBirth;
    ...
  }
}
```

以下代码演示了 TryBinaryOperation 和 TryInvoke 的用法：

```
dynamic d = new Duck();
Console.WriteLine (d + d);          // foo
Console.WriteLine (d (78, 'x'));    // 123

public class Duck : DynamicObject
{
```

```
        public override bool TryBinaryOperation (BinaryOperationBinder binder,
                                                 object arg, out object result)
        {
          Console.WriteLine (binder.Operation);    // Add
          result = "foo";
          return true;
        }

        public override bool TryInvoke (InvokeBinder binder,
                                        object[] args, out object result)
        {
          Console.WriteLine (args[0]);      // 78
          result = 123;
          return true;
        }
    }
```

DynamicObject 还专门为动态语言提供了一些虚方法。特别地，重写 GetDynamic-
MemberNames 允许返回动态对象提供的所有成员名称的列表。

 另一个实现 GetDynamicMemberNames 方法的原因是 Visual Studio 的调试器会
使用这个方法显示动态对象的视图。

19.4.2 ExpandoObject

DynamicObject 的另一个简单应用就是编写一个动态类，能够在以字符串为键的字典中
存储和检索对象，然而 ExpandoObject 已经提供了这个功能：

```
dynamic x = new ExpandoObject();
x.FavoriteColor = ConsoleColor.Green;
x.FavoriteNumber = 7;
Console.WriteLine (x.FavoriteColor);    // Green
Console.WriteLine (x.FavoriteNumber);   // 7
```

ExpandoObject 实现了 IDictionary<string, object>，因此我们可以访问上述示例中
的对象，如下所示：

```
var dict = (IDictionary<string,object>) x;
Console.WriteLine (dict ["FavoriteColor"]);     // Green
Console.WriteLine (dict ["FavoriteNumber"]);    // 7
Console.WriteLine (dict.Count);                 // 2
```

19.5 与动态语言进行互操作

尽管 C# 支持使用 dynamic 关键字进行动态绑定，但是它无法在运行时执行字符串中描
述的表达式：

```
string expr = "2 * 3";
// We can't "execute" expr
```

这是因为将字符串转换为表达式树的代码需要词法和语法解析器的支持。C# 编译器内置了这些功能，但是这些功能并没有成为运行时服务。在运行时，C# 仅仅提供了绑定器（binder），其功能就是告知 DLR 如何解释一个已创建的表达式树。

真正的动态语言，例如 IronPython 和 IronRuby 却是允许执行任意字符串，而且该功能对于一些任务（例如，编写脚本、动态配置以及实现动态规则引擎）是非常重要的。因此，虽然大部分的应用也许是用 C# 编写的，但是对于上述任务调用动态语言则更加有效。而且在 .NET 库中没有对等功能时，使用动态语言的 API 也许是更加有效的办法。

Roslyn 脚本 NuGet 包 *Microsoft.CodeAnalysis.CSharp.Scripting* 提供了执行 C# 字符串的 API。当然，它是将字符串中的代码编译成程序来完成这一功能的。因此，除非重复执行相同的表达式，否则，这种编译的开销和 Python 互操作相比速度更慢。

以下示例将使用 IronPython 计算 C# 在运行时创建的表达式，该脚本可用来编写计算器程序：

如果要执行以下代码，需要在应用程序中添加 *DynamicLanguageRuntime* NuGet 包（不要将其和 *System.Dynamic.Runtime* 包混淆）和 *IronPython* 引用。

```
using System;
using IronPython.Hosting;
using Microsoft.Scripting;
using Microsoft.Scripting.Hosting;

int result = (int) Calculate ("2 * 3");
Console.WriteLine (result);           // 6

object Calculate (string expression)
{
  ScriptEngine engine = Python.CreateEngine();
  return engine.Execute (expression);
}
```

由于我们将字符串传入了 Python 中，因此该表达式将以 Python 的规则而不是根据 C# 的规则进行计算。这意味着我们可以使用 Python 的语言功能，例如，列表：

```
var list = (IEnumerable) Calculate ("[1, 2, 3] + [4, 5]");
foreach (int n in list) Console.Write (n);  // 12345
```

在 C# 和脚本之间传递状态

将变量从 C# 传递到 Python 需要额外几个步骤。以下示例展示了这些步骤，其中的代码可以作为一个规则引擎的基础代码来使用：

```
// The following string could come from a file or database:
string auditRule = "taxPaidLastYear / taxPaidThisYear > 2";

ScriptEngine engine = Python.CreateEngine ();

ScriptScope scope = engine.CreateScope ();
scope.SetVariable ("taxPaidLastYear", 20000m);
scope.SetVariable ("taxPaidThisYear", 8000m);

ScriptSource source = engine.CreateScriptSourceFromString (
                        auditRule, SourceCodeKind.Expression);

bool auditRequired = (bool) source.Execute (scope);
Console.WriteLine (auditRequired);    // True
```

我们还可以调用 GetVariable 取得这些变量的值：

```
string code = "result = input * 3";

ScriptEngine engine = Python.CreateEngine();

ScriptScope scope = engine.CreateScope();
scope.SetVariable ("input", 2);

ScriptSource source = engine.CreateScriptSourceFromString (code,
                                SourceCodeKind.SingleStatement);
source.Execute (scope);
Console.WriteLine (scope.GetVariable ("result"));    // 6
```

注意，我们在第二个示例中指定的类型为 SourceCodeKind.SingleStatement 而非第一个示例中的 Expression，这相当于告知引擎我们希望执行一个语句。

类型会在 .NET 和 Python 之间自动封送。我们甚至可以从脚本端访问 .NET 对象成员：

```
string code = @"sb.Append (""World"")";

ScriptEngine engine = Python.CreateEngine ();

ScriptScope scope = engine.CreateScope ();
var sb = new StringBuilder ("Hello");
scope.SetVariable ("sb", sb);

ScriptSource source = engine.CreateScriptSourceFromString (
                        code, SourceCodeKind.SingleStatement);
source.Execute (scope);
Console.WriteLine (sb.ToString());    // HelloWorld
```

第 20 章

加密

本章将介绍 .NET 中最主要的加密 API：

- Windows 数据保护 API（Windows Data Protection, DPAPI）。

- 哈希算法（散列算法）。

- 对称加密。

- 公钥加密与签名。

本章的类型主要定义在以下命名空间中：

```
System.Security;
System.Security.Cryptography;
```

20.1 概述

表 20-1 总结了 .NET 中可用的加密选项，接下来的章节将逐个对其进行介绍。

表 20-1：.NET 中的加密选项和哈希选项

选项	管理密钥数目	速度	加密强度	备注
File.Encrypt	0	快	取决于用户的密码	在文件系统的支持下透明地对文件进行保护。其密钥是从登录用户的凭证中隐式生成的。仅仅支持 Windows 系统
Windows 数据保护	0	快	取决于用户的密码	使用隐式生成的密钥对字节数组进行加解密
哈希	0	快	高	单向（不可逆）转换。可用于存储密码、文件比对、检查数据是否损坏
对称加密	1	快	高	用于通用加密／解密。加密解密所需的密钥是相同的。可用于安全地传输信息

表 20-1：.NET 中的加密和哈希选项（续）

选项	管理密钥数目	速度	加密强度	备注
公钥加密	2	慢	高	加密解密使用不同的密钥。用于在消息传输中交换对称加密密钥或对文件进行数字签名

.NET 还专门在 System.Security.Cryptography.Xml 中为创建和验证基于 XML 的签名提供了支持，并在 System.Security.Cryptography.X509Certificates 中提供了数字签名相关的类型。

20.2 Windows 数据保护

 Windows 数据保护仅仅支持 Windows 操作系统，在其他操作系统中会抛出 PlatformNotSupportedException。

在 15.6 节中，我们介绍了使用 File.Encrypt 方法请求操作系统对文件进行透明加密的方法：

```
File.WriteAllText ("myfile.txt", "");
File.Encrypt ("myfile.txt");
File.AppendAllText ("myfile.txt", "sensitive data");
```

在这种情况下，加密使用的密钥是用当前登录用户的密码生成的。这种隐式生成的密钥还可以结合 Windows 数据保护 API（DPAPI）对字节数组进行加密。数据保护 API 定义在 ProtectedData 类中，该类型中只有如下两个静态方法：

```
public static byte[] Protect
  (byte[] userData, byte[] optionalEntropy, DataProtectionScope scope);

public static byte[] Unprotect
  (byte[] encryptedData, byte[] optionalEntropy, DataProtectionScope scope);
```

其中, optionalEntropy 参数中的数据会添加到密钥中，从而增强安全性。而 DataProtectionScope 枚举参数可以选择 CurrentUser 或者 LocalMachine。若使用 CurrentUser，则密钥会从当前登录用户的凭据中生成；若使用 LocalMachine，则会使用一个本机范围的密钥，而该密钥对所有用户都是共享的。也就是说，在 CurrentUser 范围内，一个用户加密的数据无法被另一个用户解密，而 LocalMachine 的密钥提供的保护相对较弱。但这种方式适用于 Windows 服务或那些可能运行在不同账户下的应用程序。

以下代码简单演示了加密和解密过程：

```
byte[] original = {1, 2, 3, 4, 5};
DataProtectionScope scope = DataProtectionScope.CurrentUser;

byte[] encrypted = ProtectedData.Protect (original, null, scope);
byte[] decrypted = ProtectedData.Unprotect (encrypted, null, scope);
// decrypted is now {1, 2, 3, 4, 5}
```

Windows 数据保护可以在攻击者获得计算机完全访问权限后仍提供中等程度的安全保护，而保护的强度取决于用户密码的强度。LocalMachine 只能够防范那些获得了有限的物理或电子访问权限的攻击者。

20.3 哈希算法

哈希算法将潜在的大量的字节数据提取为固定长度的小的哈希值（hashcode）。哈希算法从设计上使得元数据中任何一个位上的更改都会令最终的哈希值发生显著变化。因此它适合进行文件比较或检测意外的（或者恶意的）文件或数据流的损坏。

由于哈希算法产生的哈希值难以反向还原为原始数据，因此它还可以作为一种单向加密方式。它是在数据库中存储密码的理想选择。在数据库数据泄露时，攻击者也无法获得明文存储的密码；在用户进行身份验证的时候，将用户的输入进行哈希运算并和数据库中存储的哈希值比对即可。

HashAlgorithm 子类（例如，SHA1 或者 SHA256）的 ComputeHash 方法可以用于生成哈希值：

```
byte[] hash;
using (Stream fs = File.OpenRead ("checkme.doc"))
  hash = SHA1.Create().ComputeHash (fs);   // SHA1 hash is 20 bytes long
```

ComputeHash 方法还可以接受字节数组，可用于对密码进行哈希运算（我们将在 20.3.2 节中介绍一种更加安全的技术）：

```
byte[] data = System.Text.Encoding.UTF8.GetBytes ("stRhong%pword");
byte[] hash = SHA256.Create().ComputeHash (data);
```

 Encoding 类的 GetBytes 方法将会把字符串编码为字节数组，而 GetString 方法则会执行反向操作。但是 Encoding 类无法将一个加密或者哈希运算之后的字节数组转换为字符串，因为这种数据往往会包含违反编码规则的数据。如果需要将字节数组转换为合法的（且与 XML 和 JSON 友好的）字符串，或执行相反操作，请分别使用 Convert.ToBase64String 和 Convert.FromBase64String。

20.3.1 .NET 中的哈希算法

SHA1 和 SHA256 是 .NET 中从 HashAlgorithm 派生的子类。以下按照安全等级（以及哈希值的字节长度）以升序列出了常用的哈希算法：

MD5(16) → SHA1(20) → SHA256(32) → SHA384(48) → SHA512(64)

MD5 和 SHA1 是当前速度最快的算法，但其他算法（当前的实现）的速度约是前两种算法的二分之一。粗略地讲，在当今典型的台式计算机或服务器上，这些算法都能够达到100MB/s 以上的运算速度，且哈希值越长，哈希值冲突（指两个不同的文件却产生了相同的哈希值）的可能性就越小。

 如果要存储密码或其他高安全等级的敏感数据，请至少使用 SHA256。MD5 和 SHA1 在这种情形下是不安全的。MD5 和 SHA1 仅适用于防止意外的破坏，而无法防御故意的篡改行为。

20.3.2 对密码进行哈希运算

较长的 SHA 算法可以作为密码的哈希运算的基础。强制采用高密码强度的策略可以防范字典攻击的威胁，字典攻击指攻击者对字典中的每一个词进行哈希运算，创建一个密码查找表的攻击策略。

在密码哈希运算过程中的一项标准技术是在其中引入"盐"，即由随机数生成器生成的一长串字节，并在哈希运算之前将其并入密码中。这样做可以通过以下两种途径来对抗攻击者：

- 攻击者必须知道盐的字节值。

- 攻击者无法使用彩虹表（rainbow table，即公开的密码及预先计算出的哈希值的数据库）。然而如果有充分的计算资源，仍然可以进行字典攻击。

此外，还可以通过不断"延续"密码的哈希值——重复进行哈希运算来产生运算更加密集的字节序列——来增加安全性。例如，如果反复哈希运算 100 次，那么使用字典进行攻击的时间就可能从一个月增长到八年。KeyDerivation、Rfc2898DeriveBytes 和PasswordDeriveBytes 类不但会执行这种延续运算，还可以方便地执行加盐操作，其中KeyDerivation.Pbkdf2 提供了最好的哈希运算结果：

```
byte[] encrypted = KeyDerivation.Pbkdf2 (
    password: "stRhong%pword",
    salt: Encoding.UTF8.GetBytes ("j78Y#p)/saREN!y3@"),
    prf: KeyDerivationPrf.HMACSHA512,
    iterationCount: 100,
    numBytesRequested: 64);
```

 KeyDerivation.Pbkdf2 需要引用 NuGet 包 Microsoft.AspNetCore.Cryptography.KeyDerivation。虽然它位于 ASP.NET Core 命名空间中，但是其他 .NET 应用程序也可以使用它。

20.4 对称加密

对称加密算法在加密和解密时使用相同的密钥。.NET BCL 提供了四种对称加密算法，在这些算法中，Rijndael 算法是最优秀的，而其他算法的主要目的是兼容旧的应用程序。Rijndael 既快速又安全，它拥有如下两个实现：

- Rijndael 类。

- Aes 类。

这两个实现几乎是等价的，但是 Aes 不允许通过更改块尺寸来削弱加密强度。CLR 安全团队推荐使用 Aes 类。

Rijndael 和 Aes 支持 16 字节、24 字节和 32 字节的对称密钥长度，这几种长度目前均认为是安全的。以下示例展示了使用 16 字节密钥对一串字节进行加密，并写入文件的过程：

```
byte[] key = {145,12,32,245,98,132,98,214,6,77,131,44,221,3,9,50};
byte[] iv  = {15,122,132,5,93,198,44,31,9,39,241,49,250,188,80,7};

byte[] data = { 1, 2, 3, 4, 5 };   // This is what we're encrypting.

using (SymmetricAlgorithm algorithm = Aes.Create())
using (ICryptoTransform encryptor = algorithm.CreateEncryptor (key, iv))
using (Stream f = File.Create ("encrypted.bin"))
using (Stream c = new CryptoStream (f, encryptor, CryptoStreamMode.Write))
  c.Write (data, 0, data.Length);
```

而以下代码可以将文件进行解密：

```
byte[] key = {145,12,32,245,98,132,98,214,6,77,131,44,221,3,9,50};
byte[] iv  = {15,122,132,5,93,198,44,31,9,39,241,49,250,188,80,7};

byte[] decrypted = new byte[5];

using (SymmetricAlgorithm algorithm = Aes.Create())
using (ICryptoTransform decryptor = algorithm.CreateDecryptor (key, iv))
using (Stream f = File.OpenRead ("encrypted.bin"))
using (Stream c = new CryptoStream (f, decryptor, CryptoStreamMode.Read))
  for (int b; (b = c.ReadByte()) > -1;)
    Console.Write (b + " ");                    // 1 2 3 4 5
```

本例随机生成了 16 字节。如果使用错误的密钥进行解密，则 CryptoStream 会抛出 CryptographicException，而捕获该异常是测试密钥是否正确的唯一途径。

除了密钥之外，示例还生成了一个初始化向量（Initialization Vector，IV）。这 16 字节的序列也是密码的一部分（和密钥相似），但它并不是保密的。当传输加密信息时，IV 会以明文的方式进行传输（可能是在消息的头部进行传输），但每一段信息中的 IV 值都不相同。这样即使有些消息的未加密版本都是类似的，但是加密后的信息也难以识别。

如果无须 IV 的保护，可令 16 字节密钥和 IV 的值相同。但是，使用相同的 IV 发送多条消息会削弱密码的安全性并使破解的可能性大大增加。

不同的类执行的加密工作是不同的。Aes 算法就像是数学家，它使用密码学算法，并使用 encryptor 和 decryptor 进行转换。CryptoStream 则像是管道工，它关注于流的处理。因此我们可以将 Aes 替换为另一种对称加密算法而仍旧使用 CryptoStream。

CryptoStream 是双向的，因此可以使用 CryptoStreamMode.Read 来读取流，也可以使用 CryptoStreamMode.Write 来写入流。加密器和解密器与读取和写入可以形成四种组合。这些组合可能会令人茫然！为了帮助理解，可以将读取理解为"拉"，而将写入理解为"推"。如果仍旧有疑问则可以首先用 Write 操作进行加密，然后用 Read 操作进行解密，这种组合是最自然也是最常见的。

请使用 System.Cryptography 命名空间下的 RandomNumberGenerator 来生成随机密钥或 IV。此类随机数生成器生成的数字是真正难以预测的，或称为具备密码学强度的（而 System.Random 则无法保证这一点）。以下是一个示例：

```
byte[] key = new byte [16];
byte[] iv  = new byte [16];
RandomNumberGenerator rand = RandomNumberGenerator.Create();
rand.GetBytes (key);
rand.GetBytes (iv);
```

从 .NET 6 开始，也可以使用：

```
byte[] key = RandomNumberGenerator.GetBytes (16);
byte[] iv = RandomNumberGenerator.GetBytes (16);
```

如果不指定密钥和 IV，则加密算法会自动生成密码学强度的随机数作为密钥和 IV。这些值可以通过 Aes 对象的 Key 和 IV 属性进行查看。

20.4.1 内存中加密

从 .NET 6 开始，我们可以使用 EncryptCbc 和 DecryptCbc 方法来简化加密和加密字节数组的过程：

```
public static byte[] Encrypt (byte[] data, byte[] key, byte[] iv)
{
  using Aes algorithm = Aes.Create();
  algorithm.Key = key;
  return algorithm.EncryptCbc (data, iv);
}

public static byte[] Decrypt (byte[] data, byte[] key, byte[] iv)
{
  using Aes algorithm = Aes.Create();
```

```
    algorithm.Key = key;
    return algorithm.DecryptCbc (data, iv);
  }
```

而对于其他 .NET 版本，可以使用如下代码，其功能和上述代码是等价的：

```
public static byte[] Encrypt (byte[] data, byte[] key, byte[] iv)
{
  using (Aes algorithm = Aes.Create())
  using (ICryptoTransform encryptor = algorithm.CreateEncryptor (key, iv))
    return Crypt (data, encryptor);
}

public static byte[] Decrypt (byte[] data, byte[] key, byte[] iv)
{
  using (Aes algorithm = Aes.Create())
  using (ICryptoTransform decryptor = algorithm.CreateDecryptor (key, iv))
    return Crypt (data, decryptor);
}

static byte[] Crypt (byte[] data, ICryptoTransform cryptor)
{
  MemoryStream m = new MemoryStream();
  using (Stream c = new CryptoStream (m, cryptor, CryptoStreamMode.Write))
    c.Write (data, 0, data.Length);
  return m.ToArray();
}
```

在上述示例中，CryptoStreamMode.Write 不但适用加密操作，也适用于解密操作，因为无论是在哪一种情形下都会将数据“推送”(push) 到一个新的内存流中。

以下代码实现了输入参数和返回值类型均为字符串的重载方法：

```
public static string Encrypt (string data, byte[] key, byte[] iv)
{
  return Convert.ToBase64String (
    Encrypt (Encoding.UTF8.GetBytes (data), key, iv));
}

public static string Decrypt (string data, byte[] key, byte[] iv)
{
  return Encoding.UTF8.GetString (
    Decrypt (Convert.FromBase64String (data), key, iv));
}
```

以下代码演示了上述程序的使用方法：

```
byte[] key = new byte[16];
byte[] iv = new byte[16];

var cryptoRng = RandomNumberGenerator.Create();
cryptoRng.GetBytes (key);
cryptoRng.GetBytes (iv);

string encrypted = Encrypt ("Yeah!", key, iv);
Console.WriteLine (encrypted);            // R1/5gYvcxyR2vzPjnT7yaQ==
```

```
string decrypted = Decrypt (encrypted, key, iv);
Console.WriteLine (decrypted);                    // Yeah!
```

20.4.2 串联加密流

CryptoStream 是一个装饰器，它可以将其他的流串联起来。以下示例会先将压缩的加密文本写入文件，之后再从该文件中读取这些内容：

```
byte[] key = new byte [16];
byte[] iv = new byte [16];

var cryptoRng = RandomNumberGenerator.Create();
cryptoRng.GetBytes (key);
cryptoRng.GetBytes (iv);

using (Aes algorithm = Aes.Create())
{
  using (ICryptoTransform encryptor = algorithm.CreateEncryptor(key, iv))
  using (Stream f = File.Create ("serious.bin"))
  using (Stream c = new CryptoStream (f, encryptor, CryptoStreamMode.Write))
  using (Stream d = new DeflateStream (c, CompressionMode.Compress))
  using (StreamWriter w = new StreamWriter (d))
    await w.WriteLineAsync ("Small and secure!");

  using (ICryptoTransform decryptor = algorithm.CreateDecryptor(key, iv))
  using (Stream f = File.OpenRead ("serious.bin"))
  using (Stream c = new CryptoStream (f, decryptor, CryptoStreamMode.Read))
  using (Stream d = new DeflateStream (c, CompressionMode.Decompress))
  using (StreamReader r = new StreamReader (d))
    Console.WriteLine (await r.ReadLineAsync());     // Small and secure!
}
```

（在上例中，我们调用了 WriteLineAsync 和 ReadLineAsync 并等待调用结果，因此该程序是异步的。）

在上例中，所有名称为单个字符的变量都是链条的一部分。那些"数学家"（algorithm、encryptor 和 decryptor）将协助 CryptoStream 进行加密工作，如图 20-1 所示。

不管流的大小如何，上述串联加密流的方式只会占用很少的内存。

20.4.3 销毁加密对象

销毁 CryptoStream 可以确保将加密流内部缓存的数据刷新到基础流中。加密流的内部缓存是非常必要的，因为加密算法会将数据分块处理而不是一个字节一个字节地处理。

和其他的流不太一样，CryptoStream 的 Flush 方法并不会进行任何操作。如果需要刷新加密流（但并不销毁它），则必须使用 FlushFinalBlock 方法。和 Flush 不同，FlushFinalBlock 只能调用一次，并且在调用之后，该流就不能再写入任何数据。

在上述示例中，我们还销毁了那些"数学家"：Aes 算法对象和 ICryptoTransform 对象

(encryptor 和 decryptor)。Rijndael 变换销毁时会将对称密钥和关联的数据从内存中清除，以防止本机运行的其他软件（尤其是恶意软件）探测这些数据。我们不能依赖垃圾回收器来执行这种操作，因为垃圾回收只会将内存进行标记（标记为未使用状态），而不会将内存的每一个字节填充为零。

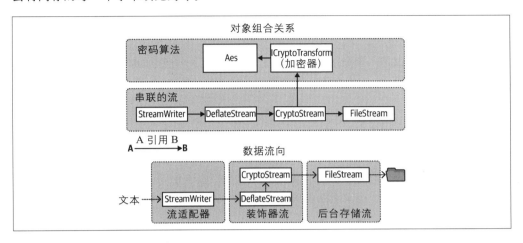

图 20-1：串联加密流和压缩流

除了可以使用 using 销毁 Aes 对象之外，还可以使用 Clear 方法。由于它的销毁语义比较特殊，即仅仅清除内存数据而非释放非托管资源，因此其 Dispose 方法使用显式实现隐藏了起来。

为了进一步降低应用程序在内存释放后泄露机密信息的风险，可以进行以下操作：

- 避免使用字符串存储安全信息（因为字符串是不可更改的，字符串数据可能在创建之后就不会被清除）。

- 在缓存使用完毕后立刻覆写缓存（例如，在字节数组上调用 Array. Clear）。

20.4.4 密钥管理

密钥管理是安全领域的关键环节，密钥泄露意味着数据泄露。必须严格确定谁能够访问密钥、如何备份以防硬件失效，以及如何存储以避免未经授权的访问。

对加密密钥进行硬编码是不可取的，因为使用常见的工具就可以将程序集反编译为可读代码。如果使用 Windows 操作系统，那么一种更好的解决方案是在每一次安装时制作一个随机密钥，并使用 Windows 数据保护来安全地存储它。

对于部署在云上的应用程序，Microsoft Azure 与 Amazon Web Service（AWS）均提供了

功能丰富的适用于企业环境（例如，审计跟踪）的密钥管理系统。

若加密消息流，则公钥加密仍然是最好的方案。

20.5 公钥加密和签名

公钥加密是非对称的，因此加密和解密需要使用不同的密钥。

对称加密的密钥可以是一串长度合适的任意字节串，但非对称加密则需要专门制作一对密钥。这个密钥对包含一个公钥和一个私钥，它们将一起完成如下工作：

- 公钥加密消息。

- 私钥对消息进行解密。

制作密钥对的一方会保证私钥的安全，而将公钥自由分发。这种加密技术的特点在于无法仅通过公钥而计算出私钥。因此，如果私钥丢失，那么加密的数据就无法解密。如果私钥泄露，那么加密系统也就无法起到保护作用。

公钥握手可以使两台计算机在公共网络中无须事先达成一致或共享安全信息就能安全地通信。为了说明其中的环节，不妨假设计算机 *Origin* 希望给另一台计算机 *Target* 发送一条机密信息：

1. *Target* 计算机生成一个公钥 / 私钥对，并将公钥分发给 *Origin*。

2. *Origin* 使用 *Target* 的公钥将机密消息加密，并发送给 *Target*。

3. *Target* 使用私钥解密机密消息。

窃听者可以获取以下数据：

- *Target* 的公钥。

- 使用 *Target* 的公钥加密后的消息。

但是在没有 *Target* 的私钥的情况下，加密的消息是无法解密的。

这种方式并不能防范中间人攻击。换句话说，*Origin* 无法知道 *Target* 是否是恶意攻击方。为了验证接收者，发送者需要事先知道接收者的公钥，或者通过网站的数字证书验证其身份。

由于公钥加密速度较慢，且消息长度受限，因此 *Origin* 发送给 *Target* 的加密消息中一般包含一个新创建的对称加密密钥，而接下来的通信将使用该密钥进行对称加密。这样，本次会话中的后续通信就不再使用 *Origin* 的公钥，而是使用更适合于处理较大消息的对称加密算法。如果每一次会话都会生成新的公钥 / 私钥对的话，这种协议就更加安全了，因为通信双方不需要存储任何密钥。

公钥加密算法要求加密的信息小于密钥的长度，因此更适合于加密少量的数据（例如，对称加密的密钥）。如果试图加密的数据长度大于密钥长度的一半，则会抛出异常。

20.5.1 RSA 类

.NET 提供了很多非对称加密算法，其中 RSA 算法最为流行。以下示例演示了使用 RSA 进行加解密的过程：

```
byte[] data = { 1, 2, 3, 4, 5 };   // This is what we're encrypting.

using (var rsa = new RSACryptoServiceProvider())
{
  byte[] encrypted = rsa.Encrypt (data, true);
  byte[] decrypted = rsa.Decrypt (encrypted, true);
}
```

由于我们并没有指定公钥或私钥，因此加密程序会默认使用 1024 位长度自动生成一个密钥对。我们可以在构造器中，以 8 字节为增量来指定更长的密钥。对于安全性要求较高的应用程序，应当选用 2048 位密钥长度：

```
var rsa = new RSACryptoServiceProvider (2048);
```

生成一个密钥对需要进行密集的计算，大概会耗费 100 毫秒。因此 RSA 在真正需要密钥之前（例如，调用 Encrypt 方法），将尽量推迟该操作。这样我们就可以加载一个预先生成的密钥（对）。

ImportCspBlob 和 ExportCspBlob 方法使用字节数组来加载/保存密钥，而 FromXmlString 和 ToXmlString 将以字符串（该字符串包含一个 XML 代码片段）的方式执行相同的操作。若设定其中的 bool 参数，则还可以在存储时包含私钥信息。以下示例将创建一个密钥对并将其存储在磁盘上：

```
using (var rsa = new RSACryptoServiceProvider())
{
  File.WriteAllText ("PublicKeyOnly.xml", rsa.ToXmlString (false));
  File.WriteAllText ("PublicPrivate.xml", rsa.ToXmlString (true));
}
```

由于我们并没有指定现成的密钥对，因此（第一次调用）ToXmlString 方法会强制生成一个新的密钥对。以下示例将加载上一个例子中生成的密钥对，并用该密钥对对消息进行加密和解密：

```
byte[] data = Encoding.UTF8.GetBytes ("Message to encrypt");

string publicKeyOnly = File.ReadAllText ("PublicKeyOnly.xml");
string publicPrivate = File.ReadAllText ("PublicPrivate.xml");

byte[] encrypted, decrypted;
```

```
using (var rsaPublicOnly = new RSACryptoServiceProvider())
{
  rsaPublicOnly.FromXmlString (publicKeyOnly);
  encrypted = rsaPublicOnly.Encrypt (data, true);

  // The next line would throw an exception because you need the private
  // key in order to decrypt:
  // decrypted = rsaPublicOnly.Decrypt (encrypted, true);
}

using (var rsaPublicPrivate = new RSACryptoServiceProvider())
{
  // With the private key we can successfully decrypt:
  rsaPublicPrivate.FromXmlString (publicPrivate);
  decrypted = rsaPublicPrivate.Decrypt (encrypted, true);
}
```

20.5.2 数字签名

公钥算法可以对消息或文档进行数字签名。签名与哈希值类似，但是这个哈希值会用私钥进行加密从而防止伪造，而公钥则用来验证这个数字签名。例如：

```
byte[] data = Encoding.UTF8.GetBytes ("Message to sign");
byte[] publicKey;
byte[] signature;
object hasher = SHA1.Create();          // Our chosen hashing algorithm.

// Generate a new key pair, then sign the data with it:
using (var publicPrivate = new RSACryptoServiceProvider())
{
  signature = publicPrivate.SignData (data, hasher);
  publicKey = publicPrivate.ExportCspBlob (false);    // get public key
}

// Create a fresh RSA using just the public key, then test the signature.
using (var publicOnly = new RSACryptoServiceProvider())
{
  publicOnly.ImportCspBlob (publicKey);
  Console.Write (publicOnly.VerifyData (data, hasher, signature)); // True

  // Let's now tamper with the data and recheck the signature:
  data[0] = 0;
  Console.Write (publicOnly.VerifyData (data, hasher, signature)); // False

  // The following throws an exception as we're lacking a private key:
  signature = publicOnly.SignData (data, hasher);
}
```

要制作数字签名，首先要对数据进行哈希运算，然后用非对称加密算法加密哈希值。由于哈希值的长度固定且不大，因此即使是大型的文档也可以很快地进行数字签名（公钥加密比哈希算法的计算量大得多）。如果需要，还可以手动对数据进行哈希运算，而后调用 SignHash 而不是 SignData：

```
using (var rsa = new RSACryptoServiceProvider())
{
  byte[] hash = SHA1.Create().ComputeHash (data);
  signature = rsa.SignHash (hash, CryptoConfig.MapNameToOID ("SHA1"));
  ...
}
```

SignHash 方法需要提供哈希算法的信息。CryptoConfig.MapNameToOID 方法可以用一个用户友好的名字（例如，"SHA1"）来查询该信息。

RSACryptoServiceProvider 将创建长度和密钥匹配的签名。目前，主流的算法生成的签名长度都不会少于 128 字节（例如，生成产品激活码）。

 为了更加高效地添加数字签名，接收者必须了解并信任发送者的公钥。这可以通过事前通信、预先配置或保存网站证书来实现。网站证书包含发送者的公钥和名称，并且它本身会由独立受信的机构进行签名。System.Security.Cryptography.X509Certificates 命名空间中的类型可用来处理证书相关的操作。

第 21 章

高级线程处理

在第 14 章中，作为任务和异步操作的基础，我们介绍了线程的基本知识。具体地说，我们介绍了如何启动 / 配置线程，还介绍了线程池、阻塞、自旋和同步上下文的基本概念，以及锁和线程安全性，展示了最简单的信号发送结构——ManualResetEvent。

本章将介绍第 14 章没有涉及的线程概念。前三节我们将深入介绍同步、锁和线程安全性，主要涵盖：

- 非排他锁（Semaphore 和读写锁）。

- 所有的信号发送结构（AutoResetEvent、ManualResetEvent、CountdownEvent 和 Barrier）。

- 延迟初始化（Lazy<T> 和 LazyInitializer）。

- 线程本地存储（ThreadStaticAttribute、ThreadLocal<T> 和 GetData/SetData 方法）。

- 定时器。

线程是一个很复杂的概念，因此我们还同时在 *http://albahari.com/threading/* 上提供了一些在线学习材料作为对本章内容的补充，其中包含如下主题：

- Monitor.Wait 和用于特殊信号发送场景的 Monitor.Pulse 方法。

- 用于微优化的非阻塞同步技术（Interlocked、内存栅障以及 volatile 关键字）。

- 用于高并发场景的 SpinLock 和 SpinWait。

21.1 同步概述

同步（synchronization）是指协调并发操作以得到可以预测的结果的行为。同步在多个线程访问相同的数据时显得尤为重要，但这种操作很容易出现问题。

最简单的但是也是最实用的同步工具是第 14 章介绍的延续（continuation）和任务组合器。延续和任务组合器将并发程序构造为异步操作，减少了对锁和信号发送的依赖。但即便如此，很多时候我们仍然需要依赖那些同步底层结构。

同步结构可以分为如下三类：

排他锁

> 排他锁每一次只允许一个线程执行特定的活动或一段代码。它的主要目的是令线程访问共享的写状态而不互相影响。排他锁包括 lock、Mutex 和 SpinLock。

非排他锁

> 非排他锁实现了有限的并发性。非排他锁包括 Semaphore（Slim）和 ReaderWriterLock（Slim）。

信号发送结构

> 这种结构允许线程在接到一个或者多个其他线程的通知之前保持阻塞状态。信号发送结构包括 ManualResetEvent（Slim）、AutoResetEvent、CountdownEvent 和 Barrier。前三者就是所谓的事件等待句柄（event wait handle）。

在不使用锁的前提下，也可以（巧妙地）处理特定共享状态的同步操作的结构称为非阻塞同步结构（nonblocking synchronization construct）。它们包括 Thread.MemoryBarrier、Thread.VolatileWrite、volatile 关键字和 Interlocked 类。我们将在在线内容（*http://albahari.com/threading/*）中涵盖这些主题，还有 Monitor 类的 Wait/Pulse 方法，这些方法可用来编写自定义的信号发送逻辑。

21.2 排他锁

排他锁结构有三种：lock 语句、Mutex 和 SpinLock。lock 结构是最方便也是最常用的结构，而其他两种结构多用于处理如下特定情形：

- Mutex 可以跨越多个进程（计算机范围锁）。
- SpinLock 可用于实现微优化。它可以在高并发场景下减少上下文切换（请参见 *http://albahari.com/threading/*）。

21.2.1 lock 语句

为了说明锁的用途，请考虑如下类：

```
class ThreadUnsafe
{
  static int _val1 = 1, _val2 = 1;

  static void Go()
  {
```

```
    if (_val2 != 0) Console.WriteLine (_val1 / _val2);
    _val2 = 0;
  }
}
```

上述类不是线程安全的：如果两个线程同时调用 Go 方法，则有可能出现除数为 0 的错误，因为 _val2 有可能被第一个线程设置为 0，而第二个线程正处于 if 和 Console. WriteLine 语句之间。接下来我们使用 lock 来修正这个错误：

```
class ThreadSafe
{
  static readonly object _locker = new object();
  static int _val1 = 1, _val2 = 1;

  static void Go()
  {
    lock (_locker)
    {
      if (_val2 != 0) Console.WriteLine (_val1 / _val2);
      _val2 = 0;
    }
  }
}
```

每一次只能有一个线程锁定同步对象（本例中的 _locker），而其他线程则被阻塞，直至锁释放。如果参与竞争的线程多于一个，则它们需要在准备队列中排队，并以先到先得的方式获得锁[注1]。排他锁会强制以所谓序列（serialized）的方式访问被锁保护的资源，因为线程之间的访问不能重叠。因此，本例中的锁保护了 Go 方法中的访问逻辑，也保护了 _val1 和 _val2 字段。

21.2.2 Monitor.Enter 方法和 Monitor.Exit 方法

C# 的 lock 语句是包裹在 try/finally 语句块中的 Monitor.Enter 和 Monitor.Exit 语法糖，因此上例 Go 方法中的实际操作为（以下代码对部分逻辑进行了简化）：

```
Monitor.Enter (_locker);
try
{
  if (_val2 != 0) Console.WriteLine (_val1 / _val2);
  _val2 = 0;
}
finally { Monitor.Exit (_locker); }
```

如果调用 Monitor.Exit 之前并没有对同一个对象调用 Monitor.Enter，则该方法会抛出异常。

21.2.2.1 lockTaken 重载

上述示例代码有一个不易发现的漏洞，如果在 Monitor.Enter 和 try 语句块之间抛出了

注 1：Windows 和 CLR 行为是有细微差别的，有时无法保证锁的公平性。

（非常少见的）异常（例如，抛出了 OutOfMemoryException 或者在 .NET Framework 中，该线程的执行中止），那么锁的状态是不确定的。但若已经获得了锁，那么这个锁就永远无法释放，因为我们已经没有机会进入 try/finally 代码块了。这种情况会造成锁泄露。为了防范这种风险，Monitor.Enter 进行了如下重载：

```
public static void Enter (object obj, ref bool lockTaken);
```

Enter 方法执行结束后，当且仅当该方法执行时抛出了异常且没有获得锁时，lockTaken 为 false。

以下代码模式就健壮得多（C# 也会将 lock 语句翻译为下面的形式）：

```
bool lockTaken = false;
try
{
  Monitor.Enter (_locker, ref lockTaken);
  // Do your stuff...
}
finally { if (lockTaken) Monitor.Exit (_locker); }
```

21.2.2.2 TryEnter

Monitor 还提供了 TryEnter 方法来指定一个超时时间（以毫秒为单位的整数或者一个 TimeSpan 值）。如果在指定时间内获得了锁，则该方法返回 true。如果超时并且没有获得锁，则该方法返回 false。如果不给 TryEnter 方法提供任何参数，且当前无法获得锁，则该方法会立即超时。和 Enter 方法一样，TryEnter 方法也进行了重载，并在重载中接收 lockTaken 参数。

21.2.3 选择同步对象

若一个对象在各个参与线程中都是可见的，那么该对象就可以作为同步对象。但是该对象必须是一个引用类型的对象（这是必须满足的条件）。同步对象通常是私有的（因为这样便于封装锁逻辑），而且一般是实例字段或者静态字段。同步对象本身也可以是被保护的对象，如以下示例中的 _list 字段：

```
class ThreadSafe
{
  List <string> _list = new List <string>();

  void Test()
  {
    lock (_list)
    {
      _list.Add ("Item 1");
      ...
```

如果一个字段仅作为锁存在（如前一节中的 _locker），则可以精确地控制锁的范围和粒度。容器的对象（this）乃至对象的类型也可以用作同步对象：

```
lock (this) { ... }
```

或者：

```
lock (typeof (Widget)) { ... }    // For protecting access to statics
```

上述锁定方式有一个缺点，即无法封装锁逻辑，因此难以避免死锁或者长时间阻塞。

除此之外，Lambda 表达式或匿名方法中捕获的局部变量也可以作为同步对象进行锁定。

 锁本身不会限制同步对象的访问功能，即 x.ToString() 不会因为其他线程调用了 lock(x) 而被阻塞，只有两个线程均执行 lock(x) 语句才会发生阻塞。

21.2.4 使用锁的时机

使用锁的基本原则是：若需要访问可写的共享字段，则需要在其周围加锁。即便对于最简单的情况（例如，对某个字段进行赋值），也必须考虑进行同步。以下示例中的 Increment 和 Assign 方法都不是线程安全的：

```
class ThreadUnsafe
{
  static int _x;
  static void Increment() { _x++; }
  static void Assign()    { _x = 123; }
}
```

而以下是 Increment 和 Assign 的线程安全的版本：

```
static readonly object _locker = new object();
static int _x;
static void Increment() { lock (_locker) _x++; }
static void Assign()    { lock (_locker) _x = 123; }
```

如果不使用锁，则可能出现如下两个问题：

- 诸如变量自增这类操作并不是原子操作，甚至变量的读写，在某些情况下也不是原子操作。

- 为了提高性能，编译器、CLR 乃至处理器都会调整指令的执行顺序并在 CPU 的寄存器中缓存变量值。只要这种优化不会影响单线程程序的（或者使用锁的多线程程序的）行为即可。

使用锁可以避免第二个问题，因为锁会在其前后创建内存栅障（memory barrier）。内存栅障就像是这些操作的围栏，而指令执行顺序的重排和变量缓存是无法跨越这个围栏的。

上述效果不仅限于锁，也适用于所有的同步结构。例如，若使用信号发送结构来确保同一时刻只有一个线程能对变量进行读写操作，则无须使用锁。因此，虽然以下代码没有在 x 周围添加锁，但仍然是线程安全的：

```
var signal = new ManualResetEvent (false);
int x = 0;
new Thread (() => { x++; signal.Set(); }).Start();
signal.WaitOne();
Console.WriteLine (x);    // 1 (always)
```

在"Nonblocking Synchronization"（*http://albahari.com/threading*）中，我们解释了这种操作的必要性，还介绍了如何在这些情况下使用内存栅障和 Interlocked 类替代锁操作。

21.2.5 锁与原子性

如果使用同一个锁对一组变量的读写操作进行保护，那么可以认为这些变量的读写操作是原子的。假设我们只在 locker 锁中对 x 和 y 字段进行读写：

```
lock (locker) { if (x != 0) y /= x; }
```

则称 x 和 y 是以原子方式访问的，因为上述代码块无法分割执行，也不可能被其他能够更改 x 和 y 的值或者破坏输出结果的线程抢占。因此只要 x 和 y 永远在相同的排他锁中进行访问，上述代码就永远不会发生除数为零的错误。

在 lock 语句块内抛出异常可能会破坏通过锁实现的原子性。例如，对于如下代码：

```
decimal _savingsBalance, _checkBalance;

void Transfer (decimal amount)
{
  lock (_locker)
  {
    _savingsBalance += amount;
    _checkBalance -= amount + GetBankFee();
  }
}
```

若上述代码中的 GetBankFee() 方法抛出异常，则银行就可能会损失金钱。提前调用 GetBankFee 就可以避免这个问题。另一种更加复杂的解决方案是在 catch 或者 finally 块中实现"回滚"操作。

指令级（instruction）原子性与原子操作是有些相似但本质不同的概念，只有当指令以不可分割的方式在底层处理器上执行时，才是原子操作。

21.2.6 嵌套锁

线程可以用嵌套（重入）的方式重复锁住同一个对象：

```
lock (locker)
  lock (locker)
    lock (locker)
    {
        // Do something...
    }
```

或者：

```
Monitor.Enter (locker); Monitor.Enter (locker);  Monitor.Enter (locker);
// Do something...
Monitor.Exit (locker);  Monitor.Exit (locker);   Monitor.Exit (locker);
```

在使用嵌套锁时，只有最外层的 lock 语句退出时（或者执行相同数目的 Monitor.Exit 时）对象的锁才会解除[译注1]。

当一个锁中的方法调用另一个方法时，嵌套锁很奏效：

```
object locker = new object();

lock (locker)
{
  AnotherMethod();
  // We still have the lock - because locks are reentrant.
}

void AnotherMethod()
{
  lock (locker) { Console.WriteLine ("Another method"); }
}
```

在上述代码中，线程只会阻塞在第一个（最外层的）锁上。

21.2.7 死锁

两个线程互相等待对方占用的资源就会使双方都无法继续执行，从而形成死锁。演示死锁的最简单的方法是使用两个锁：

```
object locker1 = new object();
object locker2 = new object();

new Thread (() => {
                  lock (locker1)
                  {
                    Thread.Sleep (1000);
                    lock (locker2);         // Deadlock
                  }
                }).Start();
lock (locker2)
{
```

译注 1：需要注意，第二种调用方式和第一种调用方式的逻辑是不同的。第一种方式可以保证锁会在离开 lock 代码块时释放，而第二种方式则可能会导致锁的泄露。

```
        Thread.Sleep (1000);
        lock (locker1);                              // Deadlock
    }
```

使用三个或者更多的线程则可能形成更加复杂的死锁链。

 标准托管环境下的 CLR 和 SQL Server 不同，它不会自动检查和处理死锁（强制终止其中一个线程）。除非指定超时时间，否则线程死锁将导致线程永久阻塞。（SQL Server 的 CLR 集成托管环境则不同，它会自动检测死锁，然后在其中的一个线程抛出一个可捕获的异常。）

死锁是多线程中最难解决的问题之一，尤其在涉及多个相关对象时，而其中最难的部分是确定调用者持有了哪些锁。

因此，一段代码可能锁定了 x 类对象中的私有 a 字段，但却无法得知调用者（甚至调用者的调用者）已经锁定 y 类对象中的 b 字段。同时，另外一个线程则按相反的顺序执行了锁定，结果就造成了死锁。讽刺的是，（良好的）面向对象的设计模式会加剧这个问题，因为这些设计模式会创建只有在运行时才能够确定的调用链。

因此最常见的建议是"使用一致的顺序锁定对象以避免死锁"。这对于前面的代码示例来说非常有效，但是却难以在上一段的情形中使用。一个更好的方式是，当锁定一个对象的方法调用时，务必警惕该对象是否可能持有当前对象的引用。此外，请确认是否真正有必要在调用其他类的方法时添加锁（可能有时真的需要添加，例如 21.3 节，但是有时可以采用其他方式来实现）。使用更高级的同步手段，例如，任务的延续 / 组合器、数据并行、不可变类型（本章稍后将会进行介绍）都可以减少对锁的依赖。

 在获得锁时调用其他代码就有可能造成封装锁的泄露。留意这种模式也有助于发现潜在的问题。这并非 CLR 的问题，而是一般锁都会具有的问题。有许多研究性的项目都在致力于解决锁的问题，例如，软件事务性内存（Software Transactional Memory）。

在 WPF 应用程序中调用 Dispatcher.Invoke 或者在 Windows Forms 应用程序中调用 Control.Invoke 并同时占有锁时就可能出现死锁。如果 UI 线程正在运行另一个等待该锁的方法，则会立即发生死锁。通常，使用 BeginInvoke（如果存在同步上下文，则还可以使用异步函数）替代 Invoke 就可以解决上述问题。当然，还可以在调用 Invoke 之前释放持有的锁，但是如果是调用者本身持有锁，那么无法使用这种方式。

21.2.8 性能

锁的操作是很快的，2020 年左右的计算机在没有出现竞争的情况下一般可以在 20 纳秒内获取或者释放锁。如果在竞争的情况下，则相应的上下文切换开销将增加到微秒级，尽管在实际重新调度线程前可能需要更多的时间。

21.2.9 Mutex

Mutex 和 C# 的 lock 类似，但是它可以支持多个进程。换言之，Mutex 不但可以用于应用程序范围，还可以用于计算机范围。在非竞争的情况下，获得或者释放 Mutex 需要大约一微秒的时间，大概是 lock 所需时间的 20 倍。

Mutex 类的 WaitOne 方法将获得该锁，ReleaseMutex 方法将释放该锁。Mutex 只能在获得锁的线程释放锁。

如果直接调用 Mutex 的 Close 或 Dispose 方法，但不调用 ReleaseMutex，则所有等待该 Mutex 的线程都将抛出 AbandonedMutexException 异常。

跨进程 Mutex 的一个常见用途是保证一次只能够运行一个应用程序的实例。以下是实现方法：

```
// Naming a Mutex makes it available computer-wide. Use a name that's
// unique to your company and application (e.g., include your URL).

using var mutex = new Mutex (true, @"Global\oreilly.com OneAtATimeDemo");
// Wait a few seconds if contended, in case another instance
// of the program is still in the process of shutting down.
if (!mutex.WaitOne (TimeSpan.FromSeconds (3), false))
{
  Console.WriteLine ("Another instance of the app is running. Bye!");
  return;
}
try { RunProgram(); }
finally { mutex.ReleaseMutex (); }

void RunProgram()
{
  Console.WriteLine ("Running. Press Enter to exit");
  Console.ReadLine();
}
```

如果应用程序运行在终端服务或者独立的 UNIX 控制台中，则一个计算机范围的 Mutex 仅对同一个终端服务会话是可见的。如果想令 Mutex 对所有终端服务可见，则需要像上例中那样在其名称中使用 "*Global*" 前缀。

21.3 锁和线程安全性

如果应用程序或方法可以在任意多线程的场景下正确执行，那么它就是线程安全的。线程安全主要是通过锁以及减少线程间的交互性实现的。

通用类型很少是完全线程安全的，因为：

- 完全线程安全的实现难度很大，特别是当类型拥有多个字段的时候（每一个字段都有在任意多线程上下文中进行交互的潜在可能性）。

- 线程安全会增加性能开销（无论该类型是否被多个线程使用，都会产生一些开销）。

- 使用线程安全的类型并不能保证程序是线程安全的。通常，在后者的实现过程中反而无须使用线程安全的类型。

因此，线程安全性通常只在需要的地方实现，以处理特定的多线程场景。

然而，有一些方法可以"神奇"地令一些大型复杂的类在多线程的环境上安全地执行，其中之一是通过牺牲粒度，将一大部分的代码（甚至是整个对象）都包裹在一个排他锁中，来保证顶层的序列访问性。这个策略在多线程上下文下使用非线程安全的第三方代码时（或者相关的大部分 .NET 类型时）非常奏效。其实现方式是用相同的排他锁保护不具备线程安全性对象的所有属性、方法和字段的访问。当对象的方法执行速度很快时效果尤其突出（反之，则会造成大量的阻塞）。

 除了基元类型之外，.NET 的类型在实例化后，除并发的只读访问之外，很少是线程安全的。保证线程安全性是开发者的责任，一般都是通过排他锁实现的。（我们将会在第 22 章介绍 System.Collections.Concurrent 命名空间中的集合类型。和其他类型不同，它们都是线程安全的。）

另一种"巧妙地"降低线程间交互的方法就是减少共享数据。这是一种很好的方法，它们通常隐式地用于无状态的中间层应用程序和网页服务器中。由于多个客户端的请求可能会同时到达，因此客户端请求调用的服务器方法必须是线程安全的。无状态的设计（主要出于伸缩性考虑）不会在类中跨请求保存数据，因而从本质上对交互进行了限制。线程间的交互也主要局限于静态字段。这些静态字段常用于在内存中缓存公共数据或提供基础服务，例如，身份验证和审核服务。

在富客户端应用程序中还有另外一种解决方法，即在 UI 线程上访问共享的状态。在第 14 章中，我们曾介绍过，可以使用异步函数来简化实现。

21.3.1 线程安全和 .NET 类型

锁可以将非线程安全的代码变为线程安全的代码。.NET 本身就应用了这种方式，几乎所有的非基元类型在实例化之后（除了只读访问之外）都不是线程安全的。但只要对该对象的所有访问都被锁保护起来，那么它就可以用在多线程代码中。在以下例子中，两个线程同时向同一个 List 集合中添加元素，然后进行枚举操作：

```
class ThreadSafe
{
  static List <string> _list = new List <string>();

  static void Main()
```

```
    {
      new Thread (AddItem).Start();
      new Thread (AddItem).Start();
    }

    static void AddItem()
    {
      lock (_list) _list.Add ("Item " + _list.Count);

      string[] items;
      lock (_list) items = _list.ToArray();
      foreach (string s in items) Console.WriteLine (s);
    }
  }
```

在本例中，我们为 _list 对象本身添加了锁。如果有两个相互关联的列表，则必须使用一个公共的对象作为锁（我们可以指定其中的一个列表为公共对象，但是更好的方式是使用一个独立的字段）。

.NET 中对集合进行枚举也不是线程安全的。若在枚举的过程中修改列表，则枚举操作就会抛出异常。这个例子并没有在枚举时对集合进行锁定，而是先将集合中的元素复制到一个数组中。这样就无须在非常耗时的枚举过程中持有排他锁了。（以上情形还可以使用读写锁，我们将在 21.4.2 节进行介绍。）

21.3.1.1 在线程安全的对象上使用锁

有时，即使访问线程安全的对象也需要使用锁。例如，假定 .NET 提供的 List 类型是线程安全的，并且我们需要在其中添加一个元素：

```
    if (!_list.Contains (newItem)) _list.Add (newItem);
```

不论列表是不是线程安全的，上述语句都绝不是线程安全的！只有将整个 if 语句都包裹在一个锁中，才能防止判断包含关系的语句和添加元素的语句之间插入其他操作。不仅如此，任何修改列表的代码都必须添加相同的锁才行。例如，即使是以下语句，也必须包裹在同一个锁中才能保证它不会在前面的语句中间执行：

```
    _list.Clear();
```

换言之，我们必须像处理非线程安全的集合类型那样添加锁（而这也使 List 是线程安全的这一假设变得毫无意义）。

在高并发环境下为集合的访问加锁可能会导致大量阻塞。因此 .NET 引入了线程安全的队列、栈和字典，我们将在第 22 章中进行介绍。

21.3.1.2 静态成员

将对象的访问包裹在自定义锁中，这种方式只有在所有的线程都会访问并使用这个锁的情况下才有效。如果对象的适用范围很广，则情况就变得不同了。最坏的情况就是公有类型的公有静态成员。例如，假设 DateTime 结构体的 DateTime.Now 静态属性不是线程安全的，两个并发调用可能会导致错误的输出或抛出异常。那么使用外部锁的唯一方式就是在调用 DateTime.Now 之前锁定类型对象本身：lock(typeof(DateTime))。但这样做的前提是所有的程序员都同意使用这种方式（通常是不可能的）。此外，在类型上加锁本身也存在一些问题。

因此，DateTime 的所有静态成员都小心地进行了实现以确保它们都是线程安全的。而这种模式在整个 .NET 中都得到了广泛的应用，静态成员是线程安全的，而实例成员则不具备线程安全性。在编写公共消费的类型时，应尽量遵守这个规范，以防止难以实现线程安全的情况，即确保静态成员的线程安全性，为使用该类型的代码实现线程安全性提供保障。

 静态方法的线程安全性是必须显式实现的。静态方法本身不会自动实现线程安全性。

21.3.1.3 只读线程安全性

若类型对（可能的）并发只读访问是线程安全的，则它具有很大的优势，因为在消费这个类的时候可以避免过度使用锁。许多 .NET 的类型都遵守了这个原则，例如，集合的并发读操作都是线程安全的。

实现这个原则很简单，如果一个类型对并发只读访问是线程安全的，那么不要在消费者认为是只读的操作中对字段进行任何的写操作（或者将写操作用锁保护起来）。例如，在实现集合的 ToArray() 方法时，可能需要先压缩集合的内部结构，但是这样做可能会破坏线程安全性，因为消费者认为这个方法是只读的。

只读线程安全性也是将枚举器和"可枚举对象"分离的原因之一，两个线程可以同时枚举一个集合，因为它们分别使用了独立的枚举器对象。

 在没有文档支持的情况下，判断一个方法是否从本质上为只读需要小心谨慎。Random 类就是一个典型的例子。当我们调用 Random.Next() 方法时，其内部实现需要更新私有种子字段的值。因此，（为了保证线程安全性）要么在使用 Random 类之前用锁进行保护，要么在每一个线程上使用独立的实例。

21.3.2 应用服务器的线程安全性

应用服务器需要多个线程来处理并发的客户端请求。ASP.NET Core 和 Web API 应用程序本身就是多线程的。因此编写服务器代码时，如果处理客户端请求的线程间有可能发生交互，就必须考虑线程安全性。幸好，这种可能性很低。一个典型的服务器类要么是无状态的（没有字段），要么其激活模型会为每一个客户端的每一个请求创建一个独立的对象实例。而交互通常只发生在静态字段上，有时是为了将部分数据库缓存在内存中来改善性能。

例如，假设有一个查询数据库的 RetrieveUser 方法：

```
// User is a custom class with fields for user data
internal User RetrieveUser (int id) { ... }
```

如果这个方法被频繁调用，那么将结果缓存在静态的 Dictionary 中就可以提高性能。以下示例展示了一个线程安全的实现：

```
static class UserCache
{
  static Dictionary <int, User> _users = new Dictionary <int, User>();

  internal static User GetUser (int id)
  {
    User u = null;

    lock (_users)
      if (_users.TryGetValue (id, out u))
        return u;

    u = RetrieveUser (id);              // Method to retrieve from database;
    lock (_users) _users [id] = u;
    return u;
  }
}
```

在本例中，至少需要在读取和更新字典数据时持有锁才能保证线程安全性。这个例子在锁的简单性和性能上选择了折中的方法。这种设计对执行效率有潜在的微小的影响，如果两个线程同时调用该方法，并且它们的 id 对应的数据并没有缓存，则 RetrieveUser 方法有可能会被调用两次，而字典也会多更新一次。若希望避免这种情况，则需要将整个 RetrieveUser 方法用锁保护起来。但如果这样的话，在调用 RetrieveUser 方法期间，整个缓存将被锁定，任何其他查询用户的请求就都会被阻塞，性能会变得更差。

上述情况的一个理想方案是使用 14.5.7.1 节中的方法，即缓存 Task<User> 而非 User。这样调用者只需进行等待即可：

```
static class UserCache
{
  static Dictionary <int, Task<User>> _userTasks =
    new Dictionary <int, Task<User>>();

  internal static Task<User> GetUserAsync (int id)
  {
    lock (_userTasks)
      if (_userTasks.TryGetValue (id, out var userTask))
        return userTask;
      else
```

```
        return _userTasks [id] = Task.Run (() => RetrieveUser (id));
    }
}
```

请注意，我们使用了单一的锁包围了整个方法逻辑，但这样并不影响并发性。其原因是方法内的逻辑仅仅是访问字典的内容与（有可能）调用 Task.Run 来初始化异步请求。如果两个线程同时用同一个 ID 调用该方法，则它们将会等待同一个 Task 对象。这也正是我们期望的结果。

21.3.3 不可变对象

不可变对象指内部和外部状态都不会发生变化的对象。不可变对象的字段通常都声明为只读，而且全部在构造时初始化。

不可变性是函数式编程的特点，它不修改对象，而是创建一个带有不同属性的新对象。LINQ 就采用了这种编程范式。由于不可变性不会共享可写的状态，即去除（或减少了）写入操作，因此它非常适用于多线程环境。

不可变性的一种应用模式是将一组相关的字段封装为一个不可变对象以减少锁的持有时间。举一个非常简单的例子，假设我们有如下两个字段：

```
int _percentComplete;
string _statusMessage;
```

而我们希望能够对它们进行原子性的读 / 写操作。除了在这些字段上加锁之外，我们还可以定义以下不可变类：

```
class ProgressStatus     // Represents progress of some activity
{
  public readonly int PercentComplete;
  public readonly string StatusMessage;

  // This class might have many more fields...

  public ProgressStatus (int percentComplete, string statusMessage)
  {
    PercentComplete = percentComplete;
    StatusMessage = statusMessage;
  }
}
```

然后可以使用该类型定义一个字段，并声明一个锁对象：

```
readonly object _statusLocker = new object();
ProgressStatus _status;
```

现在，只需要在赋值语句上添加锁就可以读写该类型的值：

```
var status = new ProgressStatus (50, "Working on it");
// Imagine we were assigning many more fields...
```

```
// ...
lock (_statusLocker) _status = status;      // Very brief lock
```

如果需要读取该对象的值，则只需在锁中复制该对象的引用，而后无须获得锁就可以读取它的值：

```
ProgressStatus status;
lock (_statusLocker) status = _status;      // Again, a brief lock
int pc = status.PercentComplete;
string msg = status.StatusMessage;
...
```

21.4 非排他锁

非排他锁目的是限制并发性。本节将介绍信号量和读写锁，并展示 SemaphoreSlim 类如何通过异步操作限制并发性。

21.4.1 信号量

信号量（semaphore）就像俱乐部一样，它有特定的容量，还有门卫保护。在满员之后，就不允许其他人进入了，人们只能在外面排队。每当有人离开时，才准许另外一个人进入。信号量的构造器需要至少两个参数，即俱乐部当前的空闲容量，以及俱乐部的总容量。

容量为 1 的信号量和 Mutex 和 lock 类似，但是信号量没有持有者这个概念，它是线程无关的。任何线程都可以调用 Semaphore 的 Release 方法。Mutex 和 lock 则不然，只有持有锁的线程才能够释放锁。

信号量有两个功能相似的实现：Semaphore 和 SemaphoreSlim。后者进行了一些优化以适应并行编程对低延迟的需求。此外，它也适用于传统的多线程编程，因为它可以在等待时指定一个取消令牌（请参见 14.6.1 节）。此外，它还提供了 WaitAsync 方法以进行异步编程，但是它不能用于进程间通信。

Semaphore 在调用 WaitOne 和 Release 方法时大概会消耗 1 微秒的时间，而 SemaphoreSlim 的开销只有前者的十分之一。

信号量可用于限制并发性，防止太多的线程同时执行特定的代码。在下面的例子中，5 个线程试图进入俱乐部，但最多只允许 3 个线程同时进入：

```
class TheClub        // No door lists!
{
  static SemaphoreSlim _sem = new SemaphoreSlim (3);      // Capacity of 3

  static void Main()
  {
    for (int i = 1; i <= 5; i++) new Thread (Enter).Start (i);
```

```
    }

    static void Enter (object id)
    {
      Console.WriteLine (id + " wants to enter");
      _sem.Wait();
      Console.WriteLine (id + " is in!");          // Only three threads
      Thread.Sleep (1000 * (int) id);              // can be here at
      Console.WriteLine (id + " is leaving");      // a time.
      _sem.Release();
    }
}

1 wants to enter
1 is in!
2 wants to enter
2 is in!
3 wants to enter
3 is in!
4 wants to enter
5 wants to enter
1 is leaving
4 is in!
2 is leaving
5 is in!
```

命名的 Semaphore 和 Mutex 一样是可以跨进程使用的（命名的 Semaphore 仅支持 Windows 操作系统，而命名的 Mutex 也可以在 UNIX 平台工作）。

21.4.1.1 异步信号量与锁

在 await 语句周围使用锁是非法的：

```
lock (_locker)
{
  await Task.Delay (1000);    // Compilation error
  ...
}
```

上述语句没有任何意义，因为锁是由线程持有的，而 await 返回时线程往往会发生变化。锁还会阻塞，而长时间的阻塞正是异步函数希望避免的情形。

但有时，我们仍期望异步函数按顺序执行，或至少限制其并发性，让不多于 n 个操作同时执行。例如，Web 浏览器会并行执行异步的下载操作。但是它可能会引入一些限制，例如，同时执行的下载操作不得超过 10 个。此时可以使用 SemaphoreSlim 来实现该功能：

```
SemaphoreSlim _semaphore = new SemaphoreSlim (10);

async Task<byte[]> DownloadWithSemaphoreAsync (string uri)
{
    await _semaphore.WaitAsync();
    try { return await new WebClient().DownloadDataTaskAsync (uri); }
```

```
        finally { _semaphore.Release(); }
    }
```

将信号量的 initialCount 设置为 1 会将最大并行数目设置为 1，即它会变为一个异步锁。

21.4.1.2 编写 EnterAsync 扩展方法

以下扩展方法简化了 SemaphoreSlim 的异步使用方法，其中使用了 12.1.4 节中的 Disposable 类：

```
public static async Task<IDisposable> EnterAsync (this SemaphoreSlim ss)
{
    await ss.WaitAsync().ConfigureAwait (false);
    return Disposable.Create (() => ss.Release());
}
```

使用上述方法，DownloadWithSemaphoreAsync 方法可重写为：

```
async Task<byte[]> DownloadWithSemaphoreAsync (string uri)
{
    using (await _semaphore.EnterAsync())
        return await new WebClient().DownloadDataTaskAsync (uri);
}
```

21.4.1.3 Parallel.ForEachAsync

从 .NET 6 开始，还可以使用 Parallel.ForEachAsync 方法来限制异步并发度。假设我们想从 uris 数组中的 URI 中下载数据，那么以下代码既能并行下载，又能限制最大并发下载量为 10 个：

```
await Parallel.ForEachAsync (uris,
    new ParallelOptions { MaxDegreeOfParallelism = 10 },
    async (uri, cancelToken) =>
     {
        var download = await new HttpClient().GetByteArrayAsync (uri);
        Console.WriteLine ($"Downloaded {download.Length} bytes");
    });
```

Parallel 类的其他方法主要针对计算相关的并行编程场景，我们将在第 22 章进行介绍。

21.4.2 读 / 写锁

通常，一个类型实例的并发读操作是线程安全的，而并发更新操作则不然（并发读并更新也不是线程安全的）。诸如文件这样的资源也具有相同的特点。虽然可以简单地使用一个排他锁来保护对实例的任何形式的访问，但是如果其中读操作很多，而更新操作很少，则使用单一的锁限制并发性就不太合理了。这种情况常出现在业务应用服务器上，它会将常用的数据缓存在静态字段中进行快速检索。ReaderWriterLockSlim 是专门为这种情形进行设计的，它可以最大限度地保证锁的可用性。

 ReaderWriterLockSlim 替代了笨重的 ReaderWriterLock 类。虽然后者具有相似的功能，但是它的执行时间却是前者的数倍，并且其本身存在一些锁升级处理机制的设计缺陷。

与常规的 lock(Monitor.Enter/Exit) 相比，ReaderWriterLockSlim 的执行时间仍然多一倍，但是它可以在大量读操作和少量写操作的环境下减少锁竞争。

ReaderWriterLockSlim 和 ReaderWriterLock 都拥有两种基本的锁，即读锁和写锁：

- 写锁是全局排他锁。

- 读锁可以兼容其他的读锁。

因此，一个持有写锁的线程将阻塞其他任何试图获取读锁或写锁的线程（反之亦然）。但是如果没有任何线程持有写锁的话，那么其他任意数量的线程都可以并发获得读锁。

ReaderWriterLockSlim 类定义了以下方法来获得和释放读 / 写锁：

```
public void EnterReadLock();
public void ExitReadLock();
public void EnterWriteLock();
public void ExitWriteLock();
```

此外，每一个 EnterXXX 方法都有相应的 TryXXX 方法。它们可以像 Monitor.TryEnter 方法那样接收超时参数（如果资源竞争比较激烈，则很容易发生超时）。ReaderWriterLock 也提供了相似的方法，它们的名称为 AcquireXXX 和 ReleaseXXX。但以上方法在超时时将抛出 ApplicationException，而不会返回 false。

以下示例演示了 ReaderWriterLockSlim 的用法。三个线程将持续枚举列表中的元素，而另外两个线程则会每隔 100 毫秒生成一个随机数，并试图将该数字加入列表中。其中，读锁保护列表的读操作，而写锁保护列表的写操作：

```
class SlimDemo
{
  static ReaderWriterLockSlim _rw = new ReaderWriterLockSlim();
  static List<int> _items = new List<int>();
  static Random _rand = new Random();

  static void Main()
  {
    new Thread (Read).Start();
    new Thread (Read).Start();
    new Thread (Read).Start();
    new Thread (Write).Start ("A");
    new Thread (Write).Start ("B");
  }

  static void Read()
  {
```

```
      while (true)
      {
        _rw.EnterReadLock();
        foreach (int i in _items) Thread.Sleep (10);
        _rw.ExitReadLock();
      }
    }
    static void Write (object threadID)
    {
      while (true)
      {
        int newNumber = GetRandNum (100);
        _rw.EnterWriteLock();
        _items.Add (newNumber);
        _rw.ExitWriteLock();
        Console.WriteLine ("Thread " + threadID + " added " + newNumber);
        Thread.Sleep (100);
      }
    }

    static int GetRandNum (int max) { lock (_rand) return _rand.Next(max); }
  }
```

在生产代码中，我们通常要添加 try/finally 代码块来保证在异常抛出时也能够将锁释放。

以下是上述程序的执行结果：

```
Thread B added 61
Thread A added 83
Thread B added 55
Thread A added 33
...
```

ReaderWriterLockSlim 相比简单的锁能提供更多的并发 Read 操作。例如，在 Write 方法的 while 循环开始时插入以下代码就可以说明这一点：

```
Console.WriteLine (_rw.CurrentReadCount + " concurrent readers");
```

而上述语句执行后输出几乎总是 "3 concurrent readers"（Read 方法将大部分的时间都消耗在了 foreach 循环中）。除上面提到的 CurrentReadCount 之外，ReaderWriterLockSlim 还提供了以下属性以监视锁的状态：

```
public bool IsReadLockHeld            { get; }
public bool IsUpgradeableReadLockHeld { get; }
public bool IsWriteLockHeld           { get; }

public int  WaitingReadCount          { get; }
public int  WaitingUpgradeCount       { get; }
public int  WaitingWriteCount         { get; }
```

```
public int  RecursiveReadCount        { get; }
public int  RecursiveUpgradeCount      { get; }
public int  RecursiveWriteCount        { get; }
```

21.4.2.1 可升级锁

有时最好能在一个原子操作中将读锁转换为写锁，例如，我们希望当列表不包含特定元素时才将这个元素添加到列表中。理想情况下，我们希望尽可能缩短持有写锁（排他锁）的时间，假设可以采取如下操作步骤：

1. 获取一个读锁。

2. 判断该元素是否已经位于列表中，如果确已存在，则释放读锁并返回。

3. 释放读锁。

4. 获得写锁。

5. 添加该元素。

上述操作的问题在于，另一个线程可能会在第 3 和第 4 步之间插入并修改列表（例如，添加同一个元素）。而 ReaderWriterLockSlim 可以通过第三种锁来解决这个问题，称为可升级锁（upgradable lock）。一个可升级锁就像读锁一样，但是它可以在随后通过一个原子操作升级为一个写锁。以下是其使用方式：

1. 调用 EnterUpgradableReadLock。

2. 执行读操作（例如，判断该元素是否已经存在于列表中）。

3. 调用 EnterWriteLock（该操作将可升级锁转化为写锁）。

4. 执行基于写的操作（例如，将该元素添加到列表中）。

5. 调用 ExitWriteLock（将写锁转换回可升级锁）。

6. 执行其他读操作。

7. 调用 ExitUpgradableReadLock。

从调用者的角度来看，这种操作和嵌套锁或者递归锁很相似。但是，从功能上，在第 3 步中，ReaderWriterLockSlim 释放读锁并获得一个写锁的操作是原子的。

可升级锁和读锁还有一个重要的区别，虽然可升级锁可以和任意数目的读锁并存，但是一次只能获取一个可升级锁。这可以将锁的升级竞争序列化，从而避免在升级中出现死锁，这和 SQL Server 中的更新锁是一致的[译注2]。

SQL Server	ReaderWriterLockSlim
共享锁	读锁
排他锁	写锁
更新锁	可升级锁

译注 2：若不进行上述限制，则很容易出现转换死锁。例如，线程 1 获得可升级锁，线程 2 获得可升级锁；线程 1 试图将可升级锁转化为写锁——阻塞；线程 2 试图将可升级锁转化为写锁——死锁。

我们对前一个例子的 Write 方法稍做修改来演示可升级锁的用法。我们仅在列表中不存在相应数字时才会将数字添加到列表中：

```
while (true)
{
  int newNumber = GetRandNum (100);
  _rw.EnterUpgradeableReadLock();
  if (!_items.Contains (newNumber))
  {
    _rw.EnterWriteLock();
    _items.Add (newNumber);
    _rw.ExitWriteLock();
    Console.WriteLine ("Thread " + threadID + " added " + newNumber);
  }
  _rw.ExitUpgradeableReadLock();
  Thread.Sleep (100);
}
```

 ReaderWriterLock 同样提供了锁转换。但这种转换并不可靠，因为它不支持可升级锁。这正是 ReaderWriterLockSlim 对此重新进行设计的原因。

21.4.2.2 锁递归

通常，ReaderWriterLockSlim 禁止使用嵌套锁或者递归锁。因此，下面的操作会抛出异常：

```
var rw = new ReaderWriterLockSlim();
rw.EnterReadLock();
rw.EnterReadLock();
rw.ExitReadLock();
rw.ExitReadLock();
```

但如果以以下方式创建 ReaderWriterLockSlim 对象，则上述代码就可以正常执行：

```
var rw = new ReaderWriterLockSlim (LockRecursionPolicy.SupportsRecursion);
```

这确保了只有在真正需要时才支持递归锁。递归锁会显著增加代码复杂性，因为它有可能同时获得多种锁：

```
rw.EnterWriteLock();
rw.EnterReadLock();
Console.WriteLine (rw.IsReadLockHeld);    // True
Console.WriteLine (rw.IsWriteLockHeld);   // True
rw.ExitReadLock();
rw.ExitWriteLock();
```

递归锁的基本原则是，一旦获得了锁，后续的递归锁级别就可以更低，但不能更高。其等级顺序如下：

读锁→可升级锁→写锁

但需要指出的是，将可升级锁提升为写锁的请求总是合法的。

21.5 使用事件等待句柄发送信号

最简单的信号发送结构是事件等待句柄（event wait handle）。注意，它和C#的事件是无关的。事件等待句柄有三种实现：AutoResetEvent、ManualResetEvent(Slim)和CountdownEvent。前两种基于通用的 EventWaitHandle 类，它们继承了基类的所有功能。

21.5.1 AutoResetEvent

AutoResetEvent 就像验票机的闸门一样，插入一张票据只允许一个人通过。其名称中的Auto 指的是开放的闸机在行人通过后会自动关闭或重置。线程可以调用 WaitOne 方法在闸机门口等待、阻塞（在"一个"闸机前等待，直至闸机门开启）。调用 Set 方法即向闸机中插入一张票据。如果有一系列的线程调用了 WaitOne，那么它们会在闸机后排队等待[注2]。票据可以来自任何线程，即任何一个能够访问 AutoResetEvent 对象的非阻塞线程都可以调用 Set 方法来释放一个阻塞的线程。

创建 AutoResetEvent 的方法有两种。第一种是使用构造器：

```
var auto = new AutoResetEvent (false);
```

（如果在构造器中以 true 为参数，则相当于立刻调用 Set 方法。）第二种方法则是使用如下方式创建 AutoResetEvent：

```
var auto = new EventWaitHandle (false, EventResetMode.AutoReset);
```

在下面的例子中，在线程启动后就开始等待，直至另一个线程发送信号（如图 21-1所示）：

```
class BasicWaitHandle
{
  static EventWaitHandle _waitHandle = new AutoResetEvent (false);

  static void Main()
  {
    new Thread (Waiter).Start();
    Thread.Sleep (1000);                    // Pause for a second...
    _waitHandle.Set();                      // Wake up the Waiter.
  }
  static void Waiter()
  {
    Console.WriteLine ("Waiting...");
    _waitHandle.WaitOne();                  // Wait for notification
    Console.WriteLine ("Notified");
  }
}

// Output:
Waiting... (pause) Notified.
```

注2：和锁一样，这种队列的公平性有时可能会由于操作系统的影响而无法得到保证。

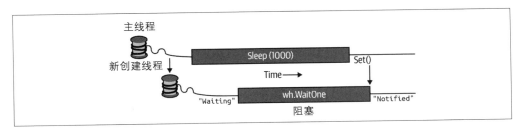

图 21-1：使用 EventWaitHandle 发送信号

在没有任何线程等待的情况下调用 Set 方法会导致句柄一直处于打开状态，直至有线程调用了 WaitOne 方法。这种行为可以避免即将到达闸机前的线程和插入票据的线程产生竞争（不好，票据插入的时间早了一微秒，那现在只能一直等待了）。但是在一个没有线程等待的闸机对象上重复调用 Set 方法不会导致多个到达的线程一次性通过，只有下一个线程可以通过，而其他的票据就被"浪费"了。

等待句柄的销毁

在等待句柄使用完毕后，就可以调用 Close 方法来释放操作系统资源。此外也可以丢弃所有对等待句柄的引用，以便垃圾回收器事后替我们进行回收（等待句柄实现了销毁模式，它的终结器也会调用 Close 方法）。这是少数可以使用该后备方式的几种情况之一（仍然有一定争议），因为等待句柄对操作系统的负载并不高。

等待句柄将会随着应用程序的退出而自动释放。

在 AutoResetEvent 对象上调用 Reset 方法可以无须等待或阻塞就关闭闸机的门（若原本处于开启状态的话）。

而 WaitOne 可以接收一个可选的超时参数。如果在超时时间内没有收到信号，则返回 false。

可以使用 0 作为超时时间调用 WaitOne 来确认一个等待句柄是否处于"开放"状态，并且不会造成调用者阻塞。但需要注意的是，如果 AutoResetEvent 处于开放状态，则上述操作会将状态重置。

双向信号

假设主线程需要向工作线程连续发送三次信号。如果主线程单纯地连续调用 Set 方法若干次，那么第二次或者第三次发送的信号就有可能丢失，因为工作线程需要时间来处理每一次的信号。

上述问题的解决方案是主线程等待工作线程准备就绪之后再发送信号。这可以通过引入另一个 AutoResetEvent 来实现，例如：

```
class TwoWaySignaling
{
  static EventWaitHandle _ready = new AutoResetEvent (false);
  static EventWaitHandle _go = new AutoResetEvent (false);
  static readonly object _locker = new object();
  static string _message;

  static void Main()
  {
    new Thread (Work).Start();

    _ready.WaitOne();                  // First wait until worker is ready
    lock (_locker) _message = "ooo";
    _go.Set();                          // Tell worker to go

    _ready.WaitOne();
    lock (_locker) _message = "ahhh";  // Give the worker another message
    _go.Set();

    _ready.WaitOne();
    lock (_locker) _message = null;     // Signal the worker to exit
    _go.Set();
  }

  static void Work()
  {
    while (true)
    {
      _ready.Set();                     // Indicate that we're ready
      _go.WaitOne();                    // Wait to be kicked off...
      lock (_locker)
      {
        if (_message == null) return;   // Gracefully exit
        Console.WriteLine (_message);
      }
    }
  }
}

// Output:
ooo
ahhh
```

图 21-2 形象地展示了上述程序的执行过程[译注 3]。

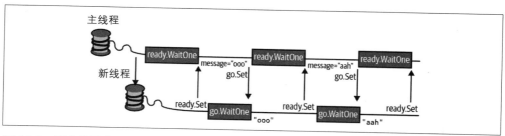

图 21-2：双向信号发送

译注 3：上述程序的执行过程有可能和图 22-2 的描述不一致，这是因为 Set 和 WaitOne 之间并不是线程安全的。这可能导致其中一个线程的 Set 方法和 WaitOne 方法连续执行。

本例中使用 null 消息来停止工作线程的运行。对于这种无限执行的线程，一定要设定退出策略！

21.5.2 ManualResetEvent

如第 14 章所述，ManualResetEvent 的作用就像是一个大门。调用 Set 方法就开启大门，并允许任意数目的调用 WaitOne 方法的线程通过大门，而调用 Reset 方法则会关闭大门。在大门关闭时调用 WaitOne 方法会发生阻塞。而当大门再次打开时，线程会立刻释放。除这些区别之外，ManualResetEvent 的功能和 AutoResetEvent 是一样的。

和 AutoResetEvent 一样，创建 ManualResetEvent 的方法有两种：

```
var manual1 = new ManualResetEvent (false);
var manual2 = new EventWaitHandle (false, EventResetMode.ManualReset);
```

 ManualResetEvent 的另一个版本称为 ManualResetEventSlim。后者对短期的等待进行了优化，即选择进行几个迭代的自旋操作。此外，它还拥有更加高效的托管实现。并支持在 Wait 时使用 CancellationToken 取消等待操作。但是它不能进行跨进程的信号发送。ManualResetEventSlim 并没有从 WaitHandle 派生。但是它拥有一个 WaitHandle 属性，访问该属性将返回一个（使用传统等待句柄性能配置的）WaitHandle 派生类型的对象。

信号发送结构和性能

在无阻塞的情况下等待或者激活一个 AutoResetEvent 或者 ManualResetEvent 对象需要消耗一微秒的时间。

在短暂的等待中，ManualResetEventSlim 和 CountdownEvent 的速度要快 50 倍，因为它们不依赖操作系统，并且谨慎地使用了自旋结构。在大多数情况下，信号发送类本身的开销并不会形成瓶颈，因此很少需要特意进行考虑。

ManualResetEvent 适用于用一个线程来释放其他所有线程的情形，而 CountdownEvent 则适用于相反的情形。

21.5.3 CountdownEvent

CountdownEvent 可用于等待多个线程，它具有高效的纯托管实现。实例化该类型时，需要指定线程数或者需要等待的"计数"。

```
var countdown = new CountdownEvent (3);  // Initialize with "count" of 3.
```

调用 Signal 会使计数递减。而调用 Wait 则会阻塞，直至计数减为零。例如：

```
new Thread (SaySomething).Start ("I am thread 1");
new Thread (SaySomething).Start ("I am thread 2");
new Thread (SaySomething).Start ("I am thread 3");

countdown.Wait();    // Blocks until Signal has been called 3 times
Console.WriteLine ("All threads have finished speaking!");

void SaySomething (object thing)
{
  Thread.Sleep (1000);
  Console.WriteLine (thing);
  countdown.Signal();
}
```

 有时，结构化并行（structured parallelism）结构（PLINQ 和 Parallel 类，请参见第 22 章）更易于解决 CountdownEvent 所能解决的问题。

调用 AddCount 方法可以重新增加 CountdownEvent 的计数。但是如果它的计数已经降为零，则调用该方法会抛出异常，我们无法通过调用 AddCount 来取消 CountdownEvent 的信号。为了避免抛出异常，还可以使用 TryAddCount。若计数值为 0，则该方法会返回 false。

调用 Reset 方法可以取消计数事件的信号，它不但取消信号，而且会将计数值重置为原始设定值。

和 ManualResetEventSlim 相似，CountdownEvent 也有一个 WaitHandle 属性，以便支持其他依赖 WaitHandle 的类或者方法。

21.5.4 创建跨进程的 EventWaitHandle

EventWaitHandle 构造器可以创建命名的实例以支持跨进程的操作。该名称是一个普通的字符串，只要该名称不与其他的命名实例冲突，其内容可以为任何值。如果该名称已经被计算机的其他命名实例使用了，那么将返回同一个 EventWaitHandle 的引用；否则操作系统将创建一个新的实例。例如：

```
EventWaitHandle wh = new EventWaitHandle (false, EventResetMode.AutoReset,
                            @"Global\MyCompany.MyApp.SomeName");
```

如果有两个应用程序运行这段代码，那么它们就可以互相发送信号，等待句柄可以在两个进程中的所有线程上使用。

命名的事件等待句柄仅支持 Windows 操作系统。

21.5.5 等待句柄和延续操作

如果不希望因等待一个句柄而阻塞线程，还可以调用 ThreadPool.RegisterWaitForSingleObject 方法来将一个"延续"操作附加在等待句柄上。这个方法接受一个委托对象，并会在句柄收到信号时执行：

```
var starter = new ManualResetEvent (false);

RegisteredWaitHandle reg = ThreadPool.RegisterWaitForSingleObject
 (starter, Go, "Some Data", -1, true);

Thread.Sleep (5000);
Console.WriteLine ("Signaling worker...");
starter.Set();
Console.ReadLine();
reg.Unregister (starter);     // Clean up when we're done.

void Go (object data, bool timedOut)
{
  Console.WriteLine ("Started - " + data);
  // Perform task...
}

// Output:
(5 second delay)
Signaling worker...
Started - Some Data
```

在等待句柄接到信号时（或者超时后），委托就会在一个线程池线程中执行。之后，还需要调用 Unregister 解除非托管的句柄和回调之间的关系。

除了等待句柄和委托之外，RegisterWaitForSingleObject 方法还可以接收一个"黑盒"对象，并将该对象作为参数传递给委托方法（和 ParameterizedThreadStart 非常相似）。此外还可以指定一个以毫秒为单位的超时时间（若不需要超时，则指定 −1）以及一个布尔类型的标记以确定该请求的执行是一次性的还是会重复发生。

每一个等待句柄只能够可靠地调用 RegisterWaitForSingleObject 一次。在同一个等待句柄上重复调用该方法将造成间歇性错误，即一个本没有触发的等待句柄却触发了回调，就好像该句柄被触发了一样。

这个限制令非 Slim 的等待句柄不适合进行异步编程。

21.5.6 WaitAny、WaitAll 和 SignalAndWait

除了 Set、WaitOne 和 Reset 方法，WaitHandle 类还具有一些执行复杂同步操作的静态方法。其中 WaitAny、WaitAll 和 SignalAndWait 方法可以对多个句柄执行信号发送或者等待操作。而具体的等待句柄可以是不同的类型（包括 Mutex、Semaphore，它们均派生自 WaitHandle 类）。对于 ManualResetEventSlim 和 CountdownEvent，也可以在其 WaitHandle 属性上使用这些方法。

WaitAll 和 SignalAndWait 方法和传统的 COM 架构存在着奇怪的联系，这些方法需要调用者位于多线程套件中（multithreaded apartment）。但这种模型互操作性较差，例如，在这种模式中 WPF 和 Windows Forms 应用程序的主线程是无法访问剪贴板的[译注4]。我们稍后将介绍替代方案。

WaitHandle.WaitAny 可以等待一组句柄中的任意一个句柄；WaitHandle.WaitAll 可以用原子的方式等待所有给定的句柄。因此，如果等待两个 AutoResetEvent 对象：

- WaitAny 方法无法在最终同时"控制"两个事件。
- WaitAll 方法无法在最终只"控制"其中一个事件。

SignalAndWait 方法会调用其中一个 WaitHandle 的 Set 方法，而后调用另一个 WaitHandle 的 WaitOne 方法。在第一个等待句柄信号发送之后，它会转而跳到等待第二个句柄的队列头部以尽可能地使等待成功（但这个过程并非原子操作）。这个方法就像从一个信号"切换"到另一个信号。如果在一对 EventWaitHandle 上使用该方法就可以令两个线程在同一时刻汇合。AutoResetEvent 和 ManualResetEvent 都可以完成这种操作。第一个线程执行以下代码：

```
WaitHandle.SignalAndWait (wh1, wh2);
```

而另一个线程执行相反的操作：

```
WaitHandle.SignalAndWait (wh2, wh1);
```

WaitAll 和 SignalAndWait 的替代方案

WaitAll 和 SignalAndWait 方法不能在单线程套件中运行，万幸的是我们有一些替代方案。我们很少需要 SignalAndWait 的队列跳转语义，在上述线程汇合例子中，如果我们仅仅希望线程汇合的话，则完全可以调用第一个句柄的 Set 方法，而后调用另外一个句柄的 WaitOne 方法。在接下来的内容中，我们将采用另外的方式来实现线程的汇合。

如果我们并不需要 WaitAny 和 WaitAll 的原子性，那么完全可以像之前的例子那样将等待句柄转换为任务，而后调用 Task.WhenAny 和 Task.WhenAll（请参见第 14 章）。

但是，如果我们需要原子性，那么还可以使用 Monitor 的 Wait 和 Pulse 方法编写自定义的逻辑。有关 Wait 和 Pulse 的详细说明，请参见 *http://albahari.com/threading/*。

21.6 Barrier 类

Barrier 类实现了一个线程执行屏障（thread execution barrier）。它允许多个线程在同一时刻汇合。这个类的执行速度很快，非常高效。它是基于 Wait、Pulse 和自旋锁实现的。

使用这个类的步骤如下：

译注 4：因为剪贴板需要调用者执行在单线程套件中。

1. 创建 Barrier 实例。指定参与汇合的线程的数量（此后还可以调用 AddPartici-pants/RemoveParticipants 方法对这个数量进行更改）。

2. 当需要汇合时，在每一个线程上都调用 SignalAndWait。

例如，若使用 3 作为参数创建 Barrier 实例，则需要调用 3 次 SignalAndWait 方法才能够解除阻塞。在阻塞解除之后它会重新"轮回"，即再次调用 SignalAndWait 方法会重新进入阻塞状态，而这个阻塞状态需要再调用 3 次 SignalAndWait 才能解除。这样就可以令各个线程都步调一致地执行。

在下面的例子中，3 个线程都会输出从 0～4 的数字，并与其他线程保持步调一致：

```
var barrier = new Barrier (3);

new Thread (Speak).Start();
new Thread (Speak).Start();
new Thread (Speak).Start();

void Speak()
{
  for (int i = 0; i < 5; i++)
  {
    Console.Write (i + " ");
    barrier.SignalAndWait();
  }
}

OUTPUT:  0 0 0 1 1 1 2 2 2 3 3 3 4 4 4
```

创建 Barrier 对象时还可以指定一个后续操作（post-phase），这个功能非常有用。该操作是一个委托，它会在 SignalAndWait 调用 *n* 次之后，所有线程释放之前执行（见图 21-3）。在上一个例子中，如果我们用以下方式实例化 Barrier：

```
static Barrier _barrier = new Barrier (3, barrier => Console.WriteLine());
```

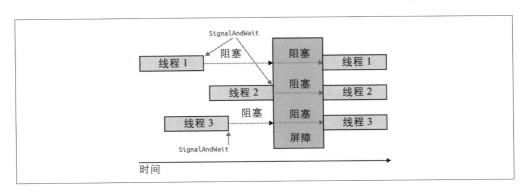

图 21-3：线程屏障

则输出结果为：

```
0 0 0
1 1 1
2 2 2
3 3 3
4 4 4
```

后续操作适用于从各个工作线程获得数据，它不需要担心抢占的问题，因为在它执行过程中所有的工作线程都会被阻塞。

21.7 延迟初始化

如何以线程安全的方式初始化一个共享字段是线程编程中的常见问题，尤其是创建字段类型的开销很大时，更需要考虑这个问题：

```
class Foo
{
  public readonly Expensive Expensive = new Expensive();
  ...
}
class Expensive {  /* Suppose this is expensive to construct */  }
```

这段代码的问题在于实例化 Foo 对象会连带实例化 Expensive 对象（即使没有访问 Expensive 字段也一样），而后者的开销较大。而解决方法也非常直观，即按需创建 Expensive 实例：

```
class Foo
{
  Expensive _expensive;
  public Expensive Expensive            // Lazily instantiate Expensive
  {
    get
    {
      if (_expensive == null) _expensive = new Expensive();
      return _expensive;
    }
  }
  ...
}
```

但这样是否具有线程安全性呢？除了在访问 _expensive 字段时并未加锁或使用内存栅障之外，考虑一下如果两个线程同时访问该属性会出现什么情况。有可能每一个线程都满足 if 语句中的谓词，导致每个线程都会创建不同的 Expensive 实例，而这可能会导致一些微妙的错误。因此我们可以说，通常情况下这段代码并不是线程安全的。

解决该问题的方法是在检查或者初始化对象的代码上添加锁：

```
Expensive _expensive;
readonly object _expenseLock = new object();
```

```
public Expensive Expensive
{
  get
  {
    lock (_expenseLock)
    {
      if (_expensive == null) _expensive = new Expensive();
      return _expensive;
    }
  }
}
```

21.7.1 Lazy<T>

Lazy<T> 类实现了延迟初始化（lazy initialization）功能。如果实例化时以 true 为参数，则它会使用上例中线程安全的初始化模式。

 Lazy<T> 实际上还在锁上进行了微小的优化，称为"双检锁"（doublech-ecked lock）。双检锁执行一次 volatile 读操作，避免在对象初始化后进行锁操作。

使用 Lazy<T> 时可以传入一个工厂委托方法来指明如何创建一个新的实例，同时传入第二个参数 true[译注5]，之后就可以使用 Value 属性访问实例的值：

```
Lazy<Expensive> _expensive = new Lazy<Expensive>
  (() => new Expensive(), true);

public Expensive Expensive { get { return _expensive.Value; } }
```

如果在 Lazy<T> 构造器中传入 false，那么它就会使用非线程安全的延迟初始化模式。它的实现方式和本节开头的例子相同。如果在单线程上下文下使用 Lazy<T>，则可以使用这种初始化方式。

21.7.2 LazyInitializer 类

LazyInitializer 是一个静态类。它和 Lazy<T> 工作方式很像，但是也有以下不同点：

- 它直接使用静态方法操作自定义类型的字段。这样做可以避免引入一个间接层次，从而提高性能。它适用于一些需要极致优化的场合。

- 它提供了另一种初始化模式，多个线程可以竞争实例化过程。

其使用方式是，在访问字段之前，调用 LazyInitializer 的 EnsureInitialized 方法，并传入字段的引用和工厂委托即可：

译注 5：来保证线程安全性。

```
Expensive _expensive;
public Expensive Expensive
{
  get          // Implement double-checked locking
  {
    LazyInitializer.EnsureInitialized (ref _expensive,
                                 () => new Expensive());
    return _expensive;
  }
}
```

我们还可以向方法中传入另外一个参数使线程竞争初始化过程。这种方式听起来和一开始的非线程安全的例子很像，但是该方法会使用第一个结束的线程创建的实例，因而最终只会得到一个实例。这种方式在多核处理器上甚至比双检锁还要快，因为它的实现完全不需要锁，而是使用了高级的"无锁同步"和"延迟初始化"方式（请参见 *http://albahari.com/threading/*）。这是一种极致的优化方式（但很少使用），而它也会带来如下相应的开销：

- 如果竞争实例化的线程数量大于内核数量，则速度就会变慢。

- 由于它执行了冗余的初始化，因此潜在地浪费了 CPU 资源。

- 初始化逻辑必须是线程安全的（因此，如果 Expensive 的构造器在静态字段上执行写操作，则它不具备线程安全性）。

- 如果初始化器实例化一个需要销毁的对象，则必须编写额外的逻辑才能将"多创建的"对象销毁。

21.8 线程本地存储

本章大部分内容着眼于同步结构以及多线程并发访问共享数据的问题。但有时反而需要将数据隔离，以保证每一个线程都有一个独立的副本。局部变量就可以实现这个目标，但它们仅适合保存临时数据。

另一个方案是使用线程本地存储（thread-local storage）。实际上，隔离到每一个线程上的数据本质上就是临时数据。这可能有些难以想象。但是它的主要用途就是存储"过程外"数据，并作为执行路径的基础设施，例如，消息、事务、安全令牌等。如果将这些数据以方法参数的形式进行传递，则代码就会非常难看，因为几乎每一个方法都需要接收它们。如果将这种数据存储在静态字段中，那么它又可以被所有的线程共享而失去独立性。

线程本地存储还可用于对并行代码进行优化。它允许每一个线程无须使用锁就可以独立访问属于该线程的（非线程安全）对象。同时它无须在（同一线程的）方法调用过程中重建这个对象。

实现线程本地存储的方法有四种，我们将在以下几小节中进行介绍。

21.8.1 [ThreadStatic] 特性

实现线程本地存储最简单的方式是在静态字段上附加 ThreadStatic 特性：

```
[ThreadStatic] static int _x;
```

这样，每一个线程都会得到一个 _x 的独立副本。

但是，[ThreadStatic] 并不支持实例字段（它对实例字段并不会产生任何作用），它也不适于和字段初始化器配合使用，因为它们仅仅会在调用静态构造器的线程上执行一次。如果一定要处理实例字段，或者需要使用非默认值，则更适合使用 ThreadLocal<T>。

21.8.2 ThreadLocal<T> 类

ThreadLocal<T> 对静态和实例字段都提供了线程本地存储支持，并允许指定默认值。

例如，以下代码为每一个线程创建了一个 ThreadLocal<int> 对象，并将其默认值设置为 3。

```
static ThreadLocal<int> _x = new ThreadLocal<int> (() => 3);
```

此后就可以调用 _x 的 Value 属性来访问线程本地值。ThreadLocal 的值是延迟计算的，其中的工厂函数会在（每一个线程）第一次调用时计算实际的值。

ThreadLocal<T> 和实例字段

ThreadLocal<T> 也支持实例字段并可以获得局部变量的值。例如，假设我们需要在一个多线程环境下生成随机数，但 Random 类不是线程安全的，因此我们要么在 Random 对象周围加锁（但是这就会限制并发性），要么为每一个线程生成一个独立的 Random 对象。而 ThreadLocal<T> 可以轻松实现第二种方案：

```
var localRandom = new ThreadLocal<Random>(() => new Random());
Console.WriteLine (localRandom.Value.Next());
```

我们在工厂函数中用最简单的方式创建了 Random 对象，其中，Random 的无参数构造器会采用系统时钟作为随机数的种子。但如果两个 Random 对象是在 10 毫秒内创建的，则这两个对象就有可能有相同的种子。我们可以使用如下代码修正这个问题：

```
var localRandom = new ThreadLocal<Random>
 ( () => new Random (Guid.NewGuid().GetHashCode()) );
```

我们在第 22 章中也会使用这种方式（请参见 22.2 节中的并行拼写检查的例子）。

21.8.3 GetData 方法和 SetData 方法

第三种实现线程本地存储的方式是使用 Thread 类的 GetData 和 SetData 方法，这些方法会将数据存储在线程独有的 "插槽" （slot）中。Thread.GetData 负责读取线程独有的数据存储中读取数据，而 Thread.SetData 则向其中写入数据。这两个方法都需要使用 LocalDataStoreSlot 对象来获得这个插槽。所有的线程都可以获得相同的插槽，但是它们的值却是互相独立的，例如：

```
class Test
{
  // The same LocalDataStoreSlot object can be used across all threads.
  LocalDataStoreSlot _secSlot = Thread.GetNamedDataSlot ("securityLevel");

  // This property has a separate value on each thread.
  int SecurityLevel
  {
    get
    {
      object data = Thread.GetData (_secSlot);
      return data == null ? 0 : (int) data;    // null == uninitialized
    }
    set { Thread.SetData (_secSlot, value); }
  }
  ...
```

在这个例子中，我们调用 Thread.GetNamedDataSlot 来获得一个命名插槽，这样我们就可以在整个应用程序中共享这个命名插槽了。此外，还可以调用 Thread.AllocateDataSlot 来创建一个匿名插槽，这样就可以自由控制插槽的使用范围：

```
class Test
{
  LocalDataStoreSlot _secSlot = Thread.AllocateDataSlot();
  ...
```

Thread.FreeNamedDataSlot 方法将释放所有线程中的命名插槽。但需要注意的是，只有当 LocalDataStoreSlot 对象的所有引用都已经在作用域之外并被垃圾回收时插槽才会释放。这确保了当线程需要特定数据插槽时，只要它保留了正确的 LocalDataStoreSlot 对象的引用，那么相应的数据插槽就不会丢失。

21.8.4 AsyncLocal<T>

到目前为止讨论的线程内存储方案均不适用于异步函数，因为 await 之后的执行可能会恢复到其他线程中。AsyncLocal<T> 类可以跨越 await 来保存数据，从而解决上述问题：

```
static AsyncLocal<string> _asyncLocalTest = new AsyncLocal<string>();

async void Main()
{
  _asyncLocalTest.Value = "test";
```

```
  await Task.Delay (1000);
  // The following works even if we come back on another thread:
  Console.WriteLine (_asyncLocalTest.Value);   // test
}
```

AsyncLocal<T> 仍然可以将独立线程间的操作进行隔离（和线程是调用 Thread.Start 还是 Task.Run 初始化无关）。以下例子会分别输出"one one"与"two two"：

```
static AsyncLocal<string> _asyncLocalTest = new AsyncLocal<string>();

void Main()
{
  // Call Test twice on two concurrent threads:
  new Thread (() => Test ("one")).Start();
  new Thread (() => Test ("two")).Start();
}

async void Test (string value)
{
  _asyncLocalTest.Value = value;
  await Task.Delay (1000);
  Console.WriteLine (value + " " + _asyncLocalTest.Value);
}
```

与其他结构相比，AsyncLocal<T> 独特而有趣的差异在于，如果 AsyncLocal<T> 对象在线程启动时拥有值，则新的线程将"继承"这个值：

```
static AsyncLocal<string> _asyncLocalTest = new AsyncLocal<string>();

void Main()
{
  _asyncLocalTest.Value = "test";
  new Thread (AnotherMethod).Start();
}

void AnotherMethod() => Console.WriteLine (_asyncLocalTest.Value);  // test
```

新的线程实际上获得的是这个值的一份拷贝，因此新线程对该值的修改不会影响原始值：

```
static AsyncLocal<string> _asyncLocalTest = new AsyncLocal<string>();

void Main()
{
  _asyncLocalTest.Value = "test";
  var t = new Thread (AnotherMethod);
  t.Start(); t.Join();
  Console.WriteLine (_asyncLocalTest.Value);   // test  (not ha-ha!)
}

void AnotherMethod() => _asyncLocalTest.Value = "ha-ha!";
```

需要注意的是，新的线程获得的是一个浅表副本，因此如果将 AsyncLocal<string> 替换为 AsyncLocal<StringBuilder> 或 AsyncLocal<List<string>>，则新线程就可以清空 StringBuilder 的内容或者在 List<string> 中添加或者删除元素，而这些操作均会影响初始值。

21.9 定时器

如果需要定期重复执行一些方法，最容易的方式就是使用定时器。相比以下方式，定时器既方便又能够高效地利用内存和资源：

```
new Thread (delegate() {
                        while (enabled)
                        {
                          DoSomeAction();
                          Thread.Sleep (TimeSpan.FromHours (24));
                        }
                      }).Start();
```

上述方式不仅永久占用了线程资源，而且如果不进行额外的编码，DoSomeAction 每天的执行时间都会向后推延，而定时器则解决了这些问题。

.NET 提供了五种定时器，其中的两种定时器是通用多线程定时器：

- System.Threading.Timer。
- System.Timers.Timer。

另外两种则是特殊用途的单线程定时器：

- System.Windows.Forms.Timer（Windows Forms 应用的定时器）。
- System.Windows.Threading.DispatcherTimer（WPF 的定时器）。

多线程定时器更加强大，定时精确，使用灵活，而对于定期更新 Windows Forms 或 WPF 界面元素的简单任务来说，单线程定时器更加安全方便。

除此之外，.NET 6 引入了 PeriodicTimer，我们将在 21.9.1 节介绍它。

21.9.1 PeriodicTimer

PeriodicTimer 并不是一个真正的定时器，它是一个用于辅助异步循环的类。随着 async 和 await 的出现，我们通常无须使用传统的定时器，相反，以下模式通常能够满足需要：

```
StartPeriodicOperation();

async void StartPeriodicOperation()
{
  while (true)
  {
```

```
      await Task.Delay (1000);
      Console.WriteLine ("Tick");    // Do some action
  }
}
```

如果从 UI 线程调用 StartPeriodOperation 方法，则其行为将和单线程计时
器相似，因为 await 永远会返回到同一个同步上下文中。

若令其和多线程计时器的行为一致，则在 await 之前调用 .ConfigAwait(false)
方法即可。

PeriodicTimer 类可以简化上述模式：

```
var timer = new PeriodicTimer (TimeSpan.FromSeconds (1));
StartPeriodicOperation();
// Optionally dispose timer when you want to stop looping.

async void StartPeriodicOperation()
{
  while (await timer.WaitForNextTickAsync())
    Console.WriteLine ("Tick");    // Do some action
}
```

PeriodicTimer 类还可以通过销毁定时器的实例来停止计时。这将使 WaitForNextTickAsync
方法返回 false，从而结束循环。

21.9.2 多线程定时器

System.Threading.Timer 是最简单的多线程定时器，它只有一个构造器和两个方法。
在接下来的例子中，定时器会在第一个 5 秒结束后调用 Tick 方法，并输出“tick…”，
而后每一秒调用一次 Tick 方法，直至用户按下回车键：

```
using System;
using System.Threading;

// First interval = 5000ms; subsequent intervals = 1000ms
Timer tmr = new Timer (Tick, "tick...", 5000, 1000);
Console.ReadLine();
tmr.Dispose();            // This both stops the timer and cleans up.

void Tick (object data)
{
  // This runs on a pooled thread
  Console.WriteLine (data);            // Writes "tick..."
}
```

12.5.1 节介绍了如何销毁一个多线程定时器。

在创建定时器之后仍然可以调用 Change 方法修改定时器的定时间隔。如果希望定时器只触发一次，则可以用 Timeout.Infinite 作为构造器的最后一个参数。

.NET 在 System.Timers 命名空间中提供了另外一个同名定时器类。它简单包装了 System.Threading.Timer，在相同底层引擎的基础上提供了额外的易用性。以下总结了它的附加功能：

- 实现了 IComponent 接口，因此可以将其嵌入到 Visual Studio 设计器的组件托盘中。

- 提供了 Interval 属性替代 Change 方法。

- 提供了 Elapsed 事件取代回调委托。

- 提供了 Enabled 属性来开始和停止计时器（默认值为 false）。

- 如果不习惯使用 Enabled 属性，还可以使用 Start 和 Stop 方法。

- 提供了 AutoReset 标志，用于指示重复的事件（默认值为 true）。

- 提供了 SynchronizingObject 属性，可调用该对象的 Invoke 和 BeginInvoke 方法安全地调用 WPF 元素和 Windows Forms 控件的方法。

例如：

```
using System;
using System.Timers;          // Timers namespace rather than Threading

var tmr = new Timer();        // Doesn't require any args
tmr.Interval = 500;
tmr.Elapsed += tmr_Elapsed;   // Uses an event instead of a delegate
tmr.Start();                  // Start the timer
Console.ReadLine();
tmr.Stop();                   // Stop the timer
Console.ReadLine();
tmr.Start();                  // Restart the timer
Console.ReadLine();
tmr.Dispose();                // Permanently stop the timer

void tmr_Elapsed (object sender, EventArgs e)
  => Console.WriteLine ("Tick");
```

多线程定时器会使用线程池来用有限的线程为多个定时器提供服务。因此，回调方法或者 Elapsed 事件每一次都可能在不同的线程上触发。此外，Elapsed 事件几乎能够保证触发的时效性而不管前一次 Elapsed 事件是否执行完毕。因此，不论是回调委托还是事件处理器必须是线程安全的。

多线程的定时器精度取决于操作系统，一般情况下精度在 10～20 毫秒范围内。如果需要更高的精度，则可以使用原生的互操作并调用 Windows 的多媒体定时器。多媒体定时器定义在 *winmm.dll* 中，且其精度接近 1 毫秒。首先调用 timeBeginPeriod 通知操作系统提高定时精度，然后调用 timeSetEvent 方法启动一个多媒体定时器。当使用完毕之后，调用 timeKillEvent 停止定时器，并调用 timeEndPeriod 通知操作系统不再需要提高定时精度了。我们将在第 24 章介绍如何使用 P/Invoke 调用外部方法。若需要查看多媒体定时器的完整示例，则可以直接在 Internet 上使用“*dllimport winmm.dll timesetevent*”关键词搜索。

21.9.3 单线程定时器

.NET 专门为 WPF 和 Windows Forms 提供了不需要考虑线程安全性的定时器：

- System.Windows.Threading.DispatcherTimer（WPF）。

- System.Windows.Forms.Timer（Windows Forms）。

 单线程定时器无法在指定的环境之外使用。例如，如果在 Windows 服务中使用 Windows Forms 定时器，则 Timer 事件将永远不会触发。

上述两种定时器的成员都和 System.Timers.Timer 的成员非常相似，即 Interval 属性、Start 和 Stop 方法（Tick 事件和 Elapsed 事件是等价的），它们的使用方法也非常相似。但是它们内部的工作原理是不同的。WPF 与 Windows Forms 定时器并不会在线程池线程上触发定时器事件，而是将事件发送到 WPF 和 Windows Forms 消息循环中。这意味着 Tick 事件总会在创建定时器的线程上触发。而在一般应用程序中，这个线程也是用来管理所有用户界面元素和控件的线程。这种机制有如下好处：

- 可以忽略线程安全性。

- 如果前一次的 Tick 没有完成处理，则新的 Tick 事件绝不会触发。

- 可以无须调用 Control.BeginInvoke 或者 Dispatcher.BeginInvoke 方法，直接从 Tick 事件处理代码中更新用户界面的元素或控件。

因此，使用这些定时器的程序并不是真正的多线程程序，而是像第 14 章那样在 UI 线程执行异步函数的伪并发。所有定时器及其所有 UI 处理事件都是发生在同一个线程上的。因此，Tick 事件处理器必须非常快地执行完毕，否则将会导致用户界面失去响应。

综上所述，WPF 和 Windows Forms 定时器适用于执行细小的工作，通常是更新 UI 的某一个部分（例如，显示时钟或者显示倒计时）。

在精度方面，单线程定时器和多线程定时器的精度类似（几十毫秒），但是它们通常不太准确，这是因为如果其他用户界面请求（或者其他定时器事件）正在执行，它们就会延迟执行。

第 22 章

并行编程

本章将介绍多线程 API 和以下可以发挥多核处理器能力的各种设施：

- 并行 LINQ 或 PLINQ。
- `Parallel` 类。
- 任务并行（task parallelism）结构。
- 并发集合类型。

这些类型一般统称为并行框架（Parallel Framework，PFX）。`Parallel` 类和任务并行结构统称为任务并行库（Task parallel Library，TPL）。

在阅读本章之前，需要熟练掌握第 14 章中的基础知识，尤其是锁、线程安全和 Task 类的相关知识。

.NET 提供了一系列特定的附加 API 以辅助并行和异步编程：

- `System.Threading.Channels.Channel` 提供了高性能的异步生产者 / 消费者队列，它是在 .NET Core 3 中引入的。

- `System.Threading.Tasks.Dataflow` 命名空间中的 `Microsoft Dataflow` 提供了创建具有缓冲区的区块网络的 API，这些区块可以并行地执行操作或执行数据转换，并提供了类似 actor/agent 的编程方式。

- *Reactive Extension* 通过 `IObservable` 接口（一个类似 `IAsyncEnumberable` 的抽象）实现了 LINQ，适用于合并异步流。如需使用，请引用 NuGet 包 *System.Reactive*。

22.1 选择 PFX 的原因

在过去的 15 年，CPU 制造商将重点从单核心转移到多核心处理器。这为传统的程序员带来了问题，因为单线程代码的运行速度不会因内核数目的增多而提高。

充分发挥多核心的优势对于大多数服务器应用程序来说非常容易，因为服务器应用程序的每一个线程都可以独立处理客户端的请求。但是这对于桌面程序就比较困难了，因为要发挥多核优势，桌面应用程序通常需要对计算密集型的代码进行如下处理：

1. 将代码划分为多个小块。

2. 通过多线程并行执行这些小块代码。

3. 以线程安全和高效的方式在计算完毕后整理出最终的结果。

尽管可以使用传统的多线程结构来实现这些功能，但是难度很高，尤其是划分和整理的过程。一个更深层次的问题是，当很多线程同时使用同一块数据时，若采用通常的锁来保证线程安全性，则会造成大量的竞争。

PFX 库正是专门为这些情况而设计的。

 通过编程发挥多核或多处理器优势的方式称为并行编程，它是多线程这个更宽泛概念的一个子集。

22.1.1 PFX 的概念

在线程间划分工作的策略有两种：数据并行和任务并行。

当一组任务需要处理很多的数据值时，我们可以令每一个线程以相同的方式处理一部分数据值，这称为数据并行，即我们将数据在线程间进行了划分。而相对地，任务并行则是划分任务，即每一个线程处理不同的任务。

一般而言，数据并行更为简单而且在高度并行化的硬件条件下扩展更容易，因为这种方式降低或者彻底消除了共享数据（从而解决了竞争和线程安全问题）。同时，通常情况下数据要比分散的任务要多得多，而数据并行正好可以应对这一点。

数据并行也有助于实现结构化并行，即并行工作单元在程序中的启动和结束点都是一致的。而相比之下，任务并行往往是非结构化的，意味着并行工作单元的启动和结束可能分散在程序中的各个地方。因此结构化并行更加简单，更不易出错，而且还可以将任务划分和线程协调（甚至结果整理）等高难度工作交给库去完成。

22.1.2 PFX 组件

PFX 包含两层功能，如图 22-1 所示。上层结构由两种结构化数据并行 API 组成，即 PLINQ 和 Parallel 类。下层架构则由任务并行类和辅助并行编程活动的结构组成。

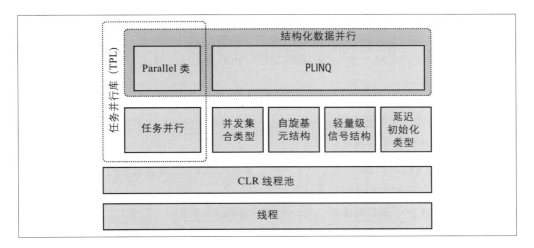

图 22-1：PFX 组件

PLINQ 提供了丰富的功能，它能够自动完成并行化工作，包括将工作划分成任务、在线程上执行任务、将结果整理为一个输出序列。它是声明式的，因为只要使用 LINQ 查询声明需要并行化的工作，然后让运行时去处理实现细节即可。与声明式相对的形式是命令式，需要显式进行编码来执行划分和整理工作。如下表所示，若使用 Parallel 类，则必须自行进行整理工作；若使用任务并行结构，则需要自行完成任务划分的工作。

	划分工作	整理工作
PLINQ	是	是
Parallel 类	是	否
PFX 任务并行	否	否

在底层有并发集合和自旋原生结构为并行编程活动提供支持。这些部分非常重要，因为在 PFX 设计时不仅考虑了目前的硬件水平，而且也能支持此后几代的拥有更多核心的处理器。例如，假设现在有 32 名工人要把一堆砍好的木柴搬走，那么最大的难题是如何在搬运的过程中让这些工人不互相妨碍。而将一个算法划分到 32 个内核的过程也是如此，例如，如果使用普通的锁来保护这些资源而造成阻塞，则在同一时刻可能只有部分内核是忙碌的。并发集合专门为高并发的访问进行了调整，其重点就是减少或消除阻塞。PLINQ 和 Parallel 类也依赖于这些并发集合和自旋原生结构来对工作进行高效管理。

22.1.3 PFX 的适用场合

PFX 主要用于并行编程，即利用多核处理器来加速计算密集型代码的执行速度。

利用多核处理器的挑战之一是 Amdahl 定律，根据这个定律，并行化的最大性能改进取决于必须顺序执行的代码的占比。例如，如果一种算法的执行时间只有三分之二是可以并行化的，那么无论使用多少个内核其性能增长绝不会超过三倍。

PFX 的其他用途

并行编程结构不仅可以发挥多核优势，也可用于其他的情形：

- 并发集合有时适于创建线程安全的队列、栈或字典。
- BlockingCollection 提供了一个可用于实现生产者 / 消费者结构的简单方法，同时也是一种限制并发性的好方法。
- 任务是实现异步编程的基础，详细内容请参见第 14 章。

因此在处理之前，有必要首先确定当前瓶颈是否可以并行化。此外，还需要考虑代码是否真正需要密集地计算，一般来说，优化是改善这类情况最简单也是最有效的手段。但有时，优化有可能会让代码的并行化变得更加困难。

有一类问题称为易并行问题。这类问题可以非常简单地划分为可独立执行的任务（结构化并行非常适于解决这类问题）。例如，多种图像处理任务、光线追踪、暴力破解数学或密码问题。而不易并行的问题的典型范例是快速排序算法的优化版本，要得到好的结果必须深思熟虑，可能还需要使用非结构化并行的方式。

22.2 PLINQ

PLINQ 可以自动并行化本地 LINQ 查询。易于使用是 PLINQ 的优势，因为它将工作划分和结果整理的任务交给了 .NET。

要使用 PLINQ 只需直接在输入序列上调用 AsParallel() 方法，而后和先前一样编写普通的 LINQ 查询即可。例如，以下示例列出了 3～100 000 之间的所有素数，并充分利用了目标计算机上的所有内核：

```
// Calculate prime numbers using a simple (unoptimized) algorithm.

IEnumerable<int> numbers = Enumerable.Range (3, 100000-3);

var parallelQuery =
  from n in numbers.AsParallel()
  where Enumerable.Range (2, (int) Math.Sqrt (n)).All (i => n % i > 0)
  select n;

int[] primes = parallelQuery.ToArray();
```

AsParallel 是 System.Linq.ParallelEnumerable 类的一个扩展方法，它将输入包装为一个以 ParallelQuery<TSource> 为基类的序列，这样，后续的 LINQ 查询运算符就

会绑定到由 ParallelEnumerable 定义的另外一套扩展方法上。这些扩展方法为每一种标准查询运算符提供了并行化实现。基本上，它们的工作原理都是将输入序列划分为小块，让每一块在不同的线程上执行，并将执行结果整理为一个输出序列以供使用（参见图 22-2）。

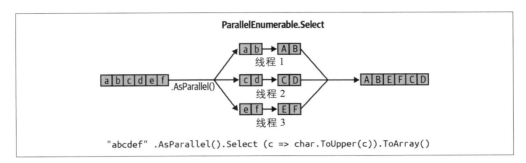

图 22-2：PLINQ 执行模型

调用 AsSequential() 会将 ParallelQuery 序列包装解除，后续的查询运算符将会重新绑定到标准查询运算符上并顺序执行。这在调用有副作用或者非线程安全的代码之前是非常必要的。

对于接受两个输入序列的运算符而言（Join、GroupJoin、Concat、Union、Intersect、Except 和 Zip），必须在两个输入序列上都调用 AsParallel() 方法（否则会抛出异常）。但不需要在查询时在中间再次使用 AsParallel 方法，因为 PLINQ 的运算符的输出是另一个 ParallelQuery 序列。事实上，重复调用 AsParallel 会导致查询强制合并并重新划分，从而降低效率：

```
mySequence.AsParallel()              // Wraps sequence in ParallelQuery<int>
          .Where (n => n > 100)      // Outputs another ParallelQuery<int>
          .AsParallel()              // Unnecessary - and inefficient!
          .Select (n => n * n)
```

并非所有的查询运算符都可以高效并行化。对于那些不能并行化的运算符（请参见 22.2.3 节），PLINQ 将会顺序执行。此外，如果有迹象表明并行化可能比顺序执行的开销更大的话，PLINQ 也可能选择顺序执行。

PLINQ 仅仅适用于本地集合，它不支持 Entity Framework，因为它们都会将 LINQ 翻译为 SQL 并在数据库服务器上执行。但是在获得数据库查询结果之后，就可以使用 PLINQ 对这些结果集进行本地查询了。

 如果 PLINQ 在查询过程中抛出了异常，则异常将被包装为 AggregateException，并将真正的一个或者多个异常放在 InnerExceptions 属性中，详情请参见 22.5 节。

22.2.1 并行执行的特性

和普通的 LINQ 查询一样，PLINQ 也是延迟计算的。即只有当消费结果时（一般通过 foreach 循环，也可以调用像 ToArray 这种转换运算符，或者返回单一元素或值的运算符）才会触发查询执行。

但是，枚举结果时，执行方式则与普通的顺序查询不同。顺序查询完全由消费者"拉动"，每一个元素会根据消费者的请求从输入序列中取出。并行查询则通常使用独立线程从输入序列中提取元素，并且在时间上比消费者的请求稍稍提前（就像是新闻主播用的提词器那样）。接下来，它会通过查询链并行对元素进行处理，并将结果保存在一个小缓冲区中，以便让消费者按需取用。如果消费者暂停或终止枚举，则查询处理器也会相应暂停或停止，从而避免 CPU 时间和内存的浪费。

 在 AsParallel 之后调用 WithMergeOptions 方法可以调节 PLINQ 的缓冲行为。其默认值 AutoBuffered 一般会得到最佳的总体结果。NotBuffered 则完全禁用缓冲，若希望尽快看到结果，则可以使用这个选项。而 FullyBuffered 则会在将整个结果集展现给消费者之前就全部放在缓冲区中（OrderBy 和 Reverse 运算符，以及元素相关的操作、聚合操作和转换运算符本身就是这样工作的）。

为什么不将 AsParallel 作为默认行为

我们知道 AsParallel 会将 LINQ 查询透明地进行并行化，那么问题出现了："为什么 Microsoft 不直接将标准查询运算符并行化并将 PLINQ 作为默认行为呢？"

不使用 PLINQ 作为默认选项的理由有多个。首先，为了令 PLINQ 发挥作用，必须有一定数量的计算密集型工作分配给工作线程，而大多数 LINQ to Object 查询的执行速度很快，不仅没有必要并行化，而且划分、整理以及协调其他线程的开销实际上可能降低执行速度。

除此之外：

- PLINQ 查询的（默认）输出可能与 LINQ 查询的输出的元素顺序不同（请参见 22.2.2 节）。
- PLINQ 将异常包装在 AggregateException 中，以便可以处理多个异常出现的状况。
- 如果查询调用了非线程安全的方法，则 PLINQ 可能会得到不正确的结果。

PLINQ 为查询的调整和调优提供了很多钩子（hook），而这些差异会给标准的 LINQ to Object API 增加很多负担。

22.2.2 PLINQ 与顺序

并行查询运算符的副作用之一是整理结果时的顺序可能并不需要和提交的顺序一致（如图 22-2 所示）。换句话说，PLINQ 无法像 LINQ 那样保持序列的原始顺序。

如果需要保持序列的原始顺序，则必须在 AsParallel() 之后调用 AsOrdered() 方法：

```
myCollection.AsParallel().AsOrdered()...
```

调用 AsOrdered 后，PLINQ 必须追踪每一个元素的原始位置，因此当元素数量巨大时就会影响性能。

调用 AsUnordered 可以在稍后的查询中抵消 AsOrdered 的效果，它会引入"随机洗牌点"从而使查询更高效地执行。因此，如果我们只需要在前两次查询中保持输入序列元素的顺序，则可以使用如下写法：

```
inputSequence.AsParallel().AsOrdered()
  .QueryOperator1()
  .QueryOperator2()
  .AsUnordered()          // From here on, ordering doesn't matter
  .QueryOperator3()
  ...
```

AsOrdered 不是大多数查询的默认行为。对于它们来说，初始的输入顺序并不重要。换句话说，如果 AsOrdered 是默认行为的话，则大部分并行查询都需要使用 AsUnordered 来获得最佳性能，这会给开发者带来负担。

22.2.3 PLINQ 的限制

目前能够被 PLINQ 并行化的内容是非常有限的。以下的查询运算符默认会阻止查询并行化，除非源序列中的元素本身就位于初始的索引位置：

> 含有索引参数的 Select、SelectMany，以及 ElementAt 运算符。

大多数查询运算符会改变元素的索引位置（包括那些会将元素移除的运算符，例如 Where）。因此，如果需要这些运算符，则通常需要在查询的起始处使用。

以下运算符是可以并行化的，但由于划分的策略很复杂，因此有可能在一些情况下处理速度比顺序处理还要慢：

> Join, GroupBy, GroupJoin, Distinct, Union, Intersect, and Except

标准的 Aggregate 运算符中具有自定义种子参数的重载是无法并行化的，PLINQ 专门为其提供了特殊的重载来处理这个问题（请参见 22.2.8 节）。

所有其他运算符都是可以并行化的，但使用这些运算符并不能保证查询一定会并行化。如果有任何迹象表明并行化的开销会降低特定查询的速度，则 PLINQ 有可能会

选择让查询顺序执行。当然，若需要更改这一行为，强制进行并行化，则可以在调用
AsParallel() 方法之后加入如下代码：

```
.WithExecutionMode (ParallelExecutionMode.ForceParallelism)
```

22.2.4 示例：并行拼写检查器

假定我们要编写一个拼写检查器，该检查器可以利用所有的核心迅速对大型文档进行拼
写检查。我们会将算法写为一个 LINQ 查询语句从而方便将算法并行化。

拼写检查的第一步是将英语字典下载到一个 HashSet 中以便进行快速查找：

```
if (!File.Exists ("WordLookup.txt")    // Contains about 150,000 words
  File.WriteAllText ("WordLookup.txt",
    await new HttpClient().GetStringAsync (
      "http://www.albahari.com/ispell/allwords.txt"));

var wordLookup = new HashSet<string> (
  File.ReadAllLines ("WordLookup.txt"),
  StringComparer.InvariantCultureIgnoreCase);
```

接下来我们将用这些单词创建一份"测试文档"，该文档是一个 100 万个随机单词组成
的数组。在数组构建完毕之后，我们将引入一些拼写错误：

```
var random = new Random();
string[] wordList = wordLookup.ToArray();

string[] wordsToTest = Enumerable.Range (0, 1000000)
  .Select (i => wordList [random.Next (0, wordList.Length)])
  .ToArray();

wordsToTest [12345] = "woozsh";      // Introduce a couple
wordsToTest [23456] = "wubsie";      // of spelling mistakes.
```

现在就可以基于 wordLookup 对 wordsToTest 进行并行拼写检查了。PLINQ 令这种操作
变得非常简单：

```
var query = wordsToTest
  .AsParallel()
  .Select  ((word, index) => new IndexedWord { Word=word, Index=index })
  .Where   (iword => !wordLookup.Contains (iword.Word))
  .OrderBy (iword => iword.Index);

foreach (var mistake in query)
  Console.WriteLine (mistake.Word + " - index = " + mistake.Index);

// OUTPUT:
// woozsh - index = 12345
// wubsie - index = 23456
```

其中 IndexedWord 是一个自定义结构体：

```
struct IndexedWord { public string Word; public int Index; }
```

在上述代码中，谓词中的 wordLookup.Contains 方法增加了该查询的重要性，因而值得对查询进行并行化。

 我们可以使用一个匿名类型来代替 IndexedWord，从而令查询简化。但这可能会损害性能，因为匿名类型（是一个类因此属于引用类型）会在堆上进行分配并将引入后续进行垃圾回收的开销。

这点区别可能不足以影响顺序查询，但是对于并行查询来说，基于栈的分配要具有明显的优势，因为基于栈的分配是高度并行化的（每一个线程拥有它自身的栈）。而相反，基于堆的分配会导致所有线程在同一个堆上竞争，它们全部都由同一个内存管理器和垃圾回收器托管。

22.2.4.1 使用 ThreadLocal<T>

接下来我们不妨将随机生成测试词汇列表的过程也进行并行化。我们可以简单地将这个过程组织为一个 LINQ 查询。以下是顺序查询版本：

```
string[] wordsToTest = Enumerable.Range (0, 1000000)
  .Select (i => wordList [random.Next (0, wordList.Length)])
  .ToArray();
```

但是，由于 random.Next 方法并不是线程安全的，因此我们不能直接在整个查询之前添加 AsParallel()。一种解决方案是编写一个函数锁定 random.Next 调用，但是这样会限制并发性。更好的选择是使用 ThreadLocal<Random>（请参见 21.8 节）为每一个线程创建一个 Random 对象。然后再执行并行化查询：

```
var localRandom = new ThreadLocal<Random>
 ( () => new Random (Guid.NewGuid().GetHashCode()) );

string[] wordsToTest = Enumerable.Range (0, 1000000).AsParallel()
  .Select (i => wordList [localRandom.Value.Next (0, wordList.Length)])
  .ToArray();
```

在工厂函数实例化 Random 对象时，我们将 Guid 的哈希值作为种子，以避免两个短时间内创建的 Random 对象生成相同的随机数序列。

何时使用 PLINQ

找到现有的 LINQ 查询，并将其并行化这种想法看起来非常诱人。但通常这是不现实的，因为对于大多数问题，LINQ 本身就是最佳方案，它们执行速度非常快，根本无法从并行化中再获得任何好处。因此一个更好的策略是找到大量使用 CPU 的瓶颈并考虑是否可以将其转换为 LINQ 查询。（这种结构改变还有一个好处，即 LINQ 往往会令代码变得更小巧，更易读。）

PLINQ 十分适合于解决易于并行的问题，但是它可能并不适合进行图像处理，因为将上百万个像素整理为输出序列本身可能就是一个瓶颈。但是，若使用 Parallel 类或者任务并行来管理多线程运算，而直接将像素写入输出序列或者非托管内存块则可能会产生更好的结果。（若图像处理算法本身适于使用 LINQ，那么也可以使用 ForAll 来进行结果整理，我们将在 22.2.8 节讨论这个内容。）

22.2.5 纯函数

由于 PLINQ 会在并行线程上执行查询，因此必须注意保证操作的线程安全性。特别地，写入变量可能具有副作用，从而影响线程安全性。

```
// The following query multiplies each element by its position.
// Given an input of Enumerable.Range(0,999), it should output squares.
int i = 0;
var query = from n in Enumerable.Range(0,999).AsParallel() select n * i++;
```

我们可以使用锁保护 i 的自增操作，但是这不能解决 i 有可能无法对应输入元素的位置的问题。若使用 AsOrdered 方法虽然能保证元素输出顺序和输入顺序一致，但仍无法解决这个问题，因为其处理次序并不一定是顺序的。

因此，正确的方案是使用带有索引版本的 Select 重新编写查询：

```
var query = Enumerable.Range(0,999).AsParallel().Select ((n, i) => n * i);
```

为了实现最佳性能，任何查询运算符调用的方法都应当是线程安全的，它们不应当更新字段或者属性的值（没有副作用，或者是纯函数）。如果使用锁实现线程安全性，则查询的并行化的潜力就会受到锁定持续时间除以该函数花费的总体时间的限制。

22.2.6 设置并行级别

默认情况下，PLINQ 会根据处理器的情况选择最合适的并行级别。如需修改这个设置，可在 AsParallel 方法之后调用 WithDegreeOfParallelism 方法：

```
...AsParallel().WithDegreeOfParallelism(4)...
```

当执行 I/O 密集型作业（例如，同时下载多个网页）时，就可能需要将并行数目增加到内核数量之上。然而，此处使用任务组合器和异步函数则显得更加简单高效（参见 14.6.4 节）。和 Task 不同，PLINQ 执行 I/O 密集型作业时一定会阻塞线程（对于线程池线程来说尤其糟糕）。

更改并行级别

在一个 PLINQ 查询中只能调用一次 WithDegreeOfParallelism。如果需要再次调用它必须在查询中再次调用 AsParallel() 方法，从而强制合并并重新进行划分：

```
"The Quick Brown Fox"
  .AsParallel().WithDegreeOfParallelism (2)
  .Where (c => !char.IsWhiteSpace (c))
  .AsParallel().WithDegreeOfParallelism (3)    // Forces Merge + Partition
  .Select (c => char.ToUpper (c))
```

22.2.7 取消操作

若在 foreach 循环中消费 PLINQ 查询的结果，则只需要跳出 foreach 循环查询就会自动取消，因为其中的枚举器会被隐式销毁。

对于以转换、元素类操作以及聚合操作运算符终止的查询，可使用取消令牌在另一个线程中取消该操作（请参见 14.6.1 节）。若使用取消令牌，则应在调用 AsParallel 方法之后，调用 WithCancellation 方法，并以 CancellationTokenSource 对象的 Token 属性值作为参数。另一个线程可以调用 CancellationTokenSource 对象的 Cancel 方法。注意，该操作会在查询的消费端抛出 OperationCanceledException 异常：

```
IEnumerable<int> million = Enumerable.Range (3, 1000000);

var cancelSource = new CancellationTokenSource();

var primeNumberQuery =
  from n in million.AsParallel().WithCancellation (cancelSource.Token)
  where Enumerable.Range (2, (int) Math.Sqrt (n)).All (i => n % i > 0)
  select n;

new Thread (() => {
                    Thread.Sleep (100);       // Cancel query after
                    cancelSource.Cancel();    // 100 milliseconds.
                  }
           ).Start();
try
{
  // Start query running:
  int[] primes = primeNumberQuery.ToArray();
  // We'll never get here because the other thread will cancel us.
}
catch (OperationCanceledException)
{
  Console.WriteLine ("Query canceled");
}
```

PLINQ 在取消时会等待每一个工作线程处理完当前的元素之后再中止查询。这意味着，查询过程中调用的任何外部方法都会完整执行。

22.2.8 PLINQ 优化

22.2.8.1 输出端优化

PLINQ 的优点之一是它能够方便地将并行化工作的结果整理到一个输出序列中。但有的时候结束时要做的工作只是在序列的每一个元素上执行一些函数：

```
foreach (int n in parallelQuery)
    DoSomething (n);
```

如果以上情况属实，而且并不关心元素处理的顺序，则可以使用 PLINQ 的 ForAll 方法提高效率。

ForAll 方法会在每一个 ParallelQuery 的输出元素上运行一个委托。该方法会直接嵌入 PLINQ 内部，跳过整理和枚举步骤。以下是一个常见的示例：

```
"abcdef".AsParallel().Select (c => char.ToUpper(c)).ForAll (Console.Write);
```

图 22-3 形象地展示了这个过程。

 整理并枚举结果并不是一个昂贵与复杂的过程，因此当存在大量快速执行的输入元素时，才能发挥 ForAll 的优化效果。

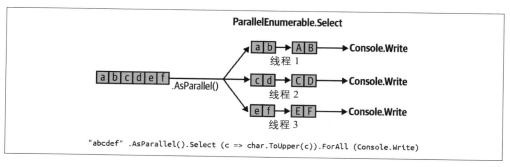

图 22-3: PLINQ ForAll

22.2.8.2 输入端优化

PLINQ 有如下三种将输入元素指派到线程的划分策略：

策略	元素分配	相对性能
块划分	动态	平均水平
范围划分	静态	不佳到极佳
哈希值划分	静态	不佳

PLINQ 在那些需要进行元素比较的查询运算符（GroupBy、Join、GroupJoin、Intersect、Except、Union 和 Distinct）上总是会使用哈希值划分策略。哈希值划分的效率相对较低，因为它必须先计算每一个元素的哈希值才能将哈希值相同的元素放在同一个线程上进行处理。如果认为这样做的速度太慢，则只能调用 AsSequential 方法禁用并

行化。

若使用其他查询运算符，则可以选择使用范围划分或者块划分策略。在默认情况下：

- 如果输入序列是有索引的（它是一个数组或者它实现了 IList<T>），则 PLINQ 会选择使用范围划分策略。

- 否则，PLINQ 会选择使用块划分策略。

概括来说，若输入序列很长，并且处理每一个元素花费的 CPU 时间大致相等，则范围划分策略执行更快；否则，往往是块划分执行的速度更快。

若需要强制进行范围划分：

- 如果查询是以 Enumerable.Range 开始的，则使用 ParallelEnumerable.Range 来代替它。

- 否则，可以直接在输入序列上简单调用 ToList 或 ToArray 方法（但这种方式将显著影响性能，在使用时一定要将这个因素考虑在内）。

 ParallelEnumerable.Range 不是 Enumerable.Range(...).AsParallel() 的快捷写法，它通过激活范围划分策略改善了查询的性能。

若要强制使用块划分，则需要调用 Partitioner.Create 方法（位于 System.Collection.Concurrent 命名空间下）对输入序列进行包装：

```
int[] numbers = { 3, 4, 5, 6, 7, 8, 9 };
var parallelQuery =
  Partitioner.Create (numbers, true).AsParallel()
  .Where (...)
```

Partitioner.Create 方法的第二个参数指定是否需要对查询进行负载均衡处理，而这正是块划分策略的表示方式。

块划分策略会令每一个工作线程定期提取输入序列中的小"块"元素进行处理（参见图 22-4）。PLINQ 一开始会分配非常小的块（每一个块一到两个元素），然后随着查询的进展而增加数量，这可以确保小的序列能够充分并行化，而大的序列也不会导致过度的重复过程。如果一个工作线程恰好拿到了容易处理的元素（处理速度非常快），那么它最终会处理更多的块。这个系统可以令各个线程保持同等忙碌的状态（各个内核也是"平衡"的）。唯一的劣势在于从共享的输入序列中获取元素需要进行同步（通常是排他锁），而这可能导致一些开销和竞争。

范围划分跳过了常规的输入端枚举过程，它可以预先给每一个工作线程分配同等数量的元素，从而避免了输入序列上的竞争。但是如果一些线程对元素快速完成了处理，它们就将无事可做，而其他线程则还需要继续工作。因此，对于之前的素数计算器来说，使用范围划分很可能会性能不佳，而在计算前 1000 万个整数的平方根和时，使用范围划分策略则效果非凡：

```
ParallelEnumerable.Range (1, 10000000).Sum (i => Math.Sqrt (i))
```

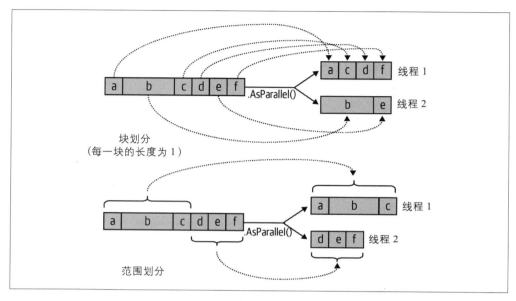

图 22-4：块划分与范围划分

由于 ParallelEnumerable.Range 的返回值类型为 ParallelQuery<T>，因此无须再调用 AsParallel。

 范围划分策略不一定会以连续块的形式分配元素范围，相反，它可能会选择一种"条纹式"的策略。例如，如果有两个工作线程，则很可能一个工作线程处理奇数编号的元素，而另一个工作线程处理偶数编号的元素。TakeWhile 运算符基本上会使用条纹式策略以避免对后续元素进行不必要的处理。

22.2.8.3 优化自定义聚合

PLINQ 在无须任何其他操作的情况下就可以将 Sum、Average、Min、Max 运算符有效并行化。然而 Aggregate 运算符却给 PLINQ 带来了特殊的挑战。我们在第 9 章介绍过，Aggregate 执行自定义聚合操作，例如，以下代码模仿 Sum 对一组数字序列求和：

```
int[] numbers = { 1, 2, 3 };
int sum = numbers.Aggregate (0, (total, n) => total + n);   // 6
```

在第 9 章中，我们还发现对于不指定种子的聚合操作而言，所提供的委托必须满足交换性和结合性。如果不满足这个规则，则 PLINQ 就会得出错误的结果。这是因为 PLINQ 需要为输入序列生成多个种子，从而可以同时从多个分块序列中进行聚合。

显式提供种子的聚合在 PLINQ 中看起来是一种更安全的选择，但是，由于对于单个种子的依赖，这种查询会顺序执行。为了解决这个问题，PLINQ 提供了另外一种 Aggregate 重载。我们可以在这种重载中指定多个种子，更确切地说是一个种子的工厂函数。每一个线程都会执行这个函数来生成一个独立的种子，这些种子会成为线程本地的累加器，对本地元素进行聚合操作。

除了种子工厂函数之外，还需要提供一个函数将线程本地累加器和主累加器结合起来。这种 Aggregate 重载还允许在最后提供一个（看起来没有什么必要的）委托，将聚合之后的结果进行任意形式的转换从而得到最终结果（我们也可以在得到累加结果之后执行自定义函数来实现这个功能）。因此这个重载需要四个委托，以下按照顺序列出了这四个委托：

seedFactory
    返回一个新的本地累加器。

updateAccumulatorFunc
    将元素聚合到一个本地累加器中。

combineAccumulatorFunc
    将本地累加器与主累加器结合。

resultSelector
    在最终的结果上应用任意的转换。

在简单的应用场景中，还可以指定一个种子值来代替种子工厂。但是如果种子是引用类型，则这种做法就会失败，因为这会导致所有线程共享同一个实例。

举一个非常简单的例子，以下代码对 numbers 数组中的值进行求和：

```
numbers.AsParallel().Aggregate (
  () => 0,                                    // seedFactory
  (localTotal, n) => localTotal + n,          // updateAccumulatorFunc
  (mainTot, localTot) => mainTot + localTot,  // combineAccumulatorFunc
  finalResult => finalResult)                 // resultSelector
```

上述示例仅仅作为演示之用，实际上，我们使用更简单的方式（例如，不使用种子的聚合，或者使用 Sum 运算符）就可以高效地得到和上例一样的结果。以下举一个更加实际的例子，假定我们需要计算给定字符串中，英语字母表中每一个字母的出现频率，则简单的顺序解决方案为：

```
string text = "Let's suppose this is a really long string";
var letterFrequencies = new int[26];
foreach (char c in text)
{
  int index = char.ToUpper (c) - 'A';
  if (index >= 0 && index < 26) letterFrequencies [index]++;
};
```

 基因序列分析的输入文本是很长的，并且字母表中仅包含 *a*、*c*、*g*、*t* 四个字母[译注1]。

可以使用 Parallel.ForEach（我们将在接下来一节介绍）代替 foreach 语句将上述程序并行化，但这种方式需要自行处理共享数组上的并发问题。如果在数组的访问上加锁，则会破坏并行化的程度。

Aggregate 方法则提供了一种简洁的解决方案。本例中的累加器是一个数组，就像是例子中的 letterFrequencies 一样。首先我们给出使用顺序版本的 Aggregate 解决方案：

```
int[] result =
  text.Aggregate (
    new int[26],                      // Create the "accumulator"
    (letterFrequencies, c) =>         // Aggregate a letter into the accumulator
    {
      int index = char.ToUpper (c) - 'A';
      if (index >= 0 && index < 26) letterFrequencies [index]++;
      return letterFrequencies;
    });
```

而对于并行版本，则需要使用 PLINQ 的重载：

```
int[] result =
  text.AsParallel().Aggregate (
    () => new int[26],                  // Create a new local accumulator

    (localFrequencies, c) =>            // Aggregate into the local accumulator
    {
      int index = char.ToUpper (c) - 'A';
      if (index >= 0 && index < 26) localFrequencies [index]++;
      return localFrequencies;
    },
                                        // Aggregate local->main accumulator
    (mainFreq, localFreq) =>
      mainFreq.Zip (localFreq, (f1, f2) => f1 + f2).ToArray(),

    finalResult => finalResult          // Perform any final transformation
  );                                    // on the end result.
```

译注1：四个字母分别代表 *a*：腺嘌呤、*c*：胞嘧啶、*g*：鸟嘌呤、*t*：胸腺嘧啶。

注意，本地累加函数修改了 `localFrequencies` 数组。能够执行这种优化是非常重要的，并且也是合理的，因为 `localFrequencies` 对于每一个线程而言都是本地的。

22.3 Parallel 类

PFX 在 `Parallel` 类中提供了如下三个静态方法作为结构化并行的基本形式：

`Parallel.Invoke` 方法
    并行执行一组委托。

`Parallel.For` 方法
    执行与 C# `for` 循环等价的并行方法。

`Parallel.ForEach` 方法
    执行与 C# 的 `foreach` 循环等价的并行方法。

这三个方法都会阻塞线程直到所有工作完成为止。和 PLINQ 一样，在出现未处理异常之后，其他的工作线程将会在它们当前的迭代完成之后停止，并将异常包装为 `AggregateException` 抛出给调用者（请参见 22.5 节）。

22.3.1 Parallel.Invoke 方法

`Parallel.Invoke` 方法并行执行一组 `Action` 委托，然后等待它们完成。该方法最简单的定义方式如下：

```
public static void Invoke (params Action[] actions);
```

和 PLINQ 一样，`Parallel.*` 方法是针对计算密集型任务而不是 I/O 密集型任务进行优化的。但是，我们可以使用一次下载两个网页的方式来简单展示 `Parallel.Invoke` 的用法：

```
Parallel.Invoke (
  () => new WebClient().DownloadFile ("http://www.linqpad.net", "lp.html"),
  () => new WebClient().DownloadFile ("http://microsoft.com", "ms.html"));
```

从表面看来 `Parallel.Invoke` 就像是创建了两个绑定到线程的 `Task` 对象，然后等待它们执行结束的快捷操作。但是它们存在一个重要区别，如果将 100 万个委托传递给 `Parallel.Invoke` 方法，则它仍然能够有效工作。这是因为该方法会将大量的元素划分为若干批次，并将其分派给底层的 `Task`，而不会单纯为每一个委托创建一个独立的 `Task`。

所有的 `Parallel` 方法都需要自行整理结果，这意味着在过程中要时刻注意线程安全性。例如，以下代码就不是线程安全的：

```
var data = new List<string>();
Parallel.Invoke (
  () => data.Add (new WebClient().DownloadString ("http://www.foo.com")),
  () => data.Add (new WebClient().DownloadString ("http://www.far.com")));
```

向列表中添加元素的时候使用锁虽然可以解决这个问题，但如果存在大量快速执行的委托，则锁就会造成瓶颈。一种更好的解决方案是使用线程安全的集合（我们会在本章后续内容中进行介绍），在这个例子中，使用 ConcurrentBag 是理想的选择。

Parallel.Invoke 方法的重载方法还可以接受一个 ParallelOptions 对象：

```
public static void Invoke (ParallelOptions options,
                           params Action[] actions);
```

我们可以在 ParallelOptions 对象中插入取消令牌、限制最大的并发数目，以及指定自定义的任务调度器。当我们的（大致）任务数目多于核心数目时就可以使用取消令牌：在取消时，会丢弃没有开始执行的委托，而已经开始执行的委托将会继续执行直至完毕。关于取消令牌的使用方式，请参见 14.6.1 节。

22.3.2 Parallel.For 方法和 Parallel.ForEach 方法

Parallel.For 和 Parallel.ForEach 分别等价于 C# 中的 for 和 foreach 循环，但是每一次迭代都是并行而非顺序执行的。以下给出了这两个方法最简单的声明：

```
public static ParallelLoopResult For (
  int fromInclusive, int toExclusive, Action<int> body)

public static ParallelLoopResult ForEach<TSource> (
  IEnumerable<TSource> source, Action<TSource> body)
```

对于以下按照顺序执行的 for 循环：

```
for (int i = 0; i < 100; i++)
  Foo (i);
```

其并行化代码为：

```
Parallel.For (0, 100, i => Foo (i));
```

或者可以更简洁地写为：

```
Parallel.For (0, 100, Foo);
```

而对于以下的顺序 foreach 循环：

```
foreach (char c in "Hello, world")
  Foo (c);
```

并行化后写为：

```
Parallel.ForEach ("Hello, world", Foo);
```

再举一个实际的例子。以下代码中导入了 System.Security.Cryptography 命名空间，并用如下方式并行生成 6 个公钥 / 私钥对：

```
var keyPairs = new string[6];

Parallel.For (0, keyPairs.Length,
             i => keyPairs[i] = RSA.Create().ToXmlString (true));
```

和 Parallel.Invoke 方法一样，Parallel.For 和 Parallel.ForEach 也可以接收大量的工作项目并将其有效划分到若干任务中执行。

上述查询也可以使用如下 PLINQ 完成：

```
string[] keyPairs =
   ParallelEnumerable.Range (0, 6)
   .Select (i => RSA.Create().ToXmlString (true))
   .ToArray();
```

22.3.2.1 外层循环与内层循环

Parallel.For 和 Parallel.ForEach 通常在外层循环上相比内层循环效果更好。这是因为前者通常为并行化提供了更大的工作块，而这可以降低管理开销。通常，同时将内层和外层循环并行化是没有必要的。在接下来的例子中，我们通常需要有超过 100 个核心的处理器才能从内层循环并行化中获益：

```
Parallel.For (0, 100, i =>
{
  Parallel.For (0, 50, j => Foo (i, j));   // Sequential would be better
});                                        // for the inner loop.
```

22.3.2.2 包含索引的 Parallel.ForEach 方法

在有些情况下，循环迭代中的索引用处很大。对于顺序执行的 foreach 循环中，我们容易获得索引：

```
int i = 0;
foreach (char c in "Hello, world")
  Console.WriteLine (c.ToString() + i++);
```

但是在并行上下文中，递增一个共享变量的值不是线程安全的。因此必须使用以下版本的 ForEach 语句：

```
public static ParallelLoopResult ForEach<TSource> (
   IEnumerable<TSource> source, Action<TSource,ParallelLoopState,long> body)
```

请先忽略 ParallelLoopState（我们会在接下来的章节中介绍它），而是将注意力放在 Action 的第三个 long 类型的参数上，这个参数就是当前循环的索引：

```
Parallel.ForEach ("Hello, world", (c, state, i) =>
{
    Console.WriteLine (c.ToString() + i);
});
```

为了在实际环境中使用它，我们仍以前面使用 PLINQ 编写的拼写检查器为例。以下代码将加载一个字典和一个包含 100 万个测试单词的数组：

```
if (!File.Exists ("WordLookup.txt"))    // Contains about 150,000 words
  new WebClient().DownloadFile (
    "http://www.albahari.com/ispell/allwords.txt", "WordLookup.txt");

var wordLookup = new HashSet<string> (
  File.ReadAllLines ("WordLookup.txt"),
  StringComparer.InvariantCultureIgnoreCase);

var random = new Random();
string[] wordList = wordLookup.ToArray();

string[] wordsToTest = Enumerable.Range (0, 1000000)
  .Select (i => wordList [random.Next (0, wordList.Length)])
  .ToArray();

wordsToTest [12345] = "woozsh";     // Introduce a couple
wordsToTest [23456] = "wubsie";     // of spelling mistakes.
```

我们可以使用索引化的 Parallel.ForEach 方法对 wordsToTest 执行拼写检查：

```
var misspellings = new ConcurrentBag<Tuple<int,string>>();

Parallel.ForEach (wordsToTest, (word, state, i) =>
{
  if (!wordLookup.Contains (word))
    misspellings.Add (Tuple.Create ((int) i, word));
});
```

需要注意的是，我们必须将结果整理到一个线程安全的集合中，这是与 PLINQ 相比的缺点。而这种方式胜过 PLINQ 之处在于索引化的 ForEach 比索引化的 Select 查询运算符的执行效率高。

22.3.2.3 ParallelLoopState 提前跳出循环

由于并行的 For 或 ForEach 的循环体是一个委托，因此我们无法使用 break 语句提前结束循环。但是可以调用 ParallelLoopState 对象的 Break 方法或者 Stop 方法来跳出或者结束循环：

```
public class ParallelLoopState
{
  public void Break();
  public void Stop();

  public bool IsExceptional { get; }
  public bool IsStopped { get; }
  public long? LowestBreakIteration { get; }
```

```
    public bool ShouldExitCurrentIteration { get; }
  }
```

获得 ParallelLoopState 很容易，所有的 For 和 ForEach 都有以 Action<TSource, ParallelLoopState> 为循环体的重载。因此，如果需要并行化如下代码：

```
foreach (char c in "Hello, world")
  if (c == ',')
    break;
  else
    Console.Write (c);
```

可以这样做：

```
Parallel.ForEach ("Hello, world", (c, loopState) =>
{
  if (c == ',')
    loopState.Break();
  else
    Console.Write (c);
});

// OUTPUT: Hlloe
```

从输出可以看到，循环体的完成顺序是随机的。除了这点区别，调用 Break 仍然会生成与顺序循环相同的元素。上述示例将始终以某种顺序输出字母 H、e、l、l、o。相反，若不调用 Break 而是调用 Stop，则会强制所有线程在此次迭代完成后退出。在上述例子中，若一个线程出现滞后，则调用 Stop 会产生一个 H、e、l、l、o 的子集。若我们已经找到了需要的内容，或者由于发生了某种错误而无须再继续查找，则调用 Stop 是非常合适的。

Parallel.For 和 Parallel.ForEach 方法将返回一个 ParallelLoopResult 对象。该对象的 IsCompleted 属性和 LowestBreakIteration 属性将表明循环是否已经结束，如果没有结束，则第二个属性表明在哪一个迭代周期循环退出。

如果 LowestBreakIteration 返回 null[译注2]，则表示在循环上调用了 Stop（而非 Break）。

如果循环体很长，则当遇到 Break 或者 Stop 时，可能希望其他线程能够在中途退出。这可以通过在循环体中轮询 ShouldExitCurrentIteration 实现。这个属性的值会在 Stop 调用之后或者 Break 调用后很短的时间内变为 true。

在出现取消请求，或者在循环中抛出异常的情况下，ShouldExitCurrentIteration 属性值也会变为 true。

译注 2：LowestBreakIteration 的类型是 Nullable<long>。

IsException 属性可用于指示其他线程是否出现了异常。任何未处理的异常都会导致循环的所有线程在当前迭代完成后停止。如果要避免循环中止，则必须在代码中显式处理异常。

22.3.2.4 使用本地值进行优化

Parallel.For 和 Parallel.ForEach 方法均提供了一组接受 TLocal 泛型类型参数的重载，这些重载方法可帮助优化密集迭代循环过程中的结果整理工作，其中最简单的形式如下：

```
public static ParallelLoopResult For <TLocal> (
    int fromInclusive,
    int toExclusive,
    Func <TLocal> localInit,
    Func <int, ParallelLoopState, TLocal, TLocal> body,
    Action <TLocal> localFinally);
```

这些重载都非常复杂，在实际中也很少用到，幸运的是，大部分应用场景都可以通过 PLINQ 解决。

大部分问题和以下例子类似，假设我们要对 1～10 000 000 之间的数字的平方根求和。计算 1000 万个平方根这种工作很容易并行化，但是对它们的值求和却有点麻烦，因为我们需要锁定并更新最终结果：

```
object locker = new object();
double total = 0;
Parallel.For (1, 10000000,
              i => { lock (locker) total += Math.Sqrt (i); });
```

并行化的效果大部分都被 1000 万个锁操作和因此而带来的阻塞抵消了。

实际上，并不需要 1000 万次的锁操作。考虑这样一种情况，假设有一组志愿者需要收集大量的垃圾，如果所有的志愿者都共享一个垃圾桶，那么移动和竞争将显著降低收集效率。显然，一种更加有效的方式是让每一个志愿者都有仅属于自己的（本地）垃圾桶，而只是偶尔将自己的垃圾倒入主垃圾桶中。

拥有 TLocal 的 For 和 ForEach 重载就是按照上述方式工作的。志愿者就是内部的工作线程，本地值就是本地垃圾桶。为了保证 Parallel 类型的工作，我们还需要提供两个额外的委托，分别负责：

1. 初始化一个新的本地值。

2. 将本地聚合值和主要结果值进行合并。

此外，循环体委托的返回值也不是 void 而是本地值的聚合结果。以下是重构之后的代码：

```
object locker = new object();
double grandTotal = 0;

Parallel.For (1, 10000000,

  () => 0.0,                         // Initialize the local value.

  (i, state, localTotal) =>          // Body delegate. Notice that it
    localTotal + Math.Sqrt (i),      // returns the new local total.

  localTotal =>                                  // Add the local value
    { lock (locker) grandTotal += localTotal; }  // to the master value.
);
```

虽然我们仍需要锁定，但是这个锁定过程只会在本地结果和最终结果合并时发生，因此整个过程会更加高效。

如前所述，这种场景使用 PLINQ 往往会更加有效。上述例子可以直接用 PLINQ 进行并行化：

```
ParallelEnumerable.Range (1, 10000000)
                    .Sum (i => Math.Sqrt (i))
```

（注意，我们使用了 ParallelEnumerable 来强制进行范围划分。这种方式可以提高这个例子的性能，因为几乎所有的数字处理时间都是相等的。）

在更加复杂的应用场景中，可以使用 LINQ 的 Aggregate 运算符来代替 Sum。Aggregate 中的“种子”工厂委托和 Parallel.For 的本地值是非常相似的。

22.4 任务并行

任务并行是 PFX 中最底层的并行化方式，相关的类型定义在 System.Threading.Tasks 命名空间中，其中包括：

类	用途
Task	管理一个工作单元
Task<TResult>	管理一个带有返回值的工作单元
TaskFactory	创建任务
TaskFactory<TResult>	创建任务或创建具有指定返回类型的延续任务
TaskScheduler	管理任务的调度方式
TaskCompletionSource	手动控制任务的工作流

我们在第 14 章中已经介绍了任务的基础，在本节中，我们将着重介绍并行编程中的高级任务特性，它们是：

- 调整任务调度方式。

- 从一个任务中启动另一个任务，并确认其父 / 子关系。

- 延续的高级使用方式。

- TaskFactory。

 我们可以使用任务并行库以最小的开销创建成百上千的任务。但是如果需要创建上百万个任务，则需要将这些任务分配到更大的工作单元中以保证效率。Parallel 类和 PLINQ 可以自动实现这一点。

 Visual Studio 提供了任务监视窗口 ["调试"（Debug）→"窗口"（Window）→"并行任务"（Parallel Task）]。该窗口和线程窗口很相似，只不过它只用于任务。相应地，"并行调用栈"（Parallel Stacks）窗口也提供了一种用于任务的特殊模式。

22.4.1 创建并启动任务

第 14 章介绍过，Task.Run 方法会创建并启动一个 Task 或者 Task<TResult> 对象。这个方法实际上和 Task.Factory.StartNew 是等价的。后者具有更多的重载版本，也更具灵活性。

22.4.1.1 指定状态对象

Task.Factory.StartNew 方法可以指定一个状态对象，这个对象会作为参数传递给目标方法，因此目标方法的签名中也必须包含一个 object 类型的参数：

```
var task = Task.Factory.StartNew (Greet, "Hello");
task.Wait();  // Wait for task to complete.

void Greet (object state) { Console.Write (state); }   // Hello
```

上述方式可以避免在 Lambda 表达式中直接调用 Greet 而造成的闭包开销。这种优化并不明显，因此实践中很少使用。但我们可以利用状态对象来给任务指定一个有意义的名称，之后就可以使用 AsyncState 属性查询这个名称：

```
var task = Task.Factory.StartNew (state => Greet ("Hello"), "Greeting");
Console.WriteLine (task.AsyncState);   // Greeting
task.Wait();

void Greet (string message) { Console.Write (message); }
```

 Visual Studio 在并行任务窗口中会显示每一个任务的 AsyncState，因此取一个有意义的名字可以让调试变得更加轻松。

22.4.1.2 TaskCreationOptions

在调用 StartNew 方法（或在实例化 Task 对象）时，可以指定一个 TaskCreationOptions 枚举值来调整任务的执行方式。TaskCreationOptions 是一个标志枚举类型，它包含以下这些可以组合的值：

    LongRunning, PreferFairness, AttachedToParent

LongRunning 字段会令调度器为任务指定一个线程。在第 14 章中我们介绍过，这种方式非常适合 I/O 密集型任务和长时间执行的任务。如果不这样做，那么那些执行时间很短的任务反而可能需要等待很长的时间才能被调度。

PreferFairness 会令任务调度器的调度顺序尽可能和任务的开始顺序一致。但通常它会采用另外一种方式，即使用一个本地工作窃取队列来进行内部任务调度优化。这种优化可以在不增加竞争开销的情况下创建子任务（而如果只使用一个单一队列则不然）。子任务在创建时指定了 AttachedToParent 选项。

22.4.1.3 子任务

当一个任务启动另一个任务时，可以为它们确定父子任务关系：

```
Task parent = Task.Factory.StartNew (() =>
{
  Console.WriteLine ("I am a parent");

  Task.Factory.StartNew (() =>        // Detached task
  {
    Console.WriteLine ("I am detached");
  });

  Task.Factory.StartNew (() =>        // Child task
  {
    Console.WriteLine ("I am a child");
  }, TaskCreationOptions.AttachedToParent);
});
```

子任务是一类特殊的任务，因为父任务必须在所有子任务结束之后才能结束。而父任务结束时，子任务中发生的异常才会向上抛出：

```
TaskCreationOptions atp = TaskCreationOptions.AttachedToParent;
var parent = Task.Factory.StartNew (() =>
{
  Task.Factory.StartNew (() =>   // Child
  {
    Task.Factory.StartNew (() => { throw null; }, atp);   // Grandchild
  }, atp);
});

// The following call throws a NullReferenceException (wrapped
// in nested AggregateExceptions):
parent.Wait();
```

这种行为在子任务是一个延续任务时尤其有用，我们稍后就会介绍这一点。

22.4.2 等待多个任务

在第 14 章中，若要等待一个任务，则可以调用它的 Wait 方法或者访问 Result 属性（如果它的类型是 Task<TResult>）。我们也可以调用 Task.WaitAll（等待所有任务执行结束）静态方法和 Task.WaitAny（等待任意一个任务执行结束）同时等待多个任务。

WaitAll 方法类似于轮流等待每一个任务，但是它的效率更高，因为它至多只需要进行一次上下文切换。此外，如果有一个或者多个任务中抛出了未处理的异常，则 WaitAll 仍然会等待所有任务完成，然后再组合所有失败任务的异常，重新抛出一个 AggregateException（而这也是 AggregateException 发挥真正作用的时候）。以上过程相当于：

```
// Assume t1, t2 and t3 are tasks:
var exceptions = new List<Exception>();
try { t1.Wait(); } catch (AggregateException ex) { exceptions.Add (ex); }
try { t2.Wait(); } catch (AggregateException ex) { exceptions.Add (ex); }
try { t3.Wait(); } catch (AggregateException ex) { exceptions.Add (ex); }
if (exceptions.Count > 0) throw new AggregateException (exceptions);
```

调用 WaitAny 相当于等待一个 ManualResetEventSlim 对象，这个对象会在任意一个任务完成时触发。

除了超时时间之外，还可以向每一个 Wait 方法中传入一个取消令牌来取消等待过程（而不是取消任务本身）。

22.4.3 取消任务

在启动任务时，我们可以传入一个取消令牌。若通过该令牌执行取消操作，则任务本身就会进入"已取消"状态：

```
var cts = new CancellationTokenSource();
CancellationToken token = cts.Token;
cts.CancelAfter (500);

Task task = Task.Factory.StartNew (() =>
{
  Thread.Sleep (1000);
  token.ThrowIfCancellationRequested();  // Check for cancellation request
}, token);

try { task.Wait(); }
catch (AggregateException ex)
{
  Console.WriteLine (ex.InnerException is TaskCanceledException);  // True
  Console.WriteLine (task.IsCanceled);                             // True
  Console.WriteLine (task.Status);                                 // Canceled
}
```

TaskCanceledException 是 OperationCanceledException 的子类。如果希望显式抛出一个 OperationCanceledException（而不是调用 token.ThrowIfCancellationRequested 方法），则必须用取消令牌作为 OperationCanceledException 的构造器的参数。如果不这样做，那么任务就不会进入 TaskStatus.Canceled 状态，也不会触发标记为 OnlyOnCanceled 的延续任务。

如果一个任务还没有开始就取消了，则它不会被调度，并且该任务会立即抛出 OperationCanceledException。

我们还可以将取消令牌作为其他支持取消令牌的 API 的参数，这样，就可以将取消操作无缝地传播出去：

```
var cancelSource = new CancellationTokenSource();
CancellationToken token = cancelSource.Token;

Task task = Task.Factory.StartNew (() =>
{
  // Pass our cancellation token into a PLINQ query:
  var query = someSequence.AsParallel().WithCancellation (token)...
  ... enumerate query ...
});
```

在本例中，调用 cancelSource 的 Cancel 方法将取消 PLINQ 查询，并在任务中抛出 OperationCanceledException，而后取消任务。

 Wait 和 CancelAndWait 方法中的取消令牌参数用于取消等待操作，而不是取消任务本身。

22.4.4 延续任务

ContinueWith 方法将在一个任务执行完毕之后立即执行一个委托：

```
Task task1 = Task.Factory.StartNew (() => Console.Write ("antecedant.."));
Task task2 = task1.ContinueWith (ant => Console.Write ("..continuation"));
```

在 task1（前导任务）结束、失败或取消之后，task2（延续）开始执行。（如果 task1 在第二行代码之前就已经执行完毕，则 task2 会立即开始执行。）延续中的 Lambda 表达式的 ant 参数是前导任务的引用。ContinueWith 方法本身会返回一个任务，因此其后可以添加更多的延续。

在默认情况下，前导任务和延续任务可能会在不同的线程上执行。如果希望它们在同一线程上执行，则在调用 ContinueWith 方法时指定 TaskContinuationOptions.ExecuteSynchronously 选项。这种方式有助于降低细粒度延续的中间过程从而改善性能。

22.4.4.1 延续任务和 Task<TResult>

延续任务和普通任务一样，其类型也可以是 Task<TResult> 类型并返回数据。在下面的示例中，我们将使用一串任务来计算 Math.Sqrt(8 * 2)，并输出结果：

```
Task.Factory.StartNew<int> (() => 8)
  .ContinueWith (ant => ant.Result * 2)
  .ContinueWith (ant => Math.Sqrt (ant.Result))
  .ContinueWith (ant => Console.WriteLine (ant.Result));   // 4
```

虽然我们示例非常简单，但在实际中，这些 Lambda 表达式往往会调用那些计算密集的函数。

22.4.4.2 延续任务和异常

延续任务可以查询前导任务的 Exception 属性来确认前导任务是否已经失败。当然，也可以调用 Result/Wait 并捕获 AggregateException。如果前导任务失败，则延续任务既不确认也不能获得前导任务的结果，那么前导任务的异常就成为未观测异常。之后，当垃圾回收器回收前导任务时，就会触发 TaskScheduler.UnobservedTaskException 事件。

重新抛出前导任务中的异常是一种安全的处理方式。只要有程序调用延续任务的 Wait 方法，该异常就会继续传播，并在 Wait 方法中重新抛出：

```
Task continuation = Task.Factory.StartNew     (()  => { throw null; })
                              .ContinueWith (ant =>
  {
    ant.Wait();
    // Continue processing...
  });

continuation.Wait();    // Exception is now thrown back to caller.
```

另一种处理异常的方式是为异常和正常的结果指定不同的延续任务。指定 TaskContinuationOptions 就可以做到这一点：

```
Task task1 = Task.Factory.StartNew (() => { throw null; });

Task error = task1.ContinueWith (ant => Console.Write (ant.Exception),
                          TaskContinuationOptions.OnlyOnFaulted);

Task ok = task1.ContinueWith (ant => Console.Write ("Success!"),
                          TaskContinuationOptions.NotOnFaulted);
```

这种方式和子任务一起配合使用非常奏效，我们将在稍后进行介绍。以下扩展方法将忽略任务中的未处理异常：

```
public static void IgnoreExceptions (this Task task)
{
  task.ContinueWith (t => { var ignore = t.Exception; },
    TaskContinuationOptions.OnlyOnFaulted);
}
```

（可以在上述代码中将异常记录在日志中。）以下是上述代码的使用方法：

```
Task.Factory.StartNew (() => { throw null; }).IgnoreExceptions();
```

22.4.4.3 延续任务与子任务

延续任务有一个非常重要的特性是，它在所有的子任务完成之后才会开始执行（请参见图 22-5）。这时，子任务抛出的所有异常都会封送到延续任务中。

在下面的示例中，我们启动了三个子任务，每一个子任务都抛出 NullReferenceException。我们会在父任务的延续任务中一次性捕获所有的异常：

```
TaskCreationOptions atp = TaskCreationOptions.AttachedToParent;
Task.Factory.StartNew (() =>
{
  Task.Factory.StartNew (() => { throw null; }, atp);
  Task.Factory.StartNew (() => { throw null; }, atp);
  Task.Factory.StartNew (() => { throw null; }, atp);
})
.ContinueWith (p => Console.WriteLine (p.Exception),
                  TaskContinuationOptions.OnlyOnFaulted);
```

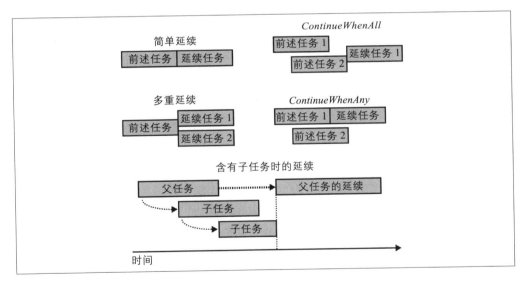

图 22-5：延续

22.4.4.4 条件延续任务

在默认情况下，延续任务的调度是无条件的，即无论前导任务是否完成、是否抛出了异常或被取消，延续任务都会执行。若想更改这个行为，可以为延续任务指定一组 TaskContinuationOptions 枚举值的组合。其中控制延续任务执行条件的三个关键的枚举值为：

```
NotOnRanToCompletion = 0x10000,
NotOnFaulted = 0x20000,
NotOnCanceled = 0x40000,
```

这三个枚举标志应用得越多，延续任务执行的可能性就越小，即降低了延续任务执行的可能性。为了使用方便，还可以直接使用以下几个组合好的枚举值：

```
OnlyOnRanToCompletion = NotOnFaulted | NotOnCanceled,
OnlyOnFaulted = NotOnRanToCompletion | NotOnCanceled,
OnlyOnCanceled = NotOnRanToCompletion | NotOnFaulted
```

（组合所有的 Not* 标志，即 NotOnRanToCompletion、NotOnFaulted 和 NotOnCanceled 是没有意义的，这会导致延续任务总是被取消。）

"RanToCompletion" 是指前导任务成功结束，没有取消，也没有抛出未处理的异常。

"Faulted" 是指前导任务执行过程中抛出了未处理的异常。

"Canceled" 意味着以下一个或两个情况：

- 前导任务被取消令牌取消了，即前导任务中抛出了 OperationCanceledException，且该异常的 CancellationToken 属性的值就是前导任务创建时传入的取消令牌对象。

- 前导任务由于无法满足条件延续的谓词而被隐式取消了。

需要特别指出的是，当延续任务指定了上述标志而无法执行时，它并不会被遗忘或者丢弃，而会被取消。这意味着延续的任何一个任务都将执行，但指定了 NotOnCanceled 的延续任务除外。例如，请考虑如下代码：

```
Task t1 = Task.Factory.StartNew (...);

Task fault = t1.ContinueWith (ant => Console.WriteLine ("fault"),
                              TaskContinuationOptions.OnlyOnFaulted);

Task t3 = fault.ContinueWith (ant => Console.WriteLine ("t3"));
```

按照上述代码的要求，t3 一定会被调度（即使 t1 没有抛出异常，请参见图 22-6）。这是因为如果 t1 成功，则 fault 任务就会取消，由于 t3 上并未设置任何的延续限制，因此 t3 会无条件执行。

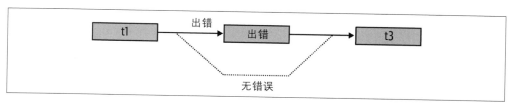

图 22-6：条件延续任务

如果希望 t3 只在 fault 执行的情况下才执行，则必须进行如下调整：

```
Task t3 = fault.ContinueWith (ant => Console.WriteLine ("t3"),
                      TaskContinuationOptions.NotOnCanceled);
```

（或者我们也可以指定 OnlyOnRanToCompletion。如果指定了这个标志，那么若 fault
抛出异常，则 t3 不会执行。）

22.4.4.5 具有多个前导任务的延续任务

使用 TaskFactory 的 ContinueWhenAll 和 ContinueWhenAny 方法就可以从多个前导任务调度延续任务。但是，在任务组合器（参见第 14 章，WhenAll 和 WhenAny）引入之后，这些 API 就显得多余了。例如，对于以下任务：

```
var task1 = Task.Run (() => Console.Write ("X"));
var task2 = Task.Run (() => Console.Write ("Y"));
```

我们可以在上述任务都完成时调度一个延续任务：

```
var continuation = Task.Factory.ContinueWhenAll (
  new[] { task1, task2 }, tasks => Console.WriteLine ("Done"));
```

也可以用任务组合器来（WhenAll）达到相同的效果：

```
var continuation = Task.WhenAll (task1, task2)
                       .ContinueWith (ant => Console.WriteLine ("Done"));
```

22.4.4.6 单一前导任务上的多个延续任务

在相同的任务上多次调用 ContinueWith 就可以在一个前导任务上创建多个延续任务。当前导任务结束的时候，所有的延续任务会一同开始执行（若指定了 TaskContinuationOptions.ExecuteSynchronously，则延续任务会按顺序执行）。

例如，以下代码会先等待一秒，而后输出 XY 或者 YX：

```
var t = Task.Factory.StartNew (() => Thread.Sleep (1000));
t.ContinueWith (ant => Console.Write ("X"));
t.ContinueWith (ant => Console.Write ("Y"));
```

22.4.5 任务调度器

任务调度器负责将任务分配到线程上，并由抽象类 TaskScheduler 表示。.NET 提供了两个具体的任务调度器的实现：与 CLR 的线程池协同工作的默认调度器和同步上下文调度器。后者（主要）是为了和 WPF 以及 Windows Forms 这样的线程模型（这种线程模型规定界面元素或控件的访问操作只能在创建它们的线程中执行，请参见 14.2.11 节）共同工作而设计的。它会捕获同步上下文，并令任务或延续在这个上下文中执行：

```
// Suppose we are on a UI thread in a Windows Forms / WPF application:
_uiScheduler = TaskScheduler.FromCurrentSynchronizationContext();
```

假设 Foo 是一个计算密集型的方法，该方法会返回一个字符串。同时，lblResult 是一个 WPF 或者 Windows Forms 的标签控件。我们可以使用以下程序在操作完成之后安全地更新标签的内容：

```
Task.Run (() => Foo())
  .ContinueWith (ant => lblResult.Content = ant.Result, _uiScheduler);
```

实际上，大多数此类操作是使用 C# 的异步函数来实现的。

我们也可以从 TaskScheduler 派生子类，编写自定义的任务调度器。只有在非常特定的情况下才会编写任务调度器，而对于一般的自定义调度，使用 TaskCompletionSource 就足够了。

22.4.6 TaskFactory 类

访问 Task.Factory 静态属性将返回一个默认的 TaskFactory 对象。TaskFactory 的作用是创建以下三种任务：

- "普通"任务（调用 StartNew）。
- 具有多个前导任务的延续任务（调用 ContinueWhenAll 与 ContinueWhenAny）。
- 将符合异步编程模型（APM）的方法包装为任务（调用 FromAsync，请参见 14.7 节）。

另一种创建任务的方法是实例化一个 Task 对象，而后调用 Start。但是，这样只能创建一个"普通"任务，而不是延续任务。

创建自定义任务工厂

TaskFactory 不是一个抽象工厂，因此当我们需要重复使用非典型的 TaskCreationOptions、TaskContinuationOptions 以及 TaskScheduler 设置创建任务时，就可以真正创建一个 TaskFactory 实例。例如，若我们需要重复创建运行时间长，且需要附加到父任务上的任务时，则可以用如下方式创建自定义任务工厂对象：

```
var factory = new TaskFactory (
  TaskCreationOptions.LongRunning | TaskCreationOptions.AttachedToParent,
  TaskContinuationOptions.None);
```

接下来，只需要在工厂对象上调用 StartNew 就可以创建任务：

```
Task task1 = factory.StartNew (Method1);
Task task2 = factory.StartNew (Method2);
...
```

当调用 ContinueWhenAll 和 ContinueWhenAny 时，自定义的 TaskContinuationOptions 就会生效。

22.5 处理 AggregateException

我们之前介绍过，PLINQ、Parallel 类和 Task 会自动将异常封送给消费者，这个操作是必不可少的。例如，以下 LINQ 查询会在首次迭代的时候抛出 DivideByZeroException：

```
try
{
  var query = from i in Enumerable.Range (0, 1000000)
              select 100 / i;
  ...
}
catch (DivideByZeroException)
{
  ...
}
```

但如果我们用 PLINQ 将上述查询并行化并忽略异常处理，那么 DivideByZeroException 很可能就会在一个独立线程中抛出，跳过 catch 代码块并导致应用程序崩溃。

因此，异常会被自动捕获并重新抛给调用者。但是不幸的是捕获 DivideByZeroException 并不容易，由于这个库可能会使用多个线程，因此有可能会同时抛出两个或者两个以上的异常。为了确保得到所有的异常，需要将这些异常包装在一个 AggregateException 容器中。该类型的 InnerExceptions 属性包含了捕获的全部异常：

```
try
{
  var query = from i in ParallelEnumerable.Range (0, 1000000)
              select 100 / i;
  // Enumerate query
  ...
}
catch (AggregateException aex)
{
  foreach (Exception ex in aex.InnerExceptions)
    Console.WriteLine (ex.Message);
}
```

 PLINQ 和 Parallel 类在遇到第一个异常时就会结束查询或循环的执行，不会进一步处理循环体中的其他元素。但是即使这样，在当前循环完成之前也有可能抛出更多的异常。若访问 AggregateException 的 InnerException 属性，则只会获得第一个异常。

22.5.1 Flatten 和 Handle 方法

AggregateException 类提供了 Flatten 方法和 Handle 方法简化异常的处理过程。

22.5.1.1 Flatten 方法

AggregateException 通常会包含其他的 AggregateException。例如，当子任务抛出异

常的时候就会出现这种情况。调用 Flatten 方法可以消除任意层级的嵌套以简化处理过程。这个方法会返回一个新的 AggregateException 对象，并包含展平的内部异常列表。

```
catch (AggregateException aex)
{
  foreach (Exception ex in aex.Flatten().InnerExceptions)
    myLogWriter.LogException (ex);
}
```

22.5.1.2 Handle 方法

有时只需捕获特定类型的异常，并重新抛出其他类型的异常。AggregateException 类的 Handle 方法可以快捷实现上述功能。它接受一个异常的谓词并在每一个内部异常上验证该谓词：

```
public void Handle (Func<Exception, bool> predicate)
```

如果谓词返回 true，则说明该异常已经得到"处理"。在所有异常验证完毕之后会出现以下几种情况：

- 如果所有的异常都被"处理"了（即委托返回 true），则不会重新抛出异常。

- 如果其中有异常的委托返回值为 false（"未处理"），则会抛出一个新的 Aggregate-Exception，且其中包含所有未处理的异常。

例如，以下代码最终将重新抛出一个 AggregateException，其中包含一个 NullReferenceException：

```
var parent = Task.Factory.StartNew (() =>
{
  // We'll throw 3 exceptions at once using 3 child tasks:

  int[] numbers = { 0 };

  var childFactory = new TaskFactory
   (TaskCreationOptions.AttachedToParent, TaskContinuationOptions.None);

  childFactory.StartNew (() => 5 / numbers[0]);   // Division by zero
  childFactory.StartNew (() => numbers [1]);       // Index out of range
  childFactory.StartNew (() => { throw null; });   // Null reference
});

try { parent.Wait(); }
catch (AggregateException aex)
{
  aex.Flatten().Handle (ex =>   // Note that we still need to call Flatten
  {
    if (ex is DivideByZeroException)
    {
      Console.WriteLine ("Divide by zero");
      return true;                             // This exception is "handled"
    }
    if (ex is IndexOutOfRangeException)
```

```
    {
      Console.WriteLine ("Index out of range");
      return true;                            // This exception is "handled"
    }
    return false;    // All other exceptions will get rethrown
  });
}
```

22.6 并发集合

.NET 在 System.Collections.Concurrent 命名空间下提供了线程安全的集合：

并发集合	非并发等价集合
ConcurrentStack<T>	Stack<T>
ConcurrentQueue<T>	Queue<T>
ConcurrentBag<T>	无
ConcurrentDictionary<TKey, TValue>	Dictionary<TKey, TValue>

并发集合对高并发场景进行了优化，但是它们也可以单纯作为一般的线程安全的集合使用（替代用锁保护的一般集合）。但是使用时仍需注意：

- 传统集合在非并发场景下的性能要高于并发集合。

- 线程安全的集合并不能保证使用它们的代码是线程安全的（请参见 21.3 节）。

- 在枚举并发集合时，如果另一个线程更新了集合的内容，则不会抛出任何异常。相反，我们会得到一个新旧内容混合的结果。

- List<T> 没有对应的并发集合。

- ConcurrentStack、ConcurrentQueue 和 ConcurrentBag 类型内部是使用链表实现的。因此，它们的内存利用不如非并发的 Stack 和 Queue 高效。但是它们适用于并发访问，因为链表更容易实现无锁算法或者少锁的算法。（这是因为在链表中插入一个节点只需要更新几个引用，而在一个类似 List<T> 的结构中插入一个元素可能需要移动数以千计的现有元素。）

因此，并发集合绝不仅仅是在普通集合上加了一把锁这么简单。例如，如果我们在单线程上执行以下代码：

```
var d = new ConcurrentDictionary<int,int>();
for (int i = 0; i < 1000000; i++) d[i] = 123;
```

它的运行时间会比以下代码多三倍以上：

```
var d = new Dictionary<int,int>();
for (int i = 0; i < 1000000; i++) lock (d) d[i] = 123;
```

（从 ConcurrentDictionary 中读取的速度是非常快的，因为读操作是无锁的。）

并发集合和传统集合的另一个不同在于并发集合提供了原子的检测并执行操作，例如 TryPop。其中大部分方法是通过 IProducerConsumerCollection<T> 接口统一起来的。

22.6.1 IProducerConsumerCollection<T> 接口

生产者 / 消费者集合主要有如下两种使用场景：

- 添加一个元素（"生产"）。
- 检索一个元素并删除它（"消费"）。

栈和队列都是典型的生产者 / 消费者集合。这种集合在并行编程中有重要的意义，因为它们有利于实现高效的无锁设计。

IProducerConsumerCollection<T> 接口代表了一个线程安全的生产者 / 消费者集合。以下类均实现了这个接口：

```
ConcurrentStack<T>
ConcurrentQueue<T>
ConcurrentBag<T>
```

IProducerConsumerCollection<T> 扩展了 ICollection 接口，并添加了以下方法：

```
void CopyTo (T[] array, int index);
T[] ToArray();
bool TryAdd (T item);
bool TryTake (out T item);
```

其中 TryAdd 和 TryTake 方法会测试添加和删除操作是否可以执行，如果可以，则执行该操作。测试和执行是以原子方式执行的，因此无须像传统集合那样在操作时加锁：

```
int result;
lock (myStack) if (myStack.Count > 0) result = myStack.Pop();
```

TryTake 方法在集合为空的情况下会返回 false。TryAdd 方法在现有的三个实现类中都必定成功，并返回 true。但如果自定义的集合不允许出现重复元素（例如，并发的集合），则该方法应在欲添加元素已经存在的情况下返回 false。

不同类型的 TryTake 方法执行的操作也各有差异：

- 对于 ConcurrentStack 类型，TryTake 会删除最近添加的元素。
- 对于 ConcurrentQueue 类型，TryTake 会删除最早添加的元素。
- 对于 ConcurrentBag 类型，哪个元素删除效率最高，TryTake 方法就会删除哪个元素。

以上三个具体类型都显式实现了 TryTake 和 TryAdd 方法，并用更加特定的公有方法来提供相应的功能，例如 TryDequeue 和 TryPop。

22.6.2 ConcurrentBag<T> 类

ConcurrentBag<T> 类是一个无序的对象集合（而且集合中允许出现重复的对象）。如果我们不关心调用 Take 或者 TryTake 时所获得的元素的顺序，就可以使用 ConcurrentBag<T> 类。

ConcurrentBag<T> 可以非常高效地在多个线程上并行调用 Add 方法而几乎不会出现竞争。相反，ConcurrentQueue 和 ConcurrentStack 的 Add 方法会造成一些竞争（但即使这样，其竞争也比单纯用锁来保护非并发集合的做法小得多）。若每个线程移除的元素比其添加的元素少，那么 ConcurrentBag<T> 的 Take 方法执行也是非常高效的。

一个 ConcurrentBag<T> 对象上的每一个线程都有自己的私有链表。线程在调用 Add 方法时会将元素添加到自己的私有链表中，因此不会出现竞争。当我们枚举集合中的元素时，其枚举器会遍历每一个线程的私有链表，依次返回其中的每一个元素。

在调用 Take 时，ConcurrentBag<T> 首先会查询当前线程的私有列表，如果列表中至少有一个元素存在[注1]，那么该操作就可以在不引入竞争的情况下完成。但是，如果私有列表是空的，则必须从其他线程的私有列表中"窃取"一个元素，而这种操作可能造成竞争。

因此，准确地说，Take 方法将返回调用线程在集合中最近添加的元素。如果该线程上已经没有任何元素，它会返回其他线程（随机挑选）最近添加的元素。

当集合的并行操作大部分是添加元素，或者各个线程添加元素和移除元素数目基本平衡时，ConcurrentBag<T> 类是理想的选择。之前使用 Parallel.ForEach 实现的并行语法检查器示例中就使用了 ConcurrentBag<T>：

```
var misspellings = new ConcurrentBag<Tuple<int,string>>();

Parallel.ForEach (wordsToTest, (word, state, i) =>
{
  if (!wordLookup.Contains (word))
    misspellings.Add (Tuple.Create ((int) i, word));
});
```

ConcurrentBag<T> 不适于实现生产者 / 消费者队列，因为元素的添加和移除操作是在不同的线程间执行的。

22.7 BlockingCollection<T> 类

如果调用前一节中介绍的任何一种生产者 / 消费者集合（ConcurrentStack<T>、ConcurrentQueue<T> 和 ConcurrentBag<T>）的 TryTake 方法，且相应的集合为空集合，则该方法会返回 false。但有时，在相应的场景下更希望等待集合中出现新的元素。

注 1：在真正的实现中，为了完全避免竞争，队列中需要至少要有两个元素存在。

PFX 的设计者并没有为这个功能重载 TryTake 方法（这可能导致必须添加一系列的成员方法来接收取消令牌和超时时间设置），而是将这个功能封装在了 BlockingCollection<T> 包装类中。这种阻塞集合可以包装任意实现了 IProducerConsumerCollection<T> 接口的集合类型，其中的 Take 方法将从内部集合中取出一个元素，并在内部集合为空时阻塞操作。

阻塞集合还支持限制集合的总体大小，并在集合元素数目超出设定时阻塞生产者。具有这种限制的集合称为有界阻塞集合（bounded blocking collection）

使用 BlockingCollection<T> 的步骤如下：

1. 创建阻塞集合的实例，（可选）指定需要包装的 IProducerConsumerCollection<T> 实例与集合的最大元素数目（边界）。
2. 调用 Add 或者 TryAdd 方法在底层集合上添加元素。
3. 调用 Take 或者 TryTake 从底层集合中移除（消费）元素。

如果在调用阻塞集合的构造器时不指定集合对象，那么这个类会自动创建一个 ConcurrentQueue<T> 实例，其中的生产和消费元素的方法均可以指定取消令牌和超时时间。如果集合大小有界，那么 Add 和 TryAdd 会在集合大小到达边界时阻塞，而 Take 和 TryTake 会在集合为空时阻塞。

GetConsumingEnumerable 是另一种消费阻塞集合元素的方法，该方法返回一个无穷序列。当集合中有元素可供消费时，该序列就会返回这些元素。调用 CompleteAdding 方法会强制终止该序列，亦无法继续向该集合中添加新元素。

BlockingCollection<T> 中的 AndToAny 和 TakeFromAny 静态方法分别向若干个阻塞集合中添加元素，或从若干个阻塞集合中取出元素，其中第一个响应请求的集合将执行操作。

编写生产者 / 消费者队列

生产者 / 消费者队列是一种实用的结构，适用于并行编程或一般的并发编程场景。它的工作原理如下：

- 创建一个队列用于描述工作项目，或存储工作项目所处理的数据。
- 当需要执行一项工作时，调用者将其插入队列，并继续执行其他操作。
- 后台的若干（一个或者多个）工作线程从队列中取出工作项目并执行相应工作。

生产者 / 消费者队列可以精确地控制同时运行的工作线程数目，这有助于控制 CPU 和其他资源的开销。例如，如果任务需要执行密集的磁盘 I/O 操作，控制并发性就可以有效避免操作系统和其他应用程序出现饥饿的情况。此外，我们可以在队列的生命周期动态添加或移除工作线程。CLR 的线程池本身就是一个生产者 / 消费者队列，并特别针对短时计算密集型任务进行了优化。

一般情况下，生产者／消费者队列通常会保存（同种）任务的数据。例如，任务数据可能是文件名，而任务本身则是加密这些文件。然而，若使用委托作为任务数据，则可以编写更为通用的生产者／消费者队列，并且其中的每一个作业都可以执行任意操作。

在 *http://albahari.com/threading* 中，我们介绍了如何使用 AutoResetEvent（以及 Monitor 的 Wait 和 Pulse）从零开始编写生产者／消费者队列。但是，由于 BlockingCollection<T> 已经提供了大部分功能，因此我们无须自行编写生产者／消费者队列了。以下示例展示了如何使用阻塞集合创建生产者／消费者队列：

```
public class PCQueue : IDisposable
{
  BlockingCollection<Action> _taskQ = new BlockingCollection<Action>();

  public PCQueue (int workerCount)
  {
    // Create and start a separate Task for each consumer:
    for (int i = 0; i < workerCount; i++)
      Task.Factory.StartNew (Consume);
  }

  public void Enqueue (Action action) { _taskQ.Add (action); }

  void Consume()
  {
    // This sequence that we're enumerating will block when no elements
    // are available and will end when CompleteAdding is called.

    foreach (Action action in _taskQ.GetConsumingEnumerable())
      action();      // Perform task.
  }

  public void Dispose() { _taskQ.CompleteAdding(); }
}
```

在本例中，我们没有给 BlockingCollection 的构造器中传入任何参数，因而该集合会自动创建一个 ConcurrentQueue 实例。若使用 ConcurrentStack 对象来初始化 BlockingCollection，就会得到一个生产者／消费者栈。

活用任务

上述示例中的生产者／消费者结构并不灵活，因为我们无法在任务进入队列之后继续进行跟踪。因此，如果能够实现如下功能就更加完善了：

- 了解每一个工作项目的完成时间（并可以执行 await 操作）
- 取消一个工作项目
- 能够恰当处理工作项目执行过程中抛出的任何异常

一个理想的解决方案是令 Enqueue 方法返回一个对象，并可以在该对象上执行上述操作。而 Task 类完全实现了上述功能，正是该方案的理想选择。我们可以使用 TaskCompletionSource 创建一个任务，也可以直接实例化一个任务对象（创建一个未启动任务，或冷任务）：

```
public class PCQueue : IDisposable
{
  BlockingCollection<Task> _taskQ = new BlockingCollection<Task>();

  public PCQueue (int workerCount)
  {
    // Create and start a separate Task for each consumer:
    for (int i = 0; i < workerCount; i++)
      Task.Factory.StartNew (Consume);
  }

  public Task Enqueue (Action action, CancellationToken cancelToken
                                      = default (CancellationToken))
  {
    var task = new Task (action, cancelToken);
    _taskQ.Add (task);
    return task;
  }

  public Task<TResult> Enqueue<TResult> (Func<TResult> func,
           CancellationToken cancelToken = default (CancellationToken))
  {
    var task = new Task<TResult> (func, cancelToken);
    _taskQ.Add (task);
    return task;
  }

  void Consume()
  {
    foreach (var task in _taskQ.GetConsumingEnumerable())
      try
      {
        if (!task.IsCanceled) task.RunSynchronously();
      }
      catch (InvalidOperationException) { }  // Race condition
  }

  public void Dispose() { _taskQ.CompleteAdding(); }
}
```

Enqueue 方法会将任务加入队列，并返回未启动的 Task 对象。

Consume 方法则在消费者线程上同步地执行任务。由于任务可能在检查取消状态和执行之间取消，因此尽管发生概率很低，我们也需要捕获 InvalidOperationException 来处理这种情况。

以下代码演示了上述类的使用方法：

```
var pcQ = new PCQueue (2);      // Maximum concurrency of 2
string result = await pcQ.Enqueue (() => "That was easy!");
...
```

可见，以上设计不但可以利用任务的各种优势，包括异常传播、返回值、取消操作，同时也能够完全控制任务的调度。

第 23 章

Span<T> 和 Memory<T>

Span<T> 和 Memory<T> 结构体是数组、字符串或任何连续的托管内存或非托管内存结构的底层抽象。它们的主要目的是进行特定的微优化，尤其是编写需要尽可能降低托管内存分配（从而减轻垃圾回收器负载）的低内存分配代码时，使用它们无须重复编写代码就可以处理多种不同的输入。并且它们均支持切片功能，即无须复制就可以处理数组、字符串或内存块的部分内容。

Span<T> 和 Memory<T> 适用于各种性能热点，例如，ASP.NET Core 的处理流水线以及对象数据库的 JSON 解析器。

当你在 API 中遇到上述类型，且并不关心它们的潜在性能优势时，则可以用以下方式进行简单的处理：

- 若方法接收 Span<T>、ReadOnlySpan<T>、Memory<T> 或者 ReadOnlyMemory<T> 类型的参数，则可以传入一个数组（即 T[]）。（调用了隐式转换运算符。）

- 若将 Span 和 Memory 转换为数组，则可以调用 ToArray 方法将。如果 T 是 char 类型，则调用 ToString 方法会将 Span 和 Memory 转换为字符串。

特别地，Span<T> 提供了以下两个功能：

- 它对托管数组、字符串、基于指针的内存提供了类似数组的公共接口，并且无须重复代码或处理复杂的指针问题就可以自由使用栈分配内存和非托管内存来避免垃圾回收。

- 它可以处理"切片"，这样就可以复用 Span 的部分数据而无须进行复制。

Span<T> 只有两个字段：指针和长度。因此它只能表示连续的内存块。（如果需要处理不连续的内存，则可以使用 ReadOnlySequence<T> 类型，它以链表的形式提供服务。）

Span<T> 可以包装在栈上分配的内存，因此存储和传递其实例的方式会受到诸多限制（部分限制来源于 Span<T> 是 *ref struct*）。相比之下，Memory 与 Span 类似但不存在这些限制，但它也无法包装在栈上分配的内存。Memory<T> 也提供了切片的能力。

上述两种结构均提供了只读的版本（ReadOnlySpan<T> 和 ReadOnlyMemory<T>）。除了可以避免意外的更改，编译器和运行时还能够对只读的版本进行额外的优化，从而改善性能。

.NET（和 ASP.NET Core）本身也使用了这些类型来改善 I/O、网络、字符串处理以及 JSON 解析的性能。

 Span<T> 和 Memory<T> 提供了数组切片功能，因此旧的 ArraySegment<T> 就显得多余了。为了帮助代码移植，框架提供了将 ArraySegment<T> 转换为 Span/Memory，以及从 Memory<T> 和 ReadOnlyMemory<T> 转换为 ArraySegment<T> 的隐式类型转换运算符。

23.1 Span 和切片

如果编写一个方法来求整数数组各元素之和，那么为了优化性能，应该弃用 LINQ，而使用 foreach 循环：

```
int Sum (int[] numbers)
{
  int total = 0;
  foreach (int i in numbers) total += i;
  return total;
}
```

如果求部分数组元素之和，则有如下两种选择：

- 将需要进行求和运算的局部元素拷贝到新数组中。
- 添加额外的参数（offset 与 count）。

在上述方法中，第一种不够高效，而第二种则增加了代码的混乱与复杂程度（当方法可以接收多个数组时，情况会变得更糟）。

Span 可以优雅地解决上述问题，只需将方法的参数类型从 int[] 更改为 ReadOnlySpan<int> 即可（其他的代码无须进行改变）：

```
int Sum (ReadOnlySpan<int> numbers)
{
  int total = 0;
  foreach (int i in numbers) total += i;
  return total;
}
```

本例中不会对数组元素进行更改，因而使用了 ReadOnlySpan<T>（而不是 Span<T>）。Span<T> 可以隐式转换为 ReadOnlySpan<T>，因此能够接收 ReadOnlySpan<T> 的方法同样也能接收 Span<T>。

我们可以用以下代码来测试以上方法的功能：

```
var numbers = new int [1000];
for (int i = 0; i < numbers.Length; i++) numbers [i] = i;

int total = Sum (numbers);
```

数组 T[] 可以隐式转换为 Span<T> 与 ReadOnlySpan<T>，因此可以直接以数组作为参数调用 Sum 方法。此外还可以使用 AsSpan 扩展方法将数组转换为 Span<T>：

```
var span = numbers.AsSpan();
```

ReadOnlySpan<T> 的索引器使用了 C# 的 ref readonly 功能，可以直达内部数据。因此上述方法的性能和最初使用数组的性能几乎一致。但后者可以将数组切片以求得部分元素的和：

```
// Sum the middle 500 elements (starting from position 250):
int total = Sum (numbers.AsSpan (250, 500));
```

如果已经有对象类型为 Span<T> 或 ReadOnlySpan<T>，则可以调用 Slice 方法来获得切片：

```
Span<int> span = numbers;
int total = Sum (span.Slice (250, 500));
```

还可以使用"索引"与"范围"功能（C# 8 引入）来获得切片：

```
Span<int> span = numbers;
Console.WriteLine (span [^1]);              // Last element
Console.WriteLine (Sum (span [..10]));      // First 10 elements
Console.WriteLine (Sum (span [100..]));     // 100th element to end
Console.WriteLine (Sum (span [^5..]));      // Last 5 elements
```

虽然 Span<T> 没有实现 IEnumerable<T>（Span<T> 是 ref struct，因而无法实现接口），但它实现了枚举模式，因而可以和 C# 的 foreach 语句配合使用（请参见 4.6.1 节）。

23.1.1 CopyTo 和 TryCopyTo 方法

CopyTo 方法将元素从 Span<T>（或 Memory<T>）对象复制到另一个对象中。例如，在以下示例中，我们将 Span x 中的元素复制到 Span y 中。

```
Span<int> x = new[] { 1, 2, 3, 4 };
Span<int> y = new int[4];
x.CopyTo (y);
```

切片功能让这个方法更加实用。例如，我们可以将 x 中的一半元素复制到 y 的另一半中：

```
Span<int> x = new[] { 1,  2,  3,  4  };
Span<int> y = new[] { 10, 20, 30, 40 };
x[..2].CopyTo (y[2..]);                    // y is now { 10, 20, 1, 2 }
```

如果目标的空间不足以完成复制，则 CopyTo 方法将抛出异常，而 TryCopyTo 方法将返回 false（两者均不会复制任何元素）。

Span 结构体提供了 Clear 和 Fill 方法分别将元素清零或以特定值填充，还提供了 IndexOf 方法来搜索特定元素。

23.1.2 操作文本

Span 会将字符串认定为 ReadOnlySpan<char>，从而与字符串协同工作。以下示例将计算字符串中空白字符的数目：

```
int CountWhitespace (ReadOnlySpan<char> s)
{
  int count = 0;
  foreach (char c in s)
    if (char.IsWhiteSpace (c))
      count++;
  return count;
}
```

我们可以使用字符串调用该方法（字符串可以通过隐式转换运算符转换为 ReadOnly-Span<char>）：

```
int x = CountWhitespace ("Word1 Word2");    // OK
```

也可以使用子串调用该方法：

```
int y = CountWhitespace (someString.AsSpan (20, 10));
```

ToString() 方法可以将 ReadOnlySpan<char> 对象转换回字符串。

以下扩展方法在为 ReadOnlySpan<char> 添加了一部分字符串中的常用方法：

```
var span = "This ".AsSpan();                 // ReadOnlySpan<char>
Console.WriteLine (span.StartsWith ("This")); // True
Console.WriteLine (span.Trim().Length);       // 4
```

[注意，StartsWith 方法使用的是序列比较（*ordinal* comparison），而 string 类的对应方法默认使用的是文化敏感的比较。]

扩展方法中还包括 ToUpper 和 ToLower 方法，但这些方法要求提供具有正确长度的目标 Span（以便决定内存分配的地点和方式）。

扩展方法并未实现 string 中所有的方法，例如 Split（该方法将字符串分割为字符串数组）。实际上，由于无法创建 Span 数组，因此我们无法实现和 string 的 Split 方法等价的扩展方法。

 无法创建 Span 数组的原因是 Span 是 *ref struct*，只能保存在栈上。

（其中，"只能保存在栈上"的意思是结构体本身只能够保存在栈上，而被 Span 包装的内容——就像本例中的内容一样——则可以存储在堆上。）

System.Buffers.Text 命名空间中还定义了基于 Span 的用于文字处理的其他类型，包括：

- 与内置类型或简单类型（例如 decimal、DateTime）的 ToString 方法功能相同的 Utf8Formatter.TryFormat 方法。它们的区别是后者会将结果写入 Span 中而不是字符串中。
- Utf8Parser.TryParse 的作用正相反，它将解析 Span 中的数据并返回简单类型。
- Base64 类型提供了读写 base-64 数据的方法。

诸如 int.Parse 这类的基本的 CLR 方法都提供了支持 ReadOnlySpan<char> 的重载。

23.2 Memory<T> 类

为了最大限度地提升优化空间并安全地处理分配在栈上的内存（请参见下一节），Span<T> 和 ReadOnlySpan<T> 的定义均为 *ref struct*。但是这同样引入了诸多限制。除了无法创建数组之外，也无法将它们定义为类中的字段（因为它们可能会位于堆中），因而也无法在 Lambda 表达式中使用它们。除此之外，它们无法作为异步方法、迭代器和异步流的参数：

```
async void Foo (Span<int> notAllowed)    // Compile-time error!
```

（编译器会将异步方法、迭代器翻译为私有的状态机，因此其中的参数和局部变量会全部成为字段。上述规则同样适用于闭合变量的 Lambda 表达式，其中捕获的变量也将成为闭包中的字段。）

Memory<T> 和 ReadOnlyMemory<T> 结构体可以解决上述问题，它们就像 Span 一样，只不过不能够包装分配在栈上的内存，但可以作为字段，也可以用在 Lambda 表达式和异步方法等结构中。

我们可以直接从数组中获取 Memory<T> 或 ReadOnlyMemory<T>，也可以调用 AsMemory() 扩展方法：

```
Memory<int> mem1 = new int[] { 1, 2, 3 };
var mem2 = new int[] { 1, 2, 3 }.AsMemory();
```

Memory<T> 和 ReadOnlyMemory<T> 的 Span 属性可以将其轻易地"转换"为 Span<T> 或 ReadOnlySpan<T>。因此我们可以通过这种方式将 Memory 作为 Span 进行交互。这种转换非常高效，其中不会进行任何复制操作：

```
async void Foo (Memory<int> memory)
{
  Span<int> span = memory.Span;
  ...
}
```

（Memory<T> 或 ReadOnlyMemory<T> 也可以通过 Slice 方法或使用 C# 的"范围"功能进行切片，并使用 Length 属性访问其长度。）

 我们还可以使用 System.Buffers.MemoryPool<T> 从内存池中获得 Memory<T> 对象。它的工作方式和数组池一样（请参见 12.4.5 节），并且该策略可以降低垃圾回收器的开销。

在上一节中提到，由于无法创建 Span 数组，因此为 Span 书写一个和 string.Split 等价的方法是不可行的。但 ReadOnlyMemory<char> 并没有上述限制：

```
// Split a string into words:
IEnumerable<ReadOnlyMemory<char>> Split (ReadOnlyMemory<char> input)
{
  int wordStart = 0;
  for (int i = 0; i <= input.Length; i++)
    if (i == input.Length || char.IsWhiteSpace (input.Span [i]))
    {
      yield return input [wordStart..i];   // Slice with C# range operator
      wordStart = i + 1;
    }
}
```

上述方法比 string 的 Split 方法更高效，它并没有创建新的字符串，而仅仅返回了原始字符串的切片：

```
foreach (var slice in Split ("The quick brown fox jumps over the lazy dog"))
{
  // slice is a ReadOnlyMemory<char>
}
```

 Memory<T> 可以通过 Span 属性转换为 Span<T>，但是反之则不行。因此，如果可能，请尽可能地书写接收 Span<T> 而非 Memory<T> 的方法。

同样，请尽可能书写接收 ReadOnlySpan<T> 而非 Span<T> 的方法。

23.3 前向枚举器

在前一节，我们使用 ReadOnlyMemory<char> 实现了类似 string 中的 Split 方法。但是

由于它弃用 ReadOnlySpan<char>，因此丧失了基于非托管内存的切片能力。本节将重新审视 ReadOnlySpan<char> 来寻找其他解决方案。

其中一种方案是令 Split 方法返回"范围"对象：

```
Range[] Split (ReadOnlySpan<char> input)
{
  int pos = 0;
  var list = new List<Range>();
  for (int i = 0; i <= input.Length; i++)
    if (i == input.Length || char.IsWhiteSpace (input [i]))
    {
      list.Add (new Range (pos, i));
      pos = i + 1;
    }
  return list.ToArray();
}
```

调用者则可以使用这些范围对原始的 Span 进行切片：

```
ReadOnlySpan<char> source = "The quick brown fox";
foreach (Range range in Split (source))
{
  ReadOnlySpan<char> wordSpan = source [range];
  ...
}
```

上述方式有所改进，但是并不完美。使用 Span 的目的之一就是为了减少内存分配操作。但是以上 Split 方法创建了 List<Range>，并向其中添加元素，再将其转换为数组。这至少引入了两次内存分配以及内存复制操作。

另一种解决方案是避开列表和数组而使用前向枚举器。虽然枚举器使用起来不太方便，但使用结构体可以完全避免内存分配操作：

```
// We must define this as a ref struct, because _input is a ref struct.
public readonly ref struct CharSpanSplitter
{
  readonly ReadOnlySpan<char> _input;
  public CharSpanSplitter (ReadOnlySpan<char> input) => _input = input;
  public Enumerator GetEnumerator() => new Enumerator (_input);

  public ref struct Enumerator    // Forward-only enumerator
  {
    readonly ReadOnlySpan<char> _input;
    int _wordPos;
    public ReadOnlySpan<char> Current { get; private set; }

    public Rator (ReadOnlySpan<char> input)
    {
      _input = input;
      _wordPos = 0;
      Current = default;
    }
```

```
    public bool MoveNext()
    {
      for (int i = _wordPos; i <= _input.Length; i++)
        if (i == _input.Length || char.IsWhiteSpace (_input [i]))
        {
          Current = _input [_wordPos..i];
          _wordPos = i + 1;
          return true;
        }
      return false;
    }
  }
}

public static class CharSpanExtensions
{
  public static CharSpanSplitter Split (this ReadOnlySpan<char> input)
    => new CharSpanSplitter (input);

  public static CharSpanSplitter Split (this Span<char> input)
    => new CharSpanSplitter (input);
}
```

其使用方法如下：

```
var span = "the quick brown fox".AsSpan();
foreach (var word in span.Split())
{
  // word is a ReadOnlySpan<char>
}
```

定义 Current 属性和 MoveNext 方法之后，枚举器就可以和 C# 的 foreach 语句配合使用了（请参见 4.6.1 节）。我们无须实现 IEnumerable<T>/IEnumerator<T> 接口（实际上，我们也实现不了，因为 ref struct 无法实现接口），即我们牺牲了抽象性而优化了性能。

23.4 操作栈分配内存和非托管内存

另一种有效的微优化技术是通过最小化堆内存的分配来降低垃圾回收器的负载，而这就需要更多的利用栈内存乃至非托管内存。

但是，这通常需要重新编写操作指针的代码。例如，在之前的例子中，我们曾求取数组元素之和，我们需要编写另外一个版本：

```
unsafe int Sum (int* numbers, int length)
{
  int total = 0;
  for (int i = 0; i < length; i++) total += numbers [i];
  return total;
}
```

而后按如下方式调用：

```
int* numbers = stackalloc int [1000]; // Allocate array on the stack
int total = Sum (numbers, 1000);
```

Span 可以更好地解决该问题，即直接由指针构建 Span<T> 和 ReadOnlySpan<T>：

```
int* numbers = stackalloc int [1000];
var span = new Span<int> (numbers, 1000);
```

或合并写为：

```
Span<int> numbers = stackalloc int [1000];
```

（注意，这里无须使用 unsafe 关键字。）回顾先前 Sum 方法的实现：

```
int Sum (ReadOnlySpan<int> numbers)
{
  int total = 0;
  int len = numbers.Length;
  for (int i = 0; i < len; i++) total += numbers [i];
  return total;
}
```

可见该方法对于在栈上分配的 Span 同样有效，因此 Span 在以下三方面均具优势：

- 同一个方法不但可以操作数组也可操作在栈上分配的内存。

- 在尽量减少使用指针的情况下使用栈分配内存。

- Span 可以切片。

 编译器能够识别并防止方法将栈上分配的内存通过 Span<T> 或 ReadOnly-Span<T> 返回。

（而在其他场景中，我们能够合法地返回 Span<T> 或 ReadOnlySpan<T>。）

Span 还可以包装非托管堆上分配的内存。在以下示例中，我们将使用 Marshal.AllocHGlobal 函数分配非托管内存，将非托管内存包装在 Span<char> 中，并将字符串复制到这块内存中。最后，使用在前一节编写的 CharSpanSplitter 结构体将其分割为单词：

```
var source = "The quick brown fox".AsSpan();
var ptr = Marshal.AllocHGlobal (source.Length * sizeof (char));
try
{
  var unmanaged = new Span<char> ((char*)ptr, source.Length);
  source.CopyTo (unmanaged);
  foreach (var word in unmanaged.Split())
    Console.WriteLine (word.ToString());
}
finally { Marshal.FreeHGlobal (ptr); }
```

Span<T> 的索引器会执行边界检查，这是一个意外的收获，它可以防止缓冲区溢出。只要正确地初始化 Span<T>，这个保护就会生效。如果使用错误的方法获得 Span 实例，则该保护就会失效，例如：

```
var span = new Span<char> ((char*)ptr, source.Length * 2);
```

同样，Span 无法对指向了无效的区域的无关联指针（dangling pointer）提供任何保护，因此当指针指向的非托管内存被 Marshal.FreeHGlobal 函数释放之后就不要继续访问相应的 Span 了。

第 24 章

原生程序和 COM 组件互操作性

本章将介绍如何在程序中集成原生（非托管）动态链接库（DLL）和组件对象模型（COM）组件。除非特别说明，本章所提到的类型均位于 System 或者 System.Runtime.InteropServices 命名空间中。

24.1 调用原生 DLL

P/Invoke 是平台调用服务（Platform Invocation Service）的简称，它可以访问非托管 DLL［或 UNIX 中的共享库（shared library）］中的函数、结构以及回调函数。

例如，Windows DLL 中的 *user32.dll* 定义了 MessageBox 函数：

```
int MessageBox (HWND hWnd, LPCTSTR lpText, LPCTSTR lpCaption, UINT uType);
```

在 C# 中，可以使用 extern 关键字和 DllImport 特性将上述函数声明为一个同名的静态方法，即可在程序中直接调用：

```
using System;
using System.Runtime.InteropServices;

MessageBox (IntPtr.Zero,
            "Please do not press this again.", "Attention", 0);

[DllImport("user32.dll")]
static extern int MessageBox (IntPtr hWnd, string text, string caption,
                              int type);
```

System.Windows 和 System.Windows.Forms 命名空间中的 MessageBox 类也调用了类似的非托管方法。

以下示例演示了如何在 Ubuntu Linux 下使用 DllImport 特性：

```
Console.WriteLine ($"User ID: {getuid()}");

[DllImport("libc")]
```

```
static extern uint getuid();
```

CLR 包含了一个封送器（marshaler），它可以将参数和返回值在 .NET 类型和非托管类型间进行转换。在 Windows 示例中，int 参数将直接转换为原生函数期望的 4 字节整数；字符串参数将转换为以 null 结尾的 Unicode 字符（以 UTF-16 进行编码）数组；IntPtr 则封装了非托管句柄类型，它在 32 位平台上的长度为 32 位而在 64 位平台上的长度为 64 位。UNIX 下也会发生类似的转换。（从 C# 9 开始，还可以使用 nint 类型，该类型将映射为 IntPtr。）

24.2 封送类型与参数

24.2.1 常见类型的封送

在非托管代码中给定的数据类型可能有多种表示方法。例如，一个字符串可以包含单字节的 ANSI 字符，也可以包含 UTF-16 字符，可能带有长度前缀，也可能以 null 结尾，或者为固定长度。CLR 的封送器可以从 MarshalAs 特性中得知这些变化，从而在封送时正确进行转换。例如：

```
[DllImport("...")]
static extern int Foo ( [MarshalAs (UnmanagedType.LPStr)] string s );
```

UnmanagedType 枚举类型包含了封送器能够处理的所有 Win32 和 COM 类型。在本例中，封送器将会把字符串转换为 LPStr 类型，即一个以 null 结尾的单字节 ANSI 字符串。

.NET 程序也可以有针对性地选择具体的数据类型。例如，非托管句柄就可以映射为 IntPtr、int、uint、long 或者 ulong。

大多数非托管句柄封装了地址或指针，这种句柄必须转换为 IntPtr 以同时兼容 32 位或者 64 位操作系统。典型的例子是 HWND 句柄。

Win32 和 POSIX 函数中有相当多的整数参数可以接收一组常量，这些常量往往定义在 C++ 的头文件中（例如，*WinUser.h*）。在 C# 中，可以考虑将这些常量定义为一个枚举类型，而非简单地定义为常量。这样代码不但整洁还可以保证静态类型安全性。我们将在 24.5 节提供具体的示例。

在安装 Microsoft Visual Studio 时，即使不安装 C++ 语言的任何功能，也最好安装 C++ 的头文件，因为其中定义了所有的 Win32 常量。安装完毕后可以在安装目录下搜索 *.h 来获得这些头文件的位置。

在 UNIX 操作系统中，POSIX 标准虽然定义了常量的名称，但是兼容 POSIX 标准的各个 UNIX 系统的实现却可能为其赋予不同的整数值。因此务必根据操作系统的情况使用正确的整数值。类似地，POSIX 为互操作调用所需的结构体定义了一个标准。而这个标准中并没有将这些结构体中的字段的顺序固定下来。不同的 UNIX 实现可能会添加额外的字段。在 UNIX 系统中，C++ 头文件定义的函数和类型往往安装在 */usr/include* 或者 */usr/local/include* 目录下。

在 .NET 中接收非托管代码中更新的字符串需要进行一些内存管理操作。如果在外部方法的参数声明中使用 StringBuilder 而非 string，则封送器会自动完成内存管理操作，例如：

```
StringBuilder s = new StringBuilder (256);
GetWindowsDirectory (s, 256);
Console.WriteLine (s);

[DllImport("kernel32.dll")]
static extern int GetWindowsDirectory (StringBuilder sb, int maxChars);
```

在 UNIX 操作系统下也有类似的使用方式。以下示例将调用 getcwd 函数返回当前的目录：

```
var sb = new StringBuilder (256);
Console.WriteLine (getcwd (sb, sb.Capacity));

[DllImport("libc")]
static extern string getcwd (StringBuilder buf, int size);
```

虽然 StringBuilder 易于使用，但是它并不高效。这是因为 CLR 必须为它进行额外的内存分配与拷贝操作。在性能热点之处应当尽量避免这种开销，相应地，可以使用 char[]：

```
[DllImport ("kernel32.dll", CharSet = CharSet.Unicode)]
static extern int GetWindowsDirectory (char[] buffer, int maxChars);
```

注意，我们必须在 DllImport 中指明 CharSet，并且在调用函数之后将输出字符串截断至相应的长度。使用数组池不但可以达到上述效果，而且可以尽可能减少内存分配（请参见 12.4.5 节）。

```
string GetWindowsDirectory()
{
  var array = ArrayPool<char>.Shared.Rent (256);
  try
  {
    int length = GetWindowsDirectory (array, 256);
    return new string (array, 0, length).ToString();
  }
  finally { ArrayPool<char>.Shared.Return (array); }
}
```

（当然，如果希望获得 Windows 的各种目录，则可以使用内置的 Environment.GetFo-
lderPath 方法。）

 如果无法确定特定 Win32 或 UNIX 的函数调用方式，上网搜索 *DllImport* 加
方法名称往往可以直接找到示例。对于 Windows 操作系统，可以参考 *http://
www.pinvoke.net*，它是一个 Wiki 网站，其目标是记录所有 Win32 签名。

24.2.2 类和结构体的封送

有时需要向非托管方法中传递一个结构体。例如，Win32 API 中的 GetSystemTime 函数
的定义为：

```
void GetSystemTime (LPSYSTEMTIME lpSystemTime);
```

而 LPSYSTEMTIME 是一个 C 结构体：

```
typedef struct _SYSTEMTIME {
  WORD wYear;
  WORD wMonth;
  WORD wDayOfWeek;
  WORD wDay;
  WORD wHour;
  WORD wMinute;
  WORD wSecond;
  WORD wMilliseconds;
} SYSTEMTIME, *PSYSTEMTIME;
```

为了调用 GetSystemTime 函数，我们也必须在 .NET 中定义一个等价的类或结构体：

```
using System;
using System.Runtime.InteropServices;

[StructLayout(LayoutKind.Sequential)]
class SystemTime
{
    public ushort Year;
    public ushort Month;
    public ushort DayOfWeek;
    public ushort Day;
    public ushort Hour;
    public ushort Minute;
    public ushort Second;
    public ushort Milliseconds;
}
```

StructLayout 特性可以定义封送器的数据映射（如何将结构字段映射到非托管类型的相
应部分上）方式。其中 Layout.Sequential 会将每一个字段按照声明顺序对齐到包尺寸
（pack-size）的边界上（稍后会进行解释），这种方式和 C 结构体是一致的。在这种方式
下，字段的名称并不重要，而字段的声明顺序才是最重要的。

在上述工作完成之后，就可以调用 GetSystemTime 方法了：

```
SystemTime t = new SystemTime();
GetSystemTime (t);
Console.WriteLine (t.Year);

[DllImport("kernel32.dll")]
static extern void GetSystemTime (SystemTime t);
```

在 UNIX 系统中的使用方式也是类似的：

```
Console.WriteLine (GetSystemTime());

static DateTime GetSystemTime()
{
  DateTime startOfUnixTime =
    new DateTime(1970, 1, 1, 0, 0, 0, 0, System.DateTimeKind.Utc);

  Timespec tp = new Timespec();
  int success = clock_gettime (0, ref tp);
  if (success != 0) throw new Exception ("Error checking the time.");
  return startOfUnixTime.AddSeconds (tp.tv_sec).ToLocalTime();
}

[DllImport("libc")]
static extern int clock_gettime (int clk_id, ref Timespec tp);

[StructLayout(LayoutKind.Sequential)]
struct Timespec
{
  public long tv_sec;    /* seconds */
  public long tv_nsec;   /* nanoseconds */
}
```

C 语言和 C# 中对象的字段均位于从对象的起始地址的第 n 个字节上。不同点在于，在 C# 中，CLR 会通过字段的令牌查找字段偏移量，而 C 语言会将字段的名称直接编译为偏移量。例如，在 C 语言中，wDay 只是一个符号，它代表了从 SystemTime 实例地址加上 24 字节偏移量后所在位置的数据。

为了加快访问速度，每一个字段都会存储在该字段尺寸的整数倍地址上。这个倍数的上限 x 就是包尺寸。在当前的实现中，默认的包尺寸是 8 字节，因此，一个先后含有 sbyte 和 long 类型（8 字节）数据的结构体需要占用 16 字节。而 sbyte 后的 7 个字节就浪费了。设置 StructLayout 的 Pack 属性就可以指定包尺寸，从而减少甚至消除这种空间的浪费这使得字段在包尺寸的整数倍上对齐。例如，如果包尺寸为 1，则方才的结构就会占用 9 字节。Pack 的有效值为 1、2、4、8 或者 16 字节[译注1]。

StructLayout 特性还可以显式指定每一个字段的偏移量（请参见 24.4 节）。

译注 1：实际上，Pack 的值可以为 1、2、4、8、16、32、64 和 128。

24.2.3 in 和 out 参数封送

在上一个例子中，SystemTime 是一个类，而我们也可以选择将它封装为一个结构体，并在方法中将其声明为 ref 或 out 参数：

```
[DllImport("kernel32.dll")]
static extern void GetSystemTime (out SystemTime t);
```

在大多数情况下，C# 中的参数方向语义和外部方法是一致的，按值传递的参数会复制到函数内。C# 中的 ref 参数不但会复制到函数内，也会从函数中复制回外部。而 C# 中的 out 参数则会从函数内复制到外部。但是也有一些例外的情况，例如，在函数返回时，数组类和 StringBuilder 类会从函数中复制到外部，因此它们既是输入参数也是输出参数。若需要重写其行为，可以在参数上指定 In 和 Out 特性。例如，如果一个数组是只读的，则 In 修饰符将仅仅在进入函数时复制数组，而在返回时则不再执行复制操作。

```
static extern void Foo ( [In] int[] array);
```

24.2.4 调用约定

非托管方法通过栈与（可选）CPU 寄存器来接收参数并返回值。由于上述任务实现的方式多种多样，因此出现了多种不同的协议。这些协议称为调用约定。

当前，CLR 支持 StdCall、Cdecl 与 ThisCall 三种调用约定。

默认情况下，CLR 将使用平台默认的调用约定（即平台的标准调用约定），在 Windows 中为 StdCall，而在 Linux 中则是 Cdecl。

如果非托管方法使用的不是默认的调用约定，则可以显式声明调用约定：

```
[DllImport ("MyLib.dll", CallingConvention=CallingConvention.Cdecl)]
static extern void SomeFunc (...)
```

请注意，CallingConvention.WinApi 指的是平台默认的调用方式，这个名称容易令人误解。

24.3 非托管代码中的回调函数

C# 提供了如下两种从外部函数回调调用 C# 代码的方式：

- 使用函数指针（C# 9）。
- 使用委托。

例如，我们可以使用以下 *User32.dll* 中的方法来枚举所有顶层窗口的句柄：

```
BOOL EnumWindows (WNDENUMPROC lpEnumFunc, LPARAM lParam);
```

其中 WNDENUMPROC 是一个回调函数，当窗口的句柄依次返回时，该函数就会不断触发

（或直至回调函数返回 false）。回调函数的定义如下：

```
BOOL CALLBACK EnumWindowsProc (HWND hwnd, LPARAM lParam);
```

24.3.1 使用函数指针进行回调

在 C# 9 中，当回调静态方法时，使用函数指针是最简单，也是性能最佳的选择。在本例中，可使用如下函数指针表示 WNDENUMPROC 回调：

delegate*<IntPtr, IntPtr, bool>

以上代码表示一个接收两个 IntPtr 参数并返回 bool 的函数。我们可以使用 & 运算符将静态方法传递给该函数指针类型：

```
using System;
using System.Runtime.InteropServices;

unsafe
{
  EnumWindows (&PrintWindow, IntPtr.Zero);

  [DllImport ("user32.dll")]
  static extern int EnumWindows (
    delegate*<IntPtr, IntPtr, bool> hWnd, IntPtr lParam);

  static bool PrintWindow (IntPtr hWnd, IntPtr lParam)
  {
    Console.WriteLine (hWnd.ToInt64());
    return true;
  }
}
```

使用函数指针时，回调函数必须为静态方法（或者静态局部函数，如本例所示）。

24.3.1.1 [UnmanagedCallersOnly] 特性

在函数指针声明上应用 unmanaged 关键字并在回调方法上添加 [UnmanagedCallersOnly] 特性可以进一步改善程序性能：

```
using System;
using System.Runtime.CompilerServices;
using System.Runtime.InteropServices;

unsafe
{
  EnumWindows (&PrintWindow, IntPtr.Zero);

  [DllImport ("user32.dll")]
  static extern int EnumWindows (
    delegate* unmanaged <IntPtr, IntPtr, byte> hWnd, IntPtr lParam);

  [UnmanagedCallersOnly]
```

```
    static byte PrintWindow (IntPtr hWnd, IntPtr lParam)
    {
      Console.WriteLine (hWnd.ToInt64());
      return 1;
    }
  }
```

以上代码使用 [UnmanagedCallersOnly] 特性标记 PrintWindow 方法，这样该方法只能
够从非托管代码中调用。此时运行时就可以采用更加快捷的调用方式。需要注意的是，
我们将方法中返回类型从 bool 更改为 byte。这是因为应用 [UnmanagedCallersOnly]
特性的方法在签名中只能使用可以进行位块传输（blittable）的值类型。可以进行位块传
输的类型无须执行特殊的封送逻辑，因为它们在托管端和非托管端的表示方式都是相同
的。这些类型包括基元整数类型、float、double 与仅仅包含这些类型的结构体类型。
如果在 StructLayout 特性中将 CharSet 指定为 CharSet.Unicode，则 char 类型也是可
以进行位块传输的类型：

```
[StructLayout (LayoutKind.Sequential, CharSet=CharSet.Unicode)]
```

24.3.1.2 在回调中不使用默认的调用约定

在默认情况下，编译器将假定非托管回调遵循平台默认的调用约定。如果非托管回调使
用的不是默认调用约定，则需要使用 [UnmanagedCallersOnly] 特性中的 CallConvs 参
数显式的标记调用约定：

```
[UnmanagedCallersOnly (CallConvs = new[] { typeof (CallConvStdcall) })]
static byte PrintWindow (IntPtr hWnd, IntPtr lParam) ...
```

同时，也需要在函数指针类型的 unmanaged 关键字之后添加特定的限定符：

```
delegate* unmanaged[Stdcall] <IntPtr, IntPtr, byte> hWnd, IntPtr lParam);
```

 编译器允许在 unmanaged 关键字后的方括号中添加任何标识符（例如，
XYZ），但必须保证存在名为 CallConv*XYZ* 的 .NET 类型（同时也需要保证运
行时能够理解该类型，并在应用 [UnmanagedCallersOnly] 特性时匹配该类
型所表示的调用约定）。Microsoft 可以利用这种机制方便地添加新的调用
约定。

上述代码的调用约定为 StdCall，这种调用约定是 Windows 是默认调用约定（而 x86
Linux 操作系统的默认调用约定为 Cdecl）。目前支持的所有调用约定如下：

调用约定名称	非托管限定符	支持类型
Stdcall	unmanaged [Stdcall]	CallConvStdcall
Cdecl	unmanaged [Cdecl]	CallConvCdecl
ThisCall	unmanaged [Thiscall]	CallConvThiscall

24.3.2 使用委托进行回调

非托管回调也可以通过委托来完成。这种方式适用于所有 C# 版本，且可以将回调关联到实例方法上。

要使用委托进行回调，首先声明一个和回调匹配的委托类型，其次将委托实例传递给外部方法：

```
class CallbackFun
{
  delegate bool EnumWindowsCallback (IntPtr hWnd, IntPtr lParam);

  [DllImport("user32.dll")]
  static extern int EnumWindows (EnumWindowsCallback hWnd, IntPtr lParam);

  static bool PrintWindow (IntPtr hWnd, IntPtr lParam)
  {
    Console.WriteLine (hWnd.ToInt64());
    return true;
  }
  static readonly EnumWindowsCallback printWindowFunc = PrintWindow;

  static void Main() => EnumWindows (printWindowFunc, IntPtr.Zero);
}
```

讽刺的是，使用委托进行非托管回调是不安全的，因为很可能出现在委托实例超出作用域（此时委托就有可能被垃圾回收）之后发生回调的情况。而这种情况将导致最糟糕的运行时异常——没有调用栈信息的异常。静态方法回调时可以将委托实例赋值给只读静态字段（见上例），但这种方式不适用于实例方法回调。因此在实例方法回调时需要加倍小心，确保在可能发生回调时委托实例至少拥有一个引用。即便如此，如果在非托管端存在程序缺陷时——例如，在不应该进行回调时调用回调函数——仍可能发生难以追踪的异常。一种应对方式是为每一个非托管函数定义一种独立的委托类型。由于异常中会包含委托类型，因此这样做有助于程序的调试。

在委托上应用 [UnmanagedFunctionPointer] 特性，可以将回调函数的调用约定更改为非平台默认值：

```
[UnmanagedFunctionPointer (CallingConvention.Cdecl)]
delegate void MyCallback (int foo, short bar);
```

24.4 模拟 C 共用体

struct 中的每一个字段都会分配足够的空间来存储它的每一个数据。假设一个 struct 包含一个 int 和一个 char，则 int 很可能位于偏移量为 0 的位置，并且其长度至少为 4 字节，char 则位于偏移量为 4 的位置。如果出于某种原因，char 类型的数据位于偏移量为 2 的位置，则对 char 数据赋值就会破坏 int 数据的值。这听上去是不是令人不可思议？但是 C 语言中确实存在支持这种变化的结构，称为共用体（union）。C# 语言则使用 LayoutKind.Explicit 和 FieldOffset 特性来模拟这种结构。

什么功能才会使用这种奇怪的结构呢？假设现在需要在一个外部电声合成器上播放一个音符，则可以使用 MIDI 协议，通过 Windows 多媒体 API 的函数实现这个功能：

```csharp
[DllImport ("winmm.dll")]
public static extern uint midiOutShortMsg (IntPtr handle, uint message);
```

第二个参数 message 是即将播放的音符，而构造这个 32 位无符号整数并不容易。这个整数划分为多个字节，分别代表 MIDI 通道、音符和按键速度。一种方案是使用移位和掩码操作（即 <<、>>、&、| 这些位运算符）将字节转换为 32 位消息数据。另一种更简单的方案是定义一个显式布局的结构体：

```csharp
[StructLayout (LayoutKind.Explicit)]
public struct NoteMessage
{
  [FieldOffset(0)] public uint PackedMsg;     // 4 bytes long

  [FieldOffset(0)] public byte Channel;       // FieldOffset also at 0
  [FieldOffset(1)] public byte Note;
  [FieldOffset(2)] public byte Velocity;
}
```

在上述结构中，Channel、Note、Velocity 字段和 32 位的 message 参数是重叠的。这样就可以直接读写 message 参数上的特定字段，且无须任何计算就可以保证各个字段的一致性：

```csharp
NoteMessage n = new NoteMessage();
Console.WriteLine (n.PackedMsg);     // 0

n.Channel = 10;
n.Note = 100;
n.Velocity = 50;
Console.WriteLine (n.PackedMsg);     // 3302410

n.PackedMsg = 3328010;
Console.WriteLine (n.Note);          // 200
```

24.5 共享内存

内存映射文件，也称为共享内存，是 Windows 在本机进行多进程数据共享的方式。共享内存非常迅速，和管道不同，它支持随机访问共享的数据。第 15 章演示了如何使用 MemoryMappedFile 类来访问内存映射文件。为了展示 P/Invoke 的用法，此次将使用 Win32 方法完成这个功能。

Win32 函数 CreateFileMapping 用于分配共享内存，该函数需要指定需要分配的大小和共享内存的名称。另一个应用程序可使用 OpenFileMapping 函数以相同的名称订阅该共享内存。这两个方法都会返回一个句柄，并可以使用 MapViewOfFile 函数转换为一个指针。以下类封装了共享内存访问操作：

```
using System;
using System.Runtime.InteropServices;
using System.ComponentModel;

public sealed class SharedMem : IDisposable
{
  // Here we're using enums because they're safer than constants

  enum FileProtection : uint      // constants from winnt.h
  {
    ReadOnly = 2,
    ReadWrite = 4
  }

  enum FileRights : uint          // constants from WinBASE.h
  {
    Read = 4,
    Write = 2,
    ReadWrite = Read + Write
  }

  static readonly IntPtr NoFileHandle = new IntPtr (-1);

  [DllImport ("kernel32.dll", SetLastError = true)]
  static extern IntPtr CreateFileMapping (IntPtr hFile,
                                          int lpAttributes,
                                          FileProtection flProtect,

                                          uint dwMaximumSizeHigh,
                                          uint dwMaximumSizeLow,
                                          string lpName);

  [DllImport ("kernel32.dll", SetLastError=true)]
  static extern IntPtr OpenFileMapping (FileRights dwDesiredAccess,
                                        bool bInheritHandle,
                                        string lpName);

  [DllImport ("kernel32.dll", SetLastError = true)]
  static extern IntPtr MapViewOfFile (IntPtr hFileMappingObject,
                                      FileRights dwDesiredAccess,
                                      uint dwFileOffsetHigh,
                                      uint dwFileOffsetLow,
                                      uint dwNumberOfBytesToMap);

  [DllImport ("Kernel32.dll", SetLastError = true)]
  static extern bool UnmapViewOfFile (IntPtr map);

  [DllImport ("kernel32.dll", SetLastError = true)]
  static extern int CloseHandle (IntPtr hObject);

  IntPtr fileHandle, fileMap;
```

```
        public IntPtr Root => fileMap;

        public SharedMem (string name, bool existing, uint sizeInBytes)
        {
          if (existing)
            fileHandle = OpenFileMapping (FileRights.ReadWrite, false, name);
          else
            fileHandle = CreateFileMapping (NoFileHandle, 0,
                                    FileProtection.ReadWrite,
                                    0, sizeInBytes, name);
          if (fileHandle == IntPtr.Zero)
            throw new Win32Exception();

          // Obtain a read/write map for the entire file
          fileMap = MapViewOfFile (fileHandle, FileRights.ReadWrite, 0, 0, 0);

          if (fileMap == IntPtr.Zero)
            throw new Win32Exception();
        }

        public void Dispose()
        {
          if (fileMap != IntPtr.Zero) UnmapViewOfFile (fileMap);
          if (fileHandle != IntPtr.Zero) CloseHandle (fileHandle);
          fileMap = fileHandle = IntPtr.Zero;
        }
      }
```

本例使用了 SetLastError 来生成错误码，因此，所有的 DllImport 的方法都使用了
SetLastError=true 的设置。这样，当有错误发生时，随后抛出的 Win32Exception 就可以包含
详细的错误信息了（也可以显式调用 Marshal.GetLastWin32Error 函数来查询错误代码。）

要想验证上述类则必须运行两个应用程序。第一个应用程序创建共享内存，例如：

```
using (SharedMem sm = new SharedMem ("MyShare", false, 1000))
{
  IntPtr root = sm.Root;
  // I have shared memory!

  Console.ReadLine();           // Here's where we start a second app...
}
```

第二个应用程序使用相同的名称，同时将 existing 参数设置为 true 创建 SharedMem 对
象以订阅这块共享内存：

```
using (SharedMem sm = new SharedMem ("MyShare", true, 1000))
{
  IntPtr root = sm.Root;
  // I have the same shared memory!
  // ...
}
```

每一个程序的直接结果都是一个 IntPtr，即指向相同非托管内存的指针。若这两个应
用程序需要使用该指针对内存进行读写，则一种解决方案是将所有共享数据封装为一

个可序列化的类，并使用 UnmanagedMemoryStream 类将该类型的对象序列化到非托管内存中（或者从非托管内存中反序列化）。但这种方案在数据量比较大时的效率较低。如果整个共享内存类有几兆字节长，而只需更新一个整数，则最佳方案是将共享数据定义为一个结构体，然后将它直接映射到共享内存中。我们将在下一节介绍这部分内容。

24.6 将结构体映射到非托管内存中

如果结构体的 StructLayout 特性是 Sequential 或者 Explicit，则该结构体可以直接映射到非托管内存区。例如，对于以下结构体：

```
[StructLayout (LayoutKind.Sequential)]
unsafe struct MySharedData
{
  public int Value;
  public char Letter;
  public fixed float Numbers [50];
}
```

使用 fixed 关键字可以直接在结构体中定义长度固定的值类型内联数组，同时，需要将相应的代码放入 unsafe 区域。该结构体中的 50 个浮点数是预先内联分配好的，因而 Numbers 不再是指向数组的引用而是数组本身。这和标准的 C# 数组是不同的，因此如果我们运行如下代码：

```
static unsafe void Main() => Console.WriteLine (sizeof (MySharedData));
```

其结果将是 208，其中包含 50 个 4 字节长的浮点数、4 字节的 Value 整数、2 字节的 Letter 字符，共计 206 字节。但是由于 float 需要对齐到 4 字节边界上（float 本身为 4 字节），因此最终长度修正为 208 字节。

以下示例在一个 unsafe 上下文中展示了 MySharedData 的用法。为简单起见，该示例使用了栈分配内存：

```
MySharedData d;
MySharedData* data = &d;        // Get the address of d

data->Value = 123;
data->Letter = 'X';
data->Numbers[10] = 1.45f;
```

或者

```
// Allocate the array on the stack:
MySharedData* data = stackalloc MySharedData[1];

data->Value = 123;
data->Letter = 'X';
data->Numbers[10] = 1.45f;
```

当然，上述的内容在托管上下文中也能够实现。现在，若需要将 MySharedData 实例存储在非托管堆上（已经超出了 CLR 垃圾回收器的管理区域），那么指针就非常有用了：

```
MySharedData* data = (MySharedData*)
    Marshal.AllocHGlobal (sizeof (MySharedData)).ToPointer();

data->Value = 123;
data->Letter = 'X';
data->Numbers[10] = 1.45f;
```

Marshal.AllocHGlobal 方法将在非托管堆上分配内存。若要释放相应的内存，则需要调用：

```
Marshal.FreeHGlobal (new IntPtr (data));
```

（若忘记释放内存，则会出现内存泄漏。）

 从 .NET 6 开始，我们可以使用 NativeMemory 类来分配和释放非托管内存。NativeMemory 类不再使用 AllocHGlobal 作为后端 API，而是采用更新（更好）的 API。此外，它还具有分配内存，并令其满足特定的对齐条件的方法[译注 2]。

如类型名称所示，以下示例将 MySharedData 和上一章中的 SharedMem 结合，首先分配一块共享内存，并将 MySharedData 结构映射到该内存中：

```
static unsafe void Main()
{
  using (SharedMem sm = new SharedMem ("MyShare", false,
                          (uint) sizeof (MySharedData)))
  {
    void* root = sm.Root.ToPointer();
    MySharedData* data = (MySharedData*) root;

    data->Value = 123;
    data->Letter = 'X';
    data->Numbers[10] = 1.45f;
    Console.WriteLine ("Written to shared memory");

    Console.ReadLine();

    Console.WriteLine ("Value is " + data->Value);
    Console.WriteLine ("Letter is " + data->Letter);
    Console.WriteLine ("11th Number is " + data->Numbers[10]);
    Console.ReadLine();
  }
}
```

译注 2：NativeMemory 的内存分配方法在不同的操作系统中使用不同的实现，例如，在 Windows 操作系统中，使用的是 ucrtbase.dll 中暴露的 malloc、realloc、_aligned_malloc 等函数；而 UNIX 操作系统则使用 libSystem.Native 包装的 SystemNative_Malloc、SystemNative_Realloc、SystemNative_AlignedAlloc 等函数，这些函数均调用 libc 中的相应函数。

在实际应用中，可以使用内置的 `MemoryMappedFile` 类型替代 `SharedMem`：

```
using (MemoryMappedFile mmFile =
        MemoryMappedFile.CreateNew ("MyShare", 1000))
using (MemoryMappedViewAccessor accessor =
        mmFile.CreateViewAccessor())
{
  byte* pointer = null;
  accessor.SafeMemoryMappedViewHandle.AcquirePointer
   (ref pointer);
  void* root = pointer;
  ...
}
```

第二个示例将连接到相同的共享内存上，并从中读取在第一个示例中写入的值（这个程序必须在第一个示例运行至 ReadLine 语句时执行，否则共享内存将被 using 语句释放）：

```
static unsafe void Main()
{
  using (SharedMem sm = new SharedMem ("MyShare", true,
                        (uint) sizeof (MySharedData)))
  {
    void* root = sm.Root.ToPointer();
    MySharedData* data = (MySharedData*) root;

    Console.WriteLine ("Value is " + data->Value);
    Console.WriteLine ("Letter is " + data->Letter);
    Console.WriteLine ("11th Number is " + data->Numbers[10]);

    // Our turn to update values in shared memory!
    data->Value++;
    data->Letter = '!';
    data->Numbers[10] = 987.5f;
    Console.WriteLine ("Updated shared memory");
    Console.ReadLine();
  }
}
```

两个程序的输出内容如下：

```
// First program:

Written to shared memory
Value is 124
Letter is !
11th Number is 987.5

// Second program:

Value is 123
Letter is X
11th Number is 1.45
Updated shared memory
```

请大胆使用指针，C++ 程序员在整个应用程序的开发中都会使用它，并借助它们完成各种功能。在大多数情况下，使用指针是相对简单的。

从声明不难看出，上述例子从一开始就是不安全的。但是它还有另一层不安全的意味，它不是线程安全的（更准确地说是它不是进程安全的）。当两个程序同时访问同一块内存区域时就会出现问题。若要在产品环境使用上述代码，则必须用 volatile 关键字修饰 MySharedData 中的 Value 和 Letter 字段，避免 JIT 编译器（或 CPU 寄存器硬件）缓存这些字段的值。同时，由于我们需要和字段进行较多的交互，因此需要使用跨进程的 Mutex 来保护进程间的访问。这和我们用 lock 语句保护多线程程序中字段的访问是一样的道理。有关线程安全性的详细讨论，请参见第 21 章。

fixed 和 fixed{...}

若要将结构体映射到内存中，其中必须只能包含非托管类型。如果要共享字符串数据，则必须使用 fixed 字符数组来替代。这意味着需要手动进行字符串类型的转换。例如：

```
[StructLayout (LayoutKind.Sequential)]
unsafe struct MySharedData
{
  ...
  // Allocate space for 200 chars (i.e., 400 bytes).
  const int MessageSize = 200;
  fixed char message [MessageSize];

  // One would most likely put this code into a helper class:
  public string Message
  {
    get { fixed (char* cp = message) return new string (cp); }
    set
    {
      fixed (char* cp = message)
      {
        int i = 0;
        for (; i < value.Length && i < MessageSize - 1; i++)
          cp [i] = value [i];

        // Add the null terminator
        cp [i] = '\0';
      }
    }
  }
}
```

 虽然不存在对于 fixed 数组的引用，但是可以得到它的指针。实际上索引 fixed 数组的过程就是指针运算过程。

我们首先使用 fixed 关键字在结构体中内联分配了 200 个字符的空间。在接下来的属性定义中又使用了 fixed 关键字，但是这次的含义和第一次不同。它通知 CLR 固定这个对象的位置，即使在 fixed 块中进行垃圾回收，也不要在托管堆上移动该结构的位置（这是因为其内容可能正在被指针直接迭代访问）。如果 MySharedData 并不是存储在托管堆上，而是存储在非托管内存上（超过了垃圾收集器所及范围），那么 MySharedData 对象为什么还会被移动呢？这是因为编译器并不知道这些信息，它会担心 MySharedData 可能会在托管上下文中使用，因此必须添加 fixed 关键字来保证我们的 unsafe 代码在托管环境下仍然是安全的。编译器的担心并不是多余的，例如，使用以下代码就可以将 MySharedData 放在堆上：

```
object obj = new MySharedData();
```

上述代码将产生一个装箱的 MySharedData，该对象不仅位于托管堆上，而且它在垃圾回收过程中是可以移动的。

上述例子展示了如何将字符串表示为一个映射到非托管内存的结构体。对于更复杂的类型，我们同样可以使用这种序列化存储方式。唯一的限制是序列化后的数据长度必须在结构体可分配空间以内，否则将会出现共用的情况，进而破坏后续字段。

24.7 COM 互操作性

.NET 运行时对 COM 进行了特殊的支持。我们不仅可以在 .NET 中使用 COM 对象，而且反之亦然。COM 仅支持 Windows 操作系统。

24.7.1 COM 的目的

COM 是组件对象模型（Component Object Model）的简写，它是 Microsoft 于 1993 年发布的，用于为程序库建立接口的二进制标准。COM 的设计初衷是令各个组件在语言无关的环境下互相通信，并提供版本兼容性。在 COM 之前，Windows 中要实现这些功能必须发布动态链接库（Dynamic Link Library，DLL），并使用 C 语言的方式声明结构和函数。这种方式和语言绑定在一起，并且非常脆弱。库中类型的规格和其实现是紧密联系的，即使添加一个字段也会破坏这个规格。

COM 的优点是可以通过 COM 接口将底层实现与类型规则分离。COM 还能够调用有状态对象的方法，而不仅仅限于简单的过程调用。

从某种程度来说，.NET 编程模型是从 COM 的编程原则上进化而来的，.NET 平台有助于跨语言开发并支持在不破坏应用程序功能的前提下更新其依赖的二进制组件。

24.7.2 COM 类型系统基础

COM 类型系统是以接口为中心的。COM 接口和 .NET 接口类似，但是使用范围更广，因为 COM 类型只能通过接口暴露功能。而在 .NET 中，我们可以直接声明一个类型：

```
public class Foo
{
  public string Test() => "Hello, world";
}
```

而消费者也可以直接使用 Foo 类型。如果更改 Test() 方法的实现，则调用者无须重新编译。也就是说，.NET 无须接口就可以将接口和实现进行分离。即使添加一个重载方法也不会破坏调用者：

```
public string Test (string s) => $"Hello, world {s}";
```

而在 COM 中，Foo 类型通过一个接口来发布其功能，从而达到相似的解耦效果。因此，在 Foo 类型的库中，至少要包含如下类似的接口：

```
public interface IFoo { string Test(); }
```

（上述代码使用了 C# 的接口而没有使用 COM 接口，虽然它们的应用层次不一样，但是其基本原则是一致的。）

调用者则使用 IFoo 而不是 Foo 来进行交互。

当我们需要添加一个重载 Test 方法时，COM 要比 .NET 复杂得多。首先，不得直接更改 IFoo 接口，因为这样做会破坏上一个版本的二进制兼容性（COM 的一个原则是，接口一旦发布就不可变）。其次 COM 不支持方法重载，因此，需要令 Foo 实现第二个接口：

```
public interface IFoo2 { string Test (string s); }
```

（同样，我们还是以熟悉的 .NET 接口的形式进行介绍。）

支持多接口使得 COM 库可以进行版本管理。

IUnknown 和 IDispatch 接口

所有的 COM 接口都使用全局唯一标识符（Globally Unique Identifier, GUID）作为标识。

COM 中的根接口为 IUnknown 接口，所有的 COM 对象必须实现这一接口。这个接口有如下三个方法：

- AddRef 方法。
- Release 方法。
- QueryInterface 方法。

AddRef 方法和 Release 方法管理 COM 对象的生命周期。COM 使用引用计数的方式控制着对象的生命周期，并不具备自动垃圾回收功能（COM 是为非托管代码设计的，无法进行自动垃圾回收）。`QueryInterface` 方法会在对象支持的情况下返回相应接口的对象的引用。

为了实现动态编程（例如，脚本和自动化），COM 对象往往还会实现 `IDispatch` 接口。该接口允许类似 VBScript 等动态语言通过延迟绑定的方式调用 COM 对象，其行为和 C# 中的 `dynamic` 相似（COM 仅为简单调用）。

24.8 在 C# 中调用 COM 组件

CLR 内置了对 COM 的支持。因此只需直接使用 CLR 对象，运行时就会将各类调用通过运行时可调用包装器（Runtime-Callable Wrapper，RCW）传递给 COM，无须直接操作 `IUnknown` 和 `IDispatch` 接口。运行时还会自动调用 `AddRef` 和 `Release` 方法（在对象终结过程中调用）来管理对象生命周期，并恰当地进行原生类型的转换。这些类型转换确保了数据可以被双方正确理解。例如，整数和字符串都会在两侧分别转换为合适的形式。

此外，COM 互操作类型（COM Interop Types）还提供了访问 RCW 的静态类型。COM 互操作类型会自动为每一个 COM 成员生成一个 .NET 成员的代理。类型库导入工具（tlbimp.exe）可以从命令行根据选定的 COM 库生成对应的 COM 互操作类型，并将其编译为 COM 互操作程序集（COM Interop Assembly）。

如果 COM 组件包含多个接口，*tlbimp.exe* 工具将产生一个包含所有接口成员的单一类型。

在 Visual Studio 中可通过添加引用的方式创建 COM 互操作程序集。只需在"添加引用"（Add Reference）对话框中选择 COM 选项卡，并从中选择相应的库即可。例如，如果本机安装了 Microsoft Excel，则引用 Microsoft Excel 对象库就可以和 Excel 的 COM 类进行互操作。例如，以下代码创建并打开一个 Excel 工作簿，并为工作簿中的单元格赋值：

```
using System;
using Excel = Microsoft.Office.Interop.Excel;

var excel = new Excel.Application();
excel.Visible = true;
Excel.Workbook workBook = excel.Workbooks.Add();
((Excel.Range)excel.Cells[1, 1]).Font.FontStyle = "Bold";
((Excel.Range)excel.Cells[1, 1]).Value2 = "Hello World";
workBook.SaveAs (@"d:\temp.xlsx");
```

目前，在应用程序中嵌入互操作类型是必需的（否则运行时无法在运行时确认其位置）。要嵌入互操作类型，可以在 Visual Studio 的解决方案管理器（Solution Explorer）中单击 COM 引用，并在属性窗口将"Embed Interop

Types"属性设置为 true。也可以手动编辑 .csproj 文件并添加如下配置：

```
<ItemGroup>
  <COMReference Include="Microsoft.Office.Excel.dll">
    ...
    <EmbedInteropTypes>true</EmbedInteropTypes>
  </COMReference>
</ItemGroup>
```

Excel.Application 是一个 COM 互操作类型，其运行时类型是一个 RCW。而访问 Workbooks 属性及 Cells 属性会返回更多的互操作类型。

24.8.1 可选参数和命名参数

由于 COM API 不支持函数重载，因此在通常情况下，函数会具备多个参数，且其中很多参数是可选参数。例如，若需要调用 Excel 工作簿的 Save 方法：

```
var missing = System.Reflection.Missing.Value;

workBook.SaveAs (@"d:\temp.xlsx", missing, missing, missing, missing,
  missing, Excel.XlSaveAsAccessMode.xlNoChange, missing, missing,
  missing, missing, missing);
```

C# 的可选参数机制同样适合 COM，因此现在只需编写如下代码即可：

```
workBook.SaveAs (@"d:\temp.xlsx");
```

（编译器会将这些可选参数展开为完整形式，请参见第 3 章的相关内容。）

命名参数则简化了指定额外参数的方式，而且无须考虑参数在参数表中的位置：

```
workBook.SaveAs (@"c:\test.xlsx", Password:"foo");
```

24.8.2 隐式 ref 参数

在一些 COM API（尤其是 Microsoft Word）中，无论函数是否会修改参数的值，参数都会声明为按引用传递，以避免复制参数值带来性能损失（而这种做法的实际性能提升是很微小的）。

先前，C# 需要用 ref 关键字修饰方法中的所有参数，且无法使用可选参数，因此代码显得非常笨重。例如，如需打开一个 Word 文档，则需要编写如下代码：

```
object filename = "foo.doc";
object notUsed1 = Missing.Value;
object notUsed2 = Missing.Value;
object notUsed3 = Missing.Value;
...
Open (ref filename, ref notUsed1, ref notUsed2, ref notUsed3, ...);
```

而引入隐式 ref 参数功能之后，调用 COM 函数时无须使用 ref 修饰符，并可以同时使用可选参数：

```
word.Open ("foo.doc");
```

但是，若 COM 方法真的改变了参数的值，则上述写法既不会发生编译错误也不会报告运行时错误。

24.8.3 索引器

由于 C# 不支持在索引器中使用 ref/out 参数，因此忽略 ref 修饰符之后就可以直接使用 C# 的索引器访问这种参数为 ref 的 COM 索引器了。这也是忽略 ref 修饰符带来的好处。

我们还可以调用含有参数的 COM 属性。在以下示例中，Foo 是一个接受一个整数参数的属性：

```
myComObject.Foo [123] = "Hello";
```

C# 本身不支持直接定义这样的属性，一个类型只能公开自身的索引器（即"默认"索引器）。因此若在 C# 中执行上述调用，则 Foo 属性的类型必须是一个有（默认）索引器的类型。

24.8.4 动态绑定

调用 COM 组件时有两种动态绑定方式。

第一种绑定方式无须使用 COM 互操作类型就可以访问 COM 组件。若使用该绑定方式，则需要调用 Type.GetTypeFromProgID 方法从 COM 组件的名称获得一个 COM 实例。然后就可以使用动态绑定调用其中的成员了。当然，这种方式无法使用 IntelliSense，也无法进行编译时检查：

```
Type excelAppType = Type.GetTypeFromProgID ("Excel.Application", true);
dynamic excel = Activator.CreateInstance (excelAppType);
excel.Visible = true;
dynamic wb = excel.Workbooks.Add();
excel.Cells [1, 1].Value2 = "foo";
```

（上述方式也可以通过反射的方式实现，当然代码也要比上述代码复杂得多。）

 上述方式也可以调用那些只支持 IDispatch 接口的 COM 组件，但是这种组件非常少见。

动态绑定还（一定程度上）适用于处理 COM 中的 variant 类型。COM API 经常使用 variant 类型，而这种类型几乎相当于 .NET 中的 object。与其说这是必要的，不如说这更像是一种不良设计。如果在项目中启用了"Embed Interop Types"（接下来会介绍这部分内容），则运行时会将 variant 类型映射为 dynamic 类型，而非 object。这样可以避免类型转换代码。例如，以下代码是合法的：

```
excel.Cells [1, 1].Font.FontStyle = "Bold";
```

无须写为：

```
var range = (Excel.Range) excel.Cells [1, 1];
range.Font.FontStyle = "Bold";
```

由于上述方式无法使用自动完成功能，因此必须保证相应对象上具有 Font 属性。通常情况下，将结果动态地赋值给已知的互操作类型会使代码编写变得更简单：

```
Excel.Range range = excel.Cells [1, 1];
range.Font.FontStyle = "Bold";
```

可见，上述代码相比旧的模式仅仅节省了 5 个字符！

如果在引用的组件上开启了内嵌互操作类型（Embed Interop Types）功能，则默认会将 variant 映射为 dynamic。

24.9 内嵌互操作类型

一般情况下，C# 通过互操作类型调用 COM 组件，而互操作类型是用 *tlbimp.exe* 工具（直接使用该工具，或通过 Visual Studio）生成的。

曾经，我们只能像引用其他程序集那样引用互操作程序集。但这种方式非常麻烦，因为复杂 COM 组件互操作程序集可能会非常大。例如，若要开发一个 Microsoft Word 的小插件，则它引用的互操作程序集可能要比插件本身大好几个量级。

除了引用互操作程序集之外，还可以仅仅内嵌使用的部分。编译器会对程序集进行分析并找到应用程序真正使用的类型和成员，进而仅将这些类型和成员的定义嵌入到应用程序中。这既可以避免程序集尺寸过大也不会包含额外的文件。

若启用该功能，则可以在 Visual Studio 的解决方案管理器中选择 COM 引用，并在属性窗口将 Embed Interop Types 设置为 true，也可以按照之前介绍的方式编辑 *.csproj* 文件（请参见 24.8 节）。

类型等价

对于链接的互操作程序集中的类型，CLR 支持"类型等价"的概念。也就是说，如果两个程序集各自链接了一个互操作类型，且它们均包装了同一个 COM 类型，则这两个互操作类型是等价的。在这种情况下，即使互操作程序集是分别独立生成的，其互操作类型也仍然等价。

类型等价依赖于 System.Runtime.InteropServices 命名空间中的 TypeIdentifierAttribute 特性。当链接到互操作程序集时，编译器就会将该特性自动应用到该程序集中的类型上。如果两个 COM 类型有相同的 GUID，则它们就是等价的。

24.10 在 COM 中访问 C# 对象

在 COM 中消费 C# 编写的对象也是可行的。这种操作是 CLR 通过一种 COM 可调用的封装器（COM-Callable Wrapper，CCW）来实现的。CCW 会在两种环境中封送相关类型（和 RCW 类似），并实现 COM 协议所需的 IUnknown 接口（有时还会实现 IDispatch 接口）。CCW 的生命周期是在 COM 一侧通过引用计数来管理的，并不由 CLR 端的垃圾回收器控制。

任何公有 C# 类型都可以（作为"进程内"服务）提供给 COM 进行消费。首先，需要创建接口并为其赋予独立的 GUID（可以通过 Visual Studio 中"工具"菜单中的"生成 GUID"来生成），声明为对 COM 可见，并指定接口类型：

```
namespace MyCom
{
  [ComVisible(true)]
  [Guid ("226E5561-C68E-4B2B-BD28-25103ABCA3B1")]  // Change this GUID
  [InterfaceType (ComInterfaceType.InterfaceIsIUnknown)]
  public interface IServer
  {
    int Fibonacci();
  }
}
```

接下来，实现该接口，并为该实现也指定一个独立的 GUID：

```
namespace MyCom
{
  [ComVisible(true)]
  [Guid ("09E01FCD-9970-4DB3-B537-0EC555967DD9")]  // Change this GUID
  public class Server
  {
    public ulong Fibonacci (ulong whichTerm)
    {
      if (whichTerm < 1) throw new ArgumentException ("...");
      ulong a = 0;
      ulong b = 1;
      for (ulong i = 0; i < whichTerm; i++)
      {
        ulong tmp = a;
        a = b;
        b = tmp + b;
      }
      return a;
    }
  }
}
```

原生程序和 COM 组件互操作性

而后，编辑 *.csproj* 文件，添加如下配置（粗体）：

```
<PropertyGroup>
  <TargetFramework>netcoreapp3.0</TargetFramework>
  <EnableComHosting>true</EnableComHosting>
</PropertyGroup>
```

当构建项目时会生成一个新的文件 *MyCom.comhost.dll*。这个文件可以注册，并与 COM 进行交互操作。（注意，这个文件依据项目的配置只可能是 32 位或者 64 位的一种而不可能是"Any CPU"。）在管理权限提升的命令行提示中访问该 DLL 所在的目录并运行 *regsvr32 MyCom.comhost.dll* 即可。

至此，我们就可以在大多数支持 COM 的语言中消费该 COM 组件了。例如，我们可以在文本编辑器中创建一个 Visual Basic Script 脚本，并从资源管理器中双击或从命令行中执行它：

```
REM Save file as ComClient.vbs
Dim obj
Set obj = CreateObject("MyCom.Server")

result = obj.Fibonacci(12)
Wscript.Echo result
```

注意，我们无法在一个进程中同时加载 .NET Framework 与 .NET 5+ 或者 .NET Core。因此 .NET 5+ COM 服务无法被 .NET Framework 的 COM 客户端消费，反之亦然。

创建无须注册的 COM 组件

通常，COM 会将类型信息输入到注册表。无须注册的 COM 组件不使用注册表，而是使用清单文件来控制对象的激活。若启用该功能，则需要在 *.csproj* 文件中添加如下配置（粗体）：

```
<PropertyGroup>
  <TargetFramework>netcoreapp3.0</TargetFramework>
  <EnableComHosting>true</EnableComHosting>
  <EnableRegFreeCom>true</EnableRegFreeCom>
</PropertyGroup>
```

此时构建项目会生成 *MyCom.X.manifest* 清单文件。

 .NET 5+ 不支持生成 COM 类型库（*.tlb）。但我们可以使用接口定义语言（Interface Definition Language，IDL）或 C++ 头文件手动编写原生的接口声明。

第 25 章

正则表达式

正则表达式语言可以识别各种字符模式。支持正则表达式的 .NET 类型使用的是基于 Perl 5 的正则表达式，并支持搜索和替换功能。

正则表达式一般用于处理以下问题：

- 验证文本输入，例如，密码和电话号码。
- 将文本数据转换为结构化的形式（例如，NuGet 包的版本字符串）。
- 替换文档中特定模式的文本（例如，整词匹配）。

本章将分为两个部分，概念部分将讲解 .NET 正则表达式的基础，而参考部分则讲解正则表达式语言。

所有的正则表达式相关类型都定义在 System.Text.RegularExpressions 命名空间中。

> 本章中的所有示例都收录在了 LINQPad 工具中，该工具中还包含一个交互式正则表达式工具（请按 Ctrl+Shift+F1 组合键打开该工具）。此外也可以使用在线正则表达式工具（*http://regexstorm.net/tester*）。

25.1 正则表达式基础

量词符号是正则表达式最常用的运算符之一。? 表示匹配运算符前的项目 0 次或者 1 次。换句话说，? 表示可选的项目。所谓项目，可以是单个字符，也可以是放在方括号之内的由多个字符构成的复杂结构。例如，正则表达式 "colou?r" 既可以匹配 color 也可以匹配 colour，但不能匹配 colouur：

```
Console.WriteLine (Regex.Match ("color",   @"colou?r").Success); // True
Console.WriteLine (Regex.Match ("colour",  @"colou?r").Success); // True
Console.WriteLine (Regex.Match ("colouur", @"colou?r").Success); // False
```

Regex.Match 方法可以在一个大型字符串内进行搜索，该方法返回的对象的属性既包含了匹配部分所在的 Index（位置）和 Length（长度），还包含了具体的匹配值 Value：

```
Match m = Regex.Match ("any colour you like", @"colou?r");

Console.WriteLine (m.Success);     // True
Console.WriteLine (m.Index);       // 4
Console.WriteLine (m.Length);      // 6
Console.WriteLine (m.Value);       // colour
Console.WriteLine (m.ToString());  // colour
```

Regex.Match 就像是 string 类型的 IndexOf 方法的增强版本。只不过前者搜索的是一种模式，而不是普通的字面量。

IsMatch 方法相当于先调用 Match 方法，再测试返回值的 Success 属性。

在默认情况下，正则表达式引擎将按照从左到右的顺序对字符串进行匹配。因此它总会返回左起第一个匹配值。如需返回更多的匹配值，请调用 NextMatch 方法：

```
Match m1 = Regex.Match ("One color? There are two colours in my head!",
                @"colou?rs?");
Match m2 = m1.NextMatch();
Console.WriteLine (m1);       // color
Console.WriteLine (m2);       // colours
```

Matches 方法则会返回一个包含所有匹配值的数组。因此上例可写为：

```
foreach (Match m in Regex.Matches
            ("One color? There are two colours in my head!", @"colou?rs?"))
    Console.WriteLine (m);
```

另一个常见的正则表达式运算符是替换运算符（alternator），用一个竖线 | 表示。替换运算符代表了一种替代关系，例如，以下语句可以匹配"Jen""Jenny"和"Jennifer"：

```
Console.WriteLine (Regex.IsMatch ("Jenny", "Jen(ny|nifer)?"));  // True
```

其中圆括号可将替换表达式和表达式的其他部分分隔开来。

 正则表达式支持在匹配操作中指定超时时间。如果匹配操作超出了指定的时间间隔（TimeSpan），则会抛出 RegexMatchTimeoutException。如果应用程序需要处理任意的正则表达式（例如，在高级搜索对话框中），则必须使用该参数以防止一些恶意的正则表达式导致的无限计算。

25.1.1 编译正则表达式

在前面的示例中，我们一直在调用 Regex 类的静态方法。实际上，也可以实例化 Regex 对象，指定模式与 RegexOptions.Compiled 选项，之后调用该对象的实例方法进行匹配：

```
Regex r = new Regex (@"sausages?", RegexOptions.Compiled);
Console.WriteLine (r.Match ("sausage"));   // sausage
Console.WriteLine (r.Match ("sausages"));  // sausages
```

RegexOptions.Compiled 选项将会使 Regex 实例通过轻量级的代码生成器（Reflection.Emit 命名空间下的 DynamicMethod）动态地构建并编译针对特定正则表达式的代码。这种方式能提高匹配速度，但是需要初始编译开销。

当然，实例化 Regex 对象时也可以不指定 RegexOptions.Compiled 选项。Regex 的实例是不可变的。

 正则表达式引擎的执行速度是很快的。即使不进行编译，一个简单的匹配也能够在一微秒之内完成。

25.1.2 RegexOptions

RegexOptions 枚举可以控制正则表达式匹配的行为。一个常见用法是在匹配中忽略大小写：

```
Console.WriteLine (Regex.Match ("a", "A", RegexOptions.IgnoreCase)); // a
```

上述程序会在匹配中使用当前文化的大小写比较规则。若使用不变文化，则应指定 CultureInvariant 标记：

```
Console.WriteLine (Regex.Match ("a", "A", RegexOptions.IgnoreCase
                                  | RegexOptions.CultureInvariant));
```

大多数 RegexOptions 标志也可以在正则表达式内使用单字母代码激活，例如：

```
Console.WriteLine (Regex.Match ("a", @"(?i)A"));                     // a
```

也可以在一个表达式内打开并关闭选项，例如：

```
Console.WriteLine (Regex.Match ("AAAa", @"(?i)a(?-i)a"));            // Aa
```

另一个常用的选项是 IgnorePatternWhitespace 或者 (?x)。该选项允许在正则表达式中添加空白字符增强其可读性。如果不使用该选项，则表达式中的空白字符就会作为字面量。

表 25-1 列出了所有 RegexOptions 的值以及对应的选项字母。

表 25-1：正则表达式选项

枚举值	正则表达式 选项字母	描述
None		
IgnoreCase	i	忽略大小写（在默认情况下，正则表达式是区分大小写的）

表 25-1：正则表达式选项（续）

枚举值	正则表达式 选项字母	描述
Multiline	m	修改 ^ 和 $ 的语义，使其匹配一行的开始和结尾而非整个字符串的开始和结尾
ExplicitCapture	n	捕获显式命名或显式指定序号的组（请参见 25.4 节）
Compiled		强制将正则表达式编译为 IL 代码（请参见 25.1.1 节）
Singleline	s	确保 . 符号匹配所有的字符（而不是除去 \n 的所有字符）
IgnorePatternWhitespace	x	忽略所有未转义的空白字符
RightToLeft	r	从右向左搜索，无法在表达式的中间应用该选项
ECMAScript		强制符合 ECMA 标准（默认的实现不符合 ECMA 标准）
CultureInvariant		在字符串比较时不使用文化相关的比较规则

25.1.3 字符转义

正则表达式有以下几种元字符，这些元字符不会作为字面量来处理，它们具有特殊的含义：

    \ * + ? | { [( ) ^ $. #

如果需要使用这些元字符的字面量，则需要在之前添加反斜线字符（转义）。在以下示例中，我们将 ? 字符进行转义来匹配 "what?"：

```
Console.WriteLine (Regex.Match ("what?", @"what\?")); // what? (correct)
Console.WriteLine (Regex.Match ("what?", @"what?"));  // what  (incorrect)
```

 如果这个字符在一个集合内（方括号内），则上述规则就不适用了。此时源字符就是其字面量的含义。我们将在接下来的内容中介绍集合。

Regex 的 Escape 方法可以将包含元字符的字符串替换为转义形式，Unescape 方法则正好相反：

```
Console.WriteLine (Regex.Escape   (@"?"));   // \?
Console.WriteLine (Regex.Unescape (@"\?"));  // ?>
```

本章中所有的正则表达式均使用了 @ 修饰符，该修饰符会忽略 C# 的转义机制（同样也是使用反斜线字符）。如果不使用 @ 运算符，则正则表达式中的反斜线字面量需要用 4 个反斜线字符表示：

```
Console.WriteLine (Regex.Match ("\\", "\\\\"));    // \
```

此外，若没有指定 (?x) 选项，正则表达式会将空白作为字面量进行匹配：

```
Console.Write (Regex.IsMatch ("hello world", @"hello world")); // True
```

25.1.4 字符集合

正则表达式中的字符集合是一系列字符的通配符。

表达式	含义	反义表达式
[abcdef]	匹配括号中的某一个字符	[^abcdef]
[a-f]	匹配指定范围中的某一个字符	[^a-f]
\d	匹配任何 Unicode 中 digits 分类下的字符。在 ECMAScript 模式下为 [0-9]	\D
\w	匹配一个单词字符（在默认情况下，会根据 CultureInfo.CurrentCulture 发生变化。在英语环境下则等价于 [a-zA-Z_0-9]）	\W
\s	匹配一个空白字符。空白字符是令 char.IsWhiteSpace 方法返回值为 true 的所有字符（包括 Unicode 的空白字符）。在 ECMAScript 模式下为 [\n\r\t\f\v]	\S
\p{category}	匹配 category 中限定的字符类型	\P
.	（默认模式）匹配所有字符，但不匹配 \n	\n
.	（SingleLine 模式）匹配所有字符	\n

若要匹配集合中的一个字符，则需要将这些字符放在方括号中：

```
Console.Write (Regex.Matches ("That is that.", "[Tt]hat").Count);    // 2
```

如果要匹配集合之外的字符，则需要将方括号内第一个字符前添加 ^ 符号：

```
Console.Write (Regex.Match ("quiz qwerty", "q[^aeiou]").Index);    // 5
```

可以使用连字符定义一个字符范围。例如，以下正则表达式匹配了国际象棋棋子的移动规则：

```
Console.Write (Regex.Match ("b1-c4", @"[a-h]\d-[a-h]\d").Success);  // True
```

\d 表示一个数字字符，因此 \d 匹配任意数字。而相反 \D 匹配非数字字符。

\w 匹配一个单词字符，包括字母、数字、下划线。\W 匹配任何非单词字符，该规则同时适用于非英文字符，例如西里尔字母（Cyrillic）。

. 匹配 \n 之外的任意的字符（它可以匹配 \r）。

\p 匹配指定类型的字符。例如 {Lu} 匹配大写字母，或者 {P} 匹配标点符号（我们在本章的参考资料部分将列出完整的分类定义）：

```
Console.Write (Regex.IsMatch ("Yes, please", @"\p{P}"));   // True
```

如果将 \d、\w、. 与量词符号一起使用，则可以得到很多变化。

25.2 量词符号

量词符号匹配特定次数的项目。

量词符号	含义
*	零次或者多次匹配
+	一次或者多次匹配
?	零次或一次匹配
{n}	n 次匹配
{n,}	至少 n 次匹配
{m,n}	n～m 次匹配

可以对出现零次或多次的字符和组进行匹配。例如，以下正则表达式可以匹配 *cv.docx* 及其任意数字版本（例如，*cv2.docx*、*cv15.docx*）：

```
Console.Write (Regex.Match ("cv15.docx", @"cv\d*\.docx").Success);  // True
```

注意，需要将分隔文件扩展名的点号用反斜线字符进行转义。

以下正则表达式允许在 *cv* 和 *.docx* 之间插入任意字符，其作用相当于命令行中的 dir cv*.docx：

```
Console.Write (Regex.Match ("cvjoint.docx", @"cv.*\.docx").Success); // True
```

量词符号 + 可以对出现一次到多次的字符和组进行匹配，例如：

```
Console.Write (Regex.Matches ("slow! yeah slooow!", "slo+w").Count);  // 2
```

而量词符号 {} 则匹配特定的次数或者次数范围，例如，以下正则表达式匹配血压读数值：

```
Regex bp = new Regex (@"\d{2,3}/\d{2,3}");
Console.WriteLine (bp.Match ("It used to be 160/110"));  // 160/110
Console.WriteLine (bp.Match ("Now it's only 115/75"));   // 115/75
```

贪婪量词符号与懒惰量词符号

在默认情况下，量词符号都是贪婪，而不是懒惰的。贪婪量词符号会尽可能多地匹配重复项目，而懒惰的量词符号则尽可能少地进行匹配。若在量词符号后添加 ? 后缀，就可以将任何量词符号转换为懒惰的。为了说明它们之间的区别，假定有如下 HTML 片段：

```
string html = "<i>By default</i> quantifiers are <i>greedy</i> creatures";
```

假设我们需要提取斜体部分的短语。如果执行如下代码：

```
foreach (Match m in Regex.Matches (html, @"<i>.*</i>"))
  Console.WriteLine (m);
```

则最终结果只有一个匹配，而非两处匹配：

```
<i>By default</i> quantifiers are <i>greedy</i>
```

这是因为量词符号 * 将重复尽可能多次，直至匹配到最后一个 </i>。因此它直接越过了第一个 </i>，而仅仅到最后一个 </i> 才会停止（表达式中这个位置后的剩余部分可以继续匹配）。

如果我们采用懒惰量词符号，则量词符号 * 会停在第一个匹配点，而余下的表达式可以继续参与匹配：

```
foreach (Match m in Regex.Matches (html, @"<i>.*?</i>"))
  Console.WriteLine (m);
```

因此其结果为：

```
<i>By default</i>
<i>greedy</i>
```

25.3 零宽度断言

正则表达式语言允许在匹配的前后设置约束条件。这些条件包括后向条件（lookbehind）、前向条件（lookahead）、锚点（anchor）以及单词边界（word boundary）。由于它们并不会增加匹配字符的长度，因此这些条件称为零宽度断言（zero-width assertion）。

25.3.1 前向条件和后向条件

(*?=expr*) 结构可用于检查紧随其后的文本是否与 *expr* 匹配，而 *expr* 本身并不作为结果的一部分，这种条件称之为正前向条件。在以下示例中，我们搜索单词 *miles* 之前的数字：

```
Console.WriteLine (Regex.Match ("say 25 miles more", @"\d+\s(?=miles)"));

OUTPUT: 25
```

注意，尽管匹配的字符串需要满足"miles"这个匹配条件，但是"miles"并不会随着结果返回。

在前向条件匹配成功之后，匹配会继续进行（就像之前判断没有发生一样）。因此，如果表达式中的后续匹配规则为 .*：

```
Console.WriteLine (Regex.Match ("say 25 miles more", @"\d+\s(?=miles).*"));
```

则匹配得结果为 25 miles more。

前向条件可用于校验密码强度。例如，一个有效的密码至少要包含 6 个字符并至少包含 1 个数字。使用前向条件可以写为：

```
string password = "...";
bool ok = Regex.IsMatch (password, @"(?=.*\d).{6,}");
```

表达式首先执行一次前向条件匹配确保字符串中包含一个数字。如果该条件满足，则会退回到起始位置，然后验证是否满足至少 6 个字符的要求。（25.6 节将给出一个更加完整的密码校验示例。）

与正前向条件相反的是负前向条件结构（?!expr），该条件表示匹配后不能跟随出现 expr。以下表达式匹配 "good"，但是其后不能够出现 "however" 或者 "but"：

```
string regex = "(?i)good(?!.*(however|but))";
Console.WriteLine (Regex.IsMatch ("Good work! But...", regex));  // False
Console.WriteLine (Regex.IsMatch ("Good work! Thanks!", regex));  // True
```

(?<=expr) 结构代表正后向条件，它要求匹配之前要出现指定表达式表示的内容。与其相反，(?<!expr) 表示负后向条件。它要求匹配之前不能够出现指定表达式的内容。例如，以下表达式匹配 "good"，但该匹配之前不能够出现 "however"：

```
string regex = "(?i)(?<!however.*)good";
Console.WriteLine (Regex.IsMatch ("However good, we...", regex)); // False
Console.WriteLine (Regex.IsMatch ("Very good, thanks!", regex));  // True
```

上述示例还可以用单词边界断言继续改进，稍后将介绍这部分内容。

25.3.2 锚点

锚点 ^ 和 $ 代表确定的位置。默认地：

^

匹配字符串的开头。

$

匹配字符串的结束。

 ^ 符号根据上下文的不同有两种不同的含义，一种含义是锚点，另一种含义是为字符类否定修饰符。

同样的 $ 符号根据上下文的不同也有两种不同的含义，一种含义是锚点，另一种含义是替换组的标志。

例如：

```
Console.WriteLine (Regex.Match ("Not now", "^[Nn]o"));    // No
Console.WriteLine (Regex.Match ("f = 0.2F", "[Ff]$"));    // F
```

如果定义了 RegexOptions.Multiline 或者在表达式中使用 (?m)，则：

- ^ 匹配字符串的开始或者行的开始（紧邻在 \n 之后）。

- $ 匹配字符串的结束或者行的结束（紧邻在 \n 之前）。

在多行模式下使用 $ 需要注意，Windows 下的换行是通过 \r\n 而不是 \n 来表示的。这意味着，如果希望 $ 能够正确发挥作用，需要通过正前向条件同时匹配 \r：

```
(?=\r?$)
```

正前向条件保证了 \r 不会成为结果的一部分。以下正则表达式匹配了以 ".txt" 结尾的行：

```
string fileNames = "a.txt" + "\r\n" + "b.docx" + "\r\n" + "c.txt";
string r = @".+\.txt(?=\r?$)";
foreach (Match m in Regex.Matches (fileNames, r, RegexOptions.Multiline))
  Console.Write (m + " ");

OUTPUT: a.txt c.txt
```

以下正则表达式匹配了字符串 s 中的所有空行：

```
MatchCollection emptyLines = Regex.Matches (s, "^(?=\r?$)",
                                            RegexOptions.Multiline);
```

以下正则表达式则匹配了所有空行或者只包含空白字符的行：

```
MatchCollection blankLines = Regex.Matches (s, "^[ \t]*(?=\r?$)",
                                            RegexOptions.Multiline);
```

 由于锚点匹配的是一个位置而不是一个字符，所以锚点匹配得到的是一个空字符串：

```
Console.WriteLine (Regex.Match ("x", "$").Length);    // 0
```

25.3.3 单词边界

单词边界断言 \b 匹配与一个或者多个单词字符（\w）毗邻的位置。这些位置：

- 要么是非单词字符（\W）。

- 要么是字符串的开始和结尾（^ 和 $）。

\b 常用于匹配整个单词：

```
foreach (Match m in Regex.Matches ("Wedding in Sarajevo", @"\b\w+\b"))
  Console.WriteLine (m);

Wedding
in
Sarajevo
```

以下语句充分展示了单词边界的作用：

```
int one = Regex.Matches ("Wedding in Sarajevo", @"\bin\b").Count; // 1
int two = Regex.Matches ("Wedding in Sarajevo", @"in").Count;     // 2
```

以下查询使用正前向条件返回后续词汇为"(sic)"的词汇：

```
string text = "Don't loose (sic) your cool";
Console.Write (Regex.Match (text, @"\b\w+\b\s(?=\(sic\))")); // loose
```

25.4 分组

有时需要将正则表达式分成一系列子表达式或分组。例如，考虑如下用于匹配美国电话号码（如 206-465-1918）的正则表达式：

```
\d{3}-\d{3}-\d{4}
```

若希望将匹配结果划分为两组，一组为区号，另一组为本地号码，则我们可以通过圆括号来分组捕获这些信息：

```
(\d{3})-(\d{3}-\d{4})
```

继而使用以下程序来获得这些分组信息：

```
Match m = Regex.Match ("206-465-1918", @"(\d{3})-(\d{3}-\d{4})");

Console.WriteLine (m.Groups[1]);   // 206
Console.WriteLine (m.Groups[2]);   // 465-1918
```

索引为 0 的组代表完整的匹配，它和匹配对象的 Value 属性的值是相同的：

```
Console.WriteLine (m.Groups[0]);   // 206-465-1918
Console.WriteLine (m);             // 206-465-1918
```

分组本身就是正则表达式语言的一部分，这意味着正则表达式中也可以引用分组。在正则表达式中可以通过 \n 语法来引用索引为 n 的分组。例如，表达式 (\w)ee\1 可以匹配 deed 与 peep。以下示例查找所有起始字母和结束字母为同一个字母的单词：

```
foreach (Match m in Regex.Matches ("pop pope peep", @"\b(\w)\w+\1\b"))
  Console.Write (m + " "); // pop peep
```

\w 两侧的括号使正则表达式引擎将该子匹配保存在一个分组中（在上述示例中为一个字符），以便后续使用。此后，表达式中的 \1 引用了这个分组，即表达式中的第一个分组。

命名分组

在一个长且复杂的表达式中，分组名称比分组索引号更容易使用。以下示例重写了上一个例子，而此次我们将分组命名为 'letter'：

```
string regEx =
  @"\b"            +  // word boundary
  @"(?'letter'\w)" +  // match first letter, and name it 'letter'
  @"\w+"           +  // match middle letters
  @"\k'letter'"    +  // match last letter, denoted by 'letter'
  @"\b";              // word boundary

foreach (Match m in Regex.Matches ("bob pope peep", regEx))
  Console.Write (m + " ");  // bob peep
```

命名捕获分组的语法为：

```
(?'group-name'group-expr)  or  (?<group-name>group-expr)
```

而引用命名分组的语法为：

```
\k'group-name'  or  \k<group-name>
```

接下来的示例将使用命名分组查找起始和结束节点，来匹配一个简单的（非嵌套的）XML/HTML 元素：

```
string regFind =
  @"<(?'tag'\w+?).*>" +  // lazy-match first tag, and name it 'tag'
  @"(?'text'.*?)"     +  // lazy-match text content, name it 'text'
  @"</\k'tag'>";         // match last tag, denoted by 'tag'

Match m = Regex.Match ("<h1>hello</h1>", regFind);
Console.WriteLine (m.Groups ["tag"]);       // h1
Console.WriteLine (m.Groups ["text"]);      // hello
```

若将 XML 结构的所有可能的变化（如嵌套元素）都考虑在内，则其规则是非常复杂的。.NET 正则表达式引擎的"平衡结构匹配"（matched balanced construct）组件是一个非常成熟的、可以辅助嵌套标签处理的扩展组件。Internet 上的相关信息较多，此外，Jeffrey E. F. Friedl 的 *Mastering Regular Expressions*（O'Reilly）一书也对此进行了详细介绍。

25.5 替换并分割文本

Regex.Replace 方法和 string.Replace 方法的功能类似，只不过前者将使用正则表达式执行查找。

以下的示例中的"cat"将替换为"dog"。和 string.Replace 不同的是"catapult"不能替换为"dogapult"。它们必须在单词边界上进行匹配：

```
string find = @"\bcat\b";
string replace = "dog";
Console.WriteLine (Regex.Replace ("catapult the cat", find, replace));

OUTPUT: catapult the dog
```

替换字符串可以通过 $0 作为替代结构访问原始的匹配。以下示例中，将所有的数字前后都加上了尖括号：

```
string text = "10 plus 20 makes 30";
Console.WriteLine (Regex.Replace (text, @"\d+", @"<$0>"));

OUTPUT: <10> plus <20> makes <30>
```

通过 $1、$2、$3 以此类推就可以访问任意捕获的分组。对于命名分组则可以通过 ${name} 的方式进行访问。为了进一步说明这个功能的用途，以下示例将仍然使用之前匹配简单 XML 元素的正则表达式，通过重新分组，将元素的内容移动到元素的 XML 属性中：

```
string regFind =
  @"<(?'tag'\w+?).*>" +  // lazy-match first tag, and name it 'tag'
  @"(?'text'.*?)"    +   // lazy-match text content, name it 'text'
  @"</\k'tag'>";         // match last tag, denoted by 'tag'

string regReplace =
  @"<${tag}"       + // <tag
  @"value="""      + // value="
  @"${text}"       + // text
  @"""/>";           // "/>

Console.Write (Regex.Replace ("<msg>hello</msg>", regFind, regReplace));
```

输出为：

```
<msg value="hello"/>
```

25.5.1 MatchEvaluator 委托

Replace 方法拥有一个重载方法，其中使用了 MatchEvaluator 委托作为参数。这个参数每一次匹配都会调用一次，并使用 C# 代码生成替换字符串。当正则表达式语言无法有效表示替换的逻辑时，使用这种方式是非常有效的：

```
Console.WriteLine (Regex.Replace ("5 is less than 10", @"\d+",
                   m => (int.Parse (m.Value) * 10).ToString()) );

OUTPUT: 50 is less than 100
```

在 25.6 节中，我们将展示如何使用 `MatchEvaluator` 恰当地将 HTML 中的 Unicode 字符进行转义。

25.5.2 拆分文本

`Regex.Split` 方法是比 `string.Split` 方法功能更强的静态方法，它使用正则表达式来表示分隔符的模式。以下示例将使用数字作为分隔符分割指定的文本：

```
foreach (string s in Regex.Split ("a5b7c", @"\d"))
  Console.Write (s + " ");      // a b c
```

从输出可见，结果中不包含分隔符。若需要将分隔符包含在结果中，则可以将表达式包含在正前向条件中。例如，以下示例将使用驼峰命名法的字符串分割为单词：

```
foreach (string s in Regex.Split ("oneTwoThree", @"(?=[A-Z])"))
  Console.Write (s + " ");     // one Two Three
```

25.6 正则表达式实例

25.6.1 匹配美国社会保险号 / 电话号码

```
string ssNum = @"\d{3}-\d{2}-\d{4}";

Console.WriteLine (Regex.IsMatch ("123-45-6789", ssNum));      // True

string phone = @"(?x)
  ( \d{3}[-\s] | \(\d{3}\)\s? )
    \d{3}[-\s]?
    \d{4}";

Console.WriteLine (Regex.IsMatch ("123-456-7890",  phone));   // True
Console.WriteLine (Regex.IsMatch ("(123) 456-7890", phone));  // True
```

25.6.2 提取 "name=value" 中的名称和值（一行一个）

注意，这里需要多行指示符（`?m`）：

```
string r = @"(?m)^\s*(?'name'\w+)\s*=\s*(?'value'.*)\s*(?=\r?$)";

string text =
  @"id = 3
    secure = true
    timeout = 30";

foreach (Match m in Regex.Matches (text, r))
  Console.WriteLine (m.Groups["name"] + " is " + m.Groups["value"]);
id is 3 secure is true timeout is 30
```

25.6.3 强密码验证

以下代码验证密码是否包含至少 6 位字符，其中是否含有一个数字、符号或者标点符号：

```
string r = @"(?x)^(?=.* ( \d | \p{P} | \p{S} )).{6,}";

Console.WriteLine (Regex.IsMatch ("abc12", r));     // False
Console.WriteLine (Regex.IsMatch ("abcdef", r));    // False
Console.WriteLine (Regex.IsMatch ("ab88yz", r));    // True
```

25.6.4 每行至少 80 个字符

```
string r = @"(?m)^.{80,}(?=\r?$)";

string fifty = new string ('x', 50);
string eighty = new string ('x', 80);

string text = eighty + "\r\n" + fifty + "\r\n" + eighty;

Console.WriteLine (Regex.Matches (text, r).Count);    // 2
```

25.6.5 解析日期 / 时间 （N/N/N H:M:S AM/PM）

以下正则表达式可以处理各种数字日期格式，无论年份是在前还是在后，都能够正确处理。(?x) 指令允许正则表达式中出现空白字符从而提高了可读性；(?i) 指令关闭了区分大小写模式（匹配可选的 AM/PM 标识符）。日期的各个部分都可以通过 Groups 集合进行访问：

```
string r = @"(?x)(?i)
(\d{1,4}) [./-]
(\d{1,2}) [./-]
(\d{1,4}) [\sT]
(\d+):(\d+):(\d+) \s? (A\.?M\.?|P\.?M\.?)?";

string text = "01/02/2008 5:20:50 PM";

foreach (Group g in Regex.Match (text, r).Groups)
  Console.WriteLine (g.Value + " ");
01/02/2008 5:20:50 PM 01 02 2008 5 20 50 PM
```

（该表达式不会验证日期 / 时间的数值是否正确。）

25.6.6 匹配罗马字符

```
string r =
  @"(?i)\bm*"              +
  @"(d?c{0,3}|c[dm])"      +
  @"(l?x{0,3}|x[lc])"      +
  @"(v?i{0,3}|i[vx])"      +
  @"\b";

Console.WriteLine (Regex.IsMatch ("MCMLXXXIV", r));    // True
```

25.6.7 删除重复单词

以下正则表达式将捕获名为 dupe 的分组：

```
string r = @"(?'dupe'\w+)\W\k'dupe'";

string text = "In the the beginning...";
Console.WriteLine (Regex.Replace (text, r, "${dupe}"));
```

In the beginning

25.6.8 统计单词数目

```
string r = @"\b(\w|[-'])+\b";

string text = "It's all mumbo-jumbo to me";
Console.WriteLine (Regex.Matches (text, r).Count);    // 5
```

25.6.9 匹配 GUID

```
string r =
  @"(?i)\b"              +
  @"[0-9a-fA-F]{8}\-" +
  @"[0-9a-fA-F]{4}\-" +
  @"[0-9a-fA-F]{4}\-" +
  @"[0-9a-fA-F]{4}\-" +
  @"[0-9a-fA-F]{12}"  +
  @"\b";

string text = "Its key is {3F2504E0-4F89-11D3-9A0C-0305E82C3301}.";
Console.WriteLine (Regex.Match (text, r).Index);          // 12
```

25.6.10 解析 XML/HTML 标签

正则表达式适用于解析 HTML 片段，尤其是在文档格式并不完美的时候：

```
string r =
  @"<(?'tag'\w+?).*>"  + // lazy-match first tag, and name it 'tag'
  @"(?'text'.*?)"      + // lazy-match text content, name it 'textd'
  @"</\k'tag'>";         // match last tag, denoted by 'tag'

string text = "<h1>hello</h1>";

Match m = Regex.Match (text, r);

Console.WriteLine (m.Groups ["tag"]);        // h1
Console.WriteLine (m.Groups ["text"]);       // hello
```

25.6.11 分隔驼峰命名单词

该表达式需要使用正前向条件将大写字母分隔符包含在返回结果中：

```
string r = @"(?=[A-Z])";

foreach (string s in Regex.Split ("oneTwoThree", r))
  Console.Write (s + " ");     // one Two Three
```

25.6.12 获得合法的文件名

```
string input = "My \"good\" <recipes>.txt";

char[] invalidChars = System.IO.Path.GetInvalidFileNameChars();
string invalidString = Regex.Escape (new string (invalidChars));

string valid = Regex.Replace (input, "[" + invalidString + "]", "");
Console.WriteLine (valid);
```

My good recipes.txt

25.6.13 将 Unicode 字符转义为 HTML

```
string htmlFragment = "© 2007";

string result = Regex.Replace (htmlFragment, @"[\u0080-\uFFFF]",
                m => @"&#" + ((int)m.Value[0]).ToString() + ";");

Console.WriteLine (result);        // &#169; 2007
```

25.6.14 反转义 HTTP 查询字符串中的字符

```
string sample = "C%23 rocks";

string result = Regex.Replace (
    sample,
    @"%[0-9a-f][0-9a-f]",
    m => ((char) Convert.ToByte (m.Value.Substring (1), 16)).ToString(),
    RegexOptions.IgnoreCase
);

Console.WriteLine (result);    // C# rocks
```

25.6.15 从网站统计日志中解析谷歌搜索关键词

本示例需要使用上一个例子中反转义查询字符串的功能：

```
string sample =
  "http://google.com/search?hl=en&q=greedy+quantifiers+regex&btnG=Search";

Match m = Regex.Match (sample, @"(?<=google\..+search\?.*q=).+?(?=(&|$))");

string[] keywords = m.Value.Split (
  new[] { '+' }, StringSplitOptions.RemoveEmptyEntries);

foreach (string keyword in keywords)
  Console.Write (keyword + " ");          // greedy quantifiers regex
```

25.7 正则表达式语言参考

表 25-2 到表 25-12 总结了正则表达式语法以及 .NET 支持的正则表达式语法特性。

表 25-2: 转义字符

转义字符序列	含义	等价的十六进制字符
\a	铃声	\u0007
\b	退格字符	\u0008
\t	制表符	\u0009
\r	回车符	\u000A
\v	垂直制表符	\u000B
\f	分页符	\u000C
\n	换行符	\u000D
\e	转义符	\u001B
\nnn	八进制 ASCII 转义字符 (例如 \n052)	
\xnn	十六进制 ASCII 转义字符 (例如 \x3F)	
\cl	ASCII 控制字符 (例如 \cG 代表 Ctrl+G)	
\unnnn	十六进制 Unicode 字符 (例如 \u07DE)	
\symbol	非转义符号	

特殊情况,在正则表达式中,\b 代表单词边界,但是当 \b 位于方括号集合中的时候代表退格符。

表 25-3: 字符组

表达式	含义	反义表达式
[abcdef]	匹配括号内的某个字符	[^abcdef]
[a-f]	匹配 a 到 f 范围内的某个字符	[^a-f]
\d	匹配一个十进制数字,等价于 [0-9]	\D
\w	匹配一个单词字符 (默认情况下,其含义将随着 CultureInfo.CurrentCulture 变化。在英语中,等价于 [a-zA-Z_0-9])	\W
\s	匹配空白字符。等价于 [\n\r\t\f\v]	\S
\p{category}	匹配指定分类中的一个字符 (请参见表 25-4)	\P
.	(默认模式) 匹配除 \n 之外的任意字符	\n
.	(SingleLine 模式) 匹配任意字符	\n

表 25-4：字符分类

字符分类	含义
\p{L}	字母
\p{Lu}	大写字母
\p{Ll}	小写字母
\p{N}	数字
\p{P}	标点符号
\p{M}	变音符
\p{S}	符号
\p{Z}	分隔符
\p{C}	控制字符

表 25-5：量词符号

量词符号	含义
*	零个或者多个匹配
+	一个或者多个匹配
?	零个或者一个匹配
{*n*}	*n* 次匹配
{*n*,}	至少 *n* 次匹配
{*n*,*m*}	*n* 次到 *m* 次匹配

? 后缀可以附加在任意的量词符号上以表示使用懒惰匹配方式，而非贪婪匹配方式。

表 25-6：替换

表达式	含义
$0	替换为匹配的文本
$*group-number*	替换为匹配文本中索引号为 *group-number* 的分组中的文本
${*group-name*}	替换为匹配文本中分组名称为 *group-name* 的分组中的文本

只有在文本替换模式下才能够使用上述替换表达式。

表 25-7：零宽度断言

表达式	含义
^	字符串的起始处（或者多行模式下的行起始处）
$	字符串结尾（或者多行模式下行结尾处）
\A	字符串起始处（忽略多行模式）
\z	字符串结尾（忽略多行模式）
\Z	字符串的行末或字符串的结尾处
\G	搜索开始处
\b	单词边界
\B	非单词边界

表 25-7：零宽度断言（续）

表达式	含义
`(?=expr)`	若表达式 *expr* 匹配（当前匹配位置）右侧字符串，则继续匹配（正前向条件）
`(?!expr)`	若表达式 *expr* 不匹配（当前匹配位置）右侧字符串，则继续匹配（负前向条件）
`(?<=expr)`	若表达式 *expr* 匹配（当前匹配位置）左侧字符串，则继续匹配（正后向条件）
`(?<!expr)`	若表达式 *expr* 不匹配（当前匹配位置）左侧字符串，则继续匹配（负后向条件）
`(?>expr)`	子表达式 *expr* 一旦匹配就不再进行回溯匹配

表 25-8：分组结构

语法	含义
`(expr)`	将匹配 expr 的文本捕获到分组中
`(?number)`	将匹配的子字符串捕获到特定编号（*number*）的分组中
`(?'name')`	将匹配的子字符串捕获到命名（*name*）分组中
`(?'name1-name2')`	删除之前定义的 *name2* 分组，将 *name2* 分组到当前分组间的内容均捕获到 *name1* 分组中。如果未指定 *name2*，则进行回溯匹配
`(?:expr)`	非捕获分组

表 25-9：引用分组

参数语法	含义
`\index`	通过索引（*index*）引用先前捕获的组
`\k<name>`	通过名称（*name*）引用先前捕获的组

表 25-10：替换运算符

表达式	含义
`|`	逻辑或
`(?(expr)yes|no)`	若表达式匹配，则与 *yes* 进行匹配，否则与 *no* 进行匹配（*no* 是可选的）
`(?(name)yes|no)`	如果指定的命名分组有匹配，则与 *yes* 进行匹配；否则与 *no* 进行匹配（*no* 是可选的）

表 25-11：其他结构

表达式语法	含义
`(?#comment)`	内联注释
`#comment`	单行注释（只能在 `IgnorePatternWhitespace` 模式下使用）

表 25-12：正则表达式选项

选项	含义
(?i)	不区分大小写
(?m)	多行模式，^ 和 $ 分别匹配一行的开始和结尾
(?n)	只捕获显式命名或编号的分组
(?c)	将正则表达式编译为中间语言（IL）
(?s)	单行模式，. 匹配任意字符
(?x)	从模式中消除非转义空白字符
(?r)	从右向左搜索，这个选项只能在表达式起始处指定

作者介绍

Joseph Albahari 是 *C# 9.0 in a Nutshell*、*C# 10 Pocket Reference* 和 *LINQ Pocket Reference*（O'Reilly 出版）等书的作者。他还是流行的代码执行和 LINQ 查询工具 LINQPad 的创作者。

封面介绍

本书封面上的动物是一只蓑羽鹤，蓑羽鹤（学名 Grus virgo）因体态优美匀称也被称为闺秀鹤。它原产于欧洲和亚洲，冬季会迁徙至印度、巴基斯坦和非洲东北部地区。

虽然蓑羽鹤是体型最小的鹤种，但是它们和其他种类的鹤一样，都会积极捍卫领地。它们会大声警告入侵者，并在必要时进行攻击。蓑羽鹤在高地而非湿地筑巢。若方圆 200～500m 的范围内存在水源，它们甚至会在沙漠中生活。它们有时会用卵石筑巢产卵，但更多的时候会直接将卵产在地上，并在其上覆盖植物进行保护。

在一些国家，蓑羽鹤被视为吉祥的象征，甚至受到法律保护。O'Reilly 封面的许多动物都濒临灭绝，它们对世界都很重要。

封面插图由 Karen Montgomery 根据 *Wood's Illustrated Natural History* 中的一幅黑白雕刻绘制而成。

编程原则：来自代码大师Max Kanat-Alexander的建议

作者：[美] 马克斯·卡纳特–亚历山大　译者：李光毅　书号：978–7–111–68491–6　定价：79.00元

Google 代码健康技术主管、编程大师 Max Kanat-Alexander 又一力作，聚焦于适用于所有程序开发人员的原则，从新的角度来看待软件开发过程，帮助你在工作中避免复杂，拥抱简约。

本书涵盖了编程的许多领域，从如何编写简单的代码到对编程的深刻见解，再到在软件开发中如何止损！你将发现与软件复杂性有关的问题、其根源，以及如何使用简单性来开发优秀的软件。你会检查以前从未做过的调试，并知道如何在团队工作中获得快乐。

推荐阅读

ChatGPT 驱动软件开发：AI 在软件研发全流程中的革新与实践

作者：[美] 陈斌　书号：978-7-111-73355-3

这是一本讲解以 ChatGPT/GPT-4 为代表的大模型如何为软件研发全生命周期赋能的实战性著作。它以软件研发全生命周期为主线，详细讲解了 ChatGPT/GPT-4 在软件产品的需求分析、架构设计、技术栈选择、高层设计、数据库设计、UI/UX 设计、后端应用开发、Web 前端开发、软件测试、系统运维、技术管理等各个环节的应用场景和方法，让读者深刻地感受到 ChatGPT/GPT-4 在革新传统软件工程的方式和方法的同时，还带来了研发效率和研发质量的大幅度提升。

C#代码整洁之道：代码重构与性能提升

作者：[英] 詹森·奥尔斯 (Jason Alls)

译者：刘夏　ISBN：978-7-111-70362-4　定价：119.00元

　　系统讲解将C#的问题代码重构为整洁代码的各种工具、模式和方法；帮助你掌握优秀C#代码编写原则，提升发现问题代码的能力，高效编写整洁代码。

　　本书首先介绍C#的编码标准和原则，然后详细讨论代码评审的过程并说明其重要性，接着介绍类、对象与数据结构以及函数式编程的基础知识，之后介绍异常处理、单元测试、端到端系统测试、线程与并发、API的设计与开发、API密钥与API安全、处理切面关注点等C#相关知识，最后介绍一系列工具来提升代码质量，并介绍重构C#代码的方法。本书适合使用C#编程的所有开发人员阅读。